LEHRBUCH DER PFLANZENPHYSIOLOGIE

ZWEITER UND DRITTER BAND

ENTWICKLUNGS- UND BEWEGUNGSPHYSIOLOGIE DER PFLANZE

VON

DR. ERWIN BÜNNING

O. PROFESSOR AN DER UNIVERSITÄT TÜBINGEN

DRITTE AUFLAGE

MIT 479 ABBILDUNGEN

SPRINGER-VERLAG BERLIN HEIDELBERG GMBH

1953

ISBN 978-3-642-87329-4 ISBN 978-3-642-87328-7 (eBook)
DOI 10.1007/978-3-642-87328-7

URSPRÜNGLICH ERSCHIENEN BEI SPRINGER-VERLAG OHG., BERLIN • GÖTTINGEN • HEIDELBERG 1953
SOFTCOVER REPRINT OF THE HARDCOVER 3RD EDITION 1953

Vorwort zur dritten Auflage.

Dieses Buch ist eine Neubearbeitung der 1948 erschienenen Auflage. Jener Band war zugleich etwa zur Hälfte seines Umfanges eine Neuauflage der 1939 erschienenen „Wachstums- und Bewegungsphysiologie".

Wieder mag mein Bestreben durch die der ersten Auflage vorangestellten Worte v. WETTSTEINs gekennzeichnet sein: „Das ganze physiologische Forschen ist in voller Entwicklung. Es kann das Buch nur ein Bild vermitteln, wie wir derzeit die Vorgänge sehen, wo jetzt die forschende Front verläuft, gut bearbeitete Felder hinter uns liegen und wo Neuland sichtbar wird. Es ist die Aufgabe jedes Lehrbuches, Rechenschaft zu geben, wo wir in unserer Forschung stehen und welche Vorstellungen wir uns derzeit bilden können. Es ist das Schicksal jedes Lehrbuches, durch die kommende Forschung überholt zu werden. Möge der junge Nachwuchs, den wir auch in der Botanik so dringend notwendig brauchen, aus unserer Darstellung diesen Stand der Erkenntnis gewinnen und mögen durch seine Forscherarbeit unsere Bücher möglichst bald veraltet sein".

Ich sehe, wie schon in dem 1939 erschienenen Band betont wurde, keinen Nachteil darin, wenn nicht nur dem Forscher, sondern auch dem Studenten neben den Tatsachen die Meinung des Verfassers vorgelegt wird. So wird der Lernende frühzeitig erkennen, daß die Wissenschaft nicht eine Anhäufung von Tatsachen ist, die man nach Belieben entweder aus einer Vorlesung oder aus einem Buch erlernen könne. Wichtiger als die Vermittlung von Tatsachen ist das Überzeugen von der Notwendigkeit, sich zur Erarbeitung einer eigenen Auffassung über die Wege und Ergebnisse der biologischen Forschung nicht mit einer Quelle zu begnügen.

Die Neuauflage unterscheidet sich wesentlich von der älteren. Das rasche Fortschreiten der Forschung zwang in mehreren Abschnitten zu einer völligen Neubearbeitung, ganz besonders gilt das für den Abschnitt über die inneren Faktoren der Differenzierung. Viele Abbildungen sind, teilweise als Ersatz für einige der älteren, neu hinzugekommen. Zu den in der vorigen Ausgabe genannten Helfern (Fräulein Dr. SAGROMSKY, Herr Dr. RIETH und Fräulein KAUTT) ist dabei weiterhin namentlich noch Fräulein SCHWILLE hinzugetreten. Einigen Kollegen, außerdem mehreren Mitarbeitern des Botanischen Instituts Tübingen habe ich für weitere Abbildungsvorlagen zu danken. Besonders bin ich aber Herrn D. J. CARR aus Manchester (jetzt in Melbourne, Australien) für viele Anregungen und kritische Bemerkungen zu Dank verpflichtet.

Ich habe mich bemüht, den Text nicht durch umfangreiche Literaturverzeichnisse zu sehr anschwellen zu lassen. Die zitierte Literatur wurde so ausgewählt, daß der Leser von ihr aus auch zu den nicht erwähnten Arbeiten vordringen kann, besonders wenn er zugleich regelmäßig folgende Referierorgane, Jahresberichte usw. beachtet: Berichte über die wissenschaftliche Biologie, Fortschritte der Botanik, Annual Review of Plant Physiology, Botanical Reviews.

Tübingen, im Sommer 1953.

Erwin Bünning.

Inhaltsverzeichnis.

Erster Teil.

Grundfragen.

Zweiter Teil.

Aktivitätswechsel.

Dritter Teil.

Wachstum, Zell- und Kernteilung.

Vierter Teil.

Die inneren Faktoren der Differenzierung.

Fünfter Teil.

Die Bewegungsmechanismen.

Sechster Teil.

Die Wirkung äußerer Reize auf Bewegung und Entwicklung.

Einleitung.

Der Botanik „edelster Beruf" ist es, „der allgemeinen Physiologie der Organismen die einfachsten und sichersten Grundzüge vorzuzeichnen und so einen wesentlichen Beitrag zum Ausbau des Fundaments dieser interessantesten und vielleicht auch wichtigsten Wissenschaft zu liefern".

SCHLEIDEN, M. J.: Grundzüge der wissenschaftlichen Botanik, 1849.

Potentiell schlummert ... in den verschiedensten Spezies des Genus Protoplast die Fähigkeit zu aller besonderen Gestaltung. Mit der fortschreitenden Entwicklung und Arbeitsteilung treten dann einzelne Funktionen deutlicher hervor ... Das Studium solcher spezialisierter Prozesse ist deshalb von eminenter Bedeutung und ein sehr wichtiges Werkzeug für das Eindringen in das Getriebe des Protoplasten.

PFEFFER, W.: Pflanzenphysiologie, 2. Aufl., 1897.

Mit diesen Worten SCHLEIDENs, des erfolgreichen Verfechters induktiver Forschung in der Botanik, und PFEFFERs, des nicht minder erfolgreichen Meisters in der Handhabung dieser Methode, sei die Absicht meiner Arbeit gekennzeichnet. So soll denn das Schwergewicht dieses Buches nicht in der Zusammenstellung von Tatsachen liegen, sondern in dem Versuch zur Verarbeitung der Tatsachen, um zu zeigen, welcher Anteil dem Studium pflanzlicher Entwicklungs- und Bewegungsvorgänge an der Lösung der Grundprobleme jeder physiologischen Forschung zukommt.

Die neuere Physiologie hat immer mehr gezeigt, wie treffend jene Worte PFEFFERs sind. Wir können von den verschiedensten Erscheinungen ausgehen und stoßen doch überall wieder auf die gleichen Grundvorgänge in den Zellen. Zur Ermittlung dieser elementaren Lebensprozesse studieren wir trotzdem nicht nur *eine* Zelle, sondern die verschiedenartigsten Zellen, Gewebe und Organe zahlreicher Pflanzen- und Tierarten, so im Sinne der Worte PFEFFERs immer neue Wege zur Erschließung der Geheimnisse des Protoplasmas findend.

Aus der Orientierung an jenem Ziel unserer Arbeit ergibt sich zwangsläufig die Art der Darstellung; die Gliederung des Stoffes kann geradezu ein Maßstab dafür sein, wie weit die Physiologie auf dem Wege zur Erreichung ihrer Hauptziele schon vorgedrungen, oder doch nach der Ansicht des Verfassers vorgedrungen ist. Mit der zunehmenden Herausarbeitung allgemeiner Gesichtspunkte tritt die ursprüngliche Mannigfaltigkeit der Erscheinungen immer mehr zurück; die allgemeinen, sich schon der Gesamtphysiologie mehr oder weniger gut einordnenden Gesetze dürfen immer stärker betont werden. So ergibt sich eine Gliederung des Stoffes, die manchen Leser, der die älteren Lehrbücher der Pflanzenphysiologie kennt, zunächst befremden wird, die aber ebenso notwendig ist, wie der jedem Forscher geläufige Verzicht auf eine gesonderte Darstellung etwa der Physiologie der Algen, Pilze und Blütenpflanzen.

Mit den Ursachen der Formbildung und Formänderung beschäftigen sich Wachstums- und Bewegungsphysiologie, Genetik und Entwicklungsphysiologie. Eine scharfe Trennung zwischen diesen Disziplinen können wir weder praktisch noch theoretisch vornehmen. Wenn auch der Gegenstand genetischer Untersuchung die Übertragung der Erbanlagen von den Elternpflanzen zu den Nachkommen ist, so erkennt doch der Forscher die Erbanlagen ursprünglich nur aus deren Einfluß auf die organischen Prozesse, speziell auf die Entwicklungsprozesse und wird schon so fast zwangsläufig dazu geführt, sich nicht nur mit der Physiologie der Genübertragung, Genentstehung und Genänderung zu beschäftigen, sondern auch mit der Physiologie der Genwirkung in der Ontogenese.

Die Entwicklungsphysiologie selber betrachtet ebenso wie die anderen Teilgebiete der Physiologie, also ebenso wie etwa die Bewegungs- und Stoffwechselphysiologie, die genetische Konstitution als gegeben und fragt, wie sich aus dem Zusammenwirken dieser Konstitution mit ihrer Umgebung der tatsächliche Ablauf der Vorgänge innerhalb der Pflanze erklärt.

Erster Teil.

Grundfragen.

I. Allgemeine Grundlagen.

1. Morphologie und Physiologie.

Vor dem Beginn der analysierenden Tätigkeit treten uns die Organismen als in sich geschlossene Einheiten, als Gestalten, Individuen, entgegen. Bei dieser lediglich in der Anschauung verbleibenden, im engeren Sinne des Wortes morphologischen Betrachtung gewinnen wir den Eindruck, das, was wir als ein Lebewesen bezeichnen, sei wirklich etwas räumlich und zeitlich fest Umrissenes. Heute verstehen wir in der Biologie unter „Morphologie" im allgemeinen nicht mehr dieses Erschauen in sich geschlossener Einheiten, sondern die exakte Beschreibung des Organisierten. Aber wir müssen jene ursprüngliche Einstellung doch kennen, um Irrtümer zu verstehen, die sich immer wieder in die Biologie einschleichen. Keine anderen Naturgegenstände treten uns so sehr als in sich geschlossene Gestalten entgegen wie die Organismen; sie erwecken sogar den Eindruck, als seien diese Einheiten beharrende Wesen, die nicht nur mehr sind als die Einzelteile und Einzelvorgänge, sondern die zudem von sich aus diese einzelnen Vorgänge lenken. So erklärt es sich, daß man auch bei der analysierenden, dem Ziele nach nicht anschauenden Betrachtung immer wieder verleitet wird, den erschauten Einheiten eine kausale Aktivität zuzuschreiben. Wie stark dieses Bestreben ist, erkennen wir einerseits daraus, daß sich fortgesetzt im Gestaltschauen wurzelnde Formulierungen einschleichen, etwa: *Die Pflanze schafft sich* Ersatz für einen verlorenen Sproß, *die Pflanze bildet* Blätter, *die Pflanze reguliert* ihre Permeabilität. Wir beurteilen mit solchen Formulierungen die Pflanze ähnlich wie einen Menschen, bei dem wir ja wirklich eine geschlossene *lenkende* Einheit, das geistige Individuum, voraussetzen. Andererseits erkennen wir die Stärke jenes Bestrebens zur Vermengung der „Morphologie" (im engeren Sinne des Wortes, nicht im heute üblichen Sinne der Organisations- oder Strukturlehre) mit der Physiologie aus dem Versuch, im Organismus wirklich solche *aktive Lenker* zu suchen, die das übrige passive Geschehen steuern, also in dem Bestreben, einen Gegensatz zwischen lebenden Zentren und passiven gelenkten Vorgängen zu suchen. Hierher gehört die Suche nach „lebenden Molekülen", nach „Dominanten", nach „Elementarkörperchen", „Bioplasten" usw. Aber auch die Neigung, in neuentdeckten Elementen der Zelle, etwa in den Genen, oder in Stoffen, die die Formbildung regulieren, die eigentlichen Gestalter des im übrigen passiven Zellsubstrats zu suchen, erklärt sich aus der mangelnden Ausschaltung der Morphologie in jenem gekennzeichneten engeren Sinne des Wortes.

Zur Vermeidung solcher Irrwege ist eine Besinnung auf die Absichten und auf die Arbeitsweise der Physiologie notwendig. Bei der analysierenden Erforschung der Natur finden wir nur eine komplizierte Wechselwirkung der Vorgänge, nicht ein neben den Vorgängen bestehendes Wesen, das wir als Träger oder Lenker der Lebensabläufe ansprechen könnten. Auch im Menschen finden wir dann nicht mehr jene allein dem inneren Erleben zugängliche lenkende Einheit. Die physiologische Betrachtung des Organischen ist bewußt einseitig. Der Physiologe verzichtet auf die Erforschung des psychischen Aspekts der Lebensvorgänge; er verzichtet ferner auf die Erforschung aller Qualitäten der Dinge mit Ausnahme der raumzeitlichen Beziehungen. Bei seiner Art der Naturbetrachtung wird versucht, jedes Geschehen auf mathematisch formulierbare Gesetze zurückzuführen.

Der Forscher ist mit seiner Sprache ebensosehr wie jeder andere Mensch im Anschaulichen verwurzelt. Eben daraus erklärt sich das häufige Wählen von Formulierungen, die nicht streng physiologisch sind. Die engherzige Ausschaltung halbmorphologischer Formulierungen soll nicht unser Ziel sein. Aber hüten müssen wir uns vor falschen Schlußfolgerungen, die oft aus ihnen gezogen werden.

2. Physiologische Aktivität.

Das lebende Geschehen zeichnet sich vor dem anorganischen durch die als Aktivität bezeichnete Eigentümlichkeit aus, also dadurch, daß die Art der Leistungen in den „Potenzen" des Organismus weitgehend festgelegt ist und die Wechselwirkungen, eben die organischen Funktionen, keine so einfache qualitative und quantitative Abhängigkeit von der Art der Umwelteinflüsse zeigen, wie wir sie im Anorganischen gewohnt sind. Ein Organismus kann z. B. je nach der Spezies oder auch schon je nach seinem inneren Zustand auf die Einwirkung von Licht ganz verschiedenartig reagieren; und er kann umgekehrt auf zwei verschiedenartige äußere Einflüsse mit den gleichen oder fast gleichen Reaktionen antworten. Wir pflegen daher, obwohl wir wissen, daß die Leistungen des Organismus erst durch die Wechselwirkungen mit der Umgebung möglich werden, die Umweltfaktoren nur als *notwendige Bedingungen* der organischen Funktionen, oder auch als ihre *Auslöser*, d. h. als Auslöser der im Organismus liegenden Potenzen zu bezeichnen. Diese Potenzen erscheinen uns als das eigentlich aktive, qualitativ determinierende Element des organischen Geschehens. Und wir dürfen das Geschehen auch in dieser Weise charakterisieren, wenn wir das Eigentümliche der organischen Leistungen anschaulich darstellen wollen. Jedoch sollten wir uns dadurch nicht zu dem Irrtum verleiten lassen, diese Aktivität stehe im naturgesetzlich prinzipiellen Gegensatz zum passiven, zwangsläufigen Geschehen in der übrigen Natur. Die sog. physiologische Aktivität ist vielmehr lediglich eine, wenn auch recht auffällige, Sonderform physischer Zwangsläufigkeit. Der Biologe darf unter der physiologischen Aktivität nicht eine Überwindung der naturgesetzlichen Zwangsläufigkeit durch den Organismus verstehen. Der kausalen Zwangsläufigkeit ist der Organismus vielmehr so notwendig unterworfen, daß wir ihn ohne sie physiologisch gar nicht analysieren können. Das ganze Bestreben der Physiologie geht darauf aus, die physiologischen Prozesse aus der kausalen Wechselwirkung zwischen den Teilen des Organismus untereinander und mit der Umgebung zu erklären. Zwar wird das auch gegenwärtig noch oft mit der Behauptung abgelehnt, die physiologischen Leistungen seien mehr als das Resultat des Zusammenwirkens der physischen Teile innerhalb und außerhalb des Organismus; wir könnten — so sagen die Anhänger dieser skeptischen Auffassung — die organischen Leistungen (worunter hier nur die physischen, nicht auch die psychischen verstanden werden) nicht aus den Eigenschaften der zusammenwirkenden

Teile begreifen, jene Leistungen seien noch mehr. Bei einer solchen Argumentation wird aber das Wesen der naturwissenschaftlichen Forschung verkannt; denn der Naturforscher ermittelt, indem er „induktiv" schließt, aus den einzelnen Beobachtungen Gesetze, die er dann allerdings auf allgemeinere Gesetze zurückführen oder — in anderer Sprache — aus den „Kräften", den „Eigenschaften" der mitwirkenden Naturfaktoren erklären will. Die Kräfte oder Eigenschaften ihrerseits aber erkennt der Forscher auf keinem anderen Wege als dem der Induktion, also eben daraus, wie, mit welchem Resultat, die Teile zusammenwirken. Man kann es geradezu als das Wesen der Naturforschung bezeichnen, die Elemente der Natur in immer neuen Kombinationen und Konstellationen zu untersuchen, um neuartige Effekte zu beobachten, Effekte, die sich aus den bis dahin bekannten Eigenschaften der Teile nicht erklären lassen, und die hierdurch, sogar *nur* hierdurch Ansatzpunkte zur Ermittlung weiterer Eigenschaften oder Kräfte der beteiligten Elemente liefern, indem man nämlich die Voraussetzung macht, daß sich jede Besonderheit im Verlauf des Geschehens aus einer Besonderheit der beteiligten Faktoren erklärt. Die Unerklärbarkeit der gefundenen Gesetze aus den Eigenschaften der Teile kann also nie ein Resultat der Forschung sein, da der Forscher geradezu umgekehrt nur Gesetze zu finden bestrebt ist, die sich aus den bisher bekannten Eigenschaften der Teile nicht erklären lassen; denn nur solche Gesetze ermöglichen es ihm, unter der Voraussetzung der Abwegigkeit jenes Skeptizismus, neue Schlüsse über die Eigenschaften der Naturelemente zu ziehen. Die Berechtigung dieser Voraussetzung aber, d. h. schlechthin die Berechtigung zur Naturforschung zu erweisen, kann hier nicht unsere Aufgabe sein, sondern nur die einer „Kritik der Vernunft".

3. Energetische Grundfragen.

1. Hauptsatz. Daß die sog. Aktivität der Organismen keine Befreiung von der physischen Zwangsläufigkeit bedeutet, wird durch den Hinweis auf die Gültigkeit der ersten beiden Hauptsätze der Thermodynamik beim organischen Geschehen zwar nicht exakter aber doch leichter verständlich gezeigt als durch abstrakte Überlegungen. In Übereinstimmung mit dem ersten Hauptsatz, dem Prinzip der Erhaltung der Energie (das von ROBERT MAYER ja sogar aus physiologischen Beobachtungen abgeleitet worden ist), schafft der Organismus keine neue Energie; er kann nur, wie wir sowohl aus theoretischen Erwägungen als auch durch die experimentelle Forschung wissen, die ihm zur Verfügung stehende Energie in andere Energieformen umwandeln.

Daran zweifelt schon seit den Versuchen von RODEWALD an Äpfeln, von RUBNER an Hefe und an Hunden, sowie von ATWATER und RONA am Menschen kein Physiologe mehr. Nur um die Gültigkeit dieses Prinzips mit einigen Zahlen zu veranschaulichen, sei hier ein neuerer Versuch von ALGERA wiedergegeben. *Aspergillus niger* wurde in einer Nährlösung gezogen, die außer den notwendigen Salzen 15% Glukose enthielt. Sechs Tage nach der Impfung ergab die Untersuchung:

Verbrennungswärme des Mycels (M)	5606 cal
Während des Versuchs entwickelte Wärme (W)	3299 cal
Verbrennungswärme der restlichen Nährlösung (q)	10750 cal
Summe (S)	19655 cal
Verbrennungswärme der ursprünglichen Nährlösung (Q) .	19560 cal

Der Unterschied zwischen Q und S (95 cal bzw. 5% des gesamten Energieumsatzes) liegt innerhalb der Fehlergrenzen. Die Abnahme der Verbrennungswärme der Nährlösung ($Q-q$) stimmt also, dem 1. Hauptsatz entsprechend, praktisch mit $M+W$ überein (Abb. 1).

2. Hauptsatz. Im Gegensatz zur allgemeinen Anerkennung der unbedingten Anwendbarkeit des 1. Hauptsatzes auf die Lebensprozesse wird auch heute noch gelegentlich behauptet, die Aktivität des Organischen bestehe in seinem Vermögen, sich dem Zwang des 2. Hauptsatzes zu entziehen, indem der Organismus Vorgänge ermögliche, die von wahrscheinlichen, weniger geordneten zu unwahrscheinlicheren, mehr geordneten Zuständen führen; während ja der 2. Hauptsatz den zwangsläufigen Übergang zur energetischen Unordnung, die zwangsläufige Energieentwertung, die allmähliche Zerstörung aller arbeitsfähigen Energiepotentiale behauptet, also, über den 1. Hauptsatz hinausgehend, nicht mehr jeden unter Wahrung des Prinzips der Energieerhaltung denkbaren Prozeß zuläßt, sondern nur solche, die den Betrag nicht arbeitsfähiger Energie erhöhen oder — in einer anderen Sprache — das thermodynamische Potential verringern. Den Zweifeln an der Gültigkeit dieses Prinzips liegt oft der Irrtum zugrunde, die zunehmende Differenzierung, die Ausbildung mikro- und makroskopischer Strukturen, sei eine Entropieverminderung. Aber auch bei einer Vermeidung dieser Verwechslung müssen wir doch feststellen, daß (scheinbar in schroffem Gegensatz zur Forderung des 2. Hauptsatzes) im Organismus fortgesetzt physikalische und chemische Ungleichgewichte, also arbeitsfähige Energiepotentiale geschaffen werden. Wir beobachten die Bildung hoher Konzentrationsgefälle der verschiedensten Stoffe, die Schaffung elektrischer Spannungen, osmotischer Gefälle, chemischer Potentiale und anderer physikalisch-chemischer Ungleichgewichte. Jedoch wissen wir durch die physiologische Forschung, daß die Schaffung und Erhaltung jener Ungleichgewichte nur durch Prozesse möglich wird, die ihrerseits in der Zerstörung arbeitsfähiger Energiepotentiale, nämlich in ihrer Transformation zu diffuser Wärme bestehen. Ein wesentlicher Zug des Organischen liegt gerade darin, daß die Bedingungen zu Prozessen gegeben sind, die zwar selber eine Energieentwertung darstellen, aber gleichzeitig andere Prozesse energetisch ermöglichen, die einen Gewinn arbeitsfähiger Energie bedeuten. Im Organismus werden, mit anderen Worten, die die Ordnung bzw. das thermodynamische Potential erhöhenden Prozesse nur durch andere möglich, die um so mehr Unordnung schaffen. Das ist mit dem 2. Hauptsatz durchaus vereinbar; dieser Satz fordert ja nur, daß der Gewinn an arbeitsfähiger Energie kleiner ist als der gleichzeitige Verlust arbeitsfähiger Energie bei anderen, mit jenen irgendwie in Wechselwirkung stehenden Prozessen. Das heißt, im gesamten genommen, unter Berücksichtigung aller mit einem physiologischen Prozeß in Wechselwirkung stehenden Vorgänge, muß das Geschehen eine Energieentwertung darstellen. Freilich laufen wir bei der Beurteilung des organischen Geschehens

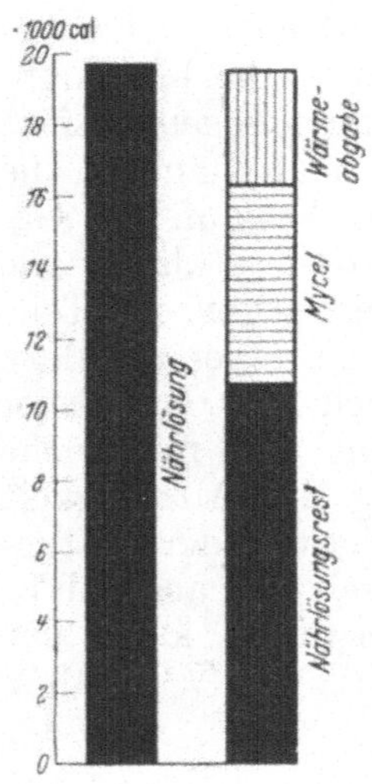

Abb. 1. Bei der Entwicklung eines Mycels von *Aspergillus niger* in einer Nährlösung läßt sich alle der Nährlösung entzogene Energie entweder als in das Mycel eingegangene (durch Ermittlung der Verbrennungswärme bestimmbare) oder als an die Umgebung abgegebene (ebenfalls im Kalorimeter meßbare) Energie wieder nachweisen. Es bleibt nur eine kleine, innerhalb der Fehlergrenze der Methodik liegende Differenz. Gültigkeit des Prinzips der Energieerhaltung. (Nach Versuchen ALGERAS.)

oft Gefahr, die Umgebung zu vernachlässigen. Wir sehen etwa, wie sich aus einer einfachen Spore ein kompliziertes Pilzmycel entwickelt und glauben dann, an einem solchen Vorgang die Ungültigkeit des 2. Hauptsatzes direkt demonstrieren zu können. Aber schon die Formulierung „aus einer Spore entwickelt sich ein Mycel" ist im Sinne der Ausführungen des vorhergehenden Abschnittes (S. 1), mehr morphologisch als physiologisch. Streng physiologisch urteilend sollten wir lieber sagen: „eine Spore wirkt auf ein ausgedehntes Substrat katalytisch und veranlaßt dadurch den Übergang eines Teils dieses leblosen Substrates in ein Pilzmycel sowie in Kohlendioxyd und andere Substanzen". Erst bei einer solchen Formulierung haben wir den richtigen Ausgangspunkt zur energetischen Analyse. Und bei dieser Berücksichtigung der Umwelt ist tatsächlich für die Entwicklung ebenso wie für den Stoffwechsel überall jenes dem 2. Hauptsatz gerecht werdende Verhältnis zwischen Verlust und Gewinn an arbeitsfähiger Energie auffindbar.

Wir wissen beispielsweise, daß die namentlich für den pflanzlichen Stoffwechsel charakteristischen Synthesen, die zu einer erheblichen Erhöhung energetischer Potentiale, etwa in der Form der in Kohlenydraten gespeicherten chemischen Energie führen, nur auf Kosten arbeitsfähiger Energie in der Umgebung möglich werden; und zwar nimmt die arbeitsfähige Energie der Umgebung, die im genannten Fall in der Energie des Sonnenlichts gegeben sein kann, mehr ab, als die Pflanze gleichzeitig an arbeitsfähiger Energie gewinnt. Der thermodynamische Nutzeffekt, also das Verhältnis von Gewinn zu Verlust arbeitsfähiger Energie bleibt demnach kleiner als 1 (nach den experimentellen Unterlagen im genannten Beispiel kleiner als 0,6). Ähnliches gilt für die anderen synthetischen Prozesse im Organismus, etwa für die bekannte Chemosynthese der Bakterien, wobei der thermodynamische Nutzeffekt erheblich unter 1, durchweg unter 0,3 liegt. Wir wissen ferner, daß auch die Herstellung eines Konzentrationsgefälles im Organismus (sofern dieses Konzentrationsgefälle wirklich ein energetisches Gefälle darstellt) nur durch eine entsprechende Zunahme der „Unordnung" in der übrigen Natur möglich wird, nämlich durch die Entwertung chemischer Energie. Bei tierischen und pflanzlichen Drüsentätigkeiten, sowie beispielsweise auch bei der Aufnahme von Stoffen in die Pflanzenzelle entgegen dem energetischen Gefälle, ist dieser Zusammenhang bekannt; und zwar ist in den daraufhin untersuchten Fällen der Gewinn an arbeitsfähiger Konzentrationsenergie (osmotischer Energie) wieder kleiner als der Verlust an arbeitsfähiger chemischer Energie durch Oxydation von Kohlenydraten. Der thermodynamische Nutzeffekt beträgt bei der Leistung von Konzentrationsarbeit sogar oft nur etwa 1% (so bei der Tätigkeit der Säugerniere). Der größte Teil der vom Organismus verbrauchten Energiepotentiale tritt also nicht wieder in neuen arbeitsfähigen Potentialen in Erscheinung, sondern wird als nicht mehr verwertbare Wärme abgegeben.

Niemals ereignet sich der bei alleiniger Beachtung des 1. Hauptsatzes noch denkbare Fall, daß ohne Energieentwertung in der übrigen Natur die entwertete, aber natürlich nicht verminderte Energie ausgeglichener Konzentrationsunterschiede, vernichteter elektrischer Potentiale, stattgefundener chemischer Reaktionen erneut zu Konzentrationsgefällen, elektrischen oder chemischen Potentialen wird.

Physiologischer Potentialausgleich. Das ganze Geheimnis der physiologischen Leistungen muß demgemäß darin bestehen, daß der Organismus dem Ausgleich des Potentialgefälles, in das er sich gleichsam einschaltet, einen bestimmt gearteten Weg aufzwingt. Durch die besondere Konstellation im Organismus wird bedingt, daß das Energiegefälle von den aufgenommenen bzw. — bei der autotrophen Pflanze — unter Verwertung chemischer oder strahlender Energie geschaffenen energiereichen organischen Stoffen bis zu den aus dem Lebensgetriebe abgesonderten Abfallstoffen und der abgegebenen Wärme nicht den je nach der Temperatur langsameren oder schnelleren, immer aber relativ einfachen Ausgleich erleidet wie unter anorganischen Bedingungen, sondern einerseits aus dem Hauptenergiegefälle viele sekundäre geschaffen werden, und andererseits die Geschwindigkeit des Ausgleichs dieser sekundären Energiegefälle harmonisch aufeinander abgestimmt bleibt.

Jede physiologische Leistung beruht auf dem geordneten Ausgleich der im Organismus geschaffenen Energiegefälle bzw. der Energiegefälle, in die sich der Organismus eingeschaltet hat; und so beruht das Studium der physiologischen Leistungen notwendig darin, einerseits festzustellen, welche energetischen Gefälle ausgenutzt werden und wie sie für die betreffenden Leistungen ausgenutzt werden, andererseits aber den Umstand zu ermitteln, der jenen Ausgleich durch Verminderung des Reaktionswiderstandes, also katalytisch verursacht hat.

Das darf nun nicht so verstanden werden, als könne jede einzelne physiologische Funktion auf ein bestimmtes Potentialgefälle im Organismus zurückgeführt werden. Im allgemeinen müssen wir infolge der zwischen allen Teilen bestehenden Wechselwirkung sowie auch wegen der Koppelung zwischen freiwilligen und erzwungenen Prozessen mit komplizierten Beziehungen rechnen. Diese Kompliziertheit bringt es mit sich, daß die Verzögerung oder Beschleunigung eines der Teilprozesse (d. h. die Verlangsamung oder Beschleunigung des Ausgleichs eines der Teilpotentiale) nicht nur einen direkten Einfluß auf einen bestimmten Prozeß ausübt, sondern auch einen indirekten, indem jetzt andere Prozesse relativ stärker oder schwächer in den Vordergrund treten. Bei dieser komplizierten Art der Entstehung eines physiologischen Vorgangs kann man ihn nicht mehr als den Ausgleich eines Potentials im physikalisch-chemischen Sinne bezeichnen, man erweitert diese Bezeichnung, indem man von der Entfaltung einer Potenz spricht.

So wie im Anorganischen bezeichnet man auch im Organischen die Beschleunigung eines Vorgangs durch Verringerung des Widerstandes gegen den Potentialausgleich als eine Katalyse; oder aber man spricht, wenn es sich nicht um eine einfache biochemische Reaktion, sondern um jenen Komplex von Potentialen handelt, von einem Reiz, der die Potenz zur Entfaltung bringt.

Aus diesen kurzen Betrachtungen ergibt sich der leitende Gesichtspunkt unserer Darstellung. Die energetischen Potentiale und die auf einer besonderen Koordination der physikalisch-chemischen Komponenten beruhenden physiologischen Potenzen betrachten wir als gegeben, untersuchen aber die Entwicklungs- und Bewegungsprozesse, zu denen sie führen, sowie die inneren und äußeren Reize, die die Prozesse aus jenen Potenzen entstehen lassen.

Literatur.

a) Bücher, aus denen die Entwicklung der Pflanzenphysiologie in den vergangenen Jahrzehnten verfolgt werden kann:

Bonner and Galston: Principles of plant physiology. San Francisco 1952. — Boysen-Jensen: Die Elemente der Pflanzenphysiologie. Jena 1939.

JOST u. BENEKE: Pflanzenphysiologie, 2. Aufl. Jena 1923.
KOSTYTSCHEW u. WENT: Pflanzenphysiologie. Berlin 1923—1931.
MAXIMOV: A textbook of plant-physiology. 2. ed. New York 1938. — MEYER and ANDERSEN: Plant physiology. New York 1940. — MILLER: Plant physiology, 2. ed. New York 1938. — MÜLLER: Plantefysiologi (dänisch). Kopenhagen 1948.
PFEFFER: Pflanzenphysiologie, 2. Aufl. Leipzig 1897—1904. — PRINGSHEIM: Julius Sachs, der Begründer der neueren Pflanzenphysiologie. Jena 1932.
STILES: An introduction to the principles of plant physiology. London 1936.
THOMAS: Plant physiology, 3. ed. London 1947.
WARDLAW: Phylogeny and morphogenesis. London 1952.
b) Zur Einführung in die philosophischen Grundfragen der Biologie:
BÜNNING: Theoretische Grundfragen der Physiologie, 2. Aufl. Stuttgart 1948.
HALDANE: The philosophical basis of biology. London 1931. — HARTMANN: Die philosophischen Grundlagen der Naturwissenschaften. Jena 1948.
c) Zur Energetik:
BLADERGROEN: Physikalische Chemie in Medizin und Biologie. 2. Aufl. Basel 1945. — BRUHAT: Thermodynamique, Paris 1942.
HÖBER: Physikalische Chemie der Zellen und Gewebe. Bern 1947.
STERN: Pflanzenthermodynamik. Berlin 1933.
Auch in den Lehrbüchern der Physiologie des Menschen und der Tiere werden die energetischen Fragen meist ausführlich behandelt.

II. Übersicht von den Faktoren und ihren Wirkungen.

1. Die Kausalität physiologischer Abläufe.

Die meisten physiologischen Vorgänge sind durch eine strenge Gesetzmäßigkeit charakterisiert. Das ist erstaunlich, weil in den Organismen viel mehr als in anorganischen Systemen eine große Vielheit von Faktoren zusammenwirkt und jeder dieser Faktoren, so unscheinbar er auch sein mag, einen großen Einfluß auf das gesamte Geschehen hat. Für einen einfachen physikalischen oder chemischen Versuch können wir 2 Samen einer Pflanzenart im allgemeinen als praktisch gleichartig bezeichnen. Im biologischen Versuch aber verhalten sie sich infolge von Unterschieden, die wir mit den bisher zugänglichen physikalischen und chemischen Methoden nicht einmal zu fassen vermögen, ganz verschiedenartig; und doch kann der Biologe, der die Herkunft dieser Samen kennt, überaus genaue Voraussagen darüber machen, was aus ihnen wird, wenn sie in feuchte Erde gelegt werden. Er kann z. B. mit einer Exaktheit, die etwa im Vergleich zu der dem Meteorologen möglichen als wunderbar bezeichnet werden muß, voraussagen: Der erste Same wird verschimmeln; der zweite wird aufbrechen, ein Sproß wird herauswachsen, Blätter werden sich bilden, Blüten mit 5 Blütenblättern, 5 Staubgefäßen usw. Er kann genau voraussagen, wie die Blüte gefärbt, der Sproß anatomisch aufgebaut und wie die Zellwände, der Zellkern, das Protoplasma usw. beschaffen sein werden, ob die Zellen Zucker, Stärke oder Fett speichern, wie die Stärkekörner aussehen werden usw. Bei ausreichender Sorgfalt in der Beobachtung der Bedingungen und der vorhergehenden Generation können wir unter Umständen sogar bis in kleine Einzelheiten hinein Größe und Gestalt einzelner Flecken des Zeichenmusters der Blüten voraussagen.

In dem Geschehen, das sich an leblosen Körpern abspielt, ist diese Voraussagbarkeit bekanntlich oftmals viel geringer als bei den meisten organischen Prozessen (abgesehen namentlich von den besonders labilen Reaktionen der höchstentwickelten Säugetiere und des Menschen). Wie sich ein Stück Papier im Winde oder ein Baumstamm im Ozean bewegen wird, vermögen wir nicht entfernt mit jener verblüffenden Genauigkeit zu berechnen.

Das physiologische Geschehen ist also in der Regel kausal eindeutig. Unsere Aufgabe ist es, die beteiligten Gesetze, oder — anders ausgedrückt — die mitwirkenden Faktoren zu analysieren.

2. Innere und äußere Faktoren.

Wir pflegen bei der Analyse zwischen inneren und äußeren Faktoren zu unterscheiden. Diese Unterscheidung läßt sich in der Praxis auch immer recht gut durchführen; eine scharfe Grenze besteht aber nicht. Es gibt zahlreiche, durchaus wichtige Faktoren, von denen wir nicht sagen können, ob sie im Innern des Organismus oder in seiner Umgebung liegen; es gibt Faktoren, die mit allen Übergängen teilweise innen, teilweise außen liegen. Denken wir etwa an die Gase, an das Wasser, oder an Salzionen. Gerade das Beispiel der Ionenaufnahme zeigt uns, daß bei den physiologischen Prozessen Stoffe unmittelbar beteiligt sein können, die räumlich außerhalb der Zellen liegen; dabei ist aber der Austausch der an Kolloidteilchen des Bodens adsorbierten Ionen durch die von der Pflanze freigegebenen Wasserstoffionen ein einheitlicher Prozeß. Auf dem Wege der von der Pflanze bewirkten Ionenwanderung von Kolloidteilchen des Bodens zu den Poren der Zellmembranen und zu den Plasmagrenzschichten läßt sich kein Punkt angeben, von dem man sagen könnte, er bezeichne die Grenze zwischen innen und außen.

Die in der Physiologie übliche Unterscheidung von inneren und äußeren Faktoren deckt sich natürlich nicht mit der Unterscheidung von erblichen Faktoren und denen der Umwelt; denn wenn wir einen bestimmten physiologischen Prozeß, etwa eine Stoffwechselleistung oder eine Restitution analysieren, gehen wir dabei von „Innen“-Bedingungen aus, die ihrerseits erst durch das Zusammenwirken von Erbgut und Umwelt entstanden sind.

Das ist oft übersehen worden, wenn man darüber stritt, ob die Entwicklung mehr von der Erbanlage oder mehr von den Außenfaktoren abhängt. Und doch hat schon vor einem halben Jahrhundert KLEBS betont, daß die inneren Bedingungen, von denen der Physiologie spricht, das Resultat einer Wechselwirkung der „spezifischen Struktur“ mit den „äußeren Bedingungen“ sind, und daß sich diese inneren Bedingungen dementsprechend auch immer wieder ändern müssen, da ja die veränderten äußeren Faktoren fortgesetzt mit ebenfalls veränderten inneren Bedingungen in Wechselwirkung treten.

Das Erbgut, den „Idiotypus“, setzen wir in der Physiologie im engeren Sinne als gegeben voraus. Den Mechanismus der Übertragung des Erbguts von einem Individuum zu einem anderen der nächsten Generation zu erforschen, ist Aufgabe eines selbständig gewordenen Spezialzweiges der Physiologie, nämlich Aufgabe der Genetik.

Beim Erbgut unterscheiden wir bekanntlich Genom, Plasmon und Plastidom (Genotypus, Plasmotypus und Plastidotypus). Haben wir die ganze Entwicklung im Auge, so dürfen wir im allgemeinen sagen: Jede Entwicklungsbesonderheit (einschließlich der Entwicklung der chemischen und physikalischen Bedingungen in der Zelle, von denen die Stoffwechselleistungen abhängen) ist entweder durch eine Verschiedenheit der genetischen Zusammensetzung oder durch eine Verschiedenheit der äußeren Faktoren bedingt. (Dabei meinen wir in erster Linie die äußeren Faktoren, die auf das betreffende Individuum zu irgendeinem Zeitpunkt einwirken; müssen aber gelegentlich noch die äußeren Faktoren hinzuziehen, die auf eines der Elterindividuen eingewirkt haben.) Haben wir einen bestimmten

Abschnitt des individuellen Lebens im Auge, so dürfen wir sinngemäß sagen, daß sich jede Besonderheit aus inneren oder äußeren Faktoren erklärt.

3. Variabilität.

Ursachen der Variabilität. Wir sagten, daß sich die Entwicklung eines Organismus mit erstaunlicher Genauigkeit voraussagen läßt. Diese Möglichkeit findet aber ihre Grenzen. Die einzelnen Individuen, oder die einzelnen gleichwertigen Organe eines Individuums unterscheiden sich quantitativ etwas voneinander. Diese Variabilität ist aus Gründen der Kausalität selber unvermeidlich; denn auch die die Entwicklung steuernden inneren und äußeren Faktoren variieren etwas. Die inneren Faktoren variieren bekanntlich schon deshalb, weil die einzelnen Individuen genetisch nicht völlig übereinstimmen. Das Variieren der äußeren Faktoren ist einleuchtend, weil die einzelnen Individuen bzw. die einzelnen Organe eines Individuums (z. B. die einzelnen Blätter) unterschiedlichen Konzentrationen der Nährstoffe, unterschiedlichen Feuchtigkeitsverhältnissen, Lichtbedingungen usw. ausgesetzt sind.

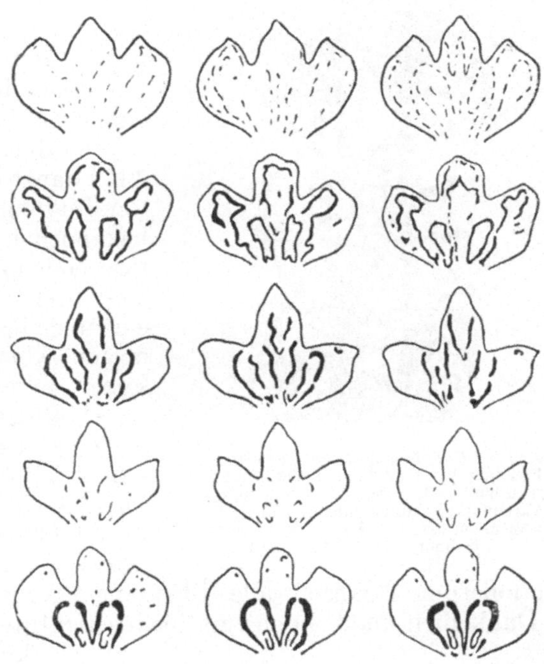

Abb. 2. Unterlippen von *Orchis maculatus.* Je 3 Blüten von einer Pflanze stammend. Große Ähnlichkeit bei Blüten einer Pflanze, aber starke Verschiedenheit bei Blüten verschiedener Pflanzen. Die Variabilität ist also zum größten Teil durch eine genetische Verschiedenheit bedingt. (Nach SCHMUCKER und GRIFFEL.)

Es bereitet praktisch große Schwierigkeiten, Variationen etwa in der Größe der Blätter, im Gewicht der Samen usw. im Einzelfalle auf eine Verschiedenheit der Bedingungen zurückzuführen. Jedoch wissen wir aus der Erfahrung zum mindesten so viel, daß diese Variabilität erblich gleicher Einheiten zum größten Teil durch das Variieren der Außenfaktoren bedingt ist; denn wenn wir 2 Individuen oder 2 Organe, die unter sehr gleichartigen Bedingungen entstanden sind, miteinander vergleichen, z. B. die beiden einander gegenüberstehenden Primärblätter einer Keimpflanze, so finden wir, daß sie sich nur relativ wenig voneinander unterscheiden.

Wie sehr die Variabilität in manchen Fällen durch eine faßbare Verschiedenheit der inneren Faktoren, spezieller gesagt durch eine unterschiedliche erbliche Struktur bei Individuen ein und derselben Art bedingt sein kann, mag uns das Beispiel der Zeichnungsmuster in den Blüten mancher Orchideen liefern. Diese Zeichnungsmuster können nämlich in Blüten ein und desselben Individuums recht übereinstimmend sein (obwohl diese Blüten nicht gleichzeitig, also nicht unter völlig übereinstimmenden äußeren Faktoren entstanden sind), während sie bei Blüten verschiedener Individuen sehr stark voneinander abweichen (Abb. 2).

An anderen Pflanzen hingegen ist erkannt worden, daß sich die zunächst zufällig erscheinende Variabilität in der Musterbildung auf den Blüten ein und desselben Individuums leicht aus der Verschiedenheit äußerer Faktoren erklärt, weil es nämlich (nach den Untersuchungen von HARDER und Mitarbeitern) ein junges Knospenstadium gibt, in dem geringe Verschiedenheiten der äußeren Bedingungen, namentlich der Temperatur, einen starken Einfluß auf die erst viel später deutlich werdende Musterbildung haben (Abb. 3).

Abb. 3. *Petunia grandiflora „Kriemhilde"*. Freilandpflanze mit 2 rein blauen und 2 verschieden stark geschreckten Blüten. Die Variabilität ist durch unterschiedliche Temperatureinflüsse auf die einzelnen Knospen bedingt. (Nach SCHRÖDER.)

Die durch die Verschiedenheit der auf die Pflanze einwirkenden Faktoren bedingten Bildungsabweichungen bezeichnen wir bekanntlich als Modifikationen. Die modifizierenden Einwirkungen greifen an irgendeiner Stelle in das physiologische Geschehen ein und bedingen dadurch dessen geänderten Ablauf, während die Erbstruktur selber unverändert bleibt.

Fluktuierende Variabilität. Oft zeigt sich bei einer Untersuchung des Einflusses verschieden starker Veränderung der Außenfaktoren auch eine *gleitende* Modifizierung der Formbildungsvorgänge. Zum Beispiel können wir zwischen normal geformten und etiolierten Pflanzen alle Übergänge gewinnen, indem wir Pflanzen bei Dunkelheit und bei den verschiedensten Intensitäten und Mengen von Licht kultivieren. Ebenso erzielen wir nach der Darbietung verschiedener Nährstoffmengen eine gleitende Beeinflussung der Erntegewichte, die diesen unterschiedlichen Nährstoffgaben entspricht.

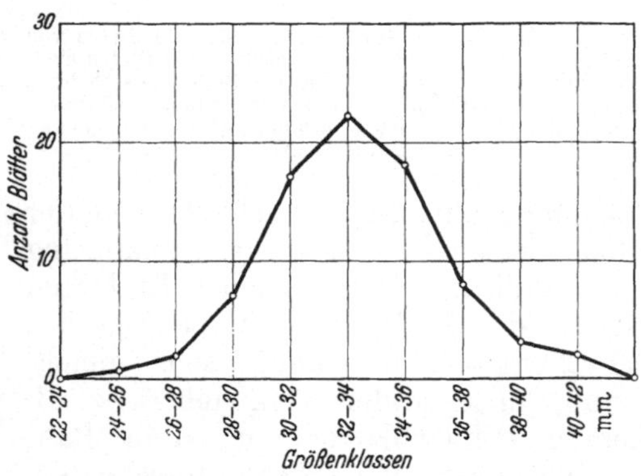

Abb. 4. Bei 80 gleichaltrigen und unter möglichst gleichen Bedingungen aufgewachsenen Keimpflanzen einer *Soja*-Sorte wurde die Länge des kleineren der beiden Primärblätter bestimmt. Sie betrug im Durchschnitt 33 mm. Weiterhin wurde bestimmt, wie oft die einzelnen Größenklassen dieser Länge des kleineren Primärblattes vorkommen. Es ergibt sich die typische Zufallskurve.

Durch das Zusammenwirken der verschiedenen Faktoren ergibt sich bekanntlich eine Kurve für die Häufigkeit verschieden starker Modifikationen, die mit einer Zufallskurve (Binomialkurve) übereinstimmt (Abb. 4). Wir erklären das daraus, daß eine Kombination von Faktoren, die alle zur Richtung auf einen bestimmten Extremzustand modifizierend wirken, unwahrscheinlich ist, vielmehr relativ am häufigsten solche Kombinationen von Außenfaktoren sein werden, in denen sich Einflüsse, die zu einem Extrem hinarbeiten, mehr oder weniger die Waage halten mit anderen, die zu einem anderen Extrem hinarbeiten.

Die Variationsbreite, die in der Form der Kurven zum Ausdruck kommt, hängt natürlich einerseits davon ab, wie stark die Pflanze auf eine bestimmte Abweichung von den mittleren Bedingungen reagiert, und andererseits wird sie von der Größe dieser Abweichungen mitbestimmt.

Wenn aus inneren Gründen bestimmte Extremwerte, etwa in der Länge von Organen, nicht überschritten werden können, ergeben sich unsymmetrische Kurven, die vielleicht sogar häufiger sind als die symmetrischen (Abb. 5).

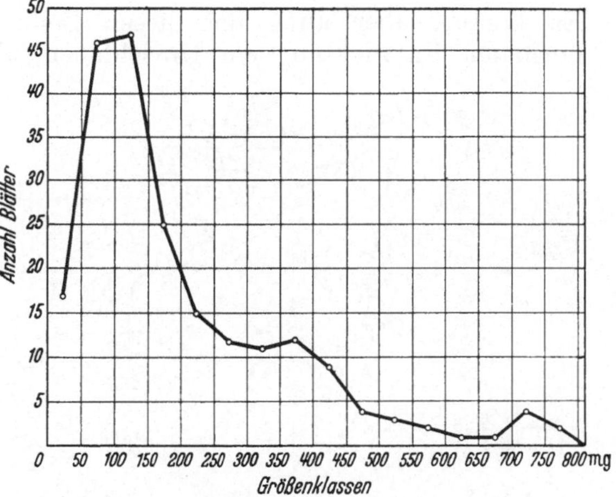

Abb. 5. Insgesamt 211 Blätter von *Cornus mas* wurden in Gewichtsklassen von 0—50, 50—100 mg usw. eingeteilt. Die Kurve zeigt, wie viele Blätter auf die einzelnen Klassen entfielen. Es ergibt sich eine unsymmetrische Kurve.

Alternative Variabilität. Es kommt aber bei solchen Modifikationen auch ein qualitatives, nicht durch Übergänge verbundenes Umschlagen vor. Ein bekanntes Beispiel für diese alternative Variabilität bieten die „umschlagenden Sippen" von *Dipsacus silvestris*. Diese Pflanze zeigt bei guter Ernährung nicht mehr den Normalwuchs, sondern eine Zwangsdrehung (Abb. 6).

Solches Umschlagen, das immer dann auftritt, wenn Zwischenformen aus inneren Gründen nicht möglich sind, ist für uns noch in einem allgemeineren entwicklungsphysiologischen Zusammenhang interessant. Wir dürfen ja nicht nur die Formbeeinflussung der Gesamtpflanze bzw. einzelner Organe als Modifikation betrachten. Auch die normale Herausdifferenzierung der verschiedenartigen Organ-, Gewebe- und Zelltypen müssen wir dem Wesen nach zum Teil als Modifikation ansehen, wenngleich diese Differenzierung zur Hauptsache nicht durch Verschiedenheiten der außerhalb der Pflanze liegenden Faktoren bedingt ist, sondern durch Verschiedenheiten innerhalb der Pflanze selber, aber außerhalb der betreffenden Gewebe usw. Die Zellen eines Gewebes können z. B. infolge der verschiedenartigsten Bedingungen, denen sie ausgesetzt sind, unterschiedliche Größen mit allen Übergängen besitzen.

Abb. 6a u. b. *Dipsacus silvestris*. Pflanzen einer zwischen normalem (a) und zwangsgedrehtem (b) Wuchs „umschlagenden Sippe". (Nach DE VRIES aus BAUR.)

Es kommt aber auch bei diesen Zellmodifikationen im Verlaufe der normalen Entwicklung ein Umschlagen, also eine alternative Variabilität vor. So kann die Zelle durch die auf sie einwirkenden modifizierenden Einflüsse z.B. entweder zu einer Parenchymzelle oder zu einer Sklerenchymzelle werden, ohne daß man Übergänge findet (Abb. 7).

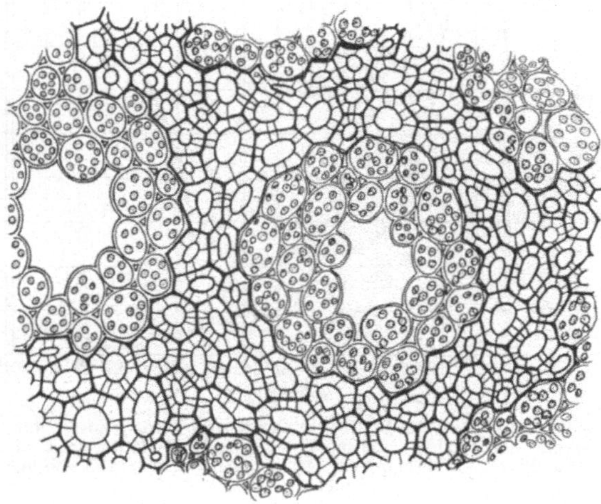

Abb. 7. Flächenschnitt durch das Blatt von *Capparis aphylla*. Der Schnitt zeigt das subepidermale Gewebe mit 2 Atemhöhlen (unter den mit der übrigen Epidermis abgetrennten Spaltöffnungen). In der Nähe der Atemhöhlen entwickelt sich chlorophyllhaltiges Gewebe. In größerer Entfernung macht sich der Einfluß der Spaltöffnungen bzw. Atemhöhlen nicht mehr bemerkbar; es entwickeln sich dann Sklerenchymzellen. Übergänge zwischen diesen beiden Modifikationen der Blattmesophyllzellen gibt es nicht.

Die alternative Variabilität kann also entweder die ganze Pflanze, oder — im anderen Extrem — die einzelnen Zellen betreffen. Sie kann auch die einzelnen Organe betreffen, also etwa die normale Herausdifferenzierung der verschiedenen ohne Übergänge bestehenden Organe. Es kommt sogar vor, daß ein und derselbe Organtyp an einer Pflanze alternierend variiert. Als Beispiel hierfür seien die Blätter von *Ficus diversifolia* genannt. Die Blätter können, je nach den äußeren Bedingungen, zwei verschiedene Formen annehmen (Abb. 8). Dabei braucht aber nicht die ganze Pflanze umgestaltet zu sein, sondern an einer Pflanze mit Blättern der einen Form können auch Zweige mit Blättern der anderen Form vorkommen. Ferner kann hier auf den nicht durch Übergänge verbundenen Unterschied von Jugend- und Folgeblättern, überhaupt auf die Heterophyllie bei manchen Pflanzen hingewiesen werden (Abb. 9). Für diese Unterschiede sind teilweise mehr die sich allmählich ändernden äußeren Faktoren, z. B. das Licht, teilweise mehr die sich ebenfalls allmählich ändernden inneren Verschiedenheiten, z. B. das Altern verantwortlich. Trotz der *gleitenden* Veränderung der Bedingungen sind die Blätter jedenfalls sehr häufig *entweder* vom Typ der Jugendblätter *oder* vom Typ der Folgeblätter, und nur selten gibt es Übergänge.

Abb. 8. *Ficus diversifolia*. Je nach den Bedingungen (wohl besonders den Lichtverhältnissen) bilden sich an ein und derselben Pflanze Blätter des einen oder solche des anderen Typs. Übergänge kommen gewöhnlich nicht vor.

Als weiteres willkürlich herausgegriffenes Beispiel sei noch erwähnt, daß bei manchen Farnen qualitativ stark verschiedene Wedelabschnitte vorkommen, sterile und anders gestaltete fertile. Auch das ist das Resultat eines alternativen Reagierens auf die Bedingungen, denen diese Teile ausgesetzt sind.

Ebenso kann hier auf die Blütenbildung verwiesen werden. Wenn wir die äußeren Bedingungen gleitend verändern, so können wir, etwa wenn es sich um eine Variation der Tageslänge handelt, ein umschlagendes Reagieren der Vegetationspunkte beobachten: Entweder er bleibt noch vegetativ oder er gestaltet sich vollständig zum Blütenvegetationspunkt um.

Endlich sei hier an das alternative Reagieren bei der Geschlechtsbestimmung erinnert. Jede Zelle zeichnet sich durch eine bisexuelle Potenz aus, und es hängt von der genetischen Konstitution oder (bei phänotypischer Geschlechtsbestimmung) von anderen Bedingungen ab, ob die männliche oder die weibliche Potenz zur Entfaltung kommt. Wenn wir nun (im Falle der phänotypischen Geschlechtsbestimmung) die Außen- bzw. die durch die Außenbedingungen mitbestimmten Innenbedingungen allmählich ändern, so finden wir ein alternatives Reagieren; entweder werden in der Zelle die männlichen oder die weiblichen Potenzen realisiert.

Abb. 9. Heterophyllie bei *Drynaria rigidula*. Aus den Blattanlagen können entweder Laub- oder Nischenblätter werden. Die Entwicklungsrichtung ist von den jeweiligen Bedingungen abhängig. Übergänge bestehen gewöhnlich nicht.

Analyse der alternativen Variabilität. Mit dem letztgenannten Beispiel ist zugleich eine vorläufige Antwort auf die Frage nach den Ursachen umschlagenden Reagierens gegeben: Es kann sich um das *Auswählen zwischen 2 Anlagen* handeln. Und noch klarer wird dieses Prinzip, wenn sich die beiden Anlagen mit einem Paar alleler Gene in Zusammenhang bringen lassen. So erscheint der sog. *Dominanzwechsel* der Gene als ein Sonderfall des alternativen Reagierens. Zum Beispiel können äußere Bedingungen darüber entscheiden, ob in einer Heterozygoten ein Gen die für die betreffende Merkmalsbildung notwendige Aktivität erreicht oder nicht.

Es ist natürlich bequem, zu sagen, beim alternativen Reagieren handle es sich allgemein um die Entscheidung zwischen zwei nebeneinander liegenden Potenzen, etwa zwischen der Potenz zur vegetativen Entwicklung und der zur Blütenbildung. Aber das ist nicht mehr als eine bildhafte Beschreibung der Beobachtungen selber.

Nicht analysierbare Variabilität. Gelegentlich ist, namentlich im Anschluß an neuere physikalische Betrachtungen, die Frage aufgeworfen worden, ob die Variabilität nicht zum Teil durch Schwankungen in den mitwirkenden äußeren Faktoren bedingt ist, die prinzipiell nicht faßbar sind, weil sie in der Größenordnung von physikalischen Vorgängen liegen, die sich nur Gesetzen statistischer Wahrscheinlichkeit unterordnen lassen. Es könnte z. B. sein, daß das Massenwirkungsgesetz nicht mehr auf solche Zellvorgänge anwendbar ist, die feine Unterschiede der Blattform, Blattgröße usw. steuern.

Das Massenwirkungsgesetz gilt nur, wenn eine ausreichend große Zahl von Molekülen an der Reaktion beteiligt ist, nur dann können wir sagen, daß im Zeitpunkt t 1/n aller Moleküle M die Reaktion R durchgeführt haben wird. Beim Vorliegen einer zu geringen Zahl von Molekülen aber machen sich zufällige Schwankungen bemerkbar. Diese Möglichkeit müssen wir durchaus offen lassen, aber sie trifft höchstens, wie sich aus den obigen Darlegungen ergibt, für einen kleinen Rest der Variabilität zu. Wir wissen, daß selbst von den höchst wirksamen Hormonen, Fermenten usw.

in jeder Zelle noch Tausende und Zehntausende von Molekülen vorhanden sind, verstehen daher auch, warum — wie die Erfahrung lehrt — die Variabilität zum größten Teil durch erkennbare Schwankungen der beteiligten Faktoren bedingt ist.

Dagegen können ziemlich ansehnliche zufällige Verschiedenheiten infolge einer Mutation auftreten. Den Eintritt einer Mutation können wir im Einzelfalle nicht voraussagen, und so entsteht durch die Möglichkeit einer Mutation eine gewisse Unsicherheit in unseren physiologischen Berechnungen. Diese Unsicherheit ist aber für den gewöhnlichen Forschungsbetrieb ziemlich belanglos. die meisten physiologischen Untersuchungen werden durch sie niemals gestört. Auf einzelne Differenzierungen, bei denen Genmutationen eine Rolle spielen, werden wir später eingehen. — Endlich tritt bei gewissen Strahlenwirkungen noch eine Unsicherheit in der Vorhersage des Einzelfalles auf, weil es — etwa bei der Einwirkung von Röntgenstrahlen — im Einzelfalle zufällig bleibt, ob eine zur Tötung führende Absorption stattfindet. P. JORDAN hat auf diese „Unbestimmtheiten“ in der (leider) so genannten Strahlen-„Biologie“ von Bakterien usw. eingehend hingewiesen.

4. Die Bedeutung von Kern und Plasma bei der Entwicklung.

Historisches. Bald nachdem ROBERT BROWN (1831) seine Entdeckung des pflanzlichen Zellkerns veröffentlicht hatte, betonte SCHLEIDEN (1838) die Bedeutung dieses Kerns. In der Folgezeit sahen viele Biologen den Kern nicht nur als einen unentbehrlichen sondern geradezu als den wichtigsten Teil der Zelle an. HABERLANDT etwa suchte nachzuweisen, daß sich der Kern in der Zelle immer dort befindet, wo besonders lebhafte Stoffwechsel- und Formbildungsprozesse ablaufen. Auch KLEBS veröffentlichte (1888) Beobachtungen, die die große physiologische Bedeutung des Kerns schön demonstrieren: Kernhaltige Protoplastenstücke von Algen- und Mooszellen konnten eine Zellmembran regenerieren, kernfreie aber nicht. Doch wurden im Verlaufe der weiteren Zeit viele Beobachtungen gemacht, die vor einer Überschätzung der Leistungen des Kerns warnen.

Sehr treffend sagt schon PFEFFER (1892) in seiner „Pflanzenphysiologie“: „Wachsen und Gestalten kommt nur in stetigem Zusammenwirken zustande, und demgemäß ist die Existenz und der Charakter der Art nicht einseitig im Kern oder im Zytoplasma, sondern in der Vereinigung beider begründet.“ Und wir dürfen auch jetzt noch die Worte PFEFFERS unterstreichen: „Es ist übrigens ganz unverkennbar, daß der Kern, welcher zwar gar oft nebensächlich behandelt worden war, wesentlich durch die Beobachtung auffälliger formativer Vorgänge übermäßig in den Vordergrund des Interesses und der Spekulation gerückt war“.

Die Erfolge der Genetik zwangen uns, dem Zellkern nochmals wieder besondere Aufmerksamkeit zu schenken. Durch CORRENS sind wir zur Entdeckung geführt worden, daß die Gene in den Kernen, und zwar in den Chromosomen lokalisiert sind. Die Bedeutung der Gene für das Entwicklungsgeschehen drängte sich immer mehr auf, so daß man in ihnen oft den eigentlich entscheidenden Faktor der Entwicklung sah, obwohl schon CORRENS (1901) die Bedeutung des Plasmas betonte. Leicht wurde übersehen, daß immer nur feststellbar war, wie sich das Entwicklungsgeschehen beim Hinzutreten bzw. beim Fortfall oder bei der Mutation eines Gens *ändert*. Was aber eigentlich das Gen und was das Plasma leistet, war damit überhaupt noch nicht erkennbar geworden.

Vorläufig ist nur schwer abzuschätzen, in welchem Umfang die Entwicklung und damit deren Resultat, also die Formen und Leistungen der Organe, vom Genom und wieweit sie vom Plasmon und Plastidom bedingt sind.

Neuere Versuche. Es gibt aber Beobachtungen, die uns die Gesamteinflüsse des Kerns vor Augen führen können. HARDER erreichte bei *Pholiota mutabilis* durch Abtrennung der Schnalle, daß in der Zelle beiderlei Plasma, aber nur ein Kern enthalten war. Die Versuche wurden mit einem Mycel durchgeführt, das aus einer Kreuzung zweier verschiedener Rassen gewonnen war, die sich im Habitus unterschieden. Zunächst traten noch Nachwirkungserscheinungen des Zweikernstadiums auf, die auf die Speicherung formbildender kernabhängiger Stoffe, ähnlich wie wir es gleich für *Acetabularia* genauer sehen werden, hinwiesen. Später verschwanden diese Nachwirkungen, und es zeigte sich dann, daß gewisse Eigenschaften nur vom Kern modifiziert werden, andere hingegen auch vom Plasma abhängen, d. h. es trat nicht einfach der Habitus des Elternteils auf, dessen Kern vorhanden war, sondern der Mycelwuchs konnte auch mehr oder weniger dem des Partners entsprechen, von dem das Plasma vorhanden war. Wir sollten hier nicht sagen, daß gewisse Eigenschaften vom Kern und andere vom Plasma bestimmt werden. In allen Fällen werden die Eigenschaften durch die Wechselwirkung von Kern und Plasma bestimmt, beide sind unerläßlich, aber in einzelnen Fällen sind für die auftretenden *Unterschiede* Verschiedenheiten des Kerns, in anderen Fällen (erbliche oder nichterbliche) Verschiedenheiten des Plasmas wichtig.

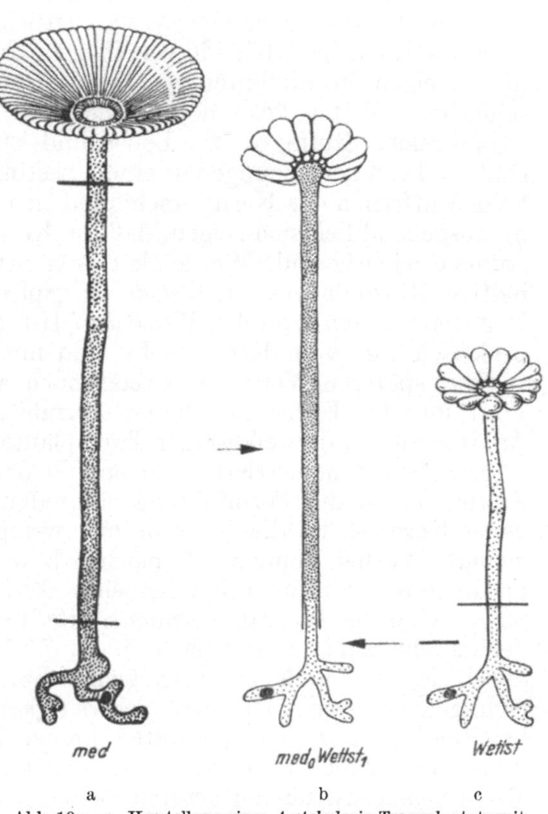

Abb. 10a—c. Herstellung eines *Acetabularia*-Transplantats mit einem kernfreien Stück von *A. mediterranea* und einem kernhaltigen Stück von *A. Wettsteinii*. a *mediterranea*-Pflanze, von der das kernfreie Stück herausgeschnitten wird (zwischen den beiden Strichen); c *Wettsteinii*-Pflanze, von der ein kernhaltiges Hinterstück (unter dem Strich) abgetrennt wird; b das Transplantat aus den beiden abgetrennten Teilen bildet einen *Wettsteinii*-Hut. Die Kerne sind als schwarzer Fleck im Rhizoid eingezeichnet. Schematisiert, Größenverhältnisse zum Teil verändert. (Nach HÄMMERLING.)

Noch ausführlicher haben Versuche von HÄMMERLING und seinen Mitarbeitern an der Alge *Acetabularia* gezeigt, was die Gesamtheit der Kerneinflüsse zu leisten vermag. Die großen Zellen besitzen nur einen Kern, der im Rhizoid liegt (Abb. 10). Durch Abtrennung des Rhizoids kann man daher bei diesem Objekt sehr leicht kernfreie Zellen erhalten. Es hat sich gezeigt, daß kernlose Zellen der *Acetabularia* auf die Dauer nicht lebensfähig sind. Allerdings konnten kernlose Stücke gelegentlich mehrere Monate am Leben gehalten werden, und sie zeigten dabei auch noch ein Formbildungsvermögen. Die Rolle des Kerns wird zunächst schon daran erkennbar, daß die längere Zeit kernfrei gehaltenen Stücke schließlich Formbildungsvermögen und Lebensfähigkeit verlieren, während kernhaltige Teile jahrelang ohne Degeneration am Leben erhalten werden können. Zudem zeigen Teilstücke der *Cymopolia* (ebenfalls zu den Dasycladaceen gehörend), die immer Kerne enthalten, da diese Alge vielkernig ist, ein unbeschränktes Formbildungsvermögen. Weiterhin können nun *Acetabularia*-Teilstücke wieder lebens- und entwicklungsfähig werden, wenn man sie auf kernhaltige Rhizoide verpflanzt. Kernhaltige Stücke „regenerieren" (d. h. zeigen Formbildungsvermögen) fast immer, kernlose Vorderstücke schlechter, Mittelstücke noch schlechter. Offenbar liefert also der Kern irgendwelche Stoffe, die für Leben und Entwicklung der Zellen notwendig sind, und von denen einige mit einem bestimmten Gefälle gespeichert werden; beim Entfernen des Kerns erschöpfen sich diese Stoffe allmählich. Darüber hinausgehend ließ sich zeigen, daß die Kerne auch für die Qualität der Leistungen wichtig sind. Werden kernfreie Stiele von *A. mediterranea* auf kernhaltige Rhizoide von *A. Wettsteinii* gepfropft, so bildet sich im Verlauf der Regeneration ein typischer *Wettsteinii*-Hut (Abb. 10). Die Hutform wird also praktisch nur vom Kern, nicht vom mitübertragenen Plasma bestimmt.

Die späteren Versuche haben noch weitergehende Einblicke in die Funktion des Kerns bei diesen Formbildungsprozessen ermöglicht. Die Analyse ein- und zweikerniger Transplantate zwischen *A. mediterranea* und *A. crenulata* demonstriert noch einmal deutlich die Rolle kernabhängiger Stoffe, die in die Formbildung eingreifen: enthält das Transplantat nur einen Kern, so ist die Formbildung wenigstens zum Schluß immer kerngemäß. Vorher können, offensichtlich weil noch die vom anderen Kern produzierten Stoffe vorhanden sind, Zwischenformen entstehen. Sobald jene noch gespeichert gewesenen Stoffe des nicht mehr vorhandenen Kerns verbraucht sind, macht sich allein die weiterlaufende Stoffproduktion durch den vorhandenen Kern bemerkbar. Diese Erfahrungen und Überlegungen erklären auch ohne Schwierigkeit die weitere Beobachtung, daß bei zweikernigen Transplantaten immer Zwischenformen entstehen, und es ist weiterhin interessant, daß der Grad einer Zwischenbildung vom Mischungsverhältnis der artverschiedenen kernabhängigen Stoffe bestimmt wird. Ob diese von den verschiedenen Kernen gebildeten Stoffe wirklich qualitativ verschieden sind, oder ob es sich vielleicht nur um verschiedene Konzentrationen gleicher Stoffe handelt, ist wohl noch nicht ganz gesichert. Nun hat sich weiterhin, und zwar durch Untersuchungen an *Acicularia Schenckii* gezeigt, daß die genannten Substanzen wohl die Hutgestaltung bestimmen, daß aber für die Hutbildung selber noch andere Stoffe notwendig sind. Man kann das aus folgender Beobachtung schließen: Kulturpflanzen von *Acicularia* schreiten nicht zur Hutbildung, es sind aber doch hutgestaltende Stoffe vorhanden, denn wenn ein kernloses Stück der *Acicularia* auf ein Rhizoid von *Acetabularia mediterranea* verpflanzt wurde, so bildeten sich *acicularia*ähnliche Zwischenhüte. Der Kern von *Acetabularia* lieferte also offenbar einen Hutbildungsstoff, der notwendig war, um die Hutbildung überhaupt eintreten zu lassen; diese Hutbildung aber wurde dann von den gestaltenden Stoffen mitbeeinflußt. Die Hutbildungsstoffe sind nach den genannten Autoren im Gegensatz zu den hutgestaltenden Stoffen nicht artspezifisch. Die Produktion der Hutbildungsstoffe ist anscheinend auch an den Kern gebunden.

Diese Untersuchungen zeigen uns wohl, wie wichtig der Kern für die Formbildung ist; sie erlauben uns aber keinerlei Schluß darauf, welche

Rolle das Plasma bei diesen Vorgängen spielt. Man kann aus den Beobachtungen nur schließen, „daß für diese Merkmale keine oder nur unwesentliche Plasmaunterschiede bestehen, jedoch nicht, daß das Fehlen eines Plasmons wahrscheinlich ist“ (HÄMMERLING).

Solche Versuche wie die HARDERs und HÄMMERLINGs können uns grundsätzlich zeigen, welche modifizierenden Einflüsse bei der Entwicklung vom Kern und welche vom Plasma ausgehen. Wir dürfen diese Einflüsse aber nicht einfach und mit voller Sicherheit mit Genom- und Plasmoneinflüssen identifizieren. Der Kern und das Plasma, mit denen wir experimentieren, haben ja selber erst durch das Zusammenwirken von Genom und Plasmon ihre Fähigkeiten erlangt.

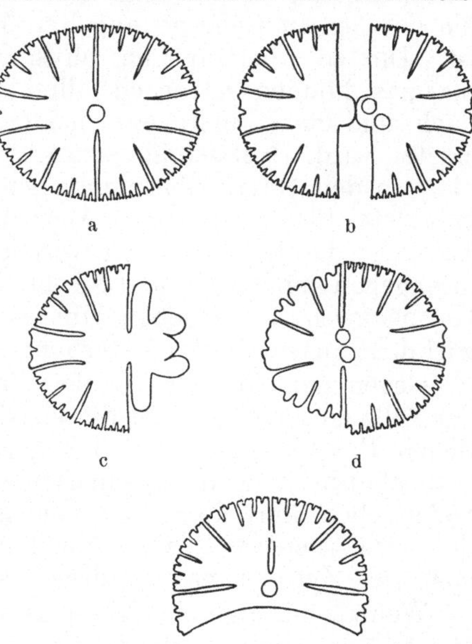

Abb. 11a—e. *Micrasterias Thomasiana.* a normale Zelle; b während der Teilung wurde die Zelle zentrifugiert, so daß eine der beiden Tochterzellen zweikernig, die andere kernlos wurde; c partielle Neubildung der Symmetriehälfte in der kernlosen Zelle; d Neubildung in der zweikernigen Zelle; e eine spontan aufgetretene Variante, einseitigen Ausfall der Seitenlappen zeigend. (Nach WARIS, schematisiert.)

Die Frage, ob für das Entwicklungsgeschehen der Kern oder das Plasma wichtiger sei, ist müßig. Es verhält sich hier wie so häufig bei der physiologischen Analyse von Faktoren: der *variierbare* Faktor drängt sich uns mehr auf und verleitet uns leicht, die anderen als weniger wichtig anzusehen. Das Plasma ist aber genau so notwendig, und wir dürfen es sicher nicht so sehr als einen reinen Nährstofflieferanten für den Kern ansehen, wie es oft geschehen ist.

Plasmaeinflüsse. Wie stark manche Formbildungsprozesse offenbar vom Plasma abhängen, können Versuche von WARIS und von KALLIO an *Micrasterias* zeigen. Werden die Zellen während der Metaphase zentrifugiert, so daß eine der Tochterzellen zwei, die andere keinen Kern erhält, so kann trotzdem auch die kernlose die andere Symmetriehälfte wenigstens partiell neu bilden (Abb. 11). Das gelingt auch dann noch, wenn mit dem Kern der ihn umgebende Teil des Zytoplasmas fehlt, also auch dieses kernnahe Zytoplasma in die zweikernige Zelle gelangt ist. Außerdem wurde eine Variante gefunden, die sich (durch 9 Jahre hindurch) am Ausfall der Seitenlappen auf einer Seite kennzeichnete. Auch die Tochterzellen dieser Verlustvariante zeigen, einerlei ob normal, zweikernig oder kernlos, wieder die gleiche Lücke, wenn sie die Symmetriehälfte ausbilden. Diese Abänderung ist offenbar plasmatisch. Es ist ja auch kaum vorstellbar, wie vom Kern ein Ausfall in der Ausbildung der Symmetrie immer an der gleichen Stelle bedingt sein soll. Offensichtlich ist also die Symmetrie nicht durch den Kern bestimmt, sondern durch ein protoplasmatisches Gerüstwerk, das sehr stabil ist (nur selten traten „Rückmutationen“ auf) und auf die Tochtergenerationen übertragen werden kann. Freilich ist es unvorsichtig, dabei von einer *erblichen* Übertragung zu sprechen. Es dürfte sich eher um eine stabile *Determination* handeln, die der ähnlichstabilen Determination der Polarität vergleichbar ist, welche ja auch auf der Schaffung einer bestimmten Plasmastruktur beruht und in ähnlicher Weise auf Hunderte von Tochterzellen übertragen werden kann. Jene Beobachtungen können also nur zeigen, wie stark vorgebildete Plasmastrukturen die Entwicklung beeinflussen.

Auf die Möglichkeit einer Scheinvererbung durch Übertragung physikalischer Eigenschaften des Zytoplasmas hat übrigens schon GOLDSCHMIDT hingewiesen: Es wäre denkbar, daß solche Eigenschaften wie etwa die für Viskosität, Permeabilität usw. verantwortlichen Struktureigentümlichkeiten übertragen werden. Das wäre natürlich eine Art der Weitergabe, die mit der an Gene gekoppelten Vererbung überhaupt nicht vergleichbar ist. Die so übertragenen physikalischen Eigentümlichkeiten des Zytoplasmas können natürlich allmählich verlorengehen, wenn das Plasma nach und nach unter entscheidender Steuerung der Gene durch neues ersetzt wird. Notwendig ist diese Veränderung selbst dann nicht; denn die von den Eltern übernommenen Strukturen können eben auch das neu gebildete Plasma prägen. Aber die in genetischen Versuchen gefundene Tatsache, daß Disharmonien zwischen Zytoplasma und Genen allmählich verlorengehen können, spricht für ihre Möglichkeit (im Sinne der Ausführungen GOLDSCHMIDTs). Daneben gibt es aber, wie wir jetzt wissen, auch eine wirkliche plasmatische Vererbung (vgl. S. 30ff.).

Gegen den Versuch, in den Zellkernen das einzig „aktive“ Element der Zelle zu sehen, spricht die Existenz kernfreier Zellen, etwa der menschlichen Erythrocyten. Bei den kernfreien pflanzlichen Siebröhren könnte man allerdings noch auf eine enge Wechselwirkung mit den kernhaltigen Geleitzellen hinweisen. Übersehen werden darf schließlich auch nicht, daß viele wichtige Enzyme nicht im Kern, sondern in den Mitochondrien usw. des Zytoplasmas lokalisiert sind.

Wenn somit auch das Zytoplasma einen starken Einfluß auf die Morphogenese hat, steht es doch fest, daß bestimmte komplizierte Leistungen, bzw. bestimmte spezifische Züge der Leistungen in erster Linie durch die Tätigkeit des Kerns möglich werden. Durch den Gehalt an Desoxyribosenukleinsäure wird der Kern für die Synthese komplizierter Eiweiße wichtig, ein Vorgang, der uns beim Studium der Wachstumsvorgänge noch ausführlicher beschäftigen wird. So dürfen wir also diese Betrachtung mit der Feststellung abschließen, daß überall, wo an morphogenetischen Vorgängen kompliziertere Eiweißsynthesen beteiligt sind, die Kerne unbedingt beteiligt sein müssen. Die Ribosenukleotide des Nukleolus sind für die Synthese einfacher Eiweiße vom Histontyp notwendig. Da beide Typen von Nukleoproteiden vom Kern ins Zytoplasma übertreten können (vgl. z. B. MACDONALD, SPARROW und HAMMOND), und zudem der Ribosetyp ohnehin in zytoplasmatischen Elementen (Körnchen usw.) vorkommt, sind Eiweißsynthesen nach dem Entfernen des Kerns oder in Zellorten, die in einem großen Abstand vom Kern liegen, nicht mehr erstaunlich.

5. Genwirkung.

Gene als Katalysatoren und Auswähler. Die Gene sind oft als *die* Erbfaktoren und als die allein entscheidenden Lenker der Entwicklung bezeichnet worden; aber ihre Rolle darf nicht überschätzt werden. Die Gene sind nicht das allein aktive Element, das das übrige Geschehen lenkt und formt. Man darf nicht annehmen, in den Genen seien die Eigenschaften gleichsam präformiert. Die Gene zeichnen sich vor den anderen an der Determination der Entwicklungsschritte beteiligten Faktoren dadurch so sehr aus, d. h. ihre Wirkung wird uns dadurch so deutlich vor Augen geführt, daß sie infolge eines besonderen Mechanismus verschiedenartig umkombinierbar sind.

Wenn wir z. B. ein Gen finden, das für die radiäre Blütenform notwendig ist, so folgt daraus, wie MICHAELIS betont, nicht, daß die Blütenform von einem einzelnen Gen bestimmt wird. Jene Form wird vielmehr vom ganzen genetischen System mit Einschluß des Plasmas bestimmt. Wir untersuchen im speziellen Vererbungsexperiment nur den unterschiedlichen Effekt von 2 Genallelen, die leicht voneinander zu trennen sind, während die übrigen genetischen Komponenten konstant bleiben.

Man gewinnt bei der Untersuchung der Genwirkung sogar oftmals den Eindruck, daß zum mindesten viele Gene nur katalysierend auf ohnehin gegebene, d. h. nicht an diese Gene gebundene Potenzen wirken, auf Potenzen, die auch anders als durch Gene realisiert werden können. An Schmetterlingen ist gezeigt worden, daß die Wirkung bestimmter Gene, etwa bei der Ausbildung des Flügelmusters, auch durch hohe Außentemperatur erzielt werden kann. Bei *Datura* können modifikativ 3 Karpelle entstehen (statt der normalerweise gebildeten zwei); es kann aber auch durch eine Mutation zur Bildung von 3 Karpellen kommen (BLAKESLEE und AVERY). Blüten von *Bellis perennis* können sowohl infolge einer Mutation als auch modifikativ gefüllt sein.

Auch beispielsweise mit den Genen, die für die sexuelle Differenzierung entscheidend sind, erhalten die Individuen nicht etwa die sexuellen Potenzen, sondern die Gene wirken nur als Realisatoren einer dieser beiden Potenzen, die gemäß der allgemeinen bisexuellen Potenz in jedem Geschlechtsindividuum ohnehin, und zwar immer gleichzeitig vorhanden sind (CORRENS, HARTMANN).

So ist es, nebenher bemerkt, auch nicht mehr erstaunlich, daß es sowohl Organismen mit genotypischer als auch solche mit phänotypischer Geschlechtsbestimmung gibt. Es kann eben sowohl genotypisch als auch phänotypisch erreicht werden, daß die innere Konstitution (Anreicherung bestimmter „Termone“) geschaffen wird, die zur Realisierung des einen oder des anderen Geschlechts notwendig ist. Worin die bisexuelle Potenz eigentlich besteht, ist unbekannt; wir wissen von ihr nicht, „ob sie eine auf dem Vorhandensein bestimmter Gene beruhende Eigenschaft oder eine andere allgemeine bipolare Reaktionsfähigkeit der Organismen bzw. Zellen darstellt“ (HARTMANN). HARTMANN unterscheidet von der bisexuellen Potenz treffend den bisexuellen genetisch gekennzeichneten AG-Komplex im Sinne von CORRENS (A ist der Genkomplex, der für die Ausbildung der primären männlichen Geschlechtsorgane, Antheridien, Staubblätter entscheidend ist, G ist der für die Ausbildung der primären weiblichen Geschlechtsorgane, Oogonien, Fruchtblätter wichtige Genkomplex). Vom AG-Komplex in diesem Sinne können wir uns schon bestimmte Vorstellungen machen, während uns die zytologische Grundlage jener bisexuellen Potenz noch unbekannt ist.

Man hat nach diesen Erfahrungen über die Leistungen der Gene die Ausbildung eines Merkmals als „Resultante zahlreicher genabhängiger synergischer und antagonistischer Teilvorgänge“ aufgefaßt, „die einzeln durch Mutationen und Außeneinwirkungen in ihrem Verlauf abgeändert werden können“ (KÜHN).

Pleiotropie und Wechselwirkung der Gene. Aus diesen Darlegungen wird auch verständlich, daß ein Gen nicht fest mit dem Auftreten einer bestimmten Eigenschaft verknüpft sein muß, sondern daß es auf die Ausbildung der verschiedensten Merkmale einwirkt, eine Erscheinung, die als Pleiotropie oder Polyphänie der Gene bezeichnet wird; und andererseits ein bestimmtes Merkmal durch zahlreiche Gene beeinflußt werden kann. So wurde z. B. durch Kreuzung eines Kurztagtabaks mit einem tagneutralen Tabak gefunden, daß der Kurztagcharakter durch einen Faktor bedingt ist, von dem aber nicht nur die Blütenbildung, sondern auch Verzweigung und Längenwachstum abhängen, während andererseits z. B. für das Längenwachstum noch andere Gene vorhanden sind.

Die Notwendigkeit mehrerer Gene für die Ausbildung eines bestimmten Merkmals kann sich im einfachsten Fall so erklären, daß jedes Gen für die Produktion einer bestimmten Substanz notwendig ist, und die verschiedenen so entstandenen Substanzen dann gemeinsam reagieren müssen, um weitere Verbindungen aufzubauen. So könnte man es etwa verstehen, daß bei *Rudbeckia hirta* für die Violettfärbung 2 Gene notwendig sind, von denen keines allein die Farbstoffbildung ermöglicht (Blakeslee).

Abb. 12. Heterosis bei *Streptocarpus*. Links *Str. grandis*, rechts *Str. Rexii*, Mitte links *grandis* × *Rexii*, Mitte rechts *Rexii* × *grandis*. (Nach Beuttel.)

Bei Erbsen erwies sich ein Gen als entscheidend dafür, daß die Blüten überhaupt farbig werden können, vier weitere Gene bestimmen die Intensität der Färbung. Bei der gleichen Pflanze sind für die Chlorophyllbildung vier Gene notwendig, ebenfalls mehrere Gene für die Determination der Internodienlänge (vgl. Crane und Lawrence).

Damit, daß zahlreiche Gene für ein Merkmal notwendig sind, mag es auch zusammenhängen, daß Mutationen ganz verschiedener, nicht alleler Gene eine ähnliche Änderung des Phänotyps bedingen können („Heterogenie gleicher Phäne", Stubbe).

Es sind auch neben Additionswirkungen verschiedener Gene erheblich kompliziertere wechselseitige Beeinflussungen ermittelt worden.

Hinzu kommt noch, daß die Gene sich wechselseitig beeinflussen; z. B. gibt es bei *Pisum* ein Gen, das ein anderes Gen, nämlich ein die Färbung der Samenschale bestimmendes, vom rezessiven in den dominanten Zustand überführt. Eine Wechselwirkung zwischen verschiedenen Genen ist auch schon dadurch aufgefunden worden, daß Gene festgestellt werden konnten, welche für die normale Verteilung der Chromosomen in der Teilungsspindel, für die Fähigkeit, sich paarweise aneinanderzulegen und nachher wieder zu trennen, wichtig sind. Endlich demonstriert auch die gelegentlich gefundene Abhängigkeit der Wirkung eines Gens von seiner Lage im Chromosom („position-effect") eine wechselseitige Genbeeinflussung.

Heterosis. Ein entwicklungsphysiologisch interessantes Beispiel für die Wechselwirkung von Genen ist die Erscheinung der Heterosis, also das Luxurieren von Bastarden (Abb. 12). Bastarde sind oft größer als die

Elternformen, die Internodien können verlängert, die Anzahl der Blätter, Blüten und Früchte vergrößert sein.

Die Ansichten über die Ursachen der Heterosis sind noch geteilt. Nach SHULL (1914) haben sich vor allem JONES, EAST, ASHBY und OEHLKERS mit dieser Frage befaßt. Das Luxurieren erklärt sich offenbar wenigstens teilweise aus der Kombination verschiedener dominanter Gene. Doch ist auch z. B. schon von SHULL angenommen worden, daß der heterozygote Zustand selber eine Förderung bedingen kann. Die entwicklungsphysiologische Problematik der Heterosis wird in Arbeiten von ASHBY und neuerdings vor allem durch Untersuchungen von OEHLKERS und BEUTTEL bearbeitet. Nach ASHBY können schon die Embryonen der heterotischen Bastarde größer sein als die Elternpflanze; und hierin sieht ASHBY in solchen Fällen die ausreichende Erklärung für die größere Wuchsleistung bei der weiteren Entwicklung. ASHBY betonte neuerdings, daß die Heterosis ganz verschiedene Ursachen haben kann.

BEUTTEL hat die Heterosis an *Streptocarpus* eingehend vom entwicklungsphysiologischen Standpunkt aus untersucht. Bei diesem Objekt hatten die Embryonen nicht einen solchen Vorsprung, wie ASHBY ihn gefunden hatte. Weiterhin wurde gezeigt, daß die Wachstumsperiode bei den *Streptocarpus*bastarden nicht länger anhält als bei den Elternpflanzen. Gegen die Ansicht, daß eine größere meristematische Ausgangszone im Sinne jener Vorstellung ASHBYs für das stärkere Wachstum entscheidend ist, spricht ferner, daß auch nicht an die meristematische Ausgangszone gebundene Leistungen gesteigert sind; z. B. die Regenerationstätigkeit von Blattstecklingen. Die Versuche ergaben, daß nur die erhöhte Teilungsrate für die Heterosis dieses Objekts entscheidend sein kann.

Wenn wir die Heterosis durch die Kombination gleichsinnig wirkender Gene erklären, so müßten wir also wohl für *Streptocarpus* annehmen, daß es sich um Gene handelt, die die Zellteilung beeinflussen. Damit wird nicht ausgeschlossen, daß bei anderen Objekten die Kombination andersartiger Gene entscheidend ist. Bei *Epilobium* ließ sich ferner zeigen, daß die Heterosis auch plasmatisch, z. B. durch günstige Umkombination der plasmatischen Erbträger bedingt sein kann (MICHAELIS).

Wie wenig wir hier eine Erklärung als allgemeingültig ansehen dürfen, zeigt das Auffinden einer monohybrid bedingten Heterosis bei *Antirrhinum majus* durch STUBBE und PIRSCHLE (sonst tritt die Heterosis nur bei der Bastardierung verschiedener Rassen bzw. Arten auf, also bei polygener Verschiedenheit der beiden Eltern; und daher kann in diesen anderen Fällen nicht entschieden werden, ob der heterozygote Zustand selber stimulierend wirkt oder die Kombination von Genen entscheidend ist). Bei jenen *Antirrhinum*-Versuchen bedingte ein Gen, das im homozygot mutierten Zustand zum Leistungsabfall führte, im heterozygoten Zustand einen starken Leistungszuwachs. In diesem Falle beruhte übrigens der Leistungszuwachs auf stärkerem Wachstum in den ersten Entwicklungsstadien nach der Keimung.

Die Erhöhung des Selektionswertes durch Heterosis ist oft festgestellt worden, so mag es auch eine Berechtigung haben, den Sinn der doppelten Befruchtung bei den Angiospermen darin zu sehen, daß das Endosperm sich infolge heterotischer Effekte besser entwickeln kann.

Analoge Gene. Die Besonderheiten der einzelnen Rassen, Arten usw. sind durch das Zusammenwirken von Genom, Plasmon und Plastidom bedingt. Darum brauchen aber die einzelnen Gene durchaus keine artspezifischen Anlagen zu sein. Zum mindesten viele Gene scheinen bei den verschiedensten Formen vorzukommen, denn wir kennen bei Pflanzen ganz verschiedener systematischer Zugehörigkeit Mutationen gleicher Art. An einer Sorte von *Matthiola incana* sind gleiche Mutationen beobachtet worden, wie sie von *Antirrhinum* bekannt sind. Auch die Gleichheit der Mutationsschritte, die bei Buche, Haselnuß, Holunder und Erle zu Schlitzblättrigkeit (Abb. 13), oder bei Walnuß, Esche und Himbeere zu Ganzrandigkeit, oder bei verschiedenen Arten zu Rotblättrigkeit führen kann, sei hier erwähnt. Ebenso sind fadenblättrige Mutanten in verschiedenen Familien beobachtet worden. So einerseits bei der Tomate (Abb. 14) und andererseits bei *Nicotiana tabacum*. Auch bei *Mercurialis annua* ist eine haarblättrige Form beobachtet worden; und bei *Antirrhinum* wurde ebenfalls eine Form *phantastica* mit unvollständigen Spreiten gefunden. Bei *Fagus silvatica* ist eine Form *(asplenifolia)* bekannt, die einer entsprechenden Mutante anderer Arten (z. B. *Tectona grandis*) sehr ähnlich ist (Abb. 15).

Abb. 13. Mutative Schlitzblättrigkeit von *Sambucus nigra* (oben), *Corylus avellana* (Mitte) und *Juglans regia* (unten). Rechts daneben jeweils die Normalform.

Solche Beispiele ließen sich in großer Zahl nennen, und ich erwähne nur noch, um auch physiologisch wichtige Mutationen zu berücksichtigen, daß bei vielen Arten, namentlich bei Pilzen ganz verschiedener systematischer Stellung Mutationen auftreten können, die den Verlust der Fähigkeit zur Synthese bestimmter Wuchsstoffe, Vitamine usw. bedingen. Wir wissen und werden auf den nächsten Seiten noch ausführlicher darüber sprechen, daß diese Fähigkeiten an einzelne Gene gebunden sind.

Gerade die letztgenannten Beobachtungen unterstützen die Vermutung, daß alle Pflanzen vielleicht genisch ähnlich gleichartig zusammengesetzt sind, wie sie fermentmäßig, hormon- und vitaminmäßig in groben Zügen gleichartig zusammengesetzt sind, obwohl aus den genannten Tatsachen

Abb. 14. Normalform und schmalblättrige Mutante der Tomate. (SCHIEMANN.) Photo SCHMID.

nicht mit Sicherheit auf die Identität der Gene geschlossen werden darf. Feststellbar ist ja nur die Analogie ihrer Wirkungen. Natürlich mag es sein, daß ein bestimmtes Gen bei einer Art oder Gattung fehlt, so wie auch ein bestimmtes Vitamin oder Hormon einmal fehlen kann.

Abb. 15. Parallelmutation zu Blättern mit partiellem Spreitenverlust bei *Tectona grandis* (links) und *Fagus silvatica* (rechts).

Genwirkketten. Neuerdings sind sowohl an zoologischen als auch an botanischen Objekten Ansatzpunkte für eine Analyse der „Genwirkketten" gewonnen worden, d. h. wir erhalten die ersten Einblicke in die von den Genen ausgelösten Vorgänge, die schließlich zur Merkmalsbildung führen. Man darf sich aber nicht etwa vorstellen, daß ein Gen eine Kette von Vorgängen selbständig einleite und steuere. Jeder Prozeß innerhalb der Zelle ist von vielen Außen- und Innenfaktoren abhängig, und wenn wir die Wirkkette eines bestimmten Gens untersuchen, so bedeutet das nur: wir untersuchen, welche *Änderung* der Ablauf des physiologischen Geschehens beim Hinzutreten oder Fehlen dieses einen Gens erfährt. Die Änderung kann z. B. im Auftreten bzw. Fehlen eines Wirkstoffes bestehen. Wir erinnern hierzu an die genisch kontrollierte Bildung von Formbildungsstoffen bei *Acetabularia.* Eine genauere Analyse ist bei der Mehlmotte *Ephestia kühniella* namentlich durch KÜHN und seine Mitarbeiter gelungen; hier wird beim Vorhandensein eines bestimmten Gens ein bestimmter Stoff in das Blut ausgeschieden, welcher die Bildung von dunklem

Pigment in den Augen bedingt. Genauer genommen verhält es sich dabei so, daß das Gen die Bildung eines Fermentes bedingt, welches Tryptophan in sein Derivat Kynurenin umsetzt, während dieses Kynurenin zusammen mit anderen Stoffen Augenpigment zusammenbaut. Auch an Pflanzen sind solche genabhängige Wirkstoffe untersucht worden, und auch hier scheint es sich nicht um Stoffe zu handeln, die so höchst spezifisch sind, daß man sie als Glieder einer artspezifischen Wirkkette zwischen Gen und Merkmal auffassen könnte. Durch Pfropfversuche konnte PIRSCHLE nachweisen, daß der einen vorzeitigen Chlorophyllabbau bedingende Wirkstoff von *Petunia* auch in *Nicotiana*, *Solanum Lycopersicum* und *Hyoscyamus* wirkt. Auch Beobachtungen STEINs weisen auf die Existenz genabhängiger Wirkstoffe. Eine Tomatensippe, die durch Chlorophyllarmut und Zwergwuchs ausgezeichnet ist, wurde auf eine normale Unterlage gepfropft. Im Pfropfreis blieb die Chlorophyllarmut bestehen, aber die Wuchsform wurde normal. Dann sei hier noch auf eine interessante Beobachtung SCHIEMANNs hingewiesen; bei *Antirrhinum majus mutatio filiformis* fand sich eine Chimäre mit einer Epidermis, die zu *graminifolia* mutiert war. Die subepidermalen Schichten blieben, wie die Prüfung der Nachkommenschaft zeigte, genotypisch unverändert, zeigten aber unter dem Einfluß der mutierten Epidermis doch Veränderungen.

Einen kleinen Einblick in das Zusammenwirken der Gene und in die Natur ihrer Leistung haben wir durch das Studium der Entstehung von Blütenfärbungen erhalten. Die verschiedenen Farbtypen bilden sich bekanntlich durch verschiedenartige Kombination von Plastidenfarbstoffen (Karotinoiden) und im Zellsaft gelösten Anthocyanidin- und Anthoxanthinfarbstoffen. Die Anthocyanidine lassen sich in mannigfaltiger Weise durch chemische Veränderungen modifizieren, etwa durch Oxydation, Methylierung, Azylierung, Glucosidbildung usw. Auch von der Wasserstoffionenkonzentration hängt die Färbung bekanntlich ab.

Dann kommt als weitere Modifikationsmöglichkeit der Farbstofftypen aber vor allem noch die Verschiedenheit der Konzentrationen und Mischungsverhältnisse hinzu. Es scheint, daß man die einzelnen chemischen Veränderungsmöglichkeiten am Anthocyanidinmolekül mit einzelnen Genwirkungen in Zusammenhang bringen kann (SCOTT-MONCRIEFF, LAWRENCE und PRICE). Andererseits sind die Einzelprozesse aber auch in bestimmter Weise miteinander gekoppelt, z. B. so, daß Steigerung der Anthocyanidinbildung mit Verminderung der Anthoxanthinbildung verbunden ist und umgekehrt. Andere Gene wiederum steuern die Bildung von Plastidenpigmenten, die Wasserstoffionenkonzentration usw. Es gibt bei *Lathyrus odoratus* 2 Faktoren, die mit der Oxydationsstufe der Anthocyanidine verknüpft sind, ferner einen Faktor, der auf die Wasserstoffionenkonzentration einen Einfluß hat, sodann 7 Faktoren, die die relative Menge von Anthocyanidin und Anthoxanthin beeinflussen. Die Änderung der Färbung durch die genannte Beeinflussung der Oxydationsstufe können uns die Formeln auf S. 25 verständlich machen. Das Delphinidin ist purpurrot, das Cyanidin ist rot, das Pelargonidin lachsfarben.

Manche Gene greifen an frühen Gliedern einer Kette von Vorgängen ein, andere erst viel später. So zeigte sich an Blüten von *Petunia,* daß das Gen für die Blaufärbung erst in der letzten Phase eingreift, indem es nämlich die Reduktion von Flavonol zu Anthocyanen verhindert. Andere Gene („Scheckungsgene") hingegen greifen so früh ein, daß es bei ihrem Vorhandensein überhaupt nicht erst zur Bildung von Flavonen und Flavonolen kommt. Diese Mustergene, die die Ausbildung der Anthocyanvorstufe verhindern, wirken bei *Petunia*, wenn die Knospenlänge 1—2,5 mm beträgt (Störmer und v. Witsch).

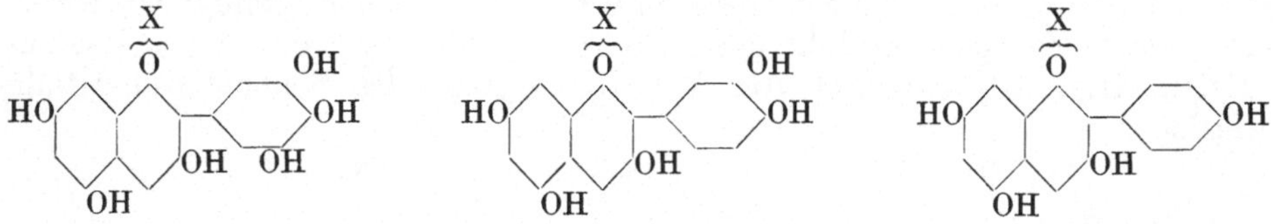

Delphinidin Cyanidin Pelargonidin

Auch die für die sexuelle Differenzierung von *Chamydomonas* entscheidenden Gene wirken nach Kuhn und Moewus in ziemlich einfacher Weise auf chemische Abläufe, sie bedingen nämlich nach diesen Autoren, daß durch unterschiedliche Fermentbildung ein Protocrocin auf zwei verschiedenen Wegen umgewandelt wird, so daß zwei verschiedenartige Crocinderivate entstehen, die ihrerseits als geschlechtsbestimmende Stoffe (Termone) wirken.

Die schon durch diese Untersuchungen über die Sexualstoffe von *Chlamydomonas* aufgezeigte enge Beziehung zwischen Gen und Ferment wird durch die Untersuchungen Beadles und anderer Autoren an *Neurospora* noch als viel allgemeiner gültig erwiesen.

Durch Behandlung der Konidien mit Röntgen- und Ultraviolettstrahlen oder mit bestimmten Chemikalien konnten verschiedenartige Mutanten der Ausgangsrasse erhalten werden, die sich von dieser jeweils durch ein Gen unterschieden. Diese *Neurospora*-Mutanten sind im Gegensatz zur Ausgangsrasse in der benutzten Nährlösung nicht wachstumsfähig, wenn dieser nicht ein Wuchsstoff zusätzlich beigegeben wird. So wurden Mutanten gefunden, die für je einen der folgenden Stoffe heterotroph waren: Thiamin, Pyroxydin, p-Aminobenzoesäure, Pantothensäure, Inosit, Nikotinsäure, Cholin.

Der Verlust der Fähigkeit zur selbständigen Synthese dieser Stoffe beruht auf der Mutation je eines Gens.

Ebenso wurde eine Reihe von Mutationen gefunden, die auch wieder je ein Gen betrafen und mit dem Verlust der Fähigkeit zur Synthese einer der folgenden Aminosäuren verbunden waren (die dann also, um den Pilz in der Nährlösung wachstumsfähig zu machen, zugesetzt werden mußte): Arginin, Lysin, Leucin, Valin, Methionin, Tryptophan, Prolin, Threonin. Nur in einem Fall war das Gen für die Bildung von 2 Aminosäuren, nämlich für die Bildung von Valin und Isoleucin, wichtig. Diese beiden Aminosäuren sind nahe verwandt und entstehen bei der Synthese wohl aus einer gemeinsamen Reaktion.

Sodann traten Mutanten auf, denen Purin oder Pyrimidin, Nukleoside, Nukleotide geboten werden mußten; ebenso ist für die Fähigkeit zur Nitratreduktion oder für die Verwertbarkeit von Fettsäuren als Kohlenstoffquelle je ein Gen erforderlich.

Diese Ergebnisse an *Neurospora* demonstrieren sehr deutlich die Bedeutung der Gene für die Schaffung der Fermente, die die zu den oben genannten Wirkstoffen führenden sowie die übrigen erwähnten Stoffwechselvorgänge katalysieren.

Einen schönen Einblick in den Zeitpunkt des Eingreifens der Gene haben die Untersuchungen über den Argininstoffwechsel von *Neurospora* erbracht (SRB und HOROWITZ). Es wurde eine Reihe von Mutanten gefunden, die alle argininheterotroph waren; jedoch braucht nicht jede dieser Mutanten das Argininmolekül selber; für einige genügt es, wenn Citrullin, ein Zwischenprodukt der Synthese, anwesend ist; oder es genügt Ornithin, ein anderes Zwischenprodukt usw. So konnte für das Eingreifen der Gene in den Argininstoffwechsel von *Neurospora* folgendes Schema aufgestellt werden:

$$\longrightarrow \begin{array}{c} NH_2 \\ | \\ (CH_2)_3 \\ | \\ CHNH_2 \\ | \\ COOH \\ \text{Ornithin} \end{array} \xrightarrow[\text{Gen 2, Gen 3}]{+\,CO_2\,+\,NH_3} \begin{array}{c} CONH_2 \\ | \\ NH \\ | \\ (CH_2)_3 \\ | \\ CHNH_2 \\ | \\ COOH \\ \text{Citrullin} \end{array} \xrightarrow[\text{Gen 1}]{+\,NH_3} \begin{array}{c} NH_2 \\ | \\ C=NH \\ | \\ NH \\ | \\ (CH_2)_3 \\ | \\ CHNH_2 \\ | \\ COOH \\ \text{Arginin} \end{array} \longrightarrow \text{Proteine}$$

$$\text{Arginin} \xrightarrow{\text{Arginase}} \begin{array}{c} NH_2 \\ | \\ C=O \\ | \\ NH_2 \\ \text{Harnstoff} \end{array} \xrightarrow{\text{Urease}} CO_2 + NH_3$$

(Ornithin ← Arginase-Spaltung des Arginins; Gene 4, 5, 6, 7 → Bildung des Ornithins)

Auch die Bedeutung einzelner Gene für die Tryptophan-Synthese bei *Neurospora* wurde entsprechend untersucht.

An anderen Pilzen und Bakterien wurden ähnliche Beobachtungen gemacht. Zum Beispiel ließen sich bei *Bacillus subtilis* durch Ultraviolett- und Röntgenstrahlen Verlustmutationen erzeugen, die die Fähigkeit zur Bildung von Biotin, Aneurin, Nukleinsäurekomponenten und verschiedenen Aminosäuren betrafen (BURKHOLDER und GILES).

Die Strahlendosis muß bei solchen Experimenten übrigens recht hoch sein, um eine ansehnliche Erhöhung der Mutationsrate zu ermöglichen. Bei dem genannten Bakterium wurde so stark bestrahlt, daß nur 0,1—0,2% der Sporen oder vegetativen Zellen überlebten, und dann ergab sich eine Mutationsrate von 3—4%.

Die Gene greifen also vermöge ihrer Beziehung zu den Fermenten an ganz bestimmten Stellen in den Stoffwechsel ein, und so steuern sie die Bildung von Wirkstoffen, von Aminosäuren, Eiweißen usw. und damit indirekt auch das ganze Entwicklungsgeschehen ebenso entscheidend wie manche Außenfaktoren es können.

Gen und Ferment. Das besonders Bemerkenswerte an jenen mit *Neurospora* gewonnenen Ergebnissen ist, daß anscheinend in der Regel je einem Gen ein Ferment entspricht. Daher ist sogar die Vermutung einer Identität von Gen und Ferment geäußert worden; mehr spricht aber für die Annahme, daß das Gen die Fermentproduktion, oder nur die Fermentaktivität beeinflußt. Von etwa 500 untersuchten *Neurospora*mutanten wurden rund 85% entwicklungsfähig, wenn eine einfache chemische Substanz zugefügt wurde (HOROWITZ). Trotzdem ist die Ein-Gen-ein-Ferment-Hypothese nicht unwidersprochen geblieben. Besonders schwerwiegend ist etwa der Befund von WAGNER und GUIRARD, daß eine *Neurospora*mutante, die sich durch den Verlust der Fähigkeit zur Bildung von Pantothensäure auszeichnete, doch noch das Enzym zur Synthese von Pantothensäure aus deren Komponenten enthielt. Ähnliche Bedenken ließen sich auf Grund mehrerer weiterer Befunde bekräftigen. So gibt es Beobachtungen, nach denen die Synthese ein und derselben Vitamine durch ganz verschiedene Gene ermöglicht werden kann, und daß andererseits ein und dasselbe Gen die Synthese mehrerer Wirkstoffe steuern kann (vgl. HOROWITZ und MITCHELL). Wir können uns die Beziehung zwischen Gen und Ferment also gegenwärtig noch nicht ganz klar machen, dürfen aber doch noch weitere Tatsachen anführen, die einiges Licht auf dieses Problem werfen.

Die Chromosomen enthalten bekanntlich, und zwar nur in den den Genorten zuzuordnenden Querbändern, Nukleoproteid. Es besteht in ihnen ein Eiweißgerüst, das von einigen Forschern als Histongerüst angesehen wird, an das die Nukleinsäure (Desoxyribosenukleinsäure) gebunden ist. Ein Eindringen in diese chemische Feinstruktur wurde namentlich durch CASPERSSONs Studium der Ultraviolettabsorption — die Nukleinsäure zeigt eine spezifische starke Absorption bei 260 mμ (Abb. 96) — andererseits auch durch den Abbau der Chromosomensubstanz unter dem experimentellen Einfluß von Fermenten möglich. Die Nukleinsäure spielt zum mindesten bei der von den Genen geleisteten Autokatalyse, also bei ihrer identischen Reproduktion, mit der wir uns später noch genauer befassen werden, eine erhebliche Rolle. Vielleicht sind die Nukleoproteide aber nicht nur für diese fortgesetzte Selbstverdoppelung, sondern auch für die heterokatalytischen Fähigkeiten der Gene, also für die Steuerung anderer chemischer Reaktionen, d. h. für die oben gefundene Beziehung zu den Fermenten wichtig. Nukleinsäurederivate und verwandte Stoffe sind als Wirkgruppen von Enzymen erkannt worden.

SPIEGELMAN und Mitarbeiter fanden bei *Saccharomyces*, daß das für die Spaltung des Disaccharids Melobiose wichtige Ferment, dessen Bildung von einem Gen gesteuert wird, bei Abwesenheit dieses Gens dauernd weiter produziert wird, wenn sein Substrat, also die Melobiose, anwesend ist. Hier hat nicht das Ferment die Fähigkeit zur Selbstreproduktion, sondern ein Nukleoproteid, das als „Plasmagen" wirken soll.

Beobachtungen solcher Art haben gelegentlich zur Deutung geführt, daß die vermutete Ein-Gen-ein-Ferment-Beziehung nicht auf einer direkten Beeinflussung der Fermentbildung durch das Gen beruhe, sondern darauf, daß das Gen eben ein „Plasmagen" produziere, welches ins Zytoplasma wandert und sich dort identisch reproduziert sowie die Enzymproduktion regelt.

Wir werden später noch über Erfahrungen sprechen, nach denen bei Bakterien eine Übertragung der Fähigkeit zu spezifischen Leistungen, also der Erwerb der Fähigkeit zur Bildung bestimmter, nach der einmaligen Induktion sich fortgesetzt weiter bildender Fermente, möglich ist. Und noch eine Beobachtung sei in diesem Zusammenhang erwähnt: SCHMUK übertrug Weizenembryonen auf das Endosperm von Roggenkörnern. Die von der hieraus gewachsenen Weizenpflanze gebildeten Körner enthielten ein für Roggen typisches Kohlenhydrat (Trifructosan). Auch hierbei könnte man an die Übertragung von Fermenten denken, die sich selber ebenso wie die Gene identisch reproduzieren können; oder man möchte doch annehmen, daß Stoffe übertragen werden, die sich identisch reproduzieren können, und die ihrerseits für die Bildung eines spezifischen Ferments notwendig sind. Jedoch müssen wir hier ebenso wie bei zahlreichen weiteren Angaben über solche Beeinflussungen zwischen Pfropfpartnern vorerst noch weitere Untersuchungen abwarten.

Die an Mikroorganismen wie *Neurospora* und Bakterien gewonnenen Erfahrungen zeigen, daß Gene gelegentlich auch einfach zur Bildung fermenthemmender Stoffe führen; aber im Vordergrund steht die Beeinflussung der Bildung spezifischer Eiweiße, die eben sehr oft Ferment-eiweiße sind.

Phänokopien. Wenn wir so sehen, daß die Gene wirken, indem sie die Bildung von Fermenten, Hormonen usw. beeinflussen, werden uns vielleicht auch manche Erscheinungen der Phänokopien, der Gleichheit von Modifikation und Mutation, die wir schon S. 19 erwähnten, begreiflich. Wir können ja eine Beeinflussung von Wirkstoffmengen nicht nur durch Ein-

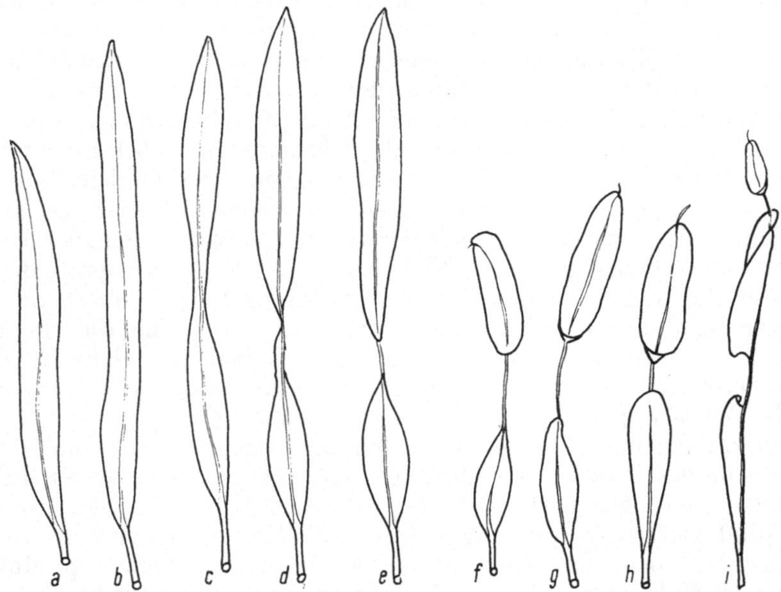

Abb. 16. *Codiaeum variegatum f. interruptum* als Beispiel für modifikative Spreitenreduktion. An jedem Sproß und Seitensproß entwickeln sich in der Reihenfolge *a*—*i* Blätter der dargestellten Formen. Diese Spreitenreduktionen sind offenbar Modifikationen durch zunehmenden Wuchsstoffgehalt.

führung oder Herausnahme bestimmter Gene, sondern auch durch Umwelteinflüsse erreichen. Es scheint z. B. Gene zu geben, die auf die Wuchshormonproduktion einen starken Einfluß haben, und wir könnten so etwa den niedrigen Wuchs der Hochgebirgspflanzen, der bei einigen Arten genotypisch, bei anderen nur phänotypisch ist, darauf zurückführen, daß die Wuchshormonproduktion im einen Fall durch die genetische Konstitution, im anderen durch den Reichtum an Ultraviolettstrahlung erniedrigt ist. Aber noch kompliziertere Formbeeinflussungen können uns so begreiflich werden. Durch reichliche Auxingaben wird das Wachstum von Blattmittelrippen und von Seitennerven stark gefördert, nicht aber das Wachstum des übrigen Blattgewebes. Mit solchen Wirkungen könnte man das Auftreten der Fadenblättrigkeit in Zusammenhang bringen, wie sie beim Tabak (vgl. S. 22) z. B. mutativ auftritt, aber auch als Modifikation hervorgerufen werden kann: die erwähnte Mutante beim Tabak gleicht einer Form, die als Kroepoekkrankheit offenbar durch ein Virus induziert werden kann. Auch sonst kommt eine solche, oft bis zur Fadenblättrigkeit führende modifikatorische Änderung der Spreite vor, die man mit der ähnlichen, aber mutativen Änderung anderer Arten vergleichen möchte (Abb. 14—17).

Es soll nicht behauptet werden, daß wir die Parallelität von Mutation und Modifikation unbedingt so einfach durch eine Beeinflussung der Wuchsstoffkonzentration erklären können; aber wir sehen doch, wie im Prinzip eine solche Parallelität möglich ist.

Anhäufung gleichartiger Gene, Polyploidie. Zum Verständnis der Physiologie der Genwirkung ist es noch wichtig zu betonen, daß die Wirkung mancher Gene steigt, wenn sie in noch höherer Anzahl als der normalen zweifachen des diploiden Zustandes vorliegen.

Zunächst hat vor allem GOLDSCHMIDT das Problem der Abhängigkeit der Genwirkung von der Genquantität verfolgt. Seine Versuche über die Genphysiologie der Geschlechtsbestimmung zeigten, daß die Geschwindigkeit der von Genen gesteuerten Reaktionsketten von der Quantität der Gene abhängen kann.

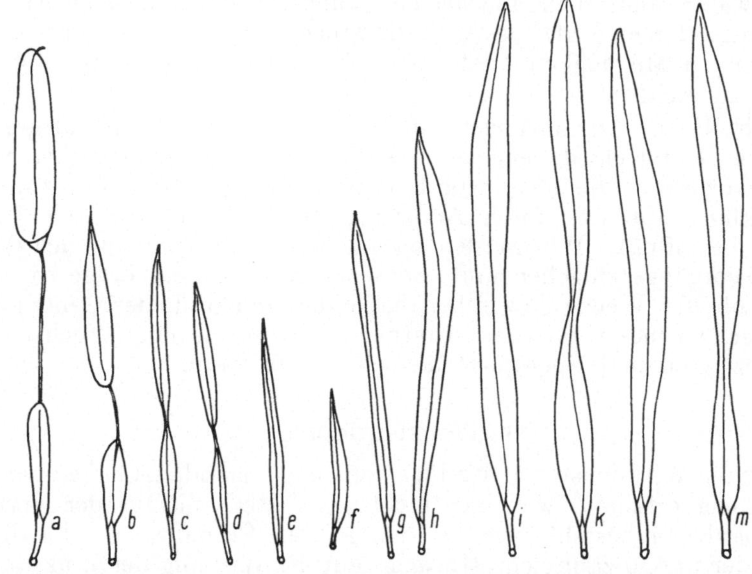

Abb. 17. *Codiaeum variegatum f. interruptum.* Durch Behandlung mit einem Wuchsstoffantagonisten (Trijodbenzoesäure) in einem Zeitpunkt, zu dem schon unterbrochene Blätter ausgebildet wurden (vgl. Abb. 16), läßt sich eine allmähliche Rückkehr zur Bildung von Blättern mit nicht unterbrochener Spreite erreichen.

Weiterhin wurden für diese Frage die Untersuchungen an Polyploiden wichtig. Ein Beispiel für die Steigerung der Genwirkung hat v. WETTSTEIN für das Gen B bei *Funaria hygrometrica* beschrieben. Dieses Gen beeinflußt am Sporogon die Form des Deckels und der Kapsel; dabei wird der Quotient Durchmesser: Höhe des Deckels immer größer, je mehr B-Gene vorhanden sind (vgl. auch MELCHERS):

Genetische Konstitution	bbbb	Bbbb	BBbb	BBBb	BBBB
Durchmesser : Höhe	2,7	2,6	etwa 2,9	5,1	5,3

Es sind aber auch Beispiele dafür bekannt geworden, daß das Maximum der Wirkung schon erreicht wird, wenn das Gen in einfacher, bzw. 2- bis 3facher Menge vorliegt.

Das Polyploidwerden selber führt hinsichtlich vieler physiologischer Eigenschaften nicht zu starken Änderungen. So ist z. B. der osmotische Wert Polyploider etwas erniedrigt (GYÖRFFY, EHRENSBERGER). Mehr oder weniger große Unterschiede im Gehalt an Aschensubstanzen, Zucker, sowie Stickstoffverbindungen, auch Eiweißen wurden gefunden (PIRSCHLE, EKDAHL).

Auf die Änderung des Zellvolumens bei Polyploiden gehen wir später ein und wollen hier nur erwähnen, daß diese Größenänderung wieder weitere Folgen haben kann. Zum Beispiel bringt die mit der Volumenzunahme verbundene Verringerung der relativen Oberfläche bei Polyploiden eine Atmungsverringerung mit sich. Die Entwicklungszeit bis zur Blüte kann verlängert, die Organzahl verringert, die relative Blattbreite vergrößert sein (SCHWANITZ).

Da, wie erwähnt, nicht alle Gene mit zunehmender Menge eine Aktivitätssteigerung oder eine gleiche Aktivitätssteigerung zeigen, ist grundsätzlich auch mit der Möglichkeit qualitativer Veränderungen bei der Polyploidisierung zu rechnen.

Nach diesen Ausführungen über die mit dem Polyploidiegrad verbundenen Unterschiede erscheint es denkbar, daß auch die somatische Polyploidisierung, die infolge von Endomitosen regelmäßig bei der normalen Entwicklung auftritt, durch Änderung der Genquantität die Differenzierung beeinflußt. Wir werden darauf bei der Besprechung der Differenzierungsvorgänge eingehen und ebenso noch die andere Frage zu erörtern haben, ob der Wechsel zwischen haploider und diploider Generation aus ähnlichen Gründen für das Alternieren zwischen der Wuchsform des Gametophyten und Sporophyten wichtig sein kann.

6. Plasmonwirkung.

Über die Wirkungsweise des Plasmons und Plastidoms haben wir bisher viel weniger erfahren, weil hier nicht jener Mechanismus der Verteilung der Erbanlagen besteht, wie bei den in den Chromosomen lokalisierten Genen, der uns so zahlreiche Hinweise auf die Wirkung der Einzelfaktoren ermöglicht hat. Aber auch für die anderen Komponenten des Erbgutes dürfen wir annehmen, daß sie nicht in fester Beziehung zu einzelnen bestimmten Merkmalen stehen, sondern die verschiedenartigsten Vorgänge beeinflussen können.

Lange Zeit glaubten viele Forscher, nur der Kern sei für die Vererbung wichtig. Zu dieser Ansicht konnte die Tatsache verleiten, daß reziproke Kreuzungen nicht zu unterschiedlichen Ergebnissen führen; d. h. es erwies sich für das Aussehen der Individuen der Tochtergeneration als gleichgültig, ob die Kreuzung A ♀ × B ♂, oder B ♀ × A ♂ durchgeführt wird. Man war daher lange Zeit geneigt, das „Idioplasma“ (NÄGELI 1864) nur im Zellkern zu suchen, und im Zytoplasma dagegen lediglich ein Trophoplasma zu sehen, dem die Aufgabe zufällt, unter Lenkung durch den Kern die Stoffwechselvorgänge durchzuführen.

Nachdem mehrere Autoren vor dieser Konsequenz gewarnt hatten (z. B. WINKLER 1924), haben die Beobachtungen über die reziproke Verschiedenheit mancher Bastarde schließlich zur Erkenntnis der Bedeutung des „Plasmons“ (v. WETTSTEIN) geführt, obgleich auch sehr bald erkannt wurde, daß nicht jede reziproke Verschiedenheit in der F_1-Generation Folge zytoplasmatischer Vererbung ist, sondern auch mit Nachwirkungen des mütterlichen Genoms gerechnet werden muß (Prädetermination). Besonders die Arbeiten v. WETTSTEINs an Moosen haben entscheidend dazu beigetragen, die Bedeutung des Plasmons zu erkennen (Abb. 18). Auf

Grund zahlreicher neuerer Untersuchungen wird diese Bedeutung jetzt allgemein anerkannt (vgl. die Zusammenfassungen von CASPARI, OEHLKERS und MARQUARDT).

Daß wir nicht alle Fälle einer plasmatischen Übertragung als plasmatische Vererbung ansehen dürfen, wurde schon erwähnt (vgl. S. 18).

Selbstreproduktionsfähige Teilchen im Zytoplasma. Die Befunde über Erbträger im Zytoplasma haben zur Aufstellung des Begriffs der Plasmagene geführt, also zur Annahme selbstreproduktionsfähiger Teilchen im Zytoplasma, vergleichbar den Genen in den Chromosomen. Da die Fähigkeit zur Selbstreproduktion anscheinend allgemein an Nukleoproteide gebunden ist, läßt sich vermuten, daß die „Plasmagene" mit Ribosenukleotiden im Zusammenhang stehen, die sich im Plasma mikrochemisch oder durch die charakteristische Ultraviolettabsorption nachweisen lassen. Man könnte die Plasmagene sogar mit den Chromidien in Zusammenhang bringen, d.h., mit den mikroskopisch sichtbaren Plasmaeinschlüssen, die neuerdings wieder von den Mitochondrien unterschieden werden (MONNÉ) und sich als Träger von Lipo-Nukleoproteiden und strukturgebundenen Fermenten erwiesen haben (CLAUDE, RONDONI, MILLERD). Diese Gebilde sind selbstreproduktionsfähig. Der Versuch, die Plasmagene in diesen Chromidien zu lokalisieren, wird auch noch durch die Tatsache nahegelegt, daß sie für die Regeneration von Zellen (untersucht an Tumorzellen) notwendig sind (LETTRÉ).

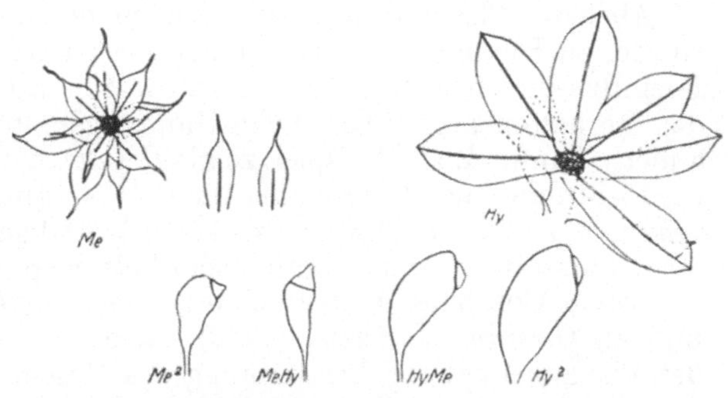

Abb. 18. Sproßspitze und 2 Blätter von *Funaria mediterranea* oben links (*Me*). Sproßspitze von *Funaria hygrometrica* oben rechts. Darunter die Sporogone der reinen Arten (*Me*² und *Hy*²) und der beiden reziproken Bastarde (*MeHy* und *HyMe*). (Nach F. v. WETTSTEIN.)

Von vielen Genetikern wird aber auch jetzt noch der Begriff des „Plasmagens" abgelehnt, um die Sonderstellung der im Kern lokalisierten Gene zu betonen. So sagt MARQUARDT, die Erbträger im Zytoplasma seien bloße Funktionsträger, die Gene im Kern übergeordnete Steuerungselemente.

Allem Anschein nach liegen, wie gesagt, die plasmatischen Erbträger in Chromidien oder Mitochondrien, und man kann die zytoplasmatischen Erbeinheiten daher als Träger der in jenen sichtbaren Strukturen lokalisierten Enzyme betrachten. Ob damit aber die Plasmaeinheit im Gegensatz zum Gen als eine „niedere" Form der Erbträger angesehen werden muß, darf wohl noch als umstritten gelten.

Beeinflussung der Plasmaeigenschaften. Es liegt nahe anzunehmen, daß im Plasmon liegende Erbfaktoren in erster Linie dadurch wirksam werden, daß sie die Eigenschaften des Plasmas beeinflussen, wodurch natürlich sekundär auch wieder kompliziertere physiologische sowie morphologische Eigentümlichkeiten bedingt werden, indem solche Plasmaverschiedenheiten auch zu Verschiedenheiten des Stoffwechsels führen können. Beobachtet worden sind bei Epilobien mit genetisch verschiedenem Plasma (aber gleichem Genom) Unterschiede der Permeabilität, des IEP, des Lipoidgehalts und der Viskosität.

Beeinflussung der Formbildung. Mögen aber solche Beeinflussungen elementarer Eigenschaften des Plasmas oft auch die primäre Wirkung eines unterschiedlichen Plasmons sein, so schließen sich doch sekundär auf jeden Fall häufig Modifikationen anderer physiologischer Vorgänge, etwa von Formbildungsprozessen an. Oft führt das Plasmon durch seine Unverträglichkeit mit bestimmten Genomen zu Hemmungserscheinungen bei der Blattentwicklung, Blütenentwicklung usw. Solche Hemmungen können übrigens im Verlaufe einiger Generationen allmählich verlorengehen, indem sich die Komponenten schließlich aneinander gewöhnen, die Disharmonien also beseitigt werden (SCHWEMMLE und Mitarbeiter). Gerade in solchen Fällen aber ist es wohl, wie S. 18 angedeutet wurde, nicht unbedingt sicher, ob die plasmatische Übertragung wirklich eine Vererbung im strengen Sinne ist.

Aber das Plasmon führt durchaus nicht nur, wie zunächst angenommen wurde, zu Hemmungen. Es können auch ganz andersartige physiologische Beeinflussungen auftreten. So wurde für Epilobien angegeben, daß sich das Verhalten gegenüber Keimstimmungs- und photoperiodischen Reizen ändern kann. Zum Beispiel zeigt *E. luteum* seine optimale Entwicklung im 16-Stundentag, *E. hirsutum* im 17—24stündigen Tag, dagegen *E. hirsutum* mit *E. luteum*-Plasma im 12—16stündigen Tag (MICHAELIS). Auch die Nährstoffaufnahme kann beeinflußt werden.

Schon CORRENS' Untersuchungen an *Satureia hortensis* (1904—1908) und an *Cirsium oleraceum* (1916) hatten auf eine interessante Bedeutung des Plasmons bei der Bestimmung des Geschlechts verwiesen. Von diesen Arten sind einige Individuen Zwitter bzw. Gynomonözisten, einige Weibchen. Die mehr oder weniger zwittrigen Pflanzen haben ebensolche zwittrige Nachkommen, die weiblichen Pflanzen nur weibliche. Letzteres ist erstaunlich, weil die weiblichen Pflanzen natürlich auf den Pollen der zwittrigen angewiesen sind. Dieser Pollen ist also nicht in der Lage, die weibliche Geschlechtstendenz zu unterdrücken. Nach v. WETTSTEIN wird die Entfaltung der potentiell vorhandenen Anlagen für die männlichen Organe der Blüte durch das Eiplasma verhindert. Ähnliche Fähigkeiten des Plasmas haben sich in Versuchen OEHLKERS' an *Streptocarpus* gezeigt. Das Plasmon von *S. Rexii* vermännlicht beim Zusammenwirken mit dem Genom von *S. Wendlandii* die Blüten, die Fruchtknoten werden reduziert. In der reziproken Kreuzung hingegen werden die Staubblätter reduziert, die Blüten entwickeln sich also stärker weiblich; das kann so extrem werden, daß Antheren zu Nebenfruchtknoten umgewandelt werden.

Einfluß auf Genwirkungen. Natürlich sind Plasmon und Genom für die Entfaltung ihrer Fähigkeiten allgemein aufeinander angewiesen. Diese Abhängigkeit geht aber so weit, daß einzelne Gene in bestimmten Plasmen überhaupt nicht zur Wirkung kommen können. OEHLKERS fand, daß sich im Genom von *Streptocarpus Rexii* ein rezessiver Faktor für schlitzblättrige Blüten befindet, der sich im eigenen Plasma niemals manifestiert, wohl aber im Plasma von *S. Wendlandii* und *Comptonii* (Abb. 19). Auch die Erbfaktoren, die die Blütengröße beeinflussen, sind hier in ihrer Wirkung vom Plasma abhängig.

Bei *Epilobium hirsutum* fand MICHAELIS ein Gen, dessen Wirkung stark vom Plasmon abhängt. Dieses Gen kommt im eigenen Plasma überhaupt nicht zur Wirkung, im sippenfremden Plasma führt es im homozygoten Zustand zur Blütenreduktion und Sterilität.

Konstanz der Plasmawirkung. Zwar hat man, um die ursprünglich angenommene Vorrangstellung des Genoms zu retten, oft angenommen, die reziproke Verschiedenheit von Bastarden beruhe nicht auf einer Beteiligung des Plasmas an der Ausprägung der Eigenschaften, sondern auf einer Nachwirkung des Genoms. Aber die Konstanz des plasmatischen Einflusses konnte nicht nur durch v. WETTSTEINs Versuche an Moosen und anderen Pflanzen, sondern auch durch andere Autoren (z. B. MICHAELIS an Epilobien, OEHLKERS an *Streptocarpus*) nachgewiesen werden. An Epilobien ist diese Konstanz für die Dauer von mehr als 25 Generationen festgestellt worden.

7. Plastidomwirkung.

Die Untersuchung der Ergrünungsfähigkeit der Plastiden hat ergeben, daß die Eigenschaften der Plastiden nicht nur vom Genom und vom Plasmon geändert werden können, sondern daß die Plastiden selbständige Elemente des Idiotypus sind (RENNER) und sie auch unabhängig von Genen mutieren können. Allerdings werden die Plastideneigenschaften vom Genom mit bestimmt, und es sind zahlreiche Plastidenmutationen beschrieben worden, die offenbar nicht auf Mutationen des Plastidoms, sondern auf Mutationen des Genoms zurückgehen. Wenn sich die Änderung der Plastideneigenschaft durch viele Generationen hindurch, unabhängig von der Beschaffenheit des Genoms erhält, so ist damit nicht die Möglichkeit ausgeschlossen, daß solche Plastidenänderungen erst durch Kerneinflüsse hervorgerufen worden sind. So beobachtete RHOADES beim Mais das Auftreten einer durch Plastidenänderung bedingten Streifung, sofern Homozygotie für ein bestimmtes Gen vorlag. Die Änderung war aber irreversibel, d. h. die Plastiden blieben unabhängig von der genetischen Konstitution verändert. — In anderen Fällen sind vom Kern beeinflußte Plastidenänderungen reversibel, gehen also bei Rückführung in das alte Genom sofort zurück. Und endlich können die Plastiden auch durch Plasmawirkung verändert werden.

Abb. 19a u. b. a *Streptocarpus (Rexii Lindl.* × *Wendlandii)* × *Rexii Lindl.* Normale sympetale Blüten. (Nach OEHLKERS.) b *Streptocarpus (Wendlandii* × *Rexii Lindl.)* × *Rexii Lindl.* Blüte mit geschlitzter Krone unter dem Einfluß eines rezessiven Faktors von *Str. Rexii*, der sich nur im Plasma von *Str. Wendlandii* und *Comptonii* manifestiert. (Nach OEHLKERS.)

Die schon von CORRENS begonnene Untersuchung weiß-grün-gescheckter Pflanzen hat zu einem weitgehenden Einblick in das Vorkommen dieser verschiedenen Möglichkeiten einer Plastidenveränderung und zur Erkenntnis der Möglichkeit erblicher Änderungen an Plastiden geführt.

Der Verlust der Fähigkeit der Plastiden zum Ergrünen kann zu vielen physiologischen, und damit auch zu morphologischen Störungen führen. Die Plastiden sind nicht nur für die Assimilatanhäufung wichtig, sondern durch ihre Farbstoffe auch für viele Reizprozesse. Wir brauchen nur auf die später zu besprechenden photoperiodischen Reizerscheinungen mit ihren starken morphologischen Wirkungen hinzuweisen. Auch für Vorgänge, deren Beziehung zu den Plastiden kausal zunächst ganz undurchsichtig ist, kann die Plastidenkonstitution wichtig sein, beispielsweise wird der Ablauf der Meiosis von den Plastiden beeinflußt (OEHLKERS). Bei Moosen ist eine enge Beziehung zwischen der Fähigkeit zur Mitose und dem Vorhandensein gesunder Plastiden gefunden worden (BAUER). Nach SCHWEMMLE werden Längenunterschiede der Hypanthien bei reziproken Kreuzungen von *Oenothera Berteriana* und *Oe. odorata* nicht nur durch *odorata*-Plasma, sondern auch durch die *odorata*-Plastiden bedingt. Auch die Form der Blätter wird hier von den Plastiden mitbestimmt (Abb. 20).

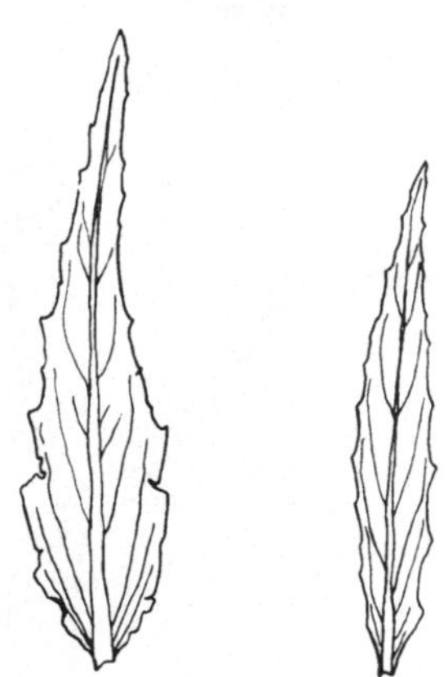

Abb. 20. Blätter von Kreuzungen zwischen *Oenothera Berteriana* und *Oenothera odorata*. Die beiden Bastarde unterscheiden sich nur in den Plastiden. Links *odorata*-Plasma, *Berteriana*-Plastiden. Rechts *odorata*-Plasma, *odorata*-Plastiden. Einfluß der Plastiden auf die Formbildung. (Nach SCHWEMMLE.)

So wie wir die mendelnden Gene in den an Nukleoproteiden besonders reichen Querabschnitten der Chromosomen lokalisieren können, und die „Plasmagene" vielleicht mit den Chromidien im Zusammenhang stehen, könnten die „Plastidogene" in den Granastrukturen der Plastiden zu suchen sein. STRUGGER fand, daß in den Proplastiden zunächst nur ein Granum vorliegt, welches sich dann durch Teilung vermehrt (vgl. jedoch HEITZ und MALY). Die Grana sind auch die Orte, an denen die Nukleoproteide vom Desoxyribosetyp lokalisiert sind; während die Grana Pentose- und Desoxypentosenukleinsäuren enthalten, ist im Stroma nur die Pentosenukleinsäure nachweisbar (METZNER). Die enge Verknüpfung der Selbstreproduktionsfähigkeit mit dem Vorhandensein von Nukleinsäuren und die besondere Bedeutung der Desoxyribosenukleinsäure haben wir ja schon betont.

Daß die zahlreichen Grana eines Plastids durch Reduplikation auseinander hervorgehen, wird auch noch durch einen weiteren Befund STRUGGERs wahrscheinlich: Die Grana liegen in Form von Geldrollen übereinander. Jedes Granum entsteht also aus einem schon vorhandenen, und die Neuentstehung eines Granums bzw. eines Proplastids und damit eines Plastids aus dem Zytoplasma ist unmöglich. Nach Beobachtungen von HEITZ und MALY hingegen erscheint die Neuentstehung der Grana aber nicht als ausgeschlossen. — Die Unmöglichkeit der Neubildung von *Plastiden* wird durch Beobachtungen an Euglenen unterstrichen, die durch pathologische Einflüsse ihre Plastiden verloren haben und sich dann auch nach der Rückführung in normale Bedingungen als unfähig erweisen, neue Plastiden zu bilden (vgl. die Angaben bei GRANICK).

Nach den neueren Befunden kann man sogar eine weitgehende Analogie im Aufbau der Chloroplasten und der Chromosomen annehmen: Die Grundmasse besteht in beiden Fällen aus nukleinsäurefreien Fibrillen, die Grana und die Chromomeren enthalten Desoxyribosenukleinsäure, Grana sowohl wie Chromomeren bilden ein System aufeinander liegender Scheibchen (METZNER.)

Man darf wohl vermuten, daß auch die in den Plastiden lokalisierten Erbeinheiten durch ihre Beziehung zu bestimmten Fermenten aktiv werden; das bevorzugte oder ausschließliche Vorkommen einzelner Fermente in den Plastiden ist bekannt.

So ergibt sich also vielleicht doch eine weitgehende Analogie zwischen der Natur und Wirkungsweise aller 3 Arten von Erbeinheiten.

Abb. 21. *Nicotiana tabacum*, gesunde Pflanze. (Nach MELCHERS, FREKSA und SCHRAMM.)

8. Viruswirkung.

Zwischen der Wirkung der Erbelemente und der Viren auf Entwicklungsvorgänge bestehen so weitgehende Ähnlichkeiten, daß wir uns hier auch mit der Wirkung der Viruseiweiße auf die Entwicklung der befallenen Pflanzen kurz befassen müssen.

Die Viren können sich bekanntlich im Plasma der befallenen Pflanze vermehren und zugleich in dieser Pflanze wandern. Dabei können sie unter anderem Blattform und Blattfärbung (Ausbleichen) beeinflussen (Abb. 21, 22). Die Ähnlichkeit mancher dieser einfacheren Veränderungen mit solchen, die durch Gene hervorgerufen werden, ist wohl noch nicht so sehr bemerkenswert, jedoch haben wir schon weiter oben ein interessanteres Beispiel erwähnt: Beim Tabak kann durch ein Virus eine Beeinflussung der Formbildung erreicht werden (Kroepoekkrankheit), die äußerlich einer durch Mutation bedingten Veränderung gleicht. Bei Tomaten können Viren analoge Veränderungen hervorrufen, die ebenfalls durch Mutation ähnlich entstehen können. Wir haben bei jenem Fall darauf hingewiesen, daß es sich um Formänderungen handelt, die ähnlich auch durch eine geänderte Auxinproduktion unter dem Einfluß eines Virus tatsächlich experimentell gefunden worden ist, nämlich für ein Virus, das Blattrollung bedingt, also im Gegensatz zu jenem früher erörterten Fall gerade ein gehemmtes Nervenwachstum. Dieses Virus wirkt durch Herabdrückung der Auxinproduktion (GRIEVE). Aber nicht nur in die normale Wirkstoffproduktion können Viren ebenso wie Gene eingreifen: sie können offenbar auch ebenso wie andere Gene zur Produktion spezifischer

Abb. 22. *Nicotiana tabacum* mit Tabakmosaikvirus (*vulgare* Form). (Nach MELCHERS, FREKSA und SCHRAMM.)

Stoffe führen, die man mit den früher besprochenen genabhängigen Wirkstoffen vergleichen könnte, die also in der Pflanze wandern und (unabhängig davon, ob das Virus noch vorhanden ist oder nicht) die Entwicklungsvorgänge beeinflussen können. So bildet sich nach KRAYBILL und Mitarbeitern in Tomaten durch die Gegenwart des Mosaikvirus eine blattdeformierende Substanz, die ähnliche Änderungen hervorzurufen vermag wie das Virus.

Die Angaben über Parallelitäten zwischen Virus- und Genwirkungen mehren sich gegenwärtig. Bei *Datura* bedingt ein „Quercina"-Virus Stachellosigkeit der Kapsel und Aufteilung der Korolle in einzelne Blütenblätter sowie die Bildung schmaler Laubblätter. Genau die gleichen Änderungen können aber auch durch ein Gen hervorgerufen werden (BLAKESLEE und AVERY). Zwar könnte eine solche Parallelität der Wirkungen auch so zu verstehen sein wie die schon erwähnte Parallelität zwischen Mutation und Modifikation, aber wenn wir die später besprochene ähnliche chemische Struktur von Genen und Viren berücksichtigen, erscheint die Vermutung einer tieferen Verwandtschaft prüfenswert, und in diesem Zusammenhang verdient der Versuch DARLINGTONs Beachtung, die Viren mit „Plasmagenen" zu vergleichen, ein Vergleich, der etwa auch dadurch gestützt wird, daß ein Virus ebenso wie ein Gen mutieren kann (Abb. 23).

Abb. 23. Wie Abb. 22, aber Tabakmosaikvirus Mutation *flavum*. (Nach MELCHERS.)

Es erscheint jetzt durchaus einer Prüfung wert, ob wir die Virusmoleküle als selbständig gewordene Plasmagene auffassen dürfen. Ein Hauptargument hierbei ist neben der Analogie der Wirkungen vor allem auch die chemische Verwandtschaft, nämlich der gemeinsame Besitz von Nukleinsäuren des Ribosetyps. Natürlich ist es auch denkbar, daß sich die Viren von den anderen vorher erwähnten Gentypen ableiten. So könnte man bei den Bakteriophagen, die neben der Ribosenukleinsäure auch die für Kerne charakteristische Desoxyribosenukleinsäure enthalten, an eine Ableitung von den Kernen bzw. den kernartigen Gebilden bei Bakterien denken. Und ebenso ist auch eine Ableitung von den Plastiden versucht worden, die wie das Zytoplasma Ribosenukleinsäure enthalten (DUBUY und WOODS). Wenn wir allerdings in den Plastiden nur modifizierte Mitochondrien oder Chromidien sehen, so bedeutet es keinen großen Unterschied, ob man ein Virus von Plasmagenen oder Plastidogenen ableitet. Obgleich viele Gründe für solche Beziehungen sprechen, sind wir doch über das Stadium von Vermutungen kaum hinausgekommen.

Am schwersten wiegen zugunsten solcher Überlegungen wohl Versuche über Bakteriophagen. In Bakterien können „Probakteriophagen" existieren, die anscheinend aus Desoxyribosenukleinsäure bestehen und sich fortgesetzt ohne Schädigung der Bakterien vermehren können. Diese Probakteriophagen sind mit einer gewissen Wahrscheinlichkeit aus normalen Elementen der Bakterien selber, also etwa aus „Plasmagenen" hervorgegangen. Unter bestimmten experimentellen Bedingungen nun, etwa unter dem Einfluß von UV-Strahlung oder bestimmten Chemikalien, kann aus dem Probakteriophagen ein Bakteriophage werden. Auch für andere Viren bestehen gewisse Beobachtungen, die für eine Bildung der Viruskörper aus normalen selbstreproduktionsfähigen Elementen der Zelle sprechen (LWOFF und Mitarbeiter).

9. Zusammenwirken von Genom und Plasmon.

Wir haben bei der Besprechung der Genom- und Plasmonwirkung mehrfach zwangsläufig auch die Wechselwirkung dieser Elemente erörtern müssen. Es dürfte aus unseren Betrachtungen klar geworden sein, daß es nicht berechtigt ist, die Gene als das eigentlich Aktive anzusehen, das das Plasma nur als passives Substrat benutzt. Über die Frage des Zusammenwirkens von Genen und Plasma haben sich viele Genetiker, z. B. schon CORRENS, GOLDSCHMIDT und v. WETTSTEIN, Gedanken gemacht.

Schon die Frage, ob wir Genom oder Plasmon als das Aktive ansehen sollen — das Plasmon etwa in dem Sinne, daß es darüber entscheidet, welche Gene in den einzelnen Entwicklungsabschnitten jeweils zur Wirkung gelangen — ist wohl abwegig. Sowohl die eine Auffassung, am extremsten etwa von MULLER (1929) vertreten (für ihn war das Gen die letzte Lebenseinheit), als auch die andere (besonders von LOEB vertretene), nach der die Gene nur Modulatoren der im Zytoplasma geprägten Eigenschaften sein sollten, ist einseitig und unphysiologisch. Wir haben es schlechthin mit einem Wechselspiel gleich notwendiger Partner zu tun, von denen uns zu Unrecht in einem Fall das eine, in anderen Fällen das andere darum als wichtiger erscheint, weil wir seine Bedeutung durch seine *Variation* demonstrieren können. Diese Variation ist eben für das Gen des Kerns leichter möglich als für den plasmatischen Erbträger. Die meisten Eigenschaften der Organismen sind zweifellos von beiden Arten der Vererbungsträger abhängig. Im Plasma scheint nun aber jede Sorte *seiner* Erbträgern in großer Anzahl vorhanden zu sein (MICHAELIS). Daher wird es hier schwer, die Wirkung der einzelnen Erbträger zu erfassen. Aber die aus den Folgen dieses Tatbestandes oft gezogene Schlußfolgerung, das Plasma sei nur ein unspezifisches Substrat für die Genwirkung, ist unberechtigt. Die Bedeutung der im Kern lokalisierten Gene wird nur dadurch so viel leichter klar, weil meistens nicht jedes Gen in Vielzahl vorliegt.

CORRENS hat schon 1901 vor einer solchen, bei manchen späteren Autoren feststellbaren Überschätzung der Gene gewarnt und sich ein brauchbares Bild vom Wechselspiel zwischen Genen und Plasma geformt: Die Gene entfalten sich durch einen im Plasma gelegenen Mechanismus immer im richtigen Zeitpunkt.

Durch diese Ansicht von CORRENS wird freilich ein gewisser Gegensatz in der Art der Leistung vom Plasma und Genen geschaffen, der heute nicht mehr begründet erscheint. Noch krasser wird dieser Gegensatz, wenn GRÉGOIRE (1928) sagt, im Protoplasma säßen die Fähigkeiten zur Entwicklung und zur Differenzierung, und die Aufgabe der Chromosomen bestehe nur darin, dem Protoplasma im Laufe der Ontogenese Substanzen zu liefern, deren sich das Protoplasma dann bediene. Die Chromosomen seien nicht die Beherrscher, sondern die Hilfsmittel des Protoplasmas.

Die Ansichten v. WETTSTEINs sind eine Fortentwicklung der Überlegungen CORRENS'. v. WETTSTEIN wirft die Frage auf, ob die Gene „steuernd auf ablaufende Grundvorgänge“ wirken. Eine bejahende Beantwortung dieser Frage scheint manchmal angebracht zu sein. Wir haben über Tatsachen berichtet, die uns zeigen, daß die Gene katalysatorähnlich, fördernd, hemmend usw. wirken können. Das könnte allerdings zur Ansicht verleiten, es gäbe außerhalb der Gene, etwa im Plasma, so etwas wie ,,Grundvorgänge", etwa einen ,,Grundvorgang des Wachstums", und daß diese Grundvorgänge dann genisch gesteuert werden. Ich glaube aber, daß eine solche Unterscheidung nicht der Leistung der Gene gerecht würde; diese Unterscheidung entspringt einer zu unphysiologischen Betrachtung. Wir sollen lieber die andere Frage bejahen, die v. WETTSTEIN ebenfalls aufwirft: ob die Genwirkung selber Teil eines solchen Grundvorgangs sei. Es gibt meines Erachtens nicht auf der einen Seite Grundvorgänge und auf der anderen Seite Faktoren, die diese regulieren. Es gibt nur ein Wechselspiel vieler Faktoren, und wenn wir irgendeinen von ihnen herausgreifen, so erscheint er uns, da wir gewohnt sind, anthropomorph zu denken, als der Regulator der Gesamtheit der übrigen Faktoren, vergleichbar der Gestaltung der Umwelt durch den schöpferischen Geist. Wir fassen dann sowohl den Regulator als auch jene Gesamtheit allzu leicht als je eine Einheit auf, den Regulator als die lenkende, die Gesamtheit der übrigen Vorgänge als den gelenkten Grundvorgang.

Durch diese Betrachtung kommen wir auch zu einer richtigen Deutung des Potenzbegriffs. Es ist falsch, die Potenz zu bestimmten physiologischen Leistungen in einzelne Strukturkomponenten zu verlegen, etwa in ,,organbildende Substanzen" oder, weiter zurückgehend, in Gene usw. Solche Deutungsversuche, die sich immer wieder in die Physiologie einschleichen, gehen am Wesentlichen des organischen Geschehens vorbei. Die physiologische Leistung beruht nicht auf dem Nebeneinanderwirken einzelner Kausalketten, sondern auf der Wechselwirkung zahlreicher Komponenten innerhalb und außerhalb des Organismus. Eine Potenz liegt in allen diesen Komponenten zugleich begründet; ein einzelner Faktor, sei es das Licht, die Wasserstoffionenkonzentration, das Eisen oder ein Gen, kann durch sein Fehlen die Potenz ganz vernichten (oder, wie wir gewöhnlich sagen, die Potenz an der Entfaltung verhindern); durch sein Hinzutreten kann ein solcher Faktor die Potenz vollständig machen (oder, in der üblichen biologischen Sprache, sie zur Entfaltung bringen).

Man liebt es oft zu sagen, die Differenzierung sei ein Entfalten einzelner Potenzen, während die anderen Potenzen ruhen blieben. Das ist nur sehr bedingt richtig; es ist eine bildliche Veranschaulichung der tatsächlichen Verhältnisse. Analysierend forschend müssen wir feststellen, daß nichts ruhen bleibt. Es ist beispielsweise nicht ein materieller Komplex vorhanden, der die Potenz für Gefäßbildung darstellt, ein anderer materieller Komplex, der die Potenz für Epidermiszellbildung darstellt usw. Bei der Differenzierung ist der gesamte materielle Komplex irgendwie wirksam, er wirkt aber durch die quantitative Variation in der Intensität der beteiligten Faktoren einmal so, daß Gefäße entstehen, im anderen Falle so, daß Epidermiszellen entstehen.

10. Prädetermination.

Man ist geneigt, die Entwicklung des Individuums als Resultat des Zusammenwirkens der genetischen Konstitution mit der Umwelt zu betrachten. Das ist nicht immer richtig. Es gehen nämlich von einer Generation zur nächsten Nachwirkungen; Modifikationen können also über die

Generationsgrenze hinausgehen. Wir sprechen hierbei von Prädetermination. Die grundsätzliche Möglichkeit solcher Vorgänge haben wir schon S. 18 angedeutet.

Man hat viele Beobachtungen zu Unrecht als Erscheinungen der plasmatischen Vererbung gedeutet. Plasmavererbung liegt nur vor, wenn kernunabhängige Vererbungsträger übertragen werden. Es können aber auch Zytoplasmaeigenschaften von der Mutterpflanze übernommen werden, die diese selber erst als Modifikation erworben hat. Auch unterschiedliche Hormonmengen können von der Mutterpflanze übernommen werden.

Beispiele für Nachwirkungen, die man als Prädetermination ansehen kann, finden sich in Arbeiten von SIRKS und HONING.

Literatur.

Mit einem * versehene Arbeiten sind zusammenfassende Darstellungen.

a) Über die Variabilität finden sich ausführliche Darstellungen in mehreren Lehrbüchern der Genetik.

* WACHHOLDER: Naturwiss. **39** (1952).

b) Bedeutung von Kern und Plasma bei der Entwicklung, Eiweißbildung usw.:

BRACHET: Pubbl. Stat. Zool. Napoli **21** (1949).
CASPERSSON: Symposia. Soc. Exper. Biol. **1** (1947).
* GOLDSCHMIDT: Physiological genetics. New York 1938.
* HÄMMERLING: Naturwiss. **33** (1946). — HARDER: Z. Bot. **19** (1927).
KALLIO: Ann. Bot. Soc. Zool. Bot. Fenn. „Vanamo" **24** (1951).
MACDONALD: Nature (Lond.) **163** (1949).
SPARROW and HAMMOND: Amer. J. Bot. **34** (1947).
* The chemistry and physiology of the nucleus. Exper. Cell Res. Suppl. **2** (1952).
WARIS: Physiol. Plantarum **3** (1950).

c) Genwirkungen:

ASHBY: Amer. Naturalist **71** (1937); Ann. of Bot., N. S. **1** (1937); Mem. Proc. Manchester Lit. a. Phil. Soc. 1949/50.

* BEADLE: Chem. Rev. **37** (1945). — BEUTTEL: Z. Bot. **35** (1940). — BLAKESLEE: Z. Abstammgslehre **25** (1921). — BLAKESLEE and AVERY: Science (Lancaster, Pa.) **93** (1941). — BURKHOLDER and GILES: Amer. J. Bot. **34** (1947). — BUTENANDT: Naturwiss. **40** (1953).

* *Cold Spring Harbor Symposia on Quant. Biol.*, Vol. 9 (genes a. chromosomes), 11 (heredity a. variation in microorganisms), 12 (nucleic acids a. nucleoproteins). — * CRANE and LAWRENCE: Genetics of garden plants, 3. ed. London 1947.

DARLINGTON: Nature (Lond.) **154** (1944). — * DARLINGTON and MATHER: The elements of genetics. London 1945.

EAST: Genetics **21** (1936). — EKDAHL: Ark. Bot. A **31**, Nr 5 (1944).

* GOLDSCHMIDT: Physiological genetics. New York 1938.

HADDOW: Nature (Lond.) **154** (1944). — * HARTMANN: Die Sexualität. Jena 1943. — * HOROWITZ: Adv. Genet. **3** (1950). — * HOROWITZ and MITCHELL: Annual Rev. Biochem. **20** (1951).

* KÜHN: Fiat-Rev. of German Sci. Biol. **2** (1948); * Grundriß der Vererbungslehre, 2. Aufl. Heidelberg 1950.

LOEB: J. of Morph. **23** (1912).

MELCHERS: Z. Naturforsch. **1** (1946). — MOEWUS: Biol. Zbl. **60** (1944). — Zu MOEWUS vgl. auch * HARTMANN u. HÄMMERLING: Fiat-Rev. of German Sci. Biol. **2** (1948). — MULLER: Proc. Int. Congr. Plant Sci. **1** (1929).

PIRSCHLE: Biol. Zbl. **60** (1940).

SCHMUK: Dokl. Akad. Nauk USSR. **44** (1944). — SCHWANITZ: Züchter **23** (1953). — SCOTT-MONCRIEFF u. Mitarb.: J. Genet. **30** (1935). — SPIEGELMAN u. Mitarb.: Proc. Nat. Acad. Sci. U.S.A. **31** (1945). — SRB and HOROWITZ: J. of Biol. Chem. **154** (1944). — STÖRMER u. v. WITSCH: Planta (Berl.) **27** (1937). — STUBBE u. PIRSCHLE: Ber. dtsch. bot. Ges. **58** (1942). — STUBBE: Biol. Zbl. **68** (1949).

* *Symposia Soc. Exper. Biol.*, Bd. I (nucleic acids) u. Bd. II (growth), Cambridge 1947, 1948.

WAGNER and GUIRARD: Proc. Nat. Acad. Sci. U.S.A. **34** (1948). — WEIDEL: Naturwiss. **39** (1952).

d) Plasmonwirkung.

CASPARI: Adv. Genet. **2** (1948). — CLAUDE: J. of Exper. Med. **84** (1946). — * CORRENS: Handbuch der Vererbungswissenschaft, Bd. II. 1937.

DARLINGTON: Siehe oben unter c).

HADDOW: Siehe oben unter c).

LETTRÉ: Naturwiss. **37** (1950).

* MARQUARDT: Ber. dtsch. bot. Ges. **55** (1952). — MICHAELIS: Planta (Berl.) **35** (1948); Z. Abstammgslehre **83** (1949); Ber. dtsch. bot. Ges. **64** (1951). — MILLERD: Proc. Chem. Soc., N.S. **76** (1952). — *MONNÉ: Adv. Enzymol. **8** (1948).

OEHLKERS: Z. Bot. **32** (1938); * Z. Vererbungslehre **84** (1952).

RONDONI: Erg. Enzymforsch. **10** (1949).

WETTSTEIN: Z. Abstammgslehre **73** (1937).

e) Plastidomwirkung:

BAUER: Flora (Jena) **36** (1942).

GRANICK: In FRANCK and LOOMIS: Photosynthesis in plants. Ames (U.S.A.) 1951.

HEITZ u. MALY: Z. Naturforsch. **8b** (1953).

IMAI u. Mitarb.: Mehrere Arbeiten in J. Genet. [z. B. **35** (1938)].

METZNER: Naturwiss. **39** (1952); Biol. Zbl. **71** (1952).

RENNER: Flora (Jena) **30** (1936); Cytologia **1937** (Fujii Jub.-Bd.). — RHOADES: Proc. Nat. Acad. Sci. U.S.A. **29** (1943).

SCHWEMMLE: Z. Abstammgslehre **75** (1938). — STRUGGER: Naturwiss. **37** (1950); Ber. dtsch. bot. Ges. **64** (1951).

f) Viruswirkung:

* BAWDEN: Plant viruses and virus deseases. 3. ed. Waltham 1950. — BLAKESLEE and AVERY: Science (Lancaster, Pa.) **93** (1941); * Cold Spring Harbor Symp. Quant. Biol. **12** (1948).

DARLINGTON: Siehe oben unter c).

GRIEVE: Nature (Lond.) **138** (1936).

KRAYBILL u. Mitarb.: Phytopathology **22** (1932).

* LWOFF: Endeavour **11** (1952).

g) Prädetermination:

HONING: Z. Abstammgslehre **62** (1932).

SIRKS: Proc. Akad. Wet. Amsterdam **34** (1931).

Zweiter Teil.

Aktivitätswechsel.

I. Die zellphysiologischen Grundlagen wechselnder Aktionsbereitschaft.

1. Kennzeichen der Ruhe.

Allgemeines. Im individuellen Leben des Organismus wechseln Zeiten der Aktivität, oder doch der unmittelbaren Aktionsbereitschaft mit Zeiten mehr oder weniger tiefer Ruhe, fehlender Aktionsbereitschaft. Diese Ruheperioden bestehen nicht notwendig nur in dem Fehlen bzw. der Verminderung von Arbeitsleistungen, also von Formänderungen und Stoffwechselprozessen, sondern vor allem darin, daß die Zellen auf äußere Einwirkungen, auf Reize aller Art nicht unmittelbar mit Arbeitsleistungen reagieren oder — wenn die Ruhe weniger tief ist — träger reagieren als in Perioden höchster Aktionsbereitschaft. Solche Zellen sind daher auch resistenter gegen schädigende äußere Einwirkungen.

Die Ruhe besteht demgemäß in der mangelnden Bereitschaft zu Arbeitsleistungen, d. h. zum Ausgleich der energetischen Potentiale, von denen wir im vorhergehenden Abschnitt sprachen; sie ist also mit dem Vorhandensein hoher Reaktionswiderstände verknüpft.

Höhere Pflanzen pflegen die tiefste, sich auf alle Leistungsmöglichkeiten erstreckende Ruhe in einem bestimmten Stadium der embryonalen Entwicklung, nämlich in den reifen Samen zu erreichen. Ein ähnliches latentes Leben wie diese zeigen z. B. auch die Sporen vieler niederer Pflanzen von den Bakterien bis zu den Farnen.

Im Tierreich sind ganz entsprechende Fälle der „Anabiose" ebenfalls bekannt; so bei den Räder- und Bärtierchen, die zu winzigen Körnern eintrocknen, nach Monaten oder Jahren bei Wasserzufuhr aber wieder aufquellen und damit zum Leben erweckt werden können.

Weiter finden wir Organe, wie z. B. die Achselknospen mancher Pflanzen, die dauernd in Ruhe verharren, bis sie infolge einer Beschädigung anderer Teile der Pflanze zu Restitutionsleistungen herangezogen werden. — Bei den mehrjährigen Pflanzen unserer Breiten ist der jahresperiodische Wechsel von Ruhe und Aktivität eine geläufige Erscheinung.

Latentes Leben. In dem eben genannten Zustand latenten Lebens sind alle eigentlichen Lebensvorgänge unterdrückt. Wohl laufen während solcher Zustände oft noch gewisse Veränderungen ab (vgl. S. 53), von denen manche auch physiologisch wichtig sind (S. 50ff.). Aber diese Veränderungen sind unabhängig von den üblichen Stoffwechselleistungen tätiger Zellen, also namentlich unabhängig von der Atmung. Man kann Sporen und Samen, die sich in diesem Zustand latenten Lebens befinden, durch Abschließung vom Sauerstoff oder durch Übertragung in extrem niedrige Temperatur so verwahren, daß überhaupt keine Atmung mehr möglich ist. Aber das spätere Auskeimen wird dadurch nicht beeinflußt. Ja, unter derartigen Bedingungen wird die „Lebens"dauer sogar noch erhöht, weil der allmähliche Zerfall, der in solchen Gebilden aus rein physikalischen und chemischen Gründen allmählich eintreten muß, verzögert wird, d. h. z. B., je mehr wir die Temperatur erniedrigen, um so mehr erhöht sich die Lebensdauer. Es scheint, daß selbst Pollenkörner, die normalerweise nur einige Tage oder Wochen lebensfähig bleiben, bei extrem niedrigen Temperaturen eine praktisch unbegrenzte Lebensdauer erreichen (BREDEMANN und Mitarbeiter).

Samen sind bekanntlich schon ohne eine besondere Auswahl der Bedingungen oft jahrelang, bei einigen Arten bis zu 200 Jahre, lebensfähig. In der Mandschurei wurden in einem von einer dichten Lößschicht bedeckten ehemaligen Moor Früchte von *Nelumbo nucifera* gefunden, die noch keimfähig waren, obwohl ihr Alter nach der Zeitmessung mit Hilfe der Bestimmung des Gehalts an C^{14}-Isotop 1000 Jahre betrug (LIBBY).

Allerdings gibt es auch Pflanzen, bei denen die Samen unter normalen Bedingungen nur einige Tage oder Wochen keimfähig bleiben, namentlich gehören hierhin die Samen vieler Tropenpflanzen, die nicht an das Überdauern einer ungünstigen Jahreszeit angepaßt sind.

Kriterien der Aktionsbereitschaft. Am deutlichsten wird dieses Wechseln von Perioden verschieden intensiver Aktivität, wenn es mit einem Intensitätswechsel leicht beobachtbarer bzw. leicht meßbarer physiologischer Prozesse verbunden ist. Ein besonders gutes und in vielen Fällen anwendbares Kriterium ist die Intensität der Atmung. In den Zuständen latenten Lebens fehlt die Atmung ganz oder fast ganz, so daß die Pflanze dann auch nicht auf Sauerstoff angewiesen ist. Ruhende Samen und Sporen können tage-, wochen- oder jahrelang bei völligem Sauerstoffabschluß verwahrt werden, ohne ihre Lebensfähigkeit zu verlieren. Auch sonstige Stoffwechselprozesse werden in den Zuständen latenten Lebens nicht in nennenswertem Maße durchgeführt, können jedenfalls längere Zeit hindurch fehlen, wie sich z. B. deutlich daraus ergibt, daß Samen und Sporen, ähnlich wie auch die ausgetrockneten Räder- und Bärtierchen, tagelang bei Temperaturen in unmittelbarer Nähe des absoluten Nullpunktes gehalten werden können und auch dann nicht ihre Lebensfähigkeit verlieren. — Weniger tief ist die Ruhe in manchen Pollenkörnern, die im trockenen Zustand oft noch, wenn auch nur sehr schwach, atmen und gären (anaerob atmen); andere Pollenkörner atmen im trocknen Zustand überhaupt nicht. Solche Unterschiede sind also Ausdruck verschieden tiefer Ruhe.

In anderen Fällen können wir den Wechsel der Aktivität an Unterschieden der Wachstums- und Zellteilungsgeschwindigkeit erkennen. — Handelt es sich um nicht mehr wachsende Zellen, so läßt sich die Höhe der Aktionsbereitschaft beispielsweise durch Anwendung mechanischer oder elektrischer Reize ermitteln; wir finden je nach der Tiefe der Ruhe eine verschieden starke Reaktion (Bewegung, elektrische Potentialänderung usw.). Mit diesem Verfahren zur Prüfung der Aktivität ist ein anderes eng verwandt, das auf der Feststellung der Widerstandsfähigkeit, der Resistenz gegen schädigende äußere Eingriffe beruht. Wir dürfen dabei von der Regel ausgehen, daß eine Zelle um so resistenter ist, je mehr sie sich, sonst gleiche Bedingungen vorausgesetzt, im Zustand der Ruhe befindet. Die Resistenzerhöhung ist ebensosehr Ausdruck abgeschwächten Reagierens auf äußere Einflüsse wie die herabgesetzte Reizbarkeit.

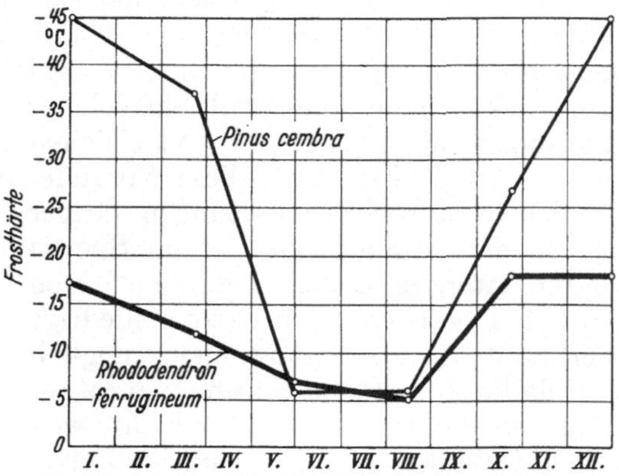

Abb. 24. Jahresgang der Frosthärte bei Blättern von einer *Rhododendron*- und einer *Pinus*-Art. Als Maß der Frosthärte dient die niedrigste 2 Std ertragene Temperatur. Die Frosthärte ist in der Periode der Winterruhe am größten. Abszisse: Monate. (Nach PISEK.)

In erster Linie kann hier die schon erwähnte hohe Widerstandsfähigkeit gegen niedrige, aber auch die gegen hohe Temperatur genannt werden; Samen und Sporen können im trockenen Zustand mehrere Stunden über 100^0 erhitzt werden ohne zu sterben. Ebenso sind andere Pflanzenteile während der Winterruhe gegen Kälte erheblich resistenter als im Sommer; und die Tiefe der Ruhe zeigt dabei eine enge Verknüpfung mit der Größe der Widerstandsfähigkeit gegen Kälte (Abb. 24).

Dafür lassen sich auch ähnliche Parallelfälle aus dem Tierreich nennen. Insektenpuppen pflegen gegen Kälte viel resistenter zu sein als die Larven und die Imagines, und die Eier sind noch resistenter als die Puppen.

So wie gegen Hitze und Kälte sind ruhende Organe, ganz besonders wieder die Samen, auch gegen Strahlungen, etwa gegen Röntgenstrahlen, und Gifte widerstandsfähiger.

2. Rolle des Wassers.

Die sowohl in der Trägheit aller biochemischen und sonstigen physiologischen Reaktionen als auch in der schwachen Reaktion auf äußere Eingriffe zum Ausdruck kommende Ruhe erklärt sich, wie wir sagten, aus dem Vorhandensein hoher Reaktionswiderstände, die sich die ruhende Zelle eben leisten kann, weil sie nicht darauf angewiesen ist, schnell zu reagieren. Dabei ist das einfachste Mittel der Pflanzenzelle zur Erhöhung der Reaktionsträgheit der Wasserentzug, genauer: der Entzug des für die biochemischen Reaktionen wichtigen „freien", intermizellaren, also nicht durch elektrische Kräfte fest an die Kolloidteilchen gebundenen Wassers. In vielen Fällen läßt sich eine überaus enge Beziehung zwischen dem Wassergehalt des Gewebes, der Lebenstätigkeit und der Resistenz ermitteln. Bei reifenden Samen entspricht dem fortgesetzten Wasserverlust eine abnehmende Atmungsintensität. Bei keimenden Samen steigt die Atmung wieder mit zunehmendem Wassergehalt (s. die folgende Tabelle).

Auch sonst zeigen Pflanzen, etwa im Verlauf natürlicher Ruheperioden oder experimentell, so nach der Übertragung in trockene Luft oder in Lösungen, die den Zellen osmotisch Wasser entzogen, gleichzeitig eine Verminderung der Atmungsintensität (Abb. 25) und anderer Stoffwechselprozesse sowie eine Erhöhung der Resistenz.

Keimende Gerste, abgeschiedenes CO_2 je Kilogramm in 24 Std. (nach KOLKWITZ).

Wassergehalt %	CO_2-Abgabe mg
10—12	0,3—0,4
14—15	1,3—1,5
33	2000

Die Bedeutung des Wassergehaltes für die physiologische Labilität, also für die Niedrigkeit der Reaktionswiderstände, ist durchaus verständlich; vom Wassergehalt hängt unmittelbar vor allem der osmotische Druck der in den Vakuolen und im Plasma befindlichen Flüssigkeiten, sowie der Quellungszustand der Eiweißkolloide ab. Schon die Erhöhung des osmotischen Drucks kann (auch in vitro) eine Verzögerung fermentativer Reaktionen nach sich ziehen. Man darf solche im Organismus sicher verbreiteten Wirkungen etwa durch die Annahme erklären, daß die osmotisch wirksame Lösung vom Ferment oder dem von ihm angreifbaren Stoff durch semipermeable Membranen getrennt ist, und so das für die Geschwindigkeit der chemischen Reaktion wichtige Wasser entzogen werden kann.

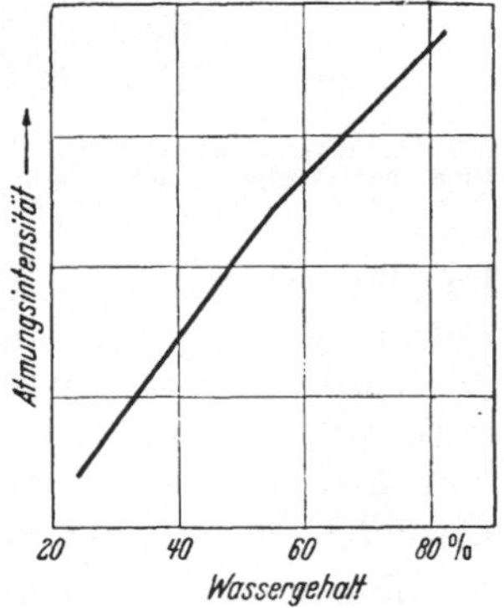

Abb. 25. Zunehmende Atmung bei zunehmendem Wassergehalt. Objekt: *Hypnum triquetrum.* (Nach Zahlen von MAYER und PLANTEFOL.)

Der Quellungsgrad des Protoplasmas wird sowohl direkt von außen her als auch durch Verschiedenheiten der Konzentration des Zellsaftes beeinflußt; entsprechen osmotischer Druck des Zellsaftes und Quellungsgrad des Plasmas nicht gleichen relativen Dampfspannungen, so muß es natürlich zur Wasserverschiebung kommen, bis das Gleichgewicht hergestellt ist. Dieser, somit bereits vom Wasserzustand in der Vakuole abhängige Quellungsgrad bestimmt die Intensität der Stoffwechselprozesse, etwa die Intensität der Atmung, oft schon insofern, als für diese Prozesse die Größe der inneren Oberflächen wichtig ist. Ferner beeinflußt der Quellungsgrad das Diffusionsvermögen, und damit sowohl die Geschwindigkeit des Ausgleichs von Konzentrationsgefällen als auch sekundär die Geschwindigkeit chemischer Reaktionen, da im Organismus oft (im Gegensatz zum Verhalten der reagierenden Stoffe in wäßrigen Lösungen) die Zuleitung der reagierenden Stoffe und die Fortleitung der Reaktionsprodukte zum begrenzenden Faktor der Reaktionsgeschwindigkeit werden kann. Vom Quellungsgrad hängt aber auch noch die Stabilität der Kolloide ab. Ein an intermizellarem Wasser reiches Kolloid koaguliert oder denaturiert unter dem Einfluß hoher Temperatur und anderer Faktoren schneller als ein wasserarmes; nichtgelöstes Eiweiß ist resistenter als gelöstes. Auf eine kolloidchemische Umwandlung aber kommt es bei der Schädigung etwa durch hohe Temperaturen wesentlich an.

Hitze- und Strahlenschädigungen gehen mit protoplasmatischen Ausflockungen parallel, die zunächst ultramikroskopisch als Trübungen, bei stärkerer Schädigung auch mikroskopisch wahrnehmbar sind.

Auch für die Kälteresistenz ist der Wasserzustand im Plasma wichtig. Man nahm zur Erklärung der unterschiedlichen Kälteresistenz oft eine Bedeutung von Änderungen der Wasserstoffionenkonzentration an. Aber auch hier sind Änderungen im kolloiden Zustand der Eiweiße viel wichtiger.

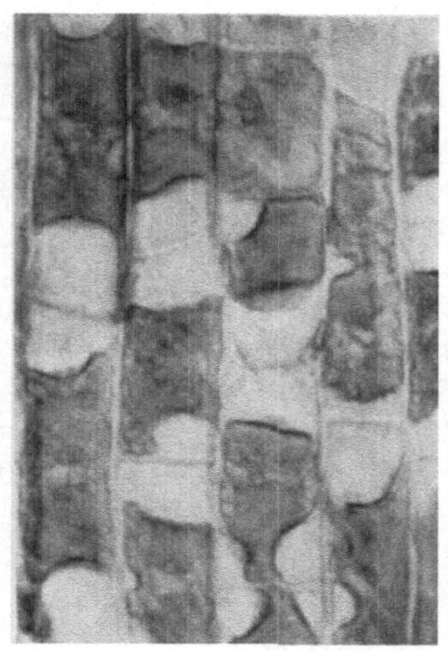

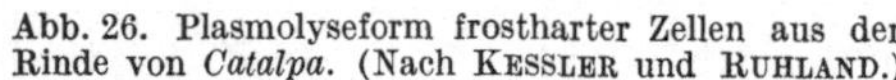

Abb. 26. Plasmolyseform frostharter Zellen aus der Rinde von *Catalpa*. (Nach KESSLER und RUHLAND.)

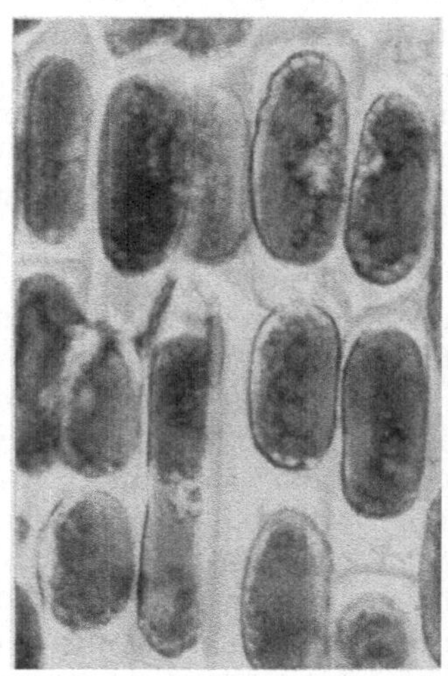

Abb. 27. Plasmolyseform nichtfrostharter Zellen aus der Rinde von *Catalpa*. (Nach KESSLER und RUHLAND.)

Es gibt zahlreiche Beobachtungen, die auf solche Zustandsänderungen im Zusammenhang mit dem Wechsel zwischen Ruhe und Aktivität hinweisen. So wurde in resistenten Zellen eine erhöhte Permeabilität gefunden (vgl. z. B. SIMINOVITCH a. LEVITT); ebenso wurde beobachtet, daß (in der Rinde von *Robinia*) während der Aktivitätsperiode ein Minimum an löslichen Eiweißen besteht, deren Menge aber im Winter auf das Vierfache ansteigt.

Eine besonders wichtige kolloide Umwandlung beim Übergang zur Ruheperiode besteht in der Überführung des Plasmas in einen Zustand stärkerer Hydratation, wobei es auf Kosten des freien Wassers gelartiger wird. Ein Hinweis auf solche Veränderungen kann darin gesehen werden, daß sich die Plastiden innerhalb des Protoplasten beim Zentrifugieren nichtkälteresistenter Pflanzen in den Zellen leichter umlagern lassen als bei kälteresistenten Exemplaren. Die darin sowie z. B. auch in unterschiedlicher Plasmolyseform zum Ausdruck kommende Viskositätserhöhung der kälteresistenten Pflanzen beruht wohl in einer auf Kosten des freien Wassers eingetretenen verstärkten Hydratation, die es wiederum bedingt, daß den Kolloiden das Wasser nicht mehr so leicht entzogen werden kann (KESSLER und RUHLAND, Abb. 26, 27). Daß das für die Kälteresistenz wichtig ist, wird vor allem durch die Untersuchungen ILJINs über die Ursachen der Kälteresistenz verständlich: Beim Gefrieren wird dem Plasma Wasser entzogen; beim schnellen Auftauen nehmen die einzelnen Teile dann verschieden rasch wieder Wasser auf, dadurch kommt es zu Strukturzerstörungen.

Für den Übergang in ein Stadium tieferer Ruhe und größerer Resistenz ist es also nicht notwendig, daß der Wassergehalt der Zellen erniedrigt wird. Es ist nicht einmal, wie gelegentlich vermutet wurde, die Verringerung der vorhandenen Menge freien Wassers so sehr entscheidend. Das wichtigste ist die Erhöhung der Stabilität der Eiweißmoleküle durch deren verstärkte Wasserbindung (vgl. LEVITT, SCARTH). Auch bei Bakteriensporen kann es sich so verhalten, sie zeichnen sich dann also vor den vegetativen Zellen nicht durch die Wassermenge, sondern nur durch erhöhte Wasserbindungskraft aus (FRIEDMAN und HENRY).

Der Übergang des Plasmas in einen mehr gelartigen Zustand, der Entzug des freien Wassers bedingt außer der Resistenzerhöhung auch die Ruhe, da ein solcher Plasmazustand bzw. die Verminderung des Gehalts an freiem Wasser biochemische Reaktionen erschwert. So wird die Parallelität von Ruhe und Resistenz verständlich.

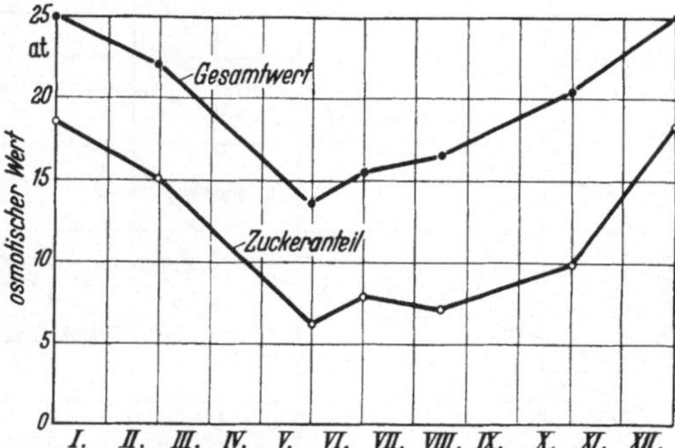

Abb. 28. Jahresgang der osmotischen Werte in den Blättern von *Rhododendron ferrugineum*. Angegeben ist der gesamte osmotische Wert (in Atmosphären) und der Zuckeranteil an ihm. Abszisse: Monate. (Nach PISEK.)

Auch das Kambium scheint seiner mit den Jahreszeiten wechselnden Aktivität entsprechend solche Änderungen des Plasmazustandes durchzumachen; es geht im Frühjahr aus dem Gelzustand in den Solzustand über.

Häufig erklärt sich der während der Frosthärtung, also während der Anpassung an niedrige Temperaturen eintretende Verlust freien Wassers im Plasma aus einem erhöhten osmotischen Druck des Zellsaftes, so daß sich oft eine Parallelität zwischen osmotischem Druck und Kälteresistenz ergibt (Abb. 28). Jedoch sind auch in solchen Fällen das Primäre und Wichtigere die plasmatischen Veränderungen, denn auch dort, wo eine solche Zuckerzunahme auftritt (z. B. *Rhododendron*, *Pinus*), kann die Resistenzzunahme schon bei geringer Zunahme der osmotisch wirksamen Substanzen beobachtet werden (PISEK), und schließlich gibt es Fälle, in denen überhaupt keine Beziehung zwischen osmotischem Druck und Resistenz besteht (vgl. LEVITT 1951).

Die Beziehung zwischen Wassergehalt und Resistenz wird auch durch Versuche an Samen und Sporen verschiedenen Wassergehalts deutlich. So ist schon der Unterschied auffällig, der zwischen Sporen, die in Luft und solchen, die in Alkohol aufbewahrt wurden, besteht. Sporen von Bakterien und Pilzen, sowie Samen höherer Pflanzen werden durch den Aufenthalt in absolutem Alkohol nicht geschädigt, sondern halten sich darin weit besser als in verdünntem Alkohol und sogar besser als in Luft. Beispielsweise wurden Rotkleesamen 21 Monate in absolutem Alkohol aufbewahrt, ohne daß eine Schädigung der Keimkraft deutlich wurde. Am eindrucksvollsten sind Beobachtungen an Pilzsporen: Bei der Aufbewahrung in absolutem Alkohol bleiben die Sporen von *Phycomyces* länger als 2 Jahre keimfähig; in Luft aber, selbst wenn diese relativ trocken ist, nur etwa

3 Monate. Pollenkörner von *Thea sinensis* und *Camellia japonica* behalten ihre Lebensfähigkeit im Exsikkator 6 Monate, außerhalb des Exsikkators nur 2 Monate.

So kann der Wassergehalt in recht verschiedenartiger Weise den Aktivitätszustand der Zelle beeinflussen; schließlich aber wird es auf dem einen oder anderen Weg immer zur Hemmung oder Beschleunigung von Enzymreaktionen kommen; denn von diesen hängt ja die Intensität der Stoffwechselprozesse, und damit die Lebhaftigkeit aller physiologischen Arbeit ab. Wie stark das Ausmaß der Enzymaktivierung beim Aufheben der Ruheperiode ist, möge ein Beispiel zeigen, nämlich die Untersuchung der vorhandenen Menge tätiger Amylase in Knospen verschiedenen Entwicklungszustandes (und demgemäß auch verschiedenen Wassergehalts) von *Quercus pedunculata* (Abb. 29). Die Kurven lassen den Zusammenhang zwischen Wassergehalt, Enzymaktivierung, Atmung und Entwicklung gut erkennen.

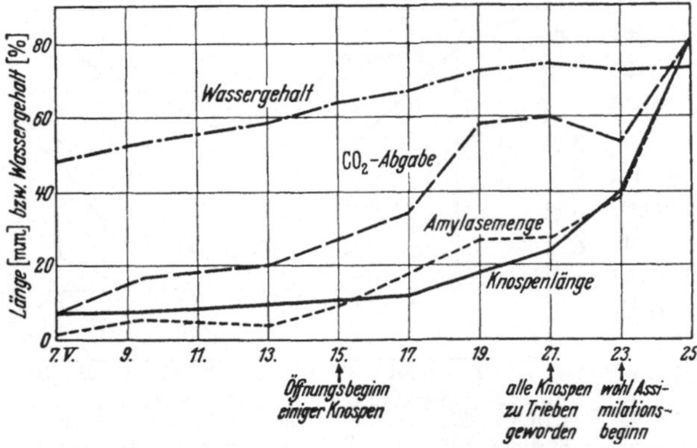

Abb. 29. Aktivierung von Fermentreaktionen infolge zunehmenden Wassergehalts beim Abbruch der Ruhe, gezeigt an den Knospen von *Quercus pedunculata* im Frühjahr. Während des Knospenwachstums nehmen Wassergehalt, Atmung und Amylasenmenge zu. Nur für Länge und Wassergehalt der Knospen sind absolute Zahlenwerte angegeben. (Nach Versuchen von KURSSANOW.)

3. Der Fermentzustand.

Der Ruhezustand ist eine sehr komplexe Erscheinung, zu der namentlich auch noch die verminderte Fermentaktivität gehört. Wir können uns auch eine ohne Wasserverlust eintretende Hemmung der Enzymreaktionen verständlich machen, da der Widerstand gegen den Ablauf chemischer Reaktionen nicht nur durch Entzug freien Wassers erhöht werden kann. Ein Wechsel der Enzymquantität selber, an den man ursprünglich vor allem dachte, scheint weniger bedeutungsvoll zu sein. Mit geeigneten Extraktionsmethoden läßt sich durchweg zeigen, daß die Enzyme im Stadium verminderter Lebenstätigkeit, selbst in trockenen Samen, nur in inaktiviertem Zustand in der Zelle sind, nicht aber fehlen. Am extremsten ist dieser ohne Enzymzerstörung bzw. -neubildung vollzogene Wechsel der Enzymaktivität wieder beim Übergang zum latenten Leben, etwa bei der Samenreifung und (im entgegengesetzten Sinne) bei der Samenkeimung. Als Regulatoren der Enzymaktivität kommen einerseits besondere Substanzen (Aktivatoren und Paralysatoren, vielleicht auch die später zu besprechenden keimungshemmenden Stoffe) in Frage, sodann Ionen, vornehmlich H-Ionen und Metallionen, die aber durchaus nicht in erster Linie auf die Enzyme selber wirken müssen, sondern meist viel wichtiger sind, weil sie den für die Enzymtätigkeit bedeutungsvollen Plasmazustand beeinflussen. Dabei ist sowohl der Zustand der Kolloide wichtig, die als die eigentlichen und unerläßlichen Träger (meist eiweißartiger Natur) der Fermentgruppen anzusehen sind, als auch der Zustand anderer Kolloide, an die der Fermentkomplex oder die reaktionsfähigen Stoffe adsorbiert werden können, wodurch dann die Fermentreaktionen erschwert oder ganz verhindert werden.

Nur kurz sollen hier die Möglichkeiten für eine Beeinflussung der Enzymaktivität durch den Plasmazustand angedeutet werden (vgl. SUMNER und MYRBÄCK).

Die Bedeutung des Dispersitätsgrades geht aus den Angaben vieler Autoren hervor. So wurde gefunden, daß Kolloide, unter anderem Eiweißkolloide, beim Frieren und Wiederauftauen ihre Dispersität, also ihre innere Oberfläche vergrößern; wodurch etwa die Wirksamkeitssteigerung von Zymaselösungen durch Frieren und Wiederauftauen erklärlich wird. Man hat dabei wohl namentlich an die Dispersität des kolloiden Fermentträgers zu denken. Hierdurch können vielleicht manche günstige Einflüsse des Durchfrierens ruhender Organe auf die Enzymaktivität und den Entwicklungsbeginn erklärt werden.

Wichtig ist ferner der Zustand intraplasmatischer Lipoidfilme, die offenbar in manchen Fällen Ferment und Substrat voneinander trennen und dadurch den Abbau des Substrats verhindern bzw. regulieren. Wenn wir das Plasma mit Lipoidlösungsmitteln behandeln, so wird der fermentative Abbau außerordentlich gefördert.

Es liegen zahlreiche experimentelle Befunde vor, die zeigen, daß eine Beseitigung oder Zerstörung intraplasmatischer Lipoidfilme den Stoffwechsel steigert (MONNÉ, DRUCKREY). Auch die mit der Entwicklungsanregung verbundene Atmungssteigerung im Seeigelei konnte mit Änderungen des Lipoidzustandes in Zusammenhang gebracht werden (ÖHMANN). Milde Veränderungen im Zustand dieser Lipoidfilme könnten eine Ursache normalphysiologischer Aktivitätsschwankungen sein (MONNÉ).

Für die im Zusammenhang mit der geänderten Lebenstätigkeit eintretenden Änderungen der Enzymaktivität können offenbar auch Inaktivierung durch Adsorption und erneute Aktivierung durch Aufhebung der adsorptiven Bindung (Elution) entscheidend sein. So können wohl manche Paralysatorwirkungen, die man ursprünglich spezifischen Substanzen zuschrieb, als mehr physikalische Effekte aufzufassen sein.

In den Arbeiten von KURSSANOW und seinen Mitarbeitern wurde versucht, die Aktivität der Enzyme in erster Linie damit in Zusammenhang zu bringen, ob sie in der Zelle frei vorliegen oder an Zellstrukturen adsorbiert sind. Nach der Auffassung dieser Autoren sollen die Hydrolasen im adsorbierten Zustand synthetisierend wirken und daher z. B. die für Speicherungsperioden (etwa während der Samenreifung) charakteristischen synthetischen Reaktion katalysieren können, während sie später bei der Keimung von Samen oder dem Austreiben von Knospen aus der adsorptiven Bindung befreit werden sollen und daher wieder hydrolysierend wirken. Diese einfache Deutung des zeitweisen Überwiegens von Synthesen ist aber, wie wir jetzt wissen, aus thermodynamischen Gründen nicht haltbar. Für die Synthesen sind vielmehr Phosphorylasen entscheidend wichtig. Die Rolle des Plasmazustandes für die Regulation des Enzymzustandes muß also komplizierter sein. Dabei bleibt es natürlich sehr wohl möglich, daß Hydrolasen durch Adsorption inaktiviert werden, und dadurch die Phosphorylasewirkung relativ mehr in den Vordergrund tritt.

Es ist in dem Zusammenhang bemerkenswert, daß von PORTER sogar eine ausgesprochene Hemmwirkung der Phosphorylase durch β-Amylase nachgewiesen werden konnte (zur Frage der bei den Kohlenhydratsynthesen wichtigen Enzyme vgl. HEHRE). Außerdem aber könnte die Phosphorylase noch durch andere Faktoren zeitweise begünstigt oder benachteiligt sein.

Erwähnt sei noch, daß Enzyminaktivierungen auch stattfinden können, indem die Enzyme Verbindungen mehr chemischer Natur eingehen. Hier ist vor allem die Bildung sog. Symplexe zu nennen. Solche Symplexe können auch die von den Fermenten angreifbaren Substanzen eingehen und sich dadurch dem Angriff durch das Ferment entziehen (z. B. Polysaccharid-Eiweißverbindungen).

Mehr als eine Andeutung der grundsätzlichen Möglichkeiten zur Regulation der Enzymtätigkeiten konnte hier nicht gegeben werden. Unser Wissen über die tatsächlichen Verschiedenheiten der Enzymsysteme in Ruhe- und Aktivitätsperioden reicht auch noch nicht viel weiter.

Es ist nach diesen Betrachtungen verständlich, daß jeder Faktor, der den Ausgleich der energetischen Gefälle im Organismus hemmt, sowohl seine Ruhe vertiefen, als auch seine Resistenz gegen äußere Eingriffe erhöhen muß, weil eben eine Schädigung ähnlich wie eine physiologische Tätigkeit in dem Ausgleich eines energetischen Gefälles besteht. So erklärt es sich, daß die Lebensdauer von Samen nicht nur durch Wasserentzug, sondern auch durch Aufbewahrung bei niedriger Temperatur oder bei Luftabschluß verlängert wird. Auch im ruhenden Samen und in der ruhenden Spore sind die Reaktionswiderstände nie so hoch, daß physikalische und chemische Zustandsänderungen völlig ausgeschaltet sind. Das Auftreten von (mit zunehmendem Alter sich mehrenden) Mutationen im ruhenden Samen zeigt, daß sehr wohl Veränderungen ablaufen. An alternden Getreidekörnern ist das durch Enzymtätigkeit bedingte Auftreten freier Säure festgestellt worden; die Enzyme spalten die organischen Phosphorkomplexe und führen zur Verseifung der Fettkörper des Keimlings. Und auch für Pilzsporen ist bekannt, daß sie, wie die späteren Eigentümlichkeiten des Mycels zeigen, ihre Eigenschaften während der Ruhe ändern. Aus diesen Gründen muß niedrige Temperatur nicht nur für die Erhaltung der Lebensfähigkeit, sondern auch für die Erhaltung der ursprünglichen Eigenschaften günstig sein. Zum Beispiel kann *Aspergillus niger* nach längerer Sporenruhe ganz veränderte physiologische Eigenschaften haben. Werden die Sporen aber bei 0^0 aufbewahrt, so behalten sie ihre Eigenschaften, etwa ihr Säurebildungsvermögen, fast unverändert.

4. Physiologisches Gleichgewicht bei der Ruhe und Aktivität.

Wir wiesen schon darauf hin, daß sich mit der geänderten Labilität des Plasmas, mit seiner geänderten Aktionsbereitschaft, besonders leicht die Atmungsintensität ändert. Das ist nicht nur kausal verständlich, sondern stellt gleichzeitig eine wichtige physiologische Regulation dar. Hohe Aktivität, Funktionsbereitschaft, sind ja gleichbedeutend mit großer Labilität. Durch diese Herabsetzung der Reaktionswiderstände aber wird, auch ohne schädigende Außeneinflüsse, aus physikalisch zwingenden Gründen eine Zerstörung der arbeitsfähigen Potentiale erleichtert; ein Schaden, den die Zelle, gemäß unseren Ausführungen über die Gültigkeit des 2. Hauptsatzes, nur durch Energieaufwand verhindern bzw. wieder ausbessern kann. Das ist der Sinn der sog. Erhaltungsatmung in der Zelle, die einen erheblichen Prozentsatz der Gesamtatmung ausmacht. Schalten wir in einer funktionsbereiten, nicht nur latent lebenden Zelle die Erhaltungsatmung durch Vergiftung oder durch Sauerstoffentzug aus, so beobachten wir in der Tat Strukturzerstörungen und Anhäufungen von Stoffwechselprodukten, die die Zelle schließlich zum Absterben bringen. Man findet z. B. Anhäufung von Säuren, von Azetaldehyd; sowie andererseits Viskositäts- und Permeabilitätsänderungen, die ein deutlicher Ausdruck plasmatischer Strukturänderungen sind.

Die Erhaltungsatmung hat also die Aufgabe, die nach dem 2. Hauptsatz angestrebte energetische Unordnung zu verhindern; mit Hilfe der Atmung bleiben die Strukturen erhalten oder werden neu geschaffen, Gärprodukte werden oxydiert oder zu den Ausgangsstoffen resynthetisiert.

So wird der große Wert der engen Verknüpfung von Funktionsbereitschaft und Atmungsintensität verständlich; denn in jeder Zelle muß natürlich, damit der ein dynamisches Gleichgewicht darstellende Zustand scheinbarer Ruhe erhalten bleibt, die Intensität der von der Atmung gesteuerten restituierenden Prozesse genau der Größe des Zerfalls, die sich wiederum aus der Labilität ergibt, entsprechen. Es ist daher auch durchaus berechtigt, die Tiefe der Ruhe unmittelbar aus der Größe der Erhaltungsatmung zu bestimmen. Wir werden bei der Untersuchung des Wachstums ein Beispiel dafür kennenlernen, daß bei zunehmender Aktivität nicht etwa nur für die äußerlich sichtbare Aktion, sondern auch schon zur Erhaltung des Zellsystems ein größerer Energiebedarf besteht.

Literatur.

Mit einem * versehene Arbeiten sind zusammenfassende Darstellungen.

a) Über die Bedeutung des Wasserzustandes im Plasma für die Qualität und Intensität der physiologischen Leistungen sind in den vergangenen Jahren namentlich im Zusammenhang mit der Erforschung der inneren Ursachen für die Resistenzerscheinungen viele Untersuchungen veröffentlicht worden. Vgl. etwa:

BREDEMANN u. Mitarb.: Naturwiss. **34** (1947).
CRAFTS, CURRIER and STOCKING: Water in the physiology of plants. Waltham 1949.
FRIEDMAN and HENRY: J. Bacter. **36** (1938).
ILJIN: Protoplasma (Berl.) **13** (1931).
* LEVITT: Frost killing and hardiness in plants. Minneapolis 1941; Annual Rev. Plant Physiol. **2** (1951). — LIBBY: Science (Lancaster, Pa.) **114** (1951).
* MAXIMOV: The plant in relation to water. London 1929.
PISEK: Protoplasma (Berl.) **39** (1950); * Naturwiss. **39** (1952).
SCARTH: New Phytologist **43** (1944). — SIMINOVITCH and BRIGGS: Arch. of Biochem. **23** (1949). — * STOCKER: Naturwiss. **34** (1947). — * SYSSAKJAN: The biochemical characters of drought-resistent plants. Moskau ca. 1940.

b) Über die Rolle des Fermentzustandes:

DRUCKREY: Dtsch. med. Wschr. **1943**, Nr 35/36.
HEHRE: Adv. Enzymol. **11** (1951).
* KURSSANOW: Reversible Fermentwirkung in lebenden Pflanzenzellen. Moskau 1940 (russisch), sowie zahlreiche Arbeiten in: Biochimija (russ.).
* MONNÉ: Adv. Enzymol. 8 (1948).
ÖHMANN: Ark. Zool. A **36** (1944).
PORTER: Biochemic. J. **45** (1949).
* SUMNER and MYRBÄCK: The enzymes, Vol. 1, part 1. New York 1950.

II. Die Ursachen der Aktivitätssteigerung.

1. Allgemeines.

Nach den Betrachtungen des vorhergehenden Abschnittes muß natürlich jede Aufhebung eines Ruhezustandes in der Verminderung der Reaktionswiderstände bestehen, jeder Übergang in die Ruheperiode in deren Erhöhung. Die Faktoren, die diese Änderungen, diese Beseitigung oder Schaffung von Widerständen gegen chemische und physikalische Prozesse bedingen, können sowohl in der Außenwelt als auch im Organismus selber liegen; d. h. die Ruheperiode kann beginnen oder aufgehoben werden sowohl durch eine Änderung der Außenbedingungen als auch bei deren Konstanz. Zu den äußeren Faktoren gehören hierbei in erster Linie natürlich Zufuhr und Entzug des Wassers bzw. die Einflüsse, die Wasserzufuhr und -entzug regulieren; denn den Wassergehalt des Gewebes haben wir ja als wichtig für den Grad der physiologischen Labilität erkannt. Ebenso sind auch alle anderen Faktoren bedeutsam, die irgendwie die im vorhergehenden Abschnitt genannten Bedingungen physiologischer Labilität ändern, also etwa auch Faktoren, die den Kolloidzustand des Plasmas beeinflussen, z. B. durch Ladungsänderung zur Freigabe des an die Kolloidteilchen gebundenen Wassers und der Fermente führen; oder Faktoren, die — wie bestimmte Ionen, Strahlungen — direkt hemmend oder fördernd auf die Enzymaktivität wirken. Trotzdem ist es oft schwierig zu erkennen, auf welchem Wege die mannigfaltigen äußeren Faktoren die Reaktionswiderstände in der Zelle verändern.

2. Wasserversorgung, Nachreifung.

Samen mit und ohne Nachreifung. Wir gehen am besten von der Betrachtung des tiefsten Ruhezustandes aus, den die Pflanzen durchmachen können, also vom latenten Leben der Samen, ruhender Sporen und physiologisch ähnlicher Dauerzustände. In manchen Fällen läßt sich die Ruheperiode im Samen leicht aus der Wasserzufuhr erklären. Nimmt die Wasserversorgung durch die Frucht ab, so setzt allmählich die Ruheperiode ein, die aber, wenn sie wirklich nur durch die unmittelbaren Folgen des allmählichen Austrocknens bedingt ist, jederzeit durch Übertragung der Samen in Wasser oder auch (beim Verbleiben auf der Mutterpflanze) durch Einwirkung sehr feuchter Luft wieder unterbrochen werden kann, so daß der Same sofort nach seiner Entstehung auch zu keinem vermag und dann sogar durch nochmaliges Austrocknen in ein 2. Ruhestadium übertritt, das ebenfalls durch Wasserzufuhr jederzeit wieder unterbrechbar ist. Jene Abnahme der Wasserversorgung durch die Mutterpflanze erfolgt bei der Samenreifung, weil die Möglichkeiten der Wasserzuleitung zum Embryo nur gering sind und beim Heranwachsen des Embryos relativ immer schlechter werden. Je günstiger diese Bedingungen der Wasserversorgung sind, um so mehr wird der Embryo heranwachsen können, bevor er in den Ruhezustand übergeht. Bei manchen Mangrovepflanzen (z. B. *Rhizophora*) sind diese Bedingungen durch das Vorhandensein eines drüsenartig wirkenden Gewebes so gut, daß — obwohl die Saugkraft des Embryogewebes sogar niedriger ist als die der benachbarten Teile der Mutterpflanze — überhaupt keine Ruheperiode eintritt, und die Auskeimung, namentlich die Streckung des Hypokotyls zu einer Länge von mehreren Dezimetern, schon vor der Ablösung von der Mutterpflanze erfolgt (Abb. 30).

Abb. 30. Äste einer *Rhizophora*. Es bilden sich keine Samen, vielmehr wachsen die Embryonen ohne Einschiebung einer Ruhepause zu mehreren Dezimeter langen Keimpflanzen heran; am längsten werden die Hypokotyle.

Bei einigen anderen Sumpf- und Wasserpflanzen tritt zwar nicht dieses Auskeimen an der Mutterpflanze ein, aber die Samen keimen doch sofort nach der Entleerung aus den Früchten bzw. nach dem Abfallen der Früchte. Solche Samen können dann oftmals, wie z. B. die der Mangrovepflanzen *Avicennia* und *Sonneratia*, zudem auch die vieler Arten des tropischen Regenwaldes, ein Austrocknen überhaupt nicht ertragen.

Aber so einfach wie bei den sofort voll keimfähigen Samen liegen die Dinge nur selten. Und selbst wenn der Same sofort nach seiner Ausbildung durch Übertragung in ein geeignetes Keimbett keimen kann, dürfen wir nicht mit Sicherheit schließen, nur sein abnehmender Wassergehalt sei Ursache des Übergangs in die Ruheperiode gewesen; wir können nämlich bei den gleichen Samen finden, daß die Wasserzufuhr einige Zeit

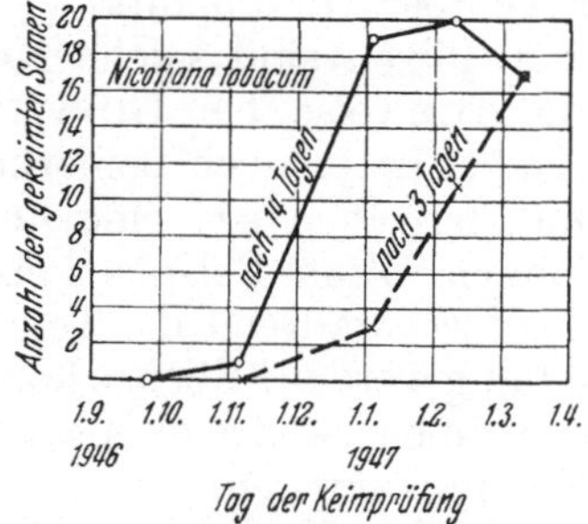

Abb. 31. *Nicotiana tabacum.* Verlauf der Nachreifung der Samen. Zu jeder Keimfähigkeitsprüfung wurden 20 Samen genommen. Die Kurven geben die nach 3 bzw. 14 Tage langem Aufenthalt im Keimbett gefundene Anzahl gekeimter Samen an.

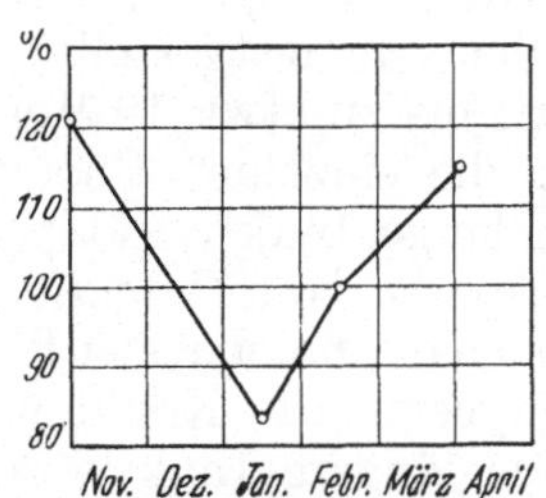

Abb. 32. Änderung der Quellfähigkeit ruhender Samen von *Papaver somniferum.* Die Ordinate gibt an, wie stark die Gewichtszunahme, in Prozent des Ausgangsgewichts, nach 12 stündiger Quellung war. Im Winter besteht (ebenso wie ein Minimum der Keimfähigkeit) ein Minimum der Quellbarkeit.

später nicht mehr zur Überwindung des Ruhezustandes, also zur Keimung ausreicht. Solche Samen, die eine Periode sog. Nachreife benötigen, wenn sie schon ausgetrocknet waren, sind von vielen Pflanzen bekannt (Abb. 31), in den gemäßigten und kalten Zonen verhalten sich sogar die meisten Arten so.

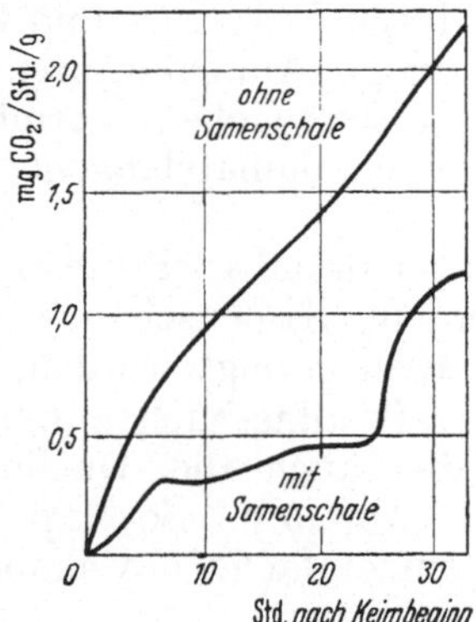

Abb. 33. Atmung der Samen von *Lathyrus odoratus* mit und ohne Samenschale während der Keimung. Hemmung der Gasdiffusion durch die Samenschale. (Nach STILES und LEACH.)

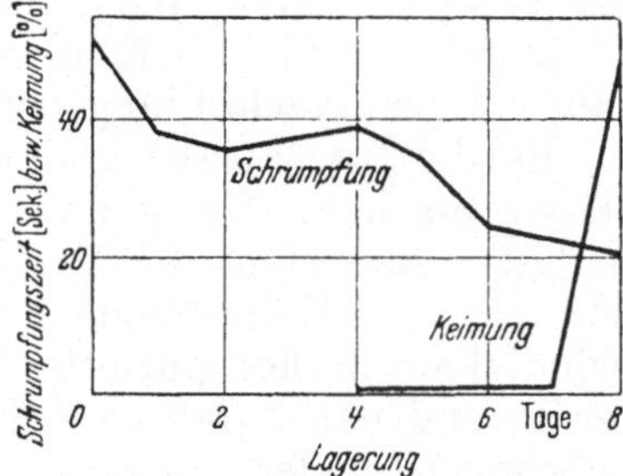

Abb. 34. Nachreifung als Erhöhung der Wasserpermeabilität. Die Schrumpfungsgeschwindigkeit der Zygoten von *Sporodinia* in Glyzerin nimmt während des Lagerns zu, d. h. die für diese Schrumpfung notwendige Zeit wird kürzer. Gleichzeitig erhöht sich die Keimbereitschaft, die also offenbar an hohe Wasserpermeabilität gebunden ist. (Nach Versuchen von SEILER.)

Daß diese Nachreifung nicht notwendig etwas mit zunehmendem Wasserverlust zu tun hat, wird deutlich, wenn wir sehen, wie sie oftmals, namentlich bei Wasserpflanzen, sogar bei dauerndem Aufenthalt der Samen in Wasser ablaufen kann, indem diese Samen (etwa die vieler Nymphaeaceen) jahrelang lebensfähig bleiben, während sie beim Austrocknen schnell sterben. Aber auch bei vielen anderen Pflanzen wird die Nachreifung durch Lagerung in hoher Feuchtigkeit mindestens begünstigt; und bei manchen gärtnerisch wichtigen Pflanzen wird das Saatgut zur Ermöglichung und Beschleunigung des Nachreifens oft im feuchten Raum gelagert. Namentlich für die Samen vieler Rosaceen hat sich eine solche als Stratifikation bezeichnete, über mehrere Monate ausgedehnte feuchte Lagerung, bei zugleich niedriger Temperatur, als unerläßlich zur Herstellung der Keimbereitschaft erwiesen (vgl. z. B. EVENARI und Mitarbeiter).

Die Verschiedenartigkeit der beteiligten Prozesse ergibt sich daraus, daß bei einigen Nachreifungsvorgängen niedrige Temperatur und hohe Feuchtigkeit notwendig sind, in anderen Fällen aber die Nachreife im trockenen Zustand und unabhängig von der Temperatur abläuft.

Nachreifung bei Sporen. Auch bei Sporen von Pilzen sind solche Nachreifeperioden oft festgestellt worden (vgl. die Hinweise bei GOTTLIEB). Sie können bis zu etwa 10 Monaten dauern. Dabei ist es noch bemerkenswert, daß die einzelnen Sporenformen ein und derselben Art eine unterschiedlich lange Inaktivitätsperiode zeigen können. Zum Beispiel keimen die Uredosporen von *Puccinia graminis tritici* sofort, während die Teleutosporen erst nach 6monatiger Ruheperiode keimfähig werden. Ebenso können bei Ascomyceten die Konidien oftmals sofort keimen, während die Ascosporen eine längere Inaktivitätsperiode durchlaufen müssen.

Nachreifung und Zustand der Samenschale. Eine Nachreifung kann, vielleicht auch ursächlich, mit weiter abnehmendem Wassergehalt verbunden sein; in vielen Fällen ist sie aber gerade notwendig, um die für die Keimung unerläßliche Wasserzufuhr zu ermöglichen; denn manche Samen keimen unabhängig von der (oft mehrere Monate dauernden) Nachreife, wenn die Samenschale entfernt, durchlöchert oder auch mit konzentrierter Schwefelsäure angegriffen wird. In der freien Natur ist für die Herstellung der Wasserdurchlässigkeit und damit für die Schaffung der Keimbereitschaft sehr häufig der Abbau der Samenschale durch Bakterien und Pilze notwendig. Samen, deren Schale erst durch derartige Außenfaktoren angegriffen werden muß, um sie wasserdurchlässig zu machen, vermögen vor der entsprechenden Behandlung oft selbst nach monatelangem Aufenthalt in Wasser nicht einmal zu quellen.

Während der Nachreifungsperiode können also offenbar Prozesse ablaufen, die die für Wasser undurchlässig gewordene Samenschale wieder durchlässig machen. Es ist an solchen Samen auch gezeigt worden, daß während der Nachruhe die Wasserabsorptionskraft allmählich zunimmt. Ähnlich wie die Keimfähigkeit kann sich dabei auch die Quellungsgeschwindigkeit in komplizierter Weise ändern (Abb. 32). So liegt also die Vermutung nahe, daß es sich dabei nicht um einfache physikalische Veränderungen in der Samenschale handelt.

Außer der Herstellung der Wasserdurchlässigkeit kann auch die gleichzeitige Herstellung der Sauerstoffdurchlässigkeit wichtig sein, da in der Sauerstoffgegenwart eine unerläßliche Bedingung der Keimung besteht. Die Hemmung der Sauerstoffdiffusion durch die Samenschale ist mehrfach nachgewiesen worden. Ferner ist die Kohlensäuredurchlässigkeit wichtig; Kohlensäureanhäufung ist oft Ursache von Keimungshemmungen. Schon in der unterschiedlichen Atmungsintensität von Samen mit und ohne Samenschale kommt die Hemmung der Gasdiffusion zum Ausdruck (Abb. 33).

Auch bei den Nachreifungsvorgängen in Sporen scheint die Herstellung der Durchlässigkeit oft entscheidend zu sein. Zum Beispiel wurde beobachtet, daß während der (etwa 2 Wochen dauernden) Nachreifung der Zygoten von *Sporodinia grandis* der Prozentsatz keimender Zygoten mit der Permeabilität (schnelleres Schrumpfen in Glyzerin) zunimmt. Außerdem keimen Zygoten ohne Exospor leichter als die normalen (Abb. 34).

Nachreifung und Quellbarkeitsänderungen. Wenn sich während der Periode der Samenruhe die eben erwähnte Änderung der Quellbarkeit zeigt, so liegt das nicht nur und nicht immer an Änderungen der Durchlässigkeit der Samenschale. Vielmehr kann auch die Quellbarkeit des gesamten Samengewebes Schwankungen unterliegen. Wir werden uns mit solchen Quellbarkeitsänderungen noch näher befassen, wenn wir uns gleich der endogenen Aktivitätsrhythmik der Samen zuwenden. Es ist in dem Zusammenhang interessant, daß auch bei Sporen von Pilzen die Keim- und Lebensfähigkeit eng mit der Quellbarkeit gekoppelt ist und auch Gifte primär die Quellbarkeit beeinflussen können (vgl. GOTTLIEB).

Nachreifung und keimungshemmende Stoffe. Nachreifungsprozesse können gelegentlich durch Zerstörung keimungshemmender Stoffe die Keimfähigkeit herstellen. Derartige, auch als *Blastokoline* bezeichnete Stoffe kommen anscheinend in jungen Samen und Früchten, aber ferner in den verschiedensten anderen Pflanzenteilen oft vor; sie erklären auch die bekannte Entwicklungshemmung frisch geernteter Kern- und Steinobstsamen. Solche Samen erfordern normalerweise eine mehrmonatige Ruhe (bei niedriger Temperatur), bevor sie keimfähig werden. Bei Äpfeln, Birnen, Quitten, Pflaumen und Kirschen konnte aber eine sofortige Keimung erzielt werden, wenn bestimmte Teile der Samen entfernt wurden. Bei Apfelsamen z. B. genügte es, die Samenschale (inneres und äußeres Integument) und das lebende Häutchen des Nucellus vorher abzupräparieren, um innerhalb weniger Tage eine Keimung zu ermöglichen. Anscheinend geht die entwicklungshemmende Wirkung hier und auch bei Birnen, Quitten und Pflaumen vom Nucellus aus.

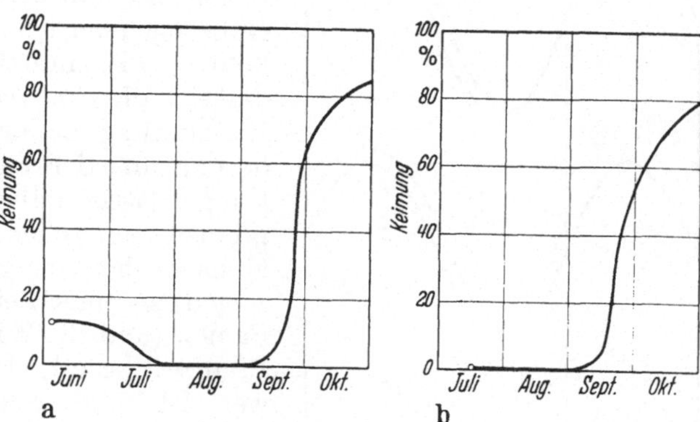

Abb. 35 a u. b. Verlauf der Nachreifung bei Samen von *Fragaria vesca*. Die Samen waren Anfang Juni (*a*) bzw. Mitte Juli (*b*) reif. Die Aktivitätsperiode tritt in beiden Fällen ungefähr gleichzeitig ein, die Nachreifung ist also bei den spätgereiften Samen schneller abgeschlossen. Zu beachten ist weiterhin, daß bei den früh gereiften Samen zunächst noch eine, wenn auch geringe, Aktivitätsperiode besteht.

Das Verschwinden von Hemmstoffen während der Nachreifung wurde beobachtet, aber zugleich gefunden, daß die Hemmstoffinaktivierung bzw. das Herausdiffundieren der Hemmstoffe bei der Stratifikation allein oft noch nicht genügt (LUCKWILL).

Es ist begreiflich, daß die Nachreifung bei solchen Samen zu diesem durch Blastokoline bedingten Typ gehört, bei denen die oben erwähnte Stratifikation die Keimbereitschaft herstellen kann.

Nachreifung und chemische Veränderungen. Während der Nachreifung laufen noch weitere Vorgänge ab, wir wissen jedoch nicht, wieweit sie für die Herstellung der Keimbereitschaft wichtig sind. Am sichersten wird man eine Bedeutung noch der z. B. für Katalase, Peroxydase und Lipase festgestellten Fermentaktivitätssteigerung zuschreiben dürfen. Auch allmähliche Zuckerbildung während der Nachreifung, sowie die Bildung wachstumsfördernder Stoffe wurde angegeben (vgl. LUCKWILL).

Nachreifung und innere Rhythmik. Einige Beobachtungen an Samen sprechen dafür, daß für die Nachreifung Veränderungen wichtig sein können, die in den Embryonen selber ablaufen. Man könnte sogar annehmen, daß die genannten Änderungen in der Durchlässigkeit der Samenschale irgendwie von den Embryonen her gesteuert werden. Diese

Vermutung liegt besonders nahe, wenn wir die Nachreifeperiode der Samen physiologisch mit der Winterruhe vergleichen, die bei Kambien und Knospen mehrjähriger Gewächse als Folge der endogenen Jahresrhythmik (vgl. weiter unten) auftritt. Die Dauer der Nachreifeperiode steht in vielen Fällen in enger Beziehung zu der erforderlichen mehrmonatigen Winterruhe. Es scheint also, daß die Samen mancher Pflanzen (wie schon erwähnt speziell die der außertropischen Gebiete) einfach ebenso wie die Knospen mit in die Jahresrhythmik der Elternpflanze einbezogen werden. Zugunsten dieser Deutung können wir einmal die Tatsache anführen, daß sich die Embryonen aus Samen, die einer Nachreifung bedürfen, zwar oft durch Isolierung aus der Samenschale zur Keimung bringen lassen, dabei aber zunächst nur Zwergpflanzen entstehen, die erst nach mehreren Monaten den Übergang zum normalen Wuchs zeigen, zu einer Zeit, in der die Nachreife der Samen (und die Winterruhe der beblätterten Pflanze!) beendet ist (Flemion). Bemerkenswert ist hierzu weiterhin die Tatsache, daß früher in der Vegetationsperiode geerntete Samen verschiedener Arten eine längere Ruheperiode durchlaufen als die später geernteten (Kroeger, Bünning, vgl. auch Höhn). Man muß also wohl annehmen, daß die inneren Vorgänge bei den später geernteten Samen gleich mit der bei der Mutterpflanze inzwischen eingetretenen Ruheperiode beginnen, infolgedessen also auch schneller wieder enden (Abb. 35). Diese Deutung wird durch das Bestehen ähnlicher Beziehungen bei Sproßknospen unterstrichen: Knollen von *Gladiolus* zeigen eine lange Ruheperiode nur dann, wenn sie im Frühjahr oder Sommer gebildet wurden, nicht aber, wenn sie im Winter entstanden sind (Evenari, Konis und Zirkin).

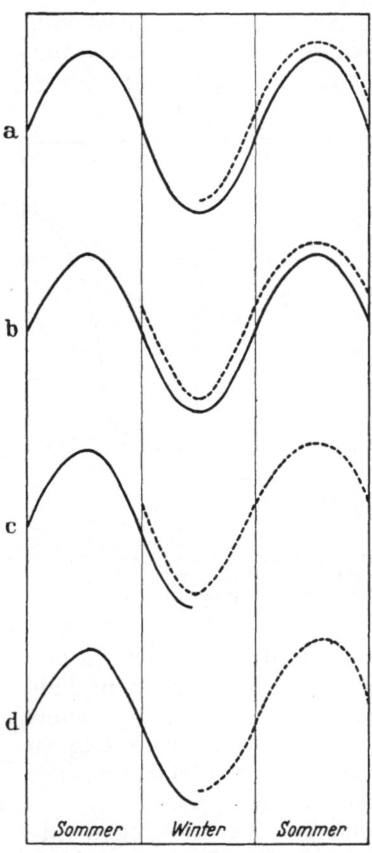

Abb. 36. Schema zur Erläuterung der Bildung von Samen mit verschiedenartiger Ruheperiode. Die ausgezogenen Kurven stellen den Aktivitätswechsel der beblätterten Pflanze, die punktierten den des ruhenden, nicht im Keimbett liegenden Samens dar. Kurvenhebung: Steigende Lebenstätigkeit (bei Samen: steigende Keimbereitschaft); Kurvensenkung: Fallende Lebenstätigkeit (bzw. Keimbereitschaft). *a* Samenbildung bei einer mehrjährigen Pflanze ganz am Ende der Aktivitätsperiode; *b* Samenbildung bei einer mehrjährigen Pflanze schon vor Beendigung der Aktivitätsperiode; *c* und *d* Samenbildung bei einjährigen Pflanzen mit den entsprechenden beiden Möglichkeiten.

Vielleicht darf man sich für solche Fälle etwa das folgende Bild machen. Die höheren Pflanzen durchlaufen, wie wir später noch genauer sehen werden, eine Jahresrhythmik der Aktivität, die zwar von Außenfaktoren zeitlich reguliert, aber schon endogen angestrebt wird. Die Samenreifung an der Mutterpflanze kann zu verschiedenen Zeiten im Verlaufe der Aktivitätsperiode eintreten. Reifen die Samen im Sommer, so können wir oft beobachten, daß sie nach der Reife vorerst allmählich an Keimkraft einbüßen, nachher aber wieder besser keimen, so daß der Same also, ähnlich wie eine ober- oder unterirdische Knospe, die gleiche Rhythmik der Aktionsbereitschaft (vom Sommer bis zum Winter fallend, dann wieder steigend) durchläuft wie die Mutterpflanze. Erfolgt die Reifung im Herbst, so finden wir häufiger, daß der Same zunächst nicht oder nur schwach keimt, allmählich aber an Keimkraft gewinnt und, ähnlich wie bei Knospen, eine kürzere Ruhepause zeigt als der frühgereifte (Abb. 35). Der Same durchläuft also wieder die gleiche Rhythmik (erst Winterruhe, dann Frühjahrsaktivität) wie die Mutterpflanze. Diese Regeln gelten nicht nur für mehrjährige Pflanzen, sondern auch für einjährige, deren normaler Entwicklungsgang eben nur einen Ausschnitt aus dem der mehrjährigen Pflanzen darstellt; bei den einjährigen Pflanzen wird also die Ruhephase der inneren Rhythmik nur im Samenstadium durchlaufen (Abb. 36).

Wenn diese Deutung richtig ist, kann man erwarten, daß eine zeitliche Parallelität zwischen dem Verlauf der Ruheperiode in den ober- oder unterirdischen Sproßknospen einerseits und den Samen dieser Pflanze andererseits besteht. Dazu kann zunächst einmal allgemein festgestellt werden, daß bei den Pflanzen unserer Breiten die tiefste Ruhe solcher Knospen meist etwa im Dezember oder Januar erreicht wird (die zweite Hälfte der Ruheperiode ist also passiv, durch die noch fortdauernden ungünstigen Temperaturverhältnisse bedingt); zur gleichen Zeit aber pflegt auch die geringste Keimfähigkeit der Samen erreicht zu sein. Darüber hinausgehend ist bei einzelnen Arten der zeitliche Verlauf der Ruheperiode von Rhizomen mit dem der Samen der gleichen Art verglichen worden, und auch dabei wurde jene Parallelität deutlich (Bünning und Gradmann, unveröffentlicht). Freilich gibt es dabei auch manche Abweichungen, die uns aber nicht wundern dürfen, weil neben dieser endogen angestrebten Ruhe noch viele andere Faktoren auf die Keimbereitschaft einwirken.

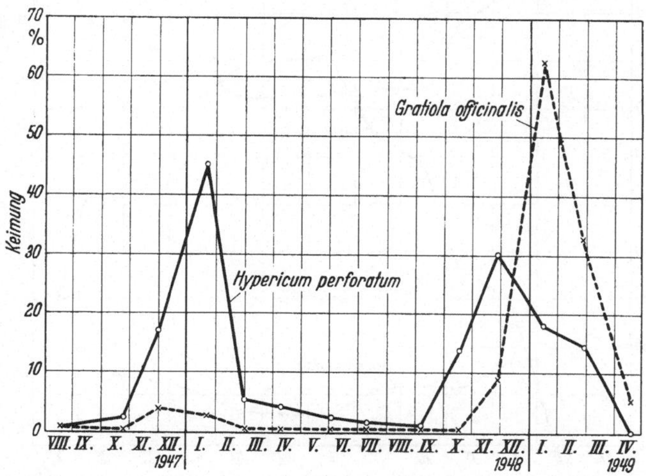

Abb. 37. Jahresperiodische Schwankungen der Keimfähigkeit bei Samen von *Hypericum perforatum* und *Gratiola officinalis*. Die Samen sind trocken und unter konstanten Bedingungen aufbewahrt worden. Der Prozentsatz der gekeimten Samen wurde bei *Hypericum* jeweils nach 7, bei *Gratiola* nach 14 Tage langem Aufenthalt der Samen im Keimbett bestimmt.

Man sollte nach dieser Darstellung erwarten, daß nicht nur ein Absinken und Wiederansteigen der Keimbereitschaft eintreten kann, sondern vielmehr, wenn der Same mehrere Jahre lebensfähig bleibt, auch eine jahresperiodische Wiederkehr der Aktivität möglich sein müßte. Tatsächlich verhalten sich die Samen mehrerer Arten so (Abb. 37).

Jedoch darf man nicht annehmen, jahresperiodische Keimfähigkeitsschwankungen seien immer endogen. Die normalen Außenbedingungen können z. B. so eingreifen, daß die Kälte des Winters die Ruhe bricht, die höhere Temperatur des Sommers sie aber neu induziert (vgl. Crocker und Barton).

Es gibt, wie wir später sehen werden, auch Blütenpflanzen, deren Knospen keine ausgeprägte endogene Jahresrhythmik besitzen. Für solche Pflanzen, die namentlich in den gleichmäßig feuchten Tropengebieten heimisch sind, ist auch ein anderes Verhalten der Samen typisch: Der Same hat gar keine „aktive“ Ruheperiode, sondern zeigt sofort seine maximale Keimbereitschaft (die allerdings sehr schnell verlorengehen kann). Der Same dient hier eben in erster Linie als Verbreitungsmittel, nicht aber zur Überdauerung längerer ungünstiger Klimaperioden.

Jetzt wird uns auch klarer, warum überhaupt der Embryo nach einer gewissen Entwicklungszeit auf der Mutterpflanze in ein Ruhestadium übergeht. Nur in einigen Fällen, nämlich wenn es sich um sofort maximal keimfähige Samen handelt, ist die Ruhe durch die erwähnte Verschlechterung der Versorgung mit Wasser usw. erzwungen. Viel wichtiger scheint ein „Mitschwingen“ in der endogenen Rhythmik der Mutterpflanze zu sein: Ist deren Plasma im Übergang zu dem die Ruhe erzwingenden Zustand begriffen, so geht auch der Embryo in diesen Zustand über, weil er Plasma des gleichen Zustands übernommen hat. So muß der Embryo sein Wachstum einstellen, einerlei, ob er in dem Zeitpunkt erst aus wenigen Zellen besteht oder (wenn die Embryoentwicklung längere Zeit vor Beginn der endogenen Ruheperiode anfing) schon ansehnliche Organdifferenzierungen aufweist.

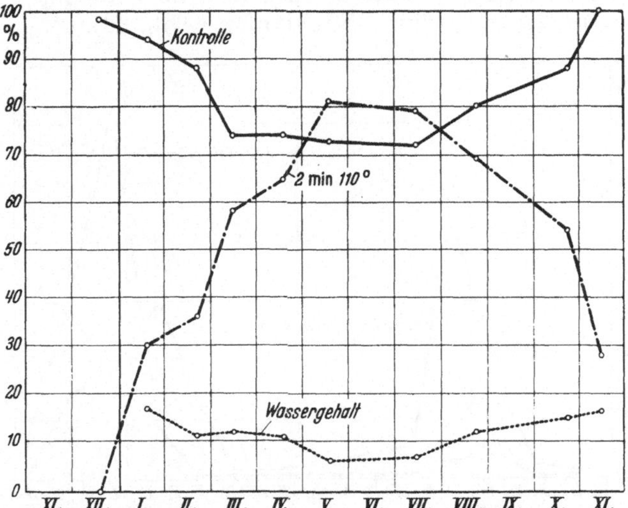

Abb. 38. *Digitalis lutea*. Ordinate: Keimprozent bzw. Wassergehalt. Abszisse: Monate. Dargestellt ist das nach 14 Tage langem Aufenthalt im Keimbett ermittelte Keimprozent bei Kontrollen sowie bei 2 min auf 110° erhitzten Samen, außerdem der Wassergehalt der Samen. Man sieht, daß die Keimfähigkeit und die Hitzeresistenz Schwankungen unterliegen, die in deutlicher Beziehung zu den Änderungen des Wassergehaltes stehen. (Die Samen lagerten bei konstanter Temperatur und Luftfeuchtigkeit.)

Da demgemäß der endogenen Jahresrhythmik bei Samen offenbar dieselben Vorgänge zugrunde liegen wie der Steuerung anderer jahresperiodischer Phänomene, brauchen wir uns mit diesen erst in einem allgemeineren Zusammenhang zu beschäftigen. Jedoch sei speziell zur Jahresrhythmik der Samen festgestellt, daß die Keimbereitschaftsschwankungen mit Schwankungen der Wasserbindungskraft der Samen einhergehen, die z. B. dazu führen, daß die in konstanter Feuchtigkeit aufbewahrten Samen jahresperiodische Schwankungen ihres Wassergehalts zeigen (vgl. Ruge und Mitarbeiter, Bünning und Bauer), die übrigens auch in Schwankungen der Resistenz der Samen gegen Hitze usw. zum Ausdruck kommen (Abb. 38).

3. Keimungshemmende Substanzen.

Die schon erwähnten keimungshemmenden Substanzen sind nicht nur zum Verständnis einiger Nachreifungsprozesse wichtig, sondern können uns z. B. auch den Einfluß mancher Außenfaktoren auf die Samenkeimung erklären.

Interessant ist etwa die günstige Wirkung der Erde und von fließendem Wasser auf die Keimung der Samen von *Vaccaria pyramidata* (BORRISS) und *Kochia indica* (SHISHINY und THODAY). Diese Samen keimen nur in Erde, nicht beispielsweise (unabhängig von den Lichtverhältnissen) auf Fließpapier. Die Erde stimuliert nicht etwa direkt durch ihren Gehalt an bestimmten Stoffen, sondern offensichtlich nur, weil sie aus den Samen einen Hemmungsstoff auf adsorptivem Wege entfernt. Für diese Deutung spricht, daß eine Durchströmung des Keimbettes mit Wasser den gleichen Erfolg hat. Der Hemmungsstoff muß leicht flüchtig oder gasförmig sein; denn das Substrat kann ihn auch dann entfernen, wenn es vom Samen durch einen Luftraum getrennt ist. Ebenso wie die Erde wirken Kohle, Kollodium und Aluminiumhydroxyd, also stets nur positive Ladungsträger. Nach BORRISS kann es sich um Hemmstoffe handeln, die aus der Umgebung stammen.

Daß es solche keimungshemmende Substanzen, namentlich in fleischigen Früchten gibt, ist schon 1894 von WIESNER festgestellt worden. In neuerer Zeit sind zahlreiche Befunde mitgeteilt worden, die die Auffassung stützen, daß das Auskeimen von Samen in fleischigen Früchten durch solche Substanzen verhindert wird, obwohl es durchaus nicht sicher ist, ob die Keimverzögerung immer nur so zu erklären ist.

Die eigentlichen Blastokoline sind wohl chemisch nicht immer miteinander identisch. KUHN, MOEWUS und Mitarbeiter fanden, daß Sorbinöl und andere ungesättigte Laktone die Keimung von Pollen, Samen und anderen Ruheorganen (Knospen, Brutkörperchen usw.) hemmen. Diese Stoffe, unter denen das Cumarin als besonders wirksam hervorzuheben ist (MAYER und EVENARI), hemmen gleichzeitig auch das Wachstum, und man könnte sie als Antagonisten der Wuchsstoffe ansehen. Weiterhin sind aber noch mehrere andere Stoffe aufgefunden worden, die schon in geringen Konzentrationen die Keimung hemmen (SCHMIDT). Auch Blausäure, Äthylen, Ammoniak, organische Säuren und Alkaloide wurden als wirksame Hemmstoffe bezeichnet (vgl. EVENARI).

Es scheint, daß einige Hemmstoffe auf verhältnismäßig einfachem Weg in fördernde Stoffe umgewandelt werden können, so daß man den Wechsel der Keimbereitschaft vielleicht mit solchen Umwandlungen in Zusammenhang bringen darf (VELDSTRA und HAVINGA). Auch das Cumarin steht in enger Beziehung zu einer wachstumsfördernden Substanz. Es entsteht nämlich aus der Ortho-oxy-cis-Zimtsäure, die selber wachstumsfördernd ist. Die Hemmwirkung der ungesättigten Laktone geht durch Sprengung des Laktonringes verloren.

Wir haben die Bedeutung der keimungshemmenden Stoffe hier speziell für die Samen erwähnt, aber auch in ruhenden Knospen und Knollen sind sie neuerdings mehrfach ermittelt worden. Nach HEMBERG finden sich diese Hemmstoffe bei der Kartoffel vor allem im Periderm, wo sie allmählich, gleichzeitig mit der Beendigung der Ruhe verschwinden. Die durch das Schälen von Kartoffeln zu erreichende Unterbrechung der Ruhe wird so erklärt. Derselbe Autor fand solche Substanzen auch in Knospen von *Fraxinus*, und auch hier wird wieder die Abnahme ihrer Menge mit Beendigung der Ruhe (im Frühjahr) deutlich. Nach solchen Beobachtungen liegt es nahe, sowohl die Beendigung als auch den Eintritt der Ruhe aus dem Schwanken der Hemmstoffkonzentration zu erklären. MOLOTKOWSKIJ hat neuerdings tatsächlich den Versuch unternommen, den herbstlichen Übergang zur Ruhe durch die Annahme einer Hemmstoffproduktion infolge des intensiven Stoffwechsels während der Aktivitätsperiode zu erklären. Doch dürfte das, so wichtig auch Hemmstoffe sein mögen, zu einfach gesehen sein, denn der Wechsel von Ruhe und Aktivität kann, wie wir bei der Besprechung endogener Aktivitätsrhythmen sehen werden, auch ganz unabhängig vom Stoffwechsel eintreten.

4. Licht- und Dunkelkeimung.

Die Phänomene. Auf dem Vorhandensein keimungshemmender Substanzen im Samen bzw. in der Samenschale beruht zum Teil auch die bei manchen Pflanzen bekannte Abhängigkeit der Keimung vom Licht, dem in solchen Fällen die Rolle eines Zerstörers der hemmenden Substanzen zufallen kann. Leider wissen wir aber über die Vorgänge bei der Wirkung des Lichts auf die Keimung trotz zahlreicher Untersuchungen erst sehr wenig. Die Analyse ist erschwert, weil Licht sowohl fördern als auch hemmen kann. Das hängt vor allem von der Spezies ab. Die Samen mancher Pflanzen keimen normalerweise nicht, bevor Licht auf sie eingewirkt hat, während die Keimung bei anderen Arten durch das Licht gerade gehemmt wird; wir sprechen von Licht- bzw. Dunkelkeimern.

Der trockene Same ist stets gegen Licht und Dunkelheit unempfindlich; die Empfindlichkeit wird vielmehr erst nach dem Beginn der Wasseraufnahme geschaffen, also einige Stunden nach dem Einlegen in das Keimbett. Licht bzw. Dunkelheit sind also zum mindesten ergänzende Faktoren zur vollständigen Überwindung der Ruhe; die ohne sie noch bestehende Hemmung muß beseitigt werden, wenn sich die Aktivität der Pflanze voll entfalten soll.

Analyse durch Ermittlung des Wirkungsspektrums. Während der Übergang von einem Stadium der Lichtunempfindlichkeit in ein Stadium der Lichtempfindlichkeit mit anderen lichtphysiologischen Erfahrungen gut vereinbar ist, erscheint die völlige Umstimmung vom lichtgeförderten zum lichtgehemmten Samen und umgekehrt recht rätselhaft; sie ist wohl nur durch die Annahme zu erklären, daß das Licht im Prinzip stets zwei verschiedenartige Prozesse im keimenden Samen auslöst, einen fördernden und einen hemmenden. Dann könnte es von relativ kleinen Zustandsänderungen abhängen, welcher der beiden Prozesse überwiegt und ob der Same dann im ganzen genommen durch Licht gefördert oder gehemmt wird. Eine Bestätigung dieser Deutung darf in den Untersuchungen über die Wirkung verschiedener Lichtqualitäten gesehen werden. Nachdem sich ältere Studien als methodisch unzureichend herausgestellt haben, ist neuerdings der Nachweis gelungen, daß es für jeden bei der Keimung von Licht und Dunkelheit abhängigen Samen fördernde und hemmende Spektralbezirke gibt. Hemmungsbezirke liegen bei den Wellenlängen im Bereich um λ 750 und 480 mμ, ein Förderungsbezirk vor allem zwischen 550 und 700 mμ. Das gilt bemerkenswerterweise übereinstimmend für Licht- und Dunkelkeimer. Es ist nun nicht etwa so, daß bei den Lichtkeimern die als hemmend bezeichneten Bezirke nur weniger fördern als die Förderungsbezirke, sondern ein hemmender Bezirk kann bei gleichzeitiger Darbietung mit einem fördernden die Förderung mindern oder ganz ausschalten. Tatsächlich sind also in jedem licht- oder dunkelempfindlichen Samen zwei gegensätzliche Prozesse möglich, und der Unterschied zwischen den beiden Samentypen besteht lediglich darin, daß bei jenen weißes Licht im ganzen genommen fördert, weil seine fördernden Anteile die hemmenden überwiegen, während es bei den Dunkelkeimern hemmt, weil hier die Hemmungsprozesse leichter ausgelöst werden.

Wie ist eine solche qualitative und quantitative Verschiedenheit der Strahlenwirkungen möglich? Die Wirkung von Strahlen, speziell ihre photochemische Wirkung hängt davon ab, wie stark die Strahlen in der Substanz, die den entscheidenden photochemischen Prozeß einleitet, absorbiert werden; quantitative Wirkungsunterschiede beruhen also, wenn nicht besondere Gründe für das Vorliegen einer Komplikation sprechen, auf Unterschieden der Strahlungsabsorption. Qualitative Unterschiede dagegen können wir nur durch die Annahme erklären, daß eine Lichtabsorption in mindestens zwei verschiedenen Substanzen stattfindet und die Absorption in der einen Substanz einen hemmenden, die Absorption in der anderen Substanz einen fördernden Einfluß ausübt. Und wenn eine Strahlenart bei einem bestimmten Objekt einen qualitativ anderen Erfolg hat als eine andere Strahlenart, so muß daraus geschlossen werden, daß die eine Strahlenart stärker in der den hemmenden, die andere stärker in der den fördernden Prozeß einleitenden Substanz absorbiert wird. Natürlich könnte auch eine noch größere Zahl absorbierender Substanzen beteiligt sein. Lichtgeförderte und lichtgehemmte Samen brauchen sich nur dadurch zu unterscheiden, daß die beiden Arten von Substanzen in unterschiedlichem Mengenverhältnis vorhanden sind.

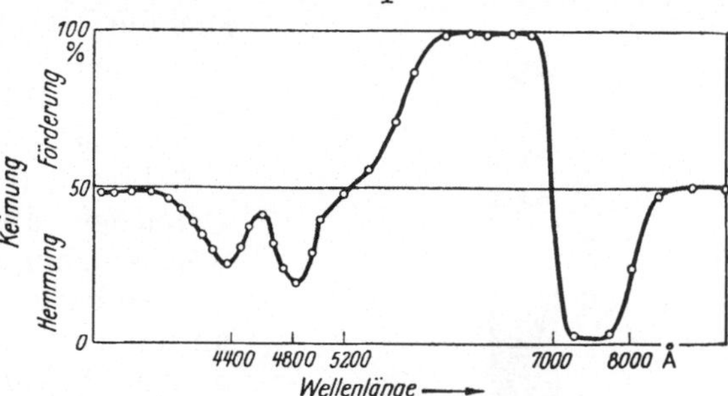

Abb. 39. Beeinflussung der Fruchtkeimung von *Lactuca* durch verschiedene Spektralbereiche. Die Früchte wurden zunächst mit rotem Licht vorbehandelt, welches so dosiert war, daß ohne weitere Behandlung eine Keimung von 50% eintrat. Sodann wurde jedoch noch zusätzlich mit den angegebenen Spektralbereichen bestrahlt; dadurch ergab sich eine Abweichung des Keimprozents vom Wert 50, und zwar bedingten einzelne Bereiche (Rot und Orange) eine Förderung der Keimung, andere (Grenze von Ultrarot und Rot, sowie Blau und Violett) eine Hemmung der Keimung. Ultraviolett und ferneres Ultrarot sind indifferent. Die Blauhemmung könnte einer Absorption in Karotinoiden, die Rotförderung einer Absorption im Chlorophyll entsprechen, während die für die Ultrarothemmung verantwortliche absorbierende Substanz noch rätselhafter ist. Jedenfalls entspricht jedem Förderungs- oder Hemmungsbereich ein Absorptionsmaximum in bestimmten, in Extrakten nachweisbaren Substanzen (Abb. 40). (Nach FLINT und MCALISTER.)

Die Umstimmung bei der Nachreife kann sich z. B. aus einer Änderung dieses Mengenverhältnisses erklären; die Umstimmung durch die Temperatur dadurch, daß der fördernde Prozeß stärker temperaturabhängig ist als der hemmende. Die Lage der hemmenden und fördernden Lichtqualitäten gibt uns im Prinzip die Möglichkeit, die Substanzen zu ermitteln, in denen die entscheidende Strahlungsabsorption vollzogen wird.

An einem Objekt, nämlich den Früchten von *Lactuca* hat die Analyse zu einem bemerkenswerten Teilergebnis geführt. Durch die Benutzung sehr enger Spektralbereiche ließ sich nachweisen, daß in einem fördernden Bezirk, der einen recht großen Spektralbereich umfaßt (Abb. 39), doch noch quantitative Unterschiede bestehen, die bei der Darbietung geringer Lichtmengen deutlich werden. Dann zeigt sich, daß der Bereich um 670 mμ maximal fördernd wirkt, also der Bereich, in dem Chlorophyll in den lebenden Zellen ungefähr seine Hauptabsorption aufweist. Hier ließ sich aus den Früchten auch Chlorophyll extrahieren. Da aber im allgemeinen Samen kein Chlorophyll enthalten, die starke Wirksamkeit jenes Bereichs der Orangestrahlung jedoch weitverbreitet ist, darf man wohl nicht im Chlorophyll die entscheidende absorbierende Substanz sehen. Wir werden später bei der Besprechung weiterer lichtphysiologischer Erscheinungen, etwa beim Photoperiodismus noch weiter sehen, daß Aktionsspektren bestehen, die zunächst an Absorption im Chlorophyll denken lassen, mit dieser Annahme aber doch nicht vereinbar sind. Man könnte etwa an Protochlorophyll oder auch an bestimmte Porphyrine denken. Ebenso erscheint es gewagt, aus der Hemmwirkung des blauen Lichts ohne weiteres zu schließen, daß Strahlungsabsorptionen in Karotinoiden zur Keimungshemmung führen. Auch Laktoflavin und andere allgemein verbreitete Substanzen zeigen im Bereich kurzwelliger Strahlung eine starke Absorption. Endlich lehrt auch der weitere, im Ultrarot liegende Hemmbereich, daß Substanzen wie Karotin und Chlorophyll allein nicht genügen; dafür sprechen auch neue andere lichtphysiologische Untersuchungen, nach denen die beiden gesuchten fraglichen Pigmente ineinander übergehen können (HENDRICKS, BORTHWICK, PARKER und TOOLE).

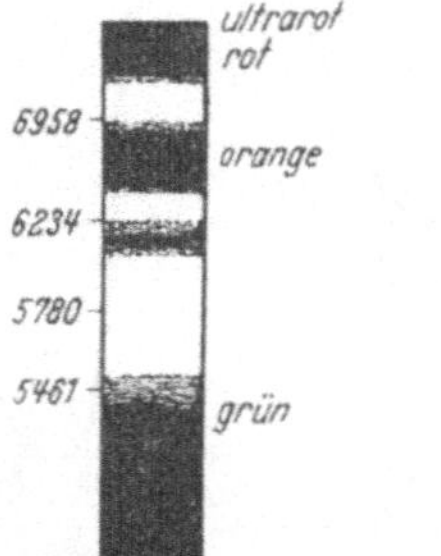

Abb. 40. *Lactuca*, Absorptionsspektrum des Acetonextrakts aus den Früchten. Die Absorption von blau bis grün ist wohl auf gelbe Pigmente zurückzuführen; im Samen bedingt diese Absorption Keimungshemmung. Die Absorption in gelb und orange (2 Bänder) ist der Chlorophyllabsorption ähnlich; sie bedingt Keimungsförderung; vgl. hierzu die Absorptionskurven von Karotin und Chlorophyll (Abb. 344 und 387). Die Absorption im Ultrarot ist auf eine noch unbekannte Substanz zurückzuführen; sie bedingt im Samen Keimungshemmung (vgl. Abb. 39.) (Nach FLINT und MCALISTER.)

Bemerkenswert ist immerhin, daß in den Früchten tatsächlich in den entscheidenden Bereichen absorbierende Substanzen nachweisbar sind (Abb. 40).

Die bisher vorliegenden Untersuchungen an anderen Samen lassen zwar nicht so genaue Schlüsse zu; jedoch widersprechen die Ergebnisse nicht der Annahme, daß die Verhältnisse oft ganz ähnlich liegen. Trotzdem muß wohl mit einer gewissen Mannigfaltigkeit gerechnet werden. Auch die für die Keimung von Farnsporen veröffentlichten Daten zeigen, daß kurzwellige Strahlung keimungshemmend wirkt.

Natur der Lichtwirkung. Man muß also annehmen, daß die strahlende Energie je nach der absorbierenden Substanz verschiedene chemische Prozesse einleitet. Bei diesen Prozessen sind vielleicht photodynamische Erscheinungen beteiligt. Solche photodynamischen Wirkungen sind bekanntlich bei der Strahlungsabsorption durch fluoreszierende Farbstoffe möglich, daher verdient es Erwähnung, daß im chalazalen Ende der Samenschale von *Phacelia tanacetifolia* fluoreszierende Stoffe sind und daß die Keimung dieses zu den Dunkelkeimern gehörenden Samens möglich wird, sofern man das chalazale Ende verdunkelt. Fluoreszierende und photodynamisch wirksame Substanzen sind auch in den verschiedensten Samen aufgefunden worden.

Andererseits gelang es, *Lactuca*früchte einer nicht lichtempfindlichen Sorte durch Behandlung mit Cumarin lichtempfindlich zu machen (NUTILE), ein Befund, der im Hinblick auf die oben angedeutete Rolle des Lichts für die Zerstörung keimungshemmender Substanzen sehr interessant ist; denn wir sahen weiterhin, daß das Cumarin wahrscheinlich einer dieser wachstumshemmenden Stoffe ist. Diese beiden Möglichkeiten schließen sich, nachdem wir wissen, daß ein Hemmstoff leicht in einen fördernden umgewandelt werden kann und umgekehrt, nicht mehr so sehr aus, wie es früher schien (vgl. S. 57).

Stofflichen Veränderungen solcher Art kommt im einfachsten Falle die schon bei der Erörterung der Nachreifungsvorgänge genannte Bedeutung zu: Herstellung der Durchlässigkeit für Wasser und vor allem für Sauerstoff;

denn eine Durchlöcherung der Samenschale kann oft das sonst notwendige Licht ersetzen. Das ist jedoch keine allgemein gültige Regel; die zu überwindende Hemmung scheint in anderen Fällen vom Sameninnern auszugehen. Hier verdient es noch Erwähnung, daß nach Brown bei *Cucurbita Pepo* die innere, den Embryo umgebende Samenhaut Sitz eines hohen Diffusionswiderstandes ist und diese Haut außerdem für die Lichtempfindlichkeit wesentlich ist.

Ein anderer Weg zur Ermittlung der durch das Licht eingeleiteten chemischen Umsetzungen besteht in den Versuchen, das Licht durch die Zugabe bestimmter Substanzen überflüssig zu machen. Namentlich Gassner fand mehrere solche Substanzen, unter denen besonders N-Verbindungen, vor allem Nitrate zu nennen sind.

Lichteinflüsse bei anderen Keimungsvorgängen. Der Einfluß von Licht und Dunkelheit auf die Beendigung der Ruheperiode ist nicht nur bei Samen, sondern — weniger eingehend — auch bei anderen ruhenden Organen untersucht worden. Unter den Sporen sind beispielsweise neben denen einiger Farne die einiger Nostocaceen als Lichtkeimer zu bezeichnen, dagegen die Uredosporen von *Puccinia graminis tritici* als Dunkelkeimer, sie werden vor allem durch langwelliges Licht (Gelb, Orange und am stärksten Rot) gehemmt, wenig oder nicht durch blaues und grünes Licht. Es sind aber auch Lichtförderungen bei Pilzen beschrieben worden.

Lichtabhängig ist auch die Keimung von Lebermoosbrutkörperchen. Die *Marchantia*-brutkörper keimen normalerweise nur im Licht. Jedoch können sie nach den Untersuchungen Fittings auch im Dunkeln keimen, wenn ihnen vorher Licht geboten worden ist. War diese „Lichtstimmung" nur schwach, so treiben im Dunkeln nur einige Rhizoide aus. Nach intensiverer Beleuchtung erfolgt mehr oder weniger starkes Auswachsen, und sehr „hell gestimmte" Brutkörper können im Dunkeln sogar zu etiolierenden Thalluslappen auswachsen. Diese Lichtstimmung klingt im Dunkeln allmählich wieder ab, so daß der „Phototonus" nach einigen Tagen wieder beseitigt ist und die Brutkörper im Dunkeln nicht mehr zu keimen vermögen. Bei *Lunularia* wird die Lichtstimmung zäher festgehalten. Die erforderlichen Beleuchtungszeiten betragen einige Stunden. Es ist nicht ausgeschlossen, daß hier eine Wuchsstoffbildung im Spiel ist; denn bei *Lunularia* ließ sich das Austreiben der Rhizoide im Dunkeln durch Behandlung mit Heteroauxin hervorrufen.

5. Temperaturwirkungen.

Neben dem Licht (bzw. der Dunkelheit) ist auch die Temperatur, namentlich stark erhöhte oder erniedrigte Temperatur, ein wichtiger Faktor bei der Beendigung von Ruheperioden, obwohl niedrige Temperatur auch den Übergang zur Ruhe veranlassen kann.

Die Beziehungen sind aber nicht so einfach, wie man zunächst annehmen möchte. Zunehmende Temperatur braucht nicht notwendig den Entwicklungsbeginn zu beschleunigen. Frisch geerntete Früchte von *Taraxacum megalorhizon* keimen bei 18—20° am besten, dagegen treten sowohl bei höherer (30°) als auch bei niedrigerer (15° und 0—1°) Temperatur Entwicklungsstörungen auf. Haben die Samen gelagert, so macht sich diese eigentümliche Temperaturabhängigkeit nicht mehr so sehr bemerkbar.

Eine andere bemerkenswerte Temperaturwirkung zeigt sich darin, daß die Anwendung wechselnder Temperatur oft viel günstiger ist als konstante Temperatur. Das kann sich anscheinend in einigen Fällen (nach Versuchen mit Samen von *Alisma Plantago*) daraus erklären, daß zunächst bei niedriger Temperatur eine Quellung des Samens erfolgt und dann durch erhöhte Temperatur eine Ausdehnung des Quellungswassers sowie ein Entweichen der in ihm gelösten Gase bedingt wird, so daß die Sprengung der Samenschale erleichtert wird.

Kurzdauernde niedrige Temperatur. Vielfach kürzt auch niedrige Temperatur die Ruheperiode ab, obwohl sie sie selber einleitet. Zum Beispiel wurden Gladiolenrhizome 28 Tage lang (beginnend 8 Tage nach dem Ausnehmen aus dem Boden) bei 3^0 bzw. 35^0 gelagert. Dann wurde ausgepflanzt, und das in Abb. 41 dargestellte Ergebnis erzielt.

Man darf in dieser günstigen Wirkung niedriger Temperatur eine Anpassung an die natürliche Umgebung sehen, da die Ruheperiode ja normalerweise in die kalte Jahreszeit fällt.

Die Eignung einer kurzdauernden Kälteeinwirkung zur Abkürzung der Ruhe ist noch an vielen anderen Objekten festgestellt worden. So etwa an den Knollen von *Solanum tuberosum*, wo sie STELZNER näher untersuchte. Werden die Knollen bei hoher Temperatur gelagert, so können sie überhaupt nicht normal austreiben, sie bilden nur kleine gestauchte Blattrosetten oder Tochterknollen. Diese Hemmung wird also durch niedrige Temperatur beseitigt, am schnellsten, nämlich nach einer Einwirkung von wenigen Wochen, bei $1,3^0$ C.

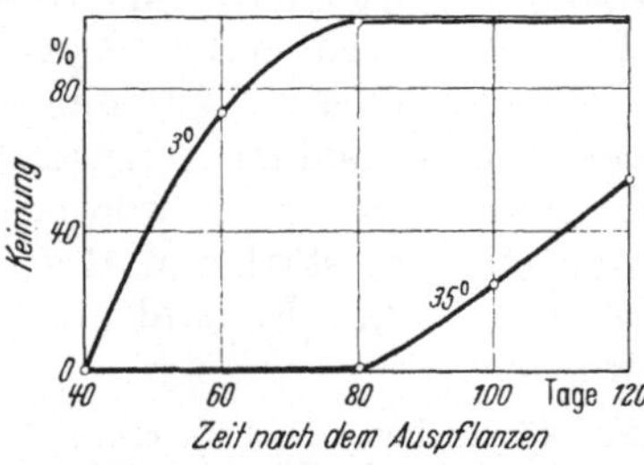

Abb. 41. *Gladiolus*. Sorte „Souvenir", Abkürzung der Ruheperiode durch Kältebehandlung. Acht Tage nach der Ernte beginnt die 28tägige Lagerung bei 3^0 bzw. 35^0, dann wurde ausgepflanzt und festgestellt, daß nach dem Verlauf der weiteren in der Abszisse angegebenen Tage die in der Ordinate genannten Prozente der Rhizome gekeimt waren. (Nach Versuchen von DENNY und MILLER.)

An Kartoffelknollen wurde auch ermittelt, daß die Kältebehandlung eine Stärke-Zuckerumwandlung zur Folge hat, die, sofern nachher die Temperatur wieder erhöht wird, zur Atmungsförderung führt. Doch dürfte es sich bei solchen direkten Beeinflussungen der stofflichen Zusammensetzung nur um Nebenerscheinungen handeln. Viel entscheidender ist zum mindesten in der Regel die Wirkung auf die Vegetationspunkte. Auch bei den Knospen mehrerer Laubbäume, namentlich solcher polarer und gemäßigter Regionen, ist die niedrige Temperatur während der Ruhe so wichtig, daß beim Übertragen in südlichere Gebiete Hemmungen in der späteren Knospenentfaltung auftreten, die so stark sein können, daß die Entfaltung selbst nach 1—2jähriger Knospenruhe noch unterbleibt. Winterknospen mehrerer Wasserpflanzen verhalten sich ähnlich. Alle diese Tatsachen erscheinen uns nach neueren Beobachtungen als Spezialfälle der sog. *Vernalisationserscheinungen*, die speziell in ihrer Bedeutung für die Einleitung der reproduktiven Entwicklung untersucht worden sind. Die Parallelen sind so deutlich (z. B. auch in der Hinsicht, daß das Temperaturoptimum um 0^0 oder zwischen 0 und 5^0 liegt), daß wir eine grundsätzliche Übereinstimmung vermuten dürfen. Wir werden darauf später, wenn wir allgemeiner den Einfluß der Temperatur auf die Entwicklung untersuchen, zurückkommen.

Etwas prinzipiell anderes liegt wohl vor, wenn die Abkürzung der Ruheperiode nicht durch die Dauereinwirkung niedriger Temperatur, sondern durch kurzdauernde Einwirkung besonders niedriger Temperatur erreicht wird. Derartige Wirkungen sind zunächst wieder für Samen zu nennen; die Keimgeschwindigkeit und das Keimprozent wird durch leichtes kurzdauerndes Ausfrieren der Samen oft erhöht; längeres Ausfrieren wirkt begreiflicherweise schädigend. Unter den Sporen verhalten sich unter anderem die von *Oedogonium* ähnlich; ihre normale Ruheperiode dauert 12—14 Monate; sie können aber schon nach einem Monat zum Keimen gebracht werden, wenn sie wenige (bis zu 4) Tage auf einige Grad unter dem Nullpunkt abgekühlt werden.

Die Saprolegniaceenzygoten keimen schon nach wenigen Tagen oder Stunden, wenn sie einem einmaligen kurzen Durchfrieren ausgesetzt werden; sonst brauchen sie eine Ruhezeit von mehreren Monaten.

Kältewirkungen dieser Art kann man vielleicht als Beispiel für die allgemein stimulierende Wirkung von Agentien betrachten, die bei starker Dosierung schädigen. Daß diese Kältewirkung auf die Keimfähigkeit der Samen etwas anderes ist als die Vernalisation, wird noch durch andere Tatsachen unterstrichen: Der zur Keimung führende Kältereiz kann völlig unzureichend sein, um auch das Weiterwachsen des Epikotyls zu ermöglichen; dieses kann vielmehr weiter in Ruhe verharren, bis es durch einen angemessenen Vernalisationsreiz entsprechend stimuliert wird (vgl. CROCKER und BARTON).

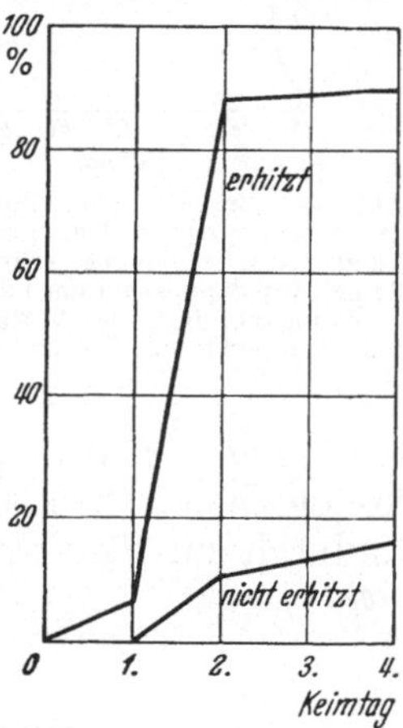

Abb. 42. Keimverlauf bei Samen der Futtermalve (*Malva verticillata*), die 2 Std auf 70° erhitzt waren, im Vergleich zum Keimverlauf nicht erhitzter Samen. (Nach RUGE und KRULL.)

Kurzdauernde hohe Temperatur. Zu Agentien, die bei starker Dosierung schädigen, bei schwacher stimulieren, gehört auch die hohe Temperatur, ein Faktor, der uns namentlich durch seine Anwendung beim Frühtreibverfahren in der Gärtnerei bekannt ist, also durch seine Anwendung bei der Abkürzung der Ruheperiode von Knospen. Dabei wird vor allem das Warmbad oft angewandt, durch das manche Pflanzen, die sonst noch eine mehrmonatige Ruhe vor sich hätten, angeregt werden, sich innerhalb weniger Tage zu entwickeln. Diese Anregung gelingt sowohl im Frühjahr vor der normalen Entwicklung als auch bereits im Herbst; dagegen nicht oder doch erheblich schwieriger im Winter. Die einzelnen Pflanzen verhalten sich in bezug auf die Leichtigkeit der Beendigung ihrer Ruheperiode ganz verschieden.

Für die Einwirkung hoher Temperatur ist eine um so kürzere Zeit erforderlich, je höher die Temperatur ist. So waren für die Winterknospen von *Hydrocharis morsus ranae* bei der Anwendung des Warmbades im Herbst die in nebenstehender Tabelle angegebenen Badezeiten notwendig, um zu veranlassen, daß die Keimung der Knospen etwa eine Woche später eintrat.

Hydrocharis-Winterknospen, Treibwirkung der Temperatur. (Nach VEGIS.)

Temperatur C°	Erforderliche Einwirkungsdauer
42	60—120 min
45	15— 30 min
46	5— 20 min
47	5— 10 min
48	5 min
50	2 min oder weniger
52	30 sec bis 1 min
55	15 sec oder mehr

Auch bei manchen Samen zeigt sich dieser starke Einfluß kurzdauernder Erhitzung (Abb. 42), der so stark sein kann, daß eine Inaktivitätsperiode, wie wir sie besprochen haben, völlig durchbrochen werden kann.

Die Temperaturwirkung auf die Beendigung der Ruheperiode zeigt also eine in diesem Ausmaß bei den meisten anderen physiologischen Prozessen nicht bekannte starke Temperaturabhängigkeit. Während bei den meisten Stoffwechselprozessen ein Temperaturkoeffizient zwischen 2 und 3 besteht (Verdoppelung oder Verdreifachung der Reaktionsgeschwindigkeit bei einer Temperaturerhöhung um 10°), ist aus den oben wiedergegebenen Zahlen ein Q_{10}-Wert von 58 abzulesen. Nun ist es gewiß voreilig, aus der Höhe eines Temperaturkoeffizienten sichere Schlüsse auf die Natur des zugrunde liegenden Prozesses ziehen zu wollen, da beim Zusammenwirken mehrerer chemischer Prozesse andere Temperaturkoeffizienten entstehen können, als sie für den Einzelprozeß charakteristisch sind; aber ein so auffallend hoher Koeffizient wie der genannte spricht doch für die Berechtigung der Vermutung, daß der Temperaturwirkung hier eine Koagulation oder Denaturierung von Eiweißsolen zugrunde liegt; Prozesse, denen in der Tat so hohe Temperaturkoeffizienten zukommen.

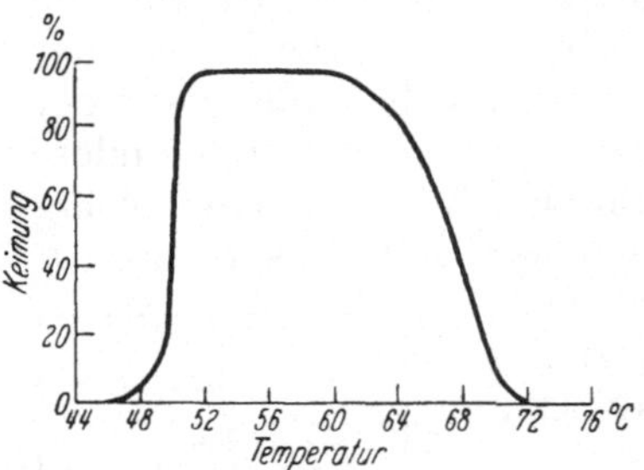

Abb. 43. Beispiel einer Entwicklungsanregung durch physiologisch extrem hohe Temperatur. Keimung (Ordinate) der Sporen von *Neurospora* nach 20minütiger Erhitzung auf die in der Abszisse genannten Temperaturen. (Nach GODDARD.)

Demnach kann es sich, auch schon wegen der kurzen Zeit, während der die Temperatureinwirkung erforderlich ist, nicht so sehr um eine direkte Beeinflussung des Stoffwechsels handeln, durch die, wie mehrere Autoren annehmen, das Warmbad zur Beendigung der Ruheperiode führt. Sehr wohl aber können die genannten kolloidchemischen Umwandlungen zur Freisetzung von Enzymen und dadurch zur Stoffwechselförderung, speziell zur Atmungssteigerung, führen.

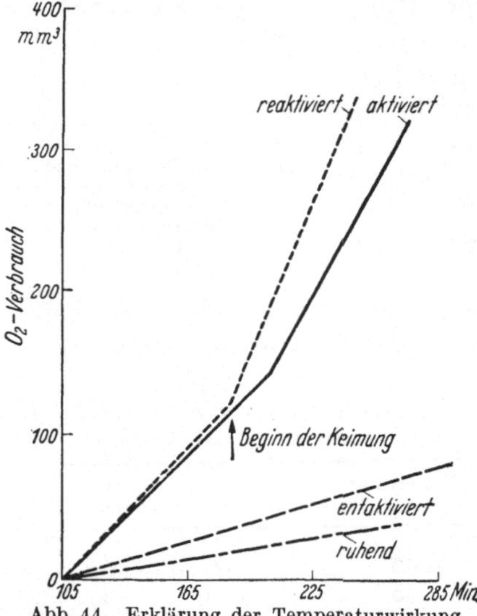

Abb. 44. Erklärung der Temperaturwirkung durch Atmungssteigerung. Atmung der Sporen von *Neurospora* (Kubikmillimeter O_2-Verbrauch), und zwar bei ruhenden Sporen, bei entaktivierten (erneute Rückkehr in den Ruhezustand durch vorübergehende Verhinderung der Atmung), aktivierten (Hitzebehandlung!) und erneut aktivierten. Vgl. auch Abb. 43. (Nach GODDARD.)

Diese Deutung wird auch noch durch Beobachtungen an den Ascosporen von *Neurospora tetrasperma* gestützt. Die Sporen keimen nur, wenn sie einige Minuten auf 52—60° erhitzt und dann wieder abgekühlt werden (Abb. 43). Die Aktivierung kann nach einiger Zeit zurückgehen und dann erneut ausgelöst werden. Es ist nun bemerkenswert, daß als Wirkung der kurzdauernden Temperaturerhöhung eine Atmungssteigerung nachweisbar ist, die sich sehr wohl von der späteren, mit der Keimung eintretenden Atmungssteigerung unterscheiden läßt (Abb. 44).

GODDARD und SMITH haben gezeigt, daß hier eine Neubildung bzw. Aktivierung von Carboxylase im Spiel ist. Auch bei Samen sind unter dem Einfluß hoher Temperatur (2 Std im Heißwasserbad bei 45°) Steigerungen der Enzymaktivität (Katalase) und der Atmung beobachtet worden (LINSKENS). Jedoch kann man bestimmt nicht alle genannten Wirkungen extrem hoher oder niedriger Temperatur nach einem einheitlichen Schema verstehen. Auch an die Zerstörung von Blastokolinen ist zu denken.

Anhaltende niedrige Temperatur. Während eine vorübergehende Einwirkung extrem hoher oder sehr niedriger Temperatur bei nachträglicher Herstellung normaler Bedingungen die Ruheperiode beenden kann, vermag eine längere Einwirkung niedriger Temperatur gerade umgekehrt den Eintritt der Ruhe zu bedingen. Das gilt sogar so allgemein, daß man die

Behandlung mit niedriger Temperatur als wichtigstes Mittel zur Einleitung der Ruhe und (im Zusammenhang damit) der Kälteresistenz betrachten darf. Niedrige Temperatur verursacht also die Plasmaeigenschaften, die wir als wesentlich für ruhende Zellen erkannt haben.

Erklärung der Stimulationswirkung. Will man, von der naheliegenden Annahme ausgehend, daß die physiologische Grundlage der Aktivierung durch kurzdauernde extreme Temperaturen (Hitze oder Kälte) mehr oder weniger gleichartig sein kann, die an den verschiedenen Objekten gewonnenen Erfahrungen zu einem Bild vereinigen, so gelangt man zur Ansicht, daß primär eine kolloidchemische Umwandlung von Eiweißstoffen stattfindet, die dann eine Atmungssteigerung zur Folge hat; und die Atmungssteigerung ihrerseits stellt den Anfang zur Aufhebung der Ruhe dar. Diese Schlußfolgerung findet eine gute Stütze in der allgemeinen, bei den verschiedensten Untersuchungen aufgefundenen Gesetzlichkeit, daß jeder Außeneinfluß, der in starker Dosis zu merklichen Schädigungen führt, bei vorsichtiger Dosierung eine Förderung bedingt, der eine nur unbedeutende Schädigung vorhergeht (ARNDT-SCHULZEsches Gesetz). Für die Entstehung dieser Gesetzlichkeit ist es offenbar wichtig, daß die Strukturzerstörung, die ja mit der groben kolloidchemischen Umwandlung notwendig eintritt, zur Beseitigung von Trennungen zwischen Ferment und Substrat führt. Und die Rolle solcher strukturell bedingter Trennung für die unterschiedliche Fermentaktivität ruhender und aktiver Organe haben wir ja schon früher hervorgehoben. Atmungs- und Gärungsförderung durch schädigende Eingriffe sind oft beobachtet worden. Anscheinend wird beispielsweise die Amylase durch die Strukturzerstörung aus ihrer normalen Bindung im Protoplasma-Eiweißsystem gelöst und das Polysaccharid nunmehr in ein der Atmung und Gärung unmittelbar zugängliches Kohlenhydrat verwandelt.

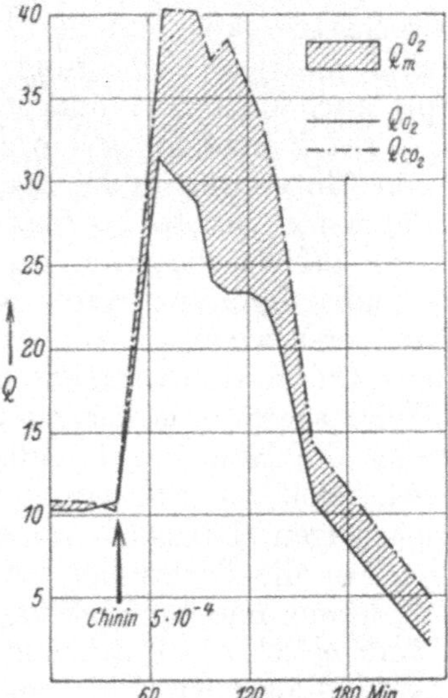

Abb. 45. Schädigung des lebenden Gewebes bedingt oft eine gesteigerte Fermenttätigkeit. Stoffwechselablauf in Rattenleberschnitten nach Zugabe von Chinin (also Schädigung durch Vergiftung). Sauerstoffverbrauch und CO_2-Abgabe steigen, letztere jedoch mehr (Überschuß: schraffiertes Gebiet); vor allem wird also die „Glykolyse" gefördert. (Nach DRUCKREY.)

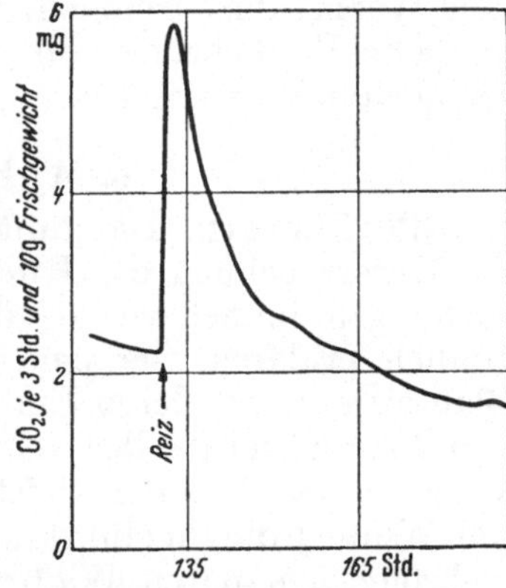

Abb. 46. Demonstration der in Abb. 45 dargestellten Erscheinung an pflanzlichem Gewebe. Atmungssteigerung im Blatt von *Prunus laurocerasus* infolge einer Biegung (mechanischen Reizung) des Blattes. Abszisse: Zeit nach dem Abtrennen des Blattes. (Nach AUDUS.)

Eingehend ist die Stoffwechselförderung durch Schädigung tierischer Gewebe beschrieben worden, wobei es sich speziell um eine mehr als 300% betragende Förderung der Glykolyse handelt, so daß nach der Verletzung die CO_2-Abgabe einige Zeit den O_2-Verbrauch übersteigt (Abb. 45). Das zeigte sich in gleicher Weise unter dem Einfluß mechanischer und chemischer Schädigung. Über entsprechende Erfahrungen verfügen wir auch für Pflanzen; beispielsweise vermag selbst geringe mechanische Einwirkung die CO_2-Abgabe pflanzlicher Gewebe um mehr als das Doppelte zu steigern (Abb. 46).

Wir können ganz allgemein feststellen, daß in der Zelle alle Stoffwechselvorgänge immer durch Strukturen mehr oder weniger gehemmt sind, und jede Zerstörung dieser Strukturen den Stoffwechsel quantitativ, oft auch qualitativ ändert. Dafür seien nur einige Beispiele erwähnt.

Bei Kartoffeln und Äpfeln bleibt die Bräunung trotz der Anwesenheit von Chromogen und Oxydasen in den Zellen nach der Ermöglichung des Sauerstoffeintritts ins Gewebe durch Zerschneiden aus. bzw. sie beschränkt sich auf die beschädigten Zellen. Chromogen und Oxydasen sind also offenbar irgendwie durch semipermeable Membranen voneinander getrennt, und erst wenn wir diese Membranen zerstören (z. B. durch Behandlung mit Chloroformdämpfen) tritt die Bräunung ein. Die Fermentation mit Hefemazerationssäften verläuft ganz anders als mit der Hefe selber. Wird aber die Hefe mit lipoidlöslichen Stoffen wie Alkohol, Aceton, Saponin behandelt, so zeigt sie die für die Mazerationssäfte typischen Stoffwechselleistungen (NILSSON, vgl. auch MONNÉ).

Für die Richtigkeit der hier gegebenen Erklärung einer Stoffwechselförderung und Entwicklungsanregung durch extreme Temperaturen spricht eindringlich die Erfahrung, daß ein ähnlicher Effekt wie ihn kurzdauernde Abkühlung oder Erhitzung bedingen, auch durch andere schädigende Eingriffe physikalischer oder chemischer Natur bei mäßiger Dosierung erreicht werden kann. Die Winterknospen von *Stratiotes* können durch Zerteilung in zwei oder mehr Stücke zur Beendigung der Ruhe veranlaßt werden; für andere Pflanzen gilt Ähnliches; z. B. können sich *Syringa*-Knospen entwickeln, wenn man sie durchlöchert, Kartoffeln, wenn die Epidermis gebürstet wird.

Es scheint aber, daß bei solchen Entwicklungsanregungen außer der Freisetzung von Enzymen auch die Freisetzung von Hormonen, speziell von Wachstumshormonen, wichtig ist. Und auch an die hiermit oft gekoppelte Vernichtung von „Wuchsstoffantagonisten" (Blastokolinen usw.) sei nochmals erinnert.

6. Wirkung chemischer Faktoren.

Giftwirkungen. Die auffällige Wirkung von Giften, deren Bedeutung für die Unterbrechung der Ruhe lange bekannt ist und durch neuere Untersuchungen immer wieder ihre Bestätigung findet, können wir teilweise ähnlich erklären wie jene Temperatureinflüsse. Besonders wirksam ist Blausäure, unter deren Einfluß (1—2stündige Begasung) sich die Knospen von Laubhölzern selbst dann zur Entwicklung zwingen lassen, wenn der Versuch während der tiefsten Ruhe, d. h. während der sog. Mittelruhe (im Winter) durchgeführt wird. Blausäure wirkt aber auch auf die schon mehrfach genannten Winterknospen von *Hydrocharis* frühtreibend.

Für die Erklärung der Blausäurewirkung ist noch eine speziellere Theorie aufgestellt worden, die uns in mancher Hinsicht weiter führen kann. Blausäure ist ein typisches (die eisenhaltigen Fermente inaktivierendes) Atmungsgift. Bei einer Blausäurebegasung muß es daher zu einer Anhäufung von Produkten der intramolekularen Atmung kommen, und zwar auch dann schon, wenn die Blausäurekonzentration nicht zur Ausschaltung der Sauerstoffatmung ausreicht; denn sehr geringe Blausäurekonzentrationen, die die Atmung noch nicht beeinflussen, sind sehr wohl imstande, die normale, als PASTEUR-MEYERHOFsche Reaktion bekannte

Resynthese von Spaltprodukten zum Kohlenhydrat mittels der durch Oxydation gelieferten Energie zu hemmen. Die Produkte der intramolekularen Atmung sind aber gute Entwicklungsanreger. Besonders trifft das für den Acetaldehyd, aber auch für Alkohol und Säuren zu, die die Ruheperiode bei direkter Einwirkung auf die Pflanze ebenfalls abkürzen können, also frühtreibend wirken. Auch die Samenkeimung wird durch Acetaldehyddämpfe gefördert. Die blattbürtigen Knospen an den festsitzenden Blättern von *Bryophyllum calycinum* können durch Injektion von Acetaldehyd, Brenztraubensäure, Äthylalkohol und Aceton zur Entwicklung angeregt werden, und bei den abgetrennten Blättern von *Begonia Rex* wird die Restitution durch die Anaerobiose erleichtert. Die durch diese Beobachtungen gewonnene Theorie hat man auf die Fälle auszudehnen versucht, in denen das Frühtreiben nicht mit Blausäure erreicht wird. Auch die physikalischen Treibmittel sollen nämlich die Säure- bzw. Acetaldehydbildung in der Pflanze fördern. Bei der Kältebehandlung soll die Strukturzerstörung im Plasma, die zur Stärke-Zuckerumwandlung führt, wichtig werden, weil der dabei entstandene Zucker das Material zur intramolekularen Atmung, also zur Säure- und Acetaldehydbildung liefert. (Direkte Glukoseinjektion wirkt ebenfalls.) Die Warmbadwirkung hat man in analoger Weise durch die Annahme erklärt, daß durch den Sauerstoffmangel des warmen Wassers die intramolekulare Atmung stark gefördert werde; der Stoffwechsel muß ja durch die Temperaturerhöhung beschleunigt werden, es fehlt aber der notwendige Sauerstoff zur normalen Atmung. So muß es auch hier zur Anhäufung der genannten Substanzen kommen, die z. B. in Samen nach Warmbadbehandlung tatsächlich festgestellt wurde. Ebenso wurde in den Blättern von *Bryophyllum* nach dem Warmbad oder auch nach einem Aufenthalt in Wasserstoffgas eine Zunahme des Gehalts an Acetaldehyd und Alkohol gefunden. — Beim letztgenannten Objekt kann auch die Säureanhäufung wichtig sein, die sowohl beim Isolieren der Blätter als auch nach Warmbadbehandlung beobachtet wurde (Abb. 47, 48).

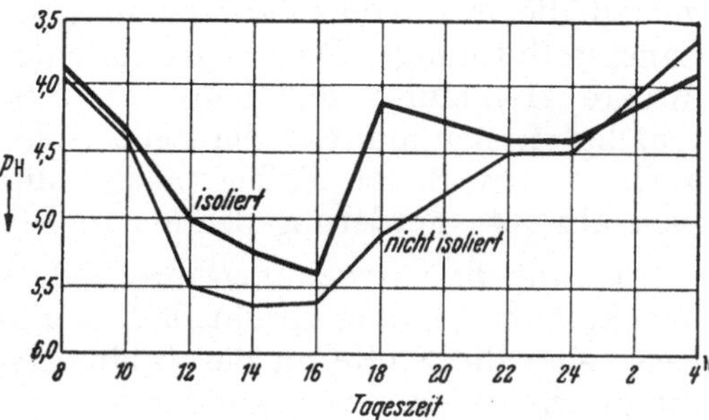

Abb. 47. *Bryophyllum calycinum.* In einem von der Pflanze isolierten Blatt ist der p_H-Wert durchweg niedriger als in dem an der Pflanze verbliebenen Kontrollblatt. Angegeben sind die p_H-Werte des 1. Tages nach der Isolierung. (Die außerdem erkennbare tagesperiodische Aziditätsschwankung ist bekanntlich eine normale Erscheinung bei *Bryophyllum.*) Die höhere Azidität des isolierten Blattes wirkt entwicklungsanregend oder ist doch Ausdruck von Stoffwechseländerungen, die zur Entwicklungsanregung führen. (Nach KAKESITA.)

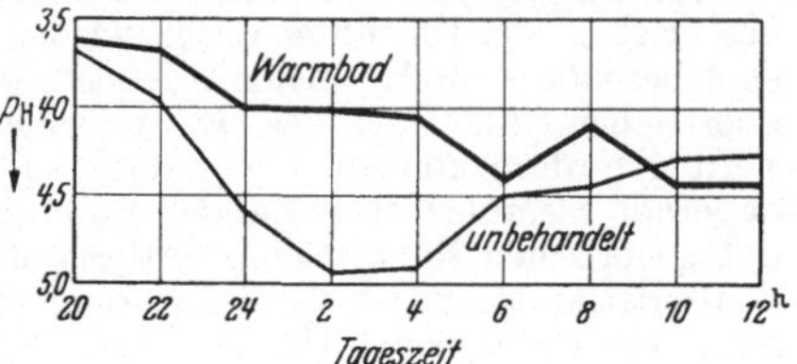

Abb. 48. Wie Abb. 47. Auch unter dem Einfluß des Warmbades entsteht eine Zunahme der Azidität und wiederum eine Entwicklungsanregung. Dauer des Warmbades von 20—4 Uhr, also 8 Std. (Nach KAKESITA.)

Ganz so einfach werden die Dinge in der Wirklichkeit bestimmt nicht sein; aber im Prinzip ist hier wohl eine richtige Theorie gewonnen worden. Wir sollten nur beachten, daß es auf recht verschiedenem Wege zur Anhäufung von Produkten der intramolekularen Atmung kommen kann. Eine Hemmung der Sauerstoffatmung und auch eine Ausschaltung der PASTEUR-MEYERHOFschen Reaktion ist nicht unbedingt notwendig. Wenn wir etwa berücksichtigen, daß ein Frühtreiben nicht nur durch warmes

Wasser, sondern auch durch warme Luft, also ohne Sauerstoffmangel erreicht werden kann, so dürfen wir doch damit rechnen, daß diese hohe Temperatur ähnlich wie eine extrem niedrige Strukturzerstörungen bedingt, die den Stoffwechsel fördern, und an dieser Förderung ist erfahrungsgemäß die intramolekulare Atmung immer viel stärker beteiligt als die Sauerstoffatmung. Der Sauerstoffentzug braucht ebenfalls nicht durch direkte Hemmung der Atmung wirksam zu werden. Sauerstoffentzug schädigt ferner indirekt die Zelle (sofern sie nicht nur latent lebt); aber auch in allen diesen Fällen mehr indirekter Wirkung ist ja eine relative oder absolute Förderung der intramolekularen Atmung zu erwarten.

Worauf die entwicklungsanregende Wirkung von Produkten der intramolekularen Atmung beruht, läßt sich noch nicht entscheiden. Möglicherweise sind die Stoffe an der Bildung von Hormonen beteiligt, oder auch für die Synthese von Sekundärstoffen (Fetten, Phosphatiden, ätherischen Ölen, Eiweißen) wichtig. In diesem Sinne äußern sich RUHLAND und RAMSHORN, die den interessanten Befund mitteilen konnten, daß auch normalerweise die aktiven meristematischen Gewebe im Gegensatz zum Dauergewebe eine starke intramolekulare Atmung (Gärung) aufweisen. Allerdings ist nach KANDLER diese starke anaerobe Atmung der Meristeme nur fakultativ; sie schwindet bei erleichterter Sauerstoffzufuhr.

Die zahlreichen im Laufe der Zeit bekanntgewordenen Beispiele für Entwicklungsförderungen durch Verhinderung der Atmung, also durch relative Förderung der intramolekularen Atmung, können hier nicht aufgezählt werden. Erwähnt sei, daß gleichfalls ein Aufenthalt in Kohlensäure oder Stickstoff entwicklungsfördernd wirkt. Sodann mag die Wirkung von Äther hier genannt werden; durch Ätherisieren können z. B. *Syringa*-Knospen schon Mitte Oktober zum Treiben gebracht werden; der Erfolg läßt sich sowohl durch Begasen als auch durch Injizieren erreichen. Ferner wirkt Rauch erfolgreich. — Bei Kartoffeln wurde eine ganze Reihe verschiedenartiger Agentien als wirksam gefunden.

Saatgutstimulation. Bei Samen ist oft ein fördernder Einfluß der verschiedensten Stoffe beschrieben worden, unter denen wieder solche, die in größeren Konzentrationen giftig sind, eine besondere Rolle spielen. Jedoch wurde der Erfolg solcher „Saatgutstimulation“ oft übertrieben. Auch wenn es, wie wir sahen, durchaus zutrifft, daß Gifte bei vorsichtiger Dosierung fördern können, bleibt doch zu berücksichtigen, daß es sich dabei stets um kurzdauernde Stimulierungen handelt und die günstige Wirkung keineswegs während der ganzen ontogenetischen Entwicklung fortbestehen kann. Eine beträchtliche Erntesteigerung durch Saatgutstimulation ist vor allem dann zu erwarten, wenn die angewandten Stoffe Schädlinge, etwa Pilzsporen töten.

Bei den in der Literatur beschriebenen zahlreichen Wirkungen chemischer Agentien auf die Keimung darf nicht übersehen werden, daß es sich dabei oft weniger um die eigentliche Aufhebung der Ruheperiode als schon um eine Begünstigung der späteren Entwicklung handelt. Die benutzten Reizmittel sind zum Teil Stoffe, die für diese Entwicklung unerläßlich sind. Besonders auffällig sind derartige Erfolge, wenn es sich um zwar lebensnotwendige, aber nur in geringen Konzentrationen erforderliche Stoffe handelt. Ein interessantes Beispiel bietet die Wirkung von Borsäure auf die Keimung von Seerosenpollen. Schon überaus geringe Konzentrationen (bis herunter zu 0,00005%) wirken fördernd. Da die Borsäure nicht nur auf die Keimung, sondern auch auf das Pollenschlauchwachstum wirkt, darf man wohl annehmen, daß es sich hier um die Lieferung eines zur Entwicklung notwendigen Stoffes handelt.

Hormonartige Substanzen. Wir haben bei unserer Betrachtung über die Wirkung chemischer Agentien Einflüsse auf die Atmung in den Vordergrund gestellt. Aber auch die schon bei der Diskussion der Temperaturwirkungen erwähnte Rolle einer Stimulation durch Zerstörung von Plasmastrukturen mag wieder beteiligt sein. Und endlich kommen noch hormonartige Wirkungen hinzu. So werden jetzt auch schon in der Praxis mehrere Stoffe benutzt, um die Ruheperiode von Knollen usw. abzukürzen oder zu verlängern (vgl. CROCKER, DENNY).

Hierfür seien noch einige Beispiele gegeben, bei denen wir uns auf die Wirkung experimentell zugefügter Substanzen beschränken, d. h. wir gehen nicht noch einmal auf die schon erwähnten keimungshemmenden Substanzen ein, die von den Früchten, Samen usw. selber gebildet werden.

Oft ist versucht worden, die Keimkraft von Samen durch Wuchsstoffe zu erhöhen, oder die Ruheperiode durch solche Hormone zu durchbrechen. Diese Versuche haben praktisch keine positiven Ergebnisse gebracht.

Anders steht es mit der Beeinflussung der Knospenruhe. Nachdem zunächst die Möglichkeit einer Brechung der Ruheperiode durch Hefeextrakte und durch Glutathion entdeckt wurde (BENNETT und SKOOG, GUTHRIE), haben mehrere Forscher zahlreiche weitere Substanzen geprüft. Viele der dabei als wirksam gefundenen Stoffe werden auch jetzt schon in der Praxis benutzt, um die Ruheperiode von Knospen abzukürzen. Als besonders aktiv hat sich Äthylenchlorhydrin erwiesen, das man beispielsweise bei Knollen von *Gladiolus* 10—20 Tage vor dem Auspflanzen einwirken läßt. Die Ruheperiode läßt sich mit Äthylenchlorhydrin bei mehreren Arten um 1—3 Monate abkürzen. Auch für die Abkürzung der Ruheperiode von Kartoffeln wird dieses Verfahren oft angewandt, dabei erwies sich ein Gemisch von Äthylendichlorid und Tetrachlorkohlenstoff als besonders geeignet.

Aber auch zur Hemmung des Austreibens von Knospen sind zahlreiche hormonartige Stoffe erprobt worden. Wirksam ist z. B. Naphthylessigsäure-Methylester. Solche Regulationen der Ruheperiode können aus mehreren Gründen praktisch wichtig werden, nicht nur, um z. B. bei Kartoffeln das störende vorzeitige Keimen bei der Lagerung zu verhindern. Man kann bei Obstbäumen etwa die Ruheperiode verlängern, um Frostschäden zu vermeiden. Oder eine Längenänderung der Ruheperiode kann bei der Übertragung von Pflanzen in Regionen mit anderer zeitlicher Lage der Jahreszeiten wichtig werden. So war für die Nutzung von *Populus*-Stecklingen aus Südafrika in Holland eine Brechung der Ruhe durch Äthylenchlorhydrin vorteilhaft (REINDERS-GOUWENTAK). Über die Wirkungsweise der genannten Substanzen ist erst wenig bekannt. Nach HEMBERG unterbricht Äthylenchlorhydrin die Ruhe, weil es keimungs- bzw. wachstumshemmende Substanzen zerstört.

Auch in der freien Natur kommt eine Beeinflussung der Ruheperiode durch von außen einwirkende, nämlich von anderen Organismen produzierte hormonartige Substanzen vor. So können die von den Wurzeln einiger Pflanzen ausgeschiedenen Substanzen (mit denen wir uns bei der Besprechung der Wuchshormone noch näher befassen werden) die Keimung von Samen beeinflussen (vgl. z. B. BROWN). Besonders interessant ist das in den Fällen, in denen die Ausscheidungen der Wirtspflanze die Keimung von Parasitensamen stimulieren, wie das für die Wurzeln von Sonnenblumen und die Samen von *Orobanche cumana* angegeben worden ist (BARTSINSKII).

7. Korrelative Wirkungen.

Ein wesentlicher Faktor für die Überwindung von Ruheperioden ist die Beseitigung hemmender Einflüsse, die von angrenzenden oder auch von weiter entfernt liegenden Zellen ausgeübt werden. Einen derartigen Vorgang können wir beobachten, wenn eine Zelle oder ein Komplex von Zellen aus dem natürlichen Zusammenhang herausgelöst wird. Die herausgelösten Zellen entfalten Potenzen, die vorher ruhten; es entstehen neue

Organe, oftmals ein ganz neues Individuum; und an dieser Restitutionsleistung erkennen wir, daß die Potenzen in der Zelle sehr wohl noch vorhanden waren, obgleich sie sich im normalen Verlauf der Ontogenese überhaupt nicht entfalten; die Zelle ist totipotent geblieben. Freilich handelt es sich bei dieser Neuentfaltung schlummernder Potenzen doch schon oft um etwas anderes als bei der vorher untersuchten Aktivierung ruhender Zellen. Die zu Restitutionsleistungen schreitende Zelle braucht sich ja zuvor nicht im Zustand allgemeiner Ruhe befunden zu haben; sie konnte in anderer Hinsicht sogar recht aktiv sein. Wir werden die hormonalen Wirkungen, die zu solchen korrelativen Hemmungen führen und erst nach ihrer Ausschaltung Restitutionen ermöglichen, später besprechen, hier begnügen wir uns mit einem einfachen Beispiel (Abb. 49).

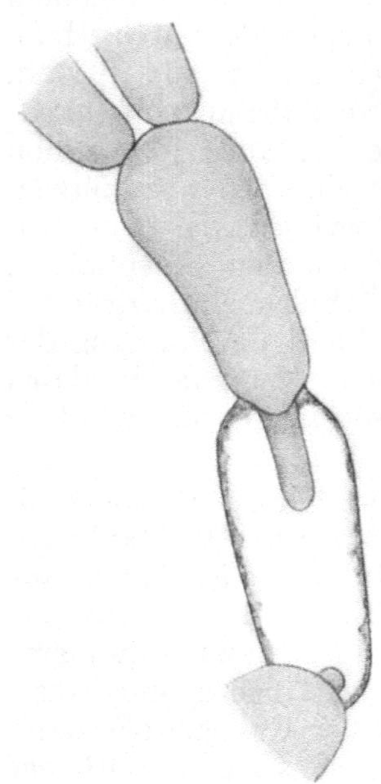

Abb. 49. *Griffithsia Schousboei.* Die Seewasseralge wurde wenige Minuten in Süßwasser gebracht, dadurch platzten einige Zellen. Die Aufhebung der Korrelation zwischen den Zellen führte dazu, daß nach der Rückübertragung in Seewasser Regenerationsschläuche getrieben wurden. (Nach HÖFLER.)

Gestreift haben wir dieses Problem schon, indem wir von den Blastokolinen sprachen, die nicht unbedingt aus den ruhenden Organen selber stammen müssen, sondern oft auch aus angrenzenden Teilen. So mögen solche Hemmstoffe beispielsweise dafür verantwortlich sein, daß die Brutkörperchen der Marchantiaceen nicht auskeimen, solange sie sich im Brutbecher befinden.

8. Wirkung der sexuellen Verschmelzung.

Als einen wichtigen Faktor für die Herstellung der Entwicklungsbereitschaft müssen wir noch die Verschmelzung der Gameten erwähnen. Hierbei ist bekanntlich nicht etwa das Diploidwerden als entscheidender Anstoß zu betrachten. Einerseits kann (von den Fällen gamophasischer Parthenogenese ganz abgesehen) der Entwicklungsbeginn auch in die haploide Phase fallen und andererseits sind z. B. diploide Mooseizellen nicht ohne weiteres entwicklungsbereit, sondern bedürfen der Befruchtung. Die Theorie, daß durch die männliche Geschlechtszelle Fermente, Wundhormone oder sonstige entwicklungsanregende Substanzen übertragen werden, befriedigt ebenfalls nicht vollständig, weil die Zygote oftmals noch eine längere Ruhezeit durchmacht. Daß der mit einer Bestäubung verbundene Reiz auch ohne Kernverschmelzung zur Entwicklungsanregung führen kann, ist durch mehrere Fälle gamophasischer Parthenogenese nachgewiesen worden.

Wir haben es also offensichtlich mit einem ziemlich komplizierten Wechselspiel verschiedener innerer Faktoren der Eizelle und anderer durch die männliche Geschlechtszelle übertragener Faktoren zu tun. Dabei mag es sehr wohl Fälle geben, in denen die Eizelle schon so weit über die Entwicklungsbereitschaft verfügt, daß der männliche Gamet nur noch einen Teilfaktor, etwa ein Hormon ergänzen muß, während in anderen Fällen auch noch nach der Verschmelzung erst eine von der Eizelle selber gesteuerte Ruhe allmählich abklingen muß.

Gewisse Vermutungen darüber, welches die entscheidenden vom männlichen Gameten übertragenen Substanzen sind, kann man auf Grund der chemisch ausgelösten Parthenogenese äußern. Aber es haben sich (bei tierischen Eiern) eine ganze Reihe verschiedener Substanzen, z. B. mehrere Metallionen, Adenosintriphosphat und Acetylcholin bei der Stimulation als aktiv erwiesen (SCHEER). Bisher ist also eine Entscheidung nicht möglich.

Beim Betrachten der Wirkung der sexuellen Verschmelzung zeigt sich auch, daß wir nicht schlechthin von einer Ablösung der Ruhe durch die Aktivität sprechen dürfen. Vielmehr handelt es sich hier wieder um die Aktivierung einzelner Potenzen. Durch die sexuelle Verschmelzung braucht zunächst einmal nur die Bildung der Zygote veranlaßt zu werden; die Entwicklungsanregung der Zygote ist etwas ganz anderes. Auch bei der Parthenogenese ist, wie WINKLER treffend ausführt, nicht etwa die Anregung der Kern- und Zellteilung das Entscheidende, sondern nur die Umwandlung der Eizelle zu einem der normalen Zygote in Gestalt, Membranbildung, Reservestoffgehalt usw. gleichenden Gebilde. Diese parthenogenetische Umwandlung kann ohne gleichzeitige Kern- und Zellteilung ablaufen, so z. B. bei *Chara crinata*. Andererseits kann die Fähigkeit zur Teilung aktiv werden, ohne daß es zur Zygotenbildung kommt. Mehrere Autoren haben bei Blütenpflanzen in gamophasischen Eiern gelegentlich Kernteilungen beobachtet, denen aber keine parthenogenetische Entwicklung folgt. Solche Teilungen können unter anderem auftreten, wenn eine Bestäubung mit einer Pollenart stattfindet, die nicht zur Befruchtung führt. Sie kann auch nach traumatischer Reizung beobachtet werden. — Wenn nach einer Befruchtung also häufig sowohl die Zygophase entsteht als auch eine Entwicklungsanregung stattfindet, so ist daraus zu schließen, daß die sexuelle Verschmelzung einen Komplex von Reizwirkungen darstellen kann, in deren Verlauf mehrere Potenzen realisiert werden, die im Prinzip aber auch unabhängig voneinander aktiviert werden können.

Literatur.

Mit einem * versehene Arbeiten sind zusammenfassende Darstellungen.

a) Allgemeines über Ruhe und Nachreifung der Samen und Sporen:

BARTON and SOLT: Contrib. Boyce Thompson Inst. **15** (1948). — BÜNNING: Z. Naturforsch. **4**b (1949). — BÜNNING u. BAUER: Z. Bot. **40** (1952).

Contributions Boyce Thompson Institute (zahlreiche Bände, deren Arbeiten sich zum großen Teil mit der Physiologie von Samen beschäftigen). — * CROCKER: Growth of plants. New York 1948. — * CROCKER and BARTON: Physiology of seeds. Waltham 1953.

EVENARI, KONIS and ZIRKIN: Palestine J. Bot. **4** (1947); **5** (1951).

FLEMION: Contrib. Boyce Thompson Inst. **6** (1934).

* GOTTLIEB: Bot. Rev. **16** (1950).

HAAS u. SCHANDER: Z. Pflanzenzüchtg. **31** (1952). — HÖHN: Planta (Berl.) **40** (1952).

LUCKWILL: J. Horticult Sci. **27** (1952).

RUGE: Züchter **17/18** (1947). — RUGE u. LIEDTKE: Ber. dtsch. bot. Ges. **64** (1951).

b) Keimungshemmende Substanzen:

* EVENARI: Bot. Rev. **15** (1949).

HEMBERG: Acta Horti Bergiana **14**, Nr 5 (1947); Physiol. Plantarum **2** (1949); **5** (1952).

MAYER and EVENARI: J. of Exper. Bot. **3** (1952). — * MOEWUS: Fiat-Rev. of German Sci., Biochem. **2** (1948). — MOEWUS u. Mitarb.: Z. Naturforsch. **6**b (1951). — MOLOTKOWSKIJ: Dokl. Akad. Nauk SSSR. **68** (1949).

PAECH: Z. Naturforsch. **4**b (1949).

RUGE: Z. Bot. **33** (1939).

SCHMIDT: Helvet. chim. Acta **27** (1944). — SHISHINY and THODAY: J. of Exper. Bot. **4** (1953).

VELDSTRA et HAVINGA: Rec. Trav. chim. Pays-Bas **62** (1943).

c) Licht- und Dunkelkeimung:
BORTHWICK, HENDRICKS, PARKER and TOOLE: Proc. Nat. Acad. Sci. U.S.A. **38** (1952). — BROWN: Ann. of Bot., N.S. **5** (1941).
CROCKER: In DUGGAR, Biolog. effects of radiations. New York a. London 1936.
FITTING: Jb. wiss. Bot. **88** (1939). — FLINT and McALISTER: Smithsonian Misc. Coll. **96** (1937).
NUTILE: Plant Physiol. **20** (1945).
RESÜHR: Planta (Berl.) **30** (1940).

d) Temperaturwirkungen und Schädigungen:
GODDARD and SMITH: Plant Physiol. **13** (1938).
KURSSANOW u. Mitarb.: Bull. Acad. Sci. SSSR., Sér. Biol. **1** (1938). — Biochimija (russ.) **5** (1940).
LINSKENS: Züchter **20** (1950).
* MONNÉ: Adv. Enzymol. **8** (1948).
NILSSON: Ark. Mikrobiol. **12** (1942).
SCHAUMANN: Jb. wiss. Bot. **65** (1926). — STELZNER: Pflanzenbau **18** (1941).
VEGIS: Jb. wiss. Bot. **75** (1932).

e) Chemische Wirkungen:
BARTSINSKII: Dokl. Acad. Nauk. SSSR. **1** (1934). — BROWN u. Mitarb.: Proc. Roy. Soc. Lond. **136** (1950).
* CROCKER: Growth of plants. New York 1948.
DENNY: Contrib. Boyce Thompson Inst. **14** (1947).
HEMBERG: Physiol. Plantarum **2** (1949).
KAKESITA: Jap. J. Bot. **5** (1930). — KANDLER: Z. Naturforsch. **5b** (1950).
REINDERS-GOUWENTAK: Proc. Kon. Acad. Wetensch. Amsterdam, Ser. C **56** (1953).

f) Hormonale Wirkungen und sexuelle Verschmelzung:
* HARTMANN: Die Sexualität. Jena 1943. — HÖFLER: Flora (Jena) **27** (1934).
SCHEER and SCHEER: Physiologic. Zool. **20** (1947).
WINKLER: Planta (Berl.) **33** (1943).

III. Endogene Aktivitätsrhythmen.

1. Endogene Jahresrhythmik.

Die Phänomene. Schon mehrfach sind wir auf Erscheinungen gestoßen, die uns deutlich zeigten, daß wir den Wechsel von Ruhe und Aktivität nicht immer einfach aus einem Wechsel äußerer Faktoren erklären können. Wir erinnern uns an den Prozeß des Nachreifens der Samen; viele Samen und Sporen benötigen mehrere Monate, bevor sie das Maximum der Reaktionsfähigkeit auf äußere Faktoren erlangt haben. Auch bei der Betrachtung des Frühtreibens sahen wir, daß die Pflanze zu verschiedenen Zeiten, also bei verschiedenem innerem Zustand, auf gleiche äußere Faktoren verschiedenartig reagiert. Und zwar verändert sich der innere Zustand hier in der Weise, daß die Pflanzen im Herbst noch relativ leicht anzuregen sind, im Winter nur schwer, im Frühjahr wieder leichter. Solche Beobachtungen haben allmählich zur Erkenntnis geführt, daß sich ein Aktivitätswechsel auch allein aus inneren Ursachen, also unabhängig von dem Wechsel äußerer Faktoren, d. h. bei deren Konstanz vollziehen kann.

Gegen die Annahme einer lediglich aus inneren Ursachen möglichen Ruheperiode hat vor allem noch KLEBS Einwände erhoben; er wies darauf hin, daß selbst bei der Buche, die sich dem vorzeitigen Treiben gegenüber als am resistentesten erwiesen hatte, durch elektrische Dauerbeleuchtung eine Aktivierung, also ein Frühtreiben möglich ist. Aber die Tatsache, daß die Leichtigkeit der Beendigung der Ruhe durch Licht und andere Frühtreibmittel sehr vom Zeitpunkt des Versuchs abhängt, beweist schon, daß auch unabhängig von den wechselnden äußeren Faktoren ein Aktivitätswechsel angestrebt wird. Die an dieser Deutung vielleicht noch möglichen Zweifel werden durch das Verhalten der Laubbäume unter Bedingungen, bei denen die in Frage kommenden Faktoren überhaupt keinen Intensitätswechsel mehr aufweisen, behoben. Diese Bedingungen finden wir schon in den Tropen oft ausreichend verwirklicht. Natürlich sind auch hier äußere Faktoren, namentlich Licht und Temperatur, für den Ablauf der inneren Prozesse wichtig. Ändern sich Lichtintensität und Temperatur, so hat das sicher einen großen Einfluß auf die Geschwindigkeit der an der Herstellung und Beendigung der Ruhe beteiligten Prozesse. Wenn also behauptet wird, daß auch aus innerer Ursache ein Wechsel von Ruhe und Aktivität stattfindet, so soll das nur bedeuten, daß diesem Wechsel kein zeitlich ähnlicher Rhythmus im Ablauf der Umweltfaktoren entsprechen muß.

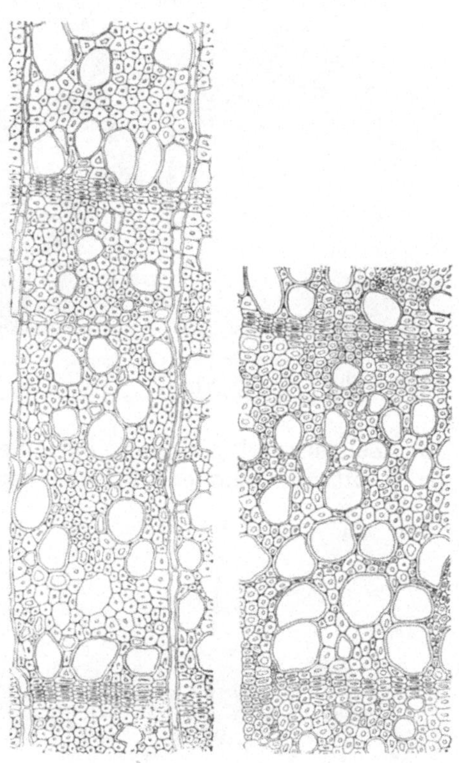

Abb. 50. Querschnitt durch das Holz von *Fagus silvatica*. Links in Europa gewachsen. Rechts (schematisiert nach einer Skizze gezeichnet) in gleichmäßig feuchtwarmem Gebiet Javas gewachsen. Die Jahresringbildung tritt, wie die Abbildung zeigt, auch in den Tropen auf.

Am aufschlußreichsten ist das Verhalten der aus temperierten Zonen stammenden Holzgewächse nach ihrer Übertragung in die Tropen; sie zeigen dort nämlich weiterhin den Wechsel von Ruhe und Aktivität. Das wurde z. B. an einer Buche nach deren Anpflanzung in Java am Laubwechsel und an der Bildung des Holzzuwachses (Abb. 50) beobachtet. Man findet sogar noch die gleichen Zustände der Blattentwicklung und des Blattfalls, wie sie für die gemäßigten Zonen charakteristisch sind. Und es ist nicht etwa möglich, für diesen Wechsel andere äußere Faktoren verantwortlich zu machen; denn die Rhythmik der Bäume verliert in den Tropengebieten ohne ausgesprochene Regenzeit jegliche Beziehung zur Jahreszeit; die Pflanzen verhalten sich also individuell sehr verschieden, weil eben keine Außenfaktoren bestehen, die wie in den gemäßigten Zonen den Beginn der Ruhe- bzw. Aktivitätsperiode auf bestimmte Jahreszeiten festlegen. Selbst die einzelnen Zweige eines Baumes oder Strauches können dabei ihre Selbständigkeit bewahren, so daß sie in einem bestimmten Zeitpunkt in ganz verschiedenen Entwicklungszuständen anzutreffen sind. Außerdem wird die Dauer von 12 Monaten für die Durchführung einer Vollperiode meist nicht mehr genau eingehalten. Wenn wir in den gemäßigten Zonen ein genaues Einhalten der 12 Monate dauernden Periodizität beobachten, so ist das also nur eine Folge davon, daß die Innenrhythmik durch den Wechsel äußerer Faktoren so reguliert wird, daß sie sich diesen anpaßt.

Wie zu erwarten, findet sich eine Ähnlichkeit zwischen der Dauer der endogen angestrebten Rhythmik mit der Jahresdauer bei solchen Pflanzen, die nicht aus den gemäßigten Zonen stammen, sondern in den Tropengebieten mit gleichmäßiger Verteilung des Regens über das ganze Jahr heimisch sind, überhaupt nicht. Aber auch die in solchen tropischen Regionen heimischen Pflanzen zeigen eine, wenn auch zumeist schneller als innerhalb von 12 Monaten ablaufende Rhythmik, die dann ebenfalls bei den einzelnen Individuen und den einzelnen Zweigen selbständig sein kann (Abbildung 51—53). Diese Rhythmik braucht nicht notwendig zum Kahlstehen des Baumes oder einzelner Äste zu führen, kommt aber wenigstens (von selteneren Ausnahmen abgesehen) darin zum Ausdruck, daß die Neubildung von Blättern nicht gleichmäßig während des ganzen Jahres erfolgt. Der Zeitabstand zwischen zwei gleichen Entwicklungszuständen beträgt dabei oft nur wenige Monate, jedenfalls fehlt die Beziehung zur Jahresdauer.

Abb. 51. Teilansicht einer *Firmiana colorata*, wachsend in gleichmäßig feuchtem Tropenklima (Buitenzorg, Java). Die einzelnen Teiläste verhalten sich in der Belaubung und im Laubfall selbständig.

Unter solchen Bedingungen können sich die ursprünglich großen individuellen Verschiedenheiten im Verlauf der endogenen Jahresrhythmik natürlich nicht durch Selektion ausgleichen. Daher kann man z. B. in Pflanzungen von *Hevea brasiliensis* große individuelle Verschiedenheiten im Laubfall beobachten. Dagegen verläuft bei Pflanzen, die durch Pfropfung vegetativ aus ein und demselben Exemplar der *Hevea* entstanden sind, der Laubfall (etwa reguliert durch geringe Jahresschwankungen der Regenfälle) ganz übereinstimmend.

Abb. 52. Astindividualität bei *Sarcocephalus*. In seiner Heimat (Celebes) treibt der Baum so einheitlich wie die Bäume unserer Breiten, da der Wechsel von Trocken- und Regenzeit regulierend wirkt. Dieses Exemplar ist im gleichmäßig feuchten Tropengebiet (Buitenzorg, Java) angepflanzt. Die Regulierung der endogenen Rhythmik fällt fort. Selbst kleinere Aststücke verhalten sich selbständig. Man sieht Stücke, die noch altes Laub tragen (links unten), andere, die kahl sind, und endlich solche, die junge Blätter verschiedener Größe tragen.

Aber auch bei den Bäumen unserer Breiten sind die erblichen Verschiedenheiten in der Jahresrhythmik durch Selektion nicht etwa vollständig verlorengegangen. So haben Wellensiek und de Bruyn an 42 *Fagus*individuen große Verschiedenheiten in den Daten der Knospenöffnung beobachtet, und diese Verschiedenheiten konnten durch 10 Jahre lange Beobachtung als konstant nachgewiesen werden.

Auch in den Tropen kann statt der inneren Rhythmik, die nicht jahresperiodisch verläuft, eine 12 Monate erfordernde bestehen, wenn das durch das Walten von Trocken- und Regenperioden in der Heimat der betreffenden Art notwendig wird. Die Neubelaubung von Bäumen und Sträuchern in solchen Gegenden findet oft gegen Ende der Trockenperiode statt. Der endogene Charakter dieser Ruheperiode zeigt sich in einer verminderten Treibmöglichkeit während ihres Bestehens, und auch darin, daß das Treiben oft bereits mehrere Tage oder Wochen vor den ersten Niederschlägen einsetzt, ein Phänomen, das auch schon HUMBOLDT beobachtet hat. Diese Bäume verhalten sich nach der Übertragung in gleichmäßig feuchte Tropengebiete ähnlich wie es bereits für die unserer Breiten unter solchen Bedingungen angegeben wurde.

Abb. 53. Äste einer auf Java angepflanzten *Jacaranda rhombifolia*. Die einzelnen Aststücke blühen zeitlich unabhängig voneinander.

Mit der Periodizität der Belaubung hängt die bekannte Periodizität der Holzbildung, also (in den außertropischen Gebieten) der Jahresringbildung eng zusammen. In gleichmäßig feuchten Tropengebieten finden wir daher auch in der Holzgestaltung der heimischen und der eingeführten Bäume alle Besonderheiten abgebildet, die wir oben für die Lauberneuerung in solchen Gebieten genannt haben: Bei einigen Arten kann die Ringbildung völlig fehlen, bei anderen ist sie nur schwach angedeutet und braucht vor allem keine Bildung von Jahresringen zu sein. So wie die einzelnen Äste eines Baumes hinsichtlich des Laubwechsels können auch einzelne Abschnitte des Kambiums hinsichtlich der Zuwachstätigkeit selbständig sein, so daß keine geschlossenen Ringe zu entstehen brauchen (Abb. 54). Es hat sich gezeigt, daß die Periodizität in der Kambiumtätigkeit weitgehend (aber durchaus nicht vollständig) von der Periodizität der Laubtriebe determiniert wird. Von hier gehen Einflüsse aus, die offenbar hormonaler Natur sind, jedenfalls nicht in der Assimilatzufuhr bestehen, die die Kambiumtätigkeit regulieren (COSTER). Wir werden auf diese Einflüsse nochmals eingehen, wenn wir uns ausführlicher mit den Korrelationen befassen.

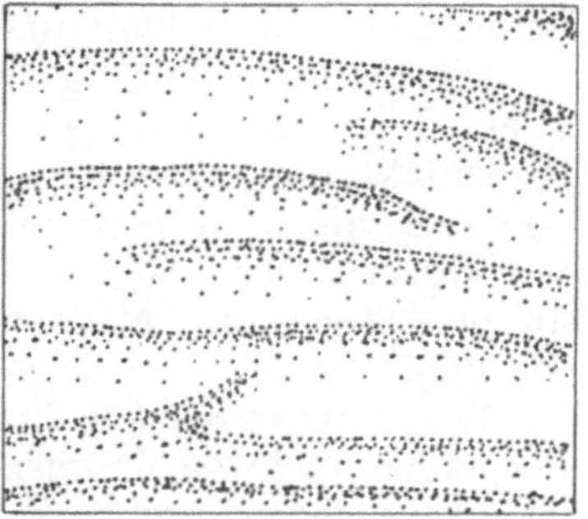

Abb. 54. Zuwachszonen im Holz von *Avicennia marina*. Infolge des selbständigen Laubwechsels der einzelnen Äste treten keine geschlossenen Ringe auf.

Nicht nur an Bäumen und Sträuchern, sondern auch an zahlreichen anderen mehrjährigen oder überwinternden Pflanzen macht sich eine endogene Jahresrhythmik deutlich bemerkbar. So etwa bei den schon erwähnten Winterknospen von *Hydrocharis*, die, wie die im Herbst abnehmende und im Frühjahr wieder zunehmende Leichtigkeit des Treibens zeigt, aus inneren Bedingungen eine der Winterzeit entsprechende Ruheperiode anstreben. An diesem Objekt kann sogar die Existenz einer endogenen Jahresrhythmik besonders anschaulich demonstriert werden, weil auch dann, wenn das Treiben wegen Lichtmangel in einem Jahr unterbleibt, die inneren Prozesse so weiter verlaufen, daß erst nach einem weiteren bzw. zwei weiteren Jahren, also jahresperiodisch eine Zeit leichter Treibfähigkeit wiederkehrt. Wir erwähnten schon Beobachtungen, nach denen selbst in den trockenen Samen derartige Prozesse ablaufen, die Keimfähigkeit sich also jahresperiodisch verringern und wieder erhöhen kann.

Es wurde schon früher darauf hingewiesen, daß man wahrscheinlich auch die bei zahlreichen Arten beobachtete Periode der Nachreife des Samens oft als Phase einer endogenen Jahresrhythmik auffassen darf. Ferner können hier die überwinternden Zwiebeln und Knollen zahlreicher landwirtschaftlich und gärtnerisch wichtiger Pflanzen genannt werden, die namentlich in Holland eingehend hinsichtlich des Ablaufs ihrer Rhythmik untersucht worden sind (Blaauw, Luyten, Hartsema u. a.). Diese Untersuchungen beziehen sich unter anderem auf Hyazinthen, Tulpen, Convallarien, außerdem auf einige Holzgewächse, wie *Syringa*, *Rhododendron*, *Azalea*, *Prunus* und *Pirus*. In allen Fällen ließ sich, den Erfahrungen älterer Autoren an gleichen oder anderen Objekten entsprechend, der gewöhnliche Jahresrhythmus durch abnorme Außenbedingungen, namentlich durch eine Änderung des Temperaturverlaufs, weitgehend, aber nicht beliebig modifizieren. Der gesamte, normalerweise 1 Jahr dauernde Entwicklungszyklus konnte nur um etwa 4 Monate abgekürzt werden. Wurde eine weitergehende Abkürzung versucht, so machte sich die innere Rhythmik geltend, die einen langsameren Gang erstrebt.

Die große Bedeutung einer endogen angestrebten Rhythmik darf uns aber nicht dazu verleiten, äußere Faktoren zu vernachlässigen. Manche Außenfaktoren, denen man früher keine regulierende Bedeutung zuschrieb, wie z. B. die jahresperiodisch wechselnde Tageslänge, haben sich als sehr wichtig erwiesen. Wir werden den Anteil innerer und äußerer Faktoren an der Steuerung jahresperiodischer Phänomene später ausführlich diskutieren.

Wesen der endogenen Jahresrhythmik. Der physiologische Mechanismus, der einen endogen jahresperiodischen Ablauf der Vorgänge ermöglicht, ist noch nicht erforscht. Man hat zur Erklärung gern auf die Stoffwechselprozesse hingewiesen; es komme allmählich zur Anhäufung von Reservestoffen und das sei eine Ursache des Übergangs zur Ruhe. Reichliche Wasser- und Nährsalzzufuhr sei allgemein günstig für das Wachstum, während die Assimilationstätigkeit den Eintritt der Ruhe fördere. Schon Klebs hat dem Verhältnis von Nährsalzen zu organischen Substanzen eine entscheidende Rolle zugeschrieben. Diese Auffassung hat auch manche experimentelle Stütze gefunden; z. B. die, daß an Assimilaten arme Zweige keine Ruheknospen ausbilden. Daß die Ruheperiode eine gewisse Zeit erfordert, hat man mit dem Hinweis auf den Ablauf von Differenzierungsprozessen zu erklären versucht. Tatsächlich erfolgt beispielsweise in Tulpen- und Hyazinthenzwiebeln während der Ruheperiode die Anlage der Blätter und Blüten. Solche Beobachtungen sind für uns noch insofern wichtig, als sie zeigen, daß die endogene Jahresrhythmik nicht notwendig einfach einen Wechsel von Ruhe und Aktivität verursacht. Noch auffälliger wird das, wenn wir sehen, daß manche Bäume und z. B. auch einige Orchideen der periodisch trockenen Tropengebiete inmitten der „Trockenruhe“ zwar völlig entlaubt sind, ihre Blüten aber differenzieren und voll entfalten.

Aber wenn auch diesen Faktoren eine gewisse Bedeutung für den Verlauf der inneren Rhythmik zukommen wird, können sie doch nicht das Entscheidende sein. Wir müssen bedenken, daß der Zeitpunkt des Eintritts der Winterruhe bei den Laubbäumen vielleicht etwas, aber doch nicht sehr weitgehend vorverlegt oder verzögert wird, wenn die Assimilationstätigkeit im Sommer besonders hoch bzw. niedrig war. Und daß die Dauer der Winterperiode nicht etwa durch die Dauer der Differenzierungsprozesse bestimmt wird, erkennen wir aus der Möglichkeit, die Ruhe schon im Herbst, bevor sie überhaupt ihre größte Tiefe erreicht hat, d. h. vor Beginn eventuell stattfindender Differenzierungsprozesse zu durchbrechen.

Aus dem gleichen Grund versagt auch der Versuch, die Ruheperiode aus der allmählichen Anhäufung von Hemmstoffen während des Sommers zu erklären (vgl. S. 57). Natürlich soll mit dieser Feststellung nicht ausgeschlossen werden, daß auch Assimilat- und Hemmstoffanhäufungen die Periodizität beeinflussen.

Sicher sind jahresperiodische Änderungen in der Aktivität oder Konzentration von Fermenten und Hormonen beteiligt. Namentlich Arbeiten von SISSAKJAN und RUBIN haben hierüber Aufschluß gegeben.

Dabei können jahresperiodische Änderungen der Fermentaktivität z. B. durch die nachgewiesene jährliche Variation der Wasserstoffionenkonzentration bedingt werden, weil von dieser etwa auf dem Wege über eine Beeinflussung der Hydratation der Plasmakolloide Quantität und Qualität der Fermentleistungen bestimmt wird (vgl. z. B. ROSS). Da man mit Heteroauxin Treibwirkungen, z. B. an *Syringa*, erzielen konnte, glaubte man, in der Änderung der Auxinaktivität den entscheidenden Faktor für die Regulierung der inneren Jahresrhythmik sehen zu dürfen. Jedoch haben GOUWENTAK und MAAS gezeigt, daß Heteroauxin erst dann die Kambiumtätigkeit anzuregen vermag, wenn die innere Ruhe bereits beendet ist. Das eigentliche Problem bleibt also bestehen.

Auch Untersuchungen über das jahresperiodische Schwanken weiterer physiologischer Eigentümlichkeiten, wie z. B. der Zuckerkonzentration (PISEK) oder der Fähigkeit zur Wurzelbildung an Stecklingen (GUMPELMAYER) haben gezeigt, daß diese Rhythmen nur Folge einer mehr grundlegenden inneren Rhythmik sein können, die alle diese Einzelerscheinungen reguliert.

Ebensowenig ist mit der Möglichkeit einer experimentellen Brechung der Ruheperiode durch chemische Agentien, über die wir schon früher sprachen, eine Klärung erreicht worden. Mindestens bleibt es vorerst ganz ungewiß, ob ähnliche Agentien in der Pflanze periodisch auftreten, und wenn das zutrifft, bleibt weiterhin zu erklären, wie sich wiederum diese Periodizität der Produktion solcher Regulatoren erklärt.

Wirklich befriedigend kann hier nur eine Theorie sein, die alle Fälle umfaßt. Und es gibt ja sogar Organe, wie z. B. die erwähnten *Hydrocharis*-Knospen und die Samen mancher Arten, die auch ohne eine innere Rhythmik der auffälligeren Stoffwechsel- und der Differenzierungsprozesse eine endogene Jahresrhythmik zeigen (Abb. 37), die dabei sogar nicht einmal eine Periodizität der Atmung erkennen lassen. Der ganzen Erscheinung, die übrigens selbst noch an Gewebekulturen beobachtbar ist (CAPILLETI), muß also eine viel elementarere Eigenschaft des Plasmas zugrunde liegen. Und für diese Ansicht spricht wiederum die Erfahrung, daß das Vorkommen einer endogenen Jahresrhythmik nicht auf Pflanzen beschränkt ist, sondern auch für Tiere, z. B. für Zugvögel festgestellt wurde.

Man könnte zunächst bezweifeln, ob so verschiedenartigen Erscheinungen wie der endogenen Jahresrhythmik von Samen und von Laubbäumen wirklich ein und derselbe Elementarrhythmus zugrunde liegt. Aber die schon erwähnten Versuche über die Beziehung zwischen der Jahresrhythmik der Samen und der ihrer Mutterpflanze zeigen deutlich diese Identität.

So bilden also ruhende Samen, die die endogene Jahresrhythmik zeigen, ein Material, das insofern für eine weitere Analyse besonders geeignet ist, als alle sekundären physiologischen Rhythmen, die vom Elementarrhythmus gesteuert werden, fehlen. Im Samen nun laufen diese Vorgänge nicht nur bei völliger Abwesenheit von Wasser, sondern auch noch bei Temperaturen weit unter dem Gefrierpunkt weiter. Interessant ist dabei, daß ihre Geschwindigkeit nicht wesentlich von der Höhe der Temperatur und z. B. auch nicht vom Sauerstoffgehalt der Luft oder von deren Feuchtigkeit abhängt. Das heißt es werden (obwohl die absolute Höhe der Keimfähigkeit selber sehr wohl von solchen Außenfaktoren beeinflußt wird) immer ungefähr 12 Monate für eine Vollperiode benötigt. Daraus müssen wir schließen, daß nicht chemische Reaktionen für die Steuerung verantwortlich sind, sondern vielleicht periodische Änderungen im Zustand der Plasmakolloide.

Es mag in diesem Zusammenhang interessant sein, daß angegeben ist, im Wein seien jahresperiodische Schwankungen der Enzymaktivität nachweisbar, auch wenn er unter konstanten Temperaturbedingungen gelagert wird.

Der einzige Ansatzpunkt, den die Untersuchungen über die Jahresrhythmik in Samen bisher zur Aufklärung des Wesens dieser Rhythmik geliefert haben, besteht darin, daß sich (wie wir schon erwähnten) jahresperiodische Schwankungen der Wasserbindungskraft der Samen zeigen, die auf tiefgreifende Änderungen des Kolloidzustands der Eiweiße hindeuten können.

Es verdient noch Erwähnung, daß die jahresperiodischen Ruhestadien der Pflanzen weitgehende Ähnlichkeiten mit den sog. Diapausen der Insekten aufweisen. Damit wird die Frage aufgeworfen, ob die im Tierreich weit verbreitete endogene Jahresrhythmik physiologisch mit den entsprechenden Vorgängen in der Pflanze verwandt ist.

2. Rhythmen, die der endogenen Jahresrhythmik verwandt sind.

Neben der entwicklungsphysiologischen Problematik der endogenen Jahresrhythmik besteht natürlich auch noch die phylogenetische. Wie konnten die Pflanzen einen endogenen Rhythmus erwerben, dessen Periodenlänge mit der von Schwankungen äußerer Faktoren übereinstimmt? Gelegentlich ist angenommen worden, hieraus müsse auf eine erblich gewordene Einprägung der äußeren Faktoren geschlossen werden.

Aber es ist auch eine Erklärung auf der Basis von Selektionsvorgängen möglich, denn wir finden tatsächlich in Gebieten, in denen die Pflanzen nicht einem Jahresrhythmus äußerer Faktoren angepaßt sind, bei den Pflanzen Rhythmen mit ganz anderen Periodenlängen.

Als Beispiel für eine Pflanze mit sehr langsamem Entwicklungszyklus sei der bekannte *Amorphophallus titanum* erwähnt, bei dem ein voller Zyklus, also die Zeit von einer Blattentfaltung zur nächsten, oder von einem Blühen zum nächsten bzw. von einer Ruhe zur nächsten etwa $2^1/_2$ Jahre dauert. Bei vielen Pflanzen, die ebenso wie dieser *Amorphophallus* unter Bedingungen wachsen, die praktisch während des ganzen Jahres konstant sind, erfordert ein voller Entwicklungszyklus aber auch nur ein halbes Jahr oder noch weniger. (Bei Bäumen ist dabei zu beachten, daß sich, ähnlich wie im Falle genauer Jahresrhythmik, die einzelnen Teile selbständig verhalten können, ihre Zyklen also nicht synchron verlaufen. Wenn also ein Zyklus 8 Monate erfordert, bedeutet das nicht notwendig, daß der Baum alle 8 Monate in allen Teilen gleichzeitig kahl steht.) Zahlreiche Beispiele für schnelle Entwicklungszyklen an Bäumen erwähnen VOLKENS und SIMON.

Auch ein *Hippeastrum* kann als Beispiel für Pflanzen mit sehr kurzem Entwicklungszyklus genannt werden; hier bestehen Zyklen endonomer Natur von etwa 3 Monaten Länge (BLAAUW). Endlich wurden auch einige tropische Farne untersucht. Der Abstand zwischen 2 Perioden der Blattbildung kann hier zwischen etwa 3 Wochen und 7 Monaten variieren (JAAG).

Wir finden also tatsächlich in Gebieten, in denen sich die Pflanzen nicht einem Jahresrhythmus der äußeren Faktoren anzupassen brauchten, eine große Variationsbreite der endogenen Rhythmen, an der eine Selektion angreifen konnte.

Wenn solche Aktivitätsschwankungen auch dort vorkommen, wo sie nicht als Anpassung an Klimaschwankungen notwendig sind, müssen wir folgern, daß es für die Pflanze auf jeden Fall vorteilhaft ist, nicht immer ein und denselben physiologischen Zustand zu bewahren, sondern alternierend gewisse Extremzustände einzuschalten. Diese Extremzustände regulieren übrigens nicht nur das Wechseln von Ruhe und Aktivität, sondern auch viele andere entwicklungsphysiologische Erscheinungen, so daß wir auf diese Frage später noch einmal zurückkommen müssen.

3. Rhythmen mit vieljährigen Periodenlängen.

Bei manchen Pflanzen zeigen sich auch endogene Schwankungen der physiologischen Zustände, die noch viel langsamer ablaufen als die eben besprochenen. Namentlich kann sich das in einer sehr trägen Periodizität des Blühens äußern. Bekannt ist z. B., daß einige *Strobilanthes*arten in Abständen von etwa 7 Jahren, andere Arten der gleichen Gattung nur alle 12 Jahre blühen. Bei mehreren Bambusarten betragen diese Abstände sogar zwischen 30 und 40 Jahren. Diese Erscheinungen sind aber nicht so sehr wie die endogene Jahresrhythmik mit dem Wechsel von Ruhe und Aktivität verknüpft, wir wollen sie daher aus rein praktischen Gründen erst später behandeln. Hier sollten sie nur zur Abrundung unseres Bildes von den endogenen Rhythmen erwähnt werden.

4. Monatsrhythmen.

Es ist nun durchaus nicht erstaunlich, daß Pflanzen, die sich dem Leben unter einer anderen Rhythmik der Außenfaktoren als der an den Jahresgang gebundenen anpassen mußten, auch eine Selektion ihrer endogenen Rhythmik zu dieser anderen Außenrhythmik durchführten. So zeigen viele Meeresalgen bei der Entleerung ihrer Geschlechtszellen eine deutliche Anpassung an den Mondphasenwechsel bzw. an die durch ihn regulierte Periodizität der Springfluten. Zum Beispiel werden bei der *Dictyota dichotoma* der europäischen Küsten die Geschlechtszellen in 14tägigen Abständen, jeweils beim Einsetzen der Springflut, entleert. Eine morphologisch gleiche Form dieser Alge an den Küsten von Nord-Carolina erreicht diese Phase nur bei den Vollmondspringfluten. Auch bei *Ulva lactuca* besteht eine 14tägige Periodizität, die sexuellen und asexuellen Schwärmer treten jeweils zur Zeit der Springfluten auf (SMITH). Diese 14tägige bzw. 28tägige Rhythmik ist wieder weitgehend autonom; wenn der Zeitpunkt der Springflut durch Wind vom normalen abweicht, so halten sich die Pflanzen doch an ihr Schema; offensichtlich handelt es sich wieder um eine durch die Außenrhythmik regulierte endogene Periodizität (HOYT). Daß eine Selektion zu dieser besonderen Innenrhythmik führen konnte, ist begreiflich; denn die Befruchtungsaussicht ist stark erhöht, wenn alle Geschlechtszellen zu ein und demselben Zeitpunkt, statt über mehrere Wochen verteilt, entleert werden.

5. Endogene Tagesrhythmik.

Die Phänomene. Auch beim Studium tagesperiodischer Prozesse hat sich gezeigt, daß der Wechsel in der Intensität physiologischer Aktionen nicht

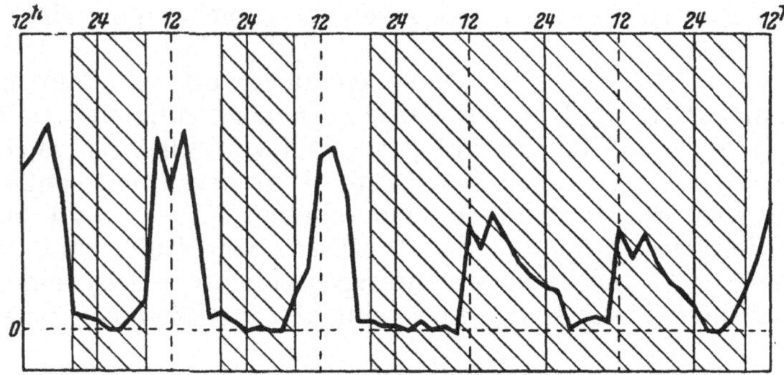

Abb. 55. Verlauf der phototaktischen Sensibilität von *Euglena gracilis* bei 12:12stündigem Tag-Nacht-Wechsel und anschließender konstanter Dunkelheit. (Nach POHL.)

allein aus dem Wechsel äußerer Faktoren erklärbar ist. Gewiß sind auch hier wieder die äußeren Faktoren überaus wichtig. Aber schon die tagesperiodischen Änderungen der Assimilationsintensität können wir nicht allein aus dem Wechsel der Lichtintensität erklären. Wir beobachten bei vielen Pflanzen auch bei gleichbleibender Lichthelligkeit gegen Mittag oder Nachmittag eine Abnahme der Assimilationsintensität. Ebensowenig läßt sich die Stärke der Atmung aus der Höhe der Temperatur erklären; auch bei konstanter Temperatur bestehen tagesperiodische Atmungsschwankungen. Solche an den verschiedensten physiologischen Prozessen durchgeführte Untersuchungen zeigen, daß es ebenso wie eine endogene Jahresrhythmik auch eine endogene Tagesrhythmik gibt. Diese ist sogar, der leichteren experimentellen Untersuchung entsprechend, genauer bekannt als die Jahresperiodizität.

Willkürlich bleibt es, an welchem der zahlreichen physiologischen Prozesse wir das Walten der endogenen Tagesrhythmik untersuchen; wir können die Wachstumsgeschwindigkeit, die Permeabilität, die Menge abgeschiedenen Blutungssaftes (ENGEL und FRIEDERICHSEN) oder die Hebungs- und Senkungsbewegungen mancher Blätter sowie das Öffnen und Schließen von Blüten zum Ausgangspunkt der Untersuchung wählen. Das Studium der letztgenannten Vorgänge, also der Blattbewegungen, ist besonders günstig, weil sie quantitativ leicht zu verfolgen sind; so erklärt es sich, daß die endogene Tagesrhythmik in erster Linie durch ein Studium tagesperiodischer Blattbewegungen bekannt geworden ist. Auch diese Bewegungen werden natürlich, ebenso wie die anderen tagesperiodischen Prozesse. sehr weitgehend von äußeren Faktoren reguliert; den endonomen Faktor kann man also erst unter konstanten Außenbedingungen studieren. Unter solchen konstanten Bedingungen, namentlich nach der Ausschaltung des Licht- und Temperaturwechsels, sehen wir immer noch Bewegungen ablaufen, die annähernd tagesperiodisch verlaufen, aber eben nur annähernd, und dadurch, sowie durch die (analog zum Verhalten der Jahresrhythmik in den Tropen) völlige Selbständigkeit der einzelnen Individuen oder sogar der einzelnen Blätter bei der Ausführung der tagesperiodischen Bewegungen zeigt sich eindeutig ihr endogener Charakter. Es verhält sich nicht so, wie man zunächst gemeint hat, daß hier noch unbekannte äußere Faktoren, etwa solche elektrischer Natur im Spiel sind. — Für die endogene Tagesrhythmik konnte auch eindeutig gezeigt werden, daß es sich um eine erbliche Eigenschaft handelt.

Auch bei niederen Pflanzen sind mehrfach endogene Tagesrhythmen gefunden worden. Die endogene Rhythmik kann sich z. B. bei *Euglena* in Schwankungen des phototaktischen Verhaltens äußern (Pohl, Abb. 55), bei *Pilobolus* in der Periodizität des Sporangienabschießens (Schmidle). Auch bei einigen Schimmelpilzen scheint die bekannte tagesperiodische Zonierung der Mycelien unter konstanten Außenbedingungen fortgesetzt zu werden.

Alle diese endogenen Tagesrhythmen pflegen durch den Licht-Dunkelwechsel oder auch außerdem durch den Wechsel hoher und niedriger Temperatur regulierbar zu sein und ihre endogene Komponente erst nach dem Ausschalten der Schwankungen dieser äußeren Faktoren zu demonstrieren. Es handelt sich dabei aber nicht etwa um ein „Nachschwingen“ des zuvor induzierten Rhythmus; denn die Periodenlänge der endogen fortgesetzten Schwankungen beträgt ganz unabhängig davon, ob etwa vorher ein 8:8stündiger oder ein 15:15stündiger Rhythmus aufgezwungen wurde, immer etwa 24 Std.

So wie wir schon bei der Betrachtung der Laubwechselzyklen sahen, daß es Pflanzen gibt, die nicht eine 12monatige Periode, sondern eine nur wenige Monate dauernde anstreben, können wir auch Pflanzen beobachten, die statt des tagesperiodischen Aktivitätswechsels (oder neben ihm) einen noch schnelleren Wechsel von Ruhe und Aktivität vollziehen. Als ein Beispiel sei die Schwankung der Wachstumsintensität von *Coprinus lagopus* erwähnt. Die Periodenlänge beträgt dabei 3,5—4,5 Std und der maximale Zuwachs in der Zeiteinheit liegt 200—300 % über dem minimalen (Abb. 56).

Auch beim Längenwachstum von Blattstielen besteht oft eine Rhythmik, die von der Tagesperiodizität erheblich abweicht (Titz).

Wesen der endogenen Tagesrhythmik. Bei der Suche nach den physiologischen Vorgängen, die eine derartige einige Stunden oder etwa 24 Std betragende innere Rhythmik entstehen lassen, dürfen wir uns wieder nicht verleiten lassen, eine nur für wenige Pflanzen anwendbare Theorie aufzustellen. Die Theorie muß wahrscheinlich auch noch die analogen Erscheinungen im Tierreich umfassen. Auch dort ist in neuerer Zeit mit ganz ähnlichen Methoden wie in der Pflanzenphysiologie die Existenz endonom tagesrhythmischer Prozesse festgestellt worden. Beispielsweise liegen Versuche an Tieren aus verschiedenen Klassen von den Insekten bis zu den Wirbeltieren über den tagesperiodischen Aktivitätswechsel, aber auch über den Verlauf der verschiedensten Stoffwechselprozesse vor (KLEITMAN).

Daß es sich ähnlich wie bei der endogenen Jahresrhythmik um eine elementare Eigenschaft des Plasmas handelt, erkennen wir aus dem Ablaufen dieser Rhythmik an isolierten Organen und Geweben. Beispielsweise ist die endonome Periodizität des Blutens, die mehrere Autoren nachgewiesen haben, von WHITE auch noch an isolierten Tomatenwurzeln bei deren Kultur unter konstanten Bedingungen festgestellt worden. Und an isolierten Geweben lassen sich noch entsprechende Schwankungen des Wachstums und der Turgeszenz beobachten (Abb. 57).

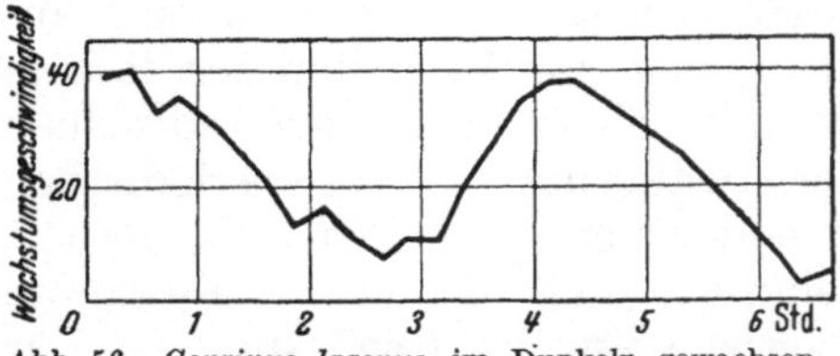

Abb. 56. *Coprinus lagopus*, im Dunkeln gewachsen. Abszisse: Zeit in Stunden. Ordinate: Wachstumsgeschwindigkeit in willkürlichen Einheiten. Endogene kurzperiodische Schwankungen der Wachstumsgeschwindigkeit. (Nach BORRISS.)

Speziell die Periodizität des Blutens hat man auf periodische Schwankungen der Atmungsintensität zurückzuführen versucht. Aber es scheint, daß man darüber hinausgehend alle bei Tieren und Pflanzen gefundenen speziellen Tagesrhythmen des Stoffwechsels, der Bewegungen, des Wachstums usw. auf eine endogene Tagesrhythmik der Atmung zurückführen kann, so daß das interessanteste Problem für die weitere Forschung in der Frage nach der Entstehung dieser Atmungsrhythmik besteht.

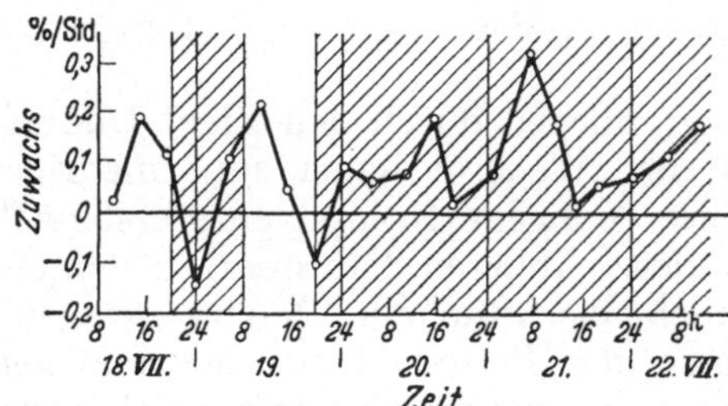

Abb. 57. Tagesperiodische Schwankungen der Zuwachsgeschwindigkeit einer Gewebekultur von *Daucus carota*. Die Kultur war zunächst regelmäßigem Lichtdunkelwechsel ausgesetzt, dann konstanter Dunkelheit. (Nach ENDERLE.)

Bei der inneren Rhythmik handelt es sich vielleicht um das Resultat eines Wechselspiels zwischen der Atmung und den Enzymen, die die Atmung regulieren. Enzyme, die das Atmungsmaterial liefern, werden anscheinend allmählich von den Atmungsprodukten gehemmt, indem diese Atmungsprodukte eine Plasmazustandsänderung bedingen. So wird zwangsläufig die Atmung reduziert und infolgedessen dann die Hemmung ausgeschaltet und schließlich die Atmung wieder erhöht, womit dann ein Zyklus geschlossen ist. Aber dieser Mechanismus der selbsttätigen Regulierung bedarf noch weiterer Untersuchung.

Auch für die Tagesrhythmik dürfen wir ähnlich wie für die Jahresrhythmik eine phylogenetische Entstehung durch Selektion aus einer ursprünglich größeren Mannigfaltigkeit von Rhythmen mit unterschiedlichen Periodenlängen annehmen. Daß sowohl der endogenen Jahresrhythmik wie der endogenen Tagesrhythmik ein hoher Selektionswert zukommt, werden wir später sehen.

Literatur.

Mit einem * versehene Arbeiten sind zusammenfassende Darstellungen.

a) Endogene Jahresrhythmik:

BLAAUW, LUYTEN, HARTSEMA u. Mitarb.: Zahlreiche Arbeiten in Proc. Kon. Akad. Wetensch. Amsterdam [z. B. **30** (1927)]. — BÜNNING: Z. Naturforsch. **4**b (1949). — BÜNNING u. BAUER: Z. Bot. **40** (1952).

GOUWENTAK and MAAS: Medd. Landbouwhoogeschool Wageningen **44** (1940). — GUMPELMAYER: Phyton **1** (1949).

* PISEK: Naturwiss. **39** (1952).
ROSS: Planta (Berl.) **33** (1943). — RUBIN: In: Die Situation in der Biologie. Sitzgsber. Lenin Akad. Landw. Wiss. 1948. Moskau 1948 in dtsch. Übers. Berlin 1948.
b) Endogene Tagesrhythmik:
BORRISS: Planta (Berl.) **22** (1934). — BÜNNING: Flora (Jena) **38** (1944), Planta (Berl.) **38** (1950).
ENDERLE: Planta (Berl.) **39** (1951). — ENGEL u. FRIEDERICHSEN: Planta (Berl.) **40** (1952).
FLÜGEL: Planta (Berl.) **37** (1949).
HARDER: Nachr. Akad. Wiss. Göttingen, Math.-physik. Kl. **1949**.
KLEITMAN: Physiologic. Rev. **29** (1949).
POHL: Z. Naturforsch. **3**b (1948).
SCHMIDLE: Arch. Mikrobiol. **16** (1951).
TITZ: Bot. Archiv **43** (1942).
c) Monatsrhythmen:
HOYT: Amer. J. Bot. **14** (1927).
SMITH: Amer. J. Bot. **34** (1947).

Dritter Teil.

Wachstum, Zell- und Kernteilung.

I. Energetik des Wachstums.

1. Kennzeichnung des Wachstums.

Das Wesentliche der als Wachstum bezeichneten Vorgänge kann von Fall zu Fall etwas ganz verschiedenes sein. In erster Linie erwartet man von einem Wachstumsprozeß, daß er mit einer Längen- oder Dickenzunahme, also einer Volumenvergrößerung des betreffenden Individuums oder Organs verbunden ist. Und die Volumenvergrößerung ist beim Wachstum irreversibel, oder doch jedenfalls nicht leicht, höchstens bei Vorgängen mehr oder weniger pathologischer Natur umkehrbar. Die bloße Wasseraufnahme in die Vakuole wird man also nicht schon als einen Wachstumsprozeß bezeichnen, wohl aber eine Wasseraufnahme, die mit irreversiblen Veränderungen des Plasmas oder der Zellwand verknüpft ist; wobei wieder vorausgesetzt wird, daß zu diesen Prozessen die Lebenstätigkeit der Zelle notwendig ist. Ein Trockensubstanzzuwachs ist mit dem Wachstum nicht notwendig verbunden. Wir kennen sogar Fälle, in denen starkes Wachstum mit einer Verminderung der Trockensubstanz parallel geht. Junge Keimpflanzen können selbst dann noch ein geringeres Trockengewicht aufweisen als vor der Keimung, wenn sie ihr Volumen bereits um das 10fache erhöht haben. Dagegen ist das Wachstum zumeist mit einer Zunahme der Wandsubstanz verknüpft; aber auch das ist nicht unbedingt notwendig.

Mit diesen Angaben ist schon die Notwendigkeit der üblich gewordenen Unterscheidung von *Plasmawachstum* (embryonalem Wachstum) und *Streckungswachstum* demonstriert. Bei der Zellstreckung findet eine starke Wasseraufnahme mit Bildung und zunehmender Vergrößerung von Vakuolen statt. Diese Phase kann, wenigstens unter experimentell geschaffenen Bedingungen, ohne merkliche Substanzvermehrung verlaufen (BURSTRÖM). Der Streckungsmechanismus ist also nicht ursächlich an die Neubildung von Zytoplasma- und Wandsubstanz gebunden. Es handelt sich bei der Streckung und dem Plasmawachstum wirklich um zwei physiologisch verschiedene Dinge. Allerdings sind diese Prozesse zeitlich meist nicht scharf voneinander getrennt, so daß die Phase der Streckung keineswegs frei von Vorgängen der Substanzvermehrung ist. Nicht nur die Trockensubstanz der Zellwände nimmt zu; an Koleoptilen von *Zea Mays* zeigten Frey-Wyssling und Blank, daß während der Zellstreckung das Plasmavolumen nicht allein infolge der Wasseraufnahme steigt, vielmehr nimmt auch der Stickstoffgehalt fast um das 10fache zu (vgl. auch Bottelier, Holter und Linderström-Lang).

Das Plasmawachstum pflegt mit Zellteilungsvorgängen einherzugehen. Aber man darf nicht etwa die Teilung als notwendige Folge der Substanzvermehrung ansehen, vielmehr können diese beiden Vorgänge auch unabhängig voneinander verlaufen. Schon die steuernden Fermentapparate beider Vorgänge sind nicht identisch. So kann man z. B. die Fermente, die die Teilung regulieren, vergiften, während das Wachstum weiterläuft. Bei Bakterien lassen sich dadurch lange ungeteilte Fäden an Stelle der kurzen Zellen erzielen. Auch in der unterschiedlichen Abhängigkeit von äußeren Faktoren äußert sich diese Selbständigkeit.

2. Exothermer Verlauf.

Erörterung der Möglichkeiten. Nach unseren Betrachtungen über die Gültigkeit des 2. Hauptsatzes der Thermodynamik für das physiologische Geschehen muß sich, jedenfalls wenn die Veränderungen in der Umgebung berücksichtigt werden, das organische Geschehen im gesamten als ein freiwilliger, d. h. zur Aufhebung von Ungleichgewichten führender Prozeß nachweisen lassen. Ein physiologisches Teilgeschehen kann natürlich auch einen energetisch unfreiwilligen Prozeß darstellen; und eben dann ist zu seinem energetischen Verständnis die Berücksichtigung anderer, mit ihm gekoppelter Reaktionen notwendig. So scheint es gerade auch beim Wachstum zu sein. Man war bis in die jüngste Zeit hinein geneigt, den Wachstumsprozeß für sich als eine unfreiwillige Reaktion zu deuten, auf die sich also der 2. Hauptsatz erst anwenden lasse, wenn wir andere, das Wachstum erzwingende, freiwillige Reaktionen berücksichtigen.

Mit anderen Worten: Man wird nach dem 2. Hauptsatz wohl ohne weiteres erwarten, daß der Prozeß der Umwandlung sämtlicher am organischen Geschehen teilnehmenden Ausgangsstoffe (seien diese nun direkt aufgenommen oder vom Organismus selber aufgebaut) in die Endstoffe, also in die Stoffe des fertigen Pflanzenkörpers und die nach außen abgegebenen, freiwillig ist; man wird aber nicht unbedingt erwarten, daß auch ein Teilprozeß davon, nämlich der der Umwandlung des Baumaterials zum Pflanzenkörper, energetisch freiwillig ist.

Es leuchtet nach dem 1. Hauptsatz ein, daß die Energie des Baumaterials zuzüglich der Energie des erforderlichen Betriebsmaterials ebenso groß ist wie die Energie der Stoffe des aufgebauten Organismus zuzüglich der nach außen abgegebenen Energie. Bezeichnen wir die Energie als E, so ist also auf jeden Fall

$$E_{\text{Baumaterial}} + E_{\text{Betriebsmaterial}} = E_{\text{fertiger Organismus}} + E_{\text{abgegeben}}.$$

Wir betrachten dabei natürlich Bau- und Betriebsmaterial schon als fertig vorhanden.

Weiterhin ist nun nach dem 2. Hauptsatz folgende Beziehung selbstverständlich (E' = arbeitsfähige Energie):

$$E'_{\text{Baumaterial}} + E'_{\text{Betriebsmaterial}} > E'_{\text{fertiger Organismus}} + E_{\text{abgegeben}}.$$

Unsere Frage bedeutet nun, ob, wie oft erwartet wurde:

$$E'_{\text{Baumaterial}} < E'_{\text{fertiger Organismus}}.$$

Das wäre, wie gesagt, sehr wohl möglich, wenn eine derartige energetische Koppelung mit dem Betriebsstoffwechsel besteht, daß die dort freiwerdende Energie zwar größtenteils nach außen als Atmungswärme abgegeben, zum Teil aber in den Stoffen des aufgebauten Organismus gespeichert wird. Die experimentelle Prüfung erscheint zunächst schwierig, weil die Bestimmung der arbeitsfähigen Energie der einzelnen Substanzen nicht leicht ist. Jedoch darf hier der physikalische Satz angewandt werden, daß bei niedrigen Temperaturen die arbeitsfähige Energie nicht erheblich von der gesamten Energie, die wir relativ leicht aus der Verbrennungswärme der betreffenden Substanzen bestimmen können, verschieden ist (Prinzip von THOMSEN und BERTHELOT). Es genügt daher, zu prüfen, ob der Prozeß der Umwandlung von Baumaterial in die Substanzen der fertigen Pflanze im üblichen chemischen Sinne endotherm oder exotherm ist, und dann als energetisch erzwungen bzw. freiwillig betrachtet werden darf. Die obengenannte, bis in die Gegenwart meist vertretene Ansicht:

$$E'_{\text{Baumaterial}} < E'_{\text{fertiger Organismus}}$$

entspricht also praktisch der *Vermutung:*

$$E_{\text{Baumaterial}} < E_{\text{fertiger Organismus}}.$$

Wachstum, Atmung, elektrisches Potential. Für diese Vermutung spricht, daß der Organismus für sein Wachstum Energie benötigt und die Wachstumsgeschwindigkeit weitgehend der Energiezufuhr entspricht. Wir erkennen das aus der intensiven Atmung der wachsenden Organe und daraus, daß alle Faktoren, die die Atmung hemmen, auch das Wachstum hemmen oder andererseits atmungsfördernde Faktoren, wie z. B. die Temperatur, jedenfalls oft auch die Wachstumsgeschwindigkeit erhöhen. KOPP fand an Weizenwurzeln, daß das Streckungs- und auch das Teilungswachstum ganz aufhören, wenn die Sauerstoffkonzentration auf weniger als etwa 1 mg O_2 je Liter sinkt. Durch Atmungsgifte (Cyanid) wird dasselbe erreicht.

Die Beziehung zwischen Atmungsintensität und Wachstumsgeschwindigkeit wird dadurch noch wichtiger, daß sie oft auch in feinen Einzelheiten zutrifft. Innerhalb einer Pflanze beobachtet man im allgemeinen zonale Atmungsunterschiede, die den zonalen Unterschieden der Wachstumsgeschwindigkeit entsprechen, sofern nicht einzelne Zonen etwa darum eine stärkere Atmung bei schwächerem Wachstum zeigen, weil sie andere besondere Funktionen zu verrichten haben. Zwar ist eine direkte Messung der Atmung einzelner Zonen meist schwierig und jedenfalls mit erheblichen Fehlerquellen verknüpft, aber wir verfügen doch über einige brauchbare indirekte Methoden. Zum Beispiel können wir den Erfahrungssatz benutzen, daß stark atmende Zonen gegen wenig atmende durchweg elektrisch positiv sind. Diese Regel läßt sich auch einigermaßen verständlich machen, weil die Atmung an der Entstehung der elektrischen Potentiale beteiligt ist, und zwar wohl schon insofern beteiligt ist, als sie für die Schaffung und Erhaltung der semipermeablen Grenzschichten wichtig ist und diese Grenzschichten wieder für die Herstellung von Ionenkonzentrationsdifferenzen, auf denen die bioelektrischen Potentiale beruhen, unerläßlich sind. Jedenfalls läßt diese Erfahrungsregel, daß Atmungsintensität und elektrische Positivität parallel gehen, eine andere Parallelität interessant erscheinen, nämlich die zwischen elektrischer Positivität und Wachstumsintensität, der also eine Übereinstimmung zonaler Atmungs- und Wachstumsunterschiede entsprechen muß. Die Regel ist an den verschiedensten Organen festgestellt worden (Abbildung 58).

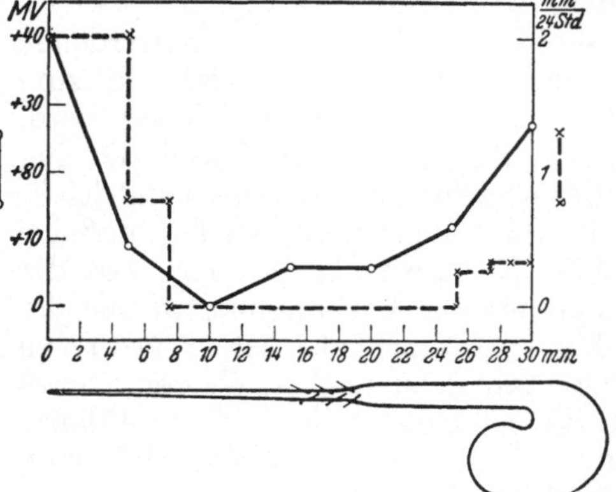

Abb. 58. Verteilung der elektrischen Potentiale und der Zuwachsgeschwindigkeiten über die ganze Pflanze von *Lupinus albus*. Oridnate: Spannung in Millivolt (ausgezogene Kurve) bzw. Zuwachsgeschwindigkeit (gestrichelte Kurve) der in der Abszisse angegebenen Zonen. Wachstumsgeschwindigkeit und Positivität gehen parallel. (Nach RAMSHORN.)

An Sproßvegetationspunkten von *Lupinus* und *Tropaeolum* fand BALL eine hohe Atmung in der Nähe der Scheitelregion, eine erheblich geringere Atmung in einiger Entfernung vom Scheitel. Allerdings lag das Maximum nicht in der äußersten Spitze. Es ist aber durchaus nicht anzunehmen, daß sich nur die Region mit starkem Plasmawachstum durch hohe Atmung auszeichnet. Bei Wurzeln konnte sowohl in der Teilungs- als auch in der Streckungszone ein Atmungsmaximum gefunden werden. Offenbar verlaufen also beide Vorgänge unter Energieaufwand (KOPP).

Auch wenn die Wärmeproduktion als Kriterium der Atmungsintensität benutzt wird, ergibt sich das gleiche Bild. Die Temperaturerhöhung der Pflanze läßt sich mit Hilfe von Thermoelementen gut messen. Mit diesem Verfahren findet man ebenfalls durchweg eine Parallelität zwischen Atmungs- und Wachstumsintensität (Abb. 59).

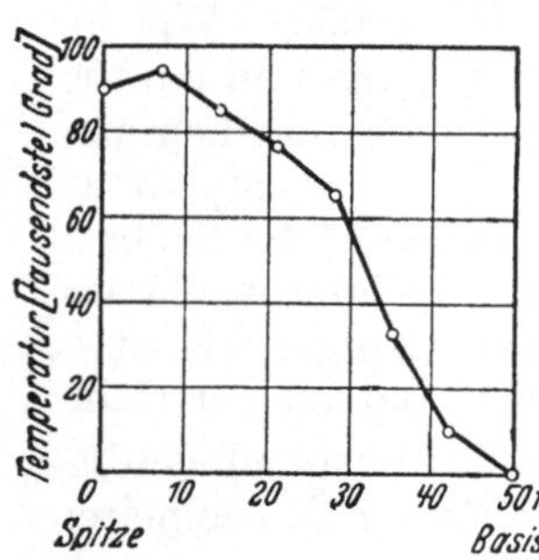

Abb. 59. Verteilung der Ruhetemperaturen an einem Epikotyl von *Vicia Faba*. Abszisse: die einzelnen Zonen des Epikotyls (Millimeter), Ordinate: Temperaturdifferenz in 0,001° (also verglichen mit der Temperatur der Basis.) Die Spitze (wachsend!) hat eine fast 0,1° höhere Temperatur, intensives Wachstum ist also an starke Atmung gebunden. (Nach DRAWERT.)

Nachweis der exothermen Natur. Wenn wir somit sehen, daß für das Wachstum Atmungsvorgänge notwendig sind, ist es begreiflich, daß man den Wachstumsvorgang als eine endotherme Reaktion aufgefaßt hat. Diese Ansicht wurde jedoch, besonders unter dem Eindruck von Versuchen an Pilzen, erschüttert. Die Versuche mehrerer Autoren haben übereinstimmend ergeben, daß von der Atmungsenergie nichts im Organismus gespeichert wird. Bei dem genauer untersuchten *Aspergillus niger* wird sogar mehr Wärme an die Umgebung abgegeben, als dem nach dem Zuckerverbrauch errechneten Energieumsatz entspricht. Der Vorgang des Pilzwachstums ist also eine exotherme Reaktion:

$$E_{\text{Baumaterial}} > E_{\text{fertiger Organismus}}.$$

Das hat vor allem auch TAMIYA in eingehenden Untersuchungen an *Aspergillus oryzae* gezeigt. Der Wachstumsprozeß läßt sich hier, wenn Glukose als Ausgangsmaterial geboten wird, etwa durch folgende Gleichung darstellen, in der man die eben gegebene Formulierung sofort wiedererkennt:

$$131\,C_6H_{12}O_6 + 56\,NH_3 = 8\,C_{86}H_{160}O_{45}N_7 + 98\,CO_2 + 23\,H_2O$$

Glukose	Pilzkörper
1,467 g	1 g
5,52 Cal	4,8 Cal

Bei der Aufstellung dieser groben Gleichung werden einige Fehler in Kauf genommen, so vor allem durch die Vernachlässigung des mit der NH_3-Bindung verknüpften Energiewechsels; jedoch ist der Fehler sicher nicht groß; die bei der NH_3-Bindung erforderliche Energie wird zum Teil ausgeglichen, weil die aus der NH_3-Verbindung freiwerdende Säure in einem exothermen Prozeß wieder eine andere Bindung eingeht und dadurch Energie freigesetzt wird, die jener erforderlichen ungefähr entsprechen dürfte.

Die Gleichung zeigt den exothermen Charakter des Wachstums so klar, daß der gemäß dem genannten Prinzip von THOMSEN-BERTHELOT nur kleine Fehler bei der Vernachlässigung des Unterschiedes von arbeitsfähiger und gesamter Energie nicht bedenklich ist.

Zwar stoßen alle Berechnungen dieser Art wegen der schwierigen Trennung von Aufbau- und Erhaltungsstoffwechsel usw. auf Zweifel, und man mag auch Bedenken dagegen haben, ob wirklich, wie TAMIYA berechnet, 1,5 g Glukose als Aufbaumaterial für 1 g Pilzkörper zu betrachten sind. Wenn man einfach nach den Energieverhältnissen bei der Umwandlung von 1 g Glukose zu 1 g Pilzkörper fragt (und dabei nur an die Trockensubstanz der Zellen denkt), so würde man natürlich zum Ergebnis kommen, daß dieser Vorgang endotherm ist; das wäre ohnehin zu erwarten gewesen, weil ja die wichtigsten Trockensubstanzen der Zelle (Polysaccharide, Fette, Eiweiße) kalorienreicher sind als Glukose (vgl. KANDLER). Aber das Wachstum besteht eben nicht einfach in einer solchen Umwandlung; und besonders anschaulich ist auch, daß nach TAMIYAS Berechnungen 1 g Äthylalkohol 1 g Pilzkörper bilden kann, und dabei ein Energieverlust von 7,0 auf 4,8 Cal stattfindet.

Jedoch darf dieses Resultat nicht darüber hinwegtäuschen, daß einzelne Teile des Wachstumsprozesses sehr wohl endothermer Natur sein können und zweifellos auch sind. Dann bleibt der Gesamtwachstumsprozeß energetisch immer noch ohne Energielieferung durch andere Prozesse verständlich, weil die für solche Teilreaktionen notwendige Energie von den anderen, exothermen Teilreaktionen des Wachstumsprozesses geliefert werden kann. Man braucht sich eine solche energetische Verknüpfung nicht etwa so vorzustellen, daß zwei selbständige Teilprozesse, ein exothermer und ein endothermer, gleichzeitig verlaufen und sie nur durch die Energieübertragung vom einen zum anderen zusammenhängen. Eine solche Vorstellung würde auf Schwierigkeiten stoßen. Die synthetischen Leistungen sind aber sehr wohl begreiflich zu machen, wenn wir von der begründeten Annahme ausgehen, daß die energiereichen Stoffe aus den energiearmen nur bei Prozessen entstehen, in denen zugleich (also im selben Prozeß) energiearme aus energiereichen hervorgehen. Also nur ohne genaue Kenntnis des Gesamtgeschehens im Organismus sieht es so aus, als finde eine Energieübertragung zwischen stofflich getrennten Reaktionen statt. Das heißt, selbst dann, wenn etwa beim Wachstum aus einem energiearmen Stoff ein energiereicherer entsteht, brauchen wir noch nicht anzunehmen, diese Umwandlung geschehe in einem endothermen, für sich isoliert bestehenden Teilprozeß des Wachstums. Wie dem aber auch sei: Für die Annahme, der Gesamtwachstumsprozeß erfordere eine Energiezufuhr, besteht kein *unmittelbar* aus den Hauptsätzen der Thermodynamik ableitbarer Grund.

3. Wachstum und Atmung.

Gründe des Energiebedarfs. Wenn trotz des exothermen Charakters des Gesamtwachstumsprozesses für dessen Ermöglichung eine Energiezufuhr unerläßlich ist, so können wir das nur durch die Annahme verstehen, daß die Atmungsenergie (im ganzen betrachtet) nicht im Organismus gespeichert wird, sie vielmehr die Bedingungen schafft und erhält, die jenen exothermen Prozeß ermöglichen. Je komplizierter eine Leistung ist, um so mehr wird für ihre Durchführung auch eine komplizierte und labile Struktur erforderlich sein. Es ist eine besondere Verteilung und Beschaffenheit der Plasmateilchen, ein leichtes Ansprechen aufeinander, d. h. eine hohe Labilität erforderlich. Wir sahen ja schon früher, daß hohe Funktionsbereitschaft und Aktivität eine hohe Labilität voraussetzen, und demgemäß auch eine intensive Erhaltungsatmung notwendig machen. Die lediglich zur Erhaltung dienende Atmungsenergie aber wird schließlich restlos als Wärme nach außen abgegeben; sie führt ja nicht zu einer Energieanreicherung des betreffenden Systems.

Auch der nichtwachsende Organismus verbraucht natürlich Energie zur Erhaltung; je intensivere Wachstumsleistungen er zu vollziehen hat, um so höher muß auch seine Labilität und demgemäß der Energieaufwand zur Erhaltung der labilen Strukturen sein.

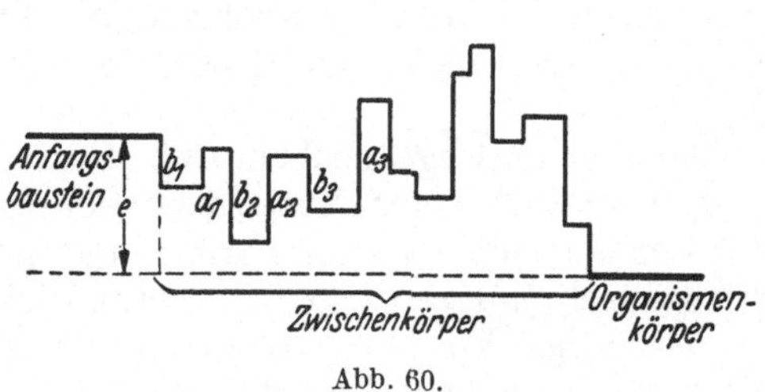

Abb. 60.

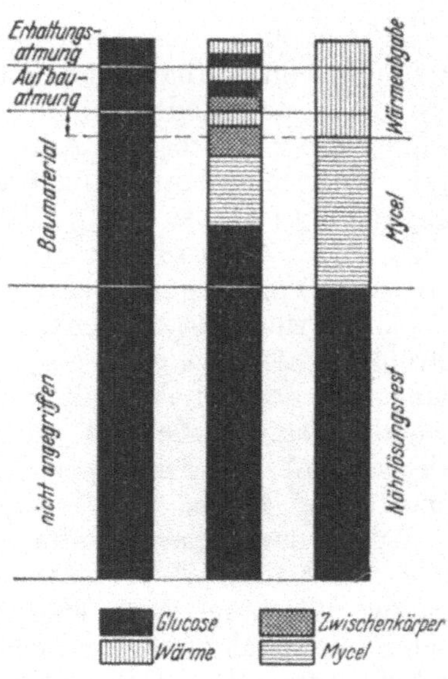

Abb. 61.

Abb. 60. Schema der Energieniveauänderungen beim Wachstumsvorgang eines Pilzes. Der Wachstumsprozeß verläuft im gesamten gesehen exotherm. Das heißt, das Energiegefälle sinkt bei der Umwandlung der Bausteine in den fertigen Organismenkörper um den Betrag *e*. Trotzdem ist für den Wachstumsprozeß ein Energieaufwand erforderlich, und zwar unter anderem für intermediäre Erhöhungen des Energieniveaus (Aktivierungen); es sind also für die Teilprozesse Energiezufuhren $a_1 \ldots$ notwendig; die Aktivierungsenergien werden aber als Wärme wieder abgegeben ($b_1 \ldots$). Vgl. auch Abb. 61. (Nach TAMIYA.)

Abb. 61. Schematische Darstellung der Energietransformationen beim Wachstumsvorgang, erläutert am Wachstum eines Pilzmycels in einer Glukosenährlösung. Die Säulen stellen Energien dar, und zwar vor Beginn des Wachstums, in einem Zwischenstadium und im Endstadium. Links ist gezeigt, wie man sich die Nährlösung aufgeteilt denken kann in je einen Betrag für die Erhaltungsatmung, die Aufbauatmung für den Aufbau des Mycels selber und in einen Betrag, der während der Versuchsdauer nicht angegriffen wird. Letzterer ist mitgezeichnet, um diese Abbildung als Spezialisierung von Abb. 1 erkennen zu lassen. Bei dem in der mittleren Säule dargestellten Stadium ist ein Teil der für die Erhaltungs- und Aufbauatmung dienenden Energie nach beendeter Arbeitsleistung bereits in Wärme umgewandelt, also abgegeben worden. Von der Energie für die Aufbauatmung ist außerdem ein Teil als Aktivierungsenergie in die Zwischenkörper des Aufbaus eingegangen. Von der Energie des Baumaterials ist auch nur noch ein Teil an Glukose gebunden, ein anderer Teil ist bereits in fertiges Mycel eingegangen, ein weiterer an die genannten Zwischenkörper gebunden, ein vierter in Wärme transformiert. Diese Vorgänge gehen weiter bis zur Erreichung des rechts dargestellten Stadiums. Man sieht, daß nicht nur die Energie des Atmungsmaterials, sondern auch ein Teil der Energie des Baumaterials in Wärme transformiert wird. Der Doppelpfeil entspricht dem der Abb. 60.

Schon viele der hochmolekularen Verbindungen der Zelle (Eiweiße, Nukleinsäuren) bleiben nur bei ständiger Energiezufuhr stabil. Bei fehlender Dissimilation (Atmung oder Gärung) zeigt sich daher ein Zerfall solcher Substanzen. Mindestens ebensosehr besteht diese Labilität bei den submikroskopischen protoplasmatischen Strukturen.

Für diese Energielieferung kommen vor allem die beiden bekanntesten Dissimilationsvorgänge in Betracht (vgl. LETTRÉ):

$$C_6H_{12}O_6 + 6\,O_2 = 6\,CO_2 + 6\,H_2O + 672000 \text{ cal}$$
$$C_6H_{12}O_6 = 2\,C_3H_6O_3 + 24000 \text{ cal.}$$

Die freiwerdende Energie findet sich in energiereichen Phosphatverbindungen wieder, die dadurch bei allen Wachstumsvorgängen namentlich als Adenosintriphosphat überaus wichtig werden. Verläuft die Dissimilation nach der erstgenannten Gleichung, so werden 10—12 dieser Adenosintriphosphatmoleküle gebildet, im zweitgenannten Teil nur zwei.

Für den Chemismus des Wachstums ist aus zwei Gründen eine intensive Atmung notwendig. Erstens, weil das Wachstum an ein labiles System gebunden ist und diese Labilität (wie auch für andere Arbeitsleistungen) erhalten werden muß; zweitens aber noch, weil die Aufbaureaktionen selber trotz ihres exothermen Charakters an vorübergehende Aktivierungen von Zwischenkörpern (also vorübergehende Energiehübe) gebunden sind (Abb. 60 und 61). Sehr häufig bedürfen Stoffe erst der Zufuhr einer Aktivierungsenergie, bevor sie chemische Reaktionen eingehen.

Zu den chemischen Arbeitsleistungen kommen dann noch physikalische hinzu, so etwa für die Wasseraufnahme und für die Dehnungsarbeit beim Streckungswachstum. Mengenmäßig spielen solche Arbeitsleistungen aber keine große Rolle.

Beeinflussungen der Energieausnutzung. Daß der Wachstumsprozeß an viel labilere Bedingungen geknüpft ist als etwa ein einfacher Abbauvorgang wie die Atmung, geht auch aus der leichten Beeinflußbarkeit der Ausnutzung der Atmungsenergie für den Wachstumsprozeß hervor. Bestimmte äußere Einflüsse können sehr wohl die Atmung unverändert oder wenig verändert bestehen lassen, aber ihre Ausnutzung für das Wachstum mehr oder weniger verhindern; so wirken z. B. bei *Aspergillus niger* Phenylurethan, Kohlenoxyd und Natriumfluorid. Auch durch Schaffung einer für das Wachstum ungünstigen Wasserstoffionenkonzentration kann man erreichen, daß das Wachstum bei unveränderter Atmung stark reduziert wird; das konnte bei *Avena*-Koleoptilen durch Übertragung in neutrale Lösung erzielt werden. Die Atmung war bei $p_H = 7{,}2$ ebenso intensiv wie bei $p_H = 4{,}1$, die Zuwachsgeschwindigkeit aber auf 30% gesunken.

Auch die Temperatur beeinflußt sehr den Grad der Energieausnutzung für das Wachstum. Obwohl Wachstum und Atmung mit zunehmender Temperatur zunächst dauernd weiter steigen (solange nicht schädigende Temperaturen bestehen), erreicht doch der Quotient Wachstumsgröße/Atmungsgröße bald ein Maximum; dieses liegt für *Aspergillus niger* bei 25^0, bei höheren und niedrigeren Temperaturen wird die Energie also weniger gut verwertet. Für Bakterien liegen entsprechende Angaben vor; bei einer optimalen mittleren Temperatur ist ein Minimum von Zucker erforderlich, um eine Zellverdoppelung zu erreichen. Für eine höhere Pflanze zeigt Abb. 62, daß die Atmungsenergie bei hoher Temperatur nicht mehr für das Wachstum verwertbar ist.

Spezifische Natur der Wachstumsatmung. In neuerer Zeit konnten Einblicke in die Natur der für das Wachstum wichtigen Atmungsvorgänge gewonnen werden. Für Streckung und Teilung ist die Existenz besonderer Atmungssysteme nachgewiesen worden. Damit wurde zugleich erneut gezeigt, daß es unrichtig ist, anzunehmen, in der Zelle bestünde nur eine einheitliche Grundatmung und die bei dieser frei werdende Energie werde dann auf die verschiedenen Prozesse aufgeteilt. Vielmehr verfügt jeder Vorgang, oder zum mindesten einige der Zellvorgänge, über ein eigenes Atmungssystem.

An befruchteten *Arbacia*-Eiern zeigten KRAHL und Mitarbeiter, daß die mit der lebhaften Teilung verbundene Atmung an ein eisenhaltiges System geknüpft ist, das weniger als 30% der Gesamtatmung ausmacht. Als Substrat sollen dabei häufig nicht Kohlenhydrate, sondern Eiweiße und vielleicht auch Fette dienen. Man darf wohl annehmen, daß es sich hierbei nicht so sehr um einen Atmungsbedarf für die Teilung, sondern für das plasmatische Wachstum der tierischen Zelle handelt; denn nach ANDRESEN, HOLTER und ZEUTHEN zeigen die sich entwickelnden tierischen Eier den Atmungsanstieg auch dann, wenn sich Syncytien bilden, also die Aufteilung in einzelne Zellen unterbleibt.

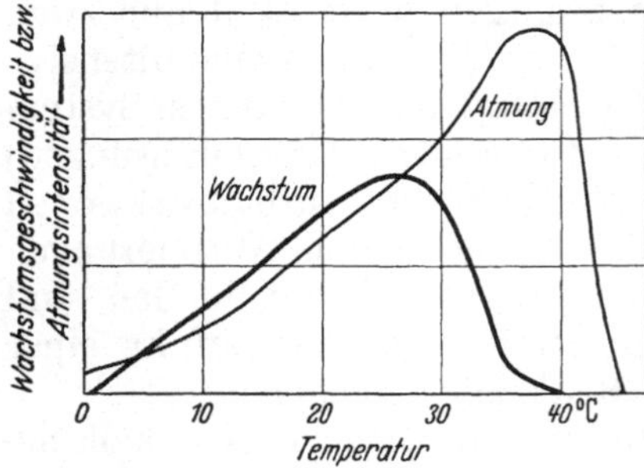

Abb. 62. *Phasolus multiflorus.* Abhängigkeit des Wachstums (der Streckung) und der Atmung (CO_2-Abgabe) von der Temperatur. Die Pflanze wurde vor dem Versuch bei 20° gehalten; dann erfolgte 2 Std lang bei den in den Abszissen angegebenen Temperaturen die Messung der Streckungsgeschwindigkeit und der Atmung. Bei hoher Temperatur kann die Atmungsenergie also nur noch wenig oder gar nicht mehr zum Wachstum verwertet werden.

Das Streckungswachstum der *Avena*-koleoptile ist nach COMMONER und THIMANN an ein C_4-Säureatmungssystem geknüpft, das 10% der Gesamtatmung ausmacht und dessen Ausschaltung durch Blockierung der an ihm beteiligten Dehydrogenasen mit Monojodessigsäure das Wachstum völlig unterdrückt. Ebenso wie bei der tierischen Zelle scheinen auch beim pflanzlichen Wachstum Enzyme mit Sulfhydrilnatur entscheidend beteiligt zu sein (THIMANN). Damit ist aber nur eine Komponente des Wachstumsprozesses erfaßt. Die Untersuchungen über das Eingreifen der Auxine in die wachstumswichtige Atmungskomponente haben ein weiteres Eindringen in die Natur anderer Komponenten und damit in die Aufdeckung der für das Streckungswachstum wichtigen Enzymsysteme ermöglicht. Es zeigte sich nämlich, daß Arsenat die Atmungsförderung durch Auxin verhindert. Da Arsenat als Hemmer des Phosphatstoffwechsels bekannt ist, darf auf eine Koppelung zwischen Phosphatstoffwechsel und Wachstum geschlossen werden, zumal sich jene Vergiftung durch Phosphatzusatz kompensieren läßt (BONNER). Bei der Besprechung der Wuchsstoffwirkungen werden wir auf diese Vorgänge noch zurückkommen.

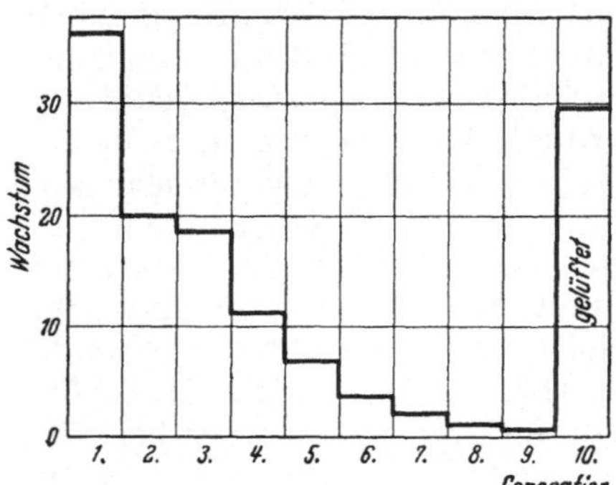

Abb. 63. *Saccharomyces cerevisiae.* Eine besonders sauerstoffbedürftige obergärige Bierhefe wurde mehrere Generationen hindurch anaerob kultiviert; schließlich wurde gelüftet. Das auf der Ordinate angegebene Wachstum wird unter anaeroben Bedingungen immer schwächer, erreicht aber nach der Lüftung wieder einen hohen Wert. (Nach Versuchen von WINDISCH.)

Auch Beobachtungen von BRANDT an der Hefe sprechen für die Notwendigkeit eines besonderen Atmungssystems beim Wachstum. In der Hefe findet sich Trehalose als Reservekohlenhydrat. Bei der normalen Atmung wird es nicht verbraucht, wohl aber, wenn Wachstums- und Syntheseleistungen notwendig werden. Die dann eintretende zusätzliche Atmung erfolgt auf Kosten der Trehalose. Die (etwa infolge Stickstoffmangels) nicht wachsende Hefezelle zeigt keine Abnahme ihres Trehalosegehalts, in wachsenden Hefezellen hingegen nahm die Trehalose rasch von 2 auf 0,5% ab.

Da das Wachstum an ein spezifisches Atmungssystem gebunden ist, ist es nicht erstaunlich, daß das Wachstum mit Hilfe der bei Gärungsprozessen gelieferten Energie im allgemeinen nicht durchführbar ist. Das gilt ganz besonders für höhere Pflanzen, die bei sehr geringen Sauerstoffmengen höchstens noch kurze Zeit wachsen (zum Teil kann man dafür allerdings auch Schädigungen durch Gärprodukte verantwortlich machen).

Aber selbst Pilze sind für ihr Wachstum durchweg auf die Sauerstoffatmung angewiesen, so z. B. nach TAMIYA der genannte *Aspergillus oryzae*. Sogar bei einem so typischen Gärungsorganismus wie der Hefe ist der Sauerstoff für die Vermehrung zum mindesten sehr günstig (Abb. 63). Die Notwendigkeit des Sauerstoffs beruht bei der Hefe auch nicht etwa nur darauf, daß mit seiner Hilfe Wachstumshormone gebildet werden müssen; denn für die Vermehrungstätigkeit scheint die Höhe der Atmung selber ausschlaggebend zu sein. Allerdings fällt es auf, daß gelegentlich schon überaus geringe Sauerstoffmengen (0,000001 Atm. Sauerstoffdruck) die Vermehrung beschleunigen können. Damit wird natürlich nicht ausgeschlossen, daß für Teilprozesse des Wachstums, etwa bei bestimmten Synthesen, Gärungsvorgänge (als Stofflieferanten) geradezu notwendig sind (vgl. S. 68).

Erwähnt sei noch, daß Pilze, die die verschiedensten Stoffe für ihre Atmung verwenden können, doch nur einen Teil dieser Stoffe auch für das Wachstum zu verwerten vermögen. *Aspergillus oryzae* konnte von 123 geprüften C-Verbindungen 51 zur Atmung verwerten, davon aber 8 nur zur Atmung, nicht zum Wachstum. (Unter den geprüften Stoffen waren Kohlenhydrate, Alkohole, Karbonsäuren, Aldehyde, Phenole, Ketone u. a.) Es ist selbstverständlich, daß auch der Grad der Ausnutzbarkeit für die einzelnen Stoffe verschieden ist. In der untenstehenden Tabelle sind einige der Stoffe mit ihrer energetischen Ausnutzung zusammengestellt; dabei wurden in diesem Fall die Verbrennungswärmen der gesamten während des Aufbaues verbrauchten Stoffe (also ohne Rücksicht auf den Unterschied von Baumaterial und Betriebsmaterial) mit den Verbrennungswärmen des fertigen Pilzkörpers verglichen.

Aspergillus oryzae, Ausnutzung verschiedener C-Quellen nach TAMIYA.

C-Quelle	Verbrennungswärme des fertigen Pilzkörpers in % der Verbrennungswärme des verbrauchten C-Materials
Glukose	48
Saccharose. . . .	48
Dioxyaceton . . .	43
Glyzerin.	37
Äthylalkohol . . .	28

Ebenso kann sich dieser Grad der Ausnutzung (den man mit Recht als die Rohausbeute bezeichnet, weil ja nicht die Verbrennungswärme des Pilzkörpers nur mit der Verbrennungswärme des wirklich allein beim Wachstumsprozeß verbrauchten Materials verglichen wird) auch ändern, wenn die Ernährung in anderer Weise als durch die C-Quelle geändert wird. Bei *Aspergillus niger* beträgt die Rohausbeute der Energie, wenn Glukose und (als N-Quelle) $(NH_4)_2SO_4$ geboten werden, 0,56—0,59; sie ändert sich wenig, wenn andere Zucker oder organische Säuren gegeben werden. Dagegen sinkt sie, d. h. der Wachstumsprozeß wird erschwert, wenn als Stickstoffquelle KNO_3 dient oder als C- und N-Quelle Aminosäuren bzw. Pepton, auf 0,34—0,40.

Wir haben hier vorwiegend über Versuche an Pilzen gesprochen, jedoch nur, weil mit ihnen sorgfältige Versuche leichter durchführbar sind; grundsätzlich werden die Verhältnisse bei den höheren Pflanzen nicht anders liegen.

Literatur.

ANDRESEN, HOLTER and ZEUTHEN: C. r. Labor. Carlsberg, Sér. Chim. **25** (1944).

BALL: Symposia Soc. Exper. Biol. **2** (1948). — BONNER: Amer. J. Bot. **36** (1949). — Plant Physiol. **25** (1950). — BOTTELIER, HOLTER and LINDERSTRÖM-LANG: C. r. Labor.

Carlsberg, Sér. Chim. **24** (1943). — BRANDT: Biochem. Z. **309** (1941). — BURSTRÖM: Physiol. Plantarum **4** (1951).
COMMONER and THIMANN: J. Gen. Physiol. **24** (1941).
DRAWERT: Planta (Berl.) **26** (1937).
FREY-WYSSLING u. BLANK: Ber. schweiz. bot. Ges. B **50** (1940).
KANDLER: Z. Naturforsch. 8b (1953). — KOPP: Ber. schweiz. bot. Ges. **58** (1948). — KRAHL u. Mitarb.: J. Gen. Physiol. **25** (1942).
LETTRÉ: Naturwiss. **38** (1951). — LUNDEGÅRDH: Ann. Agric. Coll. Sweden **10** (1942).
RAMSHORN: Planta (Berl.) **22** (1934).
TAMIYA: Acta phytochim. (Tokyo) **11** (1939). — THIMANN: Biol. Bull. **96** (1949).
WANNER u. LEUPOLD: Ber. schweiz. bot. Ges. **57** (1947).

II. Der Wachstumsverlauf.

1. Wachstumsmessung.

Für den Erfolg wachstumsphysiologischer Untersuchungen spielt die Verbesserung der Methoden eine erhebliche Rolle. Das Hauptproblem

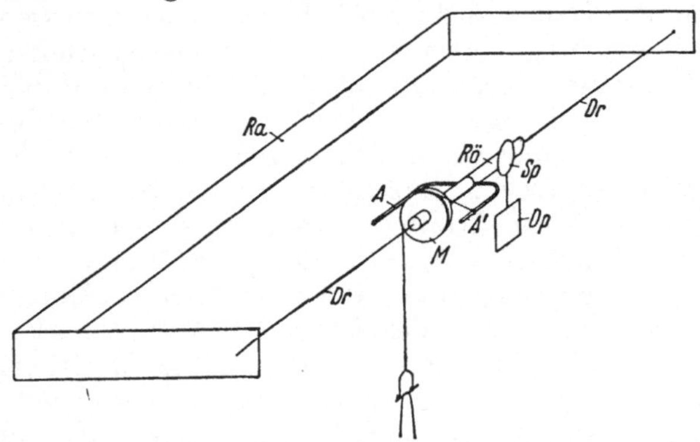

Abb. 64. Torsionsauxanometer nach UBISCH und ZACHMANN. *Ra* Metallrahmen; *Dr* dünner Metalldraht (z. B. 0,1 mm dick, 15 cm lang). Die Spannvorrichtung für die Tordierung dieses Drahtes ist nicht mit eingezeichnet; *Rö* Röhrchen mit *M* Messingstück; *Sp* Spiegel; *Dp* Glimmerdämpfungsflügel; *A*, *A'* Drähte.

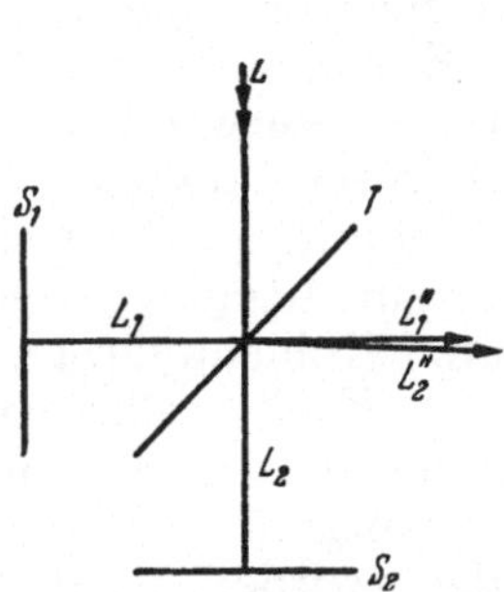

Abb. 65. Schema zur Erläuterung der interferometrischen Wachstumsmessung. Erklärung im Text. (Nach MEISSNER.)

liegt wie bei vielen physiologischen Untersuchungen darin, große Genauigkeit mit möglichst geringer Beeinflussung des Objekts durch den Meßvorgang zu erreichen.

Messung des Längenwachstums. Die älteren, in den Lehrbüchern gern genannten und in Vorlesungen oft demonstrierten größeren Apparate wie der Zeiger am Bogen oder die größeren Hebel- und Rollenauxanometer sind für die Forschung kaum noch wichtig; sie beruhen auf Hebelübertragungen, wobei der Hebel bzw. die ihn ersetzende Rolle nur mit relativ großer Reibung bewegt werden; zur Überwindung dieser Reibung muß oft ein ziemlich starker Zug ausgeübt werden, der sich auch störend auf die Pflanze überträgt.

Will man die Hebelauxanometer verfeinern, so daß sie mit starken Vergrößerungen arbeiten und doch keinen erheblichen Zug auf die Pflanze ausüben, so macht sich notwendig eine Störung durch Reibung im Hebellager bemerkbar, die zu stoßweisen Bewegungen des registrierenden Zeigers führt und ein pulsierendes Wachstum vortäuschen kann, wo ein kontinuierliches vorliegt.

Für Forschungszwecke vorteilhafter sind oft Methoden, die das Objekt nicht mechanisch, sondern optisch beeinflussen. Dabei kann vor allem die einfache Beobachtung mit dem Horizontalmikroskop genannt werden, sowie die kompliziertere, aber wertvollere kinematographische Registrierung. Das in beiden Fällen notwendige Licht stört nicht, wenn es für den betreffenden Versuchszweck ohnehin auf die Pflanze einwirken soll. Aber auch, wenn das Dunkelwachstum untersucht wird, kann man sich durch Anwendung schwachen Lichts, kurzdauernder Lichtblitze und durch Ausschaltung der physiologisch wirksamsten Spektralbereiche gut helfen.

Von den außer diesen optischen Methoden gegenwärtig benutzten Verfahren zur Wachstumsmessung seien hier einige näher beschrieben, um zu zeigen, welchen Grad der Meßgenauigkeit man erreichen kann. Beispielsweise wurde ein Torsionsauxanometer konstruiert, das nicht, wie die älteren Hebelauxanometer, eine Lagerung (Zapfen, Spitze oder Schneide) hat, die keine einwandfreie Übertragung minimaler Wachstumsgrößen auf die registrierenden Apparate gestattet (Abb. 64). Vielmehr wird ein vor Versuchsbeginn tordierter Draht benutzt. Auf diesem Draht befindet sich eine Rolle, über die ein feiner Platindraht läuft, der die Verbindung mit der Pflanze herstellt. Ferner ist mit dem tordierten Draht ein Spiegel verbunden, der die Torsionsänderung durch Änderung der Reflexionsrichtung eines Lichtstrahls anzeigt. Der vom Spiegel reflektierte Lichtstrahl fällt auf eine Registriertrommel und kann dort die Torsionsänderung auf lichtempfindlichem Papier aufzeichnen.

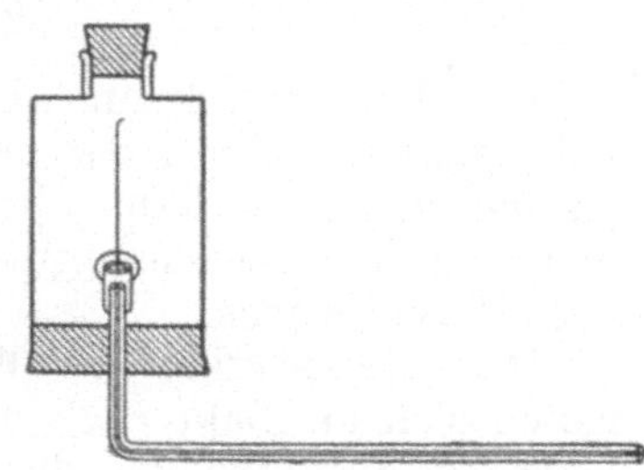

Abb. 66. Mikropotometer zur Wachstumsmessung. Auf dem rechtwinklig gebogenen Kapillarrohr befindet sich ein kurzer, oben durch Fett abgedichteter zylindrischer Wasserbehälter, in den das Versuchsobjekt eingesenkt ist. Das größere Gefäß dient zur Herstellung eines wasserdampfgesättigten Raumes. (Nach ZELTNER).

Noch feinere Messungen werden durch das Interferometer ermöglicht (Abb. 65). Ein Lichtstrahl L wird durch eine halbversilberte Platte T in zwei Teile zerlegt, von denen einer (L_2) die Platte durchdringt und auf den von der Pflanze gehobenen (bzw. diese schwach ziehenden) Spiegel (S_2) fällt, der zweite Teil (L_1) aber von der genannten halbversilberten Platte zu einem feststehenden Spiegel (S_1) reflektiert wird. Von beiden Spiegeln werden die Lichtstrahlen wieder reflektiert und sind dann zum Teil (soweit L_1 nicht an der halbversilberten Platte reflektiert, L_2 nicht hindurchgelassen wird) interferenzfähig (L_1'' und L_2''). Die Geschwindigkeit, mit der die Interferenzen aufeinanderfolgen, gibt ein Maß für die Wachstumsgeschwindigkeit. So kann naturgemäß die zur Verlängerung der Pflanze um eine Wellenlänge des benutzten Lichtes, also um etwa 0,5 μ erforderliche Zeit, leicht bestimmt werden.

Ganz anders arbeitet die vielfach recht brauchbare mikropotometrische Methode: Man bestimmt die Geschwindigkeit der Wasseraufnahme durch die Pflanze (Abb. 66).

Auch dabei bestehen natürlich Fehlerquellen, die uns zwingen, diese Methode nur für spezielle Zwecke anzuwenden. Beispielsweise wird ein übernormal hoher Turgor, eine unnatürliche Wassersättigung der Zellen geschaffen. Außerdem ist es erfahrungsgemäß schwierig, einen Raum so vollständig mit Wasser zu sättigen, daß eine Transpiration ganz ausgeschlossen ist. Endlich ist die Geschwindigkeit der Wasseraufnahme kein unbedingt zuverlässiges Kriterium der Wachstumsgeschwindigkeit.

Messung des Substanzzuwachses. Die bisher genannten Methoden beziehen sich alle auf die Messung des Streckungswachstums, das ja mit der Vermehrung der Trockensubstanz nicht notwendig parallel geht. Zur Messung des Substanzzuwachses dienen hauptsächlich gravimetrische Methoden, die Bestimmung des Frischgewichtes oder, besser und theoretisch einwandfreier, des Trockengewichtes. Wenn die Zellteilung der Substanzvermehrung parallel geht, kann man auch die Teilungsgeschwindigkeit als Maß der Wachstumsgeschwindigkeit benutzen; oder auch, wieder unter der Voraussetzung einer entsprechenden Parallelität, die Zunahme der Stoffwechselintensität. So mißt man oft das Wachstum von Bakterienkulturen durch Bestimmung des Verlaufs der Atmung oder Gärung.

Daß diese Verfahren nicht ganz einwandfrei sind, ergibt sich aus unseren Betrachtungen über die Energetik des Wachstums; wir wissen z. B., daß alte Zellen zur Ermöglichung eines bestimmten Zuwachses stärker atmen müssen als junge. Aber für viele Zwecke sind diese einfachen Methoden durchaus nützlich, und man kann sie gelegentlich sogar durch noch einfachere (aber auch mehr Fehlerquellen einschließende) ersetzen, etwa durch die Messung des Anhäufens von Stoffwechselprodukten, oder sogar schon durch die Messung der p_H-Änderung in der Kulturlösung.

2. Wachstumsverlauf.

Das Wachstum kann, wie erwähnt, eine lediglich unter Wasseraufnahme vollzogene Streckung sein und sogar mit einem Verlust an Trockensubstanz parallel gehen; es kann aber im anderen Extrem auch lediglich eine Vermehrung der Trockensubstanz ohne Volumenvergrößerung darstellen, einen sog. Plasmawuchs.

Wachstumsverlauf bei Mikroorganismen. Die Gesetze des Wachstums lassen sich an Bakterien- und Pilzkulturen recht gut studieren, weil hier viele der Faktoren, die das Bild bei höheren Pflanzen komplizieren, fortfallen. Bei solchen Kulturen von Mikroorganismen pflegt man sechs Phasen zu unterscheiden: Erstens eine Phase des verzögerten Wachstumsbeginns, die mehrere Stunden dauern kann, dann eine Phase zunehmender Wachstumsgeschwindigkeit, drittens die Phase konstanter und viertens die abnehmender Wachstumsgeschwindigkeit; in der fünften Phase fehlt das Wachstum und schließlich kann es in der letzten negativ werden, d. h. es erfolgt wieder eine Gewichtsabnahme.

Während der ersten Phase laufen oftmals Vorgänge ab, die eine allmähliche Anpassung an das gebotene Substrat darstellen, z. B. können hier die sog. adaptiven Enzyme gebildet werden, also Enzyme, die ursprünglich nicht in der Zelle waren, sondern erst unter dem Einfluß des betreffenden Substrats entstehen. Erst wenn diese und andere Einstellungen auf das Substrat vollzogen sind, beginnt ein merkliches Wachstum, dessen Geschwindigkeit dann infolge der exponentiellen Vermehrung der Zellen ansteigt. Schließlich machen sich Nahrungsmangel und die Anhäufung schädlicher Stoffwechselprodukte bemerkbar, auch die Sauerstoffversorgung wird schwieriger, die Azidität kann sich durch den Stoffwechsel ungünstig ändern usw. Nach der so bedingten Reduktion der Wachstumsgeschwindigkeit kann schließlich die Veratmung der körpereigenen Substanz, also der genannte Substanzverlust beginnen.

Große Periode beim Längenzuwachs. Der Verlauf der Längen- und Volumenzunahme ist uns durch Messungen bekannt, die schon in den älteren Lehrbüchern eingehend behandelt sind. Aus diesen Darstellungen ist geläufig, daß die Wachstumsgeschwindigkeit nicht konstant ist; ein junges Organ bzw. eine Keimpflanze, auch eine Bakterien- oder Pilzkultur (Abb. 67) wächst zunächst langsam, dann steigt die Wachstumsgeschwindigkeit zu einem Maximum und wird wieder geringer (SACHS' „große Periode des Wachstums"). Diese große Periode ist im Prinzip so erklärbar, daß mit zunehmendem Wachstum die Größe der wachsenden Region zunimmt, die Zahl der wachsenden Zellen vermehrt sich; außerdem bilden sich allmählich die Organe der Assimilation und der Stoffaufnahme aus, so daß die Pflanze in immer günstigere Wachstumsbedingungen kommt, zumal mit dem zunehmenden Stoffwechsel und auch mit dem zunehmenden Wachstum selber immer mehr der für das Wachstum wichtigen Hormone geliefert werden. Hinsichtlich aller dieser Bedingungen stellt sich schließlich ein Optimum ein. Die dann erreichte Wachstumsgeschwindigkeit bleibt aber nicht bestehen, die Wachstumsbedingungen werden vielmehr wieder ungünstiger, weil sich das Volumen der Pflanze oder das des Organs allmählich an den aus inneren Gründen nicht übersteigbaren Endwert annähert; die Versorgung mit Wasser und Nährstoffen kann schwieriger werden, der Vorrat wachstumswichtiger Nährstoffe oder Biokatalysatoren sich erschöpfen, hemmende Stoffwechselprodukte sich anhäufen usw.

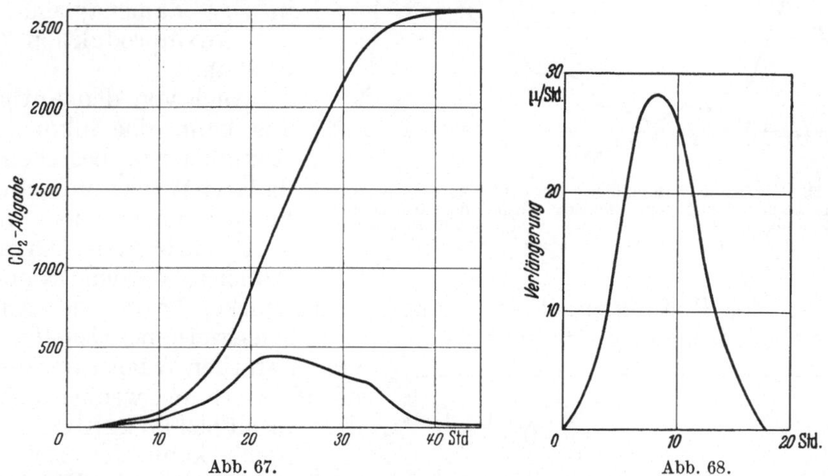

Abb. 67. Abb. 68.

Abb. 67. *Azotobacter chroococcum.* Wachstumsverlauf, gemessen an der CO_2-Produktion. Die obere Kurve zeigt die Gesamtmenge des nach der betreffenden Kulturdauer abgegebenen CO_2 in Gramm, die untere Kurve die in je 3 Std abgegebene CO_2-Menge. (Nach Zahlenangaben von RIPPEL.)

Abb. 68. Große Periode des Wachstums bei Epidermiszellen der Weizenwurzel. (Nach BURSTRÖM, vereinfacht.)

Eine ähnliche große Periode zeigt sich auch beim Wachstum einer Einzelzelle. Betrachten wir etwa eine Zelle, die vom Wurzelvegetationspunkt neu gebildet worden ist, so finden wir, daß sie sich zunächst nur sehr langsam streckt, bis sie durch die weitere Teilungstätigkeit der meristematischen Zellen allmählich in die Streckungszone gerückt ist, also in den Bereich, der einige Millimeter von der Spitze entfernt liegt. Dort nimmt ihre Wachstumsgeschwindigkeit rasch zu, sobald die Zelle aber aus dieser Zone herausrückt, wieder ab (Abb. 68).

Mehrgipflige Zuwachskurven. Die Mannigfaltigkeit der Faktoren, die auf die Wachstumsgeschwindigkeit einwirken, erklärt es, daß auch ein komplizierterer Wachstumsverlauf mit mehreren Gipfeln der Geschwindigkeit möglich ist. So verhalten sich z. B. Blütenstiele, die während der Fruchtbildung, wenn die große Periode bereits abgeschlossen ist, nochmals zu wachsen beginnen können (Abb. 69). Einen analogen Fall stellen die Sporangienträger mancher Pilze, z. B. von *Phycomyces* oder *Pilobolus* dar. Zunächst strecken sich die Träger schnell, dann wird das Wachstum während der Ausbildung der Sporangien unterdrückt, steigt aber nach deren Fertigstellung erneut an (Abb. 70).

Die Anfänge für eine Analyse solcher Fälle liegen bereits vor. So ist bei den Blütenschäften eine enge Beziehung zwischen der Embryosackentwicklung und der Schaftstreckung gefunden worden. Während der Ausbildung der Nucelli bis zur Differenzierung der Embryosackmutterzelle findet im Schaft eine starke Streckung statt. Hören die Teilungen in der Samenanlage dann auf, so ruht auch die Streckung im Schaft; sie beginnt erneut, sobald Reduktionsteilung und Embryosackentwicklung einsetzen; bei deren vollendeter Ausbildung wird die Streckung abermals unterdrückt. Vielleicht besteht hier eine Korrelation zwischen der Teilungstätigkeit in der Samenanlage und der Auxinproduktion (vgl. S. 292).

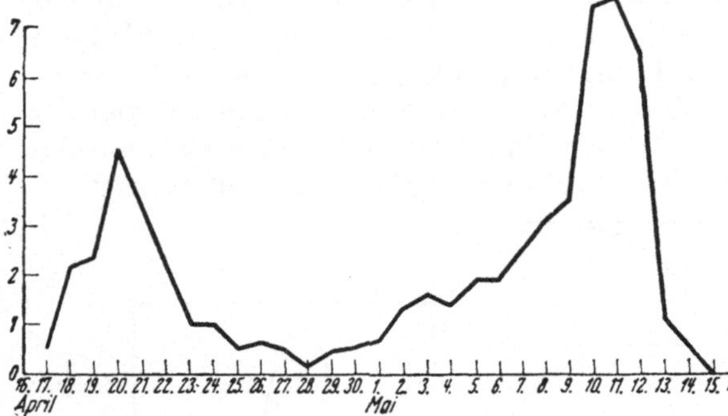

Abb. 69. Wachstum eines Blütenschaftes von *Taraxacum* an 29 aufeinanderfolgenden Tagen. Man sieht 2 Gipfel der Wachstumsgeschwindigkeit. Während des Blühens ruht das Wachstum; bei der Fruchtbildung beginnt es erneut. (Nach MIJAKE.)

Auch von den Antheren aus kann eine inkonstante Auxinlieferung bestehen und dadurch Wachstumsschwankungen in mehr oder weniger weit entfernten Organen induziert werden. Namentlich bei der Reifung des Pollens läßt sich ein starker Anstieg der Auxinproduktion feststellen; dadurch kommt es beispielsweise bei *Oenothera* zu einem starken Wachstumsanstieg des Hypanthiums wenige Tage vor dem Aufblühen (WEINLAND).

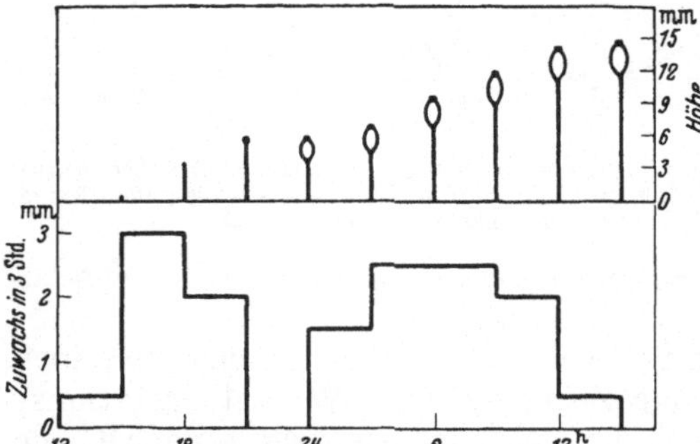

Abb. 70. *Pilobolus Kleinii*. Längenwachstum eines Sporangienträgers. Oben ist die zu den einzelnen Tageszeiten erreichte Höhe der Sporangien dargestellt. Zunächst erfolgt eine schnelle Streckung der Trägerzelle, die mit der Anlage des Sporangiums abschließt; während der dann beginnenden Ausbildung der subsporangialen Blase findet keine Streckung statt, später setzt sie aber wieder ein. Unten ist die Streckungsgeschwindigkeit des Trägers angegeben.

Ähnlich kann der sich entwickelnde Embryo das Wachstum der Frucht regulieren; daher läßt sich in bestimmten Entwicklungsstadien die Fruchtentwicklung durch die Zerstörung des Embryos hemmen (vgl. S. 292ff.).

Absolute Wachstumsgeschwindigkeit. Die absoluten Geschwindigkeiten des Wachstums sind hier für uns nicht besonders interessant. Nur zur ungefähren Orientierung seien wenige Zahlen genannt. Einige Zentimeter lange Keimpflanzen wachsen in 24 Std um einige Millimeter oder wenige Zentimeter in die Länge, unter tropischen Bedingungen nicht selten um mehr als einen Dezimeter. Pollenschläuche und Pilzhyphen einiger Arten können ihre Länge schon in einer Minute verdoppeln oder verdreifachen, dabei wird ein Zuwachs um mehrere Millimeter je Stunde erreicht.

3. Wachstumszonen.

Lage der Wachstumszonen. An dem Wachstum einer Pflanze beteiligen sich in der Regel nicht alle Zonen in gleicher Weise; zumeist sind es nur kleine Abschnitte, die ein intensives Wachstum aufweisen, während andere schwächer oder gar nicht wachsen. Ein Wachstum ohne bevorzugte Zonen finden wir nur bei manchen einzelnen, nicht zu Geweben zusammengeschlossenen Zellen, die dann ihre Form beim Wachstum nicht verändern, so z. B. bei kugeligen Einzellern. Eines der ganz seltenen Beispiele, in denen zylindrische Zellen sich überall gleich stark strecken, bietet die Alge *Hydrodictyon*. Sonst aber pflegen ja bei zylindrischen Algenzellen die Seitenwände erheblich stärker zu wachsen als die Querwände.

Überall, wo die Pflanze oder die Zelle allmählich ihre Form ändert, muß die Streckung natürlich in den einzelnen Teilen einer Zelle oder eines Organs verschieden lebhaft sein. Dabei kann das Wachstum der Einzelzelle z. B. ein Spitzenwachstum (apikales Wachstum) sein; so beobachten wir es bei Pilzhyphen, Wurzelhaaren und Pollenschläuchen. Bei vielen Zellen findet sich aber auch ein interkalares Wachstum: die Zuwachszone liegt unterhalb der Spitze der Zelle; hierher gehören die Sporangienträger der Mucorineen, jedenfalls deren spätere Entwicklungsstadien. Man darf hier aber überhaupt alle Zellen nennen, die kompliziertere Formen ausbilden und kann dann aus der Art der Formen direkt auf die Lage der wachsenden und nicht (bzw. weniger intensiv) wachsenden Zonen schließen.

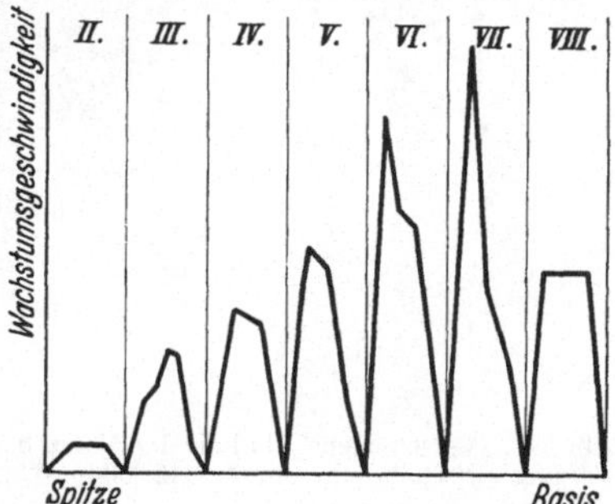

Abb. 71. Wachstum eines Sprosses von *Polygonum sacchalinense*; die Internodien, mit II—VIII angedeutet, sind alle auf gleiche Länge umgerechnet; VIII ist das jüngste Internodium. Die Ordinaten geben das Wachstum der einzelnen Zonen in jedem Internodium an. An den Knoten erfolgt kein Wachstum. (Nach BURKOM.)

Auch bei zylindrischen Zellen im Gewebe höherer Pflanzen wachsen die Längswände durchaus nicht in allen ihren Teilen gleich stark. Die Fasern von *Linum* zeigen ausgesprochenes Spitzenwachstum (SCHOCH-BODMER), und bei vielen anderen Pflanzenzellen wurde ebenfalls eine unterschiedliche Wachstumsgeschwindigkeit der einzelnen Wandteile gefunden; vielleicht ist dieses Verhalten, das z. B. auch die Zellen der *Spirogyra*-Fäden sowie die der *Avena*-Koleoptile zeigen, sogar die Regel (FREY-WYSSLING).

Ebenso wie bei der einzelnen Zelle lassen sich auch an der ganzen Pflanze apikales, interkalares und vor allem noch basales Wachstum unterscheiden. Die Wurzel hat ihre Streckungszone gewöhnlich wenige Millimeter von der Spitze entfernt, meist ist die Zuwachszone selber hier auch nur wenige Millimeter hoch. Bei Sprossen ist die Streckungszone erheblich länger als bei Wurzeln; sie beträgt oft mehrere Zentimeter und liegt einige Millimeter oder Zentimeter von der Spitze entfernt. Bei gegliederten Sprossen kann jedes einzelne Internodium eine ausgeprägte Zone interkalaren Wachstums aufweisen (Abb. 71). Bei Blättern findet sich vorwiegend basales Wachstum, oder richtiger ein anfängliches Spitzenwachstum, das sehr früh in ein interkalares, nur nahezu basales Wachstum übergeht.

Bei Blattstielen ist der Gesamtzuwachs nach Untersuchungen von TITZ ungefähr konstant. Jedoch gilt das nur, wenn man das Wachstum für einen längeren Zeitabschnitt betrachtet. In einem bestimmten Augenblick kann das Wachstum in einer Zone sehr lebhaft, in der angrenzenden schwach sein oder ganz fehlen. In jeder Zone besteht also eine Wachstumsrhythmik und die Maxima werden nicht in allen Zonen zugleich erreicht.

Beziehung zum Kernort und zu Plasmaansammlungen. Es ist nicht leicht, völlig ausreichende Erklärungen für die Beschränkung des Wachstums auf bestimmte Zonen zu geben. Für die Einzelzelle hat man gelegentlich darauf hingewiesen, daß sich die Kerne in der Nähe der wachsenden

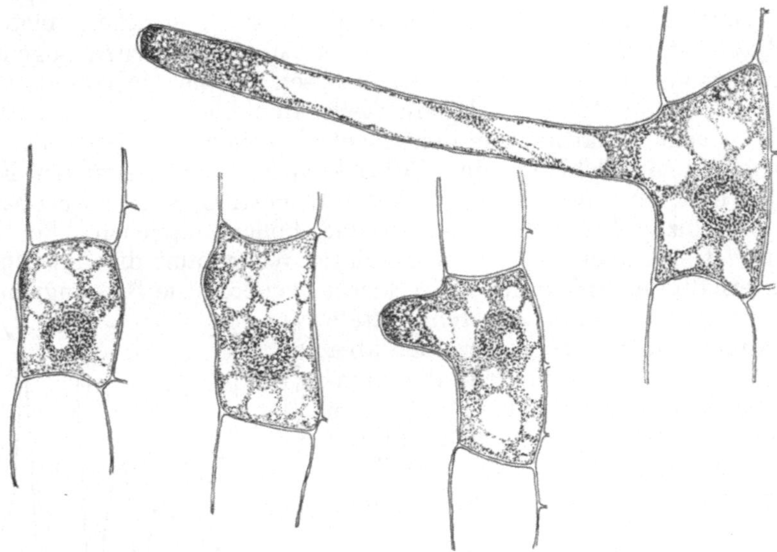

Abb. 72. Verschiedene Stadien der Wurzelhaarbildung bei *Helodea canadensis*. Es besteht eine deutliche Beziehung zwischen dem Ort des stärksten Wachstums (Spitze des Wurzelhaares) und der Anhäufung des Protoplasmas.

Region befinden. Das ist aber keine allgemein gültige Regel, der Kern kann sogar sehr weit von den Orten des Wachstums entfernt sein. Dagegen ist eine lokale Anhäufung des Zytoplasmas offenbar oft Ursache stärkerer und auch komplizierterer Wachstumsleistungen des betreffenden Zellorts. Zum Beispiel zeigt sich beim Spitzenwachstum der *Linum*-Fasern eine Plasmaansammlung in den wachsenden Enden (SCHOCH-BODMER). Dasselbe gilt für Wurzelhaare (Abb. 72).

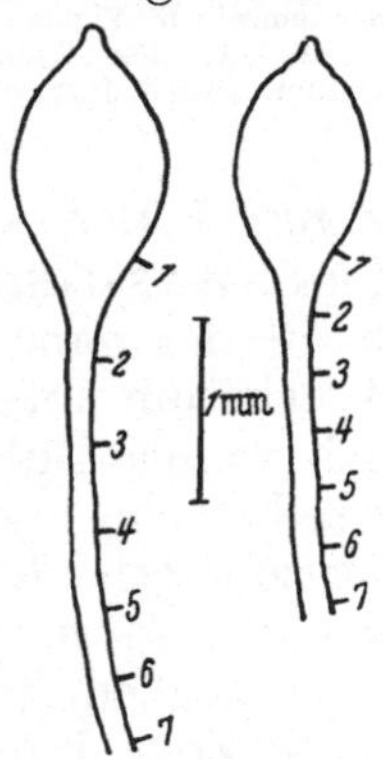

Abb. 73. Sporangienträger von *Pilobolus Kleinii* (das Sporangium wurde vor Versuchsbeginn entfernt). Links in feuchter, rechts in trockener Luft. Verschiedene Verkürzung der markierten Zonen. Die stärkste Verkürzung erfolgt in der am stärksten wachsenden Region, d. h. im obersten Abschnitt des zylindrischen Teils; es besteht also eine Parallelität zwischen Wanddehnbarkeit und Wachstumsgeschwindigkeit.

Beziehung zur Wanddehnbarkeit. Bereits an der Einzelzelle können zonale Unterschiede der Wanddehnbarkeit bestehen; und zwar zeichnen sich die stark wachsenden Regionen durch erhöhte Wanddehnbarkeit aus; das läßt sich leicht zeigen, weil sich diese Zonen beim Aufheben des Turgors erheblich stärker verkürzen als die weniger intensiv wachsenden (Abb. 73). Wenn das auch, wie wir sehen werden, zum Verständnis des Streckungsmechanismus wichtig ist, so genügt es doch nicht zur Beantwortung der hier gestellten Frage; man fragt mit Recht nach den Ursachen der zonalen Dehnbarkeitsunterschiede. Sehr häufig sind diese Ursachen in den erwähnten Plasmaansammlungen zu sehen. Ob es sich immer so verhält, bleibt zu klären. Wir können nur sagen, daß in der Zelle eine Polarität bestehen muß, ein stoffliches oder energetisches Gefälle, und daß das Wachstum an einen bestimmten intermediären oder aber (bei Spitzenwachstum) extremen Zustand gebunden ist. Daß es solche Gefälle in der Einzelzelle überhaupt gibt, ist sicher. Zum Beispiel kann zwischen den beiden Polen einer Zelle ein elektrisches Gefälle bestehen (vgl. S. 86). Jedenfalls steht also das Problem der Wachstumsverteilung in der Einzelzelle eng mit dem Problem der Polarität im Zusammenhang.

Bedeutung der Auxinverteilung. Nicht ganz so schwierig ist es, die zonalen Wachstumsunterschiede an ganzen Pflanzen zu erklären, weil die polaren Verschiedenheiten, die Gradienten, der Untersuchung leichter zugänglich sind. Aber auch hier sind wir über das Stadium der Vorarbeiten nicht hinausgekommen. Die Entdeckung der Zellstreckungshormone (Auxine) brachte die Vorstellung mit sich, die Wachstumsgeschwindigkeit sei jeweils eine Funktion der Auxinkonzentration. Zweifellos ist die Auxinmenge nicht selten für die Wachstumsgeschwindigkeit maßgeblich; bei den verschiedensten Stengel- und Blattorganen ist der Zusammenhang zwischen Wachstumsgeschwindigkeit und Auxinmenge beschrieben worden. Aber in vielen Fällen sind auch andere Faktoren entscheidend.

Im übrigen scheint es, daß die Auxinanhäufung oft sogar erst eine Folge intensiven Wachstums ist (SÖDING). Die Verteilung dieses Stoffes innerhalb der Pflanze kann uns also die Wachstumsverteilung keinesfalls befriedigend erklären.

Beziehung zu elektrischen Potentialen. Damit ist auch ein anderer Versuch zur Erklärung der Wachstumspolarität gescheitert. Man glaubte, der Verteilung elektrischer Potentiale in der Pflanze eine Rolle zuschreiben zu können, und zwar sollten diese vor allem wichtig werden, indem sie den Wuchsstoff zur Kataphorese veranlassen, und so die Verschiedenheit der Wuchsstoffkonzentrationen in den verschiedenen Zonen einer Pflanze erzeugt werde. Diese Theorie ist aber in der allgemeinen Form unhaltbar (HELLINGA). Die wirklichen Verhältnisse entsprechen nicht ihren Annahmen, und zudem erklärt sich die Parallelität zwischen Wachstumsverteilung und Potentialverteilung zum mindesten wohl oft, wie wir schon früher andeuteten, durch eine mehr indirekte Beziehung, nämlich daraus, daß beide von der Atmungsintensität abhängen.

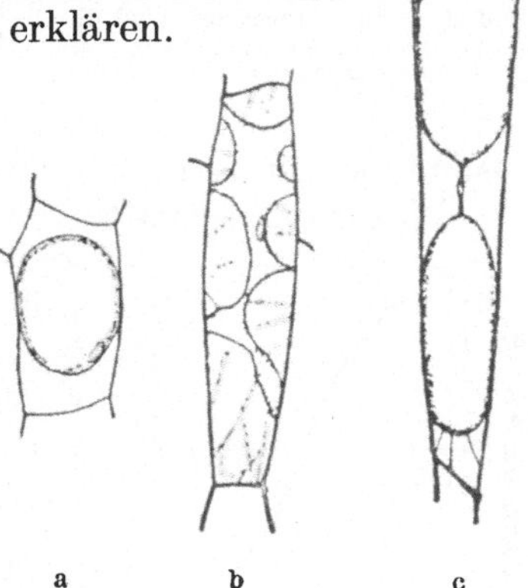

Abb. 74 a—c. Beziehung zwischen Plasmazustand und Wachstum. Epidermiszellen eines Hypokotyls von *Helianthus annuus* in verschiedenen Altersstadien nach 5 min langer Plasmolyse mit 0,6 mol KNO_3 gezeichnet; *a* aus dem apikalen Teil des Hypokotyls, *b* aus der Streckungszone (Konkavplasmolyse!), *c* aus dem basalen Teil, d.h. der Dauerzone. (Nach STRUGGER.)

Damit soll allerdings nicht ganz die Möglichkeit ausgeschlossen werden, daß elektrische Potentiale innerhalb der Pflanze einen Einfluß auf die Verteilung des Auxins und somit des Wachstums haben. LUNDEGÅRDH hat für Wurzeln die früher beschriebene Parallelität zwischen der Verteilung elektrischer Potentiale und der zonalen Wachstumsverteilung so gedeutet.

Beziehung zur Atmungsverschiedenheit. Auch aus der Verteilung der Atmungsintensität auf die einzelnen Zonen kann man die Verteilung der Wachstumsgeschwindigkeit nicht restlos erklären, denn zur Ermöglichung intensiven Wachstums ist zwar auch eine intensive Atmung notwendig, aber die Intensivierung der Atmung allein genügt nicht.

Beziehung zum Plasmazustand. Erwähnung verdienen noch Untersuchungen über die unterschiedliche Plasmabeschaffenheit in Zonen verschiedener Wachstumsgeschwindigkeit. Man hat zu derartigen Studien vor allem die der Untersuchung leicht zugänglichen Plasmaeigenschaften herangezogen. Solche Eigenschaften sind Viskosität, Permeabilität und Wasserstoffionenkonzentration. Auf Viskositätsunterschiede zwischen Zellen der Streckungs- und Dauerzone deuten schon Unterschiede in der Plasmolyseform hin. Zellen der Streckungszone haben anscheinend ein zäheres Plasma als die der weniger wachsenden Zonen; denn jene ergeben konkave Plasmolyseform (Abb. 74) und plasmolysieren zudem langsamer (erhöhte ,,Plasmolysezeit") als diese.

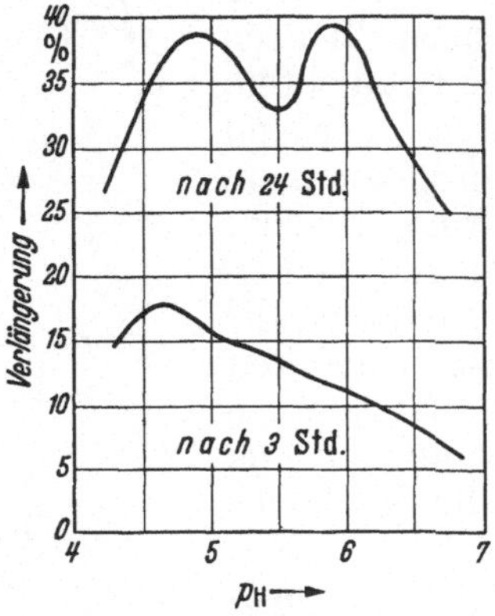

Abb. 75. Längenzunahme von Gewebestücken aus der *Avena*-Koleoptile, die in Pufferlösungen verschiedener Azidität liegen. Angegeben sind die nach 24 Std gemessenen Verlängerungen. (Nach RIETSEMA, vereinfacht).

Innerhalb der Pflanze besteht also ein Longitudinalgefälle der Plasmaeigenschaften. Ob es sich dabei wirklich stets um Unterschiede der Viskosität handelt, ist zweifelhaft; denn es gibt noch andere Faktoren, die die Geschwindigkeit des Ablösens von der Wand und die Plasmolyseform bestimmen; vor allem ist die Festigkeit der Verbindung zwischen Plasma und Zellwand ein wichtiger Faktor; und diese Verbindung kann gerade in wachsenden Zellen besonders fest sein. Jedenfalls aber ist das Vorhandensein eines Gefälles der Plasmaeigenschaften erwiesen (STRUGGER). Man hat dieses Gefälle seinerseits als Ausdruck eines Gefälles der Wasserstoffionenkonzentration aufgefaßt; denn diese ist ja für die Eigenschaften amphoterer Kolloide sehr wichtig. Je nachdem, wieweit sich der p_H-Wert vom IEP (isoelektrischen Punkt) der Plasmakolloide entfernt, muß sich auch der Quellungsgrad ändern (ein Minimum der Quellung und Viskosität tritt im isoelektrischen Punkt ein).

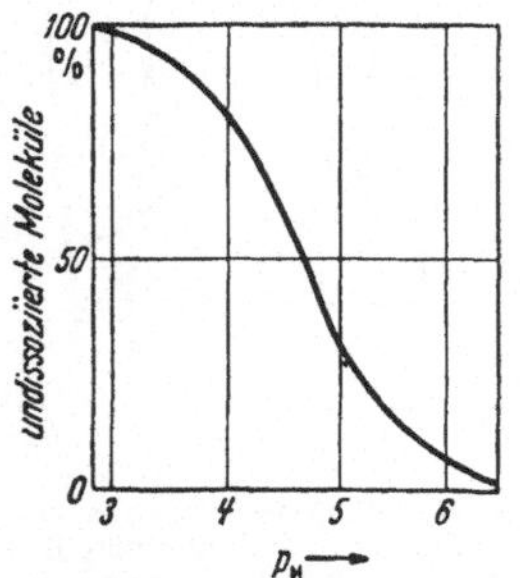

Abb. 76. Dissoziationskurve des Auxins. Zurückdrängung der Dissoziation, d. h. Herstellung des physiologisch aktiven Zustandes bei abnehmendem p_H-Wert. (Nach BONNER.)

Auch der mittlere IEP selber ist zonal verschieden. In den Wachstumszonen ist er nach Untersuchungen an Pilzfäden am höchsten. Allerdings ist das wohl nicht Ursache, sondern Folge des Wachstums, welches eben mit der intensiven Bildung von Eiweißen mit hohem IEP verknüpft sein kann (SCHWANTES).

Allerdings muß betont werden, daß sich die oben genannten Plasmabesonderheiten stark wachsender Zonen nicht bei allen Objekten in gleicher Weise haben auffinden lassen (vgl. BORRISS, PIRSON).

Eine erhebliche Bedeutung dürfte der Permeabilität zukommen, wir werden darauf bei der Besprechung des Wachstumsmechanismus eingehen.

Beziehung zur Azidität. Stark wachsende Zellen scheinen sich durch hohe Azidität auszuzeichnen, so daß der p_H-Wert kleiner ist als der dem IEP entsprechende. Man kann auch zeigen, daß sich durch experimentelle Änderung der Wasserstoffionenkonzentration wirklich die Plasmaeigenschaften in der erwarteten Weise ändern. Untersucht man Zellen in hypertonischen Lösungen abgestufter p_H-Werte, so findet man ganz verschiedene

Plasmolysezeiten; bei einem bestimmten mittleren p_H-Wert, der wahrscheinlich dem IEP entspricht, wird (wenigstens bei manchen Objekten) ein Minimum beobachtet.

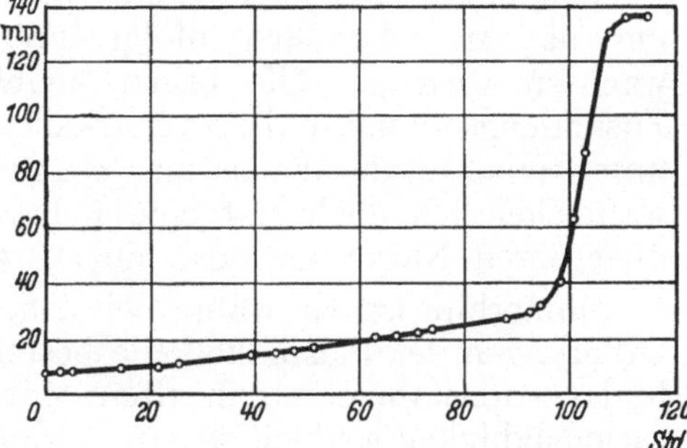

Abb. 77. Wachstumsverlauf eines Fruchtkörpers von *Coprinus lagopus*. Die Ordinate gibt die erreichte Gesamthöhe an. (Nach BORRISS.)

Die unterschiedlichen p_H-Werte in der Pflanze sind sicher für die Wachstumsverteilung wichtig; denn auch das Wachstum läßt sich, ebenso wie die Plasmaeigenschaften, durch experimentelle Änderung der Wasserstoffionenkonzentration beeinflussen. Das heißt eine Aziditätszunahme in mäßigen Grenzen fördert in der Regel das Wachstum (Abb. 75). Dabei verdient aber doch hervorgehoben zu werden, daß die p_H-Abhängigkeit des Pflanzenwachstums offenbar durch die Beeinflussung ganz verschiedenartiger Prozesse entstehen kann, und sie daher auch oft recht komplizierter Natur ist. Die einzelnen Pflanzen verhalten sich hierin quantitativ und oft sogar qualitativ verschieden. Selbst das Bestehen zweier p_H-Optima des Wachstums ist gelegentlich beobachtet worden (Abb. 75, RIETSEMA). Und endlich werden die Verhältnisse noch dadurch kompliziert, daß sich das p_H-Optimum mit zunehmendem Alter allmählich verschieben kann, z. B. nach HJORT-HANSEN bei *Saccharomyces* von 4,8 auf 4,4.

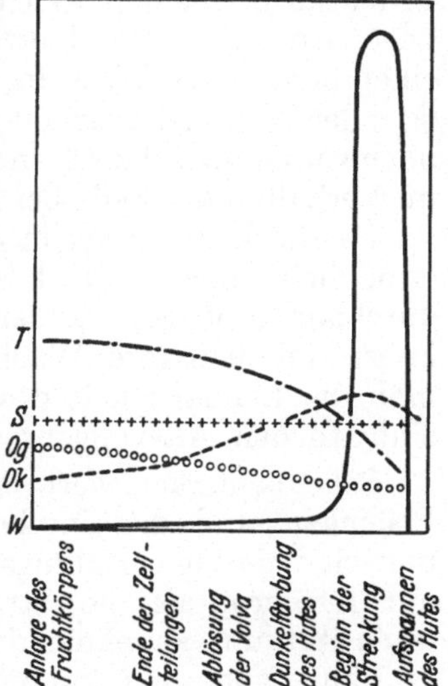

Abb. 78. Fruchtkörper von *Coprinus lagopus*. Änderung der osmotischen Zustandsgrößen und der Membraneigenschaften im Vergleich mit dem Wachstumsverlauf. Die Abszisse gibt die Zeit an, die Ordinate die relativen Größen des Turgors (*T*), der Saugkraft (*S*), des osmotischen Wertes bei Grenzplasmolyse (*Og*) der Dehnbarkeit (*DK*) und der Wachstumsgeschwindigkeit (*W*). (Nach BORRISS, verändert.)

In manchen Fällen läßt sich die günstige Wirkung hoher Wasserstoffionenkonzentration aus der Aktivierung des Zellstreckungshormons (das Säurenatur hat) erklären; die H-Ionen drängen nämlich die Dissoziation dieses Hormons zurück und bringen es so aus der inaktiven Salzform in die aktive Form freier Säure (Abbildung 76). Daß aber dieser Vorgang nicht der allein wichtige sein kann, erkennen wir aus der Möglichkeit, das Wachstum auf dem Wege über eine Förderung der Plasmaquellung mit Metallkationen (von Alkalisalzen) zu beschleunigen, während entquellende Kationen (Ca) das Wachstum hemmen.

So dürfte für diese Zusammenhänge wohl wieder vor allem die schon mehrfach betonte Rolle des Kolloidzustandes bei der Regulierung der Enzymtätigkeit wichtig sein. Vom Quellungszustand des Plasmas hängt ja (vgl. S. 43) die Lebhaftigkeit der verschiedensten biochemischen Reaktionen (einschließlich der Atmung) ab. Daß aber weder der Quellungszustand noch die Wasserstoffionenkonzentration die physiologisch wichtigsten Faktoren für die Lebhaftigkeit des Wachstums sind, geht eindeutig aus der Unmöglichkeit hervor, jede beliebige nicht wachsende Zelle durch Übertragung in Lösungen geeigneter Wasserstoffionenkonzentration wieder zum Wachstum zu bringen.

Beziehung zu autonomen Plasmaveränderungen. Wir müssen uns vorläufig mit der Feststellung begnügen, daß die Zelle ein bestimmtes Alter erreicht haben muß, bis sie die optimale Wachstumsgeschwindigkeit zeigt, und daß sie schließlich infolge ihrer Alterung nicht mehr so schnell zu wachsen vermag. Alle bisher beobachteten Gefälle in der chemischen Zusammensetzung und im physikalischen Zustand sind, so wichtig sie auch unmittelbar für die Wachstumsgeschwindigkeit sein mögen, ihrerseits höchstwahrscheinlich doch erst eine Folge innerer Veränderungen in der Zelle, über deren Natur wir noch nichts wissen.

Immerhin ist es wahrscheinlich, daß die Alterungsprozesse in Veränderungen der Plasmakolloide bestehen. In jungen Zellen ist das Plasma hydratationsfähiger als in alten; mit zunehmendem Alter geht die Hydratationsfähigkeit schließlich ganz verloren. Nach PAECH kann dieses Absinken der Quellfähigkeit schon beobachtet werden, während sich die Organe noch entfalten. Solche Veränderungen können wohl zur Erklärung der geänderten Wachstumsleistung mit herangezogen werden; und es könnte ein bestimmtes Alter der Zelle dafür verantwortlich sein, daß beispielsweise bei *Coprinus lagopus* in einem bestimmten Entwicklungsstadium des Fruchtkörpers ein plötzlicher Anstieg der Wachstumsgeschwindigkeit eintritt (Abb. 77). Der hierfür verantwortliche Zellzustand ist nicht durch einen besonderen Wert des Turgors, der Saugkraft, des osmotischen Drucks oder der Wanddehnbarkeit gekennzeichnet (Abb. 78). Aber es ließ sich doch nachweisen, daß das Plasma eine besondere Beschaffenheit besitzt, die sich im Verhalten der Zelle bei Plasmolyse- und Vitalfärbungsversuchen äußert. Da die Zellen auch in dem Altersstadium, das ihre lebhafte Streckung ermöglicht, nicht einfach ein Optimum der Wachstumsgeschwindigkeit zu durchlaufen pflegen, sondern während dieses Stadiums noch wieder Perioden hoher und niedrigerer Wachstumsgeschwindigkeit durchlaufen können, kann man die Lebhaftigkeit des Wachstums aber nicht nur als Funktion eines einheitlichen Alterungsprozesses auffassen.

Sehr bemerkenswert ist es in diesem Zusammenhang noch, daß der Plasmazustand, der eine hohe Streckungsgeschwindigkeit ermöglicht, meist nur eine geringe Teilungsintensität erlaubt. Diese Beziehung gilt nicht nur insofern, als die Streckung in demselben Maße, wie die Teilungsintensität mit zunehmendem Alter abzunehmen pflegt, ansteigt, sondern es kann auch ein kurzperiodisches Sichablösen von Phasen lebhafterer Streckung und lebhafterer Teilung an ein und demselben Gewebe beobachtet werden, so etwa nach FRIESNER bei Wurzeln im Tagesrhythmus.

Literatur.

BORRISS: Jb. wiss. Bot. **86** (1938).

FREY-WYSSLING: Symposia Soc. Exper. Biol. **6** (1952). — FRIESNER: Amer. J. Bot. **7** (1920).

HEITZ: Experientia (Basel) **6** (1950). — HELLINGA: Med. Landbouwhoogeschool Wageningen **41** (1937). — HJORT-HANSEN: C. r. Labor. Carlsberg, Sér. Physiol. **22** (1939).

MEISSNER: Jb. wiss. Bot. **76** (1932).

PAECH: Planta (Berl.) **31** (1940). — PIRSON u. SEIDEL: Planta (Berl.) **38** (1950).

RIETSEMA: Proc. Kon. Akad. Wetensch. Amsterdam **52** (1949).

SCHOCH-BODMER u. HUBER: Verh. schweiz. naturforsch. Ges. **126** (1946). — SCHWANTES: Protoplasma (Berl.) **41** (1952). — SÖDING: Ber. dtsch. bot. Ges. **54** (1936). — STRUGGER: Jb. wiss. Bot. **79** (1937).

TITZ: Bot. Archiv **43** (1942).

UBISCH u. ZACHMANN: Biol. Zbl. **51** (1931).

WEINLAND: Z. Bot. **36** (1941).

ZELTNER: Z. Bot. **25** (1932).

III. Mechanismus des Wachstums.

1. Mechanismus des Streckungs- und Membranwachstums.

Kennzeichnung des Streckungswachstums. Beim Streckungswachstum erfolgt zwar, zum mindesten in der Regel, auch noch eine Vermehrung der Plasmasubstanz, aber die Zunahme der Vakuolengröße steht doch im Vordergrund. Die Länge der Zelle nimmt, meist nur in einer Richtung, sehr stark zu, Verlängerungen um das 20—50fache sind häufig. Aber auch eine Verlängerung auf das 1000fache der ursprünglichen Größe kann, z. B. bei den Samenhaaren der Baumwolle, vorkommen. Diese starke Längenzunahme pflegt bei den meisten Pflanzen im Verlaufe einiger Stunden zu erfolgen.

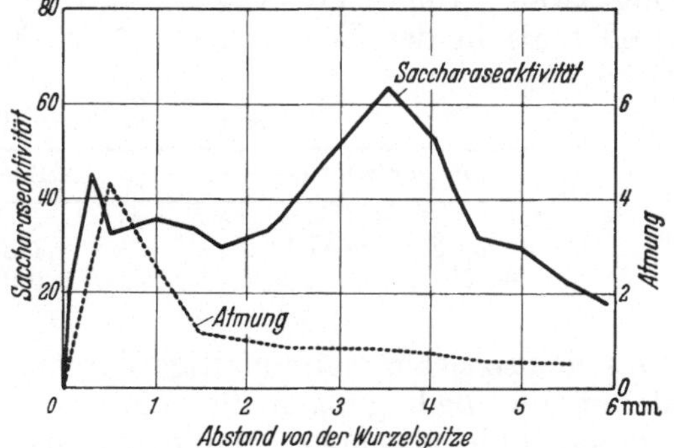

Abb. 79. Longitudinale Verteilung der Atmungs- und Saccharaseaktivität in Wurzeln von *Vicia Faba* (Atmung: Kubikmillimeter O_2-Verbrauch je Kubikmillimeter Gewebe in der Stunde). (Nach WANNER und LEUPOLD.) Es zeigt sich eine besonders hohe Saccharaseaktivität im Bereich der Streckungszone, die Atmung hingegen ist, bezogen auf das Volumen, mehr spitzenwärts am intensivsten.

Bedingungen des Streckungswachstums. Die auch für das Streckungswachstum geltende Beziehung zwischen Wachstums- und Atmungsintensität deutet auf die Notwendigkeit einer Energiezufuhr hin, obwohl es naheliegt, den Prozeß der eigentlichen Streckung energetisch auf den osmotischen Druck zurückzuführen. Die Bedeutung der Atmung können wir zum Teil darin sehen, daß in der Regel keine reine Zellstreckung stattfindet, sondern gleichzeitig eine Substanzvermehrung, zum mindesten eine Vermehrung der Wandsubstanz, und solche Vorgänge der Substanzvermehrung sind, wie wir sahen, selbst dann, wenn sie exotherm verlaufen, an Bedingungen und Aktivierungen gebunden, die nur durch die Atmungsenergie möglich sind. Die Vermehrung der Wandsubstanz sowie andere Vorgänge, die mit dem Streckungswachstum verknüpft sind, erfordern ebenfalls einen Energieaufwand (vgl. FREY-WYSSLING). Aber auch, wenn wir die Fälle betrachten, in denen eine Zellstreckung ohne Vermehrung der Wandsubstanz und des Plasmas stattfindet, ist uns die Notwendigkeit intensiver Atmung verständlich. In der sich streckenden Zelle muß ja z. B. eine Osmoregulation stattfinden. Die Wasseraufnahme während der Streckung führt zur Verminderung der Zellsaftkonzentration, wodurch nicht nur die Möglichkeit weiterer Turgorstreckung eingeschränkt wird, sondern auch die allgemeinen Lebensbedingungen der Zelle verschlechtert werden. Die somit notwendige

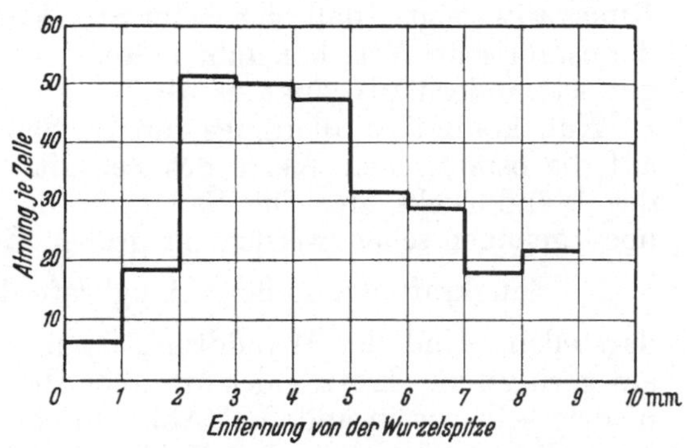

Abb. 80. Longitudinale Verteilung der Atmungsintensität (Sauerstoffverbrauch) in der Wurzel von *Allium Cepa*. Die Atmungsintensität wurde hier auf die Einzelzelle bezogen. (Nach WANNER.)

Osmoregulation ist unter anderem an einen bestimmten, nur durch Aufwand von Energie aufrechtzuerhaltenden Plasmazustand gebunden, der die nötigen fermentativen Umwandlungen gewährleistet; oder die Osmoregulation ist an die Neuaufnahme von Stoffen aus anderen Zellen gebunden; auch das ist ein Vorgang, der vielfach unter Energieaufwand stattfindet. So dürfen wir also nicht überrascht sein, wenn auch in der Streckungszone eine intensive Atmung stattfindet und hohe Enzymaktivitäten feststellbar sind (Abb. 79, 80). Bezogen auf das Zellvolumen ist die Atmung hier zwar geringer (WANNER), bezogen auf die Plasmamenge aber sogar größer als in der Teilungszone. Nach KOPP ergeben sich folgende Werte:

Atmungsintensität in Weizenwurzeln.

Sauerstoffverbrauch je Std	Meristemzone	Streckungszone
Je mg Frischgewicht	1,338 mm^3	1,200 mm^3
Je γ N	0,100 mm^3	0,283 mm^3

Es sind also sicher mannigfaltige Vorgänge, die in der Zelle ablaufen müssen, damit die Bedingungen für eine Streckung gegeben sind; wir dürfen uns daher nicht wundern, daß es für die Intensität der Streckung gar nicht so sehr auf die Höhe der Zellsaftkonzentration ankommt. Man findet in der Zone stärkster Streckung im allgemeinen sogar ein Minimum der Zellsaftkonzentration (Abb. 78, 81). Das erklärt sich offenbar aus der raschen Wasseraufnahme. Die hierdurch bedingte Abnahme der Zellsaftkonzentration kann sich nicht immer schnell genug osmoregulatorisch ausgleichen. Dieses Absinken der osmotischen Werte ist natürlich in rasch wachsenden Organen besonders deutlich. So wird der osmotische Druck in den Zellen der Blattstiele von *Victoria regia*, die in 48 Std von 9 cm Länge auf 68 cm anwachsen, um mehr als die Hälfte herabgesetzt. BURSTRÖM zeigte, daß sich beim Streckungswachstum von Weizenwurzeln der osmotische Wert konstant halten kann, wenn die Nährstoffversorgung gut ist, andernfalls sinkt er ab.

Nun kommt es allerdings für die Saugkraft der Zelle gar nicht allein auf die osmotischen Werte des Zellsafts, sondern ebenfalls auf die Höhe des Wanddrucks an. Die Saugkraft der Zelle läßt sich, wie wir später noch genauer sehen werden, in groben Zügen durch die Formel

$$\text{Saugkraft der Zelle} = \text{Saugkraft des Inhalts} - \text{Wanddruck}$$

darstellen. Und der Wanddruck ist in der Tat in den Streckungszonen am geringsten. Trotzdem kann auch die Saugkraft in dieser Zone ebenso niedrig sein wie in anderen (Abb. 78) oder sogar noch niedriger (Abb. 81). Nach BURSTRÖM ist in den Epidermiszellen der Weizenwurzeln die Saugkraft während der Phase lebhaftester Streckung sogar gleich Null. Um noch bei sehr geringer Saugkraft die maximale Wasseraufnahme dieser Zone zu erklären, kann man zunächst auf die nachgewiesene hohe Wasserpermeabilität ihrer Protoplasten hinweisen, die es den Zellen ermöglicht, das Wasser aus den Gefäßen rascher aufzunehmen als die Zellen anderer Zonen. Diese Konsequenz ist darum besonders beachtenswert, weil nach v. GUTTENBERG und KRÖPELIN unter dem Einfluß von Wuchsstoff eine Erhöhung der Wasserpermeabilität und damit ein verstärktes Einströmen von Wasser (Turgorerhöhung) erreicht werden kann. Die Erhöhung der Permeabilität könnte also sehr wohl ein normalphysiologischer Weg zur

Wachstumssteigerung sein. Diese Vermutung wird durch den Befund unterstützt, daß wuchsstoffreie Koleoptilen, denen Wuchsstoff (Indolylessigsäure) zugefügt wird, eine plötzliche Wachstumssteigerung zeigen, die durch eine Erhöhung der Wasserpermeabilität bedingt ist (POHL).

Außerdem aber wissen wir, daß beim Wachstum eine durch die Wuchsstoffe gesteuerte nicht-osmotische Wasseraufnahme sehr stark beteiligt ist.

Eine Voraussetzung für das Wachstum ist jedenfalls weiterhin, daß nicht durch die Zellsaftverdünnung und die Membranspannung schnell eine Wassersättigung der Zelle eintritt. Es ist also sowohl eine fortgesetzte Osmoregulation als auch eine starke plastische (irreversible Längenzunahme ermöglichende) Dehnbarkeit notwendig. Während einer plastischen Dehnung erhöht sich ja der Wanddruck im Gegensatz zur elastischen (reversiblen) nicht. Tatsächlich zeichnet sich die Hauptstreckungszone der Pflanzen stets durch eine hohe plastische Dehnbarkeit aus, wenngleich deren Maximum nicht notwendig in ihr liegen muß. In der Epidermis von Weizenwurzeln konnte FREY-WYSSLING eine Abnahme des Elastizitätsmoduls von 600 auf 60 kg/cm² als Ursache der Wanddehnung erkennen.

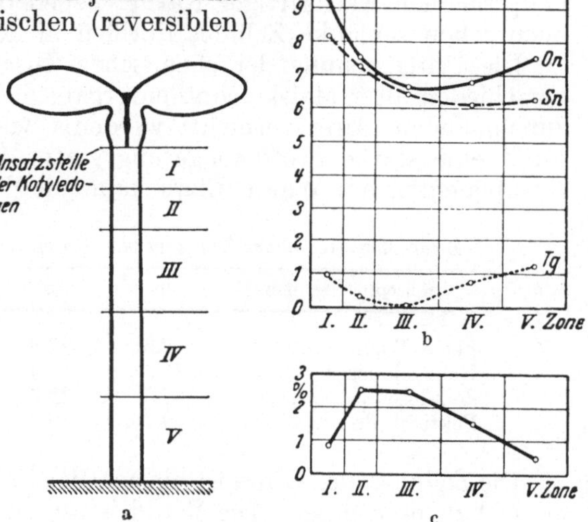

Abb. 81 a—c. Beziehungen zwischen osmotischem Wert, Saugkraft, Turgordruck und Streckungsgeschwindigkeit im Hypokotyl von *Helianthus annuus*. a Willkürliche Unterteilung des Hypokotyls in Zonen; b osmotischer Druck (*On*), Saugkraft (*Sn*) und Turgordruck (*TG*) in den einzelnen Zonen; c prozentualer Streckungszuwachs in den einzelnen Zonen. (Nach RUGE.)

Hohe plastische Dehnbarkeit geht allerdings durchweg mit hoher elastischer Dehnbarkeit parallel, so daß sich stark wachsende Teile durch eine hohe Dehnbarkeit beider Art auszeichnen. Diese schon früher erwähnte Beziehung zwischen hoher Dehnbarkeit und Wachstumsgeschwindigkeit läßt sich am schönsten an Einzelzellen demonstrieren, in denen sich eine Zone der Streckung neben nichtwachsenden Zonen befindet. Hier ist eine entscheidende Bedeutung erhöhter Zellsaftkonzentration schon von vornherein sehr unwahrscheinlich; denn diese ließe sich lokal schwerlich aufrecht erhalten. Man findet in solchen Zellen, wie z. B. in den Mucorineensporangienträgern, eine Zone starker Wanddehnbarkeit, die mit der Zone intensivsten Wachstums übereinstimmt (S. 98). Durch eine Plasmolyse der Zelle läßt sich nämlich feststellen, daß sich die Wachstumszone am stärksten verkürzt. Bei den Sporangienträgern von *Phycomyces* verkürzt sich die Wachstumszone bei einer Plasmolyse um 6%, während sich die Wand in den nichtwachsenden Teilen nur ganz unbedeutend verkürzt. Bei *Pilobolus* beträgt diese durch Turgoraufhebung bedingte Verkürzung der Streckungszone sogar 40—50%, und die nicht mehr wachsenden Zonen verkürzen sich nur um 5—10% (Abb. 73).

Dehnbarkeit und Bau der Wand. Die hohe Dehnbarkeit in den Streckungszonen ist durch eine besondere physikalische Beschaffenheit oder auch durch chemische Eigentümlichkeiten der Wandsubstanz bedingt. So hat man beispielsweise in der wachsenden Spitze der Wurzelhaare statt der gewöhnlichen Zellulose Hemizellulose gefunden. Um den Dehnungsprozeß im einzelnen verstehen zu können, müssen wir den Bau der pflanzlichen Zellwand kennen.

Bei der höheren Pflanze besteht die Zellwand zur Hauptsache aus Zellulose; im jugendlichen Zustand kann die Zellulose allerdings mengenmäßig stark zurücktreten. Die Zellwände der noch wachsenden *Avena*-Koleoptile enthalten 66 Vol.-% Wasser; von der Trockensubstanz entfallen auf

Zellulose	42%	Pektin	8%
Hemizellulose	38%	Eiweißstoffe	12%

Die Primärsubstanz in den ganz jungen Zellwänden ist nach Wergin hauptsächlich wachsartiger Natur; neben dem Wachs befinden sich aber auch schon schlanke Zellulosefibrillen in der Primärsubstanz.

Die Untersuchung der chemischen Zusammensetzung von Zellwänden verschieden alter Maiskoleoptilen ergab, daß alle Membransubstanzen mit zunehmendem Alter vermehrt werden. Beim Streckungswachstum findet somit eine starke Stoffeinlagerung statt. Über den Anteil der einzelnen Komponenten am Wandaufbau kann die Tabelle Aufschluß geben.

Zusammensetzung der Zellwand von Maiskoleoptilen (prozentuale Werte).

Koleoptillänge, mm	9	23	40	50	55
Fette, Wachse	7,3	22,8	23,2	21,4	21,6
Hemizellulosen	45,5	34,3	33,9	30,4	30,4
Zellulose	37,5	32,7	29,6	34,9	35,1
Pektinstoffe	9,7	10,2	13,3	13,3	12,9

Die Zellulose der Wand ist hinsichtlich ihres kolloidchemischen Zustandes als Gel zu bezeichnen. Die Wand ist aus den ein Mizellargerüst bildenden Zellulosemikrofibrillen aufgebaut, zwischen denen sich intermizellare Räume befinden, die entweder Wasser oder auch andere Substanzen (Lignin, Suberin, Kutin, Pektin, anorganische Stoffe) enthalten. Zur Annahme dieser Vorstellung, die, von der Mizellartheorie Naegelis ausgehend, in neuerer Zeit vor allem Frey-Wyssling entwickelt hat, zwangen die anisotropen Eigenschaften der Wand. Es besteht eine Quellungsanisotropie; beispielsweise erfahren trockene Flachsfasern in Wasser eine Breitenzunahme um 20%, aber eine Längenzunahme um nur 0,1%. Ferner besteht auch eine optische Anisotropie: Der Brechungsindex ist in den einzelnen Richtungen sehr verschieden, die Zellwände sind doppelbrechend. Vermöge dieser Eigentümlichkeit konnten polarisationsmikroskopische Untersuchungen wertvolle Aufschlüsse über den Wandbau geben. Die submikroskopischen Anisotropien wurden dann aber vor allem durch die Untersuchung der mit Röntgenstrahlen erzeugten Kristallinterferenzbilder genauer studiert (Abb. 82, 83). Das Auftreten der Interferenzen bildete den eindeutigen Beweis für die Existenz eines Raumgitters und damit für das Vorhandensein der kristallinen Bausteine.

Den Hauptbestandteil der Zellwände bilden die Zelluloseketten:

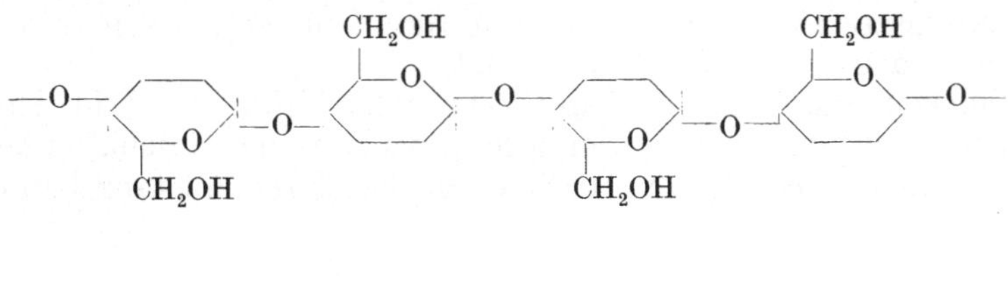

```
                    CH2OH                          CH2OH
                     |                              |
—O—  ring(O) —O— ring(O) —O— ring(O) —O— ring(O) —O—
       |                          |
     CH2OH                      CH2OH
```

Sie sind „Makromoleküle“, und zwar Hauptvalenzketten mit unbestimmter Länge, die sich aus einzelnen Glukoseresten zusammensetzen; je zwei der Glukosereste bilden zusammen einen Zellobioserest.

Nach STAUDINGER, SCHULZ und Mitarbeitern folgt aber, strenggenommen, nur die synthetische Zellulosefaser diesem Aufbauschema. Die natürliche Zellulose (etwa in der Baumwolle) zeichnet sich nicht nur durch die besondere Länge der Makromoleküle (3000 Glukosereste), sondern auch dadurch aus, daß jeweils nach 500 Glukoseresten eine Fremdgruppe in das Molekül eingelagert ist. Vielleicht unterscheiden sich auch noch die Zellulosen der einzelnen Pflanzen voneinander.

Abb. 82. Schema zur Erläuterung des Auftretens von Interferenzen beim Einfall von Röntgenstrahlen auf einen Kristall. Dargestellt sind 2 Kristallebenen mit ihren Atomen, an denen die Beugung der eintretenden Röntgenstrahlen erfolgt; der von den beiden abgebildeten Strahlen im Kristall zurückgelegte Weg ist verschieden groß; die Differenz liegt in der Größenordnung der Wellenlänge des Röntgenstrahls, so daß Interferenzen möglich werden, aus denen auf den Bau des Kristalls zurückgeschlossen werden kann.

Die Hauptvalenzketten treten (Abbildung 84, 85) zu den Balken des Mizellargerüstes zusammen, die dann wieder zu den gröberen, mikroskopisch sichtbaren Strukturen der Zellwand vereint sein können, zu den Fibrillen, Lamellen (an der Grenze des Auflösungsvermögens der Mikroskope) und den derberen Schichten.

Zur Erläuterung der Größenordnungen sei erwähnt, daß ein C-Atom eine Länge und Breite von 1,55 Å hat. Ein Glukoserest, und damit die ganze Zellulosekette, ist 7,5 Å breit. Die Länge der Hauptvalenzketten ist unbestimmt. Von diesen Hauptvalenzketten treten, wie wir jetzt durch elektronenmikroskopische Untersuchungen wissen, etwa 2500 zusammen, um Fibrillen von meist etwa 250 Å Dicke, aber unbestimmter Länge zu bilden.

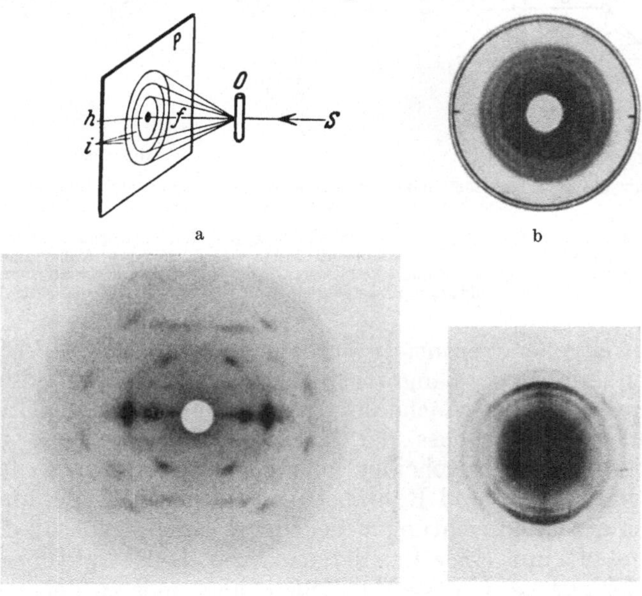

Abb. 83 a—d. Röntgenanalyse der Zellulose. a Schema der Röntgenaufnahme; darin bedeutet S monochromatisches Röntgenbündel; P photographische Platte; O Objekt; f Abstand Objekt — Platte; h Schwärzungsfleck des ungebeugten Röntgenlichts; i Interferenzringe. b Röntgendiagramm des zellulosischen Tunikatenmantels. Submikroskopische Kriställchen liegen regellos im durchleuchteten Präparat (DEBYE-SCHERRER-Diagramm). c Faser- oder 4-Punkt-Diagramm der Ramiefaser: die Kristallite liegen parallel zu einer bestimmten Achse. d Sichel- oder Schraubendiagramm von Baumwollhaaren; schraubige Anordnung der Kristallite. Aufnahmen von H. MARK und vom Kaiser Wilhelm-Institut für Faserstoffchemie. Aus FREY-WYSSLING.

Innerhalb dieser Fibrillen sind die Ketten schon zu „Mizellarsträngen" zusammengefaßt, die einen Durchmesser von etwa 60 Å haben, so daß 15—20 solcher Stränge auf eine der genannten Fibrillen entfallen. Für die Existenz solcher Untereinheiten spricht auch, daß bei *Chaeto morpha* nach PRESTON und Mitarbeitern Größenstufen der Durchmesser vorkommen. (Die Unterschiede betragen dabei etwa 80 Å.) Zwischen den Mizellarsträngen verbleiben Spalträume, in denen sich Hydratationswasser findet. Der Raumanteil dieser Spalträume ist relativ gering, so daß z. B. die Zellulose der Baumwollhaare maximal 20% ihres Gewichts an Wasser aufnehmen kann.

Die Anordnung der Zellulosestäbchen innerhalb der Wand kann schon mittels des Polarisations-

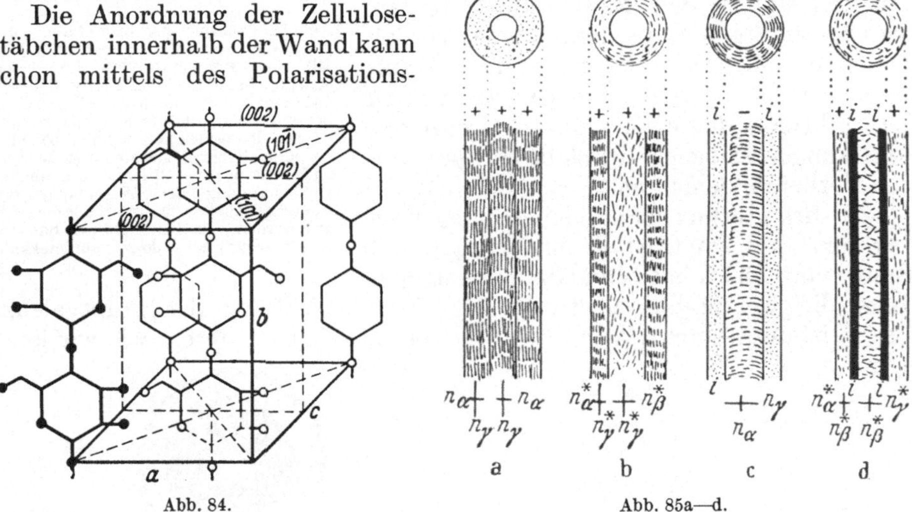

Abb. 84. Abb. 85a—d.

Abb. 84. Anordnung der Hauptvalenzketten im Elementarkörper der Zellulose. 002, 101 und 10̄1 sind die wichtigsten Netzebenen. (Nach MEYER und MARK.)

Abb. 85 a—d. Mizellarstruktur der Zellwand. Die durch Striche angedeuteten homogenen Gitterbereiche muß man sich alle untereinander verwachsen denken, also nicht als einzelne Mizelle, wie früher angenommen wurde. *i* isotrop; + optisch positiv; — optisch negativ; n_α kleinster, n_β mittlerer, n_γ größter Brechungsindex. a Faserstruktur; b faserähnliche Struktur; c Ringstruktur; d Röhrenstruktur. (Nach FREY-WYSSLING.)

mikroskops weitgehend ermittelt werden, da der größere Brechungsindex der Stäbchen mit deren Längsachse übereinstimmt. Die Stäbchen liegen übrigens parallel zur Oberfläche des Protoplasmas, dabei können sie aber in bezug auf die Längsachse der Zelle sehr verschieden orientiert sein.

FREY-WYSSLING unterscheidet eine Faserstruktur, eine faserähnliche Struktur, Ringstruktur und Röhrenstruktur (Abb. 85). Bei anisodiametrischen, sich in der Längsrichtung streckenden Zellen liegen die Längsachsen der Stäbchen oft mit einer im Vergleich zur Ringstruktur ansehnlichen Streuung quer zur Längsachse der Zellen, also quer zu deren Streckungsrichtung. Nach den Untersuchungen PRESTONs ist dabei an eine auch sonst weit verbreitete schraubige Anordnung der Zelluloseketten zu denken. Die Spirale kann dabei sehr flach sein, z. B. sind die Windungen in den Primärwänden der Tracheiden von *Pinus insignis* nur 11° gegen die Horizontale geneigt: viele Fälle der Röhrenstruktur werden sich als Schraubenstruktur dieser Art herausstellen, und andererseits werden auch Längsmizellierungen oft Schraubenstrukturen mit steilen Spiralen entsprechen.

Die Orientierung der Fibrillen kann in dicht aufeinander folgenden Schichten der Wand alternieren. So sind nach den Untersuchungen

Prestons in der 0,04 mm dicken Wand von *Valonia* etwa 700—800 einzelne Schichten, die sich gesondert ablösen lassen. Während nun die Fibrillen in einer dieser Schichten in einer flachen Spirale um die Zelle laufen, liegen sie in der nächsten fast senkrecht zu dieser Orientierung, in der dritten wieder so wie in der ersten usw.

Wie schon erwähnt wurde, dominiert die Zellulose in den Zellwänden erst nach der Auflagerung der Wandverdickungen — weiterhin ist die Zellulose in den Meristemzellen noch nicht gleichmäßig über die ganze Wand verteilt (Whaley und Mitarbeiter). In den Primärwänden ist die wenige Zellulose auch noch nicht gittermäßig geordnet. Die Ordnung tritt aber sofort ein, wenn die übrigen Stoffe verschwinden, auch wenn man sie experimentell entfernt.

Bei den Pilzen finden sich an Stelle der Zellulosemembranen zumeist Chitinmembranen. Im physikalischen Prinzip des Wandbaus und auch im Mechanismus des Wachstums ändert sich aber dadurch nichts. Der wesentliche Unterschied besteht nur darin, daß sich statt der aus Glukoseresten aufgebauten Zellulosekette die aus Glukosaminresten bestehende Chitinkette findet:

$NHCOCH_3$ CH_2OH $NHCOCH_3$ CH_2OH

—O— O O— O —O— O O— O —O—

CH_2OH $NHCOCH_3$ CH_2OH $NHCOCH_3$

Unsere Erkenntnisse über den Bau der Zellwände haben in jüngster Zeit eine weitgehende Bestätigung und Erweiterung durch die elektronenmikroskopischen Untersuchungen in den Arbeitskreisen von Preston und von Frey-Wyssling erfahren. Erwähnt wurde schon, daß sich die Zelluloseketten (ebenso auch die Chitinketten) zu Fibrillen von 250—300 Å Dicke vereinigen, also zu Fibrillen, in denen etwa 2500 Zelluloseketten Platz haben. Diese Maße darf man wohl noch nicht als genau und endgültig ansehen; die Ergebnisse hängen etwas von der Methodik ab, so gibt Wilson für *Valonia* die Fibrillendicke mit nur 100 Å an, und auch Dicken bis zu 450 Å wurden gefunden. Enden dieser Fibrillen kann man im elektronenmikroskopischen Bild kaum finden (Abb. 86, 87). Solche Fibrillen hat Preston für *Valonia*, Frey-Wyssling und seine Mitarbeiter in den Zellwänden höherer Pflanzen gefunden. Die unterschiedlichen Anordnungsmöglichkeiten der Fibrillen in den Membranen (Paralleltextur, Röhrentextur usw.) wurden elektronenmikroskopisch bestätigt. Die Fibrillen sind in einem Geflecht durcheinander gewoben (vgl. auch Wergin, Kinsinger und Hock). Die einzelne Fibrille ist im Querschnitt nicht kreisförmig, sondern bandartig abgeflacht.

Die Anordnung der Zelluloseketten innerhalb dieser Fibrillen ist noch ungeklärt. Daher ist es auch nur eine Schätzung, daß auf den Querschnitt der Fibrille 2500 Zelluloseketten entfallen.

Die hohe Festigkeit der natürlichen Zellulosefaser im Gegensatz zur synthetischen spricht für die Existenz von Brückenverbindungen zwischen den Zellulosemolekülen; denn diese besondere Festigkeit läßt sich nicht nur aus der größeren Kettenlänge des Makromoleküls der natürlichen Faser erklären. Aber für diese Festigkeit ist außerdem vielleicht eine spiralige Anordnung der Moleküle verantwortlich, die nur möglich ist, wenn die Moleküle nicht wie bei der Kunstfaser aus einer Lösung fertig ausgeschieden werden, sondern durch Einlagerung von Zuckerresten in

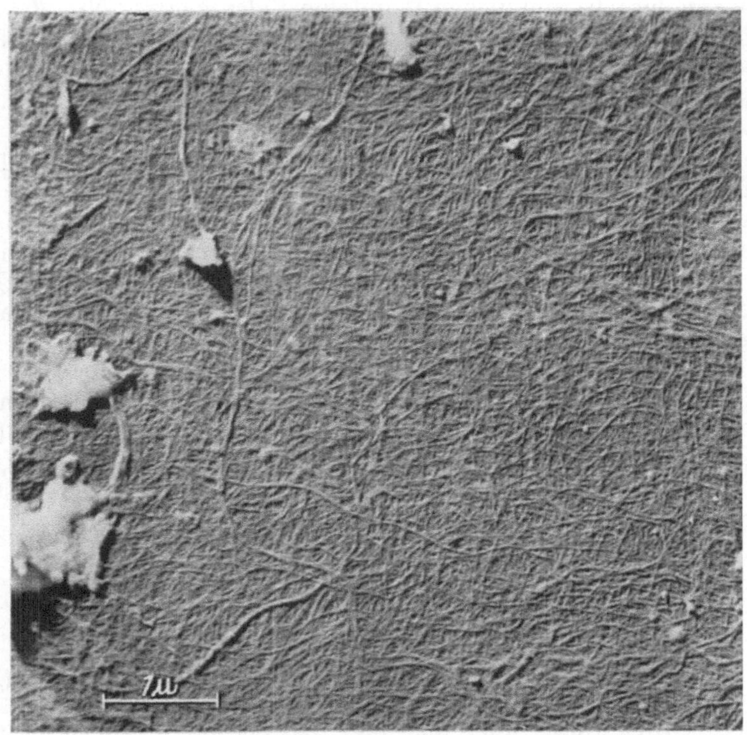

Abb. 86a. Elektronenbild der Primärwand einer Flachsfaser. [Aus FREY-WYSSLING, MÜHLETHALER u. WYCKOFF, Experientia (Basel) **4**, 475 (1948).]

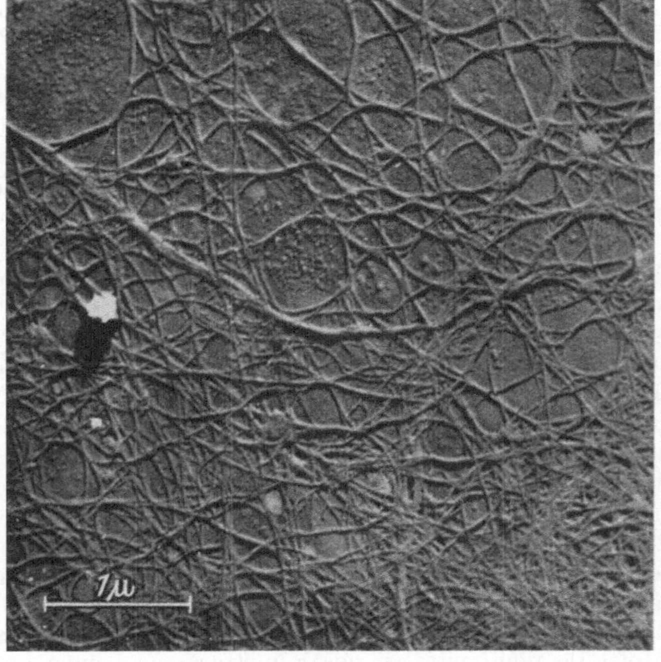

Abb. 86b. Elektronenbild einer Zellwandstelle mit Flächenwachstum. Ausweitung der Texturmaschen. Rechts unten ungestörte Textur. [Aus FREY-WYSSLING, MÜHLETHALER u. WYCKOFF: Experientia (Basel) **4**, 475 (1948.]

einen Kristallkeim entstehen und wachsen. Eine solche spiralige Anordnung setzt sich offenbar von den mikroskopischen Fibrillen bis zu den Makromolekülen hinunter fort. Voraussetzung für die Entstehung dieser Drillungen ist die Gegenwart von Fremdstoffen. Die Naturfaser ist also (nach STAUDINGER und Mitarbeitern) mit einem gedrehten Seil vergleichbar.

Ursachen der Mizellierungsrichtung. Für die Anordnung der Zelluloseteilchen in der Wand hat man gelegentlich mechanische Kräfte verantwortlich gemacht. So wurde darauf hingewiesen, daß in einem Zylinder, auf dessen Wandung von innen her ein Druck ausgeübt wird, die Spannung in tangentialer Richtung aus physikalischen Gründen doppelt so groß sein muß wie die Spannung in axialer Richtung. Durch diesen überwiegenden Querzug sollte die bevorzugte Querorientierung der Zelluloseteilchen in zylindrischen Zellen resultieren (CASTLE). Solche Erklärungsversuche versagen angesichts der Tatsache ganz unterschiedlicher Mizellierungsarten bei gleichen Zellformen; und umgekehrt kann die Quermizellierung auch in nichtzylindrischen Zellen mit ganz anderen Druckverhältnissen auftreten.

Abb. 87. Elektronenmikroskopisches Bild der Zellwand von *Valonia ventricosa*; 25000fach vergrößert, bei der Reproduktion auf $^2/_3$ verkleinert. (Nach PRESTON.)

Ebenso versagte auch der Versuch, die Plasmaströmung als orientierenden Faktor heranzuziehen.

Wir müssen jetzt annehmen, daß es die Oberflächenstruktur des Zytoplasmas selber ist, die sich in der Wandstruktur abbildet. Die junge Zellwand ist eng mit dem Plasma verwachsen; sie kann von ihm gar nicht ganz getrennt werden, da sich das zytoplasmatische Eiweiß geradezu in der Wand befindet und dort den Aufbau der Zellulose ermöglicht. Man möchte auf Grund der neueren Befunde sogar annehmen, daß die Zellwand eigentlich einfach der äußerste Teil der Protoplasten selber ist (PRESTON). So wird es einleuchtend, daß die Orientierung der neuen Zellulosefibrillen zwangsläufig die Orientierung der Eiweißmoleküle wiederholt. Die Existenz einer bestimmten regelmäßigen Orientierung der Eiweißmoleküle in der Oberfläche des Zytoplasmas wird durch viele Befunde nahegelegt. Gelegentlich ist eine solche Struktur sogar mikroskopisch sichtbar (MIDDLEBROCK und PRESTON).

Auch der Wechsel der Orientierung in den verschiedenen Verdickungsschichten oder bei der Anlage von Tüpfeln (konzentrische Ringe bei den *Pinus*hoftüpfeln mit dem gleichen Mittelpunkt wie diese Tüpfel an Stelle der Spiralstruktur in den anderen Teilen der Tracheiden!) spricht für eine entscheidende Bedeutung der Plasmastrukturen.

Ergänzt sei noch, daß die Wandstruktur tatsächlich auch unter dem Einfluß von Faktoren, die offenbar über das Plasma wirken, modifiziert werden kann. Bei den Baumwollhaaren kann die Schichtung aufhören, wenn der tagesperiodische Licht-Dunkelwechsel ausgeschaltet wird; und auch bei *Cladophora* ist die Richtung der Mikrofibrillen in der Wand mindestens stark modifiziert, wenn die Alge bei konstanter Beleuchtung aufwächst.

Mizellargerüst und Wandwachstum. Die Art der Substanzvermehrung der Zellwand hängt weitgehend davon ab, wie leicht sich das Mizellargerüst auflockern läßt. In jugendlichen Zellen gelingt diese Ausweitung noch leicht, so daß dann ohne Schwierigkeit neue Mizellgerüstteile eingelagert werden können („Intussuszeption“); in älteren Zellen kommt aber fast nur noch die Anlagerung neuer Gerüstteile („Apposition“) in Frage.

Das Verständnis dieser Vorgänge ist in gewissem Sinne erschwert worden, seitdem wir wissen, daß die erwähnten elektronenmikroskopisch nachweisbaren Fibrillen in einem Flechtwerk durcheinander gewoben sind (Abb. 86). Die Fibrillen müssen also entweder alle gleichzeitig im wandständigen Plasma entstehen, oder sich durch Spitzenwachstum ineinander schieben. Beim Flächenwachstum der Zellwände erfolgt offenbar eine Auflösung einzelner Fibrillen, so daß sich die Maschen ausweiten und neue Fibrillen eingelagert werden können. Diese Ausweitungen ließen sich elektronenmikroskopisch nachweisen (Abb. 86b). Offenbar erfolgen sie nicht in allen Teilen der Wand gleichzeitig, sondern mosaikartig. Vielfach aber wird der Mechanismus leichter verständlich; denn ein Spitzenwachstum scheint unerwartet weit verbreitet zu sein, und bei diesem würde sich die Wand einfach durch das Ansetzen von Fibrillen an den sich apikalwärts befindenden Rändern vergrößern, also an Partien, an denen die Zellspitze nur aus nacktem Plasma besteht.

Somit erscheint das Streckungswachstum als ein aktiver, nur durch die Lebenstätigkeit des Protoplasmas möglicher Vorgang, der nicht einfach als eine passive Dehnung durch den Turgordruck aufgefaßt werden darf. Die vom Plasma gesteuerten Wachstumsvorgänge in der Zellwand dürften das Primäre sein. Elektronenmikroskopisch ließen sich sogar an der Oberfläche des Zytoplasmas (bei *Valonia*) begrenzte inselartige Stellen nachweisen, von denen offenbar die Bildung der Zellulosemikrofibrillen ausgeht (PRESTON). Freilich ist auch der Turgordruck eine notwendige Bedingung für das Flächenwachstum. Es scheint sogar, daß die Substanzvermehrung gelegentlich nicht mit der Dehnung durch den Turgordruck Schritt halten kann. Dafür sprechen schon manche Beobachtungen über das Auftreten von Verdünnungen der Membran während des Wachstums. Das wurde beispielsweise während der Streckung der Sporogonstiele von *Pellia* gefunden; außerdem beim Streckungswachstum der *Helianthus*-Hypokotyle. In der Zone stärkster Streckung kann sich die Membran auf die Hälfte verdünnen, während sie ihre Länge verdoppelt. In den älteren, sich langsamer streckenden Zonen hält die Substanzeinlagerung mit der Dehnung Schritt und macht sogar die anfängliche Dickenabnahme wieder wett.

Die Messung der Trockengewichtszunahme der Wand während des Streckungswachstums zeigt ebenfalls, daß die Substanzvermehrung zunächst nicht der Verlängerung proportional ist (PRESTON und CLARK für *Avena*-Koleoptilen).

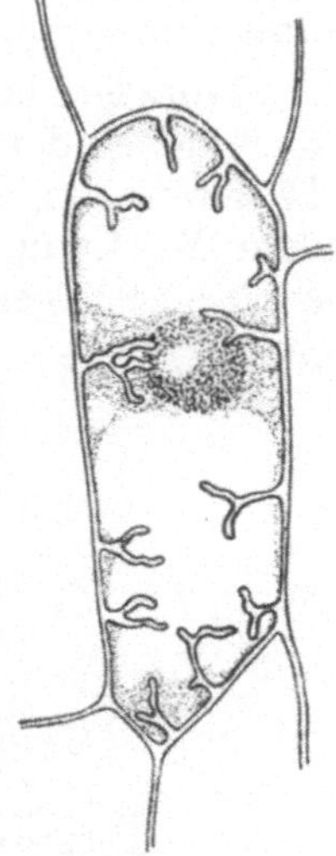

Abb. 88. Ein Trichoblast (potentieller Wurzelhaarbildner) der Rhizodermis von *Helodea canadensis*, der infolge ungeeigneter Außenbedingungen nicht zum Wurzelhaar ausgewachsen ist und Membranauswüchse gebildet hat.

Es ist wohl kaum zulässig, einen der beiden Faktoren, also entweder die Dehnung durch den Turgor oder die Zunahme der Wandsubstanz, als das Primäre und Entscheidende anzusehen. Vielmehr ist beides notwendig und muß für ein normales Streckungswachstum quantitativ aufeinander abgestimmt sein. Ist die Substanzvermehrung zu gering, so werden die Wände dünner und substanzärmer. Fehlt umgekehrt die Dehnung, so kann die weiterlaufende Vermehrung der Zellulose zu eigentümlich geformten Wandverdickungen führen, wie sie etwa in den Wurzelhaarbildnern (Trichoblasten) der Rhizodermis auftreten (Abb. 88), wenn das Auswachsen der Wurzelhaare unterbleibt (BOYSEN-JENSEN, GORTER).

Auch Untersuchungen über das Verhalten der Wandstrukturen beim Streckungswachstum bestätigen die große Rolle aktiver Vorgänge bei diesem Vorgang. Bei *Avena*-Koleoptilen wird die Röhrenstruktur während des Wachstums beibehalten, und zwar auch dann, wenn eine Längenzunahme um mehrere 100% stattfindet. Man sollte aber erwarten, daß die Mizellgerüstbalken bei einer rein passiven Dehnung der Wand ihre Lage so verändern, daß eine mehr faserähnliche Struktur eintritt, wie das in der Tat bei einer künstlichen Dehnung durch eine von außen angreifende Zugkraft schon dann zu beobachten ist, wenn

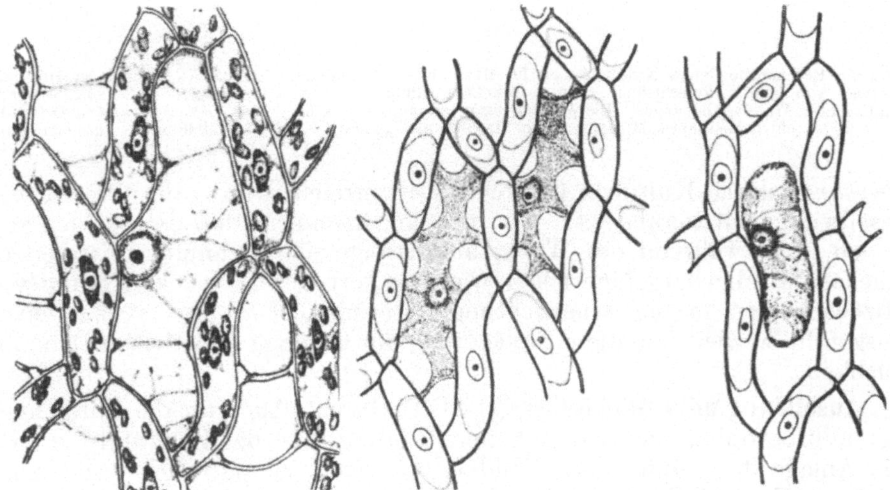

Abb. 89. In den Hyalinzellen des Blattes von *Sphagnum cymbifolium* sind schon vor der Anlage der bekannten ringförmigen Wandversteifungen Plasmaverdichtungen erkennbar (links), die auch am plasmolysierten Protoplasten noch zu sehen sind (rechts). Ist die Differenzierung noch nicht weit vorangeschritten (Mitte), so wird beim Plasmolyseversuch auch deutlich, daß der Protoplast an diesen Stellen der Wand fest anhaftet. (Nach ZEPF.)

diese Dehnung nur 9% beträgt. Auch entsprechende Versuche an Wurzeln und Hypokotylen sowie an Algen haben gelehrt, daß das Wachstum keinesfalls einfach nur eine plastische Dehnung sein kann (vgl. PRESTON).

Sogar bei den Sporogonstielen von *Pellia epiphylla* ist trotz einer Streckung auf das 20—90fache der ursprünglichen Länge keine Auflockerung der Röhrenstruktur erkennbar. (Bei diesen Überlegungen war allerdings noch unbekannt gewesen, daß meist nur die Zellspitzen wachsen.)

Trotzdem lassen sich diese Beobachtungen mit den anderen vereinbaren, nach denen der plastischen Dehnung eine Rolle beim Wachstum zukommt. Es kann ja nicht zufällig sein, daß sich das Dehnbarkeitsmaximum mit dem Maximum der Zellstreckung mehr oder weniger deckt, und zudem auch eine experimentelle Verminderung der Dehnbarkeit, wie sie z. B. bei

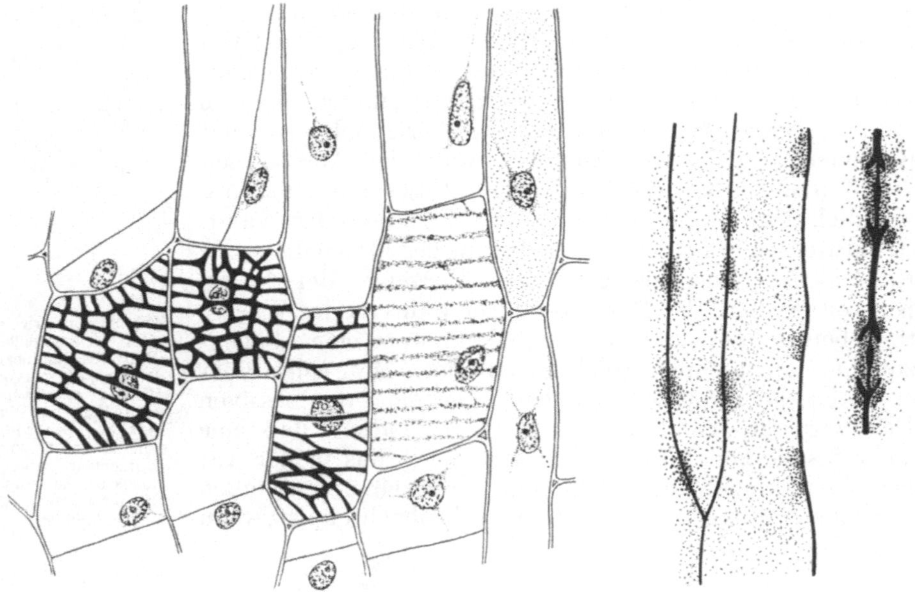

Abb. 90. Regeneration eines Xylemstranges im Mark eines verwundeten Sprosses von *Coleus*. Verschiedene Stadien der Entwicklung netz- und ringförmiger Wandverdickungen. Die Verdickungen benachbarter Zellen bilden ein gemeinsames Muster. (Nach SINNOTT und BLOCH.)

Abb. 91. Bildung der Hoftüpfel in den Tracheiden von *Pinus strobus*. Man sieht an den Orten der Tüpfelbildung Plasmaansammlungen.

Raphanus durch Kultur in trockener Luft erreicht wurde, die Wachstumsgeschwindigkeit herabsetzt. Wir müssen annehmen, daß die bei der normalen, d. h. während des Wachstums erfolgenden Dehnung auftretenden Lücken im Mizellargefüge leicht wieder sofort durch Neueinlagerung von Mizellarbalken in der Querrichtung, also parallel zu den vorhandenen, ausgefüllt werden und diese Einlagerung nur bei einer künstlichen Dehnung ausbleibt.

Ausbildung mikroskopischer Wandstrukturen. Auch für die Entstehung der mikroskopisch sichtbaren Differenzierungen in der Zellwand, also für die Anlage der Tüpfel und Wandverdickungen, ist natürlich das Plasma wichtig. Wo sich die Wand bei der Ausbildung solcher Strukturen stärker verdickt, sind schon vor Beginn dieser Differenzierungen erhebliche Plasmaverdichtungen sichtbar (SINNOTT und BLOCH). Wie die spezifische Anordnung dieser Plasmadifferenzierungen (Abb. 89) möglich wird, ist ganz unbekannt. Bemerkenswert ist, daß diese zytoplasmatischen Muster nicht in jeder Zelle unabhängig voneinander bestehen, sondern sich ein harmonisches Muster über eine ganze Gruppe von Zellen hinweg erstreckt (Abb. 90).

Nur solche primäre Differenzierungen im wandständigen Protoplasma können auch den abweichenden Verlauf der Zellulosefibrillen im Bereich von Tüpfeln (Abb. 91) und das Aussparen der Räume für die Plasmodesmen erklären (Abb. 92).

Wachstumsrichtung der Zelle. Von der Anordnung der Zellulosestäbchen hängt wohl teilweise auch die Wachstumsrichtung der Zelle ab. In wachsenden Zellen finden wir meist eine Anordnung der Zellulosefibrillen in flachen Spiralen. Die Zelluloseketten sind also annähernd quer zur Längsachse der Zellen orientiert; so könnte man meinen, daß infolgedessen eine Ausdehnung in der Längsrichtung leichter ist als in der Querrichtung (vgl. PRESTON, v. WITSCH, ZIEGENSPECK). Jedoch ist hiermit keine befriedigende Erklärung für die Wachstumsrichtung gefunden, weil manche Zellen mit grundsätzlich gleicher Wandstruktur, z. B. Kambiumzellen, eine andere Hauptwachstumsrichtung haben. Und namentlich auch Untersuchungen an Algen haben gezeigt, daß bei gleichartiger Wandstruktur verschiedener Arten ganz unterschiedliche Wachtumsweisen bestehen können (vgl. (PRESTON). Ein Ausweg aus diesen Schwierigkeiten scheint durch die Annahme möglich zu sein, daß auch dann, wenn kein Spitzenwachstum vorliegt, nicht alle Teile der Zelle gleich stark wachsen, sondern die Wachstumszonen auch innerhalb der Einzelzelle eng begrenzt sind. Die Richtigkeit dieser Annahme ist tatsächlich schon für viele Zelltypen bestätigt worden.

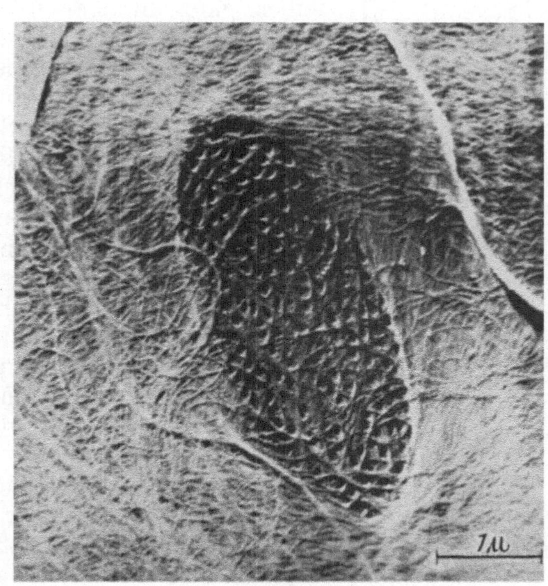

Abb. 92. Tüpfel einer Zelle der Maiswurzel. Man sieht die ausgesparten Durchtrittsstellen der Plasmodesmen. (Nach MÜHLETHALER und WYCKOFF aus FREY-WYSSLING.)

Spiralwachstum. Für die von BURGEFF bei *Phycomyces* entdeckten spiraligen Drehungen der Zellwand beim Wachstum (Abb. 93) ist ebenfalls die schraubige Anordnung der Zellwandbausteine entscheidend wichtig (vgl. MIDDLEBROOK und PRESTON); jedoch ist die Entstehung dieses komplizierten Phänomens noch umstritten.

Wandwachstum und Plasma. Die neueren Untersuchungen zeigten uns, wie stark das Plasma an der Schaffung der Wandstruktur beteiligt ist. Eine Orientierung der Zelluloseketten durch die Oberflächenstruktur des Plasmas hat vor allem PRESTON angenommen. Die Tatsache, daß die Zellwände oft ziemlich stark vom Plasma durchdrungen werden (SCHUMACHER fand in den Epidermisaußenwänden mehrerer Pflanzen plasmodesmenartige Strukturen), läßt eine solche Mitwirkung des Plasmas am Aufbau der Wand begreiflich erscheinen; diese Mitwirkung ist auch wohl schon wegen des erwähnten komplizierten Aufbaus der natürlichen Zellulose notwendig.

Es gibt auch im Bereich des Anorganischen Beispiele dafür, daß eine Substanz während der Auskristallisation die Oberflächenstruktur einer andern Substanz abbildet. Nach einem solchen Prinzip könnte also auch die Zellulose bei ihrer „Auskristallisation“ die Oberflächenstruktur des Zytoplasmas abbilden (WILSON).

Andererseits ist es unwahrscheinlich, daß die Zellulosefäden im Plasma vollständig aufgebaut werden. Das wird wohl schon durch die fortgesetzte Bewegung des Plasmas verhindert (WERGIN). So dürfte den Grenzgebieten zwischen Zellwand und Plasma die entscheidende Aufgabe zufallen. Manches von der Wandstruktur wird aber sicher auch erst innerhalb der Wand selber, ganz unabhängig vom Plasma geschaffen. Zum Beispiel haben wir schon erwähnt, daß die Gitterbildung ein spontaner Vorgang ist, der zwangsläufig eintritt, sobald die Nichtzellulosesubstanzen verschwinden. Noch etwas spricht für die Schaffung von Struktureigentümlichkeiten innerhalb der Wand selber: SCHULZ und HUSEMANN zeigten, wie schon S. 107 angedeutet wurde, daß in den Zellulosekettenmolekülen, die etwa je 3200 Glukosereste enthalten, in regelmäßigen Abständen von etwa 500 Glukoseresten leichter aufspaltbare Bindungen bestehen. Die einzelnen Ketten sind nun so nebeneinander gelagert, daß sich die Periodizität des Moleküls zu einer Periodizität innerhalb der Faser fortsetzt. Künstliche Fasern lassen diese Periodizität nicht erkennen. Dieser Faseraufbau ist wohl nur durch die Annahme zu begreifen, daß die Zellulose nicht im Plasma fertig aufgebaut wird, sondern die Kondensation der Glukosemoleküle zur Zellulose erst an der Oberfläche der bereits vorhandenen Fasern erfolgt, so daß also die bereits vorhandenen Strukturen für den gleichartigen Aufbau der späteren entscheidend sind.

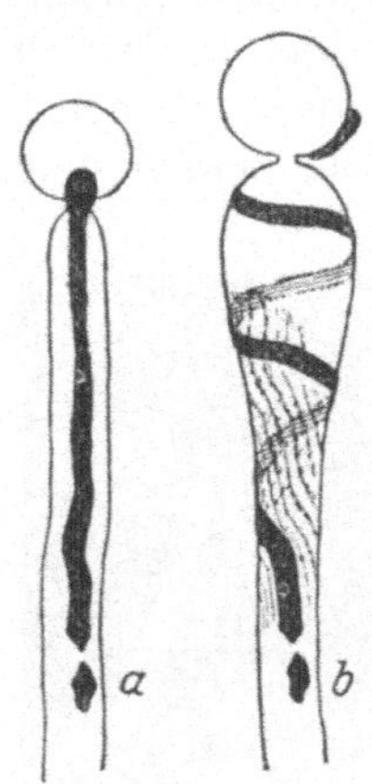

Abb. 93 a u. b. Schraubiges Streckungswachstum des Sporangienträgers von *Phycomyces*, durch eine aufgetragene Strichmarkierung nachgewiesen. (Nach BURGEFF.)

Dagegen ist die Zusammenfügung der Makromoleküle zu Fibrillen wohl ohne Mitwirkung des Plasmas verständlich. Elektronenmikroskopische Untersuchungen an Kunstfasern (HUSEMANN und CARNAP) ergaben, daß hier ebenfalls, sofern im Fällungsbad eine Verstreckung erfolgte, fibrilläre Strukturen auftreten können. Diese Beobachtungen lassen vermuten, daß der Turgordruck nicht nur für die eigentliche Streckung, sondern auch für die Ausbildung der fibrillären Wandstrukturen wichtig ist.

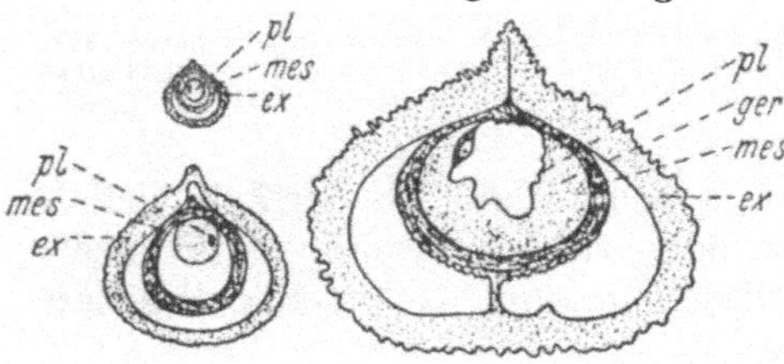

Abb. 94. Makrospore von *Selaginella helvetica*. Wachstum der Membran nach deren Trennung vom Plasma zeigend. *ex* Exospor; *mes* Mesospor; *pl* Protoplasma; *ger* Gerinnsel, das in der zwischen Protoplasma und Mesospor liegenden Flüssigkeit zur Ausfällung gebracht werden kann. (Nach FITTING.)

Ebenso wie für die Einlagerung neuer Gerüstteile ist das Plasma auch für deren Anlagerung beim Dickenwachstum der Wände in älteren Zellen wichtig. Dieser Vorgang löst die Intussuszeption zwangsläufig ab, sobald die Ausweitung des Mizellargerüstes nicht mehr stattfindet, die Einlagerung also nicht mehr möglich ist, die Wandbausteine aber weiterhin gebildet werden. Die Wandauflagerungen können bekanntlich mächtig werden; auf die Mittellamelle wird die „primäre Wand“ und auf diese die sekundären Verdickungen aufgelagert, die die größte Dicke erreichen können. Zu diesen Vorgängen der Auflagerung neuer Substanz braucht das Plasma die Wand nicht notwendig zu berühren. In manchen Sporen sowie auch in Pollenkörnern verdickt sich die Membran sehr erheblich, obwohl das Plasma, das hier also nur das Baumaterial zu liefern hat, sie nicht berührt (Abb. 94). Das vom Plasma gelieferte Material muß in diesen Fällen durch eine Flüssigkeitsschicht zur Membran diffundieren. Es sind sogar Fälle beobachtet worden, in denen das vom Plasma gelieferte Wandmaterial durch die inneren Membranschichten hindurch zu den äußeren noch wachsenden diffundieren muß, so bei den Gallertschichten von Algen; allerdings ist die Diffusion in diesen Fällen auch wesentlich leichter möglich als durch die Wände der Zellen höherer Pflanzen.

2. Mechanismus des Plasmawachstums.

Die Erfolge, die die Untersuchung des pflanzlichen Streckungswachstums bereits erzielt hat, dürfen uns nicht vergessen lassen, daß wir damit über die tieferen Probleme des Zellwachstums noch nicht viel erfahren haben. Auch beim Wandwachstum ist die schwierigste Arbeit, die Schaffung neuer Bausteine, also das Assimilationswachstum, dem Plasma überlassen.

Beim Wachstum des Plasmas selber sind einerseits ähnliche Leistungen zu vollbringen wie beim Wachstum der Wand. Auch das Plasma stellt ein Mizellarsystem dar, das allerdings weniger einfach beschaffen ist als das der Wand. Die Zahl der Substanzen des Plasmas ist größer, ihr chemischer Bau komplizierter. Dadurch wird auch die Art der Haftpunkte mannigfaltiger und die Art der Kräfte, die diese Haftpunkte lockern können, vielseitiger. Zudem aber hat ja das Plasma nicht nur die Bausteine für sein eigenes Wachstum, sondern auch die für das Wandwachstum zu liefern. Dieses Problem der Assimilation der Nahrungsstoffe zu körpereigenen Substanzen begegnet uns bei allen Vorgängen der Vermehrung plasmatischer Substanz im weitesten Sinne; es besteht besonders deutlich beim Wachstum der Gene, also der Gebilde, die als die in den Chromosomen lokalisierten Erbfaktoren letzten Endes für den artspezifischen Verlauf der Assimilationsleistungen verantwortlich sind: Ein Gen ist (natürlich unter bestimmten Bedingungen des Zellzustandes) fähig, aus der ihm als Nahrung zur Verfügung stehenden Substanz Stoffe zu bilden, die mit denen dieses Gens identisch sind. Und sobald das Gen aus irgendeiner Ursache verändert wird (eine Mutation erleidet), bedingt es auch eine neuartige Assimilation, so daß die neu hinzugefügte Substanz der des mutierten Gens entspricht.

Ein Plasmawachstum ist nicht nur während der eigentlichen Wachstumsphase einer Pflanze wichtig, sondern muß auch in der erwachsenen Zelle noch fortgesetzt ablaufen, um verbrauchte Bestandteile des Plasmas laufend zu ersetzen.

Eiweißstruktur. Um die Schwierigkeiten dieses Wachstums plasmatischer Elemente ganz verstehen zu können, aber auch, um die ersten Ansatzpunkte zur Auflösung der Schwierigkeiten zu gewinnen, müssen wir uns etwas mit dem Bau der Proteine befassen.

In den Eiweißmolekülen sind bekanntlich Aminosäuren zu Peptidketten vereinigt (Abb. 95). Dabei scheint es, daß sich die einzelnen Aminosäuren innerhalb der Peptidketten in bestimmten für das betreffende Eiweiß spezifischen Abständen wiederholen. So kehrt z. B. im Seidenfibroin der Glycinrest jeweils im übernächsten Glied wieder, während die Alaninreste durch drei andere Reste voneinander getrennt sind und die

Tyrosinreste sich sogar erst nach 15 Gliedern wiederholen. Dadurch gewinnen die Ketten eine für jedes Protein charakteristische Struktur, und die Mannigfaltigkeit der verschiedenen Eiweißkörper erklärt sich aus der Mannigfaltigkeit der Anordnungsmöglichkeiten.

Die einzelnen Polypeptidketten lagern sich, wie namentlich die Analyse mit Röntgenstrahlen gezeigt hat, parallel nebeneinander, indem verschiedenartige Bindungskräfte wirksam werden. Von den so entstandenen Flächengittern lagern sich wieder zahlreiche aufeinander und bilden so ein dreidimensionales regelmäßig gebautes Gitter.

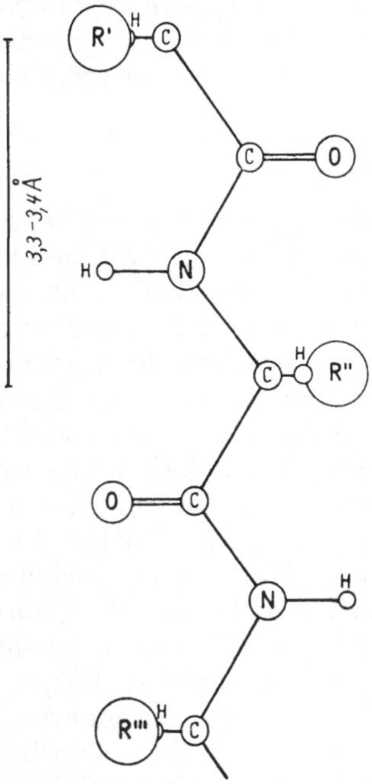

Abb. 95. Schema des Aufbaus einer Polypeptidkette. *R'*, *R''* und *R'''* die Aminosäurereste mit einem gegenseitigen Abstand von 3,3—3,4 Å.

Schon durch diesen Einblick in die Struktur der verschiedenen Eiweißkörper ahnen wir die Schwierigkeiten, die bei der Neubildung artspezifischen Eiweißes zu überwinden sind. Dabei haben wir noch nicht die in der Zelle fast regelmäßige Vereinigung mit anderen Substanzen (Phospho-, Polysaccharid-, Lipo- und Nukleoproteidbildung, Verbindung mit prosthetischen Gruppen zu Fermenten) oder die Entstehung von Verzweigungen und Brücken bei den Polypeptidketten berücksichtigt. Endlich besteht noch die Anordnung der verschiedenen Eiweiße und der anderen Substanzen zu den verschiedenen Plasmastrukturen.

Hinzu kommt noch, daß es sich hierbei nicht um einmalige Leistungen im Leben der Zelle handelt. Der fortgesetzte Verbrauch und die Arbeitsleistungen der Eiweißmoleküle machen auch ihren fortgesetzten Umbau und Neubau notwendig. Wie sehr auch in den fertigen Zellen noch alles im Fluß ist, mögen wir daran erkennen, daß — wie Beobachtungen an Tieren nach der Verfütterung von Aminosäuren mit radioaktiven Isotopen von Stickstoff und Kohlenstoff zeigten — fortgesetzt Aminosäuren der fertigen Polypeptidketten ausgetauscht werden.

Selbstreproduktion und gelenkte Reproduktion. Die Hauptmasse der Eiweiße einer Zelle wird, wie wir schon früher bei der Besprechung der entwicklungsphysiologischen Leistungen des Kerns hervorhoben, durch Tätigkeiten des Zellkerns zu den artspezifischen Strukturen zusammengefügt.

Rolle der Nukleinsäuren. Überall, wo eine Reproduktion von Eiweißen stattfindet, sei es nun im Kern, im Zytoplasma, in den Plastiden, bei Viren oder Bakteriophagen, spielen Nukleinsäuren eine entscheidende Rolle. Eine identische Reproduktion von Eiweißen ohne die Mitwirkung von Nukleinsäuren ist nicht bekannt geworden.

Die Nukleinsäuren bauen sich bekanntlich aus Nukleotiden (Purin- oder Pyrimidinbasen) auf, indem sich die Basen mit einem Zucker vereinigen und durch Phosphorsäure zusammentreten, so daß ein Ausschnitt aus der Kette so aussieht:

Base — Zucker<
>PO(OH)
Base — Zucker<
>PO(OH)
Base — Zucker<

Der Zucker ist bei der zytoplasmatischen Nukleinsäure (auch Hefenukleinsäure genannt) Ribose, bei der Thymonukleinsäure der Kerne Desoxyribose. Die Nukleinsäure der pflanzlichen Viren ist vom Ribosetyp, in den Bakteriophagen kommt aber auch Desoxyribosenukleinsäure vor. Sehr viel der zytoplasmatischen Ribosenukleinsäure ist in Form von Mitochondrien, Mikrosomen usw. vorhanden, in der ausgewachsenen Zelle findet sie sich vielleicht überhaupt nur in dieser Form. Gelegentlich kann auch Desoxyribosenukleinsäure aus dem Kern in das Zytoplasma übertreten.

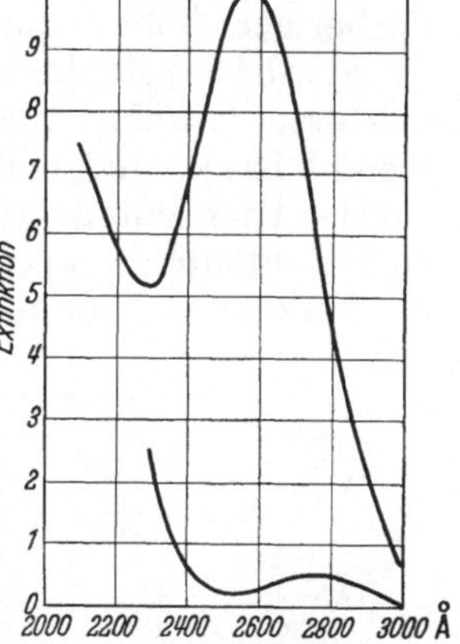

Abb. 96. Extinktionskurven von Thymonukleinsäure (obere Kurve) und Serumalbumin (untere Kurve). Die Nukleinsäuren zeichnen sich durch starke Absorption im Bereich von 2600 Å aus. (Nach CASPERSSON.)

Die bekannteste Nachweismethode für die Desoxyribosenukleinsäure ist die FEULGENsche Nuklealreaktion, die von der zytoplasmatischen, also der Ribosenukleinsäure nicht gegeben wird. Alle Nukleinsäuren lassen sich durch ihre starke, vom Pyrimidinring bedingte Absorption bei 2600 Å nachweisen (Abb. 96). Diese Besonderheit ist von CASPERSSON und seiner Schule zur Aufklärung der Nukleinsäurefunktion in der Zelle konsequent ausgenutzt worden. Besonders glücklich war der Gedanke, quantitative Messungen auszuführen. Solche Messungen sind mit dem Ultraviolettmikroskop, also durch mikrophotographische Aufnahmen unter Benutzung von Quarzoptik und mit Hilfe der im Prisma getrennten Spektralbereiche des Ultravioletts jetzt möglich. Zu den mikrochemischen Nachweismethoden, die in der Nukleinsäureforschung regelmäßig angewendet werden, gehört auch noch die Verdauung mit den betreffenden Fermenten, also mit der Ribosenuklease bzw. Desoxyribosenuklease. So lassen sich mikrochemisch die beiden Typen voneinander unterscheiden, obwohl sie das gleiche färberische Verhalten zeigen.

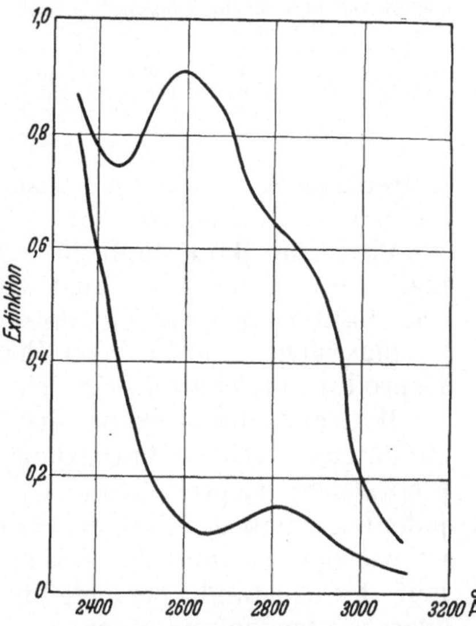

Abb. 97. Strahlungsabsorption in Pollenmutterzellen von *Tradescantia*. Obere Kurve: Absorption in den Chromosomen. Untere Kurve: Absorption im Zytoplasma. (Nach CASPERSSON.)

Genvermehrung, Teilbarkeit des Kerns. Beim Chromosomenwachstum spielt Nukleinsäure vom Desoxyribosetyp, die wie erwähnt für die Zellkerne charakteristisch ist, eine entscheidende Rolle. Diese Substanz ist in den gentragenden Elementen der Kerne lokalisiert (Abb. 97) und tritt zur Zeit der Genreduplikation besonders reichlich auf. Während der Mitose lagert sich die Nukleinsäure an die Polypeptidketten, die den Chromosomenfaden bilden; die maximale Anlagerung zeigt sich während der Spiralisierung in der Metaphase. In der Ana- und Telophase wird die Nukleinsäure wieder von dem sich dann entspiralisierenden Chromosomenfaden losgelöst. Alte, nicht mehr teilungsfähige Zellen sind arm an Nukleotiden oder sogar frei davon.

Die für die Vorgänge des Chromosomenwachstums wichtige Desoxyribosenukleinsäure kann anscheinend auf Kosten der Ribosenukleinsäure des Zytoplasmas neu gebildet werden, ein Vorgang, der namentlich in embryonalen Zellen mit lebhaften Kernteilungsvorgängen wichtig ist. Doch handelt es sich bei solchen scheinbaren Übergängen der einen Nukleinsäureform in die andere offenbar nicht um direkte Umwandlungen; ein vorheriger Abbau dürfte notwendig sein.

Synthese zytoplasmatischer Eiweiße. Während für den Aufbau komplizierterer Eiweiße die Desoxyribosenukleinsäure des Euchromatins notwendig ist, können einfachere Eiweiße auch mit Hilfe des Heterochromatins, für das Ribosenukleotide charakteristisch sind, hergestellt werden. Ein wichtiges Zentrum der zytoplasmatischen Eiweißproduktion ist nach CASPERSSON der Nukleolus, in dem sich nur Nukleinsäure vom Ribosetyp vorfindet. Außer dieser Nukleinsäure enthält der Nukleolus reichlich Eiweiße und Diaminosäuren. Die Verknüpfung zwischen Nukleolus und zytoplasmatischer Eiweißproduktion ist so eng, daß wir überall dort, wo lebhafte derartige Synthesen stattfinden, große Nukleolen finden, während der Nukleolus in Zellen ohne solches Plasmawachstum sehr klein oder gar unsichtbar sein kann (Abb. 98) (vgl. STICH).

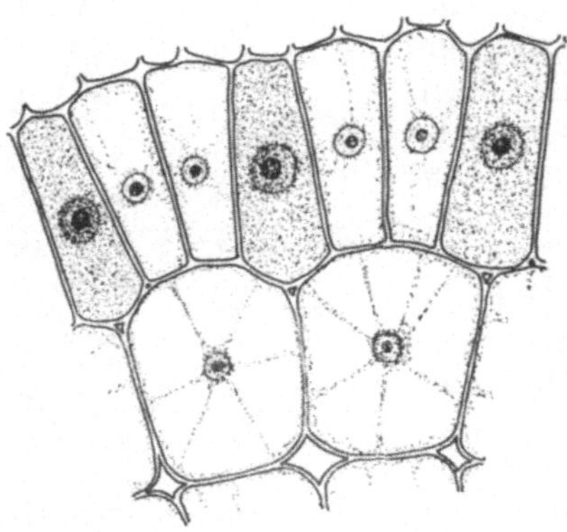

Abb. 98. Querschnitt durch die Wurzelspitze von *Sinapis alba*. In der Rhizodermis zeigt sich die Differenzierung in plasmareiche Trichoblasten (Wurzelhaarbildner) und plasmaarme Atrichoblasten. Die reichlich Plasma bildenden Zellen zeichnen sich durch große Nukleolen aus.

Wenn auch für die Quantität der zytoplasmatischen Eiweißsynthese die Nukleoli entscheidend sind, dürften für die Qualität dieser Synthesen doch Gene wichtig sein, deren Bedeutung für die Synthese von Aminosäuren bekannt ist. Eine Eiweißsynthese ist im Zytoplasma auch ohne Mitwirkung des Zellkerns möglich, scheint dann aber an die nukleinsäurehaltigen Grana im Plasma gebunden zu sein, deren Bedeutung vor allem BRACHET hervorhebt.

Viren und Bakteriophagen. Nur zur Abrundung des Bildes sei noch einmal unterstrichen, daß auch bei der identischen Reproduktion von Viren und Bakteriophagen Nukleinsäuren entscheidend beteiligt sind.

Plastiden. Auch in den Plastiden, für die ja ebenfalls eine identische Reproduktion charakteristisch ist, finden sich Nukleinsäuren (METZNER).

Wirkungsmechanismus der Nukleinsäuren. Es sind verschiedene Vorstellungen darüber entwickelt worden, wie die Nukleinsäuren bei der identischen Reproduktion wirken. Eine sehr wesentliche Tatsache ist jedenfalls, daß der Nukleotidabstand 3,3—3,4 Å beträgt, also ebenso groß ist wie der Abstand der Aminosäuren in den Polypeptiden. Diese Gleichheit der Abstände ermöglicht wohl das Auftreten salzartiger Bindungen zwischen beiden und dürfte auch für die Fähigkeit, die identische Reproduktion zu leiten, entscheidend wichtig sein (vgl. z. B. HAUROWITZ).

FRIEDRICH-FREKSA sieht bei dieser identischen Reproduktion das Wesentliche in dem Muster von positiven Ladungen, die auf dem flächenhaft ausgebreiteten Eiweißmakromolekül durch den spezifischen Einbau basischer Eiweißstoffe bedingt ist. Die Nukleinsäure kann sich mit ihren Säuregruppen variablen Abstandes so an jenes Muster des Eiweißmoleküls anlegen, daß sie mit ihren negativen Ladungen dieses Muster nachbildet. An dieses von der Nukleinsäure gebildete Muster können sich dann wieder kleinere Eiweißbausteine anlegen, die dadurch zwangsläufig wieder die spezifische Anordnung erlangen.

Die Fähigkeit der Nukleinsäuren überrascht vor allem darum, weil man ihnen früher keine große Spezifität zuschrieb. Jetzt müssen wir aber doch mit einer großen Vielheit, praktisch mit einer unbegrenzten Anzahl spezifischer Kombinationsmöglichkeiten rechnen. Ebenso ist auch erwiesen, daß die Spezifität der Polynukleotide nicht nur chemischer Natur ist, sondern vielleicht noch mehr physikalische Besonderheiten, etwa Unterschiede in der Faltung der Ketten, ausschlaggebend sind.

Literatur.

Mit einem * versehene Arbeiten sind zusammenfassende Darstellungen.

a) Membranbau und Membranwachstum:

BURSTRÖM: Ann. Landw. Hochsch. Schweden **10** (1942). Kgl. Fysiogr. Sällsk. Hdl. **17** (1947). — * BUY, DU, u. NUERNBERGK: Erg. Biol. **12** (1935).

* CARR: Z. Bot. **41** (1953). — CASTLE: Amer. J. Bot. **29** (1942).

ELVERS: Sv. bot. Tidskr. **37** (1943).

FREY-WYSSLING: Arch. Klaus-Stiftg., Erg.-Bd. **20** (1945); Vjschr. naturforsch. Ges. (Zürich) **93** (1948); * Submicroscopic morphology of protoplasma and its derivatives. New York u. London 1952; * Growth Symp. **12** (1948); Ber. schweiz. bot. Ges. **59** (1949); Makromolekulare Chem. **6** (1951); Symposia Soc. Exper. Biol. **6** (1952). — FREY-WYSSLING u. Mitarb.: Experientia (Basel) **4** (1948).

* GUTTENBERG, V.: Naturwiss. **37** (1950). — GORTER: Nature **1950**.

KINSINGER and HOCH: Ind. Engng. Chem. **40** (1948). — KOPP: Ber. schweiz. bot. Ges. **58** (1948).

MIDDLEBROOK and PRESTON: Biochim. et Biophysica Acta **9** (1952). — MÜHLETHALER: Biochim. et Biophysica Acta **3** (1949).

POHL: Planta (Berl.) **36** (1948). — PRESTON: Ann. of Bot. **3** (1939); Proc. Roy. Soc. Lond., Sér. B **134** (1947); Biochim. et Biophysica Acta **2** (1948); Progr. Biophysics a. Biophysical Chem. **2** (1951); * The molecular architecture of plant cell walls. London 1952. — PRESTON u. Mitarb.: Proc. Leeds Phil. Soc. Sci. Sect. **4** (1944); Nature (Lond.) **162** (1948).

ROELOFSEN: Textile Res. J. **21** (1951). — RUGE: Planta (Berl.) **33** (1943).

SCHULZ u. HUSEMANN: Z. Naturforsch. **1** (1946). — SCHUMACHER: Jb. wiss. Bot. **90** (1942). — SINNOTT and BLOCH: Amer. J. Bot. **32** (1945). — STAUDINGER u. Mitarb.: Makromolekulare Chem. **1** (1947).

WANNER u. LEUPOLD: Ber. schweiz. bot. Ges. **57** (1947). — WERGIN: Biol. Zbl. **63** (1943); Ber. dtsch. bot. Ges. **63** (1950). — WHALEY u. Mitarb.: Ann. of Bot. **39** (1952). — WILSON: Ann. of Bot., N. S. **15** (1951). — WIRTH: Ber. schweiz. bot. Ges. **56** (1946). — WITSCH, V.: Planta (Berl.) **29** (1939).

ZEPF: Z. Bot. **40** (1952). — ZIEGENSPECK: Biol. generalis (Wien) **14** (1938).

b) Plasmawachstum:

BRACHET: Pubbl. Staz. zool. Napoli **21** (1949); Experientia (Basel) **5** (1950). — BRACHET and CHAUTRENNE: Nature (Lond.) **168** (1951). — BUTENANDT: Naturwiss. **40** (1953).

CASPERSSON: Chromosoma **1** (1939); * Cell growth and cell function. New York 1950; Cold Spring Harbor Symp. Quant. Biol. **12** (Nucleoproteins) (1947).

DARLINGTON: Nature (Lond.) **154** (1944). — * DARLINGTON and MATHER: The elements of genetics. London 1950. — DAVIDSON and LESLIE: Nature (Lond.) **165** (1950). — DELBRÜCK: Naturwiss. **34** (1947).

FRIEDRICH-FREKSA: Naturwiss. **28** (1940); * Fiat Rev. German Sci., Biophys. **1** (1949).

* HAUROWITZ: Chemistry and Biology of Proteins. New York 1950.

JORDAN: Naturwiss. **29** (1941).

STICH: Z. Naturforsch. **6**b (1951). — * Symposia Soc. Exper. Biol. **1** (nucleic acids) (1947); **2** (growth) (1948).

* The chemistry and physiology of the nucleus. Exper. Cell. Res. Suppl. **2** (1952).

IV. Regulatoren des Wachstums.

1. Regulatoren des Streckungswachstums.

Allgemeines. Die Notwendigkeit besonderer Biokatalysatoren für das Wachstum der pflanzlichen Zellen, und zwar sowohl für das Streckungswachstum als auch für das Teilungswachstum; ergibt sich besonders deutlich aus den Bemühungen zur Anlage pflanzlicher Organ- und Gewebekulturen. Die ersten in dieser Richtung unternommenen Versuche stammen von HABERLANDT; er konnte pflanzliche Zellen in Nährlösungen einige Zeit am Leben erhalten und auch ein geringes Wachstum beobachten. Die weiteren Versuche waren zunächst mit vielen Mißerfolgen verknüpft, bis es dann in neuerer Zeit ROBBINS wenigstens gelungen ist, Wurzelspitzen in Nährlösungen beliebig weiter zukultivieren. Die Wurzelspitzen zeigen ein praktisch unbegrenztes Wachstum, wenn den Nährlösungen die erforderlichen Wirkstoffe zugeführt werden, von denen wir auf den nächsten Seiten sprechen werden. Erst in jüngster Zeit ist es auch gelungen, isolierte Gewebe (Kambiengewebe) in Nährlösungen zu kultivieren (NOBÉCOURT, GAUTHERET, WHITE). Dabei hat sich wieder die angemessene Wirkstoffversorgung als entscheidend wichtig erwiesen.

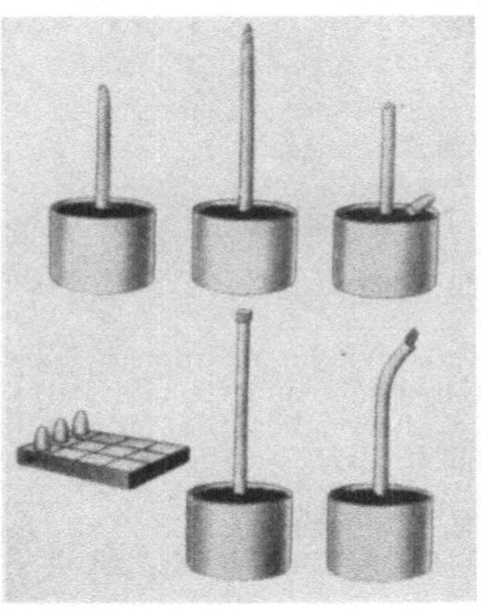

Abb. 99. Wuchsstoff und Wachstum der *Avena*-Koleoptile. Halbschematisch. Links oben Ausgangsgröße der Koleoptile; Mitte oben eine Koleoptile dieser Länge ist normal weitergewachsen; rechts oben eine Koleoptile gleicher Ausgangslänge ist dekapitiert worden; sie ist im Gegensatz zu der in der Mitte dargestellten nicht weiter gewachsen. Unten links: 3 Koleoptilspitzen auf Agar gesetzt. Unten Mitte: ein wuchsstoffhaltiger Agarwürfel fördert das Wachstum; wird er einseitig aufgesetzt (unten rechts), so führt er zur Krümmung. (Nach WENT.)

Die Auxine. Die Entdeckung der Hormone für die Zellstreckung höherer Pflanzen, der Auxine, geht auf Beobachtungen von FITTING, BOYSEN-JENSEN, PAÀL, SÖDING u. a. zurück: in der Koleoptilspitze von *Avena* befindet sich ein wachstumsbeschleunigender Stoff, der zur Basis wandert. Vor dem Beginn der Studien an Koleoptilen hatten schon Untersuchungen FITTINGS das Vorkommen von Wachstumshormonen erkennen lassen: In Orchideenpollinien wurde ein Stoff gefunden, der am Gynostemium Schwellungen hervorruft. Nach weiteren Untersuchungen (PAÀL, STARK, SÖDING, SNOW, CHOLODNY u. a.) konnte dann F. W. WENT seine erfolgreiche Arbeit über den Wuchsstoff in der *Avena*-Koleoptile durchführen. Aus abgeschnittenen Koleoptilspitzen kann ein Stoff in Agar diffundieren und nachher auf Koleoptilstümpfe, denen der Wuchsstoffagar aufgesetzt wird, wachstumsbeschleunigend wirken. Die Wachstumsbeschleunigung erkennt man in diesem *Avena*-Test am einfachsten, indem das Agarblöckchen einseitig aufgesetzt wird, denn die Wachstumsbeschleunigung muß dann ja zu einer Krümmung führen (Abb. 99).

Avena-Koleoptilstümpfe blieben auch weiterhin das wichtigste Testobjekt, wenngleich die Methodik später noch verbessert werden konnte. Die Agarabfangmethode wurde nicht immer beibehalten; an ihre Stelle traten oft einfachere Extraktionsmethoden, die jedoch gewisse Nachteile haben können; so macht sich z. B. beim Extrahieren mit Wasser aus dem zerquetschten Pflanzenmaterial oft das Vorhandensein von Oxydasen, die den Wuchsstoff zerstören, nachteilig bemerkbar. Am geeignetsten ist meist die Extraktion mit kaltem Äther, in einigen Fällen Chloroform, das mit Salzsäure angesäuert wurde, oder auch Alkohol. Als Testobjekte dienten bei den weiteren Untersuchungen unter anderem isolierte Zylinder aus der *Avena*-Koleoptile, deren Verlängerung beim Aufenthalt in der zu untersuchenden Lösung bestimmt wird. Auch Erbsenepikotyle wurden benutzt. Sie werden der Länge nach teilweise halbiert und dann in die Lösungen übertragen. Bei der Wuchsstoffgegenwart krümmen sich die Hälften so, daß die Epidermisseiten konvex werden (Abb. 100). Weintraub und Mitarbeiter beschrieben einen neuen Test, bei dem auf halbetiolierte *Phaseolus*-Hypokotyle einseitig eine alkoholische Lösung der Testsubstanz aufgetragen wird. Auch die Messung der Wurzelverlängerung in Testlösungen ist als Test geeignet (Moewus, Ashby).

Daneben haben sich noch andere Testobjekte als brauchbar erwiesen, und es hat sich weiterhin bewährt, den zu untersuchenden Stoff in Pastenform (mit Wollfett verrieben) auf die Pflanze einseitig aufzutragen. Es wird ganz von den besonderen Versuchsbedingungen und der Fragestellung abhängen, welches Testverfahren man wählt, und in welcher Form (in Agar, Paste oder Lösung) man die zu untersuchende Substanz bietet.

Abb. 100. Erbsentest für Wuchsstoffe. Verhalten von *Pisum*-Hypokotylen in Wasser (links) und in Wuchsstofflösungen (rechts).

Nachdem schon durch die Untersuchungen Wents und anderer Botaniker die Ätherlöslichkeit, die Säurenatur sowie auch das Molekulargewicht annähernd bekannt waren, teilten Kögl und seine Mitarbeiter eine genaue chemische Reindarstellung und Analyse mit. Die erste Reindarstellung ging vom menschlichen Harn aus, der das Auxin aus der pflanzlichen Nahrung reichlich enthält. Dabei wurden zwei nahe verwandte Substanzen gefunden, die als Auxin a (s. Formel) und b bezeichnet und als die entscheidenden Regulatoren des pflanzlichen Strekkungswachstums angesehen wurden:

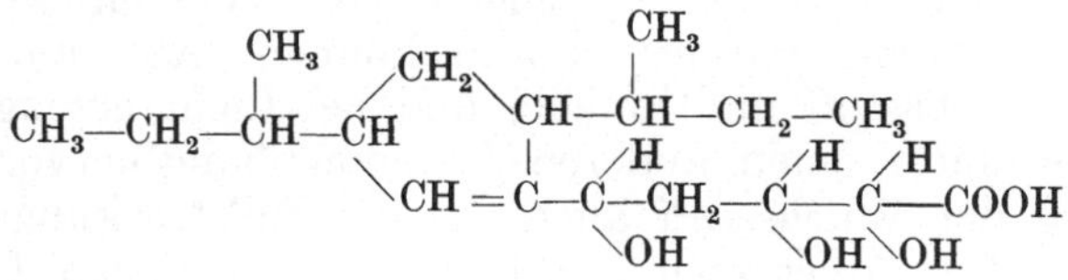

```
              CH3                        CH3
               |       CH2               |
               |     /     \             |
CH3—CH2—CH—CH           CH—CH—CH2—CH3
                  \          |    /H        /H  /H
                   CH = C—C—CH2—C——C——COOH
                              \OH       \OH \OH
```

Auxin a $C_{18}H_{32}O_5$

Neuerdings häufen sich die Angaben, nach denen nicht diese beiden Substanzen, sondern die gleich zu besprechende Indolylessigsäure der eigentliche Wuchsstoff ist. Daher soll auf den folgenden Seiten die Bezeichnung ,,Auxin" so wie in der amerikanischen Literatur auf diese andere Substanz übertragen werden, obwohl die Bezeichnungen in der deutschen Literatur bisher mehr chemisch aufgefaßt wurden, und man daher für die Indolylessigsäure meist bei der Benennung ,,Heteroauxin" verblieb.

Nach den Arbeiten von Went und Kögl setzte eine Fülle von Untersuchungen über die Verbreitung des Wuchsstoffes im Pflanzenreich und in den verschiedensten Organen der Pflanze ein. Der Wuchsstoff ist fast überall in den höheren Pflanzen, in Sprossen, Blättern, Wurzeln, Hypokotylen, Knospen, Samen usw. Späterhin wurde er auch bei Farnen, Moosen, Pilzen und Algen festgestellt. Schwieriger war die Ermittlung der Teile, in denen das Auxin gebildet wird und die Entscheidung darüber, in welche Organe die Substanz nur durch Leitung gelangt. Das erste sicher nachgewiesene Auxinproduktionszentrum schien die Koleoptilspitze von *Avena* und überhaupt die der *Gramineen* zu sein. Jedoch hat sich das nicht voll bestätigt. Wuchsstoff ist überall in der Koleoptile enthalten und in der Spitze jedenfalls nicht in so viel größerer Konzentration wie man zunächst glaubte; vielleicht wird er in der Spitze aktiviert oder umgekehrt in der Basis inaktiviert bzw. gebunden. Jedenfalls stammt das in der *Gramineen*-Koleoptile angetroffene Auxin aus dem Endosperm, wo es in großer Menge speziell in den Aleuronzellen nachweisbar ist; von dort wird es einerseits zur Koleoptile und andererseits (wohl in geringerer Menge) in die Wurzel geleitet. Wird dem Endosperm der Wuchsstoff irgendwie, z. B. durch Wasser oder durch kataphoretische Extraktion entzogen, so unterbleibt das Koleoptilwachstum ebenso wie nach der völligen Entfernung des Endosperms. Durch experimentelle Auxingaben kann das Wachstum dann neu eingeleitet werden.

Für die Wuchsstoffbildung ist oft die Einwirkung von Licht notwendig, zum mindesten aber sehr fördernd. Zum Beispiel konnte in jungen Sprossen von *Vicia faba* nur dann Wuchsstoff nachgewiesen werden, wenn die Pflanzen vorher Licht bekommen hatten. Im Dunkeln kann das Auxin sogar nach einiger Zeit aus den Pflanzen verschwinden. Schon eine kurzdauernde Beleuchtung genügt dann, um den Wuchsstoffgehalt erneut ansteigen zu lassen. Es scheint, daß das Licht dabei durch die Einschaltung der Assimilation wichtig wird; denn auch experimentelle Zuckerdarreichung kann die Auxinbildung ermöglichen (ZDANOWA, LAIBACH). Der junge Keimling ist also, solange er kein Licht bekommt, auf die Auxinreserven aus dem Samen angewiesen, und man kann dann auch zeigen, daß die Konzentration im Samen am höchsten ist und mit zunehmendem Keimlingswachstum immer mehr abnimmt; nach der Blüte findet im Fruchtknoten und übrigens auch im Pollenkorn (Reserve für das Pollenschlauchwachstum!) wieder eine Auxinanhäufung statt. Wichtige Bildungszentren sind die Blätter. Im Gegensatz zu diesen scheinen die Wurzeln mancher Arten auch im Dunkeln Auxin synthetisieren zu können. Aber auch in Gewebekulturen wird Wuchsstoff im Dunkeln und bei Licht erzeugt.

Wir haben schon in einem anderen Zusammenhang hervorgehoben, daß sich, so wichtig der Wuchsstoff auch für die Zellstreckung ist, die Verteilung der Wachstumsgeschwindigkeit in den einzelnen Organen doch nicht allein aus der jeweiligen Hormonkonzentration erklärt; zwar besteht oft eine Parallelität zwischen Wuchsstoffmenge und Wachstumsgeschwindigkeit, aber es sind doch auch sehr viele Ausnahmen bekannt geworden.

Die Parallelität zwischen Wuchsstoffvorkommen und Wachstumsgeschwindigkeit erklärt sich aber zum mindesten teilweise gar nicht durch eine direkte und einfache kausale Abhängigkeit der Wachstumsgeschwindigkeit vom Wuchsstoffgehalt, sondern dadurch, daß die Organe, die aus anderen Ursachen, über die wir früher gesprochen haben, stärker wachsen, auch die hierfür nötige größere Hormonmenge selber produzieren oder freisetzen.

Indolylessigsäure. Die Auxine a und b schienen wie gesagt die einzigen von den höheren Pflanzen benutzten Zellstreckungshormone zu sein. Substanzen, die die Zellstreckung in ähnlicher Weise stark zu katalysieren vermögen, hielt man vorerst nicht für natürliche Wuchsstoffe. Solche Substanzen wurden zunächst bei Pilzen gefunden; die Mycelextrakte oder die Kulturflüssigkeiten beschleunigen das Streckungswachstum der höheren Pflanzen. Dabei ist man vor allem auf eine als Heteroauxin bezeichnete

Substanz gestoßen, die als β-Indolylessigsäure identifiziert wurde und ein synthetisch leicht herstellbarer Stoff ist (vgl. Formel). Man fand ihn unter anderem in der Kulturlösung von *Rhizopus suinus*, *Absidia ramosa*, *Saccharomyces cerevisiae*, *Aspergillus niger*, *Phycomyces*. Auch Bakterien bilden die Substanz reichlich; und aus der Bakterientätigkeit im Darm ist das Heteroauxinvorkommen im menschlichen Harn zu erklären.

Jetzt hat sich ergeben, daß Heteroauxin auch in höheren Pflanzen weit verbreitet ist. Zunächst wurde die Indolylessigsäure in Samen und Knollen gefunden; dann zeigte sich aber, daß auch der Wuchsstoff der *Avena*-Koleoptile nur oder doch zum größten Teil Indolylessigsäure ist (REINERT). Und die *Avena*-Koleoptilen enthalten auch das Enzymsystem, welches für die normale Bildung der Indolylessigsäure aus Tryptophan notwendig ist (WILDMAN und BONNER). Ebenso besitzen die Koleoptilen das Enzymsystem, welches Indolacetaldehyd (einen wichtigen „precursor" des Wuchsstoffes) zu Indolylessigsäure umwandeln kann. Daher sind erhebliche Zweifel laut geworden, ob man überhaupt noch die Annahme aufrechterhalten darf, daß das KÖGLsche Auxin ein normaler Wuchsstoff der Pflanze ist, und zum mindesten ist es durchaus gerechtfertigt, wenn die Bezeichnung „Auxin" jetzt zumeist auf die Indolylessigsäure übergegangen ist. So soll auch auf den folgenden Seiten gemäß der angelsächsischen Nomenklatur *unter „Auxin" einfach Wuchsstoff verstanden werden.*

CH
HC C—C—CH_2—COOH
HC C CH
CH NH

Indolylessigsäure

Es ist durchaus nicht notwendig, anzunehmen, daß nur eine Substanz als Wuchshormon in der Pflanze auftritt. Durch zahlreiche Untersuchungen sind uns viele synthetisch hergestellte Stoffe bekannt geworden, die ebenfalls eine starke Wuchsstoffwirkung ausüben, und von denen manche vielleicht auch in der Pflanze gebildet werden können. In der folgenden Tabelle sind einige dieser Stoffe mit ihrer relativen Wirksamkeit im *Avena*-Test zusammengestellt (KÖGL und KOSTERMAN).

Geprüfte Substanz	*Avena*-Einheiten je g
β-Indolylessigsäure	25 Milliarden
β-Indolylessigsäure-Äthylester	3 Milliarden
β-Indolylessigsäure-Propylester	1 Milliarde
2,3-Dihydro-Indol-3-Essigsäure-Methylester . .	34 Millionen
2,3-Dihydro-Indol-3-Essigsäure	unwirksam
2-Methyl-Indol-3-Essigsäure	125 Millionen
2-Methyl-Indol-3-Essigsäure-Methylester	unwirksam

Bis jetzt wissen wir nicht genau, auf welche Besonderheiten im Molekülbau es ankommt, um einer Substanz Wuchsstoffcharakter zu verleihen. Aber alle natürlichen und künstlichen Wuchsstoffe besitzen einen Fünferring mit mindestens einer Doppelbindung, alle sind Säuren, in denen die COOH-Gruppe durch mindestens ein C-Atom vom Ring getrennt ist. Doch auch eine bestimmte räumliche Anordnung innerhalb des Moleküls ist wichtig, nach der Auffassung einiger Autoren noch wichtiger als einige der oben genannten Bedingungen. So scheint namentlich ein Gleichgewicht zwischen dem hydrophilen und lipophilen Teil des Moleküls wesentlich zu sein (vgl. SKOOG).

Natürlich ist auch mit der Möglichkeit zu rechnen, daß bestimmte Stoffe darum eine Wuchsstoffwirkung ausüben, weil sie zu Wuchsstoffen umgewandelt werden können. So fand LARSEN überraschenderweise einen Wuchsstoff, der im Gegensatz zu allen anderen keine Säure war, es handelte sich um Indolacetaldehyd (vgl. auch HEMBERG). Aber es zeigte sich, daß dieser neutrale Wuchsstoff durch ein Enzymsystem der Pflanze, auf das wir schon hinwiesen, in Indolylessigsäure umgewandelt werden kann. Der Aldehyd ist also offenbar nur ein „precursor".

Ebenso könnte es auch im Sinne der von v. GUTTENBERG vertretenen Auffassung als möglich erscheinen, daß das Heteroauxin nur auf dem Wege über eine Aktivierung des KÖGLschen Auxins wirkt. Nach den neueren Befunden über das Vorherrschen von Heteroauxin ist die Berechtigung dieser Ansicht allerdings zweifelhaft geworden.

Wirkungsweise der Wuchsstoffe. Bei den Studien über die Wirkungsweise der Auxine glaubte man zunächst einen Verbrauch des Wuchsstoffes während des Wachstums annehmen zu müssen, weil das Auxin in der Basis der Haferkoleoptile nicht mehr nachweisbar ist. Dieser Schluß hat sich aber als unbegründet erwiesen, weil der Wuchsstoff in der Basis einerseits inaktiviert sein kann (z. B., wenn er nicht in der Form freier Säure, sondern als Salz vorliegt), und andererseits selbst aktiver Wuchsstoff in der Koleoptilbasis nachweisbar ist.

Ferner nahm man ursprünglich an, das Auxin erhöhe durch direkte Wirkung auf die Zellwände deren Dehnbarkeit. Aber die zur Wachstumsförderung notwendigen Auxinkonzentrationen sind so gering, daß das Hormon nur auf dem Wege über die Zwischenschaltung plasmatischer Auslösungsreaktionen auf die Wände wirken kann. Für ein Wandgebiet mehrerer hundert Zellulosebalken, bzw. für die Einlagerung von 300000 Glukoseresten ist nur ein Auxinmolekül notwendig, wenn eine Wachstumsförderung eintreten soll. Das Hormon wirkt schon in Konzentrationen, die bei weitem nicht ausreichen, um die Plasmaoberfläche monomolekular zu bedecken. Daß der Prozeß der Wachstumsbeeinflussung nicht so sehr einfacher Natur sein kann, geht ja auch aus der Bedeutung eines speziellen Molekülbaus der beschleunigenden Substanzen hervor.

Eine sehr wichtige Rolle spielt der Wuchsstoff bei der Regulierung des für das Wachstum notwendigen Anteils der Atmung. Ganz geklärt ist diese Wirkungsweise noch nicht; zum Teil mag das damit zusammenhängen, daß (vgl. S. 90f.) für das Wachstum offenbar verschiedenartige Komponenten der Atmung wichtig sind. COMMONER und THIMANN fanden bei *Avena*-Koleoptilgewebe eine Atmungssteigerung, die mit der Wachstumszunahme parallel lief. Eben hieraus wurde auf die schon (S. 90) erwähnte besondere „Wachstumsatmung" geschlossen, die an C_4-Säuren gebunden ist und etwa 10% der Gesamtatmung ausmacht.

Die Atmung kann durch Substanzen gehemmt werden, die spezifisch auf Sulfhydrilverbindungen wirken, so daß wohl Enzyme mit S-H-Gruppen entscheidend beteiligt sind (vgl. auch BONNER, HANSCH und Mitarbeiter).

Andererseits aber haben sich deutliche Beziehungen zur Bildung energiereicher Phosphate ergeben. Hierfür spricht namentlich die Wachstumshemmung durch 2,4-Dinitrophenol, welches als Mittel zur Verhinderung der Synthese energiereicher Phosphorverbindungen (Adenosintriphosphorsäure) bekannt ist. Durch 2,4-Dinitrophenol wird die wuchsstoffbedingte Atmungsförderung verhindert (BONNER). Diese Rolle des Auxins bei der Synthese von Adenosintriphosphorsäure würde übrigens mit seiner Funktion auf dem Wege über die Förderung der anosmotischen Wasseraufnahme harmonieren, weil auch diese Wasseraufnahme durch 2,4-Dinitrophenol gehemmt wird. Daß die Wasseraufnahme nur dann durch den Wuchsstoff gefördert wird, wenn Sauerstoff gegenwärtig ist, wurde ebenfalls nachgewiesen (Kelly, Bonner, Hackett und Thimann).

Vielleicht ist schon der Vorgang des Streckungswachstums so komplex, daß eine Theorie, die nur einen Prozeß berücksichtigt, nicht ausreicht, sondern mehrere Teilwirkungen angenommen werden müssen.

Ebenso müssen wir offenbar auch mit verschiedenartigen Folgen der durch den Wuchsstoff geförderten Atmung rechnen. Neben der erwähnten geförderten Wasseraufnahme entgegen dem osmotischen Gefälle muß auch die Dehnbarkeitserhöhung der Zellwände genannt werden. Eine Dehnbarkeitssteigerung durch den Wuchsstoff ist mehrfach nachgewiesen worden. Beispielsweise wurde an Wurzeln von *Vicia faba* mit Wuchsstoffkonzentrationen von etwa 10^{-8} mol eine Zunahme der plastischen Dehnbarkeit um mehr als 300%, eine Zunahme der elastischen Dehnbarkeit um etwa 100% gefunden. Für das Wachstum ist hierbei die Zunahme der Plastizität, also die schon erwähnte Lockerung der Haftpunkte, entscheidend. — Wie sehr dieser Prozeß erst sekundär infolge einer Anregung des Plasmas durch das Auxin entsteht, zeigt die Tatsache, daß nur unphysiologisch hohe Konzentrationen von etwa 10^{-2} mol durch direkte Einwirkung auf die Wände (an toten Zellen) die Dehnbarkeit zu steigern vermögen. Sicher ist jedenfalls, daß das Auxin nur Teilvorgänge des Streckungswachstums, also etwa die Membrandehnung katalysiert, nicht aber auch die Bildung der einzulagernden Bausteine. Entzieht man nämlich der Pflanze den Wuchsstoff, so hört die Dehnung auf; die Bildung der Membransubstanzen geht aber weiter, und zwar werden diese nunmehr angelagert (Apposition), führen also zur Membranverdickung, da die Einlagerung wegen der fehlenden Ausweitung nicht mehr möglich ist.

Die Dehnbarkeitserhöhung wird, wie Bonner nachwies, ebenfalls auf dem Umweg über die Atmungsbeeinflussung erreicht (jedenfalls ist sie an aerobe Bedingungen geknüpft).

Eine wichtige Rolle spielt vielleicht auch die Permeabilitätssteigerung durch den Wuchsstoff. v. Guttenberg und Mitarbeiter konnten zeigen, daß die Permeabilität, namentlich die Wasserpermeabilität, unter dem Einfluß von „Heteroauxin“ erheblich ansteigt. Dadurch wird die Wassereinströmung in die Zellen erleichtert und der Turgor erhöht sich bzw. (bei Wänden mit hoher plastischer Dehnbarkeit) die Wände werden irreversibel gestreckt. Daß hiermit eine der Hauptwirkungen des Wuchsstoffes erfaßt ist, wird auch durch den entgegengesetzten (permeabilitätsvermindernden) Einfluß von wachstumshemmenden Substanzen nahegelegt. Auch Untersuchungen Pohls (1953) sprechen sehr für eine solche Wirkungsweise des Wuchsstoffes und für die Annahme, daß die Dehnbarkeit der Zellwände sogar erst sekundär erhöht wird.

Da im lebenden Gewebe immer eine Konkurrenz um das Wasser besteht, kann eine Zelle mit höherer Wasserpermeabilität ihre Saugkraft schneller und weitergehend absättigen als eine andere. (Bei einer isolierten in Wasser liegenden Zelle hingegen könnte die Wasserpermeabilität natürlich keinen Einfluß auf das Ausmaß der Wasseraufnahme haben.)

Da der Wuchsstoff auch bei nicht wachstumsfähigen Teilen eine Verlängerung der Zellen (in dem Falle eine reversible Verlängerung) durch verstärkte Wassereinströmung bedingt, und da wir auch bei der Besprechung des Wachstumsmechanismus gesehen haben, daß sich Zonen hoher

Wachstumsintensität nicht durch hohe Saugkräfte, sondern anscheinend vor allem durch eine hohe Wasserpermeabilität auszeichnen, darf man in der Erhöhung der Wasserpermeabilität wohl einen entscheidenden Schritt der Auxinwirkung sehen. Durch die erhöhte Permeabilität wird nicht nur die Wassereinströmung erleichtert, sondern sekundär vielleicht auch die stoffliche Beeinflussung der Membranen durch Substanzen des Plasmas begünstigt.

Durch den Wuchsstoff wird auch die Plasmaströmung gefördert. Dieser Effekt kann ebenfalls wieder ursächlich mit mehreren anderen Auxinwirkungen zusammenhängen (THIMANN).

Bedeutung der Auxinkonzentration. Besonders bemerkenswert ist die Abhängigkeit der Wirkung des Auxins von seiner Konzentration. Auf eine derartige Abhängigkeit ist man durch das Studium der Wuchsstoffwirkung auf das Wurzelwachstum gestoßen. Es war schon lange bekannt, daß diese Substanzen in Konzentrationen, die das Sproßwachstum fördern, das Wurzelwachstum hemmen. Dieser zunächst schwer verständliche Antagonismus zwischen Wurzel und Sproß erwies sich als unbedeutender, sobald die Entdeckung gemacht wurde, daß die Zellstreckungshormone in sehr geringen Konzentrationen auch das Wurzelwachstum fördern. Wurzeln von *Zea Mays* in sterilen Nährlösungen (mit den nötigen Salzen und mit Zucker) werden durch $5{,}72 \cdot 10^{-6}$ mol Indolylessigsäure noch im Wachstum gehemmt, und zwar um 80%. Zwischen 10^{-6} und 10^{-9} mol nimmt die Hemmwirkung des Hormons ab, und es fördert in Konzentrationen von 10^{-10}—10^{-13} mol. Die Förderung kann optimal, nämlich bei $3 \cdot 10^{-11}$ mol, 100% erreichen. Noch geringere Konzentrationen als $2{,}86 \cdot 10^{-13}$ mol waren wirkungslos. Ähnliche Angaben liegen für die Wurzeln anderer Arten vor, wobei die Förderung im allgemeinen an Konzentrationen bis zu etwa 10^{-9} mol gebunden war.

Eine im Prinzip gleichartige Konzentrationsabhängigkeit der Hormonwirkung besteht offensichtlich auch für die anderen Organe, nur sind die kritischen Konzentrationen bei diesen anders. Sprosse und Koleoptilen werden eben noch durch wesentlich stärkere Auxinlösungen gefördert; bei sehr hoher Konzentration erfahren aber auch sie eine Hemmung. So läßt sich auch der eigentümliche hemmende Einfluß des Auxins auf das Austreiben der Achselknospen, von dem wir schon früher sprachen, verständlich machen. Allerdings sind die Meinungen hierüber, wie wir später sehen werden, noch geteilt.

Hiernach darf wohl für alle Organe eine ähnliche Kurve der Abhängigkeit des Wachstums von der Auxinkonzentration konstruiert werden, nur sind diese Kurven, wie das Schema (Abb. 101) zeigt, gegeneinander verschoben.

Am deutlichsten ist diese merkwürdige Abhängigkeit der Wuchsstoffwirkung von seiner Konzentration in den Gewebekulturversuchen GAUTHERETS herausgearbeitet worden. GAUTHERET fand folgende Wirkungen der Indolylessigsäure:

Konzentration	Art der Wirkung
10^{-10}—10^{-8}	Förderung der Zellstreckung und -teilung von Wurzeln
10^{-9}—10^{-7}	Förderung der Zellteilung von Meristemen
10^{-7}—10^{-5}	Auslösung der Wurzelbildung
10^{-6}—10^{-3}	Hemmung von Sproßanlagen
10^{-5}—10^{-3}	Allseitige Förderung des Zellwachstums

Burström deutet diese Wirkungskurve auf Grund experimenteller Untersuchungen an Wurzeln als das Resultat zweier verschiedenartiger Wuchsstoffwirkungen, also einer Förderung und einer Hemmung.

Auxintransport. Aus unseren bisherigen Betrachtungen geht schon hervor, daß das Auxin innerhalb der Pflanze oft über größere Strecken geleitet werden muß. Die Transportgeschwindigkeit kann 10—20 mm je Stunde erreichen, gelegentlich, anscheinend wenn ein Transport im Phloem beteiligt ist, sogar einige 100 mm je Stunde. Meist ist der Transport mehr oder weniger polar, kann also nur in einer Richtung, oder doch in dieser leichter als in entgegengesetzter stattfinden. Sowohl in Sproßorganen als auch in Wurzeln erfolgt diese bevorzugte Wanderung von der Spitze zur Basis; jedoch gilt das nur für die aktive Form des Auxins.

Die Notwendigkeit der Leitbündel für den Transport über größere Strecken ergibt sich aus dem Fehlen der Leitung beim Ringeln der Achsen.

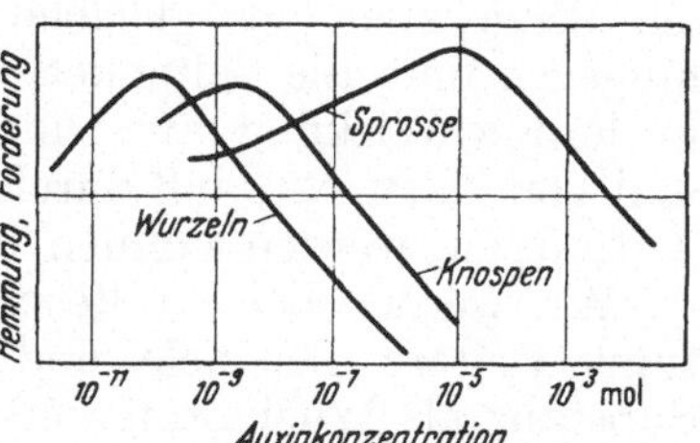

Abb. 101. Hemmende und fördernde Wirkung von Auxin auf verschiedenartige Organe. Das Auxin wirkt in geringen Konzentrationen stets fördernd, in hohen Konzentrationen hemmend. Der Umschlagspunkt liegt jedoch für Knospen bei geringeren Konzentrationen als für Sprosse, für Wurzeln bei noch geringeren Konzentrationen des Auxins. (Nach Thimann.)

Als eine einfache Diffusion läßt sich der Wuchsstofftransport nicht verstehen: anscheinend findet die Leitung vorwiegend, aber bestimmt nicht nur, im Leptom statt; das Hadrom jedenfalls ist nicht notwendig. Mehrfach hat man die Plasmaströmung zur Erklärung herangezogen. Elektrische Potentiale, denen man zeitweise eine Bedeutung beimaß, sind, wie wir schon erwähnten, nicht hervorragend wichtig, wenngleich sie in Sonderfällen bestimmt beachtet werden müssen.

Die Polarität des Auxintransports ist, wie wir noch sehen werden, entwicklungsphysiologisch sehr bedeutungsvoll.

Inaktives Auxin, Vorstufen. Häufig tritt das Auxin in der Pflanze nicht als freie Säure, sondern in nichtaktiver Form auf. Umwandlungen von der inaktiven zur aktiven Form sind physiologisch wichtig. Als eine dieser inaktiven Zustände ist auch der „precursor“ (Vorstufe) anzusehen.

Tryptophan und Indolacetaldehyd sind nach den schon erwähnten Zusammenhängen dieser Verbindungen mit der Indolylessigsäure natürlich als solche Wuchsstoffvorstufen möglich (vgl. Larsen, Bonner). Das gleiche gilt für andere Indolkörper, deren Vorkommen in der Pflanze zugleich zeigt, daß die Pflanze offenbar auf verschiedenen Wegen aus Tryptophan Indolylessigsäure bilden kann.

Hemmstoffe, Antagonisten. Verschiedene Stoffe, wie z. B. die sog. Erregungssubstanz, mit der wir uns später noch befassen werden, ferner Histidin und viele andere sind als Hemmstoffe bzw. als Wuchsstoffantagonisten bezeichnet worden. Wichtiger sind aber wohl Verbindungen, die mit dem Auxin nahe verwandt sind und wohl Umwandlungsprodukte von diesem darstellen (Veldstra und Havinga); Stewart fand einen Hemmstoff, der sich durch Hydrolyse in Wuchsstoff überführen läßt.

Durch Untersuchungen von Funke und Söding wird die hiermit angedeutete Verwandtschaft zwischen Wuchsstoff und Hemmstoff noch mehr unterstrichen. Diese Autoren fanden in der Haferkoleoptile einen wachstumshemmenden Stoff, der — nach seinem chemischen Verhalten zu urteilen — offenbar mit dem inaktiven Wuchsstoff identisch ist. Neben dem inaktiven Wuchsstoff gibt es also offenbar einen Hemmstoff. Der Hemmstoff kann (und das war auch schon durch die Untersuchungen über den inaktiven Wuchsstoff bzw. „precursor" bekannt) im Gegensatz zum aktiven Wuchsstoff in beiden Richtungen in der Pflanze transportiert werden. Offenbar kann in der Pflanze je nach den Bedingungen eine reversible Umwandlung vom Hemmstoff zum Wuchsstoff stattfinden, etwa in dem Sinne, daß in ruhenden Organen (Samen, Knollen) vorzugsweise der Hemmstoff enthalten ist.

Die Indolylessigsäure kann durch ein besonderes Ferment inaktiviert werden; dabei wird die Seitenkette angegriffen (Yu Wei Tang und Bonner).

Auch die synthetischen Antiwuchsstoffe zeigen gewisse Ähnlichkeiten mit den Wuchsstoffen, so ist nach Åberg notwendig, daß ihr Molekül ein Ringsystem des gleichen Typs besitzt wie es im Auxin vorkommt, hingegen muß die Seitenkette Eigenschaften besitzen, die eine wachstumsfördernde Wirkung ausschließen. Ferner zeigen Arbeiten von Bonner und von Thimann, daß durch bestimmte Strukturänderungen aus Auxinen Antiauxine werden können (vgl. auch Pohl).

Wir werden bei der Besprechung der Katalysatoren des Plasmawachstums weitere Beispiele und auch Erklärungen dafür finden, daß eine Substanz als Wuchsstoff und eine ihr chemisch verwandte als Hemmstoff, also als Antagonist dieses Wuchsstoffes wirken kann.

Freies und gebundenes Auxin. Auch Umwandlungen von freiem zu gebundenem Auxin sind oft beobachtet worden. Es handelt sich dabei um Bindungen an Eiweiße. Diese Bindungen und ebenso die Freisetzungen sind offenbar im normalphysiologischen Geschehen der Pflanze wichtig. Beim Extrahieren der Auxine zeigt sich der Unterschied im schnelleren Herausdiffundieren des freien Auxins, während das gebundene erst langsam enzymatisch aus seiner Eiweißbindung gelöst wird. In den Pflanzen kann gelegentlich die Hauptmenge des Auxins frei sein, es kann aber auch ein großer Teil oder sogar fast alles (so etwa im Endosperm des Getreidekorns) gebunden vorliegen. Die Umwandlung von gebundenem zu freiem Auxin wird von inneren und äußeren Faktoren reguliert. Sie findet z. B. bei der Keimung des Getreidekorns statt. Das freigesetzte Hormon wandert dann in einer der inaktiven Formen, vielleicht als Aldehyd, nach oben und wird so in der Koleoptilspitze aktiviert (vgl. Larsen).

Jedes Eiweiß, das Tryptophan enthält, wird dadurch zu einem möglichen Wuchsstofflieferer, enthält also „gebundenen Wuchsstoff" (Schocken). Es leuchtet hiernach ein, daß mindestens methodisch nicht klar zwischen gebundenem Wuchsstoff und Wuchsstoffvorstufen unterschieden werden kann.

Andere Auxinwirkungen. Nicht nur kann die Wirkung des Auxins auch durch andere Stoffe erreicht werden, sondern das Auxin kann seinerseits auch andere Prozesse als das Streckungswachstum beschleunigen.

Zu diesen anderen vom Wuchsstoff auslösbaren Reaktionen gehört z. B. die Zellteilung, die namentlich unter dem Einfluß übernormal hoher Konzentrationen so lebhaft werden kann, daß es zu starken Kalluswucherungen kommt (Laibach). Auch die Förderung der Kambiumtätigkeit und, im Zusammenhang damit, die Beeinflussung des Dickenwachstums gehört hierher (Söding). Nun besteht allerdings in solchen Fällen darin eine erhebliche Schwierigkeit, daß hohe Wuchsstoffkonzentrationen offensichtlich schädigend wirken. Und da die Beeinflussung der Zellteilungen erst durch hohe Hormonkonzentrationen erzielbar war, besteht der Verdacht, daß es primär nur auf die Schädigung ankommt und dadurch dann Wundhormone freigesetzt werden, von denen wir wissen und später genauer sehen werden, daß sie zellteilungsauslösend wirken. Bei der Beeinflussung der Kambiumtätigkeit allerdings handelt es sich zum Teil um Auxinkonzentrationen, die wir noch als normal bezeichnen dürfen, und auch ihre Wirkung erweckt nicht den Eindruck, daß sie indirekte Folge einer Schädigung ist. In dekapitierten Sprossen und Hypokotylen junger *Helianthus*-Keimpflanzen wird die Kambiumtätigkeit schon durch Konzentrationen von $1:10^6$ angeregt (Snow). Jedoch werden wir später sehen, daß eine günstige Auxinkonzentration für die Kambiumtätigkeit wohl notwendig ist, daß aber das Wechseln dieser Kambiumtätigkeit offenbar entscheidender von anderen Faktoren reguliert wird.

Abb. 102. Wirkung des Auxins auf die Wurzelbildung. Stecklinge von *Lonicera coerulea* links mit β-Indolylessigsäure behandelt, rechts unbehandelt. (Nach Fischnich.)

Auch die Ausbildung mehrerer Organe wird durch Auxin gefördert oder ermöglicht. Am meisten wurde die Bildung von Adventivwurzeln an vollständigen Sprossen, sowie die Wurzelbildung an der Basis abgeschnittener Sprosse untersucht (Bouillenne, Went, Laibach, Abb. 102). Diese Förderung der Wurzelbildung kann in besonderen Fällen für die Stecklingsvermehrung praktisch auswertbar sein. Man hat hierbei gelegentlich direkt von einer wurzelbildenden Substanz gesprochen. Das ist aber doch irreführend. Alle Sproßteile, an denen sich die Wurzelneubildung durch aufgetragene Indolylessigsäure erzielen läßt, zeigen ohnehin ein gewisses Bestreben zur Wurzelbildung. Das Hormon bedingt nur, daß die Wurzeln wesentlich reichlicher und leichter gebildet werden als sonst. Durch das Auxin wird den Zellen nur noch ein Anstoß gegeben, der im Prinzip auch durch ganz andere physikalische und chemische Agentien erreichbar ist. So dürfen wir uns nicht wundern, daß gerade beim Studium dieser Reaktion noch eine ganze Reihe anderer Substanzen gefunden wurde, die ebenfalls als Auxine anzusprechen sind. Nur einige davon seien genannt: β-Indolylpropionsäure, β-Indolylbuttersäure, Phenylpropionsäure, Phenylessigsäure, α- und β-Naphthalinessigsäure, Fluorenessigsäure, Anthrazenessigsäure, Äthylen, Azetylen, Propylen.

Selbst die Bildung parthenokarper Früchte kann durch Auxin veranlaßt werden; diese können dann ungefähr die Größe der normalen erreichen. Über die Rückschlüsse, die hieraus für die normale Fruchtbildung zu ziehen sind, werden wir später noch sprechen.

Manche Gallbildungen sind wohl teilweise durch die Wuchsstoffe erklärbar, die von den Gallbildung veranlassenden Organismen geliefert werden. Auch auf diese Frage kommen wir später zurück.

Wegen der schon erwähnten Fähigkeit der Bakterien zur Bildung von Indolylessigsäure ist es auch nicht erstaunlich, daß *Bact. solanacearum* bei mehreren Pflanzen nach dem Einimpfen ebenso die Adventivwurzelbildung veranlassen kann wie experimentell zugeführtes Auxin (Grieve). Auch die günstige Wirkung der symbiontisch in den Blättern der *Ardisia* lebenden Bakterien auf das Wachstum der *Ardisia* mag hier erwähnt werden.

Um die große morphogenetische Bedeutung der Wuchsstoffe zu verstehen, muß berücksichtigt werden, daß die Bildung der einzelnen Organe und Gewebe an ganz verschiedene Wuchsstoffkonzentrationen gebunden ist, so daß also durch bloße Variation der Wuchsstoffkonzentration eine starke qualitative Beeinflussung der Morphogenese resultieren kann. Wir werden dafür später Beispiele kennenlernen.

Wuchshormone in der Praxis. Mehrere der besprochenen Wuchsstoffwirkungen sind auch für die gärtnerische und landwirtschaftliche Praxis ausgenutzt worden. Im Vordergrund steht dabei die Stecklingsbewurzelung. Aber auch die künstliche Parthenokarpie spielt schon eine erhebliche Rolle, sie läßt sich beispielsweise durch Bespritzen der Pflanzen mit Lösungen synthetischer Wuchsstoffe hervorrufen. Ähnlich werden solche Stoffe auch angewandt, um das vorzeitige Abfallen von Früchten zu verhindern. Das Haftenbleiben von Fruchtstielen hat sich nämlich ebenfalls als eine Wuchshormonwirkung herausgestellt.

Oft ist auch versucht worden, die wachstumsfördernde Wirkung der Wuchsstoffe praktisch auszuwerten. Jedoch haben sich die hieran geknüpften Erwartungen als unberechtigt erwiesen. Im günstigsten Fall lassen sich, etwa durch Einquellen des Saatguts in Wuchsstofflösungen, Ertragssteigerungen bis zu 30% erzielen, meist sind sie geringer (vgl. Söding und Mitarbeiter).

Dagegen spielen Hemmstoffe und Antiwuchsstoffe, aber auch synthetische Wuchsstoffe in überoptimalen und daher hemmenden Konzentrationen eine erhebliche praktische Rolle. Zum Beispiel werden manche synthetische Substanzen wie namentlich Dinitroverbindungen benutzt, um bei Obstbäumen einen Teil der jungen Früchte bzw. schon der Blüten abzutöten. Dadurch wird eine bessere Entwicklung der verbleibenden Früchte erreicht, außerdem kann so die Erschöpfung des Baumes verhindert werden, so daß sich dann bei Bäumen, die normalerweise nur alle 2 Jahre gut tragen, alljährlich eine gute Ernte erzielen läßt (vgl. Avery und Johnson).

Bei der Gelegenheit müssen auch die in den vergangenen Jahren in England und Amerika entwickelten Unkrautbekämpfungsmittel erwähnt werden, Wuchsstoffe, die unter dem Namen „2,4-D“ (2,4-Dichlorphenoxyessigsäure, vgl. Formel) bekannt geworden sind und in hohen Konzentrationen tötend wirken können.

OCH_2COOH

—Cl

Cl

„2,4-D“

Solche Substanzen, zu denen namentlich auch noch die 4-Chlorphenoxyessigsäure gehört, werden in Konzentrationen von 0,05—1% angewandt; sie zeichnen sich dadurch aus, daß sie nicht auf alle Pflanzenarten gleichartig wirken. Beispielsweise können Dikotyledonen stark geschädigt oder getötet werden, während die Monokotyledonen unbeeinflußt bleiben (vgl. z. B. Kraus und Mitchell).

Allgemeines. Es ist für den Physiologen nicht befremdlich, daß ein und dieselbe Leistung, also z. B. Auslösung der Zellstreckung oder der Wurzelbildung, durch ganz verschiedenartige Stoffe bedingt werden kann. Wir finden derartige Erscheinungen oft; sie sind gerade dann verständlich, wenn es sich um katalytische Verursachungen handelt. Man kann eben den Widerstand, der der Potenzentfaltung im Organismus entgegensteht, auf ganz verschiedenartige Weise beseitigen. In der Reizphysiologie stoßen wir fortgesetzt auf solche Fälle. Außerdem besteht aber nicht selten die erwähnte Möglichkeit, daß eine Substanz nur dadurch wirksam wird, daß sie das typische Hormon innerhalb der Zelle freisetzt oder aktiviert. Für die Erklärung des Vorkommens zahlreicher Stoffe mit Auxinwirkung hat namentlich WENT auf diese Möglichkeit hingewiesen.

Unnötig ist aber die Annahme, daß auch der Einfluß auf das Austreiben der Seitenknospen indirekter Natur sei und zustande komme, weil das Auxin den Transport anderer Substanzen beeinflusse. Auch die Annahme, die Wurzelbildung durch Auxin erkläre sich nur aus der Beeinflussung des Transports eines spezifischen Wurzelbildners, erscheint mir unbegründet. Wir müssen uns stets vor der Gefahr hüten, den Hormonen zu große und zu spezifische Potenzen zuzuschreiben; ihre Bedeutung liegt zumeist darin, daß sie besonders leicht einen Anstoß zu geben vermögen, den andere physikalische und chemische Agentien erst bei kräftigerer Dosierung liefern.

Damit ist eine Regel erkannt, deren Bedeutung weit über das Gebiet der pflanzlichen Wachstumsphysiologie hinausgeht. So haben sich in der tierischen Entwicklungsphysiologie immer wieder die Substanzen, in die man zunächst gleichsam die Potenz zu spezifischen Entwicklungsschritten glaubte hineinlegen zu dürfen, lediglich als Auslöser erwiesen. Die ausgelöste Reaktion ist in ihrer Qualität von der chemischen Natur des Stoffes unabhängig, und sie kann zudem auch durch andere Einflüsse bedingt werden. Selbst die von Genen bedingten Wirkungen lassen sich, wie wir sahen, gelegentlich durch andersartige Faktoren ähnlich erzielen.

So erscheint es also gegenwärtig als wenig treffend, eine enge Verknüpfung zwischen einem bestimmten Stoff und einer bestimmten physiologischen Leistung anzunehmen. Die Biokatalysatoren haben vielmehr die Aufgabe, Reaktionswiderstände an geeigneter Stelle und im geeigneten Ausmaß auszuschalten, zu verringern oder zu erhöhen.

2. Regulatoren des Plasmawachstums.

Nähr- und Wirkstoffe. Für das Plasmawachstum oder Assimilationswachstum, wie man es auch genannt hat, sind natürlich die verschiedensten Stoffe notwendig. Fehlt einer dieser Stoffe, so wird das Wachstum gehemmt oder verhindert. Das im einzelnen zu untersuchen, ist eine Aufgabe der Stoffwechselphysiologie, die sich auch bemüht, quantitative Gesetze für die Wachstumsminderung bei der verringerten Gabe bestimmter Stoffe aufzustellen. Zu den notwendigen Stoffen gehören natürlich in erster Linie außer dem Atmungsmaterial die Baustoffe (Nährstoffe), zu denen wir auch solche rechnen, die nur in geringen Mengen zum Einbau in die Zellbestandteile notwendig sind. Wenn das Wachstum durch Zufuhr eines vorher mangelnden Nährstoffes gefördert wird, so sprechen wir nur von der Deckung eines Nährstoffmangels. Wird aber das Wachstum durch Stoffe gefördert, die nicht in das Plasma eingebaut werden, so sprechen wir von einer Katalyse. Allerdings ist, wie KUHN treffend ausführt, diese Trennung von Nährstoffen und „Wirkstoffen“ (Katalysatoren) beim Wachstum praktisch nicht restlos durchführbar; der notwendige Stoff kann für einige Teilreaktionen Nährstoff, für andere Wirkstoff sein. Für die Chlorophyllbildung ist Eisen ein Wirkstoff, Magnesium ein Nährstoff, weil dieses im Gegensatz zu jenem im Chlorophyll enthalten ist. Eisen kann aber für die Bildung eisenhaltiger Fermente (Katalase, Peroxydasen und Zytochrome) Nährstoff sein. Da nun zum gesamten Wachstumsprozeß außer der Bildung des Chlorophylls auch die Bildung jener Enzyme gehört, ist Eisen zugleich Wirkstoff und Nährstoff.

Spurenelemente. Gerade die Tatsache, daß bestimmte Stoffe für die Bildung von Enzymen wichtig sind, macht es verständlich, daß sehr kleine Mengen der „Spurenelemente" einen großen Erfolg haben. — Wieweit man nun solche Stoffe, wie z. B. Zn, Cu, B, die in geringen Mengen das Wachstum zu katalysieren vermögen, als Wuchsstoffe bezeichnen will, bleibt willkürlich. Man hat tatsächlich schon gelegentlich Metallverbindungen, die in geringen Spuren das Wachstum fördern, als Wuchsstoffe oder doch als Co-Wuchsstoffe bezeichnet. Die Spurenelemente sind dadurch wichtig, daß sie an irgendeiner Stelle entscheidend in das physiologische Geschehen eingreifen. Zum Beispiel hat Bor, das noch in Konzentrationen von 1:50000000 beim Klee wachstumsfördernd wirkt, unter anderem einen Einfluß auf die Ionenaufnahme, während das wichtige Spurenelement Mangan vielleicht an Oxydoreduktionsvorgängen beteiligt ist.

Uns interessieren hier aber in erster Linie die von den Organismen selber produzierten Stoffe, denen eine besondere Rolle bei der Regulierung des Wachstums zufällt.

Entdeckung der Plasmawuchsstoffe. Die Geschichte der Entdeckung dieser Wuchsstoffe, also der Hormone des Plasmawuchses, geht auf die Beobachtung von WILDIERS zurück, daß sich Hefe ohne das Vorhandensein kleiner Mengen eines organischen Stoffes, den WILDIERS Bios nannte, nicht entwickelt; die Angabe wurde später für einige, nicht für alle Heferassen bestätigt. Auch bei anderen Pilzen wurden derartige Beobachtungen gemacht. Einige der Versuchsobjekte waren imstande, den notwendigen Ergänzungsstoff selber zu bilden; seine Notwendigkeit konnte sich also nur bei den anderen zeigen, die ihn nicht selber produzieren, sondern erst wachsen, wenn er ihnen fertig geboten wird. Man hat diese Wuchsstoffe, die sich in Wasser lösen, schon sehr bald von den in Äther löslichen Wuchsstoffen des Streckungswachstums der höheren Pflanzen unterschieden. Würde man der Sprache der Tierphysiologen folgen, so wäre hier von Hormonen zu sprechen, sofern die Pflanze den Stoff selber bildet, aber von Vitaminen, wenn er ihr fertig zugeführt werden muß.

Wirkstoffheterotrophe Pflanzen, Organe usw. Da manche der Pilze die Fähigkeit zur selbständigen Bildung der Wuchsstoffe nicht besitzen (man darf wohl sagen: verloren haben), konnte man die Bedeutung der Stoffe bei ihnen viel leichter erkennen als bei höheren Pflanzen, die jene Fähigkeit nur selten verloren haben.

Bei höheren Pflanzen kommt ebenfalls eine Wirkstoffheterotrophie gelegentlich vor. Wir werden sie z. B. bei den Keimlingen bestimmter Orchideen kennenlernen. Aber auch Organe, die weitgehend vom Stoffwechsel anderer Organe der gleichen Pflanze abhängen, können diese Heterotrophie zeigen, so z. B. die Wurzeln mancher Arten. Dasselbe gilt oft für die Embryonen, für deren Kultur in vitro sich neben Salzen und Zuckern viele Wirkstoffe als notwendig erwiesen haben, die noch nicht alle erfaßt werden konnten, sondern einfach mit Hefeextrakten, Extrakten von verschiedenen Früchten, Kokosmilch usw. zugegeben werden (vgl. die Literaturhinweise bei NAYLOR).

Bios, Pantothensäure. Der Faktor Bios hat sich als ein Komplex von Stoffen herausgestellt, unter denen man zunächst Bios I und Bios II unterschied. Bios I ist identisch mit Meso-Inosit $C_6H_6(OH)_6$

```
           HOH
            C
  HOHC ⁄       ╲ CHOH
     |          |
  HOHC ╲       ⁄ CHOH
            C
           HOH
```

Meso-Inosit

Er wurde aus Teestaub (Eastcott) und dann aus Hefe selber isoliert (Kögl und Hasselt).

Später wurde dann vom Bios II noch ein Bios III abgetrennt. Man bezeichnete Bios II als Biotin; es wurde von Kögl in kristallisiertem Zustand gewonnen, und zwar lieferten 5 Zentner Trockeneigelb, das als Ausgangsmaterial diente, 1,1 mg Biotin. Die Struktur haben du Vigneaud und Kögl erforscht:

```
     ⁄NH—CH—CH₂╲
  OC     |      ╲S              ⁄CH₃
     ╲NH—CH—CH—CH—CH
                  |     ╲CH₃
                 COOH
```

α-Biotin

Auch die Synthese ist gelungen.

Hefe kann etwa 1 g Biotin je 100000 kg enthalten. Biotin ist noch in Konzentrationen bis herunter zur Größenordnung von 10^{-11} physiologisch wirksam. Bei einer Heferasse war in Kögls Versuchen Biotin schon für sich wirksam. Dagegen fördert Meso-Inosit das Wachstum nur, wenn außerdem Biotin gegenwärtig ist. Durchaus nicht alle Mikroorganismen sind auf die Zufuhr von Biotin angewiesen, viele können es ebenso wie die höheren Pflanzen selber synthetisieren, so z. B. *Rhizopus suinus* und *Phycomyces Blakesleeanus*.

Mehrere Untersuchungen beschäftigen sich mit der Beeinflussung des Stoffwechsels durch Biotin. Erhöhungen der Kohlendioxydproduktion sowie auch Einwirkungen auf spezielle Enzymsysteme wurden gefunden. Aber eine eindeutige Beantwortung der Frage nach dem Eingreifen des Biotins in den Stoffwechsel lassen diese Feststellungen noch nicht zu (Shive und Rogers, Lichstein und Umbreit, Winzler und Mitarbeiter, Werkman und Wilson).

Bei *Sordaria Fimicola* verhindert Biotinmangel vor allem die Perithecienbildung, dagegen ist für das vegetative Wachstum eine geringere Biotinkonzentration ausreichend. Es kann beim Biotinmangel auch zur Ausbildung abnormer Asci kommen, oder es werden keine Ascosporen in den Schläuchen gebildet (Barnett und Lilly).

Eine weitere, als Pantothensäure bezeichnete Substanz ist mit Bios III identisch. Auch die Konstitution dieser Pantothensäure ist aufgeklärt worden; sie besteht aus zwei Komponenten, nämlich β-Alanin und Dioxydimethyl-buttersäure.

```
              CH₃
               |
HO—CH₂—C—CH · OH—CO—NH · CH₂ · CH₂—COOH
               |
              CH₃
```

Pantothensäure

Aus dieser Beteiligung des β-Alanins am Aufbau der Pantothensäure erklärt es sich, daß auch β-Alanin selber schon als Wuchsstoff wirken kann (jedoch nur, wenn der betreffende Organismus fähig ist, die Synthese der Pantothensäure aus den Komponenten selbständig durchzuführen). Zu den beobachteten Wirkungen der Pantothensäure (und gegebenenfalls auch des β-Alanins) gehört eine Förderung der Atmung bei der Hefe (HARTELIUS).

Viele Organismen können die Pantothensäure selber aufbauen, anderen fehlen einige der für die Synthese notwendigen Fermente, und nur für diese letztgenannten Formen ist die Pantothensäurezufuhr notwendig. Auf die Zufuhr sind z. B. angewiesen: Milchsäurebakterien, mehrere Streptokokken, einige Hefen. Höhere Pflanzen (jedenfalls *Pisum sativum*, nach LOUIS) können die Pantothensäure nur in den Blättern synthetisieren.

Es scheint, daß die Pantothensäure für den Aufbau des Tryptophans notwendig ist. *Staphylococcus aureus* kann sich bei Gegenwart von Glukose und Pantothensäure ohne Tryptophan entwickeln, während ihm diese Aminosäure sonst geboten werden muß (SEVAG, GREEN).

Vitamin B_1. Ähnlich kann interessanterweise auch Aneurin, also das Vitamin B_1, als biosartiger Wuchsstoff wirken und ebenso wie die anderen Wuchsstoffe das Wachstum schon für sich oder aber erst in Gemeinschaft mit anderen fördern bzw. auch ermöglichen. Aneurin ist bekanntlich in der Hefe in großen Mengen vorhanden (0,009 %); seine Konstitution ist ermittelt.

```
                                       Cl
        CH       CH₂                /
   N/      \\C/      \N———C—CH₃
   ‖          |            ‖       ‖
    C          C           CH    C—CH₂—CH₂ · OH
H₃C/  \N//   \NH₂       \S/
```

Aneurin

Es enthält, wie die Formel zeigt, zwei Komponenten, das Pyrimidin und das Thiazol.

```
      CH                 N——CH
  N/     \\CH             ‖      ‖
  ‖         |             CH   CH
 HC\     //CH              \S/
     N
```

Pyrimidin Thiazol

Einige Heferassen scheinen das Vermögen zur Bildung von Vitamin B_1 verloren zu haben.

Gerade Vitamin B_1 hat sich auch bei vielen anderen Pilzen als wirksam erwiesen, so bei *Phycomyces*, wo noch $0{,}02\,\gamma$ je Kubikzentimeter Nährlösung wirksam sind ($1\,\gamma = 0{,}001$ mg; SCHOPFER). Vitamin B_1 ermöglicht bei *Phycomyces* erst das Wachstum, fördert aber außerdem die Zygotenbildung. Andere Schimmelpilze können ihren Bedarf an Vitamin B_1 ohne weiteres durch eigene Synthese decken, werden also durch weitere Zugaben nicht oder nur wenig gefördert, so z. B. mehrere *Aspergillus*-Arten. Irgendwelche Regeln bezüglich der Fähigkeit der verschiedenen Arten, den einen oder anderen Wuchsstoff zu bilden, bestehen nicht. Zum Beispiel bildet *Polyporus adustus* offenbar Biotin, nicht aber Aneurin, während *Nematospora gossypii*, ein Baumwollparasit, Aneurin, nicht aber Biotin bildet. Weder *Polyporus adustus* noch *Nematospora gossypii* können für sich in synthetischen Nährlösungen (also in Lösungen, die etwa nur anorganische

Salze und Zucker enthalten) wachsen; finden sie sich aber beide gemeinsam in einer Nährlösung, so können sie sich allmählich entwickeln. *Polyporus* liefert in dieser Symbiose Biotin, *Nematospora* Aneurin (KÖGL und FRIES).

Ähnliche Symbiosen sind mehrfach beschrieben worden. Zum Beispiel können so *Sordaria fimicola* und *Phycomyces* zusammenleben. *Sordaria* liefert Aneurin, *Phycomyces* Biotin (BARNETT und LILLY).

In der folgenden Tabelle sind einige für Vitamin B_1 autotrophe und einige heterotrophe Pilze genannt, ferner einige Zwischenformen, die zwar ohne Aneurin wachsen können, bei denen dieses aber doch fördert (FRIES).

Heterotroph	Autotroph	Zwischenformen
Phycomyces Blakesleeanus	*Mucor spec.*	*Lenzites sepiaria*
Phycomyces nitens	*Zygorhynchus exponens*	*Nectria coccinea*
Chaetocladium macrosporum	*Absidia spec.*	*Valsa ceratophylla*
Parasitella simplex	*Rhizopus nigricans*	*Sclerotinia cinerea*
Dicranophora fulva	*Thamnidium elegans*	*Penicillium notatum*
Torula (einige Arten)	*Chaetostylum Fresenii*	*Daedalea unicolor*
Helvella infula	*Pilaira anomala*	
Lophodermium pinastri	*Aspergillus niger*	

Auch für mehrere Algen, wie etwa Arten von *Chilomonas*, *Polytoma*, *Euglena* u. a. ist Aneurin notwendig. Die optimalen Konzentrationen sind hier ebenfalls meist erheblich niedriger als 1 γ je Kubikzentimeter, können sogar etwa $^1/_{1000}$ oder $^1/_{10000}$ dieses Werts betragen (ONDRATSCHEK).

Für Vitamin B_1 wissen wir, an welcher Stelle des physiologischen Geschehens es eingreift; es ist nämlich für die Bildung der Co-Carboxylase wichtig, und zwar ist dieses Co-Ferment mit dem Pyrophosphorsäureester des Vitamins identisch. Aneurin ist somit für den Kohlenhydratstoffwechsel erforderlich.

Bios und Vitamin B_1 in höheren Pflanzen. Es liegen zahlreiche Angaben über das Vorkommen von Biossubstanzen und noch mehr von Vitamin B_1 bei höheren Pflanzen vor. Für Vitamin B_1 verfügen wir über quantitative Angaben, von denen einige zusammengestellt seien (1 γ = 1 Millionstel g):

Vitamin B_1 in höheren Pflanzen.

Pflanze	Vitamin B_1, γ in 100 g
Lactuca sativa	160
Spinacia oleracea	125
Daucus carota	110
Solanum lycopersicum, Frucht	70
Corylus avellana, Nuß	360
Triticum vulgare, Keimling	1000—3300
Triticum vulgare, Frucht	400—600

Die Vitamine bzw. die Biosfaktoren sind nicht in allen Teilen der höheren Pflanze gleichmäßig vorhanden. Ebenso wie Samen verfügen auch Pollenkörner über eine größere Reserve von Vitamin B_1 (SAGROMSKY). Bei *Gramineen* scheinen die Wuchsstoffe, speziell das Vitamin B_1, vor allem in der Aleuronschicht vorzukommen; wird diese Schicht nämlich teilweise oder ganz entfernt, so geht die Keimungshemmung mit der Menge des hierbei entfernten Vitamins B_1 parallel. Auch durch Prüfung der einzelnen Bestandteile an einem Testobjekt, also etwa an Hefe, läßt sich die Verteilung der wachstumsfördernden Stoffe in Pflanzen ermitteln. Bios wurde beim Mais vor allem im Embryo und im Skutellum gefunden, beim Weizen auch im Endosperm.

Schon in den trockenen Früchten sind die Substanzen enthalten, werden aber bei der Keimung aktiviert, also z. B. durch Änderung plasmatischer Strukturen freigesetzt. Daß eine solche Freisetzung für die Aktivierung wichtig werden kann, geht auch schon aus der Möglichkeit hervor, den Gehalt an aktivem Bios durch Autolyse zu erhöhen. Speziell über die Verteilung des Biotins im Reiskorn kann untenstehende Tabelle Aufschluß geben.

Biotinverteilung im Reiskorn.

Untersuchter Bestandteil	Einheiten Biotin je g
Reiskleie (mit Silberhäutchen)	7100
Abfall bei der 1. Politur	5300
Abfall bei der 2. Politur	4350
Poliertes Korn	470

Biossubstanzen wurden ferner begreiflicherweise auch im Kambium der höheren Pflanzen reichlich gefunden; hier sind ja Plasmawuchs und Zellteilung am lebhaftesten. Auch das reichliche Vorkommen in Knospen ist verständlich.

Da die Biosfaktoren einschließlich Vitamin B_1 nicht in allen Teilen der höheren Pflanze gleichmäßig verteilt sind, läßt sich auch für diese, obwohl sie die Substanzen selber zu synthetisieren vermögen, die Notwendigkeit jener Hormone beim Wachstumsprozeß demonstrieren. Nimmt man nämlich die Teile fort, die die Substanzen besonders reichlich enthalten, so wird das Wachstum gehemmt, beschleunigt sich aber wieder, wenn experimentell neue Biosfaktoren zugeführt werden. So sind z. B. Erbsenkeimlinge für ihr normales Wachstum auf die Kotyledonen angewiesen. Werden die ihrer Kotyledonen beraubten Keimlinge aber unter sterilen Bedingungen kultiviert und dem Nährboden Biotin zugesetzt, so wachsen sie gut, und zwar auch dann noch, wenn das Biotin in einer Verdünnung 1:125000000 vorliegt. Auch Vitamin B_1 wirkt unter solchen Bedingungen, namentlich zusammen mit Biotin, günstig (Kögl und Haagen-Smit). Begreiflicherweise zeigt sich die Bios- und Vitamin-B_1-Notwendigkeit besonders deutlich, wenn isolierte Gewebe kultiviert werden. Einer der Faktoren, die den Erfolg pflanzlicher Organ- und Gewebekulturen verhinderten, war das Fehlen dieser Stoffe in den benutzten Nährlösungen. Beispielsweise lassen sich isolierte Wurzelspitzen von Erbsen ohne Minderung der Wachstumsgeschwindigkeit dauernd weiter kultivieren, sofern Hefeextrakt hinzugesetzt wird, während das Wachstum bald aufhört, wenn die von der Hefe gebildeten Stoffe fehlen (Abb. 103). Normalerweise erhalten die Wurzeln ihr Vitamin B_1 aus den Blättern, wo es besonders gut (oder nur ?) im Licht synthetisiert wird (Bonner, Went).

Es gibt auch höhere Pflanzen, denen die Fähigkeit zur Bildung der Biosstoffe nicht nur in einzelnen Teilen, etwa in den Wurzeln, fehlt, sondern die diese Fähigkeit überhaupt verloren haben. Das trifft nach den Untersuchungen Burgeffs für die Keimlinge einiger Orchideen der Vandeengruppe zu; diese sind, wenigstens bis zur Bildung grüner Blätter, auf das Zusammenleben mit Pilzen angewiesen, die ihnen die Wuchsstoffe liefern. Dabei kann an die Stelle des lebenden Pilzes auch ein Extrakt aus diesem treten, und auch Hefe kann den Stoff, der wohl zu den Biosfaktoren gehört, liefern.

SCHAFFSTEIN hat gezeigt, daß der hier notwendige Stoff in Extrakten anderer höherer Pflanzen vorhanden ist; es handelt sich um ein für Zellteilungen wichtiges Vitamin, vielleicht um ein Nikotinsäurederivat. BAHME hat für mehrere Orchideen gezeigt, daß Nikotinsäure ein wichtiger Faktor des Keimlingswachstums ist. Daß gerade Orchideenkeimlinge auf eine Wirkstoffzufuhr (ebenso wie auch auf eine Nährstoffzufuhr!) angewiesen sein können, ist aus der geringen Größe der Samen, also der Endospermreduktion, erklärlich.

Auch sonst haben beim Zusammenleben von höheren Pflanzen mit Pilzen, etwa bei der Mykorrhiza, die höheren Pflanzen gelegentlich einen Vorteil, indem sie vom Pilz Vitamin beziehen, so vielleicht bei *Pirola*; jedoch sind einige Mykorrhizapilze (z. B. die mit Nadelbäumen zusammenlebenden *Boletus*-Arten) selber vitaminheterotroph (MELIN und NYMAN).

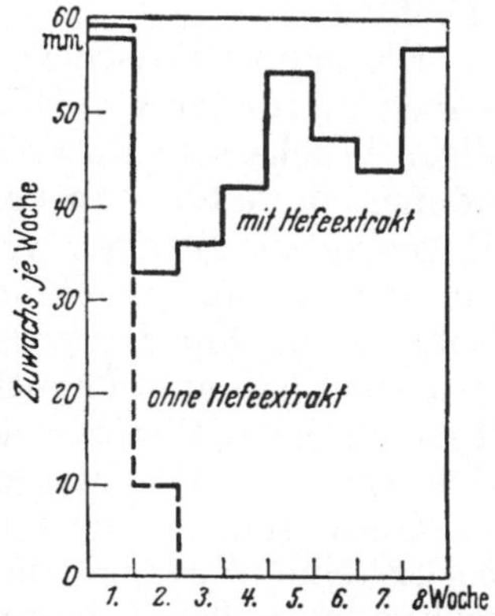

Abb. 103. Zuwachs isolierter Wurzeln von *Pisum sativum* in einer Nährlösung mit anorganischen Salzen und mit Zucker. Ordinate: Zuwachs je Woche ohne (gestrichelte Kurve) bzw. mit Hefeextrakt (ausgezogene Kurve): die Wurzel benötigt also zum Wachstum Vitamine. (Nach Versuchen von BONNER und ADDICOTT.)

Aufbau des Vitamins B_1. Nicht allen Pflanzen und Pflanzenteilen, die auf die Zufuhr von Vitamin B_1 angewiesen sind, muß das vollständige Molekül geboten werden. In manchen Fällen besteht die Heterotrophie nur hinsichtlich der Thiazolkomponente, in anderen nur für die Pyrimidinkomponente; unsere untenstehende Tabelle gibt einige Beispiele.

Manchen Organismen genügt nicht die Darbietung beider Komponenten; sie benötigen also das fertige Vitaminmolekül, weil sie die Fähigkeit verloren haben, die Komponenten zu vereinigen (z. B. der Flagellat *Strigomonas oncopelti*). — Solche Unterschiede entstehen, weil das eine oder andere der für den Aufbau der Komponenten bzw. ihre Vereinigung notwendigen Enzyme fehlen kann (vgl. auch S. 25ff).

Diese Unterschiede in der Fermentausrüstung beruhen offenbar auf Mutationen, bei denen die Fähigkeit zur Bildung von Fermenten verlorengehen kann. Die enge Beziehung zwischen Genen und Fermenten, die zur Wuchsstoffsynthese wichtig sind, haben wir schon früher besprochen. Daß solche Mutationen bei Pilzen nicht nur unter dem Einfluß von Röntgenstrahlen, sondern auch spontan auftreten, konnte FRIES nachweisen. Er fand bei *Ophiostoma multiannulatum* unter den aus isolierten Konidien gewonnenen Mycelien etwa 2% Abweichungen vom Mutterstamm. Es handelte sich dabei um Mutanten, die hinsichtlich eines der verschiedenartigen Wuchsstoffe heterotroph geworden waren.

Pflanze bzw. Organ	für Thiazol	für Pyrimidin
Tomatenwurzeln	heterotroph	autotroph
Rhodotorula rubra	autotroph	heterotroph
Phycomyces Blakesleeanus	heterotroph	autotroph
Pythiomorpha gonapodioides	autotroph	heterotroph
Mucor ramannianus	heterotroph	autotroph

Bringt man zwei Organismen zusammen, von denen einer die Thiazolkomponente, der andere die Pyrimidinkomponente synthetisieren kann, so vermögen sie sich in einer solchen künstlichen Symbiose ohne Zugabe des Vitamins oder einer seiner Komponenten zu entwickeln. So benötigt *Rhodotorula rubra* Pyrimidin, synthetisiert aber Thiazol. *Mucor ramannianus* synthetisiert Pyrimidin, benötigt aber Thiazol. Keine der beiden Komponenten kann also für sich allein wachsen; in der Symbiose aber versorgen sie sich gegenseitig (MÜLLER und SCHOPFER).

Derartige Symbiosen sind in der freien Natur zweifellos häufig.

Wirkstoffversorgung der Mikroorganismen. Auch Bakterien benötigen oft eine Vitaminzufuhr. *Staphylococcus aureus* braucht Aneurin und Nikotinsäureamid; durch Biotin wird die Wirkung dieser beiden Stoffe noch erhöht.

Die saprophytischen und parasitischen Pilze werden, soweit sie nicht selber die für ihr Wachstum (und damit indirekt für ihre Teilung) notwendigen Wuchsstoffe, also die Biosfaktoren und das Vitamin B_1 synthetisieren können, diese Substanzen von den höheren Pflanzen beziehen, die sie in der Regel zu produzieren vermögen. Die Hefe kann ihre Wuchsstoffe z. B. aus der Gerste entnehmen, die ihr zur Lieferung des Kohlenhydrats geboten wird. Für den parasitischen Pilz *Phytophthora cactorum* wurde nachgewiesen, daß er auf synthetischen Nährlösungen erst nach dem Zusatz von Teilen höherer Pflanzen wächst; das Wachstum von *Ustilago* wird durch die ihm von der Wirtspflanze gelieferten Biosfaktoren begünstigt. Auch die bekannte günstige Wirkung von Grünalgen auf das Wachstum von *Azotobacter* (eine Wirkung, die schon dem Erdalgenkochsaft zukommt) beruht wohl zum großen Teil auf der Lieferung von Biosstoffen.

Für Knöllchenbakterien (*B. radicicola*) darf man ebenfalls annehmen, daß sie wenigstens einige der notwendigen Wirkstoffe von der höheren Pflanze beziehen; denn sie sind für Biotin, einige Stämme auch für Aneurin heterotroph, und Extrakte aus höheren Pflanzen (nicht nur aus Leguminosen) wirken auf sie sehr günstig.

Flavin in Pflanzen.

Pflanze	mg Flavin	
Bacterium Pasteurianum	15	in 1000 g Trocken-Substanz
Saccharomyces cerevisiae	30	
Closterium butyricum	136	
Daucus carota	0,2	in 1000 g frischer Substanz
Spinacia oleracea	0,57	
Kartoffelknollen	0,075	
Apfelsinensaft	0,089	

```
                      OH OH OH
                       |  |  |
               CH2—C—C—C—CH2OH
                |      |  |  |
                |      H  H  H
          CH    N     N
H3C—C//  \C/  \C//  \C=O
    |      ||    |     |
H3C—C\\  /C\  /C\   /NH
          CH    N     C=O
```

Laktoflavin

Laktoflavin. Auch Vitamin B_2 (Laktoflavin, auch Riboflavin genannt, Formel obenstehend) müssen einige Organismen aus der Umgebung beziehen. Beispielsweise benötigen die stäbchenförmigen Milchsäurebakterien etwa 0,5 mg Laktoflavin in 1000 g Kulturflüssigkeit; diese Menge ist in der Milch normalerweise vorhanden. — Eine Aufgabe des Laktoflavins liegt darin, daß es in Verbindung mit einem Eiweißkörper das sog. gelbe Atmungsferment darstellt; es ist eine reversibel oxydier- und reduzierbare Verbindung (Redoxsystem) und als solche zum mindesten bei einigen Atmungsprozessen wichtig. Das Laktoflavin ist im gelben Atmungsferment übrigens nicht direkt an die Trägersubstanz gebunden, sondern in der Form von Laktoflavinphosphorsäure. Laktoflavin spielt offenbar, wie wir später sehen werden, bei der Aufnahme von Lichtreizen eine erhebliche Rolle. Einige Zahlen mögen die in den Pflanzen vorkommenden Laktoflavinmengen veranschaulichen (s. Tabelle).

Vitamin C ist für das pflanzliche Wachstum ebenfalls notwendig. Mehrfach wurden Wachstumsförderungen durch diesen synthetisch leicht darstellbaren Stoff (= Askorbinsäure, Formel nachstehend) beobachtet, besonders dann, wenn die Organe, in denen diese Substanz vornehmlich enthalten ist, zuvor entfernt worden waren. — Nach einigen Angaben scheint es, daß die Askorbinsäure vor allem in den Zellen vorkommt, die auch Chlorophyll besitzen. Im grünen Blatt soll das Mesophyll den maximalen Gehalt aufweisen. Jedoch können auch chloroplastenfreie Pflanzen Vitamin C bilden (MAIROLD und WEBER). Die Askorbinsäure zeichnet sich durch ein starkes Reduktionsvermögen aus und ist für Oxydations-Reduktionsprozesse in der Zelle wichtig. Die Substanz entsteht in der Pflanze anscheinend aus Zucker. — Über die in den Pflanzen vorhandenen Mengen orientiert folgende Tabelle.

```
      ┌────────┐
      C=O      │
      |        │
HO—C           │
      ‖        O
HO—C           │
      |        │
   H—C─────────┘
      |
HO—C—H
      |
      CH2OH
```

Askorbinsäure (Vitamin C)

Vitamin C in Pflanzen.

Pflanze	mg Askorbinsäure in 100 g
Hagebutte (*Rosa*-Früchte) . .	500
Citrus, Früchte	50—100
Fragaria-Scheinfrüchte . . .	50
Rubus idaeus, Früchte . . .	25

Karotin und Vitamin A. Es fragt sich, ob außer diesen wasserlöslichen Vitaminen auch dem fettlöslichen Vitamin A eine Bedeutung für das Pflanzenwachstum und überhaupt für die Lebensprozesse der Pflanze zukommt. In Pflanzen ist Vitamin A nie mit Sicherheit nachgewiesen worden, dagegen ist das reichliche Vorkommen des „Provitamins A", also des Karotins, speziell des β-Karotins, aus dem Vitamin A im Tierkörper leicht hervorgeht, bekannt. Gerade das β-Karotin, das das wichtigste als Provitamin A wirksame Karotinoid darstellt, ist überall im Pflanzenreich verbreitet:

```
CH3 CH3                                                                                    CH3 CH3
  \ /                                                                                        \ /
   C                                                                                          C
  / \                                                                                        / \
CH2 C—CH=CH—C=CH—CH=CH—C=CH—CH=CH—CH=C—CH=CH—CH=C—CH=CH—C   CH2
 |  ‖        |           |              |              |           ‖    |
CH2 C—CH3   CH3         CH3            CH3            CH3     CH3—C   CH2
  \ /                                                                   \ /
  CH2                                                                   CH2
```

β-Karotin

```
CH3 CH3
  \ /
   C
  / \
CH2 C—CH=CH—C=CH—CH=CH—C=CH—CH2OH
 |  ‖        |           |
CH2 C—CH3   CH3         CH3
  \ /
  CH2
```

Vitamin A.

Die Vermutung, daß auch das Karotin zu den beim Wachstum wichtigen Stoffen gehört, wird durch einige Angaben über Wachstumsförderungen mit Karotin nahegelegt. Allzu großer Wert darf auf diese Beziehung aber nicht gelegt werden, weil durch die betreffenden unterschiedlichen Ernährungsbedingungen auch Unterschiede in der Menge anderer Substanzen bedingt worden sind.

Sehr groß ist aber die Bedeutung des Karotins für die Wirkung von Lichtreizen; wir werden darauf bei der Untersuchung solcher Reizerscheinungen eingehen.

Andere Vitamine. Aus pflanzlichem Material sind noch mehrere andere Vitamine isoliert worden, und wir dürfen wohl annehmen, daß diesen auch im physiologischen Geschehen der Pflanze eine Rolle zufällt. Jedoch ist uns noch nicht bekannt, welche Funktion sie ausüben. Erwähnt sei etwa das Vitamin K, das in allen grünen Pflanzen vorkommt, und das ebenfalls überall im Pflanzenreich verbreitete Vitamin B_6 (Adermin); viele Hefen, Bakterien und auch Wurzeln einiger höherer Pflanzen haben sich als heterotroph für Vitamin B_6 erwiesen.

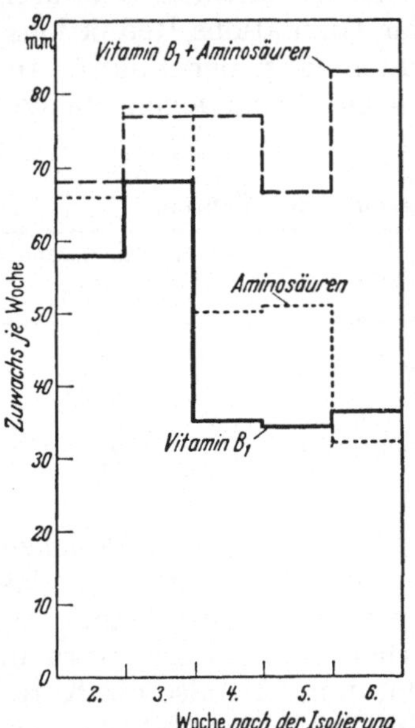

Abb. 104. Wachstum isolierter Wurzeln von *Pisum sativum* in einer Nährlösung mit anorganischen Salzen und mit Zucker. Ordinate: Zuwachs je Woche. Zusatz von Vitamin B_1 und Aminosäuregemisch wirkt günstiger als alleiniger Zusatz von B_1 oder von Aminosäuregemisch. (Nach Versuchen von BONNER und ADDICOTT.)

Zu den namentlich für Bakterien wichtigen Wuchsstoffen gehört noch das Vitamin H' (p-Aminobenzoesäure), von dem Konzentrationen zwischen $1 \cdot 10^{-10}$ bis $1 \cdot 10^{-9}$ g je Kubikzentimeter notwendig sind (vgl. WERKMANN und WILSON).

Aminosäuren. Endlich könnte man auch Aminosäuren zu den Wuchsstoffen rechnen. Bei den höheren Pflanzen haben sich die Wurzeln ähnlich wie hinsichtlich des Vitamins B_1 auch hinsichtlich mancher Aminosäuren als heterotroph erwiesen; sie erhalten normalerweise die für das Wachstum erforderlichen Aminosäuren aus den Blättern. In Kulturversuchen zeigten isolierte Wurzeln eine Wachstumshemmung, von der wir bereits erwähnten, daß sie durch Zusatz von Hefeextrakt verhindert werden kann. Vitamin B_1 verhindert die Hemmung zwar auch weitgehend, aber doch nicht so vollständig wie Hefeextrakt. Erst ein Gemisch von Vitamin B_1 mit mehreren (gemeinsam gebotenen) Aminosäuren vermag ebenso günstig zu wirken wie der Hefeextrakt (Abb. 104).

Allerdings erscheint es gerade hinsichtlich der Aminosäuren zweifelhaft, ob die Bezeichnung „Wuchsstoff" noch angebracht ist, oder ob es sich nicht vielmehr um nur in kleinen Mengen benötigte Baustoffe handelt. Dafür spricht, daß gleichzeitig ein Gemisch verschiedener Aminosäuren geboten werden muß (BONNER und ADDICOTT; auch Arbeiten von WHITE). Aber dann handelt es sich doch jedenfalls nur um Stoffe zum Aufbau katalytisch wirkender Verbindungen. Es fördern nämlich, wie Versuche an Hefe zeigten, auch solche Aminosäuren das Wachstum, die nicht zur N-Ernährung dienen können und zudem schon in sehr geringen Konzentrationen ihre maximale Wirkung entfalten, so z. B. bei der Hefe β-Alanin, das noch in Konzentrationen von 0,00025 mg je 50 cm³ Nährlösung fördert (NIELSEN und HARTELIUS).

Die Bedeutung des β-Alanins für den Aufbau der Pantothensäure haben wir schon besprochen. Die übrigen Aminosäuren müssen bei der Hefe in größeren Mengen geboten werden (Nielsen), wirken also wohl als eigentliche Nährstoffe beim Aufbau der Eiweißkörper.

Nikotinsäure. Wir haben schon die Bedeutung der Nikotinsäure als Wuchsstoff kurz erwähnt. Das Nikotinsäureamid (s. Formel) ist wichtig, weil es Bestandteil der Co-Zymase ist. Höhere Pflanzen können die Nikotinsäure im allgemeinen selber aufbauen, nicht aber z. B. *Pisum*-Wurzeln. Unter den für Nikotinsäure autotrophen Mikroorganismen können *Torula*-Arten erwähnt werden, dagegen sind viele andere Pilze und Bakterien auf die Zufuhr angewiesen. — Hefen (*Saccharomyces*arten) gelten als die nikotinsäurereichsten Pflanzen.

Die optimalen Konzentrationen liegen meist bei etwa 10^{-7} bis 10^{-8} g je Kubikzentimeter Nährlösung.

```
       CH
      //  \       O
    HC     C—C//
    |      ||    \
    HC     CH     NH2
      \\  /
        N
```

Nikotinsäureamid

Wuchsstoffantagonisten, Hemmstoffe. Häufig sind Stoffe festgestellt worden, die als Antiwuchsstoffe wirken, also die wachstumsfördernde Wirkung von Wuchsstoffen aufheben. Merkwürdigerweise sind einige dieser mit den Wuchsstoffen selber nahe verwandt. Hierher gehören z. B. die chemotherapeutisch so hochwirksamen Sulfonamide. Eines dieser Sulfonamide, das Prontosil album, hat die Formel

$$H_2N \cdot C_6H_4 \cdot SO_2 \cdot NH_3,$$

es ist somit nahe verwandt mit der p-Aminobenzoesäure

$$H_2N \cdot C_6H_4 \cdot COOH.$$

Diese Aminobenzoesäure ist mit einem als Vitamin H' bezeichneten Bakterienwuchsstoff identisch. Die Giftwirkung jenes Antiwuchsstoffes hat man so erklärt, daß er vermöge seiner Ähnlichkeit mit dem Vitamin dieses nach dem Massenwirkungsgesetz zu verdrängen vermag, so daß der Organismus wegen Vitaminmangel nicht mehr wachsen kann (Fildes, Kuhn).

Ähnlich mag ein Nikotinsäureantagonist wirken. Die Nikotinsäure leitet sich, wie die oben wiedergegebene Formel des Nikotinsäureamids zeigt, vom Pyridin ab. Baut man nun aus dem Pyridin nicht die Carboxylverbindung, sondern die entsprechende Schwefelverbindung, das Pyridin-3-Sulfonamid auf, so ist damit wieder ein Antagonist geschaffen (Wagner-Jauregg).

Auch ein Laktoflavinantagonist ist gefunden worden, der wieder eine ähnliche Zusammensetzung aufweist wie der Wuchsstoff selber, nämlich das 6,7-Dichlorriboflavin (Kuhn und Weygand).

Einige weitere Antiwuchsstoffwirkungen sind noch nicht ausreichend geklärt, aber wohl ähnlich zu deuten.

So verstehen wir, warum aus einem Wuchsstoff durch verhältnismäßig einfache chemische Änderungen ein Antiwuchsstoff werden kann. — Bei den Antagonisten der Wuchsstoffe des Streckungswachstums, von denen wir früher sprachen, mag es sich ähnlich verhalten.

In neuerer Zeit ist wiederholt festgestellt worden, daß namentlich Mikroorganismen, aber auch höhere Pflanzen, Stoffe bilden, die das Wachstum anderer Organismen hemmen (Abb. 105). Zu diesen „antibiotischen“ Stoffen, die oft Anti*wuchs*stoffe sein mögen, gehört auch das berühmte Penicillin (namentlich von *Penicillium notatum*, nach Entdeckungen Flemings), das Bakterien vor allem während der Vermehrung, nicht in den Ruhestadien, tötet, also wohl in die Teilungsprozesse eingreift. Einige Bakterien sind in der Lage, Penicillin durch eine „Penicillinase“ zu zerstören. Es sind mehrere Penicilline mit ähnlichen chemischen Zusammensetzungen beschrieben worden. Sie besitzen alle die gleiche Grundstruktur, in der vielleicht die drei asymmetrischen C-Atome wichtig sind:

```
      H   H   H
      |   |   |
      N—C—C—S—C=(CH3)2
      |   |   |       |
R—C   C—N———C—COOH
  ||  ||            |
  O   O             H
```

Grundstruktur der Penicilline

Zahlreiche Untersuchungen sprechen dafür, daß das Penicillin störend in die Eiweißsynthese eingreift.

Besonders reich an Hemmstoffen, die chemisch noch unbekannt sind, ist die Gattung *Actinomyces* (Abb. 105, Krasilnikov), ferner viele Bakterien und Pilze (Holtman), aber auch höhere Pflanzen.

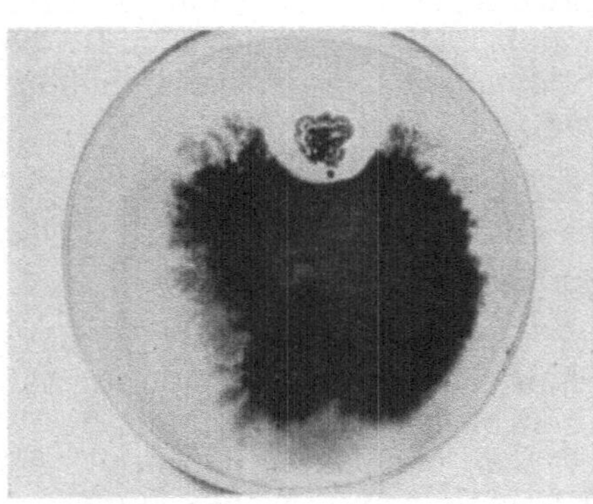

Abb. 105. Hemmung des Wachstums von *Bombardia lunata* (unten) durch *Actinomyces spec.* (oben). Etwa auf 1/2 verkleinert. (Nach Laibach und Kribben, Original.)

Das bekannte Streptomycin stammt von *Actinomyces griseus*. Der Wirkungsmechanismus des Streptomycins ist ungeklärt bzw. umstritten, doch spricht viel dafür, daß er in erster Linie durch Atmungshemmung wirkt. Viele dieser Hemmstoffe in Bakterien und Pilzen sind noch unbekannt.

Daß auch höhere Pflanzen solche Hemmstoffe enthalten können, zeigt die von den Säften ausgeübte bakterizide Wirkung. Zum Beispiel ist der Saft von Kohl und Rüben wirksam (Sherman und Hodge). Von 2300 auf ihre bakterizide Wirkung geprüften Blütenpflanzen erwiesen sich 134 Arten als positiv, besonders fallen hierbei die Ranunculaceen auf (Osborn). In den Wurzeln von *Carlina acaulis* findet sich eine Substanz, die auf *Staphylococcus aureus* hemmend wirkt (Schmidt-Thomé).

Nährlösungen. Die Untersuchungen über die Plasmawuchsstoffe machen es uns verständlich, warum man so viele Mißerfolge bei der Herstellung von Nährlösungen für Mikroorganismen hatte. Die meisten Mikroorganismen beziehen eben aus dem Substrat normalerweise nicht nur ihre eigentlichen Nährstoffe, sondern auch viele der erforderlichen Wuchsstoffe. Will man mit synthetischen Nährlösungen arbeiten, so muß man daher eine sehr große Anzahl von Wirkstoffen hinzusetzen. Für *Streptobacterium plantarum* ist z. B. folgende Lösung geeignet (vgl. Kuhn, Möller und Schwarz):

	Konz. in g/cm³		Konz. in g/cm³
Ammoniumazetat	$6{,}42 \cdot 10^{-3}$	d,l-Isoleucin	$1{,}00 \cdot 10^{-4}$
Dinatriumphosphat · 2 H_2O . .	$1{,}25 \cdot 10^{-3}$	d,l-Phenylalanin	$5{,}00 \cdot 10^{-4}$
Monokaliumphosphat	$0{,}83 \cdot 10^{-3}$	l-Tryptophan	$1{,}00 \cdot 10^{-4}$
Magnesiumsulfat · 7 H_2O . . .	$0{,}42 \cdot 10^{-3}$	d,l-Asparaginsäure	$5{,}00 \cdot 10^{-4}$
Ferricitrat	$0{,}42 \cdot 10^{-4}$	l-Glutaminsäure	$5{,}00 \cdot 10^{-4}$
Mangan-II-chlorid · 4 H_2O . .	$1{,}25 \cdot 10^{-5}$	Aneurinchlorid-HCl	$1{,}00 \cdot 10^{-7}$
Glukose	$2{,}00 \cdot 10^{-2}$	Adermin-HCl	$2{,}00 \cdot 10^{-6}$
l-Cystein-HCl	$0{,}80 \cdot 10^{-4}$	Nikotinsäure	$1{,}70 \cdot 10^{-5}$
d,l-Methionin	$0{,}50 \cdot 10^{-4}$	Adeninsulfat	$4{,}30 \cdot 10^{-5}$
Glykokoll	$5{,}00 \cdot 10^{-4}$	Biotinmethylester	$2{,}00 \cdot 10^{-9}$
d,l-Alanin	$5{,}00 \cdot 10^{-4}$	(+)-Pantothensäure-Ba . .	$6{,}00 \cdot 10^{-8}$
d,l-Valin	$5{,}00 \cdot 10^{-4}$	p-Aminobenzoesäure . . .	$1{,}66 \cdot 10^{-3}$

Allgemeines. Wir haben eine ganze Reihe verschiedener Stoffe kennengelernt, die für das Wachstum wichtig sind. Diese Vielheit ist nicht erstaunlich, weil das Wachstum selber schon aus vielen Teilprozessen besteht und zudem bereits die Schaffung der allgemeinen Voraussetzung für alle physiologischen Prozesse bestimmte Katalysatoren erfordert. Wenn also ein Stoff das Wachstum ermöglicht oder beschleunigt, so braucht er mit den spezifischen Wachstumsleistungen direkt nicht viel zu tun haben. Das hat die Vitaminforschung auch in der Tierphysiologie gelehrt. Manche Vitamine wurden zunächst als Wachstumsvitamine bezeichnet, während sich nachher zeigte, daß ihnen im Organismus andere Aufgaben zufallen, und nur die Durchführung dieser Aufgaben indirekt auch das Wachstum begünstigt. So verstehen wir, warum nie ein einziger der vielen Wuchsstoffe oder Vitamine ausreicht, um das Wachstum zu ermöglichen. Weil die verschiedensten Teilprozesse erforderlich sind, erweckt einer der vielen an ihnen beteiligten Stoffe höchstens dann den Eindruck eines spezifischen Wachstumskatalysators, wenn gerade er allein von dem betreffenden Organismus oder auch dem betreffenden Gewebe nicht gebildet werden kann, also der alleinige Zusatz dieses Stoffes zur Auslösung der Wachstumsprozesse ausreicht. Daraus nun zu schließen, das Studium dieses Stoffes und seiner Wirkungsweise sei zum Verständnis des Wachstums aufschlußreicher als das Studium der zahlreichen anderen beteiligten Stoffe und der von ihnen eingeleiteten Prozesse, ist verfehlt.

Literatur.

Mit einem * versehene Arbeiten sind zusammenfassende Darstellungen.

a) Zusammenfassungen über das Gesamtgebiet.

* Audus: Biol. Rev. Cambridge Philos. Soc. **24** (1949). — Avery and Johnson: Hormones and horticulture. New York 1947.

* Boysen-Jensen: Growth hormones in plants. New York 1938.

* Cholodny: Phytohormone (russisch). Kiew 1937. — * Chouard: Rev. Bot. appl. **28** (1948). — * Crocker: Growth of plants. New York 1948.

* Gautheret: Manuel technique de culture des tissus végétaux. Paris 1942. — Guttenberg, v.: Naturwiss. **37** (1950).

* Nicol: Plant growth substances. London 1938. — * Nielsen: Wuchsstoffe und Antiwuchsstoffe der Mikroorganismen. Jena 1945.

* Pratt and Dufrenoy: Antibiotics. Philadelphia u. London 1949.

* Schopfer: Erg. Biol. **17** (1939). Plants and vitamins. Waltham 1949. — * Skoog (Herausg.): Plant growth hormones. Univ. Wisconsin Press 1951. — * Söding: Die Wuchsstofflehre. Stuttgart 1952.

* Thimann: In: The action of hormones in plants and invertebrates. New York 1952.

* Vogel: Die Antibiotica. Nürnberg 1951.

* Waksman: Microbiol antagonisms and antibiotic substances. New York 1947. — * Went and Thimann: Phytohormones. New York 1937. — * Witsch, v.: Naturwiss. **36** (1949).

b) Auxine:

ÅBERG: Physiol. Plantarum **4** (1951). — ALGEUS: Bot. Not. (Lund.) (1946). — ANKER: Proc., Kon. Akad. Wetensch. Amsterdam **52**, Nr 8 (1949). — ASHBY: Bot. Gaz. **112** (1951). — AVERY: Amer. J. Bot. **28** (1941).

* BONNER: Plant Biochemistry. New York 1950. — * BONNER and WILDMAN: Sixth Growth Sympos. (USA.) 1941. — BRAUNER: Protoplasma (Berl.) **41** (1952). — BURSTRÖM: Physiol. Plantarum **3** (1950).

FREY-WYSSLING: Submicroscopic morphology of protoplasma and its derivatives. New York 1948. — FUNKE u. SÖDING: Planta (Berl.) **46** (1948).

GUTTENBERG, V. u. BEYTHIEN: Planta (Berl.) **40** (1951).

HAAGEN-SMIT u. Mitarb.: Science (Lancaster, Pa.) **93** (1941). — HACKETT and THIMANN: Plant Physiol. **25** (1950); Amer. J. Bot. **39** (1952). — HANSCH u. Mitarb.: Plant Physiol. **26** (1951). — HEMBERG: Acta Horti Bergiana **14** No 5 (1947).

JONES, HENBEST, SMITH and BENTLEY: Nature (Lond.) **169** (1952). — JUEL: Dansk Bot. Ark. **12** (1946).

KELLY: Amer. J. Bot. **34** (1947). — KRAUS and MITCHELL: Bot. Gaz. **108** (1947).

LARSEN: Dansk Bot. Ark. **11** (1944); Amer. J. Bot. **36** (1949); * Ann. Rev. Plant Physiol. **2** (1951).

MOEWUS: Ber. dtsch. bot. Ges. **64** (1951).

* POHL: Naturwiss. **39** (1952); **40** (1953).

REINERT: Z. Naturforsch. **5b** (1950). — RHODES and ASHWORTH: Nature (Lond.) **169** (1952.)

SCHOCKEN: Arch. of Biochem. **23** (1949). — SÖDING u. Mitarb.: Planta (Berl.) **37** (1949). — STEINER: Planta (Berl.) **36** (1948).

THIMANN: Plant. Physiol. **27** (1952). — THIMANN and BONNER: Amer. J. Bot. **36** (1949).

VELDSTRA and HAVINGA: Rec. Trav. chim. Pays.-Bas. **62** (1943).

WEINTRAUB u. Mitarb.: Amer. J. Bot. **38** (1951). — WENT: Arch. of. Biochem. **20** (1949).— WILDMAN and BONNER: Amer. J. Bot. **35** (1948). — WILDMAN and MUIR: Plant Physiol. **24** (1949).

YU WEI TANG and BONNER: Arch. of Biochem. **13** (1947).

c) Zusammenfassungen über Plasmawuchsstoffe, Vitamine usw.:

* Annual Rev. of Microbiology (seit 1947; mit regelmäßigen Beiträgen über Wirkstoffe und Antibiotika der Mikroorganismen).

* FRIES: Trans. Brit. Mycol. Soc. **30** (1948).

* HAWKER: J. Roy. Coll. Sci. **14** (1944). — * HOLTMAN: Bot. Rev. Cambridge Philos. Soc. **13** (1947).

* KARRER: Schweiz. Z. Path. u. Bakter. **7** (1944). — * KNIGHT: Vitamins a. Hormones **3** (1945).

NAYLOR: Surv. Biol. Progr. **2** (1952). — * NIELSEN: Vgl. unter a.

* SCHOPFER: Vgl. unter a.

* VOGEL: Vgl. unter a.

* WERKMAN and WILSON: Bacterial physiology. New York 1951.

d) Weitere Arbeiten über Plasmawuchsstoffe, Vitamine usw.:

BAHME: Science (Lancaster, Pa.) **109** (1949). — BARNETT and LILLY: Amer. J. Bot. **34** (1947).

FRIES: Hereditas (Lund) **34** (1948).

KRASSILNIKOW: J. gen. Biol. (russ.) **8** (1947).

LICHTSTEIN and UMBREIT: J. of Biol. Chem. **170** (1947). — LOUIS: Experientia (Basel) **8** (1952).

MAIROLD u. WEBER: Protoplasma (Berl.) **39** (1950).

NIELSEN u. HARTELIUS: C. r. Labor. Carlsberg, Sér. Physiol. **24** (1945).

ONDRATSCHEK: Arch. Mikrobiol. **12** (1941). — OSBORN: Brit. J. Exper. Path. **24** (1943).

SAGROMSKY: Biol. Zbl. **66** (1947). — SCHAFFSTEIN: Jb. wiss. Bot. **90** (1941). — SCHMIDT-THOMÉ: Z. Naturforsch. **5b** (1950). — SHERMANN and HODGE: J. Bacter. **31** (1936). — SHIVE and ROGERS: J. of Biol. Chem. **169** (1947).

WINZLER u. Mitarb.: Arch. of Biochem. **5** (1944).

V. Kernwachstum, Kern- und Zellteilung.

1. Kernteilung und Zellteilung.

Die Zellteilung ist bekanntlich ein wichtiger Vorgang bei der Gewebe- und Organbildung, weil neue Kerne, Protoplasten usw. durch Teilungsvorgänge aus alten entstehen. Die Grunderscheinungen der Zellteilung sollen hier als bekannt vorausgesetzt werden und dementsprechend auch auf eine Beschreibung der Mitose und Meiose verzichtet werden.

Koordination von Kern- und Zellteilung. Die Zellteilung ist im allgemeinen eng mit der Kernteilung gekoppelt. Das ist aber nicht notwendig so. In manchen Fällen beobachtet man unter normalen oder pathologischen Bedingungen eine Kernteilung ohne gleichzeitige Zellteilung, so daß mehrkernige Zellen entstehen. Aber auch Zellteilung ohne Kernteilung kommt vor, und es ist sogar beobachtet worden, daß sich Zellen ohne Gegenwart von Kernen zu teilen vermögen. So wurden an kernlosen Bruchstücken von Seeigeleiern nach der Einwirkung von Parthogenese auslösenden Mitteln Furchungsteilungen beobachtet. Auch die Versuche über Polyploidieauslösung lassen ja die Selbständigkeit des Spindelmechanismus erkennen. Wie die normalerweise gegebene Koordinierung von Spindelbildung und Chromosomenzyklus sowie von Kernteilung und Zellteilung zustande kommt, ist noch nicht aufgeklärt. Jedoch wissen wir, daß die Fähigkeit des Zytoplasmas, sich zu teilen, an bestimmte Gene geknüpft ist; fehlen diese, so kommt es zu einer anomalen Vermehrung der Chromosomen in den Kernen (SMITH).

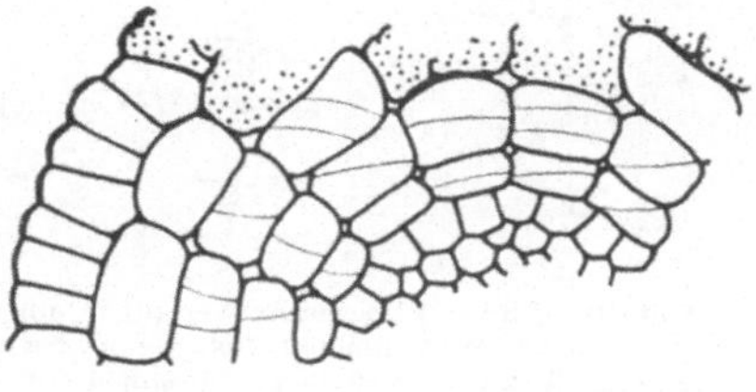

Abb. 106. Querschnitt durch eine Wurzel von *Sinapis alba*, die wenige Tage vor der Anfertigung des Schnittes verletzt worden ist (bei der Verwundung abgetötete Zellen sind punktiert gezeichnet). Die neu induzierten Teilungen verlaufen parallel zur Wundfläche.

Spindelorientierung. Wichtig für den Verlauf der Differenzierungsvorgänge, für die Bildung der verschiedenartigen Gewebe und Organe ist die Lage der Kernspindel während der Teilung, denn durch sie wird die Lage der neuen Zellwand bedingt. Wenngleich wir wissen, daß zahlreiche Faktoren die Orientierung der Kernspindel beeinflussen können, haben wir doch noch keine Kenntnis der entscheidenden Bedingungen gewonnen, durch deren Schaffung jene Faktoren wichtig werden. Einen starken Einfluß hat mechanischer Zug: Die Spindel orientiert sich meist senkrecht zur Zugrichtung. Man kann das etwa am Gewebe beobachten, das in den Sprossen der Blütenpflanzen nach der Sprengung des Sklerenchymrings die Lücken ausfüllt. Sehr wichtig ist für die Spindelorientierung die Polarität der Zelle und damit natürlich alle Faktoren, die diese Polarität induzieren. Wir werden später das Licht als einen solchen Faktor kennenlernen; es hat nicht nur in einzelligen Gebilden wie Sporen und Eizellen, sondern auch noch im

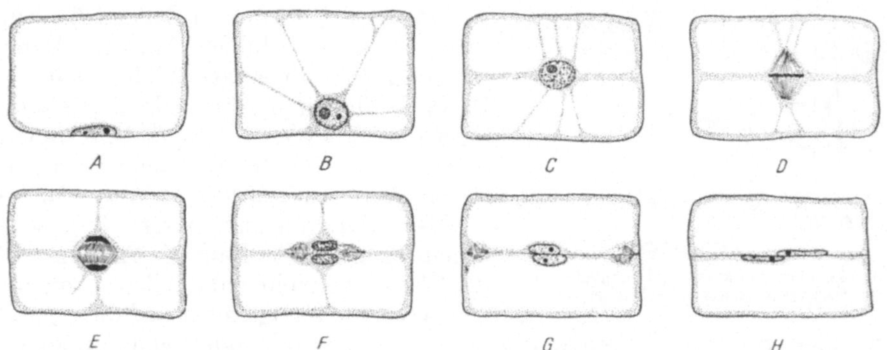

Abb. 107. Halbschematische Darstellung der Teilung in vakuolisierten Markzellen von Sproßspitzenmeristemen (Längsschnitte). Aufhängung des Kerns an Protoplasmasträngen (*B*, *C*), Zusammentreten dieser Stränge zum Phragmosom (*C*, *D*); Zellplatte und neue Wand folgen dem Verlauf des Phragmosoms (*F*—*H*). (Nach SINNOTT und BLOCH.)

mehrschichtigen Gewebe einen starken Einfluß auf die Orientierung der Spindel und damit der Teilungswände.

Wenn die Spindel sehr häufig in der Längsachse der Zelle steht, so erklärt sich das wohl kaum aus einer Bevorzugung dieser größeren Strecke, als vielmehr daraus, daß für die Wachstumsrichtung und für die Spindelorientierung die gleichen Faktoren wichtig sein können. Die polare Struktur der Zelle kann einerseits die Wachstumsrichtung bedingen und andererseits etwa ein stoffliches Gefälle induzieren, von dem die Spindelorientierung abhängt. Sehr leicht läßt sich durch die Induktion besonderer stofflicher Gefälle erreichen, daß die Spindel in der kürzeren Achse der Zelle steht. Zum Beispiel findet man, daß bei wundinduzierten Teilungen die Spindeln durchweg senkrecht zur Wundfläche stehen, also in der Richtung des Diffusionsgefälles der Wundhormone orientiert werden, und dabei können sie dann zwangsläufig mit der kürzeren Achse der Zellen zusammenfallen (Abb. 106). In Prokambiumsträngen sieht man ebenfalls regelmäßig Teilungen, bei denen die Spindel so orientiert ist (Abb. 194).

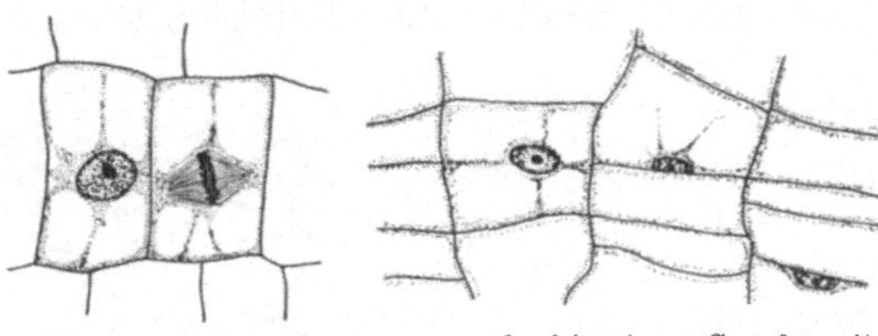

Abb. 108. Links: Phragmosomverlauf in einem Gewebe mit alternierender Wandstellung (*Polygonum sacchalinense*, Sproßspitze). Rechts ebenso, aber in einem Gewebe mit opponierter Wandstellung (*Bryophyllum*art, verletzter Blattstiel). (Nach SINNOTT und BLOCH.)

Teilung vakuolisierter Zellen. Daß die Lage der neuen Wand nicht nur vom Kern her bestimmt wird, ergibt sich aus dem Teilungsverhalten älterer Zellen, die schon eine Vakuole gebildet haben. Bereits während der Prophase bildet sich vom Plasmaschlauch aus durch die Aneinanderlagerung von Plasmasträngen eine Lamelle, innerhalb der später die neue Wand entsteht (Abb. 107, SINNOTT und BLOCH).

Das Phragmosom kann bei seiner Orientierung in der Zelle die Ansatzstellen der Wunde benachbarter Zellen vermeiden, sich aber auch umgekehrt auf diese gerade einstellen. So entsteht entweder eine alternierende oder eine opponierte Lage der Wände benachbarter Zellen (Abb. 108).

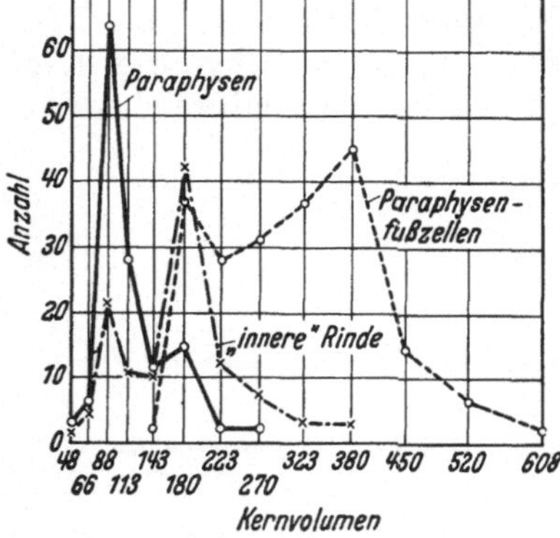

Abb. 109. Variationskurven der Kernvolumina von *Fucus platycarpus*. (Nach HÖPPNER.)

2. Kernwachstum.

Kernwachstum und Zellwachstum braucht nicht notwendig miteinander gekoppelt zu sein. In manchen Fällen vergrößert sich der Kern nach der Beendigung des meristematischen Wachstums überhaupt nicht mehr, während die Zelle noch wächst.

Messen wir die Kerngrößen in verschiedenen Geweben ein und derselben Pflanze, so finden wir verschiedene Werte, aber diese Werte sind nicht durch gleichmäßig häufige Übergänge miteinander verbunden, sondern bei bestimmten Werten der Kerngröße finden sich Maxima der Häufigkeit. Hieraus ist auf ein rhythmisches Kernwachstum zu schließen. Oft erfolgt dieses rhythmische Wachstum nach einer zunächst bei tierischen Geweben festgestellten Gesetzlichkeit, nämlich in einer geometrischen Verdoppelungsreihe, so z. B. nach Untersuchungen bei *Fucus*. Hier lassen sich im somatischen Gewebe drei Größenklassen der Kerne voneinander unterscheiden, die gesetzmäßig in der Thallusspitze verteilt sind (Abb. 109). Die Gesetzmäßigkeit gilt bei *Fucus* auch für das generative Gewebe. Dabei gehören die Oogonmutterzellen der Größenklasse mit achtfachem Grundvolumen an.

Das rhythmische Wachsen des Kerns ist uns heute in manchen Fällen begreiflich, weil wir wissen, daß bei den Pflanzen im normalen Gang ihrer individuellen Entwicklung eine innere Polyploidisierung eintreten kann (vgl. GEITLER). Aber hierin liegt nicht die einzige Ursache für rhythmisches Kernwachstum, es gibt auch rhythmisches Kernwachstum ohne innere Polyploidisierung. Für das rhythmische Wachstum des Kerns ist in diesen Fällen die rhythmische Mengenzunahme der extrachromosomalen Eiweißsubstanzen im Kern verantwortlich (SCHRADER und LEUCHTENBERGER).

Die somatische Polyploidie kann einen recht hohen Grad erreichen. Im Dauergewebe von *Sauromatum guttatum* wurden 16-ploide Kerne gefunden, die Wurzelhaarinitialen von *Trianea bogotensis* sind wohl 32-ploid, auch 64-ploide Kerne scheinen bei manchen Pflanzen vorzukommen (GEITLER). Daher ist es begreiflich, daß durch solche Endomitosen ein ansehnliches Kernwachstum möglich wird.

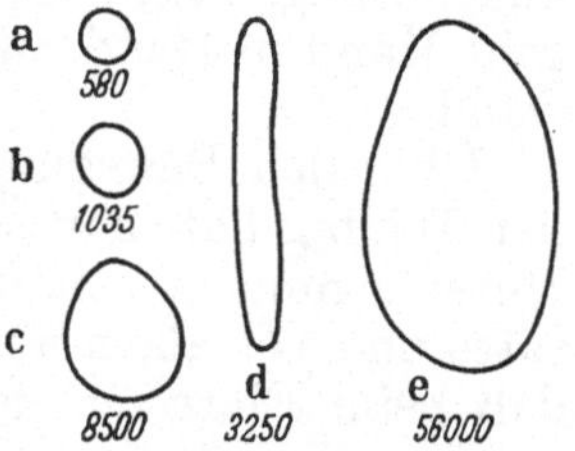

a 580
b 1035
c 8500
d 3250
e 56000

Abb. 110 a—e. Zellkerne aus verschiedenen Geweben der Wurzel von *Allium Cepa*. a aus der Epidermis; b aus dem Spitzenmeristem; c aus der Rinde; d aus dem Gefäßbündel; e aus dem Mark. Die Zahlen geben das Volumen in μ^3 an. (Nach THERMAN.)

Ein Kernwachstum tritt aber weiterhin auch als Folge von Chromosomenwachstum ein; das Chromosomenvolumen kann im Laufe der Entwicklung um ein Vielfaches steigen.

Endlich kann auch noch die Vermehrung von Kernsaft eine Ursache des Kernwachstums sein. Und dieser Faktor ist wohl dann besonders wichtig, wenn ein ganz extremer Anstieg des Volumens (beobachtet bis zum 400fachen des ursprünglichen) vorliegt (Abb. 110).

3. Mechanismus der Kernteilung.

Spiralisierung und Entspiralisierung. Dem Wechsel zwischen Ruhe und Teilung des Kerns geht bekanntlich ein Wechsel von Entspiralisierung und Spiralisierung des Chromonemas parallel. Wenn uns die Ursachen dieses Spiralisierungswechsels näher bekannt sind, wird uns auch der Teilungsmechanismus begreiflicher werden. Offenbar liegt eine wichtige Ursache für jene Änderungen im Chromonema in den Schwankungen des Nukleinsäuregehalts. Von der Prophase bis zur Metaphase zeigt sich eine starke Zunahme des Nukleinsäuregehalts, während die Eiweißmenge im Kern abnimmt. Diese Zunahme hängt wohl mit der in diesen Abschnitten stattfindenden Spiralisierung zusammen, während beim Rückgang zum Ruhekern die Abnahme des Nukleinsäuregehalts und die Entspiralisierung eintreten (vgl. CASPERSSON).

Hieraus wird auch verständlich, warum die normale Versorgung mit Nukleinsäure für den Kernteilungsvorgang unerläßlich ist. Jede Nukleinsäureverarmung etwa infolge schädigender Eingriffe (z. B. Röntgenstrahlen) bedingt auch eine Hemmung oder Verhinderung der Mitose.

Spindelmechanismus. Der Spindelapparat läßt durch seine Doppelbrechung den Aufbau aus parallelisierten Molekeln erkennen, d. h. er besitzt eine Faserstruktur (SCHMIDT). Dieses geordnete, zur Spindelbildung und Spindelorientierung führende Zusammentreten hängt anscheinend mit der Zellpolarität zusammen. Die Polarität muß, wie wir noch eingehender darstellen werden, in einer bestimmten Plasmastruktur bestehen. Diese Plasmastruktur ist in der Lage, einen gerichteten Stofftransport zu erzwingen; anscheinend ist sie auch in der Lage, eine gerichtete Orientierung der Polypeptidketten zu bedingen. Eine solche Ausrichtung von Polypeptidketten kann gelegentlich auch unabhängig vom Auftreten einer Teilungsspindel an einer Doppelbrechung des Protoplasmas erkennbar werden. Für diese Deutung der Spindelorientierung spricht die Tatsache, daß in Zellen ohne bevorzugte Wachstumsrichtung, in denen also die Polarisierung anscheinend noch fehlt, geordnete Teilungsspindeln zum mindesten oft nicht ausgebildet werden können. Die Induktion der Polarität in einer kugelförmigen Zelle, etwa in einer *Equisetum*-Spore oder in einem *Fucus*-Ei, geht Hand in Hand mit der Determinierung der Lage der ersten Teilungswand.

Über den Bewegungsmechanismus der Chromosomen in der Anaphase der Teilung hat man sich verschiedene Vorstellungen gemacht. Nach den Untersuchungen von SCHMIDT über die Doppelbrechung des Spindelapparates und vor allem auch nach seiner Beobachtung an *Cerebratulus lacteus*, daß beim Eintreten der Anaphase eine Unterbrechung der Spindelfasern im Äquator eintritt, dann also nicht mehr eine Verbindung von doppelbrechenden Fasern zwischen den Polen besteht, spricht viel für die Zugfasertheorie der Chromosomenbewegung, also für die Vorstellung, daß sich die Fasern, wie es auch sonst Polypeptidketten können, durch Kontraktion verkürzen. Diese Kontraktionen der Spindelfasern unterliegen offenbar dem gleichen Mechanismus wie andere Plasmakontraktionen, mit denen wir uns in einem allgemeineren Zusammenhang befassen werden. Auch zeigt sich während der Anaphase ein Verschwinden der Doppelbrechung, das mit einer ähnlichen Veränderung bei den Kontraktionen von Muskelfasern und Myonemen vergleichbar ist. Und wie bei solchen anderen Kontraktionen scheint auch hier Adenosintriphosphat der Energielieferant zu sein (LETTRÉ und ALBRECHT).

Jedoch sprechen auch viele Beobachtungen für die entgegengesetzte Theorie, daß die Bewegung hier auf der aktiven Tätigkeit eines Stemmkörpers im Mittelstück der Spindel beruht (BELAR). — Diese Theorie ließe sich ebenfalls mit unserer Kenntnis über die Fähigkeit zur Formänderung der Eiweißmoleküle vereinbaren, müßte aber damit rechnen, daß die Bewegung nicht durch Fältelung und Einrollung bedingt ist, sondern im Gegenteil durch eine Streckung vorher nicht vollständig gestreckter Fadenmoleküle.

Chromosomenpaarung. Der Mechanismus der Chromosomenkonjugation bei der Meiosis ist noch fast ungeklärt. Immerhin wissen wir jetzt schon etwas über Kräfte, die auch auf größere Entfernung hin wirksam werden. Bei Eiweißen sind Anziehungen zwischen Molekeln beobachtet worden, die offenbar auf Resonanzkräften beruhen und im biologischen Geschehen wohl eine erhebliche Rolle bei der Schaffung und Erhaltung submikroskopischer Strukturen spielen. In den verschiedensten Gelen sind solche Kräfte, mit denen sich namentlich PAULING befaßt hat, als Ordnungsfaktoren erkannt worden. Auch beim Tabakmosaikvirus wurde gefunden, daß sich die einzelnen Moleküle in bestimmten Abständen voneinander parallel orientieren können (vgl. FREKSA). Zwischenmolekulare Kräfte dieser Art könnten bei der Chromosomenkonjugation beteiligt sein.

Energetik. So wie für die Schaffung und Erhaltung der besonderen Bedingungen, die einen Wachstumsvorgang ermöglichen, scheint auch für die

Teilung eine eigene Energielieferung durch Atmung oder Glykolyse erforderlich zu sein. In Blättern von *Ligustrum* und *Hedera* fand BEATTY eine Parallelität zwischen Sauerstoffverbrauch und Mitosehäufigkeit. Nach Untersuchungen an *Arbacia*-Eiern wird diese Energie durch ein eigenes eisenhaltiges Fermentsystem geliefert. Diese Atmung soll 30 % der Gesamtatmung ausmachen (CLOWES und KRAHL). TRURNIT gelang es sogar, mit feinen Thermoelementen die Wärmetönung einzelner Zellen während der Teilung zu ermitteln; die Temperatur steigt bei der Zellteilung des Molcheies um etwa $0{,}02^0$. Beim Seeigelei wurde zu Beginn der Kernteilung ebenfalls ein solcher Temperaturanstieg beobachtet. Schon diese Feststellung des Temperaturanstiegs zu *Beginn* der Kernteilung spricht dafür, daß der erhöhte Energieumsatz nicht mit der Bildung der neuen Zellgrenzflächen, sondern mit der Kernteilung verbunden ist. Das wird noch durch die Angabe von ANDRESEN, HOLTER und ZEUTHEN unterstützt, daß der Atmungsanstieg bei sich entwickelnden tierischen Eiern auch dann eintritt, wenn bei der Entwicklung lediglich eine Synzytienbildung erfolgt, die Aufteilung in einzelne Zellen also unterbleibt. Aber selbst der Kernteilungsvorgang scheint noch nicht der eigentlich energieerfordernde Prozeß zu sein. Bei tierischen Eiern zeigt sich ein dem Zellteilungsrhythmus entsprechender Rhythmus des Sauerstoffverbrauchs. Wird aber durch Colchicin die Kern- und Zellvermehrung verhindert, so bleibt der Atmungsrhythmus trotzdem bestehen, er hängt also wohl eher mit dem rhythmischen Kernwachstum zusammen (ZEUTHEN).

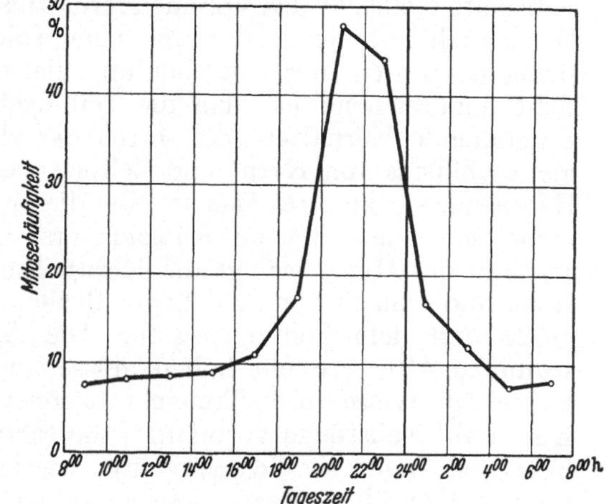

Abb. 111. Tagesperiodische Schwankung der Mitosehäufigkeit im Sproßvegetationspunkt von *Tradescantia zebrina*. Die Ordinate gibt an, welcher Prozentsatz der Kerne sich zu den einzelnen Tageszeiten in Teilung befand. Die Pflanze war im Gewächshaus dem normalen Licht-Dunkel-Wechsel ausgesetzt.

Ferner liegen viele Beobachtungen vor, die die Notwendigkeit von Zucker und von hoher Sauerstoffspannung für die Mitose zeigen (BULLOUGH). Teilungsbereite Kerne können sich auch durch ihren hohen Kohlenhydratgehalt vor den sich nicht teilenden auszeichnen (STICH). Auch die Tagesrhythmik der Kernteilungen (Abb. 111) hängt offenbar teilweise mit der Zuckerlieferung zusammen. Dafür spricht, daß die Kernteilungsrhythmik durch den Lichtdunkelwechsel gesteuert werden kann und hierbei offenbar grüne Plastiden wichtig sind (ROTTA, v. DENFFER); Wurzeln scheinen eine so ausgesprochene Mitoserhythmik nur zu zeigen, wenn sie (wie etwa Luftwurzeln von Orchideen) Chloroplasten enthalten.

Die Energie dürfte für mehrere Teilprozesse der Kern- und Zellteilung wichtig sein, namentlich wohl für die Kontraktion der Spindelfasern.

4. Hemmende und fördernde Faktoren der Kernteilung.

Innere Faktoren. Die Ursachen für den Übergang vom ruhenden zum sich teilenden Kern sind immer noch nicht ganz geklärt. Es liegt nahe, in der mit dem zunehmenden Kernwachstum zunehmenden Kerngröße eine dieser Ursachen zu sehen. Sicher spielt die Größe ebenso wie vielleicht auch das sich mit zunehmendem Kern- und Zellwachstum immer mehr zu ungunsten der Oberfläche ändernde Verhältnis des Volumens zur Oberfläche des Kerns oder der Zelle für die Teilungsbereitschaft eine gewisse Rolle; aber die Kerne können doch auch, wie wir schon sahen, in Dauerzellen eine ansehnliche Größe erreichen, ohne sich zu teilen. Wenn sich also die Kerne in den embryonalen Zellen besonders lebhaft teilen, so müssen hier neben dem Kernwachstum noch andere Faktoren gegeben sein, die diese Teilung begünstigen.

Wichtiger als die Größe der Kerne ist für die Herstellung der Teilungsbereitschaft vielleicht das Volumenverhältnis zwischen Kern und Zytoplasma. Doch auch mit der Auffindung einer solchen Beziehung ist das Problem sicher noch nicht der Entscheidung viel näher geführt. Wie sehr die Ansicht unzureichend ist, daß die Teilungsbereitschaft des Kerns durch das zunehmende Kernalter oder durch das sich immer mehr ändernde Volumenverhältnis von Kern- und Zellplasma bestimmt wird, zeigen Versuche HÄMMERLINGs an *Acetabularia*. Bei dieser Alge teilt sich der Kern zunächst nicht, sondern bleibt im Rhizoid; erst in einem späteren Entwicklungsstadium des Hutes erfolgt die Kernteilung und Zystenbildung. Dabei besteht nun zunächst einmal keine Beziehung zwischen der erreichten Hutgröße und dem Teilungsbeginn. Die Annahme, daß der Kern ein bestimmtes Alter erreicht haben müsse, um teilungsbereit zu werden, wird auf schöne Weise durch Transplantationsversuche widerlegt. Werden junge Kerne auf Teilstücke verpflanzt, die schon ihren maximalen Hut gebildet haben, so teilen sie sich vorzeitig; werden aber alte Kerne auf Teile mit jungem Hut übertragen, so teilen sie sich trotz ihres Alters nicht. Es ist also nicht das Alter der Kerne entscheidend, sondern in einem bestimmten Reifestadium des Hutes gehen vom Plasma Einflüsse aus, die die Kerne zur Teilung veranlassen. Worin diese Einflüsse bestehen, und wieweit sie ihrerseits vielleicht erst durch die Mitwirkung des Kerns möglich werden, vermögen wir noch nicht zu entscheiden.

Schon bei der Besprechung des Teilungsmechanismus erkannten wir, daß die zunehmende Menge Nukleinsäure im Kern für den Übergang von der Ruhe zur Teilung wichtig ist. Damit werden auch alle Faktoren, die die Nukleinsäuremenge beeinflussen, für die Teilung belangvoll, solche Faktoren werden wir gleich noch besprechen.

Zu den normalen Regulatoren der Nukleinsäureanreicherung im Kern scheint das Zytoplasma zu gehören, und eben hieraus erklärt sich wohl zu einem großen Teil die Bedeutung des Plasmas für die Teilungsbereitschaft des Kerns. Deutlich zeigt sich das z. B. bei manchen Vorgängen der inäqualen Zellteilung, die wir später ausführlich besprechen werden: Gelangt ein Tochterkern in eine Zelle mit dichterem Plasma, so tritt in ihm eine starke Bildung von Desoxyribosenukleinsäure ein, und er zeigt dann (wie etwa der generative Kern im Pollenkorn) oder wie eine Spaltöffnungsinitiale) eine erhöhte Teilungsbereitschaft. Der Nachbarkern in der plasmaärmeren Tochterzelle hingegen teilt sich nicht mehr.

Daß die Teilungsbereitschaft auch von energieliefernden Vorgängen abhängt, wurde schon erwähnt. In dem Zusammenhang mag noch darauf hingewiesen werden, daß die Beziehung zwischen Kern und Plastiden so eng sein kann, daß (nach BAUERs Untersuchungen an Moosen) jeder Kernteilung eine Plastidenteilung vorangeht. Werden die Plastiden geschädigt, so kann die Kernteilung erst erfolgen, wenn die Plastiden regeneriert sind und sich geteilt haben. Ob diese Korrelation energetischer Natur ist, muß freilich unentschieden bleiben.

Endlich liegen auch noch zahlreiche Untersuchungen über die Beziehung der Teilungsbereitschaft zum Zustand des Zytoplasmas vor. Schon das Wechseln zwischen physiologischen Zuständen lebhafter Teilungs- und solchen lebhafter Streckungsbereitschaft deutet auf eine Abhängigkeit von Besonderheiten des Plasmazustandes. Ohne auf Einzeluntersuchungen einzugehen, wollen wir doch noch erwähnen, daß z. B. die Azidität, die Permeabilität und die Viskosität die Teilungsbereitschaft beeinflussen können.

Begrenzte Teilungsfähigkeit. Nachdem die Zellen vom dauernd weiterarbeitenden Meristem des Vegetationspunktes oder vom Kambium abgetrennt worden sind, führen sie im Verlauf der Entwicklung noch eine begrenzte Anzahl von Teilungen durch. Diese Teilungen sind weniger zahlreich, als man auf Grund des starken Wachstums (das eben in erheblichem Maße nur ein Streckungswachstum ist) annehmen möchte. In den Wurzeln der Gramineen führt jede Zelle nach WAGNER 2—4 Querteilungen durch, dann beginnt die Streckung. Anscheinend ist die Anzahl der Teilungen von vornherein festgelegt; Größe und Form der Zellen sind dabei nicht wichtig. Die Erscheinung der konstanten Zahl von Teilungen findet sich also nicht nur bei der Bildung vieler Fortpflanzungszellen niederer und höherer Pflanzen, sondern zeigt sich auch beim Aufbau des Pflanzenkörpers selber. Eine Erklärung ist bisher nicht gelungen. Man könnte aus den Beobachtungen aber die Vermutung ableiten, daß für die Teilung ein Faktor wichtig ist, der sich nur im Meristem unbegrenzt vermehren kann. Es ist etwa an ein Teilungshormon zu denken. Dabei handelt es sich in erster Linie um einen Faktor, der für die Spindelbildung notwendig ist, weniger um einen für die Chromosomenverdoppelung entscheidenden; denn wo die Zellteilung fehlt, kann es trotzdem, wie wir noch sehen werden, zur Chromosomenvermehrung kommen, und die Anzahl von Chromosomenverdoppelungen kann dabei mit der entsprechenden Anzahl von Zellteilungen in sonst gleichwertigen Zellen übereinstimmen. Hierfür ein Beispiel: Die Wurzelhaarinitialen bei *Trianea* entstehen dadurch, daß von zwei Tochterzellen, die aus einer dermatogenen Zelle hervorgegangen sind, eine sich nicht weiter teilt, sondern ein Kernwachstum aufweist, das zur inneren Polyploidie führt. Die Schwesterzelle zeigt weiterhin Mitosen. Wahrscheinlich macht der erstgenannte Kern, der der Wurzelhaarinitiale angehört, ebenso viele Endomitosen durch wie die Schwesterzelle Mitosen (GEITLER).

Teilungshormone. Um den teilungsbereiten Kern zur Teilung zu veranlassen, müssen, wie etwa schon die erwähnten Versuche an *Acetabularia* vermuten lassen, bestimmte Einflüsse auf den Kern wirken, die man als hormonal betrachten könnte. Für die Beteiligung solcher Stoffe sprechen zunächst einmal die zahlreichen Beobachtungen über synchrone und progressive Teilungen. Synchron erfolgen beispielsweise die Teilungen in den Schläuchen der Askomyzeten, ebenso die Teilungen im Proembryo von *Ginkgo*. Ein progressiver Synchronismus der Teilungen, also ein allmähliches Ausbreiten der Teilungen auf benachbarte Zellen, ist etwa für die vielkernigen Wandbelege der Embryosäcke beschrieben worden; die Annahme der Beteiligung von Stoffen, die sich allmählich ausbreiten, wird hier besonders nahe gelegt, weil selbst die Hälfte einer Teilungsfigur gegenüber der anderen Hälfte schon weiter vorgeschritten sein kann, wenn sie dem Ursprung des Teilungsreizes näherliegt; wenn sie also von dem chemischen Reiz früher erreicht werden kann. Sehr instruktiv sind auch

Beobachtungen über den Teilungssynchronismus in den spermatogenen Fäden von *Nitella mucronata.* In den jungen, noch kurzen Fäden erfolgen die Teilungen synchron. Wird die Zellenzahl größer, so besteht der Synchronismus nur noch jeweils in den einzelnen Zellgruppen dieses Fadens, und zwar besteht jede Gruppe aus den Abkömmlingen einer Mutterzelle. Es sieht so aus, als wandere ein Teilungshormon von der Basis zur Spitze und als überschwemme es dabei ein Gebiet hintereinander liegender Zellen. Ist der Hormonstrom nicht stark genug, so macht er an den bedeutend dickeren Querwänden zwischen den genannten Gruppen halt (GEITLER).

Als weiteres Beispiel sei noch die Bildung der Nebenzellen bei den Spaltöffnungen mancher Arten genannt (Abb. 112). Die Nebenzellen können aus den an die Spaltöffnungsinitiale angrenzenden Epidermiszellen hervorgehen, indem die Kerne dieser angrenzenden Epidermiszellen an die mit der Initiale gemeinsame Wand wandern und sich in deren Nähe teilen. So kann die länger embryonale Initiale (sie hat ja noch die Teilung in die Schließzellen vor sich) die schon älteren Epidermiszellen wieder zur Teilung anregen. Das hat bereits HABERLANDT mit Teilungshormonen erklärt, die von den noch embryonalen Initialen an die angrenzenden Epidermiszellen ausgeschieden werden. HABERLANDT deutet so auch die Korkkambiumbildung: Von den zerstörten Epidermiszellen werden Nekrohormone gebildet und diese sollen die Kerne in den subepidermalen Schichten zur Teilung anregen.

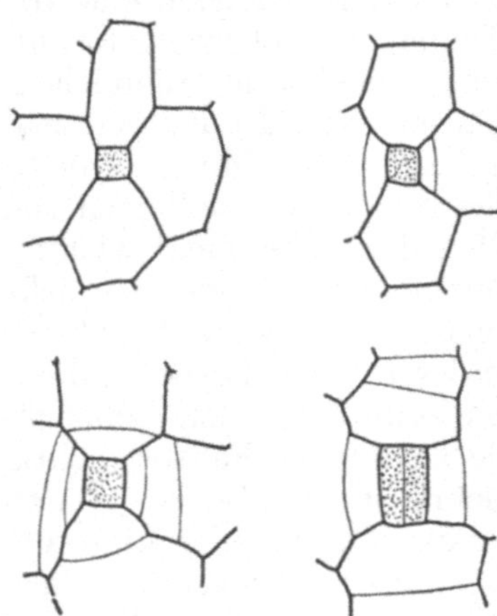

Abb. 112. Bildung der Spaltöffnungsnebenzellen im Blatt von *Canna iridiflora.*

In diesem Zusammenhang sei auch noch auf den sog. allelokatalytischen Effekt hingewiesen: An Protistenkulturen ist mehrfach beobachtet worden, daß sich die Vermehrungsintensität mit zunehmender Dichte der Zellen erhöht (REICH).

Eine gewisse Kenntnis von Stoffen, die die Zellteilung fördern, haben wir vom Studium der sog. Nekrohormone ausgehend gewonnen, die wir eben schon erwähnten und die uns später noch eingehender beschäftigen werden.

Strahlenwirkungen. Schädigende Strahlenarten, wie namentlich Röntgenstrahlen, beeinträchtigen die Mitose durch Störung des Nukleinsäurestoffwechsels (vgl. MARQUARDT). Auch andere Struktur- und Stoffwechselstörungen mögen dabei beteiligt sein.

Gelegentlich hatte man ultravioletten Strahlen, die von den sich teilenden Zellen selber erzeugt werden sollten, eine besondere Rolle für die Auslösung der Teilung zugeschrieben (GURWITSCH). Jedoch haben sich diese Behauptungen über die Existenz einer „mitogenetischen Strahlung" nicht bestätigt.

Meterwellen. Neuerdings wurde gefunden, daß Ultrakurzwellen (Wellenlänge 1,5 m) schon in geringen Feldstärken die Mitose fördern, in höheren merklich hemmen (BRAUER).

Temperatur. Extrem hohe und extrem niedrige Temperaturen hemmen die Mitose (BRAUER).

Mitosegifte. Zahlreiche Stoffe hemmen die Teilung. Es sind das die sog. Mitosegifte oder karyoklastischen Gifte (RIS). Zu erwähnen sind etwa: Trypaflavin, Kakodylate und vor allem Colchicin (DUSTIN). Nach LETTRÉ ist in diesen Mitosegiften die Stilbylamingruppe entscheidend wichtig. Die Zellen können nach der Behandlung mit solchen Stoffen wohl stark wachsen, oftmals weit über ihr normales Endvolumen hinaus, aber die Teilungen unterbleiben. Durch die Unterdrückung der Kernteilung kann es auch, etwa nach Colchicinbehandlung, zur Polyploidie kommen. Colchicin unterdrückt den Spindelmechanismus, es kann sogar die Auflösung bereits gebildeter Spindeln veranlassen. Offenbar verhindert Colchicin durch Zerstörung chemischer Bindungen die Orientierung von Eiweißmolekeln zu größeren Einheiten (INOUÉ). Wo die Spindel fehlt, können die Chromosomen nach solcher Behandlung (in der Mitose oder Meiose) nicht zu den Polen wandern. Durch Anwendung derartiger Gifte (Acenaphthen, Nikotinhydrochlorid, Natriumkakodylat, Adrenalin, Campher) konnte BAUCH an Hefe Gigasformen erzielen. Die vorhergenannte Colchicinbehandlung hat inzwischen eine große praktische Bedeutung bei der Gewinnung polyploider Pflanzen erreicht. Man behandelt entweder die keimenden Samen oder die Vegetationspunkte.

Die Angriffsart der einzelnen Gifte ist wohl unterschiedlich. Während Colchicin den Spindelmechanismus unterdrückt, soll Trypaflavin die Chromosomensubstanz angreifen (BAUCH). Das geschieht offenbar, indem sich Salze mit der Nukleinsäure bilden. Dementsprechend läßt sich die Giftwirkung auch wieder aufheben, indem neue Nukleinsäure zugesetzt wird (LETTRÉ).

5. Faktoren der Meiosis.

Entwicklungsphysiologisch ist natürlich noch die Frage besonders wichtig, welche Faktoren es bestimmen, ob die Teilung eine Mitose oder Meiose ist.

Dazu ist zunächst wichtig zu wissen, daß nach manchen Autoren durchaus keine strenge Beschränkung der Reduktionsteilungen auf die Bildung der Makro- und Mikrosporen besteht, vielmehr auch im somatischen Gewebe solche Teilungen vorkommen (BROWN, HUSKINS). Während diese Vorgänge normalerweise nur selten auftreten, läßt sich ihre Häufigkeit in Zwiebelwurzeln durch Zusatz von Na-Ribosenukleat erheblich steigern (HUSKINS). Damit wird natürlich auch die Rolle der Nukleinsäuremenge für diese Entscheidung, ob Mitose oder Meiose erfolgt, nahegelegt. Mehrere andere Beobachtungen weisen ebenfalls in diese Richtung (vgl. z. B. GUSTAFSSON).

Zahlreiche Untersuchungen (OEHLKERS und Mitarbeiter, STRAUB) beschäftigen sich mit der Abhängigkeit der Meiose und ihrer Teilvorgänge von den verschiedenartigsten Innen- und Außenbedingungen. Die dabei gewonnenen Ergebnisse sind wohl noch mehr zytogenetisch als allgemein entwicklungsphysiologisch interessant.

6. Zellwandbildung.

Wir hoben schon hervor, daß Kernteilung und Zellteilung zwar meist, aber nicht notwendig miteinander gekoppelt sind. Die oft bestehende Koppelung läßt natürlich Faktoren der Kernteilung in der Regel auch zu solchen der Zellteilung werden.

Die Wandbildung geht bei Pflanzenzellen bekanntlich meist vom Phragmoplasten aus, der sich von der Anaphasenspindel selber unterscheiden läßt. Er besteht aus Körnchen oder Tröpfchen, die in die Spindelregion einwandern. In dieser Region erscheint bald die neue Zellwand.

Die Bildung der Phragmoplasten kann durch verschiedene Substanzen, zu denen auch Colchicin gehört, unterdrückt werden; es entstehen dann also, wenn nicht auch die Kernteilung verhindert wird, mehrkernige Zellen (vgl. HUGHES).

Literatur.

a) Zusammenfassungen:

Internat. Rev. Cytology **1** (1952).

CASPERSSON: Cell growth and cell function. New York 1950.

HUGHES: The mitotic cycle. New York u. London 1952.

MARQUARDT: Fiat-Ber., Biologie **2** (1948). — MILOVIDOV: Physik und Chemie des Zellkerns, Bd. I. Berlin 1949.

SCHRADER: Mitosis. New York 1949.

TISCHLER: Allgemeine Pflanzenkaryologie. In Handbuch der Pflanzenanatomie, 2. Aufl. Berlin 1942.

b) Spezielle Arbeiten:

ANDRESEN u. Mitarb.: C. r. Labor. Carlsberg, Sér. Chim. **24** (1943).

BAUCH: Planta (Berl.) **35** (1948); Biol. Zbl. **68** (1949). — BAUER: Flora (Jena) **36** (1942). — BEATTY: Amer. J. Bot. **33** (1946). — BONNEVIE: J. of Morph. **81** (1947). — BRAUER: Planta (Berl.) **38** (1950); Chromosoma **3** (1950). — BROWN: Amer. J. Bot. **34** (1947). — BULLOUGH: Nature (Lond.) **165** (1950). — BULLOUGH and JOHNSON: Proc. Roy. Soc. Lond., Sér. B **138** (1951).

CLOWES and KRAHL: J. Gen. Physiol. **23** (1940).

DENFFER, v.: Arch. Mikrobiol. **14** (1950).

FREKSA, RAJEWSKY u. SCHÖN: Zwischenmolekulare Kräfte. Karlsruhe 1949.

GEITLER: Erg. Biol. **18** (1941); Österr. bot. Z. **95** (1948). — GUSTAFSSON: Lunds Univ. Årsskr., N. F. Afd. **2**, 43 (1947).

HÄMMERLING: Biol. Zbl. **59** (1939). — HÖPPNER: Z. Bot. **34** (1939). — HUGHES: Brit. Sci. News **2** (1949). — HUSKINS: Nature (Lond.) **161** (1948).

JÄHNL: Biol. Zbl. **65** (1946).

LETTRÉ: Naturwiss. **33** (1946); **34** (1947); **38** (1951).

OEHLKERS u. Mitarb.: Vgl. MARQUARDT unter a.

ROTTA: Planta (Berl.) **37** (1949). — REICH: Physiol. Zool. **11** (1938). — RIS: Biol. Bull. Mar. Biol. Labor. Wood's Hole **96** (1949).

SCHMIDT: Chromosoma **1** (1939). — SCHRADER and LEUCHTENBERGER: Exper. Cell. Res. **1** (1950). — SINNOTT and BLOCH: Amer. J. Bot. **28** (1941). — SMITH: Amer. J. Bot. **29** (1942). STEINEGGER u. LEVAN: Hereditas (Lund) **33** (1947). — STICH: Chromosoma **4** (1951). — STRAUB: Biol. Zbl. **70** (1951). — STRUGGER: Z. Naturforsch. **2** (1947).

TRURNIT: Naturwiss. **27** (1939).

ZEUTHEN: Pubbl. Staz. zool. Napoli **23**, Suppl. (1951).

Vierter Teil.

Die inneren Faktoren der Differenzierung.

I. Wachstum mit fehlender oder unvollständiger Differenzierung.

1. Wachstum und Entwicklung.

Im allgemeinen ist das pflanzliche Wachstum mit einer Differenzierung zu verschiedenartigen Zellen, Geweben und Organen verknüpft. Wenn von Entwicklung gesprochen wird, denkt man besonders an diese Differenzierungen. So könnte man geradezu der Entwicklung das reine Wachstum gegenüberstellen, obwohl sich eine scharfe Trennung zwischen Wachstum und Entwicklung schon rein begrifflich kaum konsequent durchführen läßt.

Bei manchen niederen Pflanzen, etwa bei Bakterien und Blaualgen, finden wir häufig nur Wachstum und Teilung. Aber die Differenzierung zu verschiedenen Zelltypen, z. B. in vegetative Zellen und in Sporen, fehlt auch hier nicht.

Fehlende Differenzierung bei höheren Pflanzen. Ein Wachstum ohne Differenzierung erfolgt bei höheren Pflanzen normalerweise höchstens für kurze Zeiten. Schon in den Scheitelregionen der höheren Pflanzen zeigen sich die ersten Differenzierungen: Die Scheitelzellen oder die sonstigen

Initialen in Meristemen teilen sich regelmäßig in zwei Zellen, von denen die eine weiterhin unbegrenzt teilbar bleibt, während die zweite nur noch eine sehr beschränkte Zahl von Teilungen durchführen kann. Das ist mindestens eine sofortige *physiologische* Differenzierung. Gelegentlich können sich meristematische Zellen aber auch teilen ohne damit zugleich eine Differenzierung zu verschiedenartigen Zellen zu bedingen. Es sei etwa an die Teilung gewisser Scheitelzellen durch Längswände erinnert, wobei (z. B. bei *Dictyota*) zwei gleichwertige Scheitelzellen und damit Gabelungen des Thallus resultieren. Oder eine radiale Wand im Kambium kann zur Vermehrung der Kambiumzellen führen (Abb. 113).

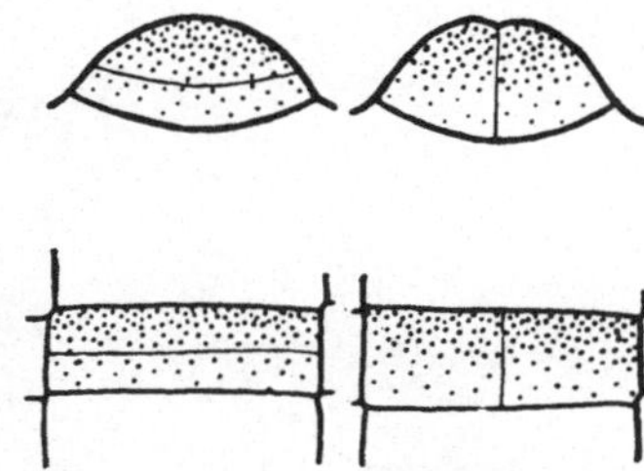

Abb. 113. Inäquale und äquale Teilungen in Meristemen. Oben: Scheitelzelle von *Dictyota*. Unten: Kambiumzelle einer Blütenpflanze. Das Gefälle in der Dichte der Punktierung gibt die mit der Polarität verknüpften stofflichen Gradienten in der Zelle an. Links: inäquale, rechts: äquale Teilungen.

Es kommt im normalen Entwicklungsgeschehen auch vor, daß trotz zahlreicher Teilungsvorgänge nach allen Richtungen keine Differenzierung zu verschiedenartigen Zellen erfolgt. Erwähnt sei als Beispiel die Endospermbildung im sich entwickelnden Samen. (In der befruchteten Eizelle hingegen führen bekanntlich schon die ersten Teilungsschritte auch zu einer Differenzierung).

2. Kallusbildung.

Während in der normalen Entwicklung immer sehr bald eine Beendigung der Wachstums- und Teilungsvorgänge sowie eine Differenzierung zu verschiedenen Zelltypen eintritt, läßt sich durch äußere Einwirkungen ein pathologischer Zustand induzieren, der durch eine unterdrückte Differenzierung und länger fortgesetzte Teilung gekennzeichnet ist. Am bekanntesten ist die Bildung von Kalluswucherungen.

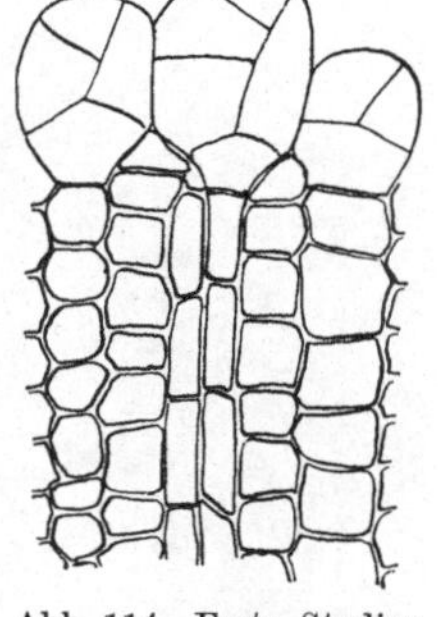

Abb. 114. Erste Stadien der Wundkallusbildung bei *Hevea brasiliensis*. Bildung der Kalluszellen aus jungen Zellen des Holzes und der Markstrahlen. Der Kallus besteht zunächst aus gleichartigen Zellen; erst später (Abb. 116) differenziert er sich.

Unter dem Einfluß von Verwundungen, also Einschnitten usw., entstehen Wundhormone, mit deren Natur wir uns später noch befassen werden. Diese „Nekrohormone" regen Zellen wieder zur Teilung an, so daß eine ansehnliche Gewebewucherung entsteht (Abb. 114, 115). An dieser Kallusbildung beteiligt sich nicht nur die kambiale Region, sondern auch Gewebe, in dem normalerweise keine weiteren Teilungen mehr aufgetreten wären. Die verschiedenartigsten Gewebetypen von Sprossen, Blättern und Wurzeln können so wieder die Teilungstätigkeit aufnehmen. Es handelt sich dabei um einen deutlichen Rückgang in den embryonalen Zustand, also um eine Rückdifferenzierung: Die Zellen werden wieder plasmareicher, die Vakuolen also kleiner, die Zellkerne erreichen erneut die für embryonale Gewebe charakteristische Größe. Selbst Wandverdickungen können wieder aufgelöst werden.

Es bleibt aber nicht nur bei diesem Rückgang in den embryonalen Zustand, sondern dieser Zustand wird auch länger erhalten als in den normalen embryonalen Geweben. Schließlich aber (etwa bei der Erschöpfung des Vorrats an Wundhormon) hören die Teilungen doch wieder auf; die Differenzierung, die übrigens auch schon in frühen Stadien der Kallusbildung beginnen kann, nimmt zu. Der junge Kallus besteht noch ganz oder fast ausschließlich aus parenchymatischen Zellen, aber später zeigen sich immer mehr Tracheiden, Steinzellen, Kork usw. Auch Wurzeln und Sprosse können aus dem Kallus hervorwachsen (Abbildung 116, 117).

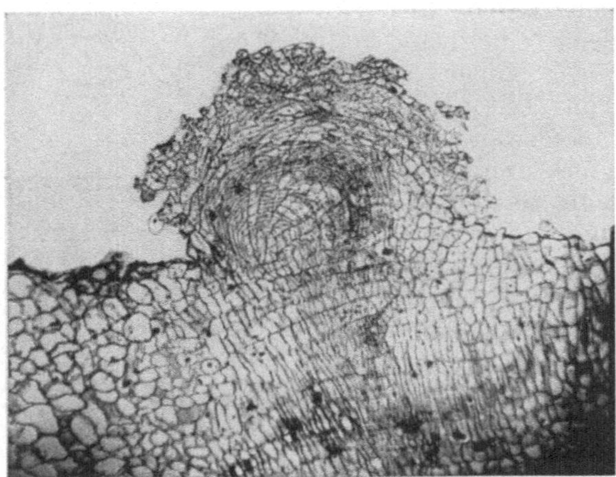

Abb. 115. Auf der Schnittfläche einer Möhre *(Daucus carota)* bildet sich ein Kallus, der aus den kambialen und den nach innen und außen an das Kambium angrenzenden Geweben entsteht.

Ein Kallus ist also nicht etwa durch eine fehlende, sondern nur durch eine verzögerte Differenzierung ausgezeichnet. Diese Einschränkung erfolgt zugunsten der Teilung. Wir finden ein verlängertes Verharren im embryonalen Zustand.

3. Tumoren, Gallen.

In vielen Punkten mit einem Wundkallus vergleichbar sind Gewebewucherungen, die durch Viren, Bakterien oder sonstige pflanzliche und tierische Einflüsse erzielbar sind, also Gallen und Tumoren. Solche Wucherungen können aber länger, Tumoren sogar extrem lange weiterwachsen (vgl. DE ROPP).

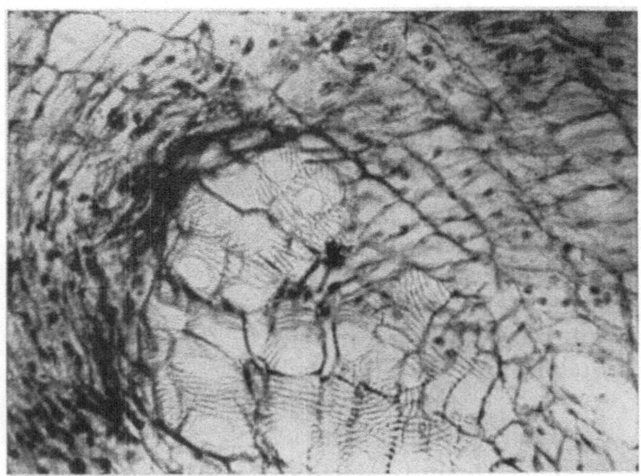

Abb. 116. Differenzierung tracheidaler Elemente im Kallus von *Daucus carota.*

Für die Auslösung derartiger Wucherungen (Abbildung 118) ist, jedenfalls nach den von *Pseudomonas tumefaciens (= Agrobacterium tumefaciens)* bedingten Wurzelhalsgallen (crown galls) zu urteilen, ein schon bei mittleren Temperaturen (um 30°) nicht mehr stabiles, über 40° rasch völlig inaktiviertes Agens verantwortlich. Wir werden auf diese Auslösung später nochmals eingehen und wollen hier nur versuchen, das Wesen solcher Bildungen herauszustellen. Ebenso wie im Wundkallus dauern auch im Tumor und in der Galle die Teilungen länger an als im normalen Gewebe, Differenzierungen zu verschiedenartigen Zellen fehlen aber auch hier nicht.

Besonders interessant ist, daß einige solcher Wucherungen auch dann weitergehen, wenn das auslösende Agens gar nicht mehr vorhanden ist. Das wurde speziell an den durch Bakterien induzierten Wurzelhalsgallen gezeigt: Bei sehr verschiedenen Pflanzen kann *Pseudomonas tumefaciens*

Wucherungen hervorrufen, die ein Gewicht von mehreren Kilogramm erreichen können. In der gleichen Pflanze können selbst in größerer Entfernung vom Primärtumor *Sekundärtumoren* auftreten (Abb. 118). Solche Sekundärtumoren nun können sogar ohne Gegenwart des induzierenden Bakteriums entstehen. Das veränderte Gewebe produziert also schließlich Substanzen, die in der Pflanze zu wandern vermögen und an ganz anderen Stellen neue Tumoren induzieren, die ebenfalls durch die Produktion solcher Substanzen ausgezeichnet sind (vgl. STAPP).

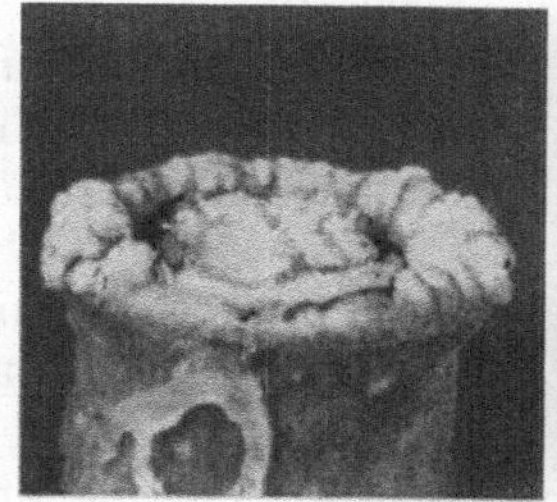
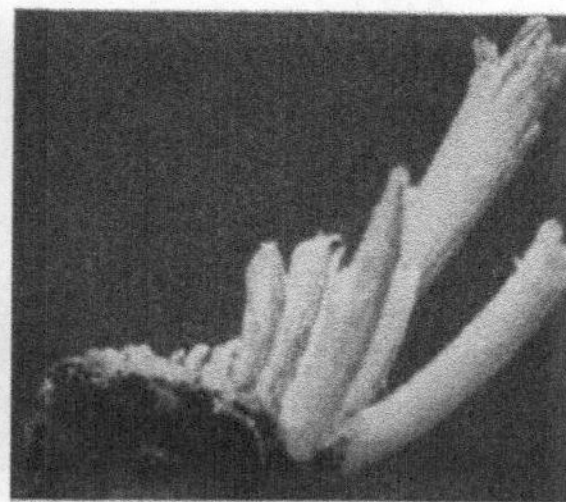

Abb. 117. Kallus von *Populus nigra*. Das linke Bild zeigt den aus der kambialen Region und den aus dem Mark hervorgegangenen Kallus. Rechts Sproßbildung aus dem Kallus.

Die Tumoren zeichnen sich durch einen erhöhten Auxingehalt aus, jedenfalls ist ihr Wachstum von künstlicher Auxinzufuhr unabhängig, sie zeigen unter dem Einfluß experimentell zugesetzten Wuchsstoffes keine Wachstumssteigerung. Die ganze Natur des Tumors ist damit zweifellos noch nicht erfaßt, aber die Unabhängigkeit von einer Wuchsstoffzufuhr ist sicher wesentlich.

Der Unterschied von Tumor- und Nichttumorgewebe könnte überhaupt darin bestehen, daß nur in letzterem ein Hemmstoff vorkommt, der die für Tumoren charakteristische enzymatische Umwandlung von Tryptophan zu Wuchsstoff (Indolylessigsäure) unterdrückt (HENDERSON und BONNER).

Gerade auch diese ausreichende Wuchsstoffproduktion in den Tumoren hat es leicht möglich gemacht, solche Gewebe in vitro zu kultivieren (WHITE). Sie wachsen auf künstlichem Medium ebenso weiter wie an der Pflanze, behalten also die hohe Teilungsfähigkeit und die eingeschränkte Differenzierung.

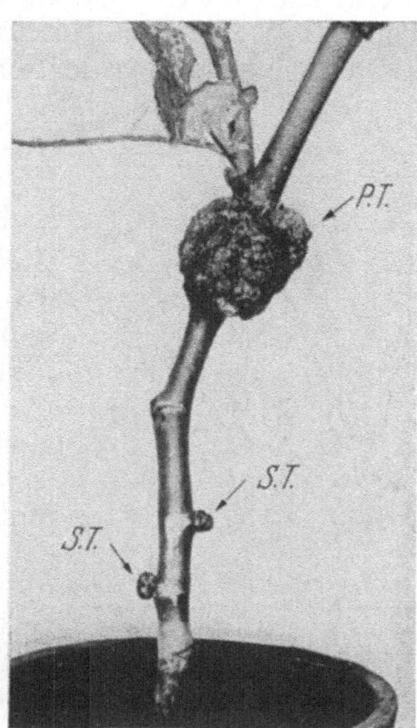

Abb. 118. Primärtumoren an *Pelargonium zonale*, erzeugt durch künstliche Infektion mit *Pseudomonas tumefaciens*. Unterhalb des Primärtumors sind zwei Sekundärtumoren aufgetreten. (Nach STAPP.)

Die Umwandlung zum Tumorgewebe ist nicht ein einfacher Schritt. Wird das Gewebe nämlich bald (bei *Vinca rosea* weniger als 4 Tage nach der Impfung) isoliert, so daß die Bakterien nicht weiter wirken können, so zeigt sich an ihm nur ein ziemlich langsames Wuchern, noch nicht das schnelle, das nach ausreichend langer Einwirkung der Bakterien auftritt (BRAUN).

4. Gewebekulturen.

Versucht man, von normalen Geweben in ähnlicher Weise wie von Tumoren Kulturen in vitro anzulegen, so bleibt der Erfolg aus: Es treten nach dem Heraustrennen aus der Mutterpflanze nur wenige Teilungen auf, dann bildet das Gewebe Holz, Kork usw. und stellt sein Wachstum ein. Man muß also zur Anlage von Kulturen aus Gewebe normalen Ursprungs besondere Methoden anwenden, um den embryonalen Zustand wieder herzustellen und aufrechtzuerhalten.

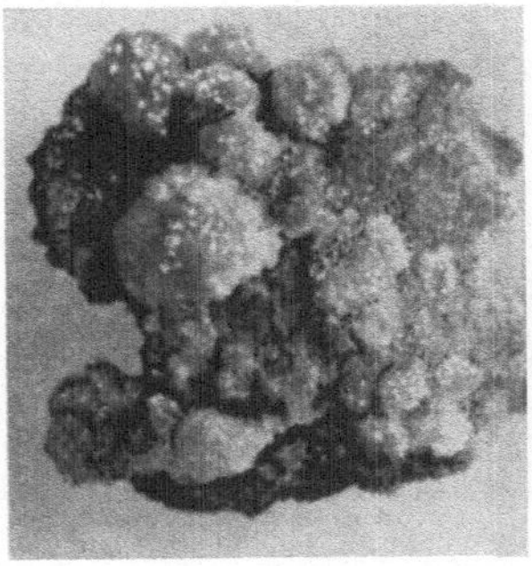

Abb. 119. Gewebekultur von *Daucus carota*.

Isolierte Zellen und Organe. Die Bemühungen, normale pflanzliche Gewebe in künstlichen Medien zu kultivieren, begannen mit den Isolierungsversuchen HABERLANDTs (1902), der aber keine Zellteilungen in den isoliert lebend gebliebenen Zellen erzielte, während etwas später WINKLER in solchen Geweben wenigstens einige Teilungen beobachten konnte.

Später wurde ein größerer Fortschritt erzielt, als man von meristematischen Geweben ausging. So konnten z. B. Wurzelspitzen isoliert und in Nährlösungen weiter kultiviert werden (ROBBINS, WHITE). Um eine *Gewebe*kultur handelt es sich dabei natürlich nicht. Die isolierten Organe verhalten sich weitgehend wie normale, vor allem verläuft die Gewebedifferenzierung in ihnen unverändert. Ihre Lebensdauer kann aber gegenüber der normaler Wurzeln verlängert werden, wenn von den in der Nährlösung herangewachsenen Wurzeln immer wieder die Spitze abgetrennt und in eine frische Lösung übertragen wird. Später ist ebenso auch die Kultur isolierter Sproßvegetationspunkte gelungen (BALL, LOO). Von Stücken ausgehend, die nur den Bruchteil eines Millimeters betragen, lassen sich dabei auf Agarnährböden wieder vollständige Pflanzen gewinnen. Diesen Spitzen der Vegetationspunkte müssen ebenso wie jenen Wurzelspitzen nicht nur die erforderlichen Salze, sondern auch (solange noch keine Blätter gebildet sind), Zucker und verschiedene Wuchsstoffe (Vitamine, besonders aber Auxin) geboten werden.

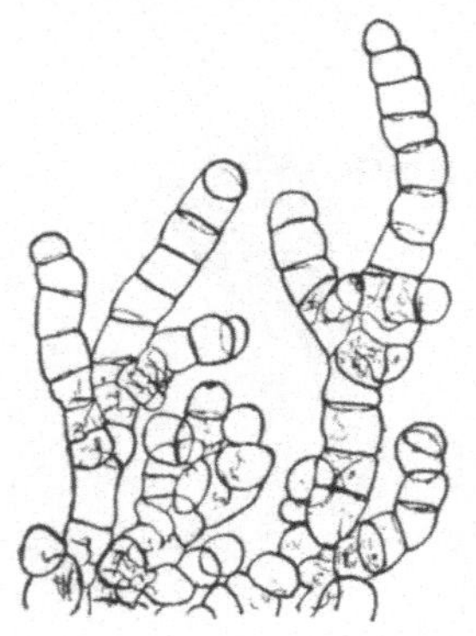

Abb. 120. Thallusartiges Wachstum an der Oberfläche eines isolierten Kambiumgewebes von *Salix capraea* nach einer Kulturdauer von einem Monat. (Nach GAUTHERET.)

Eigentliche Gewebekultur. Erst 1939 wurde von GAUTHERET (und NOBÉCOURT) über erfolgreiche pflanzliche Gewebekulturen berichtet, die ebenso gelangen wie die WHITEschen Kulturen von Tumorgewebe (Abb. 119, 120). So können Scheiben von Möhren (*Daucus*-Wurzeln) unter sterilen Bedingungen zur Kallusbildung veranlaßt werden, und aus diesem Kallus lassen sich dann Teile isolieren, die auf einem Agar-Agarnährboden weiter wachsen. Dem Agar werden die für das pflanzliche Wachstum notwendigen Salze sowie Zucker und Wuchsstoffe zugesetzt. Indolylessigsäure ist unerläßlich, dagegen sind Vitamin B_1 und Cystein zwar fördernd, aber nicht unentbehrlich.

Die Indolylessigsäure wird in ziemlich hohen Konzentrationen gegeben (10^{-8}—10^{-7}; die Förderung des Streckungswachstums pflanzlicher Zellen wird hingegen normalerweise durch Konzentrationen um 10^{-9} erreicht). Diese hohen Wuchsstoffkonzentrationen kann man als das eigentliche Geheimnis der Gewebekultur bezeichnen. Die *Tumor*gewebe sind hierauf, wie wir sahen, nicht angewiesen. Dem normalen Gewebe aber muß diese hohe Konzentration geboten werden, um zu erreichen, daß die Wucherung immer weiter schreitet und nicht ein Wachstumsstillstand eintritt. Die Differenzierungen sind in der Wucherung naturgemäß wieder weitgehend unterdrückt, fehlen aber nicht vollständig. Nur bei einigen Arten bestehen die Gewebekulturen lediglich aus parenchymatischem Gewebe, sonst aber können sich Gewebe aller Art vorfinden, wie sie auch in der normalen Pflanze auftreten, also z. B. Gefäßbündel. Auch Wurzeln, Knospen und Blätter können von solchen Gewebekulturen gebildet werden (Abb. 121).

Besonders interessant ist, daß ähnlich wie in den durch Bakterien induzierten Tumoren auch in der Gewebekultur die Zellen schließlich dazu übergehen können, den induzierenden chemischen Reiz selber zu produzieren: Nach einiger Zeit, d. h. nach mehreren Passagen zu neuen Nährböden, braucht den Geweben schließlich kein Wuchsstoff mehr zugefügt zu werden. Sie haben also den Charakter von Tumoren angenommen und schreiten auch ohne den Anstoß durch die pathologisch hohe Heteroauxinkonzentration nicht mehr zur Konsolidierung, sondern zeigen weiterhin den embryonalen Charakter mit eingeschränkter Differenzierung aber fortgesetzter Teilung.

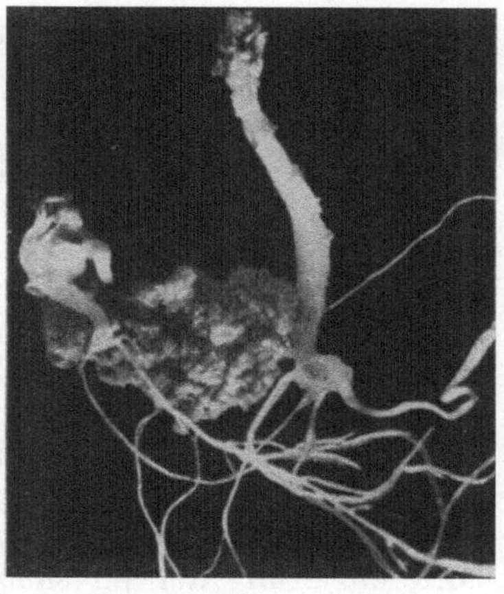

Abb. 121. Gewebekultur von *Daucus carota*, die nach einer Verarmung des Nährbodens an Wuchsstoff zur Bildung von (pathologisch geformten) Sprossen und Wurzeln übergegangen ist.

Diese Parallelität zwischen Gewebekulturen und Tumoren wird noch dadurch unterstrichen, daß bei den Tumoren der Wuchsstoff zwar nicht das auslösende Agens ist, er aber doch offensichtlich auch dort für das ununterbrochene Weiterwachsen verantwortlich ist. Das die Wurzelhalsgallen bedingende Bakterium kann Tryptophan zu Indolylessigsäure abbauen. Der so erzeugte Wuchsstoffüberschuß muß natürlich in der befallenen Pflanze den gleichen Prozeß bedingen wie bei der Anlage von Gewebekulturen (APPLER, HENDERSEN und BONNER).

5. Ursachen für die Beendigung der Embryonalität.

Wir sehen, daß die Embryonalität unter pathologischen Bedingungen länger als normal, unter Umständen sogar unbegrenzt bestehen kann. Normalerweise bleiben in der höheren Pflanze immer nur einige Zellen (an den Vegetationspunkten) längere Zeit embryonal. Welches sind die Ursachen für den Verlust der Embryonalität? Man könnte nach den eben erwähnten Tatsachen an zu geringe Hormonkonzentrationen in den von den Initialen abgetrennten Zellen denken. Ob diese Erklärung ausreicht, muß offen bleiben. Wenn sie richtig ist, bleibt die Frage: Warum findet sich in den beiden Tochterzellen, die nach der Teilung einer Meristemzelle entstehen, nicht die gleiche Hormonmenge? Das ist natürlich schon eine Grundfrage der Differenzierung, die mit der allgemeineren zusammenhängt, warum überhaupt diese beiden Tochterzellen verschieden werden können; irgendeine stoffliche Verschiedenheit muß ja immer als Ursache dieser Differenzierung gesucht werden.

Literatur.

Mit einem * versehene Arbeiten sind zusammenfassende Darstellungen.

APPLER: Biol. Zbl. **70** (1951).

BALL: Amer. J. Bot. **33** (1946). — BRAUN: Phytopathology **41** (1951).

* GAUTHERET: La culture des tissus, 6. Aufl. Paris 1945; * 6. Growth Symp. (USA.) 1947; Vjschr. naturforsch. Ges. Zürich **95** (1950).

HENDERSON and BONNER: Amer. J. Bot. **39** (1952).

LOO: Amer. J. Bot. **33** (1946).

ROPP, DE: Amer. J. Bot. **34** (1947); * Bot. Rev. **17** (1951).

* STAPP: Naturwiss. **34** (1947).

* WHITE: Surv. Biol. Progr. **1** (1949).

II. Erbgleichheit und -ungleichheit der somatischen Zellen.

1. Das Grundproblem der Differenzierung.

Der vorhergehende Abschnitt zeigte, daß in normalen Geweben selbst kürzere Wachstums- und Teilungsschritte meist mit Differenzierungen verbunden sind. Mindestens pflegt sich diese Differenzierung im Auftreten embryonal bleibender einerseits und schnell alt werdender Zellen andererseits zu zeigen, wobei letztere nur noch wenige Teilungen durchführen und dann zur weiteren Differenzierung in verschiedene Zelltypen schreiten. Diese späteren Differenzierungen machen sich auch noch mehr als die ersten im anatomischen Bild bemerkbar, aber ein grundsätzlicher Unterschied zwischen anatomischer und physiologischer Differenzierung besteht natürlich nicht. Jede strukturelle Differenzierung entsteht durch eine besondere Lenkung der physiologischen Vorgänge, und umgekehrt muß jede entstandene anatomische Differenzierung auch wieder zu einer neuen Differenzierung der physiologischen Leistungen führen.

Worauf können wir nun diese Differenzierung zurückführen? Als einfachste Möglichkeit könnte man daran denken, daß die einzelnen Zellen im Verlaufe der Entwicklung eine unterschiedliche Ausrüstung mit Genen erhalten, eine Möglichkeit, an die früher oft gedacht worden ist, der aber keine große Bedeutung zukommt; das dürfen wir jetzt aus der Tatsache schließen, daß die differenzierten Zellen wenigstens sehr häufig noch alle ursprünglichen Potenzen enthalten.

2. Totipotenz.

Vor allem WEISMANN (1883) vertrat die Ansicht, die normale Differenzierung sei eine Folge inäqualer Verteilung von Anlagen. Bekanntlich wird diese Möglichkeit aber weitgehend durch den sinnvollen Mechanismus der Mitose ausgeschlossen, der eine Erbgleichheit zum mindesten hinsichtlich des Genoms erzwingt. Aber auch die im Plasma und in den Plastiden enthaltenen Erbfaktoren werden im allgemeinen nicht erbungleich auf die Tochterzellen übertragen; wenn hier auch kein strenger Verteilungsmechanismus besteht, so ist doch jeder einzelne dieser Faktoren anscheinend in so zahlreichen Einheiten innerhalb einer Zelle vorhanden, daß bei der Teilung jede der beiden Tochterzellen etwas von jedem Faktor erhält.

Diese Erbgleichheit der Teilungsprodukte kommt oft darin zum Ausdruck, daß die Zellen nach der Entfaltung einer Potenz noch wieder andere Potenzen realisieren. Erinnert sei etwa daran, daß bei vielen Pflanzen aus dem Blattgewebe spontan Sprosse entstehen (Abb. 122, 123).

Restitutionen. Wo diese Realisierung anderer Potenzen nicht spontan erfolgt, kann sie doch sehr häufig durch Einleitung von Restitutionsleistungen erzwungen werden. Dabei entstehen aus schon differenzierten Zellen wieder ganz andere Zelltypen, z. B. kann sich aus den Epidermiszellen eines Blattes oder aus den Zellen eines Thallus eine vollständige neue Pflanze bilden und die Zelle dadurch beweisen, daß sie totipotent geblieben ist (Abb. 124, 125). Es ist bekannt, daß in den Blättern von *Monstera deliciosa* im Verlauf der normalen Entwicklung Löcher entstehen. Diese Löcher werden bald durch eine neue Epidermis, die aus dem Mesophyll

Abb. 122.

Abb. 123.

Abb. 122. *Begonia phyllomaniaca*, auf den Blättern entstehen neue Sprosse (die hier nicht als Brutknospen abgelöst werden, sondern mit den Blättern absterben.)

Abb. 123. Teil des Wedels von *Diplazium proliferum* mit 2 Brutknospen, an denen bereits wieder junge Wedel entwickelt sind.

hervorgeht, umgrenzt; das gleiche Mesophyll kann aber auch Korkzellen, Sklerenchymzellen oder gewöhnliche Epidermiszellen entstehen lassen. Auch in anderen Geweben dieser Pflanze kann eine sekundäre Umwandlung ausdifferenzierter Parenchymzellen etwa zu Sklerenchymzellen beobachtet werden (Abb. 126). Selbst Sekundärwände können sich bei solchen Regenerationsleistungen wieder auflösen (Bloch). Ähnlich können aus Zellen eines Zweiges, aber auch aus Blättern, Ranken, Blüten und Früchten (nämlich nach deren Abschneiden) Wurzeln oder andere Organe herauswachsen (Abb. 127).

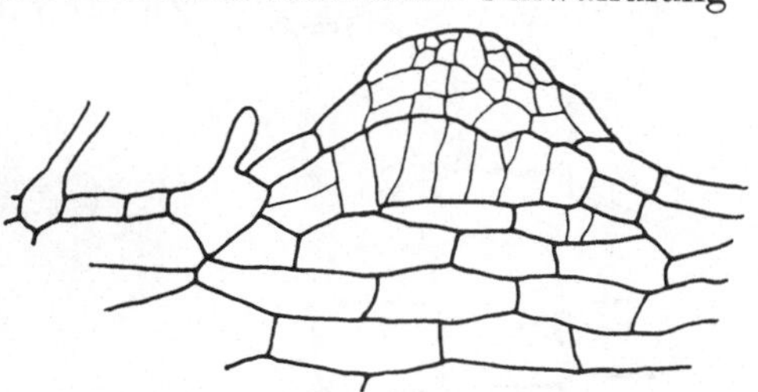

Abb. 124. *Marchantia polymorpha.* Beginn der Regeneration aus einem Thallusstück. Die Regeneration führt später zur Bildung eines neuen Thallus.

Aus den Zellen des Stengels, der Blätter, des Sporogonstiels, aus Paraphysen, Antheridien und Archegonien, sogar aus der Bauchkanalzelle von Moosen können Protonemen herauswachsen (Abb. 128, 129), aus Pollenkörnern Embryosäcke (Abb. 130). Die oberen Halminternodien von *Poa nemoralis* bilden Wurzeln, wenn die Pflanze von einer Gallmücke befallen wird. Bei den Saprolegniaceen können die Geschlechtsorgane durch Isolierung wieder zur Bildung vegetativer Mycelien veranlaßt werden (Abb. 131), und sogar die Potenz zur Bildung von Antheridien läßt sich in den Oogonien noch nachweisen, ebenso wie umgekehrt die Potenz zur Oogonienbildung in den Antheridien (Abb. 132). Wenn die Eianlagen in den Oogonien schon ausgebildet sind, so erfolgt vor dieser Neubildung vegetativer Zellen eine Rückbildung im Plasma. Das Plasma der Eizellen wird eingeschmolzen (Schlösser).

Besonders beachtlich ist noch, daß selbst Zellen, bei denen im Zuge der normalen Entwicklung der Prozeß des Absterbens schon eingeleitet worden ist, noch wieder alle Potenzen realisieren können. Hierzu sei auf die Hyalinzellen im *Sphagnum*-Blatt verwiesen. Sind hier die Chloroplasten schon weitgehend degeneriert und hat die Anlage der Wandversteifungen

Abb. 125. Regeneration aus einem Blattstück von *Drosera capensis*.

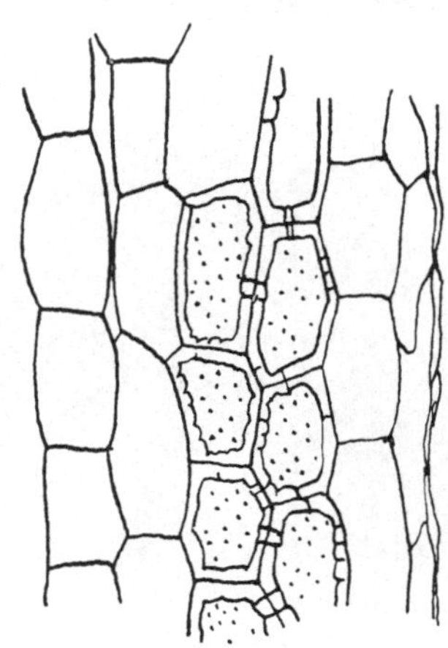

Abb. 126. *Monstera deliciosa*. Umwandlung von Rindenzellen in sklerenchymatische Zellen nach der Zerstörung der Epidermis. (Nach SINNOTT und BLOCH.)

und der Poren schon begonnen, so können diese Zellen doch noch wieder ein normales Protonema entstehen lassen (Abb. 133).

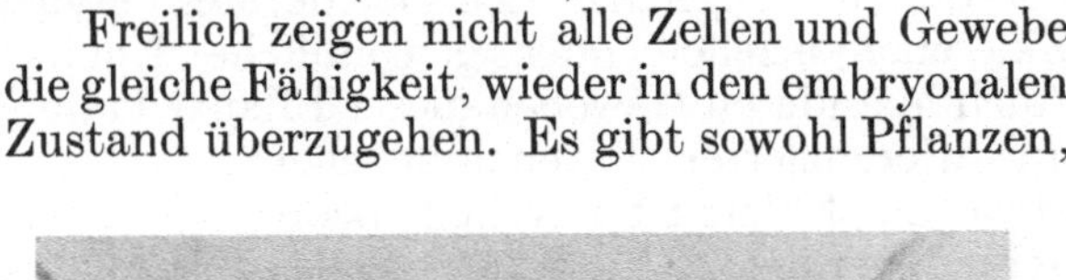

Freilich zeigen nicht alle Zellen und Gewebe die gleiche Fähigkeit, wieder in den embryonalen Zustand überzugehen. Es gibt sowohl Pflanzen,

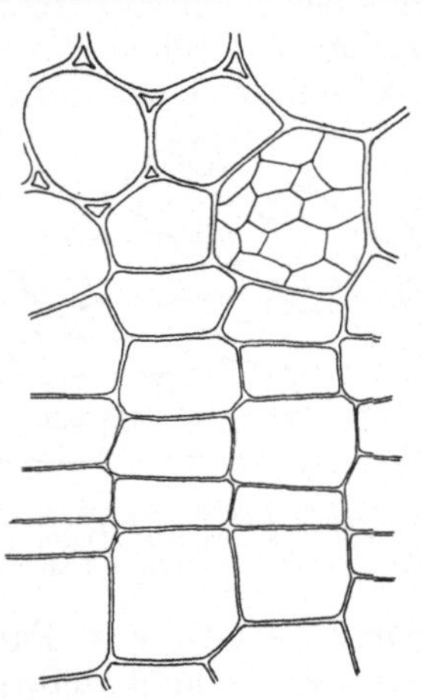

Abb. 127. Anlage einer Wurzel in einem Sproßsteckling von *Coleus*.

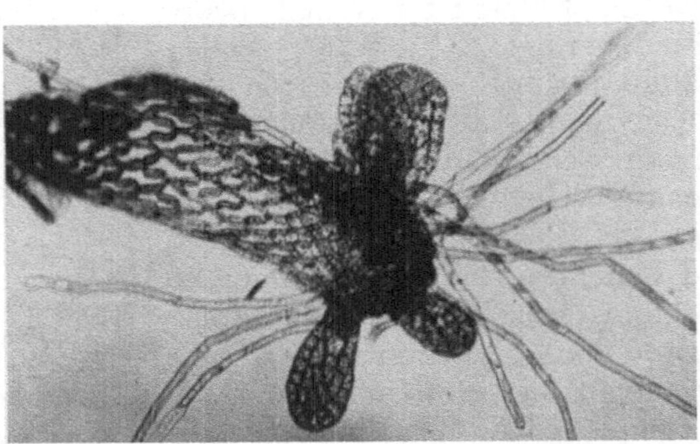

Abb. 128. Regenerationen aus dem Blatt von *Sphagnum cymbifolium*.

die in den verschiedenartigsten Geweben eine große Regenerationsfähigkeit zeigen, als auch innerhalb einer Pflanze wieder Gewebe, die besonders leicht in den embryonalen Zustand zurückkehren. Bei *Drosera*-Arten zeigen fast alle Organe eine starke Befähigung zu regenerativer Sproßbildung (BEHRE). Einzelne Zellen vieler Algen bauen nach ihrer Isolierung leicht ein ganzes Individuum auf, so die von *Cladophora*. Bei *Phycomyces* kann ein isolierter Sporangienträger oder ein isoliertes Sporangium leicht ein ganzes neues Mycel regenerieren. Auch isolierte Zellen aus jungen Farnprothallien bilden leicht vollständige neue Prothallien.

Potenzunterdrückung und -entfaltung. Alle diese Beispiele zeigen, daß häufig trotz der Differenzierung in die verschiedenartigen Gewebe und Zellen diese alle totipotent bleiben. Bei der Differenzierung muß es sich also, bildlich gesprochen, im allgemeinen so verhalten, daß bestimmte auswählende Faktoren dafür sorgen, daß nur einzelne der Potenzen realisiert werden. Die Anzahl dieser Faktoren ist groß; für ihre Auswahl sind sowohl äußere als auch innere Einflüsse verantwortlich; sie zu ermitteln und ihre Wirkungsweise zu studieren, ist die Hauptaufgabe des Studiums der Differenzierungsprozesse.

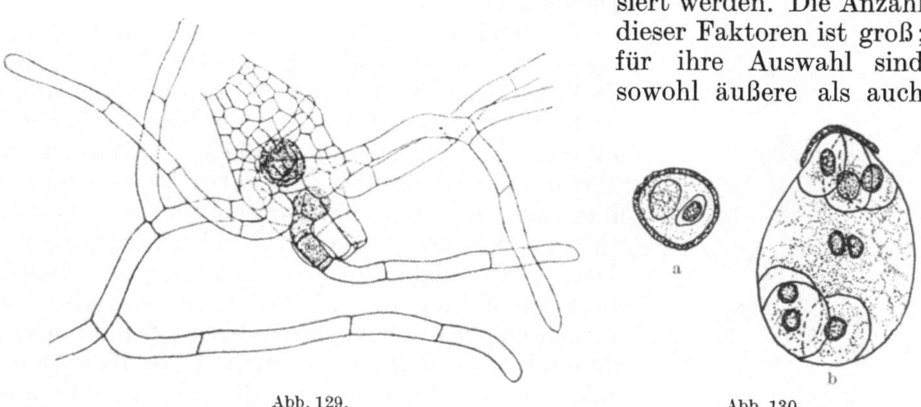

Abb. 129.

Abb. 130.

Abb. 129. Protonemabildung aus der Archegonwandung und der Bauchkanalzelle von *Funaria hygrometrica*. (Nach v. WETTSTEIN.)

Abb. 130 a u. b. *Hyacinthus orientalis*. a normales Pollenkorn; b aus einem Pollenkorn entstandener Embryosack (Nach STOW aus HARTMANN.)

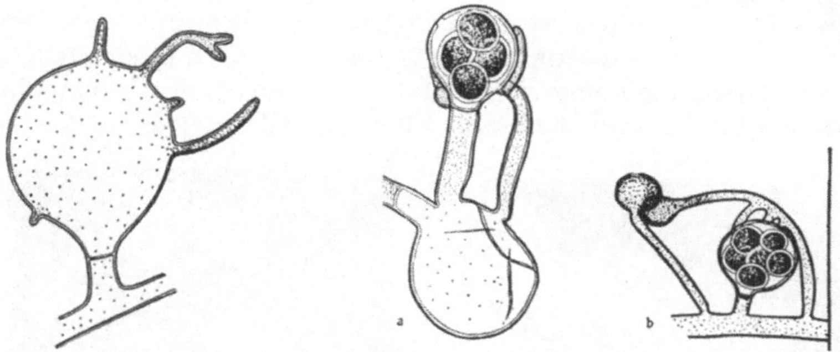

Abb. 131. Bildung vegetativer Hyphen aus einem Oogon von *Saprolegnia*.

Abb. 132 a u. b. *Achlya americana*. a aus einem Oogonium sprossen ein Oogonium und ein Antheridialschlauch; b ein Antheridialschlauch ist an der Spitze fortgewachsen und zu einem Oogonium angeschwollen. (Nach HUMPHREY aus KNIEP.)

Dieses Resultat ist nicht so aufzufassen, als sei die jeweilige Potenzentfaltung einer Zelle nur das Resultat der in diesem Zeitpunkt einwirkenden Faktoren aus der Umgebung und aus den übrigen Pflanzenteilen. Vielmehr können Faktoren, die einmal eingewirkt haben, einen sehr nachhaltigen Einfluß haben; die „Determination" kann, wie wir sehen werden, recht stabil sein.

Wir sagen zwar, die Differenzierung bestehe nur darin, daß sich einzelne Potenzen entfalten, andere ruhen bleiben. Jedoch enthält diese Formulierung, wenn sie nicht nur bildlich gemeint ist, schon eine bedenkliche „präformistische" Theorie über die Entstehung der beobachteten Tatsachen.

Sie beruht nämlich wieder auf der bereits kritisierten Auffassung, im Organismus bestünden mehrere selbständige Potenzen in dem Sinne nebeneinander, daß jeder Potenz eine in sich abgeschlossene Zellstruktur entspricht, und daß daneben eine andere Struktur besteht, die die Entfaltung oder Unterdrückung der Potenz bedingt.

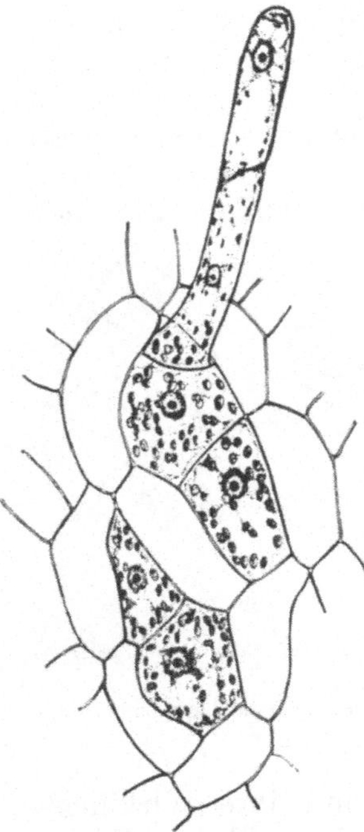

Abb. 133. Bildung eines Protonemas aus jungen Hyalinzellen von *Sphagnum cymbifolium.*

Es bestehen aber beispielsweise in den Blattanlagen nicht als selbständige Elemente nebeneinander die Potenz zur Bildung eines Staubgefäßes und die zur Bildung eines Laubblattes, sondern die *Gesamtheit* der in den Anlagen gegebenen Bedingungen führt in ihrer Wechselwirkung entweder zur Bildung eines Staubgefäßes, oder, eventuell durch Variation nur eines einzigen Faktors, zur Bildung eines Laubblattes; und dabei hat es keinen Sinn, diesen variierten Faktor nicht als Teil der Potenz selber zu betrachten. Es bleibt nicht etwas schlummern, während etwas anderes erwacht. Eine solche Formulierung ist vielmehr nur die bildliche Veranschaulichung der beobachteten Phänomene. Jeder Faktor, der Einfluß auf Einzelheiten der Blattgestalt hat, kann auch einen Einfluß auf Einzelheiten der Staubgefäßgestalt haben; alle Faktoren sind in beiden Fällen wirksam, aber die Art ihrer Wirkung wird durch das Variieren des einen oder anderen Faktors modifiziert.

v. Wettstein fragt: „Wie kommt es nun, daß die bestimmten Teile des Idiotypus gerade zur bestimmten Zeit, an der bestimmten Stelle während der Entwicklung eingreifen und ein geregelter Entwicklungsverlauf erscheint? Es sind doch alle Idiotypenteile in jeder Zelle immer

Abb. 134.

Abb. 135.

Abb. 134. Auftreten eines Triebes mit geschlitzten Blättern infolge Knospenmutation bei *Carpinus.*

Abb. 135. Somatische Mutation bei *Vitis vinifera*, die zum Verlust der Ergrünungsfähigkeit in einer Zelle einer Knospe und in den Abkömmlingen dieser Zelle geführt hat.

vorhanden, immer bereit, mit ihrer Wirkung loszuschlagen. Was sind die Vorgänge, die aus einem chaotischen Gleichzeitigwirken ein streng geregeltes

Nacheinander der Steuerung machen?“ Dieses Nacheinander besteht meines Erachtens nicht so sehr entscheidend darin, daß erst ein Idiotypenteil aktiv wird, andere ausgeschaltet bleiben usw., sondern vielmehr darin, daß durch die wechselnden Bedingungen die gleichzeitig aktiven Idiotypenteile verschiedene Wirkungen haben. Dieses Wechseln der Bedingungen erfolgt seinerseits zum großen Teil durch die Tätigkeit der Idiotypenteile; Außenfaktoren kommen hinzu. Zwar werden wir noch von verzögerten Genwirkungen sprechen, aber in ihnen eine Erklärung für den Ablauf der Differenzierungen zu sehen (woran v. WETTSTEIN kaum gedacht hat), würde mir ebenso einseitig erscheinen wie die Erklärung durch eine ungleiche Verteilung der Erbanlagen. Beide Versuche gehen am eigentlichen Wesen des Organismus vorbei, indem eben in erster Linie durch quantitative Abstufungen in der Aktivität der einzelnen immer vorhandenen Komponenten zu verschiedenen Zeiten etwas qualitativ ganz Unterschiedliches geleistet werden kann.

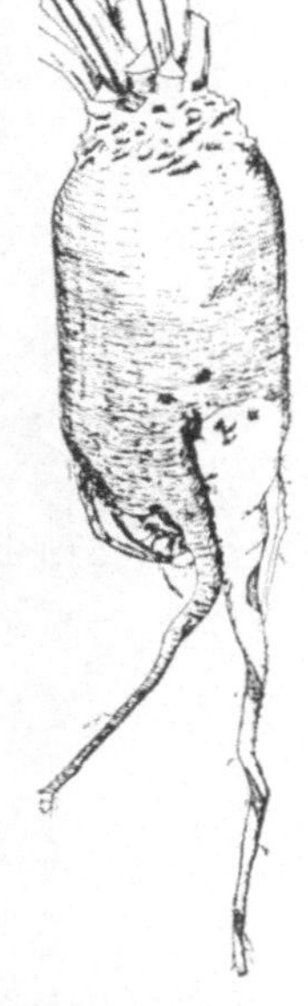

Abb. 136. Somatische Mutation einer Zuckerrübe. Die rote Rübe hat einen mutierten gelben Sektor. (Nach SCHWANITZ.)

3. Somatische Mutationen.

Wenngleich, wie wir sahen, die erbliche Gleichheit zum mindesten sehr häufig erhalten bleibt, kommt es doch in manchen Fällen ganz offensichtlich auch zu einer erblichen Ungleichheit der somatischen Zellen einer Pflanze. So etwa infolge einer somatischen Mutation.

Besonders häufig sind Knospenmutationen; schon DARWIN hat auf sie hingewiesen. Ein einzelner Sproß kann plötzlich eine erhebliche Abweichung zeigen. Natürlich muß bei solchen Beobachtungen, bevor die Entscheidung getroffen wird, daß es sich um eine somatische Mutation handelt, die Möglichkeit ausgeschlossen werden, daß die Ausgangspflanze eine Chimäre ist, aus der sich dann ein Partner herausgesondert hat.

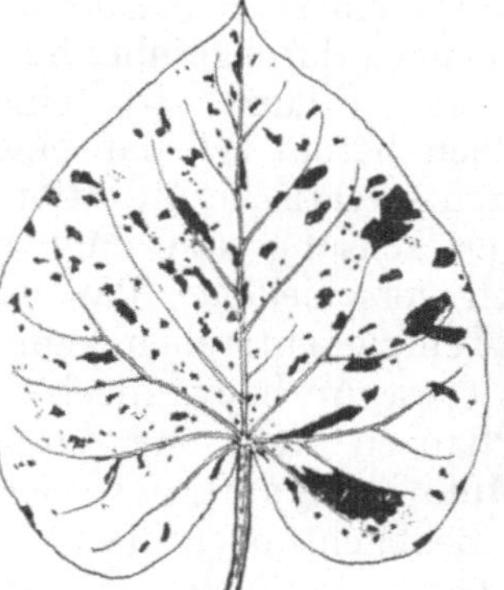

Abb. 137.

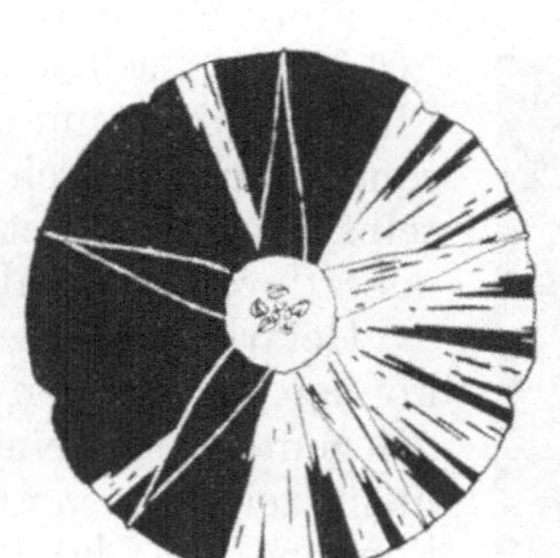

Abb. 138.

Abb. 137. *Pharbitis purpurea.* Anthocyanflecken infolge somatischer Mutation eines labilen Gens auf den Blättern. (Nach IMAI und TABUCHI.)

Abb. 138. *Pharbitis purpurea.* Anthocyanflecken auf den Blüten infolge somatischer Mutation eines labilen Gens. (Nach IMAI und TABUCHI.)

Der mutierte Teil einer Pflanze kann verschieden groß sein, je nachdem, wie viele Teilungen und ein wie starkes Wachstum nach der Mutation noch eintreten (vgl. Abb. 134, 135, 136).

Sehr häufig entstehen durch somatische Mutationen nur einzelne gefärbte Flecken, z. B. Anthocyanflecken auf der Pflanze. Derartige Flecken können auch bei einer Gleichheit der erblichen Konstitution mit den ungefärbten Teilen entstehen; aber in einigen Fällen beruhen sie auf Genmutationen. Die Flecken sind natürlich um so größer, je mehr Teilungen die betreffende Zelle nach dem Eintreten der Genmutation noch durchgeführt hat.

Abb. 139.

Abb. 140.

Abb. 139. *Sanseviera nobilis*. Rechts grüne Form, links weißrandige Form.

Abb. 140. *Sanseviera*. Aus dem Blattsteckling der panachierten weißrändrigen Form entwickelt sich ein Sproß der normalen Form, da sich am Aufbau dieses Sprosses nur das Gewebe des grünen Partners der Chimäre beteiligt.

Eine so entstehende Pflanze ist eine „Chimäre“, wobei jedoch betont sei, daß eine Chimäre nicht nur durch somatische Mutation, sondern auch durch Verwachsung ursprünglich selbständiger genetisch verschiedener Partner oder durch inäquale Teilung entstehen kann.

Abb. 141. *Pelargonium zonale*. Weißrandiges Blatt (Chimäre). Vgl. Abb. 142.

Gefärbte Flecken, etwa Anthocyanflecken, können bei einigen Pflanzen nicht nur durch gelegentliche seltene Mutationen auftreten, vielmehr zeigen mehrere Beobachtungen das Vorkommen sog. labiler Gene; in solchen Fällen tritt die Fleckung dann regelmäßig an allen Individuen auf (Abb. 137, 138).

Plastidenmutationen. Auch viele panachierte Pflanzen sind Chimären, die durch somatische Mutation entstanden sind, und zwar entweder durch Mutation von Genen oder durch Mutation von Plastiden, wobei diese Plastidenmutationen entweder „Automutationen“ sind, oder — in anderen Fällen — „Exomutationen“ (durch Mutation eines Gens bedingt, aber unabhängig von dieser Genmutation bestehen bleibend; vgl. S. 33). Wir haben schon früher erwähnt, daß die Fähigkeit der Plastiden zur Chlorophyllbildung sowohl durch die Einwirkung oder das Fehlen bestimmter Gene als auch durch Mutation der Plastiden selber verlorengehen kann. Bei panachierten Pflanzen (soweit sie überhaupt Chimären sind, weiße und grüne Teile also erblich nicht übereinstimmen) können also die benachbarten Gewebe entweder in bezug auf die Gene oder in bezug auf die Plastiden idiotypisch verschieden sein. Es sei aber schon hier betont, daß solche Pflanzen durchaus nicht immer Chimären sind, sondern die verschieden gefärbten Teile auch erblich gleich sein können, Abb. 139 und 140 zeigen an einem Beispiel, wie sich im Restitutionsversuch die Chimärennatur einer panachierten Form zu erkennen geben kann. Auch spontan kann natürlich eine „Entmischung" der Partner eintreten, besonders leicht bei Sektorialchimären.

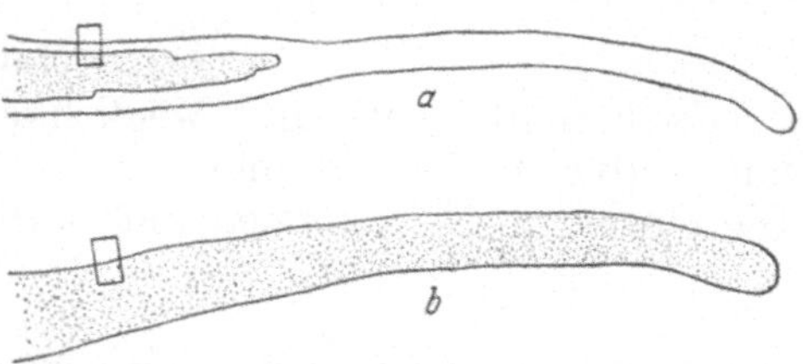

Abb. 142 a u. b. Schnitte durch den Blattrand von *Pelargonium*. *a* von einer Periklinalchimäre mit 2 peripheren weißen Schichten, *b* von einer rein grünen Pflanze. Die eingezeichneten kleinen Rechtecke sind in Abb. 143 noch einmal bei stärkerer Vergrößerung gezeichnet. (Nach BAUR.)

Die Mutation einzelner Plastiden in der somatischen Zelle oder das Zusammenbringen gesunder und zu „farblos" mutierter Plastiden durch Bastardierung führt natürlich noch nicht unmittelbar zur Grünweißscheckung. Diese kann vielmehr erst eintreten, wenn die gesunden und kranken Plastiden im Laufe der Zellteilungen allmählich voneinander getrennt werden; wenn also eine Entmischung erfolgt. BAUR hat bei der Auswertung seiner *Pelargonium*-Versuche, bei denen rein weiße (durch Pfropfung auf grüne lebensfähig gemachte) und grüne Pflanzen bastardiert wurden, diesen Weg ausführlich diskutiert (Abb. 141—143). CORRENS hatte das Bedenken, die Entmischung sei unwahrscheinlich. Jedoch schwindet diese Unwahrscheinlichkeit, wenn man mit RENNER annimmt, daß gesunde und kranke Plastiden von Anfang an mehr oder weniger voneinander getrennt bleiben (vgl. auch KAPPERT).

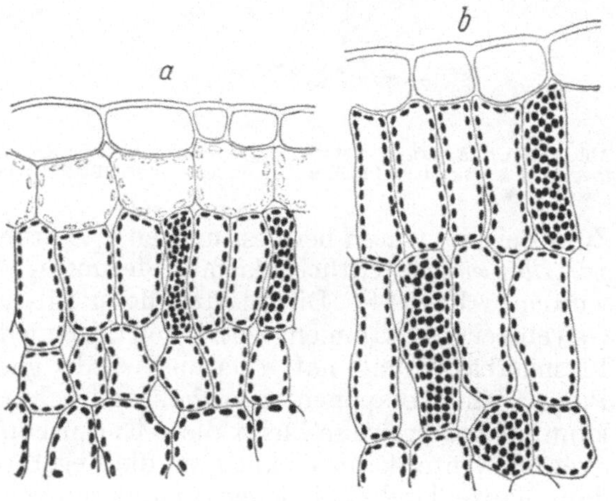

Abb. 143 a u. b. Die kleinen Rechtecke aus Abb. 142 bei stärkerer Vergrößerung. (Nach BAUR.)

In einzelnen Fällen beruht die chimärische Panachierung ähnlich wie die erwähnten Fälle der Anthocyanfleckung auf dem Vorhandensein labiler Gene.

Endlich sei noch darauf hingewiesen, daß Panachierungen auch plasmatisch bedingt sein können.

Konversionen. Bei dem Auftreten genischer Verschiedenheiten in Teilen ein und derselben Pflanze kann es sich nach RENNER auch um die Folge einer Genkonversion handeln. Unter Konversion verstand WINKLER den Übergang eines Gens aus dem heterozygoten Zustand in den homozygoten unter der Einwirkung seines Allels. RENNER deutet so mehrere Beobachtungen an Oenotheren, namentlich das Auftreten normaler und *cruciata*-Blüten. Es handelt sich hierbei nicht etwa um eine alternative modifikative Variabilität; denn aus Blüten mit normalen Kronen gehen nach der Selbstbefruchtung bevorzugt Pflanzen mit normalen, aus *cruciata*-Blüten aber bevorzugt Pflanzen mit *cruciata*-Blüten hervor. OEHLKERS hat diesen Dominanzwechsel durch eine Genmutabilität erklärt. Nach RENNERS Ansicht handelt es sich bei diesen Genänderungen um eine Konversion. Wir brauchen diese spezielle Frage hier nicht weiter zu erörtern, wollen jedoch darauf hinweisen, daß somatische Konversionen nach RENNERS Ansicht auch sonst vorkommen.

4. Plasmachimären.

Es besteht noch eine Möglichkeit der Differenzierung des Erbguts innerhalb eines Individuums, auf die vor allem MICHAELIS hingewiesen hat: Die einzelnen Teile können hinsichtlich des Plasmas verschieden werden.

Abb. 144a u. b. *Epilobium*. a starke irregulare-Pflanze aus der Kreuzung [(*hirsutum* Essen × *parviflorum* Tübingen) *irregulare*] ♀ × *hirsutum* München ♂. b extrem gestörte Blätter neben einem normalen Blatt. (Nach MICHAELIS.)

Zum Beispiel traten bei bestimmten Bastarden von *Epilobium hirsutum* und *parviflorum* gelegentlich Plasmaänderungen auf, die als *irregulare* bezeichnet wurden (Abb. 144). Die Blätter dieser Pflanzen sind aus unterschiedlichen Gewebsteilen zusammengesetzt, von denen jeder den Charakter einer anderen Plasmaabänderung hat. Daraus wurde geschlossen, daß das *irregulare*-Plasma jene Komponenten enthält und sich bei der Entwicklung entmischen kann. Normalerweise bleibt diese Entmischung auf die Blätter beschränkt, aber im Winter kann sie auch auf die Vegetationspunkte übergreifen, so daß dann ganze Triebe mit jenen Abänderungen auftreten können. MICHAELIS geht so weit, hierin Parallelen zur Musterbildung bei der normalen Differenzierung zu sehen.

ROSS beobachtete bei Epilobien das Auftreten von Erbvarianten an Ausläufern, Seitentrieben usw., die sich z. B. durch starkes Wachstum auszeichnen konnten und die Stammpflanze dann bald überholten. Es handelte sich dabei um plasmabedingte Varianten, die unter dem Einfluß winterlichen Klimas entstanden waren. Darin kommt also eine Labilität des Plasmas zum Ausdruck, die verschiedene Varianten entstehen läßt, von denen dann durch intraindividuelle oder sogar durch intrazelluläre Selektion nur die resistenteren überdauern. Solche Erscheinungen könnten übrigens sehr wohl bei manchen Klimaanpassungen im Spiel sein. Vielleicht können Befunde dieser Art auch manche in der Praxis gewonnenen Erfahrungen erklären, die dafür sprechen, daß gewisse erbliche Verschiedenheiten zwischen den einzelnen Teilen einer Pflanze recht häufig sind. An Obstbäumen (z. B. *Citrus*, SHAMEL und POMERY) ist beobachtet worden, daß Pflanzen mit geringerem Ertrag oder abweichender Qualität immer aus Pfropfungen von bestimmten Zweigen stammen, daß also die einzelnen Zweige eines als Ausgangsmaterials benutzten Baumes unter sich nicht einheitlich sind. Ob es sich dabei um mutative oder modifikative Verschiedenheiten handelt, muß offen bleiben.

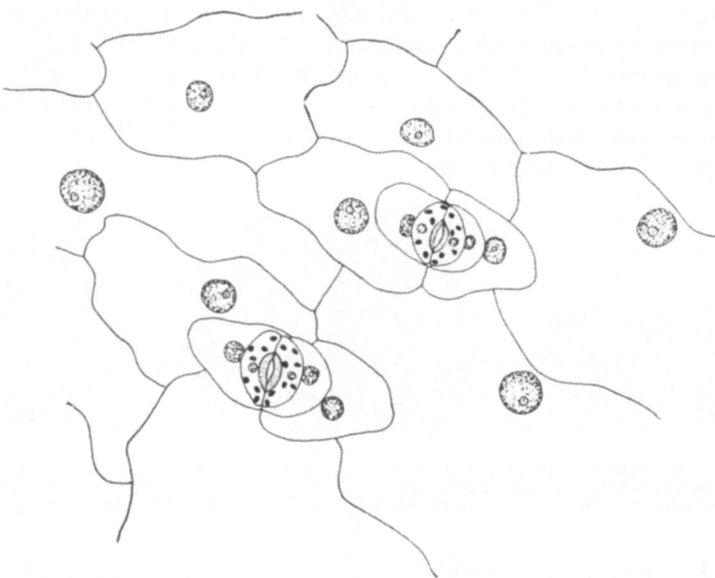

Abb. 145. *Portulaca grandiflora.* Die Epidermiszellen in der Mitte der Spaltöffnung haben sich im Gegensatz zu den weiter entfernten Epidermiszellen wiederholt geteilt, ihre Kerne sind erheblich kleiner.

5. Somatische Polyploidie.

Wir haben auf die somatischen Mutationen und verwandte Erscheinungen hinweisen müssen, obwohl sie für die normale Differenzierung nicht wesentlich sind, sondern nur Ausnahmen darstellen. Die normale Differenzierung ist keine Chimärenbildung. Diese Behauptung wird allerdings unrichtig, wenn wir die Möglichkeit von Änderungen des Genombestandes hinzunehmen; denn die neuere Forschung hat gezeigt, daß die normale Differenzierung der Pflanze regelmäßig mit dem Auftreten polyploider Gewebe verknüpft ist.

Normale somatische Polyploidie. Die Dauergewebe der Pflanzen sind entgegen der älteren Auffassung durchaus nicht immer diploid, können vielmehr, wie wir bereits bei der Besprechung des Kernwachstums erwähnten, einen hohen Grad der Polyploidie aufweisen. Die Polyploidie entsteht durch Endomitose (GEITLER), also „innere Teilung"; die Chromosomenverdoppelung verläuft wie bei der normalen Kernteilung, aber die Spindelbildung fehlt. — Diese Polyploidie kann Ursache der Größendifferenzierung der Zellen sein. So hat das Blatt von *Rhoeo discolor* ein Wassergewebe mit einer äußeren Zellage von kleineren diploiden und innere Zellagen aus größeren tetraploiden Zellen. Die meisten Zellen des Schwammparenchyms sind hier diploid, aber einige besonders große Zellen darin tetraploid. In Zellen mit gesteigerter trophischer Funktion scheinen besonders hohe Polyploidiegrade vorzukommen.

Im Assimilationsgewebe von *Gasteria Zeyheri* fand JÄHNL tetra- und oktoploide Kerne. Die Epidermiszellen sind hier wohl diploid. In Blättern von *Bryophyllum tubiflorum* fanden sich im Grundgewebe 32-ploide Kerne. Um diese Polyploidie der Dauergewebe festzustellen, muß natürlich zunächst eine erneute Teilung ausgelöst werden; das ist z. B. durch Verwundung möglich.

Gelegentlich kann die Fähigkeit der Spindelbildung wieder neu induziert werden, so z. B. bei der Bildung von Spaltöffnungsnebenzellen aus gewöhnlichen Epidermiszellen (Abb. 145). In den gewöhnlichen Epidermiszellen bestimmter Arten haben die Kerne offenbar einen hohen Polyploidiegrad. Wo aber eine Spaltöffnung entsteht, treten neue Teilungen auf, so daß die Chromosomen auseinanderrücken können und die Kerne der neu entstandenen Zellen oft kleiner sind.

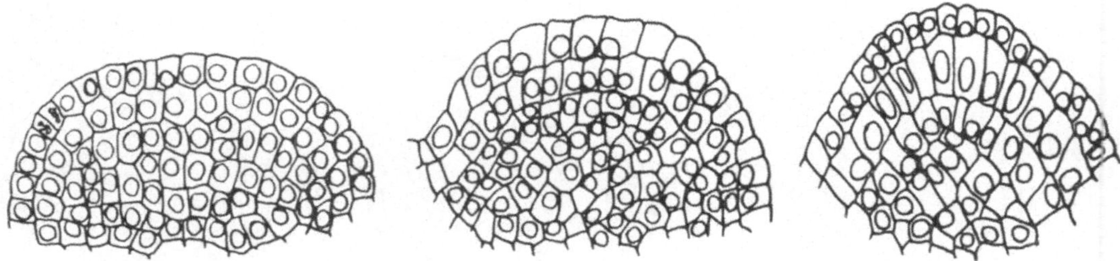

Abb. 146. Polyploidieperiklinalchimären bei *Datura*. Die 3 abgebildeten Vegetationspunkte bestehen aus Gewebe mit folgenden Chromosomensätzen (in der Reihenfolge Epidermis, Subepidermis, inneres Gewebe): Linke Figur 2n, 2n, 2n. Mittlere Figur 4n, 2n, 2n. Rechte Figur 2n, 8n, 4n. (Nach SATINA, BLAKESLEE und AVERY.)

Eine Polyploidie der Gewebe kann aber vielleicht nicht nur zu Größenunterschieden der Zellen führen, sondern auch in anderer Hinsicht an der Differenzierung beteiligt sein. Die zunehmende Genquantität könnte einmal im Zusammenhang mit besonders intensiven Stoffwechselleistungen wichtig werden. Es fällt auf, daß die extrem hohen Polyploidiegrade (32- und 64-ploide Kerne) in Zellen mit intensiven Stoffwechselvorgängen (Drüsenzellen usw.) zu finden sind. Wir haben schon früher, bei der Besprechung der Polyploidie ganzer Pflanzen, gesehen, daß die Änderung der Genomzahl auch zu qualitativen Veränderungen führen kann. So wäre es denkbar, daß auch die Differenzierung in verschiedene Polyploidiegrade innerhalb der Pflanze an der Differenzierung der physiologischen Leistungen und anatomischen Strukturen beteiligt ist.

GEITLER (1948) weist darauf hin, daß neben der geänderten Genquantität auch sonstige Umstände, z. B. die geänderten Oberflächenverhältnisse wichtig sein können.

Eine entscheidende Bedeutung kann der somatischen Polyploidisierung aber für die Differenzierungen nicht zukommen. Dagegen spricht schon, daß ein Organ (etwa die Wurzel) bei einer Art im Zusammenhang mit der Differenzierung auch einen unterschiedlichen Polyploidiegrad der einzelnen Gewebearten zeigt, bei anderen Arten aber nur diploide Zellen enthält. Ebenso kommt es vor, daß in ein und demselben Gewebe Zellen mit Kernen unterschiedlichen Polyploidiegrades enthalten sind (HOLZER).

Differenzierung durch experimentelle Polyploidie. So wie wir durch äußere Eingriffe eine ganze Pflanze polyploid werden lassen können, läßt es sich auf ähnlichem Wege auch erreichen, daß nur einzelne Zellen der behandelten Pflanze polyploid werden; deren Abkömmlinge sind dann auch alle polyploid. So erhielten SATINA und BLAKESLEE durch Behandlung von Samen mit Colchicin die Bildung von *Datura*-Periklinalchimären, bei denen die einzelnen Schichten des Vegetationspunktes einen unterschiedlichen Polyploidiegrad aufwiesen (Abb. 146).

6. Erbungleiche Teilung.

In manchen Fällen, und zwar sowohl im normalen als auch im pathologischen Gang der Entwicklung, kann eine ungleiche Erbstruktur der einzelnen somatischen Zellen eines Individuums auch durch erbungleiche Teilung, also durch ungleiche Verteilung der Erbanlagen bei der Zellteilung, entstehen. Inäquale Teilungen sind offensichtlich ziemlich häufig, aber nur in wenigen Fällen ist es gesichert, daß es sich wirklich um eine ungleiche Verteilung von *Erb*material handelt. Oft wird vielleicht nur ein plasmatisches Material ungleich verteilt, das zwar für die weitere Entwicklung wichtig ist, aber doch kein Erbmaterial ist.

Inäquale Plastidenverteilung. Ein schönes Beispiel für erbungleiche Teilungen liefern manche Fälle von Weiß- und Grünscheckung. Diese Panachierung kann nämlich, wie wir schon erwähnten, entstehen, indem sich im Verlauf der Zellteilungen gesunde und farblose Plastiden, die in ein und derselben Zelle gemischt vorkommen können, entmischen, also eine Tochterzelle nur farblose Plastiden enthält. Wenn nur wenige Plastiden vorhanden sind, kann auch ein völliger Plastidenschwund eintreten, indem eine Tochterzelle bei der Teilung leer ausgeht. Solche Fälle sind mehrfach beschrieben worden (vgl. KÜSTER). Als ein Beispiel für die Entstehung einer Differenzierung auf diesem Wege sei das *Anthoceros*-Antheridium erwähnt. In den Oktantenzellen junger Antheridien liegt je ein Chloroplast an der Außenwand. Bei der nächsten Teilung wird der Chloroplast nicht geteilt, so ist nachher zwar die künftige Wandzelle des Antheridiums mit einem Plastid ausgerüstet, aber ihre innere Schwesterzelle, die Mutterzelle des spermatogenen Gewebes, bleibt plastidenfrei, ebenso natürlich die aus diesen Zellen hervorgehenden weiteren.

Bei der Gametenbildung der Diatomee *Eunotia flexuosa* gelangen beide Chromatophoren der Ausgangszelle in die zum Gameten werdende Tochterzelle, während die andere Tochterzelle ohne Chromatophor bleibt (GEITLER 1951).

Auch wenn in der Zelle mehrere Plastiden vorhanden sind, kann es bei der Teilung zu einer Inäqualität kommen: Durch die Polarität der Zelle häufen sich die Plastiden gelegentlich an einem Pol an, und die an diesem Pol entstehende neue Zelle wird plastidenreicher als die an dem anderen Pol gebildete. So können bei *Oedogonium* bunte Fäden entstehen, in denen normal grüne Fäden mit anderen abwechseln, die nur wenig Plastidensubstanz enthalten (BEYRICH).

Reduktionsteilung. Eine inäquale Genverteilung liegt natürlich bei der Reduktionsteilung während der Keimzellbildung vor. Es wird hier als bekannt vorausgesetzt, daß eine Inäqualität der Tochterzellen bei diesem Teilungsschritt durch die Trennung vollständiger homologer, infolge der Erbverschiedenheiten der beiden Eltern meist nicht gleichartiger Chromosomen eintritt, und daß dabei noch eine Komplizierung durch das crossing-over und — in Ausnahmefällen — durch non-disjunction eintritt (beim letztgenannten Vorgang wandern bekanntlich zwei homologe Chromosomen zu einem Pol, so daß der andere Pol in bezug auf dieses Chromosom leer ausgeht).

Nach neueren Beobachtungen können alle diese Vorgänge, vielleicht gar nicht so selten, gelegentlich auch im somatischen Gewebe ablaufen. Es sind also, wie wir bereits bei der Besprechung der Physiologie der Kernteilung erwähnten, auch im somatischen Gewebe Reduktionsteilungen, somatisches crossing-over (vgl. JONES, MENZEL und BROWN) und somatisches non-disjunction beobachtet worden (vgl. jedoch GEITLER 1951).

Schon WINKLER hatte übrigens die Möglichkeit eines Übergangs vom tetraploiden zum diploiden Zustand im somatischen Gewebe aus seinen Beobachtungen erschlossen; in neuerer Zeit sind solche Reduktionen wiederholt beschrieben worden (vgl. HUSKINS).

Beim Mais hat JONES Fleckzeichnungen beobachtet, bei denen ein heller und ein dunkler Fleck, meist nur aus wenigen Zellen bestehend, nebeneinander lagen. Der hellere Fleck war oft ein Spiegelbild des dunkleren. Hierfür ist offenbar ein solches non-disjunction verantwortlich zu machen. Ein noch etwas anderer Fall sei hier angeschlossen. Bei einer *Nicotiana tabacum* wurde das Fehlen eines Chromosoms beobachtet; es war statt dessen nur ein Fragment in Ringform vorhanden. In diesem Fragment liegt ein Faktor für Karminfärbung der Blüten. Nun kommt es bei Zellteilungen vor, daß das Ringchromosom für einzelne Zellen verlorengeht, während andere einen Doppelring erhalten. Im erstgenannten Falle bilden sich in den Blüten weiße Streifen, im zweiten besonders tiefe dunkle Streifen, weil ja an diesen Stellen dann mit dem Doppelring auch der Karminfaktor zweimal gegeben ist und hier mit der Genverdoppelung auch eine Steigerung der Genwirkung verbunden ist (STINO).

Fleckzeichnungen. KÜSTER möchte viel allgemeiner die Bildung zahlreicher sektorenweise oder mosaikartig aus verschiedenen Feldern zusammengesetzter Blüten und Laubblätter als Folge ungleicher Verteilung der in den Chromosomen gelegenen Erbfaktoren betrachten. KÜSTER nennt etwa Blüten mit roten, weißen und anders gefärbten Sektoren, außerdem die bunten Laubblätter von *Coleus hybridus*. Er nimmt an, daß sich im Blatt inäquale Teilungen abspielen und dann noch eine von Fall zu Fall verschiedene Anzahl weiterer Teilungen erfolgt, so daß Mosaikfelder verschiedener Dimensionen entstehen.

Solche Erklärungen mögen in Einzelfällen berechtigt sein, aber es handelt sich dann doch wohl um Ausnahmen. Es bestehen hier, ähnlich wie zur Erklärung der Weißgrünscheckung, viele Möglichkeiten. Wir haben für das Auftreten von Anthocyanflecken schon auf die Möglichkeit somatischer Mutationen hingewiesen, und in solchen Fällen wie den von KÜSTER genannten könnte man an das Vorhandensein labiler Gene denken. Jedoch ist es genau so gut möglich, daß die verschieden gefärbten Zellen erblich gleich sind. Es könnte sich (CORRENS hat auf diese Möglichkeit besonders für die Grünweißscheckung hingewiesen) auch so verhalten, daß das Plasma in zwei verschiedenen stabilen Zuständen bestehen kann. In der embryonalen Zelle ist es noch labil, und die geringen zufälligen Verschiedenheiten, denen die einzelnen Zellen ausgesetzt sind, bedingen, daß das Plasma in einigen Zellen den einen, in anderen den anderen stabilen Zustand einnimmt, der sich dann, wenn er einmal induziert ist, auch über die weiteren von der Zelle noch durchgeführten Teilungen erhält. Die Beeinflußbarkeit solcher Anthocyanmuster auf Blättern durch Außenbedingungen spricht sehr zugunsten dieser Möglichkeit. Wir hätten die Musterbildung dann nicht als Folge inäqualer Teilung zu betrachten, sondern als Beispiel für eine modifikativ bedingte Musterbildung auf der Grundlage alternativer Variabilität.

Entstehung von Bakterienrassen durch inäquale Teilung. Der Entstehung mancher Bakterienrassen scheint eine ungleiche Verteilung von Genen zugrunde liegen zu können (sofern der Ausdruck Gen hier berechtigt ist). PARR und SIMPSON fanden, daß aus einer *Escherichia coli*, die Zitronensäure verwerten kann, zwei andere Formen entstehen können: eine ohne die genannte Fähigkeit, aus der aber weiterhin wieder die Ausgangsform entstehen kann, und eine andere, die auch nicht Zitronensäure verwerten kann, die aber die hierzu fähige Form nicht mehr aus sich entstehen lassen kann. Vermutlich kommt es bei diesen Umwandlungen vor, daß sich ein Gen nicht teilt und daher nach der Zellteilung nur eine Tochterzelle dieses Gen erhält; oder das Gen mag sich zwar teilen, aber durch eine Teilungsanomalie gelangen beide Teilungsprodukte in eine der beiden Tochterzellen, so daß die andere leer ausgeht.

Begrenzte Bedeutung erbungleicher Teilungen. Wir müssen noch einmal unterstreichen, daß das Vorkommen erbungleicher Teilungen zwar interessant ist, aber im Gegensatz zu der von WEISMANN und auch von einigen neueren Biologen vertretenen Auffassung nicht das Wesen der Differenzierung ausmachen kann. Auch der gelegentlich gesuchte Ausweg, die Differenzierung aus der ungleichen Verteilung plasmatischer Erbträger zu erklären, kann nicht viel weiter führen, obwohl, wie wir sahen (S. 170) solche Entmischungen vorkommen. Die Rückdifferenzierungen und Restitutionen zeigen, daß die Differenzierungen meist trotz der Erhaltung aller Erbanlagen erfolgen.

Literatur.

Mit einem * versehene Arbeiten sind zusammenfassende Darstellungen.

BEHRE: Planta (Berl.) **7** (1929). — BEYRICH: Ber. dtsch. bot. Ges. **61** (1943). — BLOCH: Amer. J. Bot. **31** (1944).

GEITLER: Österr. bot. Z. **95** (1948); **98** (1951).

HOLZER: Österr. bot. Z. **98** (1952). — * HUSKINS: Internat. Rev. Cytology **1** (1952).

JÄHNL: Biol. Zbl. **65** (1946). — JONES: Genetics **22** (1937).

KAPPERT: Ber. dtsch. bot. Ges. **66** (1953). — * KÜSTER: Die Pflanzenzelle. Jena 1935.

MENZEL and BROWN: Amer. J. Bot. **39** (1952). — MICHAELIS: Ber. dtsch. bot. Ges. **64** (1951).

PARR and SIMPSON: J. Bacter. **40** (1940).

ROSS: Naturwiss. **33** (1946). — RENNER: Vgl. * OEHLKERS: Fiat Rev. German Sci. Biol. **2** (1948).

SATINA and BLAKESLEE: Amer. J. Bot. **28** (1941). — SHAMEL and POMERY: Calif. Citrograph **23** (1937). — STINO: J. Hered. **31** (1940).

THIELKE: Planta (Berl.) **36** (1949).

WEISMANN: Über Vererbung. Jena 1883. — WETTSTEIN, v.: Z. Abstammgslehre **73** (1937).

III. Die Polarität als Grundlage der Differenzierung.

1. Überblick.

Polarität und Differenzierung. Zwar ist, wie wir schon sahen, eine inäquale Verteilung der Gene bei der Differenzierung höchstens von untergeordneter Bedeutung, aber die inäquale Verteilung anderer Zellinhaltsbestandteile kann um so wichtiger werden. Diese ungleichen Verteilungen dürfen jedoch, um eine normale Differenzierung zu ermöglichen, nicht regellos sein. Wir sehen das schon bei den Vorgängen am Vegetationspunkt und im Kambium: Die Tochterzelle, die weiterhin embryonal bleibt, liegt bei jeder Teilung in der gleichen Richtung, die andere Tochterzelle, die nur noch wenige Teilungen durchführt, immer in der entgegengesetzten Richtung. Schon damit ist die große Bedeutung der Polarität bei der Differenzierung angedeutet, die bereits VÖCHTING betont hat und die wir später im einzelnen analysieren wollen. Zunächst müssen wir versuchen, diese Polarität selber etwas zu verstehen.

Sproßwurzelpolarität. Schon der junge Embryo eines sich entwickelnden Samens zeigt eine Polarität zwischen apikalem und basalem (Sproß- und Wurzel-) Pol, d. h. schon an ihm erfolgt die weitere Differenzierung, die Herausbildung einer Radicula, einer Plumula und der Kotyledonen zufolge einer Gegensätzlichkeit der Bedingungen, die bereits nach der ersten Teilung erkennbar wird, aber sogar schon vor der ersten Teilung besteht.

Auch bei keimenden Sporen äußert sich die Polarität immer sehr früh. Vor der Anlage der ersten Teilungswand ist etwa bei Sporen von *Equisetum* oder z. B. auch bei der Eizelle von *Fucus* schon festgelegt, wie diese Wand angelegt wird und auf welcher ihrer beiden Seiten der Rhizoidpol der sich entwickelnden Pflanze liegt.

Die Polarität kommt auch jedem einzelnen Abschnitt der Pflanze zu, bei höheren Pflanzen also jedem Achsenstück. Schneiden wir ein Zweigstück heraus, so wird es an seinem jeweiligen oberen Ende Sprosse, am unteren Wurzeln neu bilden. Zerteilen wir einen *Cladophora*-Faden in Einzelzellen oder Gruppen von Einzelzellen, so wird jedes Stück an seinem jeweiligen apikalen Pol chlorophyllhaltige Seitentriebe, am basalen chlorophyllfreie Rhizoide regenerieren. Aber auch an Stücken von Einzelzellen zeigt sich noch diese Polarität. Zerteilen wir den Schirmstiel von *Acetabularia*, so wird jedes dieser Zellstücke am apikalen Pol einen Schirm, am basalen ein Rhizoid regenerieren. Ebenso pflegt ein Stück aus einem Sporangienträger von *Phycomyces* am oberen Pol Hyphen zu regenerieren, die neue Köpfchen bilden, am unteren Pol aber gewöhnliche Hyphen.

Dorsiventralität. Eine große Rolle spielt bei den Pflanzen weiterhin die dorsiventrale Polarität, die sich z. B. im dorsiventralen Bau von Blättern und von horizontal wachsenden Thallusteilen äußert. Auch diese Polarität wird sehr früh induziert.

2. Induktion der Polarität.

Innere Faktoren. Die Polarität zwischen Wurzel- und Sproßpol kann, ebenso wie die Dorsiventralität, durch innere und durch ganz verschiedenartige äußere Faktoren induziert werden. Von den wirksamen inneren Faktoren ist vor allem der polarisierende Einfluß des bereits polarisierten Gewebes zu nennen. Dieser Einfluß führt z. B. dazu, daß die im Embryosack liegende Eizelle offenbar schon vor der Befruchtung durch ihre Lage in der Mutterzelle zwangsläufig polarisiert wird. Auch an der Embryosackmutterzelle kann sich eine Polarität zeigen: bei heterogamen Oenotheren ist beobachtet worden, daß einer der beiden Genomkomplexe das mikropylare Ende bevorzugt. Das deutet auf eine Polarisierung der Metaphase- und Anaphasefigur in der Meiose der Embryosackmutterzelle (RENNER). Daß eine bereits polarisierte Zelle auf ihre Nachbarzellen polaritätsinduzierend wirken kann, zeigen deutlich Beobachtungen über wechselseitige Polarisierung eng beieinander liegender Fucaceen-Eier (OLSON und DU BUY).

Die vegetativen Zellen der Pflanzen sind zumeist darum polarisiert, weil sie Abkömmlinge bereits polarisierter Zellen sind.

Induktion durch Licht. Unter den Außenfaktoren wirkt vor allem das Licht polarisierend. Die Induktion der Polarität verläuft dabei meist so, wie sie in der freien Natur für die Pflanze vorteilhaft wäre, d. h. der Wurzel- bzw. Rhizoidpol entsteht an der lichtabgewandten, der Sproßpol an der dem Licht zugekehrten Seite. So bildet sich beispielsweise in der befruchteten Fucaceen-Eizelle das Rhizoid an der vom Licht abgewandten Seite aus; dabei beginnt zunächst dieses Rhizoid auszuwachsen und erst nachträglich wird die Rhizoidanlage durch die erste Zellwand von der übrigen Eizelle abgetrennt. Bei der *Equisetum*-Spore ist die polarisierende Wirkung des Lichts deutlich an der zur Lichtrichtung senkrechten Lage der ersten Teilungswand erkennbar. Die Wand ist zudem der lichtabgewandten Seite der Spore genähert, an der sich das Rhizoid bildet.

Die Sensibilität für die Polarisierbarkeit durch Licht besteht bei den genannten Objekten nur kurze Zeit, nämlich nur wenige Stunden. Die Empfindlichkeit beginnt bei den Fucaceen-Eiern 8 Std nach der Befruchtung und 8 Std später ist sie schon ganz abgeklungen (KNAPP, WHITAKER und LAWRENCE), nach anderen Angaben (für *Cystosira*) wird das Maximum der Lichtempfindlichkeit bei solchen Eiern noch früher erreicht; bei *Equisetum*-Sporen zeigt es sich 4 Std nach der Aussaat.

Zur Klärung der Vorgänge, die die Polarisierung durch Licht ermöglichen, ist zunächst die Ermittlung der wirksamen Lichtqualitäten wichtig. Immer zeigte sich, daß nur Strahlen unter 520 oder sogar erst unter 500 mμ Wellenlänge wirksam sind (MOSEBACH). Die Empfindlichkeit scheint bis ins Ultraviolett hinein anzusteigen. Aus diesem Ergebnis geht hervor, daß die entscheidende Strahlungsabsorption nicht im Chlorophyll stattfindet. Auch Karotinoide dürften nicht die Absorption vollziehen, denn die starke Wirksamkeit des Ultravioletts wäre dann nicht zu erwarten. Vor allem könnte nicht erklärt werden, warum kurzwelliges Ultraviolett (235—280 mμ) stärker wirkt als langwelliges (313—366 mμ) (WHITAKER). Auch konnte MOSEBACH bei *Equisetum*-Sporen durch partielle Beleuchtung des Zytoplasmas allein, d. h. bei Vermeidung einer Lichtabsorption in den Plastiden, schon eine Polarisierung erreichen. Es ist sehr wohl zu verstehen, warum bereits das kurzwellige sichtbare Licht so stark wirkt, wenn es nur auf die Absorption im Plasma ankommen sollte. Man muß dann wohl annehmen, daß zwar nicht Plastidenpigmente, aber doch Farbstoffe, die im Zytoplasma selber enthalten sind, an der entscheidenden Strahlungsabsorption beteiligt sind. Man könnte etwa an Laktoflavin denken.

Auf jeden Fall muß die absorbierte Strahlung weiterhin irgendwelche Umsetzungen hervorrufen. Vermutet worden ist eine Wirkung, die auf dem Wege über die Inaktivierung des Auxins entsteht (WHITAKER). Auxin kann ja durch Ultraviolettbestrahlung, bei Gegenwart von Sensibilisatorfarbstoffen auch durch sichtbares Licht, in eine inaktive Form umgewandelt werden.

Bedeutung der Stoffverteilung. Daß eine Polarität der Stoffverteilung wichtig ist, können wir aus verschiedenen Beobachtungen ableiten. Bei der Alge *Griffithsia bornetiana* bilden sich nach elektrischer Durchströmung die Rhizoide an der Anodenseite (Abb. 207); das beruht offenbar auf einer kataphoretischen Stoffumlagerung, die man mit der durch die Polarisierung erreichten vergleichen könnte. Bei Sporen von *Funaria hygrometrica* unterbleibt die normale Keimung, wenn den Sporen allseitig Wuchsstoff zugeführt wird; sie wachsen dann vielmehr zu Riesenkugeln vom 40- bis 50fachen ihres normalen Volumens an (HEITZ). Ähnlich fand GAUTHERET an Gewebekulturen, daß bei der Darbietung extrem hoher Auxinkonzentration das polarisierte Längenwachstum in ein allseitiges Hypertrophieren der Zelle übergeht.

Andere induzierende Reize. Polarisierend wirken weiterhin Schwerkraftreize und chemische Reize, die auch in der normalen Umgebung beide vorhanden sind. Mechanische Einflüsse, Zentrifugalkräfte, Temperaturgefälle, p_H-Differenzen und elektrische Potentiale haben sich ebenfalls als wirksam erwiesen. Auf welchem Wege diese anderen Reize im einzelnen wirken, vermögen wir nicht zu entscheiden. Da solche Faktoren, zum mindesten Schwerkraftreize, aber auch sonst, etwa bei der Induktion von Bewegungen wirksam werden, weil sie eine polare Auxinverteilung bedingen, darf man vermuten, daß diese anderen Reize eine gleiche Primärwirkung ausüben wie der Lichtreiz.

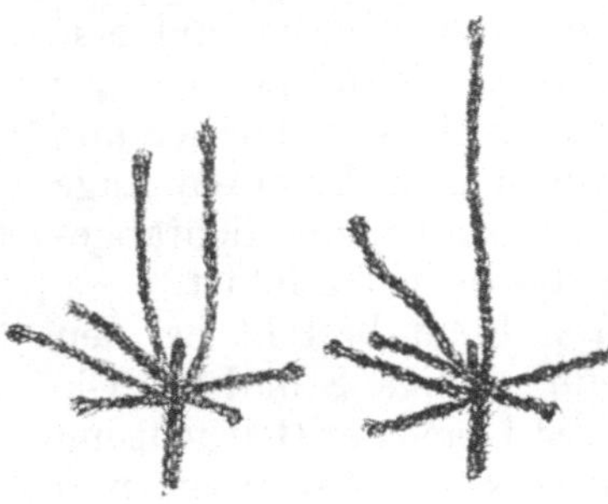

Abb. 147. Gipfel von *Picea excelsa*, ein Seitentrieb ersetzt den zerstörten Gipfeltrieb. Zunächst hatten sich zwei Seitentriebe gehoben, bis einer von ihnen die „Herrschaft" übernahm.

Übrigens kann bei Eizellen, etwa bei *Cystosira*-Eiern, auch das eindringende Spermatozoid polarisierend wirken.

Induktion der Dorsiventralität. Eine etwas andere Form der Polarisierung ist die Induktion der Dorsiventralität. Auch diese Differenzierung kann sowohl aus inneren wie aus äußeren Ursachen erfolgen. Bei den Assimilationsorganen der Blütenpflanzen ist sie zumeist von innen her bedingt, tritt also auch ein, wenn eine polare Einwirkung äußerer Faktoren ausgeschlossen ist, z. B. wenn die Pflanze im Dunkeln so rotiert wird, daß eine einseitige Einwirkung der Schwerkraft ausgeschlossen ist. Diese Induktion von innen her ist eine Folge der Polarisierung in Sproß- und Wurzelpol; Ober- und Unterseite der Blattanlagen am Vegetationskegel sind ja der Polarität der angrenzenden Achsenpartie ausgesetzt. Die Blattanlage verhält sich in dieser Hinsicht wie ein nach außen verbreiterter Teil der Achse. Daher ist die Dorsiventralität des Blattes vielleicht nichts anderes als die Wurzelsproßpolarität jedes einzelnen Achsenstückes. Zu einer solchen Vorstellung führt ohnehin auch das übrige physiologische Verhalten des Blattes. So leitet z. B. die Analyse der transversalphototropischen Blattbewegungen zur Vorstellung, die transversalphototropischen Organe seien Aggregate parallel gelagerter orthophototroper Elemente. Mit dieser Deutung der Dorsiventralität der Blattorgane harmoniert auch die Beobachtung Behres, daß die *Drosera*-Blätter nur auf der Blattoberseite, hier aber an den verschiedensten Stellen zur regenerativen Sproßbildung schreiten können. Bei *Drosera capensis* können solche Regenerate allerdings auch an der Unterseite des Blattstiels entstehen, jedoch ist die Bevorzugung der Oberseite bemerkenswert.

Abb. 148. Aufrichtung älterer Äste einer *Thuja* nach Entfernung des Gipfels.

Es gibt aber auch Beispiele dafür, daß die Dorsiventralität der Blattorgane nicht schon durch die Polarität der Achse mitdeterminiert wird, sondern erst sekundär durch Licht oder Schwerkraft.

Die Seitenzweige kann man hinsichtlich ihrer Dorsiventralität mit den Blättern vergleichen. Jedoch ist in ihnen außer der Dorsiventralität noch zusätzlich die der Hauptachse eigentümliche Polarität zwischen apikalem

Abb. 149. 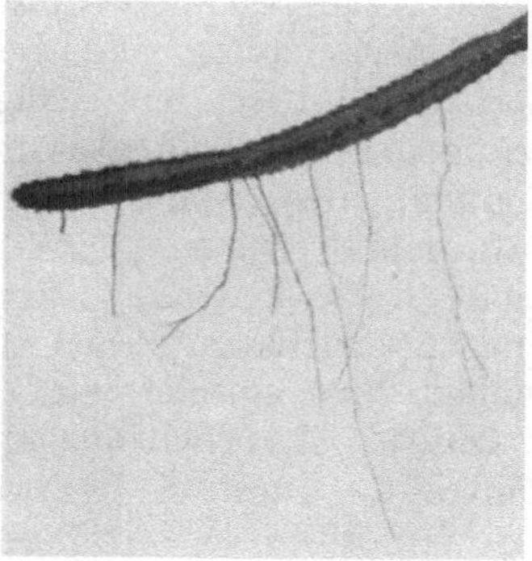 Abb. 150.

Abb. 149. *Taeniophyllum*. Epiphytische Orchidee ohne Blätter. Die bandförmig flachen Wurzeln sind grün; sie legen sich durch negativen Phototropismus eng dem Baumstamm an, ihr Bau ist dorsiventral. (An dem kurzen Sproß der größeren Pflanze sieht man eine Blüte.)

Abb. 150. *Cereus*. Induktion einer, nur labilen, Dorsiventralität durch die Schwerkraft.

und basalem Pol vorhanden. Bei den Seitenzweigen könnte man gelegentlich den Eindruck gewinnen, daß die Dorsiventralität sekundär verlorengehen kann und dann nur die Polarität zwischen apikalem und basalem Pol bleibt: wird der Hauptsproß (etwa bei *Picea*) entfernt, so richten sich die Seitensprosse auf, bis dann schließlich einer an die Stelle des Hauptsprosses tritt, also so wie dieser senkrecht nach oben wächst (Abb. 147, 148). Ebenso kann ein Seitensproß auch senkrecht nach oben wachsen, wenn er von der Mutterpflanze entfernt und als Steckling behandelt wird. In Wahrheit geht hierbei aber die Dorsiventralität nicht verloren, wir können sie auch später noch nachweisen, indem wir solche aus Seitenzweigen entstandene Hauptsprosse bei vertikal gestellter Klinostatenachse rotieren; sie zeigen ihre Dorsiventralität dann durch eine Einkrümmung der wachstumsfähigen Spitze. Der normale plagiotrope Wuchs ist, wie wir bei der Besprechung der Georeaktionen sehen werden, das Resultat des Zusammenwirkens einer Epinastie, also eines Bestrebens zum verstärkten Oberseitenwachstums, und des negativen Geotropismus. Voraussetzung für die Epinastie ist die Dorsiventralität; zu ihrer Realisierung ist aber weiterhin Wuchsstoffzuleitung von der Basis her erforderlich, auf die Ober- und Unterseite dann in dem Sinne verschieden reagieren, daß es zu verstärktem Wachstum der Oberseite kommt. Wird diese Wuchsstoffzuleitung durch die Basis des Seitensprosses verhindert, indem der Hauptgipfel entfernt wird, so kann die Dorsiventralität, obwohl sie erhalten bleibt, nicht mehr oder nur so schwach zum Epinastiebestreben führen, daß der nega-

Abb. 151. *Philodendron*. Lichtinduzierte Dorsiventralität. Wurzeln bilden sich nur auf der abgewandten Seite des Sprosses.

tive Geotropismus überwiegt, der Seitensproß sich also hebt, bis er selber zum Zentrum der Wuchshormonabgabe wird und die übrigen Seitenzweige so zum plagiotropen Wuchs zwingt.

Bei den Gametophyten von Farnen und Lebermoosen hat das Licht einen hervorragenden Einfluß auf die Bestimmung der Dorsiventralität. Zur Untersuchung sind die Brutkörper der Marchantiaceen *(Marchantia, Lunularia)* besonders geeignet. Für die Induktion der Dorsiventralität genügen selbst bei Intensitäten, die wesentlich geringer sind als die des Sonnenlichtes, wenige Stunden. Die dem Licht zugewandte Seite wird naturgemäß zur morphologischen Oberseite. Auch hier sind neben dem Licht noch andere Faktoren wie namentlich die Schwerkraft und das Substrat wirksam, jedoch ist deren Einfluß so gering, daß er erst bei Versuchen ohne einseitig einfallendes Licht erkennbar wird (FITTING).

Zu den Assimilationsorganen von Blütenpflanzen, bei denen die Dorsiventralität durch die Schwerkraft oder das Licht bestimmt wird (und wo sie dann oft nur labil ist), gehören die assimilierenden Wurzeln mancher epiphytischer Orchideen wie etwa *Taeniophyllum* (Abb. 149) und *Phalaenopsis*, die Flachsprosse von *Phyllocactus grandis* sowie die Blätter von *Podocarpus imbricata*. Auch bei manchen *Iris*-Arten ist die Dorsiventralität der Blätter „aitiogen“, d. h. von Außenfaktoren induziert, und zwar in erster Linie durch die Schwerkraft. Ferner ist die Dorsiventralität der Seitenzweige der Cupressaceen lichtbedingt. Bei beiderseitiger Beleuchtung der aus Stecklingen gezogenen Zweige von *Thujopsis dolabrata* geht die Dorsiventralität verloren; die neu gebildeten Teile sind dann also bilateralsymmetrisch, und zwar so gebaut wie die normale Unterseite (FITTING). Die induzierte Dorsiventralität zeigt sich oft nicht nur im anatomischen Bau, sondern auch in der Leistung, z. B. in der Wurzelbildung (Abb. 150, 151). Beispiele für eine durch Schwerkraft induzierte Dorsiventralität werden wir später noch kennenlernen. Besonders die durch Schwerkraft induzierten Dorsiventralitäten zeichnen sich oft durch große Labilität aus; denn sie können einfach darauf beruhen, daß sich der Wuchsstoff auf der Unterseite reichlicher bildet, so daß hier z. B. Wurzeln entstehen können. Irgendeine bleibende plasmatische Veränderung braucht hiermit nicht verknüpft zu sein.

Auch das Beispiel der dorsiventralen Kapsel von *Buxbaumia aphylla* mag hier noch genannt sein. Diese Dorsiventralität ist nicht etwa von innen her bedingt, sondern entsteht normalerweise durch die ungleiche Lichtverteilung am Standort. Die Kapseln bleiben radiär, wenn sie während der Entwicklung auf dem Klinostaten bei vertikal stehender Achse gedreht werden.

3. Fixierung der Polarität.

Die Konzentrationsgefälle. Wir sahen, daß eine frühe Wirkung der Polaritätsinduktion in einer stofflichen Differenzierung, etwa in einem Konzentrationsgefälle von Auxin besteht. Das Vorhandensein stofflicher Gefälle äußert sich in verschiedenen Erscheinungen, z. B. auch im Auftreten eines elektrischen Potentialgefälles (Abb. 152, LUND) oder in einem Gefälle der Wasserstoffionenkonzentration, so ist an Blattstielen anscheinend die Unterseite immer weniger sauer als die Oberseite.

Dieses Gefälle der Azidität, außerdem ein Gefälle in der Lage der isoelektrischen Punkte plasmatischer Elemente, kann auch durch Vitalfärbung demonstriert werden (ELLENGORN und SVETOZAROVA); in Wurzelspitzen von *Allium Cepa* erwiesen sich die akroskopen Zellenden als die saureren. Aber auch in der radialen Richtung zeigt sich bei solchen Wurzelspitzen ein

Gefälle: die nach innen gerichteten Zellteile sind saurer als die nach außen gerichteten. Bei Pilzfäden haben die apikalen (stark wachsenden) Regionen einen höheren mittleren IEP als die basaleren (SCHWANTES).

Auch ein Gefälle in der Konzentration von Stoffen, die die Formbildung beeinflussen, kann, wie wir es z. B. für *Acetabularia* sahen, zu diesen stofflichen Gradienten gehören (Abb. 153). Ebenso konnten wir schon ein Gefälle für einen bei der Zellteilung wichtigen Faktor feststellen.

Aber die andauernde Polarität kann nicht einfach in der Existenz polarer Konzentrationsverschiedenheiten von Stoffen bestehen; denn solche Konzentrationsunterschiede müssen sich natürlich, wenn nicht ein besonderer Mechanismus zu ihrer Erhaltung bzw. andauernden Wiederherstellung gegeben ist, durch Diffusion allmählich ausgleichen. Gegen die verbreitete Ansicht, man könne die Polarität mit solchen Gefällen wurzelbildender Stoffe, rhizoidbildender Stoffe usw. identifizieren, ist weiterhin zu bedenken, daß so nicht erklärt werden kann, warum z. B. beim Zerschneiden der basale Pol eines in der Pflanze hochgelegenen Sproßabschnittes Wurzeln bildet, der obere Pol des nach unten angrenzenden Stückes aber nicht; das Analoge gilt für die Rhizoidbildung aus einzelnen Stücken des *Acetabularia*-Stieles. Da die Konzentration wurzel- bzw. rhizoidbildender Stoffe am unteren Abschnitt des mehr spitzenwärts entnommenen Stückes praktisch ebenso groß ist wie am oberen Pol des nach unten anschließenden Stückes, kann diese Konzentration, so wie sie unmittelbar gegeben ist, nicht entscheidend sein. Wir müssen also auf das Vorhandensein einer *strukturellen* Polarisierung schließen, die es bedingt, daß sich eine Stoffart immer mehr an dem einen Pol anhäuft als an dem anderen. Erst eine solche stabile, strukturelle Polarität könnte ihrerseits die unabhängig von den Außenreizen beharrenden stofflichen Gefälle erklären.

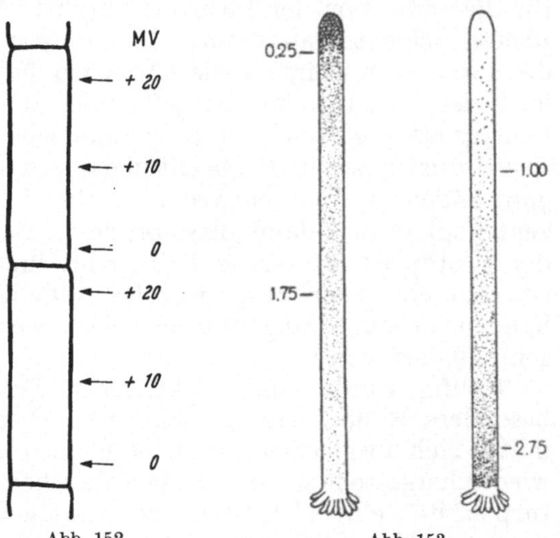

Abb. 152. Abb. 153.

Abb. 152. In jeder Einzelzelle eines Fadens von *Cladophora* besteht eine elektrische Polarität, und zwar erweist sich der apikale Pol jeweils als positiv gegen den basalen, die Mitte ist schwächer positiv als die Basis.

Abb. 153. Schema des Konzentrationsgefälles der Formbildungsstoffe bei *Acetabularia*, das aus den Regenerationsversuchen erschlossen worden ist. Links Stoffe für Vorderende (Hut). Rechts Rhizoidstoffe. (Nach HÄMMERLING.)

Nur dort, wo die Polarität der anatomischen Struktur und des physiologischen Verhaltens lediglich labil ist, wie etwa in vielen Fällen der Dorsiventralität, brauchen die ihr zugrunde liegenden stofflichen Verschiedenheiten nicht durch Vermittlung einer polaren Plasmastruktur entstanden zu sein, sondern können unmittelbar durch die eingreifenden Außenfaktoren bedingt werden. In diesem Falle resultiert die nur labile Dorsiventralität, von der wir sprachen, und diese ist nicht mit der stabilen Polarisierung vergleichbar.

Die polare Plasmastruktur. Worin kann nun diese stabilere Asymmetrie bestehen? Man könnte zunächst an eine Polarität in der starren Zellwand denken; aber Regenerationsversuche lehren, daß auch der plasmolysierte Protoplast noch die gleiche Polarität besitzt wie die ganze Zelle. Sogar an Amöben ist die Existenz einer Zellpolarität nachgewiesen worden; Tuscheteilchen bleiben trotz der Gestaltsveränderung während des Kriechens der Amöbe an ein und derselben Stelle (PIETSCHMANN, GEITLER). Auch das Plasma der umhäuteten Pflanzenzellen kann bekanntlich rotieren, ohne dabei die Polarität zu verlieren. Die Polarität ist also wohl an die mehr starren peripheren Schichten des Protoplasmas gebunden. Damit harmoniert auch die schon mitgeteilte Beobachtung MOSEBACHs, daß es für die Induktion der Polarität durch Licht auf die Beleuchtung der peripheren Schichten ankommt. Man muß wohl annehmen, daß die Polarität des Protoplasmas irgendwie mit seiner Feinstruktur zusammenhängt; vielleicht ist das ganze Mizellargefüge der äußeren Protoplasmaschichten polar konstruiert (vgl. auch LUND). Eine schöne Bestätigung für diese Konsequenz dürfen wir in Beobachtungen von KÜSTER und LANZ sehen. *Spirogyra*-Fäden wurden entweder in der Längs- oder in der Querrichtung zentrifugiert und dann plasmolysiert. Bei dieser Plasmolyse rundete sich der Protoplast im ersten Fall nicht, im zweiten aber gut ab. Offenbar ist also ein polar ausgerichtetes submikroskopisches Eiweißgerüst vorhanden, dessen Haftpunkte gelockert werden, sofern in der Querrichtung zentrifugiert wird.

Häufig wurde einer elektrischen Polarität innerhalb der Zelle eine besondere Rolle zuerkannt (LUND). Aber auch eine elektrische Polarität müßte sich ausgleichen, wenn sie nicht durch eine Strukturpolarität immer wieder hergestellt würde. Sehr wahrscheinlich wird erst durch diese Strukturpolarität eine elektrische Polarität geschaffen, die ihrerseits natürlich wieder zu einer Polarität von Stoffverteilungen führen kann.

Die große Bedeutung dieser so hergestellten elektrischen Polarität für die weiteren Differenzierungsvorgänge wird durch diese Feststellung, daß sie erst mittelbar durch die polare Plasmastruktur bedingt ist, nicht eingeschränkt.

Wir können uns noch keinerlei Vorstellung darüber bilden, in *welcher* asymmetrischen Ausrichtung des protoplasmatischen Mizellargefüges die stabil gewordene Polarität besteht. Es mag aber erwähnt sein, daß einige Beobachtungen an toten Membranen uns als grobe Modelle für jene noch unerkannte Struktur dienen können. Sowohl an Kolloidiummembranen als auch z. B. an der Froschhaut ist eine solche Asymmetrie, die in einer unterschiedlichen Durchtrittsgeschwindigkeit von Stoffen sowie auch in „Asymmetriepotentialen" (in der Höhe von einigen 100 mV) zum Ausdruck kommt, beobachtet worden. Als Beispiel für eine pflanzliche Membran mit polarer Permeabilität seien die von BRAUNER untersuchten Samenschalen der Kastanie genannt. Bei gleichem Druck kann das Wasser von außen nach innen mit einer um 50—70% höheren Geschwindigkeit filtriert werden als von innen nach außen. Die polare Permeabilität wird hier durch Aneinanderfügung zweier verschiedenartiger Schichten, einer kutinisierten und einer nichtkutinisierten, möglich. Das führt zu einer unterschiedlichen Ionenbeweglichkeit und schließlich, wie hier nicht näher ausgeführt werden soll, zur beobachteten polaren Permeabilität. Während die Polarität in diesem Fall auf toten Strukturen beruht, sie also z. B. durch Aufkochen nicht verlorengeht, ist an lebenden Geweben eine (ebenfalls zur polaren Leitfähigkeit führende) Asymmetrie nachweisbar, die durch das Abtöten aufgehoben wird (METZNER); mit ihr ist also vielleicht die eigentliche

Polarität des Sprosses erfaßt worden. Wie diese asymmetrische Struktur des Plasmas aber tatsächlich beschaffen ist, wissen wir damit natürlich noch nicht.

Diese Hinweise auf leblose Membranen können nur den Wert vorläufiger Modellversuche haben; sie sollen zeigen, daß polare Strukturverschiedenheiten zu polaren Stoffleitungen führen können, die offenbar auch für die Polarität des Zellplasmas so charakteristisch sind. Speziell mag dabei noch betont sein, daß diese Modelle insofern mit der Plasmapolarität übereinstimmen, als in beiden Fällen die elektrische Polarität nicht das letzte Element dieser Polarität sein kann, sondern nur eine Folge der strukturellen Asymmetrie ist. Freilich ist die Schaffung des elektrischen Potentialgefälles wiederum einer der vermittelnden Prozesse, durch die jene strukturelle Asymmetrie zu polaren physiologischen Vorgängen, etwa zu einem polaren Stofftransport führen kann.

Polaritätsumkehr. Daß die strukturelle Asymmetrie des Protoplasten nicht von genau der gleichen Art ist wie die Asymmetrie der genannten Membranen, könnte man aus der Möglichkeit einer Umkehr der Zellpolarität schließen. Fälle von Polaritätsumkehr sind oft beschrieben worden, aber nur wenige Angaben halten der Kritik stand.

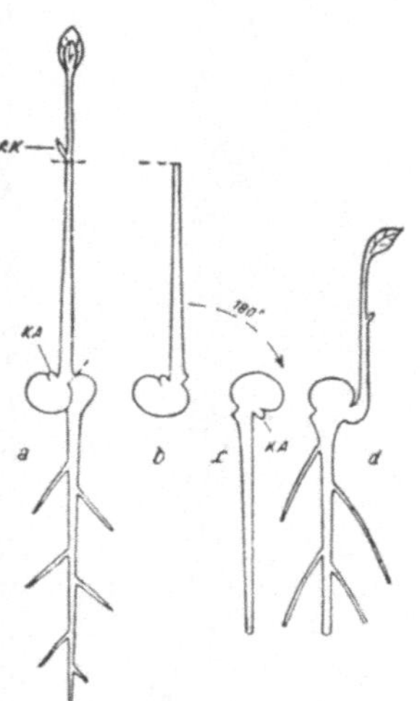

Abb. 154 a—d. „Umkehrung der Polarität“ bei etiolierten Erbsenkeimlingen. Nach CASTAN, schematisiert von LANG. *KA* Kotyledonarachselknospen; *AK* Achselknospe des Primärsprosses.

Die bei manchen Objekten mögliche Umkehr der Dorsiventralität wurde schon erwähnt. Wenn diese Dorsiventralität z. B. nur auf einem schwerkraftbedingten Wuchsstoffgradienten beruht hat, so bietet auch ihre Umkehr keine besonderen Probleme. Anders steht es mit der Polaritätsumkehr bei Achsenorganen von Blütenpflanzen. Zwar können durch Wuchsstoffbehandlung die normalen Restitutionsleistungen der isolierten Achse verändert werden, aber dadurch ist die innere Polarität doch noch nicht modifiziert worden. Zum Beispiel wird an Wurzelstecklingen von *Crambe* nach Wuchsstoffauftragung auf die obere (basale) Schnittfläche die dort sonst eintretende Sproßbildung unterdrückt; der Steckling bildet dann überall Wurzeln (PLANT). Ebenso kann durch experimentell hervorgerufene Wuchsstoffverarmung an der anderen Schnittfläche eine Sproßbildung an Stelle von Wurzelbildung erreicht werden. Wurden solche an Wuchsstoff verarmten Stecklinge auf der oberen Schnittfläche mit Wuchsstoff behandelt, so bildeten sich sogar dort Wurzeln; die Restitutionsleistungen waren dann also gegenüber den normalen völlig umgekehrt. Aber wenn man die Stecklinge weiterhin sich selber überläßt, zeigt sich doch wieder die alte Polarität. Diese Versuche sind ohne weiteres verständlich, wenn wir die Abhängigkeit der Sproß- und Wurzelbildung von der Wuchsstoffkonzentration berücksichtigen. Die Versuche beweisen also nicht eine Umkehr der *Zellpolarität*, sondern nur eine Umkehr der durch diese Polarität normalerweise *erreichten Leistungen*; sie demonstrieren nur, daß es für die Unterschiedlichkeit der Regenerationsleistungen an verschiedenen Punkten der Achse gleichgültig ist, ob die ihr zugrunde liegende Verschiedenheit der Auxinkonzentration durch die Polarität der Gewebe oder durch den Experimentator hergestellt wird. Anders scheint es bei Versuchen von CASTAN an *Pisum* zu stehen. Primärsprosse etiolierter Keimlinge wurden unterhalb des ersten Knotens dekapitiert und außerdem die Primärwurzel direkt unterhalb der Kotyledonen abgetrennt. Sodann wurde der verbleibende Rest so in Wasser gebracht, daß die apikale Sproßregion nach unten ins Wasser tauchte und die Kotyledonen nach oben ragten. Es bildeten sich dann am Sproßstumpf Wurzeln, während eine Kotyledonarachselknospe zum Sproß auswuchs (Abb. 154). In der Auswertung dieses Versuchs muß man aber ebenso vorsichtig sein wie auch bei den anderen Angaben über die Polaritätsumkehr. Wenn die *Pisum*-Keimlinge sich in der geschilderten Weise verhalten, so folgt daraus zunächst einmal nur eine Umkehr der normalen polaren *Restitutionsleistungen*, aber noch nicht ohne weiteres eine Umkehr der inneren *Polarität*, die jene polaren Restitutionsleistungen normalerweise bedingt. Wir dürfen uns wohl vorstellen, daß in jenem Experiment die Kotyledonarachselknospe an Wuchsstoff verarmt ist (denn das führt normalerweise zum Austreiben einer Knospe), während der Sproßrest relativ reich an Wuchsstoff geworden ist. Nun kommt noch hinzu, daß das Eintauchen in Wasser allgemein die Wurzelbildung fördert. Es ist durchaus nicht selbstverständlich, daß eine unterschiedliche Auxinverteilung, die für die Verteilung der Restitutionsfähigkeiten entscheidend ist, nur durch die polare Auxinleitung bedingt werden kann; es können viele komplizierende Umstände hinzutreten, z. B. auch polare Differenzen der Auxinproduktion. Es bleibt also auch schon aus diesem Grunde denkbar, daß bei dem genannten Versuch die plasmatische Asymmetrie, die zum polaren Auxintransport führt, bestehen geblieben ist.

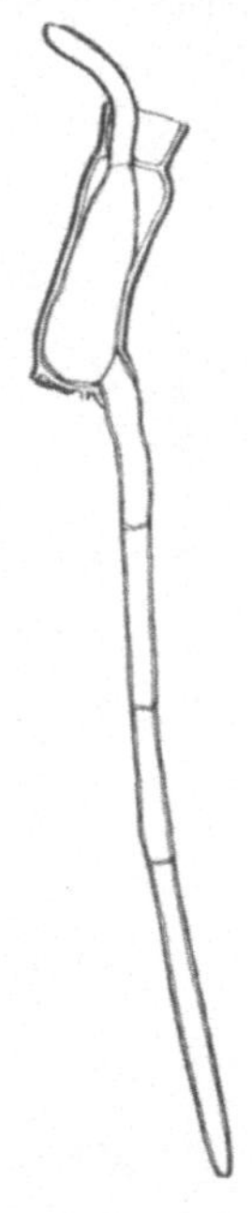

Abb. 155. Die in bestimmter Weise zentrifugierte und operativ isolierte Zelle aus einem Faden von *Cladophora glomerata* bildet ein apikales Rhizoid und einen basalen „Sproß". (Nach CZAJA.)

Neuerdings hat FITTING über eine Umkehr der Polarität bei Moosprotonemen berichtet. Da sich aber nachher oft wieder die alte Polarität zeigte, bleibt es möglich, daß auch hier die polare Plasmastruktur erhalten geblieben ist und nur deren physiologische und morphologische Folgen durch andere Faktoren überkompensiert wurden. Ob sich positiv phototropische Chloronemen oder negativ phototropische Rhizoide ausbilden, braucht eben nicht nur eine Folge der polaren Plasmastruktur zu sein, sondern kann unabhängig davon auch von den besonderen gebotenen Außenfaktoren (z. B. wie in FITTINGS Versuchen von der Nährstoffversorgung) festgelegt werden.

Ähnliche Bedenken kann man auch noch gegen die Erschließung einer „Polaritätsumkehr" durch Zentrifugierung der Zellen von *Cladophora glomerata* äußern (Abb. 155). Wenn hier auch die Rhizoide nach der Zentrifugierung am anderen Pol gebildet werden, so bleibt doch zu beachten, daß die polare Rhizoidbildung nur eine Folge der polaren Plasmastruktur ist. Diese polare Plasmastruktur könnte sehr wohl erhalten geblieben sein, und es wäre dann durch die Zentrifugierung nur erreicht, daß nicht mehr diese Plasmapolarität, sondern die Zentrifugalkraft bei der Bestimmung der Bewegungsrichtung der Stoffe, die die Rhizoidbildung beeinflussen, dominiert. Solche Einwände lassen sich auch gegen die Angaben über Polaritätsumkehr bei *Acetabularia* erheben. An dieser Pflanze wurden Stielstücke invers auf Rhizoide transplantiert; die nunmehr nach oben gekehrte Schnittfläche jener Stücke regeneriert einen neuen Hut. Auch hier ist es nicht ausgeschlossen, daß die plasmatische Asymmetrie ihre alte Orientierung behalten hat. Aber wenn die Unterlage bei der genannten Pfropfung dauernd einen Stoff produziert, der vermöge der normalen Polarität dieser Unterlage zum invers aufgepfropften Stielstück transportiert wird, so kann es sehr wohl zu einem Stoffgefälle in diesem Stielstück kommen, das ebenso gerichtet ist, wie dann, wenn der Stiel in normaler Orientierung aufgepfropft worden wäre. Wenn die asymmetrischen toten Membranen, von denen wir sprachen, in ein starkes elektrisches Potential eingeschaltet werden, das dem Potential entgegengesetzt ist, welches sich in diesen Membranen bei einer Gleichheit der Bedingungen auf beiden Membranseiten einstellt, so können wir dieses normale Potential natürlich überkompensieren. Wir beseitigen damit nicht notwendig die strukturelle Ursache, die nach einer Entfernung des außen angelegten Potentials, also bei erneuter Gleichheit der äußeren Bedingungen auf beiden Seiten, automatisch wieder zu einem elektrischen Potential innerhalb der Membranen führt.

Es ist sehr bemerkenswert, daß bei einer „Rückdifferenzierung", also wenn eine Zelle zu Restitutionsleistungen schreitet und wieder embryonal wird, auch die Polarität neu induziert wird, die alte Polarität also offenbar völlig schwindet. Das ist wieder ein Hinweis auf den engen Zusammenhang zwischen der Polarität und der übrigen Differenzierung!

Die Polarität als Komponente der Plasmastruktur. Wir folgerten aus den Tatsachen, daß eine bestimmte Plasmastruktur bestehen muß, die für polare Stoffwanderungen usw. verantwortlich ist, und dadurch auch morphogenetisch wichtig werden kann. Morphogenetisch bedeutungsvoll ist aber nicht nur *diese* Komponente der Plasmastruktur; auch andere, komplizierte Eigentümlichkeiten in der Struktur des Protoplasmas können für die Formbildung entscheidend werden, so etwa für die Ausbildung spiraliger Strukturen, für die Symmetrieverhältnisse in der Zelle usw. Wir sollten also anschließend jetzt nicht nur die morphogenetischen Folgen der Polarität im engeren Sinne, sondern mehr allgemein die Folgen plasmatischer Feinstrukturen besprechen.

Literatur.

Mit einem * versehene Arbeiten sind zusammenfassende Darstellungen.

BEHRE: Planta (Berl.) **7** (1929). — * BLOCH: Bot. Rev. **9** (1943).

CASTAN: Rev. gén. Bot. **52** (1940). — CZAJA: Protoplasma (Berl.) **11** (1930).

ELLENGORN u. SVETAZAROVA: Ž. obšč. Biol. **11** (1950).

FITTING: Planta (Berl.) **37** (1950); Jb. wiss. Bot. **86** (1938); Biol. Zbl. **62** (1942).

GAUTHERET: C. r. Acad. Sci. Paris **213** (1941); Rev. Cytol. et Cytophysiol. vég. Paris **1944**.

HÄMMERLING: Zool. Jb. **56** (1936). — HEITZ: Ber. dtsch. bot. Ges. **60** (1941).

KNAPP: Planta (Berl.) **14** (1931). — KÜSTER: Kolloid-Z. **89** (1939).

LANZ: Arch. exper. Zellforsch. **23** (1939). — * LUND u. Mitarb.: Bioelectric fields and growth. Univ. of Texas Press 1947.

METZNER: Ber. dtsch. bot. Ges. **48** (1930). — MOSEBACH: Planta (Berl.) **33** (1943).

OLSEN and DU BUY: Amer. J. Bot. **24** (1937).

PIETSCHMANN: Arch. Protistenkde **65** (1929). — PLANT: Ann. of Bot. **4** (1940).

RENNER: Flora, N.F. **34** (1940).

SCHECHTER: J. Gen. Physiol. **18** (1934). — SCHWANITZ: Beih. bot. Zbl. A **54** (1936). — SCHWANTES: Protoplasma (Berl.) **41** (1952).

WHITAKER and BERG: Biol. Bull. **84** (1944).

IV. Polarität, Plasmafeinstruktur und intrazelluläre Differenzierung.

1. Polare Stoffverteilung und polare Differenzierung.

Polare Verteilung künstlich zugeführter Stoffe. Die Induktion der Polarität besteht, wie wir sahen, in der Schaffung einer bestimmten asymmetrischen Plasmastruktur, die sich als überaus stabil erweist. Diese Asymmetrie kann zu polaren Stoffverteilungen, damit z. B. zu polaren elektrischen Erscheinungen und zu polar verschiedenen physiologischen Vorgängen führen.

Mehrere Beobachtungen zeigen, daß selbst experimentell zugeführte Substanzen infolge der Zellpolarität ungleich verteilt werden können. Zum Beispiel beobachtete BAUER, daß im Siebröhrenplasma zugefügtes Toluidinblau polar gespeichert wird. An mehreren organischen Membranen (besonders eingehend wurde die Froschhaut studiert), ist eine gerichtete Permeabilität für Farbstoffe wie Methylenblau, Thionin und Toluidinblau ermittelt worden. An solchen Membranen treten, wie wir erwähnten, zugleich auch immer elektrische Potentiale auf, die man als Folge eines polar bevorzugten Transports von Ionen ansehen muß. Natürlich können diese elektrischen Potentiale ihrerseits auch wieder an dem polaren Transport elektrisch geladener Substanzen beteiligt sein. Aber das Primäre bleibt auf jeden Fall die asymmetrische Membranstruktur.

Polarer Wuchsstofftransport. Zu den morphogenetisch wichtigsten polaren Stofftransporten in der Pflanze gehört der polare Wuchsstofftransport. Die polare Auxinanreicherung kann z. B. für die Beschränkung der Wurzelbildung auf einen Pol verantwortlich sein. Immer wieder wurde die Erfahrung gemacht, daß wuchsstoffreiche Pflanzenteile Wurzeln regenerieren, wuchsstoffarme Teile Sprosse.

Polarer Transport rhizoidbildender Stoffe. Ein anderes Beispiel für einen physiologisch wichtigen polaren Stofftransport bietet uns die Alge *Acetabularia*. Hier findet ein Transport rhizoidbildender Substanzen basalwärts, hutbildender Substanzen apikalwärts statt. Zerlegt man *Acetabularia*-Stiele in kernlose Teilstücke von 0,25 cm Länge, so findet man an den Vorderstücken ein besseres Regenerationsvermögen. An den weiter nach hinten liegenden Teilstücken läßt sich nur ein wesentlich geringeres Formbildungsvermögen feststellen. Die aus diesen ungünstigeren Regionen stammenden Teilstücke regenerieren die Hüte nicht nur seltener, sondern auch schlechter. Demgegenüber nimmt die Fähigkeit, Rhizoide zu bilden, nach hinten immer mehr zu. Es sind also offenbar zwei entgegengesetzte Gefälle verschiedenartiger Stoffe vorhanden, die an der Organbildung beteiligt sind. Diese Stoffe entstehen nachweislich nur beim Vorhandensein des Kerns. Das Gefälle der Stoffe aber muß von der Plasmapolarität bedingt sein (Abb. 153).

Bei anderen Algen ist für die Polarität der Formbildung ebenfalls eine solche polare Verteilung rhizoidbildender Substanzen mit wichtig. Deutlich wird das etwa aus den Versuchen SCHECHTERs, der die rhizoidbildenden Stoffe im elektrischen Feld umlagern konnte, und so erreichte, daß die Rhizoide am anderen Pol gebildet wurden (Abb. 207). Für andere Thallophyten mit Rhizoidbildung darf Gleiches angenommen werden.

Polare Wachstumserscheinungen. Unbekannte polare Stoffverteilungen müssen dafür verantwortlich sein, wenn in der Zelle (auch im Zellverband höherer Pflanzen) sehr häufig ein Pol stärker wächst als der andere, oder das Wachstum überhaupt, wie bei manchen Pflanzenfasern, auf einen Pol beschränkt bleibt. Diese polaren Wachstumserscheinungen hängen übrigens, wie wir schon früher erwähnten, mit polaren Plasmaanhäufungen zusammen.

Polare Differenzierung der Zelle. Bei *Acetabularia* lernten wir einen verhältnismäßig einfachen Fall der morphogenetischen Bedeutung polarer Stoffverteilungen kennen. Stoffliche Gefälle unbekannter Art müssen auch die Ursache dafür sein, daß bei Einzelzellen ein Pol Geißeln trägt, einen Augenfleck oder sonstige besondere Strukturen aufweist, oder daß sich ein Pol der Bakterienzelle durch stärkere Färbbarkeit des Plasmas und stärkeres Wachstum auszeichnet (BISSET).

Gemeinsam ist allen Fällen, daß die ungleiche Stoffverteilung auf der protoplasmatischen Asymmetrie beruhen muß, die wir als Basis der Polarität anzunehmen gezwungen sind.

Polare Plasma-, Plastiden- und Kernansammlungen. Sehr häufig finden wir in Zellen höherer Pflanzen an einem Pol dichteres Plasma als am anderen oder eine Wanderung des Kerns zu einem Pol. Solche ungleiche Verteilungen des Zytoplasmas, der Kerne und auch der Vakuolen finden wir z. B. oft in Rhizodermiszellen vor der Abtrennung der Trichoblasten, ebenso in Epidermiszellen vor der Abtrennung der Spaltöffnungsmutterzellen (Abb. 162). In den *Equisetum*-Sporen zeigt sich als eine frühe Folge der Polarisierung die ungleiche Verteilung der Plastiden (Abb. 156). Damit ist schon angedeutet, daß diese Inäqualitäten oft mit inäqualen Teilungen im Zusammenhang stehen. Sie sollen uns daher in einem besonderen Abschnitt über inäquale Teilungen beschäftigen.

2. Spiralstrukturen und ihre Folgen.

Wir haben schon bei der Besprechung der Wachstumserscheinungen darauf hingewiesen, daß ein Spiralwachstum eng mit der Oberflächen-

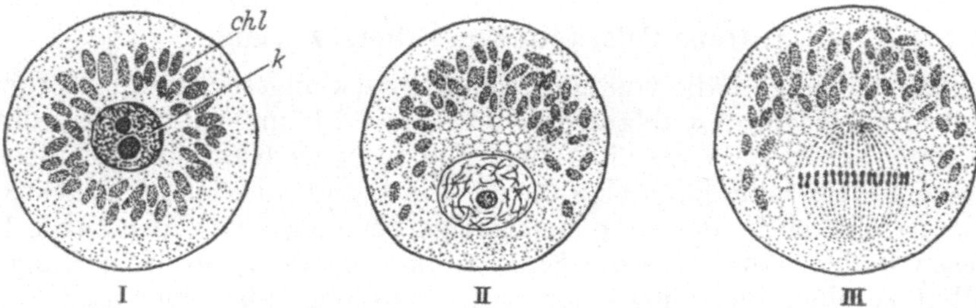

Abb. 156. Spore von *Equisetum*. I. Vor der Polarisation, II. Beginn der Polarisation, III. Erste Kernteilung, *k* Kern, *chl* Chloroplasten. (Nach NIENBURG aus STOCKER.)

struktur des Protoplasmas zusammenhängt. Aber nicht nur die Art der Wandmizellierung und des Wandwachstums, sondern auch kompliziertere Strukturbesonderheiten und physiologische Leistungen können von der Plasmastruktur abhängen. Wir kennen viele Strukturen und Leistungen, die eine deutliche Beziehung zu rechts oder links gewundenen Spiralen um die Achse der Pflanze bzw. ihrer Elemente haben. Nur einige Beispiele seien dafür genannt. Die Windung des Körpers bei manchen Bakterien und Blaualgen, die Geißeln von Bakterien und anderen Zellen, das Chlorophyllband von *Spirogyra*, die Berindungsschläuche von *Chara*, die Verdickungsleisten in den Gefäßen, die Torsionen und Windebewegungen.

Wie diese Tendenzen, die von der Pflanze bzw. den Zellen usw. meist ganz fest in einem bestimmten Windungssinne beibehalten werden, entstehen, ist uns immer noch unbekannt. Jedoch darf man vermuten, daß hierfür die Asymmetrie der protoplasmatischen Elemente entscheidend ist. Von den beiden zueinander Stereoisomeren der großen organischen Moleküle (namentlich auch der Eiweißmoleküle) pflegt ausschließlich eines vorzukommen. Hieraus kann man vielleicht das Entstehen einer spiraligen Struktur des Protoplasmas begreiflich machen, und diese wiederum ist wohl verantwortlich für die spiralige Struktur der Zellwand, für deren Spiralwachstum und die weiteren hiervon abhängigen Leistungen (vgl. SCHMUCKER).

3. Rolle der Plasmastruktur bei komplizierteren Formbildungen.

Wir erwähnten schon früher (S. 17), daß die Ausbildung der Symmetriehälften von *Micrasterias* qualitativ nicht vom Kern, sondern offensichtlich von der Plasmastruktur abhängt. Ändert sich diese Struktur, so kann das zum Ausfall von Seitenlappen führen. Also auch solche Symmetrieverhältnisse sind anscheinend, ähnlich wie die Spiraltendenzen, von der Beschaffenheit des Plasmagerüstes abhängig. Diese Erkenntnis dürfte ganz wesentlich sein, um später überhaupt einmal die Formenmannigfaltigkeit der Zellen verstehen zu können.

Literatur.

Bauer: Planta (Berl.) **37** 1949). — Bisset: J. Gen. Microbiol. **5** (1951).
Hämmerling: Zool. Jb. **56** (1936).
Schmucker: Beih. bot. Zbl. **41** (1925).

V. Polarität, inäquale Teilung und Differenzierung durch die Teilungsfolge.

1. Ohne Polarität keine Differenzierung.

Wir haben einige Fälle von normalen Entwicklungsschritten besprochen die ohne Differenzierung ablaufen. Zum Beispiel kann sich eine Kambiumzelle durch eine radiale Wand in zwei gleichwertige Kambiumzellen teilen, oder eine Scheitelzelle kann sich durch eine Wand, die der Längsachse der Pflanze parallel läuft, in zwei gleichwertige Scheitelzellen teilen (Abb. 113). In diesen Fällen hängt also die Entscheidung darüber, ob die Teilung unmittelbar zu einer physiologischen Differenzierung führt oder nicht, allein von der Teilungsrichtung ab, d. h. die Polarität der Zelle ist maßgeblich. Wir müssen uns vorstellen, daß in jeder normalen embryonalen Zelle ein polaritätbedingtes stoffliches Gefälle besteht. So teilt jede Wand die Zelle in zwei ungleiche Tochterzellen, wenn sie senkrecht zu diesem Gefälle angelegt wird.

Hieraus können wir ableiten, daß ohne Polarität eine Differenzierung gar nicht möglich ist (sofern beide Tochterzellen gleichen Außenbedingungen ausgesetzt sind, eine normale Mitose stattfindet, und auch sonstige Komplikationen wie somatische Mutationen usw. ausbleiben). Stellen wir uns eine Zelle vor, in der kein polares Stoffgefälle besteht, so müssen wir folgern, daß jede Teilung, einerlei in welcher Richtung sie erfolgt, vollkommen äqualer Art ist.

Ein einfaches Beispiel für solche Gleichheit aller Tochterzellen bei verschiedenster Teilungsrichtung bietet der Aufbau einer Kokkenkolonie: Es bildet sich eine Kolonie mit untereinander morphologisch und physiologisch gleichen Zellen.

Ein anderes Beispiel ist die schon erwähnte Entwicklung eines Endosperms. Im Gegensatz zum Embryo ist der sekundäre Embryosackkern allseitig gleichen Bedingungen ausgesetzt, so daß kein polaritätsinduzierender gerichteter äußerer Einfluß besteht. Daher können alle Teilungen in einem zellulären Endosperm äqualer Natur sein.

Ein drittes Beispiel ist vielleicht die Entwicklung von Tumoren. Wir können nicht mit Sicherheit sagen, ihnen fehle die Polarität. Aber wir dürfen sagen: Wenn eine Zelle keine Polarität besitzt und sich doch nach allen Richtungen hin teilt, so muß ein tumorartiges Gewebe entstehen. Wenn die Polarität in einer zu krebsartigem Wachstum schreitenden Zelle erhalten geblieben sein sollte, kann doch solches Wachstum schon dadurch eintreten, daß die normale Wirkung der Polarität *kompensiert* ist. So etwas läßt sich auch experimentell erreichen, indem wir die stofflichen Gefälle, die auf jener Polarität beruhen und die ihrerseits für die Inäqualität der Teilungen verantwortlich sind, künstlich beseitigen. Zu den wichtigsten stofflichen Gefällen solcher Art gehört das der Auxinkonzentration. Geben wir nun reichlich Auxin hinzu, so wird das Gefälle ausgeglichen und damit eine Inäqualität der Teilungen verhindert. Es kann sich dann ereignen, daß überhaupt keine Teilungen mehr möglich sind. Die Sporen von *Funaria hygrometrica* wachsen bei allseitiger Zufuhr von Wuchsstoff zu Riesenkugeln vom 40—50-fachen des normalen Volumen an, eine Teilung findet nicht statt (Heitz). Es kann aber vorkommen, daß bei reichlicher allseitiger Versorgung mit bestimmten Substanzen die Teilungsfähigkeit erhalten bleibt. Dann können undifferenzierte Zellwucherungen entstehen. Gleiche Effekte sind erreichbar, wenn nicht die *Wirkung* der Polarität, also das stoffliche Gefälle ausgeschlossen wird, sondern noch tiefgreifender diese Polarität selber, also die polare Plasmastruktur, verhindert wird. Das ist mit Chemikalien möglich, die auch sonst, etwa als Inhibitoren der Spindelbildung, ihre Fähigkeit, die

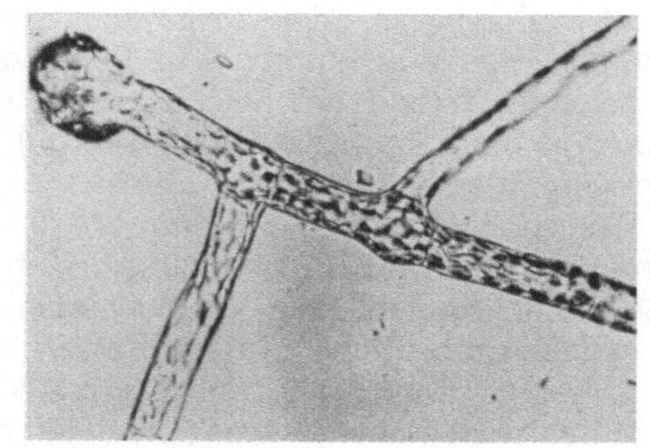

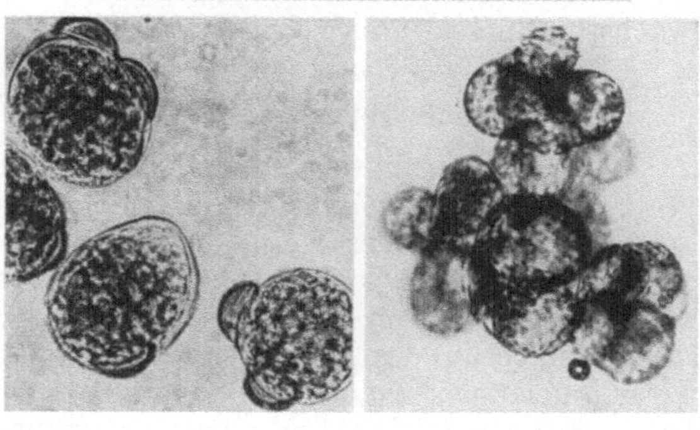

Abb. 157. *Funaria hygrometrica.* Oben normal gekeimte Spore, links unten unter dem Einfluß von Colchicin, rechts unten unter dem Einfluß von Chloralhydrat gekeimt.

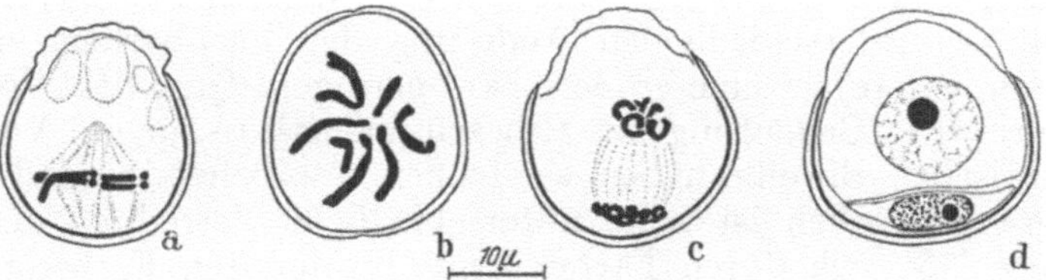

Abb. 158 a—d. *Bulbine caulescens.* Erste Teilung im Pollenkern. a Metaphase in Seitenansicht, b in Flächenansicht, c späte Anaphase, d nach der Teilung. (Nach Geitler.)

Ausrichtung von Eiweißmolekülen zu verhindern, demonstrieren. So kann auch Colchicin ein apolares, zu Riesenkugeln führendes Wachstum erzwingen. Andere Stoffe, z. B. Chloralhydrat, lassen sogar die Teilungen noch weiterlaufen, so daß undifferenzierte Gewebehaufen entstehen (v. Wettstein, Abb. 157). Ähnlich beginnt auch das Wachstum eines Kallus oder einer Gewebekultur. Man könnte also meinen, ein wesentlicher Faktor bei allen Vorgängen dieser Art bestehe darin, die Bildung stofflicher Gefälle zu verhindern.

Wir wissen, daß die Einleitung eines Regenerationsvorganges mit dem Verlust der alten Polarität verknüpft sein kann. Die Zellen wachsen bei der Regeneration oft zunächst unpolar und die Regenerate zeigen später eine andere Polarität. Dieser Verlust der Polarität also scheint für das kallus- und krebsartige Wachstum wesentlich zu sein. Nur wenn die Polarität verlorengeht oder doch wenigstens ihre Folgen etwa durch reichliche allseitige Wuchsstoffzufuhr kompensiert werden, ist es möglich, daß die bei einer Teilung entstehenden Tochterzellen physiologisch gleichwertig sind. Nur dann kann die Differenzierung ausbleiben. *Die Polarität ist eine notwendige Voraussetzung der normalen Differenzierung.*

Ebenso leuchtet ein, daß dort, wo die Polarität und somit die Differenzierung fehlen, die Voraussetzungen für ein unbegrenztes Wachstum gegeben sind. So verstehen wir, warum sich vom Tumorgewebe schon ohne die wuchsstoffbedingte Ausschaltung der Polarität Gewebekulturen anlegen lassen. Und auch Endospermgewebe (von Mais), dessen apolares Verhalten wir betonten, konnte so relativ leicht zum unbegrenzten Weiterwachstum in Kulturen gebracht werden (LA RUE, vgl. PIECZUR).

2. Inäquale Teilungen bei normalen Differenzierungsschritten.

Die Pollenkornmitose. Bekanntlich findet im Pollenkorn eine Mitose statt, bei der ein kleinbleibender, mit dichtem chromatischem Bau ausgezeichneter generativer Kern, der einen relativ kleinen Nukleolus besitzt, von einem großen, locker gebauten und mit größerem Nukleolus ausgestatteten vegetativen Kern getrennt wird (Abb. 158). Diese Verschiedenheit der Kerne beruht darauf, daß sie während der Mitose in ein unterschiedliches Plasma gelangen. Nach der Sonderung der beiden Zellen verliert der vegetative Kern seine Färbbarkeit immer mehr, d. h. er zeigt eine starke Abnahme seines Nukleinsäuregehalts.

Zunächst sind die beiden Kerne gleich, sie werden während der Mitose mit der gleichen Chromatinmenge ausgestattet. Dann jedoch gelangt der generative Kern in eine kleine Menge dichteren, der vegetative in eine größere Menge weniger dichten, stark vakuolisierten Zytoplasmas. Das Zytoplasma selber nimmt in der vegetativen Zelle an Färbbarkeit zu, in der generativen wird es weniger färbbar. Der größeren bzw. geringeren Plasmavermehrung, die aus dieser unterschiedlichen Änderung der Färbbarkeit erschlossen werden kann, entspricht eine größere bzw. geringere Quantität von Ribosenukleinsäure. Die Bedeutung der Ribosenukleinsäure für die Vermehrung der plasmatischen Eiweiße haben wir früher besprochen, so daß uns diese Beziehung verständlich ist. Die unterschiedliche Verteilung der Ribosenukleinsäure läßt sich durch Färbung mit bestimmten Farbstoffen nachweisen (vgl. GEITLER, SUITA, PAINTER, LA COUR). Wir können noch nicht im einzelnen übersehen, wie hier die unterschiedlichen Plasmamengen die Kerne, und die vom Plasma modifizierten Kerne wieder das Plasma beeinflussen. Es ist auch durchaus nicht sicher, daß hier die Plasmamengen entscheidend sind. Die unterschiedliche Dichte des Plasmas könnte ihrerseits erst Folge eines ganz anderen, mikroskopisch nicht sichtbaren stofflichen Gefälles sein, welches sowohl das Plasmawachstum, als auch — entweder direkt oder auf dem Wege über das Plasma — die Kerne beeinflußt. Aber auf jeden Fall muß das Primäre irgendein stoffliches Gefälle im Pollenkorn sein. Man kann sogar beobachten, daß die Pollenkornmitose zur Bildung von zwei gleichartigen Zellen führt, wenn die Teilungsspindel nicht die normale Orientierung aufweist, sondern senkrecht zu dieser Richtung liegt, so daß die beiden Tochterkerne in ein gleiches Milieu gelangen.

Offensichtlich besteht also im ungeteilten Pollenkorn eine Polarität, der zufolge der zum „vegetativen Pol" gelangende Kern seine Nukleinsäure allmählich verliert (wohl zugunsten der Ribosenukleinsäureanhäufung im Zytoplasma), während der generative Kern eine starke Bindung von Nukleinsäure zeigt, und dadurch auch seine Teilbarkeit (er teilt sich ja nochmals) behält.

Die Polaritätsrichtung im ungeteilten Pollenkorn wird meist durch die Orientierung des Korns innerhalb der Tetrade determiniert. Und zwar liegt der generative Pol bei manchen Arten nach außen, bei anderen aber ist er zum Innern der Tetrade gerichtet. Das heißt die generative Zelle kann entweder nach außen oder nach innen abgetrennt werden. Aber auch noch andere Möglichkeiten kommen vor (GEITLER).

Sporen der Archegoniaten. Bei den Archegoniaten erfolgt die erste Teilung in der Spore bekanntlich erst während der Keimung, also (im Gegensatz zu den Pollenkörnern) nach der Entleerung aus den Sporangien. Diese erste Teilung in den Archegoniatensporen, die also mit der Keimung eng verknüpft ist, bringt ebenso wie im Pollenkorn eine Inäqualität mit sich. Und wieder ist die Inäqualität mit der Polarität gekoppelt. Der erste mikroskopisch sichtbare Erfolg der Polaritätsinduktion (durch Licht usw.) ist auch hier eine Ansammlung von Zytoplasma sowie von Chromatophoren an einem der beiden Zellpole (etwa an dem zur Lichtquelle gerichteten (Abb. 156). Bald hinterher zeigt sich dann die Orientierung der Teilungsspindel in der Richtung der Polaritätsachse. Die Inäqualität der Teilungsprodukte kommt hier ebenfalls in der unterschiedlichen Größe der Tochterzellen zum Ausdruck. Gleich nach der Keimung zeigt sich ferner die Differenzierung von Chloronema und farblosem Rhizoid. Und hierzu gehört dann sofort auch die physiologische Differenzierung, die sich sehr leicht z. B. im unterschiedlichen phototropischen Verhalten äußert.

Hier muß bei der Entstehung der beiden unterschiedlichen Zellen ein polaritätsbedingter Gradient bestimmter Wirkstoffe, etwa der Wuchsstoffe oder der rhizoidbildenden Substanzen entscheidend beteiligt sein. Daß sich solche Gradienten bilden, haben wir vorher besprochen. Und für diese Deutung spricht auch die Möglichkeit, durch experimentelle reichliche Zufuhr von Wuchsstoff die normale polare Differenzierung zu stören. Während die *Funaria*-Spore (bei bestimmten Beleuchtungsverhältnissen) normalerweise mit phototropisch positiv reagierendem Chloronema keimt, beginnt die Keimung bei reichlicher Wuchsstoffdarbietung mit negativ phototropisch reagierenden Rhizoiden (HEITZ). Bei sehr hohen Wuchsstoffdosen kann die Keimung sogar ganz unterbleiben. Man könnte meinen, daß hierdurch, wie schon erwähnt wurde, die Ausbildung eines Gradienten, wie er für die mit der Keimung verbundenen Differenzierung in Chloronema- und Rhizoidpol notwendig ist, völlig verhindert wird, weil ja die Zelle mit Wuchsstoff einfach überschwemmt ist.

Trichoblastenbildung. Die Wurzelepidermis bildet, wenigstens bei Monokotylen und vielen Farnen, ein Zellmosaik, das sich aus Haarbildnern (Trichoblasten) und gewöhnlichen Zellen (Atrichoblasten) zusammensetzt. Diese Differenzierung der Rhizodermis erfolgt in einem sehr jungen Entwicklungsstadium, also in der Nähe des Scheitels, im Zuge einer inäqualen Teilung (Abb. 159, 160, 161). Die Inäqualität äußert sich zunächst darin, daß die Trichoblasten kleiner sind, aber ein dichteres Plasma aufweisen als die Atrichoblasten. Ähnlich wie bei der Differenzierung im Pollenkorn ist auch hier der Kern in der kleineren Zelle stärker färbbar, d. h. reicher an Nukleinsäure, der Tochterkern schwächer färbbar. Die ungleiche Plasmaverteilung ist oft schon vor der Mitose erkennbar. Auch in der Kerngröße kann sich nach der Teilung ein Unterschied ausbilden. Zum Beispiel enthalten die Trichoblasten bei *Trianea bogotensis* besonders große Kerne, die 32-ploid sein dürften (GEITLER, Abb. 161). Zu der Inäqualität gehört also offenbar auch die ungleiche Verteilung eines für die Spindelbildung notwendigen Materials auf die Tochterzellen. Besonders interessant ist, daß bei *Trianea* der Trichoblast anscheinend ebenso viele Endomitosen durchführt wie die Schwesterzelle normale Mitosen mit Zellteilungen. Die Fähigkeit zur Chromosomenvermehrung ist also in diesem Fall in den beiden Schwesterzellen gleich groß geblieben. Bei anderen Pflanzen führt übrigens auch die Schwesterzelle, also der Atrichoblast, keine Teilungen mehr durch, oder es erfolgt nur noch eine Teilung. Andererseits kann es auch vorkommen, daß sich der Trichoblast weiter teilt. Diese Teilungen sind dann äqualer Art, was zwangsläufig dadurch erreicht wird, daß die neue Wand in die Polaritätsachse fällt. Es entstehen dann notwendig gleichwertige Zellen, die alle Wurzelhaare bilden.

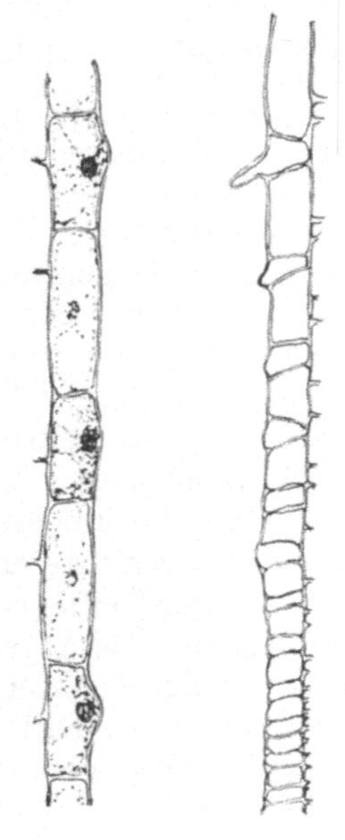

Abb. 159. Abb. 160.

Abb. 159. Wurzelhaarbildung bei *Zea Mays*. Die Wurzelhaarinitialen enthalten mehr Protoplasma und größere Kerne als die übrigen Rhizodermiszellen.

Abb. 160. Wurzellängsschnitt von *Cyperus Papyrus*. Wurzelhaarbildung. Die keine Wurzelhaare bildenden Zellen wachsen stark in die Länge.

Endodermisdifferenzierung. In der Endodermis kann sich etwas ganz Ähnliches abspielen wie in der Rhizodermis: Im Zuge einer inäqualen Teilung, der oft eine polare Plasmaanhäufung am Ort der Bildung der kleineren Zelle vorhergeht, bildet sich eine kürzere plasmareiche Durchlaßzelle mit schwacher Wandverdickung und eine größere Schwesterzelle, die bald nach ihrer Entstehung zur Ausbildung stärkerer Wandverdickungen schreitet.

Bildung von Spaltöffnungs-Mutterzellen. Spaltöffnungs-Mutterzellen können sich bei Monokotyledonen ganz ähnlich entwickeln wie die Trichoblasten bei dieser Pflanzengruppe. Im einfachsten Fall trennt sich die junge Epidermiszelle des Blattes in zwei Tochterzellen, von denen die eine klein aber plasmareich, die andere größer und plasmaärmer ist. Die kleinere Zelle enthält wieder den stärker färbbaren Kern. Auch hier läßt sich die Ausbildung einer polaren Plasmaanhäufung oft schon vor der Teilung feststellen (Abbildung 162). Die größere Tochterzelle kann ungeteilt bleiben, in anderen Fällen teilt sie sich aber (äqual) weiter. Die Spaltöffnungsmutterzelle führt regelmäßig noch eine weitere Teilung durch, bei der dann die beiden Schließzellen entstehen. Da die Wand bei dieser letzten Teilung parallel zur Polaritätsachse liegt, werden beide Zellen zwangsläufig gleichwertig (Abb. 163).

Auch wenn diese letzte äquale Teilung fehlt, also kein Spaltöffnungsapparat entwickelt wird, ist die Inäqualität der zuvor entstandenen Teilungsprodukte deutlich zu erkennen. Die kleinere Zelle mit dem stärker färbbaren Kern kann als „Kurzzelle" besondere Wandverdickungen, bei einigen Pflanzen reichlich Kieselsäureeinlagerungen usw. enthalten.

Bei Dikotyledonen erfolgt die Bildung der Spaltöffnungsinitialen ebenfalls im Zuge einer inäqualen Teilung, jedoch steht die Teilungswand hier nicht oder nicht deutlich in Beziehung zur Polarität der Zelle.

Bildung von Skleroididioblasten. Bei *Monstera deliciosa* finden sich in der Wurzel Trichosklereiden. Sie entstehen, indem 1,5—3 mm oberhalb der Wurzelspitze am basalen Pol in den aus einer Initiale hervorgegangenen Rindenparenchymzellreihen kleinere Zellen mit dichterem Plasma abgetrennt werden. Diese kleineren Zellen bilden, bevor sie sich verdicken, in die Interzellularräume hineinwachsende Fortsätze (Abb. 164).

Ähnlich entstehen auch viele andere Idioblasten.

Differenzierung im Sphagnumblatt. Im *Sphagnumblatt* teilen sich die von der zweischneidigen Scheitelzelle abgetrennten Segmente zunächst durch perikline und antikline Wände weiter auf; diese Teilungen sind äqual. Schließlich, wenn die Scheitelzelle ihre Teilungen beendet, werden im Zuge von zwei inäqualen Teilungen die beiden Chlorophyllzellen abgetrennt. Sie sind von vornherein kleiner als die Nachbarzelle, wachsen auch weniger, aber ihr Zellkern ist stärker färbbar und ist auch noch teilungsfähig, so daß in den Chlorophyllzellen Querwände auftreten können. In der kleineren Zelle, also in der zur Chlorophyllzelle werdenden Zelle, wachsen auch die Chloroplasten unmittelbar nach der Teilung schnell heran, während sie in der größeren Zelle degenerieren. Die größere Zelle bildet außerdem bekanntlich vor dem Absterben noch Verdickungsleisten und Poren aus (Abbildung 89, 165, 166).

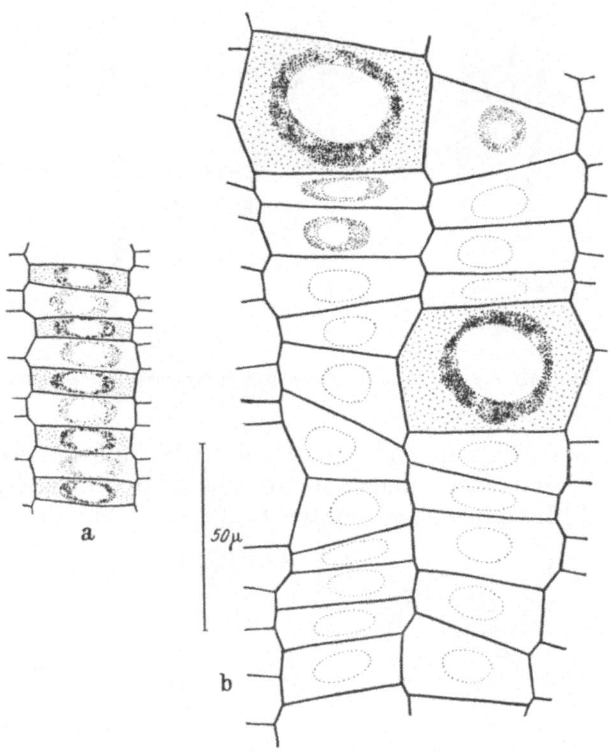

Abb. 161 a u. b. *Trianea bogotensis.* Ausschnitte aus dem Dermatogen nahe der Wurzelspitze (a) und in größerer Entfernung von derselben (b). In *a* sind die eben entstandenen Trichoblasten an ihrem dichteren Plasma und dem dichteren Kernbau erkennbar; sie sind zunächst kleiner als die in Teilungsaktivität stehenden Schwesterzellen, werden später aber beträchtlich größer (b). (Nach GEITLER).

Gerade in diesem Fall läßt sich auch eindeutig zeigen, daß die Inäqualität nicht etwa mit einer ungleichen Verteilung von Anlagen verknüpft ist. Bei Regenerationsversuchen läßt sich nämlich beobachten, daß nicht nur die Chlorophyllzellen, sondern auch die späteren Hyalinzellen noch ein normales, zu allen weiteren Differenzierungen befähigtes Protonema entstehen lassen können, und zwar selbst dann, wenn diese Zellen schon den Beginn der genannten Absterbevorgänge zeigten (ZEPF; vgl. Abb. 133).

Characeen-Vegetationspunkt. Ein gutes Beispiel für ungleiche Teilungen liefern die von der *Chara*- und *Nitella*-Scheitelzelle abgetrennten Segmente (Abb. 167). Natürlich ist, wie wir früher dargelegt haben, schon diese Abtrennung der Segmente eine inäquale Teilung, da ja das Segment nicht mehr

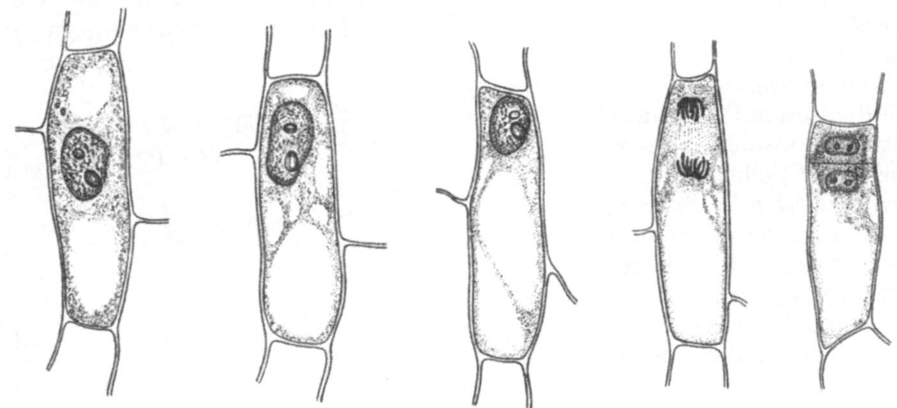

Abb. 162. Inäquale Teilung bei der Bildung der Spaltöffnungsmutterzelle im jungen Blatt von *Allium Cepa*.

so vollständig embryonal bleibt wie die Scheitelzelle. Aber diese Sonderung in eine mehr und eine weniger embryonale Zelle wiederholt sich bei der Teilung des abgetrennten Segments nochmals. Das ist leicht möglich, weil die nächste Wand wieder senkrecht zur Polaritätsachse steht. Bei dieser nächsten Teilung nun sondert sich eine Zelle, die (ähnlich wie in den anderen oben genannten Fällen, aber noch extremer) starkes Streckungswachstum, jedoch keine Teilung zeigt, von einer Schwesterzelle, die sich mehr embryonal verhält, zahlreiche Teilungen durchführt, sowie Knoten, Blätter und Sprosse entstehen lassen kann.

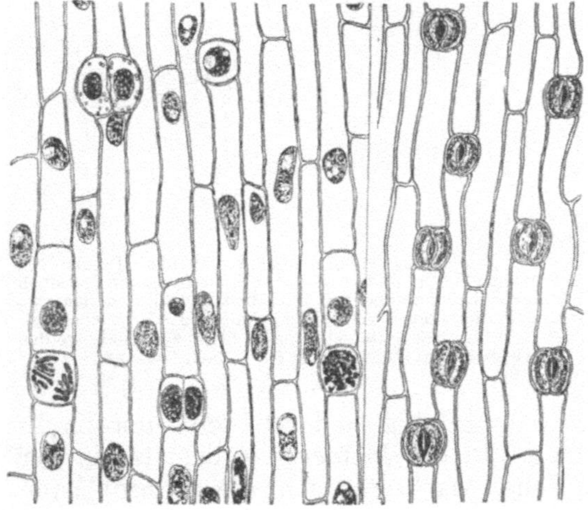

Abb. 163. Spaltöffnungsbildung bei *Leucojum vernum*. Links jüngeres, rechts älteres Stadium. Rechts etwas schwächer vergrößert.

Die qualitative Verschiedenheit der Zellen äußert sich hier auch wieder sehr bald in einer Verschiedenheit der Kerne. Der Knotenkern ist viel dichter als der Kern der Internodialzelle. Schließlich behält nach den weiteren Teilungen nur der Kern die ursprüngliche Gestalt und Beschaffenheit bei, der in den Zellen des oberen peripheren Teils des Knotens liegt, d. h. in den Zellen, die allein in der Lage sind, Rhizoide, Ersatzvegetationspunkte nach Verletzung der Scheitelzelle und andere Bildungen hervorzubringen (vgl. Bessenich).

Seitenwurzelbildung der Farne. Auch in Wurzeln von Farnen finden wir schöne Beispiele für diese Erscheinung. Die Seitenwurzelanlagen entstehen hier aus der innersten Rindenschicht, d. h. aus der Endodermis. Die Endodermiszellen teilen sich in zwei übereinanderliegende Zellen. Die der Scheitelzelle genäherte dieser beiden Zellen teilt sich nochmals und läßt dabei die Seitenwurzelinitiale entstehen (Abb. 168, 169).

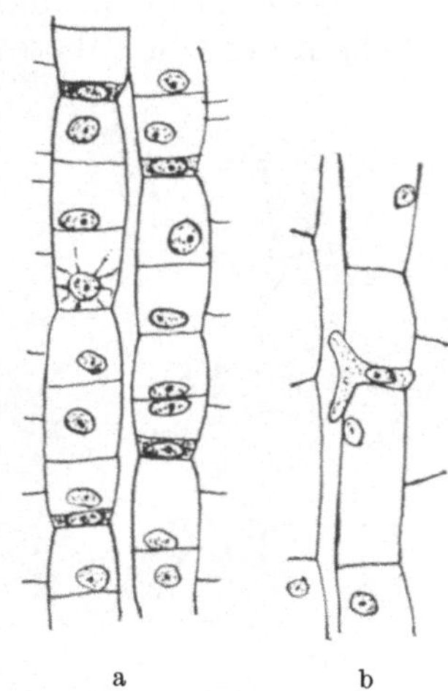

Abb. 164 a u. b. Bildung der Trichosklereiden bei *Monstera deliciosa*. a Bildung kurzer plasmareicher Zellen durch inäquale Teilungen; b beginnendes Auswachsen dieser Zellen. (Nach BLOCH.)

3. Allgemeines.

Natur des inäqual verteilten Faktors. Das Prinzip der Differenzierung durch inäquale Teilung ist, wie die erwähnten Beispiele zeigen, im Pflanzenreich weit verbreitet. Gemeinsam ist in vielen Fällen, daß die Polarität dieses für die Inäqualität der Tochterzellen notwendige Gefälle herstellt, in dem Plasma und Kern (trotz gleichen Genbestandes) sich unterschiedlich verhalten. Ob sich darüber hinaus allgemein gültige Regeln für die Art der Inäqualität aufstellen lassen, ist zweifelhaft. Oft scheint eine ungleiche Wuchsstoffverteilung wichtig zu sein. Weit verbreitet ist die Sonderung in eine kleinere Zelle mit dichtem Plasma und stärker färbbarem Kern, in dem auch die Plastiden eine bessere Entwicklung zu zeigen pflegen, und in eine größere Schwesterzelle mit stärkerem Wandwachstum. Die Teilbarkeit kann in der kleineren, in anderen Fällen aber auch in der größeren Zelle stärker sein.

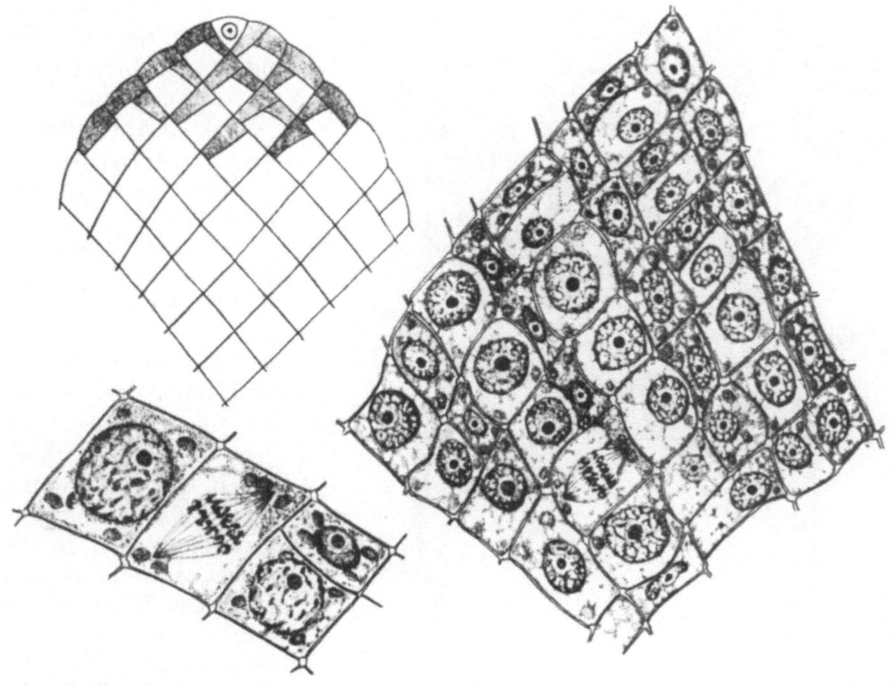

Abb. 165. Inäquale Teilungen im jungen Blatt von *Sphagnum cymbifolium*. Links oben der obere Teil des Blattes bei schwacher Vergrößerung. Man sieht die Scheitelzelle und die aus den abgetrennten Segmenten hervorgegangenen rhombischen Zellen. In den spitzenwärts gelegenen rhombischen Zellen beginnt die Abtrennung der Chlorophyllzellen. Die beiden übrigen Figuren geben bei stärkerer Vergrößerung Ausschnitte wieder, die verschiedene Stadien der inäqualen Teilungen erkennen lassen. (Nach ZEPF.)

Dieser protoplasmatische Gradient scheint sehr entscheidend mit der Anhäufung von Ribosenukleinsäure enthaltenden Körnchen des Protoplasmas verknüpft zu sein. Wir wissen, daß derartige Mikrosomen nicht nur Träger der zytoplasmatischen Nukleinsäure, sondern auch vieler Fermente sein können (LANG, MILLERD, PERNER). Dadurch werden sie für die Zellatmung und für die Synthese von zytoplasmatischem Eiweiß wichtig. Es ist also begreiflich, daß ein solcher Gradient in der Verteilung der Grana für die Differenzierung ausschlaggebend werden kann. Dabei liegt ein Differenzierungsprinzip vor, das auch in der tierischen Entwicklung sehr wichtig ist (vgl. BRACHET, LEHMANN).

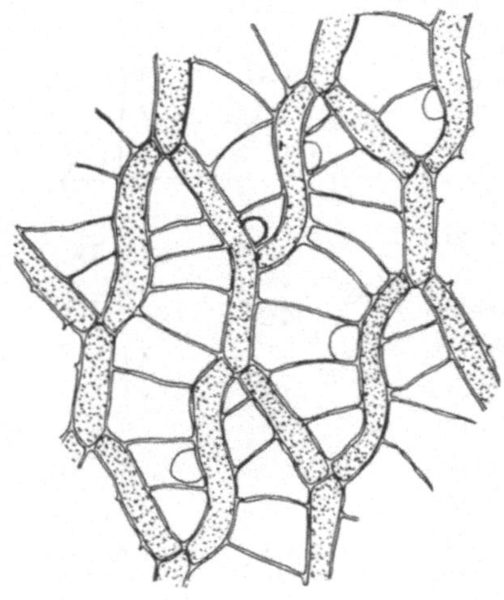

Abb. 166. Teil eines ausdifferenzierten *Sphagnum*-Blattes mit großen durch Ringe versteiften toten Hyalinzellen und kleinen Chlorophyllzellen.

Namentlich für tierische Zellen ist festgestellt worden, daß physiologisch hochaktive Zellen sich durch eine große Anzahl von Mikrosomen auszeichnen. Der Differenzierung geht jedenfalls oft eine ungleiche Ausstattung mit diesen Teilchen parallel, die sich durch ihren Gehalt an Ribosenukleinsäure auszeichnen. Und diese Teilchen also sind für die Eiweißsynthese wichtig, sie sind überhaupt Zentren des Energiehaushalts, in ihnen findet die Bildung der energiereichen Phosphate statt, sie enthalten die Fermente der biologischen Oxydation und des Zitronensäurezyklus (LEHMANN, LANG).

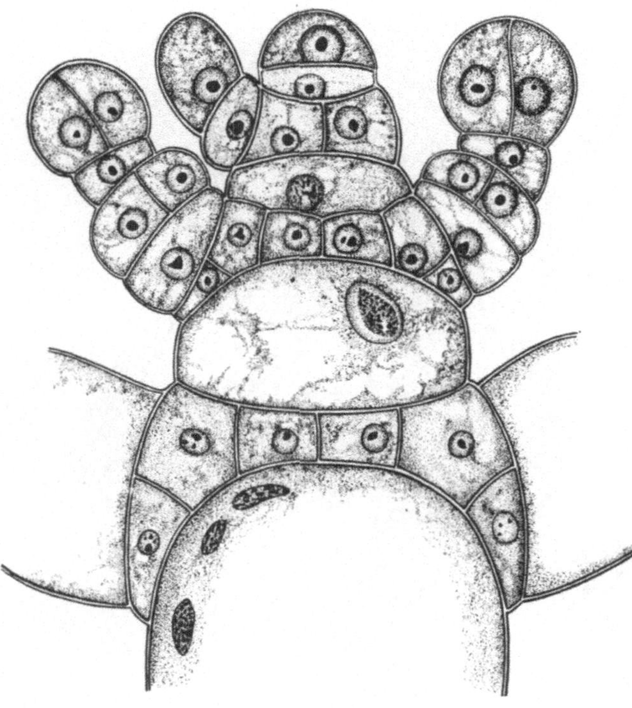

Abb. 167. Teilungsvorgänge im Vegetationspunkt von *Chara* (im Schnitt wurden zufällig 2 Antheridienanlagen getroffen).

Differenzierung und Teilungsfolge. Die angeführten Beispiele zeigen zugleich, wie durch die Einschaltung inäqualer Teilungen *Regelmäßigkeiten* im Aufbau der pflanzlichen Gewebe entstehen können, wie also die Gleichmäßigkeit in der Einstreuung von Idioblasten, Spaltöffnungen usw. in das übrige Gewebe möglich wird. Der Teilungsfolge kommt demnach, verbunden mit einer Inäqualität der Teilungsprodukte, eine erhebliche Bedeutung bei der Gestaltbildung zu. Das erstreckt sich, wie ebenfalls unsere Beispiele zeigten, nicht nur auf den Bereich des Anatomischen, sondern häufig auch auf die makroskopische Gestaltung, etwa auf die Anordnung von Seitenwurzeln, aber bei vielen Pflanzen auch auf die Anordnung von Blättern usw. Nicht nur bei Algen wie *Chara* ist der Ort der Organbildung durch die Teilungssequenz festgelegt, sondern auch für Moose, in mancher Hinsicht auch für Farne und Blütenpflanzen trifft das noch zu.

Dabei muß allerdings unterstrichen werden, daß die Gefälle, die die Grundlage für die Entstehung inäqualer Teilungen sind, nicht immer durch die plasmatische Polarität bedingt zu sein brauchen, sondern offenbar

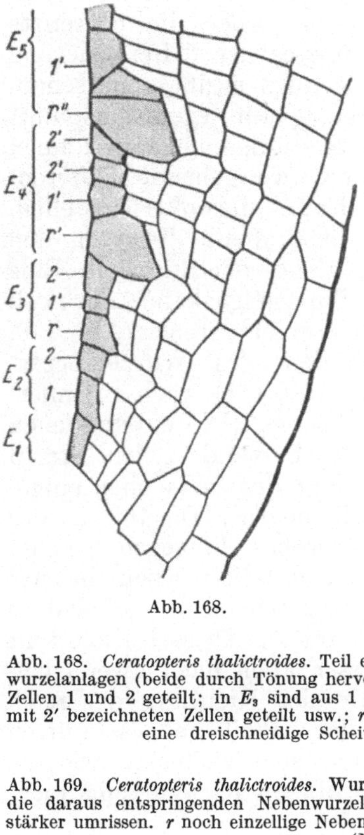

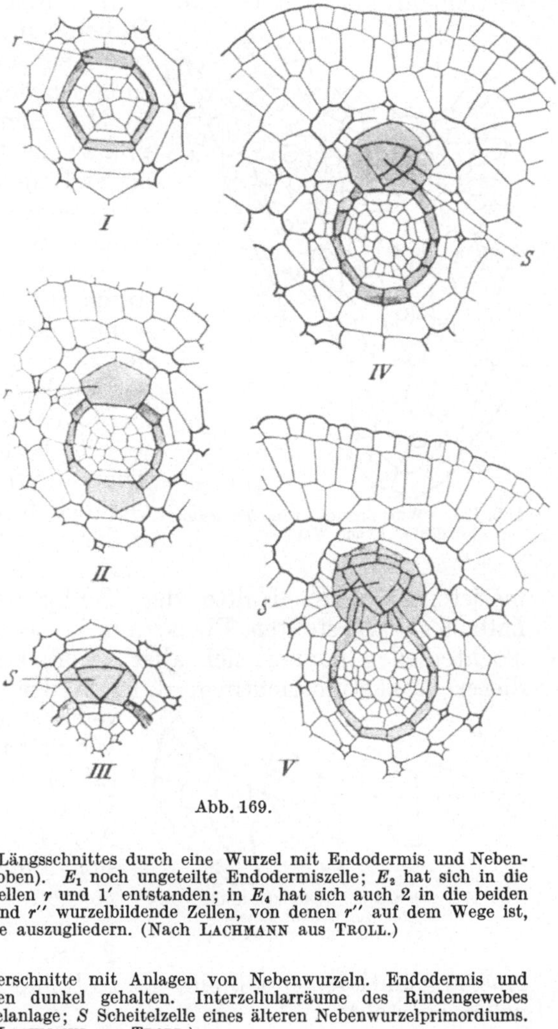

Abb. 168.

Abb. 169.

Abb. 168. *Ceratopteris thalictroides.* Teil eines Längsschnittes durch eine Wurzel mit Endodermis und Nebenwurzelanlagen (beide durch Tönung hervorgehoben). E_1 noch ungeteilte Endodermiszelle; E_2 hat sich in die Zellen 1 und 2 geteilt; in E_3 sind aus 1 die Zellen r und 1′ entstanden; in E_4 hat sich auch 2 in die beiden mit 2′ bezeichneten Zellen geteilt usw.; r, r' und r'' wurzelbildende Zellen, von denen r'' auf dem Wege ist, eine dreischneidige Scheitelzelle auszugliedern. (Nach LACHMANN aus TROLL.)

Abb. 169. *Ceratopteris thalictroides.* Wurzelquerschnitte mit Anlagen von Nebenwurzeln. Endodermis und die daraus entspringenden Nebenwurzelanlagen dunkel gehalten. Interzellularräume des Rindengewebes stärker umrissen. r noch einzellige Nebenwurzelanlage; S Scheitelzelle eines älteren Nebenwurzelprimordiums. (Nach LACHMANN aus TROLL.)

auch die Art der Einfügung einer Zelle in das übrige Gewebe zur Herstellung des notwendigen Gefälles ausreichen kann. In mehreren der vorher genannten Beispiele ist ja eine Beziehung zur Polaritätsachse nicht ohne weiteres klar, und wir könnten weitere solche Beispiele anführen, wie etwa die Spor-Elater-Teilung im Archespor der Lebermoose: Durch einen Teilungsschritt wird eine Zelle in zwei zerlegt, von denen sich eine weiterhin nicht mehr teilt, sondern das Elater bildet, während sich die andere weiter zu den Sporen aufteilt. Der Vorgang ist also durchaus ähnlich wie bei mehreren vorher genannten Beispielen, aber die klare Beziehung zur Polaritätsachse fehlt. Ähnliches ließe sich für die Aufteilung von Phloemelementen in Siebröhren und Geleitzellen sagen.

Jedoch ist hierbei zu beachten, daß es neben der einen Polaritätsachse, also neben der „Verticibasalität“ mindestens auch noch die in radialer Richtung verlaufenden Polaritätsachsen gibt. Schon VÖCHTING hat gefunden, daß bei Pfropfungen nicht nur das Vertauschen von basalem und vertikalem Pol, sondern auch das Drehen von Organstücken (etwa bei Rüben) um die Längsachse, also das Vertauschen von innen nach außen, Verwachsungsschwierigkeiten bedingt.

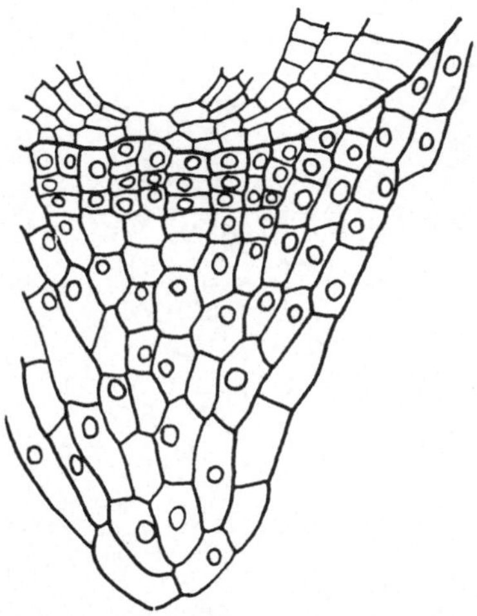

Abb. 170. Wurzelhaube von *Triticum vulgare*. (Nach WAGNER.)

Man könnte die Vermutung äußern, die pflanzliche Gestaltbildung sei überhaupt in erster Linie durch die Teilungsfolge und die fortgesetzte Einschiebung inäqualer Teilungen determiniert. Aber die begrenzte Gültigkeit des Prinzips der Differenzierung durch die Teilungsfolge ergibt sich schon, wenn wir die Vorgänge am Vegetationspunkt der Blütenpflanzen studieren. Zwar können wir auch hier noch weitgehende Differenzierungen durch die Teilungsfolge feststellen, jedoch besteht nicht mehr die von den Thallophyten geläufige große Starrheit. Eine ziemlich feste Teilungsfolge kann z. B. noch in der Gramineen-Wurzel bestehen (Abb. 170, 171). Die Initialen des Wurzelkörpermeristems (obere Hälfte der Teilfiguren in Abb. 171) wachsen innerhalb der dargestellten Ebene nur in einer Richtung. (Die entstandenen Tochterzellen können sich aber offenbar nur durch Wände teilen, die in dieser Wachstumsrichtung, d. h. in der Richtung des links oben eingezeichneten Pfeils liegen.) Die Initiale des Wurzelhaubengewebes hingegen wächst innerhalb der dargestellten Ebene in zwei Richtungen (entsprechend den Pfeilen in Abb. 171 links unten). Diese Initiale teilt sich infolgedessen auch nach zwei Richtungen. Die in der Richtung des nach rechts zeigenden Pfeils abgeschnürten Zellen verhalten sich weiterhin wie die Ausgangsinitiale, so daß eine ganze Reihe von Initialen für Wurzelhaubenzellen entsteht.

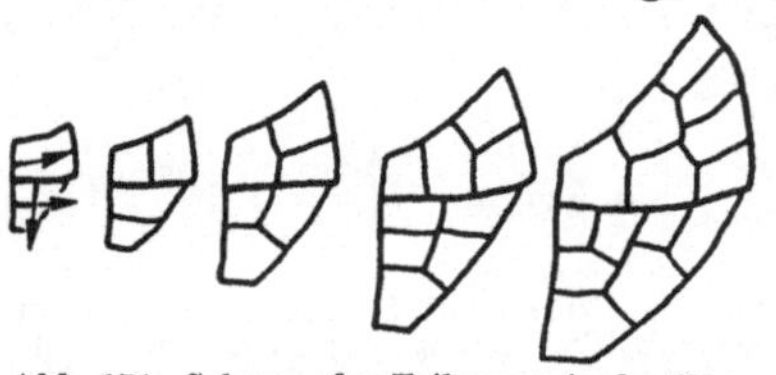

Abb. 171. Schema der Teilungen in der Wurzelspitze von *Avena sativa*. (Nach WAGNER, verändert.)

In ähnlicher Weise können auch in den Vegetationspunkten anderer Wurzeln und von Sprossen die einzelnen „Histogene“ (HANSTEIN) im Zuge bestimmter Teilungsfolgen entstehen. Aber bei näherer Untersuchung der Teilungstätigkeit in diesen einzelnen Schichten finden wir doch eine große Plastizität. Im Sproßvegetationspunkt der Blütenpflanzen unterscheiden wir schon darum besser einfach Tunica und Corpus. Die Tunica besteht meist aus zwei, gelegentlich aber auch aus drei bis vier Lagen, ihre äußere Schicht entspricht der früher als Dermatogen bezeichneten. Die Tunica zeichnet sich dadurch aus, daß in ihr, im Bereich des Scheitels, nur antikline Teilungen auftreten können, während im Corpus auch perikline Teilungen erfolgen. Es wäre aber falsch, anzunehmen, daß Tunica und Corpus, nachdem sie einmal durch frühe Teilungen voneinander gesondert wurden, so stabil voneinander verschieden sind, wie die im Zuge inäqualer Teilungen etwa am Vegetationspunkt von *Chara* voneinander getrennten Zellen. Ja, selbst der Unterschied, den sie in ihrem Teilungsverhalten zeigen, ist nur graduell. In der Tunica können auch perikline Teilungen vorkommen; Übergänge zwischen Tunica und Corpus werden beobachtet; die innere Tunicaschicht kann sogar Elemente an das Corpusgewebe abgeben. Auch die Anzahl der Tunicaschichten kann sich verändern (vgl. die Literaturhinweise bei TROLL). Von einer starren Sonderung in Histogene kann also keine Rede sein.

Wenn der Vegetationspunkt der Blütenpflanzen trotz dieser Plastizität seiner einzelnen Teile nach strengen Gesetzen Formen bildet, so muß das also durch ein kompliziertes System von physiologischen Wechselwirkungen zwischen den Teilen bedingt sein. Einige der hierbei wirksamen Faktoren wollen wir jetzt zu analysieren versuchen.

Literatur.

Mit einem * versehene Arbeiten sind zusammenfassende Darstellungen.

BESSENICH: Jb. wiss. Bot. **62** (1923). — BLOCH: Amer. J. Bot. **33** (1946). — BOYSEN-JENSEN: Kgl. danske Vidensk. Selsk., biol. Medd. **18** (1950). — BRACHET: Rev. suisse Zool. **57** (1950). — * BÜNNING: Surv. Biol. Progr. **2** (1952). — BÜNNING u. BIEGERT: Z. Bot. **41** (1953).

* CORMACK: Bot. Rev. **15** (1949). — COUR, LA: Heredity (Lond.) **3** (1949).

GEITLER: Planta (Berl.) **24** (1935); * Erg. Biol. **18** (1941).

* KÜSTER: Die Pflanzenzelle. Jena 1935.

LANG: Wie LEHMANN. — * LEHMANN: Mikroskopische und chemische Organisation der Zelle. Berlin-Göttingen-Heidelberg 1952.

PERNER: Biol. Zbl. **71** (1952). — PIECZUR: Nature (Lond.) **170** (1952).

SINNOTT and BLOCH: Proc. Nat. Acad. Sci. U.S.A. **25** (1939); Amer. J. Bot. **33** (1946). — SUITA: Cytologia (Fujii-Jubil.-Bd.) **1937**.

* TROLL: Fortschr. Bot. **13** (1951).

WETTSTEIN, v.: Z. Bot. **41** (1953).

ZEPF: Z. Bot. **40** (1952).

VI. Spontane Differenzierung ohne Beziehung zur Teilungsfolge.

1. Die Differenzierung als Folge alternativen Variierens.

Möglichkeiten der Differenzierung durch Modifikation. Bei der Differenzierung in die einzelnen Zelltypen bleibt der Genbestand der unterschiedlichen Zellen weitgehend unverändert. Die Unterschiede in den physiologischen Leistungen und in den anatomischen Strukturen beruhen also entweder auf einer ungleichen Verteilung genetischer Einheiten des Zytoplasmas oder darauf, daß sonstiges plasmatisches Material in den einzelnen Zellen unterschiedlich wird. Im letzteren Falle ist wahrscheinlich meist einfach die verschiedene Plasma*menge* entscheidend. Unterschiedliche Plasmamengen bedeuten unter anderem ein geändertes Milieu für die Gene, eine andere Relation zwischen Kern- und Plasmamenge usw. Dabei können nach dem Gesetz des alternativen Reagierens auch qualitative Unterschiede der Leistungen resultieren.

Es leuchtet ohne weiteres ein, daß solche Modifikationen grundsätzlich auch durch Faktoren möglich sind, die nicht mit inäqualen Teilungen zusammenhängen. Das heißt, es ist denkbar, daß die Zellen sich trotz Gleichheit aller Teilungen differenzieren, weil sie in unterschiedliche Bedingungen geraten.

Die hier entscheidende Verschiedenheit der Bedingungen braucht nicht notwendig in den außerhalb des Organismus liegenden Faktoren zu liegen. Solche Verschiedenheiten spielen bei der Differenzierung sogar nur eine untergeordnete Rolle. Die einzelnen Zellen aber können z. B. insofern unterschiedlichen Bedingungen ausgesetzt sein, als sie an ungleiche Zellen im schon differenzierten Gewebe angrenzen. Das heißt, die bereits herausdifferenzierte Verschiedenheit kann sich irgendwie bei der Entwicklung der Zellen aus dem noch meristematischen Gewebe abbilden. Aber auch eine rein spontane Differenzierung ohne solche Abbildung schon vorhandener Differenzierungen ist als Modifikation begreiflich.

Wie leicht eine Veränderung der Bedingungen zu qualitativen Veränderungen im Gewebe führen kann, zeigt schon die Tatsache, daß die Dominanz von Genen modifikativ durch äußere Faktoren, z. B. durch die Höhe der Temperatur beeinflußbar ist. Aber auch durch die Veränderungen, die in den Zellen im Zusammenhang mit den Alterungsprozessen ablaufen, kann ein solcher Dominanzwechsel hervorgerufen werden. Zum Beispiel werden bei einem Bastard von weiß- und rotblühendem *Dianthus barbatus* die jungen Blüten weiß, später werden sie rot, wobei die Färbung schließlich so intensiv wird wie beim Elter mit roten Blüten.

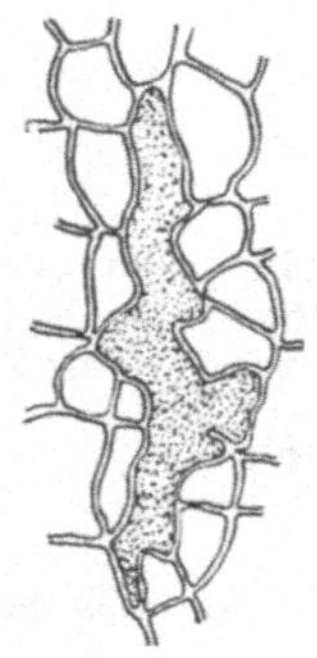

Abb. 172. „Milchsaftzelle" aus dem Brückengewebe der Verwachsungsstelle einer *Hevea*-Okulation. (Nach KAUSCHE.)

Wir wollen nun zunächst die schon angedeutete Möglichkeit der modifikativ bedingten Differenzierung ohne Abbildung schon vorher entstandener Differenzierungen betrachten.

Spontanes Auftreten neuer Zelltypen. Ein ursprünglich einheitliches embryonales Gewebe kann plötzlich Unterschiede in den Zelltypen aufweisen. Dieses spontane Auftreten von Differenzierungen ist bei der Entwicklung sogar sehr bedeutungsvoll. Wir können z. B. sehen, daß von den Parenchymzellen des Vegetationskegels einige plötzlich die für Gefäße charakteristischen Verdickungsleisten anlegen. Mit dieser Differenzierung der Leistungen ist in diesem Falle meist eine andere gekoppelt: Die betreffenden Zellen beginnen sich zu strecken. Diese Streckung kann bereits vor der Anlage der Verdickungen einsetzen, in anderen Fällen aber auch erst nachher. In einem Kallusgewebe, das zunächst undifferenziert wächst (Abb. 114), können wir ebenfalls beobachten, daß einzelne Zellen plötzlich zur Anlage von Verdickungsleisten übergehen (und damit gleichzeitig ihre Wachstumsweise meist etwas modifizieren; Abb. 115). Oder es mag im Kallusgewebe plötzlich die Potenz zur Bildung von Milchsaftzellen realisiert werden (Abb. 172). Endlich können in solchen Geweben spontan Sproßanlagen auftreten (Abb. 117).

Noch instruktiver ist es vielleicht, wenn wir diese spontane Differenzierung in Gewebekulturen auftreten sehen: im ursprünglich einheitlichen embryonalen Komplex treten andersartige, z. B. gefäßähnliche Zellen auf.

WHITE untersuchte Gewebekulturen von *Nicotiana*-Prokambium. Das Gewebe wurde auf Agar-Agar kultiviert und zeigte 40 Wochen lang ein undifferenziertes Wachstum. Dann wurde das Gewebe in eine flüssige Nährlösung getaucht; jetzt traten sehr bald Sproßvegetationspunkte mit kleinen Blättern auf, dieser Versuch zeigt uns zweierlei. Einmal sehen wir, daß durch eine relativ geringfügige Änderung der Außenbedingungen eine tiefgreifende Änderung in der Entwicklungsrichtung verursacht werden kann; in diesem Fall besteht die entscheidende Änderung vielleicht nur darin, daß die Sauerstoffversorgung erschwert wird und dadurch eine Aziditätsänderung eintritt. Ferner erkennen wir, daß ein solcher Einfluß sich nicht auf alle Zellen zugleich bezieht, sondern nur einige diese Umstimmung erfahren; die anderen aber ebenso oder ähnlich wie früher weiter wachsen. Auch bei dem Wachstum, das die Gewebekultur vor dem Auftreten solcher Vegetationspunkte durchführt, zeigt sich das Eintreten bestimmter Differenzierungen, indem nämlich, wie erwähnt, einzelne Zellen zu Gefäßen oder gefäßähnlichen Elementen werden können.

Die spontane Differenzierung als alternative Modifikation. Wir müssen das Auftreten solcher Differenzierungen sowohl bei der Gewebekultur als auch bei der normalen Entwicklung in einem bestimmten Sinne als zufällig bezeichnen. Es sind nicht einzelne Gewebspartien dazu vorherbestimmt, sich nach einer Änderung der Bedingungen abweichend gegenüber den anderen zu verhalten. Daß sich die Zellen nicht vollständig, nämlich zum mindesten nicht in quantitativer Hinsicht gleichartig entwickeln, ist ohnehin fast selbstverständlich. Eine gewisse Variabilität ist unausweichlich, weil die zahlreichen Faktoren, die auf Größe und Gestalt der Zellen einwirken, etwas variieren (wie analog ja z. B. auch verschiedene Individuen ein und derselben Sippe einer Pflanze, die auf dem gleichen Feld wachsen, modifikative Verschiedenheiten aufweisen). Es ist daher nicht verwunderlich, daß quantitative Verschiedenheiten in der Größe und Form von Zellen auftreten, daß sich also eine fluktuierende Variabilität zeigt. Erstaunlich ist nur das Auftreten *qualitativer* Verschiedenheiten bei Zellen, die aus ein und demselben Meristem stammen. Aber auch das bleibt nicht so rätselhaft, wenn wir uns an Erscheinungen erinnern, die wir bei der Besprechung der Variabilität erörtert haben. Wir sprachen nämlich von dem häufigen Auftreten einer alternativen Variabilität. Etwas Derartiges müssen wir zwangsläufig auch bei der Differenzierung annehmen. Die geringen Unterschiede, denen die verschiedenartigen Zellen ausgesetzt sind, führen also dann, wenn die Kombination der einwirkenden Faktoren besonders günstig ist, zu einem „Umkippen" und dadurch zu einer qualitativ anderen Leistung. Ist das Umkippen einmal erfolgt, so schreitet die Entwicklung im allgemeinen in der neuen Richtung weiter, und es bedarf besonders starker Einflüsse, um eine Rückdifferenzierung zu erzwingen.

Diese Konsequenz eines Umkippens nach dem Schema der alternativen Variabilität stößt nicht etwa dadurch auf Schwierigkeiten, daß eine spezifische Differenzierung bei einem ganz bestimmten, für die Entwicklung der betreffenden anatomischen Struktur charakteristischen Prozentsatz von Zellen auftritt. Dieser feste Prozentsatz in der Gesamtzahl eingetretener „Kippvorgänge" widerspricht nicht dem Zufallscharakter des einzelnen Kippvorgangs.

Wir können uns das ohne theoretische Erörterungen am leichtesten durch ein Vergleichsbeispiel veranschaulichen. Wir denken uns, daß auf einem Feld eine größere Anzahl Individuen von *Dipsacus silvestris* ausgesät wird. Die Bedingungen auf dem Feld sollen möglichst einheitlich sein, und zwar zwischen extrem günstigen und extrem ungünstigen liegen. So wird ein *fester* Prozentsatz von Pflanzen normalen Wuchs und der Rest die Zwangsdrehung (vgl. S. 11) aufweisen. Bei bestimmten Bedingungen muß ja auch innerhalb der fluktuierenden Variabilität ein fester Prozentsatz einer bestimmten Größenklasse eintreten. Dieser Prozentsatz von Fällen, in denen bei der alternativen Variabilität das Umschlagen eintritt, ist natürlich bei anderen durchschnittlichen Bedingungen anders. Wenn das Feld günstigere Ernährungsbedingungen bietet, wird der Prozentsatz größer, bei ungünstigeren Bedingungen kleiner. Ebenso kann auch bei Pflanzen, die eine von den Lichtverhältnissen qualitativ abhängige Blattform zeigen, je nach diesen Bedingungen ein verschieden großes, aber durch die Bedingungen eindeutig determiniertes Verhältnis von Blättern der einen und der anderen Form resultieren. Analog können wir es auch bei der Differenzierung der Meristeme und der anderen noch in Entwicklung begriffenen Gewebe verstehen, daß der Prozentsatz des Umschlagens zu einem bestimmten Zell- oder Gewebetyp je nach den Bedingungen einmal größer und einmal kleiner ist.

Als ein Beispiel, das uns solche modifikative spontane Musterbildung im Makroskopischen, gleichsam im Modell für mikroskopische Differenzierungen, vor Augen führt, können wir das Auftreten von Anthocyanflecken auf Blüten- und Laubblättern anführen. Wir haben schon erwähnt, daß solche Flecken ganz verschiedenartig bedingt sein können. Die Flecken können von den ungefleckten Teilen erblich verschieden sein; das ist in einzelnen Fällen durch Genmutation (namentlich durch Mutation labiler Gene) verursacht, in anderen Fällen durch ungleiche Chromosomenverteilung (non-disjunction und ähnliche Vorgänge), vielleicht auch gelegentlich durch somatisches crossing-over. Aber wohl häufiger sind die gefärbten und ungefärbten Teile erblich gleich. Und dann kann es sich natürlich nur um alternatives Reagieren der Zellen auf die zufälligen kleinen Verschiedenheiten, denen sie ausgesetzt sind, handeln. Wir haben schon früher erwähnt, daß diese alternative Reaktion in manchen Fällen offenbar in einem sehr jungen Entwicklungsstadium erfolgt, so daß nicht einzelne Zellen, sondern ganze Gruppen (die eben noch durch Teilung aus jenen unterschiedlich stabil modifizierten hervorgegangen sind) gefärbt sind und sich makroskopisch leicht von der scharf abgegrenzten ungefärbten Umgebung abheben.

Die Möglichkeit solcher Flecken ist an die Anwesenheit von Genen gebunden und die Fleckung kann daher eine mendelnde Eigenschaft sein. Aber diese Gene brauchen eben nicht notwendig labile Gene zu sein. Es kann auch stabile Scheckungs- und Fleckungsgene geben, die nur dafür wichtig sind, daß die Zellen in jener Weise alternativ modifiziert werden können.

2. Die modifizierenden Faktoren.

Wir müssen nun für die Fälle, in denen die Differenzierung nicht durch inäquale Teilungen und dadurch bedingte Modifikationen hervorgerufen wird, sondern durch alternatives Reagieren auf Bedingungen, die sich gleitend ändern, fragen, welcher Art die hier entscheidenden Faktoren sind.

In den Geweben stellen sich gewisse Gradienten ein, die mit der Differenzierung zusammenhängen. Schon die *Sauerstoffkonzentration* kann hier erwähnt werden. In einem kompakten Gewebe muß sich im allgemeinen zwangsläufig ein Sauerstoffgefälle von außen nach innen ergeben. Dabei könnten bestimmte Sauerstoffkonzentrationen etwa die Bildung von Kork, andere die von Sklerenchym usw. begünstigen. Wo nun eine bestimmte Schwellenkonzentration von Sauerstoff erreicht ist, könnten z. B. alle Zellen ein Umschlagen der Entwicklungsrichtung zur Sklerenchymbildung zeigen. So würde zugleich die Lokalisierung von Kork, Sklerenchymringen usw. in bestimmten Zonen verständlich werden, während die Bildung solcher Zonen aus der Herkunft der Gewebe ganz unbegreiflich bleibt.

Hiermit soll nur eine Möglichkeit angedeutet werden; ob sie eine große Rolle spielt, bleibt zweifelhaft, weil positiven Angaben über die Beeinflussung der Gewebedifferenzierung durch die Sauerstoffspannung auch negative gegenüberstehen (vgl. ALLSOPP).

Ebenso wie ein Sauerstoffgefälle kann natürlich z. B. auch ein *Feuchtigkeitsgefälle* bzw. „Hydratur"gefälle innerhalb der Pflanze für die unterschiedliche Entwicklung der Gewebe in den einzelnen Zonen wichtig werden.

Zugunsten solcher Deutungen liegen experimentelle Daten vor. Zum Beispiel weist BLOCH darauf hin, daß sich bei *Monstera*-Blättern während der Regeneration aufeinanderfolgende Schichten von Kork, Sklerenchym und Parenchym bilden. Auch in den Luftwurzeln dieser Pflanze zeigen sich diese einzelnen Gewebedifferenzierungen in bestimmten Abständen von der Oberfläche. Das heißt also, bei der regenerativen Gewebebildung entspricht die Lage der einzelnen Gewebetypen der von der normalen Entwicklung her bekannten. Offensichtlich ist somit die Art des gebildeten Gewebes in erster Linie von der Oberflächenentfernung abhängig. Auch Gradienten der Stoffwechselintensität können die Richtung der Gewebedifferenzierung determinieren. Bei *Tradescantia fluminensis* bedingt die Nähe zum Ort des wundbedingten hohen Stoffwechsels die Ausbildung einer sklerenchymatischen Gefäßbündelscheide. Da nun die auf die Umgebungsfaktoren zurückzuführenden Gradienten, wie das Gefälle der Sauerstoffkonzentration, der Feuchtigkeit oder auch der Lichtintensität, den Stoffwechsel beeinflussen können, ließe sich die Schlußfolgerung ziehen, daß solche Gradienten durch Modifikation des Stoffwechsels aktiv werden.

Wir erwähnten schon früher ein anderes Beispiel, das die Rolle der auf Außenfaktoren zurückzuführenden Gradienten zeigt: Bei den Blättern mancher Pflanzen bildet sich in der Nähe der Spaltöffnung, also dort, wo z. B. der Sauerstoff freien Zutritt hat, Parenchym, in größerer Entfernung aber Sklerenchym (Abb. 7).

Man hat auch auf die Rolle des Aziditätsgefälles im Gewebe verwiesen (PRIESTLEY). Zum Beispiel pflegen pflanzliche Gewebe im Bereich des Xylems sauer, im Bereich des Phloems alkalischer zu sein, während das dazwischen liegende Gewebe eine mehr neutrale Reaktion zeigt, die als günstig für die meristematische Tätigkeit angesehen wird. Aber bei solchen Tatsachen bleibt auch natürlich immer die Frage offen, was als Ursache und was als Wirkung anzusehen ist. Die gleiche Ungewißheit bleibt für die elektrischen Gradienten bestehen, die man in pflanzlichen Geweben nachweisen kann (vgl. PRAT).

3. Allgemeines über die Musterbildung.

Unregelmäßige Muster. Wenn bei der Gewebedifferenzierung kein anderes Prinzip wirksam ist, als die alternative Variabilität, d. h. wenn die Reaktionsfähigkeit aller Zellen ungefähr gleich ist, und diese Zellen auch nicht etwa unter dem Einfluß eines Gradienten stofflicher oder energetischer Art stehen, und endlich auch keine Wechselwirkungen zwischen ihnen bestehen, die die Determination beeinflussen, so kann nur ein Muster entstehen, das einen reinen Zufallscharakter hat. Eine solche Aufgliederung kann so aussehen, wie sie in der Abb. 173 dargestellt ist. Ein Muster mit reinem Zufallscharakter werden wir z. B. beobachten, wenn wir den oben genannten Versuch mit den umschlagenden Sippen von *Dipsacus silvestris* auf einem Feld durchführen. Auch bei der Gewebedifferenzierung treten solche Muster mit Zufallscharakter sicher häufig auf. Zum Beispiel trägt die Differenzierung des Gewebes im *Marchantia*-Thallus in gewöhnliche Zellen des Thallusinnern, in Zellen, die mit tracheidalen Verdickungen ausgestattet sind und in Özellen anscheinend einen solchen reinen Zufallscharakter. Auch die Verteilung fertiler und steriler Teile auf den Wedeln mancher Farne zeigt diesen reinen Zufallscharakter.

Erklären können wir solche Differenzierungen einfach so, daß kleine zufällige Unterschiede in der Reaktionsfähigkeit der Zellen oder in der Beschaffenheit ihres Milieus existieren, so daß an zufälligen Punkten einige Zellen die Differenzierung zeigen.

Aber für die Differenzierung sind diese Muster mit reinem Zufallscharakter nicht so wichtig wie regelmäßige Muster.

Zellteilungsmuster. Wir haben schon früher gesehen, wie durch die Teilungsfolge sehr regelmäßige Muster in der Anordnung von Geweben und Organen entstehen können. Diese Möglichkeit, die vor allem bei niederen Pflanzen sehr oft verwirklicht ist, interessiert uns an dieser Stelle nicht.

Gradientenmuster. Einen Typ der Entstehung regelmäßiger Muster haben wir angedeutet: Die Differenzierung durch modifizierende Einflüsse stofflicher oder energetischer Gradienten, die in der Pflanze etwa in radialer Richtung von außen nach innen laufen können. Irgendwie durch solche Gradienten muß z. B. die Bildung von Sklerenchymringen, Korkschichten usw. determiniert sein. Die Wirksamkeit dieses Prinzips wird auch bei Regenerationsexperimenten besonders deutlich. Die neuen Differenzierungen treten in demselben Abstand von der Oberfläche auf, in dem sie auch sonst in der Pflanze liegen. Als ein Beispiel hierfür können wir die Ergebnisse der Versuche WARDLAWs am Sproßscheitel von *Dryopteris aristata* (sowie ähnlicher Versuche BALLs an *Lupinus*) nennen: Wird der zentrale Teil des Scheitels durch vier Längsschnitte vom seitlichen Gewebe getrennt (Abbildung 174), so bildet dieses isolierte jetzt im Querschnitt ungefähr quadratische Gewebe ein Gefäßbündelsystem aus, das sich von oben nach unten differenziert und dessen Lage eine klare Beziehung zur experimentell geschaffenen neuen Oberfläche hat. Offensichtlich ist also (neben determinierenden Einflüssen, die von der Spitze ausgehen) in erster Linie ein in radialer Richtung verlaufender Gradient für die Bestimmung des Ortes der Gefäßbündelbildung verantwortlich. Deutlich wird die determinierende Rolle solcher Gradienten auch, wenn wir sehen, daß ein Sklerenchymring mit zunehmendem Dickenwachstum gesprengt wird und das in die Lücken übertretende Parenchym sich jetzt, seiner neuen Lage im Gradienten entsprechend, ebenfalls zu Sklerenchym umwandelt.

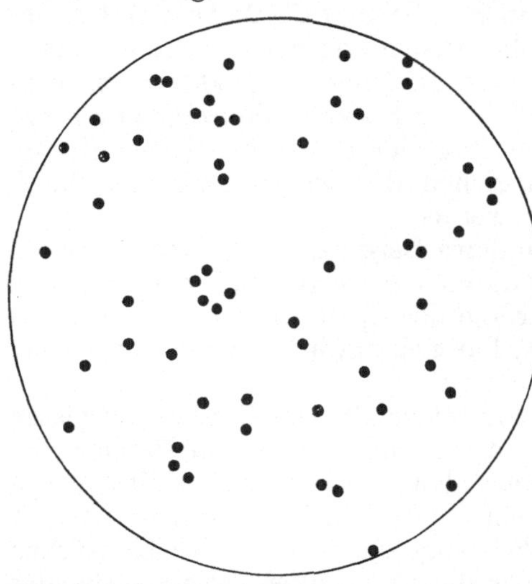

Abb. 173. Beispiel für ein Zufallsmuster (im Gegensatz zum regelmäßigen Muster, z. B. Abb. 178). Das Muster wurde hergestellt, indem die abgebildete Kreisfläche dicht mit einer Schicht von Weizenkörnern belegt wurde. Ein Teil dieser Körner war rot gefärbt. Die kleinen schwarzen Kreise geben an, wo ein solches rot gefärbtes Korn gelegen hatte.

Sperreffektmuster. Sehr häufig finden sich in der Pflanze Verteilungen von Geweben und Organen, die offensichtlich darauf beruhen, daß ein solches Gewebe oder Organ nicht ein zweites der gleichen Art in seiner Nähe duldet. Schöne Beispiele sind etwa die Verteilung von Gefäßstrahlen in der Wurzel, die Verteilung von Spaltöffnungen in der Epidermis, die Verteilung von Haaren oder die Anordnung von Markstrahlen (Abb. 175, 176). Ferner kann hier auf mehrere Idioblasten, Sklerenchymzellen, Harzkanäle usw. hingewiesen werden. Auch bei Thallophyten lassen sich Beispiele finden (Abb. 177). Allerdings ist in einigen dieser Fälle möglicherweise auch die Zellteilungsfolge an der Determinierung der Verteilungsmuster mit beteiligt.

4. Sperreffektmuster.

Nachweis des Sperreffekts. Es gibt mehrere Fälle, in denen eindeutig der eben angedeutete Sperreffekt die Musterbildung reguliert. Zum Beispiel ist keine Kambiumzelle durch ihre Lage oder Herkunft eindeutig dazu bestimmt, plötzlich Markstrahlgewebe zu bilden; oder bei den Dikotylen ist keine Epidermiszelle der Blattunterseite eindeutig dazu bestimmt, ein Haar bzw. Schließzellen entstehen zu lassen. Daß in solchen Fällen keine Determinierung durch die Zellteilungsfolge besteht, wird besonders gut erkennbar, wenn wir beachten, daß solche Bildungen mit beliebigen Abständen entstehen können. Es sind aber — und darin kommt die Regelmäßigkeit zum Ausdruck — nicht alle Abstände gleich häufig, wie es bei einer Zufallsverteilung der Fall sein müßte; es ist vielmehr, als hätten sich die Initialen, aus denen Markstrahlen, Haare, Gefäßbündel usw. entstehen, gegenseitig abgestoßen, um so eine zwar nicht so vollständige Regelmäßigkeit zu schaffen wie bei der vorher besprochenen Bildungsweise, aber doch eine Verteilung, die sich von der Zufallsanordnung klar unterscheidet. Wir können uns für die Entstehung solcher Muster folgendes Schema aufstellen: Zunächst sind alle Zellen bzw. alle Zellgruppen gleichwertig und jede einzelne hat die Potenz zur Umwandlung in die genannten Gebilde, also in Schließzellen, Haare, Idioblasten, Gefäßbündel, Markstrahlen usw. Sobald sich nun in einer Zellgruppe bzw. einer Zelle ein solches Gebilde zu entwickeln beginnt, wird damit ein Einfluß auf die Umgebung ausgeübt, der die Entwicklung des Gleichartigen innerhalb eines bestimmten Abstandes verhindert. Die genannten Differenzierungen erreichen also durch einen unbekannten chemischen Einfluß auf die Umgebung, daß sie in einem bestimmten Bereich die „Alleinherrschaft" haben. Erst in größerer Entfernung, wo dieser Einfluß nicht mehr ausreicht, ist die Bildung der betreffenden Differenzierungen nicht mehr unterdrückt.

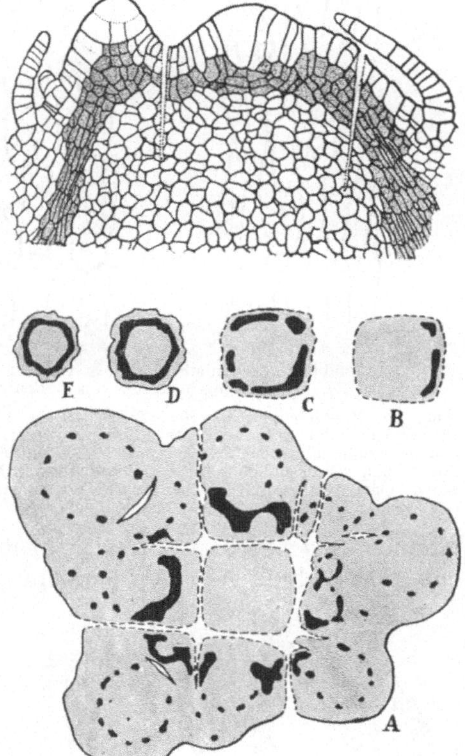

Abb. 174 A—E. Oben: Medianer Längsschnitt durch einen Sproßscheitel von *Dryopteris aristata*. Man sieht oben in der Mitte die Scheitelzelle, links eine schon stark vorgewölbte, mit Scheitelzelle wachsende Blattanlage; im Inneren des Gewebes das dunkler gehaltene gefäßbündelbildende Gewebe. Außerdem ist die Isolierung des jüngsten Gewebes durch Längsschnitte angedeutet. Unten: Ein ebenso behandelter Vegetationspunkt in einem späteren Stadium im Querschnitt. A ist der unterste, E der oberste unter den berücksichtigten Querschnitten, In A ist noch die Führung der 4 Längsschnitte sichtbar, durch die ein im Querschnitt quadratisches Gewebestück isoliert wird. Man erkennt, daß von der Spitze ausgehend ein neues Gefäßbündelsystem angelegt wird, das dem Verlauf der neuen Gewebeoberfläche folgt. (Nach WARDLAW.)

Daß hier wirklich Sperrzonen geschaffen werden, wird deutlich erkennbar, wenn man das Auftreten neuartiger gleicher Bildungen in den Zwischen-

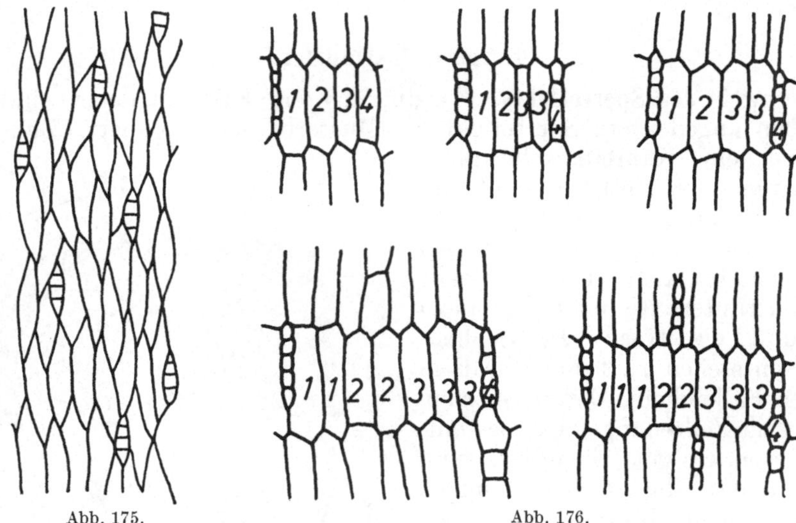

Abb. 175. Abb. 176.

Abb. 175. Kambium in einem sehr jungen Stämmchen von *Pinus strobus* im Tangentialschnitt mit einem regelmäßigen Muster von Markstrahlinitialen. (Nach PRIESTLEY.)

Abb. 176. *Herminiera elaphroxylon*. Tangentialschnitt durch das Wurzelholz. Das erste Bild gibt einen Schnitt in ziemlich weiter Entfernung vom Kambium wieder, die übrigen stellen die gleichen sich nach innen durch radiale Wände allmählich vermehrenden Zellreihen dar; das Bild rechts unten entspricht also der geringsten Entfernung vom Kambium; Zellen, die durch solche Radialwände aus einer gemeinsamen Kambiumzelle entstanden sind, wurden mit gleichen Zahlen bezeichnet. Man sieht, wie mit zunehmendem Umfang nach und nach neue Markstrahlen eingeschoben werden. (Nach BEIJER.)

räumen zwischen den alten sieht, sobald sich die Abstände zwischen diesen mit voranschreitendem Wachstum der Organe oder Gewebe ausreichend vergrößert haben. Man kann dann etwa in der Epidermis mancher Blätter finden, wie sich neue Spaltöffnungsinitialen bilden, sobald die zuerst entstandenen mit zunehmendem Flächenwachstum auseinandergerückt sind, die Hemmzonen sich also nicht mehr berühren (Abb. 178).

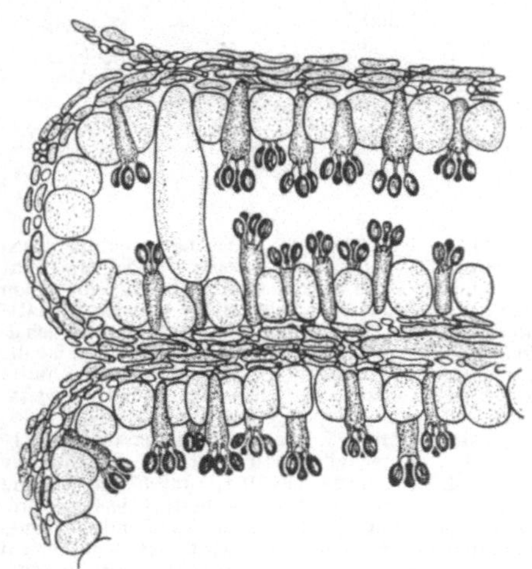

Abb. 177a. Teil des Hymeniums eines *Coprinus* mit einem Muster aus langen und kurzen Basidien sowie Paraphysen (außerdem eine Cystide.)

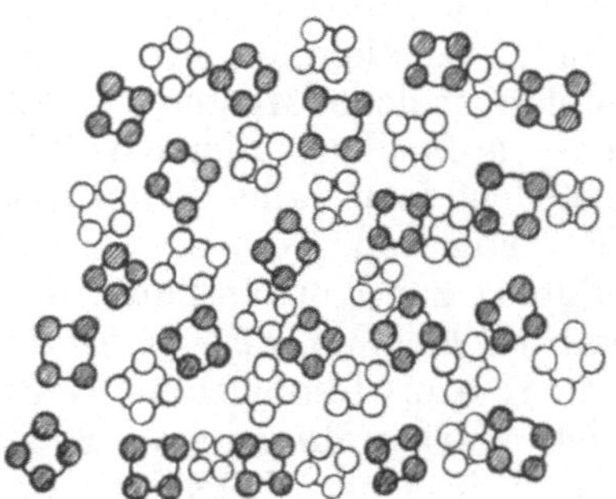

Abb. 177b. Wie Abb. 177a, aber Oberflächenansicht des Hymeniums, die Regelmäßigkeit des Musters von langen und kurzen Basidien zeigend; die Sporen der langen Basidien sind schraffiert.

Auch neue Sklereiden können sich zwischen ältere einschieben, sobald diese sich voneinander entfernt haben, so etwa im Mark vom *Pseudotsuga taxifolia* (Sterling). Neue Gefäßbündel können so in Sprossen oder Blättern ebenfalls zwischen alte auseinanderrückende eingeschoben werden, und für Markstrahlen gilt dasselbe (Abb. 175).

Sperreffekt durch Auxinwirkung. Ein ganz einfaches Beispiel der Induktion einer Sperrzone haben wir schon kennengelernt. Es bezieht sich auf den Bereich der Formbildung im Makroskopischen: Wenn wir von einer Fichte den Gipfeltrieb entfernen, so fällt damit der Punkt aus, der die Umgebung mit Auxin versorgt und dadurch das Aufrichten der Seitentriebe verhindert; diese richten sich infolgedessen auf, bis einer zum Haupttrieb wird und nun seinerseits durch Übernahme der Wuchsstofflieferung die Herrschaft übernimmt. Derartige durch Wuchsstoff bedingte Hemmungen sind wohl auch dafür verantwortlich, daß die Seitenzweige eines Baumes nicht nach Zufallsgesetzen aufeinanderfolgen, sondern gewisse Mindestabstände eingehalten werden. So ähnlich wird es bei den Seitenwurzeln stehen, die ebenfalls untereinander gewisse Mindestabstände einzuhalten pflegen. Man kann oft sogar feststellen, daß mehr Seitenwurzelanlagen als Seitenwurzeln vorhanden sind; aber eine entstandene Seitenwurzel verhindert offenbar durch hormonale Einflüsse die Weiterentwicklung der benachbarten Anlagen.

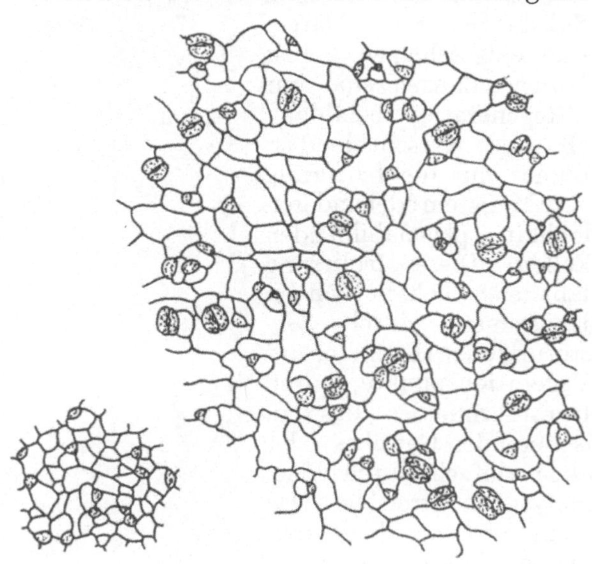

Abb. 178. In dem Epidermisgewebe des sehr jungen Blattes von *Alliaria officinalis* entstehen beim Erlöschen der embryonalen Teilungstätigkeit Spaltöffnungsinitialen. Nachdem sich dieses ursprüngliche Initialenmuster (links) ausgeweitet hat, also die um die Initialen bestehenden Hemmbereiche sich nicht mehr berühren, können in den Lücken neue Initialen gebildet werden (rechts). Die älteren haben sich bereits zu Spaltöffnungen entwickelt. (Nach Bünning und Sagromsky.)

Dictyostelium-Muster. Muster können gebildet werden, indem Stoffe (die jedenfalls allem Anschein nach abgegeben werden) chemotaktische Anziehungen ausüben. Diese Möglichkeit sehen wir bei der Entwicklung der Sporenträger des Schleimpilzes *Dictyostelium mucoroides*. In einem bestimmten Stadium der Entwicklung vereinigen sich die zunächst beziehungslos umherkriechenden Amöben zu Ansammlungen. Dabei dient jede Ansammlung als Anziehungspunkt für weitere Amöben, so daß in der Nähe einer Ansammlung eine zweite nicht bestehen kann. Die Verteilung der Anhäufungen innerhalb der Gesamtmasse der Amöben entspricht also auch keiner zufälligen Verteilung. In diesem Fall kommt noch hinzu, daß sich die Ansammlungen immer mehr vergrößern und ihr Anziehungsvermögen auf die Amöben der Umgebung daher immer weiter reicht. Die Abstände zwischen den einzelnen Teilen, die das Muster bilden, werden also immer größer, bis schließlich nur noch eine Sammelstelle bleibt, oder — bei großen Amöbenmassen — einige wenige, die dann aber auch zwangsläufig nicht, wie es bei reiner Zufallsverteilung möglich wäre, nahe beieinander stehen können. (Abb. 179).

5. Die Unverträglichkeit embryonaler Orte als Ursache von Sperreffekten.

Schlußfolgerungen aus Regenerationen. Erfahrungen über Regenerationsleistungen können uns ein Mittel zur Induktion von Sperrzonen enthüllen: Ein Ort embryonalen Plasmawachstums duldet in seiner Nähe nicht einen zweiten solchen Ort. Regeneration tritt namentlich dann auf, wenn ein Gewebe nicht mehr im Zusammenhang mit einem Meristem steht oder wenn das Meristem inaktiviert wird. Die älteren Versuche, die Regeneration etwa aus der Anhäufung von Nährstoffen oder anderen Substanzen zu erklären, sind fehlgeschlagen. Selbst Hungerpflanzen sind zur Regeneration befähigt (BEHRE). Entscheidend ist immer nur die Isolierung vom Meristem oder anderen lebhaft plasmabildenden Zellen. Diese Isolierung läßt sich bekanntlich im Experiment durch Zerstörung oder Hemmung der Vegetationspunkte, durch Herausschneiden des zu isolierenden Gewebes oder auch einfach durch Plasmolysieren erreichen. Das heißt also, die Zellen tendieren *immer* zu Regenerationsleistungen, zum Wiederaufleben der embryonalen Tätigkeit. Aber diese Tendenz wird vom Meristem direkt unterdrückt. Hiermit also wird eine Sperrwirkung deutlich, die sich in diesem Fall freilich auf ein räumlich sehr ausgedehntes Gebiet erstreckt. Bei den Sperrzonen, die während der normalen Entwicklung eine Musterbildung ermöglichen, handelt es sich um kleinere Gebiete von lediglich mikroskopischer Ausdehnung. Diese Sperrzonen sind aber zumeist auch nicht von eigentlichen Meristemen induziert, sondern von Geweben mit nur halbembryonalem Charakter. Aber daß solche Bildungen, die in der Lage sind, Sperrzonen zu induzieren und ihrerseits selber durch Sperrzonen gehindert werden, Eigenschaften haben, die denen der Meristeme ähnlich sind, ist immerhin schon bemerkenswert. Wir finden diesen halbembryonalen Charakter tatsächlich überaus häufig bei Differenzierungen, die sich einem Muster einfügen. Die dabei entstehenden Zellen oder Zellgruppen zeichnen sich durch lebhaftes Plasmawachstum, oft durch erhöhte Kernteilung, und nicht selten auch durch Neuinduktion von Teilungen in der Umgebung aus. Wir können solche Bildungen demgemäß als *Meristemoide* bezeichnen.

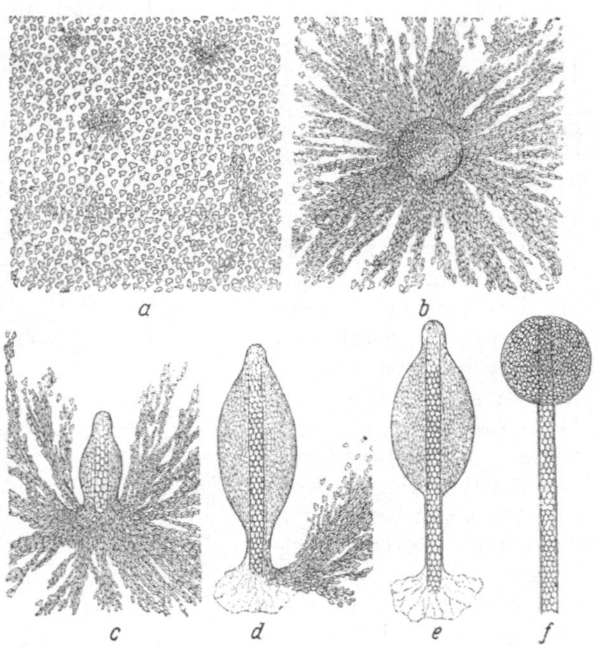

Abb. 179 a—f. Schema des Entwicklungsganges von *Dictyostelium mucoroides* von dem Stadium der beziehungslosen Amöben bis zum Sporenträger. (Nach KÜHN.)

Wurzelhaarbildung. In einiger Entfernung von den Wurzelspitzen sehen wir in der Rhizodermis die Initialen für die Wurzelhaare, die sog. *Tricho-*

blasten auftreten. Es sind Zellen mit lebhaftem Plasmawachstum, die sich also durch ihren Plasmareichtum deutlich von den übrigen Rhizodermiszellen abheben. Bei einigen Pflanzen, namentlich Monokotylen und Farnen, werden, wie wir schon erwähnten, diese Trichoblasten im Zuge einer inäqualen Teilung von den Nachbarzellen abgegrenzt. Aber das ist nicht bei allen Pflanzen so und für unsere augenblickliche Betrachtung unwesentlich.

Die Trichoblasten zeigen ihren Charakter als Meristemoide nicht nur in lebhaftem Plasmawachstum, sondern gelegentlich auch in einer erneuten Kernteilungstendenz. Die Zellen können mehrkernig werden, oder bei einigen Pflanzen können sie sich auch zu Gruppen von Zellen umwandeln, so daß nachher nicht einzelne Wurzelhaare, sondern zwei nebeneinander oder sogar ganze Büschel entstehen (vgl. TROLL).

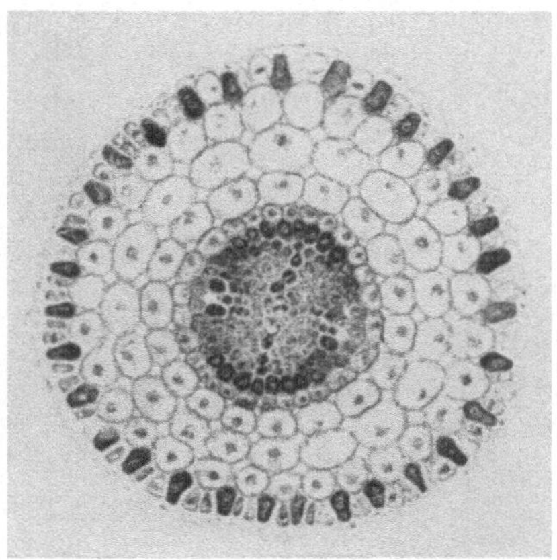

Abb. 180. Querschnitt durch eine Wurzel von *Sinapis alba* in der Region der Entstehung der Trichoblasten. Die Trichoblasten (durch größeren Plasmareichtum erkennbar) sitzen immer antiklinen Wänden der äußersten Rindenschicht auf. Man sieht außerdem die Induktionswirkung der beiden jungen Xylemstränge auf das vor ihnen liegende Perizykelgewebe. Es ist deutlich, daß diese Perizykelteile sich durch größeren Plasmareichtum auszeichnen; sie behalten also länger den embryonalen Charakter und können Seitenwurzelanlagen bilden.

Die Bildung dieser trichoblastischen Meristemoide erfolgt also erst in einiger Entfernung von der Wurzelspitze. Man könnte vermuten, daß die späte Bildung nicht auf einer Unterdrückung durch die Meristeme der Wurzelspitze, sondern einfach auf der Notwendigkeit eines bestimmten Alters der Zellen in der Rhizodermis beruht. Aber wenn die embryonale Wurzelspitze entfernt oder inaktiviert wird, schreitet die Ausbildung von Wurzelhaaren plötzlich bis zur Spitze fort. Auch wenn die Scheitelzelle einer Wurzel aus inneren Gründen ihre Tätigkeit einstellt, wandeln sich bis zur äußeren Spitze Rhizodermiszellen in Wurzelhaare um.

Die Rolle der gegenseitigen Hemmung von Orten lebhaften Plasmawachstums können wir noch in anderer Hinsicht beim Studium der Wurzelhaarbildung feststellen. Bei Arten (namentlich Dikotyledonen), die die Trichoblasten nicht durch inäquale Teilung von den Nachbarzellen abtrennen, finden wir trotzdem, daß nicht alle Rhizodermiszellen Trichoblasten werden. Vielmehr zeigen sich in der Rhizodermis Längsreihen von Zellen, die zu Trichoblasten geworden sind und alternierend mit ihnen 1—3 Zellreihen ohne Trichoblasten bzw. ohne Wurzelhaare. Man kann dann jedenfalls bei einigen Arten feststellen, daß die Trichoblasten bevorzugt dort entstehen, wo die Rhizodermiszellen einer antiklinen Wand der Rinde aufsitzen (Abb. 180). Diese Position bedingt offenbar eine physiologische Isolierung vom Zentralzylinder und von der innersten Rindenschicht, wo zu dieser Zeit noch lebhaftes Plasmawachstum stattfindet. Die Isolierung wird noch durch das Vorhandensein von Interzellularräumen verstärkt. Die übrigen Rhizodermiszellen hingegen haben durch die Rindenzellen einen guten Kontakt mit den plasmareichen Zellen des Wurzelinnern und werden dadurch an der „Regeneration“ zu Meristemoiden verhindert. Die Richtigkeit dieser Deutung erkennen wir, wenn wir alle Rhizodermiszellen durch einen Schnitt vom plasmareichen Innern isolieren. Jetzt können sie alle zu Trichoblasten auswachsen (BÜNNING).

Auch in anderen Fällen finden wir, daß die Differenzierung durch Neubildung plasmareicher Zellen erleichtert wird, wenn die betreffenden Zellen einer antiklinen Wand des darunterliegenden Gewebes aufsitzen und so physiologisch vom anderen Gewebe isoliert werden (vgl. auch HUBER). Besonders bemerkenswert ist in dieser Hinsicht vielleicht noch der Fall der Gruppen von Spaltöffnungen bei Begonien (Abb. 181). Diese Gruppen werden möglich, weil sich die Epidermis vom Mesophyll abhebt. Die Spaltöffnungsgruppe liegt dann genau über dem so gebildeten einige Epidermiszellen isolierenden Interzellularraum (Abb. 182, BÜNNING und SAGROMSKY).

Wir können uns beliebig im Gebiet der pflanzlichen Gewebedifferenzierung umsehen und werden immer wieder auf die Gültigkeit jenes Prinzips der *wechselseitigen Ausschließung von Orten lebhaften Plasmawachstums* stoßen. Einige weitere Beispiele müssen uns genügen.

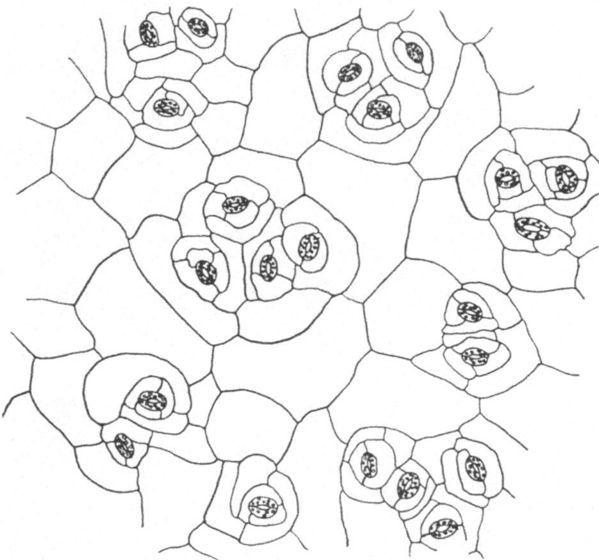

Abb. 181. Spaltöffnungsgruppen im Blatt von *Begonia semperflorens*. (Nach BÜNNING und SAGROMSKY.)

Blattbildung. Am Sproßvegetationspunkt sehen wir, und zwar meist in der zweiten Gewebeschicht in einiger Entfernung vom Scheitel, plasmareiche Zellen auftreten. Sie teilen sich lebhaft und können so durch ihre eigene Teilung, oft (namentlich bei Blütenpflanzen) auch noch durch Neuinduktion von Teilungen in der Nachbarschaft, zu Gewebehöckern führen, aus denen die Blätter entstehen (Abb. 183). Die Neuinduktion von Teilungen in der Nachbarschaft zeigt natürlich ebenso wie die Teilungen in jenen plasmareichen Ausgangszellen selber deutlich deren embryonalen Charakter. Wird die Scheitelzelle zerstört, so können nunmehr, ähnlich wie wir es für Wurzelhaarinitialen feststellten, auch in unmittelbarer Nähe des Scheitels Blattanlagen entstehen (WARDLAW).

Nur einige Zellen des Sproßvegetationspunktes werden zu Blattinitialen. Diese Zellen stehen immer in bestimmten Mindestabständen voneinander, so daß sich später die typische Blattstellung ergibt. Das Einhalten der Mindestabstände ist auch hier wieder durch die gegenseitige Unverträglichkeit von Orten starken Plasmawachstums bedingt. Denn jede dieser Initialen besitzt ja als Meristemoid die gleichen hemmenden Wirkungen auf die Umgebung wie das Meristem. Entfernen wir die Initiale, so fällt die Hemmung fort und die nächste Blattanlage kann jetzt an dem Ort entstehen, an dem sich die entfernte Initiale befand (WARDLAW), ebenso wie die neuen Initialen sich ja auch zum Ort der Sproßscheitelzelle vorschieben, wenn diese entfernt wird.

Spaltöffnungsbildung. Erlischt in den heranwachsenden Blattanlagen die embryonale Tätigkeit, so fällt damit wieder eine derartige Hemmwirkung fort. Der Erfolg ist, daß an einzelnen Blattzellen erneut Meristemoide auftreten. Wir wollen das nur in der Blattepidermis verfolgen. Die Meristemoide sehen hier ganz ähnlich aus wie in der Rhizodermis. So wie in der Rhizodermis aus ihnen Wurzelhaare entstehen, bilden sie in der Blattepidermis Haare oder Spaltöffnungen. Es zeigen sich also bei der beginnenden Differenzierung der Blattepidermis Zellen mit verschiedenem Plasmawachstum, wobei sich in der Regel der plasmareiche Pol durch eine inäquale Teilung von dem plasmaärmeren abgrenzt. Dieser Vorgang kann sich, bei einigen Monokotylen in fast jeder Zelle, oder doch in jeder Zelle, die im Zuge einer bestimmten Teilungsfolge entstanden ist, abspielen. In anderen Fällen (in der Regel bei Dikotylen) kann der Vorgang auf einige Zellen beschränkt sein. Aber auch in diesem zweiten Fall bildet sich ein

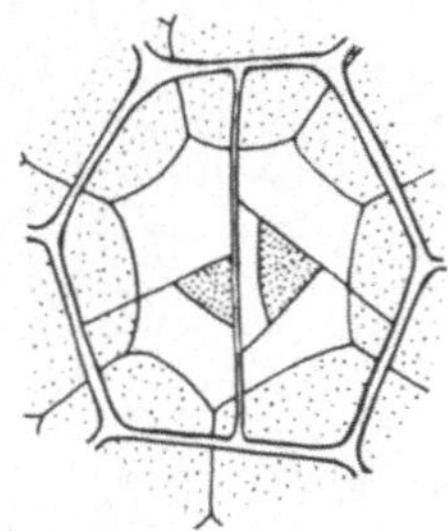

Abb. 182. *Begonia heracleifolia*. Bildung von 2 Spaltöffnungsinitialen über einem zwischen Epidermis und Mesophyll liegenden Interzellularraum. (Das Mesophyll wurde nur dort durch Punktierung angedeutet, wo es mit der Epidermis fest verwachsen ist.)

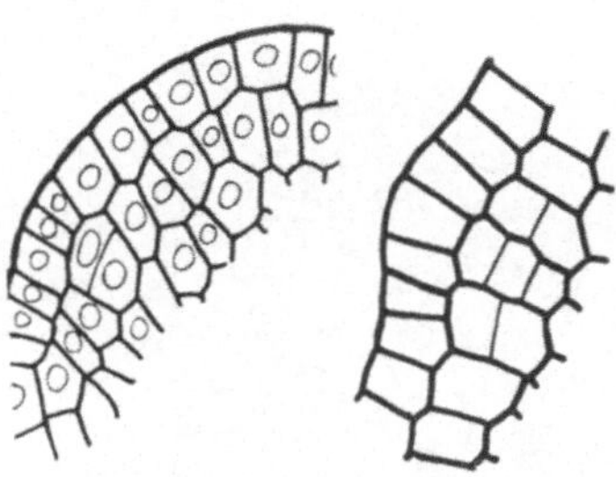

Abb. 183. Bildung einer Blattanlage bei einem *Myriophyllum*. Links erstes Stadium (Entstehung einer periklinen Wand in einer Zelle der 2. Gewebeschicht), rechts Auftreten weiterer Teilungen und beginnende Vorwölbung der Blattanlage.

auffällig regelmäßiges Muster der Spaltöffnungen, d. h. ihre Verteilung ist nicht zufällig, sondern es werden, ähnlich wie bei den Blattanlagen, bestimmte Mindestabstände eingehalten. Fast ist es überflüssig, zu betonen, daß das so sein muß, denn die Spaltöffnungsinitialen sind ja Meristemoide, die in der Nachbarschaft kein zweites Meristemoid dulden. Man kann leicht nachweisen, daß die Orte, an denen die Spaltöffnungen nach diesem Dikotyledonentyp entstehen, nicht etwa wie bei den Monokotylen durch eine bestimmte Teilungsfolge determiniert sind. Denn bei vielen Dikotylen beobachtet man, daß neue Spaltöffnungsinitialen in die Lücken zwischen den zuerst entstandenen eingeschoben werden, sobald diese durch das Flächenwachstum des Blattes weiter auseinandergerückt sind, ihre Hemmungsbereiche sich also nicht mehr berühren (Abb. 178). Man kann auch die Bildung dieser Spaltöffnungsmeristemoide verhindern, indem man in einem Gebiet des Blattes ein Meristem anderen Charakters entstehen läßt, nämlich ein Wundgewebe. Erst in größerer Entfernung von ihm können Spaltöffnungsmeristemoide entstehen. Auch die Neuentstehung von Skleреiden im Sproß und Mark in den Zwischenräumen vorhandener ist, wie schon erwähnt wurde, beobachtet worden, wenn die älteren im Verlaufe des Wachstums weit genug auseinandergerückt sind (Sterling). — Es gibt Einflüsse, die die Hemmungsbereiche mehr oder weniger inaktivieren. Zum Beispiel läßt sich bei *Vicia faba* durch Behandlung mit Äthylen die Spaltöffnungszahl auf Kosten der gewöhnlichen Epidermiszellen erheblich steigern (Kropfitsch).

Der Meristemoidcharakter der Spaltöffnungsinitialen zeigt sich wieder in mehreren Eigentümlichkeiten, in der starken Plasmavermehrung, der neuerwachten Teilungstendenz der Kerne (Bildung der beiden Schließzellen) und auch ähnlich wie bei den Blattanlagen in der Induktion von Teilungen in der Umgebung, wobei oft Nebenzellen entstehen (BÜNNING und SAGROMSKY).

Haarbildung. Für die Haarinitialen in den Blättern gilt ähnliches wie für die Spaltöffnungsinitialen. Da sie meist noch lebhafteres Plasmawachstum und lebhaftere Zellteilung zeigen, ist es nicht erstaunlich, daß die Hemmungszonen in ihrer Umgebung, in der weitere Haare nicht entstehen können, erheblich größer sind als die Hemmungszonen um Spaltöffnungsinitialen. Bemerkenswert, aber nach unseren Ausführungen

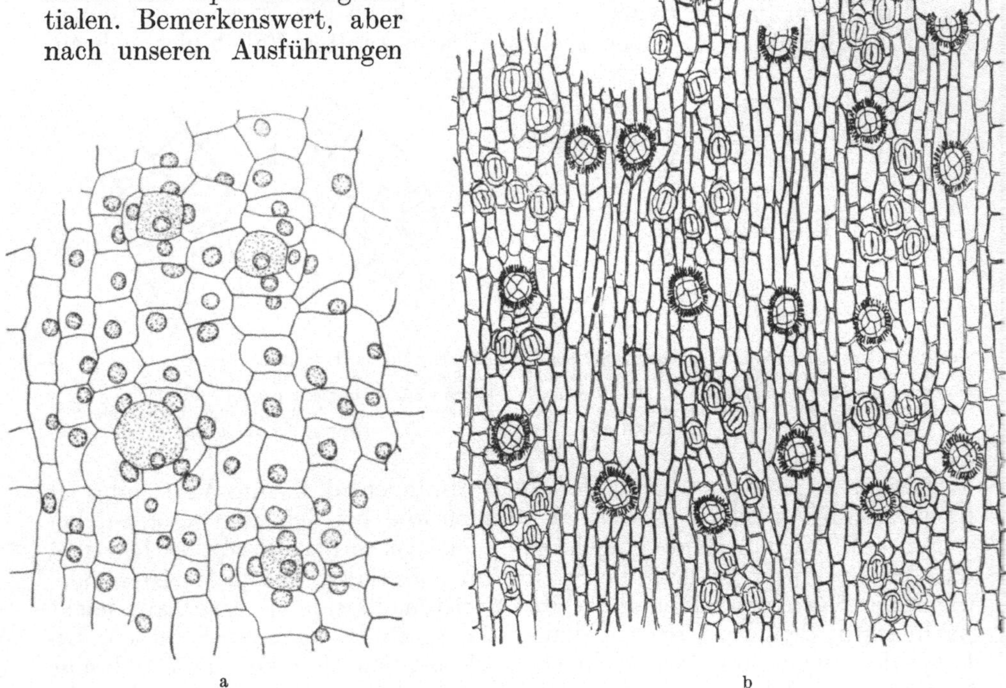

Abb. 184 a u. b. Bildung von Spaltöffnungen, Haaren usw. bei Bromeliaceen. a Epidermis einer jungen Blattanlage von *Karatas Carolinae.* Die Zellkerne sind sowohl den 3 jungen Spaltöffnungsanlagen als auch der (größeren) Anlage eines Drüsenhaares genähert. b Blattunterseite von *Vriesea hieroglyphica.* In das von den Spaltöffnungen gebildete Muster fügen sich die Saugschuppen ein. Das heißt, nicht nur eine Spaltöffnung, sondern auch eine Saugschuppe erschwert die Entstehung einer weiteren Spaltöffnung (oder Saugschuppe!) in der unmittelbaren Nähe. (Über den Nerven entstehen, wie bei anderen Pflanzen, keine Spaltöffnungen.)

zu erwarten ist, daß die Hemmungszone um ein Haarmeristemoid nicht nur weitere Haarinitialen, sondern auch Spaltöffnungsinitialen verhindert. Umgekehrt hemmen auch Spaltöffnungsinitialen nicht nur weitere Spaltöffnungsinitialen, sondern gleichfalls Haarinitialen (Abb. 184).

Gefäßbündelanordnung. Nur angedeutet sei, daß sich dieses Prinzip der Musterbildung bei der Differenzierung auch zur Deutung der regelmäßigen Anordnung von Gefäßbündeln heranziehen läßt. Die Verteilung von Gefäßbündeln (oder Gefäßstrahlen in der Wurzel) ist bekanntlich auch dann nicht zufällig, wenn die Stränge nicht durch die Blattanlagen induziert werden (JOST). Hier handelt es sich ja sogar noch viel deutlicher um embryonale Gewebe („Prokambiumstränge“), die ihren embryonalen Charakter nicht nur in den Teilungen der betreffenden Zellen selber, sondern auch in der Induktion von Teilungen in der Nachbarschaft demonstrieren. Es ist durchaus nicht erstaunlich, daß auch hier wieder jene Hemmwirkung auf die Umgebung deutlich wird, die die Nachbarbündel erst in einiger Entfernung duldet.

Allgemeines. Wir können also eine weitgehende Analogie in der Bildung der regelmäßigen Muster von Blattanlagen, Spaltöffnungen, Haaren, Gefäßbündeln usw. feststellen. Fast ist man geneigt, auf Grund der Gleichheit der in allen diesen Fällen angewandten Prinzipien von einer physiologischen Homologie zu sprechen.

Die Verwandtschaft zwischen Meristemoiden mit unterschiedlichen Leistungen erkannten wir daran, daß auch diese sich wechselseitig hemmen und daher z. B. Spaltöffnungen, Haare, Ölzellen und andere Idioblasten ein *gemeinsames* Muster bilden können.

Wir haben die Rolle wechselseitiger Hemmung beim Auftreten von Differenzierungsmustern unter anderem damit belegt, daß nach der Ausweitung eines Musters in den vergrößerten Lücken, in denen sich die Hemmbereiche nicht mehr berühren, neue Meristemoide auftreten können. Es mag schließlich noch darauf hingewiesen werden, daß neue Meristemoidmuster auch auftreten können, wenn die zunächst gebildeten Meristemoide absterben, ihre Hemmbereiche also auf diesem Weg ganz ausfallen. Ein Beispiel für eine solche zeitliche Aufeinanderfolge von Meristemoidmustern ist in Abb. 185 dargestellt.

6. Die Ursachen des Prinzips der gegenseitigen Unverträglichkeit von Orten lebhaften Plasmawachstums.

Konkurrenz um die Nahrungsstoffe kann nicht allein bestimmend sein für das Prinzip, dessen große Bedeutung bei der Differenzierung wir erkannten. Denn unter den Bedingungen des Hungerns oder der überreichlichen Ernährung verläuft die Differenzierung grundsätzlich ähnlich. Wir erwähnten ja auch schon, daß im Sonderfall der Regeneration das sekundäre Auftreten von Orten embryonalen Wachstums nicht durch Hunger verhindert wird. Außerdem müßte, wenn ein Kampf um die Nahrungsstoffe entscheidend wäre, auch das Nebeneinanderexistieren von Meristem- oder Meristemoidzellen erschwert sein. Das ist es aber keineswegs. Wenn eine Meristemzelle durch Teilung aus einer anderen entsteht (z. B. bei der Längsteilung einer Scheitelzelle), können sich beide sehr wohl nebeneinander weiterentwickeln. Das gleiche gilt, wenn eine Meristemoidzelle aus einer anderen gebildet wird (z. B. Zweiteilung der Spaltöffnungsmutterzelle, Teilungen von Trichoblasten). Verhindert ist also nicht die *Existenz*, sondern nur die *Neubildung* von Zellen mit embryonalem Wachstum aus nichtembryonalen in der Nähe einer Meristem- oder Meristemoidzelle.

Noch mehr: genau genommen ist es nicht immer einfach das lebhafte Plasmawachstum, welches ein lebhaftes Plasmawachstum in der Umgebung nicht neu entstehen läßt. Die *Spezifität* der Leistung kann entscheidend sein. Eine *bestimmte Art* embryonalen Wachstums läßt die gleiche Art embryonalen Wachstums in der Nähe nicht entstehen, aber ein anderer Typ des embryonalen Wachstums wird geduldet. Am Beispiel des Musters der sekundären Markstrahlen im Sproß möge das demonstriert werden. Die Verteilung der sekundären Markstrahlinitialen im Kambium ist keine Zufallsverteilung, vielmehr werden immer bestimmte Mindestentfernungen eingehalten. Das heißt, wenn im Kambium eine Markstrahlinitiale entstanden ist, so wird die Entstehung einer zweiten in der Nähe verhindert. Hier verhindert also eine Meristemzelle eines spezifischen

Charakters die Entstehung einer zweiten Meristemzelle desselben Typs, obwohl Meristemzellen anderen Typs, nämlich die gewöhnlichen Kambiumzellen, die Entstehung der Markstrahlinitialen sehr wohl zulassen. Es kann also niemals eine Konkurrenz um Nährstoffe entscheidend sein, sondern höchstens eine Konkurrenz um *spezifische* Substanzen, die für die spezielle Art der Synthese in den betreffenden Meristemzellen benötigt werden.

Um zu zeigen, auf welchem Weg vielleicht eine Erklärung der Erscheinung gefunden werden kann, soll auf eine Parallele hingewiesen werden: Viren, die sich in ein und derselben Pflanze entwickeln, können sich gegenseitig um so mehr hemmen, je mehr sie verwandt sind (BENNETT). Die Parallelität ist wohl nicht nur äußerlich, denn eine Differenzierung im vielzelligen Organismus bedeutet ja, auch wenn sie zunächst anatomisch deutlich wird, primär ebenso wie die Tätigkeit eines Virus, daß bestimmte Synthesen dominieren, also bestimmte Fermentaktivitäten in der Zelle in den Vordergrund treten (SPIEGELMAN). Zum Beispiel treten in den Wurzelhaarinitialen unter anderem zellulosebildende Fermente in den Vordergrund (BOYSEN-JENSEN).

Die sekundäre Bildung einer Meristemoidzelle, also einer Spaltöffnungsinitiale, Haarinitiale usw. bedeutet also, daß ein Ferment dominierend wird. Diese Tatsache ist der Bildung adaptiver Fermente bei Mikroorganismen vergleichbar (SPIEGELMAN). Die Tätigkeit dieses Ferments bedingt eine Verarmung des von ihm verarbeiteten Substrats in den betreffenden Zellen und ihrer Umgebung. Damit ist die Entstehung dieses adaptiven Ferments in der Umgebung unwahrscheinlich geworden, weil solche Fermente ja gerade durch hohe Konzentration des betreffenden Substrats entstehen. — Man könnte aber auch einfach daran denken, daß es sich direkt um eine Wirkung der Konkurrenz um die gleichen Substanzen handelt, eine Vermutung, die oft auch zur Erklärung der gegenseitigen Ausschließung verwandter Viren in den Vordergrund gestellt wird (BENNETT).

7. Die Auswahl zwischen den Potenzen während der Gewebedifferenzierung.

Unsere Betrachtungen haben gezeigt, daß bei der Differenzierung der Gewebe immer wieder dem gleichen Prinzip eine entscheidende Rolle zufällt. Es bilden sich sog. Meristemoide, Zellen mit wieder auflebendem Plasmawachstum. Ob diese Meristemoidbildung mit inäqualen Teilungen verknüpft ist oder nicht, erscheint von untergeordneter Bedeutung.

Gegenüber dieser Einheitlichkeit des zugrunde liegenden Prinzips fällt die Vielfalt der Entwicklungswege auf, die diese Meristemoide weiterhin beschreiten können. Es können aus ihnen Schließzellen, Haare, Gefäßbündel, Ölzellen, Skleroididioblasten usw. gebildet werden. Dabei müssen wir uns fragen, ob schon die Meristemoide qualitativ verschieden sind, oder ob erst sekundäre Faktoren über ihr unterschiedliches Schicksal entscheiden. Vielfache Erfahrungen sprechen für die zweitgenannte Möglichkeit. Wenn sich nämlich aus solchen Meristemoiden mit zunächst gleichartigem anatomischen und physiologischen Verhalten unterschiedliche Zellen oder Gewebe entwickeln, so sind immer auch die Bedingungen verschieden gewesen, denen diese Meristemoide ausgesetzt waren. Zum Beispiel kann die räumliche Lage im Organ entscheidend sein. So gibt es *Iris*-Arten, bei denen (wie bei vielen anderen Pflanzen) in der Epidermis beider Blattseiten inäquale Teilungen stattfinden, die nach dem früher beschriebenen Schema zur Bildung von Spaltöffnungsinitialen führen. Aber die Schwerkraft entscheidet (bei einigen *Iris*-Arten), daß aus diesen Initialen nur auf der Unterseite Spaltöffnungen werden; auf der Oberseite bleiben die meisten der kleinen Tochterzellen „Kurzzellen“ (IMAMURA). Es kommt aber sogar vor, daß die Dorsiventralität nicht einfach das Steckenbleiben der Initialen auf einer Seite bedingt, sondern diese vielmehr in eine andere Entwicklungsrichtung drängt. Beispielsweise können bei manchen Gräsern aus solchen Anlagen auf der einen Blattseite Schließzellen entstehen, auf der anderen aber z. B. Kieselkurzzellen.

Einen anderen sekundär modifizierend eingreifenden Faktor haben wir genannt: Von der Nähe der Gefäßbündel hängt es ab, ob ein Meristemoid zu einem Haar oder zu einem Schließzellenpaar wird.

So kann es noch von weiteren bisher nicht analysierten Faktoren abhängen, ob ein Meristemoid an der Epidermis Haare bzw. Spaltöffnungen, im Gewebeinnern Rhaphiden-, Öl- oder Skleroididioblasten usw. entstehen läßt. Beispielsweise hängt es auch von dem Alter des ganzen Gewebes ab, was ein Meristemoid leistet. In Abb. 185 ist ein Fall dargestellt, in dem Meristemoide im jungen Stadium der Gewebe Rhaphidenidioblasten entstehen lassen, im gleichen Gewebe aber die etwas später gebildeten Meristemoide Faserbündel aufbauen.

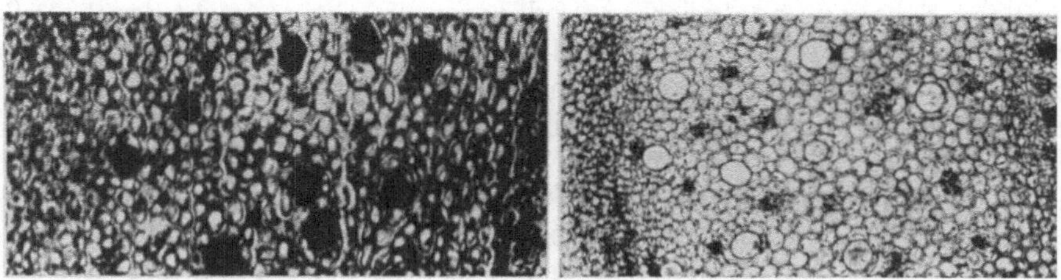

Abb. 185. Meristemoidmuster in der Rinde der Wurzelspitze einer *Pandanus*-Art. Links jüngeres, rechts etwas älteres Stadium. Links sieht man plasmareiche große Zellen; es sind Idioblasten im Stadium der Ausbildung von Rhaphidenbündeln. In dem rechts dargestellten Stadium sind diese Idioblasten schon abgestorben, während ihres Absterbens ist infolge der damit fortgefallenen Hemmwirkung die Bildung eines neuen Musters von Meristemoiden möglich geworden. Dieses baut Faserbündel auf.

Jedenfalls also besteht bis jetzt kein Grund, alle Meristemoide nicht als prinzipiell gleichartig anzusehen. Wo sie etwas Verschiedenes leisten, ist meist auch eine Verschiedenheit der Bedingungen, unter denen sie tätig sind, nachweisbar, so daß die Annahme ihrer grundsätzlichen Identität vorerst als die einfachste Vorstellung für die meisten der genannten Fälle gelten darf.

8. Aktive Anordnung zu bestimmten Formen.

Wir konnten nur einige der bei der Formbildung wichtigen Prinzipien herausgreifen. Unsere Betrachtungen dürfen uns nicht darüber hinwegtäuschen, daß bei der Formbildung tatsächlich zahlreiche Faktoren in komplizierter Weise ineinandergreifen; und von diesem Ineinandergreifen haben wir erst eine sehr oberflächliche Kenntnis.

Eine Komplikation kann z. B. darin bestehen, daß eine bestimmte Relation zwischen der Geschwindigkeit der Zellteilung und der Volumenzunahme der Zellen besteht. Dabei ist es noch wichtig, daß zunehmende Zellgröße die Teilbarkeit offenbar immer mehr herabsetzt. Vergrößert sich die Zelle schnell, so erreicht sie infolgedessen bald eine für die Teilbarkeit zu große Ausdehnung, und die Gesamtzahl von Teilungen bleibt infolgedessen niedrig. Erfolgt die Ausdehnung aber langsam, so kann eine größere Zahl von Teilungen stattfinden, bevor jenes Maximum erreicht ist. Da die Zellen eines Organs nachher mehr oder weniger die gleiche Größe anstreben, wird im erstgenannten Fall ein kleiner, im letztgenannten ein größerer Gewebekomplex aus der gleichen Anzahl von Ausgangszellen entstehen. Das ist eine wichtige Ursache für die Formung der Organe.

Sehr wenig durchsichtig sind Gestaltungsvorgänge, bei denen sich zeigt, daß eine bestimmte Zellanordnung ein Gleichgewicht darstellt, das sich durch Teilungen, Zellverschiebungen oder ungleiches Zellwachstum zwangsläufig erhält bzw. bei Störungen regeneriert.

Bildung einfacher Zellgruppen und Kolonien. Die Existenz eines solchen Gleichgewichts zeigt sich z. B. schon beim Studium tetraedrisch angeordneter Zellen, wie wir sie bei Sporen und Pollenkörnern häufig vorfinden. Früher meinte man, solche Anordnungen müßten immer das Ergebnis simultaner Teilungen sein, während sukzedane Teilung eine kreuzförmige Anordnung der Tochterzellen ergeben müßten. TSCHERMAK jedoch zeigte, daß auch bei sukzedaner Teilung die Tetraederform entstehen kann, sofern die erste Scheidewand nachgiebig genug ist.

In einem solchen Fall wie bei dem der tetraedrischen Anordnung ist die Verschiebung der Zellen wohl noch leicht aus mechanischen Kräften begreiflich. Schwierig analysierbar ist dagegen die aktive, nicht durch Außenkräfte und nicht durch die Zellteilungsfolge bestimmte Zusammenfügung von Zellen zu bestimmten Anordnungen. Wir haben es hier mit einem Problem zu tun, das uns überall in der Entwicklungsphysiologie entgegentritt.

Schon sehr einfache Beispiele können uns dieses Problem vor Augen führen: bei den Protococcalen ordnen sich die Zoosporen zu bestimmt geformten Gruppen an. Am auffälligsten ist das bei der Bildung des regelmäßigen Netzes von *Hydrodictyon*, das in einer Mutterzelle aus zunächst frei beweglichen Schwärmern entsteht. Selbst in einem so einfachen Fall oder auch bei der Bildung noch einfacherer spezifisch geformter Kolonien von Algen dieser und anderer Gruppen haben wir bisher keinen Ansatzpunkt zum Eindringen in die Kräfte dieser Gestaltung gewonnen. Und auch bei noch primitiveren Formen, etwa bei Blaualgen und Bakterien, treten bestimmt geformte Kolonien auf, deren Bildung uns bislang unbegreiflich ist. Selbst normalerweise nicht in Kolonien geordnete Zellen können sich gelegentlich zu Mustern zusammenfügen. So beobachtete ROBBINS, daß sich die Individuen in einer *Englena*-Kultur innerhalb von 1 min nach dem Durchschütteln der Kultur zu einem Muster von etwa gleichschenkligen Dreiecken mit ungefähr 5 mm Kantenlängen anordneten. Die Zellen werden also durch unübersichtliche Wechselbeziehungen auf bestimmten Linien festgehalten.

Meristematische Gewebekomplexe. Das genannte Problem tritt uns bei der Betrachtung des embryonalen Wachstums höherer Pflanzen meist noch nicht so unmittelbar entgegen, weil man immer wieder geneigt ist, der Aufeinanderfolge der Zellteilungen einen beherrschenden Einfluß zuzuschreiben. Das Walten anderer Kräfte wird aber schon deutlich, wenn wir sehen, wie nach der Entfernung eines Vegetationspunktes aus den sich neu bildenden meristematischen Zellen wieder die typische Anordnung des alten Vegetationspunktes entsteht. Dieser Versuch gelingt beispielsweise bei der Entfernung oder Längshalbierung der Vegetationspunkte von Wurzeln oder Sprossen. Ebenso können junge Blattanlagen, die halbiert oder ganz entfernt wurden, aus den von den Schnittflächen ausgehenden Neubildungen wieder in der alten Form restituiert werden. Beispielsweise wurde bei *Lupinus albus* nach der Entfernung von Teilblättchen eine vollständige Restitution beobachtet, sofern die Operation in einem frühen Stadium vorgenommen wurde (SNOW). So erklärt es sich auch, daß aus Teilstücken einer Blattanlage, die von dieser experimentell abgelöst wurden, nachher doch ein typisch geformtes, nur kleineres Teilblatt entsteht (Abb. 186).

Es sieht hiernach so aus, als stelle die typische Form eines Vegetationspunktes und der jungen an ihm ausgebildeten Anlagen einen *Gleichgewichtszustand* dar, der nach irgendeiner Änderung dieser Form mit den jeweils vorhandenen bzw. den neu zu bildenden Zellen wieder hergestellt werden kann. Wenn sich also am Vegetationskegel Blattanlagen usw. ausbilden und diese Blattanlagen wiederum eine spezifische Form einnehmen, so ist das nicht etwa eine einfache Folge des Zellteilungsverlaufs, sondern dadurch bedingt, daß diese Form einen Gleichgewichtszustand darstellt.

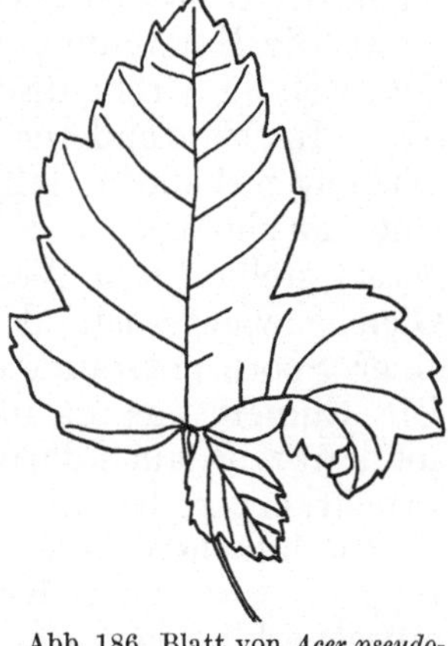

Abb. 186. Blatt von *Acer pseudoplatanus*. Von der jungen Blattanlage wurde ein kleines Stück abgetrennt; es hat sich zu einem selbständigen Blättchen entwickelt. (Nach KARZEL.)

In einem ähnlichen Gleichgewichtszustand befinden sich die Gewebe aber auch noch in einem jungen Internodium. Wird es längs halbiert, so erfolgt von der Schnittfläche her eine vollständige Restitution. Die Unterbrechung des kontinuierlichen Kambiumgürtels ist hierbei der entscheidende Faktor (Abb. 187).

Wie diese Gleichgewichtszustände geschaffen werden, wissen wir nicht. Es muß sich um eine sehr komplizierte Wechselwirkung zwischen allen Komponenten dieses Systems handeln. Weil wir diese für die Schaffung des Gleichgewichts wichtigen Faktoren nicht kennen, können wir auch noch nicht übersehen, wie die Einflüsse wirken, die das Gleichgewicht verschieben, also etwa wie die organbildenden Substanzen, die Blühhormone usw. in das Geschehen eingreifen. Jedenfalls müssen solche Einflüsse letzten Endes dadurch wirken, daß sie durch derartige Gleichgewichtsverschiebungen eine neue Form des Meristems bedingen.

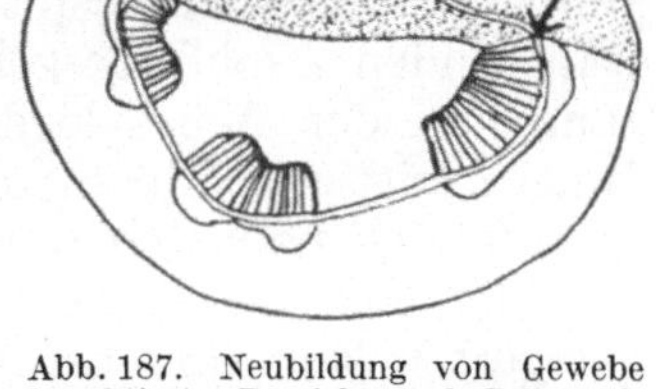

Abb. 187. Neubildung von Gewebe (punktierter Bereich) nach Längshalbierung eines *Helianthus*-Hypokotyls. Die Pfeile geben die Grenze zwischen altem und neuem Kambium an. (Nach SNOW.)

Einen der Faktoren dieses Gleichgewichtszustandes haben wir erörtert: Das Muster von Nestern erhöhter Teilungsrate. Dieses Muster mit seinen spezifischen Abständen stellt selber einen Gleichgewichtszustand dar, und wenn ein Gewebekomplex mit einem Teil dieses Musters ausfällt, so muß sich im regenerativ neu entstehenden Gewebe dieser Teil des Musters zwangsläufig neu bilden (analog wie sich nach unseren früheren Ausführungen zwangsläufig eine neue Spaltöffnung oder eine neue Markstrahlinitiale bildet, wenn die vorhandenen Spaltöffnungen bzw. Markstrahlinitialen weiter auseinanderrücken).

Formbildung bei Pilzen. Noch auffälliger wird dieses Problem der aktiven Anordnung bei der Betrachtung des Entwicklungsganges mancher niederer Pflanzen. Wir können oft beobachten, daß Zellen, die einander völlig gleichen, sich in einem bestimmten Stadium der Entwicklung zu einer bestimmten Gestaltung anordnen. Es sei etwa an die Pilze erinnert, bei denen die Hyphen, die untereinander alle gleichartig sind, zunächst wirr durcheinander wachsen, sich schließlich aber, etwa wenn eine bestimmte Myceldichte erreicht ist, zu einem spezifisch geformten Fruchtkörper anordnen. Daß auch hier die spezifische Anordnung nur die Folge eines durch unbekannte komplizierte Korrelationen bedingten Gleichgewichtszustandes ist, erkennen wir ebenso wie bei den Vegetationspunkten der höheren Pflanze daran, daß nach Entfernung einzelner Teile aus dem sich entwickelnden noch jungen Hut oder auch nach dessen Halbierung ein vollständiger Ersatz der fortgenommenen Teile durch das Auswachsen von Hyphen aus der Schnittfläche des Restes eintritt. Und wie sehr die Neubildung wieder nichts anderes ist als die Herstellung eines Gleichgewichtszustandes, wird auch hier deutlich, weil die Größe dieser Neubildung der Größe des Hutrestes angemessen ist. — In etwas anderer Weise äußert sich diese gleiche komplizierte Wechselwirkung z. B. darin, daß die von verschiedenen Sporen aufgebauten Mycelien eine morphologische und physiologische Einheit bilden können. Ein solches Mycel stellt durch Wechselwirkungen, die uns nicht bekannt sind, einen Gleichgewichtszustand dar. Es ist dabei gleichgültig, ob die Einheit aus einer Spore entstanden ist, oder ob mehrere Teilmycelien verschmelzen. Die Einheit kommt nicht nur in der Form des Mycels zum Ausdruck, sondern z. B. auch darin, daß sich alle seine Teile am Aufbau eines einzigen Fruchtkörpers beteiligen.

In einfachen Fällen können wir die bei der spezifischen Anordnung von Hyphen wirksamen Kräfte übersehen: Die spezifische Gestalt eines Pilzmycels erklärt sich wenigstens teilweise aus den Einflüssen, die jede Hyphe durch Nährstoffverbrauch und Wirkstoffabgabe auf das Milieu ausübt. Durch diese Veränderungen beeinflussen sich die Hyphen wechselseitig in ihren chemotropischen Reaktionen, so daß sie auseinanderstreben (vgl. Abb. 232).

Ein sehr schönes Beispiel für eine derartige aktive Anordnung der Zellen bietet *Dictyostelium mucoraides*. Wir haben schon (S. 207 u. Abb. 179) erwähnt, daß die Amöben dieses Schleimpilzes zunächst ungeordnet wandern, ohne daß eine Wechselwirkung zwischen ihnen feststellbar wäre, während sie sich schließlich zu kleinen Häufchen ansammeln. Aus der Mitte des so entstehenden Amöbenhügels „wächst eine kegelförmige Bildung empor, deren Spitze knaufartig abgesetzt ist. Im Innern des emporwachsenden Amöbenkegels vollzieht sich eine eigentümliche Differenzierung. In der Achse legen sich die Amöben dicht aneinander, in ihrem Innern tritt eine Flüssigkeitshöhle auf, sie werden dadurch aufgebläht und platten sich polyedrisch aneinander ab. Der dünne Wandbelag der Zellen scheidet eine Zellulosemembran ab, und aus einer Säule von aneinandergelagerten Einzelamöben wird so eine Gewebesäule, die oben dadurch verlängert wird, daß sich im Knauf immer neue Amöben anschließen und gleichzeitig umwandeln. Um diese Achse wandern die Amöben als dichte vielschichtige Masse aufwärts. Die oberflächlichsten Amöben bilden ein dünnes Häutchen. Wenn alle Amöben aus dem Zuzugsgebiet eingeströmt sind, wandert die ganze Amöbenmasse empor, und die Achse wird als Stiel frei. An der Basis wird dieser durch ein zellartiges Häutchen, das von umgewandelten Amöben gebildet wurde, festgehalten. Es wird noch ein erhebliches Stück an dem Stiel weiter gebaut; schließlich sammelt sich die wandernde Amöbenmasse an der Spitze zu einer Kugel an, und jetzt runden sich die Amöben ab, jede bildet eine feste Membran um sich und wird zur Spore. Mit dem Sporenträger ist der Entwicklungsgang abgeschlossen“ (KÜHN, Abb. 179).

An diesem Beispiel tritt uns das hier erörterte Problem in aller Klarheit entgegen, und die Schwierigkeit, die sich jedem Versuch zu einer Auflösung entgegenstellen muß, wird dadurch noch größer, daß der Sporenträger je nach der Dichte des Amöbenbestandes in verschiedener Größe aufgebaut werden kann. „Und hierbei zeigt sich, daß nicht nur eine sammelnde Wirkung von dem Ansammlungszentrum ausgeht, sondern auch dieses unter dem Einfluß der ihm zuströmenden Amöbenmasse steht: die Größe des Stiels wird stets von vornherein in einer dem endgültigen Sporangium entsprechenden Stärke angelegt, d. h. sie wird bemessen nach der im Strömungsfeld zur Verfügung stehenden Menge der Amöben" (KÜHN). Bei den Formbildungsvorgängen von Myxobakterien zeigt sich die Problematik ebenso deutlich (KÜHLWEIN).

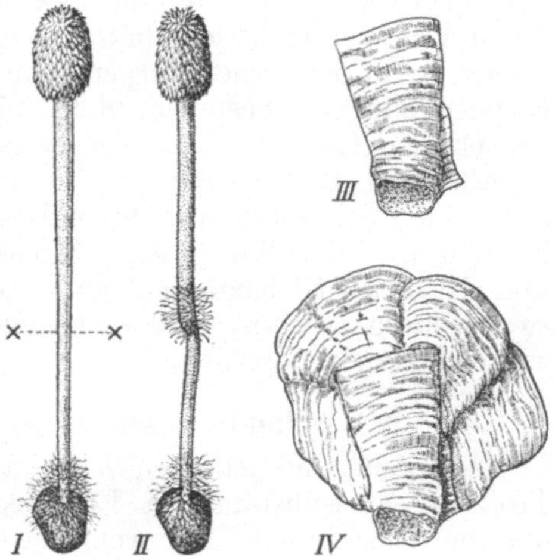

Abb. 188. Reparation bei Pilzfruchtkörpern. I. und II. *Coprinus stercorarius.* Der in I durchschnittene Fruchtkörper hat sich in II aus der Wundfläche heraus ergänzt. III. und IV. *Stereum hirsutum,* der verstümmelte Fruchtkörper (III) hat in IV die Reparation vollzogen. (Nach BREFELD und GOEBEL aus TROLL.)

Wenn sich das Vorhandensein der vorerst einer Analyse trotzenden Wechselwirkungen auch besonders deutlich an solchen Organismen ohne starke anatomische Verschiedenheiten zwischen den Einzelzellen zeigt, dürfen wir doch feststellen, daß es sich hier um genau die gleichen Probleme korrelativer Wechselwirkung handelt, die uns auch beim Studium des Vegetationspunktes der höheren Pflanzen entgegentreten.

Durch solche Beispiele gewinnen wir einen kleinen Eindruck davon, wie kompliziert die Wechselwirkungen zwischen den Zellen bei der Entwicklung sind; wir haben bisher noch keinen Einblick in die Natur dieser Wechselwirkungen bekommen.

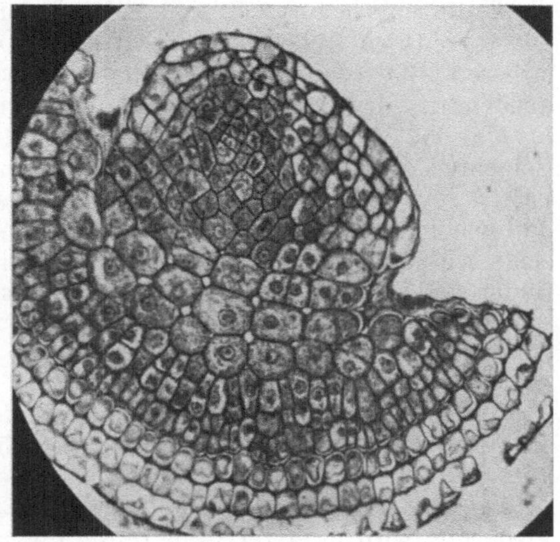

Abb. 189. In einer durch einen Längsschnitt aufgeteilten Wurzel verblieb in dem abgebildeten Stück nur Haubengewebe (4 Schichten), Dermatogen, Rindengewebe und einzelne Perizykelzellen. Durch Teilungen im Bereich des Perizykelrests ist schon ein ansehnlicher Gewebewulst entstanden. Dieser kann schließlich zur völligen Reparation der Wurzel führen.

Reparationen. Zwangsläufig haben wir bei der Besprechung dieser Formgleichgewichte mehrfach auf Regenerationen bzw. (nach der in der Botanik üblichen Terminologie) auf Reparationen eingehen müssen, also auf Restitutionen, bei denen das verlorene Gewebe durch Wachstumsvorgänge von der Wundfläche aus ersetzt wird. Es mag abschließend angebracht sein, noch darauf hinzuweisen, bei wie verschiedenartigen Formen solche Reparationen möglich sind. Sie können, wie wir schon früher erwähnten, an Einzelzellen auftreten, nämlich z. B. an denen von *Acetabularia*, aber auch gelegentlich an Zellen höherer Pflanzen, so können etwa verletzte Brennhaare von *Urtica* repariert werden. Reparationen können dann weiterhin an Gruppen nicht fest miteinander verwachsener Zellen auftreten (so etwa z. B. an den Fruchtkörpern von Myxomyceten), an Formen, die aus Hyphengeflechten bestehen, und schließlich auch an Organen, in denen die Einzelzellen fest miteinander verwachsen sind (Abb. 188, 189).

Alle diese Reparationen, ob sie nun an Einzelzellen oder an Geweben usw. ablaufen, zeigen also besonders eindringlich, wie sehr die normalen Formen die Resultante des Gegeneinanderwirkens ihrer Komponenten sind; ist dieses Gleichgewicht noch nicht erreicht, so führt die Entwicklung zwangsläufig zu ihm; wird es sekundär gestört, so muß es zwangsläufig wieder hergestellt werden.

9. Resultante verschiedener Formbildungsbestrebungen.

Jede Zelle und jedes Gewebe hat bestimmte Entwicklungstendenzen. Trotz dieser selbständigen Entwicklungstendenzen entsteht meist eine harmonische Einheit. Nur wenn die Tendenzen der verschiedenen Gewebe allzusehr voneinander abweichen, entstehen mißbildete Organe. Pflanzen mit solchen mißbildeten Organen werden in der freien Natur durch Selektion schnell ausgemerzt. Im Experiment aber können wir derartige Disharmonien gelegentlich beobachten. Es sei hier an die Periklinalchimären erinnert. Zunächst einmal sehen wir, daß trotz der oft unterschiedlichen Formbildungsbestrebungen der einzelnen Schichten doch normal funktionierende Blätter usw. resultieren, deren Form mehr oder weniger einen Kompromiß zwischen den unterschiedlichen Tendenzen darstellt. Sind die Unterschiede zu groß, so können Kräuselungen und Verbiegungen der Blattspreite entstehen; so etwa an *Solanum*-Diektochimären, bei denen die äußeren Blattschichten ein erheblich größeres Bestreben zur Flächenausdehnung haben als die inneren (WINKLER).

Man hat gelegentlich angenommen, daß beim Blatt nur die inneren Schichten die Formbildung determinieren, die Epidermis sich dagegen passiv verhalte. WINKLERs Chimärenuntersuchungen aber haben gezeigt, daß schon die Monektochimäre nicht mehr genau die gleiche Blattgestalt zeigt, wie sie der Innenpartner bei seiner Alleinherrschaft bilden würde. Befindet sich z. B. bei Tomaten-Nachtschatten-Chimären außen eine Tomatenschicht, so bleiben die Blätter zwar ungeteilt wie die Nachtschattenblätter, werden aber nicht ganzrandig, sondern so wie die Tomatenblätter gezähnt (Abb. 237).

Außer der zweiten Blattschicht beteiligt sich an den Tomaten-Nachtschatten-Chimären auch die dritte Schicht am spezifischen Blattaufbau, aber weniger als die zweite: Die Blätter der Diektochimäre sind denen des Außenpartners ähnlicher als denen des Innenpartners. Namentlich die Fiederung wird in erster Linie durch die zweite Schicht bestimmt.

Ähnliche Resultate ergaben die Versuche von SATINA und BLAKESLEE an Polyploidie-Periklinalchimären von *Datura* (vgl. S. 172): Alle drei Keimschichten (Plerom, Periblem und Dermatogen) haben einen Einfluß auf Form und Größe der gebildeten Organe, aber der Einfluß des Dermatogens ist geringer als der der beiden anderen Schichten, d. h. eine Verdoppelung des Chromosomensatzes in den beiden Innenschichten bedingt eine stärkere Modifizierung der Organbildung als eine Verdoppelung des Chromosomensatzes im Dermatogen.

Jedoch lassen sich in dieser Hinsicht keine für alle Arten gültige Regeln aufstellen. In anderen Fällen hat die Epidermis einen viel größeren formativen Einfluß. SCHIEMANN beobachtete eine *filiforme*-Mutation von *Antirrhinum majus* mit einer *graminifolia*-Epidermis. Die breiten Blätter dieser Chimäre (im Gegensatz zu den schmalen jener reinen Mutation) entsprachen ganz denen des Partners, der hier nur die Epidermis geliefert hatte.

Literatur.

Mit einem * versehene Arbeiten sind zusammenfassende Darstellungen.

a) Allgemeines:

ALLOM: Amer. Naturalist **76** (1942). — ALLSOPP: Ann. of Bot., N.S. **13** (1949).
BEHRE: Planta **7** (1929). — BENNETT: Ann. Rev. Microbiol. **5** (1951). — BOYSEN-JENSEN: Kgl. danske Vidensk. Selsk., biol. Meed. B **18**, Nr **10** (1950). — * BULLER: Researches on fungi **4** (1931). — * BÜNNING: Surv. Biol. Progr. **2** (1952).
HARTE: Z. Vererbungslehre **83** (1950). — HUBER: Planta (Berl.) **35** (1947).
JOST: Z. Bot. **25** (1932).
* SPIEGELMAN: Symposia Soc. Exper. Biol. **2** (1948). — STERLING: Amer. J. Bot. **34** (1947).
* WARDLAW: Morphogenesis in plants. London 1952.

b) Determination durch Gradienten:

ALLSOPP: Ann. of Bot., N.S. **13** (1949).
BALL: Amer. J. Bot. **39** (1952). — BLOCH: Amer. J. Bot. **31** (1944).
* PRAT: Bot. Rev. **14** (1948); **17** (1951). — PRIESTLEY: New Phytologist **29** (1930).

c) Differenzierung in Gewebekulturen:

* GAUTHERET: La culture des tissus. Paris 1945.
WHITE: Bull. Torrey Bot. Club **66** (1939); * Surv. Biol. Progr. **1** (1949).

d) Spaltöffnungsmuster:

BÜNNING u. SAGROMSKY: Z. Naturforsch. **3**b (1948).
IMAMURA: Botanic. Mag. **51** (1937).
KROPFITSCH: Protoplasma (Berl.) **40** (1951).
SAGROMSKY: Z. Naturforsch. **4**b (1949).
WEBER: Akad. Wiss. u. Lit., Math.-naturwiss. Kl. (Mainz) **1950**.

e) Markstrahlmuster:

BANNAN: Canad. J. Bot. **29** (1951). — BEIJER: Rec. Trav. bot. néerl. **24** (1927).
CHATTAWAY: Internat. Assoc. Wood Anatom. Newsletter Sept. 1949.
HUBER: Forstwiss. Zbl. **68** (1949).

f) Blattanlagenmuster:

WARDLAW: Symposia Soc. Exper. Biol. **2** (1948); Ann. of Bot., N.S. **14** (1950); * Morphogenesis in plants. London 1952.
* SNOW: Philos. Trans. Roy. Soc. London, Ser. B **235**, No 624 (1951).

g) Wurzelhaarmuster:

BÜNNING: Planta (Berl.) **39** (1951).

h) Aktive Anordnungen, Reparationen, Resultanten verschiedener Bestrebungen:

BÜNNING: In Handbuch der allgemeinen Pathologie, Bd. VI. Berlin-Göttingen-Heidelberg 1953.
KÜHLWEIN: Arch. Mikrobiol. **14** (1949). — KÜHN: Naturwiss. **31** (1943).
ROBBINS: Bull. Torrey Bot. Club **79** (1952).
SCHIEMANN: Z. Abstammgslehre **63** (1932). — SNOW: New Phytologist **41** (1942).
TSCHERMAK: Planta (Berl.) **32** (1942).

VII. Determinationen durch benachbarte Zellen und Gewebe.

1. Allgemeines.

Die Wechselwirkung zwischen den einzelnen Zellen und Geweben ist außerordentlich kompliziert, sie aufzuklären, ist eine noch kaum in Angriff genommene Aufgabe der Entwicklungsphysiologie. Daher können nur einige Gesichtspunkte dargestellt werden, die sich schon jetzt ergeben haben.

Selbstverständlich kann die Art der Wechselwirkung von Fall zu Fall ganz verschiedenartig sein, und wir haben schon mehrfach einzelne dieser Möglichkeiten kennengelernt. Zum Beispiel fanden wir eine wechselseitige Hemmung zwischen embryonalen und halbembryonalen Zellen, die eine große Bedeutung für die Entstehung der Gewebemuster hat. Ebenso sind auch wechselseitige Förderungen häufig. Uns sollen aber in diesem Abschnitt in erster Linie kompliziertere Beeinflussungen interessieren, die nicht rein auf Förderung oder Hemmung zurückzuführen sind.

2. Homoiogenetische Induktion.

Bei der Bildung der pflanzlichen Gewebe spielt homoiogenetische Induktion eine große Rolle, also eine Induktion, bei der ein Gewebe veranlaßt wird, den gleichen Charakter wie das induzierende Gewebe anzunehmen. Wir wollen hier solche Fälle zusammenstellen, obwohl nicht behauptet werden darf, ihnen allen läge ein und dasselbe Prinzip zugrunde.

Induktion der Polarität. Eine Art der homoiogenetischen Induktion liegt auch bei der schon früher besprochenen Übertragung der Polarität von polarisierten Zellen auf noch nicht polarisierte vor. Bereits PFEFFER hat in dieser Übertragung der Polarität ein schönes Beispiel für das zuerst von ihm betonte Prinzip vom Einfluß des determinierten Teils auf den noch zu determinierenden gesehen. PFEFFER meint, im *Marchantia*-Thallus bekäme der noch nicht dorsiventral gebaute Vegetationspunkt vom fertigen dorsiventralen Thallus her die dorsiventrale Polarität aufgezwungen. Allerdings ist der Vegetationspunkt hier vielleicht doch schon polarisiert, wenngleich die Polarität im anatomischen Bau noch nicht erkennbar ist. Aber wir haben andere Fälle kennengelernt, in denen eine solche gegenseitige Induktion der Polarität offensichtlich vorliegt.

Induktion der Kambiumbildung. Bekanntlich kann vom Kambium der Gefäßbündel in Sprossen mit sekundärem Dickenwachstum ein Reiz ausgehen, der Markstrahlzellen zu Zellen eines interfaszikulären Kambiums werden läßt. Hiermit vergleichbar ist die Anlage von Überbrückungskambien im Gewebe von Karotten nach der Neuzusammenfügung von Teilen. Werden die Teile so aneinandergelegt, daß die Kambiumenden nicht aufeinander stoßen, so bilden sich aus Markstrahlen Kambiumbrücken (RZIMANN).

Wenn Hypokotyle von *Vicia faba* der Länge nach halbiert werden, so bildet jede Hälfte das fehlende Gewebe neu, und das darin angelegte Kambium wird vom alten ausgehend gebildet, so daß wieder ein geschlossener Kambiumring entsteht (Abb. 187, SNOW).

Ein schönes Experiment, das uns die Übertragbarkeit dieses kambialen Einflusses von einer Pflanze auf eine andere demonstriert, hat die Natur selber ausgeführt. Die bekanntlich zu thallusartigen Fäden reduzierten vegetativen Teile der *Rafflesia*-Arten wachsen in der Wirtspflanze (*Cissus*) auch in radialer Richtung und durchbohren dabei deren Kambium. Hier werden die Fäden des Parasiten aber nicht etwa durch das Dickenwachstum des Wirts gestreckt und zerrissen, sondern nehmen in der Kambiumzone selber kambialen Charakter an, sie werden unter dem Einfluß des Kambiums der Wirtspflanze zartwandig und teilungsfähig.

Man könnte geneigt sein, die Bildung von Kambiumbrücken einfach durch die Annahme zu erklären, daß die vorhandenen Kambiumzellen kernteilungsauslösende Stoffe produzieren und dadurch auch die angrenzenden Zellen zur Teilung angeregt werden. Daß solche Beeinflussungen häufig vorkommen, haben wir bei der Besprechung der Kernteilung gesehen. Jedoch deuten die spezifischen Leistungen eines Kambiums vielleicht darauf hin, daß es sich nicht schlechthin um eine Rückkehr in den embryonalen Zustand handelt, sondern eben embryonale Zellen einer spezifischen Art angelegt werden. Freilich könnte man versuchen, diese unterschiedlichen Leistungen verschiedener Kambien etwa damit zu erklären, daß sie sich in einer verschiedenen Umgebung befinden und ein Kambium daher in

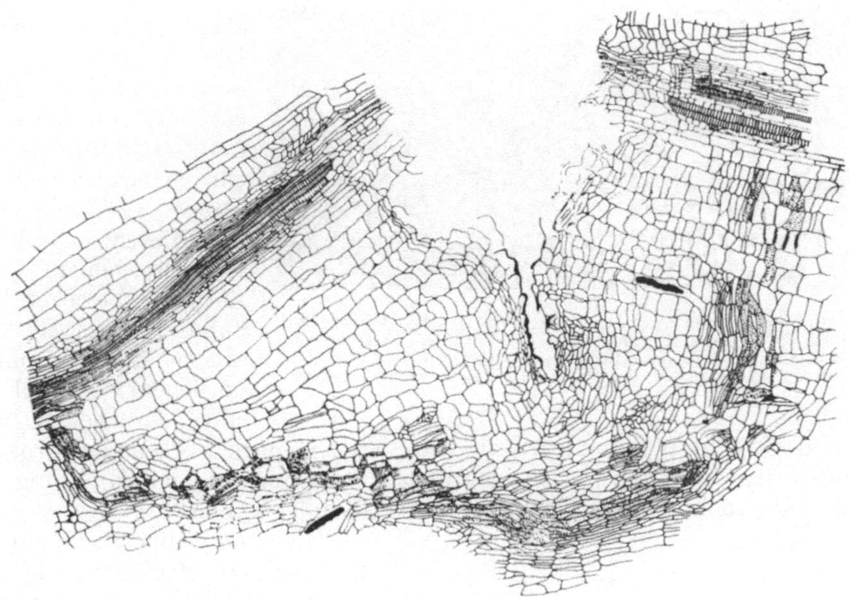

Abb. 190. Bildung einer Gefäßbrücke in einem Blatt von *Fittonia argyroneura* nach dem Durchschneiden der Nerven. Man sieht zahlreiche neugebildete Zellwände unterhalb der Schnittränder der Wunde und die Umbildung einzelner der neugebildeten Zellen zu Tracheiden, die sich zu einer die Wunde umspannenden Brücke vereinigen.

einem Fall die spezifischen Leistungen eines faszikulären und interfaszikulären Kambiums vollbringt, im anderen Fall dagegen etwa als Korkkambium wirkt. Und für diese Annahme der Abhängigkeit der Kambiumleistung von der Umgebung kann auch die unterschiedliche Qualität der nach außen und innen gebildeten Elemente sprechen.

Bildung von Leitelementen. So kann man über die Bewertung dieser Induktion zur Kambiumbildung noch im Zweifel sein. Daher sind Induktionswirkungen, die von schon differenzierten Geweben ausgehen, viel interessanter.

Ein deutlicher Hinweis auf Induktionswirkungen, die ihren Ursprung in Leitelementen haben, besteht schon darin, daß sich beim Anwachsen eines gepfropften Reises auf einer Unterlage die Gefäßbündelelemente der beiden Partner durch Brücken vereinigen. Auch die Bildung von Gefäßbrücken nach dem Durchschneiden von Blattnerven kann hier genannt werden (Abb. 190).

Es gibt mehrere Beobachtungen, die diese Induktion der Bildung gleichartiger Gefäßbündelelemente demonstrieren. Sehr instruktiv sind die Versuche von JOST an Maiswurzeln. Die meristematische Spitze wurde entfernt. Darauf erfolgte eine totale Regeneration ohne Narbenbildung. In der neuen Kuppe wurden nun aber nicht etwa neue, von den alten unabhängige Gefäßstrahlen angelegt, sondern die in der Wurzel bereits vorhandenen Gefäßstrahlen wurden fortgesetzt. Jeder vorhandene Gefäßstrahl wirkt also auf das apikalwärts vor ihm liegende meristematische Gewebe so ein, daß es ebenfalls Gefäße bildet. Die Vermutung, daß es gefäßbildende Stoffe gibt, die von den schon determinierten (aber natürlich noch nicht zu toten Gefäßgliedern ausdifferenzierten) Zellen ausgehend sich akropetal bewegen, liegt nahe. Und etwas Derartiges muß ja immer vorliegen, wenn sich von einzelnen Zellen ausgehend Stränge bilden. Die Induktionswirkungen in wachsenden Prokambiumsträngen können dabei grundsätzlich sowohl in der Richtung zur Spitze als auch in der Richtung zur Basis erfolgen (ESAU).

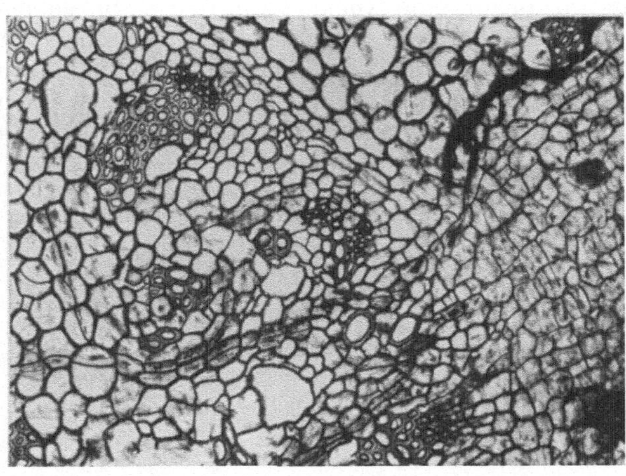

Abb. 191. Von der Seitenwurzel einer *Pandanus*-Art gehen stoffliche Einflüsse aus, die zu neuen Teilungen im Gewebe der Hauptwurzel führen, so daß dort Stränge tracheidaler Elemente entstehen, die die Verbindung der Seitenwurzel mit den Gefäßbündeln der Hauptwurzel herstellen.

Hier kann auch noch auf die Bildung von Gefäßen, die den Übergang zwischen zwei verschiedenen Organen bilden, hingewiesen werden. Solche Gefäße sind bei *Impatiens Balsamina* und bei Tomaten zwischen Seitensproß und Hauptsproß gefunden worden, aber auch zwischen Blatt und Sproß sowie Wurzel und Sproß. REHM zeigte, daß hier ein spezifischer Differenzierungsreiz wirksam ist, der sich vom gleichzeitig für die Bildung der Gefäße notwendigen Teilungsreiz deutlich unterscheiden läßt; während der Teilungsreiz sich leicht in beiden Richtungen über große Strecken ausbreitet, wird der Differenzierungsreiz nur basipetal geleitet.

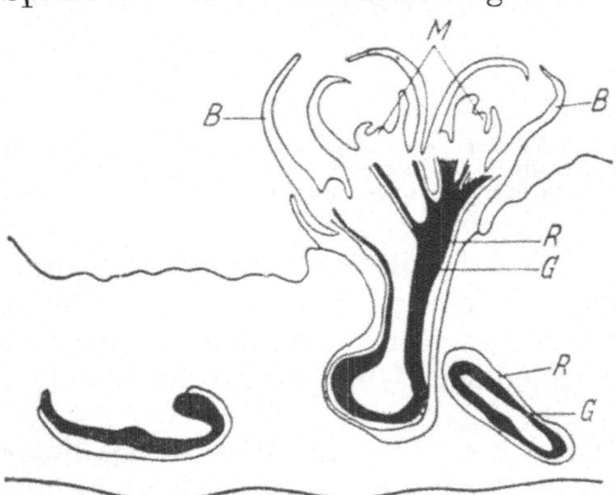

Abb. 192. „Organisation“ von Leitgewebe durch heranwachsende Sproßanlagen im in vitro kultivierten Kambialgewebe von *Ulmus*. *B* Blattanlagen; *M* Vegetationspunkt; *R* Rindenteil, *G* Gefäßteil. (Nach GAUTHERET).

Auch die jungen Seitenwurzeln mancher Pflanzen üben solche Differenzierungsreize aus (Abb. 191). Sodann sei hier noch daran erinnert, daß sich verbindende Wasserleitungsbahnen beim Anschluß von Parasiten an den Wirt bilden.

Besonders aufschlußreich sind Versuche mit in vitro kultiviertem Gewebe (GAUTHERET). Bei der Differenzierung der Sprosse aus dem Kambialgewebe von *Ulmus* bildet sich Leitgewebe sowohl in dieser Sproßanlage als auch in der Umgebung. Dabei vereinigen sich die zunächst voneinander getrennten Leitgewebe schließlich zu einem zusammenhängenden Leitsystem. Das ist wieder nur durch homoiogenetische Induktionswirkung der zuerst gebildeten Leitelemente auf ihre Umgebung begreiflich (Abb. 192).

Es beweist wohl nichts gegen solche Schlußfolgerungen, wenn in einzelnen Fällen die Gefäßbildung bei der Anlage von Gefäßbrücken zwischen experimentell unterbrochenen Gefäßbündeln ihren Ausgangspunkt weit entfernt von diesen Gefäßen nimmt; denn der Einfluß der Gefäße könnte sich sehr wohl über größere Entfernung ausbreiten, und es ist begreiflich, daß zu dem eigentlichen Organisatorstoff noch andere stoffliche Bedingungen notwendig hinzutreten müssen.

Die Fähigkeit, homoiogenetisch zu induzieren, kommt offenbar sowohl den Elementen junger Xylemstränge als auch Elementen des Phloems zu (Abb. 193).

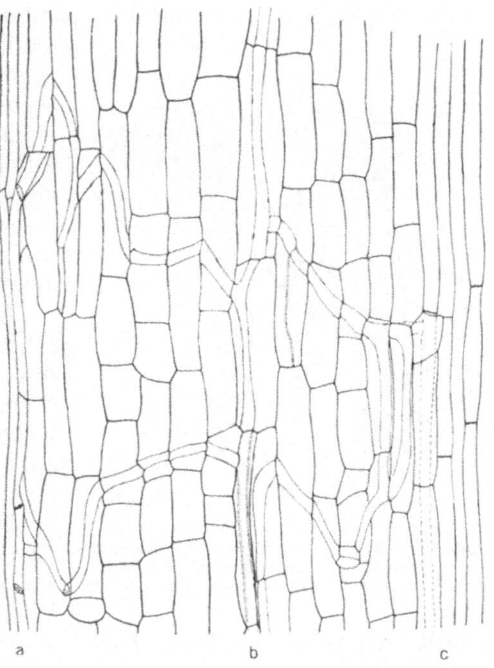

Abb. 193 a—c. Ausbildung von Siebröhrenbrücken zwischen einem unverletzten (links) und einem weiter nach unten durchschnittenen Phloemstrang (rechts) von *Impatiens*. (Nach Kaan-Albest.)

Etwas komplizierter liegen die Verhältnisse offenbar bei der Induktion der Gefäßbündelbildung, die von jungen Blattanlagen ausgeht (Abb. 194). Zweifellos sind die Blätter für die Bündelbildung notwendig. Verhindern wir die von dort ausgehende Induktion, indem wir die Blattanlagen entfernen, so wird die Bündelbildung im Sproß unterdrückt (Helm, Jost, Rehm). Umstritten ist aber, ob es sich dabei um eine Induktionswirkung handelt, die von den jüngsten Gefäßbündelanlagen im Blatt ausgeht. Offenbar kann der Blatthöcker selber, bevor in ihm Gefäßbündel angelegt werden, induzieren. Dafür sprechen z. B. Beobachtungen Esaus am Sproßscheitel von *Linum perenne*. Die Prokambiumbildung unter einem Blattprimordium tritt schon ein, wenn sich die junge Blattanlage am Vegetationspunkt kaum vorgewölbt hat. Jedenfalls also kommt die Induktionswirkung nicht erst dem weitgehend differenzierten Gefäßbündel zu (vgl. auch Gunckel und Wetmore). Es kommen hier offenbar mehrere notwendige Reize zusammen. Einmal eine teilungsinduzierende Wirkung, die von den jüngsten Blattanlagen ausgehen kann, und dann noch mehr spezifische Reize, die dafür verantwortlich sind, daß an diesen Orten neuer Teilung gerade Gefäßbündel entstehen. Zu einem ähnlichen Schluß kamen wir ja auch schon für die Verlängerung der Prokambiumstränge, für die Bildung von Gefäßbrücken in Blattlücken usw.

Die Induktionswirkung läßt sich auch beobachten, wenn eine Knospe auf ein undifferenziertes Gewebe, etwa in einer Gewebekultur gesetzt wird (Camus). Dabei ist es bemerkenswert, daß die Induktion auch durch eine trennende Cellophanschicht hindurch möglich ist. Anscheinend spielt hierbei die Übertragung von Wuchsstoffen eine Rolle. Aber gerade wenn wir sehen, daß hier Auxin wichtig ist, liegt doch die Vermutung nahe, daß noch nicht die spezifische organisierende Substanz gefunden worden ist, sondern nur einer der Faktoren, die für die Gefäßbildung notwendig sind. Ob der spezifische Organisator auch durch derartige trennende Schichten zu diffundieren vermag, ist fraglich.

Wir können also feststellen, daß bei der Induktion zur Bildung von Leitelementen mehrere Faktoren zusammenwirken: Ein Teilungsreiz, sodann Wuchshormon (das allerdings vielleicht auch für den Teilungsreiz verantwortlich ist) und endlich spezifische Stoffe, die dafür verantwortlich sind, daß in dem neu zur Teilung angeregten Gewebe gerade Leitelemente entstehen.

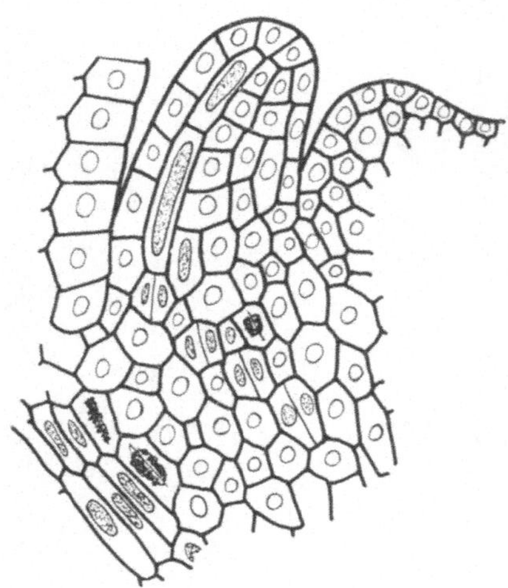

Abb. 194. Bildung von Prokambiumsträngen durch Neuinduktion von Teilungen unter Blattanlagen im Vegetationspunkt einer *Tradescantia*.

Milchröhren. Anscheinend können Milchröhren nicht homoiogenetisch induzierend wirken. Jedenfalls entsteht bei *Hevea*-Pfropfungen keine direkte Verbindung zwischen dem Milchröhrengefäßsystem von Reis und Unterlage (CRAMER).

Gerbstoffführende Zellen. Dagegen läßt sich in manchen Fällen beobachten, daß gerbstoffführende Zellen das angrenzende noch nicht differenzierte Gewebe so induzieren, daß es ebenfalls zur Gerbstoffbildung schreitet (vgl. SAGROMSKY).

Induktion von Tumorgewebebildung. Als ein weiteres schönes Beispiel für homoiogenetische Induktion sei die Wirkung von Tumorgewebe auf gesundes Gewebe erwähnt. *Pseudomonas tumefaciens* bedingt Wurzelhalsgallen; nach dem Auftreten solcher Gallen bei *Helianthus* können, wie schon früher beschrieben wurde, in größerer Entfernung von der Infektionsstelle auch Sekundärtumoren gebildet werden. Wird Tumorgewebe in vitro kultiviert, so behält es seine charakteristischen Eigenschaften, die es vor dem in vitro kultivierten gesunden Gewebe auszeichnen, auch nach zahlreichen Übertragungen unverändert bei. Das heißt, die jeweils neu gebildeten Zellen werden von den alten so determiniert, daß sie ebenso wie diese selber werden. Man kann sogar mit solchem in vitro kultivierten Tumorgewebe an gesunden *Helianthus*-Pflanzen wieder typische Wucherungen erzeugen, obwohl das den Reiz bedingende Bakterium nicht mehr vorhanden ist (vgl. S. 158).

Das von den Bakterien gebildete tumorinduzierende Agens ist, wie ebenfalls bereits erwähnt wurde, schon bei 30° nicht mehr stabil und bei Temperaturen zwischen 46 und 47° wird es völlig inaktiviert.

Diese Beobachtungen über die Tumorgewebe können vielleicht wichtige Hinweise auf das Wesen der homoiogenetischen Induktion geben. Bei jedem Krebsgewebe beobachten wir die Fortsetzung eines in eine bestimmte Richtung gedrängten Entwicklungsganges auch nach dem Fortfall des Reizes, der die Krebsbildung verursacht hat. Wir können eine Krebsbildung durch bestimmte chemische Reize hervorrufen; hören diese Reize auf, so läuft die Krebsbildung doch immer weiter. Das Krebsgewebe weicht in seinen Eigenschaften irgendwie vom normalen Gewebe ab, zumeist darin, daß es einzelne Funktionen des normalen Gewebes verloren hat; es zeigt aber doch noch deutlich seine Herkunft aus einem bestimmten Gewebe; so lassen z. B. Zellen des Tumors einer Leber noch gewisse Ähnlichkeiten mit normalen Leberzellen erkennen. Die Abweichung vom normalen Gewebe kann verschieden stark sein; in manchen Fällen ist sie nur gering, in anderen sehr groß. Damit ist eine weitgehende Analogie zum normalen Vorgang der Differenzierung aufgewiesen. Auch bei der normalen Differenzierung wird durch einen Reiz eine mehr oder weniger große Abweichung von der ursprünglichen Richtung der Entwicklung bedingt und die neu eingeschlagene Richtung wird infolge homoiogenetischer Induktion auch nach dem Fortfall des Reizes beibehalten.

Hierdurch wird die Frage nahegelegt, ob nicht aller homoiogenetischen Induktion von der identischen Reproduktion der Eiweiße in Kern, Plasma und Virus bis zur homoiogenetischen Induktion spezialisierter Gewebe ein und dasselbe Prinzip zugrunde liegt.

Transformationen bei Bakterien. Wie eine homoiogenetische Induktion zustande kommen kann, ist an Bakterien gezeigt worden. An mehreren Arten konnte nachgewiesen werden, daß es gelingt, Eigenschaften von einem Bakterium auf ein anderes zu übertragen. Exakter gesagt, der für die Bildung einer Eigenschaft notwendige Faktor kann übertragen werden. *Bacterium paramelitensis* agglutiniert bei hoher Temperatur, *B. melitensis* nicht. Wird letzteres aber im Filtrat von *B. paramelitensis* kultiviert, so wird es dadurch selber thermoagglutinierbar (WOLLMANN). *Vibrio cholerae*, der nicht phosphoreszierend ist, wird bei Kultur in Gegenwart von *Vibrio phosphorescens* selber phosphoreszierend (JERMOLJEIVA und BUJANOWSKAJA). Ein farbloser, avirulenter und nicht proteolytischer Stamm von *B. pyocyaneus* gewinnt die Eigenschaften eines virulenten, pigmentierten und proteolytischen Stammes der gleichen Art, wenn er durch zwei Passagen der Kulturflüssigkeit dieses Stammes ausgesetzt wird (LEGROUX und GENEVRAY). GRIFFITH beobachtete, daß sich ein virulenter *Pneumococcus*typ, der Polysaccharidkapseln bilden kann und dessen Kolonien demzufolge eine glatte Oberfläche zeigen (sog. S-Form, d. h. smooth-colonies), in einen kapsellosen nicht virulenten Typ umwandeln kann, dessen Kolonien rauhe Oberfläche zeigen (R-Form, d. h. rough-colonies). Diese Umwandlung der einen Form zur anderen, die ähnlich übrigens auch bei anderen Arten vorkommt (Abb. 195), ist reversibel. Tote Zellen, oder auch Extrakte der virulenten kapselbildenden Form können die nicht virulente kapselfreie Form wieder zur Bildung von kapselbildenden virulenten Zellen veranlassen. Nach AVERY, MACLEOD und MCCARTY ist für jene Umwandlung des *Pneumococcus* eine Desoxyribosenukleinsäure entscheidend; und wenn diese entscheidende Substanz zugesetzt worden ist, ist sie nachher auch aus den sich neu bildenden Zellen wieder beliebig extrahierbar, wird also, nachdem sie einmal übertragen ist, vermehrt. Die Ergebnisse wurden von anderen Autoren für andere Bakterien bestätigt (vgl. LURIA).

Diese Entdeckung ist darum so sehr interessant, weil — wie wir schon früher erwähnt haben — auch für die identische Reproduktion von Viren und Genen die Nukleinsäuren eine große Rolle spielen; ihre spezifische Struktur ist offenbar für die Art der neu gebildeten Eiweißkörper wichtig, und diese wiederum können für die Entwicklungsrichtung entscheidend sein. Es ist nicht einzusehen, warum das, was bei der Wechselwirkung zwischen selbständigen Bakterienzellen möglich ist, nicht auch bei der Wechselwirkung zwischen den Zellen eines Gewebes möglich sein soll.

So liegt vielleicht die Vermutung nahe, daß auch die normale Differenzierung mit einer stofflichen Beeinflussung in Zusammenhang steht, daß also dort, wo einmal, aus welchen Gründen es auch sei, ein Gewebe eine bestimmte Differenzierung aufweist, es notwendig selber fortgesetzt einen spezifischen Stoff erzeugt, der wieder die gleichartige Differenzierung hervorrufen kann. Diese Konsequenz ist, allerdings nur für einige Gewebearten, unausweichlich. Vor weitergehenden Spekulationen muß man sich hüten; aber es scheint doch, als seien hier wichtige Ansatzpunkte für eine Analyse wesentlicher Differenzierungsprozesse gewonnen, zumal auch Versuche mit tierischen Objekten für eine entscheidende Beteiligung von Nukleinsäuren bei Induktionen sprechen. Es wäre durchaus denkbar, daß allgemein für die Induktionswirkungen in der pflanzlichen und tierischen Entwicklung die Übertragung der an Plasmagrana gebundenen Nukleoprotoide verantwortlich ist; und diese gleichen selbstreproduktionsfähigen Grana würden zudem die Stabilität der Determinationen erklären (vgl. BRACHET).

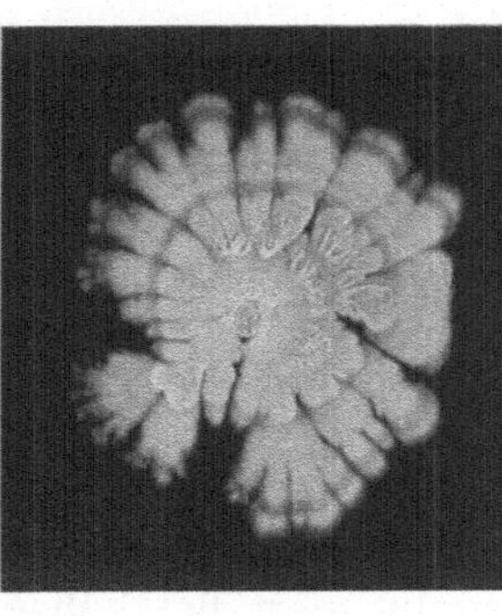

a b

Abb. 195 a u. b. a *Bacillus mycoides*, Rauhkolonie. b Glattkolonie der gleichen Art. (Photo E. BURCIK

Beobachtungen an Bakteriophagen. Sehr bemerkenswert sind die sorgfältig durchgeführten Versuche LURIAs über den Austausch von Eigenschaften bei Bakteriophagen. Wachsen verschiedene Bakteriophagen im gleichen Bakterienwirt, so können vom einen Phagen Eigenschaften auf den anderen übergehen. Dabei handelt es sich offenbar nicht um einen Austausch von Teilstücken wie beim crossing-over, sondern um eine Angleichung des einen Phagen an den anderen. Auch ein solcher Vorgang erinnert stark an die besprochenen Erscheinungen der homoiogenetischen Induktionen bei der Gewebedifferenzierung in der höheren Pflanze.

3. Sonstige Modifikationen durch angrenzende Gewebe.

Vom schon differenzierten oder wenigstens determinierten Gewebe können auch Einflüsse ausgehen, die in der Umgebung eine Differenzierung anderer Qualität entstehen lassen, d. h. neben der homoiogenetischen ist eine heterogenetische Induktion möglich. Andererseits gibt es auch Einflüsse, durch die eine Differenzierung des beeinflußten Gewebes gerade verhindert wird.

Wir gehen zunächst von einfachen, uns schon verständlichen Beispielen aus. So konnten wir bereits darauf hinweisen, daß die Bildung von Nebenzellen bei den Spaltöffnungsapparaten wenigstens teilweise dadurch erklärbar ist, daß die Initialen der Schließzellen auf die Kerne der umgebenden Zellen eine Anziehung und gleichzeitig einen Teilungsreiz ausüben.

Noch eine andere von den Spaltöffnungen induzierte Bildung wird uns leicht begreiflich: Die Atemhöhlen im Mesophyll entstehen zwangsläufig, weil die Spaltöffnungen und ihre Nebenzellen stärker wachsen als die übrige Epidermis. Oft finden sich unter Spaltöffnungen im Sproß sogar Assimilationskeile, also chlorophyllhaltige Gewebe, während das Gewebe in größerer Entfernung von den Spaltöffnungen chlorophyllfrei ist (WEBER). Solche Einflüsse brauchen nicht notwendig auf Stoffen zu beruhen, die von den Spaltöffnungsschließzellen selber abgegeben werden. Wir haben schon früher auch auf die Rolle von Gasen, von Feuchtigkeit usw. bei der Differenzierung hingewiesen; und derartige Faktoren werden natürlich durch die Gegenwart von Spaltöffnungen quantitativ verändert.

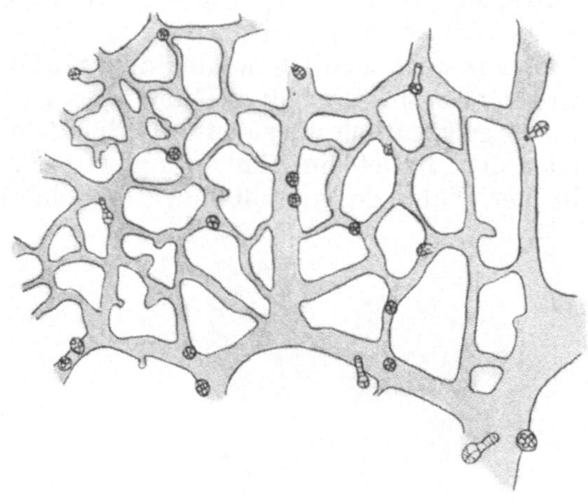

Abb. 196. Flächenansicht der Unterseite des Kakaoblattes. Die Drüsenhaare stehen nur über den Blattnerven.

Wir erwähnten schon, daß junge Blattanlagen, oft bevor in ihnen Gefäßbündel angelegt werden, also bevor eine homoiogenetische Induktion möglich wird, die Blattspurbildung induzieren. Daß auch dann, wenn die Blattspuren vor den Blattanlagen zu sehen sind, das Induktionsverhältnis nicht umgekehrt ist, folgt aus Versuchen SNOWs: Trennt man durch einen Einschnitt am Vegetationskegel den Ort der Blattspurbildung vom Ort der Blattbildung, so wird die Entstehung der Blattanlage nicht verhindert.

Auch sei daran erinnert, daß im sich differenzierenden Kallusgewebe die jungen Sproßanlagen unter sich einen Gefäßstrang induzieren. Heranwachsende Drüsenhaare und ähnliche Organe können ebenfalls eine solche Gefäßbildung veranlassen, durch die der Anschluß an das Wasserleitungssystem des Blattes geschaffen wird.

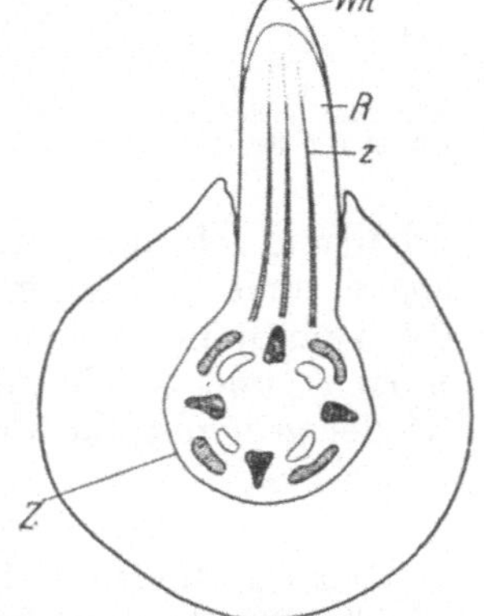

Abb. 197. *Vicia Faba*. Wurzelquerschnitt mit Nebenwurzel. *Wh* Wurzelhaube; *R* Rinde der Nebenwurzel; *z* Zentralzylinder der Mutterwurzel; schraffiert: Sklerenchymgruppen; schwarz: Xylem; hell: Phloem. (Nach KIENITZ-GERLOFF aus TROLL.)

Die Pflanzenanatomie kann uns mit sehr vielen Beispielen bekannt machen, die die Häufigkeit heterogenetischer Induktionen bei der pflanzlichen Gewebebildung demonstrieren. Nur auf einige Fälle sei hier noch hingewiesen. Neben jedem Gefäßteil pflegt ein Siebteil zu liegen. Die Gefäßbündelscheiden werden neben Siebteil bzw. Gefäßteil angelegt. Die Epidermiszellen der Blätter nehmen über den Gefäßbündeln eine andere Form an als sonst; auch bilden sie dort häufig an Stelle von Spaltöffnungen Haare (Abb. 196, vgl. NAPP-ZINN). Von den Gefäßstrahlen in der Wurzel gehen Einflüsse in radialer Richtung nach außen, die dazu führen, daß die in dieser Richtung liegenden Endodermiszellen zu Durchlaßzellen werden. Die gleichen Einflüsse sind auch dafür verantwortlich, daß der hier in der Nähe liegende Perizykelteil einen stärker embryonalen Charakter behält und daher in der Regel nur hier Seitenwurzeln entstehen (Abb. 197). Allerdings kommen auch kompliziertere Beziehungen zwischen der Lage der Gefäßstrahlen und der Lage der Seitenwurzeln vor, die uns im einzelnen noch unerklärlich sind.

Diese wenigen Beispiele zeigen, wie wichtig wechselseitige Beeinflussungen für die Gewebedifferenzierung in der Pflanze sind. Von einem Verständnis der Erscheinungen sind wir noch weit entfernt. Wir dürfen aber wohl annehmen, daß eine Vielheit von Faktoren im Spiel ist. Immerhin vermögen wir uns vorzustellen, daß durch unterschiedliche stoffliche Einflüsse, die vom bereits differenzierten Gewebe ausgehen, auch das noch nicht differenzierte Gewebe differenziert wird. Die Existenz solcher Stoffe, die ganz offensichtlich wieder den Stoffwechsel in den benachbarten Geweben beeinflussen, läßt sich in einigen Fällen ziemlich leicht demonstrieren. So ist gelegentlich über den Gefäßbündeln die Anthocyanbildung gehemmt, oder dort findet eine Anhäufung von Kalziumoxalat statt. Ebenso kann in der Nähe der Gefäßbündel die Chlorophyllbildung bzw. Chlorophyll-

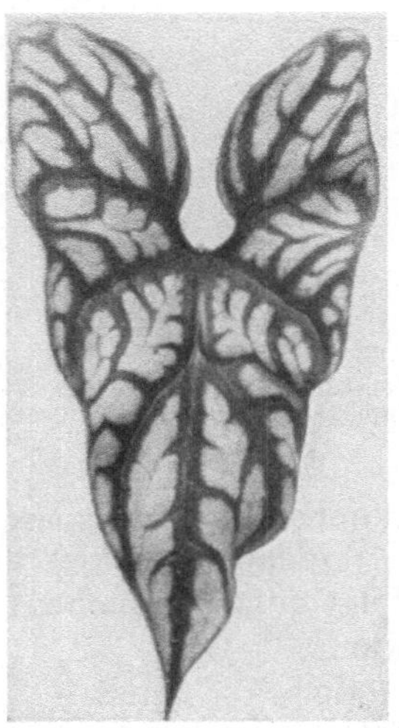

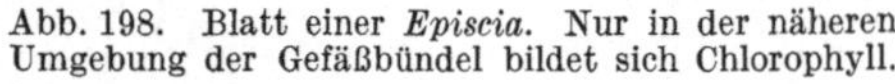

Abb. 198. Blatt einer *Episcia*. Nur in der näheren Umgebung der Gefäßbündel bildet sich Chlorophyll.

Abb. 199. *Bertolonia marmorata*. Verhinderung der Chlorophyllausbildung in der Nähe der Gefäßbündel.

erhaltung gefördert, in anderen Fällen gerade gehemmt sein oder Chlorophyll sogar zerstört werden (Abb. 198, 199). Das ist ein Hinweis darauf, daß die Gefäßbündel den Stoffwechsel ihrer Umgebung zu modifizieren vermögen, und solche Stoffwechselabweichungen sind natürlich ihrerseits wieder geeignet, die Entwicklung in eine andere Richtung zu lenken.

Literatur.

Avery u. Mitarb.: Cold Spring Harbor Symp. Quant. Biol. **11** (1948).

Brachet: Symposia Soc. Exper. Biol. **6** (1952).

Braun: Phytopathology **31** (1941); Amer. J. Bot. **30** (1943). — Boivin: Cold Spring Harbor Symp. Quant. Biol. **12** (1947).

Camus: C. r. Acad. Sci. Paris **1948**.

Dianzani: Experientia (Basel) **61** (1950).

Esau: Amer. J. Bot. **29** (1942); Bot. Rev. **9** (1943).

Foster: Amer. J. Bot. **34** (1947).

Gautheret: Sciences (Paris) **40** (1942); Growth **1947**. — Gunckel and Wetmore: Amer. J. Bot. **33** (1946).

Helm: Planta (Berl.) **16** (1932). — Huber: Planta (Berl.) **35** (1947).

Jermoljeiwa u. Bujanowskaja: Zbl. Bakter. **104** (1927). — Jost: Z. Bot. **35** (1940); **38** (1942).

Kaan-Albest: Z. Bot. **27** (1934). — Kulescha: C. r. Soc. Biol. Paris **141** (1947).

Legroux and Genevray: Ann. Inst. Pasteur **51** (1933). — Luria: Bacter. Rev. **11** (1947); Proc. Nat. Acad. Sci. U.S.A. **31** (1947).

Napp-Zinn: Z. Naturforsch. **6**b (1951).

Rehm: Planta (Berl.) **26** (1936). — Rzimann: Gartenbauwiss. **6** (1932).

SAGROMSKY: Z. Naturforsch. **4**b (1949). — SNOW: New Phytologist **41** (1942); **46** (1947). — STAPP: Naturwiss. **34** (1947). — STERLING: Amer. J. Bot. **34** (1947).
WEBER: Sitzgsber. Heidelberg. Akad. Wiss., Math.-naturwiss. K. **1949**, H. 6. — WHITE and BRAUN: Science (Lancaster, Pa.) **94** (1941).

VIII. Determinierende Hormone.

1. Allgemeines.

Die Bedeutung chemischer Einflüsse für die Determination, für die „Realisierung von Potenzen" haben wir schon wiederholt gesehen. Wir sprachen von der Rolle der Wuchshormone, aber auch über die wechselseitigen, ihrer Natur nach noch weitgehend unbekannten Einflüsse, die zwischen den Geweben bestehen.

Hier sollen noch Einflüsse von Stoffen besprochen werden, die zu den Hormonen gerechnet werden. Dabei können wir die Wuchssoffe außer acht lassen; die Grundvorgänge der Auxinwirkung haben wir schon besprochen; und ihren regulierenden Einfluß auf die *Intensität* der Entwicklungsvorgänge werden wir in einem weiteren Abschnitt gesondert erörtern.

Abb. 200. Der zweijährige *Hyoscyamus niger* blüht bereits im ersten Jahr, wenn auf ihn als Blühhormonspender *Nicotiana tabacum* gepfropft wird. (Nach MELCHERS.)

Abb. 201. Der zweijährige *Hyoscyamus niger* blüht unter Langtagbedingungen im ersten Jahr, weil ein Blatt von *Nicotiana silvestris*, das unter diesen Bedingungen Blühhormon liefert, aufgepfropft wurde. (Nach MELCHERS.)

Dieser Abschnitt betrifft also im wesentlichen die Wirkung von Stoffen, die SACHS seit 1865 als *organbildende Substanzen* bezeichnete. An der Berechtigung einer solchen Theorie der organbildenden Substanzen ist oft gezweifelt worden, und diese Zweifel sind insofern begründet, als mancher versucht, derartige Stoffe mit der Potenz zur Bildung der betreffenden Organe zu identifizieren. Die organbildenden Stoffe sind aber nur einer der für die betreffenden Entwicklungsvorgänge wichtigen Faktoren, allerdings oft der Faktor, der in der Pflanze am meisten *variabel* ist und daher häufig als spezifischer Regulator des betreffenden Organbildungsvorgangs erscheint.

Allgemein kann schon hier gesagt werden, daß über die chemische Natur der zu besprechenden Hormone in den meisten Fällen nichts bekannt ist; es muß daher auch zumeist noch die Möglichkeit offen gelassen werden, daß einige dieser Stoffe — obwohl sie sich durch ihre Wirkung und ihre Wanderungsfähigkeit in der Pflanze wie Hormone verhalten — mit einfachen Substanzen, die regelmäßig im Verlaufe des auf- und abbauenden Stoffwechsels entstehen können, identisch sind.

Es ist auch gar nicht sicher, ob die morphogenetischen Umstimmungen wirklich immer durch bestimmte im Laufe der Entwicklung neu *hinzukommende* Stoffe bzw. durch die *Zunahme* der Menge einzelner Stoffe induziert werden. Genau so gut ist es möglich, daß die *Abnahme* der Menge eines Stoffes, bzw. die hiermit verbundene relative Zunahme anderer verantwortlich ist.

2. Hormonale Beeinflussung der Blütenbildung.

Faktoren der Blütenbildung. Der Übergang vom vegetativen zum blütenbildenden Sproß ist so auffällig, daß sich die Forscher seit langer Zeit immer wieder mit der Physiologie dieses Vorganges befaßt haben. Bekannt ist, daß die Blütenbildung durch die verschiedensten äußeren Faktoren eingeleitet oder beschleunigt werden kann. Natürlich lag die Vermutung nahe, daß alle diese äußeren physikalischen Faktoren, mit deren Einfluß wir uns später noch befassen werden, durch Schaffung ein und desselben inneren Zustandes wirksam werden. Dieser innere Zustand der Blühwilligkeit wurde früh als ein besonderer *chemischer* Zustand aufgefaßt. So wurde z. B. der Assimilatmenge oder dem Verhältnis von Stickstoffverbindungen und Kohlenhydraten eine Rolle zugeschrieben (vgl. S. 247). Außerdem aber wurde sehr bald mit der Beteiligung bestimmter blütenbildender Stoffe gerechnet. Beide Vorstellungen schließen sich natürlich nicht aus, weil ein bestimmtes Verhältnis von Assimilaten oder die Anhäufung bestimmter Assimilationsprodukte für die Hormonbildung wichtig sein kann und außerdem die Blütenbildung ebenso wie andere Entwicklungsvorgänge wahrscheinlich gleichzeitig von mehreren chemischen Faktoren abhängt.

Nachweis der „Blühhormone“. Erfahrungen sprechen für die Bildung spezifischer blütenbildender Stoffe: Man kann eine zweijährige Sippe von *Hyoscyamus niger* schon im ersten Jahr zur Blüte bringen, wenn auf die Rübe blühende Reiser aufgepfropft werden. Die neu induzierten Blütenanlagen sind dann schon nach wenigen Tagen mikroskopisch erkennbar. Durch ähnliche Versuche ist nachgewiesen worden, daß der stoffliche Einfluß nicht artspezifisch ist. Werden nämlich statt blühender Reiser von *Hyoscyamus* solche von *Nicotiana* oder *Petunia* auf die *Hyoscyamus*-Rüben aufgepfropft, so wird die Unterlage auch jetzt zur Bildung von Blüten angeregt (MELCHERS, Abb. 200).

Ferner blühen Pflanzen unter photoperiodischen Bedingungen, die normalerweise eine Blütenbildung ausschließen, sofern diese Pflanzen bzw. Pflanzenteile durch Pfropfung mit anderen in Verbindung gebracht werden, die unter den betreffenden Bedingungen Blüten anlegen. Solche Versuche haben CAJLACHJAN und MOSHKOV, sowie KUIJPER und WIERSUM mit verschiedenen Pflanzen durchgeführt. Auch dabei erwies sich das Blühhormon, welches als Florigen bezeichnet wurde, als nicht artspezifisch; z. B. ist eine

Übertragung möglich, wenn *Helianthus tuberosus* auf *H. annuus* gepfropft wird. MOSHKOV zeigte, daß ein Kurztagtabak sogar im Dauerlicht Blüten bilden kann, wenn auf ihn ein Langtagtabak aufgepfropft wird. Weitere Beispiele sind in Abb. 201 und 202 dargestellt.

Sehr deutlich zeigen auch Versuche von HOLDSWORTH und NUTMAN die nicht artspezifische Natur des Blühhormons. *Orobanche minor* blüht, auf *Trifolium* parasitierend, nur, wenn der Wirt seine Blüten angelegt hat. Der Wirt ist eine Langtagpflanze; wird er unter Kurztagbedingungen gehalten, so bildet er keine Blüten, aber auch der Parasit bleibt dann blütenlos. Noch anschaulicher sind die Versuche v. DENFFERs an *Cuscuta Gronovii*, die an sich tagneutral ist, aber auf einer Langtagpflanze (*Calendula*) parasitierend schneller im Langtag, auf einer Kurztagpflanze (*Cosmos*) parasitierend schneller im Kurztag blüht.

Für die Übertragung des Blühhormons zwischen Pfropfpartnern scheint die Gewebeverwachsung notwendig zu sein. Wenn trotz der Verwachsung der allgemeine Stoffaustausch zwischen den Partnern nicht leicht ist, so wird (z. B. bei *Phaseolus-Soja*-Pfropfungen nach HEINZE und Mitarbeitern) auch kein Blühhormon transportiert. Einige Beobachtungen sprechen allerdings dafür, daß ein geringer Transport auch dann möglich ist, wenn keine Verwachsung erfolgte.

Nur in seltenen Fällen ist beobachtet worden, daß Extrakte aus blütenbildenden Pflanzen in anderen Pflanzen die Blütenbildung zu induzieren vermögen. Mitgeteilt wurde das z. B. für wäßrige Extrakte aus den blütenbildenden Vegetationspunkten der Palme *Washingtonia robusta*, die bei *Xanthium* Blütenbildung induzierten (BONNER, vgl. auch LOEHWING). Ob mit diesen Extrakten nun wirklich ein spezifisches Blühhormon, oder nur andere auch für die Blütenbildung notwendige Substanzen übertragen worden sind, muß nach den Mißerfolgen zahlreicher weiterer ähnlich ausgeführter Versuche zweifelhaft erscheinen. Vielleicht liegt gar kein Hormon im eigentlichen Sinne vor.

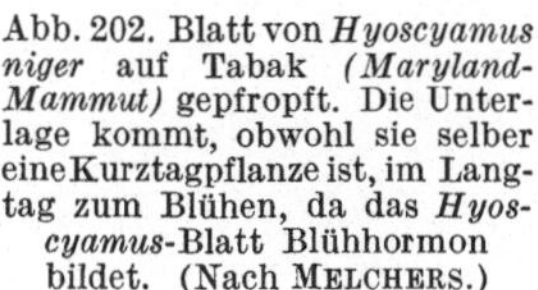

Abb. 202. Blatt von *Hyoscyamus niger* auf Tabak (*Maryland-Mammut*) gepfropft. Die Unterlage kommt, obwohl sie selber eine Kurztagpflanze ist, im Langtag zum Blühen, da das *Hyoscyamus*-Blatt Blühhormon bildet. (Nach MELCHERS.)

Eine alte Beobachtung von SACHS hat diesen bereits im Jahre 1892 zur Annahme blütenbildender Stoffe veranlaßt. Er fand nämlich, daß Sproßregenerate aus jungen *Begonia*-Blättern erst nach 6 Monaten, dagegen Regenerate aus Blättern blühender Pflanzen schon innerhalb von 1—2 Monaten zur Blüte kommen. Ähnliche Beobachtungen sind später wiederholt an anderen Pflanzen gemacht worden. Zum Beispiel blüht *Nymphaea micrantha*, wenn sie aus den Brutknospen des Blattstielansatzes vegetativ vermehrt wird, mit Blüten von etwa $^1/_4$ des normalen Durchmessers schon, während die Blätter sogar erst $^1/_5$ des normalen Durchmessers erreicht haben.

Wanderung der „Blühhormone“. Auch mit den Wanderwegen des aus dem oben besprochenen und anderen Versuchen erschlossenen Blühhormons hat man sich befaßt. Dabei wurde an *Soja* festgestellt, daß bei der Abkühlung des Blütenstiels auf 3° der blütenbildende Reiz nicht mehr, bei 10° nur noch teilweise geleitet werden kann (BORTHWICK, PARKER, HEINZE).

Die Wanderung des Blühhormons wird auch durch Versuche von HARDER und v. WITSCH demonstriert. Bei *Kalanchoe Blossfeldiana* wurde durch Umhüllung mit Säckchen ein Einzelblatt einer Kurztagbehandlung (täglich 9 Std Licht) ausgesetzt. Hierdurch wird der aus der Achsel des Blattes hervorgehende Seitentrieb zur Anlage von Blüten veranlaßt. Aber es zeigt sich, daß auch die senkrecht oberhalb der gleichen Blattzeile sich bildenden Seitentriebe nach einer solchen Behandlung blühfähig werden, nicht aber die auf der entgegengesetzten Seite entstehenden Triebe (Abb. 203). Das Blühhormon wird hier also einseitig senkrecht im Stengel geleitet, während in der Querrichtung höchstens ein geringer Transport möglich ist. Bei anderen Pflanzen wurde auch eine völlig unpolare Wanderung gefunden.

Abb. 203. *Kalanchoe Blossfeldiana.* Ein 4 Knoten tiefer stehendes Laubblatt der linken Seite der Pflanze erhielt Kurztag. Durch Wanderung des infolge dieser Behandlung auf der linken Seite gebildeten Blühhormons bilden sich links Blüten, während rechts Verlaubung eintritt. (Nach HARDER und v. WITSCH.)

Mehrere Forscher haben die bevorzugte oder ausschließliche Wanderung des „Hormons" im Phloem demonstriert (vgl. LANG); die Wanderungsgeschwindigkeit beträgt, soweit unsere Kenntnisse reichen, wenige Zentimeter je Tag, ist also wesentlich niedriger als die des Assimilatstroms.

Quantitative und qualitative Wirkung des „Blühhormons". An der genannten *Kalanchoe* wurde ferner gezeigt, daß die Blütenbildung auch hinsichtlich ihrer Vollständigkeit von der Menge der Blühhormone abhängt. Wird die Produktion oder Zuleitung des Hormons eingeschränkt, so wie es etwa durch unvollständige photoperiodische Induktion oder durch Einknicken von Pflanzenteilen möglich ist, durch die hindurch der Transport stattzufinden hat, so treten Verlaubungserscheinungen auf, deren Ausmaß von dem Grade jener Einschränkung abhängig ist.

Abb. 204 a u. b. Blüten von *Heracleum sphondylium.* a normal; b vergrünt (a nach HEGI; b nach FREY-WYSSLING.)

Vielleicht sind solche Verlaubungserscheinungen (wie sie Abb. 204 als Beispiel zeigt) allgemein an die Bedingung geknüpft, daß die Blühhormonmenge nicht ganz ausreichend ist. Viele Beobachtungen sprechen für diese Deutung.

Diese Mittelbildungen erinnern uns andererseits daran, daß die Blühhormone zwar in der Regel, aber durchaus nicht notwendig ein völliges Umschlagen der Entwicklungsrichtung von der Laubblattbildung zur Blütenbildung bedingen. Wir werden so zu der Frage geführt, worin dieser „Kippvorgang", der in der Regel ein alternatives Reagieren des Vegetationspunktes auf die Blühhormone bedingt, bestehen mag. Am Vegetationspunkt zeigen sich zwei scharf voneinander getrennte Entwicklungsphasen. Zunächst wird die Laubblattphase durchschritten, dann beginnt (oft an Streckung sichtbar) die Infloreszenzphase (vgl. z. B. Abb. 205). Auch die innere Struktur des Vegetationspunktes ändert sich bei diesem Übergang. Die Zahl der Tunicaschichten kann sich ändern (BROOKS, RAUH und REZNIK). Am wichtigsten ist aber vielleicht die Erscheinung, daß sich das Scheitelmeristem des Vegetationspunktes bei dieser Umwandlung zum blütenbildenden Vegetationspunkt in longitudinaler Richtung vermehrt und so ein zylindrischer „Meristempflock" entsteht (WEBER und REZNIK).

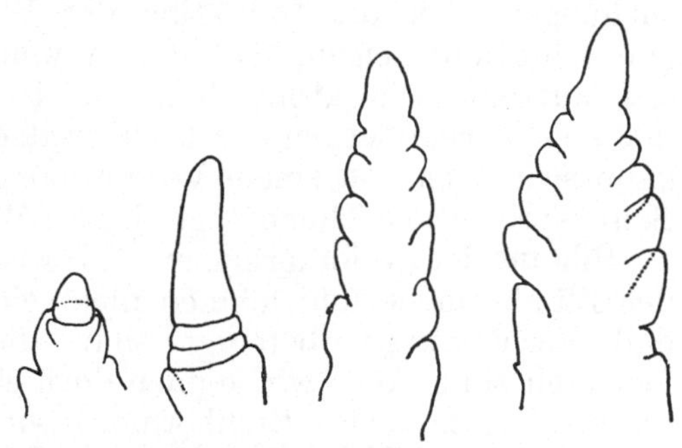

Abb. 205. *Beckmannia cruciformis.* Erste Stadien der Infloreszenzentwicklung. (Nach WEBER.)

Man möchte also annehmen, daß die Blühhormonwirkung vielleicht darin besteht, diesen einen Entwicklungsschritt, der eben den Charakter eines Kippvorganges hat, zu bedingen. Ist einmal die neue Form des Vegetationspunktes geschaffen, so ist die Rückbildung zur ursprünglichen Form offenbar nicht mehr leicht möglich. Sind die Bedingungen zur Weiterentwicklung der Blüten zu ungünstig, so kann es zu Verlaubungserscheinungen kommen. Oder es kann, wenn die Pflanzen bald nach der Anlage der Infloreszenz, während sich deren Vegetationspunkt noch in guter Entwicklungsfähigkeit befindet, in völlig andere Bedingungen gebracht werden (Bedingungen, von denen man sagen möchte, daß sie für die Bildung von Blühhormon ganz ungeeignet sind), der Blütenstand wieder in einen Laubsproß umgewandelt werden. Dieser Vorgang läßt sich z. B. durch Anfertigung von Stecklingen aus den jungen Infloreszenzen leicht erreichen (Abb. 206). Dabei zeigen sich zumeist erst Übergangsbildungen.

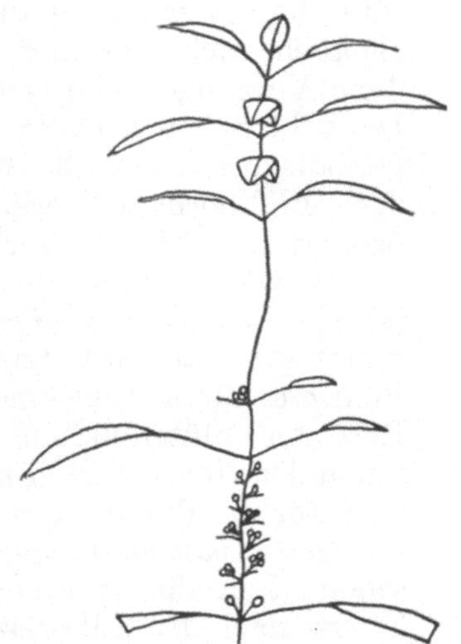

Abb. 206. *Scrophularia luridiflora.* Vollständige Umwandlung des Blütenstandes. Der 2. Laubtrieb kehrt zur dekussierten Blattstellung zurück. (Nach BORMANN.)

Unbekannt ist natürlich noch, wie die Blühhormone eine Formänderung des Vegetationspunktes einleiten können. Bemerkenswert ist aber, daß die Änderung des Vegetationspunktes auch mit Umstimmungen in den übrigen Meristemen der Pflanze verbunden ist. Die Kambiumtätigkeit ist, und zwar nicht etwa als Folge der Blütenbildung, sondern unmittelbar vor deren Einsetzen, verringert; auch z. B. Die Differenzierungsvorgänge im Siebteil können unterdrückt sein. (STRUCKMEYER).

Selbstreproduktionsfähigkeit der „Blühhormone". Schon die erwähnte Stabilität der Umstimmung des Vegetationspunktes läßt die Vermutung aufkommen, daß die für eine Umstimmung verantwortliche Änderung der inneren Bedingungen sich irgendwie selbst erhalten kann. Noch weiter gehen aber die aus anderen Beobachtungen ableitbaren Schlußfolgerungen. Offenbar können diese inneren Bedingungen, also das „Blühhormon" sich selber identisch reproduzieren, so daß eine einmal induzierte Pflanze, selbst wenn die Teile, in denen (etwa photoperiodisch) die Induktion erfolgte, entfernt wurden, fortgesetzt weiter Blüten bilden kann. Auch Untersuchungen über die Induktion der Blütenbildung durch den Kältereiz (Vernalisation) zeigen, daß die in wenigen Zellen erfolgte Umstimmung sich auf eine sehr große Zahl von Tochterzellen ausbreiten kann, ohne daß eine Verminderung der Blühbereitschaft feststellbar wäre. Der Effekt kann sich auch von einem Vegetationspunkt auf die erst später gebildeten Seitensprosse ausdehnen (vgl. LANG, MELCHERS).

Bildung der „Blühhormone". Wir wissen nichts über die chemische Natur der Blühhormone und können nicht einmal die Möglichkeit ausschließen, daß Verbindungen beteiligt sind, die mit bereits bekannten Stoffen identisch sind. Aber wir kennen doch eine ganze Reihe von Faktoren, die für die Synthese des Blühhormons wichtig sind, nämlich von Faktoren, die die Blütenbildung beeinflussen. Das Studium dieser Faktoren kann indirekt etwas zur Gewinnung eines Einblicks in die Natur der fraglichen Substanz beitragen. Vor allem durch die später zu besprechenden Untersuchungen über den Photoperiodismus haben wir einzelne Hinweise erlangt.

Nach diesen Untersuchungen können wir vermuten, daß für den Aufbau der blütenbildunginduzierenden Substanzen sowohl Reaktionen notwendig sind, die in der photophilen Phase der endogenen Tagesrhythmik ablaufen, als auch solche, die in der skotophilen Phase dieser Rhythmik stattfinden. Jene Vorgänge benötigen Licht, diese aber werden durch Licht gestört. Die zahlreichen neueren Versuche über die Vernalisation und den Photoperiodismus lassen die Kompliziertheit der Vorgänge bei der Schaffung der „Blühhormone" erkennen. Die durch die photoperiodische Reizung bedingten stofflichen Veränderungen sind nicht mit den durch die Vernalisation verursachten identisch. Ein vernalisiertes Pfropfreis des zweijährigen *Hyoscyamus niger* kann z. B. nicht einen als Unterlage verwendeten Kurztagstabak unter Langtagsbedingungen zum Blühen veranlassen. Bei Pflanzen, die sowohl eine Vernalisation als auch einen photoperiodischen Reiz zur Blütenbildung benötigen, muß auch, wenn die Vernalisation schon das Hormon „Vernalin" entstehen ließ, die photoperiodische Reizung noch für die Bildung des anderen Hormons „Florigen" sorgen. Beim zweijährigen *Hyoscyamus niger* ist diese „Florigen"bildung erst möglich, wenn schon „Vernalin" gebildet worden ist, d. h. die photoperiodische Reizung ist erst nach der Kältereizung erfolgreich. Dabei bleibt es noch unbekannt, ob das Florigen aus dem Vernalin entsteht, oder etwa dieses auf anderem Wege die notwendigen Bedingungen für den Erfolg einer photoperiodischen Reizung schafft (MELCHERS).

Auch die Wuchshormone spielen bei der Blütenbildung eine Rolle. Das läßt sich aus zahlreichen Beobachtungen über die Beeinflussung der Blütenbildung durch Wuchshormone schließen. Für die Blütenbildung scheint eine ziemlich niedrige Auxinkonzentration optimal zu sein, so daß höhere Auxinkonzentrationen die Blütenbildung im allgemeinen hemmen (vgl. UMRATH, LEOPOLD und THIMANN, HARDER und VAN SENDEN, V. DENFFER, LAIBACH), und Antiwuchsstoffe wie Trijodbenzoesäure diese Hemmwirkung wieder aufheben können (BONNER und THURLOW). Hieraus darf nicht geschlossen werden, die Blütenbildung werde überhaupt entscheidend von den Wuchshormonen geregelt. Man kann kaum den Übergang zur reproduktiven Phase einfach durch die Reduktion der zunächst für die Blütenbildung überoptimalen Auxinkonzentration erklären.

In manchen Fällen fehlt der ohnehin nicht sehr starke Einfluß von Wuchsstoff und „Hemmstoff" (Trijodbenzoesäure) sogar ganz (Claes, Zeist und Koevoets, Harder und Oppermann).

Und schließlich gibt es Arten, bei denen die Blütenbildung durch Wuchsstoffe gefördert wird (vgl. die Hinweise bei Naylor).

Männliche und weibliche Blüten. Auch das Verhältnis der Ausbildung von männlichen und weiblichen Blüten kann von der Wuchsstoffkonzentration abhängen. Bei Gurken wird durch Wuchsstoff die Ausbildung weiblicher Blüten auf Kosten der Entstehung männlicher gefördert (Laibach und Kutten). Auch bei anderen Arten wird das Verhältnis der Ausbildung männlicher und weiblicher Blüten durch Wuchsstoffe und Antiwuchsstoffe beeinflußt (vgl. z. B. Rehm). Daraus nun zu schließen, daß der Wuchsstoff der entscheidende Faktor sei für die Determination zu männlichen oder weiblichen Blüten, wäre voreilig. So wie jeder Determinationsvorgang, kann auch dieser (ebenso wie die Blütenbildur g selber) von vielen Faktoren beeinflußt werden. Wenn wir einen *auch* wirksam finden, dürfen wir nicht behaupten, er sei der entscheidende. Es gibt andere Faktoren, die ebenfalls wichtig sind. Ob es z. B. gelingt, die sehr weitgehend gültige Tatsache der bevorzugten Ausbildung männlicher Blüten in jugendlichem Stadium, der stärkeren Förderung weiblicher Blüten in höherem Lebensalter, durch geänderte Wuchsstoffverhältnisse zu erfassen, ist zweifelhaft. Diese zeitliche Abfolge in der Ausbildung männlicher und weiblicher Blüten ist von vielen Autoren beschrieben worden (vgl. z. B. Minina, Nitsch und Mitarbeiter). Auch ist bekannt, daß Außenfaktoren wie Temperatur und Tageslänge die Ausbildung männlicher und weiblicher Blüten unterschiedlich beeinflussen.

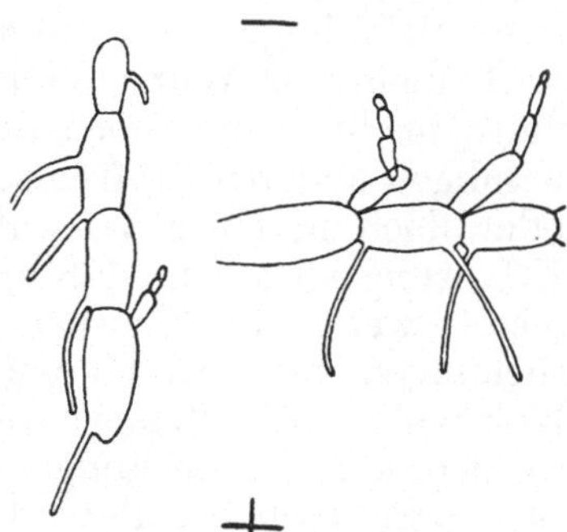

Abb. 207. Einfluß des elektrischen Feldes auf die Rhizoidbildung bei *Griffithsia bornetiana*. (Nach Schechter.)

3. Hormonale Einflüsse auf Wurzel-, Sproß- und Blattbildung.

Das Vorkommen wurzel- und rhizoidbildender Stoffe wurde schon mehrfach angedeutet. Bei *Acetabularia* läßt sich ein Gefälle rhizoidbildender Stoffe nachweisen, und an anderen Objekten ist es gelungen, durch Anlegung einer elektrischen Spannung die rhizoidbildenden Stoffe zu verlagern, so daß die Rhizoidbildung bevorzugt an einer Seite erfolgte (Abb. 207).

Zugleich wurde allerdings die große Rolle des Auxins bei der Rhizoidanlage (vgl. z. B. Müller-Stoll) und bei der Wurzelbildung betont. Durch Auxine können wir die Wurzelbildung ermöglichen und beschleunigen. Auxin ist auch an der Polarisierung beteiligt, die z. B. bei Sprossen dazu führt, daß ein Pol zum Wurzelbildner wird. Wenn wir durch Behandlung mit Auxin Wurzelbildung hervorrufen können, so folgt daraus natürlich noch nicht, daß Auxin der normale wurzelbildende Stoff ist. Man müßte mit der Möglichkeit rechnen, daß zu dem Auxin noch ein weiterer Körper, der für die Spezifität dieser Leistung verantwortlich ist, hinzukommen muß. Etwas Ähnliches haben wir ja auch bei der stofflichen Regulierung der Gefäßbildung erkannt, wo offenbar ein spezifischer, von den bereits angelegten Gefäßen ausgehender Reiz eine Rolle spielt, das Auxin aber als allgemein notwendige Bedingung noch hinzukommen muß, um die Leistung zu ermöglichen.

Es ist nachgewiesen worden, daß in den Blättern Stoffe gebildet werden, die basalwärts wandern und für die Bildung von Wurzeln notwendig sind (BOUILLENNE, WENT, MOUREAU, THIMANN u. a.). Den entscheidenden Stoff nannte man, obwohl er chemisch noch unbekannt war, *Rhizokalin*; er wird in Blättern bei der Gegenwart von Zucker im Licht gebildet. Während die ersten Angaben dafür sprachen, daß Auxin und Rhizokalin nicht identisch sind, hat sich nachher doch ergeben, daß beide mindestens weitgehend übereinstimmende chemische und physikalische Eigenschaften besitzen. Für ihre Identität spricht die Beobachtung, daß etiolierte Erbsenkeimlinge bei Abwesenheit von Licht im Dunkeln durch Wuchsstoff allein zur Wurzelbildung angeregt werden können (CASTAN). Allerdings bleibt immer noch die Möglichkeit, daß diese Keimlinge den notwendigen anderen Stoff, also das „Rhizokalin", schon im fertigen Zustand oder doch in einer Vorstufe im Samen vorfinden. Hierfür könnte die Erfahrung sprechen, daß an solchen Keimlingen die Wurzelbildung ausbleibt, wenn alle Knospen entfernt worden sind. Nach neueren Untersuchungen von VAN OVERBEEK und Mitarbeitern ist die Annahme eines Rhizokalins überflüssig; wenn Auxin, Zucker und Stickstoff geboten werden, können Stecklinge vom „roten *Hibiscus*" Wurzeln bilden. Wichtig ist hierzu auch ein Befund HEMBERGs an *Phaseolus*-Hypokotylen: Nach der Entfernung der Kotyledonen können sich Wurzeln bilden; hierzu ist aber ein Extrakt der Blätter wichtig, und die Wirkung dieses Extraktes ist auch durch Borsäure erreichbar. — Auch die Annahme eines besonderen rhizoidbildenden Stoffes ist überflüssig. Der Wuchsstoff scheint bei der Rhizoidbildung (z. B. nach JACOBS bei *Bryopsis*) die gleiche Rolle zu spielen wie bei der Wurzelbildung.

Solche Erfahrungen zeigen uns, daß eben für einen derartigen Prozeß der Organbildung viele stoffliche Voraussetzungen gegeben sein müssen, und allzu leicht ist man geneigt, einen gerade als notwendig erkannten Stoff als den entscheidenden zu betrachten.

Ähnliche Bedenken kann man auch gegen die Annahme anderer organbildender Substanzen äußern. Es ist in diesem Zusammenhang interessant, daß auch manche nicht hormonartige Substanzen, wie z. B. Adenin (GALSTON und HAND) einen starken morphogenetischen Einfluß haben. Solche Beobachtungen lassen die Annahme spezifischer organbildender Substanzen als recht problematisch erscheinen.

4. Formbeeinflussende Wirkstoffe.

So wie die Bildung einzelner Organe sind auch starke Formbeeinflussungen schon allein durch die Variation der Wuchshormonkonzentration möglich. Zum Beispiel wird durch hohe Wuchsstoffkonzentration das Wachstum des Blattmesophylls stark unterdrückt, so daß es dann zu einer Spreitenreduktion bis zu den Mittelnerven kommen kann. Durch Behandlung mit Antagonisten der Wuchsstoffe lassen sich solche Spreitenreduktionen, Blattzerteilungen usw. verhindern (vgl. S. 28).

Der Sukkulenzgrad von Blättern und viele andere ihrer Formeigentümlichkeiten hängen ebenfalls von der Wuchsstoffkonzentration ab.

Mit Wirkstoffen, die die Formbildung beeinflussen, haben wir uns schon früher befaßt. Vor allem sei an die *Acetabularia*-Untersuchungen erinnert (S. 15). An diesem Objekt konnten kernabhängige Stoffe nachgewiesen werden, die namentlich die Gestaltung der Hüte regulieren.

Die erwähnte Beeinflussung der Gestaltung von Blättern durch Wirkstoffe kann offenbar unterschiedlicher Natur sein. Bei *Kalanchoe Blossfeldiana* wird im Kurztag ein Wirkstoff (,,Metaplasin") gebildet, der die Blattgestalt und die Internodienlänge beeinflußt. Er bedingt, daß die Blätter nur klein und stiellos, aber sukkulent werden, während die Internodien kurz bleiben (HARDER und Mitarbeiter, Abb. 414). Ähnlich wie in anderen Fällen muß man natürlich auch hier, solange eine chemische Identifizierung nicht vorliegt, die Möglichkeit offen lassen, daß es sich um verhältnismäßig einfache Stoffwechselprodukte handelt.

Nach den Untersuchungen von HARDER und Mitarbeitern sind die formbeeinflussenden Wirkstoffe nicht mit dem Blühhormon identisch, obwohl die Bildung beider oft gleichartig von Außenbedingungen, namentlich vom Licht-Dunkelwechsel abhängt. Die Trennung von Metaplasin- und Blühhormonwirkung gelingt beispielsweise durch Chloroformeinwirkung: Die Blütenbildung wird unterdrückt, aber die ebenso wie die Blütenbildung an den Kurztag gebundene Sukkulenzsteigerung kommt zustande. Vor allem aber kann hierzu noch angeführt werden, daß viele Crassulaceen, einerlei ob es Lang- oder Kurztagpflanzen sind, nach Kurztagbehandlung doch auf jeden Fall die Sukkulenzzunahme zeigen; niemals tritt die Sukkulenzzunahme im Langtag ein, wie man es erwarten müßte, wenn eine Identität von Metaplasin und Blühhormon bestünde.

Abb. 208. *Sedum kamtschaticum*, dekapitiertes Kurztagexemplar. Das linke Blatt *L* erhielt nach der Dekapitation Langtag, alle übrigen Teile Kurztag. Der Sproß aus der Achsel des Langtagblattes zeigt den Charakter einer im Langtag gezogenen Pflanze. (Nach HARDER und MEYER.)

Nach dem, was wir bereits über die Formbeeinflussung durch Wuchsstoffe sagten, muß aber auch die Möglichkeit einer Identität der gesuchten Substanzen mit den Wuchshormonen geprüft werden. ,,Antiwuchsstoff" (Trijodbenzoesäure) kann bei *Kalanchoe* ähnlich wie Kurztag zur Sukkulenz führen (ZEIST und KOEVOETS). Es müßte also geprüft werden, ob das ,,Metaplasin" eventuell einfach durch geringe Wuchsstoffkonzentration vorgetäuscht wird. Da der Wuchsstoffantagonist nur die Änderung der Blattform, aber nicht auch die im Kurztag mit ihr verknüpfte Blütenbildung der *Kalanchoe* bedingt, würde so auch die fehlende Identität von ,,Blühhormon" und ,,Metaplasin" begreiflich.

Nicht nur im Kurztag, sondern auch im Langtag werden besondere Stoffe in den entsprechend behandelten Blättern gebildet, die ebenfalls in andere Teile der Pflanze wandern und dort Formbeeinflussungen induzieren können (Abb. 208).

Auch Versuche an *Rudbeckia bicolor* zeigen die Verschiedenheit der stofflichen Ursachen für die Formbildung vegetativer Teile und für die Blütenbildung. Im Langtag erfolgt Blütenbildung und Stammverlängerung, im Kurztag Blütenbildung, aber keine Stammverlängerung.

Die Streckung des Infloreszenzstiels hat also offenbar eine andere hormonale Ursache als die Streckung der Internodien in der Region der Laubblätter (HARDER und SPRINGORUM).

Die trotz dieser Beobachtungen feststellbare weitgehende Parallelität in der Wirkung von Außeneinflüssen auf die Bildung von Blühhormonen und auf die Schaffung von Bedingungen, die für die spezifischen Formbildungen wichtig sind, ergibt sich noch aus verschiedenen anderen Beobachtungen. Es sei daran erinnert, daß das Ablösen der Jugendblätter durch die Folgeblätter zeitlich oft mit dem Übergang zur Phase der Blütenbildung zusammenfällt. Auch UMRATH veröffentlichte Beobachtungen, die diese auffällige Parallelität zeigen. Er verglich bei *Ilex aquifolium* die Blattgestalt (Dornenbildung) mit der Häufigkeit des Auftretens von Blüten in den betreffenden Blattachseln und erhielt dabei die in der nebenstehenden Tabelle verzeichneten Ergebnisse.

Beziehung zwischen Dornen- und Blütenbildung bei Ilex.

Mittlere Zahl der seitlichen Dornen je Blatt	Mittlere Zahl der Blattachseln mit Früchten oder Blüten je 10 Blätter
14,6	0
10,8	0,48
9,7	0,30
7,8	1,17
3,9	1,82

Diese Beobachtung harmoniert mit einer anderen Mitteilung UMRATHs, nach der für die Blattdornbildung ein hoher Wuchsstoffgehalt entscheidend ist. Wir haben ja erwähnt, daß hoher Wuchsstoffgehalt die Blütenbildung offenbar verhindert.

Korrelationen zwischen der Blattform und der Blühreife sind auch sonst mehrfach beschrieben worden. So fand SIRONVAL bei *Fragaria vesca* eine Beziehung zwischen der Anzahl der Blattzähne und der Blühbereitschaft.

Solche Beobachtungen sprechen dafür, daß doch nähere Beziehungen zwischen Blühhormonen und formbeeinflussenden Wirkstoffen bestehen. Es wäre möglich, daß ein und derselbe Stoff für die Blütenbildung und für die Formbildung notwendig ist, zur Blütenbildung aber noch eine weitere Bedingung gegeben sein muß.

Auch für die Zwiebelbildung sind offenbar besondere, nicht mit Wuchsstoffen identische Wirkstoffe notwendig, deren Bildung ähnlich wie die der Blühhormone photoperiodisch gesteuert werden kann (HEATH und HOLDSWORTH).

Für die Existenz von formbeeinflussenden Stoffen sprechen auch einige Beobachtungen über die wechselseitige Beeinflussung zwischen Pfropfpartnern. Solche Wirkungen machen sich gelegentlich im Habitus oder auch in der Blattform bemerkbar (MOLOTKOVSKY). Sehr starke Effekte beschreibt KUZMENKO für Pfropfungen zwischen verschiedenen Kartoffelsorten. Wurde auf die Knolle einer Sorte nach Entfernung aller Augen ein Auge einer anderen Sorte aufgepfropft, so hatten die Triebe bis zur Blüte vollständig den der Unterlage entsprechenden Habitus. Erst in noch späteren Stadien machte sich der formbestimmende Einfluß des Pfropfreises mehr bemerkbar. Jedoch stehen solche Beobachtungen noch recht isoliert, so daß eine Nachprüfung dringend notwendig ist.

Wir haben schon an anderer Stelle weitere Beobachtungen erwähnt, die für den Austausch von formbeeinflussenden Stoffen zwischen Pfropfpartnern sprechen (vgl. S. 24).

In einigen Fällen ist die sog. Erregungssubstanz, mit der wir uns später noch näher beschäftigen werden, als formbeeinflussender Wirkstoff erkannt worden. Diese Erregungssubstanz tritt in den Pflanzen auf, wenn durch Reize, namentlich durch Lichtreize und durch mechanische Reize Erregungsvorgänge ausgelöst werden. Die so entstehenden Formbeeinflussungen werden wir später besprechen.

Wenn es also offensichtlich formbeeinflussende Substanzen gibt, so darf man doch, wie sich aus mehreren der mitgeteilten Tatsachen ergibt, erhebliche Einwände gegen die Annahme spezifischer Regulatoren für jede einzelne Organbildung vorbringen. Es ist bedenklich, etwa ein blattbildendes

„Phyllokalin" anzunehmen, oder ein Hormon, welches Flächen- und Dickenwachstum der Blätter fördert; ebenso problematisch ist das „Kaulokalin", welches für das Längenwachstum der Sprosse als wichtig bezeichnet worden ist. Auch neuere Beobachtungen Skoogs an Gewebekulturen aus Tabakkallus lassen die Annahme eines Kaulokalins, das in Wurzeln gebildet werden sollte, hinfällig erscheinen. In diesen Gewebekulturen trat nämlich Stämmchenbildung ein, bevor sich Wurzeln bildeten.

5. Geschlechtshormone, Termone, Gamone.

Bei der Untersuchung der Anlage von Geschlechtsorganen haben wir zunächst zu prüfen, welche Faktoren dafür verantwortlich sind, daß von den beiden gleichzeitig vorhandenen sexuellen Potenzen die eine zur Realisierung kommt. Weiterhin bleibt zu klären, durch welche Faktoren die Ausbildung der betreffenden Geschlechtsorgane geregelt wird, wenn das Geschlecht bestimmt ist. Mit der Bestimmung des Geschlechts ist ja die Ausbildung der Geschlechtsorgane noch nicht notwendig verbunden.

Zunächst muß betont werden, daß auf die Geschlechtsbestimmung und auf die Ausbildung der Geschlechtsorgane nicht nur spezifische Hormone, sondern auch zahlreiche andere chemische Faktoren, Nahrungsstoffe usw. einen Einfluß haben. Namentlich Klebs hat sich vor mehr als 50 Jahren intensiv mit solchen Faktoren befaßt und dabei z. B. die Erschöpfung an Nahrungsstoffen als Faktor für die Bildung von (geschlechtlichen und ungeschlechtlichen) Fortpflanzungsorganen erkannt (vgl. auch S. 248).

Geschlechtsbestimmung. Wie besonders Hartmann, auf Correns zurückgehend, eingehend dargelegt hat, besitzt das Geschlechtsindividuum und jede Geschlechtszelle zugleich die Möglichkeit zur Entfaltung des entgegengesetzten Geschlechts. Hartmann bezeichnet diese Erscheinung als das Gesetz der allgemeinen bisexuellen Potenz. Die Annahme der bisexuellen Potenz macht grundsätzlich begreiflich, daß es zwei ganz verschiedene Wege der Geschlechtsbestimmung gibt. Diese Bestimmung, durch die also entschieden wird, welche der beiden Potenzen realisiert wird, kann nämlich „entweder erblich durch die relativ verschiedene Stärke männlich bzw. weiblich bestimmender Erbfaktoren oder Gene, oder nichterblich modifikatorisch durch die entsprechende Wirkung äußerer oder innerer Entwicklungsbedingungen" erfolgen.

Bei der Realisierung dieser Potenzen spielen Stoffe, die als *Termone* bezeichnet werden, eine Rolle. Die weiblich bestimmenden Stoffe werden als Gynotermone, die männlich bestimmenden als Androtermone bezeichnet. Solche Termone sind bei *Chlamydomonas* näher untersucht worden. Auch die Bedingungen ihrer Bildung durch die Wirksamkeit der Gene wurden erforscht. Die Tätigkeit von Termonen konnte bei mehreren Algen nachgewiesen werden; überträgt man z. B. *Chlamydomonas eugametos* in ein Filtrat aus weiblichen Gameten, so werden alle Zellen weiblich, während bei Übertragung in ein Filtrat aus männlichen Gameten alle Zellen männlich werden. Bei *Dasycladus clavaeformis* erhält man durch Zugabe von Filtraten stark diözischer Pflanzen aus zwittrigen rein männlich bzw. rein weiblich reagierende Gameten. Entsprechende Beobachtungen wurden ferner an *Protosiphon* gemacht.

Als Androtermon war für *Chlamydomonas* zuerst Safranol angegeben worden (Moewus, Kuhn). Später wurde gefunden, daß Borsäure wie ein Androtermon wirkt, und der Befund wurde dadurch erklärt, daß die

Borsäure das Gynotermon inaktiviert. Nach den neueren Angaben ist das Androtermon Oxy-β-cyclocitral, ein Spaltprodukt des Safranals. Das Gynotermon hingegen ist das Aglykon eines Glykosids, ein Flavonol.

Die Bildung dieser Termone geht bei *Chlamydomonas* ebenso wie die Bildung der später zu besprechenden Gamone vom hypothetischen Protocrocin aus. Dieses Protocrocin kann unter Mitwirkung eines Gens in Crocin und Pikrocrocin gespalten werden, aus letzterem wird mit Hilfe eines anderen Gens das Androtermon freigesetzt. Dieses Beispiel deutet schon darauf hin, daß die Termone, ebenso wie die Gamone, genabhängige Wirkstoffe sind und ihre Bildung von Fermenten gesteuert wird, die vielleicht mit diesen Genen identisch sind.

Bei den gemischtgeschlechtlichen Pflanzen, und zwar sowohl den zwittrigen als auch den einhäusigen, erfolgt die Geschlechtsbestimmung natürlich phänotypisch, bei den getrennt geschlechtlichen (zweihäusigen) genotypisch.

Es sind zahlreiche Faktoren ermittelt worden, die bei den Gemischtgeschlechtlichen einen Einfluß auf die Realisierung der einen oder der anderen sexuellen Potenz haben. Diese Faktoren müssen also ähnlich wie Gene die Bildung von Termonen beeinflussen.

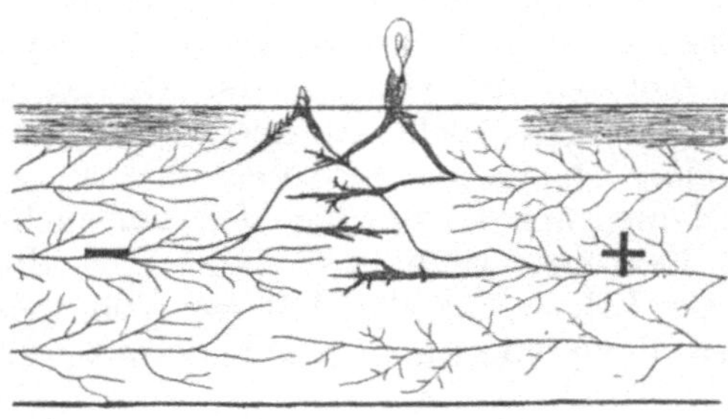

Abb. 209. Schema der Anfangsstadien der Kopulationsvorgänge bei *Phycomyces*. (Nach BURGEFF.)

Zu den Faktoren, die die Realisierung der Geschlechtspotenzen, also wohl die Bildung der verschiedenen Termone regulieren, gehört bei manchen Pflanzen die sich im Laufe der Entwicklung allmählich ändernde „Stimmung". Bei *Saprolegnia* zeigt sich zunächst ein rein vegetatives Wachstum. Bei einer gewissen Erschöpfung der Nährstoffe geht dann in zentrifugaler Richtung ein neuer Entwicklungsstrom durch das Mycel, der die männliche Geschlechtsdifferenzierung bedingt; dieses Überwiegen der männlichen Potenz bleibt aber äußerlich unsichtbar, wir können es trotzdem erkennen, weil sich jetzt mit Oogonien anderer Mycelien Antheridien hervorlocken lassen. Der dritte Entwicklungsstrom, der in der gleichen Richtung durch das Mycel läuft, bringt dann die weibliche Geschlechtsrealisierung und das Hervorlocken der Antheridien (Abb. 210).

Wenn wir auch annehmen mögen, daß die Geschlechtsrealisierung überall durch Vermittlung von „Termonen" bedingt ist, so wäre es doch auf jeden Fall zu weitgehend, wollte man annehmen, daß nun etwa bei den diözischen Blütenpflanzen solche Hormone, den Geschlechtshormonen der Tiere vergleichbar, im Körper wandern. Weil man diese zu weitgehende Annahme oft machte, versuchte man, bei solchen Pflanzen das Geschlecht mit Geschlechtshormonen des tierischen Organismus zu beeinflussen. Die Versuche haben keine eindeutig positiven Resultate ergeben. Untersuchungen von E. KUHN an *Mercurialis annua* und an *Cannabis sativa* haben gezeigt, daß diese Bemühungen von falschen Voraussetzungen ausgegangen sind. An Pfropfungen zwischen Pflanzen des männlichen und weiblichen Geschlechts trat nämlich nie eine wechselseitige Beeinflussung der Ausbildung der Geschlechtsorgane ein. Die Geschlechtsdifferenzierung bei den diözischen Blütenpflanzen erfolgt also nicht durch Hormone, die sich über den ganzen Pflanzenkörper ausbreiten, sondern intrazellulär.

Ausbildung der Geschlechtsorgane. Die sexuelle Differenzierung, also die Determination, daß eine der beiden Potenzen zum Überwiegen kommt, genügt nicht zur Ausbildung der Sexualorgane selber. Wir sehen das sowohl an Pflanzen mit genotypischer Geschlechtsbestimmung als auch an solchen, bei denen diese Bestimmung phänotypisch ist. Es müssen noch weitere Bedingungen erfüllt sein, bis die Ausbildung der Sexualorgane beginnt. Zu diesen Bedingungen gehören neben Außenfaktoren auch wieder hormonartige Induktoren.

Die Notwendigkeit solcher Stoffe haben wir eben schon angedeutet: bei *Saprolegnia* findet im zweiten Entwicklungsstadium die Differenzierung des männlichen Geschlechts statt, wie wir daraus erkennen können,

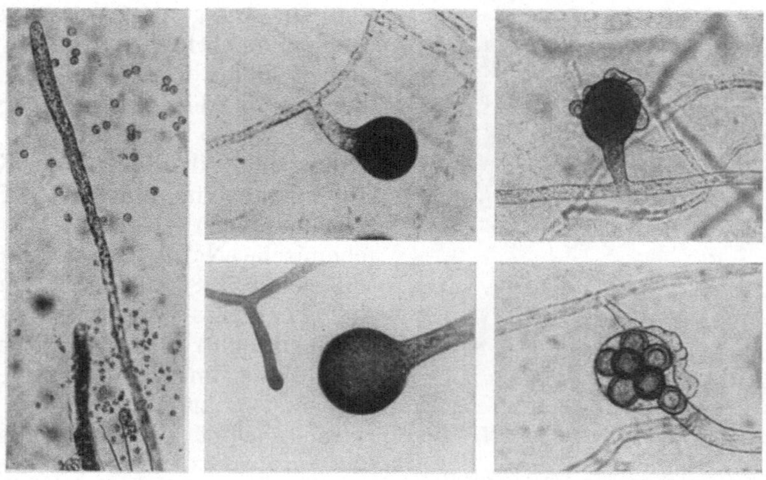

Abb. 210. Darstellung der nacheinander auftretenden Fortpflanzungsorgane bei einer *Saprolegnia*. Zunächst bilden sich Zoosporangien (links; neben den Zoosporangien ausgeschwärmte Zoosporen). Dann treten junge Oogonien auf (Mitte oben), die Antheridien aus den Hyphen hervorlocken (Mitte unten). Die Antheridien legen sich den Oogonien an (rechts oben). Schließlich bilden sich die Oosporen (rechts unten).

daß sich jetzt aus dem Mycel mit Hilfe von Oogonien Antheridien hervorlocken lassen. Im normalen Entwicklungsgang treten die Antheridien erst später auf, weil die Oogonien (am gleichen Mycel) später angelegt werden und infolgedessen erst dann durch die vom Oogon abgegebenen Gamone jenes Hervorlocken möglich wird.

Die Existenz solcher Stoffe wird uns auch durch zahlreiche andere Beobachtungen vor Augen geführt. Es sei an einige Beispiele erinnert. Bekannt ist, daß bei *Spirogyra* ein Faden durch einen auf eine gewisse Entfernung im Wasser ausbreitbaren chemischen Reiz die Anlage einer Kopulationsbrücke auch in einem gegenüberliegenden Faden induzieren kann. Zahlreiche Beobachtungen betreffen weitere Pilzarten. So sind z. B. bei den Mucorineen für die Entstehung der Zygophoren, also der senkrechten Hyphen, an denen die Gametangien abgeteilt werden, chemomorphotische Einflüsse wichtig, die sich bemerkbar machen, sobald die Hyphen der beiden verschiedenen Geschlechter sich ausreichend genähert haben (Abb. 209). Es gehen also von den Fäden des einen Geschlechts Einflüsse aus, die in den Fäden des anderen eine spezifische Organbildung induzieren (Burgeff). Eingehend untersucht worden ist die zu den Saprolegniaceen gehörende *Achlya ambisexualis* unter dem Einfluß solcher Stoffe (Abb. 211). Bei diesem Pilz bilden sich im männlichen Mycel die Antheridienäste, wenn weibliches und männliches

Mycel einander auf 3—5 mm genähert sind. Diese Bildung wird durch einen hormonartigen Stoff A induziert, der im weiblichen Mycel entsteht. Darauf erzeugen die Antheridienäste ein Hormon B, das die Bildung von Oogonanlagen im weiblichen Mycel hervorruft. Diese Oogonanlagen wiederum scheiden ein Hormon C aus, das die chemotropische Anziehung der Antheridienäste bedingt. Und endlich wird in den Antheridien noch wieder ein Stoff D gebildet, der die Oogonanlagen zur Abschnürung der Oogone veranlaßt. Daß es sich hierbei um Stoffe handelt, die von den Mycelien gebildet werden, dann aber auch ohne deren weitere Gegenwart bestehen können, wird noch sehr schön durch die Beobachtung demonstriert, daß die Anlage der Antheridienäste auch dann erfolgt, wenn die männlichen Fäden in Wasser übertragen werden, in dem weibliche gewesen sind. Ebenso bilden die weiblichen Pflanzen in Filtraten aus der Kulturflüssigkeit männlicher Pflanzen Oogonanlagen (Raper). Über die chemische Natur dieser Hormone, die schon 1881 de Bary vermutet hat, ist nichts bekannt. Es scheint übrigens, daß es sich bei ihnen zum Teil sogar um Komplexe mehrerer Hormone handelt. Ähnlich komplex scheinen die Verhältnisse bei *Sapromyces* zu liegen (Biskop).

Abb. 211. *Achlya ambisexualis.* Bei einer Entfernung der ♂- und ♀-Mycelien von 3—5 mm werden zuerst die Antheridienäste (links oben), erst nach deren Entstehung die Oogonanlagen (rechts unten) gebildet. (Nach Raper.)

Über die Gamone bei *Chlamydomonas* haben wir schon im Zusammenhang mit der Frage der Anziehung zwischen Zellen gesprochen. Es wäre nicht zweckmäßig, für die befruchtungsbedingenden Wirkstoffe ebenso wie für die Stoffe, die zur Anlage der Sexualorgane (und damit natürlich auch für die Möglichkeit der Befruchtung) wichtig sind, den gemeinsamen Ausdruck Gamon benutzen. Natürlich ist es möglich, daß diese verschiedenartigen Leistungen von chemisch verwandten Stoffen gesteuert werden, so wie bei *Chlamydomonas* ja auch die Termone und Gamone wieder untereinander verwandt sind. Als Gamon im strengen Sinne könnte man nur, wie auch Hartmann ausführt, einen Stoff bezeichnen, der wie das oben genannte Hormon C von *Achlya* für die chemotaktische bzw. (hier) chemotropische Anziehung wichtig ist. Die Stoffe A und B der *Achlya* sollte man eher mit den Termonen von *Chlamydomonas* in Parallele setzen. Doch auch das könnte noch zu Irrtümern Veranlassung geben. Wenn *Saprolegnia* sich in der männlichen Entwicklungsphase befindet, so müßte doch wohl das Termon schon wirksam gewesen sein; aber es sind dann eben, wie wir sahen, noch weitere Stoffe wichtig, die die Ausbildung der Antheridien ermöglichen.

6. Stoffe, die die gesamte Entwicklungsweise beeinflussen (Generationswechsel und verwandte Erscheinungen).

Wir werden später noch sehen, daß das Auftreten verschiedener Wuchsformen und verschiedenen physiologischen Verhaltens zwar mit einem Kernphasenwechsel eng verknüpft sein kann, nicht aber durch diesen bedingt ist. Wir kennen Gametophyten mit verdoppeltem Chromosomensatz und Sporophyten mit einfachem Chromosomensatz. Wir werden dabei noch darstellen, daß für die Art der Formbildung der jeweilige Ausgangspunkt des Entwicklungsprozesses eine erhebliche Rolle spielt. Geht bei einem Moos die Entwicklung von einer Spore oder von einer einzelnen vegetativen Zelle des Stämmchens, der Blätter usw. aus, so entwickelt sich ein Protonema (im zweitgenannten Fall ein Regeneratprotonema). Geht die Entwicklung von der Eizelle aus, so bildet sich ein Sporophyt (der aber gelegentlich auch aus anderem Gewebe entstehen kann). Bildet eine Protonemaknospe den Ausgangspunkt der Entwicklung, so entsteht eine beblätterte Moospflanze. Wenngleich so die jeweilige Entwicklungsrichtung vom anatomisch charakterisierbaren Startzustand der Entwicklung abhängt, ist das Eintreten dieses Zustandes selber von inneren (oft durch Außenfaktoren modifizierbaren) Bedingungen abhängig, die offenbar chemischer Natur sind. Bei Moosen (*Phascum cuspidatum*) können Gametophyten, die durch Regeneration aus einem Sporophyten entstanden sind, schneller zur Sporophytenbildung übergehen als andere. Erstere haben also offenbar „Determinationsstoffe" (v. Wettstein) angehäuft. Ähnlich besitzen ältere Protonemafäden eine größere Tendenz zur Bildung von Knospen, also zur Stämmchenbildung, als jüngere (Schwanitz).

Bei *Monostroma Wittrockii* gehen durch die Reduktionsteilung aus der Zygote normalerweise 32 Schwärmer hervor, die 4 Geißeln besitzen und nicht kopulationsfähig sind. Man kann aber durch Behandlung mit Extrakten aus Gametophyten erreichen, daß die Zygote (die hier also gleichzeitig den Sporophyten darstellt) Schwärmer liefert, die zwar ebenso aussehen wie jene, aber kopulationsfähig sind. Durch starke Einwirkung solcher Stoffe läßt sich darüber hinaus sogar erreichen, daß (jetzt 64) kopulationsfähige Schwärmer entstehen, die zweigeißlig sind und den normalen, vom Gametophyten erzeugten Schwärmern gleichen. Bei den hier wirksamen Stoffen scheint es sich um Eiweiße zu handeln (Moewus).

7. Gallenbildung.

Die Gallen entstehen durch ein kompliziertes Zusammenwirken verschiedenartiger Faktoren, unter denen zweifellos chemische Reize durch hormonartige Substanzen eine große Rolle spielen. Manche Gallbildungen sind vielleicht teilweise durch Wuchsstoffe erklärbar, die von den Organismen geliefert werden, welche die Gallbildung veranlassen. Die an *Phaseolus*, *Helianthus* und *Nicotiana* durch *Pseudomonas tumefaciens* hervorgerufenen Gallen ließen sich durch Behandlung mit Heteroauxinen (Indolylessigsäure und Indolylpropionsäure) nachahmen, und aus den Zellen der Bakterien ließen sich andererseits Stoffe extrahieren, die, zur Paste verarbeitet und auf *Bellis* übertragen, ebenfalls Gallbildung bedingen (Brown und Gardener). Ähnliche Beobachtungen sind an mehreren Objekten gemacht worden; jedoch wissen wir schon, daß die hier wirksamen Stoffe nicht mit Auxin identisch sein können (S. 158). Auch Zellwucherungen der Art, wie sie in den Gängen der Blattminierlarven entstehen (an solchen Stellen, wo die Fäzes mit den Mesophyllzellen in Berührung kommen), waren durch Behandlung mit Wuchsstoff erzielbar (La Rue). Es ist versucht worden, durch eine Kombination mechanischer und chemischer Reize solche Gallbildung nachzuahmen. An Erbsenwurzeln wurden durch Einstiche mit Glasnadeln und Glasröhrchen sowie zusätzliche Behandlung mit bestimmten Impfstoffen schwulstartige Verdickungen hervorgerufen (Rose).

Jedoch ist mit einer solchen Reproduzierung einfachster Teilschritte der Gallbildung diese selber durchaus noch nicht verständlich geworden. Die natürlichen Gallbildungen sind erheblich komplizierter, und es bleibt die Abhängigkeit der Gallstruktur von der Art des sie hervorrufenden Organismus zu erklären. Auch reicht die Menge des von den Gallbildung hervorrufenden Tieren oder Pflanzen produzierten Wuchsstoffes nicht aus, um die Bildung der Galle auf Grund einer so einfachen Theorie verstehen zu können. Es dürften also bei der natürlichen Erzeugung der Gallen wesentlich kompliziertere Bedingungen gegeben sein, wobei möglicherweise noch ganz andersartige Stoffe eine Rolle spielen (STERLING). Auch wird die genau lokalisierte Anbringung der Stoffe durch die Larven entscheidend wichtig sein (BOYSEN-JENSEN). Diese Stoffe selber können sowohl z. B. von dem Insekt geliefert werden, das seine Eier in die Pflanze überträgt als auch vom Ei oder der sich entwickelnden Larve.

Literatur.

Mit einem * versehene Arbeiten sind zusammenfassende Darstellungen.

a) Blühhormone:

BONNER and THURLOW: Bot. Gaz. **110** (1949). — BONNER, J. and D.: Bot. Gaz. **110** (1948). — BORTHWICK, PARKER and HEINZE: Bot. Gaz. **102** (1941). — BROOKS: Hilgardia **13** (1940).

CALJACHJAN: C. r. Akad. Sci. USSR. **47/48** (1945). — CLAES: Z. Naturforsch. **7** b (1952).

DENFFER, V.: Biol. Zbl. **67** (1948); * Naturwiss. **37** (1950).

HARDER u. OPPERMANN: Planta (Berl.) **41** (1952). — HARDER u. VAN SENDEN: Naturwiss. **36** (1949). — HARDER u. V. WITSCH: Nachr. Ges. Wiss. Göttingen, Math.-naturwiss. Kl. **84**, H. 2 (1941). — HEINZE u. Mitarb.: Bot. Gaz. **103** (1942). — HOLDSWORTH and NUTMAN: Nature (Lond.) **160** (1947).

* LANG: Annual Rev. Plant Physiol. **3** (1952). — LAIBACH: Beitr. Biol. Pflanz. **29** (1952). — LAIBACH u. Mitarb.: Naturwiss. **37** (1950). — LEOPOLD and THIMANN: Science (Lancaster, Pa.) **108** (1948). — LAIBACH u. KRIBBEN: Beitr. Biol. Pflanzen **28** (1950). — LOEHWING: Science (Lancaster, Pa.) **107** (1948).

* MELCHERS: The physiology of flower-initiation. IMax-Planck-Ges. Göttingen 1952. — * MELCHERS u. LANG: Biol. Zbl. **67** (1948). — M NINA: Dokl. Akad. Nauk SSSR. **69** (1949). — * MURNEEK and WHYTE: Vernalization and photoperiodism. Waltham 1948.

* NAYLOR: Surv. Biol. Progr. **2** (1952). — NITSCH u. Mitarb.: Amer. J. Bot. **39** (1952).

RAUH u. REZNIK: Sitzgsber. Heidelberg. Akad. Wiss., Math. naturwiss. Kl. **1951**. — REHM: Nature (Lond.) **170** (1952).

STRUCKMEYER: Amer. Naturalist **84** (1950).

UMRATH: Planta (Berl.) **36** (1948).

ZEIST u. KOEVOETS: Proc. Kon. Akad. Wetensch. Amsterdam **54** (1951).

b) Wurzel-, sproß- und blattbildende Substanzen:

CASTAN: Rev. gén. Bot. **52** (1940). — CHOUARD: Rev. internat. Bot. appl. et d'Agric. trop. **28/29** (1949).

GALSTON and HAND: Arch. of Biochem. **22** (1949).

JACOBS: Biol. Bull. **101** (1951).

MOUREAU: Bull. Soc. bot. Belg., 2. sér. **23** (1940/41). — MÜLLER-STOLL: Flora (Jena) **139** (1952).

OVERBEEK, VAN u. Mitarb.: Amer. J. Bot. **33** (1946).

RESENDE: Bol. Soc. Portug. Cienc. Nat. **16** (1948).

THIMANN: Proc. roy. Acad. Amsterdam **37** (1943).

WENT: Jb. wiss. Bot. **76** (1932); Amer. J. Bot. **25** (1938).

c) Formbeeinflussende Wirkstoffe:

* HARDER: Symposia Soc. Exper. Biol. **2** (1948). — HARDER u. SPRINGORUM: Biol. Zbl. **66** (1947). — HEATH and HOLDSWORTH: Symposia Soc. Exper. Biol. **2** (1948).

KUZMENKO: C. r. He. Sci. URSS., N. s. **25** (1939).

MOLOTKOWSKY: C. r. He. Sci. URSS., N. s. **24** (1939).

SIRONVAL: Acta roy. Belg. Bull., Cl. Sci. 5. sér. **35** (1949). — SKOOG: Amer. J. Bot. **31** (1944).

UMRATH: Planta (Berl.) **36** (1948).

ZEIST u. KOEVOETS: Proc. Kon. Akad. Wetensch. Amsterdam **54** (1951).

d) Geschlechtshormone usw.:

BISHOP: Mycologia (N. Y.) **32** (1940). — * BURGEFF: Untersuchungen über Sexualität und Parasitismus bei Mucorineen. Jena 1924.

* HARTMANN: Die Sexualität. Jena 1943. — * HARTMANN u. HÄMMERLING: Fiat Rev. German Sci. Biol. **2** (1948).

KUHN: Planta (Berl.) **32** (1941).

MOEWUS: Biol. Zbl. **60** (1940); Erg. Biol. **19** (1943); * Fiat Rev. German Sci. Biol. **2** (1948); Z. Vitamin-, Hormon- u. Fermentforsch. **3** (1950).

* NAYLOR: Surv. Biol. Progr. **2** (1952).

RAPER: Amer. J. Bot. **26** (1940); * Bot. Rev. **18** (1952.)

e) Generationswechsel usw.:

MOEWUS: Biol. Zbl. **67** (1948).

WETTSTEIN, V.: Ber. dtsch. bot. Ges. **60** (1942). — WINKLER: Planta (Berl.) **33** (1945).

f) Gallenbildung:

BOYSEN-JENSEN: Physiol. Plantarum **1** (1948). — BROWN u. GARDNER: Phytopathology **26** (1936).

RUE, LA: Bull. Torrey Bot. Club **64** (1937).

STERLING: Amer. J. Bot. **39** (1952).

IX. Determination durch andere Substanzen.

1. Kohlenhydrate und Stickstoff.

Als die Rolle der Hormone in der pflanzlichen Entwicklung noch unbekannt war, wurde der Bildung von Assimilaten wie Stärke und Zucker eine viel größere Bedeutung zuerkannt als gegenwärtig. Eine ganze Reihe von Erscheinungen versuchte man durch Anhäufung oder Verbrauch von Assimilaten zu erklären; von denselben Erscheinungen wissen wir jetzt, daß für sie Hormone oder noch andere Faktoren ausschlaggebend sind. Es kann etwa auf die vermutete Rolle des Verhältnisses von Kohlenhydraten zu Stickstoffverbindungen für die Blütenbildung hingewiesen werden. Wenngleich der Assimilatbildung bei der Herstellung der Blühwilligkeit sicher eine Bedeutung zukommt, wissen wir jetzt doch, daß diese allein ebensowenig ausschlaggebend ist wie jenes Verhältnis. Wir können bei manchen Pflanzen durch verschiedenartige Außenbedingungen das Verhältnis von Kohlenhydraten zu Stickstoffverbindungen innerhalb der Pflanze stark beeinflussen, dabei aber doch erleben, daß diese Außenbedingungen, selbst wenn sie das Verhältnis bei verschiedenen Arten in gleicher Richtung verschieben, die Blütenbildung doch in völlig entgegengesetzter Weise beeinflussen.

Allerdings könnte man hiergegen einwenden, daß es nicht auf das Verhältnis von Kohlenhydraten und Stickstoffverbindungen in der Gesamtpflanze ankomme, sondern nur auf die in den Vegetationspunkten vorhandenen Stoffe. Jedoch fand SHEARD, daß auch in den Vegetationspunkten (untersucht bei *Chrysanthemum*, *Cosmos* und Tomate) keine regelmäßige Beziehung zwischen den Faktoren, die die Blütenbildung beeinflussen und der Verschiebung jenes Stoffverhältnisses besteht. Dennoch bleibt eine Bedeutung der Stickstoff- und Kohlenhydratmengen für die Blühwilligkeit möglich. Das ist schon darum denkbar, weil die Zuckerbildung offenbar für die Blühhormonsynthese, die freilich in den Blättern abläuft, wichtig ist. SHEARD fand bei spät blühenden Chrysanthemen und bei *Cosmos* eine enge Beziehung zwischen dem Erscheinen von Blütenknospen und der Erhöhung der Zuckerkonzentration in den Vegetationspunkten. Möglicherweise haben die bisherigen Untersuchungen auch darum nicht zu einem klaren Ergebnis geführt, weil sich die einzelnen Pflanzen verschiedenartig verhalten. Nach CAJLACHJAN gibt es Arten (z. B. Weizen, Gerste, Hafer, Spinat, Klee), die bei N-Mangel schneller, und andere Arten (z. B. *Perilla*, Sonnenblume, Tabak, Baumwolle, Lupine, *Chrysanthemum*, *Tagetes*, *Xanthium* und *Kalanchoe*), die bei N-Mangel langsamer blühen. Eine dritte Gruppe von Pflanzen verhält sich neutral. Es scheint, daß, wie auch schon v. DENFFER gefunden hatte, Kurztagpflanzen häufiger zur Gruppe der durch N-Mangel gehemmten gehören, jedoch besteht keine allgemeingültige Beziehung (vgl. auch SCULLY und Mitarbeiter).

Für den Übergang von der vegetativen zur reproduktiven Entwicklung und für den Wechsel zwischen den verschiedenen Fortpflanzungsweisen bei Thallophyten wurden ebenfalls lange Zeit hindurch, nicht zuletzt unter dem Einfluß der Arbeiten von KLEBS, ähnliche Faktoren verantwortlich gemacht; viele solcher Bedingungen sind anscheinend tatsächlich wichtig (vgl. RAPER). Mangel an Nahrungsstoffen, oft vielleicht speziell an Stickstoff, kann bei manchen Pilzen die reproduktive Entwicklung veranlassen. Auch das Verhältnis von Kohlenhydraten zu Stickstoffverbindungen scheint hierfür oft mitbestimmend zu sein. In anderen Fällen können aber bestimmte Nährstoffe ebenso wie Vitamine die Einleitung der reproduktiven Entwicklung fördern. Einheitliche Regeln bestehen also kaum. Zum Beispiel wird bei *Sporodinia grandis* die Bildung von Zygosporen durch Verringerung der Kohlenhydratkonzentration und durch Erhöhung der Asparaginmenge gefördert, während die sexuelle Reproduktion bei *Neurospora* umgekehrt durch gute Versorgung mit Zucker (und anderen Nährstoffen) gefördert wird (vgl. BAKER).

Auch der Wechsel zwischen der alljährlichen Ruhe- und Aktivitätsperiode kann, wie schon unsere Betrachtungen über die endogene Jahresrhythmik gezeigt haben, nicht einfach aus der Anhäufung und dem Wiederverbrauch von Assimilaten erklärt werden.

Es gibt noch eine ganze Reihe anderer Erscheinungen, die man mit den Assimilaten in Zusammenhang gebracht hat, von denen wir aber durchaus noch nicht wissen, ob nicht ganz andere Ursachen vorliegen. Möglich ist, wie namentlich GOEBEL und seine Schüler durch viele Beobachtungen gut begründet haben, daß die Assimilatanhäufung für die Differenzierung in Jugend- und Folgeblätter mitverantwortlich ist.

Wenn GOEBEL die Tatsache, daß sich im Fruchtknoten von *Quercus* von den 6 Samenanlagen nur eine entwickelt, aus dem Konkurrenzkampf um die Nährstoffe erklärt, so entsteht hier wie in zahlreichen ähnlichen Fällen das Bedenken, warum die sich entwickelnden Anlagen völlig unterdrückt werden, anstatt nur mehr oder weniger zu verkümmern. Die völlige Unterdrückung könnte vielleicht eher dafür sprechen, daß hier wieder, ähnlich wie wir es bei der Untersuchung von Musterbildungen erörtert haben, eine der Anlagen die Entwicklung gleichartiger anderer aktiv ausschließt.

Für die Entwicklung der Embryonen von Blütenpflanzen spielt aber doch die Assimilatversorgung auf jeden Fall eine große Rolle. Viele Fälle des Absterbens von Embryonen lassen sich auf mangelhafte Ernährung zurückführen. Schon in diesem Stadium spielt das Endosperm eine erhebliche Rolle. Geht das Endosperm zugrunde, so stirbt auch der Embryo (BRINK und COOPER).

Als das Resultat eines Kampfes um die Assimilate kann man es auffassen, wenn Farnprothallien und Moosprotonemen zugrunde gehen, sobald der Farnwedel bzw. die beblätterte Moospflanze sich zu entwickeln beginnen. Auch die Verkümmerung einzelner Blüten an reichlich blütentragenden Infloreszenzen bei der Bildung von Samen aus den zuerst angelegten Blüten kann man wohl ohne Bedenken als Ergebnis eines Konkurrenzkampfes um die Assimilate ansehen.

Bei den Versuchen zur Erklärung von Regenerationsleistungen wurde den Nährstoffen früher ebenfalls zu Unrecht eine entscheidende Rolle zuerkannt. Man glaubte das Eintreten solcher Leistungen dadurch erklären zu dürfen, daß mit der Entfernung einzelner Pflanzenteile in den stehenbleibenden eine Nährstoffstauung eintritt, die den Anreiz zur Regenerationsleistung gibt. Diese Annahme hat sich aber in keinem Falle bewährt. Immer wieder wurde deutlich, daß die Unterbrechung des Zusammenhanges zwischen den einzelnen Pflanzenteilen nur wirksam wird, weil mit ihr ein hemmender hormonaler Einfluß der anderen Teile ausgeschaltet wird (vgl. S. 208).

2. Sonstige chemische Faktoren.

Schon die lange bekannten Chemomophosen lassen vermuten, daß nicht nur Hormone und die in größeren Mengen auftretenden Assimilationsprodukte, sondern auch andere Substanzen, wie Gase, Salze, Säuren usw. an der normalen Differenzierung beteiligt sind. Erst in neuerer Zeit ist über die Mitwirkung solcher Substanzen einiges bekannt geworden; tiefere Zusammenhänge wurden noch nicht aufgedeckt.

Schon der Sauerstoffdruck kann wichtig sein. Bei der Anlage von Gewebekulturen hat sich mehrfach gezeigt, daß das Eintauchen der Präparate in die Nährlösung für die Herausdifferenzierung von Organen wichtig sein kann, umgekehrt kann dabei zu reichliche Sauerstoffzufuhr infolge starker Assimilation die Organbildung unterdrücken (SKOOG). Jedoch verhalten sich verschiedene Pflanzenarten nicht übereinstimmend.

Auf einige Zusammenhänge zwischen mehreren Vitaminen und der Gewebedifferenzierung hat neuerdings VAN FLEET hingewiesen. Mehrere Vitamine können die Fettsäureoxydation unterdrücken, aber auch die Azidität ist hierbei wichtig. Von dieser Beeinflussung der Fettsäuren sollen wiederum mehrere Differenzierungen abhängen.

Literatur.

Mit einem * versehene Arbeiten sind zusammenfassende Darstellungen.

BAKER: New Phytologist **30** (1931). — BRINK and COOPER: Genetics **26** (1941).

DENFFER, v.: Planta (Berl.) **31** (1940).

FLEET, VAN: Amer. J. Bot. **30** (1943).

* NAYLOR: Surv. Biol. Progr. **2** (1952).

* RAPER: Bot. Rev. **18** (1952).

SCULLY u. Mitarb.: Bot. Gaz. **107** (1945). — SHEARD: Ann. Appl. Biol. **27** (1943). — SKOOG: Amer. J. Bot. **31** (1944).

X. Die Bedeutung autonomer Veränderungen für die Entwicklung.

1. Einfluß äußerer und innerer Faktoren auf den Entwicklungsgang.

Selbstverständlich ist jede Determination unmittelbar durch einen ihr vorhergehenden inneren Zustand der Zelle bedingt. Offen bleibt aber die Frage, wieweit dieser entscheidende innere Zustand von Außenbedingungen hergestellt wird und wieweit er im natürlichen Gang der Entwicklung auch selbsttätig, bei gleichbleibenden Außenbedingungen eintritt.

Bildung von Fortpflanzungsorganen. Früher neigte man zu der Auffassung, daß die *selbsttätige* Schaffung neuer Innenbedingungen vielfach im Vordergrund steht: in einem bestimmten *Alter* bilden sich Blüten, bzw. bei den niederen Pflanzen die einzelnen Fortpflanzungsorgane usw. Dieser Ansicht ist vor allem KLEBS entgegengetreten. Er zeigte, daß man den typischen Entwicklungsgang sehr stark modifizieren kann und sogar als notwendig angesehene Entwicklungsschritte völlig übersprungen werden können. Es gelingt z. B., Algen rein vegetativ unbegrenzt zu kultivieren; sie vermehren sich dabei wohl durch Schwärmer, aber es treten niemals Sexualorgane auf. Diese rein vegetative Vermehrung kann etwa durch häufige Erneuerung der Nährlösung erreicht werden. So erzielte auch Hartmann an *Eudorina* Tausende von Generationen bei rein ungeschlechtlicher Vermehrung. Es sind zahlreiche Faktoren, die das Auftreten von Organen der sexuellen Fortpflanzung bedingen können (vgl. S. 248). Erwähnt sei etwa die Konzentration der Nährsalze, die Lichtintensität, Temperatur, Azidität.

Selbst bei den am meisten untersuchten Objekten, also den Blütenpflanzen, vermögen wir noch nicht zu sagen, wieweit der Übergang zur reproduktiven Entwicklung von äußeren, und wieweit er von inneren Faktoren determiniert wird. Die ältere Auffassung, es sei von innen her ein bestimmter Entwicklungsverlauf festgelegt, der die Pflanze zwinge, erst eine bestimmte Zeit für das Durchlaufen der vegetativen Entwicklung und ihrer einzelnen Phasen zu benötigen, und der sie dann ebenso zwinge, in einem bestimmten Alter, nach dem Durchlaufen jener ersten Entwicklungsphasen, zum Blühen überzugehen, hat sich jedenfalls als zu einseitig erwiesen. Wir wissen, daß der Zeitpunkt des Blühens sehr stark von äußeren Faktoren, z. B. von der Tageslänge und den Temperaturbedingungen abhängt, und daß wir durch Variation dieser Bedingungen auch erreichen können, daß die Pflanze entweder sehr spät, bzw. nie blüht, sich aber immer weiter vegetativ entwickelt, oder aber sie unter Umständen schon in einem sehr frühen Jugendstadium, manchmal sogar als Keimpflanze blüht (Paedogenesis). Zum Beispiel blüht die Kokospalme normalerweise erst nach Ausbildung des Stammes und der typischen Wedel; sie kann unter Umständen aber schon nach der Entwicklung der ersten Primärblätter blühen. Bei *Nuphar luteum* könnte man annehmen, daß sich vor der Blütenbildung nach den ersten untergetauchten Blättern zunächst die Schwimmblätter bilden müssen. Das ist aber nicht notwendig so. Bei ungünstigen Ernährungsbedingungen in tieferem oder stark fließendem Wasser kann die Blütenbildung auch schon unmittelbar nach der Bildung der Jugendblätter erfolgen, also ohne daß die Pflanze überhaupt zur Schwimmblattbildung schreitet (Goebel).

Natürlich darf man, wenn eine Pflanze ausnahmsweise schon im Jugendstadium blüht, nicht notwendig auf besondere äußere Bedingungen schließen; ebensogut können z. B. mutative Veränderungen verantwortlich sein. Auf jeden Fall aber sehen wir, daß bei der Entwicklung nicht notwendig die einzelnen Entwicklungsstufen in der normalen Weise aufeinanderfolgen müssen, also nicht etwa die eine notwendige Voraussetzung für die nächste ist.

Andererseits sollte aus den genannten Erfahrungen aber auch nicht der Schluß gezogen werden, das Blühen habe gar nichts mit dem Alter, sondern nur mit den wechselnden Außenfaktoren zu tun. Aus den photoperiodischen Experimenten wissen wir, daß manche Pflanzen mehrere Monate oder sogar mehrere Jahre alt werden müssen, bevor sie auf den adäquaten photoperiodischen Reiz mit der Anlage von Blüten reagieren. Zum Beispiel wurde gefunden, daß mehrere *Sempervivum*-Arten erst im dritten Lebensjahr blühreif werden (Behrens). Die Pflanzen können dabei sehr wohl schon vorher eine photoperiodische Empfindlichkeit zeigen, indem sie je nach der Art des Licht-Dunkel-Wechsels den Kurz- oder Langtaghabitus aufweisen. Es fehlt eben nur noch die Fähigkeit zur Blühhormonproduktion. Stehen junge Rosetten noch mit älteren Rosetten im Zusammenhang, von denen sie das „Blühhormon“ erhalten können, so vermögen sie auch schon in dem jugendlicheren Stadium zu blühen.

Bei niederen Pflanzen ist die Entscheidung, ob ein allmähliches Altern oder äußere Faktoren für den Übergang zur reproduktiven Entwicklung ausschlaggebend sind, oft noch viel mehr erschwert. Offenbar herrscht vielfach eine größere Labilität als bei den Blütenpflanzen. Bei den Farnen ließ diese Labilität gelegentlich die Vermutung des Vorliegens verschiedener Arten entstehen, wo es sich nur um unterschiedliche Zeitpunkte des Übergangs zur Bildung fertiler Wedel handelte.

Für die Fruchtkörperbildung bei Pilzen, etwa auf künstlichen Nährböden, ist oft angenommen worden, die Erschöpfung an Nahrungsstoffen sei entscheidend. Die Zusammenhänge scheinen aber doch nicht so einfach zu sein, bei *Coprinus* jedenfalls ist wohl die Erreichung einer bestimmten Myceldichte ausschlaggebend (vgl. VODERBERG).

Auch das Wechseln der verschiedenen Fortpflanzungsweisen hat man früher häufiger als jetzt mit einem autonomen Wechsel des inneren Zustandes in Zusammenhang gebracht. Es sei nur an das Beispiel der *Saprolegnia* erinnert, die nach einiger Wachstumszeit Schwärmsporen, schließlich Oogonien und Antheridien entwickelt. Aber schon KLEBS fand, daß hier die geänderte Nährstoffversorgung eine erhebliche Rolle spielt. Das Mycel von *Saprolegnia mixta* konnte sich jahrelang rein vegetativ entwickeln, wenn immer wieder für die Versorgung mit frischen Nährstoffen gesorgt wurde, während bei dem Entzug von Nährstoffen bald die Sporangien gebildet werden. Für die Bildung der sexuellen Fortpflanzungsorgane ist offenbar eine noch weitere Nährstoffverarmung notwendig.

Ähnliche Versuche hat KLEBS auch mit anderen niederen Pflanzen durchgeführt. Seine Ergebnisse stützten ihn in der Auffassung, daß es keinen aus inneren Gründen fixierten Entwicklungsgang gibt, sondern äußere Faktoren den Übergang von einer Entwicklungsstufe zur nächsten determinieren. In mancher Hinsicht müssen uns KLEBS' Schlußfolgerungen jetzt als etwas zu einseitig erscheinen. Viele Erfahrungen sprechen auch für Änderungen der Entwicklungstendenz aus inneren Ursachen; z. B. zeigte GEITLER an *Navicula minima*, daß die Kopulation hier immer bei der Erreichung einer bestimmten Zellgröße eintritt. Und die Zellgröße, bei der diese Kopulationsbereitschaft deutlich ist, ist nicht durch Veränderungen der Kulturbedingungen variabel. Hier tritt also einmal, wenngleich auch äußere Faktoren für den Eintritt der Kopulation wichtig sind, die Bedeutung innerer Ursachen stark in den Vordergrund.

Bildung unterschiedlicher vegetativer Formen. So wie die Bildung der Fortpflanzungsorgane ist auch die Bildung der verschiedenartigen Vegetationsorgane normalerweise an eine bestimmte Reihenfolge mit ziemlich fest determiniert erscheinenden Zeitabschnitten gebunden. Aber auch dabei handelt es sich nicht um eine zwangsläufige Folge innerer Veränderungen. Zum Beispiel muß nicht ein Moosprotonema in einem bestimmten Alter zur Bildung von Knospen schreiten. Je nach den Bedingungen kann die Knospenbildung sehr früh oder sehr spät eintreten, ja sogar (etwa bei unzureichendem Lichtgenuß) ganz unterdrückt werden, obwohl das Wachstum selber immer weiter läuft. Das gilt auch beispielsweise für die Ausbildung von Jugend- und Folgeblättern bei Blütenpflanzen. Wir wissen von mehreren Objekten, daß die Verschiedenheit dieser Blattypen nicht eine notwendige Folge des Alterns ist, sondern sehr stark von Außenbedingungen abhängt. *Campanula rotundifolia* bildet bei schwachem Licht wieder die der Jugendform entsprechenden Rundblätter. Auch andere Pflanzen zeigen das Wiederauftreten von Jugendblättern bei ungünstigen Außenbedingungen.

Aber auch für diese Bildung der unterschiedlichen vegetativen Formen müssen wir die Möglichkeit des Mitwirkens autonomer Veränderungen offen lassen. Zum Beispiel scheint es, daß die Unterschiede in der morphologischen und anatomischen Struktur von Blättern, die im Laufe der Entwicklung an ein und derselben Pflanze auftreten können, nicht immer nur durch die sich allmählich ändern den äußeren Faktoren verursacht sind, sondern auch ein allmählicher Alterungsprozeß des Vegetationspunktes entscheidend mitwirkt. Wie leicht man hier allerdings Fehlschlüssen ausgesetzt ist, zeigen die Untersuchungen von ASHBY und WANGERMANN. Manche Autoren (namentlich KRENKE) hatten recht allgemein mit einem „physiologischen Altern" der Vegetationspunkte gerechnet, das etwa in der sich ändernden Blattform zum Ausdruck komme (Abb. 212).

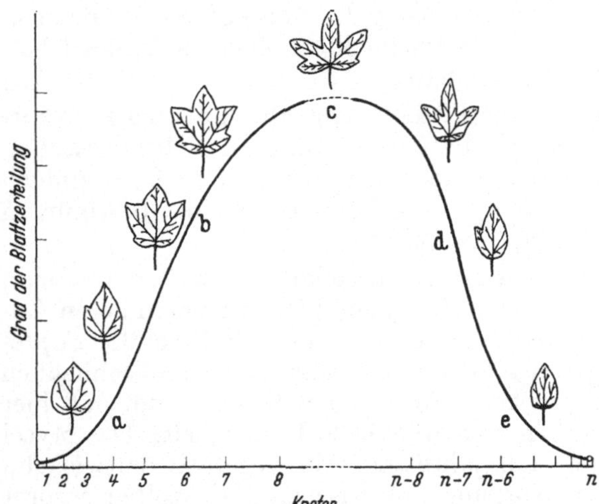

Abb. 212. Änderung der Blattform bei *Gossypium* als Ausdruck des zunehmenden Alters. Auf der Abszisse ist die (von der Basis aus gerechnete) Nummer des Knotens angegeben. (Nach ASHBY.)

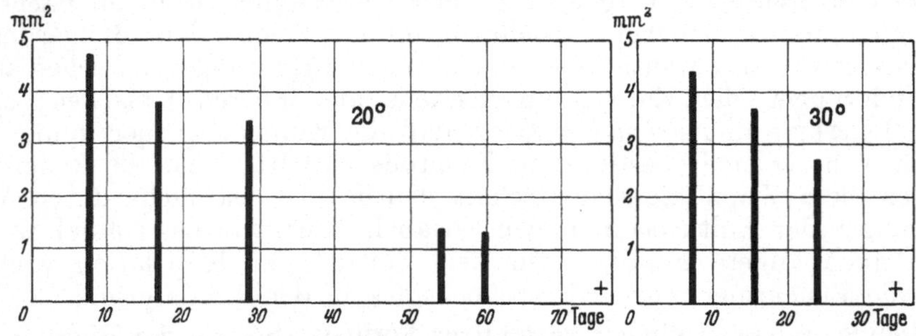

Abb. 213. *Lemna minor*, Beziehung zwischen der Fläche der aufeinanderfolgenden Tochtersprosse (Ordinate) und dem Alter des Muttersprosses zur Zeit des Erscheinens des Tochtersprosses (Abszisse). Die Muttersprosse wuchsen bei 20 bzw. 30°. + Zeitpunkt des Absterbens des Muttersprosses. (Nach WANGERMANN und ASHBY.)

Bei *Ipomoea caerulea* ließ sich aber zeigen, daß die Blattform weitgehend von der Tageslänge abhängt; im Kurztag tritt keine Blattlappung ein. Die Tageslänge aber ändert sich ja normalerweise während des Entwicklungsganges. Man kann also im Frühjahr und eventuell im Hochsommer eine andere Blattform erwarten als im dazwischen liegenden Zeitabschnitt.

Aber hiermit ist die Möglichkeit eines physiologischen Alterns aus inneren Gründen natürlich nicht ausgeschlossen. WANGERMANN und ASHBY haben solche Vorgänge bei *Lemna minor* nachgewiesen. Beim Kultivieren unter konstanten Außenbedingungen werden die Tochterglieder doch noch kontinuierlich kleiner, bis nach einiger Zeit wieder eine „Verjüngung" eintritt. Diese Zyklen des Alterns und der Verjüngung dauern mehrere Wochen, sind aber stark von den Außenbedingungen, namentlich von der Temperatur abhängig. Ein voller Zyklus des Alterns erfordert bei 20° 75 Tage (Abb. 213). Auch z. B. für den allbekannten Übergang der Jugend- zur Altersform bei Efeu ist nach NĚMEC nicht nur die geänderte Lichtversorgung, sondern zugleich auch der Übergang in den Zustand der Blühreife Voraussetzung.

Hier sei auch noch an die „Lebenszyklen" der Bakterien erinnert. Es ist bekannt, daß Bakterien im Verlaufe der Kultur ihren morphologischen und biochemischen Charakter ändern können. Ob es sich dabei wirklich um normale und aus inneren Ursachen angestrebte Zyklen handelt, oder ob die sich ändernden Außenfaktoren, die Erschöpfung der Kulturmedien und Degenerationserscheinungen im Spiel sind, ist durchaus noch nicht entschieden.

Verzögerte Genwirkungen. Wenn sich aus inneren Gründen die Entwicklungstendenzen der Pflanzen allmählich ändern können, so darf man das wenigstens teilweise so auffassen, daß durch die veränderten plasmatischen Zustände den Genen veränderliche Wirkungsmöglichkeiten geboten werden. Sogar können einzelne Gene zunächst ganz inaktiv bleiben, und erst beim Erreichen späterer Entwicklungsstufen tätig werden. Beispielsweise fand v. WETTSTEIN bei *Funaria hygrometrica* ein Gen, dessen Wirkung schon im Protonemastadium erkennbar wird, während andere Gene ihre Wirkung erst später deutlich werden lassen. Dafür können natürlich prinzipiell sowohl Veränderungen im Plasma als auch in den Kernen verantwortlich sein. Solche verzögerte Genwirkungen sind oft studiert worden. Die Verzögerung kann z. B. darauf beruhen, daß erst allmählich Genprodukte angehäuft werden. Auch in der Verzögerung der sichtbaren Wirkung experimentell den Zellen zugeführter Kerne (etwa bei den *Acetabularia*-Versuchen, über die wir früher sprachen) kommt diese Erscheinung zum Ausdruck. Gelegentlich ist gefunden worden, daß im Vererbungsexperiment neu zugeführte Gene sogar erst in der nächsten Generation wirksam werden, bzw. ihre Wirkung erst dann deutlich wird. Bei Bakterien können Mutationen, die den Bedarf an einzelnen Wachstumsfaktoren betreffen, also biochemische Mutationen der früher besprochenen Art (vgl. S. 25) unter Umständen erst nach mehreren Generationen deutlich werden. Es dauert dann also sehr lange, bis ein dem mutierten Gen entsprechendes neues Plasma das alte vollkommen ersetzt hat (DAVIS). Auch solche Erscheinungen wie den Generationswechsel kann man teilweise mit verzögerten Genwirkungen in Zusammenhang bringen. In einem sehr allgemeinen Sinne können wir natürlich alle solche Prozesse als Alterungsvorgänge bezeichnen.

Gelegentlich sind sehr weitgehende Vermutungen über die Rolle einer zeitlichen Aufeinanderfolge der Aktivierung von Genen für die typische zeitliche Folge der einzelnen Entwicklungsschritte geäußert worden. Es wurde sogar vermutet, die Ähnlichkeit der einzelnen Arten im Embryonalzustand fände ihren Grund darin, daß die für die einzelnen Arten charakteristischen Gene erst später im Verlaufe der Ontogenese aktiv würden. Jedoch ist es wohl richtiger, für die später immer stärker werdenden Differenzierungen den Umstand verantwortlich zu machen, daß sich die Bedingungen, also die Voraussetzungen für die Wirkungsweise der Gene mit zunehmender Entwicklung immer mehr ändern.

2. Das Altern.

Bedingungen des Alterns. Wenn wir feststellen, daß für die Änderung der Entwicklungsrichtung, für die Realisierung von Potenzen, die bisher nicht aktiv wurden, auch Änderungen des inneren Zustandes wichtig sein können, die autonom, d. h. bei Konstanz der Außenbedingungen auftreten, so folgt daraus nicht notwendig, daß diesen Änderungen, die wir allgemein als Alterungserscheinungen bezeichnen können, ein zwangsläufiger, durch die Plasmaeigenschaften jeder Zelle bedingter Alterungsprozeß zugrunde liegt. Es ist ebensowohl möglich, daß das Altern nicht notwendig in den Plasmaeigenschaften begründet liegt, sondern nur eintritt, weil das Plasma mit der fortschreitenden Entwicklung in immer neue Bedingungen hineingerät, die zwar für die ganze Pflanze Innen-, für die Einzelzellen aber Außenbedingungen sind.

Wie sehr wir diese Möglichkeit in Betracht ziehen müssen, zeigen uns die Beobachtungen an Gewebekulturen: Das Plasma kann an sich wohl unbegrenzt im embryonalen Zustand verharren. Es braucht nicht einmal so weit zu altern, daß es die Gewebe zur Differenzierung zwingt. Die Differenzierung tritt, wie wir für das Beispiel der in vitro kultivierten *Ulmus*-Kambien erwähnten, vielmehr erst ein, wenn sich die Milieubedingungen ändern. Der Übergang des embryonalen Gewebes zum sich differenzierenden tritt also wohl auch im normalen Gewebeverband ein, weil sich mit der zunehmenden Zellmenge im Gewebeverband allmählich die Bedingungen für die Einzelzelle ändern. Eine sehr große Bedeutung dürfte bei diesem Aufgeben des Embryonalzustandes der auf die eine oder andere Weise induzierten Polarität zukommen. Sobald diese nämlich vorhanden ist, führt sie, wie wir schon sahen, zwangsläufig zu polaren Stofftransporten und damit z. B. auch zwangsläufig zur Fortleitung eines für die Teilung wichtigen Stoffes aus den Zellen.

Auch die Zusammenfügung von embryonalen Zellen zu spezifischen Gewebeverbänden, etwa zu Vegetationspunkten, bringt noch nicht notwendig Veränderungen mit sich, die man als Altern bezeichnen könnte. Zwar reduziert ein Vegetationspunkt normalerweise auch dann, wenn nicht ungünstige Jahreszeiten eintreten, allmählich seine Aktivität. Aber diese Aktivitätsverminderung oder gar -sistierung ist keine notwendige Folge von Eigenschaften des Vegetationspunktes selber, vielmehr durch Einflüsse von den übrigen Teilen der Pflanze bedingt. Diese übrigen Teile können hemmend wirken, weil sie (bei alten Bäumen) schließlich nicht mehr die größer werdenden Wege des Nährstofftransports leicht genug überwinden können, weil sie schädigende Stoffwechselprozesse liefern oder auch z. B. von den Blättern ausgehend Blühhormone zum Vegetationspunkt leiten, die die vollständige Umwandlung seiner embryonalen Gewebe zum Dauergewebe einer Blüte erzwingen. Aber auch noch andere, bis jetzt unbekannte Einflüsse können von diesem übrigen Gewebe ausgehen. Die bekannten und unbekannten Einflüsse können wir experimentell ausschließen, indem wir die Vegetationspunkte isolieren. Wurzel- und Sproßvegetationspunkte können nach ihrer Abtrennung in Nährlösungen beliebig lange lebend und wachsend gehalten werden. Leichter gelingt das bei Wurzelvegetationspunkten (vgl. S. 160); aber auch Sproßvegetationspunkte sind neuerdings wiederholt erfolgreich kultiviert worden (BALL, SHIH-WEI LOO).

Selbst das Altern ganzer Organe wird weitgehend durch deren physiologische Wechselwirkung mit anderen Organen bestimmt. Das trifft etwa für die Laubblätter zu; in vielen Fällen läßt sich ihr Lebensalter stark erhöhen, wenn sie von der Mutterpflanze losgelöst kultiviert werden.

Aus den genannten Erfahrungen an isolierten Geweben folgt nicht, daß solche Gewebe eine konstante Lebensaktivität zeigen müssen. Veränderungen, mindestens periodische Verringerungen der Entwicklungsaktivität pflegen auch bei ihnen vorzukommen. Noch weniger dürfen wir erwarten, daß ein Gewebe, welches aus einer Pflanze isoliert wurde, immer sofort eine hohe Entwicklungsbereitschaft zeigen muß, einerlei, in welchem Entwicklungszustand sich die Pflanze befunden hat. Wenn wir auch das Gewebe etwaigen hemmenden Einflüssen der übrigen Pflanze entziehen, können doch sehr wohl noch Nachwirkungen bestehen bleiben, z. B. eine unterschiedliche Versorgung mit einem Vorrat hemmender und fördernder Wirkstoffe. So dürfen wir uns auch nicht wundern, daß die Proliferationsfähigkeit isolierter Gewebe sehr stark vom Zeitpunkt der Isolierung abhängt (Kulescha und Gautheret). Gewebe, die aus jüngeren Organen oder in der Phase hoher Entwicklungsaktivität isoliert wurden, zeigten eine größere Wachstumsintensität als Gewebe, die aus älteren Organen oder aus Organen isoliert wurden, die sich in der Ruheperiode befanden. Ganz entsprechende Erfahrungen wurden bei Regenerationsversuchen gemacht. Manchmal aber kann man bei Stecklingen aus entwicklungsgeschichtlich alten und jungen Pflanzen überhaupt keine unterschiedliche Entwicklungsgeschwindigkeit feststellen (Efejkin). Bei *Solanum* fand Winkler, daß das Regenerationsvermögen im Laufe einiger Jahre allmählich zurückgeht, ohne allerdings selbst nach 20 Jahren ganz verschwunden zu sein. Ist aber die Regeneration gelungen, so ist das Altern anscheinend immer vollständig rückgängig gemacht.

Das Altern der embryonalen Zellen ist also durch Faktoren bedingt, die für sie selber Außenfaktoren sind. Die übrigen Zellen, die im Verlauf der normalen Entwicklung vom Meristem abgetrennt werden, schreiten aus einem ihnen selber innewohnenden Gesetz zwangsläufig zu den weiteren von ihnen bekannten Altersstufen: zur baldigen Einstellung der Teilungen und des Plasmawachstums, zur Streckung und Ausbildung der verschiedenen Inhalts- und Wandverdickungen und zum zwangsläufigen Tod nach (selbst bei mehrjährigen Bäumen) wenigen Monaten (seltener erst nach vielen Jahren). Demnach würde eine Zelle durch Abtrennung vom Meristem auch zwangsläufig dessen potentielle Unsterblichkeit verlieren (vgl. auch Oehlkers). Und dieser Verlust an „Lebenskraft“ kann sehr schnell sichtbar werden: Ball fand, daß Ausschnitte aus den Vegetationspunkten von *Tropaeolum majus* und *Lupinus albus* in Nährlösungen eine viel geringe Fähigkeit zur Bildung neuen Gewebes zeigen, wenn sie aus $^1/_2$—1 mm Spitzenentfernung stammen als dann, wenn sie von der äußersten Spitzenregion herrühren.

Aber ganz zwangsläufig und endgültig ist der nach Abtrennung vom Meristem begonnene Schicksalsweg nicht. Übertragen wir den Zellverband nämlich in neue Bedingungen, indem wir ihn aus der Pflanze herausnehmen und einen Steckling aus ihm machen, so werden die Alterserscheinungen im Zusammenhang mit neuen Zellteilungen, auch wenn diese nicht von bereits vorhandenen bis dahin ruhenden Meristemen ausgehen, oft verhindert. Bekanntlich hat sich die Ansicht, daß Pflanzen bei rein vegetativer Entwicklung allmählich an Lebensfähigkeit verlieren, als unbegründet herausgestellt. Es ist zwar richtig, daß bei vielen Pflanzen, namentlich bei manchen Kulturpflanzen, durch die rein vegetative

Vermehrung oft eine „Entartung“ eintritt. So ist z. B. die Lebensdauer mancher Apfelsorten mit etwa 300 Jahren, die von Erdbeersorten mit etwa 60 Jahren angegeben worden. Man meinte, durch die Samenbildung werde sozusagen eine „Blutauffrischung“ erreicht. Aber dem widerspricht doch, daß manche Kulturpflanzen, wie z. B. Bananen, schon sehr viel länger rein vegetativ vermehrt werden. Wir wissen jetzt, daß die Schädigungen, die bei ausschließlich vegetativer Vermehrung auftreten, auf Krankheiten beruhen. Oft, z. B. bei Kartoffeln (sogenannter Abbau), Pfirsichen und Himbeeren handelt es sich dabei um Viruskrankheiten. Bei Pappeln und Äpfeln wurden Pilze als entscheidende Krankheitserreger festgestellt, bei *Helodea* Nematoden.

Wenn wir also von einem Altern sprechen, so meinen wir damit nicht eine im Plasma der Einzelzellen selber gelegene notwendige Veränderung, sondern Änderungen, die im Plasma allmählich eintreten, weil es infolge der Entwicklung in andere Bedingungen gerät. Diese Änderung der Bedingungen ist dafür verantwortlich, daß die Teilungsfähigkeit und die

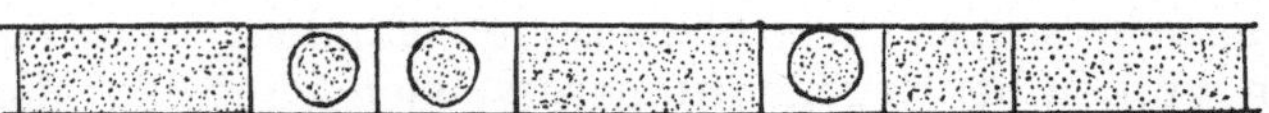

Abb. 214. Nach der Übertragung von *Spirogyra*fäden in hypertonische Harnstofflösung plasmolysieren die jungen, eben durch Teilung entstandenen Zellen, die älteren jedoch infolge ihrer erhöhten Permeabilität nicht. (Nach WEBER.)

Fähigkeit zur Substanzbildung beendet wird und statt dessen die Streckungsfähigkeit sowie die Differenzierbarkeit in die verschiedenen Zelltypen einsetzt, bis schließlich auch diese Phasen beendet sind und die Differenzierung abgeschlossen wird.

Plasmatische Veränderungen während des Alterns. Man hat immer wieder versucht, dieses Altern im weitesten Sinne des Wortes, also diese allmähliche Änderung des Plasmazustandes, die das geordnete Aufeinanderfolgen der verschiedenartigen Entwicklungsprozesse und schließlich das Absterben bedingt, an den mit physiologischen Untersuchungsmethoden erkennbaren Eigenschaften des Plasmas zu studieren. Tatsächlich ändern sich mehrere elementare Plasmaeigenschaften im Laufe der Entwicklung und im Zusammenhang mit dem Auftreten von Differenzierungsvorgängen. Einige solche Änderungen haben wir schon bei der Besprechung der Wachstumsvorgänge beschrieben. Ergänzt sei, daß sich das Plasmolyseverhalten, die Färbbarkeit usw. ändern können. Jedoch ist es schwer, zu entscheiden, ob die Plasmaänderungen, die zu diesen Unterschieden führen, wirklich Ursache oder nicht Folge der besprochenen Differenzierung sind.

Die Plasmaveränderungen äußern sich z. B. auch in Permeabilitätsänderungen. Die Permeabilität kann zunächst sinken, mit zunehmendem Alter wieder ansteigen (Abb. 214). Die Viskosität kann ebenfalls zunehmen, in anderen Fällen aber auch abnehmen. Gehen die Zellen (bei der Neubildung von Organen) wieder in den embryonalen Zustand über, so stellen sich auch wieder die für die jugendlichen Zellen charakteristischen Plasmaeigenschaften ein (MAXIMOV und MOSHAEVA). Das Absterben ist begreiflicherweise immer mit einer starken Permeabilitätserhöhung verknüpft, die bei Blütenblättern (vgl. BANCHER) sogar zum Zellsaftaustritt in die Interzellularen führen kann.

Nach PAECH besitzen in jüngeren Pflanzenzellen wenigstens einige der Plasmakolloide in hohem Maße die Fähigkeit zur Hydratation. Mit dem Altern der Zelle geht diese Hydratationsfähigkeit zurück und schwindet schließlich ganz. Das Absinken der Quellfähigkeit beginnt schon in einem sehr frühen Stadium der Entwicklung. Zwangsläufig verbunden hiermit ist offenbar eine Verringerung des Kaliumgehaltes. Damit ändert sich auch das kolloidchemisch so wichtige Verhältnis K:Ca (FISCHER). Mit diesen Veränderungen kann naturgemäß auch eine Modifikation der Stoffwechselleistungen verbunden sein. Solche Stoffwechselverschiebungen mit zunehmendem Alter sind schon früher bekannt gewesen als die Veränderungen im Kolloidzustand, wir dürfen sie aber wohl als Folge dieser kolloidalen Umwandlungen ansehen.

Altern ruhender Gewebe. Den früheren Vermutungen über die Notwendigkeit des plasmatischen Alterns liegen nicht nur die erwähnten Erfahrungen über die krankheitsbedingten Schwächungen zugrunde, sondern auch die Vorstellung, ein labiles protoplasmatisches Gefüge müsse allmählich zerfallen. Diese Vermutung ist auch aus rein physikalisch-chemischen Gründen durchaus naheliegend. Der Verfall wird aber eben durch die Lebenstätigkeit selber immer wieder kompensiert, soweit diese Aktivität nicht aus äußeren Gründen reduziert wird. Anders ist es selbstverständlich, wenn eine Lebensaktivität fehlt, etwa in den Zuständen latenten Lebens. Hier muß natürlich ein allmählicher Verfall eintreten, der bei Samen, Sporen usw. schließlich zum Verlust der Keimfähigkeit führt. Dieser Verfall ist dann um so langsamer, je niedriger die Temperatur und die Luftfeuchtigkeit sind. Bei extrem niedrigen Temperaturen läßt sich dieser Verfall wohl praktisch ganz verhindern (vgl. S. 41).

3. Das Durchlaufen von Phasen besonderer Bereitschaft.

Einmalige sensible Phasen. Das ganze Problem des Alterns ist aber zu einfach gesehen, wenn wir glauben, es handle sich hier um einen einheitlichen Prozeß, der zu einer allmählichen Veränderung in ein und derselben Richtung führt und nur bei der Keimzellbildung einer Verjüngung Platz macht. Die Alterungsvorgänge *im weiteren Sinne* bedingen vorübergehend auch Plasmazustände, die sich durch eine besondere *Qualität* vor den früheren und späteren auszeichnen.

In erster Linie ist hier das Erreichen besonderer sensibler Perioden zu erwähnen. Die Pflanzen können in bestimmten Stadien der Entwicklung eine Phase durchlaufen, in der sie für einzelne äußere Faktoren besonders empfindlich sind. Bei der Besprechung der Licht- und Temperaturreize werden wir darauf noch zurückkommen: Blütenknospen z. B. können ein kurzdauerndes Stadium durchlaufen, in dem solche Reize determinieren, wie später die Blütenfärbung und die Farbmusterung sein werden. Vielleicht können Pflanzen eine Phase durchlaufen, in der Kältereize, also die Vernalisationsreize, besonders geeignet sind, die spätere Blütenbildung zu fördern. Erwähnt haben wir schon, daß auf manchen jungen Entwicklungsstadien eine Phase durchlaufen werden kann, in der die Zellen durch äußere Reize, namentlich Lichtreize, leicht polarisiert werden.

Das genannte empfindliche Stadium bei Blütenknospen fällt mit dem Zeitpunkt zusammen, in dem die den Vorgang, also die Musterbildung beeinflussenden Gene wirksam werden. Diese Feststellung könnte die Theorie unterstützen, daß die Wechselwirkung zwischen Plasmon und Genom allgemein derart ist, daß durch die allmähliche Veränderung des Plasmas immer wieder anderen Genen die Möglichkeit zur Betätigung gegeben wird und dadurch die Aufeinanderfolge der verschiedenen

Entwicklungsschritte mitbedingt wird. Eine solche Ansicht ist aber zu unphysiologisch. Wie schon früher ausgeführt wurde, ist es wohl richtiger anzunehmen, daß stets alle Gene wirken; aber es kann doch vom jeweiligen Plasmazustand abhängen, was die Gene im betreffenden Zeitpunkt leisten. Wenn nun ein Plasmazustand eingetreten ist, der die Entwicklung der zur Musterbildung führenden Vorgänge ermöglicht, so ist damit gleichzeitig den Genen und auch den Außeneinflüssen die Möglichkeit des Eingreifens gegeben.

Periodische Änderungen. Von dieser Möglichkeit, durch eine Änderung des Plasmazustandes den Genen und den Außenfaktoren verschiedenartiges Wirken zu gestatten, macht die Pflanze vielfachen Gebrauch, und zwar nicht nur, indem sie einmal im Laufe der Entwicklung solche Perioden besonderer Qualität eintreten läßt, sondern bestimmte Zustände können sich auch mehrfach wiederholen. Es scheint, daß alle Potenzen nur dann im Laufe der Entwicklung realisiert werden können, wenn wiederholt bestimmte Extremzustände in der Plasmabeschaffenheit eingenommen werden. So sahen wir schon, daß die Pflanze periodisch bestimmte Plasmazustände mit einer Rhythmik von mehreren Monaten einander ablösen läßt, von denen der eine mehr zur Realisierung der Entfaltungs- und Wachstumspotenzen, der andere mehr zur Realisierung der Differenzierungspotenzen geeignet sein kann. Es ist die Rhythmik, die dann, wenn sie nicht bei Pflanzen eines Klimas ohne jahresperiodische Schwankungen abläuft, die Angleichung an die Jahresdauer zeigt und zugleich die Anpassung an die Notwendigkeiten von Ruhe und Aktivität ermöglicht.

Aber die endogene Jahresrhythmik und endogene Monatsrhythmik (vgl. S. 72ff.) sind eben nur sekundäre Anpassungen; primär besteht die Notwendigkeit, solche Extremzustände durchlaufen zu lassen, damit alle Potenzen realisiert werden können. Daher ist es gut verständlich, daß eine ähnliche Rhythmik auch bei Pflanzen vorkommt, deren Lebensbedingungen (gleichmäßiges Klima) einen solchen Wechsel von Ruhe und Aktivität nicht notwendig erscheinen lassen. In solchen Fällen überflüssiger Anpassung an einen Jahres- oder Monatsrhythmus der klimatischen Faktoren kann die endogene Rhythmik ganz unterschiedliche Periodenlängen aufweisen. Zum Beispiel erfordert der sumatranische *Amorphophallus titanum* 2—3 Jahre für einen vollen Entwicklungszyklus. Die Knolle selber kann viele Jahrzehnte oder gar mehrere Jahrhunderte alt werden. Dabei wird etwa in Abständen von 2—3 Jahren ein Blütenstand gebildet, und kurz hinterher entfaltet sich ein Laubblatt, das $1^1/_2$—2 Jahre leben bleiben kann. Nach dem Absterben des Laubblattes befindet sich die Knolle in einem Ruhestadium, dem nach mehreren Monaten die nächste Blüte folgt.

Von solchen rhythmischen Veränderungen, die wir ja auch schon für *Lemna* kennenlernten, also rhythmischen „Alterungsvorgängen", gibt es alle Übergänge bis zum einfachen Alterungsvorgang. Sehr klar läßt sich das an manchen Bambuseen demonstrieren. Es gibt bekanntlich Bambusarten, die nur sehr selten blühen, so blüht *Arundinaria falcata* alle 28—30 Jahre, *Bambusa arundinacea* alle 32—34 Jahre, *Melocanna bambusoides* etwa alle 45 Jahre. In der freien Natur pflegt ein ganzer Bambusbestand über riesige Flächen hinweg gleichzeitig zu blühen. Dem Blühen folgt dann ein allgemeines Absterben der Rhizome und die Neuentwicklung von Sämlingen, so daß also die Gleichaltrigkeit innerhalb des Bestandes immer gewährleistet ist. Der Übergang zur Blütenbildung wird ganz offensichtlich durch innere Faktoren reguliert, die auch dann noch im gleichen Zeitpunkt die Blüte entstehen lassen, wenn das Rhizom aus dem Boden entfernt und in einem ganz anderen Gebiet, etwa in einem Gewächshaus, kultiviert wird.

Bei einigen *Strobilanthes*-Arten dauert dieser mit dem Blühen und anschließenden Absterben beendete langsame Alterungsvorgang ebenfalls mehrere Jahre, bei *S. Kunthianus* 4—6 Jahre, bei *S. callosus* 7—8 Jahre, bei *S. pectinatus* 12 Jahre. So zeigen diese Arten in der freien Natur ein periodisches Blühen in entsprechend langen Zeitabschnitten.

Bei mehreren Arten aus der Verwandtschaft der Agaven kann der Alterungsvorgang noch langsamer verlaufen. So blüht *Fourcroya longaeva* im Alter von 400 Jahren und stirbt dann ab. Manche Agavenarten werden einige Jahre oder wenige Jahrzehnte alt und zeigen dann zum Abschluß ebenfalls das Blühen. Ähnlich wie bei den Bambuseen ist der Zeitpunkt des Blühens auch hier durch die Erreichung eines bestimmten Lebensalters, nicht durch bestimmte Außenbedingungen determiniert. Die Pflanze stirbt nicht etwa einfach ab, weil sei nach der Umwandlung des Vegetationspunktes keine Blätter mehr bilden kann, sondern der Vegetationspunkt wandelt sich um, weil die Pflanze in die Phase des Absterbens getreten ist: schon kurz vor der Blüte zeigt sich oft eine Schwächung der Blätter, die es bedingt, daß auch die noch recht jungen zuletzt gebildeten Blätter gleich nach der Blüte absterben; und dieses schnelle Absterben ist nicht etwa einfach die Folge der „Erschöpfung“ durch das Blühen, es tritt vielmehr auch dann ein, wenn die junge Blütenknospe entfernt wird.

Absolute Lebensdauer. Festzustellen, daß es Pflanzen gibt, die mehrere hundert oder gar tausend Jahre alt werden können, ist vom physiologischen Standpunkt aus nicht sonderlich interessant. Interessanter aber ist es, die Anpassung der Lebensdauer an bestimmte Außenbedingungen zu erörtern.

Einjährigkeit und Mehrjährigkeit. Wir haben eben bei der Besprechung der Blühperiodizität der Bambuseen, Agaven usw. gefunden, daß die Lebensdauer der Pflanze in enger Beziehung zur inneren Periodizität stehen kann: Die Pflanze stirbt nach einem vollen inneren Zyklus ab. Der Abschluß eines Zyklus ist sowohl durch die Blütenbildung als auch durch „Altersschwäche“ der Pflanze charakterisiert.

In ähnlicher Weise läßt sich die Einjährigkeit ohne weiteres als Konsequenz kürzerer Zyklen deuten, wie sie bei der endogenen Jahresrhythmik auftreten. Die Abschwächung der Lebensaktivität führt eben bei den Einjährigen nicht wie bei den mehrjährigen nur zu einer *Ruheperiode*, sondern zum *Absterben*. Es gibt dabei sehr wohl alle Übergänge. Bei einigen Pflanzen, etwa bei immergrünen Bäumen, wird nur eine alljährliche Ruheperiode eingeschoben, aber dabei sterben nicht einmal die Blätter ab. Bei anderen sterben nur die Blätter beim Beginn der Inaktivitätsperiode ab. Es gibt auch zahlreiche Arten, bei denen die meisten Sprosse absterben, und nur Rhizome usw. erhalten bleiben. Endlich gibt es Arten, bei denen auch die unterirdischen Teile sterben, und die einzigen überlebenden Teile des Individuums die Samen sind (die wir ja wenigstens physiologisch als Teile der Mutterpflanze ansehen dürfen). Diese Samen zeigen dann ja oft genau so die Fortsetzung des Wechselns von Aktivitäts- und Inaktivitätsperiode, wie bei anderen Arten etwa die Knollen (vgl. S. 54).

Man kann auch nachweisen, daß kein grundsätzlicher, sondern nur ein gradueller Unterschied zwischen dem partiellen Verlust der Aktivität in der Ruheperiode der Mehrjährigen und dem völligen Absterben aller Teile bei Einjährigen besteht. Manche Pflanzen, die normalerweise im Herbst absterben, können nämlich durch Darbietung besonders günstiger Bedingungen am Leben erhalten werden. Auch sei noch erwähnt, daß bei Einjährigen die Altersschwächung nicht nur als Erschöpfung durch das Blühen und Fruchten aufgefaßt werden kann, hier vielmehr ebenso wie bei jenen *Agaven* usw. noch andere Vorzeichen des Absterbens deutlich werden, so namentlich eine verminderte Stoffaufnahme durch die Wurzel (vgl. MOTHES und ENGELBRECHT).

Wenn solche Pflanzen, die nach der Blüte absterben, erst durch eine winterliche Kälteperiode zur Anlage von Blütenprimordien veranlaßt werden, so ergeben sie natürlich die Typen der Zweijährigen und der Winterannuellen.

Literatur.

ASHBY and WANGERMANN: New Phytologist **49** (1950).

BALL: Amer. J. Bot. **33** (1946). — BANCHER: Österr. bot. Z. **87** (1938). — BEHRENS: Biol. Zbl. **68** (1949).

EFEJKIN: C. r. Akad. Sci. USSR. **25** (1939).

FISCHER: Planta (Berl.) **35** (1948); Protoplasma (Berl.) **39** (1950).

KULESCHA et GAUTHERET: C. r. Soc. Biol. Paris **149** (1947).

MAXIMOV u. MOSHAEVA: Dokl. Akad. Nauk USSR. **42** (1944). — MOTHES u. ENGELBRECHT: Flora (Jena) **139** (1952).

OEHLKERS: Freiburger Univ.-Reden H. 9 1950.

PAECH: Planta (Berl.) **31** (1944).

SHIH-WEI LOO: Amer. J. Bot. **33** (1946).

VODERBERG: Planta (Berl.) **37** (1949).

WANGERMANN a. ASHBY: New Phytologist **50** (1951). — WETTSTEIN, V.: Z. Abstammgslehre **33** (1924). — WHITE: Bull. Torr. Bot. Club **66** (1939). — WILTON: Bot. Gaz. **99** (1938)

XI. Der Wechsel der Wuchsformen.

Neben dem Studium der Bildung der verschiedenartigen Gewebe und Organe ist auch die Frage, wie es zur unterschiedlichen Gesamtwuchsform der Pflanze in den einzelnen Entwicklungsabschnitten kommt, wichtig. Wir haben diese Frage im vorhergehenden Abschnitt schon gestreift, etwa, wenn wir vom Wechsel der Jugend- und Folgeformen sprachen.

Wuchsform von Zweigen. Mit dem Älterwerden von Pflanzen kann sich bekanntlich die gesamte Wuchsform erheblich ändern. Mehrfach untersucht worden ist beispielsweise der Unterschied von Jugend- und Altersformen beim Efeu. Der Efeu erleidet mit zunehmendem Alter (und zwar nach KRANZ nicht durch die sich mit dem Emporwachsen ändernden Licht- und Ernährungsbedingungen, sondern zufolge innerer Vorgänge) eine Umstimmung, die sich im Auftreten von Blüten und in einer anderen Blattform äußert (Abb. 223). Wir werden auf diese Erscheinung noch einmal eingehen, wenn wir uns mit ihrer Stabilität befassen. Hier sollen uns zunächst die induzierenden Ursachen interessieren, und die liegen in diesem Fall offenbar mehr in inneren Umstimmungen, also in Alterungsvorgängen im weitesten Sinne als in äußeren Faktoren. In anderen ähnlichen Fällen scheinen aber äußere Faktoren mehr bestimmend zu sein.

Stämmchenbildung der Moose. Für die Stämmchenbildung auf einem Moosprotonema ist eine Kombination innerer und äußerer Faktoren verantwortlich. Unter bestimmten Bedingungen, nämlich bei schwachem

Licht, kann die Pflanze dauernd als Protonema weiterwachsen; sie bildet dann niemals Stämmchen und Blätter. Für die Stämmchenbildung ist also zunächst einmal eine gewisse Lichtintensität notwendig. Außerdem aber auch wieder ein gewisses Alter; die Bereitschaft zur Stämmchenbildung erhöht sich nämlich mit zunehmendem Alter. SCHWANITZ hat sich mit diesen inneren Bedingungen befaßt. *Physcomitrium piriforme* bildete in einem zu schwach sauren Substrat ($p_H = 6{,}9$) keine Stämmchen mehr, obwohl starkes Wachstum und auch Reservefettspeicherung zu beobachten waren. Dagegen konnten Protonemafäden, die durch Regeneration aus Blättchen gewonnen waren, und auch ältere gewöhnliche Protonemafäden durch die ungünstige Azidität nicht mehr an der Stämmchenbildung gehindert werden.

Hiernach könnte es scheinen, daß sich mit zunehmendem Alter die innere Bereitschaft zur Knospenbildung allmählich erhöht, und sie im Plasma der beblätterten Pflanze eben schon sehr hoch ist. Bereits am Protonema kann sich diese beherrschende Rolle des ,,Alterns" jedenfalls beim Wachstum auf ausreichend ebenem Substrat zeigen, indem eine ringförmige Anordnung der jungen Pflänzchen, also eine Knospenbildung in allen gleichaltrigen Protonemateilchen erfolgt (Abb. 215, BOPP). Jedoch muß das nicht so verstanden werden, als sei eine innere Bereitschaft des Protoplasmas unerläßlich. Viel wichtiger ist die Größe des Protonemas. Und selbst wenn isolierte Blättchen beim Regenerieren nicht notwendig erst wieder ein längeres Protonemastadium durchlaufen, sondern gleich Knospen bilden, so liegt das auch nicht oder nicht notwendig an der ,,Stimmung" des Protoplasmas, d. h. an seinem größeren Alter, sondern an der Größe des das Regenerat bildenden Gewebes; denn kleine Blattstücke bilden zunächst auch ein Protonema. Sogar die Scheitelzellen der Knospen haben nicht eine besondere innere feste Disposition zu ihrer normalen Wachstumsweise, bei ausreichender Isolierung vom übrigen Gewebe können auch sie Protonemen bilden (BOPP).

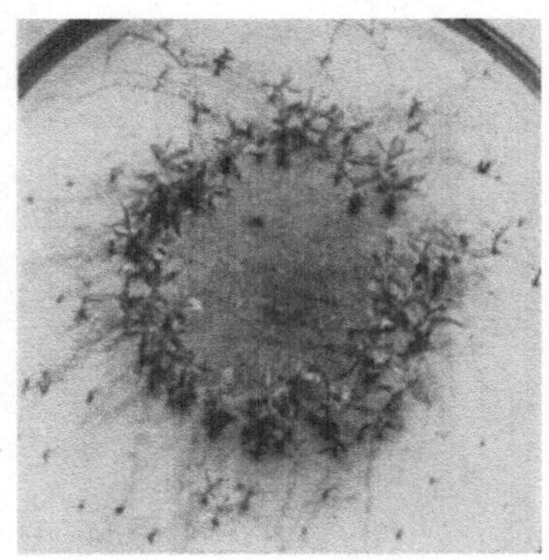

Abb. 215. *Funaria hygrometrica.* Ringförmige Anordnung der Pflänzchen auf dem Protonema. (Nach BOPP.)

Generationswechsel. Eines der rätselhaftesten Probleme des Formwechsels bleibt noch die Frage nach den physiologischen Ursachen des Generationswechsels. Der nächstliegende Gedanke, den Generationswechsel mit dem Kernphasenwechsel ursächlich zu verknüpfen, ermöglicht keine befriedigende Antwort. Natürlich mußte man zunächst mit der Möglichkeit rechnen, daß die Verdoppelung des Chromosomensatzes auch eine qualitative Veränderung der Genomwirkung bedingt, daß also gleichsam eine Genommutation mit starker Veränderung der Entwicklungsweise vorliegt. Diese Deutung ist aber nicht richtig. Wir erkennen das jetzt leicht aus der Tatsache, daß beim Regenerationsversuch aus dem Sporophyten ein Protonema und anschließend eine beblätterte Moospflanze heranwachsen kann, also eine Gametophyt mit dessen Aussehen, jedoch verdoppeltem Chromosomensatz; ebenso sind triploide und tetraploide Gametophyten möglich (Abb. 216). Noch klarer wird diese Schlußfolgerung aus Beobachtungen v. WETTSTEINs an *Phascum.* Der diploide, durch eine

Regeneration der genannten Art entstandene, also im Gegensatz zum normalen nicht haploide Gametophyt kann aus den Rippenenden der Blätter an Brutkörper erinnernde Bildungen wachsen lassen, aus denen sich ohne Sexualorganbildung und ohne Befruchtung Sporophyten bilden können. Diese Tendenz zur Sporophytenbildung hängt von Außenbedingungen ab; namentlich wird sie durch Trockenheit gefördert. Man kann also durch eine Variation der Außenbedingungen ein Rückschlagen der „Dauermodifikation Gametophyt" in die „Dauermodifikation Sporophyt" erreichen. Dieses Umschlagen kann sich mehrfach wiederholen (Abb. 217). Ähnlich wie beim Übergang vom Protonema zur beblätterten Moospflanze scheint auch für den Übergang zwischen Gametophyt und Sporophyt ein besonderes chemisches Milieu innerhalb der Zellen wichtig zu sein. Regeneratgametophyten bilden schneller Sporophyten als solche Gametophyten, die durch Aufregulierung entstanden sind; die ersteren haben offenbar vom Sporophyten Stoffe übernommen, die diesen Übergang zum Sporophyten bedingen; man könnte hier von Determinationsstoffen sprechen (vgl. S. 245). In den Aufregulierungsgametophyten, die durch Behandlung von Protonema mit Chloralhydrat gewonnen waren, müssen sich solche Stoffe erst allmählich bilden. Doch auch hier sind diese Substanzen offensichtlich zwar notwendig, um den Übergang zur Sporophytenbildung zu bedingen, aber das Beharren in dieser Generation ist nicht an das weitere Vorhandensein solcher Stoffe gebunden; denn in den meisten Fällen bleibt diese Wuchsform ja auch dann fest erhalten, wenn die Bedingungen zur Bildung der Stoffe nicht mehr gegeben sind.

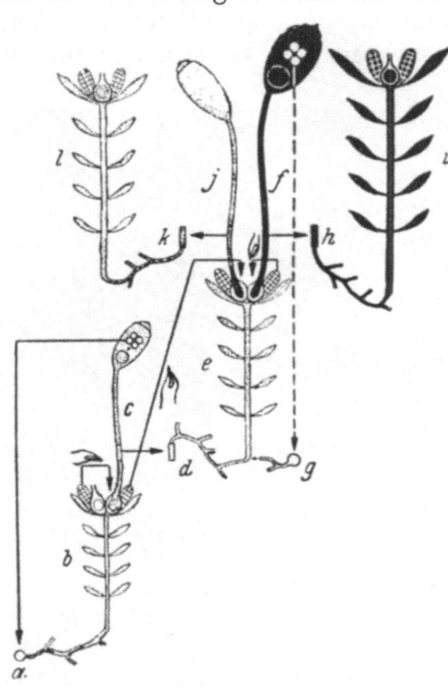

Abb. 216. Schema der Entstehung von diploiden, triploiden und tetraploiden Moosgametophyten. Aus einem Stück des Kapselstiels *c* ist das diploide Protonema *d* und die diploide Moospflanze *e* gebildet worden, aus dieser je nach den befruchtenden Spermatozoiden der triploide bzw. tetraploide Sporophyt *j* bzw. *f* sowie durch regenerative Protonemabildung aus diesen der triploide (*l*) bzw. tetraploide (*i*) Gametophyt. (Nach v. WETTSTEIN.)

Auch die gestaltliche Verschiedenheit zwischen den haploiden Farnprothallien und den diploiden Farnwedeln beruht offenbar nicht auf dem unterschiedlichen Chromosomensatz; denn aus Farnprimärblättern können bei Regenerationsversuchen sowohl Laubblätter als auch Prothallien hervorwachsen. Und ebenso, wie es demgemäß diploide Prothallien bei Farnen gibt, kommen bei Angiospermen diploide Embryosäcke vor; und umgekehrt gibt es von zahlreichen Blütenpflanzen haploide Formen. Der Gestaltwechsel beim antithetischen Generationswechsel ist also, wie v. WETTSTEIN sagt, kein Problem der genetischen Bedingtheit durch die Genomzahl, sondern ein Determinationsproblem; der Zeitpunkt der Determination fällt dabei oft mit dem Kernphasenwechsel zusammen.

Besonders bei Moosen und Farnen gibt es, wie wir sahen, von diesem Zusammenfallen viele Ausnahmen, die übrigens nicht nur die Möglichkeit eines Ausbleibens der Beziehung zum Kernphasenwechsel zeigen, sondern oft auch die Möglichkeit des Überschlagens von Entwicklungsstufen. Es kommt etwa bei Farnen nicht nur die apogame Bildung von Sporophyten und die apospore Entstehung von Prothallien vor, sondern es können z. B. auch Prothallien direkt zur Bildung von Sporangien übergehen (Abb. 218).

Abb. 217. *Phascum cuspidatum.* Diploider Regenerat-Gametophyt, umschlagend in einen Sporophyten, dieser wieder in einen Gametophyten und wieder in einen Sporophyten. Sporophytenteile punktiert. (Nach v. WETTSTEIN.)

Andererseits darf man die Anzahl von Chromosomensätzen nicht als ganz belanglos ansehen. HEILBRONN fand bei *Polypodium aureum*, daß haploide Prothallien gar nicht, diploide leicht apogam Sporophyten bilden. Tetraploide Prothallien haben eine noch stärkere Tendenz zur Sporophytenbildung und sind nur schwer im Prothalliumstadium zu erhalten, also nur schwer vor der Apogamie zu bewahren.

Daß Gene an der Regulierung des Generationswechsels beteiligt sein können, ergibt sich etwa aus Untersuchungen von ANDERSON-KOTTÖ und GARDNER an *Scolopendrium*. Bei ihrem Versuchsmaterial war ein bestimmtes Gen für die Umwandlung von Sporen zu Spermatozoiden ver-

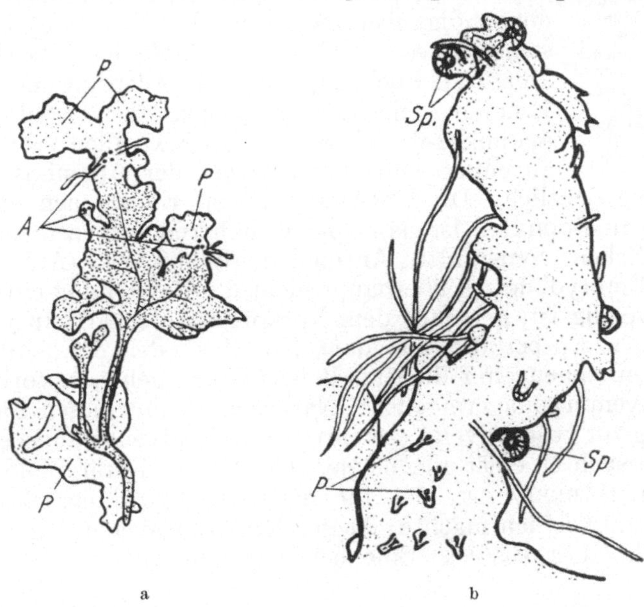

Abb. 218 a. u b. a *Nephrodium pseudomas var. cristatum.* Prothallium mit apogam gebildetem Sporophyten, der zu aposporer Prothalliumbildung übergeht. b *Nephrodium dilatatum var. cristatum gracile.* Prothalliumauswuchs, der Sporangien und an der Basis Archegonien trägt. (Nach LAY aus ROSENBERG.)

antwortlich. Liegt dieses Gen doppelt vor, so wird der Reproduktionszyklus noch mehr abgekürzt, indem der Sporophyt direkt Gametophytensprosse entstehen läßt. — Solche Beobachtungen können natürlich zu der

Vermutung leiten, der Wechsel der Generationen hänge überhaupt entscheidend von dem Wechsel der Aktivität einzelner Gene ab, eine Vermutung, die durch die Tatsache gestützt werden kann, daß wir auch sonst verzögerte Genwirkungen kennen. Es wäre also durchaus denkbar, daß in einzelnen Entwicklungsabschnitten das Aktivitätsverhältnis der Gene nicht gleich ist, und dadurch eine unterschiedliche Wuchsform verursacht wird.

Ob mit solchen Erklärungsversuchen sehr viel gewonnen wäre, muß dahingestellt bleiben. Selbstverständlich ist wie bei jedem Formbildungsprozeß auch hier das Zusammenwirken von Kern und Plasma notwendig. Und wenn wir finden, daß in einem bestimmten Entwicklungszustand einzelne Gene stärker zur Aktivität gelangen, so bleibt das entscheidende Problem ja immer noch, wodurch diese stärkere Aktivität bedingt ist.

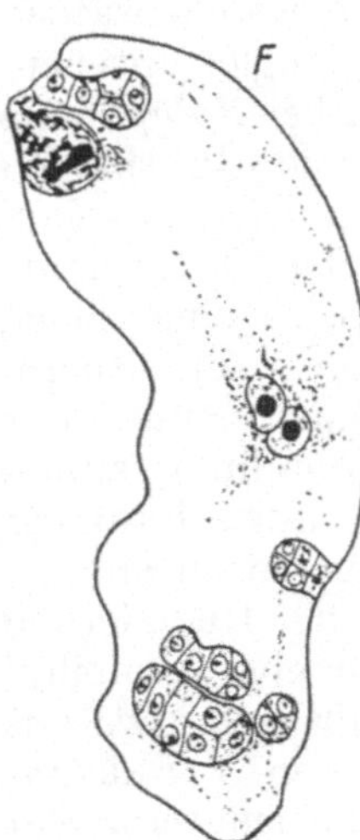

Abb. 219. Apogamie und Adventivembryobildung bei *Allium odorum*. Embryosack mit einem Eiembryo, 3 Antipodenembryonen und einem Adventivembryo. (Nach MODILEWSKI aus ROSENBERG.)

Embryobildung. Auch die Determination eines Gewebes zu einem Embryo ist nicht einfach, gleichsam in Analogie zu einer Mutation, das Ergebnis der besonderen durch die Verschmelzung der Gameten hergestellten Kernverhältnisse. Die Embryobildung ist vielmehr wieder eher mit einer Modifikation bzw. Dauermodifikation zu vergleichen. Die Bedingungen, denen die Eizelle ausgesetzt ist, sind zum Eintreten dieser Modifikation geeignet. Worin aber dabei der entscheidende modifizierende Faktor zu sehen ist, muß noch unentschieden bleiben. Die Befruchtung ist, wie die zahlreichen Fälle der Apomixis zeigen, nicht unbedingt notwendig, ebensowenig die Verdoppelung des Chromosomensatzes. Neben der diploiden Parthenogenese kommt ja auch haploide vor. Allerdings erleichtert die Erhöhung des Chromosomensatzes wohl etwas die apomiktische Entwicklung. Vor allem wird das noch an einem andern Sonderfall der Apomixis, und zwar der Apogamie deutlich. Die Entwicklung von Embryonen aus anderen Zellen des Gametophyten ist nämlich bei höheren Pflanzen nur möglich, wenn diese Zellen (Synergiden, Antipoden) diploid sind (Abb. 219). Daß endlich zur Embryobildung überhaupt nicht die Entstehung eines Gametophyten notwendig ist, geht aus dem Vorkommen der Adventivembryonie (Abb. 219) hervor, bei der aus dem Nucellus oder den Integumenten Embryonen entstehen, ein Fall, der z. B. bei *Citrus* regelmäßig vorkommt und dort die Polyembryonie ermöglicht. Natürlich ist mit diesen Fällen schon ein Übergang zur vegetativen Vermehrung durch Adventivknospen gegeben.

Einen Versuch zu einer allgemeinen Theorie der Embryobildung unternahm schon HABERLANDT, der für diesen Entwicklungsschritt Nekrohormone verantwortlich machte. Dieser Erklärungsversuch hat sich nicht bewährt (vgl. GUSTAFSSON). Eine befriedigende Antwort ist noch nicht möglich.

Literatur.

ANDERSSON-KOTTÖ and GARDNER: J. Genet. **32** (1936).
BOPP: Z. Bot. **40** (1952).
GUSTAFSSON: Lunds Univ. Årsskr., N. F. Afd. **2**, 43 (1947).
HEILBRONN: Ber. dtsch. bot. Ges. **50** (1932).
KRANZ: Flora, N. F. **25** (1931).
WETTSTEIN, V.: Ber. dtsch. bot. Ges. **60** (1942).

XII. Die Stabilität der Determination.

1. Kennzeichnung der Stabilität.

Die Entwicklung einer Pflanze wird durch die verschiedensten inneren und äußeren Faktoren in eine bestimmte Richtung gedrängt. Von den in den Zellen gegebenen Potenzen werden nur einige realisiert. Diese Determination gewinnt noch dadurch einen ihr eigentümlichen Zug, daß sie mit dem Wechsel der determinierend wirkenden Faktoren nicht notwendig sofort wieder rückmodifiziert wird. Vom anorganischen Geschehen her sind wir es viel mehr gewohnt zu sehen, daß mit einem Wechsel der Bedingungen auch sehr schnell ein Wechsel der durch sie bedingten Struktur eintritt; Aggregatzustände wechseln mit der Temperatur, Bewegungen mit den angreifenden Kräften. Hier zeigt sich also eine Sonderstellung des Organischen. Man ist immer wieder geneigt, diese Sonderstellung zu verkennen, so daß es sich lohnt, ihr einen eigenen Abschnitt zu widmen.

Die Stabilität zeigt sich schon bei der Determination in der Einzelzelle, die ihren Charakter als Parenchymzelle, Kollenchymzelle, als Markstrahlinitiale im Kambium usw. sehr starr beibehält, obwohl noch alle Potenzen enthalten sind und die Zelle ja prinzipiell, wie der Regenerationsversuch zeigt, auch noch andere Entwicklungsrichtungen einschlagen kann. Weiterhin finden wir die Stabilität bei der Organbildung oder sogar schon bei der Vorbereitung zur Organbildung. Etwa ist eine einmalig erfolgte Umstimmung zur reproduktiven Entwicklung kaum noch reversibel, auch wenn nicht mehr die Bedingungen bestehen, die für diese Umstimmung verantwortlich sind. Zum Beispiel bleiben die durch einen photoperiodischen oder durch einen Vernalisationsreiz bedingten physiologischen Veränderungen, die die Voraussetzung zur Blütenbildung sind, sehr fest in der Pflanze (vgl. S. 236). Bei anderen Organbildungen finden wir ähnliches.

Aber nicht nur Einzelzellen und einzelne Organe, sondern auch die Gesamtwuchsformen zeigen diese große Stabilität der Determination. Bei fast allen Arten solcher Differenzierungen besteht jedoch trotzdem keine grundsätzliche Irreversibilität, vielmehr sind überall unter bestimmten Bedingungen auch Rückdifferenzierungen beobachtet worden.

2. Die Stabilität der Zell- und Gewebedetermination.

Abänderungen bei Bakterien. Wir wollen die schon früher besprochenen induzierten Veränderungen bei Bakterien (vgl. S. 227) in den Vordergrund stellen, weil hier auch der Mechanismus der Stabilität bereits bekannt ist. Wir sahen nämlich, daß hierbei Desoxyribosenukleinsäure eine entscheidende Rolle spielt. Die Veränderung wird durch diese Substanz hervorgerufen, und nach der Induktion reproduziert sie sich selber fortgesetzt im Bakterienleib. Die Vermutung, daß die wiederholt an Bakterien beobachteten Dauermodifikationen in analoger Weise auf einer Änderung selbstreproduktionsfähiger Nukleoproteide („Plasmagene") beruhen, liegt nahe (vgl. LURIA, BRAUN).

Kulturgewebe und Tumorgewebe. Erfahrungen an Gewebekulturen und an Tumorgewebe werden wir am besten noch vor der Besprechung der normalen Determination erörtern, da die Verhältnisse unter jenen pathologischen Bedingungen leichter analysierbar sind. GAUTHERET fand an Gewebekulturen, daß in jungen Kulturen eine starke Abhängigkeit von der Auxinversorgung besteht. Später aber werden solche Kulturen nicht mehr durch Auxin im Wachstum gefördert, können das Hormon also offenbar selber produzieren. Die umgestimmten Gewebe unterscheiden sich auch in anderen physiologischen und morphologischen Eigentümlichkeiten von den ursprünglichen; sie teilen sich rascher, bilden keine Wurzeln und sind durchsichtiger.

Es ist bemerkenswert, daß die umgestimmten Kulturgewebe in den genannten Eigenschaften weitgehend mit Tumorgewebe übereinstimmen. Man kann also die durch die fortgesetzte Behandlung mit ziemlich hohen Wuchsstoffkonzentrationen erreichte Umstimmung als eine Art Veränderung zu Tumorgeweben auffassen. Damit ist natürlich nicht gesagt, daß das Auxin selber bei der Bewahrung des Tumorcharakters irgendeine Rolle spielt, man darf seine Funktion hier wohl eher mit der einer carcinogenen Substanz vergleichen.

Fragen wir nun nach den Ursachen für jene Erhaltung des Tumorcharakters, auch bei den z. B. durch *Pseudomonas tumefacien s*ausgelösten Tumoren, so können wir wieder an die schon früher erwähnten experimentellen Befunde erinnern. Wir sahen, daß sich diese Änderung bei einer Kultur in vitro auch in zahlreichen Übertragungen erhält. Diese Beobachtung ist in mehrfacher Hinsicht für das Verständnis entwicklungsphysiologischer Vorgänge wertvoll. Diese durch ein Bakterium induzierte Gewebeänderung bietet durch ihr Konstantbleiben das gleiche Problem wie andere Fälle dauerhafter Modifikation. Nun haben wir aber schon gesehen, wie prinzipiell eine Gleichheit später gebildeten Gewebes erreicht werden kann, nämlich durch homoiogenetische Induktion, wobei es offen bleiben muß, ob das induzierende und sich identisch reproduzierende Prinzip ebenso wie bei jenen Bakterienabänderungen in Nukleinsäuren zu suchen ist.

Normale Gewebe. Diese Betrachtungen führen zur Aufstellung von Parallelen mit der Differenzierung im normalen Gewebe, Parallelen, die wir entsprechend ja auch schon bei der Erörterung der homoiogenetischen Induktion aufwiesen. Wenn man vermuten darf, daß der homoiogenetischen Induktion bei der Gewebebildung in höheren Pflanzen ein gleiches stoffliches Prinzip zugrunde liegt wie bei der gegenseitigen „Infektion" von Bakterien, so ist damit natürlich zugleich auch eine Vermutung über die Ursache der Konstanz der Determination aufgeworfen, nämlich daß sie zwangsläufig durch das infizierende identisch reproduktionsfähige Prinzip gewährleistet wird. Wieweit wir diese selbstreproduktionsfähigen Substanzen in „Plasmagenen" lokalisieren dürfen, braucht hier nicht erörtert zu werden.

Blühbereitschaft. Schon bei der Besprechung der „Blühhormone" (S. 235) erwähnten wir, daß der für die Blühbereitschaft verantwortliche chemische Faktor in den Zellen offenbar selbstreproduktionsfähig ist, und so die Stabilität der Induktion erklärt werden muß.

Strukturell bedingte Stabilität. Die oben erwähnten Fälle aus dem Bereich so verschiedenartiger Differenzierungen dürfen uns aber nicht zur Vermutung verleiten, der Stabilität von Gewebedifferenzierungen liege immer ein chemisches Prinzip, eine identisch reproduzierbare Substanz zugrunde. Es gibt Fälle, in denen die Stabilität offenbar auf physikalischen Strukturen beruht.

Zunächst kann hier auf die Erhaltung der Polarität verwiesen werden, die wir früher ausführlich besprachen. Wir erkannten, daß diese Polarität auf der Induktion einer bestimmten Plasmastruktur beruht, die sehr stabil ist und auch bei der Teilung auf die Tochterzellen übertragen wird. Mit dieser Übertragung der Polarität sind natürlich auch alle ihre Folgen, die wir früher diskutierten, stabilisiert. Anschließend darf hier auch noch einmal auf einen interessanten Fall verwiesen werden, den wir ebenfalls schon früher erwähnten: Bei *Micrasterias* hängt die Formbildung der Zelle offenbar weitgehend vom zytoplasmatischen Gerüst ab. Ändert sich diese Feinstruktur durch eine Modifikation, so kann es zum Ausfall eines Seitenlappens der Zelle kommen, und alle Tochterzellen zeigen viele Jahre hindurch ebenfalls die Abweichung. Alle neuen Zellen haben also eine der Modifikation entsprechende protoplasmatische Feinstruktur von der Mutterzelle übernommen (vgl. S. 17).

Organbildung bei niederen Pflanzen. Die komplizierteren Fälle der Determination, etwa bei der Bildung ganzer ein- oder mehrzelliger Organe, werden sich wahrscheinlich dem einfügen lassen, was wir bisher schon erörtert hatten. Es sollen aber doch noch einige Beispiele erwähnt werden, weil sie zugleich eine gewisse Labilität der Determination demonstrieren, die im Gegensatz zur Stabilität bei den oben besprochenen Fällen bemerkenswert ist.

Die Sporangienträger von *Phycomyces* lassen sich jederzeit wieder zu mycelialem Wachstum veranlassen. Selbst nachdem bereits die Sporenausbildung begonnen hat, können aus dem Sporangium noch wieder Mycelfäden herauswachsen (ZIEGLER).

Auch die Sporangien- und Oogonentwicklung von *Saprolegnia* kann leicht zugunsten des Wiederauftretens vegetativen Wachstums unterbrochen werden, wenn Bedingungen geschaffen werden, unter denen die Anlage der betreffenden Organe nicht erfolgt wäre (Abb. 131, 132). Je weiter die Differenzierung fortgeschritten ist, um so stärker muß der Eingriff sein, um diese Änderung zu bedingen (GÖTZE). Mehrfach ist beobachtet worden, daß Asci der Ascomyceten oder Basidien bei geänderten Bedingungen zu gewöhnlichen Hyphen werden.

3. Determination und Stabilität der Wuchsform.

Dauermodifikation. Bekanntlich kommen sowohl bei Tieren als auch bei Pflanzen fest induzierte Modifikationen vor, die man als Dauermodifikationen bezeichnet. Von einer Dauermodifikation wird gesprochen, wenn durch einen einmaligen Reiz als langdauernde Nachwirkung eine andere Reaktionsnorm bestehen bleibt, die erst nach längerer Zeit in die alte Reaktionsnorm zurückkehrt. Die Dauermodifikationen stehen also, wie HÄMMERLING schreibt, rein dem Phänomen nach in der Mitte zwischen Modifikationen und Mutationen.

Es hat sich in der Vererbungsforschung eingebürgert, von Dauermodifikationen bei Modifikationen der genannten Art nur zu sprechen, wenn sie experimentell hervorgerufen sind. Als typisches Beispiel für eine Dauermodifikation galten lange Zeit die Radiomorphosen von *Antirrhinum* (STEIN, Abb. 220). Wir können sie jedenfalls in den Fällen dazu rechnen, in denen eine Übertragung auf die geschlechtlich entstandene Nachkommenschaft nicht besteht. Durch einmalige Bestrahlung konnten tiefgreifende Veränderungen im Entwicklungsgang und damit in der Gestaltung der Pflanzen erzielt werden. Die Gewebe können einen abweichenden Bau zeigen, die Organe alle verkleinert sein, die Blätter eine andere Form zeigen usw. Bei vegetativer Vermehrung bleiben diese Eigenschaften erhalten, jedoch kommen gelegentlich Rückschläge vor. Die auf geschlechtlichemWeg entstandene Form ist in den meisten Fällen wieder normal, und nur dann ist es natürlich berechtigt, von einer Dauermodifikation zu sprechen.

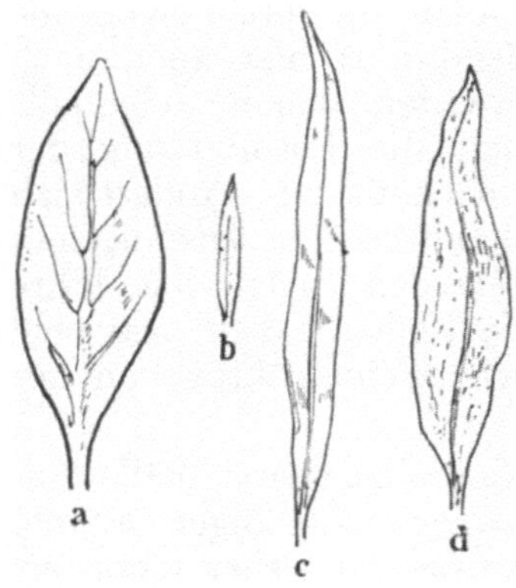

Abb. 220 a—d. *Antirrhinum majus.* a Blatt der Normalpflanze; b—d Blätter von Radiomorphosen. (Nach STEIN.)

Ein offenbar recht deutliches Beispiel für Dauermodifikationen sind Formabweichungen, die MOEWUS bei *Chlamydomonas debaryana* fand. Die Modifikationen konnten bei vegetativer Vermehrung durch Hunderte von Generationen erhalten bleiben. Nach geschlechtlicher Fortpflanzung verschwanden sie. Es handelte sich um Abweichungen in der Form und Größe, in der Ausbildung der Papille am Vorderende, in der Pyrenoidbildung usw. (Abb. 221). Diese Dauermodifikationen konnten durch besondere Kulturbedingungen hervorgerufen werden. Da sie auch in der freien Natur offensichtlich unter dem Einfluß entsprechender Bedingungen auftreten, erscheint es schon auf Grund dieses Beispiels als unzweckmäßig, nur dann von Dauermodifikationen zu sprechen, wenn eine experimentelle Auslösung vorliegt.

Abb. 221. *Chlamydomonas debaryana.* Dauermodifikationen. Eine Form ohne Papille, eine mit verkleinerter Papille (Übergang der ersten Form in die Normalform). Eine Form mit der normalen Papille, aber ohne Pyrenoid. (Nach MOEWUS.)

Dieses Phänomen der Dauermodifikation scheint nun zunächst ein ganz isolierter Ausnahmevorgang zu sein. Die Dauermodifikation gewinnt aber für uns gerade erst dadurch Interesse, daß sie nur ein Sonderfall für Determinierungsprozesse ist, die auch bei jeder normalen Entwicklung ablaufen. Denn das bei der Analyse der Dauermodifikation auftretende Problem, wie eine einmal induzierte Veränderung bestehen bleiben kann, tritt in genau der gleichen Form auch bei der normalen Entwicklung auf.

Weil manche Genetiker den Begriff der Dauermodifikation auf Fälle der beschriebenen Art begrenzt wissen möchten und sie das Auftreten verschiedener Formen im Verlauf des normalen Entwicklungsganges nicht als Dauermodifikation bezeichnen wollen, sprechen wir in diesen anderen Fällen von Dauer*determination.* Daß es aber alle Übergänge zwischen jenen Dauermodifikationen im engeren Sinne und den Dauerdeterminationen gibt, kann durch zahlreiche Beispiele belegt werden. Wenn z. B. *Aspergillus oryzae* bei reduzierter Sauerstoffspannung kultiviert wird, so geht er zur Bildung hefeartiger Zellen über. Und diese Wuchsform wird selbst dann nicht wieder von der mycelartigen abgelöst, wenn erneut voll aerobe Bedingungen hergestellt werden (FUCHS).

Wuchsform von Zweigen. BAUR rechnet die bekannte Umwandlung der Jugendform in die Altersform beim Efeu (Abb. 222—224) zu den Dauer-

Abb. 222. *Hedera Helix.* Jugendform.

Abb. 223. *Hedera Helix.* Altersform.

modifikationen, während das nach der häufiger benutzten Terminologie, die z. B. STEIN anwendet, nicht zulässig ist. Aber auf jeden Fall handelt

Abb. 224. *Hedera Helix var. arborea,* gewonnen durch Stecklingsvermehrung der Altersform des Efeus.

es sich bei dieser Umwandlung am Efeu im Prinzip um eine gleichartige Erscheinung wie bei einer Dauermodifikation, oder vorsichtiger gesagt, wie bei einigen Fällen der Dauermodifikation. Von den Ursachen dieser Determination sprachen wir schon. Erstaunlich ist bei ihr weiterhin die Beharrlichkeit dieser Veränderung; bei vegetativer Vermehrung durch

Stecklinge bleibt die Modifikation unabhängig von den Bedingungen erhalten. Die Pflanze zeigt dann einen ganz anderen Wuchs; sie bildet nämlich ein Bäumchen mit kräftigem Stamm (*Hedera Helix var. arborea*). Erst die aus Samen gezogenen neuen Pflanzen zeigen wieder die kriechende Form. Bemerkenswert ist, daß auch hier, ebenso wie bei den Radiomorphosen, gelegentlich Rückschläge zur Jugendform vorkommen. Diese Rückschläge gehen von einzelnen Knospen aus.

Auch die von der Wuchsform der Hauptachsen abweichende Wachstumsweise der Seitenzweige vieler Bäume zeigt oft eine solche Stabilität. Während die Hauptachsen meist eine spiralige Anordnung der Blätter zeigen, sind die Seitenzweige oft zweizeilig beblättert. In manchen Fällen ist bei der Stecklingsvermehrung mit Hilfe von Seitenzweigen eine Umstimmung zur Wuchsform der Hauptachsen möglich, oft aber bleibt durch viele Jahre hindurch oder für immer die alte Wachstumsweise erhalten (Abb. 225).

Abb. 225. *Theobroma Cacao.* Links: Sämling, die spiralige Blattstellung zeigend. Rechts: Blattstellung eines aus einem Seitenzweig gewonnenen Stecklings.

Vergleichbare Fälle sind an mehreren Pflanzen beobachtet worden. In diesem Zusammenhang werden von Baur auch die *Araucaria*-Stecklinge erwähnt. Die Vegetationspunkte behalten bei vegetativer Vermehrung jeweils den Typus der betreffenden Achse bei. Ein Steckling aus einer Achse zweiter Ordnung, d. h. aus einer direkt aus dem Stamm hervorgehenden Achse wächst zu einer fächerartigen Pflanze heran, wie es ihrer Wuchsform am Stamm entspricht. Dagegen bilden Achsen dritter Ordnung, wieder entsprechend ihrer Wuchsordnung am Stamm, meterlange unverzweigte Gebilde.

Es gibt aber auch Pflanzen, die sich anders verhalten, bei *Hevea brasiliensis* z. B. zeigt sich eine so feste Determination nach außen hin nicht.

Solche Fälle von Dauerdetermination sind uns, teilweise wenigstens, einigermaßen begreiflich; sie beruhen nämlich auf einer homoiogenetischen Induktion. Die Wuchsform der Seitenzweige wird durch die Dorsiventralität mitbestimmt, und diese dorsiventrale Polarität überträgt sich, wie wir schon früher sahen, offenbar durch Induktion des bereits polarisierten Gewebes auf das noch nicht polarisierte (sofern nicht die Zellen am Vegetationspunkt selber polarisiert sind und sie schon dadurch zwangsläufig, nachdem die Polarität einmal induziert worden ist, immer wieder polarisierte Abkömmlinge liefern, auch wenn der polarisierende Außenfaktor fortfällt). Wir wissen schon auf Grund unserer früheren Betrachtungen, daß diese Dauerdetermination auch dann noch vorhanden ist, wenn sie scheinbar fehlt, wie wohl in dem genannten Fall von *Hevea*, oder auch wie bei *Picea*, wo ein Seitenzweig den Haupttrieb ersetzen kann und dann dessen Wuchsform zeigt. Zum mindesten die innere Dorsiventralität bleibt erhalten, sie führt aber nicht mehr zum plagiotropen Wuchs, weil die

Wuchsstoffzufuhr vom Haupttrieb fehlt, die — wie früher erwähnt wurde — neben der Dorsiventralität eine weitere Voraussetzung für das Auftreten der Epinastie und damit eine wichtige Komponente der Plagiotropie ist (vgl. auch S. 179 u. 501).

Man könnte sich denken, daß die Dauerdetermination auch in anderen Fällen der genannten Art, also etwa beim Efeu, entsteht, weil die Determination mit der Schaffung eines besonders gestalteten Vegetationspunktes verknüpft ist, der sich auch nach dem Fortfall der determinierenden Reize nicht mehr verändert. Die besondere Beschaffenheit brauchte nicht nur in der Polarität zu bestehen. Diese Vorstellung wird z. B. nahegelegt, wenn wir an die Verbänderung denken. Bei verbänderten Sprossen ist der Vegetationspunkt anders gestaltet. Die besondere Gestaltung kann durch mechanische, aber auch durch chemische Einwirkung (z. B. abnorme Auxinkonzentration) hervorgerufen werden und bleibt dann auch nach dem Fortfall dieser auslösenden Faktoren dauernd bestehen.

Abb. 226. *Acer platanoides* mit Wasserreisern.

Es gibt mehrere Befunde, die dafür sprechen, daß diese Stabilitäten in der Wuchsform nicht durch eine plasmatische Verschiedenheit an Haupt- und Seitenachsen, sondern eher durch anatomische Besonderheiten der Vegetationspunkte determiniert werden. Die Wuchsform kann oft modifiziert werden, indem die tätigen Vegetationspunkte durch Beschneiden entfernt werden.

Schließlich sei hier noch auf die Wasserreiser der Bäume hingewiesen, die ebenfalls eine wahrscheinlich anatomisch bedingte abweichende Wuchsform zeigen (Abb. 226). Machen wir von ihnen Stecklinge, so wachsen sie zunächst unverändert weiter, können aber schließlich Rückschläge in die normale Wuchsform zeigen.

Wechsel der Wuchsformen bei Moosen. Noch andere Beispiele können wir heranziehen, an deren Verwandtschaft mit der Dauermodifikation man zunächst nicht denken wird. Etwa den Übergang vom fädigen Protonema eines Mooses zur beblätterten Moospflanze. Auch das ist eine Dauerdetermination, über deren Entstehungsbedingungen wir schon gesprochen haben. Wollen wir die Analogie zur Dauermodifikation im engeren Sinne betonen, so brauchen wir nur daran zu denken, daß die Moospflanze unter bestimmten Bedingungen, nämlich bei schwachem Licht, dauernd als Protonema weiterwächst; es bildet sich dann niemals eine beblätterte Moospflanze. Reizen wir die Pflanze jetzt durch hohe Lichtintensität, so wird dadurch die Anlage einer Scheitelzelle induziert, und diese wird fortgesetzt Gewebe für den Aufbau des Stämmchens sowie Blattanlagen ausbilden. Die Anlage der Scheitelzelle ist also der für das Beharren der Determination entscheidende Schritt. Geht die weitere Entwicklung nicht mehr von der Scheitelzelle aus, so erfolgt auch das Wachstum wieder in der alten Weise, d. h. es tritt (z. B. bei der Regeneration aus Blattstücken) ein Protonema auf. Es ist allerdings richtig, daß bei diesem Übergang zur

Bildung der Scheitelzelle des Stämmchens offenbar intrazellulare chemische Veränderungen vermittelnd wirken; wir können das daraus erschließen, daß sich die Bereitschaft zur Stämmchenbildung mit zunehmendem Alter erhöht. Die einmal entstandene Tendenz zur Stämmchenbildung bleibt sehr lange erhalten. Worin diese innere Veränderung, diese „Stimmung“ besteht, wissen wir nicht (s. S. 245). Für das Weiterwachsen in Form des Stämmchens bzw. des Protonemas ist also die jeweilige innere, an chemische Voraussetzungen gebundene Bereitschaft wichtig, aber die Tatsache der Neubildung von Protonema bei der Regeneration aus Teilen des Stämmchens weist uns darauf hin, daß für das Beharren in einer dieser Wuchsformen auch die anatomische Struktur mitentscheidend ist.

4. Allgemeines.

Eizelle und Spore der Moose unterscheiden sich zwar in den Chromosomensätzen, jedoch ist, wie wir schon sahen, dieser Unterschied für den Entwicklungsablauf nicht entscheidend. Entscheidend ist nur, daß die Spore zu einem Schlauch auskeimt, der mit einer „einschneidigen Scheitelzelle“ wächst. Die befruchtete Eizelle ist durch ihre Entwicklung innerhalb des Archegoniums anderen Bedingungen als die keimende Spore ausgesetzt und dadurch folgen die Teilungswände in ihr so dicht aufeinander, daß eine zweischneidige Scheitelzelle entsteht; mit diesen ersten Entwicklungsschritten ist hier wie dort die Dauerdetermination vollzogen. Recht instruktiv kann uns auch eine Beobachtung von FÖRSTER an *Marchantia polymorpha* die Bedeutung des Startzustandes für die Wuchsform demonstrieren. Aus dem Brutkörpergewebe entwickelt sich normalerweise sofort ein typischer Thallus. Geht aber die Entwicklung zufällig einmal von einer Einzelzelle dieses Brutkörperchens aus, wie es nach einer pathologischen Isolierung der Einzelzelle beobachtet wurde, so wiederholen die Regenerate beim Auswachsen zunächst alle Stadien, die auch bei der Sporenkeimung feststellbar sind. Auch bei Farnprothallien wiederholen Regenerate, sofern sie von einzelnen Randzellen ausgehen, die Stadien der Sporenkeimung (LINSBAUER).

Diese Erfahrungen unterstreichen also noch einmal, daß die Dauerdetermination nicht notwendig mit der Schaffung eines bestimmten Plasmazustandes verknüpft ist, sondern auch durch die Herstellung eines bestimmten anatomisch gekennzeichneten Ausgangszustandes gegeben sein kann. Zwar ist die Änderung des Plasmazustandes, also etwa die Anhäufung von Determinationsstoffen wichtig, aber wohl oft nur als Anreiz zur Schaffung jener geänderten anatomischen Voraussetzung. Ist diese Änderung erreicht, so darf sich der Plasmazustand wieder ändern, ohne daß die Determination rückgängig gemacht wird.

5. Rückgang der Determination.

Labile Determination. Wir sahen, daß die Dauerdetermination häufig auf der Schaffung eines Startzustandes beruht, durch den zwangsläufig immer wieder Gleichartiges geschaffen wird. Von der Dauerdetermination bis zu einer ganz labilen Determination gibt es alle Übergänge. So kann z. B. schon die erwähnte Determination der Bildung einer beblätterten Moospflanze aus dem fädigen Protonema labil sein. Wenn bei *Leptobryum piriforme* die Außenbedingungen so geändert werden, daß sie eine Bildung der beblätterten Moospflanze aus dem Protonema nicht mehr induzieren können, d. h. wenn z. B. die Lichtintensität vermindert wird, so können an den bereits entstandenen beblätterten Pflanzen aus einzelnen Epidermiszellen wieder Protonemafäden entspringen (DOUIN).

So ist auch bei vielen Organen beobachtet worden, daß ihre Bildung in andere Bahnen gelenkt werden kann, wenn durch eine Änderung der Außenbedingungen nicht mehr die für ihre Entstehung geeigneten Faktoren gegeben sind. — Wir erwähnten auch schon die Umstimmungen an den Sporangienträgern von *Phycomyces*.

Allgemeines. Der sich in der Beharrlichkeit der Weiterentwicklung in einer bestimmten Richtung äußernde Stabilitätsgrad einer Determination ist natürlich davon abhängig, wieweit die innere Struktur, die diese Entwicklung lenkt, beharrlich ist, und infolgedessen immer wieder dasselbe zu leisten vermag.

Als Muster einer sehr stabilen Determination kann die Mutation angesehen werden. Freilich können wir eine Mutation nicht als eine Determination betrachten; aber an der mutierten Pflanze können wir doch sehen, wie (nämlich durch identische Reproduktion lenkender Einheiten) eine Stabilität von Veränderungen erreicht werden kann. Ist einmal die Genmutation entstanden, so ist damit nicht nur eine kurzdauernde Entwicklungsbesonderheit festgelegt, sondern diese Genstruktur determiniert viele Generationen hindurch, weil sie sich selber durch identische Reproduktion weiter erhält und überträgt, die entsprechenden Entwicklungsschritte, bis zufällig eine neue Mutation oder Rückmutation erfolgt. Den Genmutationen würden sich die „Plasmagen"-Mutationen anschließen, die vielleicht bei Dauermodifikationen im engeren Sinne und bei anderen sehr stabilen Determinationen beteiligt sein können. Auf die mögliche Rolle selbstreproduktionsfähiger, nukleoproteidhaltiger Plasmagrana bei der Determination sind wir schon gestoßen, als wir uns mit den Induktionswirkungen befaßten (vgl. S. 228).

Sehr stabil sind auch Determinationen, die auf der Polarisierung von Meristemzellen beruhen; denn diese Polarisierung besteht in der Schaffung einer stabilen Ordnung im Plasma; und diese Ordnung überträgt sich mit ihren uns schon bekannten Folgen der Formbildung auf alle Tochterzellen. Erst bei der Sporenbildung und physiologisch ähnlichen, tiefgreifenden Umgestaltungen geht diese Determination verloren.

Recht stabil kann auch eine Determination sein, die auf der Schaffung eines anatomisch bestimmt gearteten Meristems beruht; solche Fälle haben wir besprochen und dabei auch gesehen, daß das Meristem seine Form nicht ganz fest beibehält, sondern sie zu ändern vermag. Diese Determination ist also schon labiler als etwa die auf der Polarisierung beruhende.

Hat die Determination noch keine Umgestaltung stabiler Plasmastrukturen oder anatomischer Anordnungen im Meristem zur Folge gehabt, sondern nur die Bildung bestimmter Stoffe, Hormone, Assimilate usw. bedingt, so klingt sie wieder ab, wenn der determinierende Reiz fortfällt und die Hormone usw. allmählich verbraucht werden.

Bestehen für eine Pflanze, die zunächst unter Bedingungen gelebt hat, die die Anlage von Blüten (etwa durch Bildung von Blühhormonen) begünstigten, nachher Bedingungen, unter denen kein Blühhormon mehr gebildet werden kann und das bereits entstandene allmählich verbraucht wird oder aus anderen Gründen wieder verschwindet, so können wir uns denken, daß die angelegten Blütenorgane nunmehr unter Umständen nicht mehr normal weiter entwickelt werden können, sondern die den Laubblättern homologen Blütenteile sich jetzt so weiter zu entwickeln streben, wie sie es bei Abwesenheit von Blühhormon tun. Hiermit könnte man sich die beobachtete nachträgliche Umwandlung von Blütenblättern und Narben zu Laubblättern erklären. WINKLER hat eine solche Umwandlung für *Chrysanthemum frutescens* beschrieben. BOND fand, daß *Primula vulgaris*, die auf Ceylon aus einer Höhe von 2000 m, wo sie normale Blüten anlegte, in niedrigere Höhe (1600 m), also in höhere Temperatur übertragen wurde, reichlich Kelchverlaubung zeigt.

Die vorher erwähnte Änderung der Entwicklung bei der Anlage von Fortpflanzungsorganen niederer Pflanzen unter dem Einfluß von Außenfaktoren kann man sich in ähnlicher Weise deuten. Die Bildung dieser Organe hängt vom chemischen Milieu innerhalb der Zelle ab. Es ist daher begreiflich, daß auch hier bei einer Änderung dieses Milieus nach der Einwirkung anderer Außenumstände noch eine Umbildung der angelegten Organe eintreten kann, sofern nicht schon Strukturen geschaffen sind, die zwangsläufig das Weiterschreiten der Entwicklung in der begonnenen Richtung bedingen.

Rückgang in den embryonalen Zustand. Wir haben bei der Besprechung der labilen Determination gesehen, daß ein begonnener Entwicklungsschritt zwar nicht immer, aber doch in einzelnen Fällen abgebrochen werden kann und die Entwicklung dann im vorher herrschend gewesenen Sinne fortgesetzt wird, sofern die äußeren und damit die inneren Bedingungen wieder hergestellt werden, die für jenen früheren Entwicklungsschritt geeignet waren. Am extremsten ist eine derartige rückläufige Entwicklung, wenn sie wieder bis zum Embryonalzustand führt, ein Vorgang, der bei Restitutionsleistungen oft gegeben ist.

Wir wissen schon, daß dieser Rückgang unter den normalen Bedingungen der unverletzten Pflanze im allgemeinen nicht eintritt, weil eine besondere Hemmung besteht, die meist vom Vegetationspunkt ausgeht. Das hemmende Prinzip wird, wie schon früher dargelegt wurde, im Gefäßbündel transportiert und ist vielleicht mit dem Auxin verwandt. Aber mit dem Fortfall dieser Hemmung wird nicht notwendig schon der Rückgang in den embryonalen Zustand eingeleitet, vielmehr pflegt sich auch hierin eine gewisse Festigkeit der Determination zu zeigen. BALL hat aus Sproßvegetationspunkten von *Tropaeolum majus* übereinanderliegende Stücke isoliert und in vitro weiter kultiviert. Stücke, die nicht der äußersten Spitze des Vegetationspunktes entnommen waren, zeigten ein geringeres Restitutionsvermögen als die äußerste Spitze selber. Bei der Entwicklung aufen also in den alternden Zellen sehr schnell nach ihrer Abgliederung vom Meristem Veränderungen ab, die — sobald jene Hemmung durch den Vegetationspunkt beseitigt wird — um so schwerer rückgängig zu machen sind, je weiter sie bereits voranschreiten konnten. Von der Wirkungsweise dieses hemmenden Prinzips können wir uns schon darum keine rechte Vorstellung machen, weil wir noch nicht genau wissen, welche Plasmaeigenschaften eigentlich für den embryonalen Zustand charakteristisch sind. Nur einige dieser Eigenschaften sind der Beobachtung leicht zugänglich. Wir wissen, daß die embryonalen Gewebe durch geringe Zellgrößen, die Zellen durch ihren Plasmareichtum und durch relativ große Kerne ausgezeichnet sind. Und diese Eigenschaften sind sicher nicht belanglos; sie treten auch dann auf, wenn die Gewebe bei Restitutionsleistungen wieder in den meristematischen Zustand übergehen. Aber schon bei diesen Änderungen weiß man nicht, ob sie nur durch den Fortfall jener Hemmung bedingt sind, oder ob auch noch andere Faktoren, wie sie etwa durch die Bildung von Wundhormonen bei der Ausübung der Verletzung gegeben sind, teilhaben.

An den verschiedensten Zelltypen ist ein solcher Rückgang in den embryonalen Zustand beobachtet worden, z. B. an Blattepidermiszellen (aus denen eine ganze neue Pflanze entstehen kann), an Rindenzellen (aus denen Wurzeln entstehen können), an jungen Zellen des Holzes und der Markstrahlen, die sich ebenso wie Rinden- und Kambiumzellen an der Bildung von Kallusgewebe beteiligen (Abb. 114).

Literatur.

Mit einem * versehene Arbeiten sind zusammenfassende Darstellungen.

BALL: Amer. J. Bot. **33** (1946). — BLOCH: Growth **12** (1948). — BOND: New Phytologist **40** (1941). — * BRAUN: Bacter. Rev. **11** (1947).

DOUIN: Assoc. Franc. Avencement Sci. 1933.

FÖRSTER: Planta (Berl.) **3** (1927). — FUCHS: Zbl. Bakter. II **66** (1926).

* GAUTHERET: Vgl. * WHYTE, Surv. Biol. Progr. **1** (1949).

HÄMMERLING: Dauermodifikationen. In Handbuch der Vererbungswissenschaften. Berlin 1929.

* LURIA: Bacter. Rev. **11** (1947).

MOEWUS: Arch. Protistenkde **83** (1943).

STEIN: Biol. Zbl. **47** (1927).

* WHYTE: Surv. Biol. Progr. **1** (1949).

ZIEGLER: Arch. Mikrobiol. **15** (1950).

XIII. Anziehung und Verwachsung, Förderung und Hemmung zwischen Zellen und Geweben.

1. Anziehung und Verwachsung.

Gegenseitige Anziehung von Zellen durch chemotaktische oder chemotropische Reizwirkungen kommt nicht selten vor. Sie ist begreiflich, weil viele Stoffe, deren chemotaktische und chemotropische Wirkung im Experiment festgestellt worden ist, von lebenden Zellen produziert werden.

Gametenvereinigung. Am deutlichsten kann man solche Anziehungen natürlich bei den Befruchtungsvorgängen beobachten. Die hierbei wirksamen Stoffe werden als Gamone bezeichnet. Die Vereinigung der beiden Gameten beruht auf einer sexuellen Verschiedenheit, die stofflich bedingt ist. Die stoffliche Verschiedenheit müssen wir auch bei Isogameten annehmen, also dann, wenn die beiden Gametenarten sich morphologisch nicht voneinander unterscheiden. Diese Schlußfolgerung hatte HARTMANN für *Ectocarpus siliculosus* aufgestellt. Die hier morphologisch gleichen Gameten verhalten sich verschiedenartig. Die weiblichen Gameten setzen sich fest und verlieren ihre Geißel, während die männlichen die weiblichen umschwärmen (Abb. 227). Dieses verschiedene Verhalten wird erst beim Zusammenwirken der beiden verschiedenartigen Gametensorten deutlich, nicht beim Zusammenwirken von Gameten ein und desselben Geschlechts. HARTMANN hatte vermutet, daß die männlichen Gameten einen Stoff ausscheiden, durch den die weiblichen Gameten veranlaßt werden, ihre Geißeln abzuwerfen und sich festzusetzen. Dagegen sollen die weiblichen Gameten einen Stoff ausscheiden, der die männlichen Gameten chemotaktisch anlockt. Bei *Chlamydomonas eugametos* wurde die Natur solcher Gamone von KUHN, MOEWUS und JERSCHEL aufgedeckt. Der weibliche

Stoff besteht nach der Angabe dieser Autoren aus einem Gemisch von cis-Crocetindimethylester und trans-Crocetindimethylester im Verhältnis 3:1, während der männliche Stoff aus einem Gemisch der gleichen Substanzen im Verhältnis von 1:3 besteht. Die Wirkung dieser Stoffe kommt zunächst in einer Gruppenbildung unter den Gameten und schließlich in deren Kopulation zum Ausdruck. Zur Erreichung dieser Wirkung müssen beide Stoffgemische vorhanden sein.

Auch die chemotaktische Anlockung der Spermatozoiden durch die Eizellen ist (schon durch Untersuchungen PFEFFERs und seiner Schüler) in mehreren Fällen etwas näher bekannt geworden. Die Spermatozoiden der Laubmoose reagieren chemotaktisch auf Rohrzucker, die der Lebermoose auf Eiweißstoffe, die von mehreren Farnen auf Apfelsäure. Es scheint, daß die hier genannten Stoffe auch die normale Anlockung der Spermatozoiden zu den Archegonien bedingen. Doch ist zu beachten, daß es in diesen Fällen im Gegensatz zu den vorher genannten nicht sicher ist, ob die Stoffe, die die Chemotaxis bedingen, von der Eizelle selber oder vielleicht von Zellen des Archegoniums gebildet werden.

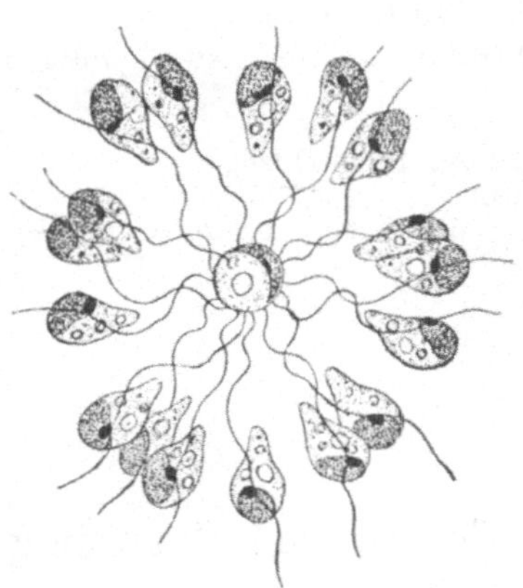

Abb. 227. *Ectocarpus siliculosus*. Befruchtungsgruppe. (Nach OLTMANNS.)

Bei den für experimentelle Untersuchungen relativ günstigen Eizellen von *Fucus* wurde mehrfach nach den für die Chemotaxis der Spermatozoiden verantwortlichen Stoffen gesucht (vgl. RAPER). Erst COOK, ELVIDGE und HEILBRONN hatten einen gewissen Erfolg: Die chemotaktische Anziehung der Spermatozoiden wird von den Eiern auch durch eine Zellophanmembran hindurch ausgeübt. Auch Filtrate waren noch wirksam. Die entscheidende Substanz ist nicht hitzestabil; sie erwies sich als leicht flüchtig; das Molekulargewicht ist anscheinend niedrig (74 ?).

Auch beim Wachstum der Pollenschläuche sind Anziehungen, also chemotropische Wirkungen beteiligt.

Anziehung bei vegetativen Zellen. Eine einfache Anziehung dürfte aber auch zwischen vegetativen Zellen sehr häufig gegeben sein und beim Zusammenhang der Zellen in Kolonien und Geweben eine große Rolle spielen.

Chemotaktische Anziehungen, die auf die Kerne ausgeübt werden, können bei Differenzierungsvorgängen wichtig werden, denn durch die Anziehung der Zellkerne zu einem bestimmten Zellort kann auch die Lage der nächsten Teilungswand determiniert werden. Einen solchen Fall haben wir schon in einem anderen Zusammenhang besprochen: bei der Bildung der Spaltöffnungsnebenzellen aus gewöhnlichen Epidermiszellen erfolgt zunächst eine Anziehung der Kerne aus diesen Epidermiszellen zur Spaltöffnungsinitiale hin.

Die Frage, ob wir die Anziehung zwischen Kernen im somatischen Gewebe hinsichtlich ihrer physiologischen Ursachen mit der Anziehung zwischen zwei Gameten vergleichen dürfen, muß noch offen bleiben. Aber ebenso, wie bei den einzelnen Arten verschiedene Faktoren für die Bewegung der männlichen Gameten zu den weiblichen wichtig sein können, kann auch die Anziehung, die einzelne Zellen auf die Kerne ihrer Umgebung ausüben, wohl auf ganz verschiedene Ursachen zurückzuführen sein. Auf die speziellen Ursachen der Kernbewegung im somatischen Gewebe werden wir später noch zurückkommen.

Gleitendes Wachstum. In der höheren Pflanze sind Anziehungskräfte zwischen den vegetativen Zellen im allgemeinen nicht erforderlich, weil diese Zellen von vornherein fest miteinander verwachsen und durch Plasmodesmen verbunden sind. Die Selbständigkeit der Einzelzelle ist dabei geringer als früher oft angenommen wurde. Bis in die neueste Zeit hinein rechnete man allgemein mit dem Vorkommen von sog. gleitendem Wachstum, bei dem sich einzelne Zellen durch stärkeres Wachstum zwischen andere schieben sollten. Diese Vermutung wurde natürlich namentlich aufgestellt, wo einzelne Gewebselemente, z. B. Sklerenchymfasern oder Milchröhren sich durch besondere Länge von den benachbarten unterscheiden. Nach dieser Vorstellung würde also die Verwachsung zwischen den Zellen durch Plasmodesmenbildung auch noch nachträglich im normalen Entwicklungsgang häufig auftreten. Sorgfältige Untersuchungen haben aber gezeigt, daß sich benachbarte Zellwände immer nur durch gemeinsames Wachstum verlängern. Niemals konnte ein gleitendes Wachstum festgestellt werden (Meeuse). (Vgl. auch Sinnott und Bloch, Schoch-Bodmer und Huber, Bannan und Whalley.)

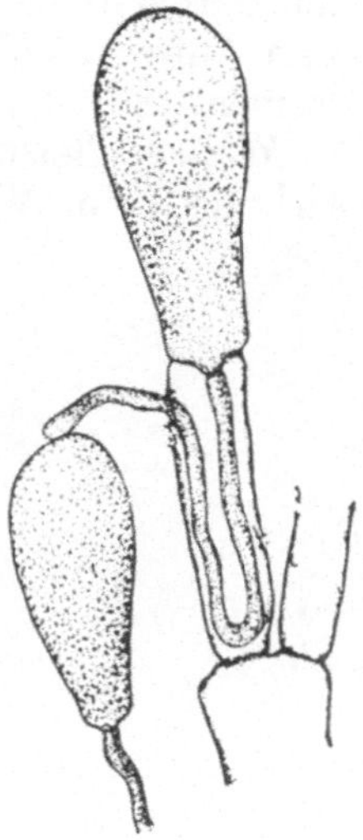

Abb. 228. *Griffithsia Schousboei*. Bildung eines Regenerationsschlauches aus einer lebenden Zelle, der zunächst in die abgetötete Zelle hineinwächst. Der Regenerationsschlauch kehrt um, sucht den Weg ins Freie und wächst nach einer lebenden Zelle eines anderen Zweiges hin. (Nach Höfler.)

Sekundäre Verwachsungen, Pfropfungen. Damit ist aber nicht ausgeschlossen, daß in Ausnahmefällen doch eine sekundäre Verwachsung zwischen Zellen möglich ist. Als Beispiel für eine solche sekundäre Verwachsung im Laufe der normalen Entwicklung sei die Koloniebildung aus Zoosporen bei *Hydrodictyon* erwähnt. Die Zoosporen liegen zunächst isoliert in der Mutterzelle und vereinigen sich dann zu den bekannten Kolonien, wobei sie an den sich berührenden Wänden verwachsen. Nicht notwendig gehen derartige Verwachsungen zunächst selbständiger Zellen auch mit der Bildung von Plasmodesmen parallel. Ein einheitliches Reagieren der Zellverbände ist auch ohne solche Verbindungen möglich. So finden sich bei den Blaualgen keine Plasmodesmen, aber teilweise (nämlich bei den Hormogonalen) stellen sie doch physiologische Bewegungseinheiten dar. Allerdings ist dazu eine besondere Beschaffenheit der Querwände notwendig (Geitler).

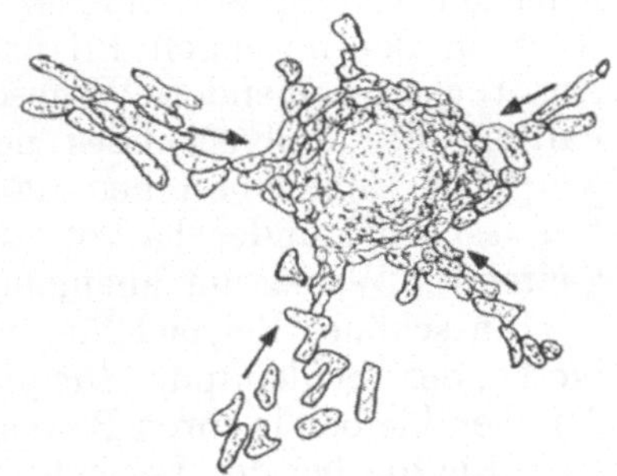

Abb. 229. *Dictyostelium mucoroides*. Myxamöben zusammenströmend. Die Pfeile zeigen die Bewegungsrichtung an. (Nach Buller.)

Am bekanntesten ist die sekundäre Verwachsung bei Pfropfungen, mit denen wir uns noch in einem eigenen Abschnitt befassen werden.

Parasit und Wirt. Eine Verwachsung kann ferner beim Zusammenleben von Parasiten mit ihren Wirtspflanzen eintreten. Zunächst einmal erfolgt ein festes Andrücken der Zellen des Schmarotzers an die Wirtszellen. SCHUMACHER und HALBSGUTH haben beschrieben, wie sich die Zellen von *Orobanche* seitlich an die Siebröhren der Wirtspflanze anpressen. Zwischen den Parenchymzellen des Wirts und denen des Schmarotzers beobachteten diese Autoren zudem die Ausbildung korrespondierender Tüpfel und Plasmodesmen. So ist also wirklich ein plasmatischer Zusammenhang hergestellt.

Weitere Beispiele für wechselseitige Anziehung. Die chemische Reizwirkung beim Verwachsen somatischer Zellen können wir recht gut an Regenerationsversuchen mit der Alge *Griffithsia Schousboei* demonstrieren. Bei dieser Alge bilden sich nach der Abtötung einzelner Zellen innerhalb des Fadens Regenerationsschläuche. Durch diese Schläuche werden die im Faden entstandenen Lücken wieder ausgefüllt. Die basal gerichteten Regenerationsschläuche wachsen zum Scheitel der nach unten zu anschließenden Zelle hin. Das ist offensichtlich eine chemotropische Reaktion. Hat der Regenerationsschlauch die Stelle der ursprünglichen apikalen Tüpfelverbindung erreicht, so wächst er dort fest. Im abgebildeten Beispiel (Abb. 228) wuchs der Schlauch auch zunächst nach unten, dort war keine lebende Zelle mehr vorhanden; er kehrte daraufhin um und wuchs schließlich durch ein Loch der toten Zelle zur lebenden Zelle, die er genau an ihrem Scheitel erreichte. Das ist eine einfache Veranschaulichung von chemotropischen Anziehungen, wie sie auch bei Pfropfungen höherer Pflanzen wichtig sein müssen, um den Kontakt der Gewebe herzustellen. Auch in der normalen Pflanze sind die in solchen Beobachtungen zum Ausdruck kommenden Wechselwirkungen sicher zur Schaffung und Erhaltung des Zellverbandes notwendig. Ohne solche Wechselwirkungen würde die Gefahr bestehen, daß die Zellen nicht mit apikalem und basalem Pol fest aneinander haften, sondern selbständig werden und sich durch gleitendes Wachstum aneinander vorbeischieben.

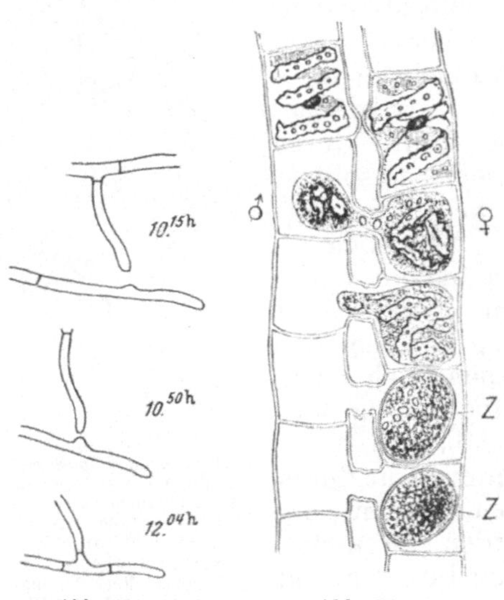

Abb. 230. Abb. 231.

Abb. 230. *Sclerotium Solani.* Bildung einer Anastomose aus korrespondierenden Hyphen. (Nach KÖHLER.)

Abb. 231. Kopulation von *Spirogyra quinina.* Links männlicher, rechts weiblicher Faden. *Z* Zygoten. (Nach STRASBURGER.)

Ein schönes Beispiel für die Rolle der Anziehung bei der Formbildung bietet der Schleimpilz *Dictyostelium.* Die aus Sporen ausgeschlüpften Amöben bleiben in ihren Bewegungen zunächst selbständig; das gilt vorerst auch für die bei der Vermehrung aus ihnen entstandenen neuen Amöben. Wenn die Nahrung erschöpft ist, vereinigen sie sich zu verschieden großen Ansammlungen. Dabei wird nun schließlich eines der Häufchen zu einem Sammelpunkt, dem alle übrigen Amöben zuströmen. Die so entstehende Amöbenkugel leitet die Bildung des Sporenträgers ein (Abb. 229).

2. Förderung und Hemmung zwischen Zellen.

Zellen können sich im Wachstum und in der Entwicklung sowohl gegenseitig fördern als auch hemmen. Gegenseitige Förderung kann z. B.

beobachtet werden, wenn die Zellen wachstumsfördernde Substanzen bilden. Derartiges ist bei vielen Mikroorganismen beobachtet worden, und diese Beobachtungen waren sogar die ersten Hinweise auf die Existenz wachstumsfördernder Stoffe.

Förderung im Streckungswachstum. Daß Zellen, die Wuchsstoff produzieren, auf andere, mehr oder weniger weit entfernte Zellen wachstumsfördernd wirken, ist uns nach den Ausführungen im Abschnitt über die Physiologie des Wachstums nicht mehr überraschend. Von solchen Fällen soll hier nicht gesprochen werden. Aber eine andere Erscheinung verdient Erwähnung: wo zwei Zellen sich berühren oder einander nähern, kann man oft feststellen, daß sie sich wechselseitig erheblich im Wachstum fördern. Als Beispiel sei vorerst die schon in einem anderen Zusammenhang erwähnte Bildung des Netzes von *Hydrodictyon* erwähnt: berühren sich die Schwärmer, so werden ihre freien Teile, also nicht die Berührungsflächen selber, stark im Wachstum gefördert. Einzelne Zellen des Netzes, die zufällig keinen geschlossenen Maschen angehören, die also an einem Ende frei sind, bleiben kurz (JOST). Nicht viel anders steht es bei der Bildung des Schwammparenchyms im Laubblatt: wo die ursprünglich noch nicht verzweigten Zellen einander berühren, fördern sie sich (ebenso wie bei *Hydrodictyon* mit Ausnahme der Berührungsfläche selber) lokal stark im Wachstum. Auch sternförmige Markzellen wachsen so. Etwas — zum mindesten äußerlich — Ähnliches liegt bei der Bildung von Fusionsbrücken zwischen Pilzhyphen (Abb. 230) und bei der Bildung der Kopulationsbrücken von *Spirogyra* (Abb. 231) vor. Es liegt nahe, diese Erscheinungen mit den Erfahrungen über die Auxinwirkungen in Zusammenhang zu bringen. Die Annäherung zweier Zellen könnte eine lokale Erhöhung der Auxinkonzentration bedingen.

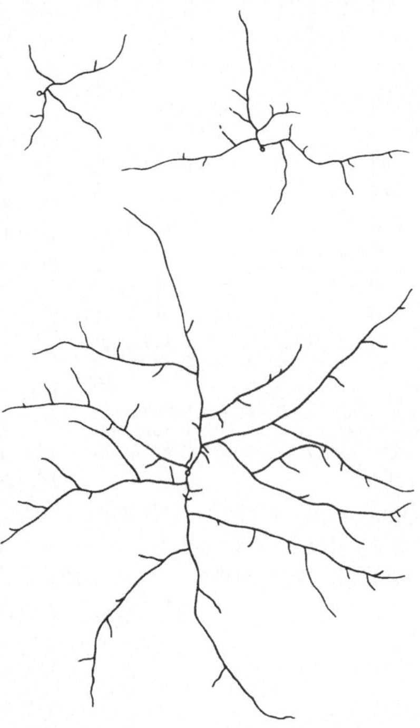

Abb. 232. Erste Stadien der Mycelbildung bei *Mucor racemosus*.

Hemmungen zwischen Zellen. Gegenseitige Hemmungen treten natürlich einmal bei Mikroorganismen infolge der Produktion antibiotischer Substanzen oft ein.

Eine Beeinflussung zwischen Zellen, die auch irgendwie auf Wachstumsänderungen beruhen muß, aber noch der näheren Untersuchung bedarf, liegt wohl auch dem auffälligen radialen Wachstum von Pilzmycelien zugrunde (Abb. 232). Die Hyphen streben beim Wachstum in radialer Richtung auseinander. Sie halten ihre Wachstumsrichtung auch dann ein, wenn sie durch ein Hindernis aus der ursprünglichen Wachstumsrichtung vorübergehend abgelenkt worden sind; also nach Umgehung dieses Hindernisses nehmen sie wieder die alte Wachstumsrichtung ein (HEIN). Dieser Wachstumsmodus zeigt sich auch dann noch, wenn das Mycel aus mehreren nahe beieinander liegenden Sporen aufgebaut wird.

Jedoch bedarf die ganze Frage der wechselseitigen Beeinflussung zwischen Pilzhyphen gleicher und verschiedener Arten noch einer gründlicheren Untersuchung. Sehr häufig handelt es sich offenbar nur um Ernährungsbeeinflussungen. So erfolgt die radiäre Einstellung der Hyphen bei *Phycomyces* nach SCHMIDT durch chemotropische Krümmungen, die wohl durch die Nährstoffarmut in den den Hyphen benachbarten Teilen des Mediums bedingt sind. Wenn sich zwei aufeinander zuwachsende Mycelien gegenseitig hemmen, so beruht das nach dem gleichen Autor auf einem Stickstoffmangel in dieser Region. Mit steigender Nährstoffmenge nimmt die Breite des Hemmungsraums ab. Auch die Azidität spielt bei der Ausbildung dieser Hemmungsräume eine Rolle.

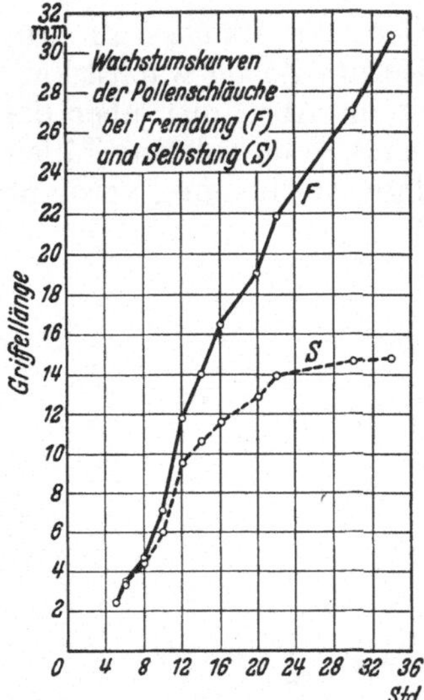

Abb. 233. Pollenschlauchwachstum nach Fremd- und Selbstbestäubung im Griffel von *Petunia*. (Nach STRAUB).

Hemmung des Pollenschlauchwachstums. In diesem Zusammenhang kann auch auf die Hemmung des Pollenschlauchwachstums bei selbststerilen Formen hingewiesen werden. Bei der Selbstung solcher Formen (von STRAUB an *Petunia* untersucht) zeigt sich eine ständig wachsende Hemmung des Pollenschlauchwachstums im Griffel. Die zunehmende Hemmung erklärt sich nicht etwa daraus, daß die tieferliegenden Teile des Griffels stärker hemmen als die höher liegenden. Das Wachstum wird nämlich in gleicher Weise zunehmend gehemmt, wenn die Pollenkörner an einer tieferstehenden Region des Griffels zu wachsen beginnen. Die Hemmung führt schließlich zu einer völligen Sistierung des Wachstums (Abb. 233). Die zunehmende Hemmung läßt eine Reaktion zwischen dem Pollenschlauch und dem Leitgewebe des Griffels vermuten. Die Pollenschläuche geben in das Leitgewebe einen Stoff von fermentartigem Charakter ab, der zur Aufschließung des Leitgewebes wichtig ist. Bei Selbstung wird dieser Stoff im Leitgewebe inaktiviert, weil hier ein noch nicht näher bekanntes System wirkt, das unter dem Einfluß des gleichen Gens entsteht, welches auch für die Bildung jenes spezifischen Stoffes wichtig ist. Die Reaktionen äußern sich auch in stoffwechselphysiologischen Beeinflussungen. Bei Selbstung ist die Atmung zunächst höher als nach Fremdbestäubung, später aber, wenn das Wachstum aufzuhören beginnt, hört sie auch auf, während sie bei Fremdbestäubung hoch bleibt. Die elektrophoretische Trennung des Eiweißes zeigt, daß nach Selbstbestäubung zwei weitere, bei Fremdbestäubung nicht zu beobachtende Fraktionen auftreten, die als Resultat des Zusammenwirkens der „S"-Gene mit den gleichen des Griffels etwa in dem von EAST vermuteten Sinne einer Immunitätsreaktion bei Selbstung aufgefaßt werden können (LINSKENS).

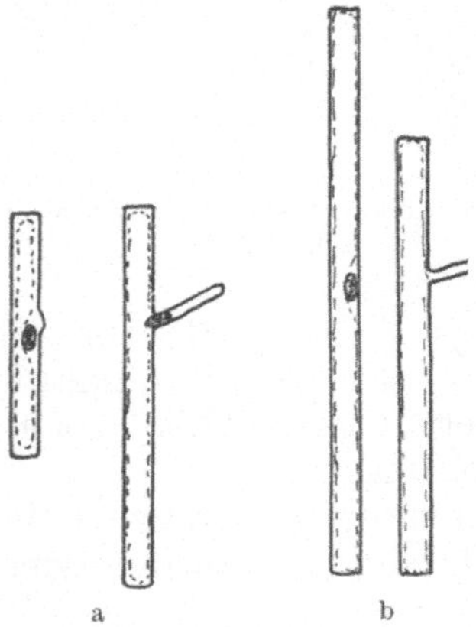

a b

Abb. 234 a. u. b. a Entwicklung eines Wurzelhaares bei *Triticum*; b gewöhnliche Epidermiszelle und wurzelhaartragenden Epidermiszelle von *Triticum*. (Nach BURSTRÖM.)

Auch beim normalen Befruchtungsvorgang in der Blüte können Hemmungen des Pollenschlauchwachstums eine Rolle spielen. So besteht bei *Taxus* zwischen der Bestäubung und Befruchtung eine normale Zeitspanne von mehreren Wochen. Die Pollenschläuche, die zunächst auswachsen, machen dabei ein entsprechendes Ruhestadium durch, das aber nicht etwa vom Pollenschlauch selber angestrebt wird; es fehlt bei künstlicher Kultur. Für das Ruhestadium müssen also auch Hemmungen ausschlaggebend sein, die vom umgebenden Gewebe der weiblichen Blüte ausgehen (BRANSCHEIDT).

Hemmung der Embryoentwicklung. Von Mutterpflanzen können gelegentlich chemische Einflüsse auf die Embryonen ausgehen, die deren Entwicklung hemmen. Durch eine Isolierung der Embryonen und deren Aufzucht in künstlichen Nährmedien kann die Entwicklung dann ermöglicht werden (LAIBACH).

Ähnliche Hemmungen treten auf, wenn der Entwicklungsverlauf der Samen nicht genügend mit dem der saftigen Teile in der Fruchthülle harmoniert. Auch dann führt eine Kultur der Embryonen auf künstlichen Medien oft zur Behebung solcher Hemmungen, die sich bei züchterischen Arbeiten störend bemerkbar machen können (TUKEY).

Hemmung zwischen Zellteilen. Auch zwischen einzelnen Teilen einer Zelle sind Wachstumshemmungen möglich, die man schon vor jeder näheren Untersuchung ohnehin annehmen muß, um die Entwicklung mancher komplizierter Zellformen erklären zu können. Wir wollen an einem ziemlich einfachen Beispiel eine solche Hemmung demonstrieren. Wenn eine Epidermiszelle einer Wurzel (von BURSTRÖM an Weizenwurzeln untersucht) zur Wurzelhaarbildung schreitet, so wird von dem Zeitpunkt dieser beginnenden Wurzelhaarbildung an der oberhalb des Haars liegende Teil der Zelle im Wachstum gehemmt, so daß das Längenverhältnis zwischen dem oberhalb und unterhalb des Haares liegenden Teil der Zelle immer mehr zugunsten des letzteren verschoben wird (Abb. 234).

Literatur.

BANNAN and WHALLEY: Canad. J. Res., Sec. C **28** (1950). — BRANSCHEIDT: Ber. dtsch. bot. Ges. **57** (1939). — BURSTRÖM: Bot. Not. (Lund) 1941.

COOK u. Mitarb.: Proc. Roy. Soc. London, B **135** (1948); **138** (1951).

GEITLER: Ber. dtsch. bot. Ges. **56** (1938). — GIOELLI: Ann. di Bot. **20** (1933).

HARTMANN: Die Sexualität. Jena 1943. — HEIN: Bull. Torrey Bot. Club **55** (1928). — HÖFLER: Flora (Jena) **27** (1934); Ber. dtsch. bot. Ges. **58** (1940).

JOST: Z. Bot. **23** (1930).

KÖHLER: Planta (Berl.) **10** (1930).

LAIBACH: Z. Bot. **17** (1925).

LINSKENS: Naturwiss. **40** (1953).

MEEUSE: Rec. Trav. bot. néerl. **38** (1942).

PRATT: Amer. J. Bot. **52** (1940).

RAPER: Bot. Rev. **18** (1952).

SCHOCH-BODMER u. HUBER: Experentia (Basel) **1** (1939). — SCHUMACHER u. HALBSGUTH: Jb. wiss. Bot. **77** (1938). — SINNOTT and BLOCH: Amer. J. Bot. **26** (1939). — STRAUB: Z. Naturforsch. **1** (1946); **3** (1948).

TUKEY: Bot. Gaz. **94** (1933); J. Hered. **24** (1933).

XIV. Stoffliche Beziehungen zwischen Pfropfpartnern und Chimären.

1. Bedingungen für die Herstellung der Pfropfsymbiose.

Beim Pfropfen können nicht nur Zellen von zwei Individuen ein und derselben Art miteinander verwachsen, sondern auch solche verschiedener, aber untereinander verwandter Arten.

Auch Verwachsungen zwischen ganz verschiedenartigen Organen oder Organteilen sind möglich. So gelang es schon VÖCHTING, auf ein Blatt eine ganze Samen tragende Pflanze zu pfropfen. Bei zahlreichen Pfropfversuchen ist es gelungen, z. B. auf Stengel Blüten, auf Blätter Früchte, auf Wurzeln Blätter oder auf eine Frucht eine andere zu pfropfen.

Pfropfungen zwischen verschiedenen Arten einer Gattung gelingen relativ leicht, oft auch Pfropfungen zwischen Gattungen ein und derselben Familie. Selten gelingt es, Teile von Pflanzen verschiedener Familien aufeinander zu pfropfen.

Abb. 235. *Laburnum vulgare* (links), *Cytisus purpureus* (rechts) und *Cytisus Adami*)Mitte). *Laburnum vulgare* hat gelbe, *Cytisus purpureus* rote, *Cytisus Adami* schmutzig-rote Blüten. (Nach BAUR, verändert.)

Beim Verwachsen spielt die Polarität der Zellen eine erhebliche Rolle. Stoßen Zellen mit gleichem Pol aufeinander, so scheinen sie nicht miteinander verwachsen zu können. Beispielsweise können auch zwei apikale Kalli untereinander ebensowenig verwachsen wie zwei basale, während ein basaler Kallus leicht mit einem apikalen verwächst.

Zur Verwachsung muß natürlich auch eine bestimmte Art der Gewebedifferenzierung hinzukommen. Pfropfreis und Unterlage bilden an den Schnittflächen zunächst Kallusgewebe, in denen schließlich Differenzierungen auftreten. Dabei ist die Bildung neuer wasserleitender Elemente, die die Verbindung zwischen den beiden Partnern herstellen, besonders wichtig. Mit dem entwicklungsphysiologischen Problem dieser Brückenbildung haben wir uns schon beschäftigt (vgl. S. 223 f).

2. „Pfropfbastarde."

Das Beispiel der sog. Pfropfbastarde zeigt uns, daß auch in allen übrigen Teilen der Pflanze Verwachsungen zwischen Zellen verschiedener Arten möglich sind.

Der erste bekanntgewordene Pfropf„bastard" ist *Cytisus Adami*. Nach einer Pfropfung von *C. purpureus* auf *Laburnum vulgare* trat ein Zweig auf, der, nach seinen Eigenschaften zu urteilen, als Bastard angesprochen werden mußte (Abb. 235). Dieser Pfropfbastard zeigt oft vegetative „Aufspaltung" und bildet dann Zweige mit reinen *Laburnum-vulgare*-Eigenschaften und andere mit reinen *Cytisus-purpureus*-Eigenschaften. Samen werden selten gewonnen und ergeben dann reine *Laburnum-vulgare*-Pflanzen. Weiterhin wurden auch Pfropfbastarde zwischen Mispel und Weißdorn

(Mespilus germanica und *Crataegus monogyna)* gefunden. Die experimentelle Untersuchung wurde schließlich am ausführlichsten von WINKLER an Pfropfbastarden zwischen Tomaten und Nachtschatten durchgeführt. Wenn auf Tomaten Reiser vom Nachtschatten gepfropft werden und die Verwachsungsstelle durchschnitten wird, so bilden sich an der Verwachsungsstelle Adventivsprosse, von denen ein sehr geringer Bruchteil Pfropfbastarde sind (Abb. 236). Vor allem durch diese Untersuchungen an *Solanum*-Pfropfbastarden ist uns die Chimärennatur aller Pfropfbastarde, die also keine Bastarde sind, bekanntgeworden. Es können sich Sektorial- (Abb. 236f) und Periklinalchimären (Abb. 237) bilden. STRASBURGER, sowie vor allem BAUR und WINKLER haben zu dieser Aufklärung beigetragen. (Bei Sektorialchimären besteht ein Sektor des Vegetationspunktes aus Zellen der anderen Art, bei Periklinalchimären bestehen die äußeren Schichten oder die äußerste Schicht des Vegetationspunktes aus Gewebe der anderen Art. Demgemäß ist auch der ganze Sproß im einen Fall sektorial, im anderen periklinal verschieden.)

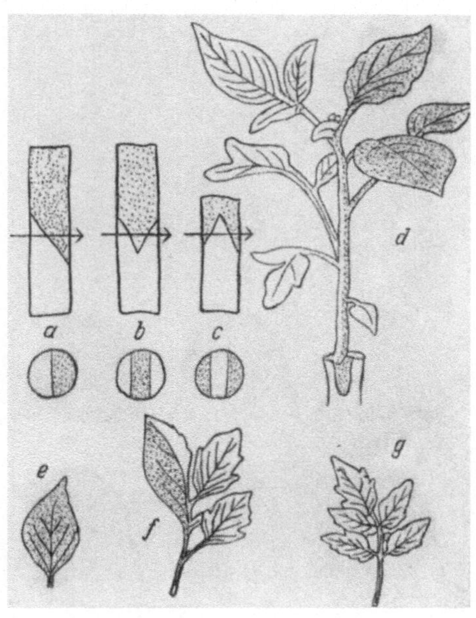

Abb. 236 a—g. a—c Schematische Darstellung verschiedener Pfropfungsarten mit den zugehörigen Querschnittender Pfropfstellen in Höhe der Pfeile. Punktiert das Edelreis, nichtpunktiert die Unterlage, d Chimäre. Unten die Tomatenunterlage (hell), e Blatt von *Solanum nigrum*, g Blatt der Tomate, f Chimärenblatt. (Nach WINKLER.)

Periklinalchimären können natürlich noch wieder ganz unterschiedlich zusammengesetzt sein. Es kann sich um Ektochimären handeln (am Vegetationspunkt wird das Endosoma von einem andersartigen Ektosoma überzogen); oder es können Mesochimären vorliegen, bei denen sich ein zur anderen Art gehörendes Gewebe zwischen das Ekto- und Endosoma legt. Bei den Ektochimären wiederum kann das aus Gewebe einer anderen Art bestehende Ektosoma aus ein, zwei oder mehr Zellagen bestehen (Monektochimären, Diektochimären usw.; vgl. Abb. 237). Über die wechselseitige Beeinflussung der Gewebe bei solchen Pfropfbastarden werden wir noch später sprechen. Der oben erwähnte *Cytisus Adami* ist eine Periklinalchimäre, die aus Gewebe von *Laburnum vulgare* mit einer Epidermis von *Cytisus purpureus* besteht. Chimären, die nicht durch Pfropfung entstehen, haben uns schon beschäftigt.

3. Wechselseitige Beeinflussungen zwischen den Pfropfpartnern.

Natürlich können sich die Pfropfpartner nach der Verwachsung infolge ihrer gegenseitigen physiologischen Abhängigkeit in mancherlei Weise beeinflussen. Das Pfropfreis hängt vom aufsteigenden Saftstrom ab, den es von der Unterlage erhält. Die Unterlage empfängt vom Pfropfreis Assimilate, die teilweise eine andere Beschaffenheit haben können als in den normalerweise zu ihr gehörenden Blättern. Außer Salzen, Zuckern und manchen Hormonen können namentlich auch bestimmte Alkaloide, ebenso Viren und z. B. „Blühhormone“ vom Reis zur Unterlage oder umgekehrt transportiert werden. Aber eine weitergehende Umstimmung des Stoffwechsels und der von ihm abhängigen Eigenschaften ist nie gefunden worden. Zum Beispiel findet man keine Beeinflussung der Ausbildung von Anthocyan in einem der beiden Partner durch den anderen. Das heißt, ein Pfropfreis etwa von einem Weinstock mit „weißen“ Beeren wird auch dann weiterhin „weiße“ Beeren bilden, wenn es auf eine Unterlage eines anderen Stockes gepfropft wurde, der rote Beeren trägt. Bei zahlreichen anderen Pfropfungen wurde diese weitgehende Unabhängigkeit der beiden Partner bestätigt (vgl. ROBERTS). Werden z. B. Zucker- und Futterrüben aufeinander gepfropft, so bildet die Wurzel immer die für die Art charakteristischen Zucker aus, auch das artspezifische Verhältnis der einzelnen Zuckerarten bleibt erhalten, einerlei, welche Blätter der Wurzel aufgepfropft wurden. Auch z. B. der Entwicklungsrhythmus, der Zeitpunkt des Laubfalls und der Lauberneuerung, bleibt in den beiden Partnern einer Pfropfsymbiose mindestens weitgehend selbständig, während sich die Blütenbildung, wie schon angedeutet wurde, durch die vom anderen Partner kommenden Impulse beeinflussen läßt.

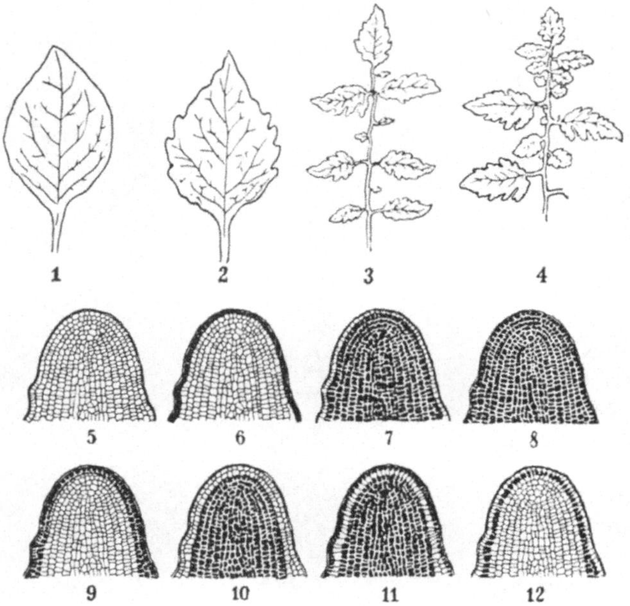

Abb. 237. Blätter von: 1 *Solanum nigrum*; 4 *Solanum lycopersicum*; 2 Monektochimäre *Sol. tubingense*; 3 Monektochimäre *Sol. Koelreuterianum*; Schemata von Vegetationspunkten: 5 von *Sol. nigrum*; 8 *Sol. lycopersicum*. 6 Monektochimäre *Sol. tubingense*, 7 Monektochimäre *Sol. Koelreuterianum*, 9 und 10 Diektochimären, 11 und 12 Monomesochimären. (Nach WINKLER.)

Alkaloide können, wie gesagt, von einem Pfropfpartner zum anderen wandern; dabei werden gelegentlich in dem so alkaloidhaltig gewordenen Partner morphologische und physiologische Umstimmungen erzielt, die sich in einzelnen Fällen noch in der nächsten Generation zeigen, aber doch offensichtlich nicht erblich sind (vgl. MOTHES).

Zwar wurden oft auch genotypische Beeinflussungen angenommen, indem eine vegetative Hybridisierung für möglich gehalten wurde, aber dabei ist doch zunächst immer an die Möglichkeit der Chimärenbildung zu denken; auch Burdonenbildung (vgl. S. 285) kann erfolgen.

Grundsätzlich läßt sich natürlich die Möglichkeit, daß Vererbungsträger von einem Partner zum andern übergehen, nicht ausschließen. Aber praktisch dürfte das kaum eine erhebliche Rolle spielen, da ja selbst in Chimären eine erbliche Beeinflussung bei beiden Partnern mindestens in der Regel nicht auftritt.

Allerdings gibt es mehrere Autoren, die mit dem regelmäßigen Vorkommen solcher Beeinflussungen rechnen (vgl. z. B. BERGANN, GLUTSCHENKO).

Literatur.

BERGANN: Züchter **21** (1951).

GLUTSCHENKO: Die vegetative Hybridisation von Pflanzen. Berlin 1948.

KÜSTER: Über Plasmapfropfungen. Jena 1939.

MOTHES: Angew. Chem. **64** (1952).

ROBERTS: Bot. Rev. **15** (1949).

XV. Verschmelzung von Zellen.

1. Sexuelle Verschmelzungen.

Über die Ursachen für die geschlechtliche Vereinigung von Zellen sprachen wir schon. Zur Verschmelzung müssen natürlich noch weitere Bedingungen verwirklicht sein als zur Anziehung. Zu diesen weiteren Bedingungen gehört vor allem eine bestimmte Oberflächenbeschaffenheit der Zellen. Diese spezielle Beschaffenheit pflegt nach der Befruchtung verloren zu gehen, so daß eine Polyspermie vermieden wird. Dafür kann einerseits die Bildung einer Befruchtungsmembran verantwortlich sein, andererseits aber vielleicht auch schon weniger grobe submikroskopische Strukturänderungen in der Oberfläche, die sich in Änderungen der Doppelbrechung äußern (vgl. MONROY und MONTALENTI).

Der besondere morphologische und physiologische Zustand der Oberfläche (und eventuell auch der übrigen Teile) der Gameten, der für die Verschmelzbarkeit notwendig ist, bleibt noch aufzuklären. Daß nur der haploide Chromosomensatz vorliegt, kann natürlich nicht entscheidend sein, denn oft besteht die haploide Generation ja schon lange Zeit, ohne daß Verschmelzungen eintreten. Auch bei Pflanzen mit schwach entwickelter haploider Generation pflegen nur die Gameten selber die hohe Verschmelzungstendenz zu haben. Allerdings verdienen manche Ausnahmen wohl doch Erwähnung. Bei haploiden Farnprothallien ist gelegentlich eine Verschmelzung benachbarter vegetativer Kerne beobachtet worden. Bei Blütenpflanzen kommt ausnahmsweise Synergidenbefruchtung vor. Daß aber hierbei die Anzahl von Chromosomensätzen nicht entscheidend ist, wird deutlich, weil der diploide sekundäre Embryosackkern regelmäßig befruchtungsfähig ist. Auch ist ja geläufig, daß diploide Keimzellen polyploidisierter Moose ebensogut befruchtungsfähig sind wie die haploiden der normalen Formen.

2. Verschmelzung vegetativer Zellen.

Burdonenbildung. Eine Verschmelzung vegetativer Zellen hat WINKLER bei der Untersuchung von Pfropfbastarden feststellen können. Hierbei handelt es sich dann sogar um die Verschmelzung artfremder Körperzellen (sog. Burdonenbildung). Die Zellverschmelzung ist hier auch mit einer Kernverschmelzung verknüpft. So wurde zunächst eine *Solanum*-chimäre mit Burdonenepidermis untersucht, es handelte sich dabei um eine Verschmelzung von Zellen des *S. nigrum* mit Zellen des *S. lycopersicum*. Im Burdonengewebe finden sich Merkmale beider Elternarten nebeneinander. Später wurden auch Chimären mit zwei Burdonenschichten gefunden; diese hatten ein Tomatengenom und eine Anzahl Chromosomen von *S. nigrum*. Sie lassen sich nicht durch Stecklinge vermehren, die

Gestalt ist verändert. In den Burdonen ist normale Kernteilung möglich; die Pflanzen sind steril. WINKLER hat auch beschrieben, wie das Nebeneinandersein der verschiedenen Chromosomen in einheitlichen Kernen und das Neben- und Miteinanderwirken von verschiedenen Genen zu Störungen und Hemmungen in Stoffwechsel- und Entwicklungsvorgängen führt. Endlich ist es WINKLER gelungen, einen Vollburdo zu erhalten; er zeigte spärliche Verzweigung und konnte fast keine Adventivwurzeln bilden. Stecklinge von ihm bewurzelten sich nicht, der Burdo konnte auch nicht regenerativ Adventivsprosse bilden. Eine Wiederholung und Fortsetzung dieser Untersuchungen wäre dringend notwendig.

Protoplastenverschmelzungen. Verschmelzungen von Protoplasten oder Protoplastenstücken sind fernerhin bei den verschiedensten Objekten beobachtet worden (vgl. KÜSTER). Wir haben schon in einem anderen Zusammenhang die *Acetabularia*-Pfropfungen erwähnt. Sehr häufig kommt es beim Zusammenbringen von Plasmateilen allerdings nicht zum Verschmelzen, sondern nur zum Aneinanderhaften. Offensichtlich wird das Verschmelzen oft durch das Vorhandensein einer Haptogenmembran verhindert. HÖFLER fand, daß experimentell getrennte Protoplasten schon nach kurzer Zeit nicht mehr verschmelzen können; es müssen also schon vor der Bildung der nach einer Stunde sichtbaren Vernarbungsmembran Änderungen in der Oberflächenbeschaffenheit eingetreten sein.

Zweifellos ist eine besondere Oberflächenstruktur erforderlich, um das Fusionieren zu ermöglichen. Es kommt ja im normalen Entwicklungsgang von Zellen häufig vor, daß nackte Protoplasten einander berühren ohne zu verschmelzen. So können z. B. in Zoosporangien und in Antheridien membranlose Schwärmer bzw. Spermatozoiden nebeneinander liegen. In anderen Fällen dagegen tritt leicht ein Fusionieren ein. Welche besondere Oberflächenstruktur für dieses Fusionieren von Gameten oder Protoplasten bzw. Protoplastenbruchstücken somatischer Zellen erforderlich ist, wissen wir nicht.

Eine Verschmelzung ist beispielsweise an Pollenmutterzellen von *Phleum pratense* beobachtet worden (LEVAN). Hier können während der meiotischen Prophase 2 bis etwa 30 Pollenmutterzellen fusionieren und so ein großes Plasmodium bilden.

Endlich sei noch erwähnt, daß BURGEFF bei *Phycomyces nitens* Kerne einer Rasse in ein Mycelstück einer anderen Rasse hineinquetschen und so Kern und Zytoplasma beider Rassen mischen konnte. Das so entstandene Mycel hatte Eigenschaften, die zwischen denen der beiden Ausgangsrassen standen.

Allgemeines. Diese Beispiele zeigen, daß weder, wie wir schon vorher sahen, die wechselseitige Anziehung, noch auch die Verschmelzung nur bei Geschlechtszellen vorkommt. Trotzdem darf die Frage aufgeworfen werden, ob der Anziehung und Verschmelzung vegetativer Zellen ähnliche Vorgänge zugrunde liegen wie der Anziehung und Verschmelzung von Geschlechtszellen. Vieles spricht für eine solche Vermutung, zumal auch Vorgänge bekannt sind, die wir als Übergänge auffassen dürfen. Ein klarer Übergang ist es z. B., wenn bei Blütenpflanzen eine Synergidenbefruchtung eintritt, oder wenn bei Farnprothallien eine Zygote gebildet wird, indem die Kerne benachbarter vegetativer Zellen verschmelzen. Außerdem darf noch daran erinnert werden, daß bei Basidiomyceten der Befruchtungsvorgang ganz allgemein im Fusionieren zweier vegetativer Zellen der verschiedengeschlechtlichen Mycelien besteht. Von hier ist es nur ein kleiner Schritt zu den ungeschlechtlichen vegetativen Fusionen, die sonst bei Pilzen viel verbreitet sind („Dualphänomen", vgl. LAIBACH). Aus Analogiegründen ist anzunehmen, daß auch für solche rein vegetative Fusionen ebenso wie bei den geschlechtlichen physiologische Verschiedenheiten zwischen den Partnern bestehen müssen. Diese physiologische Differenzierung muß natürlich bei vegetativen Fusionen immer phänotypisch bedingt sein. Man sieht aus dieser Tatsache zugleich, daß für den Kernverschmelzungsvorgang noch andere Bedingungen verwirklicht sein müssen als für andere Zellverschmelzungen. Die praktische Gleichzeitigkeit beider Vorgänge bei den meisten Sexualprozessen beruht also auf der Koordination zweier Bedingungen. Diese Koordination ist ja auch schon bei den Geschlechtsvorgängen selber nicht immer gegeben. Es sei daran erinnert, daß die Kernverschmelzung bei vielen Pilzen erst sehr viel später erfolgt als die Zellverschmelzung, indem lange Zeit ein Paarkernmycel erhalten bleibt.

Literatur.

KÜSTER: Über Plasmapfropfungen. Jena 1939.
LAIBACH: Biol. Zbl. **69** (1950). — LEVAN: Hereditas (Lund) **27** (1941).
MONROY and MONTALENTI: Biol. Bull. **92** (1947).

XVI. Förderung und Hemmung durch hormonreiche Orte, Korrelationen.

1. Allgemeines.

Überblick. Schon mehrfach sind wir auf die große Bedeutung von Hormonen im Entwicklungsgeschehen der Pflanze gestoßen. In diesem Abschnitt soll aber nur von dem entwicklungsphysiologischen Einfluß solcher Hormone gesprochen werden, die lediglich fördern oder hemmen. Allerdings lassen sich einfache Förderung oder Hemmung nicht ganz von der hormonbedingten Umgestaltung trennen, denn die fördernden und hemmenden Hormone können je nach ihrer Konzentration auch umgestaltend wirken. Wir haben das speziell für die Wuchshormone kennengelernt, von deren starken Einflüssen auf die Gestaltung wir sprachen.

2. Einflüsse vom Blatt.

Das Blatt ist ein wichtiger Lieferant von Wuchshormon. Man kann diese reichliche Abgabe von Auxin aus den Blättern etwa daran erkennen, daß sproßbürtige Wurzeln bevorzugt an den Knoten entstehen. Die Förderung der Wurzelbildung durch Auxin haben wir schon früher besprochen.

Das von den Spreiten gelieferte Auxin reguliert z. B. die Entwicklung der Blattstiele. Werden die Blätter entspreitet, so hört das Wachstum der Stiele auf. Außerdem werden diese abgestoßen; also auch das Haftenbleiben der Blattstiele wird vom Hormon geregelt. Man kann das Abfallen der Stiele demgemäß leicht verhindern, indem Wuchsstoff auf die entspreiteten Stiele aufgetragen wird, dadurch wird zugleich auch das Stielwachstum wieder eingeleitet. Die Verhinderung des Abfallens beruht dabei offenbar auf der Wiederbelebung des Wachstums (LAIBACH), und zwar wird durch diese Wiederbelebung des Streckungswachstums (zugleich auch des Teilungswachstums) die Ausbildung der Trennungsschicht an der Stielbasis gehemmt.

Auch das Austreiben von Blattachselknospen kann durch das vom Blatt gelieferte Auxin verhindert werden. Die gleiche Wirkung können schon die Kotyledonen ausüben, nach ihrer Entfernung treiben also die Achselknospen aus. Wird aber auf die Amputationsstelle Wuchsstoff aufgetragen, so bleiben die Knospen ruhen.

Die Kotyledonen können durch ihren Wuchsstoffreichtum sogar auf die Wurzeln einen Einfluß ausüben. Die Seitenwurzelbildung schreitet normalerweise vom Wurzelhals zur Wurzelspitze voran. An keimblattfreien Pflanzen von *Vicia Faba*, *Pisum* und *Phaseolus* fand RIPPEL, daß die Seitenwurzelbildung zunächst ganz unterdrückt ist, erst später bilden sich, aber jetzt von der Spitze zur Basis voranschreitend, Seitenwurzeln.

Abb. 238. *Bryophyllum tubiflorum* mit Brutknospen (blattbürtigen Sprossen).

Ferner regen wachsende Laubblätter, offenbar wieder durch ihren Auxinreichtum, die Kambiumtätigkeit an. Es ist lange bekannt, daß die Ausbildung der neuen großen Frühjahrsgefäße im Holz von den austreibenden Sprossen induziert wird und von deren Ansatzstelle allmählich abwärts weiter schreitet. Diese Induktion vollzieht sich auch dann noch, wenn die neuen Triebe verdunkelt werden; wir dürfen also nicht Assimilate verantwortlich machen. SNOW zeigte, daß dieser Reiz auf einem basipetal wandernden Hormon beruht, welches auch zwei einander berührende Wundflächen durchschreiten kann und sogar von einer Art durch ein feuchtes Leinenstück hindurch auf ein Individuum einer anderen Art übertragen werden kann. Da die Auxine die Zellteilung fördern können, ist erwogen worden, ob es sich bei diesem Hormon um Auxin handelt; jedoch hat sich weiterhin gezeigt, daß mehrere stoffliche Faktoren für diese Regulation notwendig sind, jedenfalls haben auch Aneurin und Ascorbinsäure einen regulierenden Einfluß (KÜNNING und SÖDING). Und endlich wird die Kambiumtätigkeit durchaus nicht vollständig durch die vom Blatt ausgehenden Einflüsse reguliert. Das Kambium kann z. B. noch aktiv sein, während die Knospen schon ruhen; und eine künstliche Brechung der Knospenruhe (etwa durch Äthylenchlorhydrin) bedingt noch nicht die Kambiumtätigkeit (REINDERS-GOUWENTAK).

Auch das normale Ruhenbleiben der Adventivknospen auf Blättern von *Bryophyllum*-Arten und anderen Pflanzen (erst nach der Ablösung bewurzeln sie sich) könnte man mit der Hemmwirkung durch den vom Blatt gelieferten Wuchsstoff in Verbindung bringen (Abb. 238). Da die Wuchsstofflieferung bei jüngeren Blättern reichlicher ist als bei älteren.

läßt sich sogar verständlich machen, warum die Knospen an *Bryophyllum crenatum* schon an der Pflanze austreiben, sofern die Blätter altern.

Nach HELM sind die jungen Blattanlagen nicht nur für die bereits besprochene Anlage der Blattspuren wichtig, sondern ebenso für das Internodienwachstum. Auch das Gewebe innerhalb des Internodiums wird nicht so gut wie im Normalfall entwickelt, sofern vom Vegetationspunkt die jüngsten Blattanlagen abgetrennt werden.

Allgemein kann gesagt werden, daß Blätter vor allem in sehr jugendlichem Zustand starke korrelative Hemmungen ausüben. Offenbar hängt das damit zusammen, daß sie in diesem Alter die größte Wuchshormonproduktion zeigen (vgl. SÖDING).

Abb. 239. *Theobroma Cacao*, Blütenbildung ist dort erkennbar, wo die Blätter abgefallen (unten) oder experimentell entfernt sind (oben).

3. Einflüsse von den Laubblättern auf die Blütenbildung.

Einer der wichtigsten Faktoren für die Regulierung der Blütenbildung sind die Laubblätter, und zwar offenbar wenigstens teilweise infolge ihrer Fähigkeit, Wuchsstoff an andere Organe abzugeben. Durch derartige hormonale Einflüsse hemmen die Blätter die Umwandlung der Vegetationspunkte zu Blütenanlagen. Wo Blätter nicht vorhanden sind, oder sich wenigstens nicht in der Nähe befinden, zeigt sich sehr deutlich das Fehlen dieser Hemmung (Abb. 239). So wird einmal erklärlich, daß bei Mehrjährigen die Blütenanlagen sehr häufig gebildet werden, wenn das Laub gegen Ende der Vegetationsperiode alt wird und seine Hemmfähigkeit damit verliert. Und viele kauliflore Pflanzen, bei denen im Bereich der hier zur Blütenbildung befähigten Stammgewebe nie Blätter stehen, können das ganze Jahr hindurch blühen, wobei dann selbst kleine Stammabschnitte gleichzeitig alle Entwicklungsstadien von Blüten und Früchten zeigen können (Abb. 240a). Die normale Blühperiodizität der meisten mehrjährigen Pflanzen ist eben so bedingt, daß sich Blütenanlagen erst bilden, wenn der sommerliche Alterungsprozeß der Laubblätter einsetzt. Auch manche tropische Parasiten, die in den Wurzeln von Bäumen oder hohen Lianen leben, und selber keine grünen Laubblätter besitzen, etwa *Balanophora*- und *Rafflesia*-Arten, sind so weit von den Blättern der Wirtspflanze entfernt, daß deren Hemmwirkung sie nicht mehr erreicht, sie also nicht notwendig eine Blühperiodizität zeigen. Freilich kann auch bei solchen Kaulifloren und Parasiten periodisches Blühen auftreten, das dann aber nichts mit dem Rhythmus des Laubwechsels der Wirtspflanze zu tun hat, sondern durch bestimmte Außenfaktoren, etwa durch Temperaturreize bedingt ist (Abb. 240b).

Es steht nicht im Widerspruch zu diesen Feststellungen, wenn viele Pflanzen auch im Bereich junger Blätter Blüten bilden. Einmal wird die von den Blättern ausgehende Hemmung von Art zu Art verschieden sein; vor allem aber kann sie durch bestimmte Außenfaktoren aufgehoben oder gemildert werden. Der wichtigste dieser Außenfaktoren ist der photoperiodische Reiz, von dem wir wissen, daß die Blätter ihn aufnehmen. Mit seiner Wirkungsweise werden wir uns später beschäftigen.

Es ist hiernach selbstverständlich und auch von der Erfahrung bestätigt, daß außerhalb des Wirkungsbereichs der Blätter keine photoperiodische Empfindlichkeit bestehen kann. Das gilt also etwa für die genannten Kaulifloren und Parasiten. (Wenn Parasiten aber Haustorien in der Nähe der Blätter ihrer Wirtspflanze ausbilden, so gelangt freilich auch deren Hemmung zu ihnen, und ihre Blütenbildung wird dann ebenfalls

a b

Abb. 240a. *Dysoxylum ramiflorum*, Kauliflorie. Man erkennt die Gleichzeitigkeit verschiedener Entwicklungsstadien der Blüten und Früchte auf einem kleinen Gebiet der Stammoberfläche.

Abb. 240b. *Phaleria capitata*, eine Kauliflore mit gleichzeitigem Blüten am ganzen Stamm.

von der Tageslänge abhängig, und zwar natürlich, wie wir später ausführlicher darstellen werden, im gleichen Sinne wie die der Wirtspflanze.)

Die Natur der von den Blättern ausgehenden Blühhemmung ist noch nicht bekannt. Zwar hat man, wie wir schon sahen, oft den Wuchsstoff als den spezifischen Hemmfaktor der Blütenbildung angesehen, aber diese Auffassung ist doch nicht befriedigend. Es muß noch mindestens einen weiteren Hemmfaktor geben, der durch einen adäquaten photoperiodischen Reiz beseitigt wird. Zu dieser Schlußfolgerung sind wir gezwungen, weil eine Verringerung der Wuchsstoffkonzentration in manchen Fällen zwar die vegetativen Umgestaltungen hervorrufen kann, die für einen adäquaten photoperiodischen Reiz charakteristisch sind, nicht aber zugleich notwendig auch die Blütenbildung ermöglicht.

Daß der photoperiodische Reiz wirkt, indem er eine vom Blatt ausgehende Hemmung beseitigt, ist durch viele photoperiodische Versuche erwiesen. Einmal ist bekannt, daß dieser Reiz in den Blättern aufgenommen wird. Und weiter ist z. B. an der Kurztagpflanze *Kalanchoe Blossfeldiana* gezeigt worden, daß ein einziges im Langtag gehaltenes Blatt einer sonst unter Kurztagbedingungen stehenden Pflanze die Blütenbildung (unter bestimmten Bedingungen) unterbinden kann. Das Fehlen der Blütenbildung im Langtag ist also nicht einfach durch das Fehlen einer Förderung durch den Kurztagreiz bedingt, sondern infolge einer vom Langtagblatt ausgehenden Hemmung (die ausbleibt, wenn dieses Blatt ganz entfernt wird).

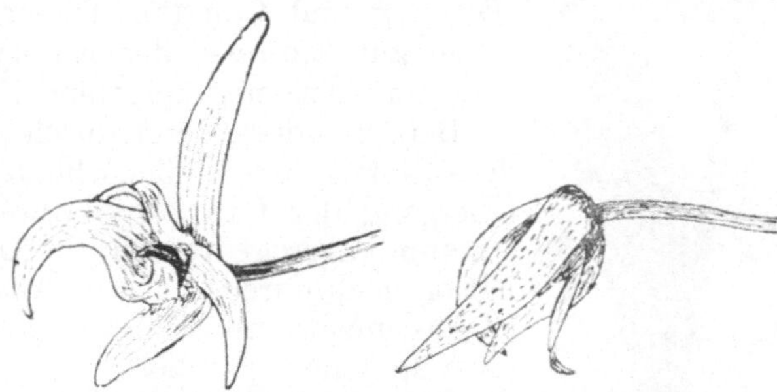

Abb. 241. *Bulbophyllum Lobbii*; *a* offene Blüte; *b* Blüte 4 Std nach der Bestäubung. (Nach VAN DER PIJL.)

Auch die Unabhängigkeit des Blühens von photoperiodischen Reizen bei der Entblätterung von Pflanzen kann hier angeführt werden. Endlich sei noch einmal daran erinnert, daß manche Pflanzen (etwa Agaven) erst blühen, wenn aus inneren Gründen die Blattbildung aufhört.

4. Einflüsse von den Antheren und Pollenkörnern.

Die Staubgefäße haben einen starken Einfluß auf die Blütenentwicklung. Das beruht wohl auf der Lieferung von Auxin. Werden die Staubgefäße in einem frühen Entwicklungsstadium der Blüte entfernt, so kann die Weiterentwicklung der ganzen Blüten unterbunden werden. Die Knospe kann sterben und abfallen. Aber auch noch später, nachdem die Staubgefäße schon zu stäuben begonnen haben, kann ihre Entfernung wenigstens das letzte Wachstum der übrigen Blütenteile noch verhindern (ZANONI).

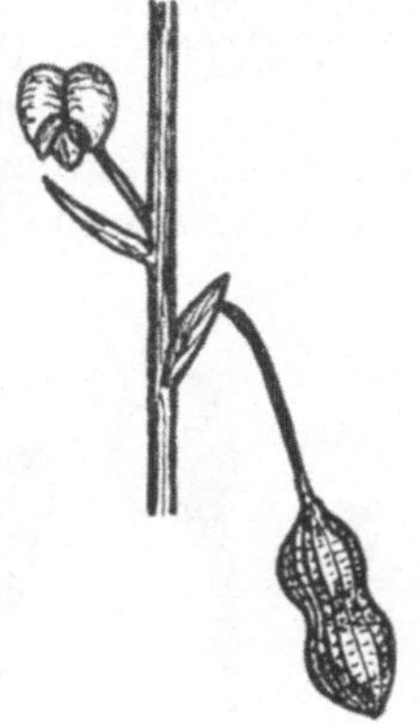

Abb. 242. Blüte und Frucht von *Arachis hypogaea*. Starkes Wachstum und positiv geotropische Krümmung der Blütenachse während der Fruchtentwicklung.

Von den Antheren werden also die übrigen Blütenteile, z. B. auch die Griffel, mit Wuchsstoff versorgt. Bei *Oenothera* wird das Wachstum der Hypanthien ebenfalls von den Antheren reguliert (WEINLAND). Auch die Präflorationsbewegungen, die später im Zusammenhang mit den geotropischen Erscheinungen beschrieben werden, beruhen auf dem von den Antheren bzw. vom Pollen gelieferten, zur Regulierung des Streckungswachstums der Blütenstiele führenden Auxin. Namentlich bei Orchideen läßt sich oft beobachten, daß nach der Antherenreifung eine sprunghafte Steigerung des Wachstums der Blütenteile eintritt (Abb. 459).

Der starke Einfluß der von den Pollenkörnern gelieferten Substanzen kommt bei manchen Pflanzen auch darin zum Ausdruck, daß die Blütenblätter bald nach der Bestäubung (z. B. bei der Orchidee *Bulbophyllum Lobbii* nach wenigen Stunden) ein starkes hyponastisches Wachstum zeigen und die Blüte sich dadurch schließt (Abb. 241).

Bei *Phalaenopsis* wurde gefunden, daß durch die Pollination das Welken des Perianths sowie Kern- und Zellteilungen in inneren Teilen des

Fruchtknotens bedingt werden. Einige Tage später tritt der Pollenschlauch in den Fruchtknoten ein. Dadurch wird zunächst erreicht, daß der Fruchtknoten nicht abfällt, weiterhin aber wird sein Längen- und Dickenwachstum induziert. Nach der Befruchtung folgt dann eine weitere Phase starken Wachstums des Fruchtknotens (DUNCAN und CURTIS). Dieser letzte Effekt führt uns schon auf Einflüsse der Embryonen, von denen wir im nächsten Abschnitt sprechen.

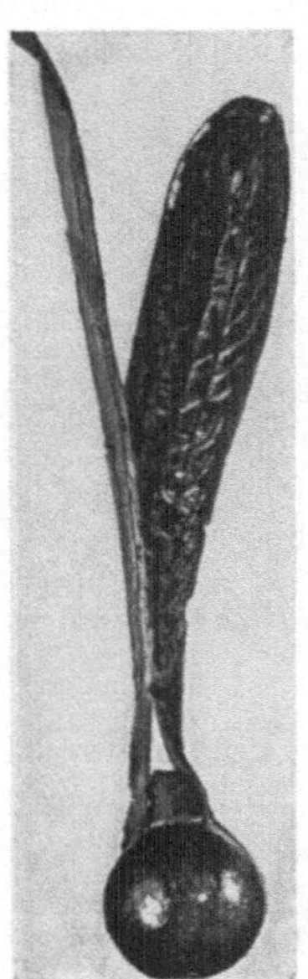

Abb. 243. Frucht von *Dipterocarpus*, starke postflorale Verlängerung von zwei Kelchblättern.

Bei Orchideen kann durch die Pollination bzw. durch den Eintritt des Pollenschlauches gleichzeitig auch der Übergang der Ovarien zu ihrem zweiten Entwicklungsstadium angeregt werden (die Ovarien sind vor der Pollination noch unreif). Dieser Anstoß geht mit den anderen Wachstumsbeeinflussungen an der Blüte, von denen wir eben sprachen, parallel.

Bekannt ist auch die Schwellung des Gynostemiums, die etwa bei *Coelogyne*- und *Cymbidium*-Arten schon wenige Tage nach der Bestäubung deutlich wird. Auch Farbänderungen und Atmungssteigerungen können im Zusammenhang mit den Formbeeinflussungen auftreten (GESSNER, TSUNG-HSUN). Und alle diese Veränderungen können entsprechend durch künstlich zugeführten Wuchsstoff eingeleitet werden; jedoch wirkt der Pollen meist anhaltender, weil durch die Befruchtung noch weitere hormonliefernde Prozesse eingeleitet werden.

Übrigens kann die Zufuhr des Hormons mit dem Pollen bei manchen Pflanzen Parthenokarpie auslösen, so etwa bei einigen Sorten von *Vitis vinifera*. Bei den meisten Pflanzen allerdings ist die Hormonlieferung durch den jungen Embryo wichtiger für die Fruchtbildung als die durch den Pollen erfolgende.

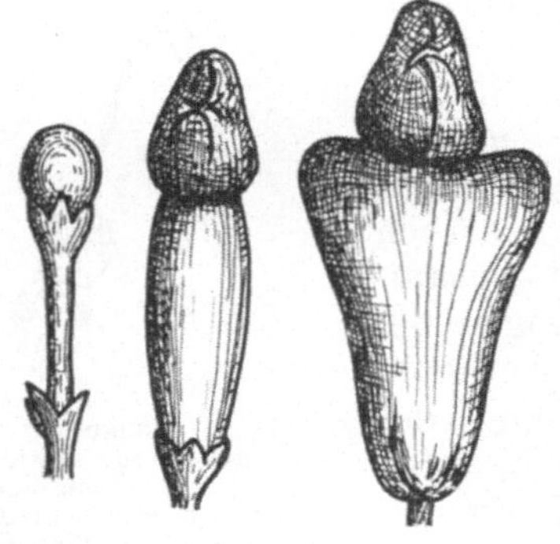

Abb. 244. *Anacardium occidentale*. Postflorale Fruchtstielschwellung.

5. Einflüsse von den Embryonen und Endospermen.

Verschiedene Postflorationserscheinungen. Nach dem Abblühen bilden die jungen Embryonen eine wichtige Hormonquelle. Sie regulieren die Fruchtbildung und auch das Wachstum anderer Teile, die in ihrer Nähe stehen und bedingen so etwa die postfloralen Wachstumsbeeinflussungen der Fruchtstiele, damit auch die postflorale Bewegungsmöglichkeit, über die später gesprochen wird. Auch beispielsweise die extrem rasche postflorale Verlängerung der Blütenachse bei *Arachis hypogaea* (Abb. 242), der Blütenstiele in anderen Fällen sowie die postflorale Kelchvergrößerung mancher Arten (Abb. 243) wird offenbar von den jungen Embryonen reguliert. Ebenso kann hier noch die postflorale Anschwellung von Blütenstielen, wie sie z. B. bei *Anacardium* vorkommt, erwähnt werden (Abb. 244).

Allerdings ist es nicht sicher, ob in solchen Fällen immer die Embryonen selber die Wuchsstofflieferanten sind; es ist auch an das Endosperm gedacht worden. Beim Roggen besteht nach HATCHER und GREGORY etwa 5 Wochen nach der Anthese ein maximaler Wuchsstoffgehalt; dann nimmt der Gehalt an Wuchsstoff, zum mindesten an aktivem Wuchsstoff wieder ab. Jedenfalls aber ist der Hormonanstieg meist unmittelbar nach der Befruchtung deutlich (Abb. 245), und er bleibt aus, wenn die Befruchtung verhindert wird (Wittwer).

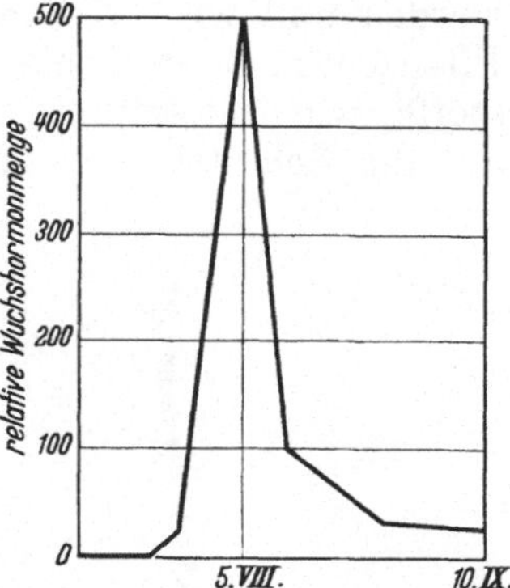

Abb. 245. Zunahme der Wuchshormonmenge in den weiblichen Organen vom Mais unmittelbar nach der Befruchtung. Die Kurve zeigt, daß mehrere Wochen nach der Befruchtung eine gesteigerte Hormonmenge nachweisbar ist. (Nach Wittwer, vereinfacht.) Univ. of Missouri, College of Agriculture, Research Bulletin 371, 1943.

So wie der in den Blättern gebildete Wuchsstoff nicht nur für das Wachstum, sondern auch für das Haftenbleiben des Blattstiels verantwortlich ist, ist der von den Embryonen gelieferte Wuchsstoff außer für das Wachstum auch für das Haftenbleiben des Fruchtstiels wichtig. Entwickelt sich die Frucht parthenokarp, so reichen die vorhandenen Wuchsstoffe oft nicht aus, um das Abfallen des Fruchtstiels zu verhindern: die jungen Früchte fallen dann, wie es beim Obst nicht selten zu beobachten ist, vor der Reife ab. Durch Besprühen mit künstlichen Wuchsstoffpräparaten kann man dem in der Praxis erfolgreich entgegenwirken, meist wird dabei das K-Salz der Naphthalenessigsäure in einer Konzentration von 0,001% benutzt; es hemmt die Lösung des Trennungsgewebes.

Fruchtbildung, Parthenokarpie. Die Embryonen können zur Erzielung der Fruchtbildung oft durch künstlich zugeführtes Auxin ersetzt werden, so daß es zu parthenokarper Fruchtentwicklung kommt (Abb. 246). Entfernt man z. B. bei *Fragaria* die Achaenen, so wird die „Beere“ nicht gebildet (oder es entwickeln sich nur Teile von ihr, falls lediglich ein Teil der Achaenen entfernt wurde). In den Achaenen läßt sich reichlich Wuchsstoff nachweisen. Daher ist es nicht erstaunlich, daß sich die Erdbeeren bei fehlenden Achaenen, aber künstlichem Wuchsstoffzusatz entwickeln (Nitsch).

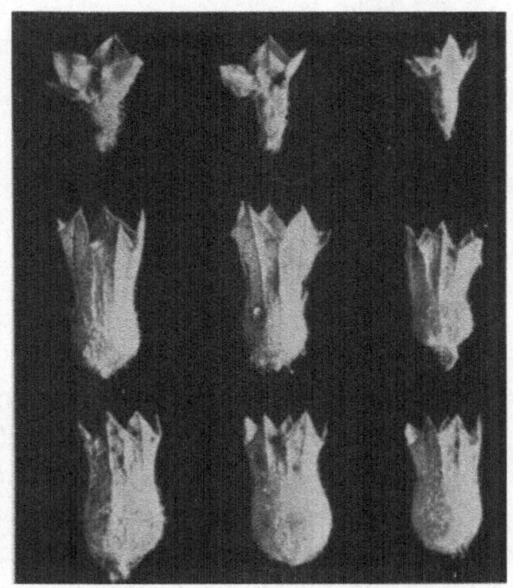

Abb. 246. *Hyoscyamus*-Fruchtknoten. Oben unbehandelt, Mitte mit Heteroauxin bedingte Parthenokarpie, unten normal befruchtet. Orig. Melchers.

Die Vorgänge der normalen Fruchtbildung werden durch den bei der Bestäubung hinzugebrachten Pollen eingeleitet. Die Befruchtung ist dabei nicht unbedingt erforderlich. Es genügt nämlich auch die Bestäubung mit unreifen Pollen der gleichen Art oder (untersucht bei *Cucurbita*) mit Pollen einer anderen Art aus der gleichen Familie, der keine Befruchtung ermöglicht. Auch mit Pollenextrakten kann Parthenokarpie erzielt werden. Durch Kappversuche am Griffel ließ sich nachweisen, daß von den wachsenden Pollenschläuchen ein Reiz ausgeht, der die Parthenokarpie bedingt.

Die natürliche Parthenokarpie, wie sie z. B. bei *Citrus* vorkommt, scheint sich dadurch zu erklären, daß die betreffenden Fruchtknoten in den Knospen einen erheblich größeren Auxingehalt besitzen als bei den sich nicht parthenokarp entwickelnden Formen (GUSTAFSON).

Die Erfindung der experimentellen Parthenokarpie ist weit ausgebaut worden und wird vielfach auch schon praktisch ausgewertet. An vielen Pflanzen, z. B. an Tomaten, konnte durch Auftragung künstlicher Wuchsstoffe, wie Indolylpropionsäure, Indolylessigsäure und Indolylbuttersäure auf die Schnittfläche, die nach dem Entfernen der Griffel entsteht, die Bildung reifer, natürlich samenfreier Früchte erzielt werden. Selbst durch bloßes Besprühen der Blüten mit solchen Substanzen läßt sich bei einigen Pflanzen die Parthenokarpie erreichen (GARDNER und MARTH).

Abb. 247. *Phaseolus multiflorus.* Nach der Entfernung des Epikotyls treiben die Kotyledonarachselknospen aus, weil die vom Auxin bedingte Hemmwirkung nunmehr fortfällt.

Eine erhebliche wirtschaftliche Bedeutung hat das z. B. bei der Feigenkultur erreicht. Das Besprühen mit synthetischen Wuchsstoffen genügt, um die Blütenstandsachse ebenso stark wie durch die Bestäubung zur Feige anschwellen zu lassen; der Vorteil gegenüber dem normalen Entwicklungsgang liegt nicht nur in dem Fehlen der Samen, sondern auch in der Möglichkeit, die sonst der Bestäubung dienenden, aber oft Krankheiten übertragenden Gallwespen auszuschließen. (Weitere Hinweise bei NICKELL.)

Die Bedeutung der Embryonen für die normale Entwicklung der Früchte wird auch daraus erkennbar, daß (nach TUKEY) eine Zerstörung der Embryonen bei Kirschen und Pfirsichen die Weiterentwicklung der Früchte unterbindet, die Früchte schrumpfen und fallen ab.

6. Einflüsse von den Knospen.

Regulationen durch die Sproßspitze. Schon mehrfach haben wir den regulierenden Einfluß der Sproßspitze, namentlich die Verhinderung des Austreibens der Achselknospen hervorgehoben (Abb. 247). Bei dieser hormonalen Hemmung, die z. B. schon mit dem Durchschneiden der Gefäßbündel aufgehoben wird, darf dem Auxin eine entscheidende Beteiligung zuerkannt werden. Bei künstlicher Auxinzufuhr bleibt die Entwicklungshemmung trotz der Beschädigung der Pflanze bestehen (THIMANN und SKOOG, LAIBACH, HITCHCOCK, DOSTAL). Wird beispielsweise ein Keimling von *Vicia Faba* dekapitiert und auf den Epikotylstumpf Wuchsstoff aufgetragen, so wird das Austreiben der Knospen verhindert, während sie bei einfacher Dekapitation ohne Auxinbehandlung austreiben. Ein derartiger Einfluß wird nicht nur von der Endknospe auf die Seitenknospen, sondern auch z. B. von den Blättern auf deren Achselknospen ausgeübt, so daß auch die Entfernung des Blattes das Austreiben von Knospen zu veranlassen vermag.

Wieweit dabei Auxine und wieweit besondere Inhibitoren wichtig sind, wissen wir noch nicht. SNOW führt zugunsten der Annahme eines spezifischen Inhibitors vor allem an, daß das hemmende Prinzip von der Endknospe auf die Seitenknospen sowohl ab- als auch aufwärts übertragen werden kann, nämlich beim Transport zu einer anderen Pflanze über eine Pfropfstelle oder über eine nicht verwachsene Verbindungsstelle hinweg (Abb. 248). Der Wuchsstoff zeigt aber nur eine rein polare Wanderung und außerdem wird auch die Hemmung auf die Seitenknospen im allgemeinen erst erreicht, wenn übernormale Wuchsstoffkonzentrationen einwirken.

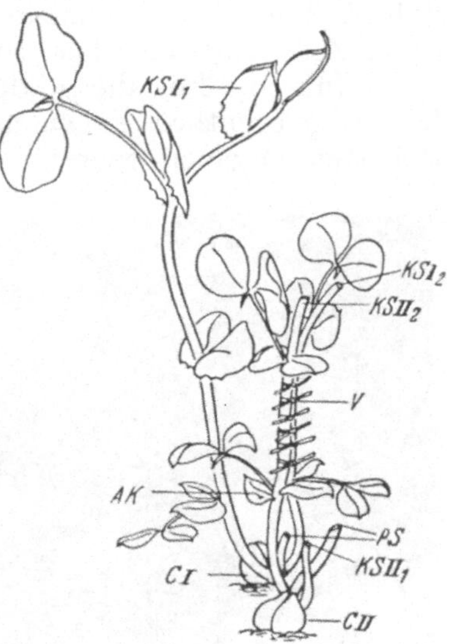

Abb. 248. Nachweis der Fernleitung der Hemmwirkung eines wachsenden Sprosses auf die Seitenknospe einer zweiten Pflanze. Bei zwei nebeneinander gepflanzten Erbsenkeimlingen (*CI*, *CII* ihre Kotyledonen) werden die Primärsprosse dekapitiert (*PS*). Von den austreibenden Kotyledonarachselsprossen wird bei der einen Pflanze einer entfernt ($KSII_1$), der andere ($KSII_2$) dekapitiert; bei der anderen Pflanze wird der eine dekapitiert (KSI_2), der andere bleibt intakt (KSI_1). Die dekapitierten Sprosse werden an einem Internodium entrindet und mit Bast fest verbunden (*v*). Die Hemmwirkung des wachsenden Triebes der einen Pflanze auf die unter der Verbindungsstelle befindliche Achselknospe der zweiten (*AK*) wird gemessen. Der Zuwachs dieser Knospe nach 5—6 Tagen betrug 3,84 mm, bei Kontrollen (entsprechend *II* behandelte, aber nicht mit einer zweiten Pflanze verbundene Exemplare) 8,44 mm. (Nach SNOW aus LANG.)

Nachdem wir jetzt wissen, daß es einen spezifischen Hemmstoff gibt, der in enger Beziehung zum Wuchsstoff steht, befindet sich diese Annahme SNOWS eines spezifischen Inhibitors nicht mehr in so strengem Gegensatz zur Ansicht, daß die Wuchsstoffe bei dieser Hemmung eine entscheidende Rolle spielen. Ebenso wissen wir auch, daß der Wuchsstoff in seiner inaktiven Form apolar wandert.

Zu den durch die Sproßspitze gelenkten Korrelationen gehört auch die früher erwähnte Regulierung der Teilungstätigkeit des Kambiums. Von der Existenz solcher Einflüsse auf die Zellteilungen können wir uns bereits bei der Untersuchung des Kallusgewebes überzeugen: Wo sich in diesem eine Sproßanlage bildet, treten in der Nachbarschaft Teilungen auf, die den ersten Anstoß zur Bildung der Gefäße darstellen.

Bei den korrelativen Einflüssen der Knospen dürfte es sich zum größten Teil nicht um Einflüsse von den Vegetationspunkten, sondern von den reichlich Wuchsstoff produzierenden jungen Blättern handeln (vgl. SÖDING).

Regulationen durch Scheitelzellen. Scheitelzellen üben offenbar, wie auch die weiter unten zu besprechenden Restitutionserscheinungen zeigen, die gleichen hemmenden Einflüsse auf die Teilung der übrigen Gewebe aus wie Sproßspitzen. Die Entwicklung der *Sphagnum*blätter kann uns diese regulierende Bedeutung der Scheitelzelle demonstrieren. Hier werden von der zweischneidigen Scheitelzelle Segmente abgeschnürt, in denen noch einige Teilungen ablaufen, dann aber eine Teilungsruhe eintritt. Wenn nun einige Zeit später die Scheitelzelle ihre Teilungstätigkeit einstellt, beginnen plötzlich alle bereits entstandenen Blattzellen von neuem mit Teilungen, nämlich denen, die zur Sonderung von Hyalinzellen und Chlorophyllzellen führen (vgl. S. 193).

Restitutionen durch Ausschaltung der Vegetationspunkte. Die Vegetationspunkte beeinflussen aber auch die Teilung von Zellen der Dauergewebe, indem sie nämlich die Teilung dieser Zellen normalerweise verhindern. Wird der Vegetationspunkt entfernt (oder werden noch extremer einzelne Organe oder Gewebekomplexe aus der Pflanze herausgetrennt und damit dem Einfluß des Vegetationspunktes entzogen), so können in zahlreichen Zellen, namentlich in der Epidermis und in den subepidermalen Schichten neue Teilungen auftreten, die zunächst in einer reinen Furchung, d. h. Teilung ohne Volumenvergrößerung, also durch bloße Einschiebung neuer Zellwände, bestehen, schließlich aber zum Auswachsen von Regeneraten führen. Für die Bildung solcher Regenerate ist nicht etwa, wie früher gelegentlich angenommen wurde, die Nährstoffstauung in den isolierten Organen wichtig, sondern nur der Fortfall des regulierenden Einflusses vom Vegetationspunkt (vgl. z. B. BEHRE). Zwar ist für die Regenerationsleistung eine gewisse minimale Nährstoffmenge nötig, aber eine engere Beziehung zwischen Assimilatmenge und Restitutionsbestreben ist nicht nachweisbar. Selbst Hungerpflanzen sind zu den Restitutionsleistungen befähigt. *Drosera*-Blätter zeigten regenerative Sproßbildungen sogar dann, wenn sie (nach der Ablösung von der Mutterpflanze) hungerten und auch nicht selbsttätig assimilieren konnten.

Abb. 249. *Canarium commune.* An den stammbürtigen Wurzeln sind nach der (wahrscheinlich durch Parasiten bedingten) Verletzung der Vegetationspunkte regenerativ zahlreiche Seitenwurzeln gebildet worden.

Schon GOEBEL hatte die Rolle des Vegetationspunktes erkannt und durch Versuche belegt: die Restitution tritt ein, wenn der Vegetationspunkt entfernt, eingegipst oder die Gefäßbündelverbindung zu ihm durch Einschnitte unterbrochen wird. Auch Moose bilden aus ihren beblätterten Teilen nur dann regenerativ Protonema, wenn der Vegetationspunkt entfernt oder eingegipst wird. Ebenso zeigt sich an Farnprothallien ein adventives Auswachsen nur, wenn die Meristeme fehlen oder zwischen ihnen und den basalen, zum Auswachsen befähigten Teilen, eine Zone toter Zellen liegt. Die Wirkung der Meristeme kann hier durch Auxindarbietung ersetzt werden (ALBAUM); trotzdem mag es zweifelhaft erscheinen, ob wir die von den Vegetationspunkten ausgehenden hemmenden Substanzen mit Auxin identifizieren dürfen, denn diese Substanzen lassen sich nicht so wie Auxin in Agar auffangen und die Substanz ist in ihrer Wirkung auch nicht in allen Fällen durch Auxin ersetzbar (PRÉVOT). Dagegen darf hier vielleicht an die Gegenspieler der Wuchsstoffe, namentlich an die Blastokoline, erinnert werden, die überall in den Pflanzen vorkommen und — wie wir schon früher erwähnten — nicht nur die Keimung von Samen, sondern auch das Austreiben von Knospen usw. hindern. Und auch an die enge Verwandtschaft zwischen Wuchs- und Hemmstoffen sei wieder erinnert.

Auf jeden Fall erscheint es gesichert, daß für die Auslösung der Restitution die Ausschaltung von der Sproßspitze kommender hormonaler Einflüsse entscheidend ist. Andere Faktoren, denen gelegentlich eine Bedeutung zugeschrieben wurde, dürften nur in geringem Maße beteiligt sein. So hat man beispielsweise mit der Anhäufung von Produkten der intramolekularen Atmung gerechnet. In abgeschnittenen *Bryophyllum*-Blättern ist in den ersten Tagen nach der Isolierung eine Anhäufung von Acetaldehyd und Alkohol gefunden worden; ebenfalls konnten Zuckeranhäufung und erhöhte Fermentaktivität sowie Säurebildung festgestellt werden (vgl. S. 67). Aber ein allgemeiner Erklärungswert kommt solchen Beobachtungen kaum zu.

Zu den Faktoren, die in den aus dem normalen Zusammenhang gelösten Geweben bzw. Organen eine Restitution auslösen, möchte man zunächst schon die Verwundung rechnen. Aber obwohl durch eine Verwundung Hormone entstehen bzw. freigesetzt werden, und diese Hormone auch imstande sind, in den an die Wunde angrenzenden Zellen Teilungen auszulösen, dürfen wir diesem Faktor doch keine zu große Bedeutung zuschreiben.

Regulationen durch die Wurzelspitze. Die Wurzelspitze kann ganz ähnliche Einflüsse ausüben wie die Sproßspitze. Sie hemmt z. B. das Austreiben von Seitenwurzelanlagen. Solange die Wurzelspitze erhalten ist, treiben nur einige der angelegten Seitenwurzeln aus, andere erst nach Entfernung der Spitze der Hauptwurzel. Sehr extrem zeigt sich das bei den Luftwurzeln vieler Lianen und Bäume, die unverzweigt bleiben, solange die Spitze unbeschädigt ist, nach deren Vernichtung oder Schädigung aber reichlich Seitenwurzeln austreiben lassen (Abb. 249).

Endlich wird auch die Wachstumsrichtung der Seitenwurzeln ähnlich wie die der Seitenzweige von der Spitze der Hauptachse mitreguliert. Von hier ausgehende Einflüsse sind offensichtlich für den plagiotropen Wuchs wichtig, nach der Entfernung der Spitze beginnen die Seitenwurzeln nämlich positiv geotropisch weiter zu wachsen.

7. Sonstige Einflüsse.

Neben den bisher genannten Organen können noch viele andere durch ihren Reichtum an bekannten oder unbekannten Hormonen das Wachstum und die Entwicklung anderer Organe fördern oder hemmen.

Erwähnt sei etwa, daß das Wachstum des Fruchtkörperstiels von *Coprinus lagopus* aufhört, wenn der Hut in der ersten Entwicklungsphase entfernt wird. Später kann sich der Stiel unabhängig vom Hut weiter entwickeln (Borriss). Dostal fand eine Hemmwirkung der Radikula auf die Plumula und auf andere Teile des Keimlings.

Allgemein dürfen wir sagen, daß mit den in diesem Abschnitt besprochenen Förderungen und Hemmungen durch hormonreiche Orte ein wichtiger Einblick in die solange rätselhaft gewesenen Korrelationsvorgänge gewonnen worden ist.

Literatur.

Mit einem * versehene Arbeiten sind zusammenfassende Darstellungen.

Albaum: Amer. J. Bot. **25** (1938).
Behre: Planta (Berl.) **7** (1929). — Borriss: Planta (Berl.) **22** (1934).
Duncan and Curtis: Bull. Torrey Bot. Club **69** (1942).
Gessner: Biol. Zbl. **67** (1948).
Hatcher and Gregory: Nature (Lond.) **148** (1941). — Helm: Planta (Berl.) **16** (1932).
Künning u. Söding: Z. Naturforsch. **4**b (1949).
Laibach u. Mai: Arch. Entw.mechan. **134** (1936).
Nickell: Surv. Biol. Progr. **2** (1952). — Nitsch: Amer. J. Bot. **37** (1950).
Prévot: Mém. Soc. Sci. Liège, IV. ser. **3** (1939).

REINDERS-GOUWENTAK: Med. Landbouwhogeschool Wageningen **1935**; **1936**; **1940**. — RESENDE: Portugal. Acta Biol., Sér. A **2** (1949). — RIPPEL: Ber. dtsch. bot. Ges. **55** (1937).
SNOW: New Phytologist **39** (1940). — * SÖDING: Die Wuchsstofflehre. Stuttgart 1952.
TSUNG-HSUN T. HSIANG: Plant Physiol. **26** (1951). — TUKEY: Plant Physiol. **11** (1936).
UMRATH: Planta (Berl.) **36** (1948).
WEINLAND: Z. Bot. **36** (1941).
ZANONI: Ann. di Bot. **22** (1941).

Fünfter Teil.

Die Bewegungsmechanismen.

I. Beziehungen zwischen Entwicklungs- und Bewegungsphysiologie.

Die Bewegungsphysiologie ist in der Botanik enger als in der Zoologie mit der Entwicklungsphysiologie verknüpft. Das ist erklärlich, weil viele pflanzliche Bewegungen mit ganz charakteristischen Entwicklungsvorgängen identisch sind. Hinzu kommt noch, daß zahlreiche Reizwirkungen, die in die Bewegungsphysiologie gehören, ihrer Entstehung nach mit anderen, entwicklungsphysiologisch interessanten Reizwirkungen verwandt sind. Entwicklungs- und Bewegungsphysiologie gehören daher in der Botanik sowohl sachlich als auch methodisch eng zusammen. So bedeutet dieser Abschnitt über die Bewegungsmechanismen nicht ein willkürliches Abbrechen unserer Betrachtungen über die Entwicklungsphysiologie, sondern wir müssen den Abschnitt jetzt bringen, um nachher die Physiologie der Reizwirkungen auch vom entwicklungsphysiologischen Standpunkt aus voll auswerten zu können.

Auf den folgenden Seiten sollen die einzelnen Bewegungsmechanismen unabhängig von der Frage nach den bewegungsauslösenden Reizen besprochen werden. Die Einteilung nehmen wir dabei nach der Art der zur Durchführung dieser Bewegungen dienenden Mittel vor. Nach den äußeren Faktoren, die die Bewegung auslösen, die ihrerseits also die zur Bewegungsdurchführung dienenden Energiepotentiale zum Ausgleich bringen, fragen wir hier nicht.

Viele pflanzliche Bewegungen beruhen auf dem Wachstum. Infolge der Wachstumsprozesse verändern die einzelnen Teile der Pflanze fortgesetzt ihre Lage im Raum; häufig bewegen sich die Teile dabei mehr oder weniger in geradliniger Richtung, oft aber auch auf komplizierten Wegen, wobei die Richtungsänderungen aus inneren oder äußeren Ursachen eintreten. So kann es etwa zu Krümmungsbewegungen kommen, indem antagonistische Flanken eines Organs ungleich schnell wachsen. Das Rüstzeug zum Verständnis der Wachstumsbewegungen haben wir schon so weit gewonnen, wie es uns die Betrachtung der allgemeinen Wachstumsphysiologie liefern kann.

II. Turgorbewegungen.

1. Überblick.

Pflanzlichen Bewegungen liegen sehr häufig Änderungen der Wandspannung zugrunde. Diese Spannungsänderungen können entweder unmittelbar durch die osmotischen Kräfte, die auf den Spannungszustand einwirken, oder durch die Energie der gespannten Wand bedingt sein, eine Energie, die natürlich auch auf jene osmotischen Kräfte zurückgeht.

Turgorbewegungen sind bei höheren Pflanzen weit verbreitet. Besonders auffällig sind sie an Pflanzenteilen mit Gelenken. Die Turgorschwankungen können hier bekanntlich zu Bewegungen führen, weil die Gefäßbündel ins Zentrum des Organs verlagert sind, so daß die Turgorzunahme einer Gelenkhälfte zu einer ansehnlichen Längenzunahme dieser Hälfte, die Turgorabnahme zu ansehnlicher Längenabnahme führen kann (Abb. 255). Wir werden auf solche mit Hilfe von Gelenken durchgeführten Bewegungen bei der Besprechung der verschiedensten Reizursachen zurückkommen. Auch die Öffnungs- und Schließungsbewegungen der Spaltöffnungen sind als Turgorbewegung bekannt. Bei Turgorerhöhung öffnen sich die Spalten, bei Turgorerniedrigung schließen sie sich. Die anatomischen Voraussetzungen für diese Öffnungs- und Schließungsbewegungen bei den einzelnen Spaltöffnungen sind weitgehend bekannt, sie brauchen uns hier im einzelnen nicht zu interessieren.

Auf den folgenden Seiten soll also vorerst nur die allgemeine Möglichkeit zur Entstehung solcher Turgorbewegungen besprochen werden, noch nicht ihre spezielle Verursachung durch die einzelnen Reize.

2. Entstehung und Bedingungen der Turgeszenz.

Osmotische Zustandsgrößen. Um die auf den Turgorkräften und Turgoränderungen beruhenden Bewegungen der Pflanze zu verstehen, betrachten wir zunächst kurz die allgemeinen Grundlagen der Entstehung und Änderung des Turgordrucks. Die Pflanzenzelle nimmt vermöge der Saugfähigkeit ihres Inhalts, die durch die osmotisch wirksamen Substanzen des Zellsaftes bzw. die Quellbarkeit des Plasmas bedingt ist, Wasser auf. Ob wir dabei die Quellbarkeit des Plasmas oder die osmotischen Leistungsfähigkeiten des Zellsaftes als die treibende Kraft annehmen, ist insofern gleichgültig, als beide annähernd gleich groß sind; Plasma und Zellsaft grenzen ja in der Zelle unmittelbar aneinander und sind nur durch eine für Wasser gut durchlässige Schicht, den Tonoplasten, voneinander getrennt; daher muß jede Änderung im Wasserzustand des Plasmas oder des Zellsaftes sofort zu einem Wassertransport in der einen oder anderen Richtung erfolgen, bis wieder die Gleichheit des Wasserzustandes hergestellt ist. Wenn die Zelle von außen her Wasser aufnimmt, so erfolgt natürlich primär eine Quellung des Plasmas, also eine gewisse Absättigung der Quellungskräfte. Da das Volumen des Plasmaschlauches sehr gering ist, wäre das Gleichgewicht zwischen seinem Quellungsgrad und der „Saugkraft" der Umgebung (sei diese nun durch die osmotische Wirksamkeit einer Flüssigkeit oder durch das Wasserdampfsättigungsdefizit der Luft bedingt) schon mit einer geringen absoluten Menge neu aufgenommenen Wassers wieder hergestellt. Aber der Zellsaft entzieht ja dem Plasma wieder einen großen Teil des Wassers, und erst wenn auch der Zellsaft mit der Umgebung (und gleichzeitig mit dem Plasma) im Saugkraftgleichgewicht steht, ist eine weitere Wasseraufnahme nicht mehr möglich. Wenn also auch eine hohe „Saugkraft" der Zellen ihren Ursprung ebensosehr im „Quellungsdruck" des Protoplasmas wie im „osmotischen Druck" des Zellsaftes haben kann, so wird doch in den meisten Fällen (eine Ausnahme bilden z. B. die plasmareichen Meristemzellen) die aufnehmbare Wassermenge praktisch dadurch bestimmt, wieviel Wasser der Zellsaft aufnehmen muß, bis er sich im Saugkraftgleichgewicht mit der Umgebung befindet.

Der vom Zellinhalt auf das die Zellen umgebende Wasser bzw. auf die wasserdampfgesättigte Luft ausgeübte Sog oder seine „Saugkraft", wie der Physiologe in physikalisch nicht korrekter, aber jetzt eingebürgerter und kaum bedenklicher Sprache sagt, läßt sich jedoch, auch wenn wir zunächst von der durch Mitwirkung der Zellwand bedingten Komplikation absehen, nicht schon aus dem osmotischen Wert des Zellsaftes entnehmen, denn unter dem osmotischen Wert einer Lösung verstehen wir den Druck, den die Lösung in einem Osmometer mit ideal semipermeablen Membranen entfalten kann. Diese Bedingung kann sowohl im künstlichen Osmometer als auch in der lebenden Zelle praktisch annähernd erreicht werden; vollständig ist die Semipermeabilität aber gerade in der lebenden Zelle nie, weil der Austausch gelöster Substanzen physiologisch notwendig ist; daher ist auch die Saugkraft des Zellinhalts (S_I) stets kleiner als jener „osmotische Wert". Je mehr sich das Verhältnis

$$\frac{\text{Durchlässigkeit für die gelöste Substanz}}{\text{Durchlässigkeit für das Lösungsmittel}}$$

dem Wert 0:1 nähert, um so weniger weicht S_I vom osmotischen Wert ab; und in den meisten Fällen kann die Abweichung praktisch vernachlässigt werden.

Hiermit haben wir aber noch nicht die „Saugkraft" der Zelle gefunden. Die Zellwand ist ja turgeszent gespannt; sie übt einen Gegendruck aus, der Wasser auszupressen bestrebt ist. Die tatsächliche Saugkraft der Zelle (S_Z) ist also richtiger:

$$S_Z = S_I - W,$$

worin W den Wanddruck bedeutet. Diese Formel ist jedoch — strenggenommen — nur anwendbar, wenn sich die Zelle nicht im Gewebeverband befindet. Innerhalb des Gewebes üben die angrenzenden Zellen Zug- oder Druckkräfte auf sie aus, die naturgemäß saugkrafterhöhend oder -vermindernd wirken, indem sie die Wirkung der turgeszent gespannten Wand erniedrigen oder erhöhen. Also ist, wenn wir den zusätzlichen Außendruck (der positives oder negatives Vorzeichen haben kann) als A bezeichnen,

$$S_Z = S_I - (W + A).$$

Ob nun die Zelle Wasser aufnimmt oder abgibt, das hängt davon ab, ob ihre so definierte Saugkraft größer oder kleiner als die ihrer Umgebung ist. Die Saugkraft der Umgebung läßt sich aus der Konzentration der Lösung bzw. dem Sättigungsdefizit der Luft leicht bestimmen (und etwa in Atmosphären angeben). Die Geschwindigkeit der Aufnahme bzw. Abgabe von Wasser ist der Höhe dieses Saugkraftgefälles und der Wasserpermeabilität direkt proportional.

Damit haben wir die sog. „osmotischen Zustandsgrößen" der Zelle kurz charakterisiert. Eine osmotische Größe im strengen Sinne ist nur die Saugkraft des Zellinhalts. Der Wanddruck und ebenso der zusätzliche Außendruck des umgebenden Gewebes sind mechanischer Natur. Die Saugkraft der Zelle ist also durch ein Zusammenwirken osmotischer und mechanischer Energie bedingt.

Wenn man trotzdem einfach von osmotischen Zustandsgrößen spricht, so darum, weil man einerseits von jeher gewohnt war, die Wasseraufnahme der Zellen als einen osmotischen Vorgang zu bezeichnen, und weil andererseits jene mechanischen Komponenten der Saugkraft ihre Entstehung unmittelbar osmotischen Kräften verdanken. Diese Terminologie ist höchstens insofern bedenklich, als man durch das Bestreben, die an der Wasseraufnahme beteiligten Kräfte letzten Endes alle auf den osmotischen Druck des Zellsaftes zurückzuführen, in die Gefahr gerät, andere Komponenten zu übersehen.

Beteiligung von Zellsaftkolloiden. Eine Abweichung von dem eben skizzierten Grundschema der osmotischen Zustandsgrößen kann oft schon dadurch gegeben sein, daß im Zellsaft quellbare Kolloide vorhanden sind. Ihr Anteil kann gelegentlich so groß sein, daß auch in ausgewachsenen Zellen in den großen Vakuolen der Quellungsdruck für die „Saugkraft" ebenso wichtig wird wie der osmotische Druck der echten Lösungen oder sogar eine noch größere Bedeutung erlangt. Solche Kolloide im Zellsaft können aus Eiweißen, Lipoiden, Phosphatiden usw. bestehen (vgl. GUILLERMOND, KÜSTER), ihre Beteiligung ist für uns besonders interessant, weil kolloidchemische Umwandlungen, die mit Quellbarkeitsänderungen verbunden sind, oft leichter eintreten können als etwa Änderungen des osmotischen Drucks in einer echten Lösung. Hier liegt also eine wichtige Möglichkeit für die Entstehung von Turgoränderungen.

Elektrische Kräfte. Eine weitere wichtige Modifikation des Grundschemas besteht darin, daß auch elektrische Kräfte an der Wasseraufnahme und -abgabe beteiligt sind. Wir wissen, daß zwischen dem Zellsaft und dem Protoplasma, sowie zwischen diesem und der Zellumgebung ein elektrischer Potentialsprung besteht. Dieser Potentialsprung kann gemessen werden, indem eine Elektrode in das Zellinnere eingeführt wird und sie mit einer zweiten, in der Zellumgebung bleibenden Elektrode unter Zwischenschaltung eines Galvanometers verbunden wird. Zu solchen Messungen sind natürlich in erster Linie relativ große Zellen, wie wir sie namentlich bei manchen Algen finden, geeignet. Das Zellinnere ist durchweg gegen die Umgebung negativ, die Vakuole der *Halicystis*-Arten beispielsweise 70—80 mV. An den Internodialzellen von *Nitella* wurden zwischen Plasma und umgebendem Wasser Potentialdifferenzen bis 170 mV gemessen, bei anderen Zellen von Algen 20—150 mV. Wir werden später auf diese Messungen und auf die Entstehung der elektrischen Potentialdifferenzen zurückkommen. Das elektrische Potential muß zu elektroosmotischen Vorgängen führen, und es gibt auch experimentelle Befunde, die auf die nicht unbedeutende Rolle solcher elektroosmotischer Vorgänge in der Pflanzenzelle hinweisen. Schon die Erfahrung, daß die Wasseraufnahme von der Atmung abhängig sein kann, deutet in diese Richtung, da die Höhe der elektrischen Potentiale an den Plasmagrenzschichten von der Atmungsintensität abhängt.

Die elektrische Asymmetrie ist für die Möglichkeit der nichtosmotischen Komponente der Saugkraft ausschlaggebend, und zwar besteht eine solche Asymmetrie offenbar schon im Plasmaschlauch, denn auch plasmolysierte Zellen zeigen noch dieses „anomale" Saugpotential. Für das Verständnis von Saugkraftregulierungen ist es sehr wichtig, daß das anomale Potential mit zunehmender aerober Wasseraufnahme immer mehr steigt.

Diese „anomale" Komponente des osmotischen Drucks kann mehrere Atmosphären und fast die Hälfte des gesamten osmotischen Werts erreichen. Sie äußert sich im Plasmolyseversuch darin, daß man unterschiedliche Saugkräfte mißt, je nachdem, mit welchen Lösungen man arbeitet. So wurde z. B. von BRAUNER und HASMAN im Wurzelgewebe von *Beta vulgaris* f. *rubra* mit Rohrzucker ein Wert von 7,90 Atm., mit $CaCl_2$ nur 6,75 Atm. gefunden. Die Ionen des Salzes haben also 1,15 Atm. der Saugkraft aufgehoben. Ebenso zeigt sich diese elektrische Komponente, wenn in Zuckerlösungen plasmolysiert wird und dabei Lösungen mit oder ohne einen geringen Zusatz von Salz benutzt werden (STUDENER); das zugesetzte Salz kann wieder den elektrischen Spannungsabfall an den Grenzschichten reduzieren (vgl. auch KRAMER und CURRIER).

Namentlich auch bei Drüsentätigkeiten der Pflanzenzellen scheint der elektrische Faktor allgemein sehr wichtig zu sein (DIANNELIDIS).

Eine Änderung des elektrischen Potentials muß naturgemäß ebenso zu Turgoränderungen führen wie die Änderung der anderen osmotischen Zustandsgrößen. Leider verfügen wir jedoch noch nicht über genügend Erfahrungen, um zu beurteilen, in welchem Umfang elektrische Potentialänderungen tatsächlich Teilursache der pflanzlichen Turgoränderungen werden.

Volumenänderung. Die Höhe der Saugkraft erlaubt noch keinen Schluß auf die aufnehmbare Wassermenge. Übertragen wir zwei Zellen gleicher Saugkraft in Wasser, so wird diejenige mit größerer Wanddehnbarkeit eine größere Wassermenge aufnehmen als die andere, bei der ja der Wandwiderstand während der Wasseraufnahme schneller wächst, die Saugkraft also schneller sinkt als bei jener mit größerer Dehnbarkeit. Reversibel sind diese Volumenänderungen natürlich nur, wenn die Dehnbarkeit elastisch ist; denn sonst entspräche die Dehnung ja der beim Streckungswachstum stattfindenden. Allerdings erfolgt während jeder Turgordehnung immer eine, wenn auch oft kaum merkbare, plastische (irreversible) Dehnung, so daß eine völlige Reversibilität nicht erreichbar ist. Daher kann es zwischen Variationsbewegungen (d. h. durch Turgorschwankungen bedingten) und Nutationsbewegungen (durch Wachstumsschwankungen bedingten Bewegungen) alle Übergänge geben, die man namentlich dann beobachtet, wenn ein zunächst noch wachsendes Organ allmählich die Plastizität seiner Zellwände verliert und seine Bewegungen dann immer mehr zu Turgorbewegungen werden läßt.

3. Innere Ursachen der Turgoränderung.

Statisches Gleichgewicht des Wasserzustandes. Wir gehen bei unserer Betrachtung von solchen Zellen aus, die nicht wie normalerweise die Zellen der höheren Pflanze in ein Saugkraftgefälle, nämlich in das Gefälle zwischen dem Erdboden (bzw. den Wasserleitungsbahnen) mit geringer Saugkraft und der umgebenden Luft mit hoher Saugkraft eingeschaltet sind und sich daher nur im dynamischen Gleichgewicht mit ihrer Umgebung befinden. Nur eine experimentell isolierte Zelle, die auf allen Seiten von einem Medium gleicher Saugkraft umgeben ist, kann sich hinsichtlich ihres Wasserzustandes mit ihrer Umgebung im statischen Gleichgewicht befinden. Die Herstellung dieses statischen Gleichgewichts erfolgt unter solchen Bedingungen im allgemeinen ziemlich schnell, da das Plasma für Wasser gut durchlässig ist. Selbst wenn das Saugkraftgefälle zwischen der Zelle und ihrer Umgebung ursprünglich hoch ist, stellt sich doch nach wenigen Minuten, spätestens nach einer halben oder einer vollen Stunde das Gleichgewicht ein. Wir erkennen das daran, daß das Volumen der Zelle nach dieser Zeit des Aufenthalts in der Lösung konstant bleibt. Nach der Erreichung des Gleichgewichts kann die Zelle ihr Volumen nur ändern, sofern sich die Saugkraft der Umgebung ändert; je nach dem Sinn dieser Änderung wird die Zelle Wasser aufnehmen oder abgeben. Die so bedingten Wasserverschiebungen und Turgoränderungen spielen im normalen Wasserhaushalt der Zelle eine große Rolle. Sie können auch zu Bewegungen führen, und zwar dann, wenn antagonistische Seiten eines

Organs wegen anatomischer Verschiedenheiten der Zellen, namentlich wegen unterschiedlicher elastischer Dehnbarkeit der Membranen, eine verschieden starke Verlängerung oder Verkürzung benötigen, um sich wieder mit der Umgebung ins Gleichgewicht zu setzen. Viel wichtiger sind aber für die Entstehung der Turgorbewegungen solche Turgoränderungen, die ihren Ursprung in Veränderungen der lebenden Zelle selber haben und die — bei der Entstehung der Krümmungsbewegungen — auf eine Flanke beschränkt bleiben oder doch nicht auf beiden Flanken gleich stark bzw. gleichsinnig verlaufen.

Chemische Umwandlungen. Solche von der Zelle ausgehende Veränderungen beruhen im einfachsten Fall auf der Neubildung osmotisch wirksamer Substanz aus unwirksamer bzw. auf dem gegenläufigen Prozeß. Das ist schon durch die Umwandlung von Stärke oder Glykogen in Zucker bzw. den entgegengesetzten Vorgang möglich. Umwandlungen dieser Art lassen sich beispielsweise in den Schließzellen der Spaltöffnungen beobachten (Abb. 250); sie stellen dort zwar nicht notwendig den primären und einzigen Faktor der Turgoränderung dar, dienen aber jedenfalls zur Verstärkung der Bewegungen. Auch bei der Herstellung turgorbedingter Gewebespannungen — deren Ausgleich zu Bewegungsprozessen führen kann — spielt, wie wir sehen werden, die Bildung löslicher Kohlenhydrate aus unlöslichen eine große Rolle.

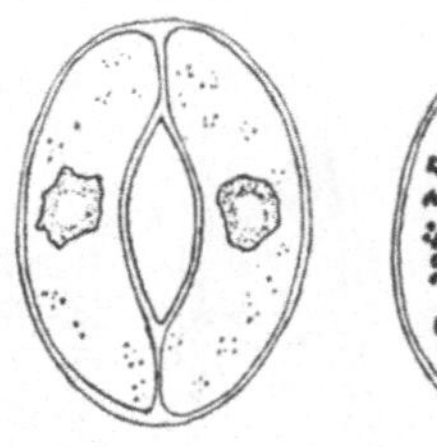

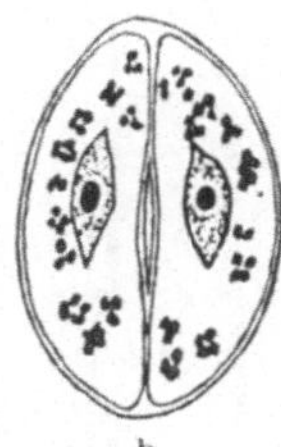

Abb. 250a u. b. Änderung des Stärkegehalts und Kernformwechsel (kolloidale Umwandlungen!) in den Schließzellen von *Dahlia variabilis* im Zusammenhang mit den Bewegungen; a Spalt geöffnet, Zellkern abgerundet oder amöboid; in der Mitte die Vakuole; b Spalt geschlossen, viel Stärke, Zellkern spindelförmig mit großem Nukleolus. Die Abbildung demonstriert auch die Unterstützung der Turgorsenkung durch Bildung von Stärke aus Zucker. (Nach Weber.)

Die Ursache derartiger Umwandlungen liegt in erster Linie in einer geänderten Wirksamkeit der Fermente, die Abbau und Synthese der Stärke regulieren. Neubildungen und Zerstörungen der Fermente scheinen viel weniger beteiligt zu sein als ihre Aktivitätsänderung. Wir sahen schon früher, unter welchen physiologischen Voraussetzungen Änderungen der Fermentaktivität entstehen können. Namentlich auf die Rolle des Plasmazustandes haben wir hingewiesen. Es können Inaktivierungen und Aktivierungen durch Bildung und Auflösung physikalischer Bindungen oder durch Schaffung und Zerstörung intraplasmatischer semipermeabler Wände entstehen. So verstehen wir, daß sich Abbau und Synthese der Stärke leicht durch Ionen beeinflussen lassen, die den Plasmazustand ändern. Beispielsweise hat die Wasserstoffionenkonzentration eine starke Wirkung, die sowohl aus der lange bekannten p_H-Abhängigkeit der Fermentwirksamkeit als auch aus der Beeinflussung der Plasmakolloide erklärbar ist.

Bei der Wirkung von Metallionen (z. B. Förderung der Stärkehydrolyse durch KCl- und NaCl-Lösungen; Hemmung oder doch jedenfalls keine Förderung durch $CaCl_2$-Lösungen an Spaltöffnungsschließzellen) wurde gelegentlich eine direkte Wirkung der Salze auf die Fermente angenommen. Jedoch ist, wie wir aus in vitro durchgeführten Versuchen wissen, die unterschiedliche Beeinflussung der Amylase durch verschiedene Kationen viel zu gering, um die Salzwirkung auf die Stärkehydrolyse in den lebenden Zellen zu erklären. Auch eine direkte Wirkung der Salze auf den Stärkeabbau, also eine ohne Beeinflussung und ohne Teilnahme der stärkelösenden Fermente entstehende Hydrolyse ist nach Modellversuchen nicht anzunehmen.

Andere zur Bildung osmotisch wirksamer Substanzen führende Prozesse sind weniger gut bekannt als die Stärke-Zucker-Umwandlung, können aber ebenfalls beteiligt sein.

Auch die Sauerstoffgegenwart kann für solche Umwandlungen wichtig sein. So fanden BRAUNER und HASMAN bei Sauerstoffgegenwart in fleischigen Geweben eine starke Anatonose, also die Neubildung osmotisch wirksamen Materials und eine dadurch bedingte verstärkte Wasseraufnahme.

Kolloidale Umwandlungen. Wir sahen, daß für das Wasseranziehungsvermögen der Zelle nicht nur der osmotische Druck der echt-gelösten Substanzen, sondern auch der Quellungsdruck der Kolloide wichtig ist. Im allgemeinen führt ein geänderter Quellungsdruck nicht zu großen Änderungen des Zellvolumens, weil die Kolloide mengenmäßig in den

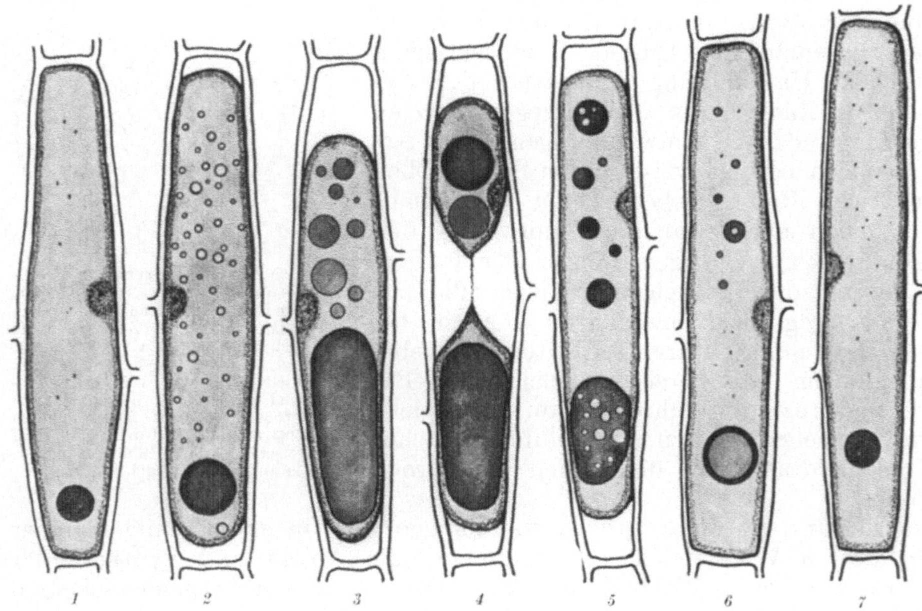

Abb. 251. *1—4* Plasmolyse junger Epidermiszellen von *Iris pallida* in gesättigter KNO_3-Lösung. Man sieht das Auftreten von Tropfen im Zellsaft, die sich immer mehr vergrößern. *5—7* bei der Deplasmolyse führt die wieder verringerte Wasserbindungskraft der Zellsaftkolloide dazu, daß Wasser teilweise direkt aus der Vakuole abgegeben wird, teilweise vorübergehend erst in die Kolloidtropfen hineingelangt. Die Kolloidtropfen verringern ihre Größe immer mehr. (Abgebildet sind verschiedene Zellen des gleichen Gewebes.)

Hintergrund treten und das Gleichgewicht wieder hergestellt ist, wenn die Kolloidanteile der Zelle eine geringe Wassermenge aus dem Zellsaft aufnehmen bzw. an ihn abgeben. Es gibt aber doch manche nicht unbedeutende Ausnahmen.

Die Quellbarkeit der Kolloide kann durch die verschiedensten Faktoren beeinflußt werden; sehr leicht z. B. durch Wasserstoffionen. Die Quellbarkeit amphoterer Kolloide erreicht bekanntlich im isoelektrischen Punkt, also bei einer Gleichheit der positiven und negativen Ladungen, ihr Minimum, während sie bei mehr alkalischer oder saurer Reaktion zunimmt. Auch der Einfluß von Metallionen auf die Quellbarkeit ist bekannt. Die Ionen haben eine verschiedene Hydratationskraft und müssen demgemäß (wenn sie in das Kolloid einzudringen vermögen) die Quellung ihrer Hydratationskraft entsprechend fördern oder (wenn sie nicht einzudringen vermögen) hemmen.

Aber auch aus physikalisch komplizierteren Ursachen heraus kann sich die Quellbarkeit der Kolloide ändern, so daß zur Wiederherstellung des Gleichgewichts Quellungswasser abgestoßen oder neu aufgenommen werden muß. Besonders dann, wenn der Zellsaft größere Mengen Kolloide enthält, was nicht selten der Fall ist und sich schon an einer relativ hohen Viskosität kundtut, können solche Vorgänge eine quantitativ durchaus beachtenswerte Rolle spielen. Manche Erscheinungen der sog. Vakuolenkontraktion und der Kappenplasmolyse erklären sich offensichtlich durch Quellbarkeitsänderungen. Zum Beispiel ist beobachtet worden, daß sich die Vakuole in einen Sol- und Gelanteil sondert, und der Gelanteil sich dann unter Abgabe von Wasser, also durch Entquellung verkleinert. Dabei findet man zwar im allgemeinen keinen Austritt des freiwerdenden Wassers aus der Zelle, sondern nur einen Übertritt in das Plasma bzw. eine Ansammlung zwischen Protoplasma und entquollenem Zellsaftgel. Aber es darf wohl als sicher gelten, daß das freigewordene, nicht mehr durch osmotische oder Quellungskräfte festgehaltene Wasser bei ausreichender Wandspannung auch ausgepreßt werden kann und dann eine Volumenverminderung der Zelle zustande kommt.

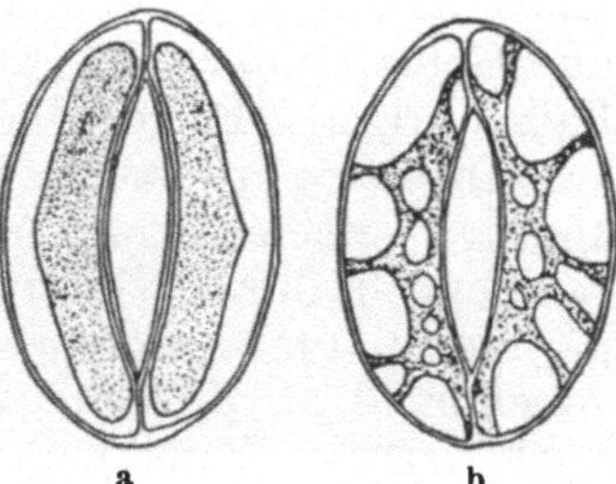

Abb. 252 a. u. b. Spaltöffnung von *Vicia Faba*. Änderung des Kolloidzustandes bei der Bewegung; *a* konvexe Plasmolyse in Rohrzuckerlösung; der Spalt war schon vor der Einwirkung des Plasmolytikums geschlossen, d. h. der Turgor war niedrig (der Zentralspalt ist nicht mitgezeichnet); *b* Krampfplasmolyse, der Spalt war vor Eintritt der Plasmolyse weit geöffnet, d. h. der Turgordruck war hoch. (Nach WEBER.)

Die Ursache für solche Wasserverschiebungen kann sowohl in kolloidalen Umwandlungen des Zellsaftes als auch in entsprechenden Umwandlungen im Zytoplasma gelegen sein. Bei der Vakuolenkontraktion ist nach BOGEN das Plasma der aktive Anteil. Unter dem Einfluß verschiedenartiger Ursachen (Verwundung, Behandlung mit Neutralrot oder mit Salzen) kann ein verstärktes Wasserbindungsvermögen des Zytoplasmas eintreten, so daß sich dieses Plasma auf Kosten der Vakuole erheblich vergrößert. Wenn sich Vakuolenkolloide ändern, sie sich etwa infolge von Außenreizen entmischen, so kann es zu einer Synaerese des Zellsaftes kommen, bei der das freiwerdende Wasser dann in der Vakuole verbleibt. Die auslösenden Faktoren für Kappenplasmolyse, Vakuolenkontraktion und Zellsaftsynaerese können begreiflicherweise die gleichen sein, da es ja in allen Fällen auf die kolloidalen Umwandlungen ankommt und nur die Lokalisierung der Kolloide (im Plasma oder Zellsaft) unterschiedlich ist.

Wie stark sich die Wasserbindungskraft der Kolloide durch geringfügig erscheinende Ursachen verändern kann, möge das Beispiel von Zellsaftkolloiden aus *Iris*-Blättern demonstrieren (Abb. 251). Im Zellsaft der Blattepidermis einiger *Iris*-Arten kann man in bestimmten Entwicklungsstadien quellbare (wahrscheinlich aus Lecithin bestehende) Körperchen finden, die durch Ladungsänderungen, z. B. auch schon infolge der Änderung des Ionenmilieus, die durch eine Plasmolyse bedingt wird, plötzlich eine verstärkte Wasserbindungskraft zeigen und dabei so viel Wasser an sich reißen, daß sie den größten Teil der Vakuole ausfüllen können. Sobald das alte Ionenmilieu wieder hergestellt ist, wird auch erneut die ursprüngliche geringere Wasserbindungskraft erreicht und das zusätzlich gebundene Wasser abgestoßen (Synaerese). Bei anderen Objekten wurden vergleichbare Vorgänge beobachtet, so z. B. in Blütenkronblättern von *Cerinthe* bei Säurezusatz eine überaus schnelle Vakuolenkontraktion (KENDA und WEBER).

Solche durch kolloide Umwandlungen bedingte Änderungen der Wasserkapazität sind tatsächlich als Ursachen normaler Turgorbewegungen erkannt worden. Namentlich bei den Spaltöffnungsbewegungen einiger Pflanzen scheinen sie neben den genannten Kohlenhydratumwandlungen wichtig zu sein. Im Zusammenhang mit den Öffnungs- und Schließungsbewegungen dieser Zellen finden sowohl im Plasma als auch im Zellsaft kolloide Umwandlungen statt. Auf Umwandlungen im Plasma deutet das geänderte Plasmolyseverhalten: Schließzellen offener Spalten zeigen Krampfplasmolyse, die der geschlossenen Spalten dagegen Konvexplasmolyse (Abb. 252). Offenbar erfolgen also Viskositätsänderungen. Ferner ist der Kern in den Schließzellen geöffneter Spalten anders geformt als in denen der geschlossenen (Abb. 250). Noch auffälliger sind aber die Veränderungen im Zellsaft. Bei beginnender Turgorabnahme beobachtet man bei vielen Arten eine Tropfenbildung, die Ausdruck kolloidaler Umwandlungen ist und wohl eine der geschilderten Trennungen von Sol- und Gelanteil darstellt. Die kolloidalen Umwandlungen scheinen in diesem Fall übrigens Folge einer geänderten intrazellulären Wasserstoffionenkonzentration zu sein; denn im Zusammenhang mit den Bewegungen konnten einerseits p_H-Änderungen festgestellt werden, und andererseits lassen sich durch Übertragung der Zellen in Lösungen entsprechender p_H-Werte auch experimentell solche Umwandlungen hervorrufen. Bei abnehmendem p_H-Wert wurde (wohl infolge einer Annäherung an den isoelektrischen Punkt) eine Quellungsverminderung, dementsprechend Turgorsenkung und Spaltöffnungsverschluß; bei sehr hoher Azidität (Überschreitung des IEP!) aber wieder eine Quellungszunahme gefunden.

Wir haben dieses Beispiel nur herausgegriffen, weil es am besten untersucht ist. Es wird noch zahlreiche andere Fälle geben, in denen Quellbarkeit und Quellbarkeitsänderung der Plasma- und Zellsaftkolloide für Herstellung und Änderung des Turgordrucks wichtig sind. Hingewiesen sei hier nur noch auf die Asci der Ascomyceten; sie sind, wie wir sehen werden, für die Ausspritzung der Sporen auf die turgeszente Spannnng der Ascuswände angewiesen; bei manchen Arten jedenfalls wird die starke Spannung durch ein Aufquellen von Kolloiden erreicht.

Osmoregulation. Von der Zelle ausgehende Beeinflussungen des Turgordrucks sind auch bei der Erscheinung der Osmoregulation wichtig. Wenn wir einer Zelle Wasser entziehen, so wird dabei zwar zunächst die Konzentration der in der Vakuole gelösten Substanzen erhöht, schließlich kann aber doch eine Osmoregulation eintreten, durch die wieder die normale Konzentration hergestellt wird. Die entgegengesetzte Osmoregulation läuft ab, wenn die Zelle verstärkt Wasser aufgenommen hat. So konnte z. B. Mosebach an den Gelenken von *Phaseolus* zeigen, daß parallel mit den tagesperiodischen Volumenschwankungen der Gelenkhälften, die zu den tagesperiodischen Blattbewegungen führen, eine Verminderung bzw. Vermehrung der Absolutmenge osmotisch wirksamer Substanz eintritt, so daß die Zellsaftkonzentration immer unverändert bleibt. Es handelt sich dabei in erster Linie um Schwankungen in der Menge von organischen Säuren und von Salzen. Die Möglichkeit einer vollständigen Osmoregulation ist an die Voraussetzung einer guten Nährstoffversorgung geknüpft (vgl. S. 104).

Semipermeabilitätsänderungen. Unsere einleitende Betrachtung über die für die Turgorbildung wichtigen Faktoren läßt schon vermuten, daß neben Änderungen der Inhaltssaugkraft (seien diese nun mehr osmotisch oder mehr durch Quellungskräfte bedingt) auch Änderungen im Semipermeabilitätsgrad Ursache von Turgoränderungen werden können. Dabei müßte es sich naturgemäß in erster Linie (oder jedenfalls doch auch) um Änderungen im Semipermeabilitätsgrad des Tonoplasten handeln. Eine

Abnahme der Semipermeabilität dieser zwischen Vakuole und Plasma liegenden Grenzschicht, d. h. eine Zunahme ihrer Durchlässigkeit für gelöste Substanzen wird naturgemäß zur Flüssigkeitsabgabe führen. Dabei kann es im Prinzip zu einer völligen Entspannung kommen, wenn die Semipermeabilitätsherabsetzung lange genug andauert und hinreichend stark ist; in anderen Fällen erfolgt nur ein partieller Verlust der Turgeszenz. Da die Semipermeabilität bei normal-physiologischen Prozessen im allgemeinen nicht einmal vorübergehend ganz aufgehoben wird, muß die abgeschiedene Flüssigkeit stets weniger konzentriert sein als der Zellsaft; wahrscheinlich handelt es sich oft sogar um recht verdünnte Lösungen, so daß zum Wiederanstieg der Turgeszenz nach Regeneration der normalen Semipermeabilität nicht einmal erst die Fortschaffung oder chemische Umwandlung der eine osmotische Gegenwirkung ausübenden abgeschiedenen Stoffe aus der Zellumgebung erforderlich ist.

Eine partielle Zerstörung der Semipermeabilität stellt gewissermaßen einen kurz dauernden pathologischen Zustand dar, ist doch auch das Absterben einer Zelle am Verlust der Semipermeabilität erkennbar. So dürfen wir jedenfalls in manchen Fällen die zum Verlust der Semipermeabilität führenden Zellvorgänge mit Absterbeprozessen vergleichen, etwa dann, wenn die Änderung durch schädigende hohe Temperatur oder durch Gifte erreicht wird. Der Semipermeabilitätsverlust kann aber auch harmloser Natur sein.

Als Beispiele für Turgorbewegungen, die durch einen Semipermeabilitätsverlust einzelner Gewebe entstehen, können vor allem viele seismonastische Reaktionen (etwa die der Mimose) genannt werden. Der Semipermeabilitätsverlust ist hier nur so kurzdauernd, daß es normalerweise nicht zur völligen Entspannung kommt; die gegenläufigen Prozesse greifen also schnell genug ein, um diese zu verhindern.

Im Gegensatz zu der großen Bedeutung des Semipermeabilitätsgrades für die Turgeszenz der Zellen hat die *Wasserpermeabilität* natürlich keinerlei Einfluß auf den Turgor, wenn wirklich ein statisches Gleichgewicht zwischen der Zelle und ihrer Umgebung herrscht. Die Höhe der Wasserpermeabilität kann ja nur die *Geschwindigkeit* der Herstellung des Gleichgewichts, nicht aber dessen Lage beeinflussen.

Änderung der Wandbeschaffenheit. Es wäre denkbar, daß auch Änderungen der Wandbeschaffenheit zu Volumenänderungen der Zelle führen. So müßte durch eine Verminderung der elastischen Dehnbarkeit, da sie ja bei unverändertem Volumen eine Erhöhung der Wandspannung bedeutet, Wasser ausgepreßt werden, damit die alte Saugkraft, die mit der Umgebung im Gleichgewicht stand, wieder hergestellt werden kann. Erhöhung der elastischen Dehnbarkeit muß entgegengesetzt wirken, also Volumenzunahme bedingen. Solche durch Änderung der Wandbeschaffenheit bedingten Turgoränderungen sind jedoch bei der Entstehung der Turgorbewegungen erfahrungsgemäß wenig wichtig.

Außendruckänderungen. Notwendig ist noch ein Hinweis auf die Volumenänderungen, die eintreten, wenn der für die Saugkraft mit als wichtig erkannte zusätzliche positive oder negative, vom angrenzenden Gewebe ausgeübte Außendruck sich ändert. Das läßt sich namentlich an Pflanzen mit Bewegungsgelenken beobachten. Ober- und Unterseite eines solchen Gelenks sind turgeszent gespannt. Wenn sich eine Seite auszudehnen beginnt, so erstrebt sie damit eine Krümmung, da die Ausdehnung im Innern des Gelenks durch die nach dorthin verlagerten mechanischen Gewebe (Gefäßbündel) verhindert wird (Abb. 253).

Diese Krümmung jedoch, und damit die Ausdehnung, wird durch die turgeszent gespannte andere Seite verhindert. So hindern sich beide Seiten gegenseitig an der Ausdehnung, d. h., jede Seite wirkt auf die andere als ein deren Saugkraft vermindernder zusätzlicher Außendruck gemäß der Formel

$$S_Z = S_I - (W + A).$$

Wird nun aber eine Seite entfernt, so fällt dieser Außendruck für die verbleibende Seite fort und diese dehnt sich unter Krümmung aus, wobei die Geschwindigkeit der Dehnung von der Leichtigkeit der Wasserzufuhr abhängt (Abb. 254). Ein im Prinzip gleicher Effekt ist normalphysiologisch möglich, wenn der von der einen Seite ausgeübte Druck nicht durch deren Entfernung, sondern durch ihre Entspannung beseitigt wird. So verhält es sich beispielsweise bei der seismonastischen Reaktion der Mimose: der Reiz bedingt (durch Semipermeabilitätsverlust) einen Turgorverlust der unteren Gelenkhälfte und die damit automatisch verbundene Saugkrafterhöhung der oberen Hälfte führt hier zur Wasseraufnahme und somit zur ansehnlichen Verstärkung der durch jenen Turgorverlust auch schon direkt eingeleiteten Reaktion.

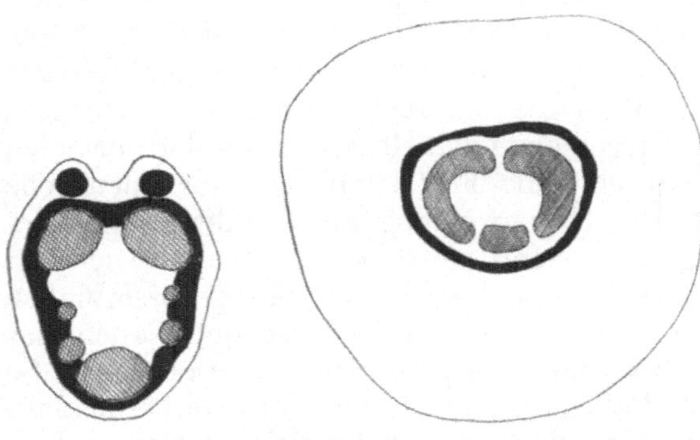

Abb. 253. Querschnitt durch das Blattgelenk (links) und den Blattstiel (rechts) von *Wistaria sinensis*.

Dynamisches Gleichgewicht des Wasserzustandes. Komplizierter werden die Verhältnisse, wenn wir noch einen für die im Gewebe der höheren Pflanze liegenden Zellen wesentlichen Faktor berücksichtigen. Die Zellen befinden sich ja in der Regel nicht, wie wir es bisher zur Vereinfachung des Überblicks angenommen haben, mit ihrer Umgebung im statischen Gleichgewicht des Wasserzustandes, sondern in einem dynamischen Gleichgewicht. Die Pflanzenzelle ist in das große Saugkraftgefälle zwischen Boden und Luft eingeschaltet. Dieses meist einige hundert Atmosphären betragende Saugkraftgefälle bedingt, daß ein dauernder Wasserstrom durch die Pflanze fließt; sie nimmt Wasser aus dem Boden auf und gibt es durch Transpiration an die Luft ab. Nur eine ungestörte Wasserbilanz, also gleiche und konstante Höhe der Zufuhr und Abgabe ermöglichen einen konstanten Wasserzustand der Zelle und damit den Zustand der Scheinruhe, des dynamischen Gleichgewichts.

Abb. 254. *Phaseolus multiflorus*. Die Blattspreiten wurden zum größten Teil entfernt, um die Sichtbarkeit der Gelenke zu ermöglichen. Vom rechten Laminargelenk wurde die Unterseite, vom linken die Oberseite entfernt und die Pflanze dann in Wasser gelegt. Bei diesem Fortfall des Gegendrucks zeigt sich das Vermögen der Gelenkhälften, sich durch Wasseraufnahme stark zu verlängern. Besonders stark ist diese Verlängerung in der oberen Gelenkhälfte.

Eine solche in das große Saugkraftgefälle eingeschaltete Zelle hat natürlich zunächst einmal alle die Möglichkeiten zur Turgoränderung und überhaupt zur reversiblen Volumenänderung wie die im statischen Gleichgewicht mit ihrer Umgebung befindliche. Sie hat jedoch noch eine weitere Möglichkeit: Die Geschwindigkeit der Zufuhr und Abgabe von Wasser kann beschleunigt oder verzögert werden. Das führt dann, aber natürlich auch nur dann, zur Turgor- und Volumenänderung, wenn beide Prozesse nicht gleich stark geändert werden. Die Zelle selber kann die Geschwindigkeit dieser Flüssigkeitsströme einerseits durch Änderung ihrer Saugkraft, d. h. durch Änderung eines der die Saugkraft determinierenden Faktoren beeinflussen. Diese Möglichkeit bietet uns hier nichts prinzipiell Neues. Interessanter ist die Beeinflussung der Flüssigkeitsströme durch die Wasserpermeabilität. Auf den ersten Anblick scheint es, daß eine Änderung der Wasserpermeabilität ebensowenig eine Turgoränderung nach sich ziehen kann wie bei einer Zelle, die sich mit der Umgebung im statischen Gleichgewicht des Wasserzustandes befindet. Muß doch, so sollte man meinen, eine Änderung der Durchlässigkeit für das Wasser die Geschwindigkeit der Aufnahme ebenso beeinflussen wie die Geschwindigkeit der Abgabe. Das trifft aber nicht zu. Selbst wenn wir von komplizierteren Fällen absehen, muß berücksichtigt werden, daß der Wasserpermeabilität ein verschieden großer Anteil am Gesamtwiderstand für Aufnahme und Abgabe zukommt. Normalerweise ist im Parenchym der Saugkraftsprung gegen die Gefäßbündel viel kleiner als gegen die Umgebung. Daß sich trotzdem ein Gleichgewicht erhält, ist verständlich, weil auch die Wassertransportwiderstände zwischen Gefäßbündel und Parenchym kleiner sind als zwischen Parenchym und Umgebung. Der erstgenannte Widerstand ist hauptsächlich durch das Plasma bedingt, er ist daher in erster Linie von der Wasserpermeabilität abhängig. Beim zweitgenannten kommt aber noch die Kutikula hinzu. Ändert sich nun die Wasserpermeabilität der Parenchymzelle auf allen Seiten gleich stark, so ist damit der Gesamtwiderstand gegen die Wasseraufnahme aus dem Gefäßbündel erheblich, der Gesamtwiderstand gegen die Abgabe an die umgebende Luft aber nur unerheblich geändert. Dem entspricht die Erfahrung, daß die Höhe der Wasserpermeabilität für die Transpiration ziemlich belanglos ist. Die Folge ist natürlich, daß bei einer Erhöhung der Wasserpermeabilität die Turgeszenz der Zellen zunimmt, bei einer Verminderung aber abnimmt. Volumenänderungen, die auf diesem Wege bedingt sind, spielen bei den Turgorbewegungen der Gelenke oft eine wichtige Rolle. So können wir, nebenher bemerkt, auch die starke Wasseraufnahme in die Zellen der Hauptzuwachszone erklären, wenn in dieser Zone nicht das Saugkraftmaximum liegt (vgl. S. 104).

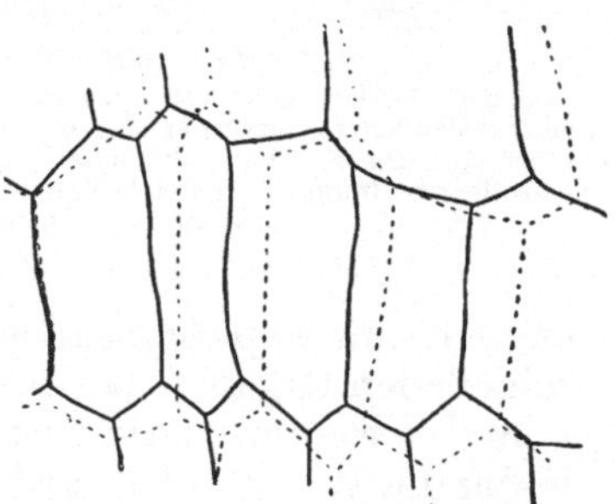

Abb. 255. Zellen des Bewegungsgewebes von *Phaseolus multiflorus*, vollturgeszent (---) und entspannt (—), aus dem Längsschnitt des Gelenks. Die Form der Zellen ermöglicht, daß schon bei geringer Turgoränderung eine starke Änderung der Länge der betreffenden Gelenkflanke eintritt. (Die Längsrichtung des Gelenks entspricht der Richtung von links nach rechts im Bild.) (Nach M. BRAUNER.)

Gelenkbau. Turgorbewegungen sind bei Pflanzen mit Gelenken besonders stark. Das wird durch einen sehr zweckmäßigen Bau der Gelenke ermöglicht. Auf die Lage der Gefäßbündel im Gelenk haben wir schon hingewiesen (Abb. 253). Außerdem ist das Bewegungsgewebe derart konstruiert, daß schon bei geringen Turgorschwankungen starke Änderungen in der Längsrichtung des Gelenks erfolgen. Bei *Phaseolus* und wohl auch bei anderen Pflanzen zeichnet sich vor allem die Unterseite durch diesen

Bau aus, so daß hier schon durch eine geringe Wasseraufnahme eine starke Längenzunahme stattfindet, indem sich die blasebalgartig gefalteten Zellen entfalten (BRAUNER, v. GUTTENBERG und KRÖPELIN, Abb. 255). Auf der Oberseite hingegen ist zur Erreichung der Längenzunahme eine stärkere Wasseraufnahme erforderlich, und es muß dabei zu einer erheblichen elastischen Dehnung der Wände kommen, bevor diese Ausdehnung der Gelenkhälfte erreicht ist.

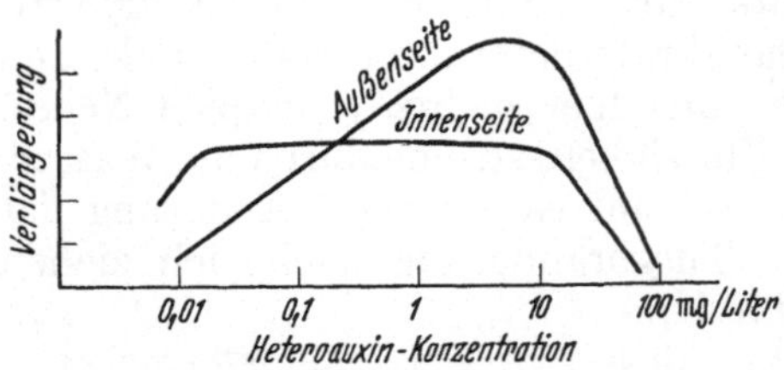

Außenseite
Innenseite
Verlängerung
0,01 0,1 1 10 100 mg/Liter
Heteroauxin-Konzentration

Abb. 256. Verlängerung von *Pisum*-Internodien in verschieden stark konzentrierten Lösungen von Heteroauxin. Innen- und Außenseite werden unterschiedlich beeinflußt; so entstehen Gewebespannungen. (Nach THIMANN und SCHNEIDER.)

4. Schleuderbewegungen.

Mit Hilfe der Turgorkraft kann die Pflanze aber auch Bewegungen vollführen, die nicht an Volumenschwankungen, sondern an Formänderungen der Zelle gebunden sind. Das gilt für manche der sog. Turgorschleuderbewegungen. Dabei handelt es sich um explosionsartig erfolgende Bewegungen, die wir an recht verschiedenen Organen beobachten können. Die Zellen der daran beteiligten Gewebe werden turgeszent gespannt, können sich aber in der Richtung, in der die Wand auf Grund ihrer physikalischen Beschaffenheit den geringsten Dehnungswiderstand ausübt, nicht dehnen, da ein äußerer Widerstand, ein anderes Gewebe vorhanden ist, und somit eine Dehnung in anderer Richtung erzwungen wird. Fällt jener Widerstand dann später fort, so ändert die Zelle natürlich plötzlich die ihr aufgezwungene Form, so daß es zu einer Schnellbewegung ohne Volumenänderung der Zelle kommt.

Abb. 257. *Taraxacum officinale*. Der Blütenstiel wurde längs gespalten und dann in Wasser gelegt.

Solche Spannungen entwickeln sich überall im Gewebe; ihre Ursache besteht im unterschiedlichen Ansprechen der Gewebe auf den Wuchsstoff (Abb. 256). Die Gewebespannungen sind leicht zu erkennen, wenn wir ein Gewebe zerschneiden, so daß die die Spannung bedingenden Widerstände beseitigt werden. Allgemein bekannt ist das bei Sprossen und Blattstielen, die durch einige Schnitte längsgeteilt werden; die Teile krümmen sich sofort nach außen, weil die innen liegenden Zellen sich turgeszent zu verlängern streben, aber durch die äußeren Gewebe daran gehindert worden sind. Durch Wasserzufuhr wird die Bewegung verstärkt (Abb. 257). Die Abb. 258 und 259 zeigen den Verlauf der nach der Isolierung eintretenden Formänderungen und erklären die Art dieser Formänderungen.

Auch dieses Prinzip, also der Ausgleich aufgezwungen gewesener Formen, wird von der Pflanze bei mehreren Bewegungsreaktionen ausgenutzt. Ein bekanntes Beispiel bietet die Samenabschleuderung bei *Impatiens*, z. B. bei *I. parviflora* (Abb. 260). In der fünffächerigen Frucht hängen an einer zentralen Plazenta die anatropen Samenanlagen. Die Fruchtwand schwillt (oben), wo sich die Samenanlagen entwickeln. Im unteren Teil der Fruchtwand streben sich die Außenschichten auszudehnen, finden aber an den inneren Schichten einen Widerstand. Schließlich trennen sich die Fruchtblätter voneinander, da die Längsverbindungen nur schwach sind (rundliche, sich leicht voneinander lösende Zellen). Die Fruchtblätter rollen sich plötzlich ein und schleudern dabei die Samen, auf die sie stoßen, fort. Die hohe Spannung wird ermöglicht, weil die osmotische Konzentration mit zunehmender Fruchtreife steigt. Im Schwellgewebe erfolgt ein Anstieg der osmotischen Werte von 9 auf 14,1 Atm. Zuckerbildung spielt hierbei nur eine geringe Rolle, vor allem ist eine Vermehrung des Elektrolyt-

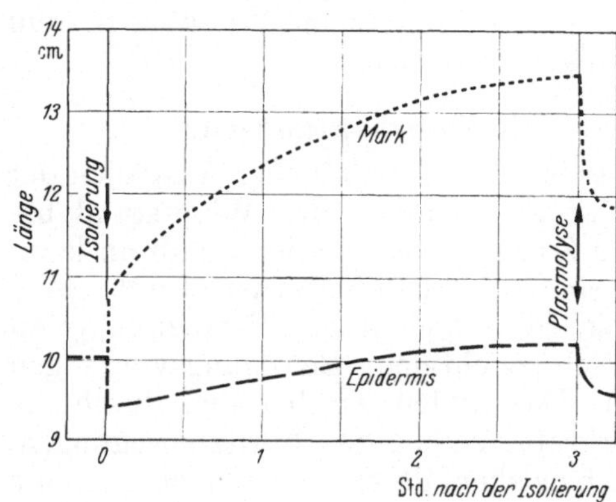

Abb. 258. Längenänderung eines Epidermis- und eines Markgewebestreifens aus dem Blattstiel von *Begonia Rex* nach dem Herauslösen aus dem Blattstiel und dem Übertragen in Wasser. Zunächst macht sich eine sofortige Verlängerung des Marks und eine Verkürzung der Epidermis bemerkbar, da sich die gegenseitig aufgezwungenen Formspannungen nunmehr ausgleichen müssen. Ursache dieser Formspannungen war die unterschiedliche Dehnbarkeit der Membranen; auch bei gleichen osmotischen Werten des Zellsaftes streben sich die Markzellen stärker zu dehnen als die Epidermiszellen, die Epidermis befindet sich daher in der Pflanze unter Zug, das Mark unter Druck. Nach dem Ausgleich dieser Formspannungen (vgl. Abb. 259) macht sich weiterhin die stärkere Dehnbarkeit des Marks bemerkbar, es verlängert sich im Wasser stärker als die Epidermis. Die Dehnungen sind (wie der Plasmolyseversuch bei Versuchsende zeigt) bei beiden Geweben zum Teil reversibel (elastisch), zum Teil irreversibel (plastisch).

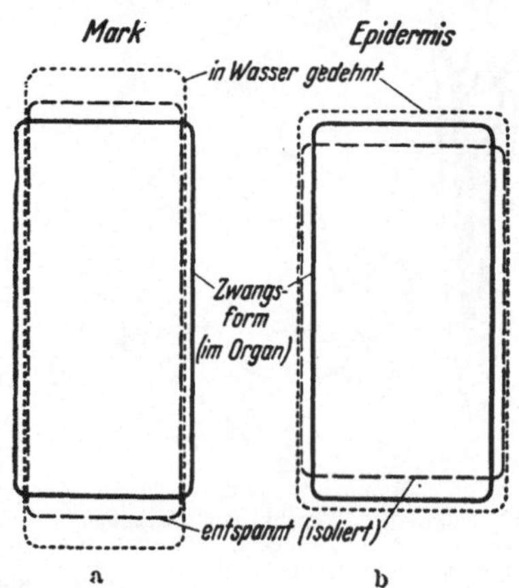

Abb. 259a u. b. Schema zur Erläuterung des Versuchs Abb. 258. Form- und Volumenänderungen einer Markzelle (a) und einer Epidermiszelle (b) beim Isolieren aus dem Gewebeverband und Übertragen in Wasser. Ausgezogen ist der Umriß der Zelle gezeichnet, wie er innerhalb des Gewebezusammenhangs aussieht; diese Formen sind aber Zwangsformen (s. Erklärung zu Abb. 258), die sich beim Isolieren ohne Volumenänderung ausgleichen, wobei sich die Markzelle verlängert (und verschmälert), die Epidermiszelle verkürzt (und verbreitert). Die so entstehenden spannungsfreien neuen Formen sind durch die langgestrichelten Linien wiedergegeben. Im Wasser verlängern sich weiterhin beide Zellen (kurzgestrichelt), die Markzelle aber stärker als die Epidermiszelle; der Verlängerung geht eine unbedeutende Breitenzunahme parallel.

gehalts, namentlich des Säuregehalts, wichtig (MOSEBACH). Daß sich die Zellen während dieser Steigerung der osmotischen Werte vornehmlich in ihrer Längsrichtung auszudehnen bestrebt sind, ergibt sich aus ihrer in radialer Richtung gestreckten Form, die sich bei einer Turgorzunahme, durch die ein Abrundungsbestreben eintritt, zu ändern sucht. Das Widerstandsgewebe besteht aus Kollenchym. Das Schwellgewebe verlängert sich bei der Ausdehnung um 32%.

Außer zahlreichen anderen Früchten zeigen auch manche Staubblätter solche Schnellbewegungen (Abb. 261—263). An den Filamenten wächst zunächst die Unterseite stärker. Erst nachher beginnt ein verstärktes Wachstum der Oberseite, wobei diese sich außerdem stark turgeszent spannt, und zwar zumeist unter Mitwirkung einer Stärke-Zuckerumwandlung. Die durch das vorhergehende starke Unterseitenwachstum entstandene Krümmung kann sich jetzt aber doch noch nicht ausgleichen, da sich die Staubfäden in einer Zwangslage befinden; die Anthere ist an der Filamentbasis angeheftet. Erst wenn sich dieser Klebverband lockert, kommt es zur plötzlichen Explosionsbewegung, indem sich die in der

Oberseite entstandenen Zugspannungen ausgleichen. Stets zeichnen sich die Membranen durch eine hohe elastische Dehnbarkeit aus, die oft erreicht wird, weil sie außer Zellulose auch Hemizellulose und Pektin enthalten.

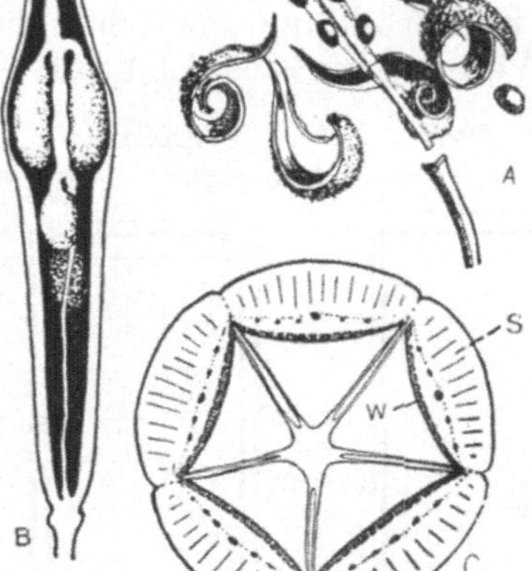

Abb. 260 A—C. Frucht von *Impatiens parviflora*. A aufspringend; B im Längsschnitt und C im Querschnitt; *S* Schwell-, *W* Widerstandsgewebe. (Nach OVERBECK.)

Solche Bewegungen sind natürlich an dem betreffenden Organ nur einmalig. Sie können von selber durch allmähliche Lockerung des Widerstandes oder auch durch äußere Eingriffe ausgelöst werden, die den Widerstand auf irgendeine Weise, z. B. rein mechanisch, beseitigen.

5. Spritzbewegungen.

Ebenso wie ein plötzlicher Ausgleich der durch Turgorspannung und Widerstand bedingten *Zwangsformen* in der Membran kann auch eine plötzliche, vorher durch einen Widerstand aufgehaltene *Entspannung* zu biologisch wichtigen Bewegungsvorgängen führen. Das finden wir bei den durch die Turgorkraft bedingten Spritzbewegungen, für die hier ebenfalls einige Beispiele genannt seien. Die Spritzgurke (*Ecballium Elaterium*), die etwa 4—5 cm lang ist, hat eine kräftige Fruchtwandung und im Innern, in wasserreiches Parenchym eingebettet, etwa 50 Samen (Abb. 264). Das Innengewebe entfaltet einen hohen osmotischen Druck und spannt die Wandung. Ähnlich wie bei *Impatiens* steigt der osmotische Wert während der Fruchtreife, und zwar von 8,5 auf 13,9 Atm. Entscheidend ist auch hier eine Elektrolytzunahme. Diese Spannung erstreckt

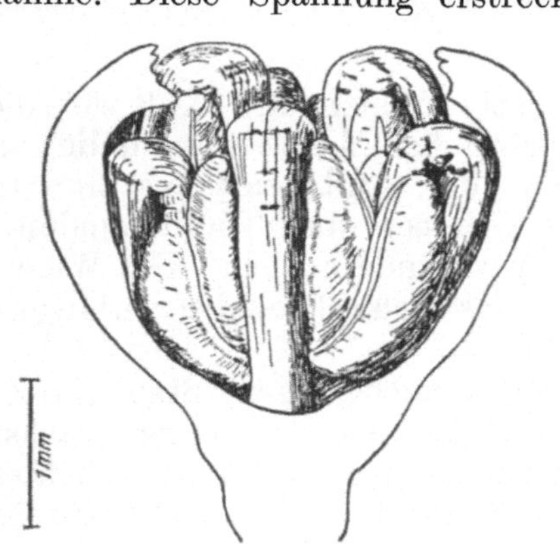

Abb. 261. Geschlossene männliche Blüte von *Pellionia Daveauana*, Perigonblätter zum Teil entfernt. Stamina in Zwangslage. (Nach MOSEBACH.)

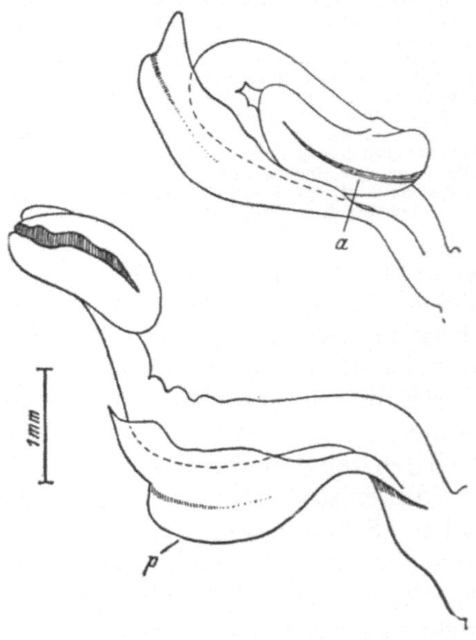

Abb. 262. Isoliertes Stamen von *Pellionia Daveauana*, oben in Zwangslage, unten in Schnellage. *a* Rißlinie; *p* Perigonblatt. (Nach MOSEBACH.)

sich vor allem auf die Zellen einer 2,5 mm starken weißen Schicht der Fruchtwand, und zwar handelt es sich dabei um quertangential gestreckte

Zellen mit dicken Wänden, die sich nur mit kleinen Teilen ihrer Oberflächen berühren. Die Membranen enthalten Pektin und wohl auch Amyloid, sie erteilen den Zellen eine große Zugfestigkeit und Elastizität. An der Ansatzstelle des Fruchtstiels befindet sich ein Trennungsgewebe, das sich bei der Fruchtreife auf leichte Berührung hin löst. Dabei muß sich natürlich die elastische Spannung der Fruchtwandung sofort ausgleichen; hierbei werden die Samen ausgespritzt, und zwar auf Entfernungen bis zu 12,7 m. Gleichzeitig wird die sich entspannende Frucht durch den Rückstoß fortgeschleudert.

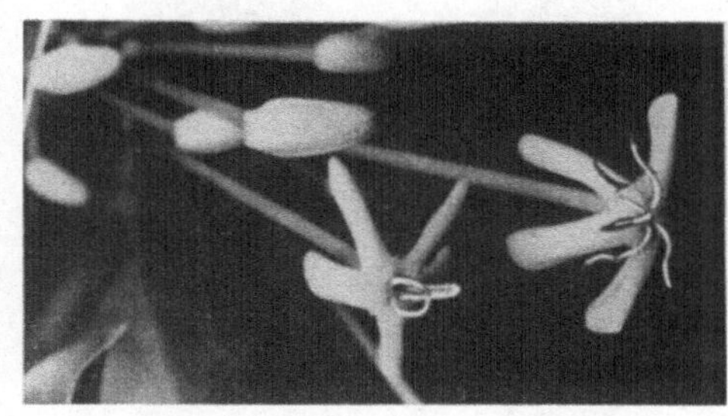

Abb. 263. Blüten von *Posoqueria* sp. mit Staubfäden, die Schnellbewegungen ausführen können. An der linken Blüte hat sich der Klebverband im Bereich der Staubbeutel noch nicht gelöst, bei der rechten wurden die Staubbeutel berührt, so daß sich der Klebverband löste und die Schnellbewegung stattfinden konnte.

Ein im Prinzip gleicher Mechanismus findet sich beim Sporenfortspritzen mancher Pilze; nur wird hier unmittelbar die Energie der einzelnen gespannten Zellmembran ausgenutzt, indem die Membran an einer Stelle durchlöchert wird und sich somit plötzlich entspannen muß. Wir können hier vor allem die Sporenausspritzung aus den Asci der Ascomyceten nennen. Im Ascus bilden sich Vakuolen, die allmählich ihr Volumen vergrößern und so die turgeszente Spannung der Ascusmembran bedingen. Übrigens scheint es, daß diese Spannung nicht immer nur durch den osmotischen Druck echter Lösungen, sondern auch durch den Quellungsdruck von Kolloiden des Ascusinhalts bedingt sein kann. Bei einigen Arten aber zeigt sich deutlich die Auflösung von Glykogen während des Reifens der Asci. Am Scheitel des Ascus befindet sich eine leicht verquellbare, vielleicht aus Amyloid bestehende, jedenfalls mit Jod direkt bläuende Stelle. Die Sporen sind im reifen Ascus schon immer am apikalen Ascusende angesammelt (Abb. 359). Oft ist am Scheitel auch eine Rißstelle präformiert. Jedenfalls kommt es schließlich bei zunehmender Turgeszenz zur Öffnung am Scheitel und die Sporen werden durch die sich ausgleichende Wandspannung ausgespritzt; oft alle zugleich, in manchen Fällen aber auch mit größeren Zeitabständen nacheinander, indem sich die Öffnung nach dem Austritt einer Spore durch das Vorrücken der nächsten wieder schließt, die nicht mehr herausgepreßt wird, weil sich ja inzwischen der Turgor gesenkt hat (auch an der Verkürzung des Ascus erkennbar). Erst wenn der Turgor wieder genügend gestiegen ist, werden die nächste und nach entsprechenden Prozessen die weiteren Sporen ausgepreßt. In dieser speziellen Weise findet der Vorgang bei *Sphaeria*, *Claviceps* und *Cordiceps* statt. — *Ascobolus immersus* hat den Mechanismus der Sporenausspritzung insofern am meisten vollendet, als hier ein Fortschießen bis auf 35 cm Entfernung stattfindet, während die anderen Ascomyceten nur geringere Entfernungen erreichen. Bei dieser Spezies kleben übrigens alle abgeschossenen Sporen zusammen.

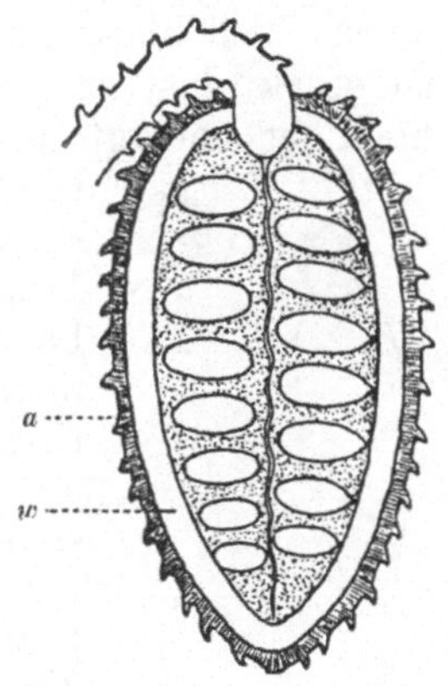

Abb. 264. Frucht von *Ecballium Elaterium*. *w* weiße Schicht, *a* Außenschicht. (Nach OVERBECK.)

Auch bei den Basidiomyceten werden die Sporen abgeschossen, jedoch entfernen sie sich dabei nur um 0,1—0,2 mm von den Sterigmen. Der Mechanismus ist nicht geklärt. Bemerkenswert ist, daß wenige Sekunden vor dem Sporenabschuß aus dem unteren Sporenteil ein Flüssigkeitstropfen abgeschieden wird. Die Basidie verkürzt sich bei der Sporenabstoßung nicht, auch die Sterigmen kollabieren nicht sofort; es dürfte also kaum ein Turgormechanismus von der Art, wie ihn die Ascomyceten anwenden, vorliegen.

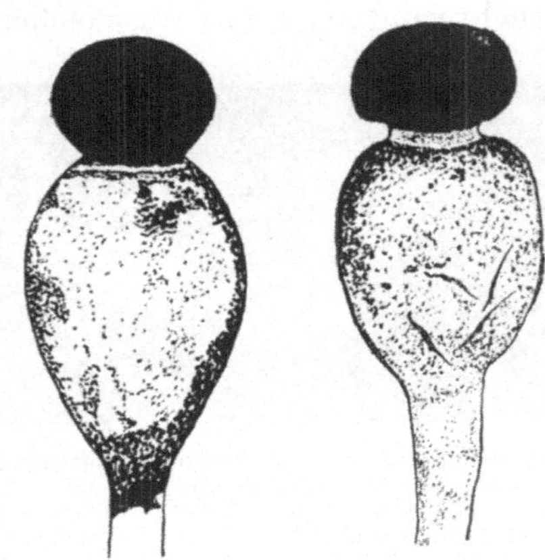

Abb. 265. Sporangienträger von *Pilobolus*; links turgeszent, rechts entspannt. Unmittelbar unterhalb des Sporangiums befindet sich ein stark dehnbarer Ring, dessen Dehnung im Sporangienträger normalerweise dazu führt, daß eine Spannung eintritt, die ein Aufreißen an der Grenze Ring/Columella bedingt (die Columella ist vom Sporangium verdeckt).

Dagegen ist das von den Ascomyceten angewandte Prinzip von dem Phycomyceten (Mucorinee) *Pilobolus* zur höchsten Vollendung gebracht worden (Abb. 265 und 266). Die zahlreiche Sporen enthaltenden Sporangien werden hier als Ganzes fortgeschossen. Das Sporangium sitzt auf einem einige Millimeter hohen, aus einer Zelle bestehenden Träger, dessen oberer Teil blasenförmig angeschwollen ist. Die Wandung der Trägerzelle ist stark elastisch gedehnt. Zwar ist der osmotische Druck nicht extrem hoch, er beträgt nämlich etwa 5,5 Atm.; aber die Wand ist, namentlich im blasenförmigen Teil, so stark elastisch dehnbar, daß sie schon durch diesen nicht besonders hohen osmotischen Druck um 100% (flächenmäßig) gedehnt wird, sich also bei einer Entspannung um die Hälfte verkleinert. Durch noch größere elastische Dehnbarkeit zeichnet sich eine ringförmige Zone dicht unterhalb des Sporangiums aus; die Fläche dieses Ringes kann bei der normalen Turgorspannung um 150—200% gedehnt sein. Zwischen diesem Ring und der wenig dehnbaren Columella befindet sich eine präformierte Rißstelle. Mit zunehmender Reifung nimmt die Dehnung des Ringes zu; nicht durch einen erhöhten osmotischen Druck, sondern durch zunehmende Dehnbarkeit. Da die Columella der Dehnung nicht folgen kann, kommt es schließlich zum Aufreißen an der Rißstelle, damit zum plötzlichen Ausgleich der Spannung des blasenförmigen Teils und zum Abschießen des Sporangiums sowie der Columella. Wird die starke Dehnung des Ringes durch Übertragung der Träger in weniger feuchte Luft oder in eine Lösung verhindert, so tritt das Abschießen des Sporangiums nicht ein, während es umgekehrt durch Übertragung in Wasser naturgemäß gefördert wird. Das Abschießen kann begreiflicherweise nicht nur infolge allmählicher Dehnungszunahme des Ringes eintreten, sondern auch bei einer mechanisch, also durch Berührung bedingten Zerrung an der Rißstelle. — Durch eine Beleuchtung werden im Plasma Reizprozesse ausgelöst,

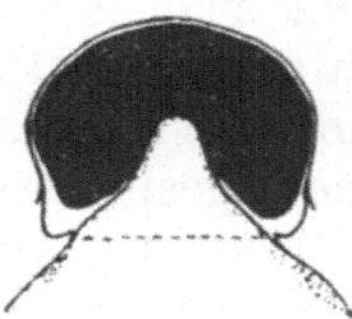

Abb. 266. *Pilobolus Kleinii*, oberer Teil des Sporangienträgers. Oben das schwarz gezeichnete Sporangium. Die gestrichelte Linie zwischen Columella und blasenförmigem Teil der Trägerzelle entspricht der Aufreißstelle, dort befindet sich eine ringförmige dünne Membranpartie. Die Zone dicht unterhalb dieser Partie ist stark dehnbar, so daß es zur Spannung zwischen ihr und der wenig dehnbaren Columella kommt. (Nach BULLER.)

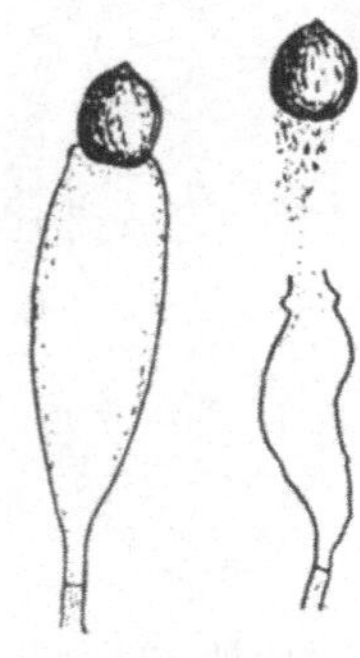

Abb. 267. *Empusa muscae*. Konidienablösung.

die die Dehnbarkeitszunahme des Ringes und damit das Eintreten des Abschusses beschleunigen. Das abgeschossene Sporangium hat eine Anfangsgeschwindigkeit von 14 m/sec und kann etwa 2 m weit fliegen. Die Turgorspannung ist übrigens auch in diesem Fall wohl nicht nur rein osmotisch bedingt; der Zellsaft enthält außer den gelösten anorganischen und organischen Substanzen (darunter als Kohlenhydrat anscheinend Trehalose) auch ansehnliche Mengen kolloider Substanzen. Ähnlich wie die Ascomyceten und *Pilobolus* verhält sich auch *Empusa muscae* (Abb. 267).

6. Weitere Turgorbewegungen.

Eine interessante andere Art der Sporenbewegung findet sich bei einigen Entomophthorineen, so bei *Empusa Grylli*. Hier ist ein Prinzip angewandt, das insofern mit dem der Turgeszenzexplosionsbewegungen der höheren Pflanzen übereinstimmt, als Zugspannungen innerhalb der Membran, also Deformationen und ihr Ausgleich, ausgenutzt werden. Die Konidien sind durch eine doppelte Wand vom Konidienträger abgegrenzt. Die beiden Teile dieser Zwischenwand streben sich durch den Turgor abzurunden, und zwar in entgegengesetzter Richtung, da ja die eine zur Konidie, die andere zum Träger gehört. Das Aneinanderkleben verhindert aber zunächst die Abrundung. Schließlich führt jedoch die zunehmende Spannung zur Auflösung des Klebeverbandes und die Abrundung erfolgt so plötzlich, daß die freiwerdende Energie zum Fortschießen der Konidien ausreicht. Auch *Conidiobolus*-Arten zeigen einen ähnlichen Mechanismus (Abb. 268).

Abb. 268. *Conidiobolus spec.* Konidienablösung. Die Energie für den Abschuß wird gewonnen, indem sich die in einer Zwangslage befindliche Membran der Konidie (vergleichbar der eingedellten Wandung eines Gummiballs) plötzlich (wenn der Klebverband zwischen dieser Membran und der der Trägerzelle nicht mehr ausreicht) entspannt.

Zu den Turgorbewegungen, jedenfalls zu den unter reversiblen Volumenschwankungen der Zellen vollzogenen Bewegungen gehört wohl auch das Kriechen der Beggiatoaceen und Oscillatoriaceen. Diese Bewegungen beruhen auf rhythmischen Gestaltsänderungen der Zellen, wobei sich benachbarte Zellen in der Bewegungsphase unterscheiden. Bei *Oscillatoria sancta* umfaßt eine Welle durchschnittlich 6,5 Zellen (= 25 μ) und die mittlere Schwingungsdauer einer Welle beträgt bei 20° 1,9 sec, d. h. in dieser Zeit haben 6—7 Zellen gemeinsam einmal die volle Gestaltsänderung vollführt. Die Gestaltsänderung selber beruht auf einer Verkürzung der Zellen, die sich vor allem in einer rhythmischen Verkleinerung der Querwandabstände äußert, außerdem mit Schwankungen des Fadendurchmessers verknüpft ist, und zwar entspricht der Verminderung der Querwandabstände auch eine Verminderung des Fadendurchmessers; die Bewegung beruht also nicht einfach auf einer Form-, sondern auf einer Volumenänderung der Zellen. Die Schwankungen des Fadendurchmessers sind so gering, daß sie nur mit besonderen Hilfsmitteln feststellbar waren (Ullrich).

Allerdings gibt es auch Beobachtungen, nach denen bei *Oscillatoria* ein Schleimfluß als Antriebsmittel dient (Hosoi) (vgl. S. 333).

Literatur.

Mit einem * versehene Arbeiten sind zusammenfassende Darstellungen.

Bogen: Planta (Berl.) **39** (1951). — Brauner u. Hasman: Rev. Fac. Sci. Univ. Istanbul, Sér. B **12** (1947). — * Bünning: Erg. Biol. **13** (1936); Planta (Berl.) **37** (1949).

* CRAFTS, CURRIER and STOCKING: Water in the physiology of plants. Waltham 1949.
DIANNELIDIS: Phyton 1 (1948).
* GUILLERMOND: The cytoplasma of the plant cell. Waltham 1941.
HOSOI: Botanic. Mag. 64 (1951).
KENDA u. WEBER: Protoplasma (Berl.) 41 (1952). — * KRAMER and CURRIER: Annual Rev. Plant Physiol. 1 (1950). — * KÜSTER: Die Pflanzenzelle, 2. Aufl. Jena 1951.
MOSEBACH: Jb. wiss. Bot. 89 (1940); Beitr. Biol. Pflanz. 27 (1941).
RENNER: Planta (Berl.) 18 (1932).
STUDENER: Planta (Berl.) 35 (1947).
ULLRICH: Planta (Berl.) 9 (1929); 40 (1952).
* WALTER: Die Hydratur der Pflanze. Jena 1931.

III. Bewegungen durch negative Wandspannungen.

1. Vorkommen und Entstehung der negativen Spannung.

Die große Rolle der pflanzlichen Zellwand und ihrer Fähigkeit, sich elastisch spannen zu lassen, lernten wir schon bei den Turgorbewegungen kennen. Während es sich hierbei um den Ausgleich „positiver" Wandspannungen handelt, gibt es andere Bewegungstypen, bei denen gerade „negativ" gespannte, d. h. über die elastische Gleichgewichtslage hinaus nach innen, zum Zentrum der Zelle hinein elastisch gedehnte bzw. deformierte Wände wichtig sind (Abb. 269). Dabei kann sowohl das negative *Spannen* selber (analog zur Bewegung durch positives Spannen, also durch Turgorerhöhung), als auch der *Ausgleich* der entstandenen Spannungen (analog zur Bewegung durch Entspannung positiv gespannter Wände) zu Bewegungen führen. Ganz entsprechend den Bewegungen durch positives Spannen und Entspannen verlaufen die Bewegungen stets langsam, wenn sie auf dem Spannvorgang, dagegen in einigen Fällen schnell, wenn sie auf dem Ausgleich der Spannungen beruhen. — Einen Übergang zwischen den Bewegungen durch positive und negative Wandspannung stellen eigentlich die S. 311 besprochenen, durch Deformierung der Zellen (bzw. durch Deformationsausgleich) entstehenden Bewegungen dar; denn hierbei sind ja Zellen wichtig, deren Wände in einzelnen Teilen positiv, in anderen Teilen negativ gespannt sind.

Das Auftreten negativer Wandspannungen ist keine Seltenheit; es bedarf nur ebenso wie bei den vorher besprochenen Turgorbewegungen besonderer anatomischer Voraussetzungen, wenn auch Bewegungen möglich sein sollen. — Schon Untersuchungen über die osmotischen Zustandsgrößen deuten auf das Vorkommen negativer Spannungen. Mißt man die Saugkraft einer Zelle durch Vergleichung mit einer bekannten Saugkraft (also durch Übertragung in eine bekannte Lösung bzw. in Luft bekannter Feuchtigkeit), so erhält man sehr häufig größere Beträge als nach den kryoskopisch gemessenen osmotischen Werten zu erwarten ist, obwohl doch gemäß der Gleichung $S_Z = S_I - W$ in der Regel S_Z kleiner sein sollte als S_I, da man durchweg mit positiven Wandspannungen rechnet. Die Differenzen erklären sich zum Teil aus methodischen Schwierigkeiten, die namentlich die Genauigkeit der Saugkraftmessungen beeinträchtigen. Zum Teil können sich die Abweichungen auch aus der Mitwirkung anderer Kräfte als der osmotischen im engeren Sinne erklären (z. B. aus der Teilnahme elektrischer Kräfte). Nicht zuletzt wird aber das Vorhandensein negativ gespannter Wände schuld sein.

Die negative Wandspannung kann vital, durch aktive, unter Aufwand von Atmungsenergie vollzogene Wasserexkretion bedingt sein, häufiger aber leistet so wie in den eben genannten Beispielen das zur Verdunstung führende Saugkraftgefälle zwischen der lebenden Zelle und ihrer Umgebung diese Arbeit. Die Möglichkeit des negativen Spannens der Wand ist dabei allerdings an die Voraussetzung geknüpft, daß nicht statt des verschwindenden Wassers Luft in die Zellen eintritt. Durch die Adhäsion des Inhalts an der Wand sowie durch die Kohäsionskräfte, die den Inhaltstropfen der lebenden oder toten Zelle zusammenhalten, wird der Eintritt von Luft in der Tat mehr oder weniger verhindert. Man spricht daher bei den durch negative Wandspannungen entstandenen Bewegungen auch von Kohäsionsbewegungen. Ob dabei, wenn schließlich doch Luft eindringt, zunächst die Adhäsion an der Wand oder die Kohäsion des Flüssigkeitstropfens überwunden wird, läßt sich nicht generell entscheiden.

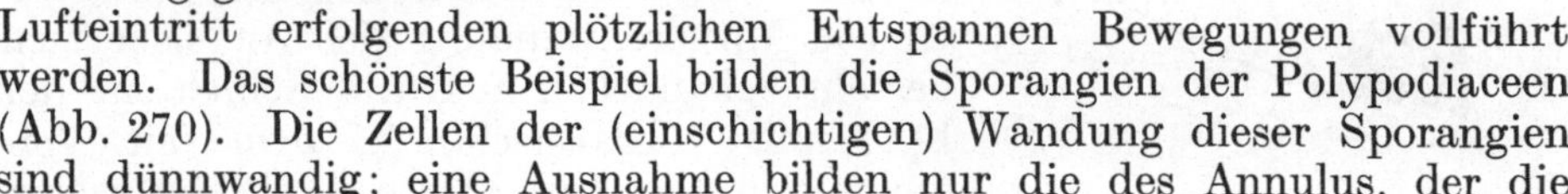

Abb. 269. Schema. Links eine turgeszente Zelle („positiv gespannte“ Wand); in der Mitte eine Zelle mit (z. B. infolge Plasmolyse) entspannter Zellwand; rechts eine Zelle mit nach innen gespannter Zellwand („negative Spannung“), z. B. erreichbar beim Welken der lebenden Zelle, durch aktive Wasserausscheidung seitens der lebenden Zelle, aber auch durch Verdunstung von Wasser aus einer toten Zelle, solange die Kohäsion im Wassertropfen bzw. seine Adhäsion an der Wand nicht überwunden werden.

2. Mechanismen mit passiver Wasserabgabe.

Farnannulus. Wir betrachten nun zunächst einige Fälle, in denen mit toten Zellen durch negatives Spannen und gegebenenfalls bei dem unter Lufteintritt erfolgenden plötzlichen Entspannen Bewegungen vollführt werden. Das schönste Beispiel bilden die Sporangien der Polypodiaceen (Abb. 270). Die Zellen der (einschichtigen) Wandung dieser Sporangien sind dünnwandig; eine Ausnahme bilden nur die des Annulus, der die Rückseite des Sporangiums ganz umfaßt und auf der Vorderseite oberhalb der durch das Vorhandensein leicht verquellbarer Wände ausgezeichneten präformierten Öffnungsstelle, des Stomiums, endet. Die Zellen des Annulus haben verdickte Innen- und Radialwände, aber ganz dünne und elastische Außenwände. Während der Reifung des Sporangiums verdunstet das Füllwasser aus den toten Annuluszellen. Dabei wird die dünne Außenwand nach innen gezogen und ihr, sowie den kräftigen Radialwänden, die sich einander nähern, eine Spannung erteilt. Die Spannung ist so stark, daß sich die Zellen des Stomiums voneinander trennen und die weiter zurückliegenden Zellen der Wandung zerrissen werden. Der Annulus krümmt sich immer weiter nach hinten, bis schließlich die Kohäsion des Füllwassers bzw. seine Adhäsion an der Wand überwunden wird, Luft in die Zellen eintritt und die Spannungen sich ausgleichen; die alte Lage des Annulus wird infolgedessen durch Schnellbewegungen wieder erreicht und die Sporen fortgeschleudert. Der Vorgang läßt sich natürlich nach dem Vertreiben der Luft aus den Annuluszellen beliebig oft wiederholen. — Das negative Spannen erklärt hier also die Öffnungsbewegung des Sporan-

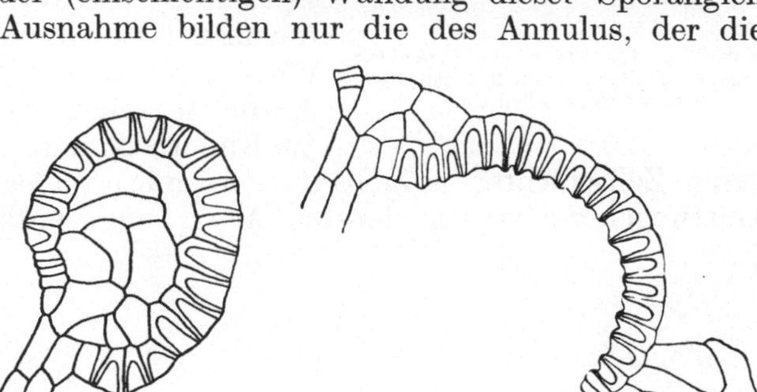

Abb. 270. *Polypodium*-Sporangium. Links geschlossen; rechts Öffnung des Sporangiums durch Wasserverlust aus den Zellen des Annulus.

giums; die Entspannung erklärt die Rückbewegung und Sporenausschleuderung.

Weitere Sporangienmechanismen. Eine Sporangienöffnung durch negatives Spannen der Wand toter Zellen findet sich bei den verschiedensten Pteridophyten, bei den Mikrosporangien (Antheren) der Blütenpflanzenund bei Lebermoossporogonen. Die Sporenausschleuderung fehlt aber in den meisten Fällen. Beispielsweise finden sich in der Sporangienwand von *Equisetum* Verdickungsbänder, die Spiralen, Teile von Spiralen, Ringe oder Teile von Ringen darstellen; die übrigen Teile der Membran sind dünn. Beim Eintrocknen wölben sich die dünnen Membranteile nach innen, die Verdickungsleisten verringern ihre Abstände, die Zellen verkürzen sich also. Nun sind die Zellen auf der vom Stiel abgewandten Seite längsgestreckt, auf der Gegenseite aber quer gestreckt, so daß hier eine Querkontraktion, dort eine Längskontraktion erfolgt. Die so eintretende Spannung führt zu einem Längsriß auf der dem Stiel zugekehrten Seite.

Abb. 271. Sproßstück von *Utricularia exoleta* mit 3 Fangblasen, in denen gefangene Tiere zu sehen sind.

Die Antherenwandung der Angiospermen besteht bekanntlich aus drei Schichten, der Epidermis („Exothecium"), dem mit Verdickungsleisten ausgestatteten Endothecium und der zuinnerst liegenden, in den reifen Antheren schon zerstörten Tapetenschicht. Im Endothecium (das übrigens auch aus mehreren Zellschichten aufgebaut sein kann) finden wir bei den einzelnen Gattungen die verschiedensten Arten von Verdickungen, die aber immer so angeordnet sind, daß beim Austrocknen Zelldeformationen entstehen, die eine Spannung bedingen, welche an präformierten Rißstellen zur Öffnung der Anthere führt.

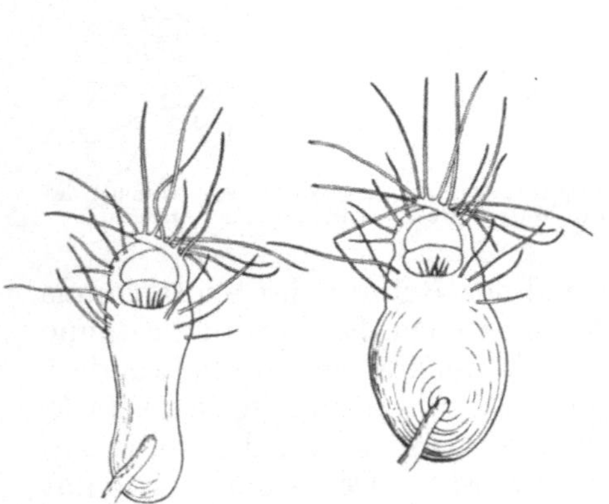

Abb. 272. Blase von *Utricularia exoleta* vor (links) und nach (rechts) der Schluckbewegung.

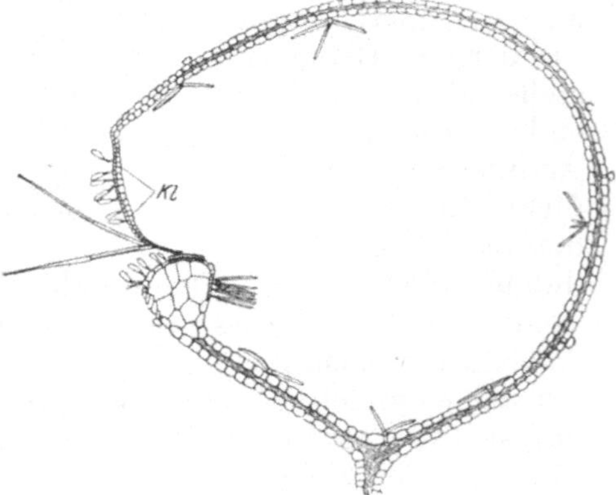

Abb. 273. *Utricularia flexuosa*. Längsschnitt durch eine Blase. Vergrößert. *Kl* Klappe mit Schleimhaaren und Borsten. (Nach GOEBEL.)

Elateren. Bei mehreren Lebermoosen, Myxomyceten und Pilzen kommen Elateren vor, die als Schleuderorgane zum Verbreiten der Sporen oder doch als Organe zur Auflockerung der Sporenmasse dienen. Dabei wird gelegentlich wieder — analog zum Verhalten des Polypodiaceen-Annulus — die Entspannung negativ gespannter Wände ausgenutzt. Die langgestreckten Elateren haben bei den Lebermoosen zarte Seitenwände, im Innern befinden sich eine oder mehrere spiralige Verdickungen. Die Elateren sind im reifen Zustand abgestorben und enthalten Wasser. Bei der Kohäsionsspannung werden die zarten Wände eingestülpt, die Versteifungen einander genähert und gespannt (wie eine Stahlfeder!). Reichen Kohäsion bzw. Adhäsion des Füllwassers nicht mehr aus, so wird die Spannung plötzlich unter lebhafter Bewegung der Elateren, die oftmals sogar in einem Fortspringen von der Unterlage besteht, ausgeglichen.

Weitere Fälle. Zu den Kohäsionsmechanismen gehören unter anderem auch manche Blattbewegungen (Involukralblätter von Kompositen, Moos- und Farnblätter, Gräser u. a.); aber dabei sind durchweg auch Quellungsvorgänge beteiligt, treten oft sogar in den Vordergrund. Überhaupt wirken auch schon bei den bisher besprochenen Kohäsionsbewegungen Quellungen und Entquellungen oft maßgeblich mit und können beispielsweise bei Elaterenbewegungen wichtiger sein als die Membraneinstülpungen und deren Ausgleich. Uns brauchen hier die zahlreichen Einzelfälle nicht zu beschäftigen, da sie mehr von anatomischem als physiologischem Interesse sind. Ebenso brauchen wir nur kurz zu erwähnen, daß Kohäsionsbewegungen mit passiver Wasserabgabe auch an lebenden Zellen möglich sind, und dann natürlich noch mehr Faktoren zusammen wirken können.

3. Mechanismen mit aktiver Wasserabgabe.

Utricularia. Hier verdient noch ein Sonderfall, die Schluckbewegung der *Utricularia*-Blase, besondere Beachtung. Die Blase kann durch eine Klappe fest verschlossen werden. Nach dem Verschließen wird die aus lebenden Zellen bestehende Wandung, die sich zuvor natürlich in der elastischen Gleichgewichtslage befand und dabei nach außen vorgewölbt war, nach innen gezogen, also gespannt. Das wird erreicht, indem ein großer Teil des Füllwassers aus der Blase entfernt wird. Dabei ist eine aktive Tätigkeit der auf der Innenseite der Wandung befindlichen Saughaare entscheidend. Wird nun die Klappe oder eine ihrer Borsten leicht berührt (etwa durch ein kleines Wassertier), so erfolgt eine geringe Öffnung, jetzt kann sich die Wandspannung sofort ausgleichen, es wird Wasser, und damit das in der Nähe befindliche Tierchen aufgesogen und nach erneutem Klappenverschluß im Blaseninnern verdaut (Abb. 271—273). In diesem Fall erfolgt also nicht wie bei den bisher betrachteten Kohäsionsbewegungen eine Verdunstung des Wassers, sondern seine aktive Resorption. Man meinte nun zunächst, das resorbierte Wasser werde in die übrigen Teile der Pflanze geleitet. Jedoch stellte es sich heraus, daß auch die von der Pflanze abgetrennten Blasen noch in der Lage sind, ihre Wand zu spannen; sie scheiden dabei die Flüssigkeit durch die Blasenwandung hindurch an die Umgebung ab (Nold). Der ganze Prozeß der Wasserexkretion dauert mehrere Stunden. Dabei verliert das Blaseninnere dann 40% seines Wassers und übrigens auch einen Teil der darin gelösten Salze. Interessanterweise konnten zwischen den vierstrahligen Haaren im Blaseninnern und der Außenseite der Wandung elektrische Potentialdifferenzen gemessen werden, die über 100 mV erreichen können und bei denen die Außenseite negativ ist (Diannelidis). Vielleicht ist diese Potentialdifferenz für den aktiven Wassertransport durch die Wandung verantwortlich. Natürlich würde dieser Vorgang dann auf die Atmung angewiesen sein, die das Potential herstellt und immer wieder regeneriert, da es ja bei der Arbeitsleistung aufgezehrt wird.

Literatur.

DIANNELIDIS: Phyton 1 (1948).
LLOYD: The carnivorous plants. Waltham 1942.
NOLD: Beih. bot. Cbl. 52 (1935).

IV. Mechanismus der Bewegungen durch Plasmakontraktionen.

1. Mechanismus der Plasmakontraktion.

Bedeutung der Kontraktionen. Der tierische Organismus vollführt seine Bewegungen zumeist mit Hilfe von Muskelkontraktionen. Bei manchen niederen Tieren finden sich wenigstens noch mit den Muskeln vergleichbare ,,Myoneme", kontraktile Fibrillen und ähnliche Organellen. Es scheint, daß die Pflanzenzelle von einem solchen Bewegungsprinzip überhaupt keinen Gebrauch macht. Wenn wir jedoch an die Geißelbewegungen denken, die ja auch im Pflanzenreich weit verbreitet sind, finden wir, daß hier sehr wohl etwas Ähnliches existiert wie im Tierreich; denn die Bewegungstätigkeit einer Geißel beruht darauf, daß sich ihre einzelnen Seiten nacheinander in bestimmtem Rhythmus kontrahieren und wieder ausdehnen. So müssen wir die Möglichkeit solcher Kontraktionen näher kennen lernen.

Fadenmoleküle. Die Eiweiße können die Struktur von Fadenmolekülen (langgestreckten Polypeptidketten) haben. Solche Fadenmoleküle, die sich oft zu Fibrillen vereinigen, lassen sich im Plasma tierischer und pflanzlicher Zellen auf verschiedene Weise demonstrieren, etwa dadurch, daß Myxomycetenplasma sehr feinporige Filter (Porenweite $5 \cdot 10^{-5}$ mm) passieren kann, ohne abzusterben, daß dieses Absterben jedoch schon bei der Benutzung von Filtern mit einer Porenweite von etwa 0,25 mm eintritt, sofern beim Filtrieren Druck angewandt wird, so daß sich die fädigen Gebilde während des Passierens nicht parallel zur Durchtrittsrichtung orientieren können und sie infolgedessen zerbrechen. Wichtiger ist der Nachweis der Fadennatur durch das Studium der Doppelbrechung. Wenn sich diese langgestreckten Gebilde parallel lagern, kommt ihre optische Anisotropie zum Ausdruck. Die Parallelorientierung kann schon normalerweise in der Zelle bestehen, so daß das Plasma eine Doppelbrechung aufweist, die mit Hilfe des Polarisationsmikroskops ermittelt werden kann. Fehlt diese Parallelorientierung (die natürlich nicht vollständig sein muß), so kann sie, und damit die Doppelbrechung, doch gelegentlich erzwungen werden, etwa indem das Plasma in Kapillaren hineingesaugt wird.

Formänderung der Fadenmoleküle. Die in der optischen Anisotropie, also in der Doppelbrechung zum Ausdruck kommende fibrilläre Struktur ist für die Möglichkeit von Kontraktionen wichtig, denn die Fadenmoleküle können ihre Form durch Knickung, Fältelung und Einrollung ändern; diese Formänderungen sind reversibel. Zur Veranschaulichung können wir etwa auf die Fadenmoleküle des Keratins verweisen. Im gestreckten Zustand sieht ein Ausschnitt aus dem Fadenmolekül so aus:

```
 H     H     H     H     H     H
—C—C—N—C—C—N—C—C—N—C—C—N—C—C—N—C—C—N—
 R O H R O H R O H R O H R O H R O H
```

Bei der Entspannung macht sich die Anziehung der NH- und CO-Gruppen geltend, so daß folgende Form entsteht:

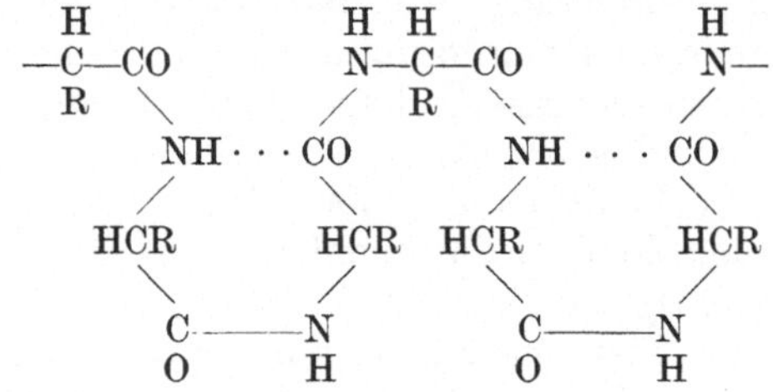

```
 H           H H          H
—C—CO        N—C—CO       N—
 R  \       /  R  \      /
     NH···CO       NH···CO
    /       \     /       \
 HCR        HCR HCR       HCR
    \       /     \       /
     C-----N       C-----N
     O     H       O     H
```

Die Formänderung führt auch zu einer Änderung der Doppelbrechung. Da aber die Doppelbrechung nicht nur zunimmt, wenn vorher mehr oder weniger geknäuelte Moleküle sich strecken, sondern auch dann, wenn die vorher genannte Parallelorientierung verbessert wird, so dürfen wir aus einer Änderung der Doppelbrechung nicht ohne weiteres auf eine Änderung der Molekülform schließen.

Muskelfibrillen. Wenn nun zahlreiche Fadenmoleküle, die ihre Form stark ändern können, im Plasma einander parallel liegen, entstehen mikroskopisch sichtbare fibrilläre Strukturen, die sich ebenfalls reversibel verkürzen und verlängern können. Solche Strukturen zeigen dementsprechend starke Doppelbrechung. Damit ist das Prinzip des Aufbaus von Muskelfibrillen gewonnen, und zwar befinden sich im Muskel achsenparallel ausgerichtete Myosinfadenmoleküle. Diese Polypeptidketten sind im ruhenden Muskel gestreckt, wenn auch nicht bis zum maximal möglichen Betrag. Dieser Zustand ist ihnen durch physikalische Kräfte, die zwischen den Molekülen wirksam werden, aufgezwungen. Die Moleküle haben eine elastische Verkürzungstendenz, und sobald die im Muskel bestehenden Faktoren, die jenen Zustand der Zwangsstreckung aufrecht erhalten, durch Reizung fortfallen, verkürzen sich die Moleküle. Bei der Auslösung der Kontraktion spielen Kaliumionen die entscheidende Vermittlerrolle, durch diese Ionen ändern sich die elektrischen Ladungsverhältnisse der Myosinketten und hierdurch wird die Formänderung möglich. Nach der Erregung des Muskels laufen in ihm energieliefernde Stoffwechselvorgänge ab, durch die unter anderem auch die Kaliumionen wieder gebunden werden, so daß die Bedingungen zur Existenz mehr gestreckter Myosinketten wieder gegeben sind.

Diese Formänderungen der Myosinketten äußern sich naturgemäß in Änderungen der Doppelbrechung. Bei der Kontraktion vermindert sich diese, während sie sich bei der Ausdehnung wieder verstärkt.

Das Myosin (SZENT-GYÖRGY, WEBER) liegt im 2000-4000 Å langen, 25 Å breiten Stäbchen vor. Die Kontraktibilität ist eng mit der Aktivität von Adenosin-Triphosphat verknüpft, und zwar muß zunächst Actin mit Myosin zu Actomyosin zusammentreten. Dieses Actomyosin kann Adenosintriphosphat enzymatisch spalten und dadurch die Energie freisetzen. Es gelang, diesen Prozeß in vitro zu reproduzieren: Aus Lösungen von Actomyosin lassen sich Fäden spritzen, deren Teile achselparallel orientiert sind. Diese Fäden können ebenso wie innerhalb des Organismus Adenosin-Triphosphat spalten und sich dabei unter Spannungsentwicklung kontrahieren (WEBER, PORTZEHL).

Kontraktile Elemente in anderen Plasmabildungen. Dieses Kontraktionsprinzip, nach dem der Muskel mit Hilfe der Myosinmoleküle arbeitet, ist im Organismenreich weit verbreitet. Beim Myonem im Stiel des Infusors *Carchesium* sinkt während der mit reizbedingter Einrollung verknüpften Verkürzung die Doppelbrechung, während sie bei der Wiederausdehnung als Ausdruck abnehmender Krümmung der Fadenmoleküle erneut ansteigt.

Auch in den Kernteilungsspindeln liegen langgestreckte submikroskopische Elemente parallel orientiert, so daß es zu einer Doppelbrechung kommt, und zwar erscheint es möglich, daß Formänderungen der hier beteiligten Fadenmoleküle im Zusammenhang mit der Funktion der Fasern (als „Zugfasern") wichtig werden (vgl. auch S. 150).

Wahrscheinlich ist hier wiederum ein ganz ähnlicher Mechanismus tätig wie bei den Myosinfasern (vgl. Danielli, Lettré und Albrecht). Speziell dürfte auch in diesen anderen Fällen Adenosintriphosphorsäure die Rolle der energieliefernden Substanz für die Kontraktionsvorgänge spielen. Hierfür spricht auch, daß Adenosintriphosphorsäure antagonistisch zu dem Spindelgift Colchicin wirkt.

Daß auch die im Plasma der Pflanzenzelle befindlichen langgestreckten Moleküle und Molekülaggregate nicht immer völlig ungeordnet, sondern wenigstens teilweise parallelisiert vorliegen können, wurde schon erwähnt. Besser kann diese Orientierung (erkennbar an stärkerer Doppelbrechung) in Eiweißspindeln sein. Bemerkenswert ist auch der Befund, daß sich isolierte Protoplasten (nach Pfeiffer z. B. die aus Staubfadenhaaren von *Tradescantia*) kontrahieren können. — Wiewohl solche Beobachtungen bisher vereinzelt sind, muß doch damit gerechnet werden, daß sich die Bedeutung derartiger Kontraktionen noch bei zahlreichen anderen plasmatischen Vorgängen, auch bei vielen Bewegungsvorgängen, etwa bei amöboiden Bewegungen und bei Plasmaströmungen erweisen wird.

Ganz besonders müssen wir hier aber auf die Geißeln hinweisen, deren Bewegungen offenbar durch ein ganz ähnliches Prinzip möglich werden wie die Muskelkontraktionen.

2. Mechanik der Geißelbewegungen.

Viele Bakterien, Flagellaten, Volvocales, sowie die Schwärmer von Myxomyceten, Pilzen und Algen, die Spermatozoiden von Moosen und Farnen zeigen die Fähigkeit zu freier Ortsbewegung mit Hilfe von Geißeln (Flagellen), die sich zumeist in geringer Zahl an der Zelle befinden und dann ziemlich lang sind. Es gibt aber auch Formen, z. B. die *Vaucheria*-Zoosporen, mit zahlreichen kurzen „Wimpern" (Zilien), wie sie sich häufiger bei Tieren, namentlich auch an Epithelzellen des Metazoenkörpers vorfinden.

Die Bedeutung dieser Bewegungen für den Organismus liegt auf der Hand. Mit ihrer Hilfe können, vermittelt durch bestimmte Reizvorgänge, über die wir später sprechen werden, die geeigneten Lichtbedingungen oder die Orte guter Nährstoffkonzentration aufgesucht werden, oder es können die für die Befruchtungsvorgänge notwendigen Bewegungen der Geschlechtszellen möglich werden. Die Geschwindigkeit solcher Bewegungen kann einige 100 μ/sec erreichen.

Untersuchungsmethodik. Die Geißeln gehen, in vielen Fällen deutlich, in anderen weniger deutlich und vielleicht auch gar nicht, von einem Basalkörper, dem Blepharoplasten aus. Die Bewegungen der Geißeln und ihre physikalische Wirkung auf die Fortbewegung des Körpers, also die „äußere Mechanik" der Geißeltätigkeit ist in mehreren Fällen, mit denen wohl alle vorkommenden Typen erfaßt sind, gut untersucht worden. Ein wesentliches Hilfsmittel bot hierbei die von Metzner eingeführte und später auch von anderen Autoren angewandte stroboskopische Untersuchung der Geißelbewegung und der Rotation des geißeltragenden Individuums. Diese Bewegungen verlaufen nämlich zumeist so rasch, daß sie bei direkter mikroskopischer Betrachtung nicht mehr verfolgt werden können; man

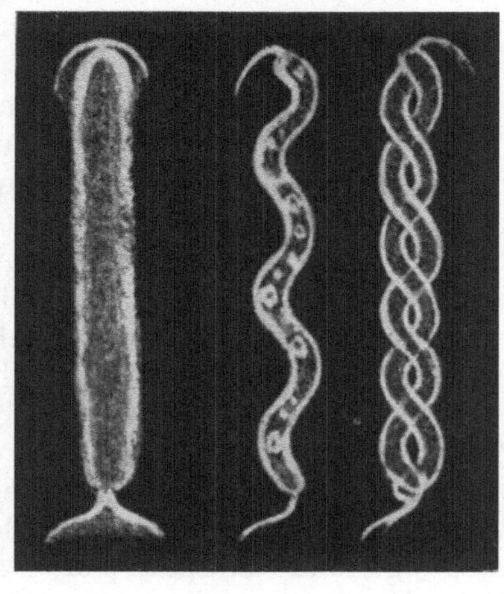

Abb. 274a—c. *Spirillum volutans* bei Dunkelfeldbeleuchtung; a und c während des Schwimmens; b ruhend. (Nach METZNER.)

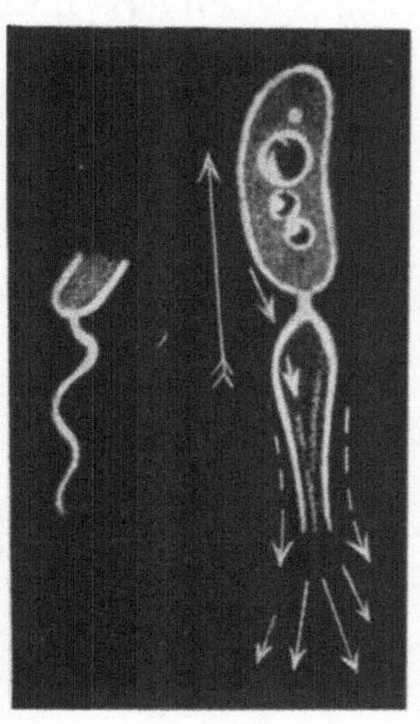

Abb. 275. *Chromatium Okenii* bei Dunkelfeldbeleuchtung; die kleinen Pfeile geben die Richtung der Flüssigkeitsströmungen, der große die des Schwimmens an. (Nach METZNER.)

sieht dann (besonders gut bei Dunkelfeldbeleuchtung) vielmehr nur den von der sich bewegenden Geißel bzw. dem rotierenden Körper durchschwungenen Raum (Abb. 274 links). Bei der stroboskopischen Untersuchung wird das Licht, das dann sehr hell sein muß (Bogenlampe), durch eine rotierende Schlitzscheibe rhythmisch abgeblendet, so daß also das Präparat mit Lichtblitzen beleuchtet wird, deren zeitliche Aufeinanderfolge durch Änderung der Scheibenrotationsgeschwindigkeit variiert werden kann. Stimmt der Zeitabstand der Lichtblitze mit der Zeit zwischen zwei gleichen Lagen der sich bewegenden Geißel überein, so ruht diese scheinbar. Daher läßt sich durch jenes Variieren der Scheibenrotationsgeschwindigkeit die Geschwindigkeit der Geißelbewegung und gegebenenfalls auch die der Körperrotation genau bestimmen. Ein wichtiges Hilfsmittel beim Studium der Wirkung dieser Geißeltätigkeit besteht in der Untersuchung der bei ihr erzeugten Flüssigkeitsströmungen; im Wasser suspendierte feine Teilchen, etwa Tusche, können hierüber Aufschluß geben (ÖRSKOV, KAUFFMANN).

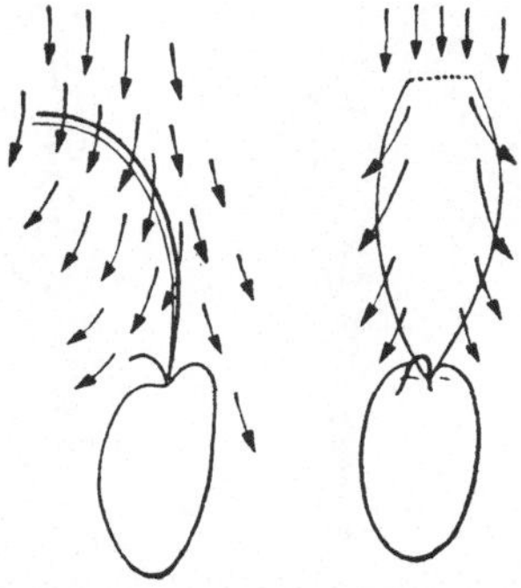

Abb. 276. Geißelbewegung von *Monas vulgaris*. Die Pfeile geben die Richtung der Flüssigkeitsströmungen an. Schwimmrichtung (im Bild) nach oben. (Nach METZNER.)

Äußere Mechanik. Zur Erklärung der Geißelarbeit dachte man ursprünglich (namentlich BÜTSCHLI) vor allem an eine Wirkung, die der der Schiffsschraube entspricht. Dieser Fall ist auch gelegentlich verwirklicht, so bei Vibrionen und bei *Chromatium*, wo sich am Hinterende der Zellen ein schraubiger, aus zahlreichen verklebten Geißeln gebildeter „Geißelschopf" befindet, der einen glockenförmigen, im Querschnitt kreisförmigen Raum durchschwingt, wobei in einer Sekunde 40—60 Umdrehungen vollführt werden (Abb. 275). — In anderen Fällen, so bei vielen Flagellaten und bei Algenschwärmern, schwimmt der Organismus mit der Geißel voran, deren Wirkung dann etwa der eines Propellers entspricht (Abb. 276) oder (wenn die Schwingung in einer Ebene erfolgt) der eines Ruders (Abb. 277). Besonders interessant sind die von METZNER untersuchten Spirillen, deren schraubiger Körper an beiden Polen je einen, aus 20—25 einzelnen Geißeln zusammengesetzten Geißelschopf tragen (Abb. 274). Der Schwingungsraum des vorderen Geißelschopfes ist nach hinten breit glockenförmig geöffnet, der hintere, ebenfalls nach hinten gerichtete, ist kelchförmig. In diesem Fall beruht die Vorwärtsbewegung durch die Geißeln nur auf einer indirekten Wirkung. Die Geißelschöpfe erteilen nämlich vermöge ihrer Bewegung dem Körper eine zu ihrer Bewegung entgegengesetzte Drehung; mittels dieser Drehung schraubt sich der Körper durch das Wasser hindurch.

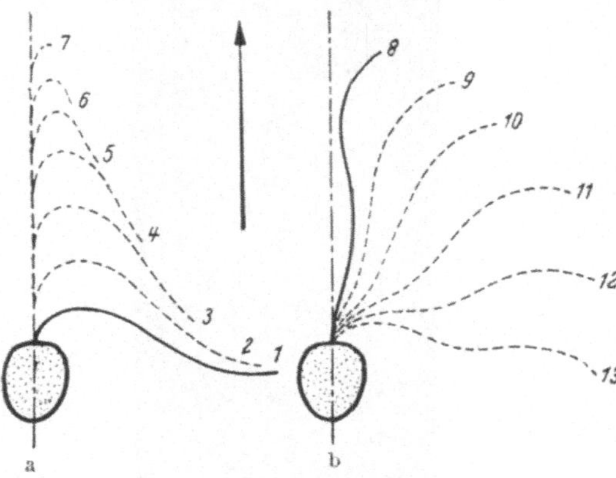

Abb. 277a u. b. *Monas spec.* a das Zurückziehen der Geißel; b der aktive Schlag (Ruderwirkung). (Nach KRIJGSMAN.)

Bei *Spirillum volutans* vollführen die Geißelschöpfe etwa 37—40 Umdrehungen je Sekunde, und sie veranlassen den Körper dadurch, sich etwa 13mal je Sekunde zu umdrehen. Das *Spirillum* schwimmt dabei mehr als 100 μ je Sekunde vorwärts. Schon hier sei nebenher erwähnt, daß sich bei *Spirillum* die Schwingungsweise der Geißelschöpfe unter dem Einfluß von Reizen ändern kann. Der vordere Geißelschopf nimmt dann die Bewegungsweise des hinteren ein und dieser die des vorderen, so daß das *Spirillum* jetzt in entgegengesetzter Richtung als bisher schwimmt. Für diese Umschaltung braucht der Reiz nur an der Basis eines der Geißelschöpfe anzugreifen; der am anderen Pol liegende wird dann durch die sehr schnelle Erregungsübertragung entlang der Zelle ebenfalls veranlaßt, die Umschaltung der Bewegungsweise fast im gleichen Augenblick zu vollziehen.

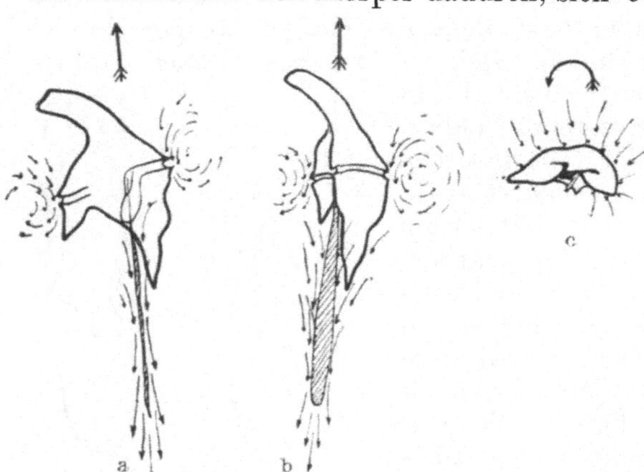

Abb. 278a—c. *Ceratium cornutum*, Strömungsbilder. Ansicht von vorn (a), von der Seite (b) und von oben (c). Die kräftigen Pfeile geben die Bewegungsrichtung des Individuums an. (Nach METZNER.)

Eine weitere interessante Bewegungsart finden wir bei den ebenfalls vor allem von METZNER untersuchten Peridineen (Abb. 278). Diese Organismen beschreiben bei ihrer Fortbewegung langgestreckte Schraubenbahnen: dabei legt beispielsweise *Peridinium cinctum* etwa 200 μ je Sekunde zurück (das sind 4,35 Körperlängen). Für eine Körperumdrehung werden durchschnittlich 1,2 sec benötigt. Die Peridineen führen zwei Geißeln, eine Längs- und eine Quergeißel. Die beim Schwimmen nach hinten gerichtete Längsgeißel beschreibt einen schlanken abgeflachten Schwingungsraum und erzeugt dadurch vom Körper weggerichtete, ihn also vorwärtstreibende Wasserströmungen. Die Längsgeißel kann außerdem durch Änderung ihrer Lage als Steuer wirken. Die Bewegung der Längsgeißel ist ein Schlängeln oder, anders ausgedrückt, jeder beliebige Geißelabschnitt zeigt gegenüber dem mehr basalen, der basalste gegenüber dem Körper eine Pendelbewegung. So pendeln gleichzeitig alle Geißelabschnitte, jedoch sind die Bewegungsphasen der einzelnen Geißelabschnitte zeitlich gegeneinander verschoben. Wir werden darauf bei der Besprechung der inneren Mechanik noch zurückkommen.

Die Quergeißel der Peridineen liegt, zu einer engen Spirale aufgewunden, in der Geißelfurche; sie dreht sich um ihre Achse und erzeugt dabei Strömungen, die ebenfalls zur Vorwärtsbewegung beitragen, zugleich aber, da sie etwas schräg auf den Körper zulaufen, dessen Rotation verursachen. Die Geißeln unterstützen sich also in ihrer Wirkung, während die Bewegung im Prinzip, wenn auch weniger gut, schon von einer Geißel allein hervorgerufen werden kann.

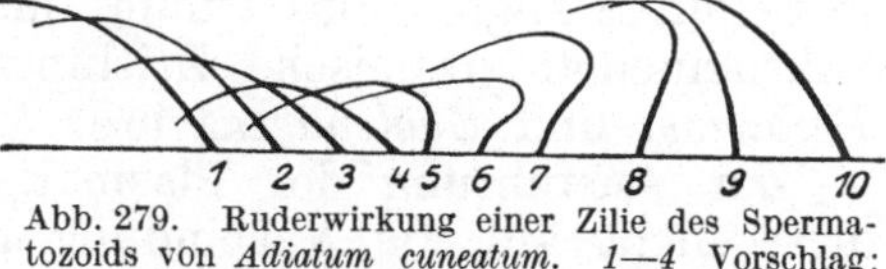

Abb. 279. Ruderwirkung einer Zilie des Spermatozoids von *Adiatum cuneatum*. *1—4* Vorschlag; *5—10* Rückschlag. (Nach METZNER.)

Die Bewegungsweise der rudernden Zilien ist ganz ähnlich derjenigen von Zilien auf Metazoenepithelien. Wenn die Zilien mit gleicher Geschwindigkeit und in gleicher Bewegungsweise hin- und herschlagen würden, könnte natürlich eine nutzbare Arbeitsleistung, also — in den uns interessierenden Fällen — eine Fortbewegung der Zelle nicht zustande kommen. Die rückläufige Bewegung unterscheidet sich in der Tat erheblich von der ersten Bewegungsphase, vor allem dadurch, daß bei ihr die Wimper nicht ausgestreckt bleibt, sondern sich so einkrümmt, daß sie im Wasser einen erheblich geringeren Widerstand findet als bei der ersten Bewegungsphase (Abb. 279). Es kann aber noch hinzukommen, daß der Rückschlag langsamer erfolgt, so verhalten sich jedenfalls die Zilien der Muschel *Mya*; der Rückschlag erfordert hier eine 3—4fach längere Zeit.

Innere Mechanik. Es leuchtet ein, daß die Bewegung auf antagonistisch ungleichen Längenänderungen der sich jeweils einkrümmenden Geißelabschnitte beruhen muß, wobei diese Veränderungen entweder in allen Teilen der Geißel oder — bei einfacheren Bewegungsarten — nur in der Geißelbasis ablaufen.

Wenn plasmatische Kontraktionen für die Bewegungen entscheidend sind, müssen ähnlich wie in Muskelfasern Eiweißmoleküle parallel orientiert sein. Tatsächlich ist eine Anisotropie an der Doppelbrechung der Geißel erkennbar, und zwar konnte sowohl eine Formdoppelbrechung nachgewiesen werden, die sich durch den Aufbau der Geißel aus achsenparallelen Submikronen (Mizellargerüstbalken) erklärt, als auch eine Eigendoppelbrechung infolge der Molekülanordnung in den einzelnen Submikronen (SCHMIDT). Diese Untersuchungen beziehen sich auf Wimpern an tierischen Zellen, speziell auf Muschelwimpern; jedoch ist nicht anzunehmen, daß die pflanzlichen Wimpern und Geißeln prinzipiell anders strukturiert sind.

Der Aufbau aus Eiweißen ist auch für Geißeln pflanzlicher Organismen (Bakterien) nachgewiesen (WEIBULL, ASTBURY).

Mit unterschiedlichen Kontraktionen antagonistischer Seiten einer Geißel braucht nicht gerechnet zu werden, wenn die Bewegung von einem ganzen Geißelschopf vollführt wird. Es genügt dann, daß sich einzelne Geißeln allseitig gleich, aber eben nicht alle Geißeln gleichzeitig kontrahieren, sondern die einzelnen Geißeln einander nach einer festen Regel in der Kontraktion ablösen. Solche Geißelschöpfe sind bei Bakterien mehrfach festgestellt worden, z. B. bei *Chromatium Okenii* ein Schopf aus etwa 40 Einzelgeißeln, die vielleicht durch Schleim zusammengehalten werden.

Man könnte sich vorstellen, daß alle Geißeln zwar nicht einen solchen Geißelschopf, aber doch einen Schopf aus feinen Fibrillen darstellen. Eine derartige Ansicht ließe sich gut stützen, weil offenbar, wie wir bei der Betrachtung des Aufbaus der Zellulosefasern sahen, Fadenmoleküle unter den Bedingungen der Streckung die Tendenz haben können, sich schraubig wie in einem geflochtenen Seil anzuordnen. Wenn sich in einem solchen Gebilde die einzelnen Fibrillen nacheinander kontrahieren, müssen rotierende Bewegungen entstehen.

In dem genannten Fall der Peridineengeißel muß naturgemäß auch die Kontraktion der übereinanderliegenden Geißelabschnitte regelmäßig aufeinanderfolgen; d. h. es müssen Kontraktionswellen von der Basis zur Spitze der Geißel laufen, deren Geschwindigkeit METZNER zu 3—5 mm je Sekunde angibt; das stimmt mit den Angaben LOWNDEs überein, der mikrokinematographische Zeitlupenaufnahmen der Geißelbewegung von *Peranema* und *Euglena* machte.

Zur Ausführung der Plasmakontraktionen innerhalb der Geißel ist diese nicht auf die Verbindung mit dem übrigen Körper angewiesen. Isolierte Geißeln können sich noch vorübergehend bewegen; der Mechanismus muß sich also aus Eigenschaften der Geißel selber erklären.

Wie solche Kontraktionen physikalisch-chemisch möglich sind, haben wir schon besprochen. Tatsächlich haben sich weitgehende Parallelen zwischen Muskelfibrillen und Geißeln ergeben. Schon die Strukturaufklärung durch Röntgenstrahlen brachte wertvolle Aufschlüsse; sie zeigte das Vorhandensein von fädigem Eiweiß, das zwar primitiver ist als Myosin, aber doch manche Ähnlichkeiten mit diesem aufweist (ASTBURY, WEIBULL); es gehört in die Gruppe der Keratin-Myosineiweiße, über deren Kontraktibilität wir sprachen. Das Eiweiß liegt in elektronenmikroskopisch sichtbaren Fibrillen vor, deren Durchmesser bei *Proteus vulgaris* 120 Å beträgt; die Fibrillen können sich spiralig zu Bündeln vereinigen. Bei Farnspermatozoiden *(Aspidium filix mas)* zeigte die elektronenmikroskopische Untersuchung, daß jede Geißel aus einem Bündel von neun großen und zwei kleineren Fibrillen besteht, die spiralig umeinander gewunden sind.

Die Fibrillen sind hier 700 Å dick, aber wohl aus feineren Einheiten zusammengesetzt (MANTON und CLARKE, SATÔ).

Die Röntgenanalyse und das Elektronenmikroskop haben also vollauf die Vermutung bestätigt, daß eine spiralige Anordnung von Polypeptidketten in Fibrillen, und eventuell weiterhin von Fibrillen in den Geißeln die Grundvoraussetzung für den Geißelmechanismus darstellt. Darüber hinaus haben diese neueren Methoden in jüngerer Zeit eine überraschende Einheitlichkeit im Aufbau der Geißeln ganz verschiedener Pflanzen ergeben. Bei Flagellaten, Zoosporen von Grünalgen, Braunalgen und Pilzen, Spermatozoiden von Lebermoosen, von *Sphagnum* und von Farnen fanden sich 11 Fibrillen. Die *Sphagnum*-Geißeln wurden von MANTON und CLARKE genauer untersucht. Die beiden zentralen Fibrillen sind hier kürzer als die sie in Form einer Röhre umgebenden neun äußeren. Jede Fibrille besteht aus zwei Hälften, die von einer gemeinsamen Hülle umgeben sind.

Wenn auch, wie wir sagten, die Geißel ihre Tätigkeit unabhängig vom Zusammenhang mit der übrigen Zelle durchführen kann, so kann doch diese Unabhängigkeit nur vorübergehend bestehen, nämlich solange die Geißel noch einen Energievorrat zur Durchführung der Kontraktionen und Wiederausdehnungen (also etwa zur Erzeugung periodischer Ionenkonzentrationsschwankungen) hat. Nehmen wir der Geißel den Energievorrat bzw. die Möglichkeit zur Durchführung der energieliefernden Reaktionen, also der Kohlenhydratverbrennung, so wird die Bewegung unterbunden.

Auch eine Beobachtung METZNERs kann in diesem Zusammenhang genannt werden: photodynamisch wirksame Stoffe hemmen bei einer Belichtung die Geißeltätigkeit. Das läßt sich durch die Annahme einer photooxydativen Zerstörung der Rohstoffe für die energieliefernden Prozesse erklären. Die Beobachtung desselben Autors, daß bei stärkerer Erwärmung eine Lähmung eintritt, weist in die gleiche Richtung: das Atmungsmaterial wird schneller verbraucht und steht bald nicht mehr in ausreichendem Maß zur Verfügung. Die geißeltragende Zelle enthält oft recht große Reserven von Atmungsmaterial; so wurden bei *Actinia equina* (Seerose) auffällig große Glykogenmengen gefunden.

Literatur.

a) Allgemeines über plasmatische Kontraktionen (Muskelfibrillen usw.):

DANIELLI: Nature (Lond.) **168** (1951).

FREY-WYSSLING: Submicroscopic morphology of protoplasm and its derivatives. New York u. Amsterdam 1948.

LETTRÉ u. ALBRECHT: Naturwiss. **38** (1951).

PFEIFFER: Protoplasma (Berl.) **36** (1942). — PORTZEHL: Z. Naturforsch. **6**b (1951).

SCHMIDT: Die Doppelbrechung von Karyoplasma, Zytoplasma und Metaplasma. Berlin 1937.

WEBER: Biochim. et Biophysica Acta **7** (1951).

b) Geißelbewegungen:

ASTBURY and WEIBULL: Nature (Lond.) **163** (1949); Pubbl. Staz. zool. Napoli Suppl. **23** (1951).

FOSTER u. Mitarb.: Biol. Bull. **93** (1947).

GRAY: Nature (Lond.) **168** (1951).

HOUWINCK: Proc., Kon. Nederl. Akad. Wetensch., Ser. C **54** (1951). — HOUWINCK and v. ITERSON: Biochim. et Biophysica Acta **5** (1950). — HUTCHINSON and MCCRACKEN: J. Bacter. **45** (1943).

KAUFFMANN: Schweiz. Z. Path. u. Bakter. **11** (1948).

MANTON u. Mitarb.: J. of Exper. Bot. **2** (1951); **3** (1952). — MANTON, CLARKE u. Mitarb.: J. of Exper. Bot. **3** (1952). — MILES and PIRIE: The nature of the bacterial surface. Oxford 1950.

ÖRSKOV: Acta path. scand. (Københ.) **24** (1947).

PIJPER: J. Bacter. **42** (1941).

SATÔ: Cytologia (Tokyo) **16** (1951).

WEIBULL: Nature (Lond.) **167** (1951).

V. Weitere Bewegungen durch plasmatische Aktivitäten.

1. Modellversuche zur Wirkung von Oberflächenspannungen.

Oberflächenspannungsenergien können bei den verschiedensten Bewegungsvorgängen der Pflanze beteiligt sein. Vor allem bei den Plasmaströmungen hat man an ihre Mitwirkung gedacht. Es gibt aber eine Reihe von Bewegungserscheinungen, bei denen ihre Wichtigkeit besonders stark in den Vordergrund tritt; namentlich manche Formen der Ortsbewegung von Einzellern und die Bewegungserscheinungen an Zellinhaltsbestandteilen sind hier zu nennen. In welcher Weise Oberflächenkräfte zu Bewegungen führen können, das zeigen uns am besten zunächst einige Modellversuche an leblosen Systemen.

Bringt man einen Öltropfen in eine andere Flüssigkeit und setzt eine die Oberflächenspannung vermindernde Substanz hinzu, beispielsweise

96%igen Alkohol zu einem in Glyzerin befindlichen Öltropfen, so beobachtet man Erscheinungen, die an amöboide Bewegungen erinnern. Im genannten speziellen Fall dringt etwas Alkohol in den Öltropfen und etwas Öl in Alkohol, wobei das Glyzerin als neutrales Medium dient, das eine zu schnelle Mischung von Öl und Alkohol verhindert. Bei dieser langsamen Mischung beobachtet man am Öltropfen Formänderungen, die Bildung von „Pseudopodien"; ferner sieht man im Öltropfen Strömungen, die an Plasmaströmungen erinnern. Auch eine Teilung der Tropfen kann auftreten. Wird der Alkohol nicht der Flüssigkeit zugesetzt, in der sich der Öltropfen befindet, sondern diesem Tropfen selber eingeführt, und zwar einseitig injiziert, so bilden sich an dieser Seite „Pseudopodien", und der Tropfen bewegt sich außerdem in dieser Richtung fort.

Ähnliche Modelle sind mehrfach, z. B. von BÜTSCHLI, beschrieben worden. Wir erwähnen noch ein Beispiel: Einem in Wasser schwebenden Tropfen von Chloroform mit darin gelöstem Öl wird einseitig ein Na_2CO_3-Kristall genähert. Die Soda diffundiert, während sie sich löst, zum Tropfen, verseift die Ölsäure, und die entstehende Seife vermindert an dieser Seite die Oberflächenspannung des Tropfens. Damit ist ein energetisches Ungleichgewicht hergestellt; die unterschiedliche Oberflächenspannung der beiden Seiten des Tropfens stellt ein thermodynamisches Potential dar, das sich gemäß der Forderung des zweiten Hauptsatzes auszugleichen strebt. Die Teilchen im Öltropfen wandern infolgedessen vom Ort geringerer Oberflächenspannung zu dem größerer Oberflächenspannung. Dabei wandert, wie STERN sich anschaulich ausdrückt, der Öltropfen „wie ein Ruderboot nach dem Prinzip der Actio und Reactio in entgegengesetzter Richtung", also auf den Sodakristall zu. Wird der Sodakristall bewegt, die Oberflächenspannungsdifferenz auf den beiden Seiten des Öltropfens also dauernd aufrechterhalten, so wird auch die Bewegung des Tropfens dauernd fortgesetzt. Außerdem zeigt der Tropfen aber eine Formänderung, die der unterschiedlichen Oberflächenspannung seiner beiden Seiten entspricht.

Auch Beobachtungen an ölhaltigen Blatteilchen können als Modellversuche dienen. Werden solche Blattstückchen auf Wasser gelegt, so erniedrigt das aus der Schnittfläche austretende Öl die Oberflächenspannung auf der Wasseroberfläche. Das Blatt bewegt sich in entgegengesetzter Richtung. Der Vorgang läßt sich aber nicht nur als das Bestreben zum Ausgleich der unterschiedlichen Oberflächenspannung an den beiden Seiten des Blattstückes darstellen; auch eine Art Druckwirkung des sich ausbreitenden Ölfilms ist möglicherweise beteiligt und endlich ist mit der Rückstoßwirkung des austretenden Öls zu rechnen.

Mit diesen Beispielen sind sicher einige der Wirkungsweisen von Oberflächenspannungen charakterisiert, die an amöboiden Bewegungen und an Bewegungen von Zellinhaltsbestandteilen beteiligt sind. Wir dürfen aber nicht annehmen, daß die Bedingungen in der organischen Natur ganz so einfach sind.

2. Amöboide Bewegungen.

Amöboide Bewegungen finden wir im Pflanzenreich relativ selten; am ausgeprägtesten bei den Amöben der Myxomyceten, die später zu den Plasmodien, den Vegetationskörpern zusammentreten. Eingehend studiert wurde die amöboide Bewegung an den zu den Protisten gehörenden Amöben, also an tierischen Objekten; jedoch liegen die Verhältnisse bei pflanzlichen amöboiden Bewegungen sicher nicht viel anders. Man beobachtet eine Strömung im Endoplasma, wobei in der Mitte des Zellkörpers der Hauptstrom in der Richtung der Eigenbewegung der Amöbe fließt, während an der Peripherie ein langsamerer Rückstrom erfolgt. Ist die Strömung an einzelnen Stellen der Plasmaoberfläche besonders stark, so entstehen Pseudopodien. Diese amöboide Bewegung scheint nach den oben beschriebenen Modellversuchen verständlich zu sein. Man hat sich die Rolle der zugesetzten oberflächenspannungsvermindernden Substanz nur durch die lokale Produktion einer solchen Substanz bei der Stoffwechseltätigkeit der Zelle ersetzt gedacht, um die Bewegung auf Grund von Oberflächenspannungsdifferenzen verstehen zu können. Aber es sind anscheinend auch Quellungs- und Entquellungsvorgänge und vor allem Kontraktionen beteiligt.

Die Beziehung zwischen dem Kolloidzustand des Plasmas und der Lebhaftigkeit der amöboiden Bewegung ist nicht geklärt. Es kommt jedenfalls nicht einfach auf die Höhe der Viskosität an. Unter dem Einfluß verflüssigender KCl-Lösungen erfolgt eine Verminderung der Bewegungstätigkeit und diese Hemmung bleibt aus, wenn die Verflüssigung durch hohe Wasserstoffionenkonzentration der KCl-Lösung verhindert wird; jedoch erscheinen die Dinge sofort komplizierter, wenn wir die Beobachtung berücksichtigen, daß in Gemischen von K und Ca bzw. Na und Ca bei verschiedenen p_H-Werten aber unveränderter Menge der anderen genannten Ionen zwei Maxima für die Bewegungsgeschwindigkeit bestehen, nämlich bei p_H 6,2 und 7,5. Dazwischen, bei neutraler Reaktion, liegt ein Minimum. Dabei besteht aber nicht etwa auch eine zweigipfelige Kurve im Kolloidzustand des Plasmas; der Solanteil wird vielmehr mit zunehmender Wasserstoffionenkonzentration immer größer, der Gelanteil immer kleiner. Die Wasserstoffionen wirken demnach in komplizierterer Weise auf die Bewegung ein.

Wenn also auch einerseits der Kolloidzustand des Plasmas für die Beweglichkeit und andererseits Oberflächenspannungen an der Entstehung der Bewegungen beteiligt sind, so müssen wir doch schließen, daß selbst bei diesen scheinbar so einfachen Bewegungen schon unübersichtliche physiologische Prozesse beteiligt sind.

Aus Untersuchungen von SCHMIDT dürfen wir wohl folgern, daß auch bei den amöboiden Bewegungen Plasmakontraktionen der Art möglich sind, die wir in einem besonderen Abschnitt besprochen haben. Bei *Amoeba proteus* verstärkt sich die Doppelbrechung der elastischen Außenmembran an dem sich vorwärtsbewegenden Teil im Gegensatz zu dem entgegengesetzten Abschnitt. Aus dieser Zunahme der Doppelbrechung darf man auf eine Streckung und Parallelisierung von Eiweißmolekülen schließen. Dabei findet gleichzeitig am Vorderende eine Umwandlung des Sols zum Gel statt. Am Hinterende dagegen lösen sich wieder die Haftpunkte im Kolloid, die Voraussetzung für den Gelzustand sind; daher tritt hier Solbildung und abnehmende Doppelbrechung in Erscheinung (vgl. auch DE BRUYN, GOLDACRE und LORCH).

3. Kern- und Plastidenbewegungen.

Formänderungen. Auch die Ortsbewegung und Formänderung von Kernen und Plastiden läßt sich nach den erwähnten Modellversuchen teilweise durch die Annahme von Oberflächenspannungsdifferenzen, die infolge der aus inneren Ursachen oder durch Reize bedingten Stoffwechselprozesse entstehen, verständlich machen.

Am häufigsten findet man *Formänderungen* der genannten Gebilde. Die nach einer Pilzinfektion eintretende lebhafte Stoffwechseltätigkeit kann zu Kernformänderungen führen. Auch die vielen tropistischen und nastischen Bewegungsvorgängen zugrunde liegenden Änderungen der Stoffwechseltätigkeit können solche Formänderungen bedingen. Beispielsweise treten sie bei manchen Schließzellen im Zusammenhang mit den Spaltöffnungsbewegungen auf (Abb. 250). Ebenso in elektrisch oder mechanisch gereizten Zellen. Solche Formänderungen scheinen bei Kernen viel häufiger zu sein, als bisher angenommen wurde; über ihre Bedeutung ist noch nichts bekannt.

Entsprechende Formänderungen lassen sich an den Chloroplasten beobachten; diese sind bei den für die Assimilation optimalen Beleuchtungsverhältnissen zumeist flach scheibenförmig, unter ungünstigeren Bedingungen aber kugelig. Die großen Chromatophoren der Epidermis von *Selaginella serpens* liegen morgens napfförmig am Grunde der Zelle, abends liegen sie kugelig der äußeren Zellmembran an (Abb. 280).

Bei *Melosira Borreri* sind die Plastiden nach PETELER am Tage (und auch in der Nacht, sofern künstliche Beleuchtung geboten wird) stark gelappt, in der Nacht (bzw. bei künstlicher Verdunklung) jedoch abgerundet. Die Annahme eines Zusammenhangs mit geänderten Stoffwechseltätigkeiten und dementsprechend geänderten Oberflächenspannungen liegt in allen diesen Fällen nahe.

Kernwanderungen. Kernwanderungen kommen in den Pflanzenzellen normalerweise z. B. dann vor, wenn der Kern — wie schon früher erwähnt — sich zu den Orten besonders intensiver Lebenstätigkeit, etwa zu den Orten stärksten Zellwachstums begibt; viele dieser Kernwanderungen sind aber passiv, die Kerne werden vom Plasma mit fortbewegt. Auch bei der Sporenbildung der Basidiomyceten finden Kernwanderungen statt; die Kerne wandern aus den Basidien durch die engen Sterigmen in die Sporen.

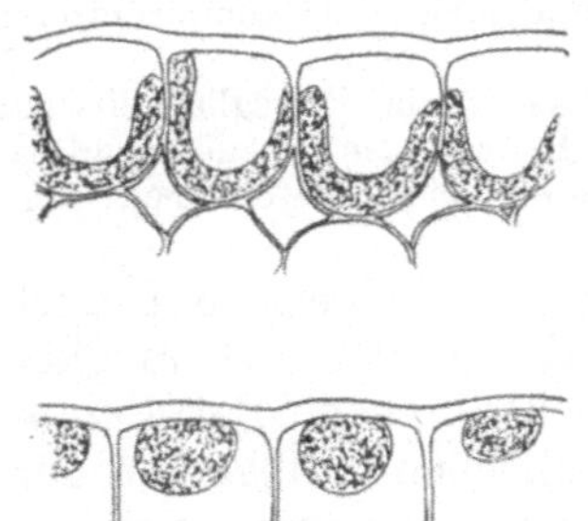

Abb. 280. Blattquerschnitt von *Selaginella serpens*. Oben morgens, unten abends. Phototaktische Verlagerung und Formänderung der Chromatophoren.

Bei vielen Asco- und Basidiomyceten wandern die Kerne des einen Geschlechts in den Hyphen des anderen mehrere Zentimeter weit, ehe die Kernpaarung erfolgt. Die Wanderungsgeschwindigkeit beträgt nach DOWDING und BULLER 4—5 mm je Stunde. Dabei bewegen sich die Kerne von jungen Hyphenteilen nach älteren, wandern also gegen die Richtung der Plasmaströmung. GÄUMANN deutet die Erscheinung durch die Annahme, daß die Kerne in der Bewegungsrichtung nach hinten eine schwache organische Säure ausscheiden; dadurch werde die Oberflächenspannung polar herabgesetzt.

Ferner treten Kernwanderungen als Wundreizwirkungen auf; dabei kann die Wanderung entweder innerhalb der Zelle (oft zur Wundseite hin) stattfinden oder sogar von einer Zelle zur anderen; aber auch in der ungereizten Zelle sind Kernbewegungen durchaus nicht selten.

Chromatophorenwanderung. Eine Chromatophorenwanderung erwähnten wir eben schon für *Selaginella*; sie kann aber bei anderen Pflanzen noch viel ausgeprägter sein. Beim Studium dieser Wanderungen hat man bisher das Hauptaugenmerk auf die auslösenden Reize und die Art der Reaktionen gerichtet, mit denen wir uns später befassen werden; hinsichtlich der Bewegungsmechanik sind wir aber über Vermutungen kaum hinausgekommen. Die Bewegungen können natürlich, ebenso wie übrigens auch die der Kerne, in vielen Fällen rein passiv sein, nämlich dann, wenn ein Mitreißen vom strömenden Plasma erfolgt. In anderen Fällen, und zwar namentlich bei den reizbedingten Bewegungen, läßt sich aber deutlich beobachten, daß sich der in der Nähe der Chromatophoren bzw. des Zellkerns befindliche Zellinhalt nicht mitbewegt. Von den verschiedenen zur Erklärung der Bewegungsmechanik entwickelten Theorien ist keine experimentell gesichert worden. Am meisten hat wieder die Annahme für sich, daß Änderungen der Oberflächenspannung an der Grenzfläche zwischen sich bewegendem Kern bzw. Plastid und Plasma entscheidend sind. Wenn z. B. die Chromatophoren zur Lichtquelle wandern, so wäre das (nach den genannten Modellversuchen) möglich, indem die Chromatophoren unter dem Einfluß des Lichtes und demgemäß vorzugsweise an der dem Licht zugewandten Seite einen oberflächenaktiven, die Grenzflächenspannung

Plastid/Plasma erniedrigenden Stoff bilden. Übrigens sind die hierbei beteiligten Prozesse an die Sauerstoffgegenwart gebunden.

4. Plasmaströmung.

Das Plasma kann schon unter konstanten Außenbedingungen strömen; in vielen Fällen wird die Strömung aber erst durch Außenreize, namentlich durch chemische und Lichtreize ausgelöst; und die Wirkung dieser Reize, über die wir später zu sprechen haben, ist begreiflicherweise auch mit gutem Erfolg untersucht worden. Die Strömungsgeschwindigkeit beträgt im allgemeinen weniger als 0,02 mm je Sekunde. In großen Algen- und Pilzzellen kann sie 0,05 mm, und in Plasmodien sogar 1 mm je Sekunde erreichen.

Man darf auch wohl bezweifeln, daß sich alle Fälle strömenden Plasmas auf ein ganz einheitliches Schema zurückführen lassen; dazu ist schon das äußere Bild der Strömung viel zu mannigfaltig. Wir erwähnten bereits die Strömung in den Plasmodien der Myxomyceten. Weiterhin kennen wir zahlreiche Fälle strömenden Plasmas in behäuteten Zellen, von den Pilzen und Algen angefangen bis zu den Blütenpflanzen. Bei der Plasmaströmung in behäuteten Zellen unterscheiden wir, vielleicht zu einfach sehend, zwischen der Rotation des Plasmas, d. h. der Bewegung, die das Plasma mit konstanter Geschwindigkeit in der Zelle herumführt, und der Zirkulation, bei der sich Richtung und Geschwindigkeit fortgesetzt ändern. Noch häufiger als diese Typen sind einfache, unorganisierte „Glitschbewegungen" mehr oder weniger großer Anteile des Plasmas.

In den Plasmodien der Myxomyceten strömt ein körnerreiches Plasma innerhalb der Adern; die Richtung kann dabei oft wechseln. Die Bewegung spielt hier eine große Rolle für den Stofftransport innerhalb des Organismus. — Bei der Plasmaströmung in Pilzhyphen liegen die Verhältnisse insofern noch ähnlich, als die Plasmaströmung oft von den älteren zu den jüngeren Teilen führt; denn die Querwände der Hyphen haben in ihrer Mitte oft ein ziemlich weites Loch, durch das das Plasma und selbst Vakuolen leicht hindurchströmen können. Die Strömungsgeschwindigkeit beträgt bei den Pilzen etwa zwischen 10 und 50 μ je Sekunde.

Die Tatsache, daß man bei den Schleimpilzen alle Übergänge zwischen amöboider Bewegung und Plasmaströmung findet, kann die Vermutung stützen, daß auch die Plasmaströmung teilweise auf Plasmakontraktionen beruht. Zugunsten dieser Auffassung sei auch noch angeführt, daß SEIFRIZ bei Schleimpilzen kinematographisch Pulsationen nachweisen konnte. KAMIYA hat diese Pulsationen, die auch von elektrischen Potentialschwankungen begleitet sind, näher untersucht. Bei *Physarum polycephalum* erfordert jede Pulsation etwa 1,5 min.

Das Vorrücken des Plasmodiums wird möglich, weil die Strömung in einer Richtung intensiver ist als in der anderen. Solche Beobachtungen haben in neuerer Zeit sehr dazu beigetragen, die Plasmaströmung allgemein als Folge von Kontraktionen der Eiweißmoleküle aufzufassen. Man müßte sich dann also vorstellen, daß Kontraktionswellen durch das Plasma hindurchlaufen; dabei müßten aber benachbarte Proteinmoleküle miteinander verbunden sein, so daß sie sich jeweils gleichzeitig kontrahieren; andernfalls könnten sich die Kontraktionen ja nicht zu einem mikroskopisch sichtbaren Effekt summieren (FREY-WYSSLING, LOEWY).

Bei der Strömung innerhalb einer Zelle der höheren Pflanzen ist es nicht sicher, ob sich wirklich in allen Fällen das ganze Plasma in Bewegung befindet, oder nur die mikroskopisch wahrnehmbaren Körnchen, aus deren Lageänderung wir ja überhaupt erst das Stattfinden einer Strömung des mikroskopisch homogenen Plasmas erschließen. Zu einem solchen Zweifel kann man beispielsweise beim Studium der Körnchenströmung in den Staubfadenhaaren von *Tradescantia* gelangen, weil sich hier einzelne Grana innerhalb ein und desselben Plasmastranges gegen den Strom der anderen bewegen können, oder sie sich gegenseitig überholen, ohne daß es immer möglich ist, in solchen Fällen eine Erklärung durch die Annahme der Zusammensetzung des Stranges aus feinen Teilsträngen mit verschiedener Strömungsrichtung vorzunehmen. Auch die Beobachtung, daß Farbstoffausbreitungen innerhalb der Zelle oft gar nicht durch die Plasmaströmung beeinflußt werden, spricht dafür, daß sich die Grundmasse des Plasmas in Ruhe befinden kann, während die Grana lebhafte Bewegung zeigen.

In solchen Fällen könnte man daran denken, daß die Bewegung auf einer Art Kataphorese der elektrisch geladenen Grana beruht. Elektrophoretische Umlagerungen von Plasmabestandteilen können auch experimentell leicht hervorgerufen werden; wir wissen zudem, daß selbst an der Einzelzelle polare elektrische Potentialdifferenzen bestehen können; und wenn sie in anderen Fällen durch die Ableitung mit zwei außen angelegten Elektroden nicht nachweisbar sind, so besagt das nichts über ihr Fehlen. Übrigens sprechen auch Beobachtungen an Myxomyceten für eine Beteiligung elektrischer Kräfte. In den Plasmodiensträngen von *Didymium nigripes var. xanthopus* ließen sich durch eingeführte Mikroelektroden Potentialdifferenzen nachweisen, deren Größe und Richtung der jeweiligen Intensität und Richtung des Strömens entspricht; sie könnten Ursache dieser Strömung sein, denn die Potentiale ändern sich anscheinend vor der Plasmaströmung. Wahrscheinlicher ist es aber wohl, daß es sich um Begleiterscheinungen der auf der Vorseite genannten Kontraktionsvorgänge handelt.

Im Zusammenhang mit diesen Hinweisen ist es interessant, daß die Rotationsströmung in *Helodea*-Blattzellen, bei der sich eine innere Schicht des Plasmas gegen die ruhende äußere bewegt, durch ein homogenes Magnetfeld beeinflußt wird, und daher die Plasmabewegung möglicherweise als das Fließen eines Kreisstroms aufgefaßt werden kann.

Die Auffassung, daß die Plasmaströmung nicht auf einer Bewegung der Gesamtmasse des Plasmas beruht, läßt sich auch noch mit einer anderen hypothetischen Anschauung vereinbaren. Die Oberflächenspannung wird in kleinen Teilchen einseitig herabgesetzt und dadurch eine Bewegung in der Richtung zur verminderten Spannung hervorgerufen. Die umgebende Flüssigkeit kann dabei mitgerissen werden.

Bei *Chara* hat LINSBAUER die Strömungserscheinungen eingehend studiert. Das Außenplasma besitzt hier eine Schraubenstruktur, die sich in der Anordnung der Plastiden und gelegentlich auch in einer Membranstreifung äußert. Das Binnenplasma folgt in seiner Strömungsrichtung diesen Strukturen. LINSBAUER meint, die Wechselwirkung von Außen- und Binnenplasma sei für die Verursachung der Bewegungen entscheidend. Das stimmt mit einer Beobachtung NÄGELIS überein: die Rotationsgeschwindigkeit nimmt gegen die Vakuole zu ab.

Es sei noch erwähnt, daß auch durch Plasmolyse isolierte Protoplasten, sowie kernlose Teile des Plasmas strömen können.

Die Viskosität spielt insofern eine Rolle, als sie die Geschwindigkeit der Strömung beeinflußt. Die Strömung kann um so schwerer stattfinden, je zäher das Plasma ist, einerlei, ob sich die Grundmasse des Plasmas selber oder nur die Grana in ihm bewegen. Aber die Beeinflussung der Plasmaströmung durch äußere Faktoren, etwa die Beschleunigung durch hohe Temperatur, läßt sich doch nicht so einfach, wie man oft annahm, aus der Beeinflussung der Viskosität erklären. Bei *Nitella flexilis* (Internodialzellen) erreicht das Plasma ein Viskositätsmaximum, wenn die

Temperatur 20—22° beträgt, dagegen nimmt die Strömungsgeschwindigkeit mit zunehmender Temperatur immer mehr zu.

Wenn auch die Mechanik der Strömungserscheinungen im Plasma ungeklärt ist, so steht es doch fest, daß die Strömung irgendwie an den energieliefernden Stoffwechsel der Zellen gebunden ist. Bei Sauerstoffmangel, z. B. in sauerstoffarmem Wasser, wird die Strömung (untersucht bei *Avena*-Koleoptilen) eingestellt, durch Neuzufuhr von Sauerstoff wieder eingeleitet. So kann auch die Temperaturabhängigkeit der Strömungsgeschwindigkeit besser verstanden werden als etwa durch die Annahme eines Einflusses auf dem Wege über die Viskositätsänderung; die Temperatur beschleunigt die für die Ermöglichung der Plasmaströmung notwendigen Stoffwechselprozesse.

Bei Schleimpilzen zeigte sich die Plasmaströmung auch dann noch, wenn die Sauerstoffatmung durch Verringerung der Sauerstoffspannung oder durch spezifische Gifte weitgehend ausgeschaltet wurde (ALLEN und PRICE). Erst längere Zeit nach dem Sauerstoffentzug hört die Strömung auf. Es ist also denkbar, daß, jedenfalls bei manchen Objekten, auch der anaerobe Stoffwechsel die zur Durchführung der Strömung notwendige Energie liefern kann (vgl. auch LOEWY).

Anhangsweise sei hier noch kurz auf einige Bewegungsweisen niederer Algen hingewiesen. Die Kriechbewegungen der Diatomeen hängen wohl mit Plasmaströmungen zusammen. Das Plasma kommuniziert durch die Raphe mit dem umgebenden Medium und erzeugt durch seine Strömung in diesem Medium Flüssigkeitsströme, die mit suspendierten Tuschepartikelchen nachweisbar sind, und die Zelle vorantreiben. Nach HÖFLER entstehen die Bewegungen der pennaten Diatomeen durch die Strömung des extrazellulären Plasmas und dessen Reibung an festen Widerlagen. — Viel einfacher ist die manchen Desmidiaceen zukommende Bewegungsart: Durch Poren wird Schleim abgesondert und so ein Fortstoßen von der Unterlage, an der der Schleim haftet, erreicht. Die abgeschiedene Gallerte läßt sich durch Tuscheaufschwemmungen nachweisen. — Bei manchen Einzellern, etwa unbegeißelten Bakterien, ist auch mit Kriechbewegungen infolge plasmatischer Kontraktionen zu rechnen, an die man auch bei den S. 315 erwähnten Bewegungen von Blaualgen denken könnte.

Literatur.

Mit einem * versehene Arbeiten sind zusammenfassende Darstellungen.

ALLEN and PRICE: Amer. J. Bot. **37** (1950).

BOTTELIER: Rec. Trav. bot. néerl. **32** (1935). — * BRUYN, DE: Quart. Rev. Biol. **22** (1947).

DOWDING u. BULLER: Mycologia (N. Y.) **32** (1940).

* FREY-WYSSLING (Herausg.): Deformation and flow in biological systems. Amsterdam 1952.

GÄUMANN: Ber. dtsch. bot. Ges. **59** (1941). — GOLDACRE and LORCH: Nature (Lond.) **166** (1950).

HÖFLER: Ber. dtsch. bot. Ges. **58** (1940).

KAMIYA: Cytologia **15** (1950). — * KÜSTER: Die Pflanzenzelle, 2. Aufl. Jena 1951.

LOEWY: J. Cellul. a. Comp. Physiol. **35** (1950); Amer. Philos. Soc. **93** (1949).

PETELER: Protoplasma (Berl.) **32** (1939).

SCHMIDT: Protoplasma (Berl.) **32** (1939). — SEIFRIZ: Science (Lancaster, Pa.) **86** (1937). — * STERN: Pflanzenthermodynamik. Berlin 1933. — SWEENEY and THIMANN: J. Gen. Physiol. **21** (1938).

VI. Quellungsbewegungen.

Wir erwähnten, daß bei den zumeist mit Hilfe toter Zellen vollzogenen Kohäsionsbewegungen auch Quellungen und Entquellungen der Membranen beteiligt sein können. In anderen Fällen beruhen die Bewegungen nur auf solchen Quellungsprozessen. Die verschiedenen Bewegungsmöglichkeiten entstehen dann durch verschieden starke Quellbarkeit verschiedener Teile bzw. durch unterschiedliche Dehnung oder Verkürzung bei Quellung und Entquellung. Dabei ist für die Quellung die Zufuhr liquiden Wassers nicht erforderlich; im allgemeinen handelt es sich nur um Quellungen und Entquellungen durch Erhöhung oder Verminderung der Luftfeuchtigkeit, also um hygroskopische Bewegungen. Solche hygroskopische Bewegungen sind bei den Pflanzen weit verbreitet und stehen oft

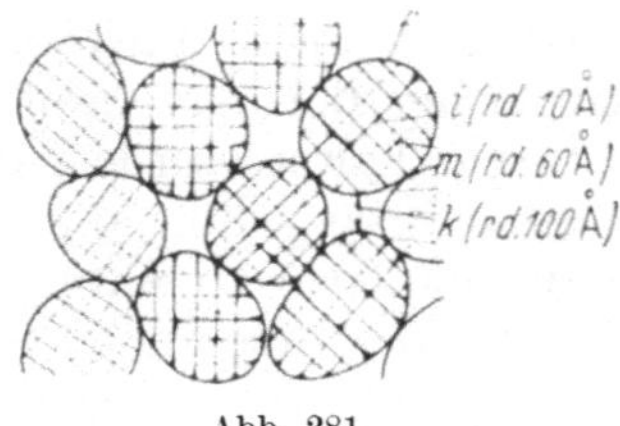

Abb. 281.

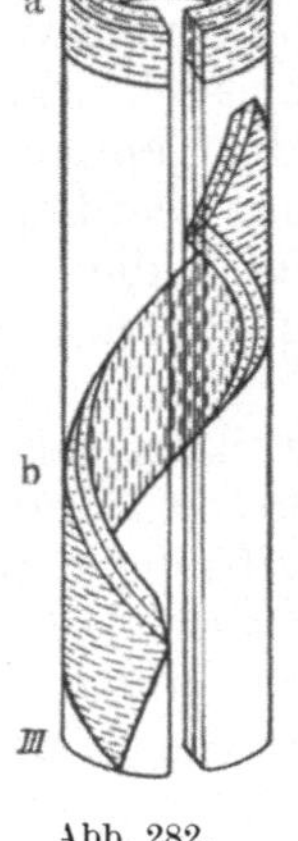

Abb. 282.

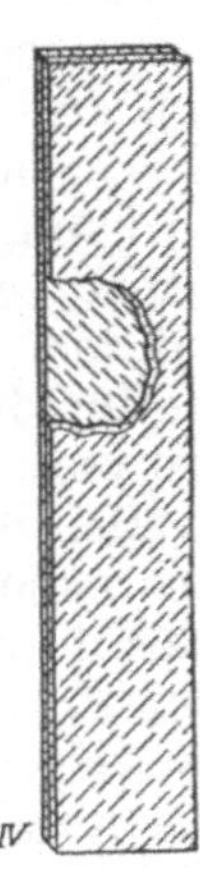

Abb. 283.

Abb. 281. Submikroskopische Faserstruktur im Querschnittsbild. *m* Mizellarstränge; *k* kapillare Intermizellargänge; für die Quellung ist die Wassereinlagerung in die Spalträume *i* entscheidend. (Nach FREY-WYSSLING.)

Abb. 282 u. 283. Schema zur Erklärung von hygroskopischen Bewegungen. In Abb. 283 ist ein Gewebestreifen (etwa aus einem Leguminosenfruchtblatt) mit schräg zur Längsachse und auf beiden Seiten senkrecht zueinander verlaufender Faserrichtung dargestellt. Von der einen Seite wurde ein Stück herausgenommen, um den Verlauf der Fasern auf der Gegenseite zu zeigen. Daß sich ein so gebauter Gewebestreifen bei der Wasseraufnahme tordieren muß, geht aus der Betrachtung der Abb. 282 hervor; man kann ihn als Ausschnitt aus einem Stück betrachten, dessen Feinstruktur in der gleichen Figur oben dargestellt ist. Dieses obere Stück ist zugleich ein Modell für Organe mit Quellungsbewegungen, die in einfachen Einkrümmungen bestehen.

im Dienst wichtiger biologischer Vorgänge. Man braucht nur an das Öffnen (meist bei trockener Luft) und Schließen (bei feuchter Luft) mancher Samenkapseln, an die Peristombewegungen der Laubmoose oder an die Torsionen der Papilionaceenfruchtblätter zu erinnern.

Die Membranquellung beruht auf der Einlagerung von Wasser in die intermizellaren

Abb. 284.

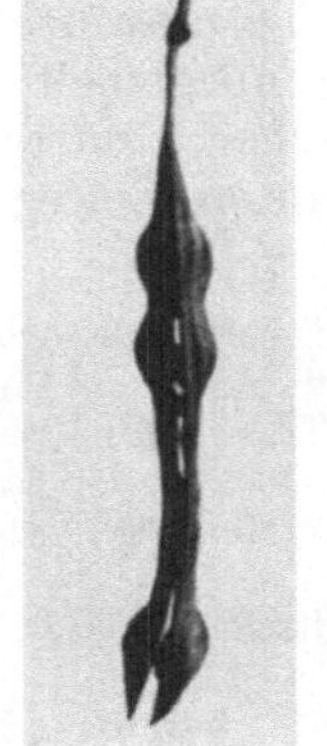
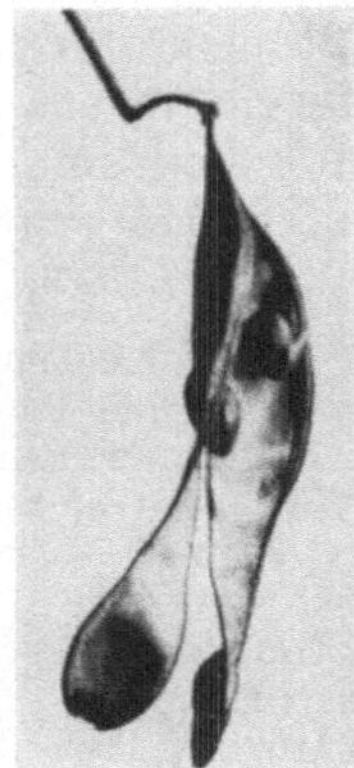

Abb. 285.

Abb. 284. Frucht von *Dictamnus albus*. Links in feuchtem Zustand, geschlossen; rechts in trockenem Zustand, geöffnet. Zur Erklärung dieser Fruchtblattbewegungen vergleiche das Schema Abb. 282 oben.

Abb. 285. Hülse von *Cytisus laburnum*. Links in feuchtem Zustand, rechts (dieselbe Hülse) in trockenem Zustand. Zur Erklärung dieser Quellungsbewegung vergleiche das Schema Abb. 282.

Räume. Dafür sind nicht die weitesten, oft mehr als 100 Å breiten Räume entscheidend (das Vorhandensein so weiter Räume läßt sich durch röntgenometrische Ausmessung eingelagerter Gold- und Silberteilchen nachweisen):

vielmehr wird die starke Quellung erst durch die Wassereinlagerung in etwa 10 Å weite, zahlreich vorhandene intermizellare Spalträume möglich, die sich zwischen den einzelnen, wieder zu größeren faserigen Verbänden zusammengefaßten kristallinen Zellulosestäbchen befinden (Abb. 281). Die Zellulosestäbchen entfernen sich dabei voneinander. Die Ausdehnung der Membran wird naturgemäß senkrecht zur Längsrichtung der Gerüstbalken am stärksten sein, da den intermizellaren Räumen in dieser Richtung ja ein viel größerer Anteil an der Gesamtdimension zukommt als in der Längsrichtung. Liegen nun zwei Membranen oder zwei Zellschichten aufeinander, in denen die Orientierung der Balken des Mizellgerüstes nicht übereinstimmt, so muß es bei der Quellung bzw. Entquellung zur unterschiedlichen Längenänderung der beiden Anteile kommen; dadurch entsteht eine Krümmung, deren Art davon abhängt, wie die beiden Richtungen der Zellulosestäbchen zueinander orientiert sind. Anatomische Einzelheiten sollen uns hier nicht beschäftigen. Das Prinzipielle ergibt sich aus den Abb. 282—285 (nähere Angaben bei v. GUTTENBERG).

Übrigens gibt es auch Fälle, in denen die Membranquellung nicht durch einen Wechsel der Luftfeuchtigkeit, sondern durch Abgabe von Flüssigkeiten oder von Salzen beeinflußt wird. So sind alle Bewegungen, die auf der Flüssigkeitsabscheidung aus der Zelle beruhen, also einige der Turgorbewegungen, notwendig gleichzeitig mit Membranquellungen verbunden. Jedoch sind diese Quellungen dann für die Bewegung natürlich nur von sehr untergeordneter Bedeutung.

Literatur.

GUTTENBERG, v.: Die Bewegungsgewebe. In Handbuch der Pflanzenanatomie, Bd. V. 1926.

Sechster Teil.

Die Wirkung äußerer Reize auf Bewegung und Entwicklung.

I. Grundprobleme der Reizwirkungen.

1. Reiz und Reizaufnahme.

Wir haben schon den Unterschied eines Organismus, der keine äußeren Aktionen zeigt, aber doch unmittelbar funktionsbereit ist, einerseits und eines ruhenden, nicht funktionsbereiten, andererseits kennengelernt. In beiden Fällen herrschen in der Zelle physikalische und chemische Ungleichgewichte, die zum Ausgleich streben, und in beiden Fällen finden gegenläufige Prozesse statt, die die arbeitsfähigen Potentiale unter Energieaufwand, mit Hilfe der Erhaltungsatmung, immer wieder herstellen, sie also — äußerlich gesehen — erhalten. Die Erhaltungsprozesse verlaufen vermöge einer physiologischen Regulation immer gerade in der Intensität, die der Lebhaftigkeit jener zerstörenden, also der Niedrigkeit des Widerstandes gegen den Potentialausgleich, entspricht.

Die zerstörenden Prozesse bestehen unter anderem im Ausgleich von Konzentrationsgefällen durch Diffusion, in der Koagulation von Kolloiden, in chemischen Reaktionen; die restituierenden bzw. erhaltenden stellen die durch jene beeinträchtigte intrazellulare Ordnung wieder her.

Hinsichtlich des Verhaltens zu äußeren Einflüssen unterscheiden sich nun die ruhende und die unmittelbar funktionsbereite Zelle darin, daß sich die Widerstände gegen den Potentialausgleich in jenen (wo sie also hoch sind) nur schwer vermindern lassen, in diesen (wo sie also niedrig sind) aber leicht. Dabei können die äußeren Einflüsse das genannte dynamische Gleichgewicht stören. Verminderung des Reaktionswiderstandes durch einen äußeren Eingriff bedeutet ja, daß der Potentialausgleich beschleunigt wird. Die Selbstregulation der Zelle arbeitet nicht so schnell, die restituierenden Prozesse werden also vorübergehend zu schwach sein. So kommt es zu einer merklichen Aktion der Zelle. Den Faktor, der den Potentialausgleich durch Widerstandsverminderung oder — biologischer gesprochen — die Potenzentfaltung durch Beseitigung einer Hemmung beschleunigt, bezeichnen wir als einen Reiz.

Das Wesen des Reizes läßt sich durch Beispiele aus dem Anorganischen leicht anschaulich machen. Der mechanische Druck auf den Lichtschalter ist einem Reiz analog; die — mechanisch bedingte — Verschiebung eines Metallstückes im Schalter (das schließlich die leitende Verbindung herstellt, also den Widerstand herabsetzt) einem Reizaufnahmeprozeß. Das Fließen des elektrischen Stroms stellt den Potentialausgleich dar, der dann die weiteren Folgereaktionen nach sich zieht. Andere einfache Modelle können das Wesen eines andersartigen Reizaufnahmeprozesses veranschaulichen, der umgekehrt durch einen Entzug von Energie bewirkt wird. Wir brauchen uns nur eine Einrichtung zu denken, bei der das Loslassen eines Schaltknopfes den elektrischen Stromkreis öffnet, weil der Schaltknopf mit einer Feder verbunden ist. In diesem Fall wird auch die Energie des „Reizaufnahmeprozesses" vom System selber geliefert.

So kann auch im Organismus Zufuhr oder Entzug von Energie Reizaufnahmeprozesse verursachen, die ihrerseits energetische Potentiale (bzw. Potenzen) der Zelle zum Ausgleich (bzw. zur Entfaltung) bringen. In den häufigsten Fällen besteht der Reiz allerdings in der *Zufuhr* einer geringen Energiemenge; der *Reizaufnahme*prozeß ist dann hinsichtlich seiner Stärke von der zugeführten Energiemenge abhängig. Darum muß nicht notwendig auch die *Reaktion* eine Funktion der Reizstärke sein; sie ist es ja auch schon im Vergleichsbeispiel der Lichteinschaltung nicht. Oft gilt die Regel, daß ein Reiz entweder überhaupt keine Reaktion bedingt oder die maximal mögliche: Alles- oder Nichtsreaktionen. Es gibt aber auch zahlreiche Fälle, in denen die Reaktion eine Funktion der Reizstärke ist (analoges Beispiel aus dem Anorganischen: Einschaltung des Lichts durch allmähliche Widerstandsverminderung; je mehr der Schalthebel gesenkt wird, um so heller leuchtet die Lampe); die Reaktion bleibt natürlich trotzdem ein Auslösungsprozeß.

Die durch den Reiz ausgelöste Aktion kann äußerlich sichtbar sein, also z. B. in Bewegungen, in Wachstums- und Turgorbeeinflussungen bestehen. Sind die Wachstumsbeeinflussungen komplizierter Natur, so daß sich die Form der Pflanze tiefgreifend ändert, so sprechen wir von formativen Reizwirkungen. Die äußerlich sichtbaren Reaktionen entstehen zumeist auf dem Wege über vorhergehende plasmatische Aktionen, die man wenigstens zum Teil als Erregungsvorgänge zu bezeichnen pflegt, wenn man diesen Ausdruck nicht für bestimmt geartete plasmatische Aktionen reservieren will. In einigen Fällen können die Bewegungsreaktionen aber auch ohne dem Reiz folgende plasmatische Aktionen ausgelöst werden. Wir haben dafür schon Beispiele kennengelernt: Auslösung der Schluckbewegung bei der *Utricularia*-Blase, der Schnellbewegung der Urticaceenstaubfäden, der Inhaltsausspritzung bei den Spritzgurken.

2. Überblick.

Die pflanzlichen Reizerscheinungen werden im allgemeinen nach dem äußeren Bild der Reaktionsweisen eingeteilt. Man unterscheidet dabei die Reizwirkungen auf Entwicklungsprozesse, also auf die Formbildung (sog. *formative* Reizwirkungen) von den Reizbewegungen. Bei den Reizbewegungen wiederum pflegt man die Hervorrufung und Beeinflussung lokomotorischer Bewegungen (d. h. die „*Taxien*“, Bewegungen, die oft mit Hilfe von Geißeln oder vermöge der amöboiden Bewegungsfähigkeit durchgeführt werden) und die Bewegungen von Teilen festsitzender Pflanzen zu unterscheiden. Diese letzteren wiederum werden in *tropistische* und *nastische* Bewegungen eingeteilt (vgl. S. 351). Bei den tropistischen Bewegungen werden dann die lichtbedingten (phototropischen), schwerkraftbedingten (geotropischen), sowie die chemotropischen, elektrotropischen Bewegungen usw. voneinander getrennt. Bei der Besprechung der nastischen Bewegungen pflegt man diese Einteilungsprinzipien zu wiederholen, und daher beispielsweise die Physiologie der Lichtreizwirkungen an vier verschiedenen Stellen zu behandeln: Bei den formativen Reizwirkungen, bei den tropistischen, nastischen und taktischen Bewegungen.

Diese Disposition war früher, als noch so wenig über die elementaren, allgemein gültigen Vorgänge bei der Einwirkung der Reize bekannt war, berechtigt. Man mußte eben vom äußeren Erscheinungsbild ausgehen. Heute ist eine solche Einteilung überholt.

Wir sind hier allerdings immer noch nicht so weit wie in der Tierphysiologie. Dort ist eine einheitliche Darstellung erleichtert, weil es Vorgänge, namentlich die Nervenprozesse gibt, die sich unabhängig von der Reizart immer wiederholen. In der Pflanzenphysiologie mußte man zunächst von der Annahme ausgehen, daß jede Reizart von der Reizaufnahme über die plasmatischen Veränderungen bis zur Endreaktion eine eigene, für sie spezifische Kette von Abläufen bedingt. Aber jetzt sehen wir doch schon vieles, was manche pflanzliche Reizvorgänge miteinander gemeinsam haben. Hiervon sei einiges dargestellt.

3. Die plasmatischen Aktionen, speziell der Erregungsvorgang im engeren Sinne.

Alles-oder-Nichts-Erregung. Obwohl die einzelnen Reizarten auf ganz verschiedenen Wegen zu plasmatischen Aktionen führen, sind diese Plasmavorgänge selber, oder doch ein großer Teil von ihnen, einander oft recht ähnlich. Es gibt im Plasma der verschiedensten Tiere und Pflanzen, möglicherweise sogar bei allen, ein charakteristisches System, das sich durch besonders hohe Labilität auszeichnet, so daß es an sehr vielen reizbedingten Plasmaaktionen beteiligt ist und vielfach stark in den Vordergrund tritt. Die Veränderung, die durch die Beeinflussung dieses labilen Systems hervorgerufen wird, bezeichnen wir als einen *Erregungsvorgang im engeren Sinne.* Diesen Vorgang gesondert zu behandeln, ist berechtigt, weil er bei den verschiedensten Organismen in typischer Form wiederkehrt, wenn er auch in Sonderfällen, namentlich in den Nerven der Tiere, eine besonders gute Ausbildung erfahren hat. Die tierischen Reizerscheinungen entstehen sogar zum größten Teil durch Vermittlung solcher Erregungsvorgänge. Die Labilität dieses hochempfindlichen Systems ist offenbar physikalischer Natur, vielleicht handelt es sich um ein seinen Zustand leicht änderndes Kolloidsystem. Durch die verschiedensten physikalischen und chemischen Reize, also durch Vermittlung der verschiedensten Reizaufnahmevorgänge, wird dieses labile System zum Zerfall veranlaßt, und zwar ist der Zerfall innerhalb einer Zelle entweder vollständig oder er tritt überhaupt nicht ein; d. h. die Erregung verläuft nach dem *Alles-oder-Nichts-Gesetz.* Daraus folgt, daß gleich nach einem wirksamen Reiz ein zweiter völlig unwirksam ist; das labile System ist ja vernichtet und muß erst durch einen allmählich einsetzenden Restitutionsprozeß regeneriert werden. Es besteht also ein *Refraktärstadium*, das zunächst *absolut* ist. Erst einige Zeit später ist das labile System so weit regeneriert, daß wenigstens wieder eine geringe Erregung möglich ist; das Refraktärstadium ist nur noch ein *relatives*. Es bedarf dann einer weiteren Fortdauer der Restitution, bis auch dieses relative Refraktärstadium überwunden und die ursprüngliche hohe Erregbarkeit wieder erreicht ist. Typisch für diese Erregungsvorgänge im engeren Sinne ist fernerhin das Auftreten eines *Aktionsstroms*, also einer elektrischen Potentialänderung.

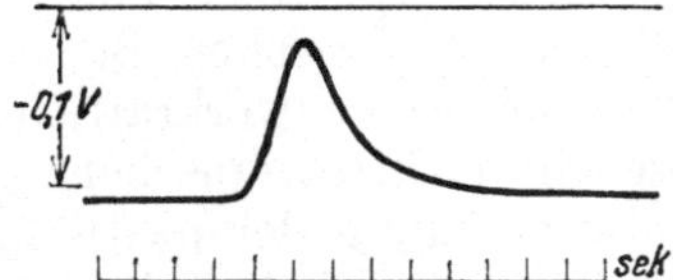

Abb. 286. Aktionsstrom von *Nitella*. Zur Ableitung des Aktionsstroms wurde eine Elektrode ins Plasma eingestochen, gemessen wurde das Potential zwischen dieser eingestochenen und der zweiten außerhalb der Zelle verbleibenden. Angegeben ist das Vorzeichen der eingestochenen Elektrode, daher besteht der Aktionsstrom in einer Positivitätswelle. Der linke horizontale Teil der Kurve zeigt das normale Plasmalemmapotential (etwas mehr als 0,1 Volt). Sofort nach der Reizung beginnt die Positivierung, also die Verringerung des Plasmalemmapotentials (Annäherung der Kurve an die obere Horizontallinie, d. h. an das Potential Null); dann beginnt wieder eine Annäherung an das normale Plasmalemmapotential, Zeitmarken in Sekunden. (Nach UMRATH.)

Reizen wir z. B. eine *Nitella*-Internodialzelle (die wegen ihrer erheblichen Größe gern benutzt wird) mechanisch, elektrisch oder chemisch, so finden wir bei ausreichender Reizintensität, daß innerhalb von etwa 0,1 sec (Latenzzeit) eine elektrische Negativierung beginnt, die nach 1—2 sec ihr Maximum erreicht hat; die gereizte Stelle ist jetzt nämlich etwa 100 mV negativ gegen eine ungereizte (Abb. 286). Dann geht die Negativität sofort zurück und nach 5—10 sec ist das Ruhepotential wieder hergestellt. Wird bald nach dem ersten Reiz erneut gereizt, so beobachtet man, auch wenn das elektrische Ruhepotential schon teilweise regeneriert ist, doch noch keinen neuen Aktionsstrom; die Erregung ist also noch nicht wieder völlig abgeklungen; die Zelle ist sogar noch absolut refraktär, und erst 20—30 sec nach dem ersten Reiz ist eine zweiter wirksam; dieser muß aber stärker sein als der erste, d. h. die Reizschwelle ist noch erhöht; außerdem ist die durch ihn bedingte Erregung niedriger als die durch den ersten Reiz hervorgerufene; wir erkennen das schon an dem geringeren Aktionsstrom nach der zweiten Reizung. Erst dann, wenn der zweite Reiz 1—3 min nach dem ersten einwirkt, zeigt sich, daß die volle Erregbarkeit restituiert ist. Während also der Aktionsstrom nur wenige Sekunden andauert, erfordert das absolute Refraktärstadium in diesem Beispiel bis zu $^1/_2$ min, das relative mehrere Minuten. Der Aktionsstrom kann daher als Kriterium für den Eintritt einer Erregung dienen; seine Stärke entspricht auch weitgehend der Stärke der Erregung; aber diese hält doch länger an als die Potentialänderung.

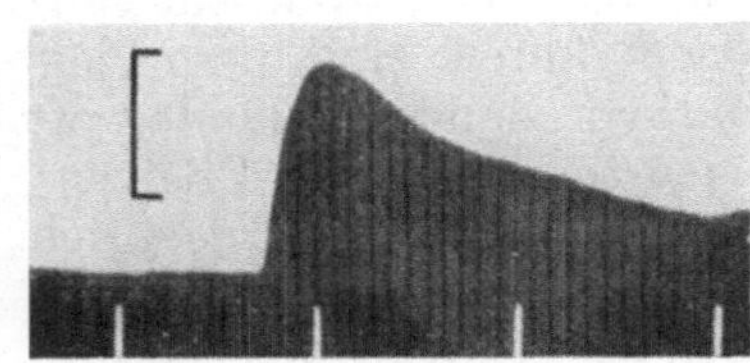

Abb. 287. *Phaseolus vulgaris*. Ableitung der elektrischen Potentiale vom Blattstiel, und zwar 4,5 cm basal vom Spreitengelenk. Reiz: Anbrennen dieses Gelenks. Zeitmarken in Abständen von 10 sec. Spannungseinheit 0,02 Volt. (Nach UMRATH.)

Reizen wir irgendein Organ einer höheren Pflanze durch ähnliche Eingriffe, so finden wir im allgemeinen grundsätzlich dasselbe (Abb. 287). Dabei kann entweder — so wie bei *Nitella* — eine Bewegungsreaktion fehlen, oder es wird außerdem eine Bewegungsreaktion ausgelöst wie bei den erregbaren Staubfäden von *Berberis*, bei den Blättern der Mimose oder bei den Ranken, den Blattklappen von *Dionaea* usw. Überall aber, ob es sich nun um Wurzeln, Hypokotyle, Sproßorgane oder Blätter handelt, finden wir einen Aktionsstrom von einigen Sekunden oder einigen Minuten Dauer mit einer Höhe von 10—100 mV; sodann ein absolutes Refraktärstadium von mehreren (oft 2—5 min) und ein relatives von noch längerer Dauer (bis zu etwa $^1/_2$ Std). Namentlich mechanische, elektrische und starke chemische Reize, in einigen Fällen aber auch Lichtreize, können solche dem Alles-oder-Nichts-Gesetz folgende Erregungsvorgänge auslösen.

Wir sagten, daß ein ähnlicher Erregungsvorgang auch für die tierische Zelle bekannt ist. Am meisten wurde er am Nerven, wo er uns in höchster Vollendung entgegentritt, studiert. Die Vollendung kommt nicht etwa in der *Höhe* des Aktionsstroms zum Ausdruck; das Ausmaß der Potentialänderung ist in der Pflanzenzelle sogar oft beträchtlicher als am Nerven. Aber die Vorgänge, und zwar sowohl der Zerfall des labilen, nach dem Alles-oder-Nichts-Gesetz reagierenden Systems, als auch seine Restitution, verlaufen im Nerven erheblich schneller. Daher dauert der Aktionsstrom im tierischen Nerven nur Bruchteile einer Sekunde oder liegt gar in der Größenordnung einer tausendstel Sekunde (Abb. 288). Die Refraktärstadien sind im gleichen Verhältnis verkürzt. Trotz dieser großen quantitativen Unterschiede verdient es aber doch Beachtung, daß Übergangsfälle ohne Schwierigkeit gefunden werden können. Das kann uns folgende Tabelle zeigen, die zugleich Daten über die Geschwindigkeit der Erregungsleitung bringt, einen Prozeß, der mit der Erregung oft verknüpft ist.

Objekt	Anstiegszeit des Aktionsstroms sec	Leitungsgeschwindigkeit cm/sec
Nitella, Internodialzelle	1,2	2,3
Mimosa pudica, primärer Blattstiel	0,6	2,5
Berberis-Staubfäden.	0,1	—
Dionaea-Blatt	0,2	20,0
Anodonta-Verbindungsnerv. . . .	0,1	4,6
Octopus-Mantelnerv	0,01	300,0
Eledone moschata, Mantelnerv . .	0,003	452,0
schnelleitende Wirbeltiernerven .	0,0002	100000,0

Hierzu ein Vergleich der Refraktärstadien:

Objekt	Absolutes Refraktärstadium sec	Relatives Refraktärstadium sec
Nitella, Internodialzelle	4—40	60—150
Sparmannia-Staubfäden	30—60	500—1000
Dionaea-Blätter	0,6	< 30
Rana esculenta, Rektum.	0,05	—
schnelleitende Wirbeltiernerven .	0,0005	0,001—0,01

Aus dieser Tabelle geht schon hervor, daß sich die quantitativen Unterschiede nicht allein aus der größeren Primitivität der Pflanzen erklären; vielmehr sind sowohl im Tierreich als auch bei den Pflanzen schnell verlaufende Erregungsvorgänge und große Reizleitungsgeschwindigkeiten vor allem dort ausgebildet, wo es für die Funktion der Organe wichtig ist, so etwa bei den insektenfangenden *Dionaea*-Blättern.

Soweit die bisherigen, noch recht lückenhaften Erfahrungen einen Schluß zulassen, sind sogar bei den Bakterien Erregungsvorgänge zum mindesten ähnlicher Natur möglich; sie werden beim Studium der Bewegungen begeißelter Formen deutlich. Die Reizaufnahmeprozesse sind dabei je nach der Art des Reizes (Licht, Temperatur, chemische Agentien) ganz verschiedenartig; der Reaktionsmechanismus aber kann bei der Anwendung unterschiedlicher Reize identisch sein; er beruht z. B. bei bipolar begeißelten Spirillen (Abb. 274) auf einer Umschaltung der Geißelschwingungsräume, so daß die Bakterien nach einer Reizung in der zur bisherigen Richtung entgegengesetzten schwimmen. Aber auch schon die zwischen der Reizaufnahme und der Geißelumschaltung vermittelnden plasmatischen Vorgänge können anscheinend von der Reizart unabhängig sein, und zwar folgen diese Erregungsvorgänge, jedenfalls bei den bipolar begeißelten Spirillen, dem Alles-oder-Nichts-Gesetz. Man erkennt das besonders gut aus Versuchen mit Dauerreizen, seien diese nun chemisch oder thermisch. Der Dauerreiz bedingt nämlich nicht eine einmalige, sondern periodisch wiederkehrende Reaktionen, die also, da jede Reaktion eine Bewegungsumkehr darstellt, ein rhythmisches Hin- und Herfahren der Spirillen bedingen. Der Zeitabstand zwischen den Einzelreaktionen beträgt $^1/_4$ sec (METZNER). Eine entsprechende Erscheinung finden wir aber überall, wo eine Alles-oder-Nichts-Erregung ausgelöst wird (Abb. 289); sie erklärt sich daraus, daß nach der ersten Erregung (bzw. der durch sie verursachten Reaktion) ein absolutes Refraktärstadium eintritt, alles zerfallsfähige Material ist zerfallen und muß nun erst wieder aufgebaut werden, bevor der fortwirkende Reiz eine erneute Erregung (bzw. auch Reaktion) auszulösen vermag; dabei durchbricht der Dauerreiz das Refraktärstadium um so früher (d. h. bei um so höherer Schwelle), je größer die Reizintensität ist; der Abstand der Einzelerregungen nimmt also mit zunehmender Reizintensität ab. — In den genannten Spirillen gibt es demnach Erregungsvorgänge, bei denen das absolute Refraktärstadium kleiner als $^1/_4$ sec, das relative wohl etwas länger als $^1/_4$ sec ist.

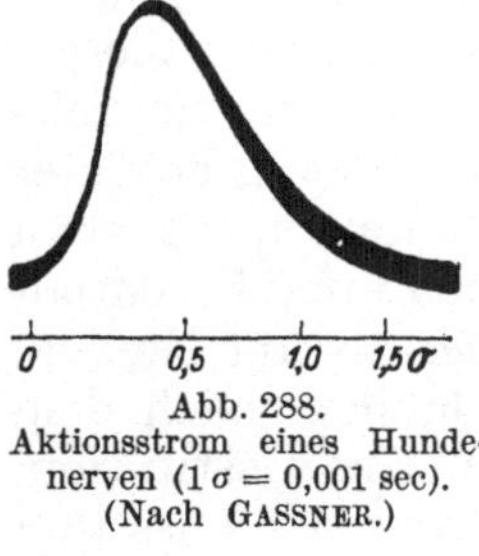

Abb. 288. Aktionsstrom eines Hundenerven (1 σ = 0,001 sec). (Nach GASSNER.)

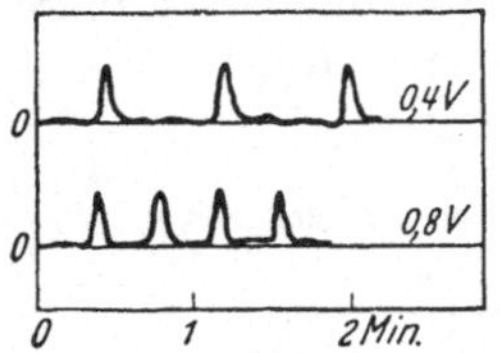

Abb. 289. *Chara foetida*. Ableitung periodischer elektrischer Potentialänderungen, die während konstanter elektrischer Reizung auftreten. Die Spannung des Reizstroms ist rechts in Volt angegeben. 0: Ruhepotential. Erklärung: Durch die Reizung werden Alles-oder Nichts-Erregungen ausgelöst; die fortdauernde Reizung unterbricht schließlich, wenn die Schwelle im relativen Refraktärstadium genügend gesunken ist, das Refraktärstadium, bedingt also eine neue Erregung. Diese Durchbrechung des Refraktärstadiums erfolgt bei um so höherer Schwelle, also um so früher, je stärker die konstante Reizung (0,4 bzw. 0,8 V) ist. Der Vorgang wiederholt sich naturgemäß periodisch. (Nach AUGER.)

Also selbst bei den Bakterien kann man Erregungsvorgänge beobachten, die dem Alles-oder-Nichts-Gesetz folgen, und die sogar im Interesse der für einen freibeweglichen Organismus notwendigen schnellen Reaktionen mindestens ebensosehr wie bei der insektivoren *Dionaea* durch Beschleunigung der restituierenden Vorgänge (also durch Abkürzung des Refraktärstadiums) vervollkommnet sind.

Bei der Analyse dieser Alles-oder-Nichts-Erregung müssen wir teils tier-, teils pflanzenphysiologische Erfahrungen berücksichtigen. Dabei haben wir zwei Hauptprozesse bzw. Gruppen von Prozessen zu untersuchen: den Zerfall des labilen Systems und seine Regeneration.

Zerfallsprozeß und Aktionsstrom. Der Zerfallsprozeß bei diesem Erregungsvorgang im engeren Sinne ist, wie gesagt, allem Anschein nach nicht an chemische Reaktionen gebunden; offenbar besteht er in erster

Linie in einer kolloidalen Umwandlung der Plasmagrenzschicht. Dieser Natur des Zerfallsprozesses entspricht es, daß für seine Durchführung kein Sauerstoff erforderlich ist; auch eine andersartige Verhinderung der Atmung macht ihn nicht unmöglich. In mancherlei Hinsicht kann man diesen Zerfallsprozeß der Alles-oder-Nichts-Erregung als eine geringe Beschädigung der Zelle betrachten. Die Ähnlichkeit zwischen Erregung und Verletzung kommt schon im Auftreten einer elektrischen Potentialänderung zum Ausdruck, die im einen Fall zum „Aktionsstrom", im anderen zum „Verletzungsstrom" führt. Da eine Zellverletzung oft mit einem nachweisbaren Verlust der Semipermeabilität, also mit einer Permeabilitätserhöhung verknüpft ist, und der Verletzungsstrom sich wenigstens teilweise aus dieser erhöhten Durchlässigkeit erklärt, nimmt man oft an, daß beim Erregungsvorgang das Reagieren des labilen Systems eine kolloidchemische Umwandlung darstellt, die ebenfalls zur Permeabilitätserhöhung und auf diesem Wege zum Aktionsstrom führt. Nach mehreren Erfahrungen sind die Erregungen nicht nur von einer Permeabilitätserhöhung, sondern auch von einer Viskositätsverminderung begleitet. Diese Viskositätsherabsetzungen deuten auf eine Lösung von Haftpunkten zwischen den fädigen Molekülen im Protoplasma; eine solche Auflockerung würde zugleich auch die Permeabilitätserhöhung erklären können.

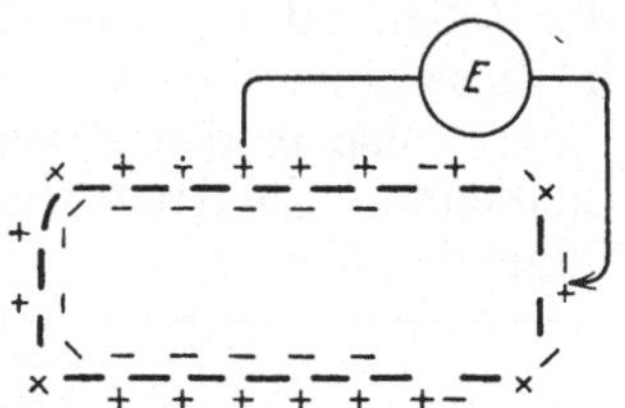

Abb. 290. Entstehung des Verletzungsstroms nach der Theorie von BERNSTEIN. Die Zelle ist links unverletzt, rechts verletzt. An der unverletzten Stelle zeigt die Plasmagrenzschicht (gebrochene kräftige Linie) die normale elektrische Doppelschicht, an der verletzten Stelle dagegen gleichen sich die Ladungen infolge der Permeabilitätserhöhung aus. Die verletzte Stelle wird also gegen die unverletzte negativ: Es fließt ein elektrischer Strom in der Pfeilrichtung. *E* Elektrometer.

Der Aktionsstrom beruht jedenfalls ebenso wie der Verletzungsstrom auf der partiellen, seltener auf der vollständigen Aufhebung des Ruhepotentials, das jeder lebenden Zelle zukommt und dessen Existenz an bestimmte Eigenschaften der Membran geknüpft ist. Zu diesen Eigenschaften gehört vor allem die elektive Kationenpermeabilität, durch die Membranpotentiale entstehen: die Kationen permeieren leichter aus den Zellen als die Anionen. Dadurch wird die äußere Oberfläche positiv gegen die innere. Bei einer durch Verletzung bedingten Permeabilitätserhöhung, die im Verlust der elektiven Kationenpermeabilität besteht, muß sich der Potentialsprung mehr oder weniger ausgleichen. Das heißt, es muß nunmehr ein elektrischer Strom zur verletzten Stelle fließen, da diese relativ zur unverletzten negativ geworden ist (Abb. 290).

Nach dieser Theorie ergibt sich die Höhe des Ruhepotentials an der Plasmagrenzschicht aus der NERNSTschen Formel

$$E = \frac{RT}{F} \cdot \frac{u - v}{u + v} \cdot \ln \frac{c_1}{c_2},$$

in der R die Gaskonstante, T die absolute Temperatur, F die Elektrizitätsmenge (Farad), u und v die relative Beweglichkeit der Kationen und Anionen, c_1 und c_2 die Elektrolytkonzentration auf den beiden Seiten der Membran bedeuten.

Die unterschiedliche Wanderungsgeschwindigkeit von Anion und Kation, also die elektive Kationenpermeabilität der ungereizten und nicht beschädigten Zelle erklärt sich aus der negativen Eigenladung der Membran.

Nach einer anderen Theorie sind die Ruhepotentiale vorwiegend als Verteilungspotentiale aufzufassen, verdanken ihre Entstehung also Löslichkeitsunterschieden.

Als Modell kann folgendes System dienen

+ NaCl-Lösung/Phenol/Äther/NaCl-Lösung —
EMK 0,2 Volt.

Je nach der Natur der beteiligten Stoffe und Prozesse wird bald diese, bald jene Theorie den biologischen Tatsachen mehr entsprechen, indem die Membran einmal durch die Natur ihrer Poren, im anderen Fall durch ihre Lipoidnatur wichtig wird. Die beiden verschiedenen Theorien für die Entstehung der bioelektrischen Ruhepotentiale verhalten sich also zueinander analog wie die verschiedenen Permeabilitätstheorien, also wie Filter- und Lipoidtheorie.

Neben diesen mehr physikalischen Theorien für die Entstehung der bioelektrischen Potentiale sind auch chemische Theorien aufgestellt worden. So rechnet UMRATH mit der Einlagerung von polaren grenzflächenaktiven Molekeln in der Membran.

Das Ruhepotential ist an Pflanzenzellen besonders leicht meßbar, da die Zellen oft so groß sind, daß eine Elektrode ohne Abtötung der Zelle in diese eingeführt werden kann. Mißt man das zwischen dieser ins Zellinnere, also in das Plasma oder in die Vakuole und der im Medium verbleibenden Elektrode bestehende Potential, so findet man beispielsweise folgende Werte:

Objekt	Eingestochene Elektrode in	Äußere Elektrode in	Potentialdifferenz beider Elektroden (Vorzeichen der eingestochenen) mV
Halicystis ovalis	Vakuole	Seewasser	—79,7
Nitella mucronata	Plasma	Wasser	—70 bis —170
Vaucheria sessilis	Plasma	Wasser	—70 bis —120
Tulipa, Pollenschlauch	Plasma	Wasser	—20 bis —145
Helodea densa, Epidermiszelle	Plasma	Wasser	—80 bis —150

Das Ruhepotential geht nach einer Reizung, also während des Aktionsstroms meist nicht vollständig verloren. Bei *Valonia macrophysa* ist das ruhende Protoplasma 20—50 mV negativ gegen das Seewasser, der Zellsaft hingegen ist schwach (8 mV) positiv gegen das Seewasser. Das Protoplasma ist also gegen den Zellsaft stärker negativ als gegen Seewasser. Beim Aktionsstrom gehen beide Potentiale zurück. Es finden also offenbar an *beiden* Plasmagrenzschichten entsprechende Veränderungen statt.

Will man den Aktionsstrom ebenso wie den Verletzungsstrom durch die Annahme erklären, daß eine Permeabilitätserhöhung diese Ruhepotentiale zum Ausgleich bringt, so muß gefordert werden, daß auch bei der normalen Erregung eine Permeabilitätserhöhung besteht. Während wir aber bei einer Schädigung die Permeabilitätszunahme mit den verschiedensten Methoden leicht nachweisen können, lassen sich gegen die vermeintlichen Nachweise einer Permeabilitätserhöhung während des normalen Erregungsprozesses in der Tier- und Pflanzenzelle zumeist Bedenken vorbringen. Und wo eine Permeabilitätszunahme nachgewiesen ist, wie z. B. bei den seismonastischen Bewegungsreaktionen, ist wiederum nicht entscheidbar, ob diese Permeabilitätssteigerung schon dem einfachen Erregungsvorgang selber zukommt, oder erst auf besondere Vorgänge zurückzuführen ist, die in diesen Fällen noch außerdem ablaufen. Der Beweis muß also an Zellen geführt werden, die eine Bewegungsreaktion nicht zeigen, etwa an Internodialzellen von *Nitella* oder *Chara*. Mit diesen Objekten sind auch mehrfach entsprechende Untersuchungen vorgenommen worden. Man glaubte, etwa eine gesteigerte Aufnahme von Farbstoffen in die gereizte Zelle nachweisen zu können. Jedoch haben sich diese Beobachtungen als nicht beweisend herausgestellt, die Farbstoffaufnahme wird erst beim Eintritt irreversibler Schädigungen gefördert. Ebenso ließ sich bei *Chara*-Zellen auch kein geförderter Cl'-Austritt während der Erregung nachweisen (SUOLATHI). Andererseits darf aus diesen Mißerfolgen nicht geschlossen werden, daß die Erregung nicht von einer Permeabilitätserhöhung begleitet ist. Die kurze Dauer des Erregungsvorganges macht es im Zusammenhang mit der Tatsache, daß das Ruhepotential nur teilweise ausgeglichen wird, wahrscheinlich, daß die Permeabilitätserhöhung viel zu gering und kurzdauernd ist, um mit den bisher benutzten Methoden nachweisbar sein zu können.

Auf eine Permeabilitätserhöhung während des Aktionsstroms kann vor allem aus der beobachteten Widerstandsherabsetzung geschlossen werden. Bei *Nitella* wird der Widerstand nach COLE und CURTIS von 10^5 auf $5 \times 10^2\,\Omega$ herabgesetzt. Diese Widerstandsherabsetzung beginnt nach UMRATH zugleich mit dem Aktionsstrom, hält jedoch viel länger an als dieser (Abbildung 291). Auch die Beobachtungen während der Reizbewegungen einiger Pflanzen sprechen dafür, daß die Permeabilitätserhöhung länger besteht als der Aktionsstrom. Die Erhöhung ist aber später nur noch so gering, daß sie nicht mehr zu einer erleichterten Ionenwanderung führen kann.

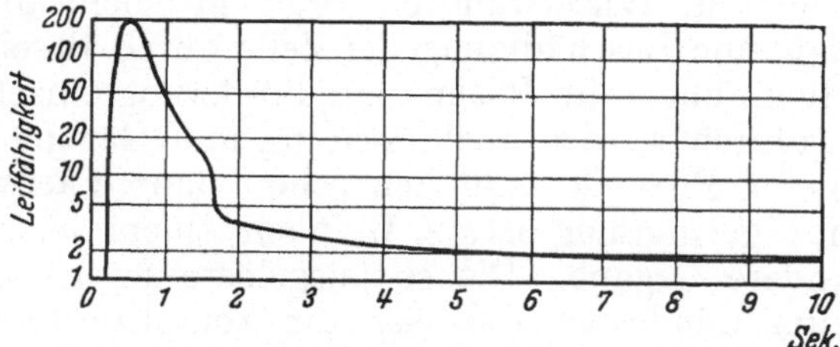

Abb. 291. Widerstandsherabsetzung während des Aktionsstroms einer *Nitella*-Internodialzelle. (Nach UMRATH).

Auch bei Nervenfasern hat sich die Permeabilitätserhöhung nachweisen lassen (ROTHENBERG).

Restitution. Ebenso wichtig wie das Studium des Zerfallsvorganges bei dem uns hier beschäftigenden Erregungsvorgang im engeren Sinne ist das der Restitution. Die restituierenden Prozesse beginnen nicht erst, wenn das Maximum des Zerfalls erreicht ist, sondern schon sofort, wenn auch der Zerfall bemerkbar wird. Daher erreicht der Zerfall normalerweise nicht den maximalen Wert, den er ohne Ablauf der Restitution zeigen könnte und tatsächlich auch zeigt, wenn die Restitution durch Vergiftung ausgeschaltet wird. Das heißt, normalerweise wird das Ruhepotential während der Erregung nur teilweise ausgeglichen. Die Zahlen der Tabelle (nach UMRATH) können uns das zeigen.

Pflanze	Ruhepotential zwischen Plasma und Umgebung mV	Änderung des Potentials durch einen Reiz mV	Restpotential mV
Vaucheria sessilis	—70 bis —125	40—50	—30 bis —50
Spirogyra	—100	40—60	—40

Daß der Restitutionsprozeß schon während des Zerfalls beginnt, geht ja auch aus dem Verlauf des Aktionsstroms hervor: das Maximum bleibt niemals eine Zeitlang bestehen, sondern der Rückgang setzt sofort ein. Die Lage des Maximums ist also offensichtlich dadurch bestimmt, daß sich hier der langsamer werdende Zerfall und die intensiver werdende

Restitution gerade die Waage halten. Der sofortige Eintritt der Restitution bei ihrer Erforderlichkeit ist nur durch die Annahme zu erklären, daß sie vom Zerfall selber, also durch die Folgen der Erregung ausgelöst wird. Die Annahme eines derartigen Zusammenhangs ist auch schon darum begründet, weil er nur den Sonderfall der allgemeinen, auch für die nicht erregte Zelle gültigen Regel darstellt, daß die erhaltenden Prozesse den zerstörenden regulatorisch angepaßt sind, eine Regulation, die offenbar dadurch möglich wird, daß jede Herabsetzung der dem Zerfall entgegenstehenden Widerstände auch eine Herabsetzung der Widerstände für die restituierenden Prozesse bedeutet. Diese regulatorische Verknüpfung von Zerfall und Restitution beim Erregungsverlauf können wir uns einigermaßen klar machen, wenn wir den extremeren Fall der Schädigung betrachten. Wir erwähnten bereits in einem anderen Zusammenhang (S. 65), daß eine Beschädigung der Zelle durch Beseitigung von strukturbedingten Hemmungen im Plasma zur Förderung einzelner Fermentreaktionen führt. Dadurch werden auch Atmung und Gärung beschleunigt. Die Förderung dieser Prozesse läßt sich schon dann nachweisen, wenn die Schädigung nur geringfügig ist, z. B. nach einem leichten Druck auf Blätter oder andere Organe. Die so ausgelöste Steigerung der Energiefreisetzung ist zum mindesten teilweise für kompliziertere Leistungen verwertbar; sie kann sogar zu Wachstumssteigerungen führen. Der Zusammenhang von Zerfall und Restitution bei der Erregung kann als ein Grenzfall dieser nach Schädigung auftretenden Vorgänge betrachtet werden. Auch die Erregung bedingt Strukturänderungen, die den Stoffwechsel fördern und damit die Einleitung der Restitution bedingen. Naturgemäß ist die Atmungssteigerung im Restitutionsprozeß der Erregung viel geringer als in dem der Schädigung. Beim Nerven konnte sie aber doch durch Messung des Sauerstoffverbrauchs und vor allem durch Messung der Wärmebildung ermittelt werden; allerdings ist diese Erholungswärme absolut so gering, daß sie nur mit besonders feinen Methoden thermoelektrisch gemessen werden konnte (Hill). Der Erregungsprozeß in der Pflanzenzelle verhält sich in dieser Hinsicht höchstwahrscheinlich ebenso wie der des tierischen Nerven. Es ist auch schon bei der Mimose eine Temperaturerhöhung während des Ablaufs von Erregungsvorgängen nachgewiesen worden; jedoch war diese so stark, daß sie nicht den Erregungsvorgängen selber zugeschrieben werden kann, sondern mit den besonderen Leistungen zusammenhängen muß, die wegen der gleichzeitigen Bewegungsreaktion notwendig werden. Auch ist bei einigen anderen Zellvorgängen, die gleichzeitig mit Erregungen auftreten, noch nicht entscheidbar, ob sie den Erregungsvorgängen selber zuzuschreiben sind, oder erst durch die Einleitung der Bewegungsreaktionen notwendig werden bzw. nicht sogar nur aus einer übernormal starken Reizung zu erklären sind. Es verdient aber immerhin Erwähnung, daß in seismonastisch reaktionsfähigen Geweben durch die Reizung eine geförderte Säurebildung eintritt, die als Folge der gesteigerten Oxydationsvorgänge aufgefaßt werden kann. Der gesteigerte Sauerstoffverbrauch kommt auch in einer Abnahme der Oxydationskraft, d. h. in einer Verminderung der intrazellularen r_H-Werte zum Ausdruck. Daß diese Änderungen in irgendeiner Beziehung zu den Erregungsvorgängen, speziell zu den Restitutionsprozessen stehen, wird wahrscheinlich, weil sie ebenso lange andauern wie diese, also mit der Beendigung des Refraktärstadiums ebenfalls verschwunden sind (Colla).

Die Restitutionsprozesse haben unter anderem die Aufgabe, die semipermeablen Grenzschichten und die teilweise ausgeglichenen Ionenkonzentrationsgefälle wieder herzustellen. Wie das im einzelnen vor sich geht, ist völlig unbekannt. Die Aufklärung dieser Vorgänge kann jedoch ein erhebliches allgemeinphysiologisches Interesse beanspruchen.

Die Rolle der Atmung für die Schaffung und Erhaltung semipermeabler Membranen ist bekannt (vgl. S. 48). Ebenso ist die sich aus diesem Zusammenhang erklärende Bedeutung der Atmung für die Potentialbildung erwiesen. Bei *Halycystis* sinkt unter dem Sauerstoffmangel die Höhe des Ruhepotentials (BLINKS, DARSIE und SHOW); die Plasmastrukturen der Grenzschichten, die ja für die Potentialbildung entscheidend sind, werden hierbei desorganisiert.

Zu den Restitutionsvorgängen gehört auch die Inaktivierung oder Zerstörung der Erregungssubstanz, die während der Erregung gebildet wird (vgl. S. 347). Im Preßsaft findet sich nach HESSE eine Oxydase, die auf die Erregungssubstanz Sauerstoff überträgt und sie dadurch inaktiviert.

Da die Restitution an eine gesteigerte Atmung gebunden ist, verstehen wir, daß sowohl Sauerstoffmangel als auch Mangel an Atmungsmaterial die Restitution verzögern müssen. So erklärt es sich, daß nach einer wiederholten Reizung, also nach periodisch wiederholten Erregungsvorgängen, die Restitution immer mehr verzögert, d. h. das Refraktärstadium immer mehr verlängert wird. Dafür ist wohl vor allem die allmähliche Erschöpfung des unmittelbar verwertbaren Atmungsmaterials verantwortlich. Diese Ermüdung ist bei den verschiedensten Objekten leicht auffindbar.

Narkose. Die Erregbarkeit der Pflanzenzelle kann ebenso wie die der tierischen Zelle, etwa wie die der Nerven, durch Stoffe wie Alkohol, Chloroform und Äther reversibel vermindert oder reversibel aufgehoben werden. Für diese Narkotisierung sind verschiedene Theorien aufgestellt worden, die wenigstens einzelne Teilprozesse der Narkose richtig erklären. Zu einfach ist jedoch die Erklärung, die auf die permeabilitätsvermindernde Wirkung der Narkotika das Hauptgewicht legt. Da die Erregung anscheinend zu einer Permeabilitätserhöhung führt, meinte man, daß eine Permeabilitätsverminderung die Erregbarkeit herabsetzen müsse. Das ist aber schon insofern unwahrscheinlich, als einer erhöhten Permeabilität keineswegs eine erhöhte Erregbarkeit entspricht; im Gegenteil führt ja jede Erregung gleichzeitig mit der Permeabilitätserhöhung zur Erregbarkeitsverminderung, nämlich zum Refraktärstadium; und die Erregbarkeit steigt während der Erholung in dem Maße wieder an, wie die Permeabilität abnimmt (immer vorausgesetzt, daß die Permeabilitätserhöhung überhaupt eine typische Begleiterscheinung der Erregung ist). Zudem ist es experimentell nicht einmal sichergestellt, daß die Narkose normalerweise zur Permeabilitätsverminderung führt; sehr häufig ist sogar eine Permeabilitätserhöhung festgestellt worden. Die Narkotika hemmen auch, namentlich durch die Verdrängung anderer Substanzen von Oberflächen, den Ablauf chemischer Reaktionen und könnten so vor allem die Restitutionsprozesse beeinträchtigen. Ganz wesentlich erscheint aber ein oft übersehener Umstand: bei der Einwirkung narkotisierender Substanzen kommt es zu erneuten Erregungen. Hierdurch erfolgt dann schließlich, genau so wie nach anderen (etwa mechanischen) Dauerreizen, eine Ermüdung der vorher erwähnten Art (Abb. 292). Dabei tritt jedenfalls in den genauer untersuchten Fällen die Ermüdung keineswegs früher ein als nach einer entsprechend oft wiederholten mechanischen Reizung.

Erregungsleitung. Die Erregung ist oftmals mit einer Erregungsleitung verknüpft, die in den typischen Fällen einen mit der Erregungsleitung der Nerven verwandten physiologischen Prozeß darstellt. Am leichtesten läßt sich die Leitung natürlich beobachten, wenn sie mit einer Bewegungsreaktion in den vom Reizort entfernten Teilen der Pflanze verbunden ist. Sonst müssen wir den Verlauf der Leitung an den anderen physiologischen Begleiterscheinungen des Erregungsvorganges studieren. Dabei bewährt sich vor allem wieder die Registrierung der Aktionsströme. Wie eine solche Messung vorgenommen werden kann, möge folgendes Beispiel (Abb. 293) zeigen. Auf einer zur Zellängsachse einer Internodialzelle von *Nitella translucens* parallel laufenden Geraden werden drei Punkte gewählt. An Punkt A wird elektrisch gereizt, an Punkt B befindet sich eine der beiden ableitenden Elektroden, an Punkt C, der von A noch weiter entfernt liegt, die zweite. Aus der Zeit von der Reizung bis zum Beginn der Erregung an der ersten ableitenden Elektrode, sowie von da an bis zum Beginn der Erregung an der zweiten ableitenden Elektrode, ergibt sich die Geschwindigkeit der Erregungsleitung. Bei dieser Art der Ableitung bekommt man natürlich einen diphasischen Aktionsstrom. Die eine Phase entspricht der Negativität an der ersten, die andere der Negativität an der zweiten ableitenden Elektrode. Die Aktionsstromkurve läßt die Geschwindigkeit der Erregungsleitung, im genannten Beispiel 0,5 cm/sec, ohne weiteres erkennen.

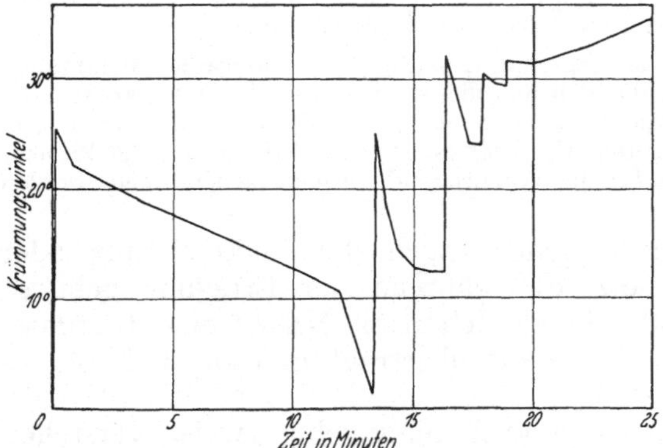

Abb. 292. *Sparmannia africana.* Einwirkung von Äthylalkoholdämpfen auf die reizbaren Staubfäden. Die Einwirkung beginnt unmittelbar nach der durch einen Stoßreiz bedingten Reaktion. Nachher werden keine Stoßreize mehr ausgeübt. Unter der konstanten Einwirkung des Narkotikums treten ohne äußeren Anlaß periodisch Reaktionen auf. Die Erscheinung läßt sich durch die konstante chemische Reizwirkung (analog wie in Abb. 289) erklären. Die periodischen Erregungen führen schließlich zur Ermüdung.

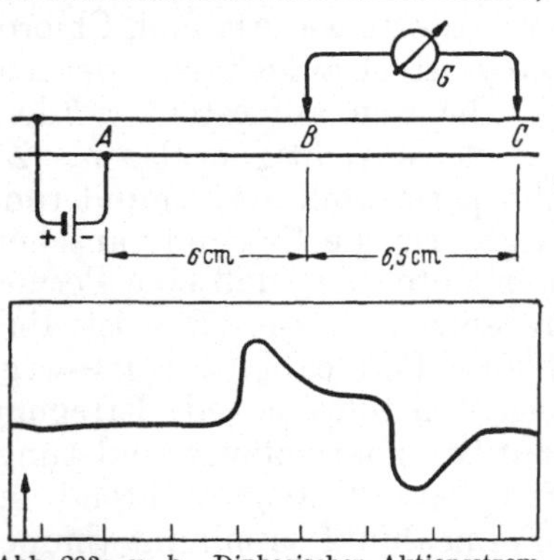

Abb. 293a u. b. Diphasischer Aktionsstrom von *Nitella translucens.* a Versuchsanordnung, links elektrische Reizung, rechts Ableitung des Aktionsstroms; G Galvanometer. b elektrische Potentialdifferenz zwischen den beiden in a angegebenen Punkten B und C; etwa 30 sec nach dem Reiz hat die Erregung die Strecke A B durchschritten, so daß B jetzt gegen C negativ geworden ist (Hebung der Kurve), nach weiteren 20—25 sec hat die Erregung C erreicht, während sie in B wieder abgeklungen ist (Kurvensenkung). Zeitmarken in Abständen von 10 sec. Pfeil: Reizzeit. (Nach AUGER.)

Die eigentliche Erregungsleitung ist vom Erregungsvorgang selber nicht zu trennen; sie stellt nichts anderes dar als die Ausbreitung des Erregungsvorganges und ist daher an die gleichen Bedingungen geknüpft wie dieser; sie ist z. B. temperaturabhängig und narkotisierbar. Jeder Faktor, der den Erregungsvorgang beeinflußt, also etwa die Anstiegszeit des Aktionsstroms ändert, beeinflußt auch die Geschwindigkeit der Erregungsleitung. Die Tatsache, daß die Einzelzelle nach dem Alles-oder-Nichts-Gesetz reagiert, zeigt auch, daß jede Erregung mit Erregungsleitung verknüpft ist; denn ohne sie könnte sich ja die Erregung bei der Reizung eines Zellortes nicht über die ganze Zelle ausbreiten. Wenn also eine Erregungsleitung über größere Strecken nicht nachweisbar ist, so liegt das daran, daß die Leitung nicht oder nicht immer von einer Zelle auf die nächste übergeht.

Zur Erklärung der Erregungsleitung wurde eine mehr physikalische und eine mehr chemische Theorie aufgestellt. Nach der physikalischen Theorie wirkt der örtliche Aktionsstrom als elektrischer Reiz auf die angrenzenden Partien der Plasmagrenzschicht und veranlaßt diese ebenfalls zur Erregung. Nach der anderen Theorie ist für die Erregungsleitung die Bildung einer spezifischen Erregungssubstanz wichtig, die sich auf den Plasmaoberflächen ausbreitet und so das Fortschreiten der Erregung ermöglicht. Es darf wohl als sicher gelten, daß beiden Prinzipien eine Berechtigung zukommt. Einerseits ist die Möglichkeit der Erregungsauslösung durch elektrische Reize bekannt, und andererseits steht es auch fest, daß eine Erregungssubstanz gebildet wird, die weitere Erregungen auslösen kann. Ob die Erregungssubstanz erst bei der Erregung durch eine dann ablaufende chemische Reaktion entsteht oder ob sie nur durch die Strukturänderungen während der Erregung freigesetzt wird (sie ist auch in rasch abgetötetem Material nachweisbar), ist noch umstritten. Die Tatsache, daß nach rascher Abtötung mit Äther nur weniger Erregungssubstanz nachweisbar ist als nach anderen (natürlich auch immer eine Reizwirkung ausübenden) Abtötungen, spricht dafür, daß die Substanz erst infolge der Reizung gebildet wird. Jedenfalls tritt während der Erregung eine Substanz auf, die neuerdings SOLTYS und UMRATH sowie FITTING teilweise analysiert haben. Es handelt sich um eine Oxysäure mit hohem Sauerstoffgehalt und einem Molekulargewicht zwischen 300 und 450. HESSE gibt an, daß die Substanz eine reduzierende Oxykarbonsäure oder ein Endiol ist. Die von UMRATH und SOLTYS aus *Neptunia plena* gewonnenen Präparate lösten noch in Verdünnungen von 1:100000000 bei *Mimosa* Erregungsvorgänge aus (vgl. auch BANERJI und Mitarbeiter, WEINTRAUB).

Wenn auch der genannten elektrischen Theorie der Erregungsleitung wohl eine Teilberechtigung zukommt, so kann doch kein Zweifel darüber bestehen, daß in manchen Fällen der Ausbreitung der Erregungssubstanz die Hauptbedeutung zufällt. Das gilt schon oft bei der Erregungsübertragung von einer Zelle zur nächsten. Es braucht sich dabei nicht immer um eine Ausbreitung der Substanz auf den Plasmaoberflächen zu handeln, auch andere Arten des Transportes, etwa in den Gefäßen, können wichtig sein. Namentlich bei der Mimose haben sich, wie wir später sehen werden, die verschiedensten Fälle und Kombinationen ausgebildet. — Die Geschwindigkeit der Erregungsleitung beträgt bei den Pflanzen durchweg einige Millimeter oder Zentimeter je Sekunde.

Auch bei den Bakterien, deren Fähigkeit zu Alles-oder-Nichts-Erregungen wir bereits erwähnten, findet sich gelegentlich Erregungsleitung, so bei den bipolar begeißelten Spirillen (Abb. 274). Die Reaktion besteht hier (unabhängig von der Natur des Reizes) in der Umschaltung beider Geißelschwingungsräume, des vorderen und des hinteren. Für den Eintritt dieser Reaktion genügt aber die Reizung eines Zellpols; von dort wird die Erregung auf noch unbekannten Bahnen zum anderen Pol geleitet. Zumeist verläuft die Erregungsleitung so schnell, daß die Umschaltung beider Schwingungsräume gleichzeitig zu erfolgen scheint; gelegentlich kann die Leitung aber aus irgendwelchen Gründen gehemmt sein, so daß die Reaktion zunächst nur am direkt gereizten Pol eintritt, dann wirken natürlich beide Geißelschöpfe vorübergehend gegeneinander, d. h. der Organismus verharrt kurze Zeit in Ruhe.

Andere Plasmaaktionen. Von den plasmatischen Aktionen, die durch eine Reizung ausgelöst werden und zu den Endreaktionen, also etwa den Bewegungsreaktionen führen, können wir nur die Alles-oder-Nichts-Erregung, also den Erregungsvorgang im engeren Sinne, einer so allgemeinen Betrachtung unterwerfen. Keineswegs alle Reizreaktionen kommen durch ihre Vermittlung zustande. Das dürfen wir behaupten, obgleich noch für viele Reaktionen, deren Entstehung erst ungenau bekannt ist, die Möglichkeit offen bleiben muß, daß doch Erregungsvorgänge jener Art beteiligt sind. Sonst aber können auch ganz andersartige Beeinflussungen der Plasmatätigkeit im Spiel sein, die wir aber erst bei der Besprechung der sie auslösenden Reize beschreiben können, da sie im Gegensatz zur Alles-oder-Nichts-Erregung für die betreffende Reizart mehr oder weniger spezifisch sind.

4. Die Bewegungsreaktionen.

Die pflanzliche Reizphysiologie war von jeher weitgehend eine Physiologie der Reiz*bewegungen*. So erklärt es sich, daß die allgemeinen Gesetze der Reizphysiologie auf Grund des Studiums der Bewegungsvorgänge aufgestellt worden sind.

Reizstärke und Reaktionsgröße. Die Bewegungsreaktionen müssen irgendwie mit den Erregungsvorgängen zusammenhängen, wenn wir den Ausdruck Erregung im weitesten Sinne benutzen.

Schon für die Fälle, in denen die Alles-oder-Nichts-Erregung das vermittelnde Glied zwischen Reiz und Reaktion darstellt, können die Beziehungen zwischen Reiz und Reaktion viel komplizierter sein als die zwischen Reiz und Erregung, vor allem, wenn wir die Bewegungsreaktionen nicht an Einzelzellen beobachten, sondern an Organen, die aus zahlreichen Zellen bestehen. Auch die Reaktion des ganzen Organs kann in manchen Fällen ebenso wie die Erregung der Einzelzelle dem Alles-oder-Nichts-Gesetz folgen. Das gilt z. B. für die seismonastisch reaktionsfähigen Staubfäden von *Berberis* und *Sparmannia* oder für die Reaktionen, die in den Gelenken der Mimose lokalisiert sind. Aber bereits an diesen Objekten können wir gelegentlich Ausnahmen feststellen. Wenn wir eine Mimose sehr stark reizen und erst nach mehreren Minuten den Krümmungswinkel messen, so werden wir nicht selten finden, daß er größer ist als nach einer schwachen Reizung. Das erklärt sich aus dem Auftreten periodischer Erregungsvorgänge. Es kann unter Umständen bei starker Reizung so viel Erregungssubstanz gebildet werden, daß von dieser noch nach Beendigung einer Krümmung genügend vorhanden ist, um eine erneute Erregung auszulösen. Daß eine Überschwemmung der Pflanze mit Erregungssubstanz periodisch Erregungen und dadurch periodisch Reaktionen auszulösen vermag, erkennen wir auch, wenn ein abgeschnittenes Blatt in eine nicht zu sehr verdünnte Lösung der Erregungssubstanz gestellt wird; es zeigt jetzt ebenfalls periodisch Erregungen (FITTING). Diese periodischen Reaktionen können sich so überlagern, daß die Reizlage des Blattes immer extremer wird. Eine ganz entsprechende Erscheinung tritt ein, wenn wir ein seismonastisch empfindliches Organ einer mechanischen oder elektrischen Dauerreizung unterwerfen. Der ersten Bewegungsreaktion folgt eine partielle Rückkrümmung; gleichzeitig klingt das Refraktärstadium aus; ist die Reizschwelle wieder so niedrig, daß der Dauerreiz erneut wirksam wird, so erfolgt eine zweite Reaktion, die das Organ in manchen Fällen zur Krümmung über die erste Reizlage hinaus veranlaßt (das ist möglich, obwohl die zweite Reaktion geringer ist als die erste; denn es war ja noch keine völlige Rückkrümmung eingetreten).

Noch wichtiger aber ist eine Abhängigkeit zwischen Reizstärke und Reaktionsgröße, die sich ergibt, weil je nach der Reizintensität eine ver-

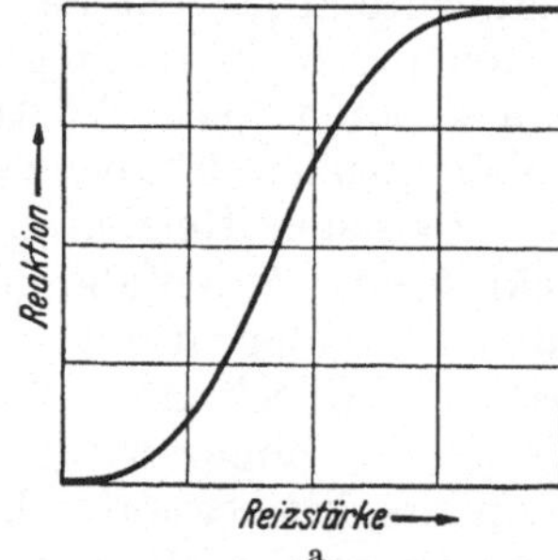

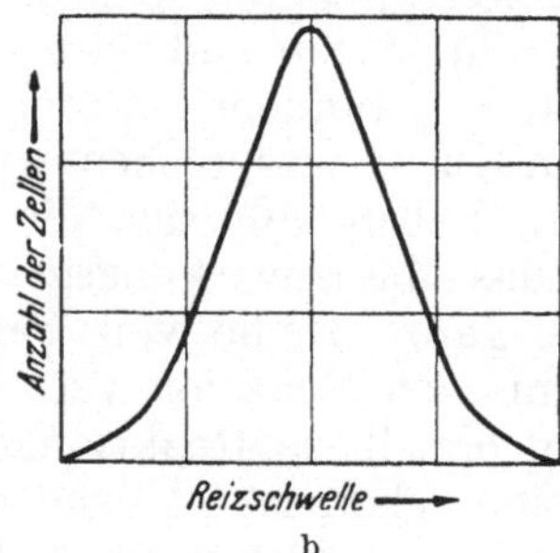

Abb. 294a u. b. Eine Abhängigkeit der Reaktion von der Reizstärke, wie sie a zeigt, ist in einem vielzelligen Organ auch dann möglich, wenn die Einzelzelle nach dem Alles-oder-Nichts-Gesetz reagiert. Eine derartige Beziehung zwischen Reiz und Reaktion muß sich nämlich schon ergeben, wenn sich die Reizschwellen der einzelnen Zellen so wie in b durch eine Häufigkeitskurve darstellen lassen.

schieden große Zahl von Zellen reagieren kann. Besteht eine gute Erregungsleitung von Zelle zu Zelle, so muß auch das ganze Organ in seiner Reaktion dem Alles-oder-Nichts-Gesetz folgen. Ist die Erregungsleitung weniger gut oder geht sie überhaupt nicht von einer Zelle zur anderen, so kann das *Organ* nicht nach dem Alles-oder-Nichts-Gesetz reagieren. Für die Reaktionsgröße ist dann vielmehr die Zahl der reagierenden Zellen verantwortlich, und diese hängt aus zweierlei Gründen von der Reizstärke ab, einmal, weil die Zellen verschieden tief im Gewebe liegen und daher vom Reiz verschieden leicht getroffen werden, ferner weil die Reizschwelle bei den einzelnen Zellen nicht genau übereinstimmt. Die Art der dann zutage tretenden Beziehung zwischen Reizstärke und Reaktion läßt sich in groben Zügen vorausberechnen. Für die durch die beiden Faktoren „Lage im Gewebe" und „Höhe der Reizschwelle" bestimmte Empfindlichkeit der Zelle gegen Reize wird eine typische Verteilungskurve gelten. Daraus läßt sich dann leicht errechnen, daß zwischen der Reizintensität und der Zahl der reagierenden Zellen (und damit der Reaktionsgröße des Organs) eine Beziehung gilt, die sich durch eine S-förmige Kurve darstellen läßt (Abb. 294).

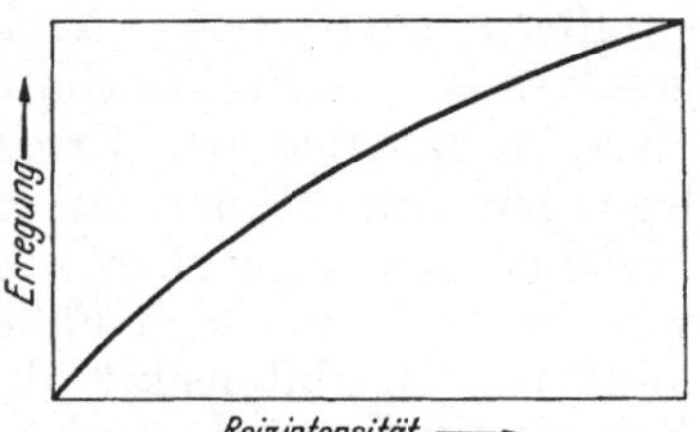

Abb. 295. Beispiel für eine dem WEBER-FECHNERschen Gesetz folgende Beziehung zwischen Reiz und Erregung.

WEBERsches Gesetz. Man ersieht daraus, daß es ganz abwegig sein kann, aus einer experimentell gefundenen Beziehung zwischen Reizstärke und Reaktionsgröße Rückschlüsse auf die Natur der zugrunde liegenden Zellvorgänge ziehen zu wollen. Das gilt auch für die Stellungnahme zu einer speziellen Beziehung, die als WEBER-FECHNERsches Gesetz bekannt ist.

Dieses Gesetz ist aus der Psychologie bzw. aus der tierischen und menschlichen Sinnesphysiologie auch in die Pflanzenphysiologie übernommen worden. Nach seiner ursprünglichen Formulierung läßt sich die Beziehung zwischen Reizwirkung (E) und Reizstärke (R) durch die Formel $E = \text{const} \cdot \log R$ wiedergeben. Diese Formulierung konnte nicht befriedigen, weil nach ihr die sinnlosen Wertepaare $R = 0$, $E = -\infty$ und $R = \infty$, $E = \infty$ errechenbar sind.

PÜTTER hat statt dessen die Formulierung

$$E = H(1 - e^{-H})$$

vorgeschlagen, worin H den Höchstwert der Reizwirkung, e die Basis der natürlichen Logarithmen bedeutet.

Es besagt nicht viel, daß die vom WEBERschen Gesetz behauptete Beziehung experimentell mehrfach bestätigt worden ist. Zumeist war die Regel für sehr starke und sehr schwache Reizung nicht mehr gültig. Die experimentell gefundenen Daten können also auch dem Teilstück einer S-förmigen Kurve entsprechen, wie wir sie oben abgeleitet haben (Abb. 295). In anderen Fällen läßt sich die Beziehung zwischen Reiz und Reaktion auch auf das Massenwirkungsgesetz zurückführen. Jedenfalls gibt es zumeist eine ganze Reihe von Faktoren, die es analog wie beim Verlauf einer chemischen Reaktion verursachen, daß der durch einen bestimmten Reizbetrag erzielbare Reaktionszuwachs immer geringer wird, je größer die Reaktion schon ist. Irgend etwas besonders Interessantes kann also, im Gegensatz zur früher oft vertretenen Auffassung, nicht darin gesehen werden, daß zwischen Reiz und Reaktion in groben Zügen eine durch das WEBERsche Gesetz darstellbare Beziehung gilt.

Diese Behauptung gilt um so mehr, als sich die Regel sowohl aus einem entsprechenden Verhältnis zwischen Reiz und Reizaufnahme, zwischen Reizaufnahme und Erregung oder endlich zwischen Erregung und Reaktion erklären kann. Das „Gesetz" kann also überaus mannigfaltige Ursachen haben und die frühere Anschauung, in ihm komme eine wesentliche innere Übereinstimmung tierischer und pflanzlicher Reizphysiologie zum Ausdruck, muß fallengelassen werden.

Reizmengengesetz. Auch bei der Beurteilung des sog. Reizmengengesetzes ist die Berücksichtigung der komplizierten Beziehungen zwischen Reiz, Reizaufnahme, Erregung und Reaktion erforderlich. Die Überlegungen, die früher zur Aufstellung des Reizmengengesetzes führten, beziehen sich eigentlich nur auf den Reizaufnahmevorgang. Für diesen wird es auch in vielen Fällen mehr oder weniger zutreffen, daß eine verminderte Reizintensität durch eine verlängerte Einwirkungsdauer des Reizes ausgeglichen werden kann, daß es also, wie jenes Gesetz fordert, auf die Reizmenge ankommt. Das wird beispielsweise vielfach bei der Lichtreizung zutreffen. Im Reizaufnahmeprozeß wird hier die absorbierte Energie für photochemische Reaktionen ausgenutzt; und bei diesen gilt in groben Zügen und angenähert die Regel, daß mit den verschiedensten Lichtintensitäten die gleiche Menge von Reaktionsprodukten gebildet wird, wenn die Reizmenge, also das Produkt von Intensität und Einwirkungsdauer des Lichtes gleich ist. Aber darum braucht diese Regel durchaus nicht für die Beziehung zwischen Reizaufnahmeprozeß und Erregung, zwischen Reiz und Erregung oder zwischen Reiz und Reaktion zu bestehen. Wenn durch den Ablauf der unmittelbar von der absorbierten Lichtenergie bewirkten Reizaufnahmevorgänge eine Alles-oder-Nichts-Erregung im Plasma ausgelöst wird (und das trifft in einigen Fällen bestimmt zu), dann ist das Reizmengengesetz auf die Beziehung zwischen Reiz und Erregung, sowie auf die Beziehung zwischen Reiz und Reaktion nicht mehr anwendbar. So ist es auch durchaus verständlich, daß dieses Gesetz in der neueren Forschung stark in den Hintergrund getreten ist.

Reaktionsart. Die Bewegungsreaktionen selber können sehr verschiedener Art sein. Man pflegt sie in einigen Typen zusammenzufassen. Die

Krümmungsbewegungen nicht freibeweglicher Pflanzen werden in *Nastien* und *Tropismen* eingeteilt. Von einer nastischen Bewegung sprechen wir, wenn die Krümmungsrichtung des Organs schon durch den Bau des Organs festgelegt ist, also nicht von der Angriffsrichtung des Reizes abhängt. Ein typisches Beispiel bieten die seismonastischen Bewegungen der Mimose. Bei den Tropismen dagegen wird die Krümmungsrichtung durch die Angriffsrichtung des Reizes bestimmt, und zwar erfolgt die Krümmung in den meisten Fällen dann entweder in der Richtung zum Reiz hin (positiver Tropismus) oder von diesem fort (negativer Tropismus); die Beziehung zwischen Angriffsrichtung des Reizes und Krümmungsrichtung kann aber bei den Tropismen auch komplizierter sein. Haben wir es dagegen mit Bewegungsreaktionen freibeweglicher Organismen zu tun, so sprechen wir von *Taxien*, die wieder positiv oder negativ sein können. Die Taxis kann entstehen, indem der Organismus eine in seiner Organisation begründete, in ihrer Richtung nicht durch den Reiz bestimmte Bewegungsänderung zeigt, sofern er in eine neuartige, als Reiz wirksame Umgebung gelangt, also z. B. darin, daß er in der Richtung, aus der er kommt, zurückschwimmt (*phobotaktische* Reaktion). In anderen Fällen kann sich der Organismus in die Richtung des Reizgefälles einstellen, und dann direkt auf die Reizquelle zu oder von ihr fortschwimmen (*topotaktische* Reaktion). Die phobotaktischen Reaktionen sind also den Nastien, die topotaktischen den Tropismen der nicht freibeweglichen Organismen analog.

Eine Vollständigkeit darf diese Einteilung nicht beanspruchen. Wir müssen vor allem noch berücksichtigen, daß der Reiz auch Spritzbewegungen, Ablösung von Teilen der Pflanze (Chorismen), Bewegungserscheinungen des Plasmas (Dinesen) usw. auslösen kann.

Die äußerlich sichtbaren Reizwirkungen können auch in Turgor- oder Wachstumsbeeinflussungen bestehen, die — nämlich wenn sie an allen Seiten eines Organs gleich stark sind — nicht zu Bewegungen führen. Handelt es sich dabei um Wachstumsbeeinflussungen, die nicht nur vorübergehender Natur sind, so können sie eine Modifizierung der Gestalt der Pflanze verursachen; wir haben es dann mit einer sog. *formativen* Reizwirkung zu tun.

Literatur.

Zusammenfassende Darstellungen mit ausführlichen Literaturhinweisen:

Banerji u. Mitarb.: Trans. Bose Res. Inst. Calcutta **16** (1947). — Bünning: Erg. Biol. **13** (1936).

Colla: Die kontraktile Zelle der Pflanzen. Berlin 1937.

Osterhout and Blinks: Proc. Nat. Acad. Sci. U.S.A. **35** (1949).

Umrath: Erg. Biol. **14** (1937); Z. Vitamin-, Hormon- u. Fermentforsch. **1** (1947/48).

Weintraub: New Phytologist **50** (1952).

Außerdem sei auf die zahlreichen Arbeiten von Umrath in „Protoplasma", sowie von Osterhout, Hill u. a. in „Journal of General Physiology" verwiesen.

Rothenberg: Biochim. et Biophysica Acta **4** (1950).

II. Wirkung mechanischer Reize.

1. Schädigende mechanische Einwirkungen.

Wundwirkung auf die Zelle. Eine Verletzung der Zelle führt zu tiefgreifenden Umwandlungen im Protoplasma, die schon mikroskopisch wahrnehmbar sind. Es bilden sich Vakuolen; Teile des Plasmas koagulieren. Die Zerstörungen innerhalb des Plasmas ziehen auch eine Erhöhung der Permeabilität für gelöste Stoffe, also eine Verminderung, wenn nicht sogar einen völligen Verlust der Semipermeabilität nach sich. Dieser partielle oder vollständige Semipermeabilitätsverlust äußert sich unter anderem in einer erschwerten Plasmolyse (die plasmolysierende Lösung dringt ein!) und im Auftreten eines Verletzungsstroms, der seine Entstehung ja, wie wir schon sahen, einem Ausgleich des Ruhepotentials durch Semipermeabilitätsverlust verdankt. Die Zerstörung der Semipermeabilität betrifft oft zunächst, oder in einigen Fällen überhaupt nur die äußere Plasmagrenzschicht, das „Plasmalemma"; der Vakuole kann also noch weiterhin osmotisch Wasser entzogen werden, und aus hypotonischen Lösungen kann sie selber weiterhin Wasser aufnehmen. Findet die Permeabilitätserhöhung auch im Tonoplasten statt, so können ansehnliche Flüssigkeitsmengen aus der Vakuole in das Plasma übertreten (Vakuolenkontraktion) oder sogar in die Umgebung gelangen (Reizplasmolyse). Freilich sind an diesen Flüssigkeitsabgaben nicht immer nur Permeabilitätserhöhungen beteiligt, sondern oft auch kolloidchemische Vorgänge (Synaerese), die zur Freisetzung von Wasser führen; solche Umwandlungen haben wir früher schon kennengelernt; sie können sich auch in Viskositätsänderungen äußern (PEKAREK, UMRATH).

Alle diese Wirkungen sind besonders stark, wenn es in einzelnen Zellen zur Durchmischung der Bestandteile gekommen ist; dann finden natürlich physikalische und chemische Reaktionen zwischen Bestandteilen statt, die normalerweise räumlich voneinander getrennt sind. Stoffe werden aus vorher von semipermeablen Membranen umschlossenen Räumen freigesetzt; diese Stoffe, sowie die bei den neu eingeleiteten Reaktionen entstandenen, wirken auf die angrenzenden Zellen, rufen dort ebenfalls Schädigungen hervor und bedingen bereits hierdurch eine Ausbreitung der Schädigung und Reizwirkung über größere Strecken, wissen wir doch, daß beispielsweise der Zellsaft auf das Binnenplasma schädigend wirkt.

Vermöge einer Selbstregulation setzen dann, wie wir schon erörtert haben, restituierende Vorgänge ein. Die Atmung wird gesteigert, so eine erhöhte Energielieferung eingeleitet und durch diese intensive Lebenstätigkeit die Beseitigung der Schäden ermöglicht. Die Atmungssteigerung ist dabei begreiflicherweise um so ansehnlicher und um so länger dauernd, je stärker die zu beseitigenden Schäden sind. Sie kann (gemessen an der Kohlensäureabgabe oder an der Wärmebildung) weniger als eine Stunde dauern, aber auch mehrere Stunden oder Tage (Abb. 296, vgl. auch S. 65).

Es leuchtet ein, daß eine durch starke mechanische Beeinflussung hervorgerufene Schädigung nicht nur zur Turgorsenkung, sondern auch — wenn es sich um wachsende Organe handelt — zur Wachstumshemmung führen muß. Bei der Verletzung eines Gewebes findet man sehr häufig zunächst eine Verkürzung, die der Verwundung unmittelbar folgt; in vielen Fällen läßt sich dabei der Austritt von Flüssigkeit aus den Zellen in die Interzellularen feststellen (Folge der Permeabilitätserhöhung). An Wurzeln, die genügend lichtdurchlässig sind, kann man diese Reaktion schon nach ziemlich unbedeutend erscheinender mechanischer Einwirkung (Reiben zwischen den Fingern) beobachten. Nach einigen Minuten beginnt dann die Wiederaufnahme der Flüssigkeit; die Semipermeabilität ist also wiederhergestellt, das Wachstum jedoch begreiflicherweise noch verzögert. Erst nach $^1/_2$ Std oder nach mehreren Stunden beginnt auch der Wiederanstieg der Wachstumsgeschwindigkeit, die sich dabei in vielen Fällen schließlich sogar über den ursprünglichen Wert erhöht (Abb. 297, 298). Das haben wir schon früher erwähnt und als Folge der verstärkten Atmung gedeutet. Außerdem schließt jede Verletzung des Gewebes normalerweise auch noch die Auslösung der im vorigen Abschnitt besprochenen Alles-oder-Nichts-Erregung ein, die jetzt aber natürlich mengenmäßig mit ihren Folgen hinter den viel stärkeren der Beschädigung zurücktritt.

Von der allgemeinen Verbreitung dieser Effekte nach starker mechanischer Reizung der Pflanzen können auch die Untersuchungen KAHLS überzeugen. Nach Erschütterungsreizung von Pflanzen zeigte sich: Erhöhte Permeabilität (auch erhöhte Wasserpermeabilität), im Zusammenhang damit gesteigerte Transpiration, gesteigerte Wasserstoffionenkonzentration. Wenn z. B. Blätter von *Rhoeo discolor* oder vom Salat 20 min geschüttelt werden, so sinkt der p_H-Wert um 0,21 Einheiten, und zwar wahrscheinlich infolge der gesteigerten Atmung. Die CO_2-Produktion steigt nach dieser Behandlung um 60%.

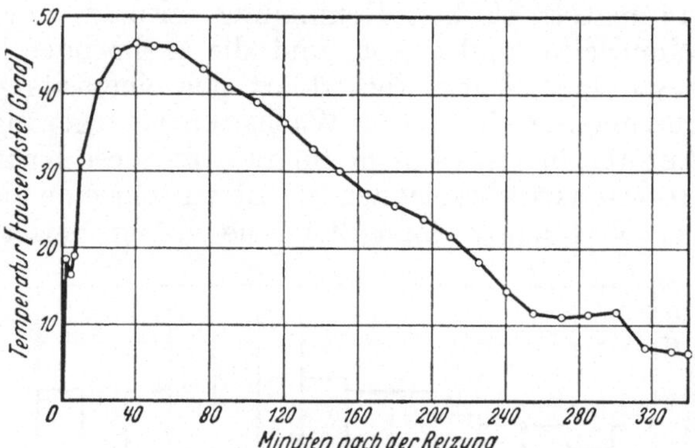

Abb. 296. Erhöhte Temperatur als Ausdruck der Atmungssteigerung nach mechanischer Verletzung eines Epikotyls von *Vicia Faba*. Abszisse: Zeit in Minuten; Ordinate: Temperatur in 0,001°. (Nach DRAWERT.)

Man kann sich, solange weitere Versuche noch nicht vorliegen, verschiedene Bilder über die Natur der strukturellen Veränderungen im Plasma machen, die zu diesen Erscheinungen führen. KAHL rechnet mit einem Aufreißen von Haftpunkten und einer damit bedingten Lockerung und Zerreißung des Eiweißgerüstes. Hierbei werden Enzyme freigesetzt und die Atmung gesteigert, die gesteigerte Atmung wiederum kann man für das Einsetzen der Restitution verantwortlich machen. Diese Deutung stimmt mit der Beobachtung überein, daß die genannten Veränderungen auch mit einer Viskositätsverminderung verknüpft sind. Für die hier zugrunde gelegte Vorstellung, daß die Plasmagrenzschicht eine netz- oder gerüstartige Struktur aufweist, spricht auch der elektronenoptische Befund.

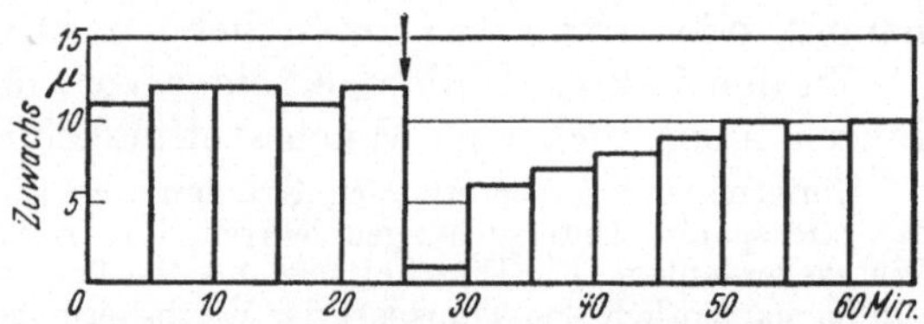

Abb. 297. Herabsetzung der Wachstumsgeschwindigkeit einer Keimwurzel von *Vicia Faba* nach starker elektrischer Reizung. Der Pfeil gibt den Zeitpunkt der Reizung an. Abszisse: Zeit in Minuten; Ordinate: Zuwachs in μ. (Nach DRAWERT.)

Die Rolle der Atmung bei der Erhaltung und Restitution der Semipermeabilität ist oft erkannt worden. In der Anaerobiose verlieren die Zellen höherer Pflanzen ihre Semipermeabilität; beispielsweise zeigt das Kartoffelgewebe unter anaeroben Bedingungen eine verstärkte Glukoseabgabe (BRAUNER und HASMAN). Bei Hefe (BRANDT) wird die infolge einer Schädigung aufgehobene Semipermeabilität (erkennbar an einer verstärkten Phosphatabgabe) durch Zusatz von Glukose oder durch Schütteln unter Sauerstoffgegenwart restituiert.

Kernverlagerung. Oft kommt es in der Nähe der Wunden zu einer traumatotaktischen Kernverlagerung. In unmittelbarer Nähe der Wunde handelt es sich dabei um negative, im übrigen, oft stark ausgedehnten Bereich aber um positive Traumatotaxis, d. h. um Bewegung der Kerne in der Richtung zur Wunde. Diese Kernbewegungen hängen eng mit Plasmaverlagerungen und mit der durch den Wundreiz stimulierten

Neubildung von Plasma zusammen, dabei dürften die Veränderungen des Zytoplasmas das Primäre, die Kernverlagerungen das Sekundäre sein. (Literaturhinweise bei KÜSTER.)

Traumatotropismus. Da sich die Wundwirkung zwar etwas, aber doch meist nicht über die ganze Pflanze ausbreitet, und bei einseitiger Reizung auch nicht notwendig die antagonistische Flanke in Mitleidenschaft gezogen wird, kommt es bei einseitiger Verletzung zunächst zu einer positiv-traumatotropischen Krümmung, also zu einer Krümmung, bei der die Wundseite konkav ist, und die mehr oder weniger auf die Wundnähe beschränkt bleibt. Sie erklärt sich einerseits aus der Turgorverminderung und andererseits aus der Wachstumsverzögerung in der Wundnähe. (Manche Autoren halten es nicht für ratsam, diese Krümmung als einen Traumatotropismus zu bezeichnen, da sie zu sehr eine einfache und direkte Wirkung der Verletzung darstellt.) Die später einsetzende Wachstumsförderung führt dann, oft erst nach einigen Stunden, zu negativen Krümmungen, die jedoch fehlen können, z.B. dann, wenn auch die der Wunde gegenüberliegende Seite im Wachstum gefördert wird. Die Reizwirkung breitet sich in manchen Fällen bis zur Gegenseite aus, kann dort aber zumeist keine ansehnliche Hemmung mehr bedingen, sondern nur eine Förderung, die dann die negativ traumatotropische Krümmung hemmt oder sogar die anfängliche positive Krümmung unterstützt.

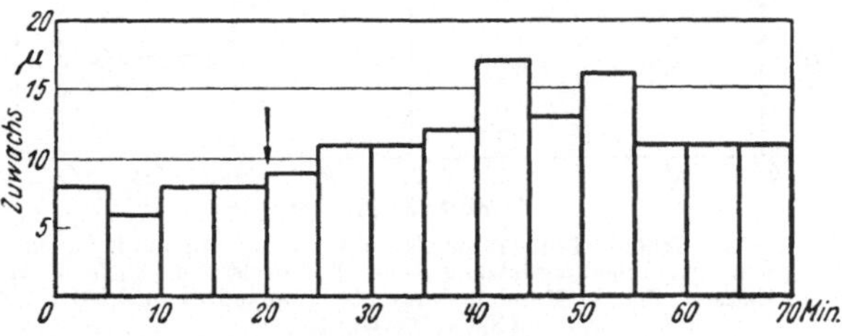

Abb. 298. Wie Abb. 297, jedoch schwache elektrische Reizung. Vorübergehende Wachstumsförderung. (Nach DRAWERT.)

Zu den Faktoren, die nach einer Verwundung zur Wachstumshemmung führen, mag auch eine Wuchsstoffinaktivierung gehören.

Übrigens sind früher oft auch Krümmungen als traumatotropisch bezeichnet worden, die, wie spätere Untersuchungen lehrten, ihre Entstehung einer indirekten Wirkung der Wunde verdanken. Ein Einschnitt hemmt den Transport der für das Wachstum notwendigen Stoffe, namentlich den Transport der Wuchshormone; auch dadurch müssen natürlich zur Wunde gerichtete Krümmungen entstehen, bei denen die Wundseite konkav wird. Die eigentlichen traumatotropischen Krümmungen sind also oft verdeckt.

Nekrohormone. Zu den Substanzen, die von den beschädigten oder abgestorbenen Zellen abgegeben werden, und die auf die angrenzenden Zellen einwirken, gehören vor allem auch solche, die die Zellteilung fördern. Durch HABERLANDTS Untersuchungen sind wir über die Wundhormone (Nekrohormone) näher unterrichtet worden, nachdem schon WIESNER (1892) auf Grund der durch Verwundung bedingten Zellteilungen zur Annahme derartiger Hormone gekommen war. Wird die Wundfläche des verletzten Gewebes gewaschen, so werden die Teilungen in den angrenzenden Schichten erheblich eingeschränkt, weil nunmehr die beim Verletzen entstandenen teilungsauslösenden Stoffe weitgehend fortgespült wurden. Im allgemeinen handelt es sich nicht nur um eine Teilungsförderung, sondern zugleich wird auch die Zellstreckung, aber in wesentlich geringerem Maße, gefördert (Abb. 106, 189).

Die Wachstums- und Teilungsförderung durch Verwundungen ist in manchen Fällen auch schon ohne mikroskopische Untersuchung erkennbar. So ist es bei der Wundkorkbildung, die einen wichtigen Vorgang der

Wundheilung darstellt, oder bei der Entstehung eines Kallus. An der Bildung von Kallus- und Wundkork können sich nicht nur Zellen beteiligen, die schon vor der Verwundung meristematisch waren; der Wundreiz veranlaßt auch die Zellen, die bereits ihre normale definitive Größe erreicht hatten und normalerweise keine weiteren Teilungen vollführt hätten, zu erneutem Wachstum und erneuten Teilungen. Auch die Kallusbildung ist ja für den Wundverschluß wichtig.

Ob es sich bei den Nekrohormonen, die für die erneuten Teilungen verantwortlich gemacht werden, chemisch immer um ein und dieselbe Substanz handelt, erscheint recht zweifelhaft. Offenbar werden bei der Verwundung und Abtötung verschiedenartige Stoffe gebildet oder freigesetzt, die eine derartige Wirkung auf die Nachbarzellen entfalten können. Eine von ihnen wurde kürzlich weitgehend analysiert (BONNER und ENGLISH). Als ein geeignetes Testobjekt zur Prüfung der Wirksamkeit der gewonnenen Präparate hat sich das Parenchym der *Phaseolus*-Perikarpien erwiesen (WEHNELT), auf denen das Hormon makroskopisch sichtbare Wucherungen bedingt.

Eine so isolierte Substanz hoher Wirksamkeit wurde als Traumatin bezeichnet. Es handelt sich um eine zweibasische ungesättigte Säure mit der Formel

$$\mathrm{HOOC{-}CH = CH(OH_2)_8{-}COOH,}$$

die auch synthetisiert werden konnte.

Aber dafür, daß wir es in anderen Fällen vorwiegend mit anderen Substanzen zu tun haben, sprechen vielseitige Erfahrungen. Schon HABERLANDT hat eine Spezifität nachgewiesen: Die Säfte einer Pflanze wirken zwar auch auf andere Arten derselben Familie oft teilungsauslösend, jedoch nicht auf Arten anderer Familien. Bereits innerhalb einer Familie bestehen Unterschiede; z. B. ist der Gewebssaft von *Bryophyllum crenatum* und *Crassula lacta* bei *Echeveria* unwirksam. Die Wundhormone der einzelnen Arten lassen sich auch durch ihre unterschiedliche Löslichkeit, Hitzebeständigkeit und andere leicht feststellbare Eigenschaften voneinander unterscheiden. So mag die Annahme, daß neben jenem Traumatin in anderen Fällen die beim Absterben auftretenden Eiweißabbauprodukte als Wundhormone wirksam sind, durchaus berechtigt sein. Speziell Tyrosin soll diese Funktion in manchen Fällen übernehmen.

Die Ermittlung der chemischen Natur dieser Teilungshormone wird dadurch erschwert, daß zahlreiche Substanzen, die mit den gesuchten bestimmt nicht identisch sind, in nicht zu geringen Konzentrationen teilungsauslösend wirken. Dabei handelt es sich, wie z. B. wohl bei der Teilungsauslösung durch Hormone der Zellstreckung, teilweise um indirekte Wirkungen, die zustande kommen, weil die angewandten Konzentrationen bereits schädigend wirken und somit die Freisetzung der eigentlichen Nekrohormone ermöglichen.

Die Teilungshormone werden nicht etwa nur bei tödlich wirkenden Verwundungen freigesetzt, sondern auch schon bei viel schwächeren Eingriffen, z. B. durch Druck oder Reibung der Zellen. Selbst die schwachen Reizungen, die überhaupt nicht zu eigentlichen Schädigungen, sondern nur zur Auslösung der normalen Alles-oder-Nichts-Erregung führen, sind mit der Bildung zellteilungsauslösender Substanzen verbunden. Die bereits genannte „Erregungssubstanz" hat sich nämlich in dieser Hinsicht ebenfalls als wirksam erwiesen. Allerdings bedarf es, wenn der Pflanze nicht konzentrierte Präparate geboten werden, mehrfach wiederholter Reizung, um die erforderliche Überschwemmung der Pflanze mit der Erregungssubstanz zu ermöglichen. Auch die Untersuchungen über die chemische Natur dieser Erregungssubstanz haben zu dem Ergebnis geführt, daß sie bei den einzelnen Arten nicht übereinstimmt (UMRATH). Die bisher analysierten Erregungssubstanzen sind mit dem Traumatin nicht identisch. Da aber auch Verwundungen Erregungsvorgänge auslösen, also zur Bildung der Erregungssubstanz führen, darf die Erregungssubstanz zum mindesten als eine Komponente der „Wundhormone" betrachtet werden.

2. Wirkung von Berührungs- und Stoßreizen.

Wirkung auf Kolloide in der Zelle. Obwohl bei allen durch mechanische Reize ausgelösten Reaktionen kolloidale Umwandlungen in der Zelle im Spiel sind, seien doch einige mikroskopisch leicht faßbare Umwandlungen dieser Art schon hier erwähnt.

Die bereits in einem anderen Zusammenhang genannte Kappenplasmolyse kann auch durch mechanische Reize ausgelöst werden. Das heißt, solche Reize können die zur Erhöhung der Wasserbindungsfähigkeit führende Strukturänderung der im Zytoplasma lokalisierten Kolloide bedingen. Aber auch Zellsaftkolloide der Art, wie etwa die früher erwähnten Lecithinkolloide von *Iris* können solche Veränderungen unter dem Einfluß von Erschütterungsreizen zeigen (GICKLHORN). Ebenso sei hier auf die Reizplasmolyse hingewiesen, eine durch mechanische (auch durch chemische und photische) Reizung bei manchen Zellen leicht auslösbare Abhebung der Protoplasten von der Zellwand (Abb. 299).

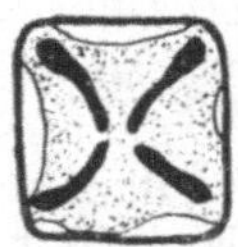

Abb. 299. *Striatella*, auf Reizung durch Druck erfolgt eine Reizplasmolyse. Die Figur links stellt die Zelle unmittelbar nach der Reizung dar; rechts eine halbe Stunde später, die Reizplasmolyse ist schon teilweise zurückgegangen. (Nach PRAT, verändert.)

Haptotropismus. Die eben genannte Beziehung zwischen Erregungssubstanzen und Wundhormonen bildet wieder einen Hinweis darauf, daß wir die normale Reizung in mancher Hinsicht als einen harmlosen Grenzfall der Schädigung betrachten dürfen. Daher darf es uns auch nicht wundern, daß eine durch Stoß oder Reibung vorgenommene mechanische Reizung vielfach ähnliche Wirkungen hat wie eine Verletzung. So kann eine durch Berührung bedingte einseitige Turgorsenkung oder Wachstumshemmung zu positiv thigmotropischen (= haptotropischen) Krümmungen führen; die sekundär, als Ausdruck der Folge der restituierenden Vorgänge, einsetzende Wachstumsbeschleunigung kann später negative Krümmungen verursachen. Die Wachstumsbeschleunigung tritt wieder um so früher und stärker ein, je schwächer die durch die Berührung bedingte Schädigung war. Wird eine Schädigung ganz vermieden, so kann es auch zu reinen Wachstumsbeschleunigungen kommen. So führt nach BUDER und SEEMANN starke Reizung bei *Phycomyces*-Sporangienträgern zur Wachstumshemmung der gereizten Seite, also zu positivem Thigmotropismus, schwache Reizung hingegen zur Wachstumsbeschleunigung und zu negativem Thigmotropismus. Bei sehr schwachen mechanischen Reizen werden (wenn überhaupt noch eine Wirksamkeit besteht) nur die normalen (dem Alles-oder-Nichts-Gesetz folgenden) Erregungsvorgänge ausgelöst; auch sie können zu Turgor- und Wachstumsänderungen führen, die thigmotropische Krümmungen zur Folge haben.

Namentlich an Keimpflanzen, deren Turgor und Wachstum sich naturgemäß leicht beeinflussen lassen, sind solche thigmotropischen Krümmungen erzielbar. STARK hat ihre weite Verbreitung gezeigt. Zur Reizung genügt das Streichen mit Holzstäbchen oder anderen festen Gegenständen. SCHRANK hat die dabei selbstverständliche Negativität der gereizten Flanke an

Avena-Koleoptilen nachgewiesen. — Für diese Reaktion ist das Webersche Gesetz in groben Zügen gültig: Werden zwei antagonistische Flanken gereizt, so kommt es für den Erfolg der Reizung nicht auf den absoluten, sondern auf den relativen Reizunterschied beider Flanken an.

Wird z. B. eine Seite eines *Panicum*-Keimlings zweimal, die gegenüberliegende einmal mit einem Holzstäbchen gestrichen, so ist im Durchschnitt gerade noch eine positive Krümmung feststellbar. Wird dagegen eine Seite 20mal, die gegenüberliegende 19mal gestrichen, so führt der Reizüberschuß der einen Seite (obwohl er absolut ebenso groß ist wie beim vorgenannten Versuch) nicht mehr zur Reaktion. Dagegen wird eine ebenso starke Reaktion wie beim erstgenannten Versuch erreicht, wenn eine Flanke fünfmal, die andere einmal bzw. eine Flanke 100mal, die andere 20mal gestrichen wird, wenn also der relative Unterschied 5:1 beträgt.

Diese Gültigkeit des Weberschen Gesetzes bedeutet nicht mehr, als daß der Erfolg eines bestimmten Reizbetrages immer geringer wird, je mehr durch vorhergehende Reizung schon ein mehr oder weniger großer Teil der überhaupt möglichen Plasmazustands- und Wachstumsänderungen hervorgerufen worden ist; aber das ist ohnehin selbstverständlich und besagt, wie wir sahen, nicht einmal etwas gegen die Annahme, daß die Einzelzellen hier nach dem Alles-oder-Nichts-Gesetz reagieren. Wegen der bei Berührungsreizen allgemein auftretenden Aktionsströme und wegen der engen Verwandtschaft zu den Bewegungen der „Sensitiven" ist es sogar sehr wahrscheinlich, daß bei der thigmotropischen Reizung Alles-oder-Nichts-Reaktionen der Einzelzelle entscheidend sind (wenn nicht so stark gereizt wird, daß außerdem Schädigungen eintreten). — Auch die Gültigkeit des Resultantengesetzes bei diesem Thigmotropismus ist nicht allzu interessant: Werden zwei einander nicht genau gegenüberliegende Flanken gereizt, so entspricht die Krümmungsrichtung der Resultanten; sie liegt also (bei gleichstarker Reizung beider Flanken) in der Mitte zwischen den beiden Reizangriffsrichtungen oder (bei stärkerer Reizung einer Flanke) der Angriffsrichtung der stärkeren Reizung genähert. Die Gültigkeit des Resultantengesetzes ist eine zwangsläufige Folge erstens der Abhängigkeit der Reaktionsstärke von der Reizstärke und zweitens der Tatsache, daß die Reizleitung jedenfalls in der Querrichtung nicht sehr weit erfolgt (sonst wären ja auch so starke Krümmungen gar nicht möglich).

Übrigens ist die Ausbreitung der Reizwirkung auch in der Längsrichtung der Keimlinge meist ziemlich unbedeutend. Die Reaktion beschränkt sich also auf die Reiznähe. Welcher Natur die nur über wenige Millimeter erfolgende Leitung ist, wissen wir nicht genau; jedenfalls ist die Erregungsleitung bei jungen Keimlingen meist erst wenig ausgebildet (Umrath), dagegen ist ein Transport von Erregungssubstanz wohl in allen Fällen möglich.

3. Sonderfälle starker Seismoreaktionen.

Überblick. Die nach mechanischer Reizung ablaufenden Vorgänge lassen sich, obwohl sie im Grundsätzlichen in allen Pflanzen mehr oder weniger ähnlicher Natur sein werden, viel leichter bei einigen Sonderfällen studieren, in denen sie extrem ausgebildet sind. In diesen extremen Fällen kann sowohl die Reizaufnahme besonders erleichtert, als auch die Erregbarkeit des Plasmas, und ferner die Fähigkeit zu Bewegungsreaktionen besonders gut sein. Solche Extremfälle finden wir einerseits bei der Seismonastie der „Sensitiven" oder der reizbaren Staubfäden und Narben, andererseits bei der Thigmonastie und dem Thigmotropismus, etwa dem der Ranken. Wir betrachten hier zunächst die Pflanzen mit besonders gut ausgebildeter seismischer Reaktionsfähigkeit.

Die seismisch bedingten Reaktionen beruhen zumeist darauf, daß der Stoßreiz (also die Erschütterung) Zellvorgänge auslöst, die zu Turgorsenkungen führen; seltener kommt es später dann auch noch zu Wachstumsänderungen. Zu den vermittelnden Plasmavorgängen gehört in allen Fällen die Alles-oder-Nichts-Erregung. Wir verschaffen uns hier zuerst einen Überblick über die wichtigsten Fälle.

Abb. 300. *Mimosa pudica.* Links ungereizt, rechts gereizt.

Die Mimose hat von jeher das meiste Interesse beansprucht. — Sie hat doppelt gefiederte Blätter (Abb. 300). Der primäre Blattstiel ist durch ein basales Gelenk, das den für Bewegungsgelenke typischen Bau zeigt, mit dem Stamm verbunden. Bei einer Reizung senkt sich der primäre Blattstiel, indem sich das Gelenk auf der Unterseite verkürzt, auf der Oberseite verlängert. Von diesem primären Blattstiel gehen (bei *Mimosa pudica*) vier sekundäre aus, die jeder eine große Zahl von Blättchen tragen. Bei einer Reizung nähern sich diese vier Sekundärstiele durch entsprechende Reaktionen ihrer Gelenke. Die Blättchen klappen, ebenfalls durch gegensätzliche Längenänderung zweier Flanken ihrer Gelenke, nach oben. Auffällig ist bei der Mimose die über weite Strecken, oft durch die ganze Pflanze hindurch gehende „Reizleitung". Die Reaktion beginnt, nachdem eine Latenzzeit von 0,1—1 sec verstrichen ist. Hohe Temperatur kürzt

Abb. 301. *Dionaea muscipula,* geöffnete Blätter.

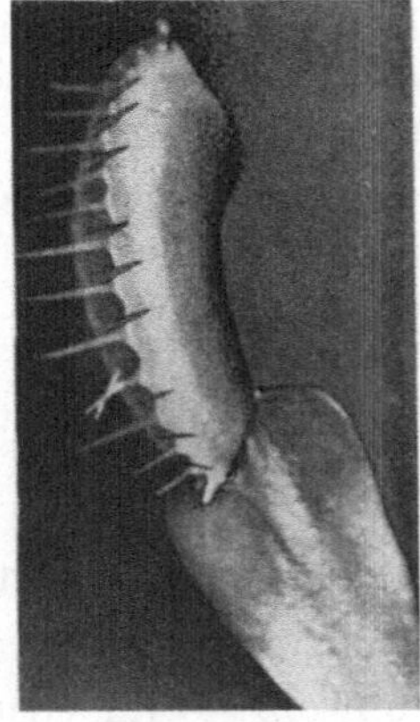

Abb. 302. *Dionaea muscipula.* Infolge Reizung geschlossenes Blatt.

die Latenzzeit ab, niedrige verlängert sie. Die Reaktion selber erfordert mehrere Sekunden; sie wird gleich nach der Erreichung der Endlage von der Rückkrümmung abgelöst, die das Blatt etwa $^1/_2$ Std später wieder in die alte Lage gebracht hat. Wesentlich schneller verlaufen die Reaktionen bei der Droseracee *Dionaea muscipula*. Die Blattspreite besitzt zwei Flügel, die nach einer Reizung der Innenflächen, besonders leicht nach einer Berührung der dort stehenden steifen Borsten, unter günstigen Außenbedingungen in Bruchteilen einer Sekunde zusammenklappen können (Abb. 301 und 302). Die Hälften greifen dann mit ihren Randzähnen ineinander und so können Insekten gefangen werden, die später durch ein abgeschiedenes Drüsensekret verdaut werden. Die Droseracee *Aldrovanda* verhält sich ganz ähnlich wie *Dionaea*.

Abb. 303. *Berberis*blüte. Die Blütenhülle sowie vier der Staubgefäße wurden entfernt. Von den beiden verbliebenen Staubgefäßen wurde eines (im Bild links) durch Berührung an der empfindlichen Zone der Basisoberseite gereizt. Etwa 3fach vergrößert.

Weniger auffällig sind die Seismoreaktionen einiger Staubfäden und Narben. Die Staubgefäße von *Berberis* und *Mahonia* krümmen sich nach einer Stoßreizung der Basis der inneren Filamentseite zum Blüteninnern. Die Bewegung erfolgt überaus schnell, meist in weniger als $^1/_{10}$ sec, und die Latenzzeit ist unter günstigen Außenbedingungen oft noch kürzer (Abb. 303, 304). Bei den Staubfäden von *Sparmannia* und von *Helianthemum* ist nur die Basis der Außenseite empfindlich. Die Krümmung findet demgemäß, da sie durchweg nur durch Turgorsenkung, also Verkürzung der gereizten Seite entsteht, nach außen statt (Abb. 305, 306). Latenzzeit und Reaktionsdauer stimmen ungefähr mit denen der Mimose überein. Bei *Sparmannia* ist auch eine Reizleitung von einem Staubfaden zu den angrenzenden möglich, jedoch nur innerhalb jedes Staubfadenbüschels; von einem Büschel zum angrenzenden findet keine Leitung statt. Bei *Helianthemum* fehlt (ebenso wie auch bei *Berberis*) die Leitung zu benachbarten Staubfäden. Unter den Kompositen haben sehr viele Arten reaktionsfähige Staubfäden; oft wurden *Centaurea*-Arten mit ihren besonders großen Staubfäden untersucht. Die Staubbeutel sind, wie bei allen Kompositen, zu einer Röhre verwachsen, innerhalb der der Griffel steht. Die Filamente sind nicht miteinander verwachsen; sie sind vor einer Reizung stark nach außen gewölbt. Durch den Reiz wird eine ansehnliche Kontraktion bedingt, an der alle Flanken des Staubfadens, wenn auch nicht alle gleich stark, beteiligt sind. Die Wölbung geht während der Kontraktion zurück. Die Kontraktionsbewegung führt übrigens dazu, daß Pollen am Griffel abgestrichen wird; darin wurde oft die Bedeutung der Bewegung gesehen. Die Latenzzeit beträgt weniger als eine Sekunde, die Kontraktionsdauer wenige Sekunden, die Rückbewegung (wie in allen Fällen seismonastischer Bewegungen) mehrere Minuten. Die Reizleitung ist auch bei *Centaurea* schlecht ausgebildet; sie geht nie von einem Staubfaden zum benachbarten;

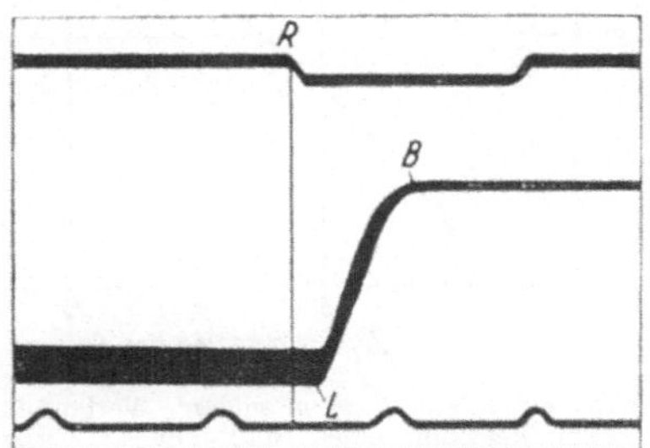

Abb. 304. *Berberis vulgaris*. Darstellung des Bewegungsverlaufs nach einer photographischen Registrierung. R Reizbeginn. *L* Ende der Latenzzeit (0,04 sec); *B* Ende der Reaktion (0,15 sec nach dem Reiz). Unten 4 Zeitmarken in $^1/_5$ sec Abstand. (Nach COLLA.)

schon innerhalb ein und desselben Fadens ist sie oft langsam und unvollständig.

Ferner sind noch die Narben mehrerer Blüten erwähnenswert. Dabei handelt es sich um Narben mit zwei Lappen, die sich nach einer Berührung ihrer Innenflächen zusammenlegen; ein Vorgang, der wieder mehrere Sekunden in Anspruch nimmt, während die Rückkrümmung oft erst nach $^3/_4$ Std beendet ist. *Mimulus*, *Martynia* und *Incarvillea* können als Beispiele genannt werden (Abb. 307).

Abb. 305. *Sparmannia africana.* Staubgefäße (bzw. Staminodien) links ungereizt, rechts seismisch gereizt. (Natürliche Größe.)

Endlich sind auch die Kronblätter mehrerer Pflanzen seismonastisch reaktionsfähig, so die einiger *Gentiana*-Arten.

Eine Vollständigkeit kann diese kurze Zusammenstellung schon darum nicht beanspruchen, weil bei weiterem Suchen immer mehr auch die weniger deutlichen Fälle bemerkbar würden, und wir dann fast überall im Pflanzenreich derartige Reaktionen auffinden könnten.

Daß sich die genannten Pflanzen durch eine hohe Reaktionsfähigkeit auszeichnen, erklärt sich vor allem aus ihrem vorteilhaften anatomischen Bau. Es sind Bewegungsgewebe vorhanden, in denen sich kein Festigungsgewebe findet. Besonders deutlich wird das bei der Ausnutzung der auch für andere Bewegungen wichtigen Gelenke, deren Bau wir schon früher beschrieben haben; die Gefäßbündel sind nach innen verlagert und das Bewegungsgewebe ist so gebaut, daß Turgorschwankungen leicht zu Dimensionsänderungen in der Längsrichtung führen (Abb. 253 und 254). In anderen Fällen zeichnen sich die Zellen des Bewegungsgewebes dadurch aus, daß ihre Wände sehr dehnbar sind, also bei einer Verminderung der Turgeszenz eine ansehnliche Verkürzung erleiden. Das trifft besonders deutlich für die *Centaurea*-Fäden zu; die Zellen des Bewegungsgewebes verkürzen sich hier bei einer völligen Aufhebung der Turgeszenz (die allerdings durch Reizung nicht erreichbar ist) oft um 40—50% (Abb. 308 und 309).

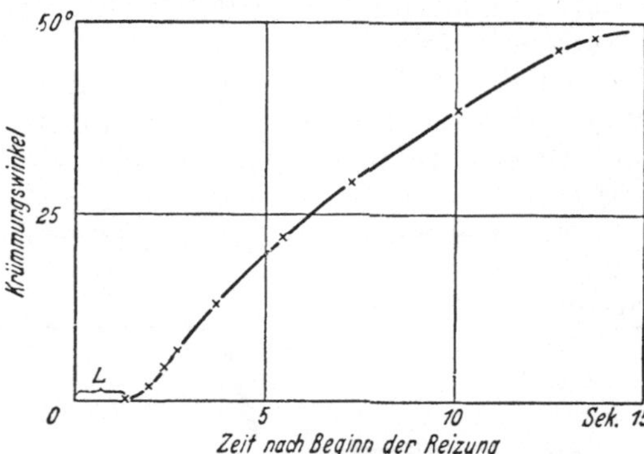

Abb. 306. *Helianthemum vulgare.* Verlauf der seismonastischen Reaktion eines Staubfadens. Nach der 1 oder etwas mehr als 1 sec betragenden Latenzzeit (*L*) beginnt die Krümmung, die etwa 2—3 sec nach der Reizung die maximale Geschwindigkeit zeigt, aber erst nach 15—20 sec beendet ist.

Die genannten Seismoreaktionen stellen zumeist Variationsbewegungen dar, d. h. sie entstehen durch Turgorschwankungen. Das gehört aber nicht zum Wesen dieser Reizbarkeit; an einigen Objekten, so bei *Dionaea*, sind auch Wachstumsänderungen beteiligt („Nutationsbewegungen"). Ebenso ist es im Prinzip belanglos, daß die Turgorschwankung gewöhnlich in einer Turgorsenkung besteht; in einzelnen Fällen erfolgen auch Turgorsteigerungen.

Nicht sehr wesentlich ist es ferner, daß die Bewegungen in einigen Fällen Nastien, in anderen Tropismen sind. Man kann sogar durch geringfügige Veränderungen in den Außenbedingungen aus einem nastisch reagierenden Objekt ein tropistisch reagierendes machen. Voraussetzung dafür, daß die Reaktion tropistisch verlaufen kann, ist zunächst einmal, daß eine allseitige

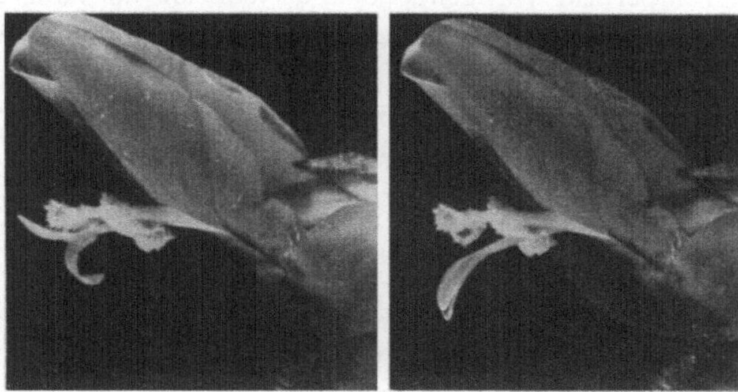

Abb. 307. *Mimulus cardinalis*, Narbe links ungereizt, rechts durch Berührung gereizt.

Empfindlichkeit besteht; und aus derem häufigen Fehlen erklärt sich das Vorwiegen nastischer Reaktionen (die auch dann entstehen, wenn zwar alle Seiten empfindlich sind, aber eine Seite vermöge ihres anatomischen Baus stärkere Reaktionen auszuführen vermag). Entscheidend dafür, ob die Reaktion eines allseitig reaktionsfähigen, aber nicht allseitig gleich stark reaktionsfähigen Organs nastisch verläuft, ist natürlich die Möglichkeit einer guten Reizleitung. Fehlt diese oder wird sie durch ungünstige Bedingungen unterdrückt, so bleibt die Reaktion auf die Reizseite beschränkt und es kommt demgemäß bei lokalisierter Reizung einer Flanke zur tropistischen Krümmung, die aber dann, wenn die Leitung doch noch langsam zu den anderen Flanken übergreift, allmählich mehr oder weniger nastisch werden kann.

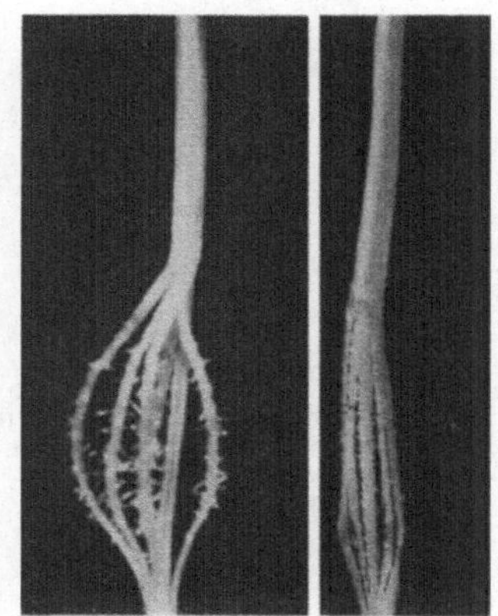

Abb. 308. Staubblätter von *Centaurea ruthenica*, links ungereizt, rechts durch Berührung gereizt.

Von der Reizleitung hängt es auch ab, ob die Reaktion des ganzen Organs dem Alles-oder-Nichts-Gesetz folgt. Die Einzelzelle reagiert, soweit unsere Erfahrungen ein Urteil zulassen, stets nach diesem Gesetz, in den meisten Fällen auch ein ganzes Organ. Wenn die Reizleitung fehlt oder nur schwach ausgebildet ist, hängt die Reaktionsstärke des ganzen Organs wesentlich von der Anzahl der reagierenden Zellen ab.

Die Gültigkeit des Alles-oder-Nichts-Gesetzes für die Reaktion der Einzelzelle deutet schon darauf hin, daß die Seismoreaktionen durch Vermittlung der typischen Erregungsvorgänge entstehen, die wir ausführlich besprochen haben. Wir finden demgemäß auch beim Studium der Bewegungsreaktion ein absolutes und relatives Refraktärstadium (Abb. 310). Dabei ist aber zu bemerken, daß das für die Bewegungsreaktion ermittelte absolute und relative Refraktärstadium nicht notwendig mit dem aus dem Verlauf der Erregungsvorgänge selber, etwa durch das Studium der Aktionsströme ermittelten übereinstimmen muß. Oft sind schon neue Aktionsströme möglich, wenn das Organ noch nicht wieder reaktionsfähig ist. Das heißt, nur Erregungsvorgänge bestimmter Stärke können Reaktionen auslösen. — Einige Zahlen mögen für normale Außenbedingungen und für eine Temperatur von etwa 20° die Reaktion bei einigen wichtigen Objekten charakterisieren. Unter „Bewegungsdauer" ist dabei die Zeit bis zu Erreichung der maximalen Reizlage verstanden.

Objekt	Latenzzeit	Bewegungsdauer	Rückkrümmungsdauer	Absolutes Refraktärstadium der Bewegungsreaktion	Relatives Refraktärstadium der Bewegungsreaktion
	sec	sec	min	min	min
Mimosa, Blattgelenk . . .	0,1—1	10—20	10—15	2	5—10
Berberis, Staubfaden . . .	0,04—0,1	0,1	10—15	4—5	7—9
Sparmannia, Staubfaden .	0,8	10—15	10—15	2	5—10

Erhebliche Unterschiede finden wir bei anderen Pflanzen ebenfalls vor allem in der Bewegungsdauer und in der Latenzzeit, während rückläufige Bewegung und Refraktärstadium in den meisten Fällen ähnlich sind. Das gesamte Refraktärstadium, also die Summe von absolutem und relativem, beträgt auch sonst in der Regel 10—15 min.

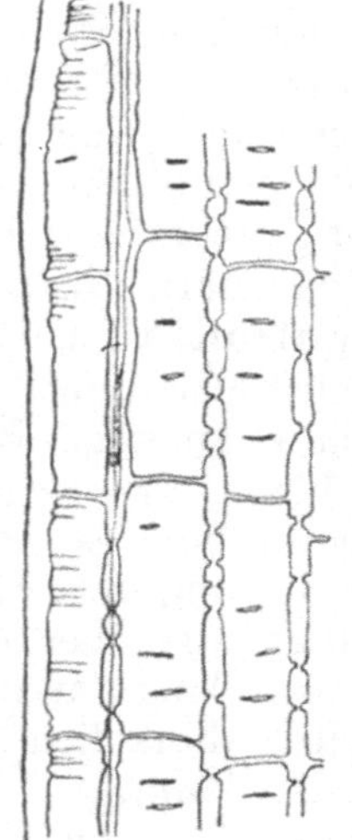

Abb. 309a u. b. *Centaurea jacea*, Querschnitt (a) und Längsschnitt (b) durch das Bewegungsgewebe des Staubfadens. (Nach Haberlandt.)

Nach diesem Überblick wollen wir nunmehr eine mehr in die Einzelheiten gehende Analyse versuchen.

Mechanik. Daß die Bewegungen zumeist auf einer Turgorherabsetzung beruhen, wird nicht nur an der Volumenverminderung der Gewebe deutlich (die ja auch bei konstantem Zellvolumen auf Kosten der Interzellularen erreicht werden könnte), sondern fernerhin an der Erschlaffung des Organs, die aus der zunehmenden Biegungsfähigkeit auch quantitativ bestimmbar ist. Beim *Mimosa*-Gelenk nimmt die Biegungsfähigkeit, gemessen an dem mit einer bestimmten durchbiegenden Kraft erreichten Winkel, während der Reaktion um das 2—3fache zu. Pfeffer errechnete aus der Energie der Bewegung der *Mimosa* eine Turgorsenkung um 2—3 Atm. Die Turgeszenz wird aber fast nie ganz aufgehoben, vielmehr bleiben die Zellwände immer noch ziemlich stark gespannt, so daß durch eine Plasmolyse oder auch schon durch eine erneute, vor Beendigung der Rückkrümmung vorgenommene Reizung eine noch stärkere Kontraktion erreicht werden kann. Die Volumenverringerung der reagierenden Zellen beträgt nicht selten 20—30 % des Ausgangsvolumens, so bei *Centaurea*; sie kann aber in anderen Fällen so gering sein, daß ihre Existenz (wohl zu Unrecht) angezweifelt worden ist.

Am Mimosengelenk kann man, namentlich bei den kleinen Gelenken der Fiederblättchen, den Flüssigkeitsaustritt in die Interzellularen schon daran sehr leicht erkennen, daß nach der Reizung ein Farbumschlag von weißlichgrün zu reinem grün erfolgt. An anderen Objekten, so bei den *Sparmannia*-Staubfäden und den *Mimulus*-Narben läßt sich der Flüssigkeitsaustritt mikroskopisch beobachten. Die Flüssigkeit wird oft nicht nur in die Interzellularen, sondern teilweise auch in die Zellwände abgeschieden, die dadurch dann aufquellen. Es kommt sogar vor, daß die abgeschiedene Flüssigkeit nach außen abgegeben wird. Dann läßt sich nachweisen, daß zum Teil auch gelöste Substanzen mit abgesondert werden. Schon daraus folgt das Eintreten eines (partiellen) Semipermeabilitätsverlustes, also einer Permeabilitätserhöhung. Aber noch mit anderen Methoden kann diese Permeabilitätserhöhung nachgewiesen werden. Bei den reizbaren Narben von *Mimulus* erleichtert die Reizung das Eindringen von Glyzerin. Das äußert sich darin, daß gereizte Narben, die in Glyzerin und nachher in Wasser gelegt werden, sich dort schneller und weiter wieder öffnen als ohne die genannte Vorbehandlung; es muß also Glyzerin in die Zellen der gereizten Narben eingedrungen sein. Bei mehreren Objekten ist nachgewiesen worden, daß Ammoniak- und Essigsäuredämpfe das Anthocyan der gereizten Zellen schneller verfärben, die Dämpfe also offenbar leichter eindringen als bei ungereizten Zellen. Wichtig sind auch noch die Beobachtungen von BLACKMAN und PAINE: Taucht man Mimosengelenke in ein Leitfähigkeitsmeßgefäß mit Wasser, dessen Leitfähigkeit alle 5 min gemessen wird, so beobachtet man nach der Reizung eine deutliche Zunahme der an der Leitfähigkeitssteigerung gemessenen Exosmose.

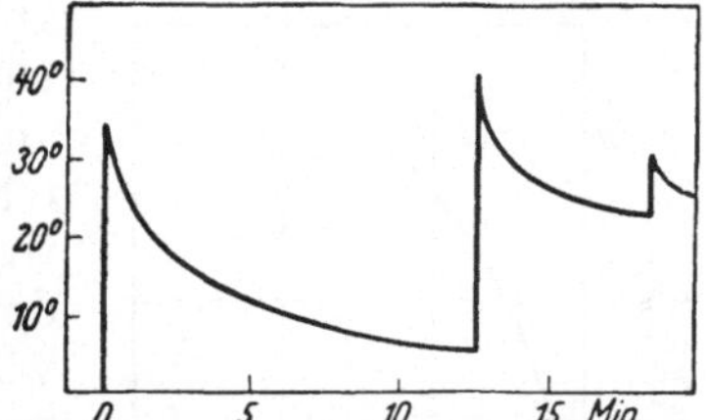

Abb. 310. *Berberis*-Staubfaden. Mehrfache Stoßreizung. Abszisse: Zeit nach der 1. Reizung. Ordinate: Bewegungsreaktion (Krümmungswinkel). Der 2. Reiz (12,5 min nach dem ersten) liegt schon außerhalb des Refraktärstadiums, daher bedingt er eine gleich starke Reaktion wie der erste. Der 3. Reiz (6 min nach dem 2.) fällt noch in das relative Refraktärstadium, daher bedingt er eine geringere Reaktion.

Ferner kann hier auch noch einmal auf die schon erwähnte Permeabilitätserhöhung nach dem Schütteln von Pflanzen verwiesen werden; auch die Beobachtungen GÄUMANNs über die zur Transpirationssteigerung führende Herabsetzung des inneren Filtrationswiderstandes nach der Windeinwirkung auf Blätter kann hier erwähnt werden.

Der Semipermeabilitätsverlust ist begreiflicherweise auch mit einer Erhöhung der Wasserpermeabilität verbunden, und an dem Verlauf der Permeabilitätserhöhung für Wasser läßt sich der gesamte Permeabilitätsverlauf recht gut studieren, um so mehr, als sich eine Permeabilitätserhöhung für Wasser schon viel leichter bemerkbar macht als eine Permeabilitätserhöhung für gelöste Substanzen. Um die Wasserpermeabilität zu messen, muß das Objekt in hyper- bzw. hypotonische Lösung oder in trockene bzw. in feuchte Luft übertragen werden, damit eine Abgabe oder Aufnahme von Wasser erzwungen wird. Aus der Geschwindigkeit dieser Flüssigkeitsbewegungen, die nach den durch sie bedingten Lageänderungen des Objekts beurteilt werden können, ergibt sich die Höhe der Wasserpermeabilität. Für solche Messungen ist es jedoch erforderlich, zunächst die Erregbarkeit herabzusetzen, denn sonst wäre die Permeabilitätserhöhung stets so stark, daß sie unabhängig vom Wasserzustand der Umgebung immer zur Flüssigkeitsauspressung führt. Ist die Erregbarkeit so weit herabgesetzt, daß eine Reizung praktisch nur noch die Wasserpermeabilität erhöht, so bedingt eine Reizung nicht mehr notwendig eine Turgorsenkung. Stimmt die Saugkraft der Umgebung mit der des Organs überein, so entsteht überhaupt keine Reaktion. Ist die Saugkraft der Umgebung größer als die der Zelle, so bedingt die Reizung eine Förderung des nach außen gerichteten Wassertransports. Ist dagegen die Zellsaugkraft höher, so bedingt der Reiz eine Förderung des nach innen gerichteten Wassertransports. Da diese Wassertransportgeschwindigkeiten ohne Reizung sehr gering sind, kann man also sagen, daß nach einer derartigen Herabsetzung der Erregbarkeit die Reizung entweder eine Bewegung in normaler Richtung oder (bei geringer Außensaugkraft) eine inverse, unter Turgorerhöhung verlaufende Bewegung bedingt (Abb. 311). Aus der jeweiligen Bewegungsgeschwindigkeit läßt sich dann der Verlauf der Permeabilitätserhöhung in den Hauptzügen erkennen. Die Permeabilität steigt gleich nach der Reizung an, erreicht sehr bald, selbst bei den langsam reagierenden *Sparmannia*-Staubfäden schon nach wenigen Sekunden, ihr Maximum und sinkt dann wesentlich langsamer wieder ab. Aber auch während der Rückkrümmung ist die Wasserpermeabilität noch ansehnlich erhöht; erst mit der Beendigung des Gesamtrefraktärstadiums hat sie wieder ihren Ausgangswert erreicht. Daraus ergibt sich, daß die äußerlich so auffälligen drei Stadien des normalen Bewegungsvorgangs: Latenzzeit, Krümmung und Rückkrümmung, nicht durch drei qualitativ verschiedene innere Zustände determiniert sind. Beim voll erregbaren und unter normalen Bedingungen stehenden Staubfaden kommt jedenfalls der größte Teil der Latenzzeit dadurch zustande, daß die Permeabilität erst allmählich so weit ansteigt, daß es zur Flüssigkeitsauspressung kommen kann. Die Rückkrümmung setzt ein, weil durch die Restitution der semipermeablen Grenzschicht und auch durch den abnehmenden Wanddruck die Flüssigkeitsauspressung immer langsamer, zugleich aber die Bedingungen für eine osmotische Wasseraufnahme durch dieselben Änderungen immer günstiger werden. Die Wiederaufnahme von Wasser ist gleich nach Beginn der Rückkrümmung auch noch dadurch begünstigt, daß zwar die Semipermeabilität wiederhergestellt, aber die Wasserpermeabilität noch sehr stark erhöht ist; so erklärt es sich, daß die erste Phase der Rückkrümmung auffällig rasch verläuft (Abb. 310, 311).

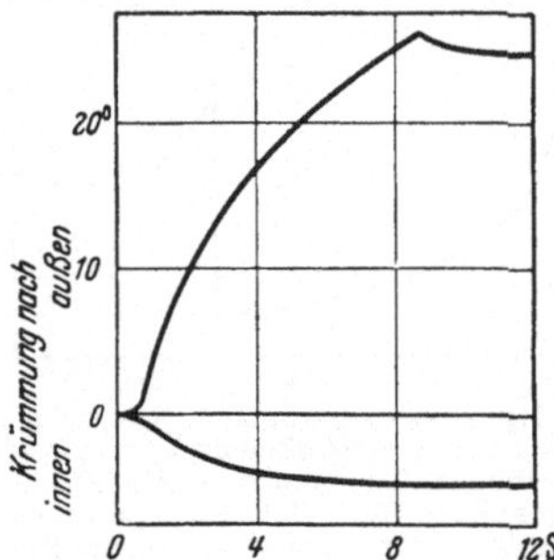

Abb. 311. *Sparmannia africana*. Seismonastische Reaktion des Staubadens unter normalen Bedingunfgen (obere Kurve) und bei verminderter Reaktionsfähigkeit in feuchter Luft (untere Kurve).

Wir brauchen hier die Bewegungsmechanik nicht im einzelnen zu erörtern, da wir schon allgemeiner dargelegt haben, wie durch Permeabilitätserhöhungen Turgorbewegungen entstehen.

Mindestens bei einigen Objekten sind aber, wie wir gleich noch sehen werden, auch Vakuolenkontraktionen Ursache der Wasserabgabe.

Reizaufnahme. Die seismonastisch reaktionsfähigen Organe können besondere Einrichtungen zur Erleichterung der Reizaufnahme besitzen. Diese bestehen jedoch anscheinend nie im Vorhandensein von Zellen mit besonders empfindlichem Plasma, sondern nur darin, daß Stimulatoren ausgebildet sind, die die Deformation des Plasmas erleichtern. Als solche können namentlich Haare und Borsten dienen. Wie diese Deformationen zur Auslösung der Erregungsvorgänge führen, können wir noch nicht mit völliger Sicherheit entscheiden, jedoch kommt es offenbar darauf an, daß eine Plasmamembran bei der Deformation zerrissen wird. Vor allem der Tonoplast scheint durch mechanische Einwirkungen leicht zerstörbar zu sein. Es ist bemerkenswert, daß auch an ganz anderen Pflanzenzellen beim Untersuchen der Eigenschaften des Tonoplasten sein leichtes Zerreißen durch Erschüttern festgestellt worden ist. Jedoch sprechen auch mehrere Erfahrungen an den seismonastisch reagierenden Pflanzen selber eindringlich dafür, daß es primär auf ein Zerreißen einer der Grenzschichten ankommt. Recht interessant ist etwa die an mehreren Objekten (*Berberis*, *Aldrovanda*) gemachte Beobachtung, daß auch eine schnelle Turgordehnung (im Gegensatz zu einer langsamen!), wie sie sich durch Übertragung in Wasser erreichen läßt, Erregung und Reaktion auslöst.

Man kann diesen anscheinend im Zerreißen einer Grenzschicht bestehenden Reizaufnahmevorgang deutlicher in Erscheinung treten lassen, wenn besonders stark gereizt wird, dann erfolgt nämlich schon ohne Latenzzeit eine der eigentlichen Bewegung vorhergehende Krümmung, die von jener scharf abgesetzt ist und ohne Latenzzeit eintritt; in dieser Vorreaktion bei starker Reizung kommt die direkte Wirkung der Reizaufnahme zum Ausdruck, nämlich die ohne Zwischenschaltung von Erregungsvorgängen direkt durch mechanische Zerstörung der semipermeablen Grenzschichten bedingte Flüssigkeitsabgabe. Daß sich der Reizaufnahmevorgang nur nach sehr starker Reizung in dieser direkten Weise zu erkennen gibt, ist erklärlich, weil die normale schwache Reizung die direkte Zerstörung, also den Reizaufnahmevorgang nur in ganz wenigen Zellen des Gewebes bedingt, und alle anderen Zellen des Organs nur durch Erregungsleitung erregt werden.

Mit dieser Deutung des Reizaufnahmevorgangs stimmt es auch überein, daß eine Summation unterschwelliger Stoßreize nicht möglich ist; ein Reiz führt eben entweder in mindestens einer Zelle zur Zerreißung, oder er hinterläßt überhaupt keine Wirkung.

Endlich ist es hinsichtlich dieser Ansicht über den Aufnahmeprozeß noch bemerkenswert, daß er, vor allem wenn sehr stark gereizt worden ist, auch schon in elektrischen Potentialänderungen zum Ausdruck kommt, die dem eigentlichen Aktionsstrom zeitlich vorhergehen und von diesem deutlich getrennt sind. Auch in dieser Tatsache besteht ein Argument für die Auffassung, daß die Reizaufnahme in der Zerstörung einer der semipermeablen Grenzschichten besteht; denn dadurch muß ja zwangsläufig eine Aufhebung des Ruhepotentials, d. h. eine Potentialänderung bedingt werden.

Erregung. Diese Zerreißung einer semipermeablen Grenzschicht genügt nun offenbar, um die eigentliche, eben bei der Besprechung der Mechanik schon charakterisierte Erregung zwangsläufig nach sich zu ziehen. Man kann sich das etwa so erklären, daß bei der Herstellung des Kontaktes zwischen Zellsaft und Plasma Reaktionen eingeleitet werden, die vorher, bei noch bestehender räumlicher Trennung unmöglich waren. Diese Reaktionen führen dann zur Bildung oder Freisetzung der Erregungssubstanz, die die weitere Umwandlung der Grenzschichten, also den Erregungsvorgang, bedingt. Mit der Erregungssubstanz selber und dem durch sie ausgelösten Erregungsvorgang haben wir uns ja schon in einem allgemeineren Zusammenhang beschäftigt.

Es bleibt jetzt nur noch die Frage zu klären, ob der Erregungsvorgang unmittelbar zur Auslösung der Bewegungsreaktion ausreicht, oder ob zur normalen Erregung noch weitere Plasmatätigkeiten hinzukommen müssen, wenn auch Bewegungsreaktionen eintreten sollen. Die Beantwortung dieser Frage hängt weitgehend davon ab, ob man die für die Reaktion erforderliche Permeabilitätserhöhung schon als notwendigen Bestandteil des einfachen

Erregungsvorgangs ansieht, wie er auch an den Zellen auftritt, die keine Bewegungsreaktion zeigen. In diesem Fall (den ich selber als gegeben betrachte) würden sich die zu Bewegungsreaktionen fähigen Zellen von den anderen (etwa von *Nitella*-Internodialzellen) nur dadurch unterscheiden, daß die Permeabilitätserhöhung besonders stark ist.

Schon nach unseren allgemeinen Betrachtungen über den Erregungsvorgang ist es selbstverständlich, daß jede seismonastische Reaktion auch

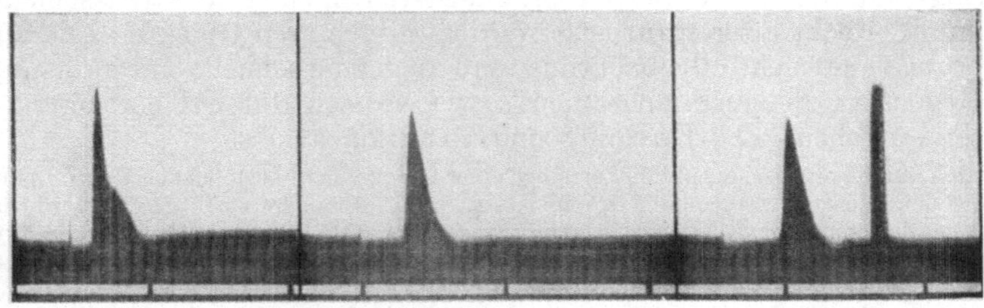

Abb. 312. *Mimosa pudica.* Ableitung der elektrischen Potentiale vom primären Blattstiel. Reize: Je ein starker Öffnungsinduktionsschlag. Der Reizmoment ist an der steilen (niedrigen) Zacke erkennbar. Die 3 Reizungen erfolgen in Abständen von 225 sec. Das schmale Rechteck der 3. Aufnahme stellt eine Eichung von 0,1 Volt dar. Zeitmarken in Abständen von 10 sec. (Nach UMRATH.)

von Aktionsströmen begleitet ist (Abb. 312 und 313). Und wenn es auch für einen einfachen, nicht zu Bewegungsreaktionen führenden Erregungsvorgang nicht ganz sicher entscheidbar war, daß er durch eine Permeabilitätserhöhung entsteht, so darf man für die seismonastisch reagierenden Objekte mit Sicherheit aussagen, daß an der Entstehung ihrer Aktionsströme die Permeabilitätserhöhung zum mindesten beteiligt ist; in diesem Fall ist ja ohne weiteres das Schema für die Entstehung eines Verletzungsstroms (S. 341) anwendbar. Vor allem muß die ausgepreßte Flüssigkeit negativierend wirken, ebenso wie sich auch sonst durch Behandlung mit Salzlösungen eine Negativierung erreichen läßt. Daher ist es verständlich, daß die Negativität in vielen Fällen so lange zunimmt wie die Zellsaftauspressung noch andauert (Abb. 313). Jedoch ist der Aktionsstrom bestimmt nicht unbedingt an die Zellsaftauspressung gebunden, er kann ja auch ohne diese eintreten.

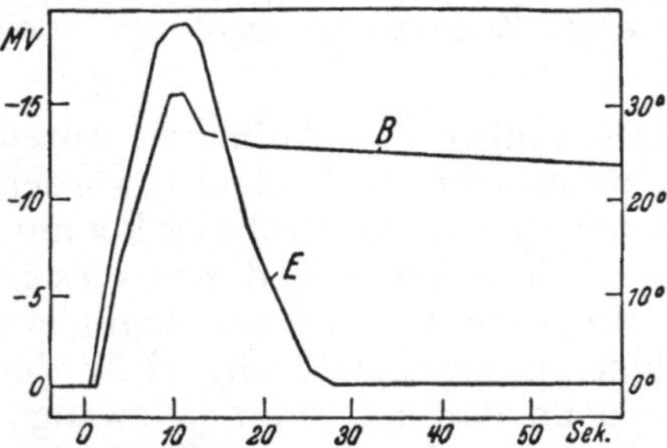

Abb. 313. *Sparmannia africana.* Bewegungsreaktion (*B*) und elektrische Potentialänderung (*E*) bei zwei unter übereinstimmenden Außenbedingungen gereizten Filamenten. Die Ordinatenbezeichnung auf der linken Seite bezieht sich auf die Potentialänderung, die der rechten Seite auf die Bewegungsreaktion (Krümmungswinkel). Die Negativität nimmt bis zur Beendigung der Bewegungsreaktion (d. h. bis zum Beginn der Rückkrümmung) zu.

Vakuolenkontraktionen. Neben den Veränderungen in den Plasmagrenzschichten sind bei mehreren seismonastisch reagierenden Objekten auch die früher erwähnten Änderungen in der Wasserbindungskraft von Vakuolenkolloiden beteiligt. Dabei sind nicht nur Kontraktionen und andere Veränderungen der großen Vakuolen, sondern oft auch solche spezieller Vakuolen abweichender chemischer Beschaffenheit beobachtet worden (so bei *Berberis*, *Aldrovanda*, *Mimosa*; vgl. COLLA, WEINTRAUB). BUVAT spricht dabei von einer reizbedingten blasigen Vergrößerung der Chondriosomen. Auf jeden Fall zeigen alle Beobachtungen daß sich durch die Reizung die Wasserbindungskraft von „Kolloiden“ im Plasma ändert.

Wachstumsänderungen. Bisher haben wir nur die Turgorsenkung und ihre Ursachen bzw. Begleiterscheinungen betrachtet. Die Möglichkeit einer Turgorsteigerung an Stelle der normalen Senkung bei bestimmten experimentell geschaffenen Bedingungen wurde zwar bereits hervorgehoben, jedoch müssen wir nunmehr noch berücksichtigen, daß in einigen Fällen auch normalerweise eine Turgorsteigerung (verbunden mit einer Volumenzunahme) und sogar ein gefördertes Wachstum Teilursache der Bewegung sein kann. Schon bei der Mimose kommt die Bewegung, obwohl die Turgorsenkung der einen Flanke stets das Primäre darstellt, zum großen Teil durch Ausdehnung der gegenüberliegenden Seite zustande. Das ist leicht verständlich, weil ja nach unseren Betrachtungen über den Mechanismus der Turgorbewegung mit Hilfe von Gelenken die Entspannung der einen Seite zwangsläufig zur Saugkrafterhöhung der Gegenseite führt, diese also verstärkt Wasser aufnehmen wird (S. 308). Dieses Prinzip ist auch bei den Bewegungen von *Dionaea* und *Aldrovanda* verwirklicht; jedoch liegen die Verhältnisse hier durch die Teilnahme von Wachstumsvorgängen noch komplizierter. *Aldrovanda* ist wegen ihres einfachen Baus zur Untersuchung geeigneter als *Dionaea*.

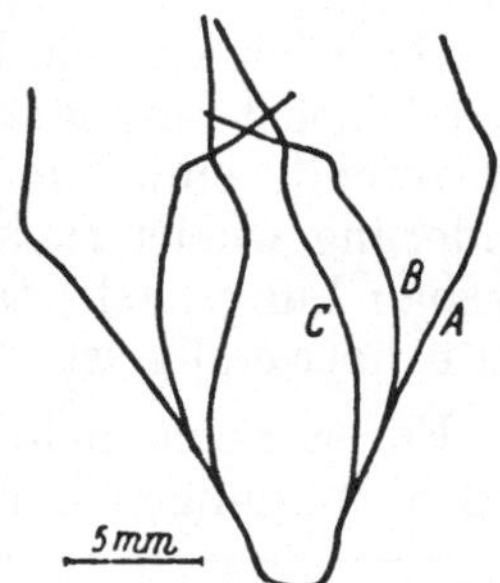

Abb. 314. Blatt von *Dionaea*, Querschnitt. *A* offen; *B* geschlossen; *C* verengert. (Nach ASHIDA.)

Bei beiden verläuft die Bewegung in zwei deutlich voneinander getrennten Phasen, nämlich der schnellen Schließbewegung und der viel langsameren Verengerungsbewegung (ASHIDA, VON GUTTENBERG; Abb. 314). Nach schwacher Reizung beobachtet man nur die erste Bewegungsphase, die dann bald wieder durch die Öffnungsbewegung rückgängig wird (Abbildung 315). Nach starker Reizung, also dann, wenn auch die Verengerung eingetreten ist, wird als erster Schritt der rückläufigen Bewegung die Wiederausbauchung notwendig (Abb. 316).

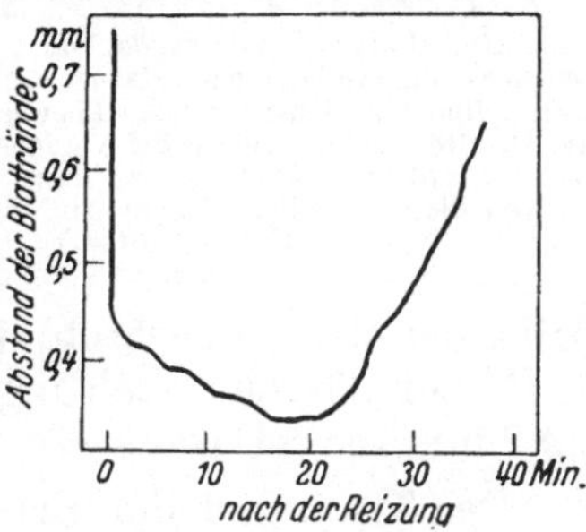

Abb. 315. Blatt von *Aldrovanda*. Schließbewegung und nachher Wiederöffnung bei schwacher Reizung. (Nach ASHIDA.)

Die nach einem schwachen Reiz ablaufende einfache Schließungs- und Öffnungsbewegung entspricht auch hinsichtlich der Bewegungsmechanik durchaus den anderen Seismoreaktionen. Die Latenzzeit beträgt unter günstigen Außenbedingungen weniger als 0,1 sec. Die Bewegung selber erfordert bei optimalen Bedingungen nur 0,01—0,02 sec; sie entsteht durch Turgorverringerung der Innenseite, genauer (jedenfalls bei *Aldrovanda*) der Innenepidermis. Die Flüssigkeitsauspressung in die Interzellularen äußert sich in einer Herabsetzung des elektrischen Widerstandes auf $^1/_3$ oder gar $^1/_8$ des ursprünglichen Wertes. So wie wir es eben für *Mimosa* darlegten, führt auch bei *Aldrovanda* und *Dionaea* die Turgorverminderung auf der einen Seite durch Saugkraftbeeinflussung der Gegenseite zu deren Turgorsteigerung, die die Bewegung natürlich unterstützt.

Die bei stärkerer Reizung außerdem eintretende Verengerungsbewegung beruht auf einer Ausdehnung der Außenseite; das erforderliche Wasser wird dabei von außen aufgenommen. Es handelt sich hierbei um Wachstumsprozesse.

Bei *Dionaea* liegen die Verhältnisse komplizierter als bei *Aldrovanda*, weil das Blatt nicht nur aus den beiden Epidermen und einer mittleren Parenchymschicht aufgebaut ist, sondern zudem ein mächtiges Schwellgewebe vorhanden ist.

Die rückläufigen Bewegungsphasen entstehen ebenfalls durch Turgor- und Wachstumsänderungen, und zwar wird die nach schwacher Reizung eintretende einfache Schließung naturgemäß auch einfach durch Turgoränderung wieder rückgängig gemacht, während vor allem für die Wiederausbauchung nach starker Reizung ein verstärktes Wachstum der Innenseite notwendig ist.

Es ist noch nicht geklärt, wie es durch die Reizung zu Wachstumsbeschleunigungen kommen kann; jedoch werden wir bei der Analyse der Rankenbewegungen versuchen, hierüber einiges auszusagen.

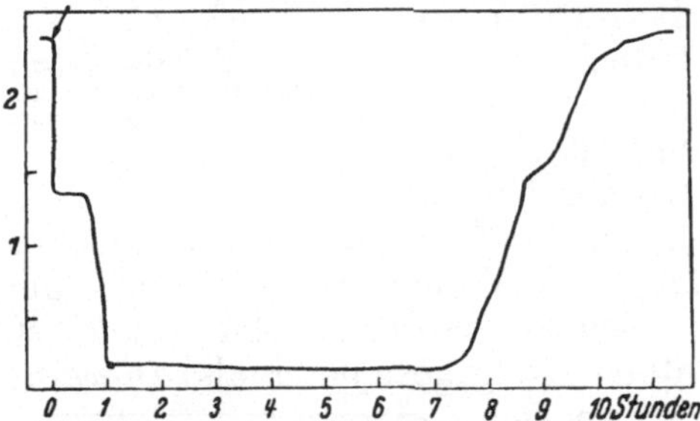

Abb. 316. Blatt von *Aldrovanda*. Darstellung des gesamten Bewegungsverlaufs nach starker Reizung. Nach dem Reiz ↙ findet zunächst die Schließbewegung statt; mehr als 1/2 Std später beginnt die Verengerungsbewegung, nach 7 Std die Wiederausbauchung und endlich die von dieser deutlich abgegrenzte Wiederöffnung. (Nach ASHIDA.)

Reizleitung. Die sog. Reizleitung ist in den meisten der hier besprochenen Fälle von Seismoreaktionen eine Erregungsleitung der Art, wie wir sie schon in einem allgemeineren Zusammenhang beschrieben haben, also ein Vorgang, der auf den Kontakt lebender Gewebe angewiesen ist, und der weiterhin durch das Auftreten von Aktionsströmen und durch starke Temperaturabhängigkeit charakterisiert ist (vgl. UMRATH, BANERJI und Mitarbeiter). Innerhalb der Blätter von *Mimosa pudica* fand SIBAOKA z. B. bei 29° eine Leitungsgeschwindigkeit von 44,2 mm/sec, bei 26° von 29,2 mm/sec. Daraus ergibt sich ein Temperaturkoeffizient $Q_{10} = 3,9$.

Der Transport der Erregungssubstanz mit dem Saftstrom ist jedenfalls langsamer als die schnellste Form der Erregungsleitung. Im Blattstiel kommt für die Leitung im allgemeinen überhaupt nur die Erregungsleitung in Betracht, dagegen spielt im Stamm außerdem der Transport der Erregungssubstanz mit dem Transpirationsstrom eine ansehnliche Rolle. Daß überhaupt eine Reizübertragung durch einen nicht an Erregungsvorgänge gebundenen Transport von Erregungssubstanz möglich ist, haben vor allem die Versuche RICCAs gezeigt, nach denen eine Leitung auch dann möglich ist, wenn der Stamm durchschnitten und beide Schnittflächen durch eine Wassersäule verbunden sind. Die Erregungssubstanz kann von der einen Schnittfläche durch die Wassersäule hindurch zur anderen diffundieren. Von mehreren Autoren ist beobachtet worden, daß bei der Leitung im Stamm eine klare Beziehung zur Geschwindigkeit des Transpirationsstroms bestehen kann. Diese Art der Leitung ist — im Gegensatz zur Erregungsleitung — naturgemäß über abgekühlte Stammzonen hinweg ohne Geschwindigkeitsverminderung möglich und kann selbst abgetötete Strecken passieren. — Die Erregungssubstanz kommt durch den negativen Druck innerhalb der Gefäße in diese hinein; wird der Druck durch eine Erwärmung der Wurzeln und Übertragung der Pflanzen in einen dampfgesättigten Raum positiv, so bleibt der Transport der Erregungssubstanz mit dem Transpirationsstrom aus.

Normalerweise wird in der Pflanze eine Kombination der verschiedenen Leitungsarten herrschen. Auch Erregungsleitung und Transport von Erregungssubstanz werden sich wohl oft unterstützen, indem der Substanztransport der Erregungsleitung über solche Strecken hinweghilft, die aus irgendwelchen Gründen wenig erregbar sind und daher keine ausreichende Erregungsleitung ermöglichen. Jenseits einer solchen Strecke tritt dann die durch die hinübertransportierte Erregungssubstanz ausgelöste Erregungsleitung wieder in Funktion.

HABERLANDT hat bei der Mimose gerbstoffhaltige Schlauchzellen beschrieben, deren Querwände von Poren durchbrochen sind. In diesen Schläuchen sind Flüssigkeitsverschiebungen möglich. Daher kann eine starke Reizung (Verwundung) zu Druckschwankungen in ihnen führen, auf die eine besonders schnelle Art der Leitung zurückgeführt worden ist.

4. Sonderfälle starker Thigmoreaktionen.

Allgemeines. Die Berührungsreizung läßt sich, wie PFEFFER gezeigt hat, sehr wohl von der Stoßreizung unterscheiden. Während es beim seismischen Reiz einerlei ist, ob wir die Pflanze durch Berührung mit einem festen Gegenstand, durch einen Flüssigkeitsstrahl oder durch eine Luftströmung erschüttern, kommt es beim thigmischen (= haptischen) Reiz darauf an, daß ein fester Gegenstand das Organ berührt, und zwar ist es dabei zum mindesten sehr vorteilhaft, wenn verschiedene Punkte des Organs gleichzeitig oder doch sehr kurz hintereinander berührt werden.

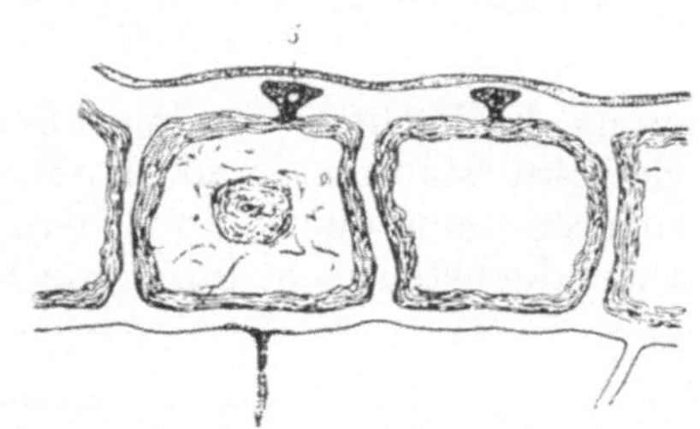

Abb. 317. Querschnitt durch die Epidermiszellen der Rankenunterseite von *Cucurbita Pepo* mit Fühltüpfeln; in diesen ein sehr kleiner Kalziumoxalatkristall. Vergrößerung: 540fach. (Nach STRASBURGER.)

Die Pflanzen, bei denen solche thigmisch bedingten Reaktionen vorwiegen, zeichnen sich vor den nach seismischen Reizen reagierenden offensichtlich nur durch die Vervollkommnung ihrer besonderen Art der Reizaufnahme aus, während Erregung und Reaktion anscheinend prinzipiell nichts Neues bieten. Die hohe Empfindlichkeit für Berührungsreize wird bei einigen Pflanzen dadurch unterstützt, daß besondere Fühltüpfel vorhanden sind (HABERLANDT). Dabei handelt es sich um unverdickte Stellen in den Zellmembranen, durch die das Plasma mehr der Oberfläche des Organs genähert wird als es sonst möglich ist (Abb. 317). Bei mehreren Ranken, z. B. denen von *Bryonia dioica*, kommen solche Fühltüpfel vor. Übrigens kann auch die Vakuole in den Fühltüpfel hinein vorgeschoben sein. Im Plasma der Fühltüpfel fallen gelegentlich Körnchen, Stäbchen, auch Kristalle und andere Gebilde auf.

Ein Studium des thigmischen Reizaufnahmeprozesses würde sicher mehr Interessantes ergeben, als es der seismische Aufnahmeprozeß bietet. Vor allem ist die schon erwähnte Tatsache zu berücksichtigen, daß (im Gegensatz zu den Erfahrungen bei seismischer Reizung) die Reizaufnahmeprozesse verschiedener Punkte des Organs, also verschiedener Zellen und wohl auch die zeitlich aufeinanderfolgenden Reizaufnahmeprozesse in ein und derselben Zelle einander unterstützen können, also eine Summation möglich ist. Man möchte annehmen, daß im Reizaufnahmeprozeß eine Substanz gebildet (oder freigesetzt) wird, die sich durch wiederholte Reizung allmählich anhäuft und erst bei ausreichender Konzentration Erregungsvorgänge auslöst. Der thigmische Reizaufnahmeprozeß könnte also in einer Verfeinerung des seismischen bestehen.

Jedenfalls kommt es durch die thigmisch bedingten Reizaufnahmeprozesse schließlich auch wieder zur Auslösung typischer Alles-oder-Nichts-Erregungen, die mit Aktionsströmen und Refraktärstadien verbunden sind. Allerdings ist es nicht immer leicht, die Gültigkeit des Alles-oder-Nichts-Gesetzes zu erweisen. Beispielsweise werden wir bei den Ranken, an denen nach der Reizung Aktionsströme nachweisbar sind (UMRATH) im allgemeinen feststellen, daß die Größe der Reaktion von der Reizstärke abhängt. Dafür ist die schlechte Ausbildung der Reizleitung verantwortlich. Bei lokaler Reizung erfolgt eine lokale Reaktion, die sich nur wenig nach oben und unten ausbreitet. Wird also erneut gereizt und werden dabei dann auch andere Zonen berührt, so kann eine Verstärkung der Einkrümmung beobachtet werden. Jedoch läßt sich das Vorhandensein eines Refraktärstadiums und damit der Ablauf von Erregungsvorgängen im engeren Sinne deutlich machen, wenn die ganze Ranke gereizt wird, was sich am einfachsten nicht durch mechanische Reizung, sondern durch elektrische Durchströmung erreichen läßt. Dafür sei ein Beispiel (*Sicyos angulatus*) wiedergegeben. Bei Pausen von 30 sec zwischen Einzelreizen von 1 sec und bei 10 sec Gesamtreiz (also 10 Einzelreize) erzwingt man eine viel stärkere Krümmung als wenn die Ranke kontinuierlich 10 sec lang gereizt wird (Abbildung 318). Als optimal haben sich in diesem Fall Pausen von 15 sec erwiesen; das absolute Refraktärstadium beträgt also etwa 15 sec. Das ist, verglichen mit dem absoluten Refraktärstadium der meisten seismonastischen Reaktionen, eine relativ kurze Zeit; die Erregbarkeit ist hier also wohl im Interesse der wichtigen Funktion der Ranken verbessert worden.

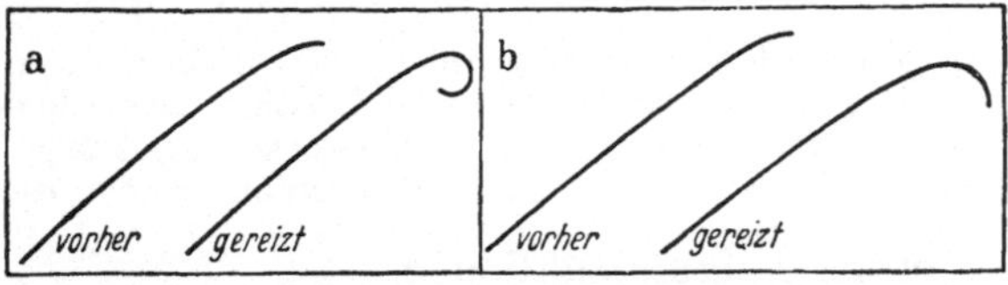

Abb. 318a u. b. Ranken von *Sicyos angulatus*, elektrisch gereizt. Zwischen den Einzelreizen von 1 sec Dauer liegen bei einem Gesamtreiz von 10 sec (also 10 Einzelreize) Pausen von 30 sec; es erfolgen dann Krümmungen wie in a. Wird jedoch kontinuierlich 10 sec gereizt, so erfolgen Krümmungen wie in b. Jene Pausen ermöglichen also das Abklingen eines damit nachgewiesenen Refraktärstadiums. (Nach ZELTNER.)

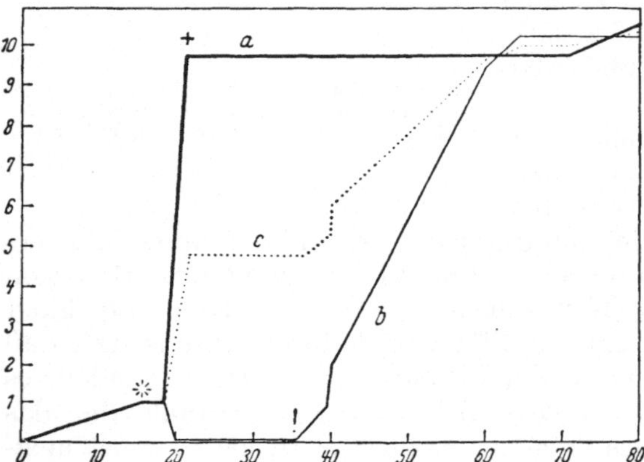

Abb. 319. Ranke von *Sicyos*; Änderung des Längenwachstum durch mechanische Reizung. *a* Oberseite; *b* Unterseite; *c* Mittelzone; Stern: Reizzeit, + Beendigung der Krümmung; Abszisse: Zeit in Minuten; Ordinate: Zuwachsgrößen. (Nach FITTING.)

Auch an den *Drosera*-Blättern sind nach thigmischer Reizung Aktionsströme nachweisbar, und zwar genügt dazu eine Reizung der normalen geringen Intensität, z. B. eine Berührung durch Mückenlarven (UMRATH).

Da es somit auch bei den thigmonastisch bzw. -tropisch reagierenden Pflanzen durch den Reizaufnahmeprozeß zur Auslösung typischer Erregungsvorgänge kommt, dürfen wir das Besondere dieser Pflanzen nur in der leichten Erreichbarkeit des speziellen Aufnahmevorgangs sehen. Dabei kann auch in diesen Pflanzen die Erregung durch ganz andere Aufnahmevorgänge, z. B. durch chemische, traumatische, elektrische und sogar durch seismische ausgelöst werden. Diese Mannigfaltigkeit der möglichen (wenn auch nicht gleich leicht erzielbaren) Aufnahmevorgänge besteht ebenso bei den vor allem seismisch empfindlichen Pflanzen. Wir sehen hier also nur einen quantitativen Unterschied.

Um so mehr kann es zunächst auffällig erscheinen, daß die Bewegungsmechanik in den geläufigsten Fällen thigmisch bedingter Reaktionen ganz anders ist als in den geläufigsten Fällen seismisch bedingter Reaktionen. Sowohl bei den Ranken als auch bei den *Drosera*-Tentakeln entstehen

Abb. 320. *Drosera spathulata.* Blätter mit langen Rand- und kurzen Scheibententakeln. Die beiden mittleren Blätter zeigen nastische Krümmungen der Randtentakeln und tropistische Krümmungen der Scheibententakeln. Auf einem dieser Blätter ist das Insekt zu sehen, das die Reizung bedingt. (4fach vergrößert.)

die Bewegungen durch Wachstumsbeschleunigungen der konvex werdenden Seiten (Fitting, Abb. 319). Jedoch dürfen wir auf diesen Unterschied kein Gewicht legen, da wir ja schon bei *Dionaea* und *Aldrovanda* Seismoreaktion unter Beteiligung von Wachstumsprozessen kennenlernten.

Drosera. Bei *Drosera* besteht die Reaktion, die besonders leicht durch Berührung der mit Fühltüpfeln ausgestatteten Drüsenköpfchen ausgelöst wird, bekanntlich in der nastischen Einkrümmung der Randtentakeln (Abb. 320). Die Einkrümmung entsteht durch ein vorübergehend verstärktes Wachstum der Tentakelunterseite. Später geht die Krümmung zurück, indem nunmehr die Oberseite vorübergehend ein verstärktes Wachstum zeigt. Eine Erregungsleitung zu den angrenzenden Tentakeln ist möglich; die durch diese Leitung ausgelösten Reaktionen der Zentraltentakeln sind dann nicht mehr rein nastisch, sondern die Richtung, aus der die Leitung herkommt, ist bei der Bestimmung der Krümmungsrichtung zum mindesten mitbeteiligt, so daß eine Resultante aus nastischem und tropistischem Krümmungsbestreben entsteht. Für die Funktion der

Blätter ist diese Abweichung von der rein nastischen Krümmung natürlich wichtig. — Es sei hier schon nebenher erwähnt, daß eine chemische Reizung bei *Drosera* viel wirkungsvoller ist als eine mechanische.

Ranken. Die Reaktionsweise der Ranken schließt sich, wie wir vor allem durch die Arbeiten FITTINGs wissen, an die der *Drosera*-Tentakeln an.

Die Ranken können morphologisch ganz verschiedenartige Gebilde darstellen: Wurzeln *(Vanilla)*, Blattstiele *(Clematis)*, Teile gefiederter Blätter *(Vicia, Lathyrus)* oder auch ganze Blätter *(Pisum)* sowie Sprosse *(Vitis)*. Alle Ranken zeigen eine Dorsiventralität, die teilweise im Bau, sehr häufig aber auch im reizphysiologischen Verhalten zum Ausdruck kommt.

Während der Phase stärksten Wachstums führt die Ranke endonome, also ohne einen Wechsel äußerer Faktoren entstehende rotierende Bewegungen aus. Sie beruhen darauf, daß immer eine Flanke ein bevorzugtes Wachstum zeigt, diese Längslinie bevorzugten Wachstums aber allmählich um die Ranke herumwandert. Biologisch sind die Rotationen als Suchbewegungen aufzufassen (vgl. Abb. 321).

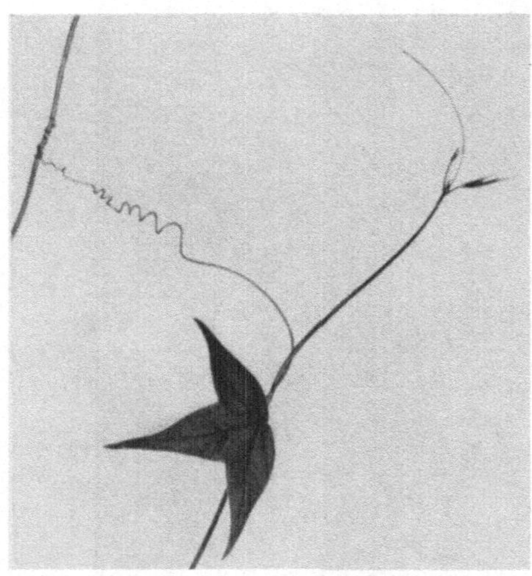

Abb. 321. *Passiflora.* Eine Ranke hat die Stütze gefaßt; auch das Rankenstück zwischen Stütze und Pflanze ist bereits aufgewunden, in diesem Stück sind zwei Umkehrpunkte aufgetreten. Die jüngere Ranke befindet sich im Stadium des Kreisens. Etwas verkleinert.

Die Latenzzeit ist bei den Ranken meist größer als bei den seismisch reagierenden Pflanzen. Das ist nicht erstaunlich, weil es sich um Wachstumsbewegungen handelt, und eine Wachstumsbeschleunigung nicht eine so unmittelbare Folge der Erregungsvorgänge sein kann wie eine Turgorsenkung. Auch bei der seismisch reagierenden *Dionaea* tritt die dort die Bewegung unterstützende Wachstumsbeschleunigung ja erst ein, nachdem die Turgoränderung den schnellen Teil der Bewegung ermöglicht hat. Die Wachstumsbeschleunigung ist also an die Einschaltung von Prozessen gebunden, die längere Zeit in Anspruch nehmen. Die zur Krümmung führende Wachstumsbeschleunigung der Ranken ist natürlich in der vom Reiz abgewandten Seite der Ranke lokalisiert, da die Bewegungen positiv thigmotropisch sind. So wie bei *Drosera* und *Dionaea* tritt auch bei den Ranken nach einiger Zeit eine Wachstumsbeschleunigung der gegenüberliegenden Seite, also (bei den Ranken) der ungereizten Seite hinzu, durch die die Krümmung wieder rückgängig gemacht wird (Abb. 319).

Schon seit DARWINs Untersuchungen unterscheidet man zwischen allseitig und einseitig empfindlichen Ranken, richtiger sollte man von allseitig und einseitig reaktionsfähigen sprechen, und man darf diese beiden Typen auch nur als Extremfälle einer größeren Mannigfaltigkeit betrachten. Bei den nur einseitig reaktionsfähigen ist es die morphologische Unterseite, an der eine Berührung zur Einkrümmung führt. FITTING hat gezeigt, daß auch die einseitig reaktionsfähigen Ranken auf beiden Seiten empfindlich sind. Eine Berührung der Oberseite verhindert nämlich, obwohl sie selber keine Reaktion bedingt, doch eine durch Berührung der Unterseite angeregte Reaktion. Einseitig reaktionsfähige Ranken bleiben also bei allseitiger Reizung ebenso gerade gestreckt wie allseitig reaktionsfähige. Am extremsten ist die Dorsiventralität bei den Ranken ausgebildet, die bei einer Reizung der Oberseite nicht die gewöhnliche positive Krümmung, sondern eine negative Krümmung zeigen; sie krümmen sich also unabhängig von der Angriffsrichtung des Reizes immer nach unten.

Allseitig gleich reaktionsfähige Ranken, also solche ohne deutliche physiologische Dorsiventralität, hat z. B. *Cissus discolor*. Schwache Dorsiventralität besteht bei *Sechium edule*; hier führt zwar auch eine Reizung der Oberseite zu positiver Krümmung, die Reaktion ist aber schwächer als die nach unterseitiger Reizung eintretende. Stärker dorsiventral sind die Ranken von *Passiflora gracilis*, *Cucurbita melanosperma* u. a. Hier kann nur eine Reizung der Unterseite zur Krümmung führen. Und die extremste Dorsiventralität, bei der auch eine Reizung der Oberseite zur Krümmung nach unten führt, findet sich beispielsweise bei den Ranken von *Bryonia dioica*, *Cucumis sativus* und *Sicyos angulatus*.

Wir werden jetzt versuchen, die zu den Krümmungen führenden Wachstumsbeschleunigungen etwas genauer zu analysieren. Das heißt aber vor allem, wir haben zu untersuchen, wie die durch den Reiz ausgelösten Erregungsvorgänge zu Wachstumsbeschleunigungen führen können, während sie in den vorher untersuchten Fällen der Seismoreaktionen zu Turgorsenkungen führen. Denn, daß der besondere Reaktionsmechanismus nicht eine Folge spezifischer Wirkungen des thigmischen Reizes ist, geht ja eindeutig aus der Tatsache hervor, daß die Ranke nach seismischer, traumatischer, thermischer, chemischer oder elektrischer Reizung in der gleichen Weise wie nach Berührungsreizung mit Wachstumsbewegungen reagiert.

Es scheint, daß man sich die Eigentümlichkeit der Rankenreaktionen (ebenso wie die der Seismoreaktionen, an denen Wachstumsprozesse beteiligt sind, wie z. B. bei *Dionaea* und *Aldrovanda*) sehr wohl auf Grund der Erfahrungen an einigen anderen Objekten verständlicher machen kann. Daß die Turgorsenkung ausbleibt, ist nicht schwierig zu erklären; denn auch an den Pflanzen, die Turgorbewegungen aufweisen, führen ja nur solche Erregungsvorgänge, die mit ansehnlichen Permeabilitätserhöhungen (Semipermeabilitätsverlust) verknüpft sind, zu Turgorsenkungen. Vielleicht tritt auch bei den Ranken primär eine Turgorsenkung der gereizten Flanke ein; denn man beobachtet während der Krümmung außer der Verlängerung der Gegenseite regelmäßig eine Kontraktion der Reizseite; jedoch wird diese Kontraktion zumeist durch die komprimierende Wirkung der Ausdehnung auf der Gegenseite erklärt. Die Wachstumsbeschleunigungen, also die primäre zur Krümmung und die sekundäre zur Rückkrümmung führende, lassen sich nicht so leicht, wie man es zur Erklärung photo- und geotropischer Krümmungen annimmt, durch die Vorstellung erklären, der Reiz bedinge eine Neuverteilung von wachstumsbeschleunigenden Stoffen, speziell eine Neuverteilung des Auxins auf die beiden antagonistischen Flanken; denn bei den Ranken ist die Wachstumsbeschleunigung der einen Seite nicht von einer äquivalenten Wachstumshemmung der Gegenseite begleitet, vielmehr erfolgt während der Bewegung eine Beschleunigung des Gesamtwachstums der Ranke; das ist einerseits durch Ermittlung des Zuwachses der Mittellinie, andererseits durch potometrische Messung des Gesamtwachstums feststellbar.

Man könnte die Wachstumsförderung aber sehr wohl mit dem Restitutionsprozeß der Erregung in Zusammenhang bringen. Einen derartigen

Zusammenhang haben wir schon bei anderen Objekten kennen gelernt. Wir fanden nämlich, daß die Reizung oder Schädigung eines wachsenden Organs zwar zunächst zu einer Wachstumshemmung und oft auch zu Turgorsenkung führt, nach einiger Zeit aber infolge der verstärkten Atmung während der restituierenden Prozesse zu Wachstumsbeschleunigung (S. 352). Wir sahen dabei auch, daß die Wachstumsbeschleunigung um so

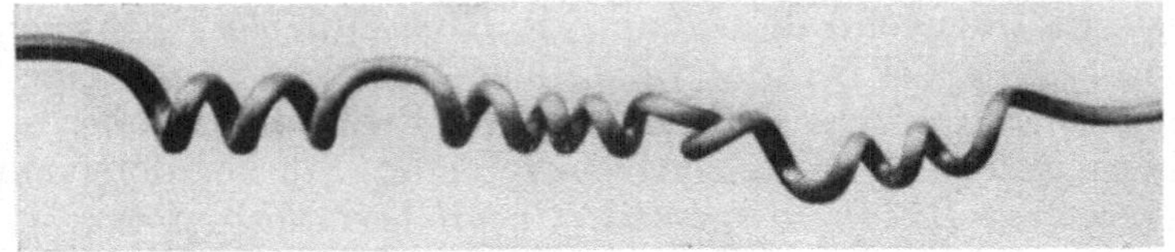

Abb. 322. Ranke von *Passiflora*, die eine Stütze gefaßt hatte, die Umkehrpunkte zeigend. Vergrößert.

später eintritt, je stärker gereizt worden ist. Nach dieser Gesetzlichkeit könnte die Krümmung der Ranken erklärbar sein; sie wäre nämlich so zu deuten, daß die reizbedingte, genauer die im Zusammenhang mit den Restitutionsvorgängen eintretende Wachstumsbeschleunigung auf der direkt gereizten Seite erst spät beginnt, auf der nur durch Leitung gereizten, und daher weniger beeinträchtigten aber schon früh. Die somit erst später eintretende Beschleunigung auf der Reizseite erklärt die Rückkrümmung. Daß das anfängliche Ausbleiben der Beschleunigung auf der direkt gereizten Seite sich wirklich aus der beeinträchtigenden Wirkung des Reizes erklärt, ergibt sich zudem daraus, daß auch die Beschleunigung auf der Gegenseite und damit die Krümmung selber ausbleibt, wenn beide Seiten gereizt werden. Nun hat man allerdings die Gegenreaktion häufig als eine Folge der Einkrümmung, also nicht als Ausdruck eines verspäteten Eintritts der Beschleunigung auf der direkt gereizten Seite betrachtet. Jedoch läßt sich hier die Beobachtung FITTINGS anführen, daß beide Beschleunigungen auch dann eintreten, wenn die Krümmung mechanisch verhindert ist.

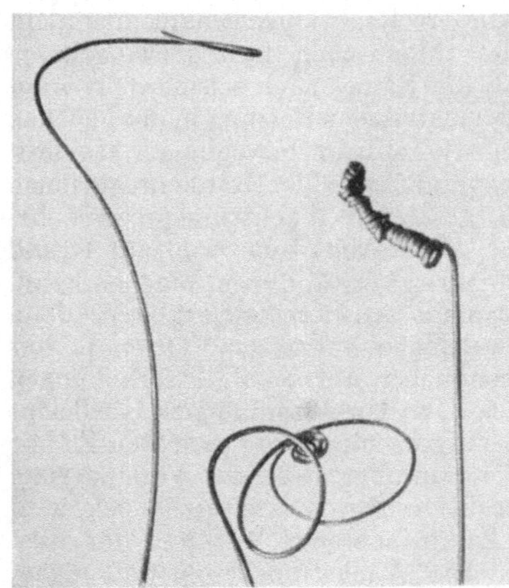

Abb. 323. Ranken von *Passiflora*. Drei Stadien der Alterseinrollung von Ranken, die keine Stütze gefaßt haben.

Für den Vorgang des Rankens (Abb. 321, 322) ist also zunächst einmal die endogene Kreisbewegung wichtig; führt diese die Ranke zu einer Stütze, so beginnt die mechanische Reizung. Die thigmotropische Krümmung verursacht ein teilweises Herumlegen der Ranke um die Stütze; dann erfolgt aber die Gegenreaktion, die die Krümmung teilweise wieder ausgleicht. Der Krümmungsrückgang ist nur partiell, weil eine Reizung die Wachstumsbeschleunigung hemmt, und durch die Berührung mit der Stütze wird die Ranke ja fortgesetzt weiter gereizt. Die Rückkrümmung kann sich also nur nach einem einfachen Reiz voll entfalten. Die weitere Reizung hemmt aber nicht nur die Gegenreaktion, d. h. die Wachstumsbeschleunigung der der Stütze zugekehrten Seite, sondern sie induziert auch neue Wachstumsbeschleunigungen auf der von der Stütze abgewandten Seite; es kommt also zu neuen Einkrümmungen, durch die die Stütze schließlich mehrfach umschlungen wird. Ist die Stütze fest umfaßt, so erlischt das Längenwachstum der Ranke; auch dafür ist offenbar die mechanische Reizung verantwortlich. Außerdem aber beobachtet man noch, daß sich der Rankenabschnitt zwischen Stütze und Pflanze schraubig einrollt; das ist nur durch Einschaltung eines oder mehrerer Wendepunkte in der Richtung dieser Schraube möglich. Diese Einrollung ist durch verstärktes Wachstum der morphologischen Oberseite bedingt. — Durch ein verstärktes Oberseitenwachstum erklärt sich auch die Einrollung alter Ranken, die keine Stütze erfaßt haben (Abb. 323).

Abb. 324. *Mimosa pudica*. Links: während der ganzen Entwicklung vor mechanischer Reizung beschützt. Rechts: $7^1/_2$ Wochen lang täglich 14mal gereizt.

5. Formative Wirkungen mechanischer Beeinflussung.

Wir haben bisher solche Wirkungen mechanischer Einflüsse betrachtet, die bald nach der Ausübung dieser Reize erkennbar werden. Weniger gut sind wir über das Zustandekommen von Wirkungen unterrichtet, die erst später eintreten, aber wohl zum großen Teil auf gleichen Primärwirkungen der Reize beruhen wie jene.

Eine häufige Reaktion auf mechanische Reize besteht in der Hemmung des Internodienwachstums (Abb. 324). Wird beispielsweise eine am schattigen Standort wachsende Mimose oft gereizt, so bleiben die Internodien so kurz wie die von Pflanzen, welche am sonnigen Standort aufgewachsen sind. Die bei den Erregungsvorgängen freigesetzte Erregungssubstanz wirkt also offenbar wachstumshemmend und zugleich, wie wir schon früher sahen, teilungsfördernd. Andere Pflanzen reagieren ähnlich. Die mechanische Reizung kann also in gewisser Weise ähnlich wie bekanntlich das Licht formativ auf die Pflanze einwirken. Selbst bei Pilzen ist eine derartige Reaktion beobachtet worden. Bei *Coprinus* verhindert mechanische Beeinflussung ebenso wie Licht die übermäßige Streckung der Fruchtkörperstiele (Borriss).

Daß diese Beeinflussung der Streckung von Internodien usw. durch Erregungsvorgänge vermittelt wird, läßt sich experimentell bestätigen:

Lassen wir auf eine Pflanze mehrere mechanische Reize, z. B. Reibungen mit festen Gegenständen, einwirken, so unterdrücken diese die Internodienstreckung um so mehr, mit je größerem Zeitabstand (innerhalb gewisser Grenzen) sie aufeinander folgen, ist der Abstand sehr gering oder ganz fehlend (d. h. lassen wir die Einzelreize zu einem gemeinsamen Reiz verschmelzen), so ist der formative Effekt geringer als dann, wenn wir Abstände von mehreren Minuten einhalten (BÜNNING und Mitarbeiter, STIEFEL). Offensichtlich kommt es also auf die Auslösung der typischen Erregungsvorgänge an, die dem Alles-oder-Nichts-Gesetz folgen und daher von Refraktärstadien begleitet sind, deren Dauer mehrere Minuten beträgt. Ein Erregungsvorgang kann also nicht nur zu Bewegungsreaktionen führen, sondern auch zu Wachstumsbeeinflussungen.

Abb. 325a u. b. *Bauhinia* (tropische Liane). Einfache Ranken (Übergang zwischen Kletterhaken und Ranken). Durch epinastische Einrollung entstehen Gebilde, die ein Festhalten an Stützen ermöglichen. $^1/_5$ der natürlichen Größe. b Starke Verdickung der Ranke von *Bauhinia* infolge der mit dem Erfassen der Stütze verbundenen mechanischen Reizung.

Nach Untersuchungen von SOLTYS und UMRATH scheint es, daß die Erregungssubstanz ein ausgesprochener Antagonist des Wuchsstoffes ist. Sie hemmt nämlich nicht nur das normale, vom Wuchsstoff geförderte Wachstum, sondern fördert nach Beobachtungen an *Neptunia* umgekehrt sogar das durch zu hohe Wuchsstoffgaben gehemmte Wachstum.

Wie vielseitig der Einfluß der Erregungsvorgänge auf die Morphogenese der Pflanzen ist, können etwa Untersuchungen an der Mimose zeigen. Der mechanische Reiz kann nicht nur, wie schon erwähnt, das Längenwachstum der Internodien hemmen, er fördert auch die Ausbildung von Achselsprossen (ein Effekt, der ja aus der antagonistischen Wirkung zum Wuchsstoff verständlich werden kann). Der gleiche Reiz bedingt eine kräftigere Entwicklung der Stacheln und fördert eine Differenzierung der Gewebe. Selbst die Wurzelentwicklung wird gefördert: es zeigt sich eine mächtigere Ausbildung des Zentralzylinders, so daß bei *Mimosa pudica* der triarche Bau der Wurzel ungereizter Pflanzen in häufig gereizten zum tetrarchen werden kann (LEMPPENAU, unveröffentlicht).

Bei *Tradescantia fluminesis* kann eine stärkere mechanische Reizung durch Verwundung dazu führen, daß sich eine sklerotische Gefäßbündelscheide ausbildet, wie sie sonst bei dieser Art nicht vorkommt, aber für andere Commelinaceen charakteristisch ist (BLOCH).

Mit diesen formativen Einflüssen der mechanischen Reizung gehen, ähnlich wie bei der Anwendung der Lichtreize, Einflüsse auf die anatomische Ausbildung der Organe parallel; aber die Beeinflussung des anatomischen

Baus kann auch unabhängig von stärkeren formativen Wirkungen eintreten. Das gilt schon für die Ranken; haben sie eine Stütze erfaßt, so wird in ihnen das Dickenwachstum und die Bildung des mechanischen Gewebes gefördert (Abb. 325).

Diese Veränderungen an Ranken treten zwar schließlich auch ohne mechanische Reizung ein, werden durch sie aber gefördert. Auch die Haftscheibenentwicklung bei Ranken wird durch solche Reize angeregt. Derartige Reaktionen sind nicht für Ranken spezifisch, vielmehr sind ähnliche Vorgänge bei den verschiedensten Pflanzen festgestellt worden. Zum Beispiel wird sehr häufig (allerdings durchaus nicht immer) durch den mechanischen Reiz die Ausbildung mechanischen Gewebes, etwa des Sklerenchymgewebes gefördert. Und die Teilungsförderung, die aus jenen Feststellungen an Ranken erschlossen werden kann, ist ebenfalls oft ermittelt worden. Schon Kny fand an Markzellen von *Impatiens balsamina*, die ihre embryonale Teilungs- und Wachstumstätigkeit bereits abgeschlossen hatten, nach der Einwirkung von Druck ein Wiederaufleben der Teilungstätigkeit. Auch das normale Dickenwachstum kann zur Folge haben, daß die Teilungstätigkeit in Zellen der primären Rinde oder der Epidermis wieder angeregt wird. Ebenso führt die mechanische Beanspruchung durch strömendes Wasser zur Förderung von Wachstum und Teilung. *Fontinalis antipyretica* bildet in strömendem Wasser eine kräftigere Achse und zeigt dickere Zellwände als in stehendem Wasser. Bei Bäumen wiederum kann die Windwirkung zur Förderung des Dickenwachstums führen.

Abb. 326. *Parthenocissus Veitchii*, Ranken mit Haftscheiben, rechts junges Stadium vor der Berührung der Mauer, links weiter entwickelte Haftscheiben nach längerer mechanischer Reizung.

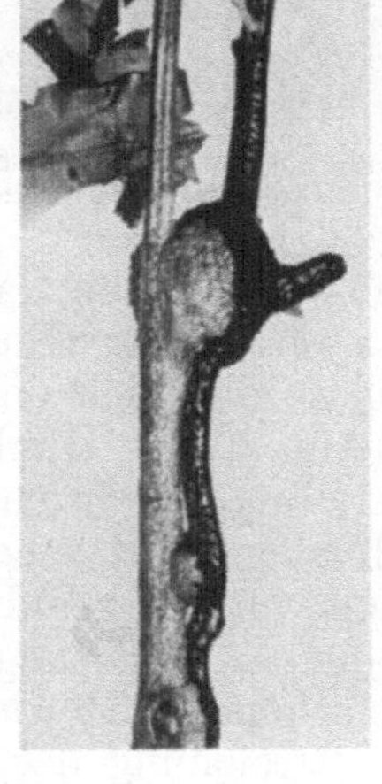

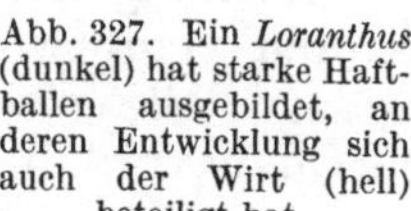

Abb. 327. Ein *Loranthus* (dunkel) hat starke Haftballen ausgebildet, an deren Entwicklung sich auch der Wirt (hell) beteiligt hat.

Abb. 328. *Rhizophora* mit Luftwurzeln, die durch Verletzung des Vegetationspunktes wiederholt Seitenwurzeln gebildet haben.

Durch mechanische Reize kann die Ausbildung von Haftscheiben bei Algen ausgelöst werden, ebenso die Rhizoidbildung. Auch das Auswachsen der Trichoblasten von Wurzelhaaren wird bei manchen Pflanzen, z. B. *Helodea*, durch den Kontaktreiz bedingt. Die Haftballen von Ranken erfahren ihre fertige Ausbildung erst durch mechanische Reizung (Abb. 326); bei einigen Arten ist der Kontakt sogar für die Entstehung der ersten Anschwellung bei der Ausbildung dieser Haftorgane notwendig (Abb. 326). Bei *Cuscuta* und anderen Schmarotzern ist der Berührungsreiz für die Haustorienbildung verantwortlich (Abb. 327).

Bei Rankenkletterern kann nicht nur die Gewebebildung in der Ranke selber, sondern auch die in den übrigen Teilen der Pflanze gefördert werden. Ähnlich wie bei der Mimose gibt es dann also eine weitgehende Erregungsleitung, die bedingt, daß der Rankenkletterer sich viel kräftiger entwickelt, sofern die Ranken Stützen erfaßt haben. Dabei ist nicht etwa der erhöhte Lichtgenuß allein entscheidend, denn das bloße Aufbinden der Pflanzen an den Stützen genügt nicht für die günstige Beeinflussung der Entwicklung.

Eine vollständige Aufzählung solcher Mechanomorphosen soll hier nicht angestrebt werden. Der Überblick wird auch schon dadurch erschwert, daß viele Wirkungen bekannt sind, von denen wir nicht sagen können, ob sie lediglich auf der Einwirkung des mechanischen Reizes beruhen, oder ob auch andere gleichzeitig wirkende Reize beteiligt sind. Eine mechanische Reizung könnte beteiligt sein, wenn sich die Luftwurzeln mancher Pflanzen verzweigen, sobald sie den Erdboden erreichen. Diese Seitenwurzelbildung ist mit einer Hemmung des Längenwachstums und einer Förderung des Dickenwachstums der Hauptwurzel gekoppelt. Wir können die Ausbildung der Seitenwurzeln experimentell schon dann erzwingen, wenn der Erdboden noch nicht erreicht ist, sofern wir die Hauptwurzel verletzen. In der freien Natur kommt diese Verletzung bei den Luftwurzeln von *Rhizophora* fast regelmäßig durch die Tätigkeit eines Borkenkäfers zustande, so daß sich die Wurzeln bereits in der Luft sehr reichlich verzweigen (Abb. 328). Hierbei läßt sich ebensowenig wie bei der Auslösung der Verzweigung durch das Eindringen in den Erdboden die Möglichkeit ausschließen, daß neben der mechanischen Reizung auch chemische Reizwirkungen im Spiel sind, und ferner sei auf die schon früher erwähnte Bedeutung der Ausschaltung des Hauptvegetationspunktes für die Störung der Korrelationen hingewiesen. Auch für die Verdickung, die Luftwurzeln nach der Erreichung des Substrats zeigen (Abb. 329), kann diese Vielheit von Faktoren verantwortlich sein.

Abb. 329. *Ficus*. Stützwurzeln, die zunächst fadenförmig dünn sind und sich nach dem Erreichen des Erdbodens stark verdicken.

Wir können, wie gesagt, alle diese Veränderungen bisher nicht zureichend erklären. Aber man wird bestrebt sein müssen, eine Erklärung auf der Basis der elementaren Wirkungsweise mechanischer Reize zu versuchen, die wir kennengelernt haben. Der normale Erregungsvorgang, wie er nach einer einfachen Reizung eintritt, ist ja mit so tiefgreifenden Veränderungen im Zellzustand verbunden (Permeabilitätserhöhung, Atmungssteigerung, Aziditätsänderung usw.), daß es begreiflich erscheint, wenn nach einer wiederholten Ausübung mechanischer Reize tiefgreifende Beeinflussungen der Formbildungsprozesse erfolgen. Die erwähnte Tatsache des Antagonismus zwischen Wuchsstoff und Erregungssubstanz kann uns schon einen Teil dieser Beeinflussungen begreiflich machen. Die Besprechung der Lichtreizwirkungen wird uns an weiteren Tatsachen wahrscheinlich machen, daß formative Wirkungen der hier beschriebenen Art Folgen ausgelöster Erregungsvorgänge sind.

Literatur.

Mit einem * versehene Arbeiten sind zusammenfassende Darstellungen.

Wundwirkungen:

* BLOCH: Bot. Review **18** (1952).

KAHL: Planta (Berl.) **39** (1951). — * KRENKE: Wundkompensation, Transplantation und Chimären bei Pflanzen. Berlin 1933. — * KÜSTER: Die Pflanzenzelle, 2. Aufl. Jena 1951.

PEKAREK: Protoplasma (Berl.) **34** (1940).

UMRATH: Protoplasma (Berl.) **36** (1942).

Berührungs- und Sproßreize:

BANERJI: Trans. Bose Res. Inst. Calcutta **16** (1947). — BLOCH: Amer. J. Bot. **31** (1944). — BORRISS: Planta (Berl.) **22** (1934). — * BÜNNING: Erg. Biol. **13** (1936). — BÜNNING u. Mitarb.: Planta (Berl.) **36** (1948). — BUVAT: C. r. Acad. Sci. Paris **222** (1946); Endeavour **12** (1953).

* COLLA: Die kontraktile Zelle der Pflanzen. Berlin 1937.

GÄUMANN: Z. Bot. **38** (1942). — GICKLHORN: Kolloidchem. Beih. **28** (1929).

SCHRANK: Plant. Physiol. **19** (1944). — SIBAOKA: Sci. Rep. Tôhoku Univ., Ser. 4 **18** (1950). — SOLTYS u. UMRATH vgl. UMRATH: Z. Vitamin-, Hormon- u. Fermentforsch. **1** (1947/48). — STIEFEL: Planta (Berl.) **40** (1952).

* UMRATH: Erg. Biol. **14** (1937).

WEINTRAUB: New Phytologist **50** (1952).

III. Die Wirkung schädigender (energiereicher) Strahlenarten.

1. Allgemeiner Überblick über die Strahlenarten.

Alle uns bekannten Arten von Strahlungen sind hinsichtlich ihrer pflanzenphysiologischen Wirkung untersucht worden. Dabei haben sich die großen Erwartungen, die man an die Versuche mit den am spätesten entdeckten Strahlenarten knüpfte, zumeist als unberechtigt erwiesen. Am wichtigsten sind in physiologischer Hinsicht auf jeden Fall die von der Sonne ausgesandten Strahlen, speziell der Anteil unter ihnen, den wir sehen können, also als Licht im engeren Sinne bezeichnen.

Wir unterscheiden bekanntlich Wellenstrahlen (elektromagnetische Wellen) und Korpuskularstrahlen, sowie endlich die kosmischen Strahlen, deren Natur noch nicht genau bekannt ist.

Die elektromagnetischen Wellen teilen wir nach ihrer Schwingungszahl bzw. nach der Wellenlänge (λ) ein (Abb. 330). Die längsten Wellen sind als Radiowellen bekannt ($\lambda > 1000$ m — etwa 1 m); auf sie folgen die HERTZschen Wellen ($\lambda = 1$ m — 1 mm). Der nächste Bereich wird von der infraroten (ultraroten) Strahlung (zum Teil als Wärmestrahlung bezeichnet) eingenommen (1 mm — etwa 0,75 μ). Eindeutig abgegrenzt ist dieser Bezirk nicht, da erhebliche individuelle und vor allem altersmäßige Unterschiede in der Abgrenzung des Gebiets sichtbarer Strahlung gegen das der ultraroten und noch mehr gegen das der ultravioletten bestehen. Im sichtbaren Licht unterscheiden wir bekanntlich in der Reihenfolge abnehmender Wellenlänge: rot, orange, gelb, grün, blau und violett. Der sichtbaren Strahlung folgt die ultraviolette (λ etwa 0,4 μ — unter 0,01 μ). Das Ende des Gesamtspektrums bilden die Röntgen- und γ-Strahlen, die mit Wellenlängen unter etwa 0,001 mμ abschließen. Der ganze Bereich erstreckt sich also von 10^5 cm bis 10^{-10} cm.

Wellenlänge und Frequenz, d. h. Schwingungszahl je Sekunde (ν), stehen zueinander in der Beziehung $c = \lambda \cdot \nu$, worin c die Lichtgeschwindigkeit (300000 km/sec) bedeutet. Die Strahlungen setzen sich aus Quanten der Größe $\varepsilon = h \cdot \nu$ zusammen, wobei $h = 6{,}548$ 10^{-27} Erg/sec (Abb. 331). Die Quanten können nur als Ganzes, also nicht in Bruchteilen von $h \cdot \nu$ absorbiert werden.

Die Korpuskularstrahlung kann sehr verschiedenartiger Natur sein.

Die die Strahlung zusammensetzenden Teilchen können Elektronen darstellen, also negative Ladung tragen; dann handelt es sich um β-Strahlen. Sie entstehen bei radioaktiven Zerfallsprozessen, experimentell in LENARD-Röhren. Dieser Strahlung ähnlich und auch

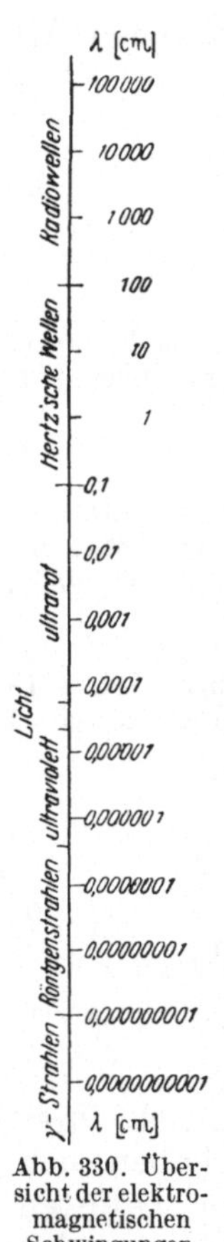

Abb. 330. Übersicht der elektromagnetischen Schwingungen.

β-Strahlung genannt, ist die aus positiv geladenen Teilchen (Positronen) zusammengesetzte; sie hat mit der aus negativen Teilen (also aus Elektronen im engeren Sinne, d. h. aus Negatronen) bestehenden die geringe Masse der Teilchen gemeinsam. Dagegen handelt es sich bei den α-Strahlen um Teilchen mit viel größerer Masse und erheblich kleinerer Bewegungsgeschwindigkeit. Es sind positiv geladene Heliumatomkerne, die auch beim Zerfall radioaktiver Substanzen entstehen, ihre kinetische Energie ist der großen Masse entsprechend sehr beträchtlich. — Auch Wasserstoffatomkerne können eine Strahlung bilden; ferner die Neutronen, die sich von den Wasserstoffatomkernen durch das Fehlen einer Ladung unterscheiden.

Es ist kein Zufall, daß von den zahlreichen Strahlenarten im wesentlichen nur die als Licht bezeichneten biologisch wichtig sind. Die Korpuskularstrahlen, sowie die γ- und Röntgenstrahlen sind im natürlichen Lebensraum der Organismen nur mit sehr schwachen Bestrahlungsstärken vertreten, so daß die Schädigungen oder Tötungen durch solche Strahlen kaum wichtig sind. Nur die Mutationsauslösung durch solche Strahlen ist ein biologisch wichtiger Vorgang. Auch die HERTZschen Wellen und die Radiowellen sind biologisch kaum wichtig. Einmal ist auch ihre Strahlung normalerweise viel zu gering, und vor allem können solche Strahlen nicht zu tiefgreifenden Änderungen in Molekülen führen. Dagegen ist die normale Bestrahlungsstärke beim Ultraviolett, beim sichtbaren Licht und beim Ultrarot etwa um den Faktor 10^{12} größer als die der oben genannten Strahlenarten. Von diesem Bereich müssen wir jedoch die Ultrarotstrahlung mit Wellenlängen über 1000 mμ als biologisch weniger wichtig bezeichnen, weil die Quanten hier zu energiearm sind, um noch molekulare Bindungen leicht ändern zu können. Die Ultraviolettstrahlung unter etwa 290 mμ scheidet aus dem Bereich biologisch wichtiger Strahlung aus, weil sie im Sonnenlicht kaum mehr vertreten ist. Absorption in diesem Bereich führt außerdem regelmäßig zu Schädigungen, wenn nicht — wie wir sehen werden — das Eindringen in das Protoplasma verhindert wird. Daneben ist jedoch noch die mutationsauslösende Wirkung solcher Ultraviolettstrahlung zu erwähnen. Die Eiweißkörper absorbieren meist erst unter 300 mμ stark, so daß einmal jene Schädigungen schon so weitgehend ausgeschlossen sind, andererseits aber auch für die biologisch wichtige Strahlungsabsorption nur Wellenlängen zwischen 300 und 1000 mμ in Betracht kommen. Deren Absorption wiederum ist nur möglich, wenn Substanzen vorhanden sind, die in diesem Bereich stark absorbieren. Dazu benutzt die Pflanze, wie wir sehen werden, vor allem ihre gelben und grünen Pigmente, durch deren Anwesenheit eine hohe Empfindlichkeit im Bereich der sichtbaren Strahlung erreicht wird.

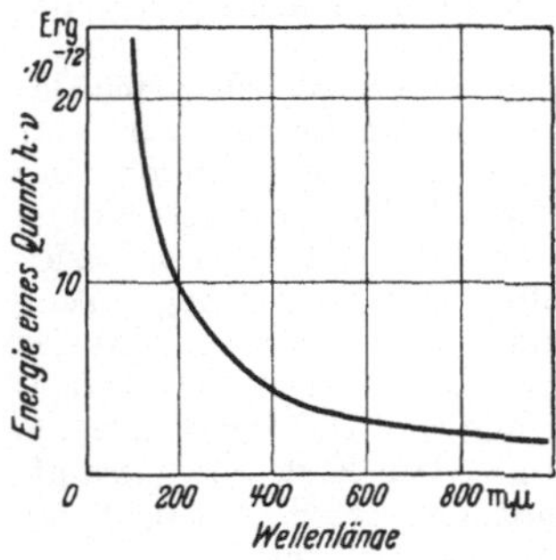

Abb. 331. Beziehung zwischen Wellenlänge und Quantengröße im Bereich des Lichtes sowie der angrenzenden ultravioletten und ultraroten Strahlung. Abnehmende Quantengröße bei zunehmender Wellenlänge.

2. Wirkung von Korpuskular- sowie von Röntgen- und γ-Strahlen.

Ionenbildung. Wir können hier die pflanzenphysiologische Wirkung der Korpuskular-, Röntgen- und γ-Strahlen trotz deren verschiedenartiger physikalischer Natur gemeinsam behandeln, da wesentliche Unterschiede der Wirkung nicht bestehen. Alle diese Strahlen wirken nämlich auf dem Wege über die Erzeugung von Ionisationen im bestrahlten Objekt. Die Vorgänge der Ionenbildung unterscheiden sich allerdings bei den einzelnen Strahlenarten. Die Quanten der Röntgen- und γ-Strahlen können von den Atomen des bestrahlten Objekts absorbiert werden; sie führen dann, vermöge ihrer im Vergleich zur Energie der Quanten sichtbaren Lichts sehr großen Energie, zum Herauswerfen eines Elektrons aus dem absorbierenden Atom. Die Quanten der γ-Strahlen, aber auch die der Röntgenstrahlen, namentlich die der kurzwelligen (harten) Röntgenstrahlen, können aber nicht nur in Atomen absorbiert, sondern auch an ihnen gestreut werden. Bei dieser Art der Aufnahme im bestrahlten Objekt geben sie einen Teil ihrer Energie an Elektronen ab, werden also zu Quanten, die denen einer Strahlung größerer Wellenlänge entsprechen. Die beim Streuprozeß einen Teil der Energie aufnehmenden Elektronen sind natürlich nicht so energiereich wie jene, die durch Absorption des Quants im Atom aus diesem herausgeworfen werden. Man bezeichnet die bei der Absorption im Atom freigesetzten Elektronen als Photoelektronen, die beim Streuprozeß erzeugten als COMPTON-Elektronen. Bei der γ-Strahlung spielt die Erzeugung der Photoelektronen kaum noch eine Rolle, die COMPTON-Elektronenbildung steht zu sehr im Vordergrund. Beide Arten von Elektronen regen andere Atome in ähnlicher Weise durch Überführung von Elektronen in energiereichere Bahnen an, wie es die Quanten sichtbaren Lichts tun, oder sie werfen sogar aus diesen Atomen nochmals Elektronen ganz heraus (Abb. 332). Diese Ionisationsprozesse sind für die biologischen Wirkungen verantwortlich zu machen.

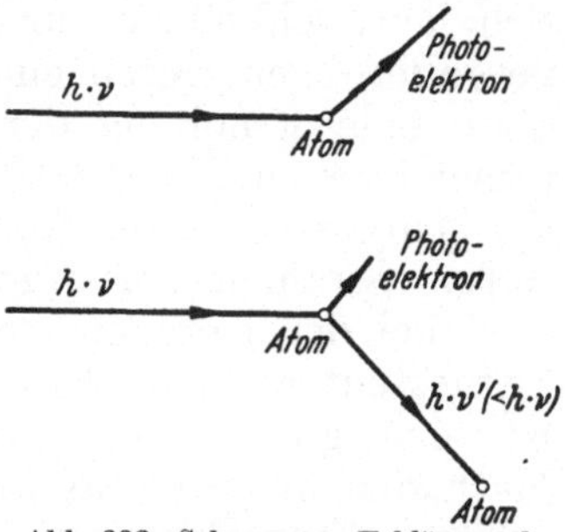

Abb. 332. Schema zur Erklärung der ersten Vorgänge während einer Strahlungsabsorption. Das von links kommende Quant mit der Energie $h \cdot \nu$ kann auf ein Atom treffen und dort absorbiert werden; die Energie geht dann zum Teil auf ein Elektron des Atoms über, das infolgedessen als Photoelektron herausgeworfen wird (oben). Das Quant kann aber beim Auftreffen auf ein Atom in anderen Fällen (unten) auch nur einen Teil seiner Energie an ein Elektron dieses Atoms abgeben, so daß ein Photoelektron geringerer Energie als im erstgenannten Fall herausgeworfen wird und das Quant selber mit verminderter Energie in anderer Richtung weiter in das absorbierende Substrat eindringt und beim Auftreffen auf ein zweites Atom nach dem oberen oder unteren Schema weiter wirkt.

Wir verstehen hiernach, daß die Korpuskularstrahlung im Organismus gleichartige Effekte hervorruft wie die kurzwellige elektromagnetische. Denn auch die Korpuskularstrahlen bedingen Ionisationsprozesse, oder sie bestehen, wie die β-Strahlen, schon selber aus Elektronen, die in das Objekt eindringen und dort noch weitere Ionisationsprozesse veranlassen; außerdem verursachen sie auch wieder die Überführung von Elektronen der getroffenen Atome in energiereichere Bahnen. Die α-Strahlen müssen ebenso wie die γ- und Röntgenstrahlen die Elektronen ausnahmslos erst im bestrahlten Objekt bilden, wozu sie durch den großen Energiegehalt ihrer Teilchen leicht befähigt sind.

Die biologischen Erfahrungen haben gezeigt, daß es für die Wirkung aller hier genannten Strahlenarten tatsächlich nur auf die Ionisationen und deren Folgen ankommt. Dem scheint zunächst zu widersprechen, daß gelegentlich spezifische Wirkungen einzelner Strahlenarten beschrieben wurden; jedoch ist dann beim Vergleich mit anderen Strahlenarten übersehen worden, daß bei der betreffenden Dosierung die Voraussetzungen für gleich starke Ionisationsprozesse in gleich großen Plasmamengen nicht gegeben waren. Und diese Voraussetzung ist natürlich wegen des verschiedenen Ionisations- und Eindringungsvermögens der einzelnen Strahlenarten nicht an die Energiegleichheit der verglichenen Strahlungen gebunden.

Zellschädigung. Die schädigende Wirkung der Strahlen erkennt man schon bei zellphysiologischen Studien. Zunächst tritt eine erhöhte Färbbarkeit auf, die auch sonst häufig Ausdruck von Schädigungen, auch von reversiblen Schädigungen ist. Stärkere Dosen führen zur Vakuolenbildung, zur Zusammenballung des Zellinhalts und zum Zerfall des Plasmas in Schollen; schließlich zur Körnchenbildung im Plasma. Auch Viskositätsveränderungen treten ein, so bei *Spirogyra* zunächst eine Herabsetzung, dann eine Erhöhung der Viskosität. Die starke Zellschädigung kommt ferner in einer Kontraktion, also in einem (anfänglich reversiblen) Verlust der Turgeszenz zum Ausdruck, wieder eine Wirkung, die nicht für die durch Strahlen hervorgerufenen Schäden spezifisch ist. Beispielsweise sind bei der Röntgenstrahlenwirkung auf Wurzeln solche Kontraktionen festgestellt worden. Der partielle oder (später) vollständige Turgorverlust ist eine Folge des Semipermeabilitätsverlustes, der auch mit anderen Methoden nachweisbar ist; so ist bei *Bryum capillare* eine Permeabilitätserhöhung für Harnstoff und KCl unter dem Einfluß von α-Strahlen ermittelt worden.

Trotz dieser deutlichen Zellschädigungen sind gelegentlich auch fördernde Wirkungen der Bestrahlung beschrieben worden. Diese günstigen Erfolge sind aber an die Anwendung schwacher Dosen gebunden; sie entsprechen den fördernden Wirkungen, die auch sonst durch geringfügige Schädigungen — etwa auf die Atmung und das Wachstum — ausgeübt werden können. So wie Wachstum und Atmung kann auch die Plasmaströmung durch geringe Dosen von Röntgenstrahlen beschleunigt werden, während stärkere Einwirkungen sie hemmen. Durchweg sind die Förderungen — wie auch nach andersartig bedingten Schäden — vorübergehender Natur; verfolgt man einen längeren Zeitabschnitt der Entwicklung, so findet man demgemäß keine günstigen Wirkungen, obgleich oft danach gesucht worden ist.

Sehr stark sind bekanntlich die Wirkungen von Röntgenstrahlen auf Zellkerne. Es können dabei verschiedenartige Mutationen auftreten. Diese mehr für die Genetik interessanten Wirkungen sollen uns hier aber nicht weiter beschäftigen (vgl. MARQUARDT).

Es wird sich kaum allgemein entscheiden lassen, welche Zellsubstanzen es besonders sind, durch deren Zerstörung die Schädigung zustande kommt; das wird von Fall zu Fall verschieden sein. Gelegentlich scheinen Enzyminaktivierungen, die auch in vitro durch Röntgenbestrahlung möglich sind, beteiligt zu sein. Bei höheren Pflanzen kommen oft Wachstumshemmungen durch Auxinzerstörung zustande. Auch die Auxininaktivierung ist, beispielsweise durch Röntgenstrahlen, in vitro möglich. Die Zerstörung des Wuchshormons innerhalb der Pflanze erklärt zudem eine oft beobachtete Wirkung der Röntgenstrahlen auf den Entwicklungsgang der höheren Pflanze: es bilden sich reichlich Seitenzweige infolge des Auswachsens der normalerweise ruhenden Achselknospen. Wir haben ja schon erwähnt, daß das Austreiben der Seitenknospen durch Auxin verhindert wird; Auxininaktivierung durch Röntgenstrahlen muß also diese Hemmung beseitigen. Aber die Auxininaktivierung ist jedenfalls für die strahlenbedingte Wachstumshemmung nicht allein verantwortlich. Vor allem werden Plasmaschädigungen beteiligt sein; denn plasmareiche Organe (Vegetationspunkte) sind besonders empfindlich.

Es ist bekannt, daß Strahlen, beispielsweise Röntgenstrahlen, zu Genumwandlungen, also zu Mutationen führen können. Wir gehen hier auf diese genetisch interessante Reaktion nicht näher ein; erwähnt sei nur, daß solche Mutationen durch Radium- und Röntgenstrahlen auch in somatischen Zellen möglich sind; die Formbeeinflussung bestrahlter Pflanzen beruht also teilweise auf Mutationen.

Bei niederen Pflanzen sind die Wirkungen der Strahlen grundsätzlich ähnlicher Natur wie bei höheren. Stärkere Dosen bedingen stets Wachstumshemmung oder Abtötung. Nach Wachstumsförderungen ist oft, aber durchweg vergeblich gesucht worden. Bei Hefe wurde allerdings ein vorübergehender Anstieg der Gärung (der ja auch durch andere schädigende Einflüsse herbeiführbar ist) ermittelt. — Pilze, die sich im Innern der Samen höherer Pflanzen befinden (z. B. *Ustilago Tritici* in Weizen), lassen sich durch Röntgenstrahlen oft zur Abtötung bringen, während die Samen, die im trockenen Zustand gegen Strahlen ebenso wie gegen andere schädliche Einflüsse sehr resistent sind, lebensfähig bleiben.

An den Sporangienträgern von *Phycomyces* wurde eine Radiumwachstumsreaktion gefunden. Die Bestrahlung, für deren Wirkung vor allem die γ-Strahlen verantwortlich waren, bedingte (im Gegensatz zu sichtbarem Licht) eine reversible Hemmung des Wachstums, der eine Förderung folgte. Eine Krümmung kann bei seitlichem Einfall der Strahlen trotz dieser Wachstumsreaktion im allgemeinen nicht entstehen, da die Strahlen zu tief eindringen, also in allen Teilen des Sporangienträgers eine Wachstumshemmung bedingen. Jedoch konnte FEHÉR bei der Bestrahlung mit γ-Strahlen an Keimlingen höherer Pflanzen Krümmungen erzielen. Mit Radiumstrahlen konnten übrigens an höheren Pflanzen positive Krümmungen erzielt werden. Eine derartige Wirkung ist bei der Teilnahme von α-Strahlen durchaus möglich, da diese nur wenig in das Organ eindringen, bei *Crepis*-Wurzeln beispielsweise etwa 30 μ.

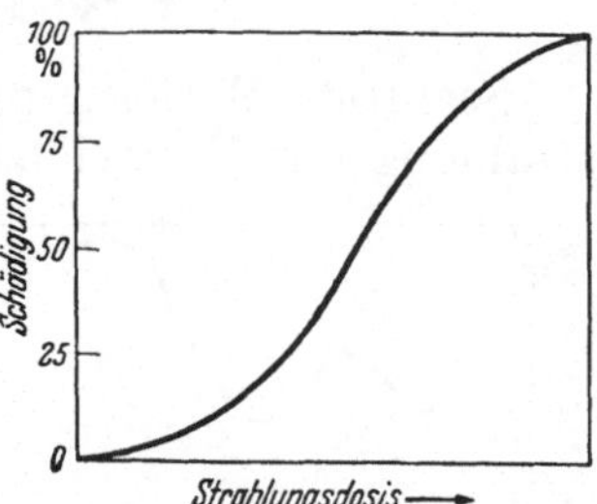

Abb. 333. Schematische Darstellung der Beziehung zwischen Strahlendosis und Schädigung einer Bakteriensuspension.

Für Bakterien und Hefen erhält man beim Vergleich der Wirkung verschieden starker Dosen der schädigenden Strahlenarten Abtötungskurven, die sich nicht aus der unterschiedlichen Empfindlichkeit der einzelnen Individuen erklären, sondern daraus, daß je nach der angewandten Strahlenmenge eine verschieden große Anzahl von Individuen ein Quant absorbiert, und zwar in einer empfindlichen Region des Körpers absorbiert; die anderen Individuen lassen das Quant durch den ganzen Körper durchdringen oder werden gar nicht getroffen (oder absorbieren in Körperregionen, die unempfindlich sind). Aus einfachen Wahrscheinlichkeitsgründen ist dabei zu erwarten, daß im Bereich geringer Dosen eine Vergrößerung der Dosis keine erhebliche Zunahme der Zahl wirksam getroffener Individuen bedingt, während diese Vergrößerung im Bereich mittlerer Dosen sehr ansehnlich wird und endlich im Bereich großer Dosen wieder eine starke Zunahme der Dosis erforderlich ist, um auch die letzten, noch nicht getroffenen Individuen zu töten (Abb. 333). Man kann hierdurch mit der „Treffertheorie“ aus den experimentell gefundenen Kurven erschließen, wie viele Quanten zur Abtötung absorbiert werden müssen. Beispielsweise hat sich ergeben, daß bei *Bact. coli* je Zelle nur ein absorbiertes Quant der Röntgenstrahlung zur Abtötung erforderlich ist, bei Hefe 5 Quanten. Auch ein einziges α-Teilchen kann ein Bakterium abtöten.

Offensichtlich bestehen also in den Zellen strukturelle Einheiten, die für das Leben unbedingt erforderlich sind und die durch ionisierend wirkende Strahlen (auch schon durch kurzwelliges Ultraviolett) inaktiviert werden können. Es liegt nahe, dieses Zentrum bei kernhaltigen Zellen im Kern zu suchen. Die Berechtigung dieser Schlußfolgerung ergibt sich auch aus Beobachtungen HERCIKs an Zellen der Epidermis von *Allium Cepa*. Hier genügen drei α-Teilchen zur Tötung einer Zelle. Wird der Kern durch Zentrifugierung auf eine Seite verlagert und nur der kernfreie Teil der Zelle bestrahlt, so erfolgt keine Abtötung.

Die experimentellen Ergebnisse lassen den Schluß zu, daß bei den Bakterien Millionen von Quanten absorbiert werden können, ohne daß auch nur die geringste Schädigung eintritt, andererseits kann aber doch ein einziges Quant, wenn es nur im entscheidenden empfindlichen Zellvolumen absorbiert wird, sofort zur Abtötung führen. Es ist aber voreilig, wenn JORDAN dieses empfindliche Volumen als ein die ganze Lebenstätigkeit besonders entscheidend regulierendes „Steuerungszentrum" ansieht.

3. Wirkungen kurzwelligen Ultravioletts.

Spektrale Wirkungsunterschiede. Der physiologische Erfolg einer Bestrahlung mit Ultraviolett kann im Prinzip der gleichen Art sein, wie der Erfolg einer Bestrahlung mit langwelliger Röntgenstrahlung; denn auch die Ultraviolettstrahlung führt zur Bildung von Photoelektronen; COMPTON-Elektronen werden praktisch nicht mehr gebildet. Ultraviolett wirkt daher im allgemeinen ebenfalls schädigend oder (in stärkeren Dosen) abtötend. Die Energie der Photoelektronen ist aber begreiflicherweise kleiner als bei der Anwendung von Röntgenstrahlen, da die Quanten ja energieärmer sind. Die Sekundärwirkung, also das Auswerfen von Elektronen aus weiteren Atomen mittels jener Photoelektronen, tritt daher stark zurück. So verstehen wir, warum es für die Ultraviolettwirkung schon sehr darauf ankommen kann, in welchen Substanzen der Zelle das Quant absorbiert wird. Ist diese Substanz lebensnotwendig oder ist sie für die Steuerung anderer Prozesse besonders wichtig, so wird ihre Beeinflussung durch die Absorption des Quants physiologisch viel bedeutungsvoller sein als die Absorption in anderen Substanzen. Durch Vergleich der physiologischen Wirkung ultravioletter Strahlen verschiedener Wellenlängen besteht die Möglichkeit, zu entscheiden, welche Substanzen die physiologisch wirksamste Absorption vollziehen; man wird zu diesem Zweck die spektrale Empfindlichkeitskurve mit der Absorptionskurve wichtiger Zellsubstanzen vergleichen, um nach Übereinstimmungen zu suchen. Bei solchen Untersuchungen, die namentlich an Einzellern (Bakterien, Hefen und Algen) ausgeführt wurden, hat sich durchweg der Bereich um 260 mμ als besonders wirksam erwiesen. Abb. 334 gibt ein Beispiel, ein zweites die obenstehende Tabelle, die angibt, welche Bestrahlungen mit verschiedenen Spektrallinien des Ultravioletts zur Abtötung von 50% der bestrahlten Individuen von *Bact. coli* erforderlich waren.

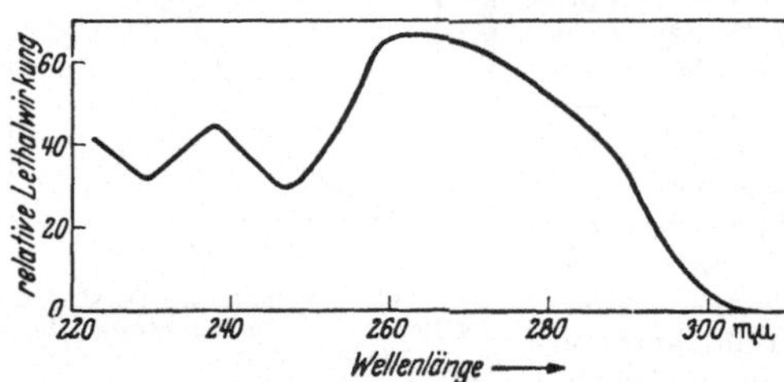

Abb. 334. Spektrale Empfindlichkeit von *Chlorella vulgaris* für UV verschiedener Wellenlänge. Auf der Ordinate: tötende Wirkung in willkürlichen Einheiten. (Nach MEIER.)

Tötung von Bact. coli durch UV.

Wellenlänge Å	Notwendige Bestrahlung Erg/cm²
3126	2500000
3020	315000
2675	8800
2400	22000
1300	12000

Diesem Bereich stärkster Wirkung von 2600 Å entspricht ein Maximum der Absorption in Nukleinsäuren bzw. Nukleoproteiden. Die starke Wirkung dieses Bereichs zeigt sich auch dann noch, wenn nicht eingestrahlte gleiche Energiemengen verglichen werden, sondern wenn man prüft, welche Energiemenge absorbiert werden muß, um einen bestimmten Effekt, etwa die Tötung der Zellen, zu erreichen. Es ist also wirklich, wie folgende Tabelle zeigt, eine unterschiedliche Energieabsorption aus verschiedenen Spektralbereichen erforderlich, wenn gleiche physiologische Effekte erzielt werden sollen.

Die entscheidende Absorption kann sowohl von den Nukleoproteiden der Zellkerne, also mit Hilfe der Desoxyribosenukleinsäure, als auch durch die Ribosenukleinsäure des Zytoplasmas vollzogen werden. Die große Bedeutung, die diesen Nukleinsäuren bzw. Nukleoproteiden für das Leben der Zelle zukommt, macht die starke Wirkung der von ihnen vollzogenen Strahlenabsorption verständlich.

Bact. coli; erforderliche Energieabsorption je Bakterium, um 50% der Individuen abzutöten.

Wellenlänge in Å	Absorbierte Energie in Erg.
2536	$2{,}75 \cdot 10^{-5}$
2803	$2{,}50 \cdot 10^{-5}$
3132	$10{,}90 \cdot 10^{-5}$

Neben der Absorption der Ultraviolettstrahlung in den Nukleoproteiden können aber auch Absorptionen in vielen anderen Zellbestandteilen starke physiologische Wirkung haben.

Reaktivierung. Ein merkwürdiges Phänomen besteht darin, daß der tötende oder mutationsauslösende Effekt der Ultraviolettstrahlung durch eine anschließende Bestrahlung mit größeren Wellenlängen teilweise aufgehoben werden kann. Die Anzahl der überlebenden bzw. nicht mutierten Zellen ist also größer, wenn im Anschluß an das UV sichtbares Licht geboten wird. Dieser Effekt wurde bei vielen Mikroorganismen (Bakterien, Pilzsporen) gefunden. Eine entsprechende Erscheinung ist von den Bakteriophagen bekannt (Kelner, Novick und Szilard). Bei dieser Reaktivierung sind Wellenlängen zwischen 365 und 500 mμ wirksam. Das Maximum der Wirksamkeit liegt für *Streptomyces griseus* bei 436 mμ, in diesem Bereich liegt eine für Porphyrine charakteristische Absorptionsbande, vielleicht ist also eine Absorption in Porphyrinen für die Reaktivierung entscheidend. Bei *Escherichia coli* waren aber Strahlen der Wellenlänge 375 mμ am stärksten wirksam (Kelner).

Art der Beeinflussungen. Wenn auch die Schädigung oder Tötung von Zellen durch Ultraviolett oft auf der Absorption in Nukleoproteiden oder anderen Eiweißen beruht, besteht doch im einzelnen eine große Vielheit der Wirkungen, die noch dadurch erhöht wird, daß auch ganz andere Substanzen als entscheidende Absorptionsorte in Betracht kommen. Absorptionen in Eiweißen können etwa zu Enzyminaktivierungen führen, da die Träger der Enzyme ja Eiweiße sind. Auch in vitro sind ultraviolettbedingte Enzyminaktivierungen nachgewiesen worden.

Der Inaktivierung von Wuchsstoffen kann ebenfalls eine Bedeutung zukommen. Zwar werden strahlenbedingte Wuchsstoffinaktivierungen in der Zelle meist erst durch Sensibilisatoren wie Laktoflavin möglich, aber im Bereich der Ultraviolettstrahlungen können solche Inaktivierungen auch durch direkte Einwirkungen der Strahlen auf das Hormon bedingt werden. Das wurde für das Köglsche Auxin angegeben, für die Indolylessigsäure klar erwiesen. Die Inaktivierung kann natürlich wieder viele Sekundärwirkungen nach sich ziehen. Beispielsweise fanden v. Denffer und Schlitt, daß bei einigen Pflanzen (so bei *Linum usitatissimum*) die Blütenbildung durch Ultraviolettstrahlung gefördert wird, und sie erklärten diesen Effekt aus der Zerstörung von Wuchsstoff, der, wie wir wissen, in zu hohen Konzentrationen die Blütenbildung hemmen kann. Eine andere morphogenetische Wirkung der Ultraviolettstrahlung besteht in der Verringerung der Anzahl von Spaltöffnungen, d. h. die Differenzierung von Spaltöffnungen in der Epidermis kann mehr oder weniger unterdrückt sein (KROPFITSCH). Auch dieser Effekt läßt sich vielleicht durch Wuchstoffinaktivierung erklären.

Zu den morphogenetischen Wirkungen der Ultraviolettstrahlung gehört weiterhin die starke Stauchung von Internodien, die sich schon unter dem Einfluß der natürlichen Ultraviolettstrahlung, etwa im Hochgebirge, bemerkbar machen kann. Hierfür kommt ein Strahlenbereich etwa von 290—300 mμ in Betracht, der im Hochgebirgsklima vorkommt. Auch das Tropenlicht ist infolge geringer Dichte der Ozonschicht und infolge des hohen Sonnenstandes oft sehr reich an Ultraviolett, das bis zu diesen Wellenlängen hinunterreichen kann. Es sei noch erwähnt, daß die Modifikation der Wuchsform bei Hochgebirgspflanzen (Abb. 335) aber durchaus nicht nur strahlenbedingt ist, hierbei vielmehr auch andere Faktoren, wie z. B. die Trockenheit und der Wind sehr stark mitwirken.

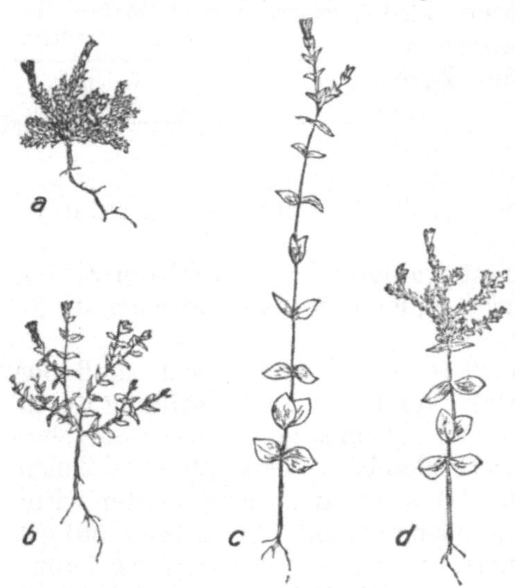

Abb. 335 a—d. *Gentiana quadrifaria.* a von einem sonnigen Standort in 3000 m Höhe; b von einem sonnigen Standort in 1000 m Höhe; c von einem schattigen Standort in 3000 m Höhe; d in 3000 m Höhe erst im Schatten, dann in der Sonne gewachsen. Die Pflanze zeigt immer dann eine Verkürzung der Internodien, wenn sie der ultraviolettreichen Sonnenstrahlung größerer Höhen ausgesetzt ist.

Der unter extremen Klimabedingungen vorkommende Strahlungsbereich von 290—300 mμ kann übrigens auch schon von den Nukleoproteiden absorbiert werden. Daher ist es erklärlich, daß manche Organismen, die keinen ausreichenden Strahlenschutz durch dicke Zellwände besitzen, z. B. Pilze, schon unter dem Einfluß der Sonnenstrahlung ihre Mutationsrate erhöhen können.

In den Zellen kann die Absorption von Ultraviolettstrahlung zu verschiedenartigen mikroskopisch nachweisbaren pathologischen Veränderungen führen. Es können Ausfällungen im Plasma, Permeabilitätsänderungen usw. eintreten (vgl. z. B. TOTH).

Bei manchen nach UV-Bestrahlung auftretenden Schädigungen handelt es sich übrigens einfach um eine Wirkung des von den Strahlungsquellen produzierten Ozons; namentlich kann das Ozon zur Chlorophyllzerstörung führen (WANGERMANN und LACEY).

Unterschiedliche Empfindlichkeit einzelner Pflanzen. Von den Schäden werden bei den höheren Pflanzen vornehmlich die äußeren Teile getroffen, in denen die Strahlung bereits sehr stark absorbiert wird, denn die verschiedensten Zellbestandteile absorbieren Ultraviolett durchweg stärker als sichtbares Licht. Die inneren Gewebe erhalten also nur eine sehr abgeschwächte Strahlung. Besonders die verholzten und kutinisierten Wände, weniger das Plasma, absorbieren die Strahlung, auch schon die langwellige Ultraviolettstrahlung, sehr stark. Oft kann bereits der Zellsaft der Epidermis einen wirksamen Strahlenschutz für die tieferen Gewebe bilden, nämlich dann, wenn er Gerbstoffe, Anthocyane oder Flavone gelöst enthält, die (schon im langwelligen Ultraviolett) stark absorbieren. Die Anthocyane zeigen in dem schädlichen Bereich von 250—280 mμ eine starke Absorption. Ebensosehr sind die Flavone und Flavonole zur Abschirmung des schädlichen Ultravioletts geeignet. Ferner können noch die Kutinwachse für diese Abschirmung sehr wichtig sein. Bei *Copernicia*, wo die Wachsschicht eine Stärke von 15 μ erreicht, erfolgt auf diese Weise eine Schwächung des Ultravioletts auf $^1/_9$ (WUHRMANN-MEYER). Versuche BIEBLs können die Schutzwirkung der Zellulosemembran zeigen. Bei Zellen der Zwiebelschuppen von *Allium Cepa* waren zur Abtötung mit einer bestimmten UV-Dosis 4 min erforderlich, wenn die Membranen 7—8 μ dick waren, aber nur 2 min, wenn die Membrandicke 5 μ betrug.

So verstehen wir, daß die Pflanzen in der freien Natur auch dann keinen Strahlenschaden erleiden, wenn das Klima reich an Ultraviolett ist. Namentlich bei den Hochgebirgspflanzen müssen Strahlenschutzeinrichtungen der genannten Art eine große Rolle spielen. Diese Pflanzen ertragen auch im Experiment viel höhere UV-Dosen als Tieflandpflanzen (PIRSCHLE).

Pflanzen ohne stark abschirmende Membranen sind naturgemäß besonders gefährdet und können, wie wir schon erwähnten, demgemäß auch schon unter dem Einfluß der natürlichen Sonnenstrahlung Mutationen zeigen. Derartige Pflanzen werden auch oftmals durch den Ultraviolettanteil der Sonnenstrahlung getötet. Bei Pollenkörnern wurden als Folge der Sonnenstrahlung Schäden beobachtet, die sich in einer verringerten Keimkraft äußern (WERFFT). Bei Planktonalgen, die sich dicht unter der Oberfläche des Wassers befinden, können sehr rasch Chlorophyllzerstörungen auftreten, die sich durch eine Abschirmung der Ultraviolettstrahlung vermeiden lassen (GESSNER und DIEHL).

Eine Förderung der Zellteilung ist von mehreren Autoren (vor allem GURWITSCH) der Strahlung zwischen 1900—2500 Å zugeschrieben worden. Solche Strahlen sollen in sehr geringen Intensitäten von den Organismen selber geliefert werden; sie wurden als mitogenetische Strahlen bezeichnet. Mehrere sorgfältige Experimentatoren waren nicht imstande, die mitogenetische Strahlung aufzufinden oder eine Teilungsförderung durch entsprechende Dosen experimentell erzeugten Ultravioletts sicherzustellen (RAHN, GERLACH).

Literatur.

Zusammenfassende Darstellungen mit Literaturhinweisen.

DUGGAR: Biological effects of radiation. New York u. London 1936.
ERRERA: Progr. Biophysics a. Byophysical Chem. **3** (1953).
GRAY: Progr. Biophysics a. Biophysical. Chem. **2** (1951).
LEA: Actions of radiation on living cells. Cambridge 1946.
MARQUARDT: Experientia (Basel) **5** (1949).
NICKSON (Herausg.): Symposium on Radiobiology. New York u. London 1952.
Symposium on Radiation Genetics: J. Cellul. a. Comp. Physiol. **35**, Suppl., 1 (1950).

Weitere Literatur.

BIEBL: Protoplasma (Berl.) **36** (1942).
FEHÉR: Mitt. Bot. Inst. Univ. Sopron 1940.
GESSNER u. DIEHL: Arch. Mikrobiol. **15** (1951).
HERCIK: C. r. Soc. Biol. Paris **130** (1939).
KROPFTISCH: Protoplasma (Berl.) **40** (1951).
PIRSCHLE: Naturwiss. **29** (1941).
SCHULZE: Naturwiss. **34** (1947).
TOTH: Österr. bot. Z. **96** (1949).
WAKSMANN-MEYER: Planta (Berl.) **32** (1941). — WANGERMANN and LACEY: Nature (Lond.) **170** (1952). — WERFFT: Biol. Zbl. **70** (1951).

IV. Wirkung des sichtbaren Lichts und der angrenzenden Spektralbereiche.

1. Physikalische und methodische Fragen.

Allgemeines. Nach dem (natürlich nicht nur für die sichtbare Strahlung gültigen) Gesetz von DRAPER und GROTTHUS kann nur die absorbierte Strahlung physikalische und chemische Prozesse einleiten. Die Art dieser Vorgänge ist mannigfaltig. Häufig wird die Energie einfach in Wärme transformiert, und sie kann dann als solche im Organismus physiologische Wirkungen entfalten, die auch durch direkte Zufuhr von Wärme, also etwa durch Überführung in Luft höherer Temperatur erzielbar sind. Die Anregung der absorbierenden Atome durch die zugeführte Energie kann aber auch zur Abspaltung von Elektronen führen, einem Prozeß, der bekanntlich bei Alkalimetallen (in Photozellen!) leicht eintritt. Die mit dem absorbierten Quant zugeführte Energie wird also teilweise (im Grenzfall vollständig) auf diese Elektronen übertragen. Die absorbierte Energie kann aber von dem angeregten Atom auch in Form strahlender Energie, also als Fluoreszenzlicht wieder abgegeben werden; dabei geht ebenfalls ein Teil der Energie verloren, so daß die Quanten des Fluoreszenzlichtes energieärmer als die des absorbierten sind, d. h. das Fluoreszenzlicht hat eine größere Wellenlänge. Weiterhin können chemische Prozesse eingeleitet werden. Zunächst einmal dadurch, daß das absorbierende und somit angeregte Molekül selber eine chemische Umwandlung erleidet; es kann zur Isomerisation, Polymerisation, Spaltung usw. veranlaßt werden. Aber die absorbierte Energie kann auch auf andere Moleküle übertragen werden, die dadurch nunmehr ihrerseits eine Anregung erfahren und demgemäß leichter chemische Reaktionen eingehen. In diesem letzteren Fall, der physiologisch oft verwirklicht ist, wirkt das absorbierende Molekül also nur als Energieüberträger (Sensibilisator); es erleidet keine bleibende chemische Umwandlung, sondern nur eine reversible Anregung. — An diese einleitenden Vorgänge können sich natürlich im Organismus die verschiedenartigsten Prozesse anschließen.

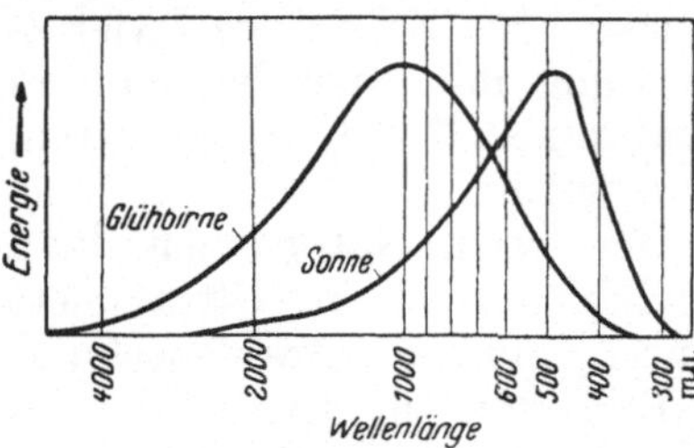

Abb. 336. Relative Energieverteilung in der von der Sonne zur Erde gelangenden und in der von einer Glühbirne emittierten Strahlung. Das Sonnenlicht enthält also vom grünen Licht (λ ungefähr 500 mμ) relativ am meisten; die Glühbirne zeigt ihre maximale Strahlung im Ultrarot, allerdings noch ziemlich nahe dem Gebiet der sichtbaren Rotstrahlung.

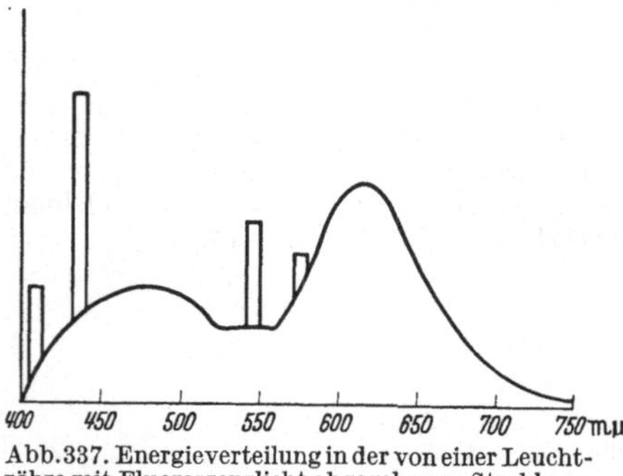

Abb. 337. Energieverteilung in der von einer Leuchtröhre mit Fluoreszenzlicht abgegebenen Strahlung.

Alle hier genannten Möglichkeiten werden auch bei den lichtphysiologischen Prozessen im Organismus vorkommen. Allerdings ist erst in wenigen Fällen eine bis zu diesen elementaren Abläufen vordringende Analyse angebahnt worden. Zu den bekanntesten Vorgängen gehört in dieser Hinsicht die Photosynthese, bei der nach den neueren Untersuchungen das Chlorophyll offenbar als Sensibilisator wirkt und wir auch schon recht gut wissen, auf welche Substanzen die Energie vom Chlorophyll übertragen wird. Da die Photosynthese von speziell stoffwechselphysiologischem Interesse ist, wird sie uns hier nicht näher beschäftigen, obwohl — wie wir sehen werden — die Sensibilisatorwirkung des Chlorophylls auch reizphysiologisch wichtig werden kann.

Lichtquellen und -filter. Für manche lichtphysiologische Untersuchungen ist es notwendig, Pflanzen längere Zeit bei künstlichem Licht zu kultivieren. Früher wurden dazu vorwiegend Glühlampen benutzt und deren starke Wärmestrahlung (Abb. 336) durch Wasserschichten von der Pflanze ferngehalten. Neuerdings steht in den Leuchtstofflampen eine viel geeignetere Lichtquelle zur Verfügung. Diese Röhren haben den Vorteil, nur wenig Wärme abzugeben, so daß eine Wasserkühlung meist entbehrlich ist. Außerdem entspricht das von einigen Typen dieser Leuchtstoffröhren abgegebene Fluoreszenzlicht in seiner spektralen Zusammensetzung weitgehend dem natürlichen Tageslicht (Abb. 337).

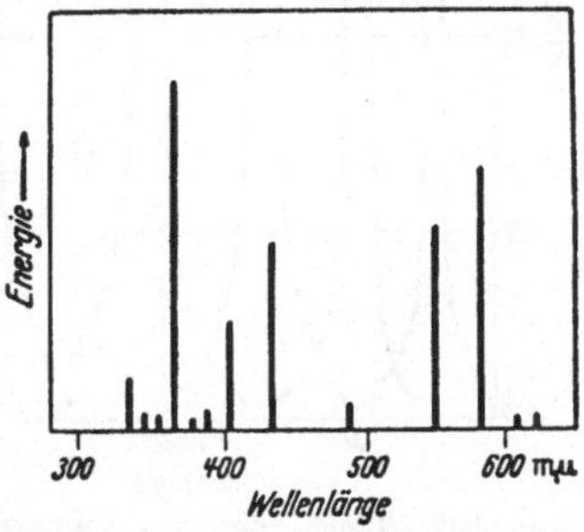

Abb. 338. Energieverteilung in der Quarz-Quecksilberlampe.

Oft stehen wir bei strahlenphysiologischen Arbeiten auch vor der Aufgabe, die Wirkung verschiedener Spektralbereiche zu vergleichen. Die Erfolge solcher Untersuchungen sind weitgehend an die Fortschritte der Technik für die Isolierung der Bereiche gebunden. Als Lichtquellen kommen dabei außer Leuchtröhren der genannten Art und Glühlampen auch Kohlebogenlampen in Betracht. In den letzteren ist auch die ultraviolette Strahlung vertreten, die sich bei den Glühbirnen nur dann bis zum kurzwelligen Ultraviolett erstreckt, wenn für die Herstellung der Lampen ein ultraviolettdurchlässiges Glas benutzt wurde. Vorwiegend senden diese Lichtquellen jedoch ultrarote Strahlung aus. Andererseits können Quarzquecksilberdampflampen benutzt werden; die in ihnen vom Quecksilberdampf abgegebene Strahlung setzt sich aus zahlreichen einzelnen Spektrallinien zusammen (Abbildung 338). Außerdem werden noch mehrere andere Gasentladungslampen hergestellt, die das Spektrum von Edelgasen oder Metalldämpfen aussenden.

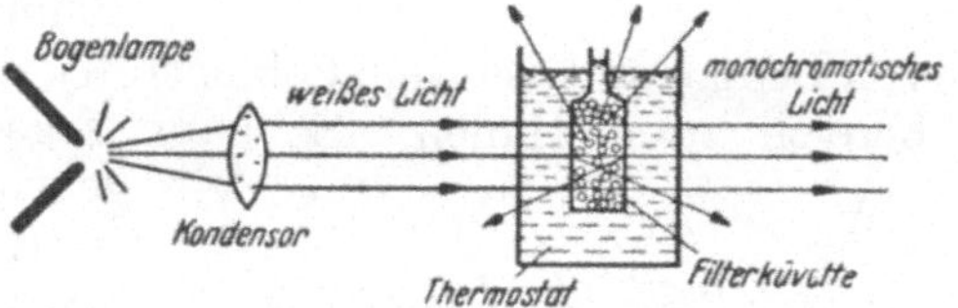

Abb. 339. Schema zur Erklärung des Monochromatorprinzips nach CHRISTIANSEN-WEIGERT. Das Licht der Bogenlampe (links) dringt, nachdem ein Teil davon durch den Kondensor zum parallelen Strahlenbündel vereinigt worden ist, durch den Thermostaten (mit Wasser) in die Filterküvette (Glaspulver mit organischer Flüssigkeit); alle Strahlenqualitäten bis auf eine werden zerstreut, so daß nur Strahlen einer Qualität (Abb. 340) den Thermostaten in der alten Richtung verlassen.

Will man bei physiologischen Untersuchungen mit einzelnen Spektrallinien arbeiten, so müssen als Lichtquelle die Quarzquecksilberlampe oder die letztgenannten Spektrallampen dienen und durch geeignete Glas-, Flüssigkeits- oder Gelatinefilter die gewünschten Spektrallinien isoliert werden. Genügen dagegen schmale Spektralbereiche, so kann man von dem kontinuierlichen Spektrum ausgehen, und dieses entweder im Prisma zerlegen oder auch wieder durch Benutzung von Filtern einzelne Bereiche isolieren. Für die spektrale Zerlegung sind besondere Monochromatoren konstruiert worden, die aber oftmals infolge Reflexion und Streuung in der Apparatur doch nicht ganz reine Spektralbereiche liefern; gerade in der Reizphysiologie können diese für andere Zwecke bedeutungslosen Fehler sehr stören. Man wird daher zum mindesten nicht ungünstiger arbeiten, wenn man zur Isolierung Flüssigkeits- und Glasfilter benutzt. Gegenwärtig wird eine große Zahl von Farbgläsern produziert, deren Eigenschaften die nötige Konstanz besitzen, und die, namentlich dann, wenn Kombinationen mehrerer Gläser (oder auch Kombinationen mit Flüssigkeiten) benutzt werden, genügend schmale und reine Spektralbereiche liefern.

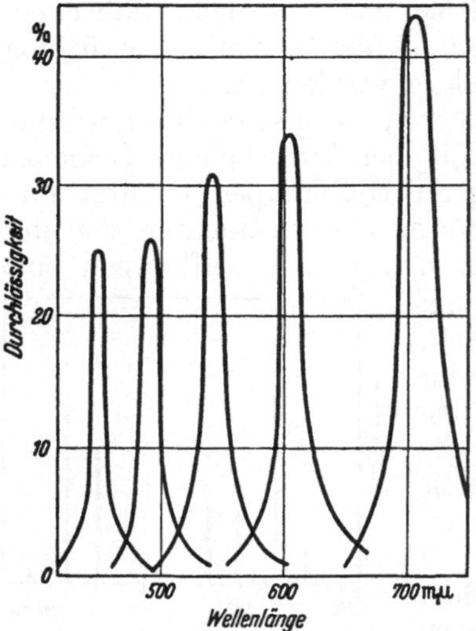

Abb. 340. Einige der mit CHRISTIANSEN-WEIGERT-Filtern gewonnenen Spektralbereiche. Filtertemperatur immer 20°. Variation der spektralen Durchlässigkeit durch Änderung des Mischungsverhältnisses von Schwefelkohlenstoff und Benzin. Für die Isolierung des blauen Bereichs wurden 4%, für den Rotbereich 20%, für die anderen Bereiche entsprechende Zwischenstufen der Schwefelkohlenstoffkonzentration im Lösungsgemisch benutzt. (Nach MCALISTER.)

Gut verwertbar ist das Prinzip der CHRISTIANSEN-WEIGERT-Filter. Das Filter besteht aus Körnern farblosen Glases in einer organischen Flüssigkeit (z. B. Benzol-Schwefelkohlenstoffgemisch). In diesem Filter haben Glas und Flüssigkeit nur für einen schmalen Spektralbereich den gleichen Brechungsexponenten. Lediglich dieser Bereich kann das Filter in unveränderter Richtung passieren; alle anderen werden gebrochen oder reflektiert (Abbildung 339). So läßt sich ein sehr enger Spektralbezirk isolieren (Abb. 340). Man braucht nur den Brechungsexponenten der Flüssigkeit zu variieren (z. B. durch Benutzung verschiedenartiger Mischungen von Benzol und Schwefelkohlenstoff), um den jeweils gewünschten Spektralbereich zu gewinnen. Es kann sogar immer mit derselben Flüssigkeit gearbeitet werden, wenn man die Temperatur variiert; denn die Brechungsexponenten von Glas und Flüssigkeit besitzen eine verschiedene Temperaturabhängigkeit. Die mit diesem Prinzip isolierten Spektralbereiche sind aber nicht so rein wie die nach den vorher genannten Verfahren gewonnenen.

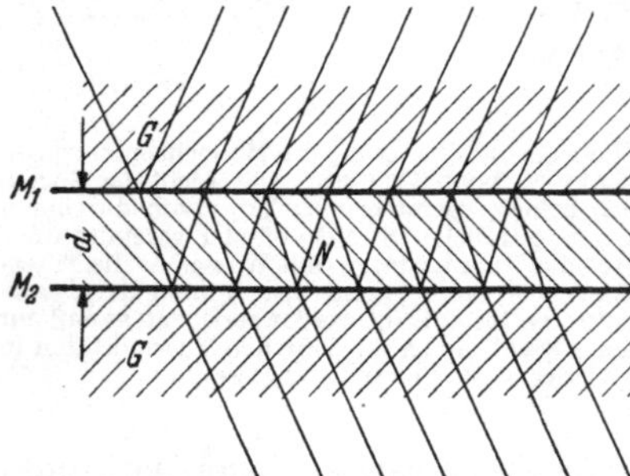

Abb. 341. Schematische Darstellung des Aufbaues eines Interferenzfilters. Auf der Glasplatte G sind zwei teilweise durchlässige (90%ige Reflexion) Metallschichten M_1 und M_2 (z. B. Silber) und dazwischen eine durchsichtige Nichtmetallschicht N mit der optischen Dicke d aufgedampft. Das einfallende Licht erfährt an den teilweise reflektierenden Schichten eine Zickzackreflexion; die hindurchgehenden Lichtanteile kommen je nach ihrer Wellenlänge mit verschiedenen Phasendifferenzen zur Interferenz und verstärken und schwächen sich. (Nach Druckschrift 8075, Jenaer Glaswerk Schott & Gen. Jena.)

In neuerer Zeit sind schließlich noch „Interferenzfilter" entwickelt worden. In den Filtersystemen gelangt das Licht, das von zwei teilweise durchlässigen, dicht aufeinanderfolgenden Schichten reflektiert wird, zur Interferenz und erzeugt schmale Durchlässigkeitsmaxima. Es bilden sich Durchlässigkeitskurven, die ähnlich sind wie die der CHRISTIANSEN-WEIGERT-Filter (Abb. 341, 342).

Messung. Ebenso wichtig wie die sorgfältige Isolierung der einzelnen Spektralbereiche ist die Messung der auf das Objekt einstrahlenden Energie; denn diese ist natürlich je nach der Durchlässigkeit des Filters und vor allem auch je nach der spektralen Energieverteilung der Lichtquelle sehr verschieden. Zur Messung der Energie (an der Stelle, an der sich das zu bestrahlende Versuchsobjekt befindet) kann man diese entweder in einem geschwärzten, also alle Spektralbereiche absorbierenden Körper auffangen und die eintretende Temperaturerhöhung an dem von ihr bewirkten Thermostrom mit einem empfindlichen Galvanometer messen; d. h. man benutzt eine Thermosäule in Verbindung mit einem Galvanometer. Einfacher ist die Messung mit einer Photozelle, etwa einer Selenzelle, in der die einfallende Strahlung einen Photostrom erzeugt, der wieder galvanometrisch gemessen wird. Dabei muß natürlich die (recht unterschiedliche) Empfindlichkeit der Zelle für die einzelnen Spektralbereiche bekannt sein und bei der Auswertung des Galvanometerausschlags berücksichtigt werden.

Die Intensität der Strahlung bezeichnen wir mit der Anzahl Kalorien oder Erg, die in der Zeiteinheit auf die Einheit der bestrahlten Fläche fallen, also in Erg/cm²/sec oder in cal/cm²/sec (bzw. Cal/cm²/sec). Die gesamte während der Versuchszeit eingestrahlte Energie wird in Erg oder cal (bzw. Cal) angegeben. Oft wird auch noch das weniger brauchbare Helligkeitsmaß (MK) benutzt, und die zugeführte Lichtmenge in MKS (Meterkerzensekunden) angegeben. Das ist insofern nicht ganz exakt, als ein und derselben Helligkeit weißen Lichtes je nach der spektralen Zusammensetzung der benutzten Lichtquelle eine unterschiedliche Strahlenenergie entsprechen kann, zudem muß das Maß auf weißes Licht beschränkt bleiben.

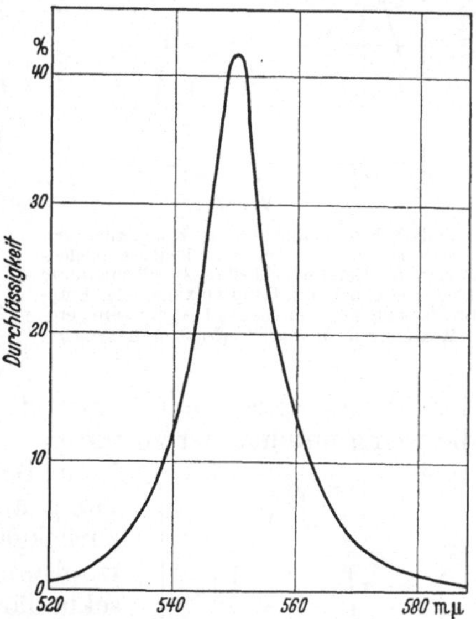

Abb. 342. Beispiel für die mit Interferenzfiltern gewinnbaren Energieverteilungen.

Von den zahlreichen Wirkungen des Lichtes auf die Pflanze interessieren uns hier natürlich vor allem die Wirkungen auf Wachstums- und Bewegungsvorgänge.

2. Überblick von den Lichtreizwirkungen.

Man pflegt die Lichtreizreaktionen der Pflanze etwa einzuteilen in *phototaktische* Bewegungen, die wir bei vielen mit Geißeln ausgerüsteten Algen und Flagellaten vorfinden, in die *phototropischen* und *photonastischen* Krümmungen der höheren Pflanzen, in die *Lichtwachstumsreaktionen*, d.h. die durch einen Lichtreiz induzierten vorübergehenden Schwankungen der Wachstumsintensität und in die erst später, bei länger dauernden Versuchen in *formativen* Wirkungen zum Ausdruck kommenden Wachstumsbeeinflussungen. Es gibt dann noch zahlreiche Sonderreaktionen, wie z. B. die Beeinflussung der Ausbildung bestimmter Organe, etwa der Fruchtkörper bei Pilzen, die Beeinflussung der Sporenentleerung mancher Pilze, der Plasmaströmung und anderer Zellvorgänge; namentlich kann auch die Permeabilität geändert werden.

Unter Phototaxis würden wir definitionsgemäß eine durch Licht bedingte Bewegungsbeeinflussung frei beweglicher Organismen verstehen. Sie findet sich z. B. bei Schwärmsporen, grünen Flagellaten, Volvocineen und Purpurbakterien. Meist handelt es sich bei gewöhnlichen Lichtintensitäten um positive Phototaxis, also um eine Anlockung der Organismen zur Lichtquelle, seltener um negative Phototaxis, d. h. Bewegung von der Lichtquelle fort. Phototropische Bewegungen sind nach den weiter oben gegebenen Definitionen Krümmungsbewegungen von Teilen festgewachsener Pflanzen. Auch diese Bewegungen können „positiv" oder (seltener) „negativ" sein; in der Regel handelt es sich um Wachstumsbewegungen (auch „Nutationsbewegungen" genannt). Die Stengelorgane der höheren Pflanzen, sowie auch viele Teile (z. B. Sporangienträger) von Pilzen zeigen positiven Phototropismus. Wurzeln besitzen, wenn sie überhaupt phototropisch reagieren, meist ein negativ-phototropisches Reaktionsvermögen. Blattspreiten können „diaphototropische" Reaktionen zeigen. Photonastische Krümmungen, also solche, bei denen die Bewegungsrichtung von der Angriffsrichtung des Reizes unabhängig ist und nur durch die Organstruktur determiniert wird, finden sich bei höheren Pflanzen ebenfalls recht häufig, oft sind sie keine Wachstums-, sondern Turgorbewegungen („Variationsbewegungen"). Zu den formativen Wirkungen des Lichts gehört vor allem die bekannte Etiolementsverhinderung. Auch die Wirkung der Licht-Dunkelrhythmik auf die Entwicklung der Pflanze, also der sog. Photoperiodismus ist eine wichtige Lichtreizerscheinung.

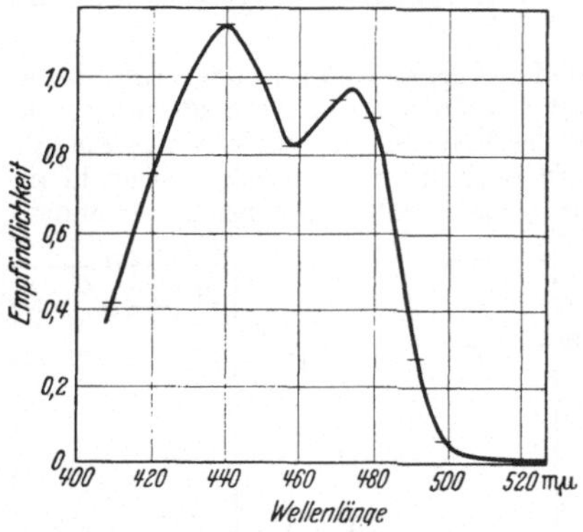

Abb. 343. Empfindlichkeit der Koleoptilen von *Avena sativa* für Licht verschiedener Wellenlängen. Die Empfindlichkeit für $\lambda \approx 430$ mμ wurde als 1 bezeichnet. Ein Hauptmaximum der Empfindlichkeit liegt im Blauviolett, ein geringeres Maximum im Blaugrün. (Nach JOHNSTON.)

3. Allgemeines über die Aufnahme der Lichtreize.

Wenn wir die Lichtreizerscheinungen gemäß dem eben gegebenen Überblick nacheinander behandeln würden, so müßten wir Erscheinungen, die einander physiologisch sehr verwandt sind, auseinanderreißen und andere, die wenig miteinander zu tun haben, unter einem Namen zusammenfassen. Zum Beispiel kann eine phototropische Krümmung auf ganz verschiedenartige Zellvorgänge zurückgehen, während in anderen Fällen Phototropismus, Phototaxis und formative Wirkung sekundäre Folgen ein und desselben elementaren Vorgangs sind. Die Forschung ist gegenwärtig noch nicht so weit, daß eine endgültig befriedigende Anordnung bei der Darstellung der verschiedenen Lichtreizwirkungen möglich ist. Um so wichtiger ist es, auf die Erscheinungen besonders hinzuweisen, die die physiologische Verwandtschaft verschiedenartiger Lichtreizwirkungen erkennen lassen.

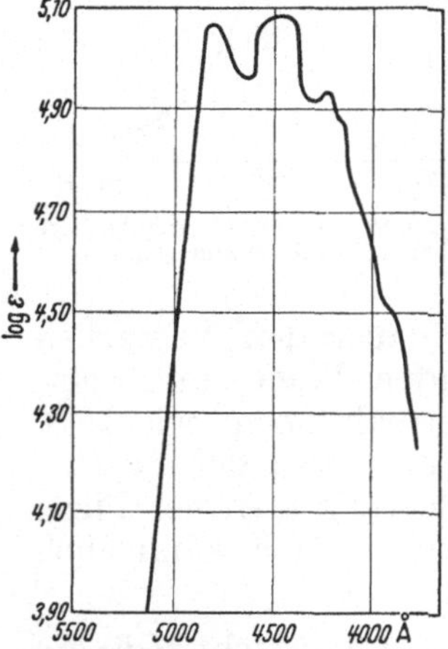

Abb. 344. Extinktionskurve von Karotin in Hexan. c = 1 Mol/Liter. d = 1 Zentimeter. Je ein Maximum im Blaugrün und im Blauviolett; ein geringes Maximum im Violett. (Nach SPRECHER v. BERNEGG, HEIERLE und ALMASY).

Spektrale Empfindlichkeitskurve. Zu den Tatsachen, die auf eine innere Verwandtschaft äußerlich verschiedenartiger Lichtreizerscheinungen hinweisen, gehört in erster Linie die vielen Lichtreaktionen gemeinsame Abhängigkeit von der Wellenlänge des Lichts. Bei den verschiedensten lichtphysiologischen Erscheinungen werden wir immer wieder auf einige Haupttypen dieser Abhängigkeit stoßen. Bei einem Typ finden wir eine starke Wirkung der blauen und violetten sowie noch der langwelligen UV-Strahlung. Bei einem anderen Typ entspricht das Aktionsspektrum etwa dem der Photosynthese, also Blau und Orange sind vorwiegend wirksam, bei einem dritten Typ zeigt sich eine starke Wirkung des langwelligen Rot. Der weitverbreitete erstgenannte Typ sei hier schon in einem allgemeineren Zusammenhang besprochen. Er ist namentlich für phototropische und phototaktische Bewegungen charakteristisch. Diese spektrale Empfindlichkeitskurve ist bei den phototropischen Krümmungen zuerst von BLAAUW einigermaßen sorgfältig ermittelt worden, und zwar für die *Avena*-Koleoptilen und die *Phycomyces*-Sporangienträger. Man hat zur Erklärung der ausschließlichen Wirkung kurzwelliger Strahlung oft auf die größere Energie ihrer Quanten verwiesen. Aber dabei bleibt ungeklärt, warum die Wirksamkeit schon im äußersten Violett und noch mehr im Ultraviolett wieder abnimmt (ohne auch dort ganz zu fehlen); und andererseits zeigt die, wenn auch sehr geringe, Wirksamkeit des längerwelligen Lichts (grün und gelb), daß die energiearmen Quanten des grünen und gelben Lichts an sich sehr wohl imstande sind, phototropische Vorgänge einzuleiten. So mußte aus den Beobachtungen geschlossen werden, daß es für die Einleitung der phototropischen Vorgänge nicht auf die in irgendwelchen beliebigen Zellbestandteilen absorbierte Energie ankommt (denn die Absorption grüner, gelber und roter Strahlen ist auch in chlorophyllfreien Geweben recht ansehnlich), sondern nur auf die Absorption in einer Substanz, die vorwiegend Blau-Violett absorbiert. Die Deutung der spektralen Empfindlichkeitskurve als Ausdruck der Absorptionskurve einer Substanz mit spezifischer Funktion bei den Lichtreizwirkungen wurde aber durch die Beobachtung, daß die Empfindlichkeitskurve in Wahrheit nicht eingipflig ist, sondern zwei einander benachbarte Maxima zeigt, unumgänglich. Diese Maxima liegen sowohl für die *Avena*-Koleoptile (Abb. 343) als auch für die Sporangienträger von *Pilobolus* bei etwa 445 und 480 mμ. — Zur Bestimmung der spektralen Empfindlichkeitskurven kann entweder das Kompensationsverfahren dienen (die Pflanzen werden an verschiedenen Punkten zwischen die beiden zu vergleichenden Lichtquellen aufgestellt und die Richtung der Krümmung ermittelt) oder es wird die zur Schwellenreizung (also zum eben sichtbaren Erfolg) bzw. die zur Erreichung eines bestimmten Krümmungsgrades notwendige Energiemenge bestimmt.

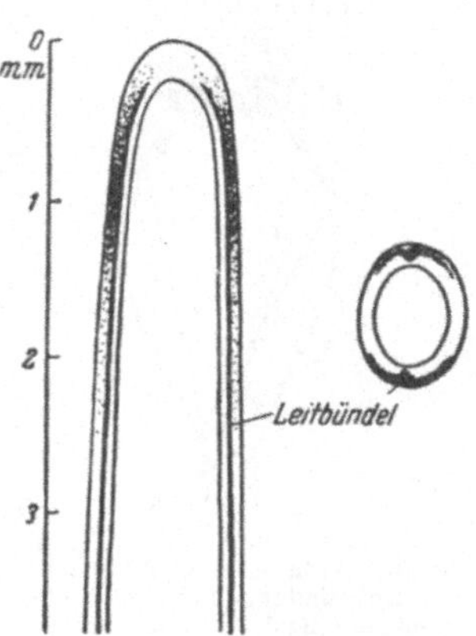

Abb. 345. *Avena*-Koleoptile im Längsschnitt (links) und im Querschnitt (rechts). Das Chlorophyll bzw. Karotinoid enthaltende Gewebe ist dunkel gezeichnet. Das Vorhandensein von Karotin ist ebenso wie die hohe phototropische Empfindlichkeit auf die Spitze beschränkt.

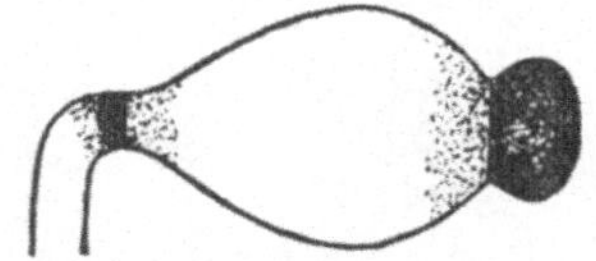

Abb. 346. Oberer Teil des Sporangienträgers von *Pilobolus Kleinii*, phototropisch gekrümmt. Eine Pigmentzone liegt dicht unterhalb des Sporangiums, eine zweite am Übergang des zylindrischen Teils in den blasenförmigen.

Karotin. Von den in der Pflanze verbreiteten Substanzen zeigen namentlich die Karotinoide ein dieser Empfindlichkeitskurve entsprechendes Absorptionsverhalten (Abb. 344). Bei *Pilobolus* wurde auch ermittelt, daß die Absorptionsbänder des in der lebenden Zelle lipoid gelösten Karotins mit den Gipfelpunkten der phototropischen Empfindlichkeitskurve übereinstimmen.

Tatsächlich findet sich fast überall dort, wo eine Zelle oder ein Gewebe phototropisch für blauviolettes Licht besonders empfindlich ist, auch Karotinoid. In der Gramineenkoleoptile enthält nur die Spitze den Farbstoff und seine Verteilung stimmt hier einigermaßen mit der Verteilung der Lichtempfindlichkeit überein (Abb. 345). Auch die phototropisch empfindlichen Spitzen der *Phycomyes*-Sporangienträger enthalten reichlich β-Karotin. In den Sporangienträgern von *Pilobolus* findet sich der Farbstoff fast ausschließlich an der Stelle, zu der das Licht durch die als Linse wirkende blasenförmige Erweiterung der Trägerzelle gebrochen werden muß, wenn eine phototropische Krümmung oder eine Lichtwachstumsreaktion eintreten soll (Abbildung 346 und 347).

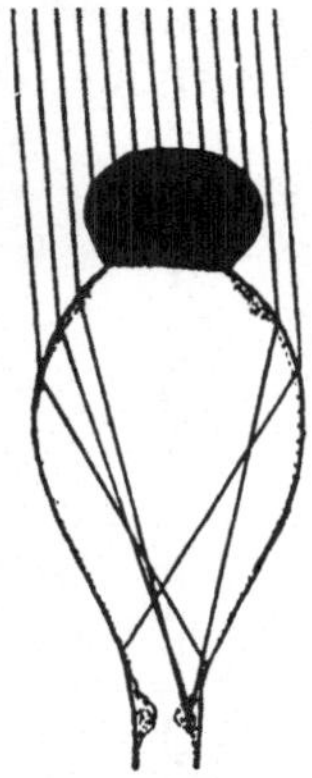

Abb. 347. *Pilobolus Kleinii*. Strahlengang in der Trägerzelle des Sporangiums bei schräg von oben einfallendem Licht. Der von der Lichtseite abgewandte Teil der Pigmentanhäufung erhält mehr Licht als der dem Licht zugewandte Teil, dadurch wird die auf einer Wachstumsbeschleunigung beruhende positiv phototropische Krümmung möglich. (Hauptsächlich nach VAN DER WEY.)

Die Beobachtungen über die Rolle des Augenflecks (Stigma) der Flagellaten und Volvocales bei deren phototaktischen Bewegungen sprechen ebenfalls für die Bedeutung von Karotinoiden bei der Aufnahme von Lichtreizen. Dieser Pigmentfleck enthält wiederum Karotinoide. Nach den Angaben mehrerer Autoren ist nur das den Augenfleck treffende Licht phototaktisch wirksam. Oft (so bei manchen Volvocalen) sind sogar linsenartige Bildungen vorhanden, die das Licht auf den Pigmentfleck lenken (Abb. 348). Die Orangefärbung des Stigmas zeigt schon, daß er vorzugsweise das Licht absorbiert, das sich auch als phototaktisch am wirksamsten erwiesen hat, nämlich das blaue. Allerdings sind die Angaben über die spektrale Empfindlichkeitskurve der Flagellaten und Volvocales noch etwas widerspruchsvoll; für einige Arten ist ein Maximum im Blauviolett angegeben worden, für andere ein Maximum im Blaugrün. Das kann zum Teil damit zusammenhängen, daß die Absorptionskurve der Farbstoffe bei einzelnen Arten verschieden ist.

Bemerkenswert ist auch, daß die karotinfreien Wurzeln meist nicht oder nur schwach phototropisch empfindlich sind, hingegen Wurzeln mit Chloroplasten, z. B. Luftwurzeln mancher Orchideen einen starken Phototropismus zeigen.

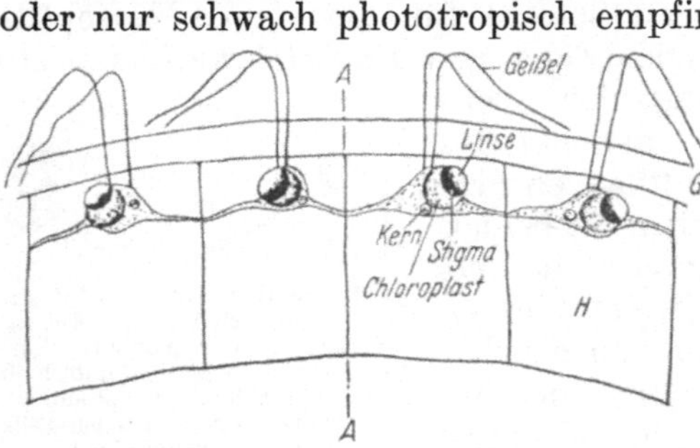

Abb. 348. Längsschnitt durch einen Teil einer *Volvox*-Kolonie. *G* Gallertschicht; *H* hyaliner Teil der Zellen; *A* - - - *A* Längsachse der Kolonie. (Nach MAST.)

Endlich spricht für eine Bedeutung der Karotinoide bei der Lichtreizaufnahme auch die Tatsache, daß im tierischen Lichtsinnesorgan Karotinoide ebenfalls sehr wichtig sind (vgl. z. B. FLORKIN).

Das Karotin kann in den Reizaufnahmezellen in verschiedener Form vorkommen. Entweder es findet sich innerhalb des Zytoplasmas in Öltropfen wie namentlich bei Pilzen oder im Stigma der Flagellaten, oder es ist auf die Plastiden beschränkt, wobei es an Eiweiße gebunden sein kann, möglicherweise zugleich auch in gelöster Form vorkommt.

Laktoflavin. Bevor wir die Rolle der Karotinoide bei der Lichtreizaufnahme weiter erörtern, muß noch darauf hingewiesen werden, daß auch die Absorptionskurve vom Laktoflavin (Riboflavin) weitgehend dem Aktionsspektrum bei vielen Lichtreizvorgängen entspricht (Abb. 349). An die entscheidende Bedeutung einer Strahlungsabsorption in diesem gelben

Atmungsferment wird man vor allem dann denken können, wenn Karotinoide nicht vorhanden sind, aber trotzdem nur die kurzwellige Strahlung wirksam ist. Die Absorptionskurven von Karotin und Laktoflavin sind einander so ähnlich, daß es nur durch eine sorgfältige Ermittlung der Aktionsspektren gelingen kann, eine Entscheidung zu treffen, ob diesen mehr die Absorption im Karotin oder im Laktoflavin entspricht. Es hat sich gezeigt, daß mehrere Lichtreizreaktionen bei Objekten, die die entscheidende Strahlungsabsorption offensichtlich mit Hilfe gelber Pigmente durchführen, auch dann noch ablaufen können, wenn die Fähigkeit zur Karotinbildung mutativ oder modifikativ verloren geht.

Danach sprechen also gewichtige Gründe sowohl für die entscheidende Bedeutung der Karotinoide als auch für die des Laktoflavins. Nun ist es natürlich einerseits möglich, daß beide Substanzen als Sensibilisatoren wirken. Es besteht aber auch noch eine andere Möglichkeit. Anscheinend sorgt das Karotin in vielen Fällen nur für die Herstellung eines ausreichenden Gefälles der Strahlungsintensität im Organ. In wenigzelligen Organen und bei Einzellern kann der Lichtabfall ohne Gegenwart von Karotin oftmals so gering sein, daß die Absorption im Laktoflavin auf Licht- und Schattenseite annähernd gleich ist und dadurch eine *Bewegungs*reaktion verhindert wird. Wenn jedoch Karotin vorhanden ist, so fängt dieses auf der Lichtseite einen großen Teil der Strahlung ab, so daß gerade für den auch von ihm absorbierten Spektralbereich ein starkes Gefälle entsteht, das einen stärkeren Unterschied der auf das Laktoflavin entfallenden Strahlung auf Licht- und Schattenseite ermöglicht.

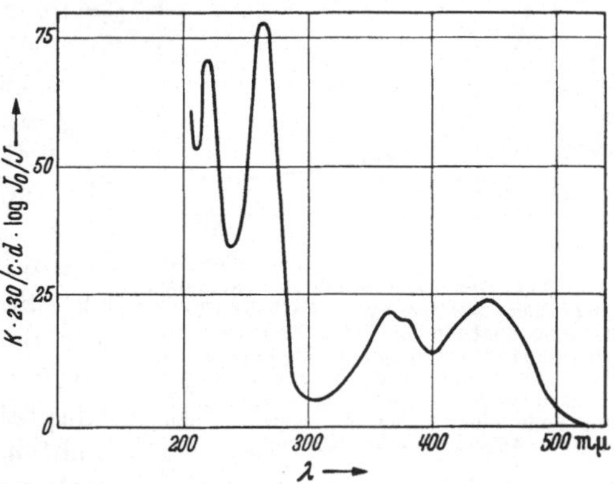

Abb. 349. Extinktionskurve von Laktoflavin. Die Ordinate gibt die maximalen molaren Extinktionskoeffizienten an; $\varkappa = 2.30/c \times d \cdot \log J_0/J$ (c in Molen/Liter im Zentimeter). Nach KUHN.

Physiologische Primärwirkung. Karotinoide und Laktoflavin sind also für die Strahlungsabsorption bei vielen pflanzlichen Lichtreizvorgängen wichtig. Daher mag schon, bevor wir über spezielle Reaktionen sprechen, versucht werden, etwas allgemeineres über die Art der durch diese Absorption sensibilisierten Prozeß gesagt werden.

Daß Karotinoide und Laktoflavin sensibilisierend wirken können, ist aus in vitro durchgeführten Versuchen bekannt. Karotin soll z. B. das Lakton des KÖGLschen ,,Auxins" zu Lumi-Auxin-Lakton umwandeln. Dieses Umwandlungsprodukt wirkt nach KOEGL nicht mehr wachstumsfördernd, so daß auf diese Weise das Licht einen hemmenden Einfluß auf das Wachstum haben kann. Eine direkte Inaktivierung dieses KÖGLschen Auxins ist durch Ultraviolett möglich (etwa bis zum Bereich von 405 mμ); bei einer Bestrahlung mit UV der Wellenlänge 334 mμ werden durch ein eingestrahltes Quant $3{,}1 \times 10^6$ Moleküle inaktiviert; es liegt also wahrscheinlich eine Kettenreaktion vor. β-Karotin ist ein hochwirksamer Sensibilisator; durch seine Gegenwart wird auch die sichtbare Strahlung bis 578 mμ wirksam. Außer β-Karotin wirken (immer nach KÖGL) eine Reihe anderer Karotinoide als Sensibilisatoren.

Eine starke lichtphysiologische Wirkung ist vielleicht speziell von den Epoxyden der Karotinoide zu erwarten, die leicht Sauerstoff abgeben.

Wohl noch mehr kommen für Lichtreizreaktionen die durch Strahlungsabsorption im Laktoflavin sensibilisierten chemischen Reaktionen in Betracht. Es kann so, wie wir gleich sehen werden, die Indolylessigsäure inaktiviert werden, ebenso aber auch viele Enzyme, die Askorbinsäure usw.

Noch ungeklärt ist, ob bei den pflanzlichen Lichtreizreaktionen vielleicht auch Veränderungen der gelben Pigmente selber im Spiel sind, ob also Vorgänge ablaufen, die mit denen der tierischen Lichtsinnesorgane vergleichbar sind. Im Auge der Wirbeltiere ist die lichtempfindliche Substanz das rote Lipoproteid Rhodopsin. Bei einer Beleuchtung wird das Karotinoid vom Eiweiß getrennt und wandelt sich in mehreren Stufen zu einem gelben Pigment um, das schließlich zu Retinin ausbleicht. Bei noch stärkerer Bleichung entsteht Vitamin A. Eine Beteiligung derartiger Ausbleichungen ist natürlich auch bei der Lichtreizaufnahme in Pflanzenzellen sehr wohl denkbar.

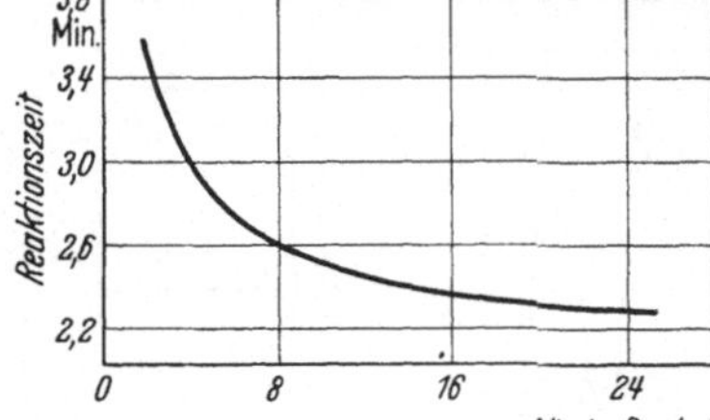

Abb. 350. Dunkeladaptation im Sporangienträger von *Phycomyces*. Nach der Übertragung aus dem Licht ins Dunkle erhöht sich allmählich wieder die Lichtempfindlichkeit; das kommt in der Verringerung der Reaktionszeit der Lichtwachstumsreaktion im Falle einer neuen Lichtreizung zum Ausdruck. (Nach CASTLE.)

Die so auf die eine oder andere Weise bedingten chemischen Veränderungen können eine Kette weiterer Reaktionen verursachen. Allgemein pflegen dabei die Primärvorgänge mit physiologischen Erschöpfungszuständen verknüpft zu sein, die in einer schnellen Herabsetzung der Empfindlichkeit nach einem Lichtreiz zum Ausdruck kommen. Im Dunkeln wird dann durch Adaptationsprozesse, die den in tierischen Lichtsinnesorganen ablaufenden durchaus analog sind, die alte Empfindlichkeit wieder restituiert. Die Messung der Reizschwellen oder auch der Reaktionszeiten ist zur Ermittlung des Verlaufs der Adaptation geeignet. Es ist bei Pflanzen nicht immer leicht, den Verlauf des eigentlichen Adaptationsprozesses zu ermitteln; namentlich bei den höheren Pflanzen liegen die Verhältnisse oft viel zu kompliziert; dagegen konnte der Vorgang beispielsweise auf Grund der Reaktionszeit der Lichtwachstumsreaktion bei den Sporangienträgern von *Phycomyces* gut beobachtet werden (Abb. 350). Daß aber auch bei höheren Pflanzen ein entsprechender Vorgang stattfindet, mag etwa aus der Beobachtung hervorgehen, daß bei *Avena*-Koleoptilen und *Sinapis*-Hypokotylen eine intermittierende Reizung wirksamer ist als kontinuierliche mit gleicher Reizmenge (GÜNTHER-MASSIAS). Bei der Einschiebung von Dunkelpausen besteht ja immer wieder die Möglichkeit einer partiellen Dunkeladaptation, die den Erfolg des nächsten Teilreizes natürlich erhöht. Übrigens stimmt der bei *Phycomyces* beobachtete Adaptationsprozeß auch hinsichtlich seiner Zeitdauer (30—40 min) ungefähr mit dem Adaptationsprozeß im tierischen Lichtsinnesorgan überein.

Es liegt nahe, den Prozeß der Dunkeladaptation mit der Neubildung der durch Strahlungsabsorption in den gelben Pigmenten zerstörten Substanzen in Zusammenhang zu bringen. Aber das ist sicher nur teilweise richtig. Wir wissen, daß auch typische Erregungsvorgänge der früher besprochenen Art ausgelöst werden. Die chemischen Umwandlungen, die durch Strahlungsabsorption in Karotinoiden oder Laktoflavin sensibilisiert werden, führen also auch zu Erregungsvorgängen, die von Refraktärstadien begleitet sind, sich in Aktionsströmen usw. äußern. Die genannten Erholungsprozesse sind also teilweise mit den früher besprochenen Restitutionsvorgängen bei solchen Erregungen identisch.

Für die Deutung der Lichtreaktionen verdient noch die eigentümliche Rolle der Lichtintensität bei vielen dieser Vorgänge Beachtung. Man kann nicht, wie es zunächst wahrscheinlich sein, und auf Grund des Reizmengengesetzes erwartet werden müßte, mit einer schwachen Lichtintensität durch entsprechend längere Einwirkung den gleichen Erfolg erzielen wie mit einer höheren Intensität. Zwar bestimmt nicht allein die Intensität den maximalen Reizerfolg; es ist auch eine gewisse Wirkungsdauer notwendig, jedoch beträgt diese nur wenige Sekunden; längere Fortsetzung der Belichtung mit der gleich niedrigen Intensität ist dann wirkungslos. Auch diese Gesetzlichkeit, die übrigens bei tierischen Lichtsinnesorganen ebenfalls gefunden wurde, läßt sich wiederum nur an so einfachen Systemen wie den Sporangienträgern von *Phycomyces* untersuchen und kann dort beispielsweise durch die Messung der Reaktionszeit der Lichtwachstumsreaktion demonstriert werden (Abb. 351).

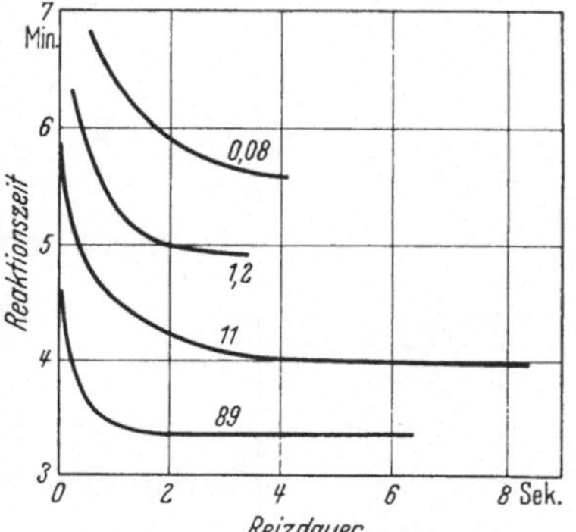

Abb. 351. *Phycomyces* - Sporangienträger wurden mit verschiedenen Lichtintensitäten verschieden lange gereizt. Die Intensitäten sind in Fußkerzen (eine Fußkerze = etwa 10 MK) neben den Kurven angegeben; die Reizdauer ist auf der Abszisse, die Reaktionszeit der Lichtwachstumsreaktion auf der Ordinate angegeben. Mit jeder Intensität läßt sich ein gewisses Minimum der Reaktionszeit erreichen; bald aber hat die Vergrößerung der Reizdauer keinen Einfluß mehr auf die Abkürzung der Reaktionszeit, nur erhöhte Lichtintensität vermag sie weiter abzukürzen. (Nach CASTLE und HONEYMAN.)

Diese Eigentümlichkeit ist dadurch zu verstehen, daß im Organismus schon während der Belichtung eine Gegenreaktion einsetzt, durch die das für die Reizwirkung verantwortliche Produkt des photochemischen Prozesses wieder zerstört wird. Dieser Zerstörungsprozeß muß ja zur Verhinderung eines Dauerreizzustandes auch noch im Dunkeln ablaufen und seine Geschwindigkeit kann demgemäß von der Lichtintensität unabhängig sein. Daher wird sich die die Reizwirkung ausübende Substanz in um so höherer Konzentration anreichern, je stärker die Lichtintensität, also der Bildungsprozeß der Substanz ist; einige Zeit nach Beginn der Belichtung hat die Substanz die Konzentration erreicht, die dem Gleichgewicht zwischen der Geschwindigkeit des Prozesses ihrer Bildung bei der betreffenden Intensität und dem ihrer Zerstörung entspricht; von diesem Zeitpunkt an ist die weitere Beleuchtung daher wirkungslos.

Erwähnt sei noch, daß auch andere als Sensibilisatoren wirksame Stoffe in der Pflanze Reizreaktionen einzuleiten vermögen. Das gilt z. B. für Chlorophyll; die im grünen Farbstoff absorbierte Strahlung kann in manchen Fällen sogar recht beträchtlich phototropisch wirksam sein, wenn auch nie so stark wie die in den gelben Pigmenten absorbierte; und auch experimentell eingeführte Sensibilisatoren, wie die fluoreszierenden Eosinfarbstoffe sind in dieser Hinsicht wirksam. Wir werden auf den nächsten Seiten gelegentlich Lichtreizwirkungen kennenlernen, bei denen die Strahlungsabsorption in noch anderen Substanzen wichtig ist. Einen vorläufigen Überblick kann uns Abb. 352 geben, die uns die Ausnutzung des Sonnenlichtes durch die Pflanze veranschaulichen soll.

4. Einige Lichtwirkungen auf das Plasma.

Rolle der Pigmente. Wir wissen von mehreren mit leblosen Kolloiden durchgeführten Versuchen, daß Licht verschiedenartige Einflüsse auf solche

Systeme haben kann. Es kann zu elektrischen Ladungsänderungen, zu Änderungen der Ionendurchlässigkeit (etwa bei Kollodiummembranen usw.) kommen. Auch die lebende Zelle wird sich solchen Vorgängen unter dem Einfluß des Lichtes nicht entziehen können. Wenn ihnen aber eine größere lichtphysiologische Bedeutung zukäme, dann müßte — entsprechend dem Absorptionsvermögen der zu beeinflussenden Kolloide, also

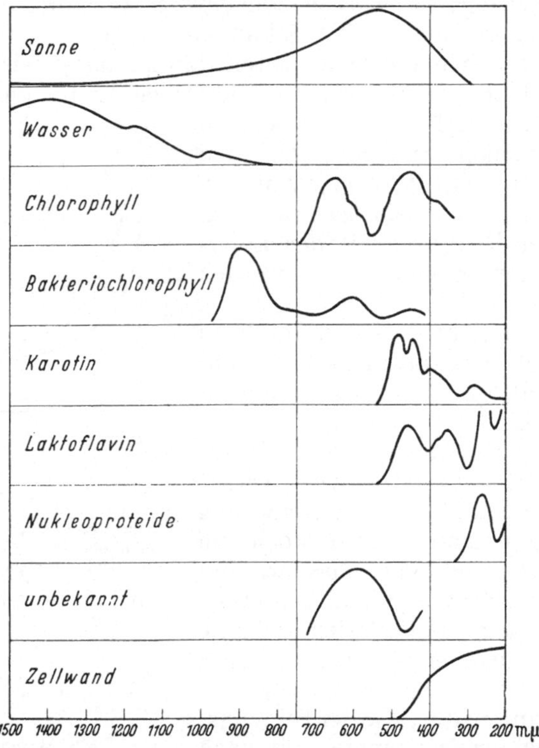

Abb. 352. Schema zur Veranschaulichung der wichtigsten pflanzenphysiologischen Strahlungsabsorptionen. Die Abszissen geben die Wellenlängen an; die Ordinaten bedeuten Absorption (in der obersten Kurve Energiemengen); zwei eingezeichnete Vertikallinien geben die Grenzen des Bereichs sichtbarer Strahlung an. Oberste Kurve: Energieverteilung im Sonnenlicht. Darunter Absorption durch Wasser; der größte Anteil des Sonnenlichts, namentlich die sichtbare Strahlung wird vom Wasser in geringer Schichtdicke noch nicht merklich absorbiert, daher kann die Strahlung auch ausreichend zu den Submersen gelangen, und sie kann durch wasserreiche Gewebe in die inneren Teile der Pflanzen vordringen. Die nächsten Kurven zeigen: Absorption durch Chlorophyll; gute Ausnutzung der im Sonnenlicht überwiegenden sichtbaren Strahlung. Absorption durch Bakteriochlorophyll; Ausnutzung der langwelligen, aber in das Wasser noch gut eindringenden Strahlung, d. h. des kurzwelligsten Anteils vom Ultrarot; geringe Ausnutzung der sichtbaren Strahlung. Absorption durch Karotin sowie durch Laktoflavin (häufige Form der Lichtreizabsorption bei Pflanzen). Absorption in Nukleoproteiden; die Absorption ist erst in dem Bereich des UV stark, der im Sonnenlicht kaum noch vorhanden ist, so daß UV-Schädigungen in der freien Natur nicht leicht eintreten. Absorption durch Zellwände (die Kurve wird je nach der chemischen Beschaffenheit der Zellwände recht verschieden sein können), Schutz des Protoplasmas gegen UV!

etwa der Eiweißkolloide — damit gerechnet werden, daß die Wirkung mit fallender Wellenlänge bis ins Ultraviolett hinein zunimmt. Und auch, wenn das Licht etwa einfach wirkt, weil die strahlende Energie in Wärme umgewandelt wird, müßte sich eine Aktivität aller Wellenlängen zeigen, da von jedem Spektralbereich wenigstens ein kleiner Teil irgendwo in den Zellen absorbiert wird. Auf einen solchem Vorgang beruhen z. B. die phototaktischen Bewegungen von *Dictyostelium discoideum* die also eigentlich thermotaktisch sind (vgl. S. 469).

Derartig von der Wellenlänge unabhängige lichtphysiologische Prozesse gibt es. Im allgemeinen aber benutzt der pflanzliche Organismus für seine physiologisch wirksame Strahlungsabsorption Pigmente, also etwa

Laktoflavin, Karotine, Chlorophyll usw. Durch die Einschaltung von Pigmenten wird zunächst einmal der Vorteil einer größeren Empfindlichkeit für das sichtbare Licht erreicht. Das farblose Plasma absorbiert ja sichtbares Licht, namentlich das mittlerer und langer Wellen, nur sehr schwach. Diese Absorption in bestimmten Pigmenten ermöglicht auch die hohe Spezialisierung der lichtphysiologischen Reaktionen. Durch eine besondere strukturelle Einordnung der Pigmente in der Zelle wird erreicht, daß die absorbierte Energie, auch wenn die absorbierenden Stoffe nur als Sensibilisatoren wirken, nicht wahllos auf die verschiedensten anderen Stoffe der Zelle übertragen wird. Schon beim Chlorophyll ist die große Bedeutung dieser strukturellen Einfügung leicht erkennbar; ohne sie würde die absorbierte Energie nicht nur zur chemischen Anregung weniger Substanzen dienen (besonders also der, die dieser Anregung für die Photosynthese bedürfen), sondern die absorbierte Energie müßte auch, wie in Chlorophyllösungen außerhalb des Organismus, photodynamische Zerstörungen anderer anwesender Substanzen bedingen; solche Schädigungen treten aber selbst dann nicht ein, wenn ein großer Teil der im Chlorophyll absorbierten Energie photosynthetisch unausgenutzt bleibt, also etwa bei Belichtung im CO_2-freien Raum.

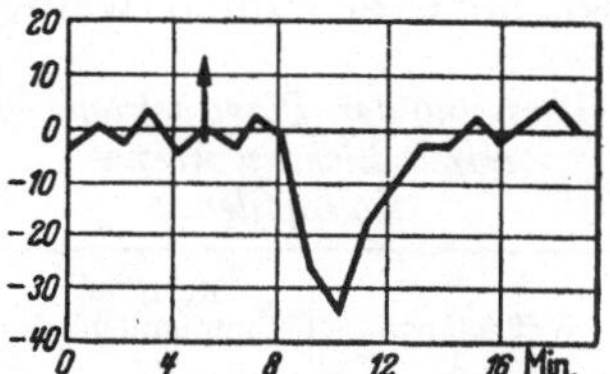

Abb. 353. Hemmung der Plasmaströmung in der *Avena*-Koleoptile durch Licht. Ordinate: Abweichung der Strömungsgeschwindigkeit vom Mittelwert, der vor der Reizung gefunden wurde. Pfeil: Reizzeit; Abszisse: Minuten. (Nach BOTTELIER.)

Daß der pflanzliche Organismus ebenso wie der tierische für seine lichtphysiologischen Reaktionen vorwiegend aus dem Bereich zwischen etwa 400 und 800 mμ absorbiert, ist insofern nützlich, als die Ultraviolettstrahlung zu energiereiche, also zu leicht schädigend wirkende Quanten enthält, die Ultrarotstrahlung aber Quanten, deren Energie für manche physiologisch wichtige Aktivierungen, z. B. die des Sauerstoffs, nicht immer genügt. Die Quanten der Ultrarotstrahlung wirken also zwar nicht schädigend (höchstens kann es durch Umwandlung der absorbierten Strahlung in Wärme zur Hitzeschädigung kommen), aber zugleich sind sie auch für normal-physiologische Leistungen in der Regel zu schwach.

Übrigens können auch schon die Strahlen im Bereich des langwelligen Ultravioletts, und sogar Licht mit Wellenlängen bis zu 650 mμ auf manche Zellen so stark schädigend wirken, daß die Zellen absterben. Beispielsweise hat sich das bei der bakteriziden Wirkung des Sonnenlichtes gezeigt (SWART-FÜCHTBAUER und RIPPEL-BALDES).

Plasmaströmung. So wie bei der Auslösung von Wachstums- und Bewegungsvorgängen macht sich bei mehreren Lichtwirkungen auf die Zelle die Bedeutung der Lichtabsorption in den Pigmenten bemerkbar. Das gilt beispielsweise für den Lichteinfluß auf die Plasmaströmung. Die Plasmaströmung kann durch Licht, in vielen Fällen erst durch intensives Licht, gehemmt oder ganz sistiert werden (Abb. 353); sie kann aber, bei anderen Objekten oder auch bei der Anwendung anderer Lichtintensitäten, gefördert oder sogar erst ausgelöst werden. Es handelt sich um Reaktionen, die nicht nur im Endeffekt, sondern schon gemäß ihrer Entstehung durchaus verschieden sein können.

Die Hemmungsreaktion wird durch kurzwelliges Licht (also Blau) und durch langwelliges Ultraviolett ausgelöst. An *Avena*-Koleoptilen wurden die in der Tabelle auf S. 400 genannten relativen Empfindlichkeiten für die einzelnen Spektralbereiche gefunden.

Es dürfte also die in gelben Pigmenten absorbierte Energie entscheidend sein, und allem Anschein nach entsteht die Strömungshemmung auf dem Wege über die gleichen physiologischen Primärvorgänge wie beispielsweise die Lichtwachstumsreaktion; dafür spricht ferner, daß in beiden Fällen ähnliche Beziehungen zwischen der Intensität sowie Dauer des Reizes und der Reaktion bestehen. Die Strömungsbeeinflussung macht sich auch erst nach einer kurzen (3—4 min betragenden) Latenzzeit bemerkbar.

Bei der Auslösung der Plasmaströmung durch Licht (Photodinese) in *Vallisneria*-Blattzellen ist rotes Licht wirksamer als blaues, und grünes ist noch erheblich weniger wirksam als blaues. Hier scheint also die im Chlorophyll absorbierte Strahlung entscheidend zu sein. Auch die Auslösung der Strömung durch Licht macht sich — ebenso wie bei anderen Objekten die Hemmung — erst nach einer Latenzzeit von einigen Minuten bemerkbar.

Hemmung der Plasmaströmung durch Licht in Avena-Koleoptilen.

Wellenlänge in Å	Relative Empfindlichkeit der Plasmaströmung
3660	12
4050	50
4360	100
5460	1,7
5780	<1
6200	<1

Schon aus den genannten Versuchen gewinnt man den Eindruck, daß es sich beim Lichteinfluß auf die Plasmaströmung nicht immer um eine gleichartig eingeleitete Reaktion handelt. In vielen Fällen entsteht die Reaktion vielleicht durch eine Beeinflussung der Plasmaviskosität. Erhöhte Viskosität wird die Strömung erschweren und umgekehrt. Wenn Viskositätsänderungen wichtig sind, dann wären übrigens auch einige (allerdings isoliert stehende) Angaben über die Beeinflussung der Plasmaströmung durch ultrarote Strahlung erklärlich. Es ist bekannt, daß Ultrarot die Plasmaviskosität erheblich steigern kann; so wird beispielsweise die Verlagerungsfähigkeit der Chromatophoren, also auch ihre phototaktische Reaktionsfähigkeit, durch Ultrarot gehemmt (Voerkel). Bei dieser Viskositätsbeeinflussung sind anscheinend nur die Bezirke des Ultrarots wirksam, die vom Wasser (das hier ausgesprochene Absorptionsbänder zeigt) absorbiert werden.

Der Einfluß des Lichtes auf die Plasmaströmung macht sich nur in den direkt bestrahlten Zellen bemerkbar; das stimmt mit der Annahme überein, daß eine Beeinflussung des Plasmazustandes wichtig ist. Anders verhält es sich, wenn mit kurzwelligem Ultraviolett bestrahlt wird. Dieser Bereich (besonders stark wirkt, wie auch nach den Eiweißabsorptionskurven zu erwarten ist, der Bezirk um 280 mμ) bedingt, entsprechend seiner allgemein schädigenden Wirkung, durchweg eine Hemmung oder Sistierung der Strömung. Daß das kurzwellige Ultraviolett auf einem anderen Wege zur Strömungsbeeinflussung führt als die sichtbare Strahlung, macht sich auch darin bemerkbar, daß in jenem die angrenzenden Zellen oder selbst die in der Nähe stehenden anderen (selber verdunkelten) Blätter mitbeeinflußt werden. Dieser indirekte Einfluß besteht in einer Förderung der Strömung; anscheinend werden also in den direkt bestrahlten Zellen Substanzen gebildet, die in den angrenzenden die Strömung zu fördern vermögen. Das ist in Anbetracht der schädigenden Wirkung des Ultravioletts nicht erstaunlich, da auch eine mechanische Verletzung derartig wirkt und in beiden Fällen mit der Bildung von Eiweißabbauprodukten zu rechnen ist, wir aber andererseits wissen, daß sich die Plasmaströmung durch manche Aminosäuren überaus leicht auslösen läßt, wie wir später sehen werden.

Viskosität. Mäßige Lichtintensitäten führen (bei *Helodea*) erst zu einer Viskositätszunahme des Protoplasmas, der eine Viskositätsabnahme folgt. Höhere Intensitäten können umgekehrt wirken. Bei diesen Viskositätsbeeinflussungen wurden auch kurzperiodische Fluktuationen gefunden. Im ganzen können die Beziehungen zwischen Licht und Plasmaviskosität recht komplex sein (STÅLFELT, VIRGIN). Wirksam ist vor allem das kurzwellige Licht.

5. Wirkung des Lichtes auf die Membrandehnbarkeit.

Zunächst sei an einigen einfachen Beispielen eine Lichtreizreaktion erläutert, nämlich die Erhöhung der Zellwanddehnbarkeit, die auch bei den komplizierteren Wachstums- und Krümmungsreaktionen beteiligt ist, in den hier zu besprechenden Beispielen aber der Analyse besonders leicht zugänglich wird.

Der genannte Effekt kann beim Lichteinfluß auf die Entleerung von Sporen und Schwärmern aus ihren Behältern beobachtet werden, recht gut auch beim Lichteinfluß auf das Abschießen der Sporangien von *Pilobolus*. Den Vorgang des Sporangienabschusses beim letztgenannten Objekt haben wir schon beschrieben (S. 314). Dicht unterhalb des Sporangiums befindet sich ein stark dehnbarer Ring; die Dehnbarkeit nimmt während der Reifung noch zu, bis schließlich die Spannung zwischen dem Ring und der wenig dehnbaren Columella so groß wird, daß es zum Aufreißen kommt. Dieser Prozeß, d. h. die Dehnbarkeitszunahme läßt sich durch Licht beschleunigen. Das beruht nicht auf einer direkten Beeinflussung der Wand durch das Licht, sondern primär ist auch hier eine Absorption im Plasma wichtig, das sich gerade an dieser Stelle reichlich vorfindet (Abb. 346, 347). Wie es dadurch zur Erhöhung der Membrandehnbarkeit kommt, ist noch unbekannt.

Bei den Ascomyceten wird die Sporenentleerung aus dem Ascus durch eine Membranverquellung am Ascusscheitel eingeleitet, also durch eine Wandveränderung, die man wohl mit der bei *Pilobolus* eintretenden vergleichen darf. Auch bei den Ascomyceten (z. B. *Ascobolus*) kann der Prozeß durch Licht gefördert werden. — Als weiteres Beispiel mag noch die Entleerung der Schwärmer von *Heterococcus viridis* genannt werden. Durch eine kurze Beleuchtung der Mutterzellen wird das Ausschwärmen der Zoosporen sehr beschleunigt; der Vorgang wird durch eine mikroskopisch erkennbare Zunahme der Membranquellung eingeleitet. — Die Art der Reizaufnahme ist in den beiden letztgenannten Fällen noch nicht untersucht worden, jedoch spricht (bei *Heterococcus*) die geringe erforderliche Lichtmenge sowie das Vorhandensein einer Reaktionszeit (bei *Heterococcus* ähnlich wie bei *Pilobolus* etwa $^1/_4$ Std) dafür, daß auch hier keine direkte Wirkung auf die Wand vorliegt.

6. Die Lichtwachstumsreaktionen.

Die Phänomene. Die bei vielen Pflanzen während oder nach einer Beleuchtung eintretende Schwankung der Wachstumsintensität entsteht sicher in den einzelnen Fällen durch verschiedenartige Prozesse, wenn auch nach den Angaben über die Wirksamkeit verschiedener Spektralbereiche primär im allgemeinen eine Absorption in gelben Pigmenten entscheidend ist. Äußerlich kommen die Unterschiede schon darin zum Ausdruck, daß die

Reaktion bei einigen Pflanzen, namentlich bei den Organen der höheren Pflanzen (so auch bei den *Avena*-Koleoptilen) in einer vorübergehenden Hemmung, bei anderen (etwa den Sporangienträgern von *Phycomyces* und *Pilobolus*) in einer vorübergehenden Beschleunigung des Wachstums besteht (Abb. 354, 355).

Zur Beobachtung der Lichtwachstumsreaktion wird man eine Beleuchtung von oben anwenden, oder bei seitlicher Beleuchtung entweder zwei Lichtquellen benutzen, zwischen denen die Pflanze steht, bzw. nur eine Lichtquelle vor der das Objekt auf dem Klinostaten bei vertikal stehender Achse rotiert. Man beobachtet dann beispielsweise bei *Phycomyces* einige Minuten nach dem Beginn der Beleuchtung eine Zunahme der Wachstumsgeschwindigkeit; ihr folgt einige Minuten darauf eine Hemmung, so daß der Träger, längere Zeit später untersucht, doch ungefähr den gleichen Zuwachs zeigt wie ein nicht beleuchteter. Wir sahen schon, daß sich die Reaktionszeit durch Erhöhung der Lichtintensität abkürzen läßt; das ist aber nur bis zu einem gewissen Mindestbetrag möglich. Das heißt im Träger laufen nach der Reizung Prozesse ab, die eine gewisse Mindestzeit erfordern; und die Notwendigkeit dieser nicht mehr an die weitere Gegenwart des Lichts gebundenen Prozesse wird ja auch aus der bereits erwähnten Tatsache deutlich, daß die Reaktionszeit (Latenzzeit) wesentlich größer ist, als die nur wenige Sekunden dauernde Zeit, während der der Lichtreiz überhaupt wirken muß. Von diesen Zwischenreaktionen wissen wir nur, daß sie schließlich zur Erhöhung der Membrandehnbarkeit in der Wachstumszone (die mit der Reizaufnahmezone identisch ist) führen. Das gilt in gleicher Weise für *Pilobolus* und *Phycomyces*. Diese Membranerweichung ermöglicht eine verstärkte Turgordehnung. Die grundsätzliche Übereinstimmung dieses Vorgangs mit den im vorigen Abschnitt (S. 401) besprochenen liegt auf der Hand. Zur Auslösung der Lichtwachstumsreaktion genügt bei *Phycomyces* die Absorption von etwa $1{,}9 \times 10^{-7}$ Erg.

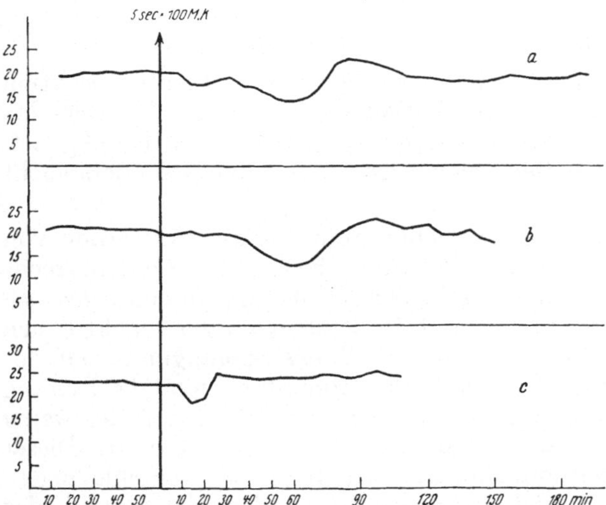

Abb. 354a—c. Lichtwachstumsreaktionen von *Avena*-Koleoptilen; auf den Ordinaten: Wachstumsgeschwindigkeiten. Belichtung 100 MK × 5 sec (allseitig). Die Belichtungszeit ist durch den Pfeil angegeben. *a* Ganze Pflanze belichtet; *b* nur die Spitze; *c* nur die Basis belichtet. (Nach F. W. WENT.)

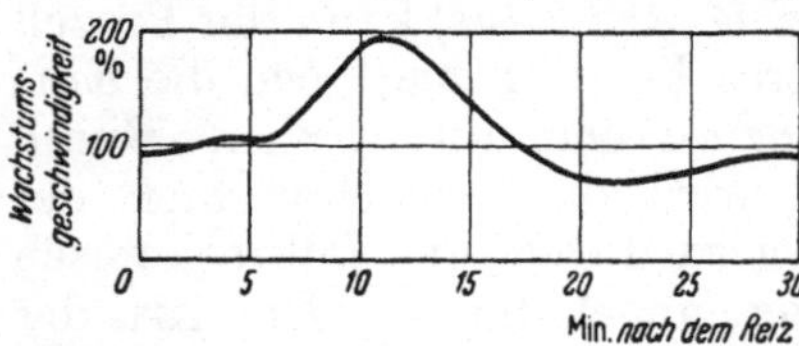

Abb. 355. Lichtwachstumsreaktion (vorübergehende Wachstumsförderung) eines Sporangienträgers von *Phycomyces*. Abszisse: Zeit nach dem Lichtreiz; Ordinate: relative Wachstumsgeschwindigkeit.

Während der Verdunkelung eines Sporangienträgers von *Phycomyces*, der längere Zeit im Licht gestanden hat, beobachtet man eine entgegengesetzte, also mit Hemmung beginnende Wachstumsreaktion.

Bei höheren Pflanzen können schon an ein und demselben Objekt verschiedenartige Reaktionen beobachtet werden. Das gilt speziell für die am genauesten untersuchte *Avena*-Koleoptile. Man unterscheidet hier eine bei Beleuchtung der Spitze mit etwa $^1/_2$stündiger Reaktionszeit eintretende Spitzenreaktion und eine bei Beleuchtung der Basis nach wenigen Minuten eintretende Basisreaktion. Im allgemeinen, d. h. bei Beleuchtung der ganzen Pflanze, erhält man Kombinationen beider Reaktionen.

Es ist übrigens nicht sicher, ob alle sog. Lichtwachstumsreaktionen wirklich Wachstumsreaktionen sind. Eine verminderte Längenzunahme der Pflanze kann ja auch Folge eines Turgorverlustes in einzelnen Zonen sein. Das könnte speziell für die Basisreaktion der *Avena*-Koleoptile zutreffen.

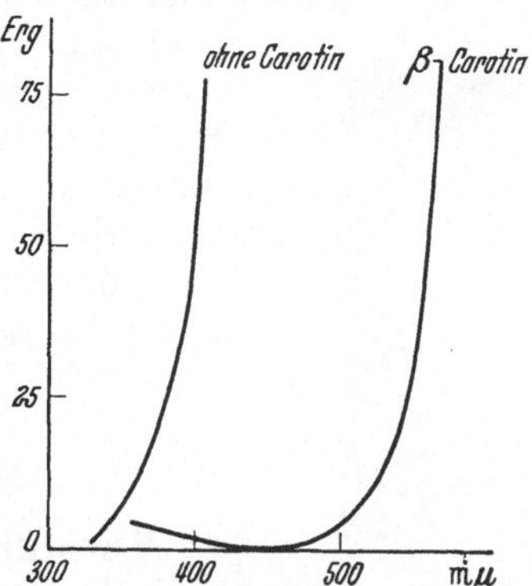

Abb. 356. Photoinaktivierung von Auxin-a-Lakton ohne und mit Zusatz von Karotin. Ordinate: Energie in Erg, die erforderlich ist, um bei 0,5 cm³ einer Lösung von Auxin-a-Lakton (200 mg je Liter) die Hälfte zu inaktivieren. (Nach KÖGL.)

Diese Lichtwachstumsreaktionen erklären sich teilweise aus der Wuchsstoffinaktivierung, die durch Strahlungsabsorption in den gelben Pigmenten sensibilisiert wird. Solange noch damit gerechnet wurde, daß das KÖGLsche Auxin der eigentliche Wuchsstoff der Pflanze ist, hatte man annehmen können, daß dabei die schon erwähnte Umwandlung des Auxinlaktons zu Lumiauxinlakton im Vordergrund steht, zumal diese Reaktion in vitro durch Karotin sensibilisierbar sein soll (Abb. 356). Nachdem sich aber gezeigt hat, daß die Indolylessigsäure als Wuchshormon wichtiger ist, wird man der von GALSTON gefundenen Sensibilisierung der Zerstörung dieser Substanz durch Absorption des Lichts im Laktoflavin (Abb. 357) den Vorrang geben müssen (vgl. auch BRAUNER, REINERT). Bei dieser Photolyse wird nicht nur die Seitenkette, sondern auch der Indolkern der Indolylessigsäure angegriffen. Die mögliche Beteiligung des Laktoflavins an der entscheidenden Strahlungsabsorption bei der Lichtwachstumsreaktion wird schon durch folgenden Versuch nahegelegt. Gibt man zu Abschnitten aus Erbsenepikotylen Flavin, so wird das Wachstum infolge der Inaktivierung des Wuchshormons stark gehemmt (Abb. 358). Diese Inaktivierung der Indolylessigsäure läßt sich auch in vitro leicht nachweisen. Es ist eine Reaktion, bei der je Quant des absorbierten Blaulichts 0,7 Moleküle des Hormons inaktiviert werden.

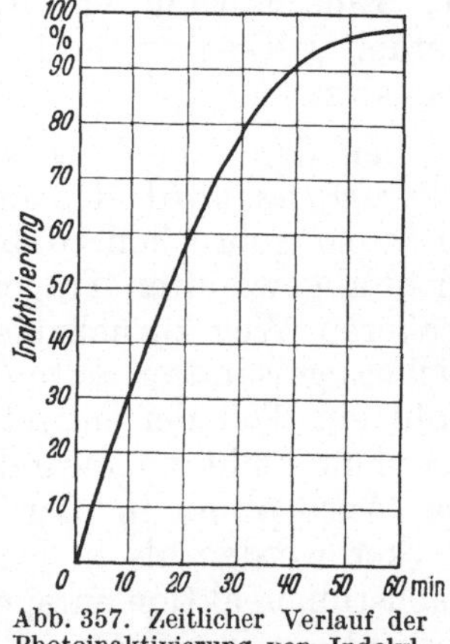

Abb. 357. Zeitlicher Verlauf der Photoinaktivierung von Indolylessigsäure in vitro. Die Lösung enthält 25 γ/cm³ Indolylessigsäure und 10 γ/cm³ Flavin. (Nach GALSTON.)

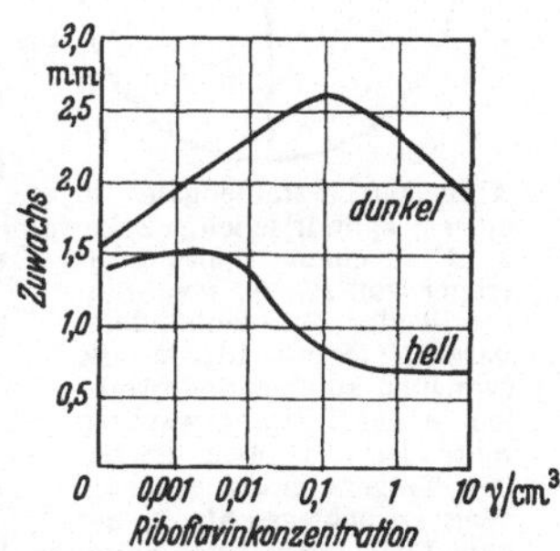

Abb. 358. Wirkung von Riboflavin auf das Wachstum von Stücken etiolierter Erbsenepikotyle. (Nach GALSTON.)

Für die Beeinflussung des Wachstums durch Strahlungsabsorption im Laktoflavin kann aber weiterhin auch wichtig sein, daß so die Aktivität einer Indolylessigsäureoxydase erhöht wird. Ebenso kann die Inaktivierung mehrerer Enzyme beteiligt sein.

Für die Annahme, daß das für die Strahlungsabsorption entscheidende gelbe Pigment hier das Laktoflavin und nicht das Karotin ist, spricht auch die Tatsache, daß Lichtwachstumsreaktionen bei der *Avena*-Koleoptile nach Entfernung der karotinhaltigen Spitze noch möglich sind, während phototropische Reaktionen durch diesen Eingriff ausgeschlossen werden.

Daß Wachstumsbeeinflussungen durch das Licht aber auch noch durch die Einschaltung ganz anderer physiologischer Reaktionen entstehen können, ist fast selbstverständlich.

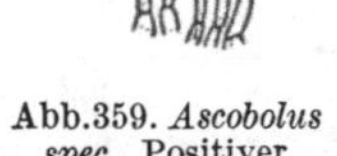

Abb. 359. *Ascobolus spec.* Positiver Phototropismus der Asci.

7. Lichtbedingte Wachstumsbewegungen.

Mucorineen-Sporangiophoren. Einfache auf Wachstumsbeeinflussungen beruhende Bewegungen sind die positiv phototropischen Krümmungen der einzelligen Mucorineen-Sporangienträger (*Phycomyces, Pilobolus*) (Abb. 346). Die Analyse ist hier durch die Beschränkung des Vorganges auf eine einfach gebaute Einzelzelle, sowie durch das Fehlen einer Reizleitung (Aufnahme- und Reaktionszone stimmen überein) viel leichter als bei den höheren Pflanzen. Auch die Asci mancher Ascomyceten können hier genannt werden (Abb. 359). Die Empfindlichkeit ist bei *Phycomyces* so groß, daß schon die Absorption von einem Quant genügt, um eine Reaktion hervorzurufen. Dabei muß natürlich mit der Einschaltung von Kettenreaktionen gerechnet werden (Wassink und Bouman; vgl. jedoch auch Banbury).

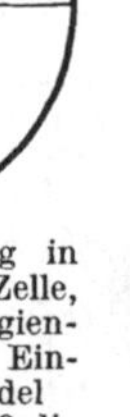

Abb. 360. Strahlengang in einer zylindrischen Zelle, z. B. in einem Sporangienträger von *Phycomyces*. Einfallendes Strahlenbündel parallel. Man sieht, daß die (von links kommenden) Strahlen in der lichtabgewandten Seite des von oben gesehenen Trägers einen größeren Weg zurücklegen als in der dem Licht zugekehrten Seite. (Nach Castle.)

Bei den ungefähr zylindrischen Trägern von *Phycomyces* wird das einseitig einfallende parallele Licht so gebrochen, daß die Strahlen in der vom Licht abgewandten Trägerhälfte einen um etwa 25% größeren Weg zurückzulegen haben als in der dem Licht zugewandten Seite (Abb. 360). Daher kann, obwohl ein Teil der eintretenden Strahlung schon auf der dem Licht zugewandten Seite absorbiert wird, die Absorption in der abgewandten Seite doch stärker werden als in jener. So kann die der Lichtwachstumsreaktion entsprechende, durch Strahlungsabsorption in einem gelben Farbstoff eingeleitete Wachstumsbeschleunigung auf der Rückseite größer werden als auf der Vorderseite, wodurch eine positiv phototropische Krümmung möglich wird.

Buder hat gegen diese Überlegung eingewendet, daß diese Strahlenwege nicht mit den entscheidenden Absorptionswegen identisch seien, weil das Plasma nicht den ganzen Zellraum ausfülle, sondern nur einen Wandbelag bilde und zudem wahrscheinlich nicht das ganze Plasma, sondern nur die periphere, an die Zellwand grenzende Schicht lichtempfindlich sei. Die Annahme einer so engen Begrenzung des lichtempfindlichen Plasmas erscheint mir zu weitgehend, weil sich doch die für die Reizaufnahme wichtigen gelben Pigmente überall im Plasma vorfinden. Jedoch mag es sein, daß nicht nur die im Plasma zurückgelegten Absorptionswege, sondern vielleicht noch mehr als diese die von Buder erörterten mechanischen Gründe für die Reaktionsart entscheidend sind.

Wird der aus diesen oder jenen Gründen für die positiv phototropische Krümmung notwendige konvergente Strahlengang im Träger durch dessen Übertragung in ein Medium stärkeren Lichtbrechungsvermögens als es die Luft besitzt, verhindert, so tritt auch die zu erwartende negative Krümmung ein (BUDER). Nach ZIEGLER allerdings ist diese Reversion anders zu erklären, denn sie kann auch an wenig lichtdurchlässigen Sproßorganen und Koleoptilen beobachtet werden. Daß aber die positiv phototropische Krümmung auf eine stärkere Lichtabsorption in der lichtabgewandten Seite zurückzuführen ist, wird auch durch eine Beobachtung BANBURYs bestätigt. Wird ein feiner Lichtstrahl auf eine Seite der Wachstumszone von *Phycomyces Blakesleeanus* gerichtet, so erfolgt eine negativ phototropische Krümmung. Unter normalen Bedingungen sind aber negativ phototropische Krümmungen an diesem Objekt nicht möglich; zwar wurden sie gelegentlich auf Grund von Versuchen mit sehr hohen Lichtintensitäten angegeben, jedoch sind die Krümmungen dann dem Einfluß der Ultrarotstrahlung zuzuschreiben, also besser als thermotrop zu bezeichnen. In noch jugendlichen, blasenfreien Trägern von *Pilobolus* liegen die Verhältnisse ebenso. Ist jedoch die Endblase fertig ausgebildet, so wirkt diese als Sammellinse und konzentriert das einfallende Licht mehr oder weniger auf die das Karotin enthaltende Reizaufnahmezone. Diese Art der Reizaufnahme bedingt es, daß für den fertig ausgebildeten Träger das Resultantengesetz nicht mehr gültig ist. Junge Träger folgen dem Gesetz (ebenso wie die *Phycomyces*-Träger) sehr gut, d. h. bei einer Bestrahlung von zwei einander nicht genau gegenüberliegenden Seiten findet die Krümmung in einer zwischen der Angriffsrichtung beider Reize gelegenen Richtung statt, und zwar ist diese Richtung der stärkeren Reizquelle genähert. Die fertig ausgebildeten Träger dagegen krümmen sich bei einem Lichteinfall wie in Abb. 347 entweder zur einen oder zur anderen Lichtquelle; nur wenn die beiden Reizangriffsrichtungen in sehr spitzem Winkel aufeinanderstehen, erweist sich das Resultantengesetz noch als gültig. Man kann diese Eigentümlichkeit am einfachsten auf Grund des Sporangienabschusses studieren, der ja genau in der Richtung der phototropischen Einstellung des Trägers erfolgt. Die Erklärung dieses eigentümlichen Verhaltens findet sich darin, daß das Licht phototropisch um so wirksamer ist, je spitzer sein Einfallswinkel ist; denn um so besser wird es zur Aufnahmezone gebrochen (Abb. 347). Der Träger muß sich also zu der Lichtquelle krümmen, der er sich zufällig, aus endogenen Schwankungen der Wachstumsrichtung, etwas nähert; diese Annäherung bedeutet ja eine erhebliche Verstärkung der Reizwirkung, bedingt daher eine immer weitere Annäherung an diese Richtung.

Die phototropische Krümmung beginnt bei den Mucorineen-Sporangienträgern nach einer kurzen Latenzzeit, die der der Lichtwachstumsreaktion entspricht. Für diese Objekte besteht also ein einfacher, vor allem auch nicht durch Reizleitung gestörter Zusammenhang zwischen Lichtwachstumsreaktion und phototropischer Krümmung im ursprünglichen Sinne der sog. BLAAUWschen Theorie. Die Krümmung entsteht durch unterschiedlich starke Lichtwachstumsreaktionen verschiedener Flanken. (Daran ist gelegentlich gezweifelt worden, weil hier zwar eine schmale Zone durch die Lichtkonzentration stärker, die anderen Teile aber beträchtlich weniger beleuchtet werden. Es kommt aber ja nur auf den oben genannten Absorptions*weg* an.)

Man kann bei der Krümmungsreaktion noch leichter als bei der nach allseitiger Beleuchtung eintretenden Lichtwachstumsreaktion oder der

Abschußreaktion (S. 401) nachweisen, daß die unmittelbare Ursache der Krümmung in einer (am meisten auf der Konvexseite) erhöhten Membrandehnbarkeit besteht; denn eine Erhöhung oder Erniedrigung der dehnenden Turgorkraft (Zufuhr bzw. plasmolytischer Entzug von Wasser) wirkt sich auf der Konvexseite stärker aus; d. h. die Krümmung verstärkt sich dann bzw. sie geht zurück.

Eine Gültigkeit des Reizmengengesetzes darf selbst für diese einfach gebauten Objekte nicht erwartet werden; das ergibt sich schon aus unseren Betrachtungen über die durch eine Strahlungsabsorption im Karotin bedingten physiologischen Primärvorgänge. Wir haben auf die Unmöglichkeit, mit einer geringen Intensität durch entsprechend verlängerte Reizdauer den gleichen Effekt zu erzielen wie mit einer hohen Intensität bereits hingewiesen. Werden nun Reizmengen angewandt, bei denen der Zeitfaktor sich noch in der Größenordnung hält, in dem auch ihm eine reaktionsbeschleunigende Wirkung zukommt (wo er also nach unseren Betrachtungen auf S. 397 höchstens einige Sekunden beträgt), so können begreiflicherweise recht komplizierte Verhältnisse auftreten. So waren z. B. zur Erreichung des ersten Krümmungsmaximums an *Phycomyces* bei der Anwendung verschiedener Intensitäten die in folgender Tabelle genannten Belichtungszeiten sowie die daraus berechneten Lichtmengen erforderlich (OEHLKERS).

Intensität in MK....	0,35	2,5	13	52	208	433
Erforderliche Reizzeit, sec	1—4	$^1/_5$—1	$^1/_{10}$—$^1/_5$	$^1/_{50}$—$^1/_{10}$	$^1/_{50}$	$<^1/_{50}$
Also MKS	0,35—1,4	0,5—2,5	1,3—2,6	1,4—5,2	4	<8

Solche Ergebnisse sind nach unseren Darlegungen über die Rolle des Intensitätsfaktors (S. 397) zu erwarten. Auch Versuche BERNHARDs zeigen deutlich diese Bedeutung des Intensitätsfaktors und die sich hieraus ergebende Ungültigkeit des Reizmengengesetzes für *Phycomyces*. Bei Lichtintensitäten unter 0,000003 MK trat auch nach beliebig lange ausgedehnter Beleuchtung überhaupt keine Reaktion ein (weil, wie wir nach den Ausführungen S. 396 sagen müssen, die Intensität des Erregungsvorganges hier die Intensität der offensichtlich von der Lichthelligkeit unabhängigen Gegenreaktion unterschreitet). Mit steigender Lichtintensität wird die erforderliche Lichtmenge zwangsläufig immer geringer.

Phycomyces; erforderliche Reizzeiten für die phototropische Reaktion bei verschiedener Lichthelligkeit (nach BERNHARD).

Lichthelligkeit	Reizzeit	Lichtmenge
0,000625 MK	2000 sec	1,25 MKS
0,0015 MK	200 sec	0,3 MKS
0,013 MK	10 sec	0,13 MKS

Für die Geschwindigkeit einer Krümmung sind außer der Höhe der Erregung noch zahlreiche andere Faktoren, wie z. B. die Lieferung von Baumaterial für die Zellwände, notwendig, die mit der Beleuchtung nichts zu tun haben. Die erhebliche Rolle solcher Faktoren kann man beispielsweise daraus ersehen, daß ein Träger erst einige Stunden nach einer Beleuchtung auf einen zweiten Lichtreiz wieder die bei dem betreffenden Reiz maximal mögliche Lichtwachstumsreaktion ergibt, obwohl, wie uns die Untersuchung der Latenzzeit zeigte, die Adaptation schon nach $^1/_2$ Std vollzogen ist.

Phototropische Phänomene bei höheren Pflanzen. Nach diesen Erfahrungen an einfach gebauten Objekten verstehen wir die Schwierigkeiten, die bei der Analyse der phototropischen Krümmungen höherer Pflanzen aufgetreten sind. Diese Krümmungen können bekanntlich sowohl positiv (wie bei den meisten Sproßorganen) als auch negativ (wie bei vielen Wurzeln,

Abb. 361, sowie bei Rhizoiden) sein. Außerdem kommen noch transversal-phototropische Reaktionen vor, bei denen sich das Organ senkrecht zur Richtung des einfallenden Lichtes einstellt (Blattspreiten, Lebermoosthalli, Abb. 465). Am gründlichsten wurden die phototropischen Reaktionen der Gramineen- (namentlich *Avena*-) Koleoptilen (Abb. 362) und die der Dikotylenhypokotyle untersucht.

Hinsichtlich der Gramineenkoleoptile erwähnten wir schon, daß in ihr vornehmlich, und zwar infolge Karotinreichtums, die Spitze empfindlich, also für die Reizaufnahme verantwortlich ist. Die Reaktionszone liegt einige Millimeter unterhalb der Spitze, nämlich in der Zone größter Wachstumsgeschwindigkeit. Es findet also eine Reizleitung statt (wobei wir diesen Ausdruck in seiner umfassendsten Bedeutung benutzen). Die Reizdauer darf wesentlich kürzer bleiben als die Latenzzeit (Reaktionszeit). So genügen bei hohen Intensitäten Bruchteile einer Sekunde zur Hervorrufung einer Krümmung, d. h. die „Präsentationszeit" (zur Krümmung notwendige Mindestreizdauer) ist sehr kurz. Die Krümmung selber beginnt aber erst nach einigen Minuten.

Abb. 361. Die Haftwurzeln einer an einem Baumstamm kletternden *Monstera* legten sich durch negativen Phototropismus dem Substrat eng an.

Selbst ein so einfach gebautes Objekt wie die Gramineenkoleoptile erweist sich schon dadurch als viel komplizierter gegenüber den Mucorineensporangienträgern, daß die Reaktionen bei gleicher Einfallsrichtung des Lichtes (experimentell wird meist senkrecht zur Organlängsachse beleuchtet) sowohl positiv als negativ sein können. Die Reizschwelle wird bei einer Lichtmenge von 3—25 MKS erreicht; die Reaktionen sind dann positiv und zeigen den gleichen Charakter, wenn die Lichtmenge bis zu etwa 3400 MKS beträgt („erste positive Krümmung"). Reizmengen zwischen 6000 und 20000 MKS bedingen die „erste negative Krümmung". Für die zweite positive Krümmung, die der auch in der freien Natur auftretenden entspricht, sind Lichtmengen zwischen 40000 und 500000 MKS notwendig, für die „zweite negative" 870000—2200000 MKS, endlich für die „dritte positive Krümmung" 5000000—25000000 MKS. Dazwischen liegen jeweils Indifferenzstadien (Abb. 363). Diese Zahlen können aber nur einen ungefähren Anhalt geben, da naturgemäß auch hier eine Gültigkeit des Reizmengengesetzes ausgeschlossen ist und daher die Zusammensetzung der betreffenden Reizmenge (Intensitäts- und Zeitfaktor) wichtig ist; so bleiben dann, wenn der Zeitfaktor groß, die Intensität also niedrig ist, die negativen Krümmungen ganz aus; d. h. die Krümmung vollzieht sich nur zur Lichtquelle hin. In entsprechenden intermediären Fällen kann man auch das Abwechseln antagonistischer Krümmungsphasen an einem nur einmal gereizten Individuum beobachten.

Die Ungültigkeit des Reizmengengesetzes ergibt sich auch hier wieder besonders deutlich aus der schon für den Phototropismus der Mucorineen-sporangiophoren besprochenen Existenz einer absoluten Intensitätsschwelle. Mit Helligkeiten unter 0,00015 MK können an *Avena*-Koleoptilen auch nach noch so langer Ausdehnung der Reizzeit keine Krümmungen erzielt werden (BERNHARD).

Ob es sich bei allen diesen Reaktionen stets um Wachstumskrümmungen handelt, ist unsicher. Namentlich bei der dritten positiven Krümmung

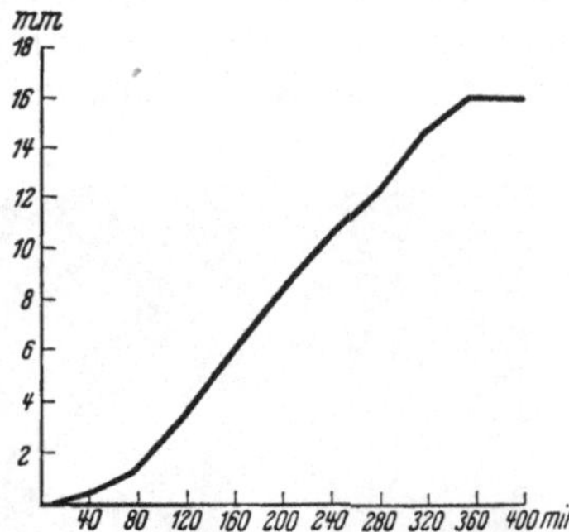

Abb. 362. Verlauf der phototropischen Krümmung einer *Avena*-Koleoptile, die mit 360 MKS gereizt worden war und daraufhin auf der horizontalen Klinostatenachse rotierte. Auf der Abszisse sind die Zeiten nach dem Reizbeginn, auf der Ordinate ist die Ablenkung der Spitze aus der ursprünglichen Vertikallage in Millimetern angegeben. (Nach ARISZ.)

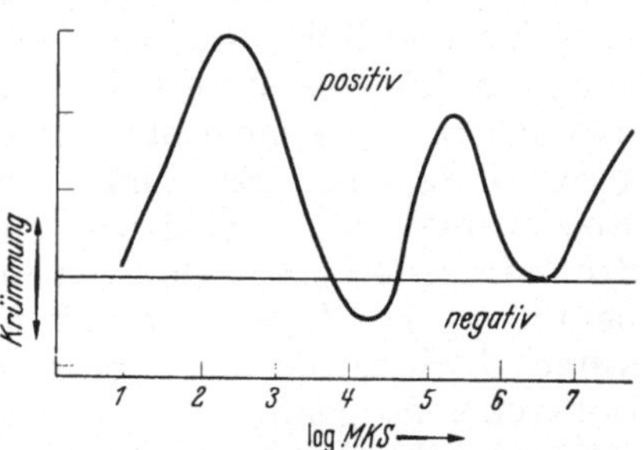

Abb. 363. Wechsel von positiv und negativ phototropischer Krümmung bei *Avena*-Koleoptilen in der Beziehung zur Lichtmenge. Abszisse: Logarithmen der Lichtmengen (MKS), Ordinate: Richtung und ungefähre Stärke der phototropischen Krümmung. Schematisch. (Nach DU BUY, NUERNBERGK und WENT-THIMANN.)

dürften schon Schädigungen beteiligt sein, die auch von Turgorsenkungen in den Zellen der beleuchteten Seite begleitet sind. Bei weniger intensiver Reizung sind sowohl Wachstumsbeeinflussungen der Lichtseite als auch der Schattenseite im Spiel. Es ist nicht so, wie man zunächst meinen möchte, daß die Krümmung in erster Linie durch Wachstumshemmung der Lichtseite (positive Krümmung) oder durch Wachstumsbeschleunigung dieser Seite (negative Krümmung) zustande kommt. Bei der positiven Krümmung ist stets eine ansehnliche Wachstumsbeschleunigung der Schattenseite (neben einer Hemmung auf der Lichtseite) beteiligt. Das deutet schon auf die hervorragende Rolle des organischen Zusammenhangs zwischen Licht- und Schattenseite bei der Entstehung der Krümmung hin; direkt kann man die Wichtigkeit dieses Zusammenhangs demonstrieren, wenn er durch Einschiebung eines Plättchens aus fester Substanz (Glas, Glimmer, Platin) unterbrochen wird; die Krümmung wird dann nämlich ganz oder doch weitgehend verhindert. Auch an der negativen Krümmung sind beide Flanken in entsprechend antagonistischer Weise beteiligt.

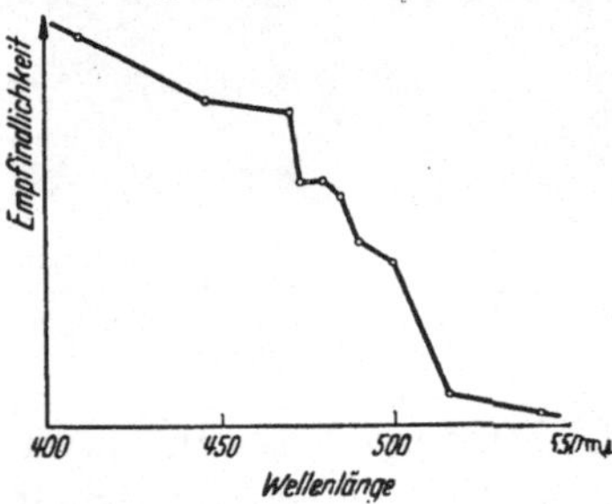

Abb. 364. Die karotinfreie Basis der *Avena*-Koleoptile ist im Gegensatz zur Spitze nicht für blau, sondern für ultraviolett am empfindlichsten (Nach HAIG.)

Reizaufnahme beim Phototropismus höherer Pflanzen. Eine weitere Komplikation zeigt sich bei der Gramineenkoleoptile darin, daß schon zwei ganz verschiedenartige Reizaufnahmeprozesse möglich sind; nämlich eine an gelbe Pigmente gebundene Reizaufnahme in der Spitze und eine (erheblich weniger wirksame) Aufnahme in den einige Millimeter tiefer liegenden Regionen. Jene ist an der typischen spektralen Empfindlichkeitskurve (Abb. 343) erkennbar; die in den basaleren Teilen vollzogene dagegen ist dadurch ausgezeichnet, daß das Maximum der Wirksamkeit erst im Ultraviolett erreicht wird (Abb. 364). Wir erinnern hierbei an das vorher erwähnte Vorkommen zweier verschiedenartiger, durch Reizaufnahme in der Spitze bzw. Basis bedingter Lichtwachstumsreaktionen.

Am schwierigsten ist auch beim Phototropismus der höheren Pflanzen die Analyse der Vorgänge, die zwischen der Reizaufnahme und den Endprozessen, die häufig in geänderter Membrandehnbarkeit, geänderter Auxinmenge oder Auxinverteilung bestehen, ablaufen. Chemische Analysen belichteter und unbelichteter Organteile haben noch keine klaren Einsichten erbracht. In Keimlingen von *Helianthus annuus* konnte eine Herabsetzung des Zuckergehalts, der Azidität und der Katalaseaktivität auf der belichteten Seite festgestellt werden. Die Bedeutung dieser Änderungen ist uns nicht bekannt.

Änderung der Auxinkonzentration beim Phototropismus. Verhältnismäßig einfach ist der Zusammenhang zwischen Reizaufnahme und Endreaktion in dem Sonderfall zu verstehen, bei dem es nur auf die Inaktivierung des Auxins oder eines anderen wachstumsbeschleunigenden Stoffes ankommt. An der Mitwirkung eines derartigen Prozesses kann nicht gezweifelt werden. Namentlich nach intensiven Bestrahlungen ist eine Auxininaktivierung in der Pflanze beobachtet worden. Dabei müssen wir weniger an das Köglsche Auxin als an die Indolylessigsäure denken. Und da eine solche Auxinphotoinaktivierung schon in vitro bei der Gegenwart von gelben Sensibilisatorsubstanzen möglich ist, könnte dieser Prozeß in der Pflanze sehr wohl durch Strahlungsabsorption in solchen Pigmenten eintreten (Bünning, Koningsberger und Verkaaik, Oppenoorth, Galston). Eine derartige Auxininaktivierung oder jedenfalls eine Inaktivierung wachstumsbeschleunigender Substanzen, scheint auch durch Vermittlung einer Strahlungsabsorption im Chlorophyll möglich zu sein; denn in manchen Fällen erweist sich auch der kurzwelligere Teil des roten Lichtes als wirksam. Diese Möglichkeit scheint speziell bei Krümmungsreaktionen verwirklicht zu sein, in denen die Reizaufnahme in den (chlorophyllreichen!) Blattspreiten vollzogen wird. Solche Reaktionen erzielt man leicht, wenn eine Blattspreite partiell verdunkelt wird; im Stiel erfolgt dann eine Krümmung, bei der die dem verdunkelten Spreitenteil entsprechende Flanke konvex wird. Nachweislich handelt es sich dabei um die Inaktivierung eines wachstumsbeschleunigenden Stoffes, der in der Spreite gebildet wird. Durch den Lichteinfluß auf die unverdunkelten Spreitenteile wird der Stoff nur in diesen inaktiviert, so daß in der zugehörigen Stielflanke eine Wachstumshemmung eintritt. Die Inaktivierung ist auch im Orangelicht möglich, nicht aber in dem vom Chlorophyll nicht mehr stark absorbierten langwelligen Rotlicht, der Prozeß scheint somit durch Strahlungsabsorption im Chlorophyll durchführbar zu sein. Der zu inaktivierende Stoff wird übrigens in den Spreiten erst nach einer Vorbelichtung mit assimilatorisch wirksamer Strahlung gebildet; seine Bildung hängt also wohl mit der Assimilation zusammen. Da nach Versuchen an Blättern von *Nicotiana* auch die Neubildung von Auxin im Licht an die assimilatorisch wirksamen Spektralbereiche gebunden ist, darf man in dem bei jenen Blattreaktionen wichtigen Stoff wohl Auxin, d. h. Indolylessigsäure, sehen.

Ablenkung des Hormonstroms? Eine andere, zur Erklärung der Krümmungen heute zumeist in den Vordergrund gestellte Lichtwirkung besteht in der vermuteten Ablenkung des Wuchshormonstroms. Normalerweise wird das Auxin in einer Koleoptile oder einem Hypokotyl gleichmäßig von der Spitze zur Basis strömen (richtiger gesagt: in einer aktivierten Form herabströmen; denn die Koleoptilspitze erhält ihr Hormon ja erst aus dem Endosperm). Das Licht soll diesen Hormonstrom so ablenken, daß nunmehr eine bevorzugte Wanderung auf der Schattenseite (positive Krümmung) bzw. Lichtseite (negative Krümmung) stattfindet. Tatsächlich konnte eine entsprechende Auxinkonzentrationsdifferenz zwischen Licht- und Schattenseite beleuchteter Koleoptilen und Hypokotyle gefunden werden (Abb. 365). Beleuchtet man *Avena*-Koleoptilen einseitig mit 1000 MKS, schneidet dann die Spitzen ab und fängt den Wuchsstoff von Licht- und Schattenflanke gesondert in Agar auf, so kann man etwa folgendes Bild gewinnen (WENT).

Avena-Koleoptilen; relative Wuchsstoffmenge in der Spitze.

Lichthälfte	Dunkelhälfte	Licht- und Dunkelhälfte zusammen	Summe beider Hälften im Kontrollversuch (dunkel)
27	57	84	100

An Epikotylen von *Phaseolus multiflorus* wurde ein ähnlich großer Effekt gefunden. Eine Schwierigkeit dieser von WENT, CHOLODNY und BOYSEN-JENSEN entworfenen Theorie besteht darin, daß die Reaktion je nach der Reizstärke im einen oder im entgegengesetzten Sinne verlaufen soll. Diese Theorie allein genügt also nicht.

Da sich nach manchen Erfahrungen, über die wir schon früher berichtet haben (S. 99), die enge Korrelation zwischen Wachstumsgeschwindigkeit und Auxinmenge auch dadurch erklären kann, daß in den (aus sonstigen Gründen) stärker wachsenden Zellen korrelativ mehr Auxin angesammelt (aktiviert?) wird, bleibt es vorläufig denkbar, daß die unterschiedliche Auxinverteilung in belichteten Organen nicht die ursprüngliche Ursache der Wachstumsdifferenz ist.

Außerdem sind phototropische Krümmungen beobachtet worden, die zwar durch unterschiedliche Auxinkonzentration auf Licht- und Schattenflanke entstanden, bei denen aber diese Differenz nur durch eine Verminderung der Auxinkonzentration auf der Lichtseite oder sogar durch ungleiche Auxinverminderung auf beiden Seiten zustande gekommen ist, eine Zunahme des Auxingehalts auf der Schattenseite also fehlt. So wurden bei 120 min einseitig mit 10480 Erg/cm^2 bestrahlten Koleoptilspitzen von *Zea Mays* (Quarzquecksilberdampflampe) folgende relativen Wuchsstoffmengen gefunden (BURKHOLDER und JOHNSTON).

Wuchsstoffmengen in Mais-Koleoptilen.

Lichthälfte	Dunkelhälfte	Hälfte einer Kontroll-(Dunkel-) Koleoptilspitze
9,6	12,9	14,7

Die phototropischen Krümmungen können also auch bei der Gramineenkoleoptile durch Auxinzerstörung zustande kommen, und es scheint, daß selbst dann noch eine Wachstumsbeschleunigung der Schattenseite an der positiv phototropischen Krümmung beteiligt sein kann, weil der eingeschränkte Verbrauch von Wasser und Nährstoffen auf der Lichtseite das Wachstum der einen unbedeutenderen Auxinverlust erleidenden Schattenseite zwangsläufig fördert. (Unter „Auxin" ist hierbei natürlich in erster Linie immer die Indolylessigsäure zu verstehen.)

Hiernach möchte es scheinen, daß wir der durch Schattenbildung mit Karotin ermöglichten einseitig stärkeren Auxininaktivierung mittels Flavin eine große Rolle zuschreiben müssen; auch in den vorher erwähnten Versuchen WENTs ist die Zunahme der Auxinmenge in der Dunkelhälfte ja nur unbedeutend im Vergleich zur Abnahme in der Lichthälfte. Auch Versuche BRAUNERs (1952) sprechen sehr für diese Auffassung. Da nun nachweislich neben der Auxinzerstörung auch noch eine Neubildung des Wuchsstoffes durch Licht möglich ist und an den phototropischen Krümmungen teilnimmt, darf man die Frage aufwerfen, ob jene vermutete Ablenkung des Wuchshormonstroms nicht eine ganz überflüssige Annahme darstellt.

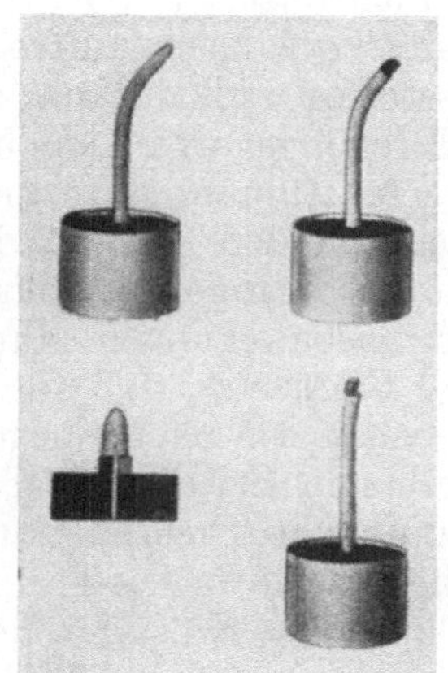

Abb. 365. Zum Phototropismus der *Avena*-Koleoptile. Das Reizlicht kommt von rechts her. Oben links normale phototropische Krümmung. Unten links eine einseitig beleuchtete Spitze wurde so auf Agar gesetzt, daß der Wuchsstoff von Vorder- und Hinterseite gesondert aufgefangen werden konnte. Mit dem von der Schattenseite aufgefangenen Wuchsstoff wurde an einem Teststumpf die oben rechts, mit dem von der Lichtseite aufgefangenen die unten rechts dargestellte Krümmung erzielt. Durch die einseitige Beleuchtung wird also bedingt, daß die Schattenseite mehr Wuchsstoff enthält als die Lichtseite. (Nach WENT.)

Wurzel-Phototropismus. Eine Neubildung von Wuchsstoff wurde auch für den Phototropismus der Wurzeln vermutet. Nach NAUNDORF bilden Wurzeln von *Helianthus annuus* im Licht mehr Wuchsstoff als im Dunkeln. — Die (meist negative) phototropische Reaktion ist im Blaulicht am stärksten. Strahlen über 550 mμ Wellenlänge bedingen überhaupt keine Reaktion. Da sich in den Wurzelspitzen reichlich Karotinoide vorfinden, darf man aus dieser Abhängigkeit von der Wellenlänge wohl wieder auf eine entscheidende Mitwirkung dieser Pigmente schließen. Freilich dürfte es sich auch hier wieder so verhalten, daß die Karotinoide nur wichtig sind, um ein Absorptionsgefälle im Laktoflavin zu ermöglichen. Wichtiger als eine Neubildung von Auxin ist wohl wieder dessen mit Flavin sensibisierte Zerstörung. Die Negativität der Krümmung erklärt sich nach PILET, weil das Auxin in Wurzeln bekanntlich in überoptimaler Konzentration vorliegt. Junge, noch auxinarme Wurzeln reagieren dementsprechend positiv phototropisch.

Anders bedingte Wachstumsänderungen beim Phototropismus. Aus zahlreichen Beobachtungen an Koleoptilen, Hypokotylen usw. müssen wir schließen, daß die zur phototropischen Krümmung führenden Wachstumsänderungen nicht lediglich eine Folge der aus diesen oder jenen Gründen auftretenden Verschiedenheiten in der Auxinkonzentration sind. Die Wachstumsänderungen sind nicht notwendig den aufgefundenen Änderungen der Auxinkonzentration proportional. Immer wieder ist man auf die Rolle der Einflüsse gestoßen, die unter dem etwas irreführenden Ausdruck „Änderung des Reaktionsvermögens auf Auxin" zusammengefaßt werden, womit eben nicht mehr gesagt wird, als daß nicht Auxin, sondern andere für das Wachstum wichtige Zelleigenschaften geändert werden. Die Rolle solcher Vorgänge kann beispielsweise an Erfahrungen mit *Raphanus*-Hypokotylen demonstriert werden. Die Lichtseite wird hier so stark beeinflußt, daß sie trotz gleichen Gehalts an (experimentell gebotenem)

Auxin weniger als halb so schnell wächst wie die Schattenseite (Forscher, die das ganze Wachstum vom Auxin her sehen, sagen: Das Reaktionsvermögen auf Wuchsstoff wurde auf weniger als die Hälfte vermindert).

Sicher wird es sich hierbei von Fall zu Fall um verschiedenartige Beeinflussungen der Zellen handeln. Wir wissen soviel über mögliche Beeinflussungen des kolloiden Plasmazustandes durch das Licht, über lichtbedingte Permeabilitäts- und elektrische Potentialänderungen, daß man sich hier vorerst nicht auf eine Theorie festlegen darf. Immerhin möge ein Faktor betont werden: die Auslösung von Erregungsvorgängen durch Lichtreize. Wir haben schon früher davon gesprochen, daß die bei Erregungsvorgängen auftretende Erregungssubstanz als Antagonist des Wuchsstoffes wirken kann. Schon aus diesem Grunde muß das Auftreten von Erregungsvorgängen infolge einer Reizung auch zu Wachstumsänderungen führen. Wir wissen aber — und das soll einige Seiten später dargelegt werden —, daß Lichtreize hervorragend geeignet sind, solche Erregungsvorgänge auszulösen; vielleicht sind sie an phototropischen Wachstumsbewegungen stark beteiligt. Hierfür spricht auch die Feststellung SCHRANKs, daß an der *Avena*-Koleoptile nach einseitiger Beleuchtung ebenso wie nach mechanischer Reizung eine elektrische Negativität der gereizten Seite auftritt (vgl. auch BACKUS und SCHRANK).

Blaauwsche Theorie. Aus unserer Darstellung ergibt sich zwangsläufig, daß die BLAAUWsche Theorie in ihrer ursprünglichen Formulierung für den Phototropismus der höheren Pflanzen nicht richtig sein kann; die Wechselwirkung zwischen Licht- und Schattenseite macht es unmöglich, die phototropischen Krümmungen so als Folge der auf den beiden Flanken unterschiedlichen Lichtwachstumsreaktionen aufzufassen, wie das etwa bei *Phycomyces* und *Pilobolus* zulässig ist. Zu diesen Wechselwirkungen gehört die erwähnte Tatsache, daß eine Wachstumsbeeinflussung, die unmittelbar nur die eine Seite betrifft, sich doch mittelbar auch auf das Wachstum der anderen auswirkt, weil jene jetzt eine erhöhte oder verminderte Menge von Wasser und Baustoffen an sich zieht. Daher mußten alle Versuche, die Krümmungen quantitativ aus den bei antagonistischer oder allseitiger Beleuchtung beobachteten Lichtwachstumsreaktionen zu berechnen, fehlschlagen. Es geht aber zu weit, nun jeglichen Zusammenhang zwischen Lichtwachstumsreaktion und Krümmung zu leugnen; beide sind ja schon insofern verwandt, als sie auf gleiche Reizaufnahmevorgänge zurückgehen, und oftmals besteht sogar noch eine deutliche Parallele zwischen dem Verlauf von Krümmungs- und Wachstumsreaktion. Einen Grund zur Preisgabe der BLAAUWschen Theorie hat man auch darin gesehen, daß bei einer Entfernung der Koleoptilspitze von *Avena* zwar die phototropische Reaktionsfähigkeit verloren geht, nicht aber die Fähigkeit, Lichtwachstumsreaktionen durchzuführen. Jedoch ist dabei zu berücksichtigen, daß für die phototropische Reaktion die Herstellung eines Gefälles der Strahlungsabsorption zwischen Licht- und Schattenflanke notwendig ist. Wenn die im Laktoflavin absorbierte Strahlung zur entscheidenden photochemischen Reaktion führt, so wird eine zur Lichtwachstumreaktion führende Reizaufnahme auch unterhalb der Spitze möglich sein, eine zum Phototropismus führende Reizaufnahme aber nur in der Spitze, weil nur hier durch die Gegenwart von Karotin ein ausreichendes Gefälle der kurzwelligen Strahlung möglich wird. Karotin ist also als Schattenbildner für den Phototropismus unerläßlich, obwohl die photochemisch wichtige (etwa zur Auxininaktivierung führende) Lichtabsorption im Laktoflavin vollzogen wird. Darum muß auch das Wirkungsspektrum des Phototropismus dem Absorptionsspektrum des Karotins entsprechen, während das der Lichtwachstumsreaktion dem Absorptionsspektrum des Laktoflavins gleicht.

Lichtrichtung und Lichtabfall. In den Diskussionen über den Phototropismus spielte früher die Frage, ob es auf die Lichtrichtung oder auf den Lichtabfall im Organ ankomme, eine erhebliche Rolle; und mehrere experimentell begründete Argumente wurden zugunsten der einen und der anderen Auffassung vorgebracht. Es war wohl nicht immer ganz eindeutig, was unter den beiden Theorien verstanden wurde. Jedenfalls dürfen wir jetzt sagen, daß

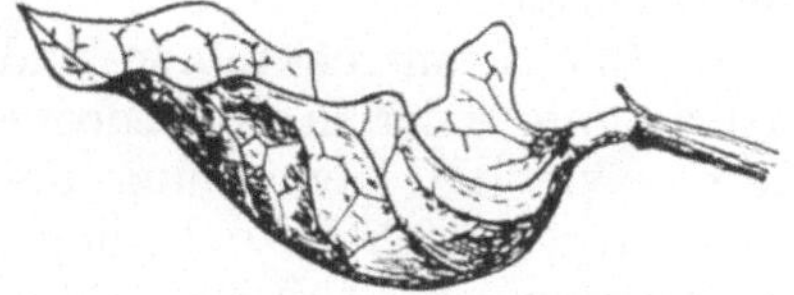

Abb. 366. Blatt einer etiolierten Pflanze von *Phaseolus multiflorus*. So wie der Blattstiel (vgl. Abb. 367) wächst auch die Spreite im Dunkeln hyponastisch, so daß sie sich muschelartig faltet, wobei die Unterseite konvex wird.

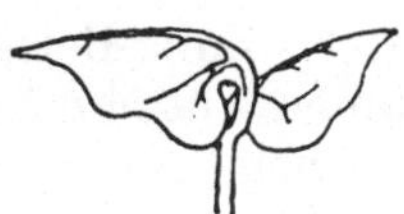

Abb. 367. Blätter einer 10 cm hohen etiolierten Keimpflanze von *Phaseolus multiflorus*. Die Blätter stehen infolge starker Hyponastie überkreuzt. Erst Licht löst die Epinastie aus und bedingt damit die normale Stellung und Form des Blattes.

es nur darauf ankommt, welche Strahlungsabsorptionen durch die Belichtung in der Pflanze bedingt werden und daß es ganz gleichgültig bleiben muß, aus welcher Richtung das Licht kam, das dieser Art der Strahlungsabsorption unterliegt. In diesem Sinne ist die Lichtabfallstheorie richtig. Allerdings ist es in der Regel nur durch eine bevorzugte Lichtrichtung möglich, die optimalen Absorptionsdifferenzen zwischen zwei Flanken des Organs zu erzielen.

Phototropische Stimmungsänderungen. Wir haben den Phototropismus bisher auf Grund von Versuchen an einfach gebauten Pflanzen untersucht; damit sind sicher die wesentlichen allgemeineren Gesetzmäßigkeiten erfaßt, wenngleich die Verhältnisse in vielen Fällen noch erheblich komplizierter liegen werden. Die phototropischen Krümmungen sind Bewegungen, die für die optimale Einstellung der Pflanzen zum Licht notwendig sind. Das Optimum besteht aber nur bei assimilierenden Organen in einer hohen Lichtintensität; daher sind oftmals auch negativ phototropische Krümmungen notwendig; und viele Organe haben den Weg gewählt, je nach ihrem mit der Entwicklung wechselnden Lichtbedarf bald positiv, bald negativ phototropisch zu reagieren. Die Blütenstiele mancher Pflanzen können hier als Beispiele dienen, so die der an Mauern wachsenden *Linaria cymbalaria*, die erst positiv, nach dem Abfall der Korollen und während der Fruchtbildung aber negativ phototropisch sind und ihre Früchte daher zum Substrat richten (dabei spielt außerdem noch ein negativer Geotropismus mit). Auch die Blütenstiele von *Tropaeolum majus* sind im präfloralen Zustand positiv phototropisch, im postfloralen negativ. In manchen anderen Fällen überwiegen bei den Bewegungen der Blütenstiele geotropische und endogene Bewegungen. Es ist nicht geklärt, wodurch jene Umstimmungen im Verhalten zum Licht zustande kommen; jedoch steht es fest, daß es sich um stoffliche Beeinflussungen handelt, die von

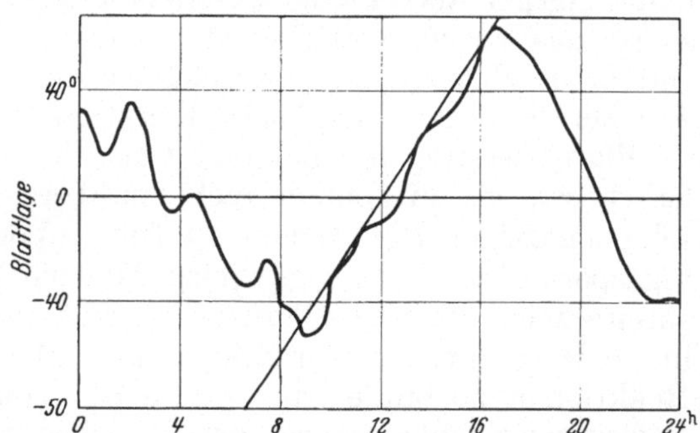

Abb. 368. Diaphototropische Bewegung von *Malva neglecta*. Abszisse: Tageszeit; Ordinate: *0* die Blattspreite steht horizontal; + sie ist nach Westen, — nach Osten orientiert. Die schräge Gerade gibt den Stand der Sonne an, d. h. die Seitenabweichung vom Südstand. Man sieht, daß die Bewegung der Blattspreite während des Tages dem Sonnenstand folgt, daß sie sich aber nachts wieder zurückbewegt. (Nach YIN.)

der Blüte bzw. der sich entwickelnden Frucht ausgehen. Wir wissen z. B., daß schon die Abgabe des Auxins je nach dem Entwicklungszustand ganz verschieden ist. Außerdem haben wir ja gesehen, daß schon bei einfacher gebauten Objekten positive und negative Krümmungen vorkommen; und so wie hier wird es sich wohl auch bei den Blütenstielen nicht einfach um die völlige Ausschaltung einer der beiden Reaktionsmöglichkeiten handeln, sondern mehr um eine Änderung der Reizschwellen und damit der für positive und negative Reaktion notwendigen Reizstärke.

Photonastie. Auch lichtinduzierte nastische Wachstumsreaktionen sind weit verbreitet. Zum Beispiel wird die Ausbreitung vieler in der Knospe bzw. im Samen zusammengefalteter Blätter sowie die Herstellung des Winkels zwischen Sproß und Blattstiele erst durch Lichtreize bedingt, die die Oberseite zu verstärktem Wachstum veranlassen (Abb. 366, 367). Man hat diese Reaktion auch als photoepinastisch bezeichnet, während andere Autoren den Ausdruck Epinastie für ein lediglich aus inneren Gründen erfolgendes verstärktes Oberseitenwachstum reservieren wollen. Jedoch ist hier eine scharfe Trennung nicht möglich, da jede sog. rein endonome Epinastie an bestimmte (oftmals konstante) Außenbedingungen geknüpft ist. Betrachtet man das Licht als eine solche notwendige Bedingung, dann ist die Epinastie als endonom zu bezeichnen. Betrachtet man dagegen das Licht als einen erst sekundär hinzutretenden Faktor, so ist das vorher stattfindende verstärkte Unterseitenwachstum als eine endonome Hyponastie zu bezeichnen und nicht als eine durch den Dunkelreiz hervorgerufene nastische Reaktion (vgl. auch den X. Abschnitt).

Blattbewegungen. Bei den Orientierungsbewegungen der Laubblätter haben wir es mit einem recht unübersichtlichen Zusammenwirken verschiedenartiger Reaktionen zu tun. (Von den später zu besprechenden tagesperiodischen Bewegungen sehen wir hier noch ganz ab.) Die Blattspreite zeigt oft einen Transversalphototropismus; die Einstellung kommt in der Regel durch die im Stiel ablaufenden, aber von der Spreite dirigierten Reaktionen zustande; dabei sind oft Torsionen beteiligt. Die nicht mit Bewegungsgelenken ausgerüsteten, also nicht zu Turgorbewegungen befähigten Blattstiele führen die Spreite schließlich zu einer, nach Beendigung des Wachstums nicht mehr veränderbaren „fixen Lichtlage", die entweder so ist, daß das stärkste diffuse Licht optimal eingefangen werden kann (euphotometrische Blätter) oder so, daß die Spreite vor dem zu intensiven direkten Sonnenlicht geschützt bleibt, und doch noch viel diffuses Licht einstrahlen kann (panphotometrische Blätter).

Die Entstehung dieser Bewegungen können wir bisher nicht übersehen; nach Haberlandt sollen bei der Aufnahme der Lichtreize in der Blattspreite die gelegentlich in den Epidermisaußenwänden vorkommenden linsenförmigen Zellverformungen wichtig sein; notwendig sind diese jedenfalls nicht.

Genauer analysiert worden sind in neuerer Zeit die Bewegungen von *Malva neglecta*. Die Blätter sind auch hier transversalphototropisch; die Einstellung zum Licht erfolgt so schnell, daß die Blätter dem Gang der Sonne zu folgen vermögen (Abb. 368). Auffälligerweise kehren die Blätter nachts, also während der Dunkelheit, wieder in die Morgenlage zurück; mir scheint, daß es sich dabei um eine den Schlafbewegungen der Blätter verwandte Erscheinung handelt (vgl. diese). Für die Bewegungstätigkeit ist übrigens auch hier wieder vor allem das blaue Licht verantwortlich. Wie bei anderen Objekten ist bei *Malva* das auf die Spreite, nicht das auf den Blattstiel fallende Licht als wichtig angesehen worden. Die Bewegung beruht auf Turgoränderungen in der gelenkartigen unmittelbar unterhalb der Spreite liegenden Zone, und zwar kann die maximale Längendifferenz antagonistischer Gelenkflanken etwa 1,3 mm betragen, während das Gelenk selber 4 mm lang ist. Diese Volumenschwankungen gehen mit Schwankungen der osmotischen Werte bei Grenzplasmolyse parallel.

Besonders bemerkenswert ist bei solchen Blattbewegungen, daß die Ruhelage erreicht wird, wenn die Blattspreite senkrecht zum einfallenden

a

b

Abb. 369 a u. b. *Peperomia arifolia.* Diaphototropische Einstellung der Blattspreite. Links von der Richtung des einfallenden Lichts, rechts senkrecht zur Richtung des einfallenden Lichts betrachtet. $^1/_4$ natürlicher Größe.

Licht steht (Abb. 369). Zur Erklärung dieser dia- oder transversalphototropischen Reaktionsweise könnte man an die Mitwirkung von Reaktionen der Art denken, die beim Verdunkeln einer Spreitenhälfte beobachtet werden (S. 409). Aber obwohl auch solche Reaktionen an den Orientierungsbewegungen der Blätter beteiligt sind, helfen sie uns doch nicht bei der Erklärung der transversalphototropischen Einstellung; denn Beleuchtungsdifferenzen auf der Spreite sind nicht imstande, die bei vielen transversalphototropischen Bewegungen beteiligte Blattstieltorsion herbeizuführen. — Recht einleuchtend ist der Versuch, die transversalphototropischen Organe als Aggregate parallel gelagerter orthophototroper Elemente aufzufassen. Ein Objekt, das, wenn nicht die Berechtigung, so doch den Sinn dieser Auffassung gut demonstriert, ist der *Marchantia*-Thallus, in dem sich tatsächlich solche parallel nebeneinander gelagerten orthotropen Elemente befinden, nämlich die Assimilationsfäden in den Luftkammern (Abb. 370): aber auch bei den Palisadenzellen der Laubblätter ist eine positiv orthotrope Reaktionsfähigkeit gefunden worden. Man möchte hiernach annehmen, daß in einem dorsiventralen Organ, wie wir es in einem Laubblatt vor uns haben, zur ursprünglichen Polarität zwischen Spitze und Basis noch eine senkrecht dazu liegende hinzukommt. Mit Hilfe einer solchen Vorstellung lassen sich die transversalphototropischen Bewegungen tatsächlich verständlich machen. Dagegen sprechen aber Versuche SNOWs; und BRAUNER konnte an den Blättern von *Tropaeolum majus* zeigen, daß die Reizaufnahme überhaupt nicht in der Spreite erfolgt, die Spreite vielmehr nur für die Lieferung des zur Reaktion notwendigen Wuchsstoffs sorgt.

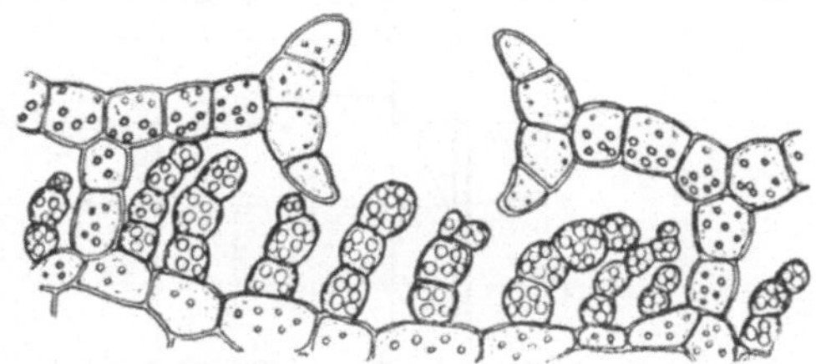

Abb. 370. *Marchantia polymorpha.* Der Thallus wurde längere Zeit hindurch von rechts her beleuchtet. Die Assimilationsfäden in den Luftkammern haben sich positiv phototropisch gekrümmt.

Einige Pflanzen, nämlich die sog. Kompaßpflanzen, stellen ihre Blätter bekanntlich vertikal und in die Nord-Südrichtung. Bei dieser fixen Lichtlage sind die Blätter vor dem direkten Einfall des intensiven Mittagslichts geschützt; sie können aber das mäßigere Morgen- und Abendlicht gut ausnutzen. *Lactuca scariola* und *Silphium laciniatum* gehören hierher. An der Entstehung dieser Lage sind transversal phototropische und endogen bedingte nastische Bewegungen beteiligt. — Die Nord-Südrichtung braucht nicht unbedingt eingehalten zu werden. Wächst *Lactuca scariola* an steilen Westhängen, so stellen sich die bodennahen Blätter parallel zur Rückstrahlung des Hangs, nur die höher stehenden Blätter orientieren sich parallel zur intensivsten Sonnenstrahlung.

Viele lichtbedingte Blattbewegungen werden auch durch Turgorschwankungen vermittelt; auf diese gehen wir weiter unten ein.

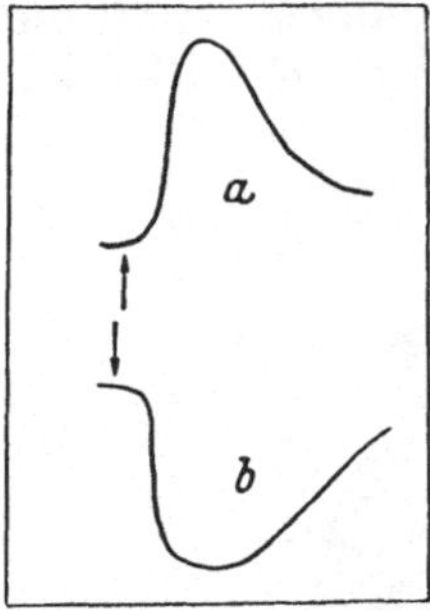

Abb. 371a u. b. Lichtturgorreaktion von *Mimosa* bei Beleuchtung von unten (*a*) und von oben (*b*). Kurvenhebung entspricht einer Blattsenkung. (Nach DUTT.)

8. Lichtbedingte Turgorbewegungen von Blättern.

Allgemeines. Lichtbedingte Turgoränderungen sind für die Entstehung pflanzlicher Bewegungen ebenso wichtig wie Wachstumsänderungen. Auch bei den Spaltöffnungsreaktionen sind solche Turgoränderungen bekanntlich sehr entscheidend; wir wollen uns hier aber zunächst auf Blattbewegungen, also auf Turgoränderungen in Blattgelenken beschränken.

Die zu den Turgoränderungen führende Reizkette braucht gar nicht so sehr von der zu den Wachstumsänderungen führenden verschieden zu

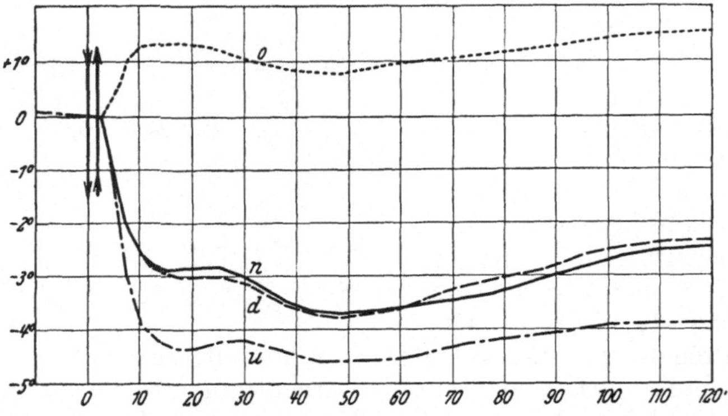

Abb. 372. Lichtturgorreaktion von *Phaseolus multiflorus*. Reiz (abgegrenzt durch Pfeile): 950 Lux × 100 sec. Dargestellt sind die Reaktionen nach oberseitiger (*o*), unterseitiger (*u*) und nach symmetrischer Horizontalbeleuchtung (*n*); *d* ist die rechnerische Differenz der in *u* und *o* dargestellten Reaktionen. (Nach M. BRAUNER.)

sein. Darauf deutet schon die oft feststellbare Identität der wirksamen Spektralbereiche. Auch bei den Lichtturgorreaktionen wirken oft die in den gelben Pigmenten absorbierbaren Strahlen besonders stark oder sogar ausschließlich. Doch sind hier ebenso wie bei den Wachstumsbewegungen Ausnahmen bekannt.

Daß selbst die von Laktoflavin sensibilisierte Inaktivierung der Indolylessigsäure bei Turgorbewegungen beteiligt sein kann, ist nicht mehr unwahrscheinlich, seitdem wir die Beeinflussung der Permeabilität durch Wuchsstoff kennen. Auch ist die Wirkung von Indolylessigsäure auf die Turgeszenz von Gelenken direkt feststellbar. BRAUNER fand, daß dieser Wuchsstoff bei Gelenken von *Phaseolus multiflorus* „negative“ Reaktionen bedingt, also eine Volumenzunahme der Flanke eintritt, auf die Wuchsstoff aufgetragen wurde.

Die Blattreaktionen. Etwas häufiger als bei den Wachstumsbewegungen scheint die Auslösung der früher besprochenen Alles-oder-Nichts-Erregungen beteiligt zu sein, von denen wir ja schon wissen, daß sie leicht zu Turgorbewegungen führen. Genauer untersucht ist eine derartige Auslösung von Erregungen an den mit Gelenken ausgestatteten Blättern höherer Pflanzen. Namentlich bei den Leguminosen sind Lichtturgorreaktionen bekannt, die auf Erregungsvorgänge der gleichen Art zurückgehen, die auch bei den mechanisch bedingten Reaktionen dieser Objekte wichtig sind. In einigen Fällen können sogar die Bewegungsreaktionen ganz gleichartig sein wie die durch mechanische Reize bedingten. Das kann man gelegentlich an Mimosen beobachten, die nach längerer Verdunkelung plötzlich dem Licht ausgesetzt werden. Zumeist sind die Reaktionen aber selbst bei der Mimose schwächer und folgen nicht dem Alles-oder-Nichts-Gesetz. Das schließt natürlich nicht die Gültigkeit des Alles-oder-Nichts-Gesetzes für die Einzelzelle aus. Offenbar löst der Lichtreiz die Erregung vornehmlich in Zellen aus, die nicht in leitender Verbindung miteinander stehen, so daß (im Gegensatz zur mechanischen Reizung, die diese Zellen nicht allein treffen kann) die Erregung einzelner Zellen nicht mit Notwendigkeit die Erregung aller anderen des gleichen Gelenks nach sich zieht. Und diese Beschränkung der Erregung auf die direkt gereizte Gewebepartie kommt auch darin zum Ausdruck, daß die Reaktionen auf Lichtreize nicht nastisch verlaufen (wie die an den gleichen Objekten mechanisch bedingten Reaktionen), sondern tropistisch. Das heißt, das Blatt hebt sich, wenn die Gelenkoberseite beleuchtet wird, es senkt sich bei einer Beleuchtung von unten (Abb. 371). Wenn das Gelenk von der Seite her beleuchtet wird, vollführt es eine Torsion. Wird das *Phaseolus*-Gelenk gleichzeitig von oben und von unten beleuchtet, so ist die Gesamtreaktion gleich der rechnerischen Differenz zwischen den bei der betreffenden Reizstärke zu erwartenden Teilreaktionen der beiden Gelenkseiten (Abb. 372).

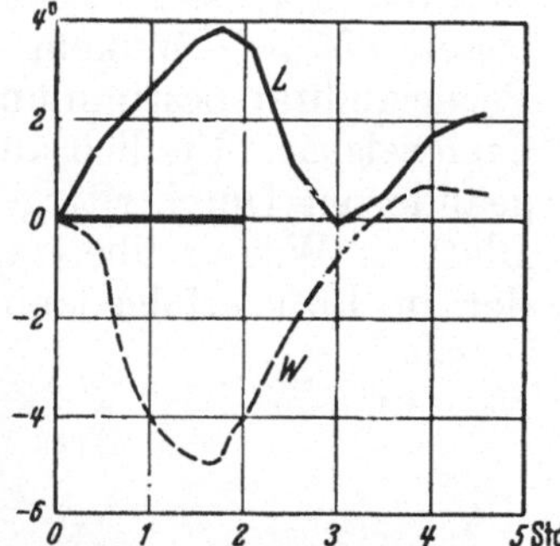

Abb. 373. Lichtturgorreaktion von *Phaseolus multiflorus* bei vertikalem Oberlicht (950 Lux × 120 min) in Luft (*L*) und in Wasser (*W*). Im Wasser tritt statt der Hebung also eine Senkung des Blattes ein, und zwar darum, weil die Permeabilitätserhöhung nunmehr nicht zur geförderten Transpiration führen kann, sondern vielmehr eine Förderung der Wasseraufnahme bedingen muß. (Nach M. BRAUNER.)

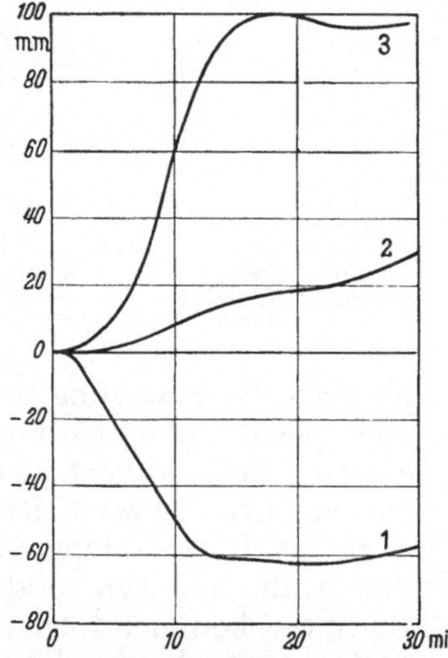

Abb. 374. *Phaseolus multiflorus*, phototropische Bewegungen unter dem Einfluß von wärmefreiem Rotlicht verschiedener Intensität (von 1—3 ansteigend). Reaktionsverlauf in Luft. Ordinate: Krümmungswege in Skalenteilen der Registriereinrichtung. (Nach BRAUNER.)

Daß es sich dabei oft wie bei den mechanisch ausgelösten Reaktionen um Turgorsenkungen infolge Permeabilitätserhöhung handeln kann, ist eindeutig nachgewiesen worden. Schon PFEFFER erkannte an der zunehmenden Erschlaffung der beleuchteten Gelenke die Turgorsenkung;

dieser Befund wurde später von LEPESCHKIN bestätigt. Die Permeabilitätserhöhung läßt sich als partieller Semipermeabilitätsverlust nachweisen, weil die in Wasser gelegten Gelenke im Licht viel mehr Stoffe exosmieren lassen als im Dunkeln. Auch mit den plasmolytischen Methoden der Permeabilitätsbestimmung ist der verminderte Semipermeabilitätsgrad nachweisbar. Endlich äußert sich die Permeabilitätsänderung noch in der geänderten Durchtrittsgeschwindigkeit des Wassers. Wird ein *Phaseolus*-Blatt in Wasser übertragen und von oben her beleuchtet, so tritt statt der in Luft erfolgenden Hebungsbewegung eine Senkung ein, weil die

Abb. 375. Elektrische Potentialänderungen bei *Biophytum sensitivum*. Ableitung von der Blattspindel. Bis zur weißen Marke Schatten, dann Sonne (bedingt Potentialänderungen). Zeitmarken in Abständen von 10 sec. Spannungseinheiten (links) 0,2 Volt. (Nach UMRATH.)

Beleuchtung den Wassereintritt, also die Absättigung des Gewebes mit Wasser erleichtert (Abb. 373). Die normalerweise (also in Luft) durch Licht bedingte Turgorsenkung dürfte somit zum Teil Folge des Semipermeabilitätsverlustes sein, zum Teil eine geförderte Transpiration darstellen.

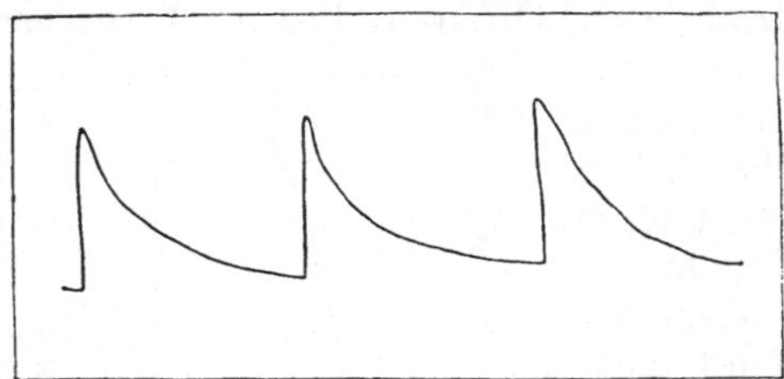

Abb. 376. *Averrhoa bilimbi*. Endonome Blättchenbewegung im Dauerlicht. Jede Bewegung erfordert etwa 3 min. (Nach DAS und PALIT.)

Dieser Reaktionstyp ist aber sicherlich nicht der einzige, vielmehr besteht eine große Mannigfaltigkeit. Daß nicht immer die Auslösung von Alles-oder-Nichts-Reaktionen mit einer unterschiedlichen Anzahl reagierender Zellen vorliegt, ergibt sich aus der Abhängigkeit der *Qualität* der Reaktion von der Reizintensität. Bei einem Typ solcher Reaktionen kann nämlich die Bewegung in schwachen Lichtintensitäten negativ, in starken aber positiv phototropisch sein (Abb. 374). Hier muß also offenbar die einzelne Zelle je nach der Reizstärke unterschiedlich reagiert haben. Die Mannigfaltigkeit zeigt sich weiterhin darin, daß nicht nur Blaulicht, sondern auch die Rotstrahlung und selbst der Infrarotbereich (infolge der durch ihn bedingten Temperaturerhöhung) Reaktionen auslösen kann. Nach BRAUNER kommen folgende Komponenten in Betracht: 1. die Temperaturwirkung; 2. die Neubildung osmotisch wirksamer Substanz durch Einschaltung der Photosynthese. Dabei ist naturgemäß vor allem die im Chlorophyll stark absorbierbare Strahlung zwischen 590 und 680 mμ wirksam. 3. Die einseitige Erhöhung der Wasserpermeabilität, die namentlich durch schwaches Licht hervorgerufen werden kann. Bei diesem Reaktionstyp muß natürlich eine positiv phototropische Krümmung entstehen. wenn sich das Gelenk in Luft befindet, aber eine negative, wenn es sich in Wasser befindet; denn die Erhöhung der Wasserpermeabilität bedingt im einen Fall eine verstärkte Transpiration, im anderen eine erweiterte Wasseraufnahme. 4. Die partielle Aufhebung der Semipermeabilität, also ein stärkeres Ausmaß der Permeabilitätsänderung, welches bei höheren Reizintensitäten eintritt. Bei diesem Reaktionstyp muß natürlich die Bewegung auch dann positiv phototropisch sein, wenn sich das Gelenk in Wasser befindet. 5. Endlich kann auch noch eine Herabsetzung des Saugpotentials durch das Licht bedingt sein.

Wie zu erwarten, zeigen sich auch bei den lichtbedingten Blattbewegungen wieder Aktionsströme (Abb. 375) und man kann ein Refraktärstadium beobachten, das allerdings zumeist nicht deutlich wird, weil nur starke

Abb. 377. *Desmodium gyrans.* Die kleinen Seitenblättchen können kurzperiodische endonome Bewegungen ausführen, die großen Endblättchen tagesperiodische Bewegungen. Die 3 Bilder zeigen einen Teil einer Pflanze in Zeitabständen von 2 min, man sieht die Lageveränderung der Seitenblättchen.

Lichtreize alle empfindlichen Zellen zugleich zur Reaktion bringen; erst bei deren Anwendung wird es also erkennbar.

Die Blätter von *Averrhoa bilimbi* reagieren viel besser auf Lichtreize als die von *Mimosa* und *Phaseolus*. Das Sonnenlicht genügt bei *Averrhoa*, um alle (oder die meisten) Zellen des Gelenks zur Reaktion zu veranlassen. Die lichtbedingte Reaktion folgt hier also als Ganzes (ebenso wie etwa bei *Mimosa* die seismisch bedingte) dem Alles-oder-Nichts-Gesetz; sie ist demnach von einem absoluten Refraktärstadium begleitet, während dessen Dauer wieder eine Rückbewegung eintritt, bis das Refraktärstadium genügend abgeklungen ist, um dies immer noch ununterbrochen einwirkenden Lichtreiz erneut wirksam werden zu lassen. So führen diese Blätter in konstant einwirkendem intensivem Licht periodische Bewegungen aus (Abb. 376). Eine entsprechende Erscheinung kann man übrigens, allerdings weniger ausgeprägt, bei *Phaseolus* beobachten; aber noch extremer zeigt sich dasselbe bei den kleinen Seitenblättchen von *Desmodium gyrans*, denen man gewöhnlich „endonome" Bewegungen zuschreibt (Abb. 377 bis 379). Man kann diese Bewegungen jedoch auch (ohne damit einen sachlichen Unterschied zu behaupten) als die durch einen Dauerlichtreiz ausgelösten periodischen photonastischen Reaktionen auffassen; denn die Bewegungen setzen tatsächlich erst ein, wenn die Pflanze dem Licht ausgesetzt wird (bei jener anderen Ausdrucksweise würde man das Licht als „notwendige Bedingung" der endonomen Bewegungen bezeichnen). Die Periodizität kommt auch bei *Desmodium* wieder durch den Ablauf von Alles-oder-Nichts-Erregungen zustande, die sich am Auftreten von Aktionsströmen und in Refraktärstadien äußern. Ein kurz dauernder starker Lichtreiz kann in den Blättern von *Desmodium* und *Averrhoa* — nach dem gleichen Prinzip wie im tierischen Lichtsinnesorgan und im genannten *Rhodospirillum* — periodische Reaktionen auslösen (Abb. 380).

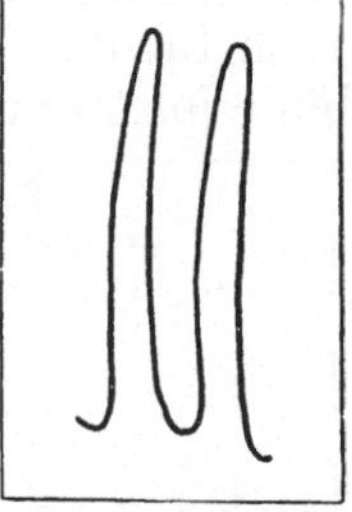

Abb. 378. *Desmodium gyrans.* Endonome Bewegungen eines der kleinen Seitenblättchen. (Nach Bose).

9. Sonderfragen der Phototaxis.

Reizaufnahme. Die Verwandtschaft der namentlich bei den Flagellaten und Volvocalen verbreiteten phototaktischen Bewegungen mit manchen der in den vorhergehenden Abschnitten besprochenen Lichtreizreaktionen an höheren Pflanzen ergibt sich wieder aus der starken Wirkung der blauen und blauvioletten Strahlung, die auch hier auf die Bedeutung gelber Pigmente, wie sie ja im Stigma vorkommen, hinweist.

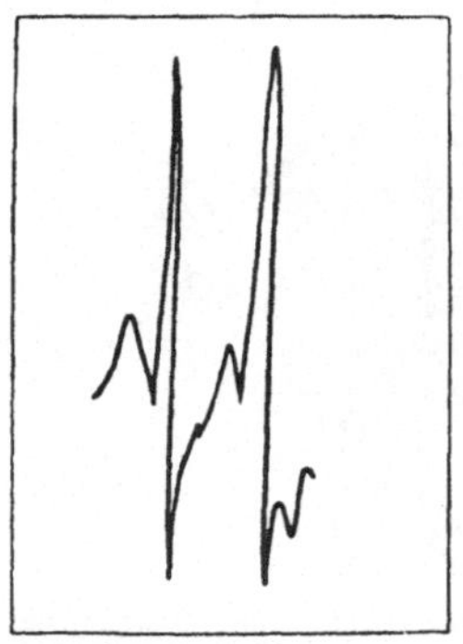

Abb. 379. *Desmodium gyrans.* Elektrische Potentialänderungen, die die endonomen Bewegungen begleiten. (Nach BOSE.)

Der Augenfleck besteht aus einer plasmatischen Grundsubstanz mit Öltropfen, in denen Karotinoide gelöst sind. Ob die Karotinoide dabei ausschließlich in diesen Öltropfen enthalten sind, ist unbekannt. Als Karotinoid ist bei Flagellaten Astaxanthin, ein Derivat des β-Karotins, nachgewiesen worden (vgl. FLORKIN); das ist merkwürdigerweise ein Karotinoid, das sonst nur bei Tieren vorgefunden worden ist, z. B. in den Zäpfchen der Augen mancher Tiere. Aber auch andere Karotinoide scheinen vorzukommen.

Ob die phototaktische Empfindlichkeit für die einzelnen Spektralbereiche genau der Absorption in den Pigmenten des Augenflecks entspricht, konnte noch nicht eindeutig geklärt werden. Für *Eudorina elegans* und *Volvox minor* wurde ein Empfindlichkeitsmaximum im blaugrünen Licht (etwa 490 mμ) gefunden. Die Reizschwelle beträgt dabei 0,06 bzw. 0,10 Erg/cm^2/sec. Einige Angaben sprechen auch für das Vorkommen des Maximums der Empfindlichkeit im Bereich blauvioletter Strahlen; das würde mehr dem für höhere Pflanzen charakteristischen Verhalten entsprechen. Für *Pandorina* und *Spondylomorum* wurden Empfindlichkeitsmaxima für den extrem langwelligen Bereich um 535 mμ angegeben, dabei fällt die Empfindlichkeit durchaus nicht sehr steil zum Bereich des Kurz- und Langwelligen ab. In solchen Fällen wäre daran zu denken, ob nicht etwa ähnlich wie beim Sehpurpur des tierischen Auges an Eiweiß adsorbiertes Karotinoid entscheidend ist. Bei solchen Adsorptionen verschiebt sich das Absorptionsmaximum oft erheblich zum Bereich des Langwelligen. Auch der Sehpurpur zeigt seine maximale Absorption ja erst im Grünlicht.

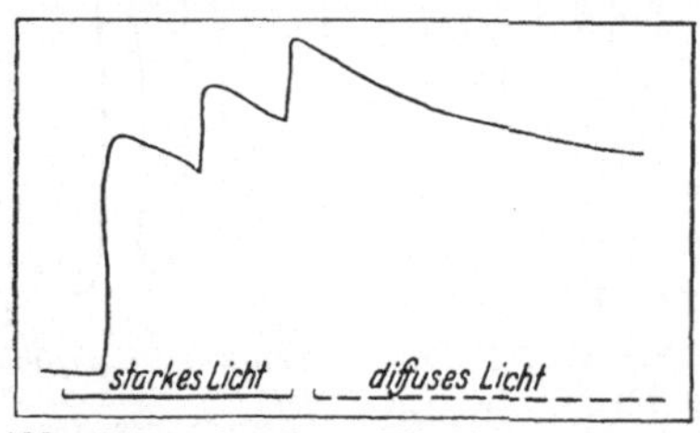

Abb. 380. *Averrhoa bilimbi.* Mehrfache Reaktionen bei starkem Licht, Erholung bei schwachem Licht. (Nach DAS und PALIT.)

Für die entscheidende Bedeutung des Stigmas spricht endlich die phototaktische Unempfindlichkeit der meisten keinen Augenfleck besitzenden Formen. Freilich müssen zur phototaktischen Empfindlichkeit noch andere Bedingungen hinzukommen als der Besitz eines Augenflecks; denn es gibt Formen, die zwar einen Augenfleck besitzen, aber nicht phototaktisch reagieren. Andererseits gibt es Arten, die keinen Augenfleck haben und doch lichtempfindlich sind. Bei diesen letztgenannten Arten beobachtet man aber auch eine ganz andere spektrale Empfindlichkeit. Eine farblose *Chilomonas*-Art zeigt ihre maximale Empfindlichkeit erst im Ultraviolett bei 366 mμ (Schwelle 9,37 Erg/cm^2/sec), ist allerdings auch im blaugrünen

Licht nicht ganz unempfindlich (Schwelle 70—55 Erg/cm²/sec). Das Maximum im Ultraviolett ist bei diesen Formen ohne Stigma nicht auf eine besondere, an Stelle des Karotinoids ausgebildete lichtempfindliche Substanz zurückzuführen; die pigmenthaltigen Arten zeigen nämlich im Ultraviolett noch eine ganz ähnliche Empfindlichkeit wie die farblosen; diese Empfindlichkeit dürfte also in beiden Fällen auf die Absorption in einer allgemein vorhandenen Substanz zurückzuführen sein, und die farblosen Formen müssen sich eben mit dieser Art der Reizaufnahme begnügen. Etwas Entsprechendes haben wir bei der Reizaufnahme in der karotinfreien Koleoptilbasis kennengelernt.

Die grundsätzliche Möglichkeit einer phototaktischen Reaktion ohne Besitz eines Augenflecks spricht für die Annahme, daß die Karotinoide des Stigmas hier, ähnlich wie wir es für höhere Pflanzen folgerten, nur wirken, indem sie ein Gefälle der Lichtintensität herstellen. Die entscheidende, zu photochemischen Reaktionen führende Absorption könnte dann etwa wieder im Laktoflavin vorgenommen werden, dessen Absorptionskurve auch den Anstieg der Empfindlichkeit im Ultraviolett erklären könnte. Das Stigma würde dann also nicht die unmittelbar zum photochemischen Prozeß führende Strahlungsabsorption vollziehen und trotzdem entscheidend wichtig sein. Diese Schlußfolgerung entspricht in gewisser Weise der oft vertretenen Auffassung, daß das Stigma wirkt, indem es eine lichtempfindliche Region in der Nähe der Geißelbasis periodisch verdunkelt, eine Annahme, die für notwendig erachtet wurde, um das Auftreten gerichteter Bewegungen bei rotierenden Zellen zu erklären (vgl. BUDER, PRINGSHEIM, MAST).

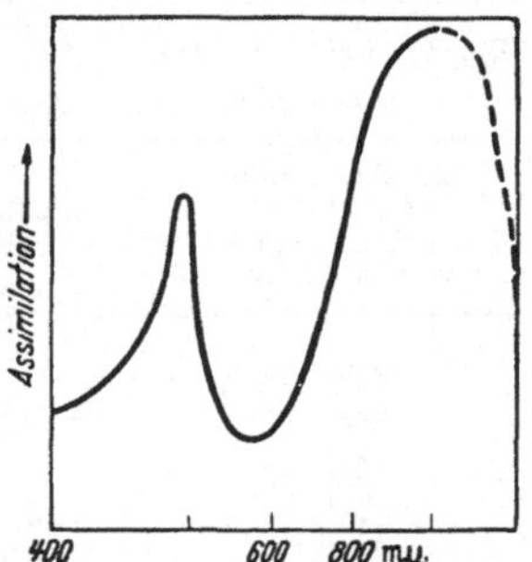

Abb. 381. *Spirillum rubrum.* Assimilationsintensität bei verschiedenen Spektralbereichen als Ausdruck der Absorptionskurve des Bakteriochlorophylls. Der gestrichelte Teil stellt eine schematische Ergänzung dar, die lediglich auf Grund der Absorptionskurve des gelösten Farbstoffes (also nicht mehr auf Grund einer Assimilationsmessung) vorgenommen wurde. (Nach FRENCH.)

Eine Sonderstellung nehmen hinsichtlich der reizaufnehmenden Substanz die Purpurbakterien ein; bei ihnen ist nämlich Ultrarot um 880 mμ am wirksamsten; auch für das langwellige Rot sind diese Organismen noch sehr empfindlich, aber schon bei 635 mμ besteht ein Minimum. Bei etwa 590 mμ tritt ein Sekundärgipfel auf. Die Empfindlichkeitskurve entspricht weitgehend der Absorptionskurve des Bakteriochlorophylls (Abb. 381, vgl. BUDER, FISCHER und REICHELT). Wenn hierbei der den Purpurbakterien für die Photosynthese dienende Farbstoff so wichtig ist, darf man mit MANTEN (vgl. THOMAS und NIJENHUIS) annehmen, daß primär die Photosynthese bzw. deren Unterbrechung durch Dunkelheit für die zur Erregung führende Änderung des chemischen Milieus wichtig ist. Die Purpurbakterien zeichnen sich übrigens durch eine sehr hohe Unterschiedsempfindlichkeit aus. Schon Intensitätsunterschiede von 1 bis 2% genügen, um eine Bevorzugung der etwas helleren Lichtquelle eintreten zu lassen. Die Cyanophyceen weisen hinsichtlich der wirksamen Spektralbereiche anscheinend einige Ähnlichkeiten mit den Purpurbakterien auf (BUDER).

Erregung. Es ist sehr wahrscheinlich, daß durch die Strahlungsabsorption auf dem einen oder anderen Weg schließlich Prozesse eingeleitet werden, die dem Typ der früher ausführlich besprochenen Alles-oder-Nichts-Erregung angehören. Wir sahen schon, daß solche Vorgänge sehr wohl auch durch Lichtreize ausgelöst werden können. Dadurch würde sich eine sehr weitgehende Parallelität zwischen der Wirkungsweise des Stigmas und der des tierischen Auges ergeben.

Die Beteiligung solcher Erregungsvorgänge wird z. B. daran deutlich, daß man durch einen einzigen photischen Reiz (Herabsetzung der Beleuchtungsintensität) bei *Rhodospirillum* periodische Umkehrreaktionen (Hin- und Herfahren) der Individuen erzielt, wie wir sie bei solchen Organismen bereits als Ausdruck von typischen Erregungsvorgängen kennenlernten (S. 340). Man darf also ähnlich wie für das tierische Lichtsinnesorgan annehmen, daß der Beleuchtungswechsel vorübergehend zur Änderung des chemischen Milieus im empfindlichen Plasma führt und dadurch gemäß dem genannten Prinzip periodisch Alles-oder-Nichts-Erregungen ausgelöst werden, deren Anzahl und Frequenz nach BUDER (vgl. Tabelle), wie zu erwarten, von der Reizstärke abhängt.

Rhodospirillum; Abhängigkeit der Anzahl der Umkehrreaktionen von der Reizstärke.

Lichtreiz: Herabsetzung der Beleuchtungsstärke von 500 MK auf	Gesamtzahl der Umkehrreaktionen	Gesamtzeit für diese Reaktionen (sec)
475	1	—
450	1—2	1—2
375	7	etwa 15
250	13	etwa 20
125	16	etwa 26

Phototaxis begeißelter Zellen. Die Reaktionen selber sind im einfachsten Fall typisch-phobischer Natur. So verhält sich beispielsweise *Thiospirillum jenense*, das bei einer Verdunkelung die Geißeln so umschaltet, daß es nunmehr entgegengesetzt schwimmt; daher wird das *Thiospirillum* in einer Region hoher Lichtintensität festgehalten. Hierzu genügt schon eine Herabsetzung der Helligkeit von 20 MK auf 18 MK (bei der Anwendung von 200 MK ist aber beispielsweise eine Herabsetzung auf 150 MK notwendig). So geringe Helligkeitsverminderungen müssen jedoch ziemlich schnell erfolgen, wenn eine Reaktion eintreten soll. Ist das Helligkeitsgefälle größer (etwa von 100 auf 20 MK), so braucht es erst in 2—3 sec erreicht zu sein. Sehr kurzdauernde Verdunklungen ($^1/_{10}$ sec oder weniger) sind für sich wirkungslos, können sich aber erfolgreich summieren (BUDER). — Während bei mäßigen Lichtintensitäten die Reaktion nur auf Herabsetzung der Intensität eintritt, erfolgt sie bei sehr hohen Intensitäten allein bei deren Zunahme. Diese Stimmungsänderung ist natürlich biologisch zweckmäßig, weil sie eine Ansammlung in zu intensivem Licht verhindert. Als Reizwirkung ist übrigens nur die Geißelumschaltung, nicht die Einhaltung der umgeschalteten Bewegung anzusehen.

Die Bewegungen der Flagellaten und Volvocalen sind oft topischer oder scheinbar topischer Natur. Dabei dürften namentlich Bau und Lage des Stigmas wichtig sein, die es ermöglichen, daß trotz der verbreiteten Bewegungsart, bei der die Individuen dauernd um die Längsachse rotieren, das auf eine Körperseite einfallende Licht immer viel stärker wirksam ist als das auf die andere Körperseite einfallende. Optimal wird das durch die Ausbildung eines linsenförmigen Körpers gewährleistet (Abb. 346). Als Beispiel ist in Abb. 382 die Reaktion der *Volvox*-Kolonie dargestellt. Die Reaktionsweise von *Volvox* läßt sich am besten begreifen, wenn man zunächst nicht die Wirkung einseitigen Lichtes untersucht, sondern die Reaktion auf allseitige Verminderung oder Erhöhung der Lichtintensität. Eine Verminderung der Lichtintensität bedingt, daß alle Geißeln nach hinten schlagen, daher hört die Rotation um die Längsachse auf. Wird aber die Lichtintensität erhöht, so schlagen alle Geißeln mehr nach der

Seite, die Vorwärtsbewegung wird verlangsamt, die Rotation verstärkt. So erklärt es sich, daß bei seitlichem Lichteinfall auf der beschatteten Seite ein verstärkter Geißelschlag zur Seite eintreten muß; daher erfolgt dann eine Drehung der Kolonie in die Lichtrichtung hinein. Die Verhältnisse können aber je nach den Bedingungen, namentlich je nach der Lichtintensität, noch komplizierter liegen.

Auch wenn ein Stigma fehlt, kann ein Teil des Organismus erhöht oder ausschließlich empfindlich sein. So verhalten sich beispielsweise die von METZNER untersuchten Peridineen. Die phototaktische Bewegung besteht in einem allmählichen Einschwenken in die Lichtrichtung (Abb. 383). Die genauere Untersuchung zeigt, daß es sich hier aber doch nicht um topische Reaktionen im strengen Sinne handelt, vielmehr eine prinzipiell mit der phototaktischen übereinstimmende Reaktionsart vorliegt. Die vom Organismus durchgeführte Reaktion besteht darin, daß sich der Schwingungsraum der Längsgeißel vorübergehend in seiner Schwingungsebene einkrümmt (über die Bewegungsmechanik der Peridineen vgl. S. 324). Für diese Reaktion kommt es darauf an, daß die lichtempfindliche Region in der Nähe der Geißelbasis vom Licht getroffen wird; aus welcher Richtung dieses Licht kommt, ist gleichgültig, es darf nur nicht durch den Körper abgeschattet werden; daher ist eine Reaktion unmöglich, wenn sich die ja dauernd rotierende Zelle gerade so gedreht hat, daß die empfindliche Plasmaregion auf der lichtabgewandten Seite liegt. Dadurch also, daß jedesmal eine Reaktion, d. h. das Einkrümmen der Geißelschwingungsebene erfolgt, wenn sich die Geißelseite dem Licht zukehrt, muß eine stufenweise Annäherung der Schwimmrichtung an die Richtung des einfallenden Lichtes eintreten; erst wenn diese Richtung erreicht ist, hört das periodische Verdunkeln und Beleuchten der empfindlichen Region auf; die Zelle schwimmt also, natürlich weiterhin rotierend, auf die Lichtquelle zu.

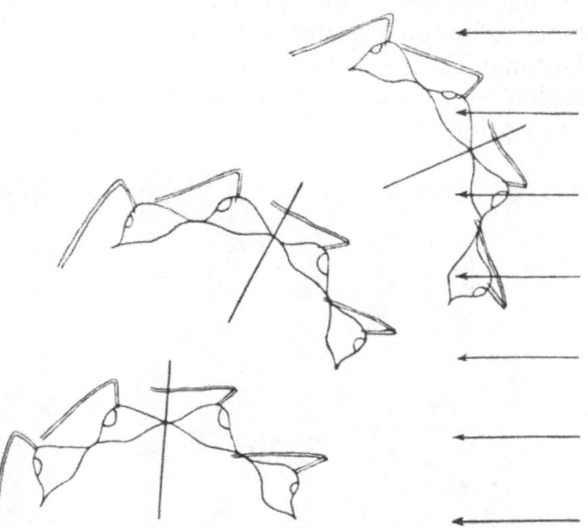

Abb. 382. Phototaktische Einstellung einer photopositiv reagierenden *Volvox*-Kolonie. Verschiedene Schlagrichtung der Geißeln links und rechts von der Hauptachse. Die Pfeile geben die Lichtrichtung an. (Nach MAST.)

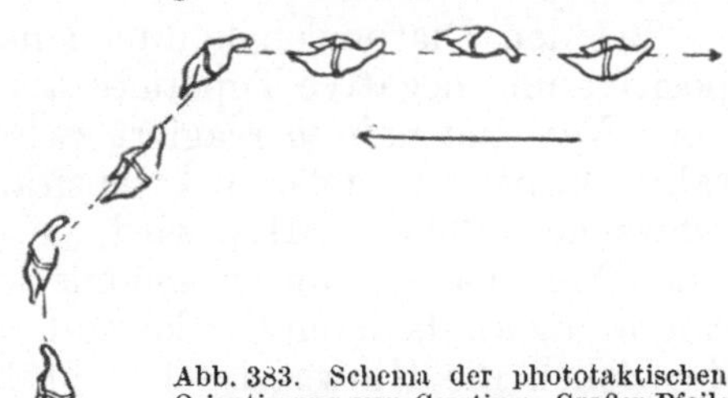

Abb. 383. Schema der phototaktischen Orientierung von *Ceratium*. Großer Pfeil: Lichtrichtung; kleiner Pfeil: Schwimmrichtung. (Nach METZNER.)

Eine solche „pseudotopotaktische" Reaktion ist auch bei anderen Flagellaten beobachtet worden.

Übrigens hat das Licht bei sehr vielen phototaktisch reagierenden Arten nicht nur einen Einfluß auf die Bewegungsrichtung, sondern auch auf die Beweglichkeit überhaupt. Im

Dunkeln oder bei sehr geringer Lichthelligkeit beobachtet man nicht selten schließlich einen Bewegungsstillstand. Bei *Chlamydomonas engametos* ist die Bildung des Karotinoids Crocin für dieses Beweglichwerden entscheidend (MOEWUS). — Auf die Beweglichkeit, die Reizschwelle und die Stimmung haben natürlich eine große Zahl äußerer Faktoren einen Einfluß, so die Temperatur, die Wasserstoffionenkonzentration, der Kohlensäuregehalt des Wassers und viele andere chemische Agentien.

Phototaxis unbegeißelter Algen. Die Reaktionen der Nostocaceen und Oscillatoriaceen sind phobisch. Die Helligkeitsabnahme bedingt (nach einem Bewegungsstillstand von 1—2 min) eine Bewegungsumkehr. Genaue Untersuchungen über die Wirksamkeit verschiedener Spektralbereiche fehlen, so daß auch Schlüsse auf den Ort der entscheidenden Strahlungsabsorption nicht möglich sind.

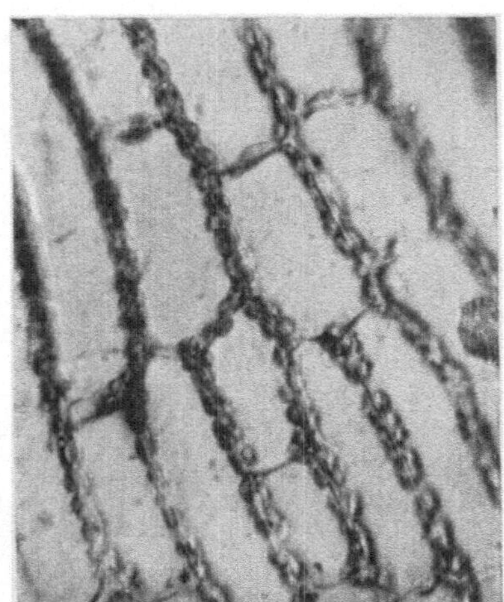
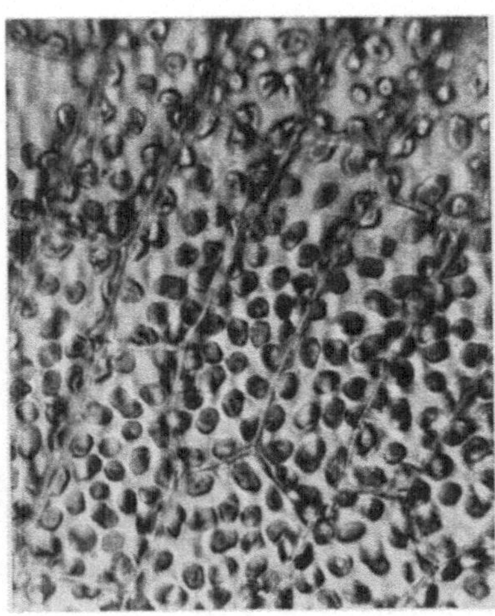

Abb. 384. Zellen aus dem Blatt von *Funaria hygrometrica*, Flächenansicht. Links: Das Blatt war 24 Std verdunkelt; die Chromatophoren liegen nur an den Seitenwänden; diese Stellung nehmen sie auch in sehr intensivem Licht an. Rechts: Das Blatt war dem Tageslicht mäßiger Intensität ausgesetzt: die Chromatophoren liegen nur an den Außenwänden.

Bei den Diatomeen kommen nach BUDER und HEIDINGSFELD sowohl positive und negative Topotaxis als auch positive und negative Phobotaxis vor. *Navicula radiosa* reagiert zwischen 10000 und 100 MK negativ topotaktisch, bei schwächeren Intensitäten ist sie indifferent und erst bei ganz schwachen (30—20 MK) wird sie schwach positiv topotaktisch. Dabei sind Wellenlängen unter 480 mμ wirksam. (Die Reaktion, d. h. die Ansammlung am helleren Ort kommt zustande, weil beim Hin- und Hergleiten der Zellen die Hinwegstrecken größer sind als die Herwegstrecken.) Für die positive Phobotaxis dieses Organismus sind die Strahlen etwa im Verhältnis ihrer Absorption im Chlorophyll wirksam. Die negative Phobotaxis hingegen wird nur durch kurzwelliges Licht ausgelöst.

Chloroplasten. Selbst bei so einfachen Gebilden wie den Chloroplasten (Abb. 384) sind wir weit davon entfernt, den Lichteinfluß auf die Bewegungen zu verstehen. Festgestellt ist jedenfalls, daß in einigen Fällen nur die in den gelben Farbstoffen absorbierbare, in anderen aber auch die langwellige Strahlung aktiv ist (ZURZYCKA). Und auch die chlorophyllfreien Plastiden etiolierter Pflanzen können noch Lichtempfindlichkeit zeigen (VOERKEL). Da die Bewegung selber anscheinend auf der unterschiedlichen Konzentration oberflächenaktiver Substanzen auf der lichtzugewandten und lichtabgewandten Seite des Chromatophors beruht (S. 330), könnte es sich immerhin um einen ziemlich einfachen Erfolg photochemischer Reaktionen handeln. — Auch hier spielen Stimmungsänderungen eine erhebliche Rolle, so daß je nach der Lichtintensität verschiedenartige Chloroplastenstellungen eingenommen werden, zumal diese nicht nur vom Licht, sondern außerdem von den Nachbarzellen (chemisch) beeinflußt werden. Endlich sind noch indirekte Wirkungen beteiligt, indem auch die nicht im Pigment absorbierte Strahlung den Plasmazustand verändern kann und dadurch die Beweglichkeit der Plastiden beeinflußt. Namentlich unter dem Einfluß des kurzwelligen Ultravioletts ($\lambda < 300$ mμ) macht sich die Mitwirkung einer Plasmaschädigung bemerkbar; aber auch die ultrarote Strahlung beeinflußt die Beweglichkeit durch Viskositätserhöhung des Plasmas.

Chromoplasten zeigen nach KÜSTER keine phototaktische Beweglichkeit.

10. Lichtturgorreaktionen der Spaltöffnungen.

Die Spaltöffnungsbewegungen sind die wichtigsten, aber auch die kompliziertesten Turgorbewegungen der höheren Pflanzen. Wichtig sind sie für die Regulierung des Gasaustausches und damit für die Determinierung des Ausmaßes der Transpiration und vor allem der Kohlensäureassimilation; unter bestimmten, auch in der freien Natur oft verwirklichten Voraussetzungen wird die Intensität dieser Prozesse nur durch die Spaltöffnungsbewegungen modifiziert. Man kann daher bei Untersuchungen über den Verlauf der Spaltöffnungsbewegungen unter Einhaltung bestimmter Versuchsbedingungen die Transpirationsgröße geradezu als Maß für die Öffnungsweite der Stomata benutzen, wenn man nicht die (mit geeigneter Optik und Beleuchtung mögliche) direkte mikroskopische Ausmessung der Spaltweiten vorzieht. Die direkte mikroskopische Messung des Bewegungsverlaufs an der einzelnen Spaltöffnung ist oft vorteilhaft, weil sich selbst die Stomata ein und desselben Blattes sehr verschiedenartig verhalten können; die Abtrennung des Blattes von der Pflanze ist bei solchen Messungen nicht erforderlich.

Kompliziert ist die Entstehung der Spaltöffnungsbewegungen schon insofern, als nicht nur das Licht, sondern auch die Temperatur und vor allem die Wasserversorgung die Öffnungsweite beeinflussen. Erschwerte Wasserzufuhr zu den Schließzellen führt natürlich allmählich zur Turgorverminderung in diesen und damit zum Verschluß, während eine Erleichterung der Wasserzufuhr die Tendenz zur Spaltenöffnung bedingt. Außerdem ist aber auch die Wasserversorgung der übrigen Epidermiszellen und des Mesophylls wichtig; abnehmende Turgeszenz des an die Schließzellen angrenzenden Gewebes muß die Öffnung der Spalte durch Änderung der Druckverhältnisse und der Wasserversorgung modifizieren. Dabei ist dann noch zu beachten, daß diese Turgoränderung des Gewebes wieder von der Transpirationsgröße, also dem Öffnungsszutand der Spaltöffnungen selber abhängt.

Endlich sei noch erwähnt, daß ebenso wie bei den Blattgelenken auch in den Schließzellen autonome Turgorschwankungen möglich sind, die auch hier wieder entweder zu kurzperiodischen (STÅLFELT) oder zu tagesperiodischen Bewegungen führen (WILLIAMS).

Verlauf der Spaltöffnungsreaktion. Die direkte Wirkung des Lichtes auf die Schließzellen führt im allgemeinen zu deren Turgorsteigerung, also zur Öffnung des Spalts (Abb. 385). Selbst diese Reaktion scheint sich schon aus mehreren Komponenten zusammenzusetzen. Dafür spricht eine eigentümliche Abhängigkeit der Reaktionen von der Lichtintensität. Wird die zunächst verdunkelte Spaltöffnung plötzlich dem Licht ausgesetzt, so beobachtet man während einer zumeist 10—20 min betragenden „Spannungsphase“ noch keine Öffnung; erst nach Ablauf dieser Zeit beginnt die Bewegung ziemlich rasch. Die Dauer der Spannungsphase läßt sich durch erhöhte Lichtintensität nicht, oder doch nicht erheblich, abkürzen. Seltsamerweise ist aber auch die Bewegung selber zunächst — bei *Helianthus annuus* bis zur Erreichung einer Spaltweite von 2 μ — von der Lichtintensität unabhängig (Abb. 386). Erst bei der weiteren Öffnung macht sich die Abhängigkeit von der Intensität bemerkbar, vor allem insofern, als mit den einzelnen Intensitäten (sofern diese während der Öffnungsbewegung dauernd weiter einwirken) unterschiedliche Endweiten des Spalts erreicht werden.

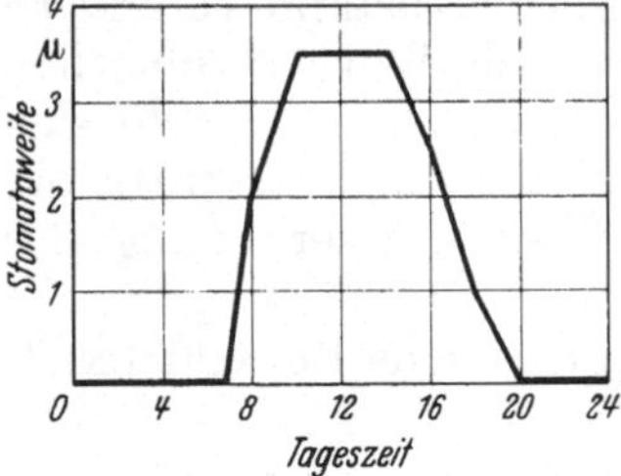

Abb. 385. Tagesgang der Stomataweite von *Phaseolus multiflorus* an einem sonnigen Tag im Sommer.

Wirkung verschiedener Lichtqualitäten, Reizaufnahme. Zur Erklärung der Bewegungen nahm man ursprünglich an, durch die Einschaltung der Kohlensäureassimilation während der Belichtung werde neues osmotisch wirksames Material gebildet, so daß auf diese Weise eine stärkere Turgeszenz entstehen könne; im Dunkeln werde der Zucker dann allmählich in Stärke umgewandelt, daher müsse die Bewegung wieder zurückgehen. Diese Erklärung kann aber schon wegen der Geschwindigkeit der Bewegungen nicht richtig sein. Ihre Fehlerhaftigkeit wird aber am klarsten durch eine Berechnung LIEBIGs erwiesen: Der osmotische Wert könnte bei einer Bestrahlung, die zur maximalen Stomataweite führt, selbst in 30 min durch die Assimilation nur um 0,00052 Mol/Liter ansteigen! Damit ist jedoch nicht die Möglichkeit ausgeschlossen, daß eine Strahlungsabsorption im Chlorophyll für die Auslösung der Bewegungen wichtig ist. Zur Beantwortung dieser Frage müssen wieder Versuche mit verschiedenen Spektralbereichen dienen. In diesem Punkt widersprechen sich die Angaben verschiedener Autoren etwas.

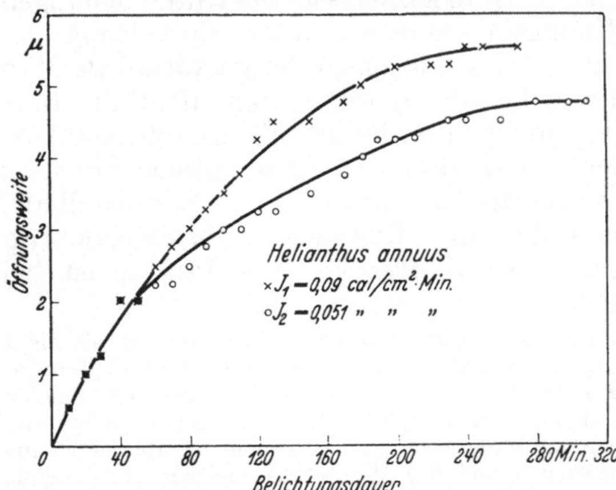

Abb. 386. *Helianthus annuus*. Öffnungsverlauf einer Spalte an zwei aufeinanderfolgenden Tagen in verschieden starkem Licht. Die Öffnungsbewegung ist bis zu einer Spaltweite von 2 μ von der Strahlungsintensität unabhängig. (Nach HARMS.)

Nach mehreren, namentlich den älteren Untersuchungen entspricht die Wirkungsweise der einzelnen Spektralbereiche auf die Spaltöffnungsbewegungen durchaus ihrer unterschiedlichen Wirkung auf die Photosynthese; die orangerote Strahlung soll also merklich intensiver wirken als die blaue. Von anderer Seite ist angegeben worden, daß bei einigen Objekten fast nur blaues Licht einen Einfluß hat. Völlige Wirkungslosigkeit der langwelligen Strahlung ist aber nie festgestellt worden. Die neueren Erfahrungen über eine geringere Wirkung der langwelligen Strahlung sind schon insofern bemerkenswert, als nach einigen älteren Untersuchungen auch für den Lichteinfluß auf die Transpiration das kurzwellige Licht besonders wichtig ist. Einige der neueren Ergebnisse seien hier in einer Tabelle wiedergegeben (HARMS, SIERP):

Wirkung verschiedener Lichtqualitäten auf die Spaltöffnungsweite.

Versuchspflanze	Maximalspaltweiten in %			
	blau	grün	orange	rot
Helianthus annuus . . .	100	100	100	53—66
Tradescantia albiflora . .	100	100	62—72	24—31
Vicia Faba	100	100	67—80	28—39
Calla aethiopica	100	100	100	?
Pelargonium zonale . . .	100	100	100	42—56
Ricinus communis . . .	100	100	100	52—59

Der Unterschied in der Wirkung kurz- und langwelligen Lichtes ist bei den oberseitigen Spaltöffnungen noch größer als bei den unterseitigen der gleichen Pflanzen (die Tabelle bezieht sich auf unterseitige Öffnungen).

Diese Zahlen sind so auffällig, daß wir sie, sowie auch die entgegengesetzten Angaben verschiedener Autoren nur dann befriedigend mit unseren Kenntnissen über andere Lichtreizwirkungen vereinbaren können, wenn wir annehmen, daß mindestens zwei verschiedenartige Lichtreaktionen beteiligt sind, und dafür spricht auch schon die oben genannte eigentümliche Beziehung zwischen Lichtintensität und Öffnungsbewegung. Man gewinnt den Eindruck, daß eine Reaktion möglich ist, die dem Alles-oder-Nichts-Gesetz folgt und die bei *Helianthus annuus* bis zu einer Öffnungsweite von 2 μ führt; das Ausmaß dieses Teiles der Reaktion ist ja, wie erwähnt wurde, von der Lichtintensität unabhängig, man könnte ihn also mit der Lichtturgorreaktion an Blattgelenken vergleichen und vielleicht vermuten, daß hierbei die im Karotin absorbierte Strahlung wichtig ist. Damit harmoniert ein weiteres, recht bemerkenswertes Versuchsergebnis. Das Wirkungsverhältnis von blau und rot verschiebt sich mit abnehmender Lichtintensität immer mehr zu ungunsten von rot. Das zeigt für *Helianthus annuus* nebenstehende Tabelle (Harms).

Abhängigkeit der Spaltöffnungsreaktionen von Helianthus annuus in blauem und rotem Licht von der Lichtintensität.

Intensität cal/cm²/min	Größenverhältnis des im Blau zu dem im Rot erzielten Öffnungsmaximums
0,05	1,6
0,035	1,8
0,02	2,7
unter 0,017	anscheinend ∞

Da die erste Bewegungsphase von der Intensität unabhängig ist, muß ihr Anteil an der Gesamtreaktion bei abnehmender Lichtintensität immer größer werden. Weil bei dieser abnehmenden Lichtintensität schließlich nur noch blaues Licht wirkt, ist der Schluß zu ziehen, daß die intensitätsunabhängige Anfangsphase der Bewegung nur durch das blaue Licht erzielbar, also offenbar an eine Strahlungsabsorption in gelbem Pigment gebunden ist. Nach dieser Schlußfolgerung müßte natürlich auch die langwellige Ultraviolettstrahlung, die von solchen Pigmenten noch gut absorbiert wird, stark wirksam sein; das trifft tatsächlich zu.

Für die zweite, von der Lichtintensität abhängige Bewegungsphase würden wir entsprechend zur Ansicht gelangen, daß eine Strahlungsabsorption im Chlorophyll wichtig ist. Das stimmt auch mit der Gesamtbreite des wirksamen Spektralbereiches überein; die vom Chlorophyll nicht mehr absorbierbare Ultrarotstrahlung ist unwirksam. Höchstens die nicht verminderte Wirkung des grünen Lichtes könnte zu Zweifeln führen; jedoch ist nach anderen Erfahrungen nicht zu erwarten, daß die bei den Versuchen benutzten breiten Grünbereiche bei der Gegenwart größerer

Chlorophyllmengen erheblich schlechter absorbiert werden als Blau und Rot (mit zunehmender Konzentration der absorbierenden Substanz müssen sich die spektralen Absorptionsunterschiede verwischen).

Sehr klar lassen Versuche LIEBIGs die Mitbeteiligung des Chlorophylls erkennen. Zur Erzielung ein und derselben Reaktionsstärke war vom Grünlicht die höchste Intensität erforderlich. Das Wirkungsverhältnis Rot:Grün:Blau betrug 100:42:168. Man könnte daraus sogar schließen, daß lediglich die Absorption im Chlorophyll entscheidend ist; denn in einer Chlorophyllösung verhält sich die entsprechende Quantenabsorption wie 72,8:14,3:100 (vgl. die Extinktionskurve Abbildung 387). Aber im Blatt absorbiert das Chlorophyll die verschiedenen Quanten bestimmt nicht in diesem Verhältnis; denn die Absorption wird durch die Absorptionsverschiebung zum Bereich des Langwelligen so sehr geändert, daß (wie die spektrale Abhängigkeit der Assimilation beweist), die Absorption im Rot etwa ebenso groß, wenn nicht größer als im Blau wird. In den Versuchen LIEBIGs ist also wohl eine Reaktion der Spaltöffnungen herausgegriffen, in der die an die Strahlungsabsorption im Chlorophyll gebundene Komponente stark überwiegt, die an die Absorption in gelben Farbstoffen gebundene Komponente aber doch auch noch beteiligt ist.

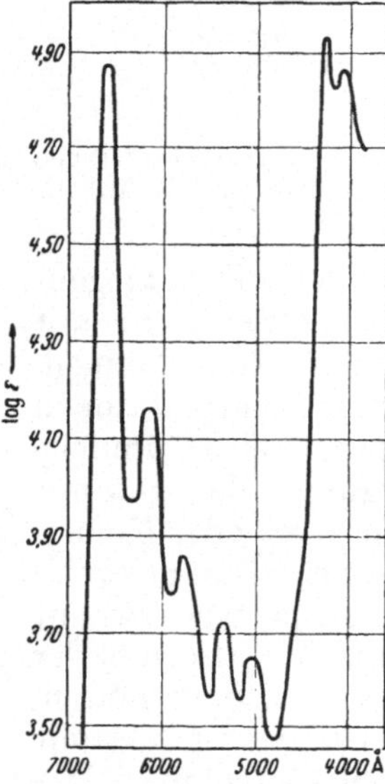

Abb. 387. Extinktionskurve von Chlorophyll *a* in Äther. c = 1 Mol/Liter. d = 1 cm; 2 Absorptionsmaxima, eines im Orange, eines im Violett. Auf Grund dieses Absorptionsverhaltens legen Lichtreizwirkungen, bei denen rotes und blaues Licht stark, grünes schwach wirkt, die Vermutung einer entscheidenden Bedeutung der Strahlungsabsorption im Chlorophyll bei der Reizaufnahme nahe. (Nach SPRECHER V. BERNEGG, HEIERLE und ALMASY.)

Einige Erfahrungen sprechen dafür, daß auch die im Mesophyll absorbierte Strahlung einen Einfluß auf die Spaltöffnungsbewegungen hat; die hier anzunehmenden indirekten Wirkungen erscheinen durchaus möglich; zum Teil kann dabei schon die thermische Wirkung der absorbierten Strahlung wichtig werden; denn eine Temperaturerhöhung führt ebenfalls zur Öffnungsbewegung. Dieser Umstand könnte auch mitverantwortlich sein für die Beobachtung, daß anthocyanhaltige Pflanzen ihre Transpiration im Licht mehr erhöhen als anthocyanfreie; zum Teil wird es sich hierbei aber um einen rein physikalischen Effekt auf die Verdunstung handeln.

Die durch Strahlungsabsorption im Chlorophyll bedingte ansehnliche Reaktionsverstärkung steht mit einer beträchtlichen Erhöhung des osmotischen Druckes im Zusammenhang; die Reaktion ist, wie schon mehrfach betont, von der Intensität abhängig, anscheinend ist hier sogar das Reizmengengesetz annähernd gültig. Für diesen Teil der Reaktion können wir also folgendes Schema anwenden:

$$\text{Osmotisch unwirksame Substanz} \underset{\text{Dunkelheit}}{\overset{\text{Licht}}{\rightleftarrows}} \text{osmotisch wirksame Substanz.}$$

Die Verschiebung dieses Gleichgewichts wird bei jeder Änderung der Lichtintensität schnell deutlich.

Wir müssen uns die Bedeutung der Absorption im Chlorophyll beim Zustandekommen dieser Druckänderungen klarzumachen versuchen, obwohl die Neubildung osmotisch wirksamer Substanz durch Photosynthese nicht entscheidend sein kann, obwohl es sich also um einen typischen Reiz-(Auslösungs-)Prozeß handelt. Und bei diesem Reizprozeß kommt es wiederum, wenn auch nicht auf die *energetische Ausnutzung*, so doch auf die *Einschaltung* der Kohlensäureassimilation an; denn beim Fehlen von Kohlensäure in der umgebenden Luft werden die Bewegungen unterdrückt. Bei dieser Einschaltung der Kohlensäureassimilation wird anscheinend die zwangsläufig mit größerem CO_2-Verbrauch in der Zelle eintretende Erhöhung des p_H-Wertes wichtig. Daß die intrazelluläre Wasserstoffionenkonzentration weitgehend von der (durch die Intensität von Kohlensäureassimilation und Atmung bestimmten) CO_2-Konzentration abhängen kann, ist mehrfach festgestellt worden. Für Spaltöffnungsschließzellen liegen unter anderem Angaben über *Rumex acetosa* vor (PEKAREK). Der durch Einführung von Farbindikatoren gemessene p_H-Wert des Zellsaftes beträgt im Licht 6,2—5,4, im Dunkeln zwischen 5 und 4. Daß diese p_H-Schwankungen für die Auslösung der Bewegungsreaktionen wichtig sind, ergibt sich aus mehreren Beobachtungen. Die Öffnung der Spalten kann auch erzwungen werden, wenn die CO_2-Produktion durch Sauerstoffentzug eingeschränkt oder auf anderem Wege die CO_2-Konzentration erniedrigt wird, während umgekehrt eine CO_2-Zufuhr zum Schließen führt (HEATH und MILTHORPE). In Lösungen abgestufter p_H-Werte beobachtet man bei saurer Reaktion die zu erwartende Schließbewegung, bei alkalischer Reaktion die Öffnung (SCARTH, SAYRE, FREUDENBERGER).

Die späteren Vorgänge. Die Strahlungsabsorption in den verschiedenartigen Pigmenten der Schließzellen kann zweifellos auf unterschiedlichen Wegen zu Änderungen der Spaltöffnungsweiten führen.

Zunächst einmal scheint es, daß auch hier typische Erregungsvorgänge im engeren Sinne eintreten können, und zwar wieder so, daß sie je nach der Richtung des Saugkraftgefälles und des Ausmaßes der Permeabilitätsänderung (Erhöhung der Wasserpermeabilität bzw. Verlust der Semipermeabilität) zur Erhöhung oder zur Verringerung der Turgeszenz führen können. Für diese Beteiligung spricht etwa die Tatsache, daß auch bei den Spaltöffnungen die Erhöhung der Lichtintensität in der ersten Bewegungsphase zur Turgorsenkung der Schließzellen führen kann. Das muß wohl als Folge eines Semipermeabilitätsverlustes gedeutet werden. Permeabilitätsänderungen sind bei den Lichtturgorreaktionen der Spaltöffnungen mit verschiedenen Methoden nachgewiesen worden. Für die Möglichkeit der Mitwirkung jener Erregungsvorgänge sprechen auch mehrere Beobachtungen über das Eintreten von Schockwirkungen nach verschiedenartigen Reizen, die in einem sofortigen Verschluß der Spalten bestehen können (vgl. z. B. WILLIAMS).

Solche Erregungsvorgänge können aber nur eine Komponente der durch die Strahlung bedingten Reaktionen sein.

Die Notwendigkeit der Photosynthese für die Entstehung der Spaltöffnungsreaktionen und die Bedeutung der CO_2-Konzentration sind wiederholt festgestellt worden (vgl. SCARTH und SHAW).

Die geänderte Azidität kann in verschiedenartiger Weise den Öffnungszustand der Stomata beeinflussen. Sehr wichtig ist wohl die Änderung der Phosphorylaseaktivität. Das Gleichgewicht zwischen Stärke und Zucker in der Zelle wird bekanntlich von der Phosphorylase reguliert. Eine Veränderung der Azidität bringt daher zwangsläufig eine Vermehrung oder Verminderung der Zuckermenge mit sich (ALVIM).

Neben diesen Änderungen der Phosphorylaseaktivität sind aber jedenfalls bei einigen Arten auch kolloidale Beeinflussungen im Spiel. Die geänderte Wasserstoffionenkonzentration führt zunächst zu einer Änderung des Kolloidzustandes; die Hydratationskapazität eines amphoteren Zellsaftkolloides wird bei schwach saurer oder bei alkalischer Reaktion erhöht. diese Aufquellung bedingt eine Turgorerhöhung (vgl. S. 306). Bei stärker saurer Reaktion findet wieder eine Entquellung statt. Diese kolloidalen Umwandlungen sind auch mikroskopisch erkennbar.

Die Aziditätsverringerung, die zur Aufquellung führt, bedingt sekundär noch einen (die Bewegungsreaktion steigernden) Stärkeabbau. Auch dieser Prozeß läßt sich unabhängig vom Lichteinfluß durch Übertragung in Lösungen ziemlich hoher p_H-Werte oder durch Übertragung in einen kohlensäurefreien Raum erzwingen. Hierbei handelt es sich wohl um verwickelte Einflüsse der Wasserstoffionenkonzentration auf die Fermentaktivität. Wir wissen ja, daß schon eine Änderung der Fermentaktivität durch geänderten Kolloidzustand leicht möglich ist.

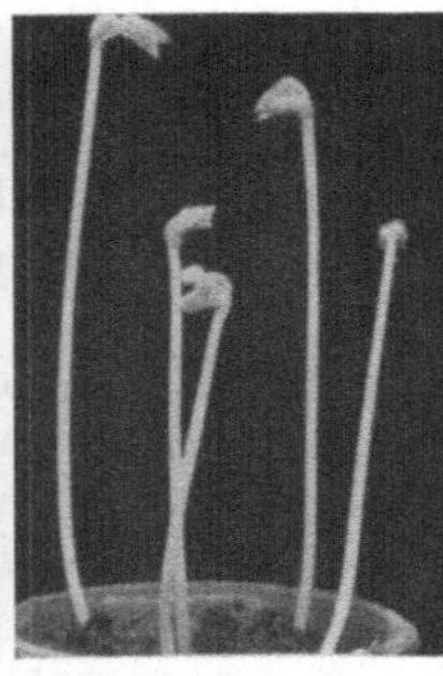

Abb. 388. *Phaseolus vulgaris.* Links unter normalen Lichtbedingungen, rechts im Dunkeln aufgewachsen.

11. Dauerwirkungen des Lichtes auf Zellstreckung und Zellteilung.

Bei der lichtbedingten Wachstumsbeeinflussung, die zu der schon besprochenen Lichtwachstumsreaktion führt, handelt es sich — einerlei, ob der Lichtreiz nur vorübergehend oder dauernd einwirkt — um eine vorübergehende Reaktion. Das Licht kann aber auch Wachstumsänderungen bedingen, die während der ganzen weiteren Entwicklung der Pflanze erkennbar bleiben, und zwar entweder (nämlich dann, wenn in erster Linie die Zellstreckung beeinflußt wird) an der Größe der ganzen Pflanze bzw. der bestrahlten Organe deutlich werden oder (wenn auch die Zellteilung und vor allem die Differenzierung beeinflußt werden) an der ganzen Gestaltung der Pflanze. Man bezeichnet diese Dauerwirkungen des Lichtes daher auch treffend als *formative Wirkungen*. Da es kaum vorkommt, daß die vom Lichtreiz bedingte Wachstumsänderung nur zu einer Größenänderung, aber nicht zu einer Änderung der Proportionen des Organismus führt, so ist dieser Ausdruck durchaus berechtigt. Die formativen Wirkungen können sowohl bei lang dauernder als auch nach sehr kurzer Belichtung eintreten; hinsichtlich der erforderlichen Lichtmengen besteht zumeist kein erheblicher Unterschied gegenüber den Lichtwachstumsreaktionen und den phototropischen Krümmungen.

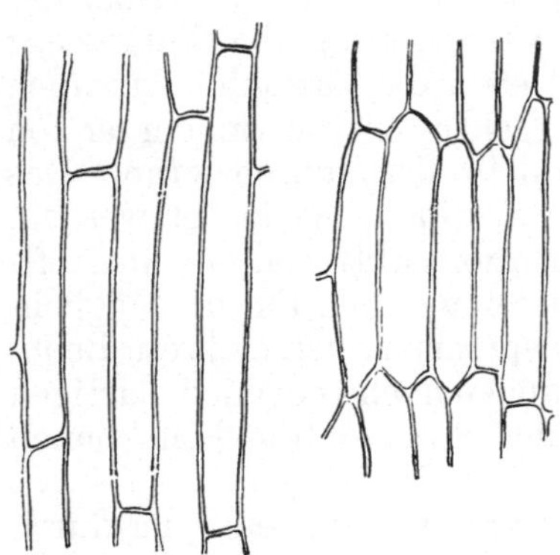

Abb. 389. Epidermis des Internodiums von *Vicia Faba*, links etioliert, rechts normal.

Etiolementsverhinderung. Die auffälligste dieser Lichtreaktionen ist die Verhinderung des Etiolements. Es ist allgemein bekannt, daß höhere und auch viele niedere Pflanzen im Dunkeln ein erheblich andersartiges Wachstum zeigen als im Licht. Bei den Blütenpflanzen beobachtet man im Dunkeln häufig eine starke Verlängerung der Internodien, während die Blätter, jedenfalls bei den Dikotylen, kleiner bleiben als im Licht (Abb. 388). Bei den Monokotylen werden gewöhnlich die Blätter im Dunkeln stark überverlängert, während die Sprosse nicht oder nur wenig beeinflußt werden. Die etiolementsverhindernde Wirkung des Lichtes beruht zum Teil in einer Hemmung der Zellstreckung (Abbildung 389). Dieser Einfluß des Lichtes auf die Geschwindigkeit der Zellstreckung macht sich häufig schon im tagesperiodischen Wechsel der Wachstumsgeschwindigkeit bemerkbar. Viele Pflanzen strecken sich am Tage langsamer als in der Nacht. Sehr extrem gilt diese Regel beispielsweise für die Dattelpalme, die am Tage (und auch nachts bei künstlicher Beleuchtung) fast gar nicht wächst, während der Nacht (oder bei experimenteller Verdunkelung) aber recht schnell.

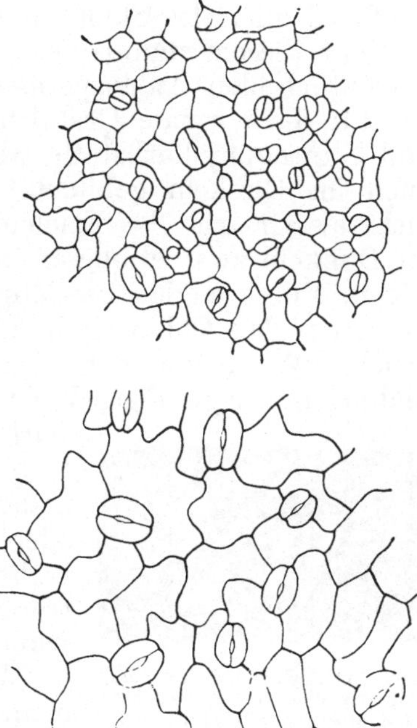

Abb. 390. *Vicia Faba.* Epidermis der Blattunterseite einer etiolierten (oben) und einer normalen Pflanze. Die Spaltöffnungsanlagen sind in der etiolierten Pflanze infolge des geringeren Blattwachstums näher beieinander, zugleich aber weniger weit differenziert.

Das Licht bedingt nicht nur die Verhinderung der übermäßigen Zellstreckung, sondern es ermöglicht auch den normalen Ablauf der Differenzierungsprozesse. Die Gewebedifferenzierung erfolgt im Dunkeln im allgemeinen viel unvollständiger als im Licht (Abb. 390, 391). Die Sprosse zeigen im Dunkeln oft einen Bau, der an den der Wurzeln erinnert; der normale Bauunterschied zwischen Wurzel und Sproß ist also teilweise auch als lichtbedingt zu betrachten. Selbst das Fehlen der Endodermis in den meisten oberirdischen Sprossen ist nur eine Folge der Einwirkung des Lichtes. Speziell für *Vicia*- und *Pisum*- Sprosse wurde gezeigt, daß sie im Dunkeln ebenso wie die Wurzel eine Endodermis mit CASPARYschem Streifen ausbilden.

Gehemmt ist im Dunkeln auch die Ausbildung des Leitungssystems sowie die Anlage des interfaszikulären Kambiums. — Manche Beeinflussungen in der anatomischen und morphologischen Struktur scheinen nicht direkter Natur zu sein, sondern auf korrelativen Wechselwirkungen zu beruhen. So ist die Hemmung der Leitbündelanlage im Sproß vor allem durch die Hemmung der Blattentwicklung bedingt. Auch die Wurzelbildung kann durch diese Unterdrückung der Blattbildung sekundär gehemmt werden, da ja in den Blättern Stoffe (z. B. die Auxine) gebildet werden, die für die Wurzelbildung notwendig sind.

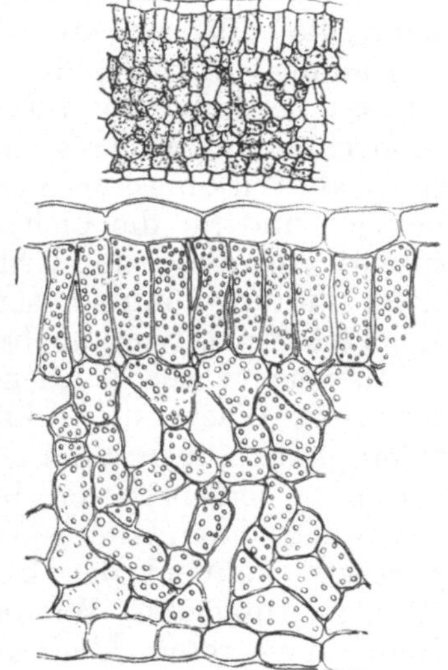

Abb. 391. *Vicia Faba.* Blatt einer etiolierten (oben) und einer normalen Pflanze (unten).

Das Fehlen des Chlorophylls in den häufigeren Fällen des Etiolements hat mit diesem unmittelbar nichts zu tun. Bei den meisten Pflanzen, namentlich den Angiospermen, ist ja für die Chlorophyllbildung ebenso wie für die normale Gestaltbildung Licht erforderlich; nur die Karotin- und Xanthophyllfarbstoffe werden (wenn auch in weniger großer Menge) auch im Dunkeln gebildet. Der Chlorophyllmangel darf schon darum nicht als Ursache des Etiolements betrachtet werden, weil viele Pflanzen im Dunkeln zwar etiolieren, aber doch Chlorophyll bilden. Das trifft für Algen, Moose, einige Pteridophyten und für Koniferen zu. Ferner ist zu beachten, daß Chlorophyllbildung und Etiolementsverhinderung nicht in gleicher Weise von der Lichtfarbe abhängig sind (bei der Chlorophyllbildung ist langwelliges Licht stark wirksam, während für die formativen Wirkungen vor allem der Bereich kurzwelligen Lichtes in Frage kommt). Endlich ergrünen ja manche Pflanzen aus verschiedenen im Erbgut oder der Umwelt liegenden Gründen auch im Licht nicht, und diese Pflanzen zeigen dann trotzdem die Etiolementserscheinungen nur bei Dunkelheit.

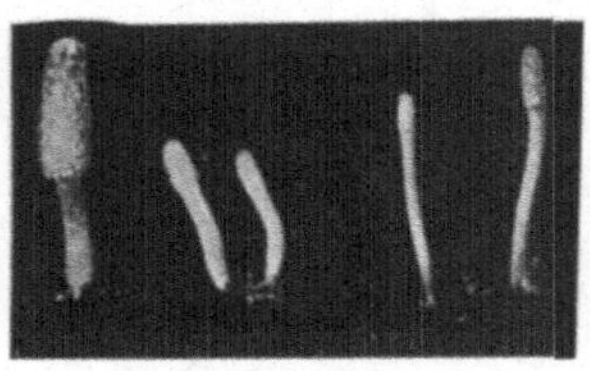

Abb. 392. *Coprinus lagopus.* Formative Wirkung verschiedener Spektralbereiche. Die Kultur erfolgte in blauem (links), blaugrünem (Mitte) bzw. gelbgrünem Licht (rechts). Je langwelliger das Licht ist, um so mehr wirkt es wie Dunkelheit; das kurzwellige Licht (blau) hat also die stärkste formative Wirkung. (Nach BORRISS.)

Wenngleich für die Verhinderung des Etiolements noch andere Vorgänge stattfinden müssen als etwa zur Entstehung der Lichtwachstumsreaktionen, dürfen wir doch annehmen, daß in einigen Fällen formativer Lichtwirkung die gleichen Primärvorgänge ablaufen wie bei der Einleitung der Lichtwachstumsreaktionen oder der phototropischen Krümmungen. Diese Übereinstimmung kann dann vermutet werden, wenn die blauviolette Strahlung bei der Verhinderung des Etiolements am wirksamsten, Strahlen mit Wellenlängen über 520—530 mμ weitgehend wirkungslos sind, d. h. dann, wenn die Pflanzen im gelben und roten Licht (wie auch im Ultrarot) ähnlich wie in völliger Dunkelheit etiolieren. Das trifft namentlich für das bei mehreren Pilzen (an Fruchtkörpern und Sporangienträgern) beobachtete Etiolement zu (Abb. 392). Bei diesen Objekten wurde eine spektrale Wirkungskurve gefunden, die der für die phototropischen Krümmungen und für die Lichtwachstumstraktionen bekannten durchaus entspricht. Bei dieser durch blaues Licht induzierten Komponente der formativen Wirkung könnte natürlich wieder die durch Laktoflavin sensibilisierte Wuchsstoffinaktivierung beteiligt sein.

In neuerer Zeit wurden aber wiederholt Beobachtungen gemacht, die für viele Wachstumsbeeinflussungen durch das Licht, namentlich bei chlorophyllhaltigen Pflanzen, auch eine starke Wirkung der langwelligen Strahlung demonstrieren. Bei Erbsenkeimlingen wird die Blattlänge im Rotlicht am größten, Grün ist am wenigsten zur Förderung des Blattwachstums geeignet, während das kurzwelligste Licht wieder etwas mehr fördert (WENT, Abb. 393). WITHROW fand bei *Phaseolus multiflorus* nach der Einwirkung roten Lichtes starke Formbeeinflussungen (Förderung der Blattgröße, der Spreitenentwicklung und der Hypokotylverkürzung). Bei *Brassica rapa* konnte ebenfalls eine Etiolementsverhinderung sowohl mit rotem als auch mit blauem Licht erzielt werden und am schwächsten war wieder die Wirkung des Grünlichtes (MCILVANE und POPP). Die Entwicklung der Thalli aus den Brutkörpern von *Marchantia* ist am besten im Rotlicht, schwächer im blauen und noch schwächer im grünen Licht.

Man könnte aus diesen Beobachtungen auf eine entscheidende Bedeutung der Strahlungsabsorption im Chlorophyll schließen. Jedoch stimmt das mit den gefundenen Aktionsspektren nicht oder nicht immer ganz überein, vielmehr hat sich eine Wirksamkeitskurve ergeben, die etwa der photoperiodisehen Aktivität des Lichtes entspricht, mit der wir uns später befassen werden. PARKER, HENDRICKS und BORTHIWCK fanden, daß bei *Pisum sativum* rotes Licht (optimal etwa bei 650 mμ) die günstigste Wirkung auf das Blattwachstum hat. Strahlen über etwa 710 und unter etwa 560 mμ wirken nur noch sehr schwach. Blaulicht von etwa 480 mμ wirkt am schwächsten, violettes wieder etwas stärker. Hiernach könnte also Chlorophyll nicht als das entscheidende Pigment angesehen werden, wenn man nicht annehmen will, daß die in gelben Pigmenten absorbierte Strahlung antagonistisch zu der im Chlorophyll absorbierten wirkt. Für eine solche Annahme sprechen allerdings einige Gründe. WASSINK und Mitarbeiter fanden an mehreren Arten Beeinflussungen der Sproßverlängerung, die ein ähnliches Aktionsspektrum wie das eben genannte erkennen ließen. Zum Beispiel ergaben sich bei *Lactuca sativa* die in Abb. 394 dargestellten Verhältnisse, wenn die Pflanze täglich 10 Std weißes Licht ziemlich hoher Intensität und anschließend 8 Std farbiges Licht schwächerer Intensität bekamen. Es scheint, daß Strahlen des Bereiches um etwa 650 mμ die stärkste Wachstumshemmung bedingen, während langwelliges Rot und Blau nur wenig hemmen, schließlich Violett wieder stärker wirkt. Aber der Vergleich mit den Pflanzen, die an Stelle des Zusatzlichtes eine Dunkelperiode (im Anschluß an die genannte Hauptlichtperiode) erhielten, zeigt, daß langwelliges Rot und Blau offenbar fördern. Danach wäre also die in diesem Experiment erkennbare stauchende Wirkung des Weißlichtes eine Resultante der fördernden Wirkung einiger und der hemmenden anderer Spektralbereiche. Und so ist es nicht mehr grundsätzlich ausgeschlossen, daß eine formative Wirkung auch durch Absorption im Chlorophyll resultiert, also im Kurzwelligen eben diese Wirkung durch die auf Absorption in anderen Pigmenten zurückführbare kompensiert wird. In dem Zusammenhang ist es bemerkenswert, daß die chlorophyllfreien Pilze nur durch kurzwellige Strahlung formativ beeinflußt werden. Andererseits ist aber langwelliges Licht auch bei solchen höheren Pflanzen aktiv, die die Fähigkeit zur Chlorophyllbildung verloren haben. Will man diese und jene Befunde

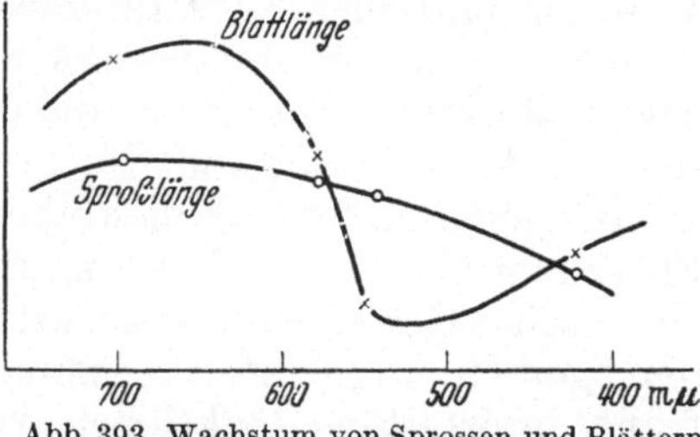

Abb. 393. Wachstum von Sprossen und Blättern bei *Pisum* unter dem Einfluß von Licht verschiedener Wellenlänge. (Nach WENT.)

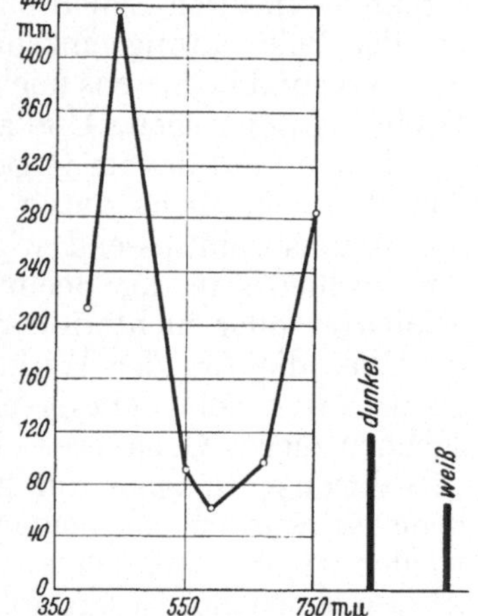

Abb. 394. Sproßlänge von *Lactuca sativa*. Die Pflanzen erhielten täglich 10 Std intensives Weißlicht und ein schwächeres Zusatzlicht von 8 Std. Das Zusatzlicht war bei den einzelnen Reihen von unterschiedlicher Farbe, bei einer Reihe (dunkel) wurde überhaupt kein Zusatzlicht geboten. Dargestellt ist der Zustand nach einer Versuchsdauer von 67 Tagen. (Nach WASSINK und Mitarbeiter.)

vereinbaren, so könnte man annehmen, daß etwa Protochlorophyll eine der entscheidenden Absorptionen vollzieht.

Aber auf jeden Fall zeigen die angedeuteten, in anderen Versuchen noch weiter bekräftigten Beobachtungen über die geradezu antagonistische Wirkung einzelner Spektralbereiche (WASSINK, STOLWIJK), daß nicht *ein* Pigment, sondern mindestens zwei verschiedene an der Absorption der Spektralbereiche mitwirken, die einen Einfluß auf die Länge der Internodien sowie auf die Größe und Form der Blätter haben.

In vielen anderen Fällen aber ist — wie gesagt — nur die kurzwellige Strahlung aktiv. Das kann man zweifellos wenigstens teilweise auf photochemische Reaktionen zurückführen, die durch Strahlungsabsorption in den gelben Pigmenten sensibilisiert werden, also mit entsprechenden früher erörterten Reaktionen verwandt sind. Namentlich mag auch die Zerstörung von Indolylessigsäure beteiligt sein. Aber in der Regel kann die starke Streckung der Internodien in älteren Pflanzen nicht aus einem Auxinüberschuß erklärt werden; sie ist ja mit einem unternormalen Auxingehalt verknüpft. Und die andersartige Wirkung des Lichtes bei älteren Pflanzen kommt auch darin zum Ausdruck, daß sich jetzt nur noch in den direkt bestrahlten Zellen ein Erfolg zeigt. Es ist festgestellt worden, daß bei der Beleuchtung einzelner Zonen oder einzelner Organe einer Pflanze nur diese und höchstens noch ihre unmittelbare Nachbarschaft die formative Beeinflussung zeigen. Und auch schon der Einfluß auf die nächste Nachbarschaft kann auf das im Organ zerstreute Licht zurückgeführt werden. Daß das Blaulicht nicht durch Hormonzerstörung oder Hormoninaktivierung wachstumsbeeinflussend wirkt, erkennen wir auch aus dem Fehlen eines Unterschiedes in der Beeinflussung von Testpflanzen durch den Preßsaft etiolierter oder nichtetiolierter Pflanzen.

Über die Art der Wirkung des Blaulichtes auf die Zellen wissen wir ebenso wie beim entsprechenden zum Phototropismus führenden Geschehen nichts Genaueres. Es ist aber anzunehmen, daß die Änderung des „Reaktionsvermögens auf Auxin“ (wie sich manche Forscher wieder ausdrücken würden) in beiden Fällen ähnlicher Natur ist. So ist speziell wieder mit der Möglichkeit zu rechnen, daß die Auslösung typischer (dem Alles-oder-Nichts-Gesetz folgender) Erregungsvorgänge beteiligt ist. Dafür spricht sehr die Beobachtung, daß Pflanzen, die starkem Licht ausgesetzt sind und infolgedessen oft Erregungsvorgänge zeigen, nicht die gleiche Internodienlänge erreichen wie die weniger intensivem Licht ausgesetzten. Dabei ist insofern an einen ursächlichen Zusammenhang zwischen den lichtbedingten Erregungsvorgängen und dem gehemmten Internodienwachstum zu denken, als die gleiche formative Wirkung erreicht werden kann, wenn die Erregungsvorgänge nicht durch intensive Sonnenstrahlung, sondern durch wiederholte mechanische Reizung ausgelöst werden (UMRATH, vgl. S. 376). Ein deutlicher Hinweis auf die Beteiligung von Erregungsvorgängen im engeren Sinne bei dieser durch Strahlungsabsorption in gelben Pigmenten bedingten Komponente der Etiolementsverhinderung besteht in der günstigen Wirkung intermittierender Beleuchtung im Vergleich zur kontinuierlichen. *Sinapis*-Hypokotyle, die nach anfänglicher Dunkelkultur je 24 Lichtreize erhielten, von denen jeder bei 650 lx 2 min dauerte, zeigten, nachdem sie anschließend noch 4 Tage im Dunkeln gestanden hatten, folgende Hypokotyllängen (S. 435). Die Lichtwirkung steigt also mit zunehmender Erholungsdauer zwischen den Einzelreizen; namentlich die Vergrößerung der Abstände bis zu etwa 15 min macht sich stark bemerkbar.

Diese Zeit liegt aber in der Größenordnung der auch sonst bei Erregungsvorgängen vom Alles-oder-Nichts-Typ gefundenen Dauer der Refraktärstadien.

Nach Versuchen mit *Phaseolus* läßt sich die Internodienstreckung durch wiederholte mechanische Reizung genau so weitgehend unterdrücken wie durch Lichtreizung. Dagegen wird die Blattgröße durch die mechanische Reizung nicht verändert. Die hiernach mögliche Ansicht, daß zwar die Verhinderung der Internodien- bzw. Sproßstreckung, nicht aber die Förderung des Blattwachstums infolge der Bestrahlung durch die Auslösung von Erregungsvorgängen vermittelt wird, läßt sich gut mit der Tatsache vereinbaren, daß auch nach der Verschiedenheit in der Wirkung der einzelnen Spektralbereiche zu urteilen beide Beeinflussungen grundsätzlich verschiedener Natur sind. Für die Bildung der normalen Blattform ist das Rotlicht sehr wirksam (TRUMPF, vgl. auch die oben zitierten Versuche WENTS); für die Hemmung des Internodienwachstums aber ist, sofern nicht die oben beschriebene indirekte Hemmung durch Bestrahlung der Blätter vorliegt, die kurzwellige Strahlung entscheidend. Beim Studium der Wirkung intermittierender Reizung zeigt sich an den Blättern auch nicht jenes oben genannte Refraktärstadium, das für die Beteiligung typischer Erregungsvorgänge sprechen könnte.

Wirkung kontinuierlichen und intermittierenden Lichts auf Sinapis-Hypokotyle.

Zeitabstand der Einzelreize min	Höhe der Hypokotyle mm
0 (also 48 min kontinuierlich gereizt)	110
5	100
15	86
30	81

Die Ähnlichkeit in den Wirkungen mechanischer und photischer Reizung erstreckt sich aber nicht nur auf die gleichartige Beeinflussung des Längenwachstums, sondern gilt weitgehend auch noch für die Differenzierungsprozesse. Wir erwähnten schon früher, daß eine mechanische Reizung (ebenso wie das Licht) die Ausbildung von Festigungsgewebe und Membranverdickungen fördert (Abb. 395). Man könnte in beiden Fällen zwischen diesem Einfluß auf die Ausbildung des Festigungsgewebes und überhaupt der Wandverdickungen (auch in den Parenchymzellen) einerseits und auf die Zellstreckung andererseits einen ursächlichen Zusammenhang sehen. Die Geschwindigkeit der Zellstreckung ist ja von der Dehnbarkeit der Membranen abhängig. Übrigens kann auch bei Pilzen durch mechanische Reizung eine ähnliche Etiolementsverhinderung hervorgerufen werden wie durch Licht (BORRISS).

Es läßt sich nachweisen, daß diese Parallelitäten in der morphogenetischen Wirkung von photischen und mechanischen Reizen wirklich auf der Auslösung gleichartiger physiologischer Prozesse durch die verschiedenartigen Reize beruhen. Auf Sproßorgane wirkt intermittierendes Licht stärker wachstumshemmend (etiolementsverhindernd) als es bei gleichen Reizungen kontinuierliches Licht tut. Dabei ist die Hemmwirkung durch das Licht um so stärker, je größer der Zeitabstand zwischen den Teilreizen ist. Jeder Teilreiz löst demnach ein Refraktärstadium von mehreren Minuten Dauer aus, das erst abgeklungen sein muß, wenn ein zweiter Reiz voll wirksam werden soll. Genau demselben Gesetz folgt aber auch die Wirkung der mechanischen Reize. Offensichtlich wirken also beide Reizarten auf dem Wege über die Auslösung der früher erörterten, von Refraktärstadien begleiteten Erregungsvorgänge im engeren Sinne (BÜNNING und Mitarbeiter).

Noch beweisender sind vielleicht Versuche an Pilzfruchtkörpern: Hier ließ sich zeigen, daß das durch den mechanischen Reiz bedingte Refraktärstadium zugleich auch ein Refraktärstadium für den Lichtreiz darstellt. Das heißt: nach einem mechanischen Reiz wirkt ein anschließender photischer Reiz morphogenetisch (etiolementsverhindernd) um so stärker, je mehr Zeit verstrichen ist, um das Refraktärstadium abklingen zu lassen (STIEFEL).

Mit diesen Hinweisen soll aber nicht behauptet werden, daß überhaupt keine Unterschiede in den Reaktionen der Pflanzen auf mechanische und photische Reize bestehen. Solche Unterschiede sind schon darum zu erwarten, weil bereits die durch das Licht bedingten physiologischen Primärvorgänge recht mannigfaltiger Natur sind (Auslösung von Erregungsvorgängen, Beeinflussung von Plasmakolloiden, Inaktivierung von Auxinen, Ermöglichung der Kohlensäureassimilation), und zum mindesten einige dieser primären Wirkungen nicht auch durch mechanische Reize erreicht werden können.

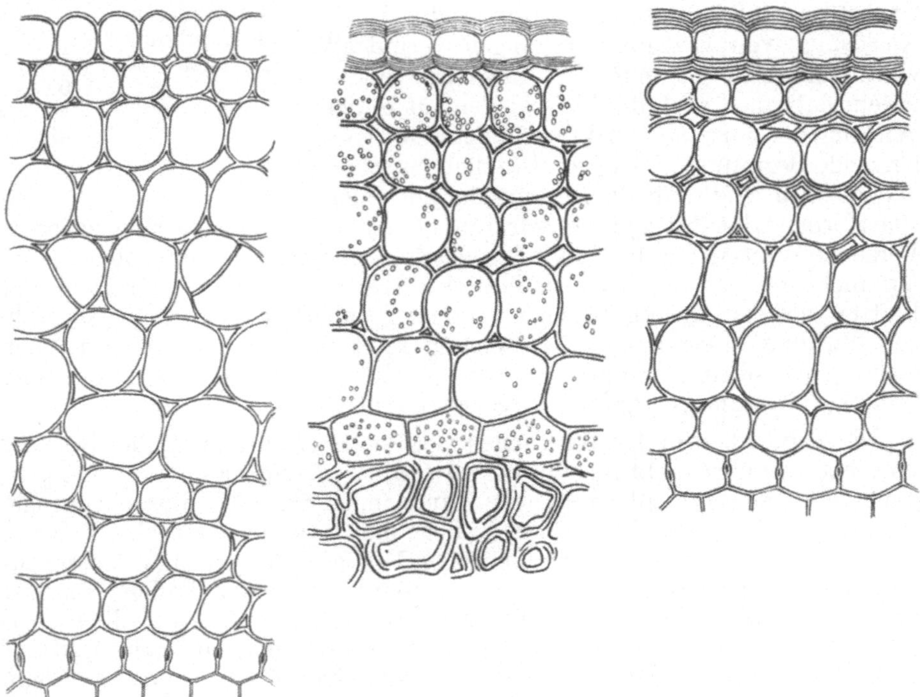

Abb. 395. Querschnitt durch Internodien von *Vicia Faba*; links etioliert, Mitte im Licht aufgewachsen, rechts im Dunkeln aufgewachsen, aber wiederholt mechanisch gereizt.

Über die Wirkung des Lichtes auf Keimungsvorgänge haben wir schon früher gesprochen (S. 58). Auch die Induktion der Polarität durch das Licht wurde schon erörtert (S. 177).

Ermöglichung des Wachstums im Dunkeln. Während die Blütenpflanzen im Dunkeln im allgemeinen, wenn auch etioliert, wachsen können, fehlt manchen Moosen diese Fähigkeit; sie brauchen zum Wachstum Licht. Wir haben schon S. 61 erwähnt, daß die Lebermoosbrutkörperchen im Dunkeln nur auskeimen können, wenn sie vorher belichtet wurden. Die Veränderungen, die bei einer solchen Vorbelichtung ablaufen, sind offenbar auch für das spätere Wachstum wichtig. FITTING konnte bei *Conocephalum conicum* in der dunklen Jahreszeit nur schwaches, bald aufhörendes Wachstum beobachten; einige Nächte hindurch gebotenes Zusatzlicht ermöglicht jedoch, daß nachher im Dunkeln ein ziemlich starkes Wachstum erfolgen kann. Wurde z. B. 6 Nächte hindurch zusätzlich beleuchtet, so hielt das Wachstum im Dunkeln nachher etwa 6 Wochen an. Bei diesen Effekten scheint es nicht auf die Lichtmenge anzukommen, vielmehr ist eine hohe Intensität wichtig. Man darf wohl annehmen, daß hier die Bildung irgendwelcher für das Wachstum notwendiger Stoffe im Licht wichtig ist. Ob es sich um Wuchshormone handelt, muß dahingestellt bleiben. Jedenfalls müssen es wohl Stoffe sein, die die Keimlinge der Blütenpflanzen ausreichend in den Samen gespeichert vorfinden. Allerdings ist auch an eine Photoinaktivierung keimungs- und wachstumshemmender Stoffe zu denken.

Teilungsbeeinflussung. Bei der Wirkung des Lichtes auf Differenzierungsprozesse sind oft nicht nur Beeinflussungen der Zellstreckung, sondern auch Wirkungen auf die Zellteilung im Spiel; dabei handelt es sich zum Teil um Prozesse, die wieder in ziemlich komplizierter Weise von der Wellenlänge abhängen. Ein einfaches Beispiel bietet die Wachstumsbeeinflussung des sog. Mesokotyls, also des ersten Internodiums, der Gramineenkeimlinge. Dieses Organ kann im Dunkeln eine Länge von mehreren Zentimetern erreichen, während es dann, wenn auf den ganz jungen (1—2 Tage alten) Keimling Licht einwirkt, nur wenige Millimeter groß wird oder überhaupt keine makroskopisch erkennbare Länge erreicht. Man hat gelegentlich angenommen, es handle sich um eine Reaktion, die durch lichtbedingte Auxinzerstörung in der Koleoptile bedingt wird. Jedoch hat sich einerseits herausgestellt, daß hierbei ganz wesentlich ein Einfluß auf die Zellteilung beteiligt ist, während ja das Auxin in erster Linie ein Hormon der Zellstreckung darstellt; andererseits konnte durch gesonderte Beleuchtung einzelner Zonen des jungen Keimlings ermittelt werden, daß es auf die Bestrahlung des „Mesokotyls" selber ankommt, und zwar ist vor allem dessen obere Region, in der das Meristem liegt, lichtempfindlich. Schon eine wenigstündige Bestrahlung dieser Zone verhindert für den ganzen weiteren Entwicklungsgang die Zellteilungen. Dabei wurde an die Inaktivierung eines Zellteilungshormons gedacht; es dürfte sich dann aber wieder nicht um eine direkte Wirkung des Lichtes auf das Hormon handeln, sondern um einen durch sensibilisierend wirkende Pigmente vollzogenen Prozeß. Auch rotes Licht, selbst langwelliges rotes Licht, hat einen starken Einfluß. Nach neueren Untersuchungen von Weintraub und Price ist ein Pigment mit Absorptionsbändern im Rot und Orange wichtig; das Pigment gehört vielleicht zu den Porphyrinen, auf jeden Fall dürfte es wohl identisch sein mit jenen Farbstoffen, die die Wirkung des langwelligen Lichtes auch bei den vorher besprochenen Wachstumsbeeinflussungen ermöglichen (vgl. auch Goodwin und Owens).

In anderen Fällen wirkt das Licht teilungsfördernd. Das haben schon die älteren Versuche Klebs an Farnvorkeimen gezeigt. Bei schwachem Licht bilden sich nur lange Schläuche, Teilungen fehlen. Die Zelle kann dabei etwa 100fach so lang werden wie die normale. Wachsen die Vorkeime in höherer Lichtintensität, so beobachtet man das Auftreten von Querwänden in den Schläuchen (Abb. 396 oben). Bei noch höherer Intensität erfolgen auch Teilungen parallel zur Längsachse, so daß ein flächenförmiges Gebilde entsteht (Abb. 396 unten). Erst bei weiterer Steigerung der Lichtintensität kommt es zur Teilung in der dritten Raumrichtung, dann also erst bildet sich das mehrschichtige Prothallium aus. Nach den Klebsschen Untersuchungen hemmt blaues Licht die übernormale Streckung, während rotes Licht in dieser Hinsicht wirkungslos ist. Soweit stimmen die Beobachtungen also mit den Erfahrungen über die einfachen Etiolementserscheinungen überein. Es kommt (nach KLEBS) nur noch hinzu, daß blaues Licht zugleich die Teilung fördert. Auch das könnte übrigens für die Blütenpflanzen zutreffen. — Nach neueren Untersuchungen mit engeren Spektralbereichen liegen die Dinge noch etwas komplizierter. Am auffälligsten ist es stets, daß blaues Licht das Längenwachstum hemmt, und zwar ist hierbei der Bereich zwischen etwa 400 und 500 mμ am wirksamsten. Eine Hemmung des Längenwachstums wird aber ferner (wenn auch erheblich schwächer) durch orangefarbenes Licht (bei etwa 655 mμ) erreicht; hier wäre an die Wirksamkeit der im Chlorophyll absorbierten Strahlung zu denken. Jedoch wurde noch gefunden, daß auch das kurzwelligste Ultrarot hemmend wirkt (Abb. 397). Ein Aktionsspektrum dieser Art haben wir jetzt schon mehrfach angetroffen. Auch bei einigen Reizbewegungen, so bei den lichtbedingten Bewegungen von *Mimosa*-Blättern, ist eine starke Wirkung dieses Gebietes an der Grenze von Rot und Ultrarot ermittelt worden; es scheint also, daß hier die Absorption in einer weitverbreiteten Substanz wichtig ist.

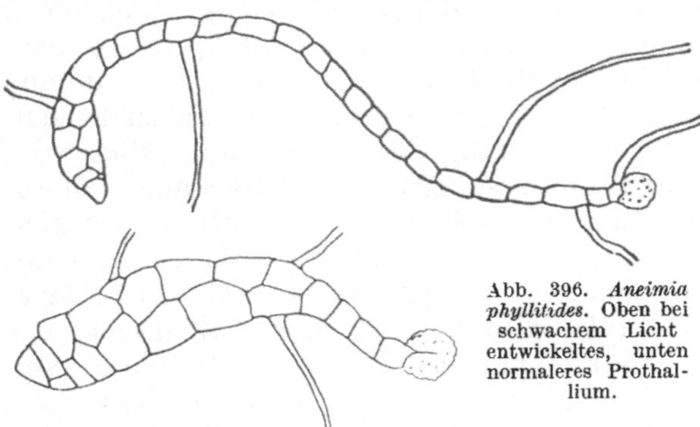

Abb. 396. *Aneimia phyllitides.* Oben bei schwachem Licht entwickeltes, unten normaleres Prothallium.

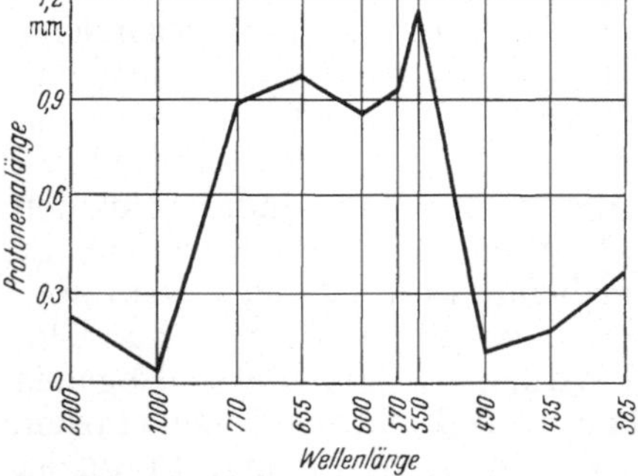

Abb. 397. Protonemawachstum von *Pteridium aquilinum* unter dem Einfluß von Strahlen verschiedener Wellenlängen. Angegeben sind die nach 8tägiger Kultur gemessenen Durchschnittslängen. (Nach ORTH.)

Es ist natürlich nicht unbedingt notwendig, für die zwischen den genannten hemmenden Bezirken liegenden fördernden auch wieder elektiv absorbierende Substanzen anzunehmen. Vielmehr könnte der ganze Bereich von etwa 1000—350 mμ einen wachstumsfördernden Einfluß ausüben, und diese Förderung wird eben nur dort, wo die genannten Substanzen absorbieren, von der Hemmung unterdrückt. Diese Frage bedarf noch einer sorgfältigen Untersuchung mit engeren Spektralbereichen.

12. Kompliziertere Entwicklungsbeeinflussungen.

Organbildung, Sexualität. Noch schwieriger ist das Eindringen in die komplizierten Vorgänge der Lichtwirkung auf die Organbildung. Allgemeine Gesichtspunkte lassen sich hier vorläufig nicht herausarbeiten, so daß wir uns mit der Zusammenstellung einiger Tatsachen begnügen müssen. — Schon der Hinweis auf die Farnprothallien zeigte, daß für die normale Entwicklung des Archegoniatengametophyten das Licht noch viel notwendiger ist als für die Entwicklung der Blütenpflanze (bei der die formativen Wirkungen also nicht ganz so tiefgreifend sind). Das wird besonders deutlich, wenn man nicht nur die ersten Teilungen, sondern auch den weiteren Entwicklungsgang verfolgt. Beim Thallus von *Marchantia* zeigt sich beispielsweise, daß die Ausbildung der Luftkammern in der Dunkelheit unterbleibt. Im roten Licht (das ja vom Thallus infolge dessen Chlorophyllgehalts am stärksten absorbiert wird) konnte ein normaler Ablauf der Differenzierungsprozesse beobachtet werden, während die Luftkammern im blauen Licht zwar angelegt werden, die Ausbildung der Assimilationszellen aber unterbleibt. Am meisten wie Dunkelheit wirkt das (am wenigsten absorbierte) grüne Licht. Ebenso unterscheiden sich auch die einzelnen Spektralbereiche bei der Lichtwirkung auf die Ausbildung beblätterter Pflanzen an Laubmoosprotonemen. — Bei Hefe hemmt blaues Licht die Zellteilung, während längerwelliges fördert. Dagegen ist für die Sporenbildung der Pilze blaues Licht oft sehr vorteilhaft oder sogar unerläßlich. Bei vielen Pilzen ist das kurzwellige Licht vor allem für die Anlage der Fruchtkörper notwendig. So gibt die untenstehende Tabelle (nach STOLL) die Häufigkeit der Fruchtkörperbildung bei *Ascophanus* in verschiedenen Spektralbereichen an.

Ascophanus, Fruchtkörperbildung im Licht

Spektralbereich mμ	Anzahl der Fruchtkörper auf gleichen Mycelmengen
630—Rotende	26
500—550	189
490—540	5731
430—480	5667

Gelbe Pigmente dürften also für die entscheidende Strahlenabsorption wichtig sein. Für das Fruchten der Plasmodien von *Badhamia utricularis* und *Physarum polycephalum* ist wohl ebenfalls die Absorption in einem dort vorhandenen gelben Pigment ausschlaggebend (SOBELS und BRUGGE). Und ebenso ist die für die rhythmische Konidienbildung von *Penicillium* verantwortliche Hemmung der Ausbildung der Konidiophoren nur im Wellenbereich von etwa 350—530 mμ möglich (SAGROMSKY). Diese Hemmung äußert sich übrigens im Auftreten konzentrischer Ringe, wenn der Pilz während seiner Entwicklung einem rhythmischen Licht-Dunkel-Wechsel ausgesetzt ist (Abb. 400).

Die Lichtwirkungen auf Pilze scheinen also durchweg an die Strahlungsabsorption gelber Pigmente wie Karotin oder Laktoflavin gebunden zu sein.

Auch für solche Lichtreizwirkungen auf Pilze genügen oft recht kurze Expositionszeiten, z. B. konnten bei *Pyronema confluens* ausreifende Fruchtkörper bereits durch 2stündige Belichtung (500 lx) erzielt werden. Ferner zeigt sich wieder das Vorhandensein einer besonders sensiblen Periode; nur wenige Tage bleibt die maximale Sensibilität erhalten. Durch die Belichtung entsteht hier in den Hyphen ein rosa Pigment, also wohl ein Karotinoid. Das ist insofern bemerkenswert, als auch bei Mucorineen eine Beziehung zwischen Karotinanhäufung und Ausbildung der Sexualorgane festgestellt wurde. — Am weitesten ist die Analyse in dieser Hinsicht bei den Gameten von *Chlamydomonas eugametos* gelungen. Im Licht bilden sich allem Anschein nach Karotinoide, und zwar nacheinander Crocin, cis-Crocetin und trans-Crocetin. Crocin bedingt Bildung und Beweglichwerden der Geißeln; cis- und trans-Crocetin sollen je nach dem Mischungsverhältnis (3:1 bzw. 1:3) als ♀- bzw. ♂-Kopulationsstoffe wirken (vgl. S. 275).

Bei höheren Pflanzen sind es namentlich die Blüten, deren Anlage und Ausbildung zumeist an die Gegenwart von Licht gebunden ist. In einigen Sonderfällen sind aber auch recht erhebliche Umgestaltungen vegetativer Organe beobachtet worden. So kann etwa darauf hingewiesen werden, daß die Flachheit von Opuntiensprossen eine Lichtreizwirkung darstellen kann; im Dunkeln beobachtet man nämlich eine Rückkehr zu der ursprünglicheren radiären Form. Auch die rundliche Form der ersten von einer *Campanula rotundifolia* angelegten Blätter erklärt sich aus der dann zumeist herrschenden geringen Lichtintensität; die später angelegten Blätter können ebenfalls rundlich werden, wenn die Lichtintensität experimentell vermindert wird.

Auch bei vielen anderen Pflanzen sind tiefgreifende Formbeeinflussungen der Blätter durch die Lichtintensität bekannt geworden.

Bei der Kartoffel unterdrückt Licht die Knollenbildung; im Dunkeln können sich daher Knollen nicht nur an den Erd-, sondern auch an den Luftsprossen bilden (Abb. 398).

Wuchsform von Bäumen und Sträuchern. Der morphogenetische Einfluß von Licht und Dunkelheit macht sich nicht nur bei den früher besprochenen Etiolementserscheinungen krautiger Pflanzen bemerkbar, sondern kommt auch in der starken Abhängigkeit der Wuchsform mehrjähriger Pflanzen von der Lichtintensität zum Ausdruck. Manche tropische Epiphyten aus den Gattungen *Vaccinium* und *Ficus* können eine ganz andere Wuchsform zeigen, wenn sie nicht epiphytisch, sondern ausnahmsweise auf dem Erdboden wachsen. Es kann dabei die Bildung von Stammknollen unterbleiben, die für die epiphytisch wachsenden Exemplare so charakteristisch sind, ebenso kann die Verzweigungsweise modifiziert werden. Natürlich sind dabei neben dem Lichtfaktor auch die Ernährungsverhältnisse wichtig. In erster Linie eine Lichtwirkung aber ist es, daß manche tropische Bäume (z. B. *Altingia excelsa*) einen hohen Stamm und eine schmale Krone bilden, wenn sie im Waldschatten emporwachsen, aber beim Wachstum in offener Landschaft kurzstämmig bleiben und eine kugelförmige Krone entwickeln. Auch kletternde *Ficus*-Arten können je nach der Lichtintensität starke Verschiedenheiten der Stammlänge aufweisen.

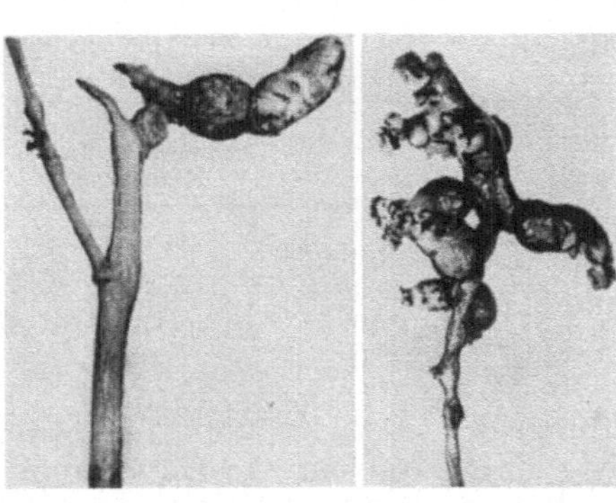

Abb. 398. Bildung von Knollen an oberirdischen Sprossen der Kartoffel infolge andauernder Verdunklung der Sprosse.

Wurzelbildung. Licht kann bei Stecklingen höherer Pflanzen die Bildung von Adventivwurzeln fördern. Dabei können viele Faktoren beteiligt sein, da die Wurzelbildung ja z. B. durch Wuchsstoffe und Zucker beeinflußt wird, und die Bildung dieser Substanzen auch vom Licht abhängt. Besonders wirksam ist Licht mit einer Wellenlänge von 650 mμ (Ruge). Ob daraus unbedingt auf eine Beteiligung von Chlorophyll geschlossen werden darf, muß jetzt nach vielen anderen Erfahrungen als zweifelhaft gelten, zumal sich für den Bereich blauen Lichts kein Maximum zeigte. Wir stehen also wohl vor einer ähnlichen Problematik wie wir sie S. 433 erörterten.

Im Gegensatz zur lichtbedingten Förderung der Adventivwurzelbildung kann die Bildung von Seitenwurzeln durch Licht gehemmt werden. Auch dabei ist langwelliges Licht (nach Untersuchungen von Torrey an *Pisum*) am stärksten wirksam. Das Licht zerstört hier offenbar eine von den Kotyledonen kommende Substanz, die für die Seitenwurzelbildung notwendig ist.

Sonstige formative Wirkungen. Nicht alle Erscheinungen, die uns als Lichtwirkungen entgegentreten, sind reine Reizwirkungen des Lichtes. Es können viele komplizierende Vorgänge hinzutreten. Die Ernährungswirkung durch Einschaltung der Assimilation kann beteiligt sein. Es kann z. B. auch, wie bei der Determinierung des Unterschiedes zwischen Schatten- und Sonnenblättern (Abb. 399). die indirekte Beeinflussung des Ionenverhältnisses in den Blättern wichtig sein. Durch die geförderte Transpiration wird auch die Ca-Einströmung gefördert, und das hierdurch geänderte Verhältnis Ca:K ist für die Gewebedifferenzierung wichtig; entscheidend ist dabei vor allem dieses Ionenverhältnis in den jungen Knospen.

Auch die Förderung der Palisadenzellbildung durch Licht ist ein ziemlich komplexer Vorgang (WATSON). Durch hohe Lichtintensität wird ein Stärkeabbau bedingt, der zur Verschiebung des Verhältnisses Stärke:Zucker zugunsten des Zuckers führt; hierdurch wird der osmotische Wert gesteigert und so ein wichtiger Faktor für die Bildung der Palisaden geschaffen. Dieser Stärkeabbau ist von einer Aziditätsänderung begleitet (der p_H-Wert des Zellsaftes in der Subepidermis sinkt von 6,2 auf 5). Nach WATSON beruhen diese Änderungen auf der austrocknenden Wirkung des Lichtes; denn durch trockene Luft läßt sich der Stärkeabbau ebenfalls erreichen.

Ähnlich kompliziert ist die Beteiligung des Lichts an der Wurzelhaarbildung. Wir erwähnten schon früher (S. 377), daß hierbei der Kontaktreiz wichtig sein kann. Aber auch das Licht hat einen Einfluß. Offenbar etwa dadurch, daß es die Bildung der Cuticula fördert und damit das Auswachsen der Wurzelhaare hemmt (DALE).

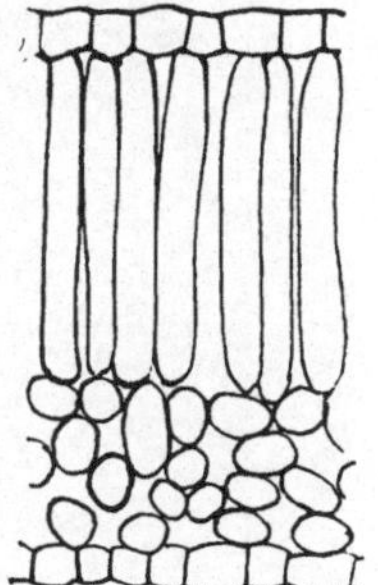

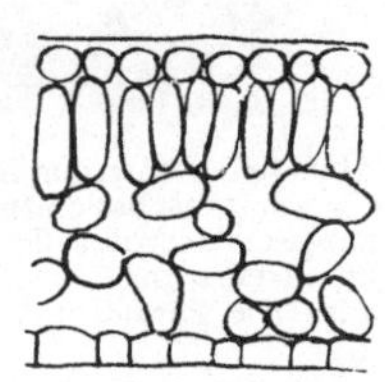

Abb. 399. *Acer platanoides.* Oben Sonnenblatt, unten Schattenblatt. (Nach BÖTTICHER und BEHLING.)

Blütenfärbung. Die Ausbildung der Blütenfarben und der Farbmuster kann bei manchen Arten stark von der Wirkung äußerer Faktoren abhängen. Neben der Temperatur ist hierbei auch das Licht wichtig. Die Empfindlichkeit für diese Außenfaktoren besteht aber nicht während der ganzen Entwicklungsdauer der Blüten, sondern ist oftmals nur während einer kurz dauernden Phase, die in einem jungen Knospenstadium durchlaufen wird, vorhanden. Wir werden auf diese Erscheinung auch bei der Besprechung der Temperaturreize zu sprechen kommen. Eine für Licht empfindliche Periode durchlaufen z. B. die jungen Knospen von *Cheiranthus Cheiri*. Fehlt in dieser sensiblen Periode das Licht, so wird kein Anthocyan gebildet. Die Anthocyanbildung beruht hier auf der Reduktion von Flavonol. Die sensible Periode zeichnet sich also dadurch aus, daß während ihrer Dauer die Zelle bei Lichtgegenwart die Reduktion durchführen kann (FLOREN, HARDER).

13. Lichtwirkung und Tagesrhythmik.

Ektogene und endogene Periodizität. Die große Bedeutung des Lichtes für den Stoffwechsel und die verschiedensten Entwicklungsprozesse der Pflanze macht es selbstverständlich, daß der tägliche Rhythmus von Licht und Dunkelheit auch zu einer Rhythmik der physiologischen Vorgänge führen muß. Die physiologische Periodizität kann z. B. damit zusammenhängen, daß bei der grünen Pflanze am Tage zwangsläufig die assimilatorischen, in der Nacht die dissimilatorischen Vorgänge überwiegen. Eine solche Periodizität kann rein ektogen sein, also ohne Beteiligung einer inneren Tendenz zum rhythmischen Ablauf der Vorgänge einfach von außen aufgezwungen werden. So ist z. B. bei vielen Pflanzen das Wachstum in der Nacht lebhafter, weil es am Tage durch die hohe Lichtintensität und die größere Lufttrockenheit gehemmt wird. Bei Pilzen kann sich eine lichtgesteuerte Periodizität der Bildung von Fortpflanzungsorganen zeigen.

Ähnlich können auf Pilzkulturen vom Licht-Dunkelwechsel bedingte Zuwachszonen auftreten, indem das während der Nacht gebildete Mycel einen anderen Charakter hat als das am Tag entstehende (INGOLD, YARWOOD) oder (wie bei *Penicillium*) die Ausbildung der Konidiophoren im Licht gehemmt ist (Abb. 400 und S. 439).

Als normale regulierende Faktoren solcher Tagesrhythmen kennen wir außer dem Licht-Dunkelwechsel den Wechsel hoher und niedriger Temperatur, sowie den Wechsel geringer und hoher Luftfeuchtigkeit.

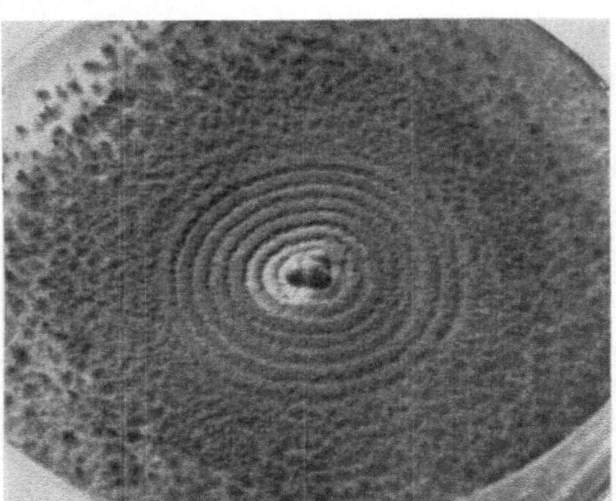

Abb. 400. Zonierung in einer Kultur von *Penicillium*. Die Kultur war zunächst einem tagesperiodischen Licht-Dunkel-Wechsel ausgesetzt. später der Dauerdunkelheit. Die Zonierung hört unmittelbar nach der Beendigung des Licht-Dunkel-Wechsels auf. Die Periodizität ist also rein ektogen. (Nach SAGROMSKY.)

Überraschenderweise aber zeigt sich, daß viele der von der Außenrhythmik gesteuerten physiologischen Periodizitäten auch noch dann ablaufen, wenn alle diese Faktoren konstant gehalten werden. Das hat zur Entdeckung der schon in einem früheren Abschnitt besprochenen endogenen Tagesrhythmik geführt. Daß hier nicht etwa unbekannte tagesperiodisch schwankende Außenfaktoren einen endogenen Rhythmus nur vortäuschen, wird sehr klar, wenn wir beim Fehlen der genannten kontrollierbaren Außenrhythmen sehen, wie die physiologische Periodizität ihre tageszeitliche Einregulierung und selbst die genaue 24-Stündigkeit

Abb. 401. *Phaseolus multiflorus* in Nachtstellung (links) und Tagesstellung (rechts). In der Nacht erfolgt eine Senkung der Blattspreiten, aber zugleich eine Hebung der Blattstiele.

verliert. Am auffälligsten wurde das an den tagesperiodischen *Bewegungen* studiert, denen wir uns daher in erster Linie zuwenden wollen.

Die regulierenden Reize der tagesperiodischen Bewegungen. An den tagesperiodischen Bewegungen, den sog. Schlafbewegungen, können wir die Gesetze des Zusammenspiels von endogener Rhythmik und tagesperiodischem Licht-Dunkelwechsel gut kennenlernen. Es bedurfte vieler experimenteller Untersuchungen und Diskussionen, bis die entscheidende Bedeutung der endogenen Tagesrhythmik bei der Entstehung der tagesperiodischen Bewegungen überhaupt klar erkannt und sicher gestellt wurde. Die Schwierigkeit besteht vor allem darin, daß der Verlauf der endogenen Rhythmik namentlich hinsichtlich der tageszeitlichen Lage seiner einzelnen Phasen sehr von den äußeren Faktoren, besonders vom Licht, aber auch von der Temperatur, abhängt. Man kann daher bei den Bewegungen zunächst den Eindruck gewinnen, es mit aitiogenen (durch den Wechsel äußeren Faktoren bedingten) Reaktionen zu tun zu haben.

Bei den Schlafbewegungen, mit denen sich nach den ausführlichen Untersuchungen PFEFFERs vor allem STOPPEL, KNIEP, KLEINHOONTE und BÜNNING befaßt haben, handelt es sich um tagesperiodische Bewegungen von Blüten- oder Laubblättern (Abb. 401, 402). Die Blütenblattbewegungen führen zum Öffnen und Schließen der Blüten, die Bewegungsrichtung ist also durch den Bau des Organs determiniert. Dagegen wird die Bewegungsrichtung bei den Laubblättern nicht nur durch eine lediglich von innen bedingte Dorsiventralität bestimmt, sondern auch durch das Schwerefeld der Erde. Diese schwerkraftbedingte Dorsiventralität ist — nebenher bemerkt — bei einigen Pflanzen stabil, bei anderen labil. Bei jenen (den „autonyktitropischen", z. B. Arten von *Acacia* und *Biophytum*) verlaufen die Bewegungen also nach einer Inversstellung der Pflanze in bezug auf diese in der alten Richtung, beim anderen Typ, den „geonyktitropischen" Pflanzen, verlaufen die Bewegungen nach der Inversstellung der Pflanze hingegen bezüglich des Schwerefeldes der Erde in der alten Richtung.

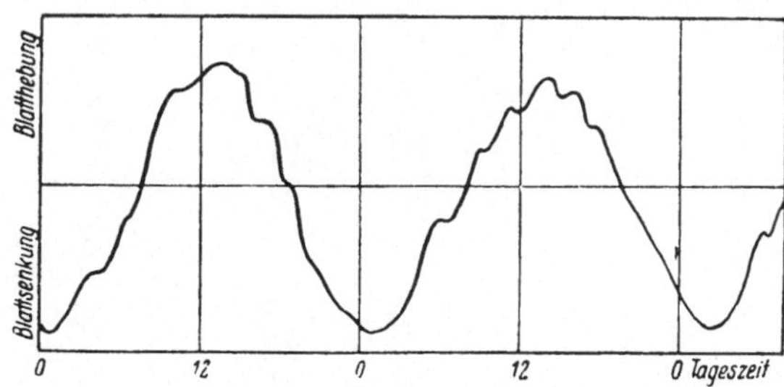

Abb. 402. Normale tagesperiodische Bewegung eines Primärblattes von *Phaseolus multiflorus*.

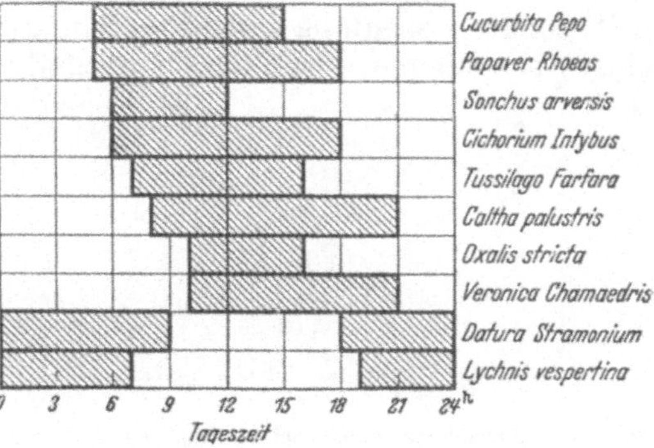

Abb. 403. Öffnungsperiode der Blüten einiger Pflanzen. Die Zeiten, in denen die Blüten geöffnet sind, wurden schraffiert gezeichnet.

Sowohl bei den Laub- als auch bei den Blütenblättern zeigen die Bewegungen eine deutliche Beziehung zum Licht-Dunkelwechsel; jedoch ist diese Beziehung nicht so eng, daß eine völlige Parallelität zwischen dem jeweiligen Gang der Bewegung und der Änderung der Beleuchtungsverhältnisse bestehen muß. Vielmehr kann die eine Phase der Bewegung, sagen wir etwa die Senkung des Laubblattes oder die Bewegung des Blütenblattes zum Blüteninnern, je nach der Spezies eine ganz verschieden lange Zeit nach dem Übergang vom Licht zur Dunkelheit einsetzen; sie kann aber bei anderen Arten auch schon vor diesem Beleuchtungswechsel beginnen. Diese Verschiedenheiten der Reaktionsweise kommen z. B. darin zum Ausdruck, daß die Blüten verschiedener Pflanzen zu ganz verschiedenen Tageszeiten geöffnet sind (Abb. 403).

Da die Bewegungen eine deutliche Beziehung zur Rhythmik äußerer Faktoren, namentlich zum Licht- und Temperaturwechsel zeigen, kann es keinem Zweifel unterliegen, daß diese Faktoren normalerweise den tageszeitlichen Gang der Bewegung bestimmen. Das ergibt sich besonders deutlich aus der Möglichkeit einer zeitlichen Verschiebung der Bewegungsphasen durch eine Veränderung der zeitlichen Lage von Dunkel- und Hellperioden. Es ist z. B. nicht schwierig, durch Verdunkelung am Tage und Beleuchtung in der Nacht die Blattsenkung am Tage, die Hebung

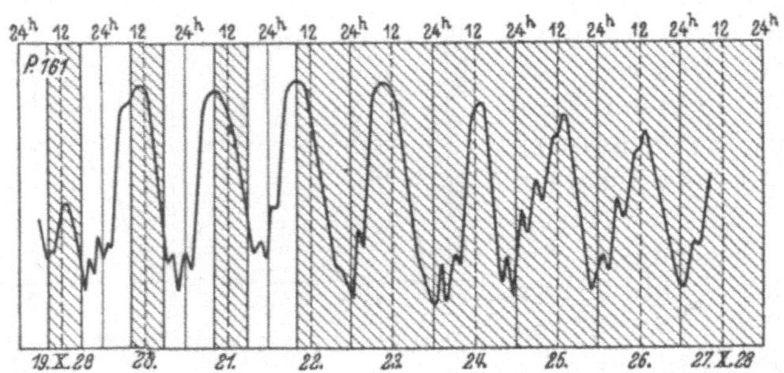

Abb. 404. *Canvalia ensiformis* unter dem Einfluß eines inversen Beleuchtungswechsels, also am Tage verdunkelt, in der Nacht künstlich beleuchtet. Die Blattbewegungen verlaufen so, wie es dem geänderten Beleuchtungswechsel entspricht. (Infolge der Hebelübertragung beim Registrieren entspricht einer Blatthebung eine Kurvensenkung.) Ab 22. 10. wurde konstante Dunkelheit gegeben; die Pflanze setzt die zeitlich verschobene Bewegung fort. (Nach KLEINHOONTE.)

in der Nacht zu erreichen (Abb. 404). Auch folgen die Bewegungen nicht nur dem normalen, etwa 12:12stündigen Wechsel von Licht und Dunkelheit, sondern ebenfalls einem langsameren, z. B. dem 18:18stündigen, und einem schnelleren, etwa dem 8:8stündigen (Abb. 405). Manche Pflanzen

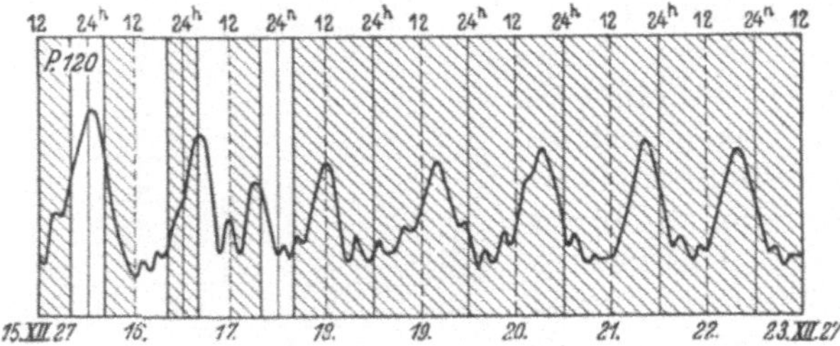

Abb. 405. *Canvalia ensiformis.* Bei 8:8stündigem Licht-Dunkel-Wechsel werden Bewegungen ausgeführt, die mit diesem synchron verlaufen. Jedoch beginnt die Hebung nicht — wie normalerweise — schon in der Dunkelperiode, sondern erst zu Anfang der Lichtperiode. Die Senkungs- (und auch die Hebungs-)maxima werden also (relativ zum Licht-Dunkel-Wechsel) erst spät erreicht. Nachher sieht man in konstanter Dunkelheit das Auftreten der Tagesperiode. (Nach KLEINHOONTE.)

(z. B. *Albizzia*) folgen sogar noch sehr schön einem 3:3stündigen Licht-Dunkelwechsel (Abb. 406); schließlich aber tritt jedenfalls bei vielen Arten (zu denen namentlich die am besten untersuchten, nämlich *Phaseolus multiflorus* und *Canavalia ensiformis* gehören), sowohl bei zu schnellem als auch bei zu langsamem Licht-Dunkelwechsel eine Grenze auf: Die Blätter zeigen dann zwar oft noch eine gewisse Beeinflussung durch die Außenrhythmik, jedoch tritt gleichzeitig trotz der abweichenden Außenrhythmik eine deutliche Tagesperiode zum Vorschein (Abb. 407, 408). Aber auch eine nur geringe Abweichung von der 12:12stündigen Außenrhythmik bedingt schon, daß die Schlafbewegungen nicht mehr ganz normal verlaufen; während die Nachtstellung normalerweise etwa in die Mitte der Nacht (der Dunkelperiode), die Tagstellung in die Mitte des Tages (der Hellperiode) fällt, treten diese Wendepunkte bei verkürzter Außenrhythmik etwas mehr gegen Ende der betreffenden Perioden ein; die Pflanze erstrebt dann also einen langsameren

Gang als den, den man ihr von außen aufzuzwingen versucht (Abb. 405). Erfolgt die Außenrhythmik dagegen in einem langsameren Tempo als dem 12:12stündigen, so tritt die Tagstellung schon gegen Anfang der Dunkelperiode auf; die Pflanze erstrebt also auch hier wieder den tagesperiodischen Gang. Das kann (in diesem zweitgenannten Fall) so weit gehen, daß bei einem zu langsamen Wechsel von Hell und Dunkel die Tagstellung schon in der vorhergehenden Dunkelperiode, die Nachtstellung in der vorher-

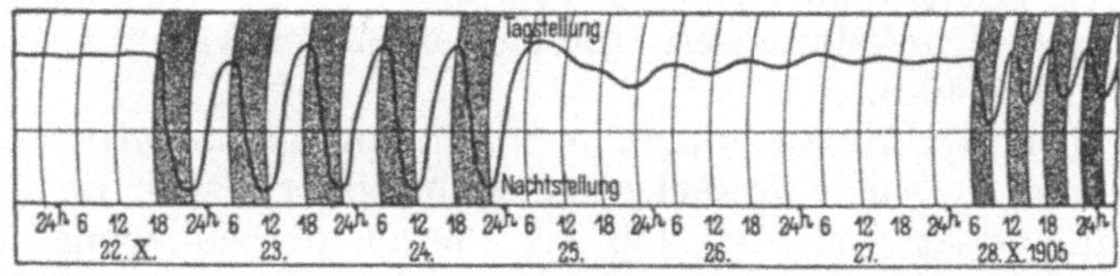

Abb. 406. Die Blattbewegungen von *Albizzia lophanta* folgen sowohl einem 6:6 stündigen als auch einem 3:3stündigen Beleuchtungswechsel. Während der anderen Zeiten wurde kontinuierlich beleuchtet. Die 24-Std-Autonomie ist also bei dieser Pflanze wenig ausgeprägt. (Nach PFEFFER.)

gehenden Lichtperiode erreicht wird. Es besteht also ein Bestreben zu tagesperiodischen Reaktionen (eben zufolge der endogenen Tagesrhythmik), das durch den Licht-Dunkelwechsel nur hinsichtlich der Tageszeit der

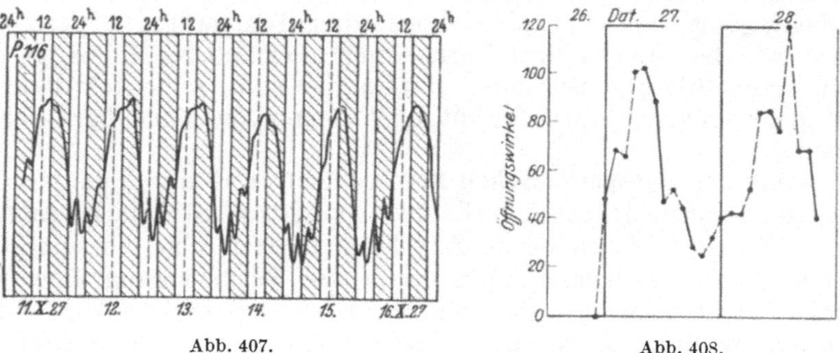

Abb. 407. Abb. 408.

Abb. 407. *Canavalia ensiformis*. Bei 6:6stündigem Licht-Dunkel-Wechsel bleiben die Bewegungen tagesperiodisch; die 24-Std-Autonomie ist also stark ausgeprägt. (Nach KLEINHOONTE.)

Abb. 408. Öffnungs- und Schließungsbewegung der Blüten von *Calendula arvensis* bei einem 4:4stündigen Beleuchtungswechsel. Auf der Abszisse sind die Zeiten, auf der Ordinate die Öffnungswinkel der Blütenblätter angegeben. Die Vertikallinien bedeuten Mitternacht. Gebrochene Kurve: Bewegung während der Lichtperioden. Ausgezogene Kurve: Bewegung während der Dunkelperioden. Die Temperatur ist konstant. (Nach STOPPEL.)

Wendepunkte reguliert wird. Für diese Regulierung genügt auch schon eine Beleuchtungsdauer von 1 min je Tag.

Es ist nicht unbedingt erforderlich, daß die regulierenden Außenfaktoren mehrere Tage hindurch einwirken. Bereits ein einmaliger Licht- oder Dunkelreiz vermag den zeitlichen Verlauf der endogenen Rhythmik so zu beeinflussen, daß die Lage der Bewegungswendepunkte für die nächsten Tage mit determiniert wird. Das ist an Laub- und Blütenblättern feststellbar. Bei den im Dunkeln aufgewachsenen *Phaseolus*-Keimpflanzen kann ein einmaliger, etwa 1 Std dauernder Lichtreiz (Lampenlicht geringer Intensität) den weiteren Gang der Bewegungen determinieren, und bei den Blüten von *Calendula* bestimmt die Tageszeit des Überganges von Licht zu Dunkelheit während eines sensiblen Knospenstadiums die (mit jener übereinstimmende) Tageszeit der maximalen Öffnung der Blüten während der späteren Tage. Diese Regulierungen sind auch mit rotem Licht möglich.

Die ganze Form der Schlafbewegungskurve ist demnach bereits endogen festgelegt. Das trifft aber nicht für alle Pflanzen in gleichem Maße zu. Bei einigen Arten tritt der Einfluß der endogenen Rhythmik stark zurück oder dieser Einfluß kann sogar ganz fehlen. Die endogene Natur der Bewegungsweise kommt auch in den sog. Nachschwingungen zum Ausdruck, die man beobachtet, wenn die Pflanzen dem Licht-Dunkelwechsel entzogen und in konstante Außenbedingungen übertragen werden. Diese Nachschwingungen erfolgen unabhängig von der Geschwindigkeit des vorhergehenden Licht-Dunkelwechsels immer ungefähr im tagesperiodischen Rhythmus (Abb. 405).

Entsprechende Untersuchungen wurden mit Temperaturreizen durchgeführt. Diese Versuche brauchen uns an dieser Stelle nicht näher zu interessieren. Gesagt sei nur, daß die Phasen der endogenen Rhythmik auch durch einen Wechsel hoher und niedriger Temperatur tageszeitlich fixiert werden können, daß aber der Temperatureinfluß geringer ist als der Lichteinfluß. — Gelegentlich wurde angenommen, daß auch elektrische Faktoren, namentlich der Ionisationsgrad der Luft, einen Einfluß auf die Bewegungen haben; jedoch besteht für diese Annahme keine Notwendigkeit.

Die endogene Natur der Rhythmik tritt natürlich am reinsten in Erscheinung, wenn sich die Pflanze von der Keimung an unter konstanten Außenbedingungen, also etwa bei konstanter Temperatur in der Dunkelkammer befindet. Bei völliger Vermeidung aller äußeren Reize, gegen die die etiolierten Pflanzen besonders empfindlich sind, zeigt sich dann nicht einmal mehr ein synchroner Verlauf der Bewegungen benachbart stehender Pflanzen.

Mechanik der tagesperiodischen Bewegungen. Daß durch die vom Licht gesteuerte endogene Rhythmik Blattbewegungen entstehen, ist folgendermaßen erklärlich. Die endogene Rhythmik führt infolge der mit ihr verbundenen Atmungsschwankungen durch die Verursachung einer tagesperiodisch variierenden CO_2-Konzentration zu tagesperiodischen Schwankungen der Azidität. Diese Aziditätsschwankungen verlaufen zwar in der Ober- und Unterhälfte eines Gelenks bzw. in der Ober- und Unterhälfte eines Blattstiels gleichsinnig, können aber trotzdem zu antagonistischen Turgor- bzw. Wachstumsänderungen führen, weil eine physiologische Dorsiventralität dieser Organe besteht. Als Beispiel für die Turgorbewegungen behandeln wir *Phaseolus multiflorus*. Die Azidität ist in den Gelenken abends größer, die p_H-Werte sinken nämlich um etwa 0,2 Einheiten; das führt zur Blattsenkung. Morgens tritt die entgegengesetzte Änderung ein. Nun zeigt die Wasserpermeabilität der Gelenkzellen eine starke Abhängigkeit von der Azidität. Bei etwa $p_H = 6{,}45$ besteht ein Minimum der Permeabilität, während diese sowohl beim (intrazellularen) p_H-Wert von 6,3 als auch 6,6 sehr hoch ist. Weil aber eine physiologische Dorsiventralität besteht, in deren Gefolge der p_H-Wert unten immer größer ist als in der Oberhälfte, und weil die genannten p_H-Schwankungen sich um jenen Wert von 6,45 herum bewegen, bei dem ein Minimum besteht, ergibt sich, daß abends in der Oberseite ein p_H-Wert resultiert, der einem der beiden Permeabilitätsmaxima entspricht, während unten ein p_H-Wert resultiert, der dem Permeabilitätsminimum entspricht. Morgens hingegen befindet sich durch diese Schwankungen die Permeabilität der Unterseite im Maximum, die der Oberseite im Minimum. Hieraus ergibt sich ein tagesperiodisches Wechseln in der Bevorzugung der Ober- und Unterseite bei der Wasserzufuhr aus den Gefäßbündeln, so daß die tagesperiodischen Bewegungen resultieren. Die erhöhte Wasserpermeabilität müßte zwar nicht nur zu einer Förderung der Wasseraufnahme, sondern auch zu einer Förderung der Wasserabgabe führen, so daß man meinen könnte, beide Beeinflussungen würden sieh die Waage halten, jedoch spielt die Wasserpermeabilität für die Wasserabgabe nur eine relativ geringe Rolle, weil der Hauptwiderstand hier in der Kutikula liegt (vgl. auch S. 309). Mit den Volumenschwankungen in den Gelenkhälften sind übrigens Osmoregulationen verbunden, so daß die Absolutmenge osmotisch wirksamer Substanz mit dem Wassergehalt periodisch zu- und abnimmt, die Konzentration dieser Substanzen (vorwiegend Elektrolyte) aber ungefähr konstant bleibt.

Es ist durchaus möglich, daß sich die Bewegungen durch die Schwankungen der Wasserpermeabilität noch nicht vollständig erklären lassen, sondern ebenso wie bei manchen anderen Turgorbewegungen auch Änderungen in der Durchlässigkeit für gelöste Substanzen mitbeteiligt sind.

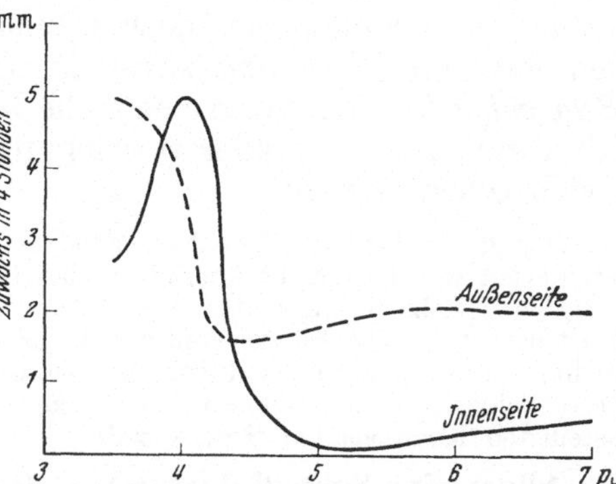

Abb. 409. Zuwachs isolierter Streifen aus der Innen- bzw. Außenseite der Kronblattbasis von *Nymphaea Lotus* in Lösungen verschiedener Azidität.

Bei den Wachstumsbewegungen liegen die Verhältnisse ähnlich. Auch hier lassen sich Aziditätsschwankungen nachweisen, und wieder ist die physiologische Dorsiventralität dafür ausschlaggebend, daß trotz gleichsinniger Schwankungen antagonistische Beeinflussungen entstehen. Wir betrachten als Beispiel die Blütenblätter von *Nymphaea Lotus*. Die Azidität pendelt um den Wert $p_H = 4{,}4$. Wird die Azidität in der Ober- und Unterseite gleichzeitig erhöht, so ist zufolge Abb. 409 das Wachstum der Ober-(Innen-)seite relativ begünstigt. Bei einer Abnahme der Azidität hingegen ist das Unter-(Außen-)seitenwachstum im Vorteil. So kommen die antagonistischen Wachstumsschwankungen zustande.

Wieweit dieses Schema eine allgemein anwendbare Erklärung bietet, muß noch geklärt werden. Es bleibt z. B. zu prüfen, ob etwa tagesperiodische Schwankungen des Stärkegehaltes, wie sie an Spaltöffnungsschließzellen gefunden werden (Williams), auch sonst vorkommen und an den Turgorschwankungen beteiligt sind.

Nach v. Guttenberg und Kröpelin läßt sich an *Phaseolus*-Blättern ein tagesperiodisches Schwanken der Auxinabgabe feststellen. Diese Periodizität könnte auch für das rhythmische An- und Abschwellen der Ober- und Unterseite mitverantwortlich sein, weil diese auf den Wuchsstoff nicht gleichartig reagieren. Auch bei Turgorbewegungen kann dieser Faktor beteiligt sein, weil der Wuchsstoff, wie die gleichen Autoren fanden, die Wasserpermeabilität und damit das Einströmen von Wasser erhöht. Jedoch kann dieser periodischen Wuchsstoffzufuhr nur eine Teilbedeutung zukommen, die durchaus wichtig sein mag. Zum mindesten bei einigen Objekten finden die periodischen Bewegungen auch noch dann statt, wenn nur die Blattbasis selber erhalten ist, die Spreite also fast völlig entfernt wurde.

Es gibt Pflanzen, bei denen die Blatthebung morgens, die Senkung abends erfolgt. Bei anderen dagegen sieht man die Hebung erst abends und die Senkung morgens. Man neigte ursprünglich dazu, in der abendlichen Bewegung, einerlei ob es sich um eine Hebung oder Senkung handelt, immer etwas grundsätzlich Gleichartiges, nämlich den „Übergang zur Schlafstellung“ sehen zu müssen. Jedoch hat es sich nunmehr herausgestellt, daß der Hebung, einerlei ob sie morgens oder abends erfolgt, immer die gleichen inneren Vorgänge entsprechen. Auch der Senkung, einerlei ob sie abends oder morgens stattfindet, liegen immer dieselben Zellprozesse zugrunde. Die verschiedenen Typen unterscheiden sich also eigentlich nur in ihrer Reaktionsgeschwindigkeit: bei den einen tritt die Hebung bald nach Beleuchtungsbeginn ein, bei anderen erst viele Stunden (z. B. 10—12 Std) später. Zu den ersteren gehören z. B. außer den bereits erwähnten Leguminosen noch *Cannabis sativa* und *Perilla ocymoides*, zu den letzteren *Nicotiana silvestris*, *Hyoscyamus niger*, *Sinapis alba* und *Beta vulgaris*. Die unterschiedliche Regulierung der Phasen der endogenen Rhythmik ist von großer entwicklungsphysiologischer Bedeutung, wie wir gleich sehen werden.

Wenngleich das Licht der entscheidende Regulator der tagesperiodischen Blattbewegungen ist, dürfen wir doch nicht übersehen, daß die jeweilige Blattlage eine Resultante von verschiedenen Reizwirkungen darstellt. Schon weiter oben haben wir die Rolle der Schwerkraft betont. — Die Blätter stellen sich plagiotrop ein. Man kann daher den Einfluß des Lichtes und der endogenen Rhythmik auch durchaus richtig kennzeichnen, wenn man sagt: Diese beiden Faktoren ändern das Stärkeverhältnis der an der plagiotropen Einstellung beteiligten Komponenten (vgl. S. 503).

Allgemeine Schlußfolgerungen. Betrachten wir die bei völliger Konstanz der Außenbedingungen registrierten Schlafbewegungskurven genauer, so fällt uns das Vorhandensein erheblicher individueller Unterschiede auf. Sowohl die durchschnittliche Dauer einer vollen Periode (die also nicht genau 24 Std zu betragen braucht), als auch das Zeitdauerverhältnis von Blatthebungs- und Blattsenkungsphase unterscheiden sich bei den einzelnen Arten und bei den einzelnen Individuen. Auch wenn es sich um Individuen ein und derselben Art handelt, haben wir es dabei nicht nur mit Modifikationen, sondern zum großen Teil mit erblichen Verschiedenheiten zu tun.

So sind uns durch das Studium der Schlafbewegungen die Eigentümlichkeiten der endogenen Rhythmik und ihres Zusammenwirkens mit äußeren Faktoren sowie ihre Modifizierbarkeit durch diese recht gut bekannt geworden. Andere physiologische Prozesse, an denen die endogene Rhythmik beteiligt ist (tagesperiodische Schwankungen des Wachstums, der Spaltöffnungsbewegungen, der Permeabilität, Kernteilung usw.) haben weniger zu dieser Kenntnis beigetragen.

Wir haben gesehen, daß eine normale Schlafbewegung — d. h. bei *Phaseolus* oder *Canavalia* eine Bewegung mit einem Hebungsmaximum in der Mitte der Dunkelperiode — nur bei einem normalen Lichtdunkelwechsel zustande kommt. Andernfalls kann es zwangsläufig eintreten, daß die Pflanze zu einer Zeit Licht erhält, wo sie dem Zustand ihrer inneren Rhythmik gemäß eigentlich in Dunkelheit gehört und daß sie verdunkelt ist, wenn sie sich in dem dem Tage entsprechenden inneren Zustand befindet. Den abnormen Verlauf der Schlafbewegungen mag man noch für ziemlich gleichgültig ansehen, weil diesen Bewegungen zum mindesten keine sehr hervorragende Aufgabe zufällt. Für den ganzen Entwicklungsgang der Pflanze aber ist es von tief einschneidender Bedeutung, ob die Pflanze in der der Nacht oder in der dem Tag angepaßten Phase der endogenen

Rhythmik Licht empfängt. Daraus erklären sich die sog. photoperiodischen Reaktionen.

Die photoperiodischen Phänomene. Wir wollen hier zuerst diese photoperiodischen Erscheinungen beschreiben und dann ihre Erklärung auf Grund der eben gewonnenen Erkenntnisse darlegen. Die meisten Blütenpflanzen entwickeln sich ganz verschiedenartig, je nachdem, wie lang die ihnen gebotene tägliche Lichtperiode ist. Die auffälligste photoperiodische Reaktion, auf die vor allem GARNER und ALLARD aufmerksam gemacht haben, besteht in der Beeinflussung der vegetativen und der reproduktiven Entwicklung.

Zuerst hat auf die Bedeutung der Tageslänge für die Blütenbildung wohl HENFREY hingewiesen (1852, vgl. MURNEEK-WHYTE). KLEBS hat dann

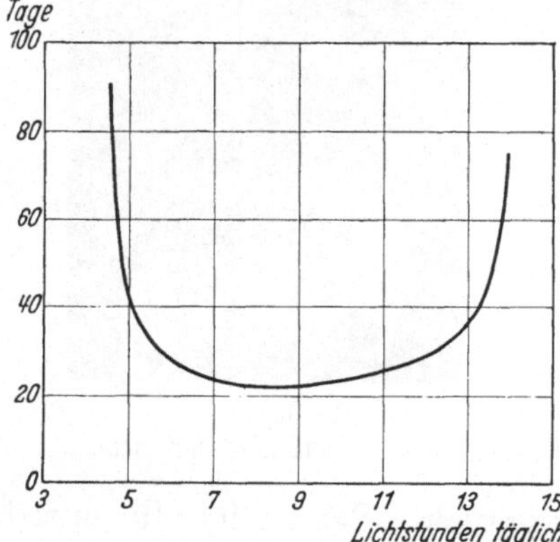

Abb. 410. Photoperiodische Reaktion einer Kurztagpflanze (*Chrysanthemum*), konstruiert von LANG und MELCHERS nach Versuchen MOSKOVS. Eine Lichtperiode von etwa 7—11 Std täglich wirkt optimal auf die Blütenbildung. Oberhalb von etwa 14, und unterhalb von etwa 5 Std erfolgt überhaupt keine Blütenbildung mehr.

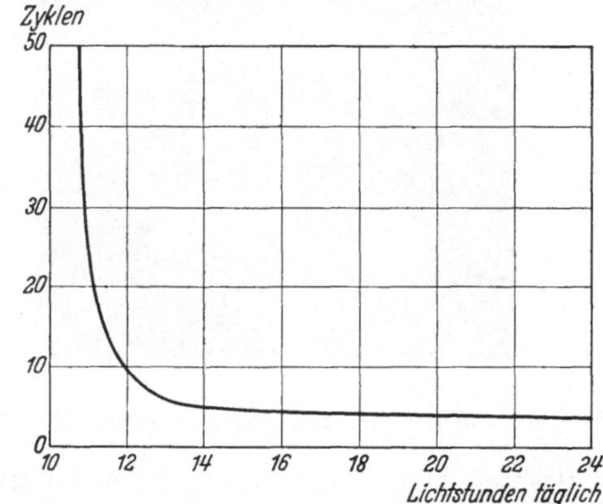

Abb. 411. Photoperiodische Reaktion einer Langtagpflanze (*Hyoscyamus niger*) nach LANG und MELCHERS. Die Ordinate gibt an, wieviel Zyklen mit den in der Abszisse genannten Tageslängen geboten werden müssen, um die Blütenbildung auszulösen. Je mehr die kritische Tageslänge von 11 Std überschritten wird, um so leichter erfolgt die Blütenbildung.

1913 schon sehr klar diese Rolle der Tageslänge betont, aber erst von 1920 ab wurden die Untersuchungen von ALLARD und GARNER veröffentlicht.

Bei einigen Pflanzen, den sog. Kurztagpflanzen, erfolgt die Blütenbildung optimal reichlich und schnell, sofern täglich eine relativ kurze Tagesdauer, zumeist unter 12 Std, geboten wird. Durch eine Verlängerung der Tagesdauer wird die Blütenbildung gehemmt oder ganz unterdrückt. In allzu kurzen Tagen erfolgt wieder eine Hemmung; die Mindestbeleuchtungsdauer je Tag kann aber sehr kurz sein, bei *Kalanchoe Blossfeldiana* beträgt sie 1 sec täglich, bei anderen Kurztagpflanzen immerhin mehrere Stunden (Abb. 410).

Die Langtagpflanzen hingegen bleiben unterhalb einer „kritischen Tagesdauer“, die im allgemeinen etwa 9—14 Std beträgt, rein vegetativ. Je mehr der gebotene Tag die kritische Tageslänge überschreitet, um so schneller und reichlicher erfolgt die Blütenbildung (Abb. 411).

Bei beiden Typen tritt im gleichen Maß, wie die für die Blütenbildung ungünstige Photoperiode die Blütenbildung hemmt, eine zunehmende Förderung der vegetativen Entwicklung in Erscheinung (Abb. 412 und 413). Auch die Größe und Form der Blätter kann gleichzeitig beeinflußt werden (Abb. 414, 415, vgl. auch S. 239).

Es scheint noch einen dritten Typ der photoperiodischen Reaktionsweise zu geben, bei der die Pflanzen nur in einer mittleren Tageslänge blühen. Zum Beispiel gibt es Sorten von *Saccharum spontaneum*, die nur blühen, wenn die Tageslänge zwischen 12 und 14 Std beträgt. Bei anderen Arten ist dieser zur Blütenbildung erforderliche Bereich noch enger. Aber das sind natürlich nur extreme Fälle der für Kurztagpflanzen charakteristischen Reaktionsweise: die obere und die untere kritische Tageslänge sind eng aneinander gerückt. Schwieriger fügen sich dem Schema aber Pflanzen ein, die ähnlich wie die Kurztagpflanzen bei mittleren Tageslängen blühen und bei einer gewissen Verlängerung der täglichen Beleuchtungsdauer im Blühen gehemmt werden, bei noch größeren Tageslängen aber ähnlich wie die Langtagpflanzen in der Blütenbildung wieder erheblich gefördert werden. Zum Beispiel blüht *Madia elegans* bei einer täglichen Beleuchtung von 8 Std oder von mehr als 14 Std, nicht aber im 12 Std-Tag.

a b

Abb. 412a u. b. *Nicotiana tabacum Maryland Mammut* (Kurztagpflanze) a im Langtag, b im Kurztag.

Zu den Kurztagpflanzen gehören unter anderem *Cannabis sativa*, *Chrysanthemum indicum*, *Cosmos bipinnatus*, *Dahlia variabilis*, *Helianthus tuberosus*, *Soja hispida* und *Perilla ocymoides*. Zu den Langtagpflanzen gehören *Allium Cepa*, *Avena sativa*, *Beta vulgaris*,

a b

Abb. 413a u. b. *Nicotiana silvestris* (Langtagpflanze) a im Kurztag, b im Langtag.

Daucus carota, Lactuca sativa, Papaver somniferum, Secale cereale, Sinapis nigra, Vicia Faba und *Hyoscyamus niger*. Der Unterschied von Kurztag- und Langtagpflanzen ist von der Stellung der Arten im System unabhängig; auch nahe verwandte Arten können verschiedenen photoperiodischen Typen angehören. Dagegen besteht sehr häufig eine Beziehung zur Herkunft der Arten. Die Kurztagpflanzen stammen zumeist aus der tropischen und subtropischen Region, also aus Gebieten, in denen auch der natürliche Tag kurz ist, die Langtagpflanzen dagegen sind vorwiegend in den gemäßigten und polaren Regionen beheimatet. Die Verhältnisse werden aber noch dadurch kompliziert, daß es Pflanzen mit einem wechselnden photoperiodischen Charakter gibt, z. B. benötigen einige Arten zunächst lange, später kurze Tage, um zur Blüte zu gelangen (vgl. RESENDE).

Abb. 414. 19 Wochen altes Kurztags- (links) und ebenso altes Langtagsindividuum (rechts) von *Kalanchoe Blossfeldiana*. (Nach HARDER und V. WITSCH.)

Schließlich gibt es auch tagneutrale Pflanzen, bei denen sich also photoperiodische Reaktionen irgendeiner Art nicht zeigen, zu ihnen gehören neben einigen Blütenpflanzen wohl viele niedere Pflanzen.

Die für die Blütenbildung günstige Photoperiode braucht nicht während der ganzen Entwicklungsdauer der Pflanze geboten zu werden. Die Pflanzen sind im jugendlichen Stadium für diese Reizung besonders empfindlich, und dann genügt oft eine Behandlung mit einigen Kurz- bzw. Langtagen, um trotz vorher und nachher ungünstiger Lichtdunkelperioden die Kurz- bzw. Langtagpflanzen zur Anlage der Blüten zu veranlassen. Obwohl der photoperiodische Reiz von den Blättern, also nicht etwa von den Vegetationspunkten aufgenommen wird, hat sich gezeigt, daß sehr oft schon die Keimblätter oder wenigstens die Primärblätter den Reiz erfolgreich aufnehmen können (ZIERIACKS).

Abb. 415. Querschnitt durch ein Langtags- (*L*) und ein gleichaltes Kurztagsblatt (*K*) von *Kalanchoe Blossfeldiana*. (Nach HARDER und V. WITSCH.)

Die Änderung der Geschwindigkeit der reproduktiven und vegetativen Entwicklung ist zwar die auffälligste, keineswegs aber die einzige photoperiodische Reaktion. Viele andere physiologische Abläufe können ebenfalls noch modifiziert werden, so die Knollenbildung, die anatomische Differenzierung, Farbstoffausbildung, Frostresistenz usw. Nach BORGSTRÖM bilden einige

Viola-Arten keine Blüten, wenn täglich weniger als 12 Std Licht geboten werden. Beträgt die tägliche Lichtperiode 12—15 Std, so bilden sich chasmogame, bei noch längerer Lichtperiode kleistogame Blüten. *Kalanchoe Blossfeldiana*, eine Kurztagpflanze, ist — wie zu erwarten — bei Langtagkultur groß und reich verzweigt. Zudem aber sind die Laubblätter groß, langgestielt, dünn, haben gekerbte Ränder, die Wurzeln sind lang und dünn. Im Kurztag zeigt die Pflanze nicht nur einen Zwergwuchs ohne Verzweigungen. Es sind zudem die Blätter ungestielt, glattrandig, klein und dick, also sukkulent, die Wurzeln besitzen knollige Anschwellungen. Diese Pflanze zeigt im Kurztag auch eine stärkere Photosynthese, einen erhöhten Gehalt an Assimilationsfarbstoffen, einen veränderten Wasserhaushalt und im Zusammenhang damit eine erhöhte Dürreresistenz. *Ullucus tuberosus* bildet im Kurztag Ausläufer und Knollen, Blüten dagegen nur im Langtag, in diesem außerdem längere Blätter als im Kurztag (STUCKEY).

Die Zwiebelbildung von *Allium Cepa* erfolgt (wenigstens bei einigen Sorten) nur im Langtag, wobei aber unter Umständen schon zwei Langtage ausreichen (HEATH und HOLDSWORTH). Mehrere *Bryophyllum*-Arten bilden Brutknospen nur unter Langtagbedingungen (GÖTZ).

Es gibt kaum ein anatomisches und physiologisches Merkmal, das bei den Blütenpflanzen nicht photoperiodisch beeinflußt werden könnte. So werden in den verschiedensten Organen Zellenzahl und Zellgröße, Wanddicke, Behaarung, Sklerenchymbildung usw. modifiziert (GÜMMER).

Für die photoperiodischen Wirkungen sind durchaus nicht die hohen Intensitäten des Sonnenlichts erforderlich; es genügt eine Zusatzbeleuchtung mit schwachem künstlichem Licht, um bei Langtagpflanzen die Blütenbildung zu erreichen bzw. um sie bei Kurztagpflanzen zu verhindern. Selbst das Mondlicht ist hell genug, um erfolgreich wirken zu können.

Wenngleich es somit offensichtlich nicht darauf ankommt, wie lange am Tag ein photosynthetisch möglichst stark wirksames Licht gegeben ist, also wie groß die Gesamtmenge neu gebildeter Assimilate sein kann, sprechen doch einige Gründe für die Annahme, daß eine Strahlungsabsorption im Chlorophyll der entscheidende Primärprozeß ist. Nach manchen Angaben sind die einzelnen Lichtqualitäten im Verhältnis ihrer Absorbierbarkeit im Chlorophyll wirksam, d. h., Rot wirkt am stärksten, Blau schwächer und Grün am schwächsten. Ebenso spricht auch das Ausbleiben der photoperiodischen Reaktion bei CO_2-Entzug (HARDER und v. WITSCH) für die Annahme, daß die wirksame Strahlung im Chlorophyll absorbiert werden und die Photosynthese einleiten muß, obgleich das *Ausmaß* der Photosynthese wie gesagt nicht entscheidend ist. Untersucht man jedoch das photoperiodische Aktionsspektrum genauer, so zeigen sich erhebliche Abweichungen vom Absorptionsspektrum des Chlorophylls.

Nach den Untersuchungen von PARKER, BORTHWICK und Mitarbeitern wirkt der Bereich um 600—650 mμ am stärksten, und zwar sowohl, um bei Langtagpflanzen Blütenbildung zu induzieren, als auch, um sie bei Kurztagpflanzen zu verhindern (Abb. 416). Während diese starke Wirkung des gelbroten Lichts noch recht gut mit der Absorptionskurve des Chlorophylls übereinstimmt, widerspricht die von den gleichen Autoren gefundene minimale Wirksamkeit des Blaulichts ihr völlig. Diese Forscher kommen daher zur Ansicht, daß Chlorophyll nicht das entscheidende Pigment sein kann. Nun verhalten sich aber offenbar nicht alle Pflanzen gleich. Es sind sowohl Langtag- als auch Kurztagpflanzen gefunden worden, bei denen gerade umgekehrt die kurzwellige Strahlung am stärksten wirkt (Abb. 416; Wassink und Mitarbeiter, vgl. auch Wallrabe).

Das von Parker und Mitarbeitern gefundene Aktionsspektrum erinnert übrigens sehr stark an das mancher formativer Wirkungen des Lichts, z. B. an die Beeinflussung des Wachstums bei Gramineenmesokotylen oder an die Beeinflussung des Wachstums von Blättern und Sprossen bei Dikotylen (vgl. Parker und Borthwick, Wassink und Mitarbeiter). Vor allem aber sei hier auch auf die große Ähnlichkeit mit dem Aktionsspektrum des Lichteinflusses auf die Samenkeimung hingewiesen. So wie bei der Beeinflussung der Samenkeimung sprechen übrigens auch bei der photoperiodischen Wirkung manche Gründe dafür, daß die einzelnen Spektralbereiche nicht nur quantitativ unterschiedlich, sondern sogar antagonistisch wirken können (vgl. Wassink und Mitarbeiter). Es darf daher auch durchaus noch nicht als ausgeschlossen angesehen werden, daß etwa Strahlungsabsorption im Chlorophyll in einem Sinne, Strahlungsabsorption in gelben Pigmenten aber antagonistisch wirkt.

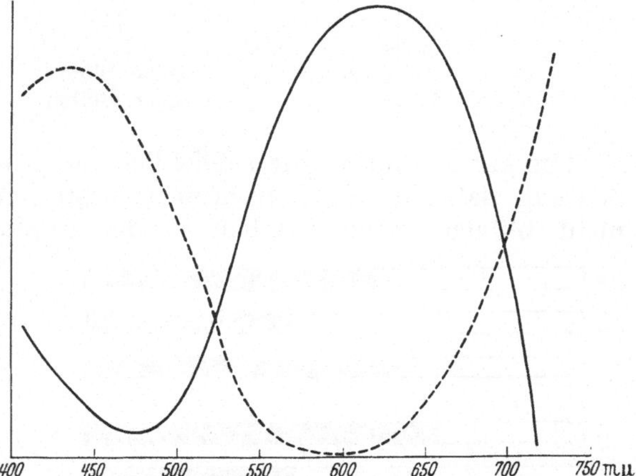

Abb. 416. Schematische Darstellung photoperiodischer Aktionsspektren. Die Kurven zeigen die relative Wirksamkeit der einzelnen Spektralbereiche für die Induktion der Blütenbildung bei Langtagpflanzen und für deren Verhinderung bei Kurztagpflanzen. Dargestellt ist das Verhalten zweier verschiedener Typen, und zwar gibt die ausgezogene Kurve etwa das Verhalten von *Soja, Xanthium, Cosmos* (Kurztagpflanzen), *Hordeum* und *Hyoscyamus* (Langtagpflanzen) an, die gestrichelte Kurve das Verhalten von *Brassica* (Langtagpflanze). (Konstruiert nach den experimentellen Befunden von Wassink und Mitarbeitern, Parker, Borthwick und Mitarbeitern.)

Sollten aber nicht die mengenmäßig im grünen Blatt dominierenden Pigmente, also Chlorophyll und Karotinoide, hierbei entscheidend sein, so darf aus dem Aktionsspektrum nicht ohne weiteres das Absorptionsspektrum der entscheidenden Substanz errechnet werden. Denn diese andere, in sehr geringer Menge vorhandene Substanz bekommt ja auch bei der experimentell erreichten Intensitätsgleichheit der miteinander verglichenen Spektralbereiche infolge der Filterwirkung des Chlorophylls und der Karotinoide ganz verschiedene Intensitäten dieser einzelnen Bereiche.

Wir sahen eben, daß es für die photoperiodische Reaktion nicht auf hohe Licht*intensitäten* ankommt, also ist auch nicht die täglich gebotene Licht*menge* entscheidend. Ebensowenig aber bestimmt die tägliche *Gesamtdauer* der Lichtdarbietung die Entwicklung der Pflanze. Ein Gesamtlicht von z. B. 12 Std je Tag wirkt nämlich ganz verschiedenartig, je nachdem, ob es zusammenhängend (also im Licht-Dunkelrhythmus 12:12 Std) oder aufgeteilt (also z. B. im Rhythmus 6:6 Std) geboten wird. Daraus geht zugleich hervor, daß auch das *Längenverhältnis* von Licht- und Dunkelperiode nicht maßgeblich ist. In der Literatur findet sich eine Fülle von Angaben über die Wirkung der verschiedenartigsten Licht-Dunkelrhythmen; es seien daraus (nach Allard und Garner) einige Zahlen für Soja wiedergegeben, weil sie uns einerseits die entgegengesetzte Beeinflussung von Blütenbildung und vegetativer Entwicklung sehr schön zeigen und andererseits einen Hinweis auf die Bevorzugung von Rhythmen geben, die der normalen Tagesdauer am meisten entsprechen, eine Bevorzugung, die uns schon darauf hinweisen kann, daß der endogenen Tagesrhythmik der Pflanze eine entscheidende Rolle zufällt.

Licht-Dunkel-rhythmik	Tage bis zum Auftreten von Blüten	Endlänge der Versuchspflanzen in Zoll
7: 7 Std	keine Blüten	70
8: 8 Std	keine Blüten	56
9: 9 Std	27	37
12:12 Std	22	22
14:14 Std	33	50
16:16 Std	keine Blüten	45
18:18 Std	keine Blüten	51

Das ganze Bild wurde schließlich noch verwirrender durch die Beobachtung, daß Kurztagpflanzen unter bestimmten Bedingungen im Kurztag nicht blühen (wenn nämlich in der Dunkelperiode kurzdauernd Licht geboten wird), und daß Langtagpflanzen unter bestimmten Bedingungen auch im Kurztag blühen (wenn nämlich in der Dunkelphase kurzdauernd Licht geboten wird).

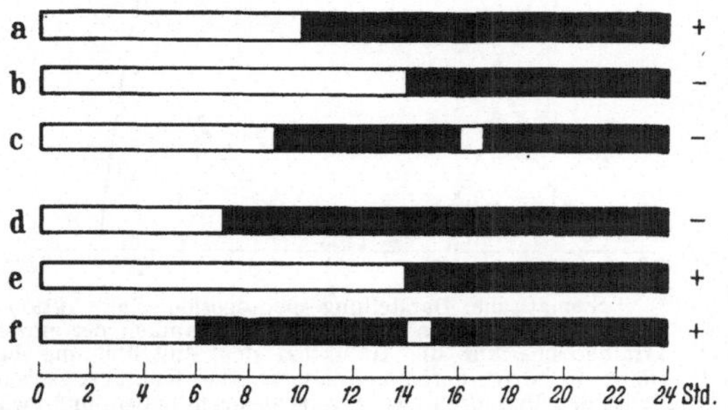

Abb. 417. Verhalten von Kurz- und Langtagpflanzen unter einigen verschiedenen photoperiodischen Bedingungen. Die Lichtperioden sind jeweils hell, die Dunkelperioden schwarz gezeichnet. Es bedeuten: + Induktion von Blütenbildung erfolgt, — keine Blütenbildung. a Kurztagpflanze im 10-Std-Tag (blüht); b Kurztagpflanze im 14-Std-Tag (blüht nicht). c Kurztagpflanze im 9-Std-Tag mit einer Stunde Zusatzlicht in der Mitte der Dunkelperiode (blüht nicht); d Langtagpflanze im 7-Std-Tag (blüht nicht); e Langtagpflanze im 14-Std-Tag (blüht); f Langtagpflanze im 6-Std-Tag mit einer Stunde Zusatzlicht in der Mitte der Dunkelperiode (blüht).

Man kann also z. B. eine Kurztagpflanze, die optimal im 10 Std-Tag blüht (etwa eine *Soja*-Sorte) am Blühen verhindern, wenn nur 9 Std dieser optimalen Lichtperiode zusammenhängend (etwa am Tage) geboten werden, die restliche Stunde aber erst einige Zeit später (etwa in der Nacht, vgl. Abb. 417). Und man kann eine Langtagpflanze, z. B. *Hyoscyamus niger* zum Blühen bringen, wenn man weit unter der kritischen Tageslänge bleibt, aber einen Teil des Lichtes nicht zusammenhängend mit der Hauptlichtperiode, sondern einige Stunden später bietet (Abb. 417).

Photophile und skotophile Phase. Aus den eben genannten Beobachtungen folgt, daß in der Pflanze (unter den Bedingungen des Licht-Dunkelwechsels, denen sie ausgesetzt ist) zwei verschiedene physiologische Zustände miteinander wechseln, von denen im einen ein Lichtreiz die Blütenbildung fördert, im anderen ein gleichartiger Reiz sie aber hemmt. Die erstgenannte Phase nennen wir die photophile, die andere die skotophile. Diese beiden Phasen treten also bei den Kurz- und Langtagpflanzen offenbar zu verschiedenen Zeiten innerhalb des den Pflanzen gebotenen Licht-Dunkelrhythmus auf. Nehmen wir den Anfang einer Lichtperiode als Bezugspunkt, so können wir sagen: Eine Kurztagpflanze ist in den ersten Stunden nach Beginn jeder täglichen Lichtperiode photophil, etwa 10—12 Std später wird sie skotophil, einerlei, ob dann noch Licht oder schon Dunkelheit herrscht (Abb. 418). Nach dem Verstreichen von insgesamt 24 Std seit jenem Bezugspunkt wird sie wieder (offenbar durch den jetzt beginnenden nächsten Lichtreiz) photophil. Eine Langtagpflanze hingegen ist in den ersten Stunden nach Beginn jeder der täglichen Lichtperioden gegenüber dem Licht indifferent (in manchen Fällen vielleicht sogar skotophil), erst nachdem mehrere (meist etwa 10—12 Std) verstrichen sind, wird die Pflanze, auch hier unabhängig davon, ob der Lichtreiz noch weiter wirkt oder nicht, photophil (Abb. 419). Zu Beginn der nächsten Lichtphase zeigt sich dann wieder der indifferente bzw. skotophile Charakter.

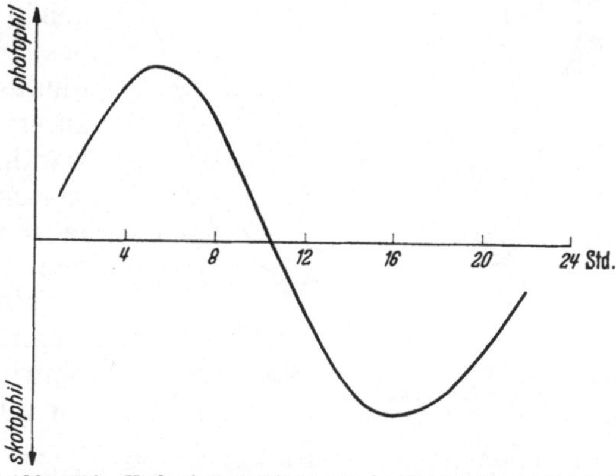

Abb. 418. Verlauf von photo- und skotophiler Phase bei Kurztagpflanzen. Abszisse: Stunden nach Beginn der täglichen Lichtperiode (deren Dauer für den Verlauf ziemlich belanglos ist).

Daneben gibt es auch Pflanzen, bei denen das Wechseln von photophiler und skotophiler Phase noch komplizierter ist. Hierhin gehört jener Typ mit einer für die Blütenbildung optimalen mittleren und einer zweiten optimalen langen Tagesdauer (vgl. S. 450).

Es sei ausdrücklich betont, daß mit diesen Feststellungen zunächst nur die Tatsachen beschrieben sind. Diese Tatsachen erlauben es, den Verlauf von photo- und skotophiler Phase kurvenmäßig darzustellen (Abb. 418, 419). Anstatt diese Kurven bis ins einzelne aus den experimentellen Befunden abzuleiten, seien umgekehrt die Konsequenzen aus den abgebildeten Kurven dargelegt und dazu betont, daß diese Konsequenzen ausnahmslos mit den experimentellen Befunden identisch sind.

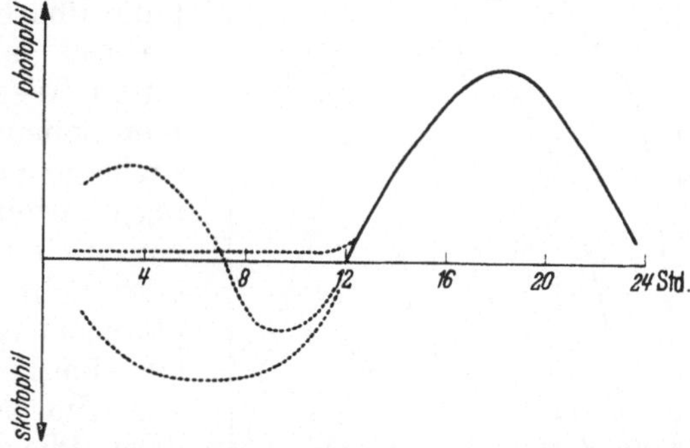

Abb. 419. Verlauf der photo- und skotophilen Phase bei Langtagpflanzen. Abszisse wie in Abb. 418 (für den ersten Zeitabschnitt nach Beleuchtungsbeginn sind drei verschiedene Möglichkeiten punktiert eingetragen: Skotophile Phase vorhanden, kurze photo- und kurze skotophile Phase vorhanden, nur eine Indifferenzphase vorhanden).

Kurztagpflanze: Der vom „Bezugspunkt" (also dem Beginn der täglichen Lichtperiode) ab einwirkende Lichtreiz fördert die Blütenbildung; denn er fällt in die (von ihm selber einregulierte) photophile Phase. Die Förderung ist maximal, wenn das Licht bis zum Ende der photophilen Phase geboten wird. Es ist dann die optimale Tageslänge (Abb. 410) erreicht. Licht, das noch später wirkt, hemmt. Verdunkeln wir in der Lichtperiode vorübergehend einige Stunden, so wird die Förderung um so mehr reduziert, je mehr diese Zwischen-Dunkelperioden dem Maximum der photophilen Phase genähert sind. Bieten wir nach dem Eintritt der skotophilen Phase Licht, so wirkt dieses auch dann hemmend, wenn es nur in mehr oder weniger kurzen Einzelperioden, also nicht zusammenhängend mit der Hauptlichtperiode geboten wird. Es hemmt dabei um so mehr, je mehr sein Zeitpunkt dem Maximum der skotophilen Phase genähert ist. Es ergeben sich also für die Wirkung solchen Störlichts Kurven, wie sie in Abb. 420 dargestellt sind.

Langtagpflanze: Der vom Bezugspunkt aus einwirkende Lichtreiz fällt zunächst nicht in die von ihm einregulierte photophile Phase, da diese erst spät eintritt. Wir müssen die Beleuchtungsdauer über den Zeitpunkt des Übergangs zur photophilen Phase hinaus ausdehnen, um Blütenbildung zu erreichen. So ergibt sich die früher erwähnte kritische Tageslänge und die weitere Förderung der Blütenbildung, je mehr sich die Beleuchtungsdauer dem 24 Std-Tag annähert. Wir können die Blütenbildung aber auch erzwingen, wenn das regulierende Licht nur kurz einwirkt, man aber später, nachdem die photophile Phase eingetreten ist, noch einen zweiten Lichtreiz bietet. Die günstige Wirkung des zweiten Lichtreizes ist naturgemäß um so stärker, je mehr dieser Reiz dem Maximum der photophilen Phase genähert ist (Abb. 419, 421). Dieses Maximum wird im normalen Licht-Dunkelwechsel meist etwa in der Mitte der Dunkelperiode erreicht.

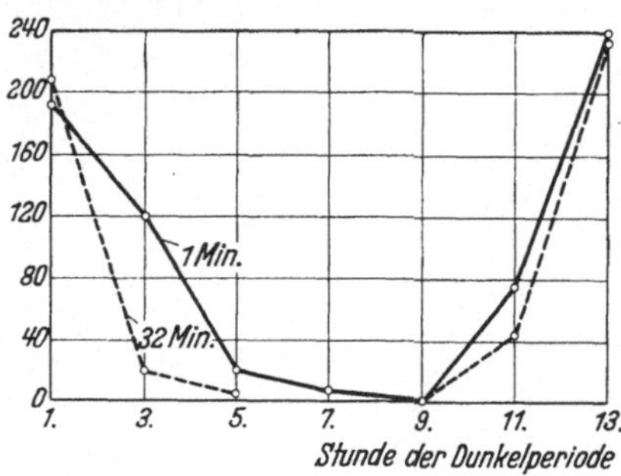

Abb. 420. Wirkung eines während der Dunkelphase gebotenen Zusatzlichtes auf die Blütenbildung der Kurztagpflanze *Kalanchoe Blossfeldiana*. Das Zusatzlicht dauerte 1 bzw. 32 min. Man sieht, daß das Zusatzlicht die Blütenzahl (Ordinate) am meisten reduziert, wenn es in der 7.—9. Std der Dunkelperiode (d. h. etwa 17 Std nach Beginn der vorhergegangenen 9stündigen Lichtperiode) wirkt. (Nach HARDER und BODE.)

Noch eine weitere Tatsache läßt sich ohne weiteres ableiten. Photo- und skotophile Phase werden zwar vom Licht-Dunkelwechsel entscheidend gesteuert, aber an ihrem Wechseln ist auch eine autonome Komponente beteiligt. Die erwähnten Versuche zeigen ja eindeutig, daß bei den Kurztagpflanzen schließlich die skotophile Phase eintritt, einerlei, ob das Licht weiter wirkt oder nicht; und ebenso tritt bei den Langtagpflanzen schließlich die photophile Phase ein, einerlei, wie lang die Lichtperiode dauert. Das Umschlagen von der einen zu der andern Phase kann also autonom erfolgen.

Photo- und skotophile Phase als Teile der endogenen Tagesrhythmik. Wir sahen, daß der Zeitpunkt des Eintretens von photo- und skotophiler Phase zwar eindeutig vom Licht-Dunkelwechsel reguliert wird, aber zum Übergang von der einen Phase zur andern nicht der Wechsel der Außenfaktoren notwendig ist. Dieser Übergang kann autonom erfolgen. Wenn also z. B. bei der Kurztagpflanze *Soja* der Lichtreiz den Eintritt der photophilen Phase determiniert hat, so erfolgt auf jeden Fall, einerlei ob der Lichtreiz 1 Std, 10 oder 20 Std andauert, nach etwa 10 Std der Übergang zur skotophilen Phase. Von der Feststellung dieser Autonomie ist es nur noch ein kleiner Schritt

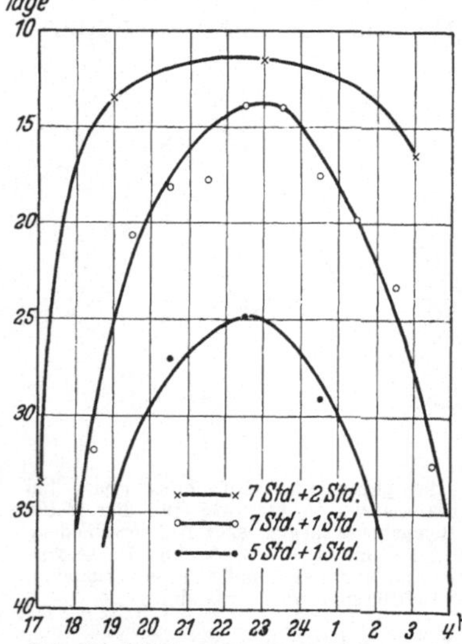

Abb. 421. Die Langtagpflanze *Hyoscyamus niger* blüht, wenn zum Kurztag von 5—7 Std noch 1—2 Std Zusatzlicht während der Dunkelheit geboten werden. Die Hauptlichtperiode begann jeweils um 7 Uhr. Das Zusatzlicht fördert die Blütenbildung am stärksten, wenn es 16 Std nach Beginn der Hauptlichtperiode geboten wird. Ordinate: Tage bis zur Blüte. (Nach CLAES.)

weiter zur Annahme, daß auch die skotophile Phase schließlich wieder autonom, also auch dann, wenn nicht eine neue Lichtperiode 24 Std nach der ersten folgt, in eine neue photophile Phase übergehen kann. Dann wäre der Wechsel der beiden Phasen nichts anderes als eine Folge jener endogenen Tagesrhythmik, deren Existenz wir aus dem Studium der tagesperiodischen Bewegungen ableiteten. Die Berechtigung dieser Vermutung, die ohnehin über die schon mitgeteilten Befunde nur wenig hinausgeht, läßt sich nachweisen.

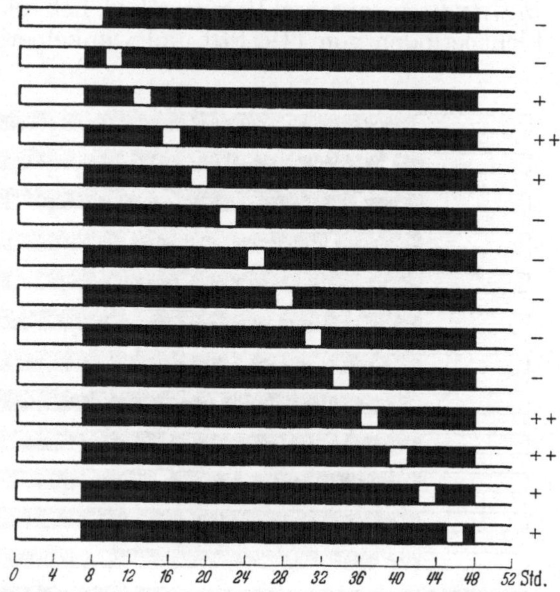

Abb. 422a. Verhalten der Langtagpflanze *Hyoscyamus niger* bei Darbietung von alle 48 Std wiederkehrenden Lichtperioden von je 7 Std. Die 41stündigen Dunkelperioden wurden von zusätzlichen 2stündigen Lichtperioden unterbrochen, deren Zeitpunkt bei den einzelnen Serien unterschiedlich war. Lichtperioden hell, Dunkelperioden schwarz. Es bedeuten: — kein Blühen; + ein Teil der Pflanzen blüht; ++ alle Pflanzen blühen. Man sieht, daß in der 41stündigen Dunkelperiode zwei photophile Zustände wiederkehren. (Nach Claes und Lang.)

Besonders bemerkenswert ist, daß die Langtagpflanze *Hyoscyamus niger* selbst dann blühen kann, wenn sie nur alle 48 Std 7 Std Licht erhält, aber dazu 2 Std Zusatzlicht. Notwendig ist nur, daß dieses Zusatzlicht immer in dem Zeitpunkt des 41stündigem Dunkelabschnitts geboten wird, in dem die photophile Phase zu erwarten ist. Dabei zeigen sich innerhalb dieser langen Dunkelperiode tatsächlich die zu erwartenden zwei Zeitabschnitte, in denen ein solches Zusatzlicht trotz der extremen Kurztagbedingungen das Blühen erzwingen kann (Claes und Lang, Abb. 422a). Nur schwer gelingt es, diesen Versuch anders zu deuten als durch die Konsequenz, daß der Übergang von der einen zur anderen Phase nicht nur einmal, sondern wiederholt endogen, d. h. aus inneren Gründen erfolgen kann.

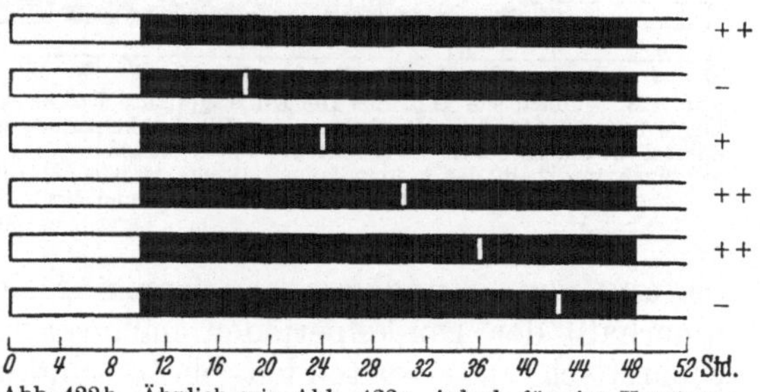

Abb. 422b. Ähnlich wie Abb. 422a, jedoch für eine Kurztagspflanze (*Perilla ocymoides*). Die Hauptlichtperiode beträgt hier 10 Std, die Dunkelperiode 38 Std, die unterbrechenden Lichtperioden $^1/_2$ Std. Man sieht, daß etwa in der Mitte der Dunkelperiode nochmals ein photophiler Zustand wiederkehrt. (Nach Carr.)

In analoger Weise ist von Carr (1952a) ermittelt worden, daß eine halbstündige Unterbrechung einer ähnlich langen Dunkelperiode bei der Kurztagpflanze *Perilla* je nach der zeitlichen Lage die Blütenbildung verschieden stark oder auch gar nicht unterdrückt (Abb. 422b).

Sowohl bei Kurz- als auch bei Langtagpflanzen läßt sich also durch „Abtasten“ mit kurzen Lichtperioden das endogen-tagesperiodische Wechseln zwischen photo- und skotophilem (bzw. indifferenten) Zustand nachweisen.

Alle Auswege, die man gegen die Zwangsläufigkeit der aus diesen Versuchen zu ziehenden Schlußfolgerungen noch suchen kann, werden endgültig durch die Versuche CARRS (1952b) an der Kurztagpflanze *Kalanchoe Blossfeldiana* ausgeschlossen. Hier ließ sich in Zyklen von 72 Std mit Lichtperioden von $11^1/_2$ Std und Dunkelperioden von $60^1/_2$ Std durch Dar-

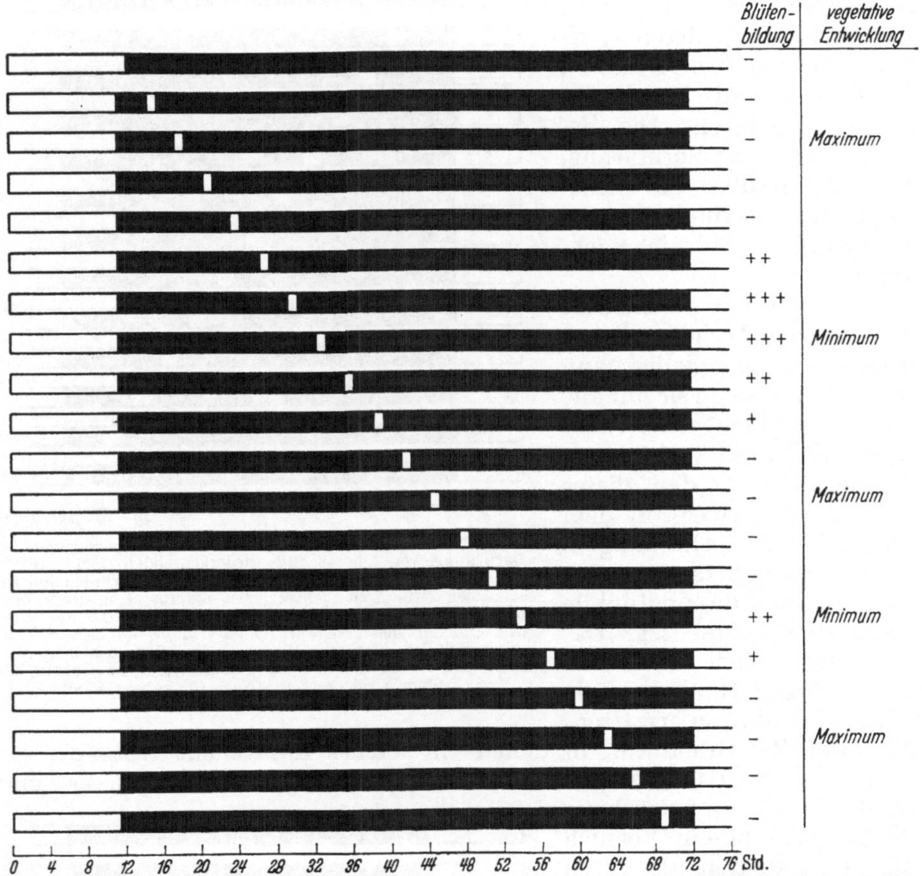

Abb. 423. Ähnlich wie Abb. 422. Die Kurztagpflanze *Kalanchoe Blossfeldiana* erhielt Zyklen mit $11^1/_2$stündiger Licht- und $60^1/_2$stündiger Dunkelperiode. Die Dunkelperiode wurde zu verschiedenen Zeiten durch 1stündiges Zusatzlicht unterbrochen. Es bedeuten: — kein Blühen, +, ++, +++ verschieden starkes Blühen. Man sieht, daß auch innerhalb der extrem langen Dunkelperiode die zu erwartenden photophilen Zustände auftreten; ebenfalls werden die zu erwartenden Maxima und Minima der vegetativen Entwicklung deutlich. (Nach Versuchen CARRS.)

bietung von 1stündigem, zu verschiedenen Zeiten gebotenen Zusatzlicht innerhalb der Dunkelperioden nachweisen, daß in diesen periodisch die theoretisch zu erwartenden photo- und skotophilen Zustände auftreten (Abb. 423). Ähnliche Versuche hat mit gleich deutlichem Erfolg BÜNSOW durchgeführt.

Vergleichen wir den Tagesrhythmus der Blattbewegungen mit den tagesperiodischen Wechseln von photo- und skotophiler Phase, so wird noch klarer, daß beiden Phänomen die gleiche endogene Tagesrhythmik zugrunde liegt. Wir erinnern uns, daß die beiden verschiedenen Zustände der endogenen Tagesrhythmik im Wechsel von Blatthebung und Blattsenkung zum Ausdruck kommen. Dabei scheint in der Regel der Blatthebung die photophile, der Blattsenkung die skotophile Phase zu entsprechen. Wir finden daher bei Kurztagpflanzen die Blatthebung am Morgen, bei Langtagpflanzen am Abend. Die früher genannten Pflanzen mit einer morgendlichen Blatthebung sind tatsächlich Kurztagpflanzen, die mit abendlicher Blatthebung Langtagpflanzen. Bei dem erwähnten Typ von Pflanzen mit doppelter photophiler Phase finden wir auch eine Verdoppelung der Blattbewegungskurve. Die Blattbewegungen sind also ein recht guter Anzeiger für den jeweiligen Zustand der endogenen Tagesrhythmik. Es gelingt sogar auf Grund des Studiums der tagesperiodischen Blattbewegungen, Unterschiede im photoperiodischen Verhalten einzelner Sorten ein und derselben Art vorauszusagen. Zum Beispiel sind *Soja*-Sorten mit frühem und starkem Übergang zur Blattsenkung extreme Kurztagformen, während Sorten mit spätem und schwach bleibendem Übergang zur Blattsenkung weniger extreme Kurztagformen sind oder sogar weitgehend tagneutralen Charakter haben (Abb. 424). Bei *Kalanchoe* ergab sich eine Parallelität zwischen dem aus den Öffnungs- und Schließungsbewegungen der Blüten erschlossenen Verhalten der endogenen Tagesrhythmik und der jeweiligen photoperiodischen Reizwirkung des Lichtes (BÜNSOW).

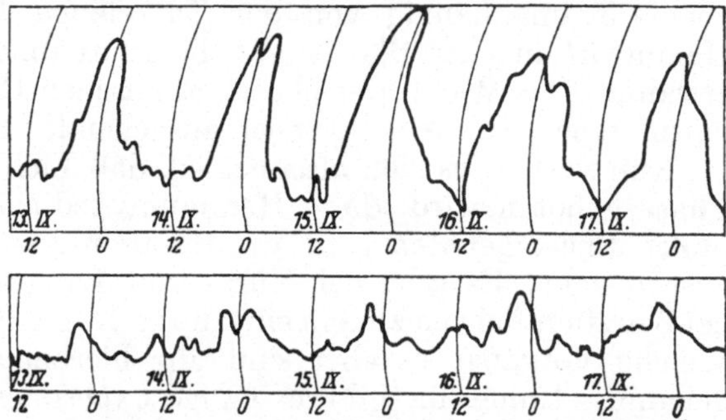

Abb. 424. Gleichzeitig und unter gleichen Bedingungen ausgeführte tagesperiodische Blattbewegungen von 2 *Soja*sorten. Oben: *Ototan* als Beispiel für eine extreme Kurztagrasse. Unten: *McRosties Mandarin* als Beispiel für eine tagneutralere Form.

So darf an der entscheidenden Bedeutung der endogenen Tagesrhythmik für die photoperiodische Reaktion nicht gezweifelt werden. Hiernach ist auch die Existenz einer derartigen Rhythmik nicht mehr so rätselhaft. Solange die endogene Tagesrhythmik im wesentlichen aus dem Studium der Blattbewegungen bekannt war, konnte man nicht erkennen, wie ihre Entstehung phylogenetisch möglich war, weil ein Selektionswert nicht erkennbar war. Jetzt ist der hohe Selektionswert ohne weiteres deutlich; denn die endogene Rhythmik ist eben die Grundlage der photoperiodischen Reaktionen.

Eigentümlichkeiten der photophilen und skotophilen Phasen. Um die unterschiedliche Wirkung des Lichtes in der photo- und skotophilen Phase zu verstehen, müssen uns die physiologisch-chemischen Besonderheiten der beiden Phasen bekannt sein. Leider ist unser Wissen in dieser Hinsicht noch überaus spärlich. Obwohl eine Reihe von Untersuchungen über tagesperiodische Schwankungen der Intensität und Qualität von Stoffwechselvorgängen, über den Zustand des Protoplasmas usw. Aufschluß geben, ist doch in den meisten Fällen nicht eindeutig feststellbar, was Ausdruck der endogenen Tagesrhythmik, und was lediglich direkt durch den Wechsel von Licht und Dunkelheit bedingt ist.

Die photophile Phase ist anscheinend gekennzeichnet durch zunehmende Aktivität einiger Fermente. Das Maximum von Syntheseleistungen scheint zu Beginn der photophilen Phase erreicht zu werden. Die Atmung ist in der photophilen Phase relativ niedrig, in der skotophilen hoch, ebenso ist die Azidität in der photophilen Phase niedrig, in der skotophilen höher.

Es sind noch sehr sorgfältige Studien notwendig, um die physiologisch-chemische Natur der Phasen ausreichend zu kennzeichnen (vgl. auch S. 81.)

Wirkungsweise des Lichtes. Wie sollen wir uns die photoperiodische Wirkung des Lichtes auf die Blütenbildung erklären? Um diese Frage beantworten zu können, müssen wir zunächst feststellen, daß der photoperiodische Reiz allgemein ausschließlich von den Blättern aufgenommen wird; eine Beleuchtung oder Verdunklung der Vegetationspunkte ist photoperiodisch ganz belanglos. Diese Beziehung ist so eng, daß überhaupt keine photoperiodischen Erscheinungen mehr auftreten, wenn Blätter fehlen. Die Langtagpflanze *Hyoscyamus niger* blüht ganz unabhängig von der Tageslänge, wenn die Pflanze entblättert wird. Cauliflore zeigen auch keinerlei photoperiodische Empfindlichkeit, sofern der Ort der Blütenbildung von den Blättern weit genug entfernt ist. Laubwerfende Pflanzen können am Ende der normalen Lebenszeit der Blätter im Hochsommer ebenfalls unabhängig von der Tageslänge Blütenanlagen bilden. Diese Hemmwirkung der Blätter auf die Blütenbildung haben wir schon früher erwähnt. Das Wesen der photoperiodischen Reizung besteht also eigentlich darin, eine von den Blättern ausgehende Hemmwirkung zu beseitigen.

Nun verhält es sich offenbar so, daß Licht, welches in der photophilen Phase geboten wird, diese Hemmung reduziert, Licht, das in der skotophilen Phase geboten wird, die Hemmung jedoch verstärkt. Oder, anders ausgedrückt: Es gibt bei Kurz- und Langtagpflanzen eine durch Licht, bei Kurztagpflanzen zudem eine durch Dunkelheit ausschaltbare Hemmung. Welche Vorgänge es aber sind, die hierbei ablaufen, ist immer noch unbekannt. Immerhin gibt es einige experimentelle Befunde, die bei einer weiteren Analyse zu beachten sind.

Das Licht in der photophilen Phase ist offenbar notwendig zur Ermöglichung bestimmter Synthesen, die wohl direkt oder indirekt mit der Photosynthese zusammenhängen. Für diese Deutung spricht, daß die Lichtwirkung teilweise durch Atmungshemmung erreicht werden kann: Bei der Langtagpflanze *Hyoscyamus niger* führt Atmungshemmung durch Stickstoff oder Kohlendioxyd in der Nacht (also während der dann eingetretenen photophilen Phase) ebenso zur Ermöglichung der Blütenbildung trotz Kurztagbedingung, wie die experimentelle Darbietung zusätzlichen Zuckers. So kann die Hemmwirkung der Blätter auch wenigstens teilweise als Erfolg ihres Angriffs auf die Assimilate gedeutet werden (MELCHERS, LANG, CLAES). Es ist auch nachgewiesen worden, daß das schwache Zusatzlicht, welches geeignet ist, in der photophilen Phase Blütenbildung auszulösen, tatsächlich zur Hemmung der Kohlendioxydabgabe führt. Wir haben schon früher auf die Bedeutung dieser Beobachtungen für die Frage der Blühhormonbildung hingewiesen; die Synthese dieses Hormons geht offenbar vom Zucker aus; aber es sind eben im allgemeinen auch Stoffe (oder Zustände?) erforderlich, die nur in der skotophilen Phase gebildet werden.

Werden bei Kurztagpflanzen *(Kalanchoe Blossfeldiana)* einzelne Blätter im Kurztag, andere im Langtag gehalten, so üben letztere ihre Hemmwirkung am stärksten aus, sofern sie senkrecht über den im Kurztag gehaltenen stehen. Das Langtagblatt muß also zur Erzielung starker Hemmung immer zwischen Kurztagblatt und Sproßvegetationspunkt stehen. Daraus wird man die Vorstellung ableiten können, daß der in den Kurztagblättern gebildete Förderungsstoff im Sproß mit dem im Langtagblatt gebildeten Hemmungsstoff zusammen reagiert (HARDER, WESTPHAL und BEHRENS). Für die weitere Aufklärung der Vorgänge ist es noch wichtig, daß sich (bei Langtagpflanzen, z. B. nach SNYDER bei

Plantago lanceolata) der von Langtagen induzierte Effekt mehrerer Tage erfolgreich summieren kann, auch wenn zwischen den für sich nicht zur Induktion der Blütenbildung ausreichenden Langtagen Pausen von mehreren (bis zu 20) Kurztagen liegen.

Photoperiodismus und Blütenöffnung. Ein anderes photoperiodisches Phänomen, das vielleicht noch leichter auf die Steuerung der endogenen Tagesrhythmik durch den Licht-Dunkelwechsel zurückgeführt werden kann, ist die Beeinflussung der Blütenöffnung bei manchen Pflanzen. *Cereus grandiflorus* blüht einen halben Tag nach dem letzten Übergang vom Licht zur Dunkelheit. Bei *Oenothera* ist nach SIGMOND für die Blütenentfaltung eine regelmäßige Aufeinanderfolge von Licht und Dunkelheit notwendig. Setzt einen Tag vor der zu erwartenden Öffnung Dauerverdunkelung ein, so kommt es nur zum Anfangsstadium der Entfaltung. Bei *Oenothera* ist das abendliche Anschwellen des Turgors und die dadurch bedingte Zunahme des Drucks auf den Kelch für das Öffnen der Blüte wichtig. Da wir aus dem Studium der tagesperiodischen Turgorbewegungen wissen, daß die Möglichkeit der Erreichung extremer Blattlagen (also extremer Turgorwerte) von der Rhythmik des Licht-Dunkelwechsels abhängt, bereitet die Erklärung der photoperiodischen Bedingtheit jener Blütenöffnungen wohl keine Schwierigkeiten.

Photoperiodismus und Pflanzenverbreitung. Daß Langtagpflanzen in den gemäßigten und polaren Regionen bevorzugt sind, Kurztagpflanzen dagegen in den äquatornahen Regionen, ist selbstverständlich. Kurztagpflanzen können in den gemäßigten und polaren Regionen nur im Frühjahr oder Herbst ihre Blüten anlegen. Langtagpflanzen kommen in der tropischen Region oft überhaupt nicht zur Blüte. Etwas leichter können sie dort blühen, wenn sie bei niedriger Temperatur, also auf höheren Bergen aufwachsen; die Erklärung ist darin zu sehen, daß die kritische Tageslänge der Langtagpflanzen mit fallender Temperatur sinkt, also bei niedriger Temperatur schon eine geringere Tageslänge zur Induktion der Blütenbildung genügt. Die gleiche Abhängigkeit der kritischen Tageslänge von der Temperatur erklärt auch die lange bekannte Erscheinung, daß ein und dieselbe Art in unseren Breiten um so früher im Sommer zu blühen vermag, je höher im Gebirge der Standort liegt. Die Abkürzung der kritischen Tageslänge kann soweit gehen, daß Langtagpflanzen sogar in extremen Kurztagen, bei Tageslängen weit unter 10 Std, Blüten bilden können.

Langtagpflanzen, etwa unsere Gemüsearten, können in den Tropen mit gutem Erfolg angebaut werden, jedoch ist wegen des Fehlens der Blüten zumeist eine Sameneinfuhr aus gemäßigten Regionen notwendig. Manche Kurztagpflanzen, wie z. B. einzelne *Soja*-Sorten, kommen in der Äquatornähe dann, wenn die Tageslänge noch kürzer wird als es ihrer subtropischen Heimat angemessen ist, so schnell zur Blüte, daß die vegetative Entwicklung nicht ausreichend intensiv wird, die Gesamtzahl von Blüten und damit die Ernte also zu gering bleibt.

Literatur.

Mit einem * versehene Arbeiten sind zusammenfassende Darstellungen.

a) Zusammenfassende Darstellungen über das Gesamtgebiet:
* BURKHOLDER: Bot. Review **2** (1936).
* DUGGAR: Biol. Effects of Radiation. New York u. London 1936.
* NUERNBERGK u. DU BUY: Erg. Biol. **12** (1936).

b) Allgemeines über die Aufnahme der Lichtreize:

BRAUNER: Naturwiss. 1953. — BÜNNING: Planta (Berl.) **27** (1937).

GALSTON: Amer. J. Bot. **36** (1949); * Bot. Review **16** (1950). — GALSTON and BAKER: Amer. J. Bot. **38** (1951).

KÖGL u. SCHURINGA: Z. physiol. Chem. **280** (1944).

OPPENOORTH: Proc. Roy. Acad. Amsterdam **42** (1939).

PRINGSHEIM: Cytologia, Fujii Jub.-Bd. **1937**.

REINERT: Z. f. Bot. **41** (1953).

c) Lichtwirkungen auf das Plasma:

FOLGER: Biol. Bull. **93** (1947).

STÅLFELT: Ark. Bot. A **33** (1946). — SWART-FÜCHTBAUER u. RIPPEL-BALDES: Arch. Mikrobiol. **16** (1951).

VIRGIN: Physiol. Plantarum **4** (1951).

d) Licht- und Wachstum. Phototropismus:

BACHUS and SCHRANK: Plant Physiol. **27** (1952). — BANBURY: J. of Exper. Bot. **3** (1952). — BERNHARD: Vgl. BÜNNING in Fiat-Rev. of German Sci. Biol. I (1948). — BRAUNER u. VARDAR: Rev. Fac. Sci. Univ. Istanbul, Sér. B. **15** (1950). — BRAUNER: Experientia (Basel) **8** (1952).

* GALSTON: Bot. Review **16** (1950).

HUBER: Ber. schweiz. bot. Ges. **61** (1951).

* NUERNBERGK u. DU BUY: Erg. Biol. **12** (1935). — PILET: Phyton **4** (1953).

REINERT: Z. f. Bot. **41** (1953).

SCHRANK: Plant. Physiol. **21** (1946). — STEINKE: Planta (Berl.) **30** (1940).

WASSINK u. BOUMAN: Enzymologia **12** (1947).

ZIEGLER: Planta (Berl.) **38** (1950).

e) Lichtturgorreaktionen von Blättern:

BOSE u. Mitarb.: Trans. Bose Res. Inst. Calcutta **16** (1918—1947). — BRAUNER: Rev. Fac. Sci. Univ. Istanbul, Sér. B **13** (1948). — BURKHOLDER and PRATT: Amer. J. Bot. **23** (1936).

f) Phototaxis:

BUDER: Jb. wiss. Bot. **58** (1919).

KÜSTER: Protoplasma (Berl.) **39** (1950).

LUNTZ: Vgl. Physiol. **14** (1931).

PRINGSHEIM: Cytologia, Fujii Jub.-Bd. **1937**.

THOMAS and NIJENHUIS: Biochim. et Biophysica Acta **6** (1950).

VOERKEL: Planta (Berl.) **21** (1934).

ZURZYCKA: Acta Soz. Bot. (Polen) **21** (1951).

g) Spaltöffnungsbewegungen:

ALVIM: Amer. J. Bot. **36** (1949).

FREUDENBERGER: Protoplasma (Berl.) **35** (1940).

HEATH: New Phytologist **48** (1949); J. of Exper. Bot. **1** (1950). — HEATH and MILTHORPE: J. of Exper. Bot. **1** (1950).

LIEBIG: Planta (Berl.) **33** (1942).

SCARTH u. SHAW: Plant Physiol. **26** (1951). — STÅLFELT: Flora (Jena) **21** (1927).

WILLIAMS: Nature (Lond.) **160** (1947); J. of Exper. Bot. **2** (1951); **3** (1952). — WILLIAMS u. SHIPTON: Physiol. Plantarum **3** (1950).

h) Etiolement und verwandte Erscheinungen:

ÅBERG: Symbolae Bot. Upsaliensis **8** (1943).

BÜNNING: Ber. dtsch. bot. Ges. **59** (1941). — BÜNNING u. Mitarb.: Planta (Berl.) **36** (1948).

GALSTON and HAND: Arch. of Biochem. **22** (1949). — GOODWIN a. OWENS: Bull. Torrey Bot. Club **75** (1948).

MCILVANE and POPP: J. Agricult. Res. **60** (1940).

PARKER u. Mitarb.: Amer. J. Bot. **36** (1949).

STIEFEL: Planta (Berl.) **40** (1952). — STOLWIJK: Proc., Kon. nederl. Akad. Wetensch. **55** (1952).

WASSINK u. STOLWIJK: Proc., Kon. nederl. Akad. Wetensch. **55** (1952). — WASSINK, STOLWIJK u. BEEMSTER: Proc., Kon. nederl. Akad. Wetensch. **54** (1951). — WEINTRAUB a. PRICE: Smithsonian Misc. Coll. **106** (1947). — WENT: Amer. J. Bot. **28** (1941). — WITHROW: Plant Physiol. **16** (1941).

i) Sonstige Entwicklungsbeeinflussungen:

DALE: Science (Lancaster, Pa.) **114** (1951).
FITTING: Jb. wiss. Bot. **90** (1942). — FLOREN: Flora (Jena) **35** (1941).
RUGE: Ber. dtsch. bot. Ges. **65** (1952).
SAGROMSKY: Flora (Jena) **139** (1952). — SOBELS u. BRUGGE: Proc., Kon. nederl. Akad. Wetensch. **53**, Nr 10 (1950).
TORREY: Plant Physiol. **27** (1952).
WATSON: New Phytologist **41** (1942).

k) Lichtwirkung und Tagesrhythmik:

ALLARD u. GARNER: J. Agricult. Res. **63** (1941).
BORTHWICK, HENDRICKS and PARKER: Bot. Gaz. **111** (1948). — * BÜNNING: Naturwiss. 1947. — BÜNSOW: Planta (Berl.) **42** (1953); Z. Bot. **41** (1953).
CARR: Physiol. Plantarum **5** (1952a); Z. Naturforsch. **7**b (1952b). — CLAES: Z. Naturforsch. **7**b (1952).
GÖTZ: Z. Bot. **41** (1953). — GÜMMER: Planta (Berl.) **36** (1949).
* HARDER: Naturwiss. **1946**. — HARDER, WESTPHAL u. BEHRENS: Planta (Berl.) **36** (1949). — * HEATH u. HOLDSWORTH: Symposia Soc. Exper. Biol. **2** (1948).
* INGOLD: Spore discharge in land plants. Oxford 1939.
KLEIN: Bot. Gaz. **110** (1948).
* LANG: Annual Rev. Plant Physiol. **3** (1952).
* MURNEEK u. WHYTE: Vernalization a. Photoperiodism. Waltham 1948.
PARKER and Mitarb.: Bot. Gaz. **108** (1946). — PARKER and BORTHWICK: Annual. Rev. Plant. Physiol. **1** (1950).
RESENDE: Portugal. Acta Biol., Ser. A **3** (1952).
SCHMIDLE: Arch. Mikrobiol. **16** (1951). — SNYDER: Amer. J. Bot. **35** (1948).
WALLRABE: Bot. Archiv **45** (1942). — WILLIAMS: J. of Exper. Bot. **3** (1952). — WASSINK u. Mitarb.: Proc., Kon. Akad. Wetensch. **54** (1951). — Vgl. auch die unter h) genannten Arbeiten von WASSINK u. STOLWIJK. — WALLRABE: Bot. Archiv **45** (1942). — WILLIAMS: J. of Exper. Bot. **3** (1952).
YARWOOD: Amer. J. Bot. **28** (1941).
ZIERIACKS: Biol. Zbl. **71** (1952).

V. Die Wirkung von Radiowellen.

Die meisten der älteren Angaben über eine physiologische Wirkung der verschiedenen Arten von Radiowellen halten einer Kritik nicht stand. Ob die sog. Mittel- und Langwellen Lebensvorgänge beeinflussen können, ist zweifelhaft, aber für kurze und ultrakurze Wellen liegen aus der neueren Zeit mehrere positive Angaben vor. So kann die Kernteilung beeinflußt werden (vgl. KIEPENHEUER, BRAUER und HARTE, BRAUER). Bei Wellenlängen von 1,50 m wurden Wirkungen bis herunter zu Feldstärken von etwa 10^{-8} V/cm gefunden. Je nach der Dosis wirken die Wellen fördernd oder (bei stärkeren Dosen) hemmend. Auch Mutationsauslösungen durch Meterwellen wurden gefunden (HARTE). In der freien Natur sind sehr wohl Feldstärken gemessen worden, die denen der in biologischen Experimenten wirksamen entsprechen, so daß auch dort mit solchen Effekten gerechnet werden kann, wo Einflüsse von Sendern nicht bestehen. Allerdings bedarf es noch weiterer Untersuchungen, um die Bedeutung solcher Einflüsse genauer zu klären; denn in anderen Versuchen zeigte sich, daß die Meterwellen auf die dabei untersuchten Vorgänge praktisch keinen Einfluß haben (ELWERT, MITLACHER und REINERT).

Auch auf einige oft behauptete ungeklärte Witterungseinflüsse auf Organismen sei hier wenigstens verwiesen (BORTELS).

Die anscheinend gesicherte Beziehung zwischen der pflanzlichen Entwicklung und den Sonnenflecken, z. B. der Einfluß von Sonnenflecken auf den Jahreszuwachs der Bäume, könnte ebenfalls mit Strahlungen zusammenhängen, deren Auftreten eine enge Beziehung zu den Sonnenflecken aufweist (SCHNEIDER).

Literatur.

BORTELS: Arch. Mikrobiol. **14** (1948). — BRAUER: Chromosoma **3** (1950).
ELWERT, MITLACHER u. REINERT: Z. Naturforsch. **7**b (1952).
HARTE: Chromosoma **3** (1949).
KIEPENHEUER, BRAUER u. HARTE: Naturwiss. **36** (1949).
SCHNEIDER: Meteorol. Rdsch. **2** (1949).

VI. Temperaturwirkungen.

1. Direkte Wirkungen auf die Wachstums- und Entwicklungsgeschwindigkeit.

Temperaturkoeffizienten. Der starke Einfluß der Temperatur auf das Wachstum ist allgemein bekannt und auch leicht verständlich, da die meisten der an chemische Reaktionen gebundenen Lebensvorgänge ebenso wie diese temperaturabhängig sind. Das Wachstum steht aber ja in enger Beziehung zu chemischen Reaktionen; speziell die Beziehung zu den Atmungsvorgängen haben wir eingehend behandelt.

Gelegentlich ist angenommen worden, die Temperaturabhängigkeit physiologischer Prozesse sei anders bedingt als die Temperaturabhängigkeit chemischer Reaktionen außerhalb des Organismus, sie sei nämlich nicht die Folge einer unmittelbaren Beschleunigung der Fermentreaktionen, sondern Ausdruck einer Temperaturabhängigkeit physikalischer oder kolloidchemischer Prozesse. Prinzipiell ist das möglich. Die Geschwindigkeit einer chemischen Reaktion hängt nicht nur vom Reaktionsbestreben der reagierenden Substanzen ab, sondern auch von der Geschwindigkeit ihres Transports, d. h. ihrer Diffusion zum Reaktionsort, sowie der Geschwindigkeit des Forttransports der Reaktionsprodukte, bei deren Anhäufung eine Reaktionshemmung entstehen muß. Diese Diffusionsprozesse können in Medien hoher Viskosität, also gehemmter Diffusion, zu begrenzenden Faktoren der Reaktionsgeschwindigkeit werden. Wenn nun die Viskosität stark temperaturabhängig ist, so muß auch eine starke Temperaturabhängigkeit der chemischen Reaktion in Erscheinung treten. Jedoch sind nur gelegentlich direkte, für die betreffenden Fälle vielleicht berechtigte Argumente zugunsten der Annahme einer Beziehung zwischen der Plasmaviskosität und der Geschwindigkeit chemischer Reaktionen in der Zelle vorgebracht worden; in anderen Fällen hat es sich gezeigt, daß eine solche Beziehung nicht besteht, die Viskosität vielmehr bei zunehmender Temperatur ansteigen kann, und die Geschwindigkeit fermentiv gesteuerter Reaktionen, etwa der Atmung, doch noch zunimmt. Die Temperaturabhängigkeit physiologischer Prozesse dürfte also oft wesentlich gleicher Natur sein wie die Temperaturabhängigkeit chemischer Reaktionen in vitro. Das gilt namentlich für niedrige und mittlere Temperaturen. Bei hohen Temperaturen kann die chemische Reaktion so sehr beschleunigt sein, daß allerdings physikalische Vorgänge begrenzend wirken können, und zwar scheint hier speziell die Diffusion der reaktionsfähigen Substanzen durch die Plasmagrenzschichten wichtig zu sein. Bei Atmungsvorgängen kann sowohl die Zuleitung von Zucker als auch die Sauerstoffdiffusion zum begrenzenden Faktor werden. Der Temperaturkoeffizient reiner Diffusionsvorgänge ist im allgemeinen gering; das Verhältnis der Geschwindigkeiten bei zwei um 10^0 voneinander verschiedenen Temperaturen beträgt nämlich 1,1—1,2, während dieser Temperaturkoeffizient ((Q_{10}) bei chemischen Reaktionen 2—3 beträgt. Daher ist es verständlich, daß bei zunehmender

Temperatur, wenn die chemische Reaktion immer mehr beschleunigt wird. schließlich die genannten Zuleitungsprozesse begrenzend wirken, und der ganze Vorgang dann, obwohl chemische Reaktionen stattfinden, die Temperaturabhängigkeit eines Diffusionsprozesses zeigt.

Ein Beispiel für diese Beziehung können uns Atmungsversuche an *Phycomyces* liefern. Für die Intensität der CO_2-Abgabe ist unterhalb von 15° der eigentliche chemische Prozeß begrenzender Faktor, oberhalb von 25° aber die Zufuhr der Nährstoffe; zwischen 15 und 25° liegt ein Übergangsgebiet. So läßt sich jedenfalls am besten die Änderung der Temperaturkoeffizienten deuten; in der nachstehenden Tabelle sind die Verhältnisse der Reaktionsgeschwindigkeiten für je zwei um 5° voneinander verschiedene Temperaturen angegeben (WASSINK).

Temperaturkoeffizienten der CO_2-Abgabe von Phycomyces Blakesleeanus.

$Q\frac{15^\circ}{10^\circ}$	$Q\frac{20^\circ}{15^\circ}$	$Q\frac{25^\circ}{20^\circ}$	$Q\frac{30^\circ}{25^\circ}$
1,75	1,46	1,33	1,14

Optimum und Maximum. So wird es auch verständlich, daß mit zunehmender Temperatur zunächst ein schneller, schließlich aber ein langsamer Anstieg der Wachstumsgeschwindigkeit eintritt. Jedoch ist hiermit der bei steigender Temperatur allmählich kleiner werdende Temperaturkoeffizient der Wachstumsgeschwindigkeit noch nicht restlos erklärt; die Wachstumsgeschwindigkeit erreicht ja mit steigender Temperatur schließlich ein Optimum; d. h. bei hoher Temperatur machen sich Prozesse geltend, die die Wachstumsgeschwindigkeit hemmen und gegenüber der fördernden Wirkung zunehmender Temperatur schließlich dominieren.

An diesen hemmenden Prozessen sind, jedenfalls bei sehr hoher Temperatur, die gleichen Vorgänge beteiligt, die schließlich auch zum Absterben der Zelle führen. Ein äußeres Kennzeichen dieser Absterbeprozesse ist, daß sie selber wieder stark temperaturabhängig sind. Es gibt nicht, wie früher zumeist angenommen wurde, eine bestimmte, für die einzelnen Arten verschiedene Todestemperatur, etwa 50 oder 60°, sondern der Hitzetod ist an Prozesse gebunden, die eine gewisse Zeit erfordern, und eben diese ist stark temperaturabhängig. Werden z. B. Weizenkörner in Wasser übertragen, so sind bei den verschiedenen Wassertemperaturen die in der S. 466 stehenden Tabelle angegebenen Zeiten erforderlich, um die Abtötung zu erreichen.

Der Temperaturkoeffizient (Q_{10}) des Absterbeprozesses beträgt also ungefähr 100; bei anderen Objekten sind ähnlich hohe oder noch höhere Koeffizienten gefunden worden, so bei *Bac. typhosus* zwischen 50 und 320, bei *Spirogyra* 29, bei höheren Pflanzen zumeist zwischen etwa 25 und 120. Diese Temperaturkoeffizienten, die somit viel höher sind als die einfacher chemischer Reaktionen, lassen vermuten, daß für den Hitzetod Koagulationen oder zum mindesten Denaturierungen bzw. Zerstörungen labiler Verbindungen (Eiweißlipoide) verantwortlich sind. Für die Hitzekoagulation der Albumine sind Temperaturkoeffizienten zwischen etwa 15 und einigen hundert oder sogar einigen tausend gefunden worden.

Die Resistenz der Zellen gegen Hitze ist physiologischen Schwankungen unterworfen, die vielleicht entscheidend mit der Festigkeit der beim Denaturieren zerstörbaren intra- und intermolekularen Bindungen zusammenhängen (BOGEN). Es ist nach unseren allgemeinen Ausführungen über die

Resistenz der Zellen verständlich, daß enge Beziehungen zwischen Wasserzustand und Resistenz bestehen, so daß sich die Hitzeresistenz durch Wasserentzug erhöhen läßt (CHRISTOPHERSEN und PRECHT).

Das Temperaturoptimum des Wachstums liegt bei den meisten höheren Pflanzen so tief (oft zwischen 25 und 35°), daß Eiweißkoagulationen noch nicht für seine Überschreitung verantwortlich sein können. Jedoch bedarf es, wie wir früher gesehen haben, nur geringer Schädigungen der normalen Struktur des Plasmas, um die Ausnutzbarkeit der (oberhalb des Wachstumsoptimums noch steigenden) Atmung für das Wachstum herabzudrücken. Besonders aber liegt das Optimum oft niedrig, weil die Atmung mit zunehmender Temperatur viel stärker steigt als die Assimilation, deren Optimum zudem früher erreicht wird als das der Atmung. Daher können viele Pflanzen schon bei mittleren Temperaturen keinen Assimilationsüberschuß mehr erzielen, also auch nicht wachsen. Die Beschränkung vieler Arten auf hohe Berge hat in vielen Fällen hierin ihre Ursache; oft ist diese Zurückdrängung auf die Höhen auch um so strenger, je ungünstiger die übrigen Assimilationsbedingungen, namentlich die Beleuchtungsverhältnisse sind, während sich umgekehrt überraschenderweise zeigt, daß manche Arten, die normalerweise in großen Höhen wachsen, auch in geringerer Höhe fortkommen können, wenn die Assimilationsbedingungen durch hohe CO_2-Konzentration in der Nähe vulkanischer Eruptionsstellen verbessert sind.

Temperaturabhängigkeit des Hitzetodes von Weizenkörnern.

Wassertemperatur °C	Notwendige Einwirkungsdauer, um die Keimfähigkeit von 90% auf 50% herabzusetzen min
60,4	0,97
55,0	8,65
50,0	122,0
45,0	888,0

Die Lage des Temperaturoptimums für das Wachstum, sowie die Höchsttemperatur, in der der Organismus bei Daueraufenthalt noch wachsen kann, ist bei den einzelnen Arten sehr verschieden. Während die meisten höheren Pflanzen nicht mehr wachsen, wenn dauernd eine Temperatur über etwa 35—40° auf sie einwirkt, sind für einige Bakterien diese oder noch höhere Temperaturen erst optimal, und solche Organismen können sogar noch wachsen, wenn die Temperatur dauernd 60 oder 70° beträgt. Auch einzelne Pilze (Formen von *Aspergillus fumigatus*, von *Coprinus*-Arten und von *Acremoniella velutina*) zeigen ihr Optimum bei ungefähr 40°, während sie bis zu 50° noch wachsen.

Thermophile Blaualgen wachsen noch bei hohen Temperaturen, weil sie ihre Assimilation bis in sehr hohe Temperaturen hinein steigern, während die Atmung viel weniger als bei anderen Pflanzen mit der Temperatur zunimmt. Analog kann bei thermophilen Bakterien die Neusynthese von Enzymen schneller verlaufen als deren Zerstörung durch Hitze. Der Temperaturkoeffizient der Enzymbildung kann also bei den Thermophilen erhöht sein (ALLEN). Für diese Stoffwechseleigentümlichkeiten ist offenbar nicht so sehr eine besondere chemische Zusammensetzung des Plasma wichtig, sondern vielmehr ein besonderer physikalischer Zustand, nämlich ein Zustand, wie ihn auch andere Pflanzen in Perioden der Resistenzerhöhung besitzen (verminderter Gehalt an freiem Wasser, dadurch erhöhte Stabilität und zugleich erleichterte Synthese sowie erschwerte Dissimilation). Dieser besondere Zellzustand hat außer der Ermöglichung eines Assimilationsüberschusses bei hoher Temperatur zwangsläufig zur Folge, daß das

Wachstum thermophiler Formen meist schwächer ist als das Wachstum nicht thermophiler Formen (BÜNNING und HERDTLE).

Auch die für das Wachstum notwendige Mindesttemperatur ist von Art zu Art verschieden. Einige Bakterien erfordern Temperaturen über 30°, höhere Pflanzen mindestens über 0°; aber z.B. *Phaseolus* 9°, *Cucumis sativus* 16° als Mindesttemperatur.

Die relativ hohe Lage des Temperaturminimums erklärt sich aus einer starken Zunahme der Temperaturkoeffizienten bei niedriger Temperatur, d. h., die Geschwindigkeit der physiologischen Vorgänge nimmt bei weiterer Temperatursenkung rasch ab. Während die Q_{10}-Werte der verschiedensten physiologischen Prozesse bei mittleren Temperaturen ebenso wie für chemische Reaktionen zwischen 2 und 3 liegen, erreichen sie bei Temperaturen unter etwa 10° oft die Werte 5—8. So hohe Temperaturkoeffizienten können durch die Überlagerung mehrerer Vorgänge mit normalen Koeffizienten entstehen.

Das Temperaturoptimum kann natürlich ebensowenig konstant sein wie das Maximum; denn es ist wie dieses durch das Eingreifen schädigender Prozesse bedingt, die sich um so stärker bemerkbar machen werden, je länger die hohe Temperatur einwirkt; daher beobachtet man bei länger dauernden Versuchen eine allmähliche Herabsetzung des Optimums. Das gilt auch schon für die Atmung (Abbildung 425). Aber noch aus einem anderen Grunde können Atmungs- und Wachstumsgeschwindigkeit ansehnlich zunehmen, wenn eine erhöhte Temperatur nur kurze Zeit einwirkt. Hat sich die Pflanze nämlich vorher in niedriger Temperatur befunden, so wurde wenig Atmungsmaterial verbraucht; dieses steht also bei plötzlicher Temperaturerhöhung sehr reichlich zur Verfügung; die Atmung und damit die an die Atmung gebundenen Vorgänge wie etwa das Wachstum nehmen stark zu; dann aber wird der Überschuß von Atmungsmaterial verbraucht und die Atmungsgeschwindigkeit sinkt auf einen weniger hohen Wert. Dabei kann sogar vorübergehend ein niedrigerer Wert erreicht werden als bei der ursprünglichen niedrigen Temperatur. Ein Temperatursprung verursacht auch andere physiologische Gleichgewichtsstörungen, die erst allmählich von einem neuen Gleichgewicht abgelöst werden. Auch in dem Auftreten sog. Thermowachstumsreaktionen bei plötzlichem Temperaturanstieg kommen diese Gleichgewichtsstörungen zum Ausdruck; häufig beobachtet man 10—20 min nach einer Temperatursteigerung ein Maximum der Wachstumsgeschwindigkeit, 20—30 min später ein Minimum und dann eine Annäherung an einen neuen ungefähr konstanten Wert (Abb. 426). Bei plötzlichen Temperaturänderungen ist, wie wir sehen werden, außerdem mit der Auslösung von Alles-oder-Nichts-Erregungen und ihren Folgen zu rechnen.

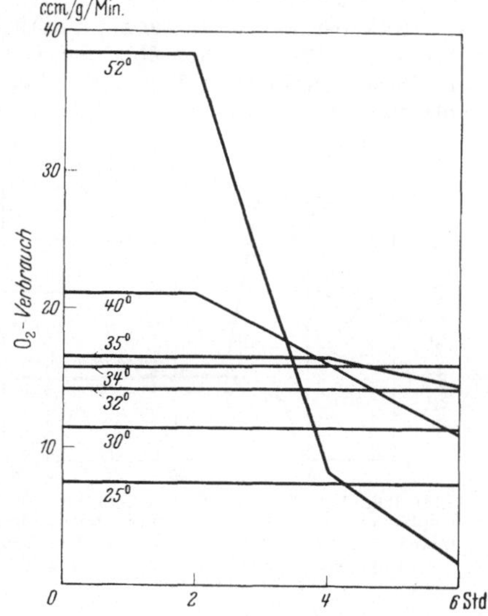

Abb. 425. Atmungsintensität der Blüten von *Helianthus annuus* bei verschiedenen Temperaturen. Die Versuchstemperaturen sind bei den einzelnen Kurven angegeben. Die Atmung ist zwar bei erhöhter Temperatur zunächst stets lebhafter, sinkt aber schließlich doch infolge der Schädigungen; nur bei Temperaturen bis zu höchstens 34° bleibt sie auf der ursprünglichen Höhe. (Nach GUHA THAKURTA und DUTT.)

Thermotropismus. Thermowachstumsreaktionen können natürlich, wenn sie auf eine Flanke des Organs beschränkt bleiben, zu thermotropischen

Krümmungen führen; diese sind aber auch unabhängig von jener Übergangsreaktion beim dauernden Aufenthalt des Organs in dem senkrecht zu seiner Längsachse verlaufenden Temperaturgefälle möglich, und zwar wenigstens in einigen Fällen schon darum, weil sich die beiden Flanken des Organs unter dieser Bedingung ja in verschiedener Entfernung vom Temperaturoptimum des Wachstums befinden. — Auch durch strahlende Wärme können thermotropische Krümmungen induziert werden; so zeigen beispielsweise die Sporangienträger von *Phycomyces* bei einseitiger Bestrahlung mit Ultrarot thermotropische Krümmungen, die im Gegensatz zu den phototropischen immer negativ sind.

Kältewirkungen. Es sei auf die Ausführungen über die Kälteresistenz (S. 44) verwiesen. Wo an der Pflanze schon über dem Gefrierpunkt Schäden eintreten, sind Desorganisationen im Plasma zu finden, z. B. eine Erhöhung der Salzpermeabilität, eine Gelbildung und sonstige plasmatische Veränderungen, wie sie durch schädigende Einflüsse hervorgerufen werden.

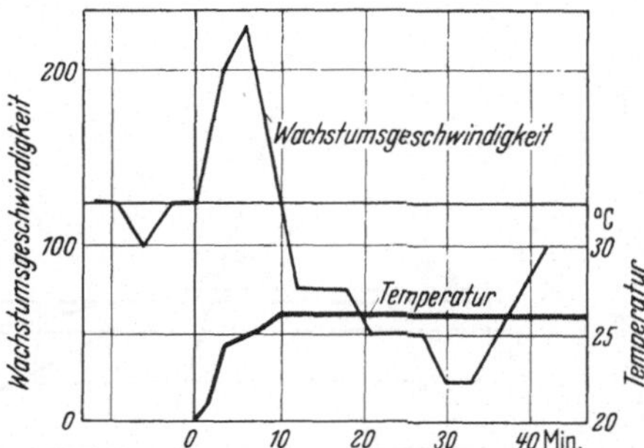

Abb. 426. Die Thermowachstumsreaktion der Koleoptile von *Avena sativa*. Abszisse: Zeit; Ordinate: relative Zuwachsgeschwindigkeit (links) bzw. Temperatur (rechts; Kurve kräftig ausgezogen). (Nach Versuchen von ERMAN.)

Komplikationen, Gleichgewichtsverschiebungen. Wir haben die Beziehung zwischen Temperatur und Wachstumsgeschwindigkeit zunächst so dargestellt, als werde das Optimum überschritten, weil sich schließlich Prozesse geltend machen, die den zum Absterben führenden entsprechen. Oft ist dieses einfache Schema bestimmt nicht anwendbar; das Optimum wird nämlich gelegentlich schon bei Temperaturen erreicht, die tief unter den tödlich wirkenden liegen; dabei kann auch die Möglichkeit eines Assimilationsüberschusses nicht entscheidend sein. Und zwar können diese Optima für die einzelnen Organe und Wachstumsprozesse sehr verschieden liegen. Wenn wir außer dem Streckungsvermögen auch die Teilungs- und Differenzierungsprozesse berücksichtigen, wird das Bild noch komplizierter. Bei einer *Iris*-Art ist eine Temperatur von 9^0 für die Blütenbildung optimal, während beispielsweise für die Blütenbildung der Tulpen 30^0, für die der Hyazinthen $25{,}5^0$ optimal sind. Bei Tulpen sind für die im Sommer in der Zwiebel erfolgende Anlage und Differenzierung der Blätter für die nächste Vegetationsperiode 17—20^0 optimal; für die anschließend (im Spätsommer und Herbst) erfolgende Organstreckung aber 13^0. Auch bei *Narcissus* beträgt das Temperaturoptimum für die Streckung der eben aus der Zwiebel hervorgetretenen Blattorgane nur 11—13^0 (Arbeiten von BLAAUW und Mitarbeitern).

Wenn wir diese Eigentümlichkeiten bisher auch nicht physiologisch verstehen, so dürfen wir doch sagen, daß in ihnen eine Anpassung an die normalen Umweltbedingungen vorliegt. Diese Anpassung kann so weit gehen, daß selbst bei Temperaturen, die wenig über dem Nullpunkt liegen, bei manchen Pflanzen noch lebhafte Differenzierungsvorgänge ablaufen können. So wurde beispielsweise gefunden, daß eine *Iris*-Art ihre Blüten im März bei etwa 5^0 anlegt.

Um so auffällige Werte zu begreifen, muß berücksichtigt werden, daß Art und Geschwindigkeit komplizierter Vorgänge wie Teilung, Differenzierung und Streckung ganz wesentlich von der chemischen Qualität der Zelle abhängen, also vom Mengenverhältnis der einzelnen Substanzen. Dieses aber wird bei verschiedenen Temperaturen im allgemeinen nicht übereinstimmend sein. Schon unabhängig von den komplizierten Bedingungen innerhalb der Zelle kann sich das chemische Gleichgewicht mit der Temperatur ändern. Nach VAN'T HOFFS Prinzip vom beweglichen Gleichgewicht begünstigt nämlich hohe Temperatur das unter Wärmeaufnahme gebildete System, niedrige das exotherm gebildete.

In der lebenden Zelle ist eine qualitative Veränderung der chemischen Zusammensetzung mit der Temperatur aber auch schon möglich, weil die Einzelsprozesse verschiedene Temperaturkoeffizienten besitzen.

Durch solche auf die eine oder andere Art bedingten Gleichgewichtsverschiebungen ist es auch verständlich, daß manche Pflanzen schon bei Temperaturen zwischen 0 und $+4^0$ den Kältetod, andere bei $+20^0$ den Wärmetod erleiden.

Thermonastie. Erhöhte Temperatur steigert die Wachstumsgeschwindigkeit auch, weil (auf dem Wege über das Plasma) die plastische Membrandehnbarkeit erhöht wird. Diese Wirkung ist bei den thermonastischen Wachstumsbewegungen der Perigonblätter von *Crocus* und *Tulipa* ausgenutzt. Die Blüten dieser Pflanzen öffnen sich bei erhöhter Temperatur infolge vorübergehend verstärkten Wachstums der Perigonoberseite (Abb. 427). Die Unterseite reagiert langsamer auf den Temperaturanstieg, so daß sie erst später, wenn die Wachstumsgeschwindigkeit der Oberseite bereits ihr Maximum überschritten hat oder sogar ganz zurückgegangen ist, deutlich wird und zum Zurückgehen der Öffnungsbewegung führt. An diesem unterschiedlichen Reagieren ist auch eine Differenz der Temperaturoptima von etwa 10^0 beteiligt (WOOD).

Der Temperatureinfluß kommt auch in Änderungen des Plasmazustandes zum Ausdruck. Bei *Crocus* und *Tulipa* können Zellen, die zunächst konvex plasmolysieren, nach einem Wärmereiz Krampfplasmolyse zeigen (MÜCKSCHÜTZ).

Temperatursummen. Bestimmte Entwicklungsvorgänge, z. B. die Blütenbildung, können dann eintreten, wenn die Summe der positiven Temperaturtagesmittel zwischen einem Anfangstermin (meist 1. Januar) und dem Eintritt des Entwicklungsstadiums einen bestimmten Wert erreicht. Diese Regel kann oft sehr genau zutreffen (vgl. ARZT und LUDWIG).

Thermotaxis. Als Beispiel seien die Plasmodienwanderungen von *Dictyostelium discoideum* zum Bereich höherer Temperatur genannt. Als Reiz genügt schon ein Temperaturgefälle von $0{,}05^0$/cm (dabei haben die beiden Enden des Plasmodiums eine Temperaturdifferenz von $0{,}0005^0$) (BONNER, CHARKE, NEELY und SLIFKIN).

Temperaturschwankungen. Bisher wissen wir noch nicht, warum eine wechselnde Temperatur oft einen ganz anderen Effekt haben kann als eine gleichbleibend hohe oder niedrige Temperatur. Der günstige Einfluß solcher Wechseltemperaturen kann sich z. B. bei der Beeinflussung der Samenkeimung zeigen. Für die Entwicklung von Früchten bei Blütenpflanzen kann ebenfalls ein Wechsel der Temperatur günstig sein. In einigen Fällen haben sich Temperaturschwankungen, die dem Tagesgang folgen, als sehr günstig erwiesen.

Vielleicht sind gerade noch solche Wirkungen, bei denen es auf die im tagesperiodischen Rhythmus erfolgenden Temperaturschwankungen ankommt, am leichtesten der Analyse zugänglich. Wir kennen einen Effekt, der durch solche tagesperiodische Temperaturschwankungen hervorgerufen werden kann, sehr genau. Diese Rhythmik kann ebenso wie der

Licht-Dunkelwechsel die endogene Tagesrhythmik steuern, was beispielsweise in der Möglichkeit einer Regulierung der tagesperiodischen Blattbewegungen durch einen Wechsel hoher und niedriger Temperatur zum Ausdruck kommt. Daraus folgt aber, daß der Temperaturwechsel ebenso wie der Lichtwechsel geeignet ist, das Eintreten der Extremzustände der endogenen Rhythmik zu begünstigen oder zu beeinträchtigen. Hierdurch muß nach unseren Betrachtungen über die Grundlagen der photoperiodischen Erscheinungen auch die Entwicklung beeinflußt werden. So könnte es grundsätzlich begreiflich werden, warum beispielsweise Tomaten eine optimale Entwicklung zeigen, wenn die Temperatur nachts erniedrigt, am Tage erhöht ist; denn Temperaturschwankungen dieser Art steuern ebenso wie der Licht-Dunkelwechsel die endogene Rhythmik.

Diese „Thermoperiodizität“ sei am Verhalten von *Baeria chrysostoma* demonstriert (SHI-WEI LOO):

Tagestemperatur, °C.	17	17	17	17	26	26	26	26
Nachttemperatur, °C.	8	13	16	22	8	13	16	22
Höhe der Pflanzen, mm . . .	95	104	59	55	129	207	99	79

Nach den bisherigen Erfahrungen liegt die optimale Nachttemperatur fast ausnahmslos niedriger als die optimale Tagestemperatur. WENT schloß daraus, daß am Tage und in der Nacht verschiedene Prozesse mit unterschiedlicher Temperaturabhängigkeit ablaufen. Unser Hinweis auf den Unterschied in den beiden Phasen der endogenen Tagesrhythmik kann diese Deutung etwas mehr präzisieren. Die Beteiligung der endogenen Tagesrhythmik am Thermoperiodismus, also das Vorhandensein einer analogen Beziehung wie der beim Photoperiodismus festgestellten, wird deutlich aus Versuchen, nach denen nicht einfach Licht- und Dunkelperiode unterschiedlich auf die Temperatur ansprechen, sondern innerhalb dieser Perioden selber ein Schwanken des Reaktionsvermögens auf die Temperatur deutlich wird. Man kann etwa durch ein „Abtasten“ der einzelnen Tageszeiten mit kurzen Perioden niedriger Temperatur das tagesperiodische Schwanken des thermophilen Charakters ähnlich ermitteln wie beim Photoperiodismus durch Abtasten mit Lichtreizen das tagesperiodische Schwanken des photophilen Charakters (SCHWEMMLE).

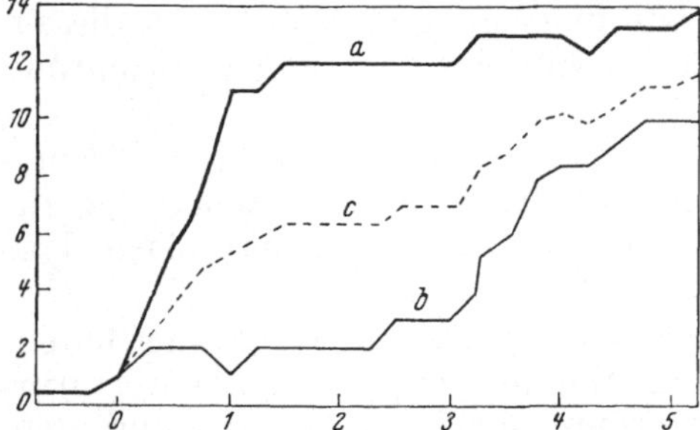

Abb. 427. Wachstum eines Perigonblattes von *Crocus* bei Erhöhung der Temperatur von 9,3° auf 20,8° C. *a* Innenseite; *b* Außenseite; *c* Mittellinie. Auf der Abszissenachse ist die Zeit in Stunden angegeben. (Nach WIEDERSHEIM.)

Auch aus anderen Gründen kann die tiefere Lage der optimalen Nachttemperatur nicht einfach durch die Annahme einer günstigen Wirkung des verringerten Stoffverlustes bei einer durch niedrige Temperatur gehemmten Atmung erklärt werden; denn die Höhe der optimalen Nachttemperatur ist nicht nur je nach dem Alter, sondern auch bei den einzelnen Organen einer Pflanze verschieden. Bei *Capsicum annuum* sinkt die für die vegetative Entwicklung der Pflanze optimale Nachttemperatur mit zunehmendem Alter allmählich von 30 auf 8,5°, und während für das Flächenwachstum der Blätter eine Nachttemperatur von 12,5° optimal ist, beträgt dieser Wert für das Ausmaß der Bildung von Blättern 26°, für die Blütenbildung aber zunächst 15—20°, bei älteren Pflanzen 8,5° (vgl. Abb. 428). Offenbar sind also recht verschiedene Vorgänge beteiligt (vgl. auch CAMUS und WENT). Für die Blütenbildung ist auch sonst eine niedrige Nachttemperatur optimal (vgl. z. B. HIESEY).

2. Formative Wirkungen der Temperatur.

Auch die Gesamtzahl der im Laufe der Entwicklung oder eines bestimmten Entwicklungsabschnittes erfolgenden Zellteilungen und die bei der Streckung erreichte Endgröße der Zellen wird durch die Temperatur beeinflußt. Die so erreichten formativen Effekte der Temperatur erinnern oft an die formative Wirkung von Licht und Dunkelheit. Niedrige Temperatur kann ebenso wie Licht verkürzend auf die Internodienlänge wirken. — *Daucus*-Wurzeln (Karotten) werden bei niedriger Temperatur länglich und zeigen konische Form, bei höherer Temperatur bleiben sie kürzer, werden aber dicker. Kartoffeln bilden bei hohen Nachttemperaturen keine Knollen. Bei Tulpen wird der Blütenboden um so breiter, je niedriger die Temperatur während seiner Anlage ist; eine Folge dieser Oberflächenvergrößerung ist es außerdem, daß bei niedriger Temperatur durchweg eine größere Zahl von Blütenteilen (Perigon-, Staub- und Fruchtblätter) angelegt wird als bei höherer Temperatur (Abb. 429). — Aus den Brandsporen von *Ustilago descipiens* bildet sich beim Keimen kein Promycel, sondern nur ein kurzes, die Sporidien abschnürendes Sterigma, wenn die Temperatur 0° beträgt. Bei 20° aber wird das vierzellige Promycel gebildet und jede seiner Zellen schnürt Sporidien ab; bei 25° entsteht ebenfalls das vierzellige Promycel, jedoch kopulieren die Zellen jetzt untereinander statt Sporidien zu bilden.

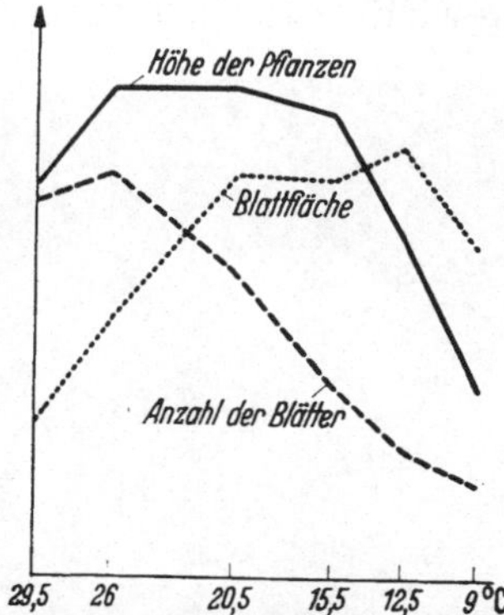

Abb. 428. Vegetative Entwicklung von *Capsicum annuum* bei 27° Tagestemperatur und verschiedenen, auf der Abszisse angegebenen Nachttemperaturen. Die Ordinate gibt (relativ) die Höhe der Pflanzen bzw. die Anzahl und Fläche der Blätter an. (Nach WENT.)

In der Literatur finden sich noch zahlreiche weitere Angaben über die Beeinflussung der Organausbildung, beispielsweise über die Beeinflussung der Bildung von Fortpflanzungsorganen höherer und niederer Pflanzen durch die Höhe der Temperatur. Es hätte keinen Wert, hier weitere Beispiele aufzuzählen, da ein Einblick in die kausalen Beziehungen doch fehlt.

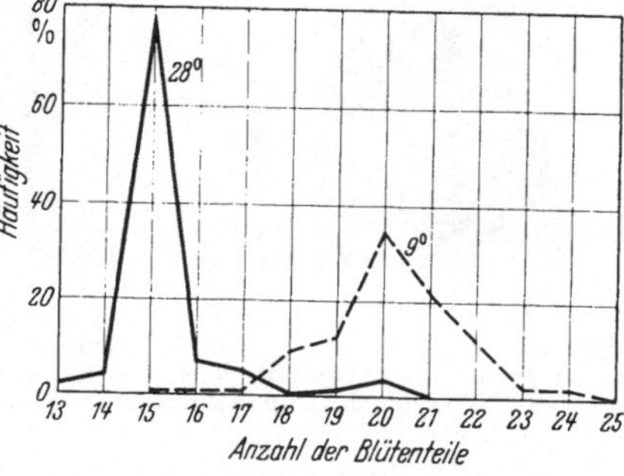

Abb. 429. Abhängigkeit der Zahl der Blütenteile von der Temperatur bei der Tulpe „*Pride of Harlem*". Auf der Ordinate ist angegeben, wie häufig die verschiedenen (in der Abszisse genannten) Anzahlen von Blütenteilen gebildet worden sind. Bei den Kurven ist noch genannt, wie hoch die Temperatur während der Blütenbildung war. Niedrige Temperatur wirkt verbreiternd auf den Blütenboden und begünstigt dadurch die Ausbildung der Blütenteile (Perigon-, Staub- und Fruchtblätter). (Nach BLAAUW, LUYTEN und HARTSEMA.)

3. Beeinflussung der Blütenfärbung.

Oft ist die Blütenfärbung von der Temperatur abhängig. Das beruht in einigen Fällen offenbar auf ziemlich einfachen physikalisch-chemischen Beeinflussungen des Zellzustandes, nämlich dann, wenn die Modifikation schnell eintritt und reversibel ist. So sind z. B. die Blütenblätter von *Erodium gruinum* bei Temperaturen bis etwa 20° blau, bei höherer

Temperatur aber rosa und bei noch höherer Temperatur farblos. Beim Abkühlen tritt wieder die alte Färbung auf. Ähnliche Veränderungen lassen sich auch bei anderen Pflanzen beobachten. Wenngleich Analysen fehlen, darf man doch annehmen, daß sich mit der Temperatur z. B. das Gleichgewicht zwischen dissoziiertem und undissoziiertem Anteil ändert. Aber auch die Azidität kann sich mit der Temperatur ändern und dadurch den Farbumschlag bedingen.

a

b

Abb. 430a u. b. *Mimulus tigrinus grandiflorus.* Unten bei normaler Temperatur entwickelt, oben vor dem Aufblühen 4 Tage bei einer auf 30° erhöhten Temperatur gehalten. (Nach MARHEINEKE.)

Die Blütenfärbung kann aber auch auf noch kompliziertere Weise von der Temperatur abhängen. Wir haben schon davon gesprochen, daß bei manchen Pflanzen in einem jungen Stadium der Knospenentwicklung eine kurz dauernde Periode besteht, während der Prozesse ablaufen, die für die spätere Ausfärbung entscheidend sind. Diese Periode kann nicht nur für Licht, sondern auch für Temperatur sensibel sein. Wenn bei *Petunia* in dieser sensiblen Periode hohe Temperatur besteht, so sind die Blütenblätter später blau, nach der Einwirkung niedriger Temperatur aber farblos. Die Blütenblätter von *Mimulus tigrinus* sind gelb mit unregelmäßigen braunen Arealen; diese Areale werden reduziert, sofern während der sensiblen Periode hohe Temperatur einwirkt (Abb. 430). Gewisse Klone von *Dahlia variabilis* haben nach der Einwirkung normaler Temperatur gelbe Blüten, nach der Einwirkung hoher Temperatur aber rote. Die sensible Phase wird bei dieser Pflanze erreicht, wenn die Knospen erst 0,5—1,5 cm lang sind (HARDER und Mitarbeiter; Abb. 431).

4. Vernalisation und ähnliche Erscheinungen.

Die eben am Beispiel der Färbungs- und Musterungsdetermination der Blüten erkannte Bedeutung einer temperatursensiblen Periode tritt auch bei der Wirkung der Temperatur auf das Wachstum gelegentlich in Erscheinung. Die Wachstumsbeeinflussung wird dann erst lange nach Beendigung der sensiblen Periode und der Temperaturbehandlung deutlich. Auch hier können wir ähnlich wie bei den formativen Wirkungen, obwohl es sich um recht wichtige und auch landwirtschaftlich sowie gärtnerisch bedeutungsvolle Erscheinungen handelt, eine befriedigende Kausalanalyse noch nicht andeuten und müssen uns daher mit der Beschreibung einzelner Fälle begnügen.

Teilungsbeeinflussungen. Hohe Temperatur, die während der sensiblen Periode (1—2 Tage nach dem Quellungsbeginn) auf Gramineenkeimlinge einwirkt, kann ebenso wie Licht die Entwicklung des ersten Internodiums (des „Mesokotyls") unterdrücken; vielleicht kommt also jene Lichtwirkung (vgl. S. 437) wenigstens zum Teil durch Transformation der strahlenden Energie in Wärme zustande. Nach dem früher Gesagten wäre zu vermuten, daß vielleicht auch die hohe Temperatur ein Teilungshormon oder seine Bildung inaktiviert. Die hohe Temperatur braucht nur einige Stunden einzuwirken, um eine praktisch vollständige Unterdrückung des späteren Wachstums zu erzielen. — Auch an Wurzeln von *Allium Cepa* wurde eine Hemmung der Zellteilungen durch hohe (aber noch nicht schädigende) Temperaturen gefunden.

Abb. 431. *Dahlia variabilis.* Zwei am gleichen Tage an einer Pflanze aufgeblühte Blüten. Die linke (gelb) wurde an einem im Freien befindlichen Zweig gebildet, die rechte (rot) an einem Zweig im Innern des warmen Gewächshauses. (Nach HARDER und DÖRING.)

Wie wenig wir es hier aber mit einem allgemeinen Gesetz zu tun haben, möge der Hinweis auf die Temperaturwirkung bei der Blattentwicklung von *Hyacinthus orientalis* zeigen. Eine erhöhte Temperatur (35°) hemmt zwar zunächst die Zellteilungen des sich entwickelnden Laubblattes; nach der Wiederherstellung mäßiger Temperatur (17°) tritt aber als Nachwirkung eine starke Teilungs- (nicht auch Streckungs-) Förderung ein, so daß die mit hoher Temperatur vorbehandelten Blätter die doppelte Endlänge erreichen wie die von vornherein nur in mäßiger Temperatur gehaltenen.

Vernalisation. Auf die Geschwindigkeit der Gesamtentwicklung wirkt oft, wie wir schon durch Arbeiten GASSNERs wissen, eine Vorbehandlung jugendlicher Organe mit niedrigen Temperaturen günstig. Namentlich bei Wintergetreide ist die große Bedeutung niedriger Temperaturen während der ersten Entwicklungsstadien des Keimlings früh deutlich geworden. Läßt man in dieser Zeit mehrere Wochen niedrige Temperaturen (etwa zwischen 0 und 5°) einwirken, so wird die vegetative Entwicklung unterdrückt und dadurch schneller abgeschlossen; die Blütenbildung beginnt früher als ohne die Kältebehandlung, man spricht von *Keimstimmung*, Jarowisation oder *Vernalisation.* Für die normale Entwicklung des Wintergetreides ist die Kälte, die ja auch in der freien Natur einwirkt, unerläßlich. Daher kann das Wintergetreide seine Entwicklung innerhalb eines Sommers nicht vollständig durchlaufen, wenn es erst im Frühjahr ausgesät wird. Die Aussaat muß bereits im Herbst vorgenommen werden, damit während der Keimung die Kälte einwirken kann. Nur durch künstliche Kältebehandlung kann aus der winterannuellen Pflanze eine sommerannuelle werden. Durch die Keimstimmung mit niedriger Temperatur kann man Sorten, die in Gegenden mit kurzem Sommer normalerweise nicht zur Fruchtreife gelangen, anbaufähig machen. Den Erfolg solcher Vernalisation zeigen die Abb. 432 und 433.

Durch hohe Temperatur kann die Wirkung der Vernalisation wieder rückgängig gemacht werden (Devernalisation).

In der „Thermophase", also im Zustand besonderer Empfänglichkeit für diese Reizung durch niedrige Temperatur zeichnet sich die Pflanze durch eine hohe Frostresistenz und durch hohen Zuckergehalt aus. So wird der Gedanke nahegelegt, daß diese sensible Phase ein Abschnitt der endogenen Jahresrhythmik ist.

Es ist aber noch nicht gesichert, wieweit die Pflanze nur in einem besonderen Entwicklungsabschnitt auf Kälte anspricht.

Man hat zur Erklärung der Vernalisation an eine Beeinflussung des Stoffwechsels gedacht, ebenso an eine Aktivierung von Hormonen. Jedoch sind die älteren Vorstellungen zu einfach. Vor allem muß die neuere Beobachtung berücksichtigt werden, daß die Kältebehandlung schon in einem sehr jungen Stadium der embryonalen Entwicklung

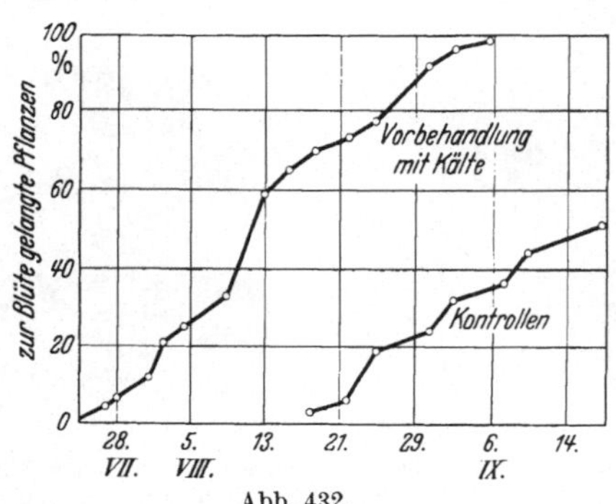

Abb. 432.

Abb. 433.

Abb. 432. *Sinapis alba.* Diese Langtagpflanze wurde bei täglich 9stündiger Beleuchtung, also im Kurztag gezogen. Ein Teil der Pflanzen wurde im Alter von 3 Tagen (beginnend am 21. Mai) für 20 Tage in den Kühlschrank (0—2°) gebracht; die übrigen kamen gleich ins Freiland (nachts in einen Schuppen). Die Ordinate gibt den Prozentsatz der Pflanzen an, die die erste Blüte entwickelt hatten. Die Kältebehandlung (Vernalisation) kann also ähnlich wie der Langtag die Blütenbildung beschleunigen. (Nach HARDER und STÖRMER.)

Abb. 433. Eckendorfer Wintergerste; Aussaat 19. April. Links unbehandelt, rechts 25 Tage lang bei ÷2° vernalisiert. Die Abbildung zeigt den Zustand der Pflanzen vom 23. Juni, d. h. 65 Tage nach der Aussaat. (Nach HARDER und V. DENFFER.)

Erfolg hat (GREGORY und PURVIS). Es ist nicht, wie man zunächst annahm, notwendig, daß der Embryo fertig ausgebildet ist und seine Ruheperiode beendet hat. Schon lange vor dem Eintritt der Ruheperiode, ja sogar schon 5 Tage nach der Bestäubung (der Embryo enthält dann acht Zellen) läßt sich durch Kältebehandlung die spätere reproduktive Entwicklung beschleunigen Der Erfolg ist auch dann erzielbar, wenn der Embryo aus der Frucht herausgenommen wird; es kann also nicht, wie gelegentlich im Zusammenhang mit der vermuteten Bedeutung des Zuckergehalts angenommen wurde, auf die Beeinflussung der Diastaseaktivität im Endosperm ankommen. Nach PURVIS sind (bei *Secale*) selbst Embryofragmente noch vernalisierbar; dabei scheint aber der Sproßscheitel immer anwesend sein zu müssen.

Neuere Versuche von LANG und MELCHERS an *Hyoscyamus niger* liefern Anhaltspunkte für eine Analyse. Die Vernalisation (bei 1—3° über dem Nullpunkt) erfordert hier mehrere Wochen. Die Devernalisation durch hohe Temperatur (36—37°) ist hier nur bis spätestens 4 Tage nach der Vernalisation möglich. Bei der Vernalisation wird also in einem Teilprozeß erst ein reversibler Zustand geschaffen, der durch einen zweiten Teilprozeß in einen irreversiblen übergeht. Dieser zweite Teilvorgang, wahrscheinlich aber auch der erste, wird mit zunehmender Temperatur beschleunigt. Ebenso wird auch der bei der Devernalisation ablaufende Vorgang mit zunehmender Temperatur schneller, bei *Secale* nach PURVIS und GREGORY bis zu einer Temperatur von 40⁰. Die Kältebedürftigkeit kann, wenn alle drei Vorgänge mit zunehmender Temperatur beschleunigt werden, nur resultieren, wenn die Temperaturkoeffizienten der einzelnen Vorgänge nicht übereinstimmen und sich ein optimales Verhältnis ihrer Intensitäten nur bei niedriger Temperatur einstellen kann.

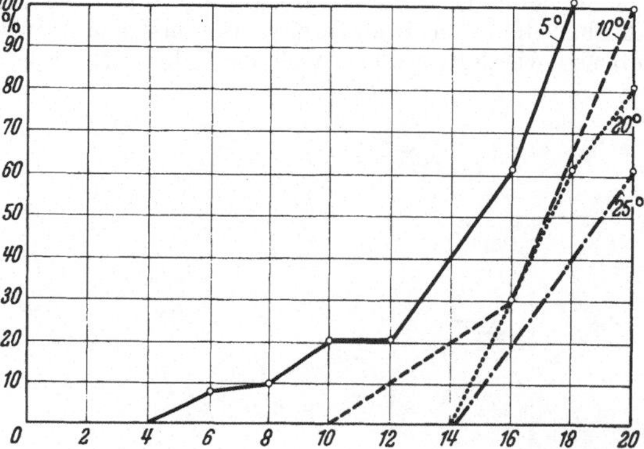

Abb. 434. Winterknospen von *Stratiotes* bei verschiedenen Temperaturen im Dunkeln aufbewahrt. Von den Knospen wurden zu verschiedenen Zeiten Proben entnommen und zur Prüfung der Keimfähigkeit ins Gewächshaus übertragen. Nach 2 Wochen langem Aufenthalt unter diesen für die Keimung günstigen Bedingungen werden die in der Ordinate angegebenen Prozente der Keimung festgestellt. (Nach VEGIS.)

Die Stabilisierung des Vernalisationseffektes erfolgt langsam. Obwohl, wie wir sahen, eine volle Devernalisation schon wenige Tage nach dem Beginn des Reizes nicht mehr möglich ist, kann doch jedenfalls bei einigen Pflanzen der Stabilisierungsprozeß insgesamt mehrere Wochen erfordern. Zum Beispiel ist nach GREGORY und PURVIS bei *Secale* die in der folgenden Tabelle angegebene prozentuale Reduktion des Vernalisationseffekts möglich, wenn zu verschiedenen Zeiten nach Beginn der Vernalisation jeweils 3 Tage hindurch hohe Temperatur (35⁰) einwirkt.

Erfolg einer Dervernalisation nach verschieden langer Dauer der Vernalisation bei Secale (nach GREGORY u. PURVIS).

Dauer der Vernalisation	Prozentuale Reduktion des Vernalisationseffektes
2 Wochen	100
3 Wochen	58
4 Wochen	55
5 Wochen	25
6 Wochen	16

Nach 12 Wochen langer Vernalisation ist überhaupt keine Devernalisation mehr möglich.

Für die weitere Analyse des Vernalisationseffekts ist noch die Tatsache wichtig, daß die Vernalisation nur bei Sauerstoffgegenwart (nicht z. B. in einer Stickstoffatmosphäre) möglich ist, während die Devernalisation auch anaerob erfolgen kann. Zu den Vernalisationseffekten muß man auch manche der Treibwirkungen durch niedrige Temperatur rechnen, von denen wir früher sprachen. Jedenfalls bei den Pflanzen unserer Breiten ist es eine weitverbreitete Erscheinung, daß niedrige Temperatur, die ähnlich wie bei der Vernalisation des Getreides optimal etwa zwischen 0 und + 5⁰ (oder etwas höher) liegt, auf die Vegetationspunkte in Knollen, in Knospen usw. stimulierend wirkt. Bekannt ist z. B., daß manche Obstbäume unserer Breiten in subtropischen und tropischen Regionen einfach darum nicht kultiviert werden können, weil die Knospenentfaltung wegen des fehlenden Winters gehemmt ist. Bei den Winterknospen von *Stratiotes aloides* hat VEGIS solche Kältewirkungen eingehend studiert. Je niedriger die Temperatur ist, bei der die Knospen gelagert werden, um so leichter lassen sie sich hinterher zur Entwicklung bringen (Abb. 434). Die Versuche von VEGIS lassen auch das Auftreten von Devernalisationseffekten bei hoher

Temperatur und mehrere andere Parallelen zu den bei der Vernalisation von Getreide gefundenen Tatsachen erkennen.

Zweifellos sind die Vernalisationsvorgänge sehr komplexer Natur; denn die Versuche von PURVIS an isolierten Embryofragmenten von *Secale* haben neuestens ergeben, daß die Vernalisation hier im Vergleich zu der intakter Früchte mit einer Verzögerung eintritt. Offenbar werden also normalerweise vom Endosperm Stoffe geliefert, die für den sofortigen Eintritt der Vernalisation notwendig sind, die schließlich aber auch der isolierte Embryo selber herstellt. Interessanterweise ist auch die Bildung dieser Zwischenstoffe, nach deren Aufbau die eigentliche Vernalisation erst einsetzen kann, an niedrige Temperatur gebunden, ebenso wie ferner auch noch der Übertritt dieses Stoffes vom Endosperm zum Embryo durch niedrige Temperatur begünstigt wird. Der fragliche Stoff ist durch Heteroauxin oder die Vitamine der Hefe nicht ersetzbar.

Abb. 435. *Phaseolus multiflorus.* Keimpflanzen aus Samen ein und derselben Mutterpflanze. Die Samen waren Mitte Oktober (links) bzw. Mitte September (rechts) gereift.

Eine der Wirkungen niedriger Temperatur ist offenbar die verstärkte Produktion organischer Säuren, die z. B. vielleicht für eine Förderung der Blütenbildung der Ananas durch niedrige Nachttemperatur oder für die bei einigen Arten durch niedrige Nachttemperatur erzielbare Parthenokarpie verantwortlich ist (vgl. VAN OVERBEEK).

Erfahrungen über die Beeinflussung der Entwicklung durch Temperatureinwirkung auf die Embryonen sind schon vorher an *Phaseolus multiflorus* gemacht worden; auch hier ist es für das spätere Keimlingswachstum von erheblicher Bedeutung, wie hoch die Temperatur während der Samenreifung war. Der Unterschied macht sich bei dieser Pflanze aber nicht nur im späteren Verhalten der Pflanze bemerkbar, sondern er kommt schon im Bau der Embryonen zum Ausdruck, und jene Unterschiede lassen sich aus diesen erklären. Hohe Temperatur fördert die Zellteilung im Epikotyl des jungen Embryo. Im reifen Samen sind die Embryonen infolgedessen um so größer, je höher die Temperatur während der Samenreifung war; die anderen Organe werden kaum beeinflußt. An der Keimpflanze erreichen die Epikotyle je nach der Temperatur zur Zeit der Samenreifung eine unterschiedliche Endlänge, wobei die Längenverhältnisse etwa den im reifen Samen gegebenen entsprechen (Abb. 435). Die Keimpflanzen mit hohen Epikotylen benötigen zur Erreichung eines bestimmten Grades der vegetativen Entwicklung eine längere Zeit als die anderen, da für das Epikotylwachstum eine größere Menge von Reservestoffen und Assimilaten erforderlich ist. Schon die Primärblätter erreichen ihre Endlänge langsamer. Infolgedessen werden auch die Blüten später angelegt als bei den Pflanzen mit kurzen Epikotylen. Das heißt also, daß (ganz entsprechend den Erfahrungen über die Kältebehandlung beim Getreide) Pflanzen aus Samen, die bei niedriger Temperatur (also etwa im Herbst) gereift sind, schneller zur Blüte kommen als die bei hoher Temperatur gereiften (BÜNNING).

Abb. 436. Strubes Schlanstedter Weißhafer, Erntegut 1928. Links Nachbau Banat (Trockenherkunft); rechts Originalsaat von Schlanstedt (Feuchtherkunft). (Nach SCHEIBE.)

Physiologisch anderer Natur scheint die ebenfalls im späteren Keimlingswachstum zum Ausdruck kommende Beeinflussung der Embryonen zu sein, die sich bei Getreide bemerkbar macht, das unter verschiedenen Witterungsverhältnissen gereift ist. Hafer, der bei großer Trockenheit und hoher Temperatur gereift ist, keimt schneller und zeigt auch schnelleres Keimlingswachstum als Hafer, der bei niedriger Temperatur und feuchter Luft gereift ist (Abb. 436, 437). Unter optimalen Keimungsbedingungen werden die Unterschiede nicht deutlich. Für das unterschiedliche Verhalten ist offenbar die verschiedene chemische Zusammensetzung der Embryonen verantwortlich. Bei geringer Feuchtigkeit und hoher Temperatur gereifte Embryonen enthalten mehr Zucker und Eiweiß als andere; der höhere Zuckergehalt ermöglicht eine raschere Aufnahme des Wassers bei der Keimung. Die schnellere Keimung bedingt auch einen rascheren Abschluß des Keimlingswachstums und damit einen schnelleren Blühbeginn sowie den Gewinn größerer Zeit für die Kornausbildung, die infolgedessen reichlicher wird (SCHEIBE).

Abb. 437. Fichtelgebirgshafer, Ernte 1928. Links Trockenherkunft (Banat, 3. Nachbau); rechts Feuchtherkunft Marktredwitz (Original). Aussaat vom 31. 3. 29. Die abgebildeten Pflanzen sind 51 Tage alt. (Nach SCHEIBE.)

5. Weitere Temperaturwirkungen.

Plötzliche Temperaturerhöhungen oder -senkungen üben auf die Zelle eine Reizwirkung aus. Welche Primärvorgänge dabei wichtig sind, ist nicht bekannt; man kann wieder nur unbestimmt von einer Gleichgewichtsstörung sprechen, die zu den verschiedensten Reaktionen führt. Die Plasmaströmung kann aufhören (bei *Nitella* nach einem Temperatursturz um 15—20°). Eine Entwicklungshemmung kann beseitigt werden; so löst bei manchen tropischen Pflanzen ein plötzlicher, wenn auch geringer Temperatursturz (meist infolge Regens) den letzten, noch eine bestimmte Anzahl von Tagen erfordernden Entwicklungsschritt der Blüte aus, so daß dann alle Blüten gleichzeitig zur Entfaltung kommen. Und zwar wird beispielsweise bei *Dendrobium crumenatum* sofort nach der Blüte eine neue Blütenanlage gebildet. Diese Anlage bleibt auf einem jungen Entwicklungsstadium stehen (Abb. 438), bis (durch Regen) ein Temperatur sturz von etwa 30 auf 25° eintritt. Hierdurch wird die Zellteilung und Gewebedifferenzierung wieder angeregt, und 9 Tage später entfaltet sich die Blüte. Ähnlich verhält sich *Zephyranthes rosea*. Die

Abb. 438. *Dendrobium crumenatum*. Alle Blütenknospen befinden sich (nicht nur auf der abgebildeten Pflanze, sondern in einem großen Umkreis) im gleichen Entwicklungsstadium. Abgebildet ist der Zustand einen Tag vor dem Aufblühen, d.h. 8 Tage nach der Beseitigung der Entwicklungshemmung durch einen Regenfall; im Stadium der Hemmung haben die Knospen etwa den dritten Teil dieser Länge.

Blüte tritt hier 6 Tage nach einem heftigen Regenschauer auf (KERLING). Dieser Kältereiz scheint immer nur wirken zu können, wenn der Embryosack und der Pollen schon voll entwickelt sind.

Sehr häufig führt eine plötzliche Temperatursenkung oder -erhöhung auch zur Auslösung von Alles-oder-Nichts-Erregungen. Man kann daher an allen Pflanzen, bei denen solche Erregungen zu Bewegungsreaktionen führen, durch Temperaturreize Bewegungen hervorrufen, die natürlich vollkommen den durch mechanische oder andere Reize bedingten gleichen. Solche Reaktionen lassen sich bei Mimosen, bei *Drosera* und bei Ranken leicht erzielen; geeignet sind Temperatursprünge um etwa 5^0 oder mehr.

Auch die Reizreaktionen der Geißeln sind durch Temperatursprünge erzielbar, so daß also thermotaktische Bewegungen entstehen.

Temperaturreize können ferner ähnlich wie Lichtreize zu tagesperiodischen Bewegungen führen. Einige Pflanzen reagieren auf die Temperatur sogar stärker als auf das Licht, während der Temperatureinfluß bei anderen nur gering ist.

Literatur.

Mit einem * versehene Arbeiten sind zusammenfassende Darstellungen.

a) Allgemeines (Temperaturkoeffizienten, Temperaturwirkungen auf das Protoplasma):
* BELEHRADEK: Temperature and living matter. Berlin 1935. — BLAAUW u. Mitarb.: Proc., Kon. Akad. Wetensch. Amsterdam **31** (1934).
ERMAN: Ber. dtsch. bot. Ges. **44** (1926).
MOROSOW: C. r. Acad. Sci. USSR., N. S. **23** (1939).
WARTIOVAARA: Ann. bot. Soc. zool.-bot. fenn. „Vanamo" **16** (1942). — WASSINK: Rec. Trav. bot. néerl. **31** (1934). — * WEAVER and CLEMENTS: Plant Ecology. New York u. London 1938.

b) Hitze- und Kälteresistenz:
ALLEN: J. gen. Physiol. **33** (1950).
BOGEN: Planta (Berl.) **36** (1948). — BÜNNING u. HERDTLE: Z. Naturforsch. **1** (1946).
CHRISTOPHERSEN u. PRECHT: Biol. Zbl. **71** (1952); Arch. Mikrobiol. **18** (1952).
JORDAN: Naturwiss. **28** (1940).
SCARTH: New Phytologist **43** (1944). — STILLE: Arch. Mikrobiol. **14** (1949).

c) Thermoperiodismus und Rolle der Temperatursummen:
ARZT u. LUDWIG: Biol. Zbl. **65** (1946).
BLAAUW u. Mitarb.: Verh. Kon. Akad. Wetensch. Amsterdam **26** (1930).
CAMUS and WENT: Amer. J. Bot. **39** (1952).
DORLAND and WENT: Amer. J. Bot. **34** (1947).
HIESEY: Amer. J. Bot. **40** (1953).
LEVIS and WENT: Amer. J. Bot. **32** (1945).
ROBERTS: Science (Lancaster, Pa.) **98** (1943).
SCHWEMMLE: Planta (Berl.) 1954 (im Druck).
SHI-WEI LOO: Amer. J. Bot. **33** (1946).
WENT: Amer. J. Bot. **33** (1946); **34** (1947).

d) Thermonastie:
MÜCKSCHÜTZ: Protoplasma (Berl.) **40** (1951).
WOOD: J. exper. Bot. **4** (1953).

e) Thermotaxis:
BONNER, CLARKE, NEELY u. SLIFKIN: J. cell. a. comp. Physiol. **36** (1950).

f) Formative Wirkungen:
ALGERA: Proc., Kon., Akad. Wetensch. Amsterdam **39** (1936).
BLAAUW u. Mitarb.: Proc., Kon. Akad. Wetensch. Amsterdam **35** (1932).
IMAMURA: Botanic. Mag. **51** (1937).

g) Vernalisation und ähnliche Erscheinungen:
BÜNNING: Flora (Jena) **29** (1934).
DENNY: Contrib. Boyce Thompson Inst. **9** (1938).
GREGORY and PURVIS: Nature (Lond.) **161** (1948).
HARTSEMA u. BLAAUW: Proc., Kon. Akad. Wetensch. Amsterdam **38** (1935). — HARTSEMA u. LUYTEN: Proc., Kon. Akad. Wetensch. Amsterdam **36** (1933).
LANG u. MELCHERS: Z. Naturforsch. **2b** (1947); * Biol. Zbl. **67** (1948).

McKinney: Bot. Review **6** (1940). — Melchers: The physiology of flower-initation. Dokumentationsstelle Max-Planck-Ges. Göttingen 1952. — * Murneek and Whyte (Herausg.): Vernalization and photoperiodism. Waltham 1948.

Purvis: Nature (Lond.) **145** (1940; Ann. of. Bot. **12** (1948). — Purvis and Gregory: Ann. of Bot. **16** (1952).

Scheibe: Angew. Bot. **16** (1933).

van Overbeek: Ann. Rev. Plant. Physiol. **3** (1952). — Vegis: Symbolae bot. Upsalienses **10** (1940).; Physiol. Plantarum **2** (1949).; Sv. bot. Tidskr. **43** (1949).

* Whyte: Crop production and environment. London 1946.

h) Blütenfärbung:

Floren: Flora (Jena) **135** (1941).

* Harder: Naturwiss. **26** (1938).

i) Blütenentwicklung durch Temperaturschocks:

Coster: Ann. Jard. bot. Buitenzorg **35** (1926).

Kerling: Ann. Bot. Gard. Buitenzorg **51** (1949). — Kuyper: Tropische Natuur **20** (1931).

VII. Die Wirkung des jahresperiodischen Wechsels äußerer Faktoren.

1. Überblick.

Die Pflanze ist in der freien Natur der jahresperiodischen Schwankung verschiedenartiger äußerer Faktoren ausgesetzt. Zum Beispiel ändert sich die *Tageslänge*. Die Bedeutung dieses Faktors haben wir schon beschrieben, von ihm kann es sehr entscheidend abhängen, wann die Pflanzen ihre Blüten anlegen. In unseren Breiten werden die Langtagpflanzen ihre Blüten vor allem im Hochsommer, Kurztagpflanzen im Frühjahr oder Herbst anlegen. Selbst die geringen Schwankungen der Tageslänge in den Tropen können dort schon genügen, um die Blütezeit auf bestimmte Monate zu beschränken oder doch eine Häufung von Blüten in diesen Monaten zu verursachen.

Auch die jahresperiodischen Schwankungen der *Lichtmengen* sind, namentlich in den gemäßigten und polaren Regionen, wichtig. Zwar kann auch in den arktischen Gebieten im Winter noch eine gewisse Assimilation und eine gewisse Entwicklung stattfinden, jedoch sind die Leistungen dann so gering, daß schon aus diesem Grunde die Entwicklung in den Wintermonaten gehemmt sein muß.

Wichtiger noch sind die jahresperiodischen Schwankungen der *Temperatur*. Sie sind schon in den gemäßigten Regionen in der Regel entscheidend für die Hemmung der Entwicklung während des Winters.

In manchen tropischen Gebieten sind ferner jahresperiodische Veränderungen in der *Wasserversorgung* der Pflanzen sehr wichtig.

Die Anpassung der Pflanzen an die jahresperiodischen Schwankungen der klimatischen Bedingungen äußert sich in einer unterschiedlichen Lebensaktivität zu den einzelnen Jahreszeiten. In der ungünstigen Jahreszeit kann die Aktivität stark herabgesetzt sein; es können dann auch bereits begonnene Entwicklungsprozesse für eine längere Zeit völlig still stehen. Erinnert sei etwa an das Stehenbleiben der Embryonalentwicklung im Stadium der an die Winterruhe angepaßten Samen, an die Ruhe der Blattanlagen in einem bestimmten Alter (Knospen) oder auch daran, daß sich bei manchen Pflanzen die bereits im Sommer oder Herbst entstandenen Blütenanlagen erst im nächsten Frühjahr weiter entwickeln. Als Beispiel kann *Anemone nemorosa* (Bildung der Blütenanlagen im August) sowie *Tussilago farfara* (Bildung der Blütenanlagen im September) genannt werden. Bei vielen Pflanzen der Arktis werden die Blüten schon beim Beginn der sehr kurzen Vegetationsperiode angelegt und dann soweit entwickelt, daß die Pflanzen unmittelbar nach der nächstjährigen Schneeschmelze voll in Blüte stehen können.

2. Direkte Wirkungen äußerer Faktoren.

Temperatur und Wasserversorgung. Manche Pflanzen können ihre Entwicklungsaktivität beliebig der jeweiligen Wasserversorgung und der jeweiligen Temperatur angleichen. Die Ruheperioden sind bei solchen Pflanzen also nur die *direkte* Folge der verschlechterten Wasserversorgung oder der geringeren Temperatur. So verhalten sich z. B. viele Farne. Sie zeigen im Klima mit periodisch schwankenden Außenfaktoren auch entsprechende Ruheperioden, einerlei, wie oft und in welchem Rhythmus sich die Klimaschwankungen wiederholen (Abb. 439). Diese Farne werden auch dann, wenn während einer klimatisch ungünstigen Periode, also bei niedriger Temperatur oder Trockenheit, zufällig einige günstigere Wochen eintreten, sehr schnell ihre Ruhe wieder unterbrechen. Das kann oft nachteilige Folgen haben, da einige warme Wochen im Winter oder einige feuchte Wochen in der tropischen Trockenheit noch nicht den endgültigen Übergang in die günstigere Jahreszeit bedeuten müssen, die neu entfalteten empfindlichen Teile dann also erheblichen Gefahren ausgesetzt sind. So erklärt es sich, daß die meisten Farne die gleichmäßig feuchten tropischen Regionen vorziehen, wo solche Gefahren nicht bestehen.

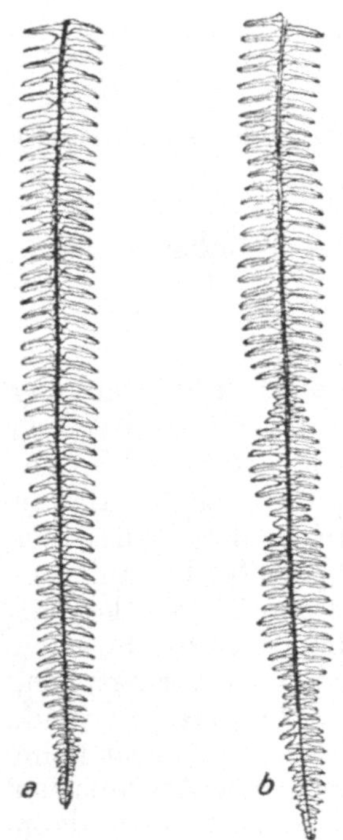

Abb. 439 a u. b. *Nephrolepis cordifolia*. a unter sehr gleichmäßigen Bedingungen; b an einem periodisch trockenen Standort gewachsen.

Nur wenn diese Formen die unfreiwillige Ruhe und das unfreiwillige Absterben einzelner Teile ertragen, können sie auch in Regionen mit periodisch wiederkehrenden Kälte- oder Trockenzeiten leben. Zum Beispiel sind *Asplenium nidus* und *Anogramma leptophylla* Farne, die in allen Jahreszeiten grüne, assimilierenden Wedel besitzen, sofern sie in gleichmäßig feuchten Tropenregionen wachsen. Sind sie aber in den Tropen einer Trockenzeit ausgesetzt, so sterben sie bis auf den Wurzelstock ab und treiben erst in der nächsten Regenperiode erneut. *Ceratopteris thalictroides* wird in immerfeuchten tropischen Regionen ein großer vieljähriger Farn, in Gebieten mit regelmäßigen Trockenzeiten aber bleibt er klein, da seine Blätter jeweils mit Eintritt der trockenen Jahreszeit absterben (vgl. BAKER und POSTHUMUS).

Die meisten niederen Pflanzen werden sich, auch wenn sie mehrjährig sind, ebenso verhalten wie die Farne, also je nach den Klimaschwankungen immer parallel mit diesen mehr oder weniger lebenstätig sein.

Tageslänge. Nachdem uns der große physiologische Einfluß der Tageslänge bekannt geworden ist, dürfen wir uns nicht wundern, daß dieser Faktor auch Jahresrhythmen in der Pflanze induzieren kann; denn die Tageslänge ist ja selber, jedenfalls in den gemäßigten und polaren Zonen, starken Schwankungen unterworfen.

Sehr oft wird die *Jahresperiodizität des Blühens* durch die Jahresschwankungen der Tageslänge bedingt. Das heißt, außerhalb der Tropen werden, sofern keine großen Zeitabstände zwischen der Anlage und der Entfaltung der Blüten bestehen, Kurztagpflanzen im wesentlichen im Frühjahr und im Herbst, Langtagpflanzen im Hochsommer blühen. Selbst in den Tropen aber kann durch die dort noch vorkommenden geringen Schwankungen der Tageslänge oftmals eine Jahresperiodizität des Blühens bedingt werden, da, wie wir sahen, eine Verlängerung oder Verkürzung des Tages um den Bruchteil einer Stunde nicht selten schon genügt, um die Erreichung einer photoperiodisch kritischen Tageslänge zu ermöglichen bzw. zu verhindern.

Von der Tageslänge können aber auch andere physiologische Prozesse, etwa Ruhe und Aktivität beeinflußt werden (VAN DER VEEN, WAREING); so kann also z. B. die herbstliche Verringerung der Tageslänge einer der Faktoren für die Beendigung der Kambiumtätigkeit sein.

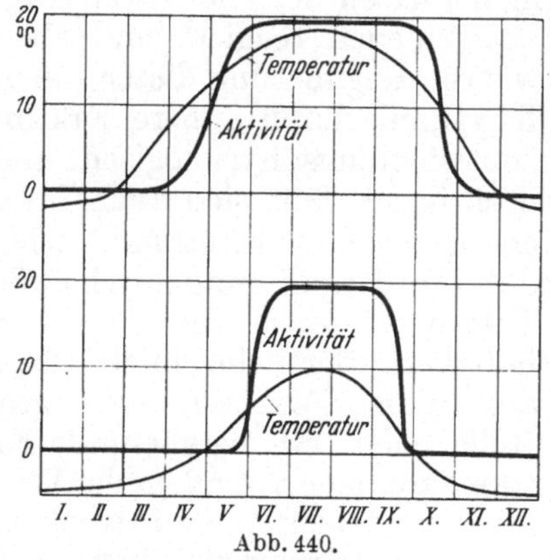

Abb. 440.

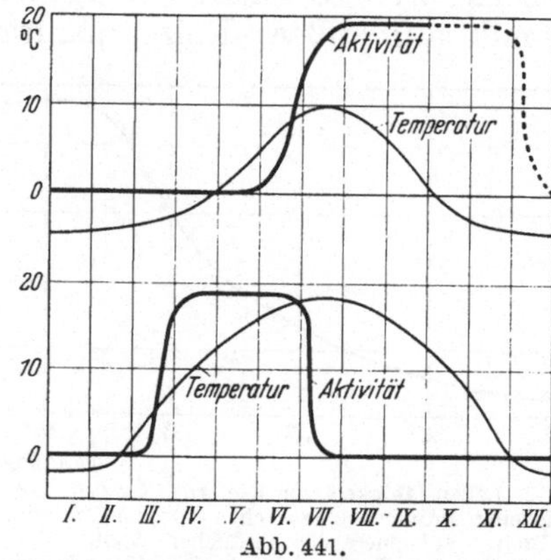

Abb. 441.

Abb. 440. Schema zur Erläuterung der Beziehung zwischen klimatischer und physiologischer Periodizität. Temperaturverlauf (schwache Kurve) und physiologische Aktivität eines Baumes (kräftige Kurve) in gemäßigter Zone (oben) und in polarer Region (unten). Die Temperaturen bedeuten Tagesdurchschnittstemperaturen, die Aktivität kann etwa Assimilationstätigkeit bedeuten. Man sieht, daß der Baum in der polaren Region seine Ruhe relativ früh (schon bei geringem Temperaturanstieg) abbricht, in gemäßigterer Gegend erst bei stärkerem Temperaturanstieg. Abszisse: Monate.

Abb. 441. Schema zur Erläuterung der Folgen fehlenden Angepaßtseins der endogen angestrebten Periodizität an die klimatische (vgl. auch Abb. 440). Verhalten eines Baumes südlicher Provenienz (gemäßigte Zone, s. Abb. 440, oben) in nördlicher Polargegend (oben) und eines Baumes nördlicher Provenienz (s. Abb. 440, unten) in südlicher Gegend (unten). Schwache Kurve: Temperatur; kräftige Kurve: physiologische Aktivität. Im ersten Fall (oben) zeigt sich: Der Baum beendet seine Ruhe wie es seiner Provenienz entspricht, erst relativ spät nach beginnendem Temperaturanstieg, befindet sich daher erst in voller Aktivität, wenn die optimalen Lebensbedingungen bereits überschritten sind; er hat außerdem (der langen Dauer seiner endogen angestrebten Aktivitätsperiode entsprechend die Ruhe noch nicht wieder erreicht, wenn der Winter einsetzt; es kommt daher (während des mit gebrochener Linie gezeichneten Abschnitts der Aktivitätskurve) zur Schädigung durch Kälte oder sogar zum Absterben. Im zweitgenannten Fall wird die Ruhe relativ zu früh beendet, da der Baum in seiner eigenen Heimat darauf angewiesen ist, auf einen geringen Temperaturanstieg schnell mit dem Entwicklungsbeginn zu reagieren. Der Baum wird dadurch der Gefahr von Spätfrösten ausgesetzt, die in den südlicheren Gegenden noch wieder auf den Temperaturanstieg folgen können. Außerdem erreicht der Baum infolge der kurzen Dauer seiner endogen angestrebten Aktivitätsperiode nicht die optimalen äußeren Bedingungen; er kehrt zu früh zur Ruheperiode zurück, kann also, auch wenn er nicht durch die Spätfröste geschädigt wird, jedenfalls nicht den längeren Sommer ausnutzen. Abszisse: Monate.

Namentlich die Änderungen der Tageslänge werden auch für einige Erscheinungen des *Saisondimorphismus* entscheidend sein. Natürlich gehört hierher nicht unbedingt der Typ von Saisondimorphismus, bei dem zwei verschiedene Sippen einer Art vorliegen, von denen eine früh, die andere spät blüht, und die dann beide auch morphologisch verschieden sein können; aber die Verschiedenheiten sind eben in diesem Fall nicht notwendig modifikativer Art. Anders aber, wenn in ein und derselben Sippe oder sogar an ein und demselben Individuum in verschiedenen Jahreszeiten eine unterschiedliche Wuchsform, unterschiedliche Blattform, Behaarung usw. auftritt (KRAUSE, MÜNTZING).

Eine besonders feine Anpassung der Pflanzen an die Tageslänge kommt in der beim Photoperiodismus besprochenen Erscheinung zum Ausdruck, daß sich der photoperiodische Charakter je nach dem Entwicklungsstadium ändern kann, also z. B. erst Kurztage, später Langtage beansprucht werden. So reagierende Arten haben sich also dem normalen Wechsel von Jahreszeiten mit kurzen und solchen mit langen Tagen angepaßt.

3. Das Zusammenwirken von innerer und äußerer Rhythmik.

Wir haben schon erfahren, daß in vielen Pflanzen eine *endogene Jahresrhythmik* abläuft, daß also die Pflanzen nicht nur infolge des Wechselns äußerer Faktoren, sondern auch vermöge einer physiologischen Selbststeuerung ein jahresperiodisches Schwanken in der physiologischen Aktivität aufweisen können.

Ebenso wie die Pflanze in den einzelnen Phasen der endogenen Tagesrhythmik auf äußere Reize qualitativ verschieden reagiert und ebenso wie die Regulierung dieser inneren Rhythmik durch äußere Faktoren entwicklungsphysiologisch sehr wichtig ist, läßt sich auch für die endogene Jahresrhythmik zeigen, daß ihre Regulierung durch äußere Faktoren, sowie die Reaktionsfähigkeit der einzelnen Phasen auf diese Faktoren eine große Rolle spielt. Als regulierende Faktoren kommen vor allem der Wechsel von feuchter und trockener, sowie von warmer und kalter Jahreszeit in Betracht.

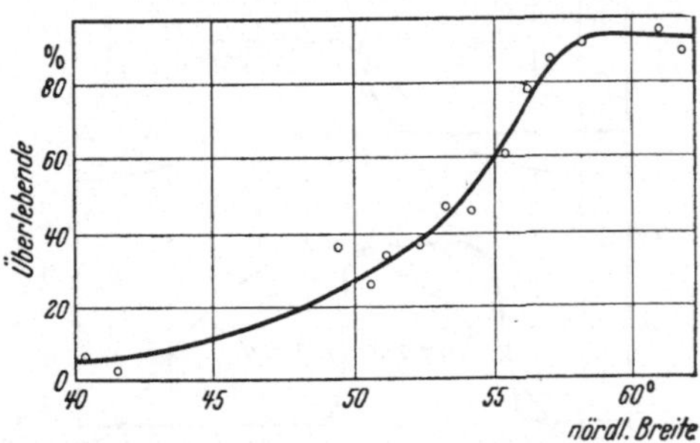

Abb. 442. Lebensfähigkeit von Kiefern (*Pinus silvestris*) verschiedener Provenienz (zwischen 40 und 62° nördlicher Breite) auf einem 60° nördlicher Breite gelegenen Versuchsfeld. Berücksichtigt sind 112 verschiedene Provenienzen; in der Abbildung wurden jedoch alle Provenienzen aus einem Intervall von 2 Breitengraden zusammengefaßt. Abszisse: Geographische Breite der Provenienz. Ordinate: Prozentsatz der 4jährigen noch lebend gebliebenen Kiefern. Auf dem Versuchsfeld wuchsen also die Kiefern am besten, die aus der geographischen Breite des Versuchsfeldes stammen. (Nach SAMOFOL aus LANGLET.)

Die Blütenpflanzen, speziell die mehrjährigen, haben sich in den Eigentümlichkeiten ihrer endogenen Jahresrhythmik so weitgehend an die spezielle Form des jahreszeitlichen Wechselns der Lebensbedingungen angepaßt, daß schon aus diesem Grunde die Übertragung an einen anderen Standort sehr nachteilig sein kann (Abb. 440 und 441).

Von ein und derselben Spezies liefern oftmals sowohl Samen aus Pflanzen südlicher Gegenden in nördlicheren als auch solche nördlicher Gegenden in südlicheren weniger kräftige neue Pflanzen als Samen aus Pflanzen des betreffenden Standortes selber. Die Pflanzen haben sich (wohl durch Selektion) auf eine bestimmte Dauer der Vegetationsperiode, also auf eine bestimmte Dauer von Ruhe und Aktivität eingestellt. Das wurde besonders deutlich bei Fichten und Kiefern ermittelt (LANGLET). Abb. 440 und 441 erläutern diese Einstellung und die Wirkungsweise eines fremden Klimas. Wir sehen an einem Beispiel (Abb. 442), daß auf einem Versuchsfeld bei 60° nördlicher geographischer Breite die aus südlicheren Gegenden stammenden Kiefern leichter zugrunde gehen als die bei 60° heimischen. Andere Versuche zeigten, daß außerdem auch die aus nördlicheren Gegenden stammenden Kiefern auf südlicher liegenden Versuchsfeldern schlechter gedeihen als die aus der betreffenden südlichen Gegend stammenden. Außer der unterschiedlichen Dauer der endogen angestrebten Vegetationsperiode ist dafür die unterschiedliche Treibgeschwindigkeit im Frühjahr ausschlaggebend. Die Pflanzen nördlicher Gebiete müssen naturgemäß bei einem geringeren Temperaturanstieg zu treiben beginnen (und dann außerdem schneller treiben) als die Pflanzen südlicherer Gegenden; denn eine Steigerung der Tagesdurchschnittstemperatur auf beispielsweise $+5^0$ kann in einer nördlichen Gegend den Beginn des Frühjahrs bedeuten, braucht aber in einer südlicheren Gegend nur eine vorübergehende Unterbrechung des Winters darzustellen. Die unterschiedliche Treibgeschwindigkeit zeigt sich dann besonders deutlich, wenn Pflanzen aus Saatgut verschiedener Provenienz auf ein und demselben Versuchsfeld verglichen werden. So ergab sich beispielsweise für *Pinus silvestris* nebenstehendes Bild (LANGLET).

Provenienz		Nadellänge am 3. Juni in % der Länge der ausgewachsenen Nadeln. Für alle Provenienzen wurde das gleiche Versuchsfeld benutzt
Ort	Geographische Breite	
Alta	70	50,0
Lappträsk. . .	66	36,0
Voss	61	16,9
Karsholm. . .	56	9,6

Diese Unterschiede in der endogen angestrebten Dauer der Vegetationsperiode und der Geschwindigkeit des Ansprechens auf den Temperaturanstieg sowie der Treibgeschwindigkeit sind in den Abb. 440 und 441 berücksichtigt; es geht daraus hervor, wie sehr solche erblichen Verschiedenheiten eine Anpassung an die betreffende geographische Breite bedeuten, und warum eine Übertragung in andere geographische Breiten verhängnisvolle Folgen für die Pflanzen haben kann.

Für solche Entwicklungsstörungen nach der Übertragung an einen anderen Standort ist nicht nur das Mißverhältnis zwischen endogen angestrebter und äußerer *Jahres*-Rhythmik, sondern außerdem, wie wir bei der Untersuchung des Photoperiodismus sahen, das Mißverhältnis zwischen endogen angestrebter und äußerer *Tages*-Rhythmik verantwortlich.

Noch leichter zeigt sich die Bedeutung der Harmonie von innerer und äußerer Rhythmik bei Pflanzen, die an ihrem natürlichen Standort keinem jahresperiodischen Wechsel der äußeren Faktoren ausgesetzt sind, und deren innere Rhythmik auch nicht einem solchen Wechsel angeglichen ist. So sind beispielsweise von den Dipterocarpaceen viele Arten auf ein sehr gleichmäßig feuchtes Tropengebiet beschränkt. Diese Arten stellen in vielen Teilen Sumatras und Borneos den Hauptanteil unter den Waldbäumen. Laubwerfend sind auch diese Formen. Dabei kann entweder der ganze Baum vorübergehend kahl stehen oder die einzelnen Äste sind selbständig. Die Ruheperiode dauert aber nur wenige Wochen. Wachsen diese Dipterocarpaceen nun in einem Gebiet mit einer längeren alljährlichen Trockenzeit auf, so können sie leicht Schäden erleiden, weil sie etwa bei zufälligen Regenfällen während der Trockenzeit auszutreiben beginnen und die jungen Triebe dann vertrocknen.

Auch sonst finden wir unter den Pflanzen der gleichmäßig feuchten Tropengebiete viele, bei denen die Länge eines Zyklus der von innen angestrebten Rhythmik stark von der Dauer eines Jahres abweicht. Hier ist eben keine Selektionswirkung eines jahresperiodisch schwankenden Klimas eingetreten. Beispielsweise kann nach JAAG bei mehreren tropischen Farnen der Abstand zwischen zwei Perioden der Blattbildung zwischen 3 Wochen und 7 Monaten schwanken. Bei anderen Pflanzen wieder dauert ein Zyklus viel länger als ein Jahr. So benötigt der berühmte *Amorpho-*

phallus titanum von Sumatra etwa 2—3 Jahre für einen vollen Zyklus, d. h. von einer Blattentfaltung zur nächsten oder von einer Blütenentwicklung zur nächsten. Solche Pflanzen sind natürlich schon auf Grund ihres von innen angestrebten Entwicklungsrhythmus nicht in der Lage, in einem jahresperiodisch trockenen oder kalten Gebiet zu leben. Interessant sind diese Beispiele auch darum, weil sie die Auffassung unterstützen, daß die normale endogene Jahresrhythmik wirklich durch Selektion entstanden sein kann, und nicht, wie früher oft angenommen wurde, nur durch das Erblichwerden einer von außen eingeprägten Rhythmik.

Das hartnäckige erbliche Festhalten der endogen angestrebten Entwicklungsrhythmen ist lange bekannt; es ist natürlich besonders auffällig, wenn es auch noch weiter besteht, falls die Pflanzen durch das Eingreifen des Menschen oder selbständig in ein Gebiet einwandern bzw. in klimatische Verhältnisse gelangen, in denen der von ihnen angestrebte Entwicklungsrhythmus keinen „Sinn" mehr hat. So zeigen *Cyclamen*-Arten auch bei uns als Anpassung an das Klima des mediterranen Gebiets mit seinen heißen, trockenen Sommern einen Laubverlust in den Frühjahrs- und Sommermonaten. Auch das Blühen von *Hedera Helix* bis tief in den Winter hinein kann als Fortbestehen der Anpassung an ein anderes (tertiäres) Klima aufgefaßt werden. Das fehlende Laubwerfen bei den europäischen *Quercus*-Arten ist wohl ähnlich zu deuten (vgl. WULFF).

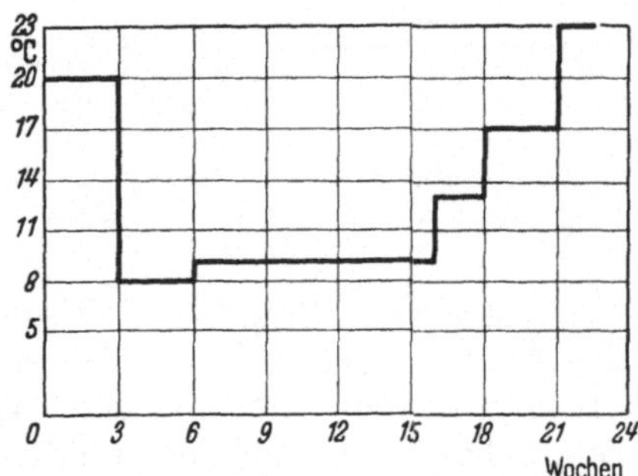

Abb. 443. Angegeben sind die für die Entwicklung der Tulpenzwiebeln (var. W. COPLAND) optimalen Temperaturen (Ordinate) zu verschiedenen Zeiten (auf der Abszisse in Wochen aufgetragen) nach der Entnahme aus dem Boden. (In den ersten Wochen erfolgt in den Zwiebeln die Bildung neuer Organe, in den letzten Wochen die Streckung der Organe.) (Nach HARTSEMA, LUYTEN und BLAAUW.)

Zu den Pflanzen, die infolge ihrer inneren Jahresrhythmik sehr auf ein jahresperiodisches Schwanken der äußeren Faktoren angewiesen sind, gehören neben den Bäumen der periodisch kalten oder trockenen Klimagebiete auch die meisten Gräser. Namentlich in den Tropen ist die Entwicklung von Grasflächen dort begünstigt, wo das Klima durch eine alljährliche Trockenperiode ausgezeichnet ist. Sehr deutlich zeigt sich diese Anpassung an eine alljährliche Trockenperiode beispielsweise auch beim Zuckerrohr. Das Zuckerrohr gedeiht auf Java dort am besten, wo alljährlich eine solche Trockenzeit herrscht. Die Gesamtentwicklung dieser Pflanze erfordert von der Aussaat (bzw. vom Auslegen der aus Halmstücken angefertigten Stecklinge) an reichlich ein Jahr. Als vorteilhaft hat es sich erwiesen, den Zeitpunkt des Auspflanzens so zu wählen, daß die Stecklinge zunächst noch von der Feuchtigkeit der gerade abgeschlossenen Regenperiode profitieren: das Hauptwachstum setzt dann erst ein, nachdem die nun folgende Trockenzeit beendet ist, die Reifung fällt in die neue Trockenperiode. Dieses Beispiel zeigt zugleich, daß die Eignung für ein periodisch trockenes Klima nicht notwendig auf dem endogenen Anstreben einer tieferen *Ruhe*periode bestehen muß, ihr vielmehr auch ein endogener Wechsel in dem Ansprechen auf die Außenfaktoren zugrunde liegen kann.

Zu einem solchen Angepaßtsein an jahresperiodisch wechselnde Klimabedingungen gehört natürlich einmal die Fähigkeit, Extreme, also z. B. im Sommer hohe, im Winter niedrige Temperatur zu ertragen. Tatsächlich können die Bäume unserer gemäßigten und der polaren Regionen in allen ihren Teilen im Winter Temperaturen ertragen, die weit unter dem Gefrierpunkt liegen, während sie im Sommer schon durch Temperaturen oberhalb des Gefrierpunktes abgetötet werden (vgl. S. 42). Der Ablauf der endogenen Jahresrhythmik spiegelt sich sehr genau im An- und Abschwellen der Frostresistenz (PISEK). Doch nicht nur die Resistenz gegen extreme

Temperaturen schwankt jahresperiodisch. Auch die Temperaturoptima zeigen starke jahreszeitliche Verschiedenheiten. Sehr aufschlußreich sind schon die zahlreichen Arbeiten aus der Schule BLAAUWs in Holland mit gärtnerisch wichtigen Pflanzen. Zum Beispiel liegt das Temperaturoptimum für junge Tulpenzwiebel erst bei 20°, nämlich zur Zeit der Anlage der Blütenteile. Nach einigen Wochen (im kommenden Winter) sinkt das Optimum dann auf 8—9° und bleibt so mehrere Monate. Während dieser Zeit entwickeln sich die Blütenteile. Erst wenn die Blätter aus den Zwiebeln hervorbrechen, steigt das Optimum wieder auf 13°, etwas später, wenn die Blätter schon einige Zentimeter lang sind, auf 17°, und schließlich auf 23° (Abb. 443). Solche Beispiele, die sich beliebig vermehren ließen, zeigen also, daß die Pflanze nicht einfach eine Phase mit hoher und eine mit niedriger Resistenz einander ablösen läßt. Es laufen immer Entwicklungsprozesse ab, die aber ganz verschiedene Temperaturoptima zeigen. Auch bei der Besprechung der Vernalisationserscheinungen haben wir ja schon darauf hingewiesen, daß viele Pflanzen im Winter eine niedrige Temperatur nicht nur ertragen, sondern sogar unbedingt erfordern.

Ebenso besteht auch die Anpassung an den jahresperiodischen Wechsel einer trockeneren und einer feuchteren Jahreszeit nicht einfach darin, daß die trockenere Jahreszeit gut *ertragen* werden kann. Selbst Pflanzen, die während des ganzen Jahres ein überaus gleichmäßig feuchtes Klima benötigen, gewinnen doch gewisse Vorteile durch die geringen jahresperiodischen Feuchtigkeitsschwankungen, die auch ein derartiges Klima noch aufweist. Zum Beispiel braucht die Ölpalme ein recht gleichmäßig feuchtes Klima; aber eine, wenn auch nur mäßig, trockenere Periode im Verlaufe des Jahres bringt den Vorteil eines größeren Fruchtansatzes mit sich. Noch mehr scheinen die Dipterocarpaceen der sehr gleichmäßig feuchten malaiischen Wälder für eine reichliche Blütenbildung auf eine geringe Trockenperiode angewiesen zu sein. — Die Beachtung solcher Feinheiten der Anpassung an den jahresperiodischen Wechsel der Temperatur und der Feuchtigkeit ist für die Praxis oft sehr wichtig.

Wir sehen also, daß wir uns von der Anpassung der Pflanzen an den jahresperiodischen Wechsel der äußeren Bedingungen ein falsches Bild machen, wenn wir nur die an Pflanzen unseres Klimas gewonnenen Erfahrungen berücksichtigen. In der gemäßigten Zone besteht jene Anpassung weitgehend darin, daß die Pflanze in der kalten Jahreszeit ihre Lebenstätigkeiten einstellt und mit dem Beginn der warmen Jahreszeit wieder aufleben läßt. Wo der Wechsel der Jahreszeiten nicht eine für alle Lebensprozesse so ungünstige Periode mit sich bringt wie den kalten Winter, braucht auch die Anpassung der Pflanzen nicht in der Einhaltung einer so tiefen Ruhe zu bestehen. Die tropischen Pflanzen können in der Trockenzeit nicht nur wie die Pflanzen unserer Breiten im Winter noch einzelne Differenzierungsprozesse in Knospen usw. ablaufen lassen, sondern sogar auffällige Organentfaltungen zeigen. Zum Beispiel gibt es tropische Orchideen, die zwar in der Trockenzeit ihre Blätter abwerfen, aber jetzt doch mit Hilfe ihrer Wasservorräte in den Knollen große Blüten entfalten. Auch manche Sträucher und Bäume verhalten sich so.

In diesem Zusammenhang seien auch die Podostemonaceen erwähnt, die sich durch extreme Anpassung an das Leben auf Felsen in stark strömendem Wasser auszeichnen. Viele Arten wachsen bei hohem Wasserstand, also in der Regenzeit, rein vegetativ, sind aber auch auf eine trockene Jahreszeit mit niedrigem Wasserstand angewiesen, in der sie ihre Blüten entwickeln und Samen reifen, die dann ausgestreut werden und erst bei wieder zunehmendem Wasserstand keimen können.

Die endogene Jahresrhythmik läuft in der Pflanze und in ihren einzelnen Organen offenbar unabhängig von der jeweiligen morphologischen Natur der Pflanze oder des betreffenden Organs weiter. Eine mehrjährige Pflanze geht im Herbst in die Ruheperiode über; dieser Übergang wird nicht nur in den Meristemen ihres Stammes, ihrer Knospen usw., sondern auch von den an ihr gebildeten Knollen, Samen usw. mit vollzogen. Daher können alle diese Gebilde die niedrige Temperatur nicht nur ertragen (und bei ihr oft sogar noch Differenzierungsvorgänge ablaufen lassen), sondern die niedrige Temperatur kann auch mehr oder weniger vorteilhaft bzw. sogar notwendig sein. So kann die niedrige Temperatur auf die spätere Entwicklung der Knollen günstig wirken, sie kann aber auch durch Einwirkung auf die junge Pflanze die spätere Entwicklung beschleunigen, einerlei, ob diese Einwirkung noch während der Samenreifung auf den jungen Embryo oder nach der Samenkeimung auf die junge Keimpflanze erfolgt. Im einen Fall befindet sich die Pflanze *schon*, im anderen *noch* in der „Winterphase" der endogenen Rhythmik. — Die Übertragung ins Keimbett ist übrigens offenbar ebenso wie z. B. der Übergang zu hoher Temperatur geeignet, die Phasen der inneren Rhythmik einzuregulieren.

Für unsere Deutung spricht auch die Tatsache, daß die zur Weiterentwicklung keimender Samen oft erforderliche niedrige Temperatur zu ganz verschiedenen Zeiten notwendig werden kann. Einige Pflanzen brauchen zur Auslösung der Entwicklung die niedrige Temperatur schon dann, wenn der Same gerade gequollen ist (z. B. Arten von *Pinus*, *Gentiana*, *Rosa*, *Typha*), andere machen das erste Keimlingsstadium ohne Kälteeinwirkung durch; die Entwicklung bleibt dann aber, wenn nunmehr keine Kälte geboten wird, stecken, während vor der Erreichung dieses Stadiums die Kälte wirkungslos ist (z. B. *Viburnum*, *Lilium*). Beim dritten Typ geht die Entwicklung ohne Kälte sogar bis zum Beginn der Sproßentwicklung *(Convallaria majalis)* und bleibt erst dann stecken, sofern keine Kälteperiode geboten wird.

Durch diese Hinweise wird auch nochmals die schon angedeutete Beziehung der Vernalisationserscheinungen zu endogenen Jahresrhythmen unterstrichen. Jedoch fehlen uns zu einer weiteren Erörterung noch die experimentellen Unterlagen.

Literatur.

Mit einem * versehene Arbeiten sind zusammenfassende Darstellungen.

Baker and Posthumus: Varenflora voor Java. Buitenzorg 1939. — Blaauw: Verh. Kon. Akad. Wetensch. Amsterdam **34** (1935). — Bünning: In den Wäldern Nord-Sumatras. Bonn 1947; Z. Naturforsch. **4**b (1949).

Gouwentak u. Maas: Med. Landbouwhoogesch. Wageningen Bd. **44**, Nr 1 (1940). — Müntzing: Bot. Not. **1932**.

Hartsema, Luyten u. Blaauw: Verh. Kon. Akad. Wetensch. Amsterdam **27** (1930).

Jaag: Mitt. naturforsch. Ges. Schaffhausen **18** (1943).

Krause: Beitr. Biol. Pflanzen **27** (1944).

Langlet: Medd. Stat. Skogsförsökanst. 1936.

Pisek u. Schiessl: Ber. naturwiss.-math. Ver. Innsbruck **47** (1946).

Resende: Bull. Soc. portug. Sci. Nat. **15** (1947).

* Schimper u. v. Faber: Pflanzengeographie, 3. Aufl. Jena 1935.

Wareing: Physiol. Plantarum **4** (1951). — * Went: In Murneek-Whyte, Vernalization and photoperiodism. Waltham 1948. — * Wulff: An introduction to historical plant geography. Waltham 1943.

VIII. Wirkung der Elektrizität.

Starke elektrische Ströme bedingen an Pflanzen stets Schädigungen, die schließlich auch zu mikroskopisch wahrnehmbaren Änderungen der Plasmabeschaffenheit führen. Die Plasmaströmung wird sistiert; es treten

Koagulationen, Entmischungen, Vakuolenbildungen und Viskositätsänderungen ein, also Veränderungen der Art, wie sie auch nach anderen schädigenden Einflüssen beobachtet werden können.

Bei gelinderen Einwirkungen sind Schäden mikroskopisch nicht wahrnehmbar; trotzdem kann die Reizung erhebliche physiologische Folgen nach sich ziehen, vor allem, weil der elektrische Reiz ebenso wie der mechanische zur Auslösung von Alles-oder-Nichts-Erregungen hervorragend geeignet ist. Man kann daher durch gelinde elektrische Reizung, am besten durch Induktionsschläge, an allen Organen, bei denen solche Erregungsvorgänge zu Bewegungsreaktionen führen, leicht elektronastische Reaktionen erzielen. Der elektrische Reiz wird bei der reizphysiologischen Untersuchung solcher Objekte sogar oft gegenüber dem mechanischen vorgezogen, da er sich leichter und genauer als dieser dosieren läßt. An allen seismonastisch reaktionsfähigen Objekten, also beispielsweise an Mimosen, *Centaurea*-, *Berberis*- oder *Sparmannia*-Staubfäden, *Dionaea*-Blättern sowie an Ranken lassen sich auf diese Weise elektronastische Reaktionen erzielen, deren Mechanik natürlich nicht anders ist, als wenn die zur Bewegungsreaktion führenden Erregungsvorgänge mechanisch ausgelöst werden; es handelt sich also je nach dem Objekt um Turgor- oder Wachstumsbewegungen.

Bei der elektrischen Auslösung der Alles-oder-Nichts-Erregung kommt es nicht auf den absoluten Wert der Stromintensität und Stromdichte an, sondern vor allem auf die Geschwindigkeit der Intensitätsänderung; außerdem auf die Dauer der Durchströmung. Die Reizwirkung beruht anscheinend auf Ionenkonzentrationsänderungen an den Plasmagrenzschichten; diese Membranpolarisierung kann unmittelbar Ursache für den Erregungseintritt sein. Auch die normale Erregungsausbreitung stellt man sich ja — wie wir früher erwähnten — oftmals so vor, daß die im Aktionsstrom zum Ausdruck kommende reizbedingte Potentialänderung an der Plasmagrenzschicht durch elektrische Reizung der benachbarten Regionen die Erregungsleitung ermöglicht.

Zur Erklärung der Primärwirkung der elektrischen Reize ist auf viele Modelle, beispielsweise auf eine Phasenumkehr in Öl-Wasseremulsionen bei elektrischer Durchströmung, hingewiesen worden. Befindet sich zunächst Wasser als disperse Phase im Dispersionsmittel Öl, so kann dieses System infolge des elektrischen Stromes in ein anderes mit Öl als disperser Phase übergehen. Eine endgültige Entscheidung über die Anwendbarkeit dieser Modellversuche auf die Zellvorgänge läßt sich noch nicht treffen.

Wird ein Organ, etwa eine Wurzel, so in eine elektrisch durchströmte Flüssigkeit gebracht, daß der Strom senkrecht zur Längsachse des Organs fließt, so treten tropistische Krümmungen auf, die man als galvanotropisch bezeichnet hat. Jedoch scheinen für die Krümmungsauslösung Elektrolyseprodukte verantwortlich zu sein, so daß man eher von einem Chemotropismus sprechen sollte, der sogar schon weitgehend mit einem Traumatotropismus vergleichbar ist. — Bei geißeltragenden, aber auch bei unbegeißelten Organismen lassen sich leicht galvanotaktische Reaktionen erzielen; einige Organismen sind positiv, andere negativ galvanotaktisch.

Galvanotropische Reaktionen sind auch an Pollenschläuchen beobachtet worden. Das ist insofern bemerkenswert, als viele Narben gegen den Fruchtknoten elektrisch negativ sind und man dieses Potential für die Bewegungsbestimmung des Pollenschlauches (wenn die normale Lenkung nicht chemotropisch erfolgt) verantwortlich machen könnte. Bei *Primula grandiflora* kann die genannte Potentialdifferenz 200 mV erreichen, in anderen Fällen ist sie erheblich geringer.

Im elektrostatischen Feld führen viele Organe ebenfalls Krümmungen aus, und zwar wird bei Wurzeln die Seite, in der das Feld einen +-Pol induziert, konkav. Sprosse (Hypokotyle, auch Koleoptilen) krümmen sich entgegengesetzt. Entsprechende Krümmungen entstehen auch dann, wenn das elektrische Potential durch Einschaltung der Pflanze in ein Ionenkonzentrationsgefälle erzeugt wird, wenn also beispielsweise antagonistische Flanken mit Salzlösungen verschiedener Konzentration in Berührung stehen. Hierbei sind Potentiale zwischen etwa 50 und 100 mV am wirksamsten. Zur Erklärung dieser elektrotropischen Krümmungen wird eine kataphoretische Auxinverschiebung angenommen. Man kann so in der Vermutung gestützt werden, daß auch die nach phototropischer oder geotropischer Reizung auftretenden Auxinverschiebungen kataphoretischer Natur sind; bei der Besprechung geotropischer Krümmungen werden wir darauf zurückkommen. — Das antagonistische Verhalten von Sproß (oder Koleoptile) und Wurzel ist leicht verständlich, weil Auxinanreicherung bei Wurzeln eine Hemmung, bei Sprossen und Koleoptilen aber eine Förderung des Wachstums bedingt (vgl. S. 492 unten).

Auch viele andere Erfahrungen sprechen dafür, daß den von der Zelle geschaffenen elektrischen Potentialen eine erhebliche Rolle zufällt; wir haben darauf an mehreren Stellen, z. B. bei der Frage der Wasseraufnahme und -abgabe hingewiesen. Die Versuche über Reizwirkungen experimentell angelegter elektrischer Potentiale können also sehr wohl geeignet sein. uns einen Einblick in manche normale Zellvorgänge zu verschaffen.

Dagegen haben die Versuche über Wirkungen der Luftelektrizität auf pflanzenphysiologische Prozesse nicht zu bedeutenden Ergebnissen geführt. Zwar wurden mehrfach angebliche Wirkungen eines veränderten Ionisationsgrades der Luft auf Atmungs- und Wachstumsprozesse beschrieben. Sorgfältige Nachuntersuchungen führten aber, selbst wenn der Einfluß weitgehend entionter Luft mit dem stark ionisierter verglichen wurde, nicht zu klaren Ergebnissen.

Literatur.

a) Gesamtgebiet:

HÖBER: Physical chemistry of cells and tissues, Philadelphia u. Toronto 1945.

SCHEMINSKY und BUKATSCH: Tab. biol. period. **19** (1941). — STERN: Elektrophysiologie der Pflanze. Berlin 1924.

b) Wirkung bioelektrischer Potentiale und künstlicher elektrischer Potentiale auf Zellvorgänge:

BLINKS: J. Gen. Physiol. **19** (1946). — BRAUNER u. HASMAN: Rev. Fac. Sci. Univ. Istanbul, Sér. B **12** (1947).

DIANNELIDIS: Phyton **1** (1948).

LUNDEGÅRDH: Z. Bot. **38** (1943).

SCHECHTER: J. Gen. Physiol. **18** (1934). — STUDENER: Planta (Berl.) **35** (1947). — SUOLAHTI: Protoplasma (Berl.) **27** (1937).

THOMAS: Rec. Trav. bot. néerl. **36** (1939).

UMRATH: Protoplasma (Berl.) **38** (1943).

c) Galvanotropismus, Galvanotaxis usw.:

AMLONG: Planta (Berl.) **21** (1934). — ANDERSON: J. Gen. Physiol. **35** (1951).

BOSE: Trans. Bose Res. Inst. Calcutta **17** (1949).

CLARK: Plant Physiol. **12** (1937).

WULFF: Planta (Berl.) **24** (1935).

ZELTNER: Z. Bot. **25** (1931).

IX. Schwerkraftwirkungen.

1. Die Reizaufnahme und der Orthogeotropismus.

Auf die Einwirkung der Schwerkraft kann die Pflanze ähnlich wie auf den Lichteinfluß in recht verschiedenartiger Weise reagieren. Es können *orthotrope* Krümmungen eintreten, die entweder (wenn sie zum Erdmittelpunkt gerichtet sind) positiv oder (wenn sie vom Erdmittelpunkt fort gerichtet sind) negativ geotropisch (Abb. 444 und 445) genannt werden; bei *plagiotropen* Krümmungen stellt sich das Organ in einen von Fall zu Fall verschiedenen Winkel zur Lotlinie ein; beträgt dieser Winkel 90°, so sprechen wir von *diageotropischen* Einstellungen. Aber auch durch Torsionen kann sich ein aus seiner Normallage gebrachtes Organ wieder in diese zurückorientieren oder sie so auch zum erstenmal erreichen. Die Schwerkraft kann ferner ähnlich wie das Licht die Lage von Basal- und Apikalpol sowie die Dorsiventralität der verschiedensten Organe mit ihren mannigfaltigen physiologischen und morphologischen Folgen determinieren.

Abb. 444. Erste Stadien der negativ geotropischen Aufrichtung einer horizontal gelegten Koleoptile von *Avena sativa*. Die Koleoptile wurde auf der gleichen Platte 5mal in Abständen von $^1/_2$ Std photographiert. Der Krümmungsbeginn ist nicht so sehr auf die Spitze lokalisiert wie beim Phototropismus.

Daß für diese von der Lage der Pflanze zur Lotlinie abhängigen Reaktionen wirklich die Schwerkraft verantwortlich ist, ergibt sich eindeutig aus der Möglichkeit, gleichartige Reaktionen auch durch Verwendung von Zentrifugalkräften zu erzielen. Seit den Versuchen KNIGHTs über den Geotropismus ist das anerkannt.

Trotz dieser großen Mannigfaltigkeit geischer Reaktionen dürften die primären physiologischen Wirkungen, also die schon ohne physiologische Auslösungsprozesse von der Schwerkraft selber geleisteten Prozesse, d. h. die Reizaufnahmevorgänge, immer von gleicher oder doch ähnlicher Natur sein. Und zwar kommt es allem Anschein nach auf die schon von NOLL vermutete Verlagerung irgendwelcher Teilchen im Organ an. Von der Größe dieser Verlagerung, also von der durch die Schwer- oder Fliehkraft induzierten stofflichen Polarität zwischen zwei Flanken eines Organs oder zum mindesten zwischen zwei Seiten der einzelnen Zellen hängt die Größe der Folgereaktionen ab. Mit dieser Auffassung stimmen jedenfalls die Angaben über die Gültigkeit des Reizmengengesetzes gut überein. Eine geringe Reizstärke kann durch entsprechend verlängerte Einwirkung den gleichen Erfolg haben wie ein intensiverer Reiz kürzerer Einwirkung: dem Produkt von Reizdauer und Reizintensität kommt hiernach immer die gleiche Reizwirkung zu. Recht gut läßt sich das für die geotropische Schwellenreizung zeigen, indem für verschiedene, experimentell ja leicht abstufbare Fliehkräfte die zur eben sichtbaren Krümmung notwendige Reizwirkungsdauer, also die Präsentationszeit bestimmt wird. Für *Avena*-Koleoptilen wurden beispielsweise umstehende (hier nur in einer Auswahl wiedergegebenen) Werte gefunden.

Abb. 445. Negativ geotropische Reaktion der Atemwurzeln von *Sonneratia*.

Statolithentheorie. Zu den mikroskopisch wahrnehmbaren Verlagerungen durch die Schwerkraft gehört in erster Linie die der Stärke; oder richtiger einer Art der Stärke. In vielen Zellen bleibt die Schwerkraft ohne Einfluß auf die Lage der Stärkekörner; die hohe Viskosität und andere Faktoren verhindern eine nennenswerte Umlagerung; in einzelnen Zellen dagegen ist diese Umlagerung leicht erzielbar; schon nach einer Inversstellung von 5—10 min kann die Stärke zum entgegengesetzten Pol der Zelle gelangt sein. Daher haben HABERLANDT und NĚMEC die Verlagerung dieser Stärke mit der geotropischen Reizaufnahme in Zusammenhang gebracht und von einer Statolithenstärke gesprochen. Die verlagerungsfähige Stärke kommt bei den Wurzeln in den zentralen Zellen der Calyptra, bei Koleoptilen in den Zellen der Spitze, in Sproßorganen in der Stärkescheide vor (Abb. 446). Für diese Statolithentheorie spricht zunächst, daß die Verteilung der geotropischen Sensibilität zum mindesten in groben Zügen mit der Verteilung der verlagerungsfähigen Stärke im Organ übereinstimmt. Daß die geotropische Sensibilität vornehmlich auf die Spitze der meisten Organe beschränkt ist, wissen wir durch eine ganze Reihe von Versuchen. Schon der DARWINsche Versuch, der uns zeigt, daß eine zwangsweise in der geotropischen Reizlage festgehaltene

Avena; Konstanz der zur Reaktion notwendigen Reizmenge.

i = Fliehkraft in Gramm	t = Präsentationszeit in Sekunden	$i \cdot t$ = Reizmenge
0,08	3900	312
0,25	1300	325
0,76	415	315
2,24	125	281
6,48	45	292
17,28	18	311
58,43	5	292

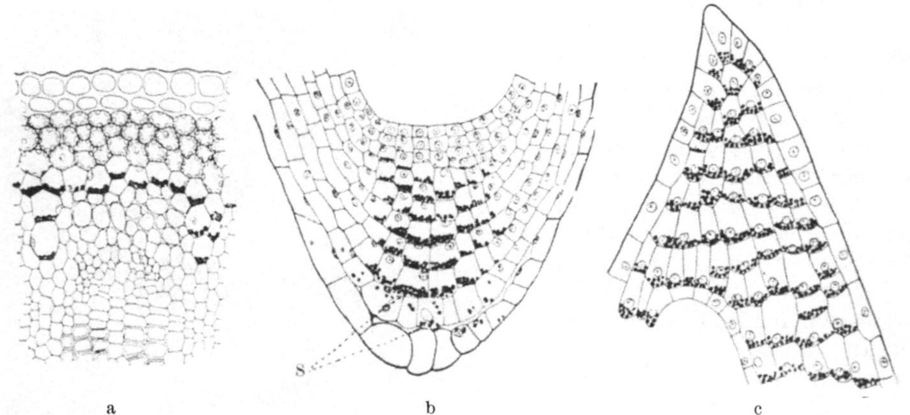

Abb. 446a—c. „Statolithenstärke". a Sproßquerschnitt von *Linum perenne*; b Wurzelspitze von *Roripa amphibia*, Längsschnitt (S = Stärke); c Koleoptilspitze von *Panicum miliaceum*, Längsschnitt. a nach HABERLANDT; b und c nach NĚMEC.

Organspitze immer weitere geotropische Impulse zu den basalen Teilen schickt, obwohl diese sich bereits stark gekrümmt haben, kann hier genannt werden (Abb. 447). Noch schöner ist die PICCARDsche Versuchsanordnung, bei der die Wurzeln so an der Zentrifuge befestigt werden, daß Spitze und Basis entgegengesetzt gereizt werden (Abb. 448). Mit dieser Methode konnte HABERLANDT zeigen, daß der Einfluß der Spitzenreizung selbst dann dominiert und den Krümmungssinn der ganzen Wurzel bestimmt, wenn schon von etwa 1,5 mm unterhalb der Spitze an die entgegengesetzte Reizung stattfand. Andererseits sind Organe mit einer Stärkescheide tatsächlich überall dort geotropisch empfindlich, wo sich diese Stärkescheide befindet, also nicht nur in der Spitze.

Die Vorstellung, daß die sich bewegenden Stärkekörner einen mechanischen Reiz auf das Plasma ausüben und dadurch die Entstehung der geotropischen Reaktionen vermitteln, enthält nichts Unwahrscheinliches; das Plasma ist ja schon gegen die von außen angreifenden mechanischen Reize, obwohl diese es naturgemäß viel schwerer beeinflussen können, sehr empfindlich. Trotzdem stößt die Statolithentheorie auf manche Schwierigkeit. Es mag noch dahingestellt bleiben, ob die Verteilung geotropischer Sensibilität in den Organen wirklich immer der Verteilung der verlagerungsfähigen Stärke entspricht, sofern solche überhaupt bei der betreffenden Pflanze vorkommt. Schwerer wiegt es, daß es auch geotropisch gut reagierende Objekte ohne Stärke gibt; in erster Linie können hier die Pilze, beispielsweise die Sporangienträger von *Phycomyces* genannt werden. Aber auch an stärkefreien Keimwurzeln höherer Pflanzen sind geotropische Krümmungen gefunden worden. Wenn also wirklich die „Statolithenstärke" für die geotropische Reizaufnahme wichtig sein sollte, so müssen wir annehmen, daß verschiedene Arten der geotropischen Reizaufnahme möglich sind und bei den stärkefreien Organismen die Verlagerung anderer Zellinhaltsbestandteile entscheidend ist.

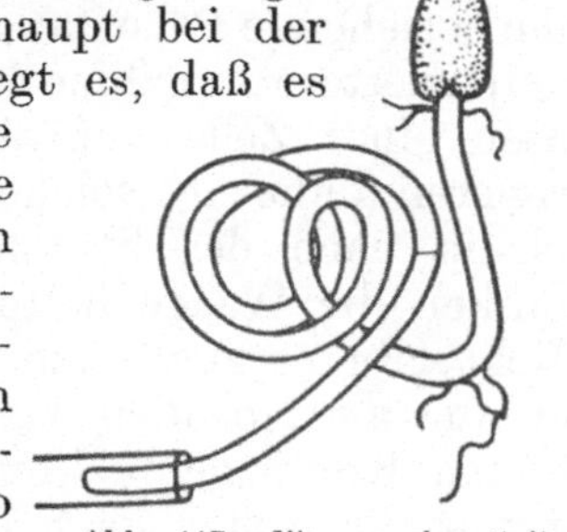

Abb. 447. Ein an der Spitze fixierter Keimling von *Panicum* krümmt sich infolge ununterbrochener geotropischer Impulse immer weiter. (Nach DARWIN.)

Geoelektrischer Effekt. Befriedigender wäre dann freilich eine Theorie, die alle Fälle umfaßt. Dieser Forderung genügt die Theorie, die der Verschiebung elektrischer Ladungsträger im Schwerefeld eine entscheidende Bedeutung zuschreibt. Die Wanderungsgeschwindigkeit von Anionen und Kationen kann durch die Schwerkraft verschieden beeinflußt werden, so daß es zur Entstehung elektrischer Potentialdifferenzen in dem betreffenden System kommt. In membranlosen Systemen macht sich ein solcher Effekt praktisch nicht bemerkbar, wohl aber in den von vielen Membranen durchsetzten Pflanzengeweben. Daher kommt es in Pflanzen durch eine Veränderung der Lage im Schwerefeld zum Auftreten elektrischer Potentialdifferenzen (geoelektrischer Effekt); und zwar wird bei einem horizontal gelegten Sproß und auch bei einer horizontal gelegten Wurzel die physikalische Unterseite gegen die Oberseite elektrisch um etwa 5—30 mV positiv. BRAUNER, der diesen Effekt genauer untersuchte, fand, daß sich tote Gewebe und andere Systeme mit semipermeablen Membranen (Pergamentpapier) prinzipiell ähnlich verhalten und den Effekt oft sogar stärker zeigen als lebende Pflanzen. Diese elektrische Potentialdifferenz zwischen Ober- und Unterseite eines Organs kann man vielleicht für das Auftreten der geotropischen Krümmungen verantwortlich machen; wir sahen schon früher, daß Potentialdifferenzen sehr wohl zur Entstehung elektrotropischer Krümmungen führen können. Daß der geoelektrische Effekt in Sprossen und Wurzeln trotz deren gegensätzlichen geotropischen Verhaltens gleich-

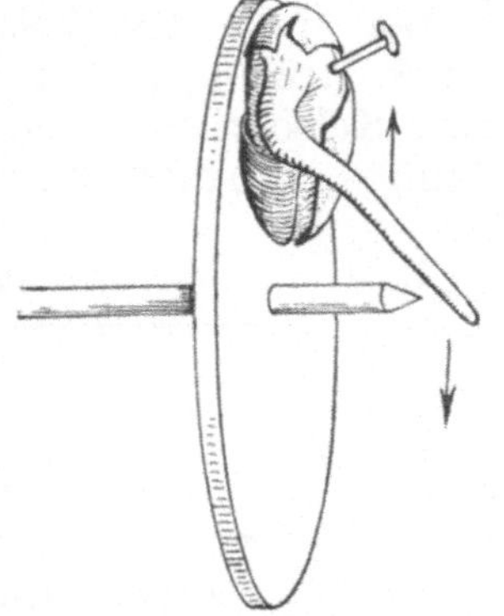

Abb. 448. Schema der Versuchsanordnung von PICCARD zur antagonistischen Reizung von Spitze und Basis der Wurzel. Die Wurzel ist so auf der Zentrifuge angebracht, daß die Fliehkraft auf die Spitze und Basis in entgegengesetzter Richtung einwirkt. Die Pfeile geben die Richtung der Fliehkräfte an. (Nach V. GUTTENBERG.)

sinnig verläuft, stellt keine Schwierigkeit dar, weil ja gleichartige elektrische Reizung bei diesen Organen entgegengesetzte Krümmungen zur Folge hat; mit der früher genannten Theorie des Elektrotropismus, die an die Möglichkeit kataphoretischer Auxinverlagerung anknüpft, ist dieses Verhalten wegen des gegensätzlichen Reagierens von Sproß und Wurzel auf gleiche Auxinzufuhr durchaus vereinbar.

Die auf dem geoelektrischen Effekt aufbauende Theorie der geotropischen Reizaufnahme bietet gegenüber der Statolithentheorie noch den Vorteil, daß nunmehr eine sich auf das ganze Organ, also nicht auf die Einzelzelle beziehende Polarität gefunden ist; wir müssen hier also nicht die etwas kompliziertere Annahme machen, daß die tangentialen Innen- und Außenseiten einer Zelle auf die Berührung mit Stärkekörnern gegensätzlich reagieren (ohne eine solche oder ähnliche Radialpolarität der Zellen müßten sich ja nach der Statolithentheorie die geotropischen Impulse beider Flanken die Waage halten). Neben diesem nicht-vitalen geoelektrischen Effekt gibt es auch eine geisch induzierte elektrische Potentialänderung, die nur an lebenden Geweben möglich ist. Auf die Beteiligung einer zweiten Komponente könnte deuten, daß von ein und demselben Organ oft nur die Spitze nach dem Horizontallegen auf der Unterseite positiv wird, die mehr basalen Teile aber negativ (LUNDEGÅRDH). Außerdem kann nach Angaben SCHRANKs der geoelektrische Effekt unter Umständen ganz ausbleiben, wenn das Gewebe abgetötet ist.

Änderung der Auxinkonzentration. Eines der nächsten Glieder der geotropischen Reizkette besteht in der Herstellung einer unterschiedlichen Auxinkonzentration zwischen Ober- und Unterflanke des geotropisch gereizten Organs, und zwar beobachtet man stets, daß die Auxinkonzentration einige Zeit (beispielsweise 15 min) nach dem Beginn der geotropischen Reizung in der Unterseite des Organs, sei dieses nun ein Sproß. eine Koleoptile oder eine Wurzel, größer ist als in der Oberseite (vgl. z. B. AMLONG, BOYSEN-JENSEN, sowie nachstehende Tabelle).

Wuchsstoffverteilung nach geotropischer Reizung.

Objekt	Von der Gesamtmenge des im horizontal gelegten Organs vorhandenen Auxins entfallen auf die	
	Oberseite	Unterseite
Koleoptilspitzen von *Avena*	38	62
Wurzelspitzen von *Vicia Faba*	37	63
Wurzelspitzen von *Zea Mays*	25	75
Hypokotyle von *Lupinus*	32	68
Epikotyle von *Vicia Faba*	38	62

Die unterschiedliche Auxinkonzentration von Ober- und Unterseite eines gereizten Organs kann uns übrigens nicht nur Wachstums-, sondern auch Turgorbewegungen erklären, weil der Wuchsstoff die Turgeszenz der Zellen beeinflußt (vgl. S. 416).

Das unterschiedliche Verhalten positiv und negativ geotropischer Organe ist erklärbar, weil das Auxin in der Wurzel normalerweise in einer für die Wachstumsintensität überoptimalen Konzentration, im Sproß aber in unteroptimaler Konzentration vorliegt. Geisch bedingte Erhöhung der Auxinkonzentration auf der Unterseite bedeutet also für die Wurzel noch größere Entfernung vom Optimum, also Wachstumshemmung, für den

Sproß weitere Annäherung an das Optimum, also Wachstumsförderung. So muß sich die Wurzel nach unten, der Sproß nach oben krümmen. Daher gelingt es auch z. B., oberirdische Organe durch experimentelle Herstellung einer überoptimalen Auxinkonzentration zu positiv geotropischer Reaktionsweise zu zwingen (GEIGER-HUBER).

Wuchsstoffverschiebung? Wenn auch anerkannt werden muß, daß eine unterschiedliche Auxinkonzentration beider Flanken für die Entstehung der Bewegungen entscheidend ist, bleibt es doch fraglich, ob das Bild, das man sich von den Ursachen der Entstehung dieser Konzentrationsdifferenzen macht, richtig ist. Aus den Beobachtungen schließt man im allgemeinen, daß der geotropische Reiz eine Auxinverlagerung bedingt. Die ganze Reizkette scheint dann geschlossen erkannt zu sein, wenn man diese Verschiebung auf die elektrische Polarisierung zurückführt, zumal auch gezeigt wurde, daß ein experimentell angelegtes elektrisches Potential in der Pflanze bzw. in Agarblöckchen eine ausreichende kataphoretische Auxinverschiebung ermöglicht. Es scheint also, daß man die Theorie von WENT, CHOLODNY und BOYSEN-JENSEN, die wir beim Phototropismus kennenlernten, auf den Geotropismus übertragen darf. Jedoch kann diese Theorie auch für den Geotropismus erheblichen Zweifeln begegnen. Schon BOYSEN-JENSEN hat darauf hingewiesen, daß die gefundenen Differenzen der Auxinkonzentration nicht ausreichend sind, um die gefundenen Krümmungen zu erklären. Nur mit Hilfsannahmen kann man diese Schwierigkeit umgehen. Ferner sind an isoliert kultivierten Wurzeln, die keine nachweisbaren Auxinmengen mehr enthielten, doch noch geotropische Krümmungen beobachtet worden. Auch ist zu berücksichtigen, daß die angegebenen Zahlen nur für sich noch nicht den sicheren Schluß zulassen, daß eine Auxinverschiebung stattgefunden hat; denn es fehlt die Vergleichsmöglichkeit mit dem Auxingehalt ungereizter Objekte. Andererseits wird gegen die Möglichkeit einer Neuproduktion von Auxin durch geotropische Reizung angeführt, daß beim Rotieren auf dem Klinostaten (bei horizontal stehender Klinostatenachse), also bei allseitiger geischer Reizung, keine Wachstumsbeschleunigung eintritt, daß also eine Geowachstumsreaktion nicht erfolgt. Jedoch kann hier geltend gemacht werden, daß sich in Hypokotylen von *Lupinus albus* durch Rotation auf dem Klinostaten bei horizontal stehender Klinostatenachse die Dehnbarkeit der Zellwände erhöht. Beachtenswert sind auch Beobachtungen BEYERs, nach denen während der geotropischen Krümmung von Koleoptilen der Wachstumsüberschuß der Konvexflanke doppelt so groß ist wie der nach halbseitiger Ausschaltung (infolge Quer-Einschnitts) des Wuchshormonstroms eintretende. Jener Wachstumsüberschuß sollte aber sogar geringer sein als der ohne geotropische Reizung allein durch Unterbindung der normalen Zufuhr von Auxin zu einer Flanke bedingte; denn mit einer vollständigen Ablenkung des Wuchshormonstroms durch die geotropische Reizung dürfte kaum gerechnet werden. Außerdem gibt es Objekte, an denen eine Neuproduktion (bzw. Aktivierung) von Auxin unter dem Einfluß geotropischer Reizung einwandfrei nachgewiesen werden konnte. Manche mit Knoten ausgerüstete Pflanzen zeigen starke geotropische Aufkrümmungen, die darauf beruhen, daß das bereits erloschene Wachstum auf der Unterseite des Knotens wieder aufgenommen wird. Die Gräser sowie *Tradescantia*- und *Dianthus*-Arten können hier genannt werden. Der Wiederbeginn des Wachstums beruht, wie speziell für die Grasknoten gezeigt wurde, auf einer erneuten Wuchstoffbildung (bzw. -aktivierung). Man hat diesen Fall als seltene Ausnahme bezeichnet. Es ist jedoch nicht sehr wahrscheinlich, daß ein Prozeß, der in den Knoten eine so große Rolle spielt, in anderen Organen überhaupt fehlen soll.

Gegen den Versuch einer ausreichenden Erklärung mit der durch den geoelektrischen Effekt bedingten Wuchstoffverschiebung spricht sogar schon die Tatsache, daß Wurzeln ohne Wuchsstoff noch den geoelektrischen Effekt zeigen und dann nach der geischen Reizung zur Krümmung veranlaßt werden können, wenn ihnen anschließend Wuchsstoff geboten wird. Der geoelektrische Effekt darf zum Gelingen dieses Experiments schon abgeklungen sein; er kann also nicht für die angenommene Wuchsstoffverlagerung verantwortlich gemacht werden (Botjes).

Nach van Overbeek wird durch die Schwerkraftreizung eine Freisetzung von gebundenem Auxin bedingt. Durch diesen Befund können manche der oben genannten Schwierigkeiten behoben werden.

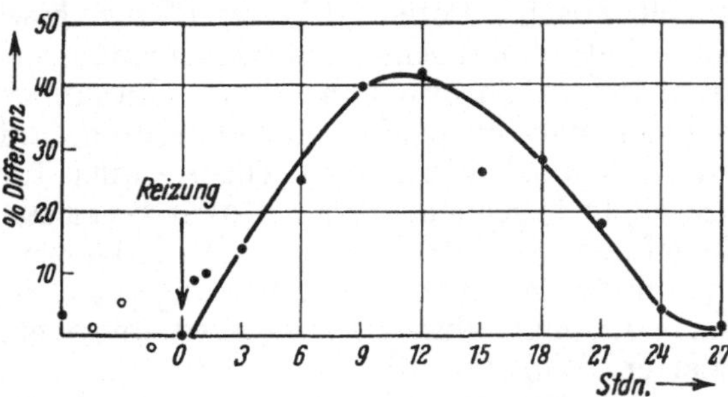

Abb. 449. Die Differenz im Zuckergehalt zwischen der Unter- und Oberseite geotropisch gereizter *Helianthus*-Sprosse in Prozent des jeweiligen Mittelwertes der beiden Hälften. o = Differenz zwischen den Hälften ungereizter Sprosse. (Nach Ziegler.)

Stoffwechselbeeinflussungen. Neben der Herstellung einer unterschiedichen Wuchsstoffkonzentration auf Ober- und Unterseite spielen zweifellos auch zahlreiche andere physiologische Gefälle eine Rolle, die zum Teil allerdings als Folge der unterschiedlichen Wuchsstoffkonzentration aufgefaßt werden könnten. Bei Hypokotylen und Wurzeln ist der p_H-Wert nach geotropischer Reizung in der Konvexseite niedriger als in der Konkavflanke. Bei *Helianthus*-Hypokotylen kann dieser Unterschied der Wasserstoffionenkonzentration 22% betragen. Die Konkavflanke zeigt eine stärkere Katalaseaktivität als die Konvexseite. Die Unterseite geotropisch gereizter Sprosse zeigt eine größere Menge reduzierender Zucker als die Oberseite (Abb. 449). In der Unterhälfte kann (so bei *Helianthus*-Hypokotylen) auch der osmotische Wert des Preßsaftes um 0,1 Atm. höher sein. In Wurzeln von *Vicia Faba* nimmt bei geotropischer Reizung die Chromogenmenge (3,4-Dioxyphenylalanin) zu. Und zwar auf der Konvexseite mehr als auf der Konkavseite. Alle diese Veränderungen können wir bis jetzt nur erst erwähnen, ohne ihre Bedeutung näher zu kennen. Es ist zu berücksichtigen, daß sie erst in einer Zeit deutlich werden, in der die geotropische Reaktionszeit bereits überschritten ist.

Klarer ist vielleicht die Rolle der bei Sprossen neuerdings gefundenen stärkeren Atmung (Sauerstoffaufnahme) auf der Unterseite der horizontal gelegten Sprosse. Diese relative Atmungssteigerung der Unterseite kann vielleicht wenigstens teilweise mit der schon erwähnten Zuckerzunahme in Zusammenhang gebracht werden, andererseits kann man daneben aber auch an eine Beeinflussung der Atmung durch den geänderten Wuchsstoffgehalt denken (Ziegler).

Bei Organen, die die geotropische Bewegung durch Turgoränderung ermöglichen (z. B. an Blattgelenken von *Phaseolus*), zeigt sich eine relative Zunahme der osmotischen Werte auf der Unterseite. Außerdem wurde an solchen Gelenken gefunden, daß Änderungen der Wasserpermeabilität beteiligt sind (Arslan).

Fs besteht wohl kein Grund, irgendwelche wesentlichen Verschiedenheiten zwischen den bei geotropischen Turgor- und Wachstumsbewegungen vermittelten Vorgängen anzunehmen. Schon das Studium anderer Bewegungen zeigte uns, daß Permeabilitätsänderungen, Saugkraftänderungen, Änderungen der Wuchsstoffkonzentrationen usw. sowohl die Turgeszenz als auch das Wachstum beeinflussen können.

Geotropische Reaktion der Hypokotyle von Helianthus bei kontinuierlicher und bei intermittierender Reizung, Reizmenge stets gleich.

Zuführung der Reizmenge im Verhältnis Reiz: Ruhe	Prozentsatz der eintretenden Krümmungen
1 min:0 min (also kontinuierlich) .	15,2
1 min:1 min	39,1
1 min:2 min	44,9
1 min:3 min	25,7

Mitwirkung komplizierter Erregungsvorgänge. Wir sahen, daß man die Herstellung der unterschiedlichen Auxinkonzentration nicht unmittelbar auf die elektrische Polarisierung zurückführen kann, sie also nicht einfach als kataphoretische Verschiebung betrachten darf. Es ist aber auch direkt nachweisbar, daß komplizierte plasmatische Vorgänge im Spiel sind. In der Hinsicht sind speziell Versuche bemerkenswert, die die größere Wirkung intermittierender Reizung zeigen. Wird eine bestimmte geotropische Reizmenge, also ein bestimmtes Produkt von Zentrifugalkraft und Reizdauer unter Einschaltung von Ruhepausen geboten, so kann die Reizwirkung erheblich größer werden als bei kontinuierlicher Darbietung des Reizes. Die vorstehende Tabelle zeigt das deutlich (GÜNTHER-MASSIAS).

Aus diesen Versuchen muß wohl geschlossen werden, daß der Reiz mit zunehmender Einwirkungsdauer eine Abstumpfung, also eine Empfindlichkeitsverminderung in der Pflanze bedingt, die mit den Grenzen der Reaktionsfähigkeit noch nichts zu tun hat. Es muß sich um die Abstumpfung in dem primär vom Reiz betroffenen physiologischen System handeln. Man kann sich etwa vorstellen, daß die chemische Umwandlung einer Substanz oder der Zerfall eines labilen Systems wichtig ist, dieses chemische oder physikalische System sich aber schnell erschöpft; erst nach seiner Regeneration ist die volle Sensibilität wieder hergestellt, so daß die physiologischen Folgen natürlich im gesamten dann am stärksten sind, wenn immer erst nach dem Abklingen des „Refraktärstadiums" wieder gereizt wird. Allzu lange Pausen sind wie in allen ähnlichen Fällen ungünstiger, weil dann die sekundären Folgen, mögen sie nun in einer Auxinverschiebung oder in sonstigen Prozessen bestehen, teilweise wieder zurückgegangen sind, bevor der neue Reiz einwirkt. Bei sehr langen Pausen kommt es dann begreiflicherweise überhaupt nicht mehr zur wirksamen Summation der intermittierenden Reizung mit unterschwelligen Teilreizen.

In weiteren Versuchen (BÜNNING und GLATZLE) wurden jeweils nur insgesamt zwei geotropische Reize geboten, und zwar entweder unmittelbar aufeinander folgend oder mit von Versuch zu Versuch verschiedenem Zeitabstand. Bei *Lepidium*-Wurzeln ergab sich ein maximaler Reizeffekt, wenn der Zeitabstand etwa 6 min betrug, bei *Avena*-Koleoptilen wurde sogar erst bei einer zwischengeschalteten Ruhepause von 30 min die maximale Reaktionsgröße erreicht.

Hiernach sieht es so aus, als seien auch bei der geotropischen Reizung *Erregungen mit Refraktärstadien* beteiligt. Wenn es sich herausstellen sollte, daß es sich dabei um typische Alles-oder-Nichts-Erregungen handelt, dann würde sich die Abhängigkeit der geotropischen Reaktionsstärke von der Reizstärke also nur aus der unterschiedlichen Zahl ausgelöster Erregungsvorgänge erklären. Die genannte vitale Komponente des geoelektrischen Effekts würde dann durchaus dem normalen früher besprochenen Aktionsstrom entsprechen. Gleichzeitig würde damit gezeigt sein, daß nicht nur die lichtbedingten, sondern auch die schwerkraftbedingten Reizerscheinungen durch Reizketten ausgezeichnet sind, bei denen im Gegensatz zur älteren Auffassung ähnlich wie bei den tierischen Reizerscheinungen die typischen Erregungsvorgänge im engeren Sinne eine erhebliche Rolle spielen. Die Arbeiten, die das endgültig beweisen können, müssen aber noch durchgeführt werden.

2. Der tonische Einfluß der Längskraft.

Noch aus anderen als den bereits genannten Tatsachen ergibt sich die Unzulänglichkeit der einfachen Theorie des Geotropismus, nach der die Herstellung der zum unterschiedlichen Wachstum führenden Differenz in der Auxinkonzentration eine einfache Funktion der direkt von der Schwerkraft bewirkten physikalischen Polarisation ist. Wenn die Reaktionsgröße dem im Reizaufnahmeprozeß bedingten physikalischen Polarisierungseffekt, bestehe dieser nun in der Neuverteilung der Stärkekörner oder von elektrischen Ladungsträgern, proportional wäre, so sollte man eine Gültigkeit des sog. *Sinusgesetzes* erwarten. Zum mindesten müßte dieses Gesetz, nach dem die Reizwirkung der Schwer- oder Zentrifugalkraft dem Sinus des Ablenkungswinkels des Organs aus der Vertikalen proportional sein soll, insoweit gültig sein, daß der senkrecht angreifenden Kraft die größte Reizwirkung zukommt. Bei der Einwirkung der Schwerkraft sollte man also erwarten, daß das horizontal liegende Organ am stärksten, das schräg nach oben oder unten gerichtete Organ weniger, und das in normaler oder inverser Lage senkrecht stehende Organ gar nicht gereizt wird.

Nach manchen Versuchen, von denen hier in einer Tabelle einige wiedergegeben seien, scheint das Sinusgesetz auch recht genau den Tatsachen zu entsprechen (FITTING).

Schwerkraftreizung von Avena-Koleoptilen bei verschiedener Reizlage.

Neigungswinkel gegen die Vertikale	sin des Neigungswinkels	Präsentationszeit	g • Präsentationszeit • sin des Neigungswinkels
90	1,0	269	269
60	0,866	326	282
120	0,866	332	288
45	0,7071	366	259
135	0,7071	366	259
30	0,5	540	270
150	0,5	538	269
15	0,259	871	226
165	0,259	853	220

Wenn aber nicht, wie bei den in obenstehender Tabelle wiedergegebenen Versuchen, die Schwellenreizung, sondern eine länger dauernde benutzt wird, so läßt sich die Gültigkeit des Sinusgesetzes nicht mehr nachweisen; vielmehr findet man dann, daß die optimale Reizlage zwischen der Vertikalen und Horizontalen liegt. Sprosse werden am stärksten gereizt, wenn sie in einem bestimmten Winkel, auf dessen Größe wir gleich noch eingehen werden, nach unten geneigt sind. Bemerkenswerterweise ist die Schräglage auch für die anderen Georeaktionen, die in bekannter oder unbekannter Art mit den geotropischen Krümmungen im Zusammenhang stehen, optimal, so für die genannten chemischen Veränderungen und auch für die Wuchsstoffpolarisierung; gerade dieser letztgenannte Befund ist besonders wichtig, zeigt er doch, daß man die Herstellung der ungleichen Wuchsstoffverteilung nicht einfach als die Wirkung der rein physikalisch bedingten elektrischen Polarisierung der Gewebe im Schwerefeld betrachten kann.

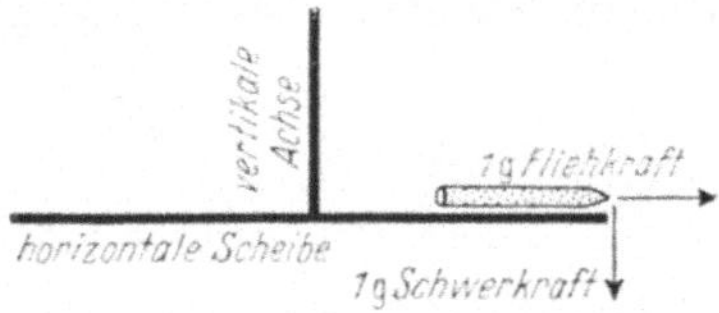

Abb. 450. Versuchsanordnung nach M. RISS zum Nachweis des hemmenden Einflusses der in der Längsrichtung angreifenden Fliehkraft auf den Krümmungsimpuls, der durch die in der Querrichtung angreifende Schwerkraft induziert wird. Der Krümmungserfolg wird durch die Rotation der Wurzel um die horizontale Achse, also durch das Angreifen der Fliehkraft erheblich vermindert. (Nach RAWITSCHER.)

Der Faktor, der diese Abweichung des Verhaltens der Organe vom einfachen Sinusgesetz bedingt, übt für sich keinen richtenden Einfluß auf die Bewegung des Organs aus; er wirkt rein tonisch, und zwar in einigen Lagen fördernd, in anderen hemmend auf den geotropischen Impuls. Für diese tonische Beeinflussung kommt es im Gegensatz zur richtenden nicht (wie es im Sinusgesetz ausgesprochen wird) auf die senkrecht zum Organ angreifende Komponente der Schwer- (bzw. Zentrifugal-) Kraft an, sondern auf die in der Längsrichtung angreifende. Von der Wirksamkeit dieser Längskraft kann man sich durch einige Versuche leicht ein Bild machen. Wird ein Organ durch einfaches Horizontallegen gereizt, so ist die Schwelle nach einer kürzeren Präsentationszeit überschritten, als wenn das horizontal orientierte Organ zugleich noch so zentrifugiert wird, daß die Zentrifugalkraft in der Längsrichtung des Organs angreift. Abb. 450 zeigt die entsprechende Versuchsanordnung. Beispielsweise wurde an Wurzeln von *Lupinus* und *Vicia Faba* gefunden, daß die Präsentationszeit beim einfachen Horizontallegen 6 min beträgt; bei gleichzeitiger Einwirkung von 1 g Zentrifugalkraft in der akropetalen Längsrichtung aber 8 min.

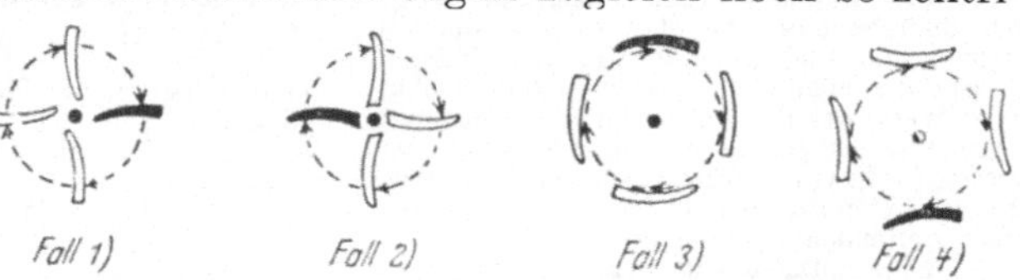

Abb. 451. *Lepidium*-Wurzeln nach der Rotation senkrecht zur horizontalen Klinostatenachse. Der schwarze Punkt in der Mitte stellt die Klinostatenachse dar; der gestrichelte Pfeil gibt die Bewegungsrichtung an. Es sind die vier möglichen Fälle der Anordnung angegeben und die dabei auftretenden Krümmungen gezeichnet. Schwarz ist die Reizlage wiedergegeben, die eine Krümmung induziert. (Nach ZIMMERMANN.)

Ein anderer Versuch zum Nachweis der Längskraft besteht darin, die Objekte, nachdem sie in Horizontallage eine gewisse Zeit gereizt worden sind, für eine weitere Zeit entweder in die senkrechte Normallage zurückzuversetzen oder in die inverse senkrechte Lage zu bringen. (Nach dieser Zeit werden die Objekte dann bis zum Eintritt der Krümmung parallel zur horizontalen Klinostatenachse rotiert, damit weitere einseitige Einflüsse der Schwerkraft ausgeschaltet werden.) So betrug beispielsweise an *Lepidium*-Wurzeln die Präsentationszeit bei nachfolgend 5 min langer Normallage 10 min, bei nachfolgend 5 min langer Inverslage aber nur 1 min. Die Längskomponente der Schwerkraft wirkt also am meisten hemmend, wenn sie auf das normal orientierte Organ einwirkt. Endlich kann noch folgender Versuch zur Demonstration der Längskraftwirkung dienen. Wurzeln werden in der in Abb. 451 angegebenen Weise am Klinostaten, bei horizontal stehender Klinostatenachse, rotiert. Die Wurzeln bleiben nicht, wie man zunächst erwarten könnte, ungekrümmt, sondern krümmen sich in der ebenfalls aus der Abb. 451 ersichtlichen Weise. Der Krümmungssinn zwingt zur Schlußfolgerung, daß die Wurzeln in den schwarz gezeichneten Lagen stärker gereizt werden als in den anderen. Diese schwarz gezeichnete Lage ist stets die, auf die die Inverslage folgt. Der vorgenannte Versuch ließ aber schon erkennen, daß die invers angreifende Längskraftkomponente eine vorhergehende Reizung in Horizontallage verstärkt. Auf die in der Abb. 451 weiß gelassenen Horizontallagen folgt jeweils eine in Normallage angreifende Längskraft. Diese aber schwächt ja den geotropischen Impuls. So müssen die Krümmungen zustande kommen.

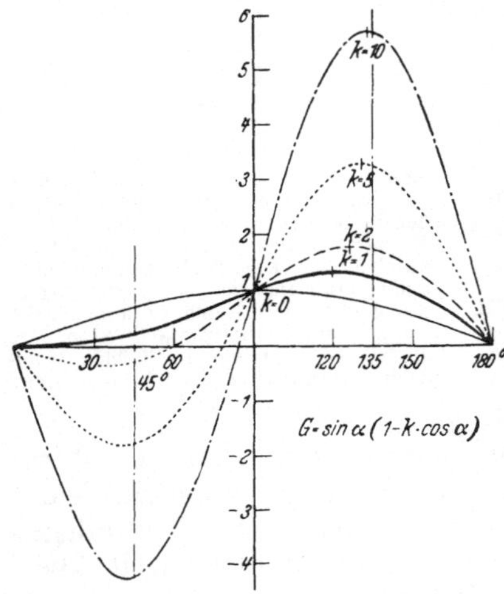

Abb. 452. Graphische Darstellung des erweiterten Sinusgesetzes. Auf der Abszisse sind die Reizlagen in Graden, auf der Ordinate die Reaktionsgrößen angegeben, und zwar für verschiedene Werte des Faktors der im Text genannten Formel. $k = 0$ entspricht dem einfachen Sinusgesetz, $k = 1$ einer optimalen Reizlage bei 120°, $k = 2$ einer optimalen Reizlage bei 126°, $k = 5$ einer optimalen Reizlage bei 131° und $k = 10$ einer optimalen Reizlage bei 133°. (Nach METZNER.)

METZNER hat mit einigen durchaus naheliegenden Annahmen eine Theorie des Zusammenwirkens von der Längskraft mit der allein richtend wirkenden Querkraft entworfen. Der von der Querkomponente der Schwerkraft induzierte tropistische Impuls ist, entsprechend den Forderungen des ursprünglichen Sinusgesetzes, $= g \cdot t \cdot \sin \alpha$ (worin α der Neigungswinkel des Organs ist). Dieser tropistische Impuls wird vermutlich von der Längskraft um so mehr modifiziert, je größer er ist; der Absolutwert der Modifizierung wird noch von einem für das betreffende Objekt spezifischen Faktor k abhängen. Die Längskraftkomponente des angreifenden Schwerereizes ist vermutlich angenähert dem Cosinus des Ablenkungswinkels des Organs aus der Horizontallage proportional. So gelangt man zur Annahme, daß die von der Längskraft ausgeübte Wirkung durch die Größe $g \cdot k \cdot t \cdot \sin \alpha \cdot \cos \alpha$ wiederzugeben ist. Um diesen Betrag ändert sich also die geotropische Induktion, so daß im gesamten folgende geotropische Reizwirkung G bleibt: $G = g \cdot t \cdot \sin \alpha - g \cdot k \cdot t \cdot \sin \alpha \cdot \cos \alpha$ oder $g \cdot t \cdot \sin \alpha\ (1 - k \cdot \cos \alpha)$.

Will man prüfen, ob sich diese Vorstellung mit den experimentellen Befunden vereinbaren läßt, so besteht zunächst nur die Möglichkeit, für einige willkürlich angenommene Werte des Faktors k den geotropischen Endeffekt zu berechnen und die dabei gefundene Abhängigkeit mit der tatsächlichen zu vergleichen. Die Ergebnisse einiger solcher Berechnungen sind in Abb. 452 wiedergegeben. Wir sehen, daß die optimale Reizlage um so mehr von 90° verschieden ist, je größer k angenommen wird. Der größte k-Wert, bei dem die optimale Reizlage schon dem Winkel von 135° genähert ist, kann offensichtlich nicht den Tatsachen entsprechen; denn sonst müßten bei kleinen Winkeln entgegengesetzte Reaktionen eintreten, was aber nicht der Fall ist. Der Faktor k muß sogar noch kleiner als 2 sein; 1 wäre ungefähr ein brauchbarer Wert. Bei seiner Gültigkeit muß die optimale Reizlage etwa 120° betragen; und dieser Wert entspricht in der Tat den experimentellen Befunden sehr gut. Mit optimalen Reizlagen, die erst bei mehr als 120° Abweichung von der Normallage des Organs erreicht werden, ist nicht zu rechnen; dagegen können Winkel zwischen 90 und 120°, im Extremfall auch 90° selber in bestimmten Fällen sehr wohl die optimale Reizlage darstellen.

Die Längskraft wirkt vielleicht durch die Einflüsse auf die Wanderungsgeschwindigkeit des Auxins (BENNET-CLARK und BALL).

3. Plagiogeotropismus und Diageotropismus.

Während wir die Organe, die ihre geotropische Ruhelage finden, wenn sie mit der Längsachse in der Richtung des Erdradius stehen, als orthotrop bezeichnen. sprechen wir dann, wenn die Ruhelage bei einer anderen Orientierung erreicht wird, von plagiotropen Reaktionen; einen noch anderen Fall oder zum mindesten (nach einer anderen Terminologie) einen Sonderfall der plagiotropen Reaktionen stellen die diageotropischen Bewegungen dar, bei denen sich das Organ senkrecht zur Richtung des Erdradius einstellt.

Abb. 453. *Tetrastigma.* Beispiel einer plagiotropen Einstellung. An dem herabhängenden Zweig haben sich die Blätter, und zwar an der Basis der Stiele, wieder so gehoben, daß die Stiele schräg nach oben zeigen. $^1/_{10}$ der natürlichen Größe.

Seitenorgane. Die plagiotropen Einstellungen beruhen auf dem Gegeneinanderwirken zweier antagonistischer Impulse; im einfachsten Fall kann es sich dabei um positiven und negativen Geotropismus handeln. Plagiogeotropische Einstellungen sind weit verbreitet: wir finden sie bei vielen Blattstielen (Abb. 453), bei Seitensprossen und bei Seitenwurzeln erster Ordnung (die Seitenwurzeln höherer Ordnung zeigen zumeist keine geotropische Einstellung, sondern wachsen nach allen Richtungen). Jedoch darf die Formulierung, daß die plagiotropen Einstellungen auf dem Gegeneinanderwirken von positivem und negativem Geotropismus beruhen können, nicht so aufgefaßt werden, als seien diese beiden Komponenten wesentlich gleicher Natur wie dann, wenn sie allein vorhanden sind. Das trifft jeweils nur für eine der Komponenten zu. Es kann etwa so sein, daß der negative Geotropismus in seinen Eigenschaften, seiner Präsentationszeit, Reaktionszeit und Reaktionsdauer dem negativen Orthogeotropismus entspricht; die andere Komponente, also die positiv geotropische, aber andere Eigenschaften

Abb. 454. *Coleus.* Links Blätter in normaler Stellung, rechts nach Rotation der Pflanze auf dem Klinostaten bei horizontal stehender Klinostatenachse; die Blätter krümmen sich abwärts, da sich der an der plagiotropen Einstellung beteiligte negative Geotropismus nicht mehr geltend machen kann, die Epinastie also voll zur Geltung kommt.

zeigt, die von Fall zu Fall verschieden sind. Die Besonderheit dieser anderen Komponente zeigt sich auch schon darin, daß sie von der Längskraftkomponente des Schwerereizes anders als die orthogeotropische tonisch beeinflußt wird. Infolgedessen gilt für die Reaktion der plagiogeotropen Organe die Formel:

$$Pl = g \cdot t \cdot \sin\alpha \cdot (1 - k\cos\alpha) - p \cdot g \cdot t \cdot \sin\alpha$$

normaler Krümmungsimpuls — tonischer Faktor — antagonistischer Krümmungsimpuls

Dabei kann der antagonistische Krümmungsimpuls aber auch noch wesentlich komplizierterer Natur sein als in der Formel vereinfachend angenommen wurde; der Faktor p ist notwendig, um das Stärkeverhältnis von negativer und positiver Reaktion, das natürlich bei den einzelnen Objekten verschieden ist (und von dem Winkel der plagiotropen Ruhelage abhängt), zu berücksichtigen.

Abb. 455. Stelzwurzeln von *Rhizophora*. In der Nähe des Stammes überwiegt die Hyponastie, so daß die Wurzeln schräg nach oben wachsen. Die Hyponastie wird mit zunehmender Entfernung vom Stamm schwächer, so daß der positive Geotropismus immer mehr überwiegt.

Bei den plagiotropen Sprossen von *Parthenocissus quinquefolia* zeigt sich der besondere Charakter der dem negativen Geotropismus entgegenwirkenden geopositiven Komponente auch darin, daß bei dieser die Krümmung nicht durch unterschiedliche Volumenänderungen beider Flanken resultiert, sondern dadurch, daß die Zellen der Oberseite mehr in longitudinaler, die der Unterseite mehr in radialer Richtung wachsen (Zimmermann).

In manchen Fällen weicht die dem normalen Geotropismus entgegenwirkende Krümmungstendenz in ihren Eigenschaften so weit vom gewöhnlichen Orthogeotropismus ab, daß man sie kaum noch als geotropisch bezeichnen kann. Noch nach langem Rotieren des horizontal gelegten Organs auf dem Klinostaten mit horizontal gestellter Achse zeigt sich dieser Impuls in immer stärker werdenden Krümmungen. Handelt es sich hierbei beispielsweise um einen Sproß mit plagiotrop schräg nach oben gerichteten Blattstielen, so beobachtet man am Klinostaten eine starke Abwärtskrümmung der Blattstiele (Abb. 454). Der negativ geotropische Impuls ist also lange erloschen, während der positive immer weiter wirkt. Da dieser die Abwärtskrümmung veranlassende Impuls noch so lange nach dem Aufhören des einseitigen Einwirkens der Schwerkraft fortbesteht, zieht man es oft vor, hier von einer *Epinastie* zu sprechen. Unter einer Epinastie pflegt man ein unabhängig vom Eingreifen äußerer richtender Reize stärkeres Wachstum der Oberseite zu verstehen; es scheint daher, daß es bei hinreichender Kenntnis eines Organs niemals schwierig sein kann, eine Reaktionsweise als geotropisch oder als epinastisch zu bezeichnen. Jedoch ist die physiologische Dorsiventralität, die auf dem Klinostaten zu einem unterschiedlichen Wachstum der antagonistischen Flanken führt, häufig erst das Resultat des Eingreifens der Schwerkraft. Wenn diese Dorsiventralität nach ihrer Induktion während des ganzen Lebens unabhängig vom weiteren Einwirken der Schwerkraft in der Richtung, in

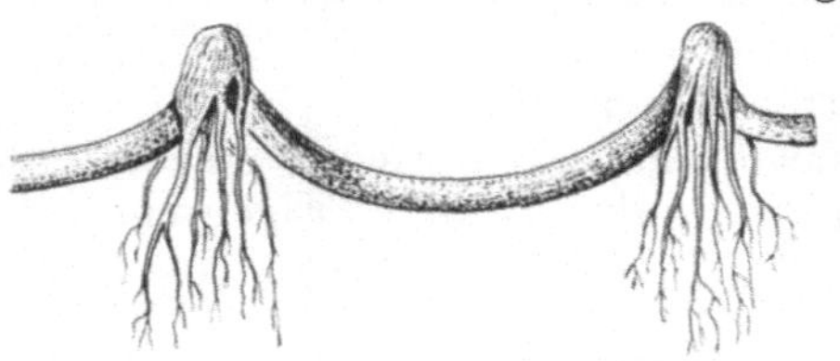

Abb. 456. Teil einer kniebildenden Wurzel von *Bruguiera*. Jede Kniebildung hat zur Folge, daß die hyponastische bzw. negativ-geotropische Komponente der Orientierung geschwächt wird, die positiv geotropische also überwiegt; in größerer Entfernung vom Knie überwiegt wieder die erstgenannte Komponente, so daß die Wurzel aus dem Erdboden herauswächst und ein neues Knie bildet. Dieser Vorgang wiederholt sich mehrfach.

der diese Induktion erfolgte, bestehen bleibt, so wird man die durch diese Dorsiventralität bedingten Krümmungen nicht mehr als geotropisch bezeichnen, sondern als Folge einer geisch induzierten Epinastie, einer Geoepinastie. Es bleibt nun willkürlich, ob man in einem bestimmten Einzelfall noch von einem Geotropismus oder schon von einer Geoepinastie sprechen will.

In mancher Hinsicht ist es vorteilhaft, die bei den plagiotropen Organen dem normalen Orthogeotropismus entgegenwirkende Krümmungstendenz überhaupt nie als geotropisch zu bezeichnen, sondern, um der Sonderstellung gerecht zu werden, immer von epinastischen Krümmungen zu sprechen; dann kann auch nicht der Eindruck entstehen, daß es sich bei den plagiogeotropen Einstellungen verschiedener Objekte um grundsätzlich verschiedene Dinge handelt. Es kommt nur darauf an, daß eine physiologische Dorsiventralität hergestellt wird, und diese braucht auch nicht einmal durch die Schwerkraft induziert zu sein; sie ist vielmehr in manchen Fällen photogen.

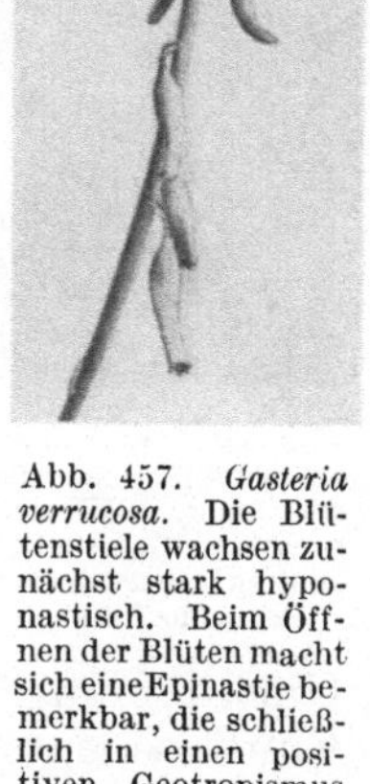

Abb. 457. *Gasteria verrucosa.* Die Blütenstiele wachsen zunächst stark hyponastisch. Beim Öffnen der Blüten macht sich eine Epinastie bemerkbar, die schließlich in einen positiven Geotropismus übergeht. Etwa 1/2 der natürlichen Größe.

Diese Epinastie der plagiotropen Organe haben wir schon gelegentlich erwähnt und als Folge eines unterschiedlichen Ansprechens von Ober- und Unterseite auf Auxin kennengelernt. Beim Ausschalten des vom Hauptsproß kommenden Auxins fällt sie demgemäß fort, so daß sich plagiotrope Seitensprosse nach dem Entfernen des Haupttriebs (etwa bei *Picea*) aufrichten, da jetzt nur noch der negative Geotropismus wirksam ist. Nach experimenteller Auxinvermehrung wird die Epinastie und damit die Plagiotropie wieder möglich (SNOW).

Auch die bei vielen Pflanzen mit zunehmendem Abstand der Seitenzweigspitze bzw. der -wurzelspitze von der Hauptachse abnehmende Plagiotropie kann vielleicht durch solche mit dem Abstand abnehmende Einflüsse der Hauptachse erklärt werden (Abb. 455 und 456).

Die physiologische Verschiedenheit der beiden an der Plagiotropie beteiligten Komponenten macht es verständlich, daß plagiotrope Organe nicht nur durch Auxin, sondern auch durch andere auf beiden Flanken gleichmäßig einwirkende Faktoren ihre Lage ändern können (wobei natürlich wieder die Möglichkeit bleibt, daß solche Faktoren durch Beeinflussung des Auxinspiegels wirken). So haben wir z. B. schon erwähnt, daß Licht das Stärkeverhältnis der beiden Komponenten modifiziert, und so die tagesperiodischen Lageänderungen der Blätter („Schlafbewegungen") entstehen. Im wesentlichen handelt es sich dabei wohl um eine Lichtabhängigkeit der geonegativen Reaktion, die sich ihrerseits wieder aus der Wuchsstoffabhängigkeit dieser Komponente erklärt. Auch andere plagiotrope Organe können so zu tagesperiodischen Lageänderungen gezwungen werden (ZIMMERMANN, vgl. auch S. 503).

Blütenstiele. Bei den Bewegungen vieler Blüten- und Fruchtstiele handelt es sich grundsätzlich um etwas Ähnliches wie bei den plagiotropen Einstellungen. Auch hierbei herrscht zwar eine recht große Mannigfaltigkeit; aber das wichtigste scheint doch wieder das Gegeneinanderwirken eines normalen negativen Geotropismus mit einer Epinastie zu sein, die sowohl durch Schwerkraft als auch (in anderen Fällen) durch Licht, bei einzelnen Objekten durch beide induzierbar ist. Auch hier ist man oftmals geneigt, statt von einer Geoepinastie von einem positiven Geotropismus mit extrem langer Präsentationszeit und mit langer Nachwirkung zu sprechen. Die Epinastie kann gelegentlich so sehr den negativen Geotropismus überwiegen, daß es nicht zu einem einfachen Herabsenken (Nicken) der Knospe kommt, sondern zu mehrfachen Einrollungen. — Für die Induzierung der Dorsiventralität, also für die Entstehung der Geoepinastie ist es natürlich notwendig, daß die junge Knospe zunächst einmal aus ihrer ursprünglichen aufrechten Stellung herausgebracht wird; das kann in einigen Fällen aus inneren Gründen geschehen; häufiger aber ist es durch das einseitige Einwirken des Lichtes bedingt.

Viele Blüten bleiben nicht in der ursprünglichen Lage, sondern im Zusammenhang mit ihrer voranschreitenden Entwicklung, in anderen Fällen im Zusammenhang mit der Fruchtbildung, kann es zum Aufrichten des Stiels oder schließlich bei einigen Objekten während der Fruchtbildung auch wieder zu erneuter Abwärtskrümmung kommen. Für diese

Abb. 458. *Sparmannia africana.* Blütenknospen epinastisch (bzw. positiv geotropisch) abwärts gekrümmt. Während der Blütenöffnung tritt negativer Geotropismus hinzu, der Blütenstiel hebt sich und steht schließlich (beim Verblühen) ganz aufrecht. Etwas verkleinert.

Abb. 459. *Cymbidium Lowianum.* Blütenstiele und Fruchtknoten sind zunächst (während des Knospenstadiums) kaum geotropisch, krümmen sich jedoch (einschließlich der Knospen selber) hyponastisch. Während des Aufblühens setzt eine erneute lebhafte Wachstumstätigkeit in Blütenstiel und Fruchtknoten ein. Damit erwacht das geotropische Reaktionsvermögen, das zur plagiotropen Einstellung führt. Man sieht deutlich die erhebliche Längenzunahme von Fruchtknoten + Blütenstiel nach dem Aufblühen. $^1/_5$ der natürlichen Größe.

Umstimmungen sind hormonale Einflüsse entscheidend, die von der Blüte bzw. der heranreifenden Frucht ausgehen (aber auch schon durch Pollenextrakte erzielbar sein können). Die Umstimmungen stehen häufig mit einer Wiedereinschaltung der erloschenen Wachstumstätigkeit in Verbindung.

Wir haben bereits früher davon gesprochen, daß für solche Änderungen die Lieferung von Auxin im Zusammenhang mit der Ausbildung der Embryonen wichtig sein kann (vgl. S. 292). Daher ist es nicht überraschend, daß nach Beobachtungen von Borriss und Bussmann an *Calandrinia grandiflora* die Orientierungsbewegungen der Blütenstiele vom Fruchtknoten gesteuert werden und daß die gleiche Wirkung erreicht wird, wenn man den Fruchtknoten durch Wuchsstoff ersetzt. Oft verhält es sich auch hier (wie bei den Seitenzweigen) so, daß verstärkte Auxinlieferung zu verstärkter Epinastie führt, während gehemmte Auxinzufuhr den negativen Geotropismus wieder relativ stärker werden läßt.

Im einzelnen sind uns aber die Zusammenhänge nicht bekannt; wir können nur sagen, daß sich das Stärkeverhältnis von negativem Geotropismus und Epinastie, oder, in anderer Ausdrucksweise, von negativem und positivem Geotropismus ändert (Abb. 455—459). Eine solche Stimmungsänderung tritt aber nicht nur bei der Erreichung bestimmter Entwicklungszustände ein, sondern sie kann auch schon tagesperiodisch erfolgen, indem das genannte Stärkeverhältnis sich entweder infolge der von der endogenen Tagesrhythmik ausgeübten Einflüsse oder infolge der wechselnden äußeren Einflüsse von Licht und Temperatur (richtiger wohl: durch das Zusammenwirken aller dieser Faktoren) ändert; auf diese Weise kommt es bei manchen nickenden Knospen zwangsläufig zu tagesperiodischen Hebungs- und Senkungsbewegungen, also zu Schlafbewegungen.

Abb. 460. Blütenstand von *Strelitzia reginae*. Diageotrope Einstellung.

Das legt den Vergleich mit den bereits früher besprochenen Schlafbewegungen der Laubblätter nahe; man kann hier in der Tat keinen grundsätzlichen Unterschied erkennen. Die Lage dieser Blätter wird ja ebenfalls durch das Kräfteverhältnis von negativem Geotropismus und Epinastie determiniert; so würde man sich jedenfalls bei den autonyktitropen Pflanzen ausdrücken, bei denen die Dorsiventralität, nachdem sie einmal durch die Schwerkraft determiniert wurde, nicht mehr umkehrbar ist, während man bei den geonyktitropen, also den mit umstimmbarer Dorsiventralität, statt von einer Epinastie auch wieder von einem positiven Geotropismus sprechen könnte. Wenn die Blätter nun ihre Lage im Schwerefeld der Erde tagesperiodisch ändern, so ist das natürlich nur die Folge eines veränderten Kräfteverhältnisses dieser Komponenten. Als wirksame Faktoren bei diesen tagesperiodischen Änderungen haben wir Licht, Temperatur und endogene Rhythmik kennengelernt; daher ist es auch durchaus berechtigt, die tagesperiodische Bewegung, d. h. die Veränderung der Lage, so wie wir es taten, als Lichtreizwirkung zu bezeichnen, wenngleich der Lichtreiz dadurch erfolgreich wird, daß er, wie erwähnt, tagesperiodisch die negativ geotropische Empfindlichkeit verändert.

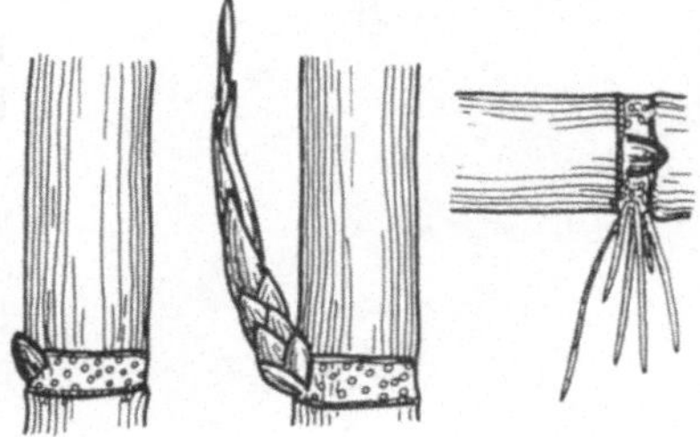

Abb. 461. *Saccharum officinarum*. Links: Teil des Halms mit ruhender Knospe und zahlreichen Wurzelanlagen. Mitte: aus einem als Steckling benutzten kurzen Halmstück hat sich nach senkrechter Orientierung des Stückes eine Knospe entwickelt. Rechts: nach horizontaler Orientierung des Stückes entwickeln sich Wurzeln.

Vermerkt sei noch, daß man — soweit es sich um Wachstumsbewegungen handelt — die beim Zusammenwirken von verschiedenen Krümmungstendenzen auftretenden Bewegungen, handle es sich nun um die plagiotropen Bewegungen im engeren Sinne oder um die Krümmungsbewegungen der Blüten- und Fruchtstiele, nur teilweise auf die durch diese Impulse bedingte Auxinverteilung im Organ zurückführen kann; es sind auch andersartige Beeinflussungen im Spiel, die wir so wenig kennen, daß für sie wieder die neutrale Bezeichnung „geändertes Reaktionsvermögen auf Auxin" gewählt werden mußte.

Der Diageotropismus (Abb. 460) ist viel weniger untersucht worden als der Plagiogeotropismus im engeren Sinne; man sah eben im Diageotropismus oft nur eine Abart des Plagiogeotropismus. Das ist aber anscheinend nicht richtig. Eine recht brauchbare, wenn auch noch unvollkommen begründete Theorie bietet die Vorstellung von SACHS, daß sich ein diageotropisches Organ aus zahlreichen parallel gelagerten orthogeotropischen zusammensetzt (vgl. S. 415 und vor allem BENNET-CLARK und BALL).

4. Weitere Wirkungen der Schwerkraft.

Dorsiventralität. Es wurde schon darauf hingewiesen, daß die Schwerkraft innerhalb der Pflanze eine Dorsiventralität zu induzieren vermag. Diese Georeaktion ist bei recht verschiedenartigen Objekten festgestellt worden; zumeist ist aber nicht die Schwerkraft allein für die Dorsiventralitätsbestimmung verantwortlich. Wir haben bereits die Induzierung mancher epinastischer Tendenzen als Folge einer geisch bedingten Dorsiventralität kennengelernt und dabei gesagt, daß bei den so bedingten Krümmungen, die man auch als positiv geotropisch bezeichnen kann, eine längere Präsentationszeit besteht als bei den gewöhnlichen geotropischen Reaktionen. Das heißt, die Induzierung der Dorsiventralität erfordert eine längere Schwerkrafteinwirkung als die Induzierung einer normalen geotropischen Reaktion. Das ist beispielsweise auch beim Thallus der Marchantiaceen gefunden worden. Bei den Brutkörpern von *Marchantia* ist eine mehrstündige, aber doch weniger als sechsstündige Einwirkung der Schwerkraft notwendig; bei *Lunularia* beträgt die Mindestzeit sogar 12—16 Std.

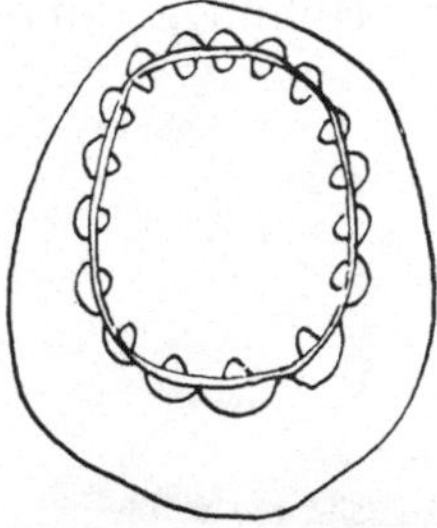
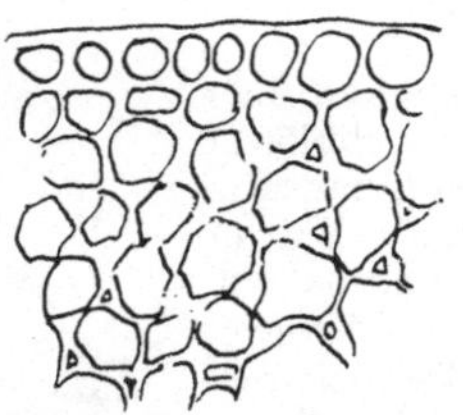
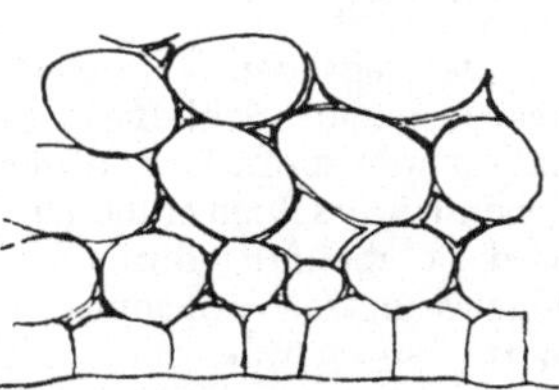

Abb. 462. Querschnitt durch ein Hypokotyl von *Ricinus communis*, das an der geotropischen Aufrichtung verhindert worden ist. Mitte: das auf der Oberseite gebildete Kollenchym, rechts: das auf der Unterseite gebildete Parenchym (zum Teil nach BÜCHER).

Die durch die Schwerkraft bestimmte Dorsiventralität hat nicht nur (in einigen Fällen) ein ungleiches Wachstum zur Folge, sondern auch die Gewebe- und Organdifferenzierung kann beeinflußt werden, so daß es zu einer morphologischen Polarität kommt. Im Falle der eben genannten Marchantiaceenbrutkörper ist diese morphologische Dorsiventralität bekannt; auf der während der Induktion zum Erdmittelpunkt gerichteten Seite entwickeln sich Rhizoide; auf der anderen Seite Luftkammern. Ein interessantes Beispiel der Schwerkraftwirkung zeigt Abbildung 461. Beim Zuckerrohr finden sich an den Knoten ruhende Knospen und kleine Wurzelanlagen. Werden aus den Halmen kurze Stecklinge angefertigt, so treiben zunächst die Sproßknospen aus, sofern die Stecklinge senkrecht stehen. Werden die Stücke aber horizontal gelegt, so kommt es unter dem Einfluß der Schwerkraft zu der schon erwähnten starken Wuchsstoffneubildung, die für den horizontal gelegten Grasknoten typisch ist. Dadurch wird das Austreiben der Knospen gehemmt, das Auswachsen der Wurzelanlagen aber gefördert (vgl. VAN DILLEWIJN).

Abb. 463. *Asphodeles luteus.* Die Blüte hat sich am Klinostaten (oben) bzw. unter normalen Bedingungen (unten) entfaltet. (Nach VOECHTING.)

Die Dorsiventralitätsbestimmung stellt einen Sonderfall der Polaritätsbestimmung dar. Es gibt zahlreiche Pflanzen, bei denen die Schwerkraft auch schon die Polarität zwischen apikalem und basalem Pol bestimmt oder sie doch an dieser Determination neben anderen Faktoren beteiligt ist. Hier können beispielsweise die *Fucus*-Eier genannt werden, bei denen (vgl. S. 177) in erster Linie das Licht polaritätsbestimmend wirkt. Fehlt aber die einseitige Einwirkung des Lichtes, so wird auch der Einfluß der Schwerkraft bemerkbar; ebenso naturgemäß der Einfluß der Zentrifugalkraft, und zwar wird bei *Fucus furcatus* der beim Zentrifugieren von Inhaltsstoffen befreite Pol zum Rhizoidpol.

An horizontal liegenden Sprossen und Holzstämmen zeigen sich starke Beeinflussungen der Gewebebildung (Abb. 462). Namentlich die Ausbildung des mechanischen Gewebes und der Verholzung wird modifiziert. Bei den in horizontaler Zwangslage festgehaltenen orthotropen Sprossen auch jugendlicher Pflanzen beobachtet man oft eine verstärkte Ausbildung von Holz, Bast und Rinde auf der Unterseite. In manchen dieser Fälle ist es nicht immer leicht zu entscheiden, wieweit es sich um spezifische Folgen des Schwerereizes handelt und wieweit mechanische Beeinflussungen im Spiel sind. Letztere können ja dann besonders leicht eintreten, wenn es sich um freistehende, also nicht in einer Zwangslage festgehaltene Baumäste handelt. Bei Dikotylen ist dann durchweg das Wachstum der Oberseite gefördert, die Lignineinlagerung aber anscheinend gehemmt, während bei den Nadelbäumen auf der Unterseite das Wachstum gefördert und die Lignineinlagerung gehemmt wird. Bei den Nadelbäumen zeichnet sich das Holz der Unterseite außerdem durch die starke rotbraune Farbe und durch die kurzen, aber sehr dickwandigen Tracheiden aus. Diese Reaktionen sind bestimmt zum Teil durch Zug (auf der Oberseite) bzw. Druck (auf der Unterseite) bedingt.

Abb. 464. *Vanda tricolor*. Durch eine Geotorsion im Fruchtknoten wird die Blüte so gedreht, daß die Lippe nach unten gerichtet ist. $^3/_4$ der natürlichen Größe.

Eine reine Schwerkraftwirkung ist unter anderem noch die Dorsiventralitätsbestimmung mancher Blüten. Der zygomorphe Bau seitenständiger Blüten kann endogen bedingt sein; in manchen Fällen entsteht er aber auch erst infolge der Schwerkrafteinwirkung. Verhindert man nämlich die einseitige Einwirkung der Schwerkraft durch Rotation der Pflanze auf dem Klinostaten bei horizontal gestellter Achse, so werden diese Blüten radiär (Abb. 463).

Torsionen. Eine weitere Schwerkraftreaktion besteht in den Geotorsionen (Abb. 464). Daß wir solche Torsionen grundsätzlich ebenso wie die einfachen Krümmungsbewegungen durch eine geisch induzierte Auxinanreicherung in einer Flanke erklären können, geht aus Beobachtungen

SNOWs hervor: plagiotrope und orthotrope Organe können durch einseitiges Bestreichen mit Wuchsstoffpaste zu Torsionen veranlaßt werden; die wuchsstoffreiche Seite dreht sich dabei nach oben.

Literatur.

Mit einem * versehene Arbeiten sind zusammenfassende Darstellungen.

a) Gesamtgebiet:
* RAWITSCHER: Der Geotropismus der Pflanzen, Jena 1932; Bot. Review **3** (1937).
* ZIMMERMANN: Erg. Biol. **2** (1927).

b) Primäre Wirkung der Schwerkraft auf die Zelle:
ARSLAN: Rev. Fac. Sci. Univ. Istanbul, Sér. B. **14** (1949).
BOTJES: Proc., Kon. nederl. Akad. Wetensch. **41** (1938). — BRAUNER: Rev. Fac. Sc. Univ. Istanbul, Sér. **B. 7** (1942). — BÜNNING u. GLATZLE: Planta (Berl.) **36** (1948).
GÜNTHER-MASSIAS: Z. Bot. **21** (1929).
LUNDEGÅRDH: Naturwiss. **30** (1942). — PILET: Bull. Soc. Vaud. Sc. Nat. **65** (1953).
SYRE: Z. Bot. **33** (1938).
ZIEGLER: Z. Naturforsch. **6**b (1951).

c) Einflüsse auf das Auxin:
BEYER: Planta (Berl.) **33** (1942). — BRAIN: New Phytologist **41** (1942).
GEIGER-HUBER u. HUBER: Experientia (Basel) **1** (1945).
SCHRANK: In * SKOOG, Plant growth substances. Univ. of Wisconsin Press 1951.
OVERBEEK, VAN: Bot. Gaz. **106** (1945).
RUGE: Planta (Berl.) **32** (1941).
ZIMMERMAN and HITCHCOCK: Contrib. Boyce Thompson Inst. **10** (1939).

d) Plagiotropismus:
BENNET-CLARK and BALL: Journ. exp. Bot. **2** (1951). — BORRISS u. BUSSMANN: Jb. wiss. Bot. **88** (1939).
SNOW: New Phytologist **44** (1945); **46** (1947).
ZIMMERMANN: Ber. dtsch. bot. Ges. **64** (1952).

e) Morphogenetische Wirkungen, Torsionen:
DILLEWIJN, VAN: Rec. Trav. bot. néerl. **36** (1939).
FITTING: Jb. wiss. Bot. **82** (1936); Biol. Zbl. **62** (1942).
IMAMURA: Botanic. Mag. **51** (1937).
MÜNCH: Flora (Jena) **34** (1939).
PRIESTLEY and TONG: Proc. Leeds Philos. Lit. Soc. **1** (1927).
SNOW: New Phytologist **49** (1950).

X. Wirkung chemischer Reize.

1. Allgemeines.

Auf die Beteiligung chemischer Reize bei Entwicklungs- und Bewegungsvorgängen sind wir schon mehrfach zu sprechen gekommen. Wir haben auf Grund des gegenwärtigen Standes der experimentellen Forschung sogar noch deutlicher als es früher möglich war herausstellen können, daß der ganze normale Entwicklungsgang weitgehend als eine Kette von Chemomorphosen aufgefaßt werden darf, wenn uns auch die Natur der beteiligten chemischen Reize, also der beteiligten Hormone usw. zum großen Teil noch unbekannt ist.

Die Unmöglichkeit, streng zwischen inneren und äußeren Reizen zu unterscheiden, haben wir schon früher betont. Aber gerade auf dem Gebiet der chemischen Reize ist es besonders willkürlich, ob man eine Erscheinung als Wirkung eines äußeren oder als Wirkung eines inneren Reizes betrachten will. Wir halten uns aus rein praktischen Gründen bei unserer Darstellung an die Regel, daß wir die Wirkung von Substanzen, die vom lebenden Organismus selber erzeugt werden, unter den „inneren Faktoren“ besprechen (vgl. S. 231ff.). Hier haben wir demnach nur den

Einfluß von Stoffen zu erörtern, die der Organismus nicht selber im Laufe der normalen Entwicklung produziert.

In sehr vielen Fällen ist uns wohl die Wirkung eines bestimmten Komplexes mehrerer Faktoren bekannt, aber wir können nicht angeben, auf welchen der Teilfaktoren es eigentlich ankommt. Das gilt z. B. schon, wenn wir an die entwicklungsphysiologische Bedeutung guter und schlechter Ernährung denken. Nahrungsmangel kann zu einem Nanismus führen, bei dem alle Teile der Pflanze, aber nicht notwendig im gleichen Verhältnis, stark verkleinert sind, und oft ein frühzeitiges Blühen eintritt. Bei Nahrungsüberschuß hingegen kann sich ein Gigantismus zeigen, und das Blühen kann dann oft unterbleiben. Nähere Analysen fehlen hier, bekannt ist nur, daß unter diesem Komplex von Faktoren speziell der Stickstoff eine erhebliche Rolle spielt.

2. Wirkungen des Wassers.

Wachstumsfähigkeit und Hydratur. Walter benutzt als Maß des Wasserzustandes, der Hydratur, die relative Dampfspannung, die uns also den Freiheitsgrad des Wassers anzeigt, einerlei, ob es sich nun im speziellen Fall um die relative Feuchtigkeit der Luft, um den Quellungsgrad oder den osmotischen Wert handelt. Der Wasserzustand beeinflußt, wie wir schon wiederholt hervorgehoben haben, den Stoffwechsel. Daher hängen auch Wachstums- und Entwicklungsleistungen von der Hydratur ab. Die Hydratur der Pflanze wird natürlich von der der Umgebung beeinflußt, am stärksten bei niederen Pflanzen, deren Zellen unmittelbar dem Medium ausgesetzt sind.

Bei einer relativen Dampfspannung unter 85% wachsen solche Mikroorganismen, etwa Schimmelpilze, im allgemeinen nicht mehr. Manche Luftalgen können wohl noch Hydraturen bis etwa 70% ertragen. Xerophile Schimmelpilze, wie z. B. *Penicillium* und *Aspergillus*, wachsen bei einer Hydratur von 85—90%; manche besonders hydrophile Arten aber erst bei einer Hydratur zwischen 95—100%. Hier seien einige Zahlen nach Walter wiedergegeben.

Grenzwerte der Hydratur, bei denen das Wachstum fast aufhört:

Bakterien	unter	98%	relativer	Dampfspannung
Hausschwamm	„	87%	„	„
Kahmhefe	„	95%	„	„
Oidium lactis	„	92%	„	„
Hefen	„	90%	„	„
Mucor, Rhizopus	„	88%	„	„
Penicillium, Aspergillus	„	85%	„	„

In höheren Pflanzen ist die Hydratur nicht so stark von der Umgebung abhängig; aber etwa bei Keimlingen findet doch ziemlich leicht ein weitgehender Hydraturausgleich zwischen Pflanze und Umgebung statt, so daß sich dort die Bindung des Wachstums an einen engen Hydraturbereich ebenfalls zeigen läßt.

Wachstumsgeschwindigkeit, Tropismen. Mit zunehmender Wassersättigung wird das Wachstum der Pflanzen im allgemeinen intensiver. Diese Abhängigkeit spielt auch schon infolge der Tagesschwankungen der Hydratur der Umgebung bei vielen Pflanzen eine erhebliche Rolle; sie können nachts wegen der größeren Luftfeuchtigkeit erheblich schneller wachsen als am Tage.

Gelegentlich wurde beobachtet, daß die Membrandehnbarkeit bei hoher Luftfeuchtigkeit zunimmt und infolgedessen eine stärkere Zellstreckung eintreten kann. So mag es sich erklären, daß die in feuchter Luft gewachsenen Pflanzen oft recht langgestreckte Internodien haben und dadurch das Aussehen schwach etiolierter, also unter vermindertem Lichtgenuß gewachsener Pflanzen gewinnen. Auch bei Pilzen ist ein verstärktes Streckungswachstum in feuchter Luft gefunden worden, so beispielsweise bei den Sporangienträgern von *Phycomyces*, die demgemäß bei einseitiger Einwirkung feuchter Luft auch negativ hydrotropische Krümmungen ausführen. — Hydrotropische Krümmungen können offenbar auch auf andere Weise entstehen jedoch sind weitere Beispiele noch nicht genauer analysiert worden. Einen Hydrotropismus zeigen z. B. viele Wurzeln. Da die Krümmung hier in der Richtung zur größeren Feuchtigkeit erfolgt (positiver Hydrotropismus), ist die Zweckmäßigkeit der Reaktion klar; jedoch lassen die bisher benutzten Versuchsanordnungen nicht eindeutig erkennen, ob wir es hier wirklich mit Krümmungen zu tun haben, die durch das Feuchtigkeitsgefälle bedingt sind. Zumeist wurde das Feuchtigkeitsgefälle bei solchen Versuchen hergestellt, indem den Wurzeln einseitig ein wassergetränktes festes Substrat (etwa Filtrierpapier) genähert wurde. Berührungseinflüsse, also thigmotropische Reaktionen, aber auch andere chemische Einflüsse (durch geringe Mengen löslicher Substanzen im benutzten Substrat) sind nicht ausgeschlossen. — Eine zweifelsfreie hydrotropische Reaktionsfähigkeit zeigen die Thalli von *Marchantia*; sie sind nämlich transversal hydrotropisch, stellen sich also senkrecht zum Feuchtigkeitsgefälle ein. Die normale Folge dieser Reaktionsfähigkeit ist, daß sich der Thallus dem feuchten Erdboden eng anlegt (Abb. 465).

Abb. 465. *Marchantia*, transversalhydrotropische Orientierung der Thalli auf dem (stark geneigten) Substrat; diaphototropische Orientierung der Antheridienstände.

Abb. 466. *Vicia Faba*. Links- Feucht-, rechts Trockenkultur.

Hygromorphosen bei Blütenpflanzen. Auf Grund der eben genannten Wachstumsänderungen unter dem Wassereinfluß können wir auch einige Formänderungen verhältnismäßig leicht erklären. So das Auftreten von Zwergwuchs bei trockenem Boden oder die Hygromorphose von *Sempervivum*: in feuchter Luft wird die Rosette durch Internodienstreckung aufgelöst, während in trockener Luft eine stärkere Gewebedifferenzierung eintritt, die Kutikula dicker wird, mehr Haare und mehr Festigungsgewebe angelegt werden. Andere Pflanzen verhalten sich ähnlich, jedoch sind die Änderungen meist weniger extrem (Abb. 466).

Eine erschwerte Wasserversorgung bedingt oft eine verstärkte Sklerenchymausbildung. Werden umgekehrt Xerophyten unter feuchten Bedingungen kultiviert, so kann die Ausbildung des für sie charakteristischen

Abb. 467. *Myriophyllum proserpinacoides*, links Wasser-, rechts Luftsproß.

Sklerenchyms unterdrückt werden. Bei trocken kultivierten Pflanzen liegen die Spaltöffnungen näher beieinander und die Blattnervatur ist enger. Auch die Behaarung kann dichter, die Zellwände stärker sein, Dornen können sich ausbilden. Bei der Beurteilung dieser Morphosen ist zu berück-

Abb. 468. Blattwirtel von *Myriophyllum proserpinacoides*. Links in Wasser, Mitte in der Luft, rechts in stark konzentrierter Nährlösung (4fach konzentrierte Lösung nach PRIANISCHNIKOW) gewachsen.

sichtigen, daß ein verminderter Wassertransport durch die Pflanze auch einen starken Einfluß auf die Salzkonzentration in den Organen hat. Diese Salze aber können die Gestaltbildung erheblich beeinflussen. Wir wissen, daß durch eine verstärkte Salzzufuhr eine xerische Struktur der Pflanze verursacht werde kann. So läßt sich beispielsweise auch durch Stickstoffmangel, der eine erhöhte Salzaufnahme bedingt, eine solche xerische Struktur bedingen (MOTHES).

Die Rhamnacee *Discaria Tonmaton* bildet an ihren natürlichen trockenen Standorten in den Blattachsen Sproßdornen. Wird sie aber in feuchter Atmosphäre und bei verringerter Lichtintensität kultiviert, so treten statt dessen beblätterte Sprosse auf (COCKAYNE). Ähnliche Umwandlungen sind bei anderen Arten beobachtet worden.

Sehr gut lassen sich anatomische und morphologische Unterschiede auch an Pflanzen feststellen, bei denen es sowohl Wasser- als auch Landformen gibt. Die Spaltöffnungen können bei den Wasserformen weitgehend fehlen. Auch die Palisaden des Mesophylls sind oft nicht differenziert, und die Dorsiventralität kann ebenfalls ausbleiben. Ebenso sind die Gefäßbündel bei den Wasserblättern reduziert, das Xylem schwächer ausgebildet, die Internodien oft länger. Auch die Blattform kann bekanntlich stark modifiziert werden (Abb. 467). Für alle diese Veränderungen ist ein ganzer Komplex von Faktoren verantwortlich. Die direkte Wirkung des Wassers selber ist sogar nur gering, durch Kultur in äußerst hoher Luftfeuchtigkeit lassen sich nur wenige der morphogenetischen Beeinflussungen reproduzieren, die bei der Entwicklung unter Wasser auftreten. Indirekte Einflüsse, wie die abgeschwächte Lichtintensität und die geringere Assimilationsleistung sind wichtiger. Wo die Assimilation verringert ist, pflegt z. B. zwangsläufig der osmotische Druck geringer zu sein. Daß dieser Komponente eine Rolle zufällt, wird deutlich, weil durch Erhöhung der Salzkonzentration im Wasser auch bei der Unterwasserkultur wenigstens einige der Formeigentümlichkeiten auftreten, die für die Luftpflanzen charakteristisch sind (Abb. 468, Gessner, Woltereck, Bauer). Eine gewisse Bedeutung kann auch dem mit der Tiefe zunehmenden hydrostatischen Druck zukommen. Dieser Druck wirkt wachstumshemmend; aber als ein sehr entscheidender Faktor bei den Formbeeinflussungen darf er nicht gelten (Gessner 1952).

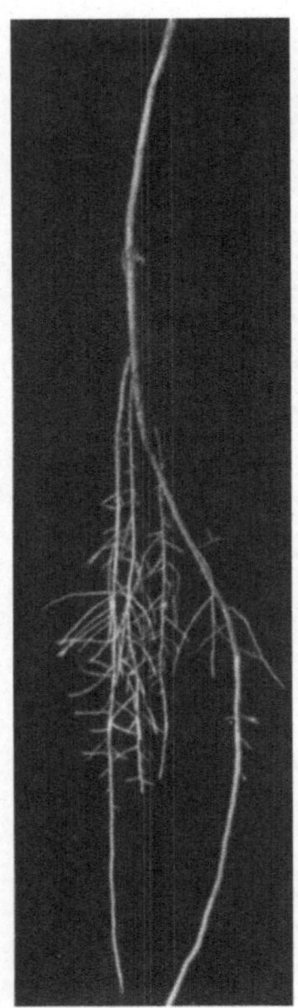

Abb. 469. Luftwurzel von *Monstera*, die zunächst mehrere Meter unverzweigt abwärts gewachsen ist und sich dann bei der Erreichung von Wasser stark verzweigt hat (vom unverzweigten Teil ist nur das unterste Stück abgebildet).

Ein ziemlich kompliziertes Zusammenwirken von Wasser, anderen chemischen und physikalischen Faktoren kann auch bei der Bildung von Wurzelverzweigungen (Abb. 469; vgl. auch S. 378) beteiligt sein. Dagegen dürfte das Wasser allein schon in der Lage sein, Wurzelbildung auszulösen.

Hygromorphosen bei Lebermoosen. Für *Marchantia* gibt Goebel an, daß die forma aquatica weniger Zäpfchenrhizoide ausbildet als die Normalform. Entwickelt sich dieses Lebermoos im feuchten Raum, so findet keine oder nur eine geringe Ausbildung von Luftkammern und Atemöffnungen statt. Andere Lebermoose verhalten sich ebenso. Die Veränderungen sind, wie hier nebenher bemerkt sei, zumeist so, daß sie eine zweckmäßige Anpassung an die Bedingungen darstellen, durch die sie verursacht sind. Ähnliche Veränderungen konnte Mägdefrau bei *Marchantia* auch erreichen, wenn die Pflanzen verschieden stark konzentrierten Nährlösungen ausgesetzt waren. Erwähnt sei noch die von Goebel beobachtete Unterdrückung der Ausbildung von Wassersäcken bei *Frullania,* wenn die Pflanze ständig bei hoher Feuchtigkeit kultiviert wird. Eine bekannte Lebermooshygromorphose ist auch die von der Landform wesentlich verschiedene Wasserform der *Riccia fluitans.*

Hygromorphosen bei Pilzen und Algen. Auch bei Pilzen und Algen kann die Formbildung stark vom Wasserzustand abhängen. Manche Pilze, etwa Hefen, zeigen beim Abnehmen der Hydratur einen Übergang von der Sprossung zu mycelialem Wachstum. Ebenso kann sich die Form der einzelnen Hyphen oder des ganzen Mycels ändern.

Die Basidien einiger Polyporaceen können sich bei Wassermangel zu Hyphen umwandeln, sich aber später, wenn wieder bessere Feuchtigkeitsbedingungen gegeben sind, in Basidien zurückverwandeln. Ähnliche Umwandlungen von Fortpflanzungsorganen zu gewöhnlichen Hyphen sind auch bei mehreren anderen Pilzen beobachtet worden. So scheint z. B. die Umwandlung der Sporangienträger von *Phycomyces* zu mycelialem Wachstum durch verschlechterte Wasserversorgung erreicht werden zu können. Zahlreiche Angaben über das Vegetativwerden von Fortpflanzungsorganen, z. B. auch von den Geschlechtszellen bei *Spirogyra* finden sich bei KLEBS. Es ist begreiflich, daß derartige Veränderungen nicht nur in einem Medium auftreten, das im üblichen Sinne des Wortes trocken ist, sondern ebenso leicht in einem Medium, das durch starke osmotische Wirkungen den Zellen das Wasser entzieht.

Erwähnt sei noch, daß die Zellen von *Stichococcus bacillaris* in 2%iger Zuckerlösung 2—4mal so lang wie breit werden, sich in 20%iger Zuckerlösung aber fadenförmig strecken und dann 10—12mal so lang wie breit werden. Bei *Vaucheria* und anderen Algen kann die Zoosporenbildung veranlaßt werden, wenn die Pflanzen aus ihrer Nährlösung in eine schwächer konzentrierte Lösung sonst gleicher chemischer Zusammensetzung übertragen werden.

Dürreresistenz. Trockenheit erhöht die Dürreresistenz. Die Entstehung dieser Veränderung ist noch nicht restlos aufgeklärt. Doch sind mehrere Änderungen in der chemischen und physikalischen Konstitution der Zellen festgestellt worden, die wichtige Hinweise geben.

Die Erhöhung der Dürreresistenz wird immer eingeleitet von einer Phase der Schädigung des Plasmas, in der, ähnlich wie wir es für die Hitzeschädigungen erwähnten, intermolekulare Bindungen zerrissen werden. Dadurch nimmt die Viskosität ab, die Permeabilität steigt und die Fermente wirken verstärkt abbauend. Die Photosynthese ist reduziert. Alle diese Veränderungen sind durch die Zerstörung der Plasmastrukturen verständlich, weil ja Syntheseleistungen an komplizierte Strukturen gebunden sind. Es ist kaum ein Unterschied gegenüber den durch andere Schädigungen, etwa durch Hitze oder mechanische Einflüsse bedingten Veränderungen feststellbar. Wie nach anderen Schädigungen, so setzt auch nach der Kältewirkung bald eine Gegenreaktion der Pflanze ein, in deren Verlauf ein Plasmazustand geschaffen wird, der noch mehr als der vor der Schädigung bestehende Synthesen begünstigt. Die Photosynthese ist jetzt relativ hoch im Vergleich zur Atmung (STOCKER, SIMONIS). Freilich ist mit solchen Ergebnissen wohl erst eine Komponente der ganzen Erscheinung geklärt.

3. Ionenwirkungen.

Azidität. Die Bedeutung der Azidität für das Wachstum haben wir schon früher erörtert. Die komplizierteren Wirkungen der Bodenazidität auf das Wachstum durch Beeinflussung der Nährstoffaufnahme gehören nicht so sehr in das Gebiet der Entwicklungsphysiologie und sollen hier nicht dargestellt werden.

Aber auch für viele Differenzierungsvorgänge in der Pflanze sind offenbar Aziditätsänderungen wichtig. Es sei erwähnt, daß die Stämmchenbildung an Moosprotonemen nach SCHWANITZ durch hohe Azidität gefördert wird. Die erhöhte Azidität schafft eine andere physiologische Stimmung.

Die Wasserstoff- und Hydroxylionen sind oft an chemotropischen und chemotaktischen Bewegungen, über die wir noch besonders sprechen werden, beteiligt.

Ganz allgemein darf festgestellt werden, daß sich, solange keine ausgesprochen starken Schädigungen der Pflanze auftreten, die Azidität der Binnenteile des Zytoplasmas und der Vakuole kaum durch die Azidität des Milieus modifizieren läßt. Wo also durch die Azidität Entwicklungs- und Bewegungsprozesse beeinflußt werden, ist das nur dadurch möglich, daß der p_H-Wert an den äußeren Plasmagrenzschichten geändert wird. Die p_H-Effekte beruhen also wohl lediglich auf der Herstellung eines neuen Ionengleichgewichtes zwischen dem Medium und dem Protoplasma (RIETSEMA).

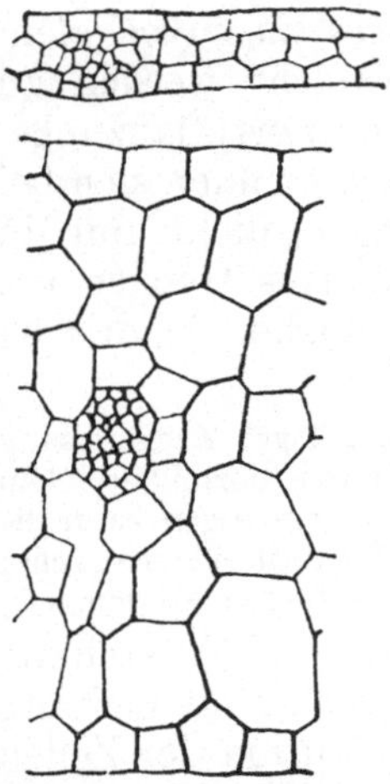

Abb. 470. *Potamogeton crispus*. Blattquerschnitt. Oben in einfacher, unten in 5fach konzentrierter Nährlösung gezogen. (Nach BÖTTICHER und BEHLING.)

Einflüsse von Nährsalzen. In zahlreichen Versuchen und Beobachtungen ist nachgewiesen worden, daß die Nährsalze einen starken Einfluß auf die Gewebe- und Organdifferenzierung haben können (Abb. 470). Es ist schwer, dabei zu entscheiden, was man als spezifische Salzwirkung ansehen soll, und was man als Folge der mit zunehmender Sal konzentration geänderten Hydratur zu betrachten hat. Jedenfalls macht die Bedeutung der Salzkonzentration für die Hydratur ohne weiteres verständlich, daß bei erhöhter Salzkonzentration ähnliche Xeromorphosen wie bei verringerter Hydratur auftreten können.

Halophyten. Sehr gut läßt sich der Einfluß erhöhter Salzkonzentration auf die Formbildung bei den Halophyten beobachten (Abb. 471), die die Salze je nach der Salzkonzentration des Standortes in verschieden starkem Maße speichern. Der NaCl-Anteil in der Asche von Halophyten kann zwischen etwa 25 und 70% betragen. VAN EIJK hat diese Salzspeicherung und ihre Wirkung bei *Salicornia herbacea* durch Wasserkulturversuche genauer untersucht. Wie auch manche andere Halophyten ist *Salicornia* auf die Gegenwart von Salzen im Boden geradezu angewiesen. Bei zu hoher Konzentration aber wird das Wachstum gehemmt. Die folgende Tabelle kann uns die Beziehungen veranschaulichen:

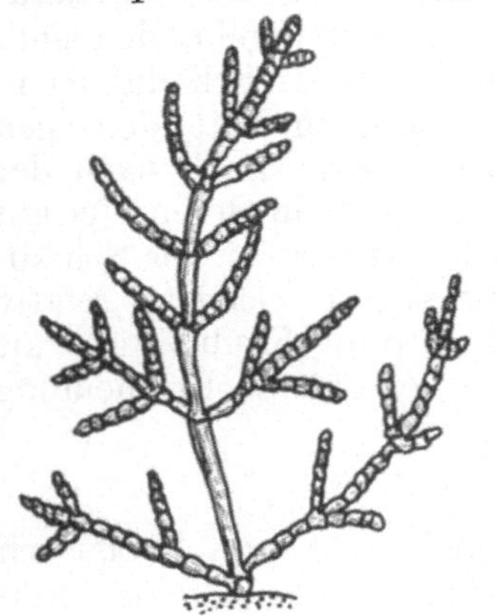

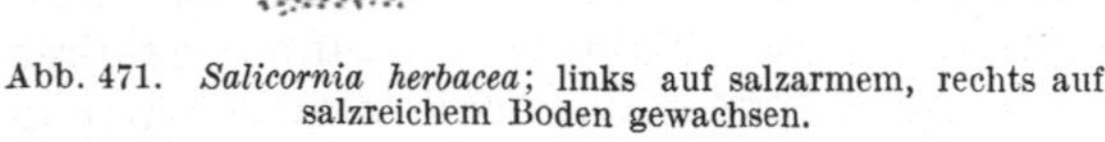

Abb. 471. *Salicornia herbacea*; links auf salzarmem, rechts auf salzreichem Boden gewachsen.

Mittlere Trockengewichte von Salicornia nach dreimonatigem Aufenthalt auf einer künstlichen Seewasserlösung mit abgestuften Mengen NaCl.

NaCl-Konzentration in %	0	0,6	1,2	1,8	2,4	3
Mittleres Trockengewicht in mg . .	50	116	128	121	138	68

Die Sukkulenz nimmt mit steigendem Salzgehalt immer mehr zu (vgl. Abb. 472). Auch die äußere Form der Blätter kann durch den Salzgehalt modifiziert werden; mit zunehmender Salzkonzentration vermindert sich meist die Blattoberfläche. Für diese Beeinflussungen ist nun offenbar nicht nur die mit dem Salzgehalt verminderte Hydratur wichtig, sondern es sind auch spezifische Salzwirkungen im Spiel, namentlich dürften die Einflüsse der Salze auf die Plasmastruktur eine erhebliche Rolle spielen. Für die Sukkulenz scheint die quellende Wirkung des Chlorids wichtig zu sein; es ist aber weiterhin zu berücksichtigen, daß sich mit steigendem Salzgehalt auch das Verhältnis der einzelnen Ionen zueinander verändert. Bei *Salicornia* fand VAN EIJK, daß die Na-Konzentration relativ höher ist als die Cl-Konzentration. Reine Kochsalzlösung ist für *Salicornia* giftig, zur Entgiftung ist etwas Ca notwendig. Vielleicht spielt das auch bei der Sukkulenz eine Rolle. Man könnte das annehmen, weil mit steigender NaCl-Konzentration im Boden Na relativ zunimmt, Ca aber abnimmt (Abb. 473). Das Verhältnis Na: Ca ändert sich mit von 0—3 % zunehmender NaCl-Konzentration allmählich von 1:0,485 bis 1:0,018. Ca ist also in den Pflanzen der salzreicheren Standorte in einer relativ 27mal geringeren Konzentration vorhanden. Hier scheint eine allgemeine Regel zugrundezuliegen; denn KELLER fand bei halophilen *Atriplex*-Arten entsprechende Verhältnisse. Es ist sehr wohl möglich, daß diese geänderten Ionenverhältnisse an der Entstehung der Sukkulenz beteiligt sind.

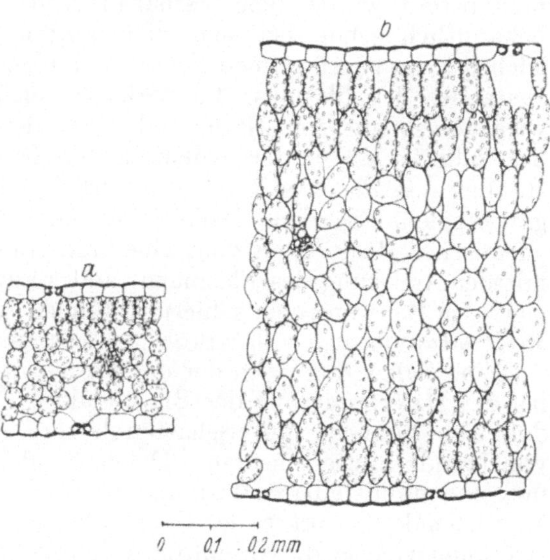

Abb. 472. *Aster pannonicus.* Blattbasis einer Pflanze von salzarmem (a) und salzreichem (b) Standort. (Nach REPP.)

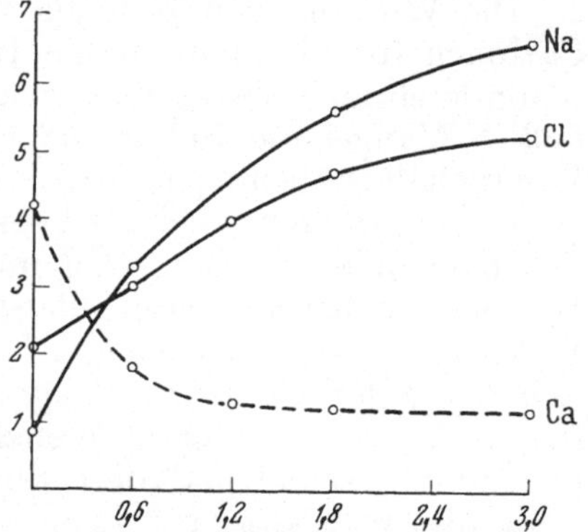

Abb. 473. Na-, Ca- und Cl-Mengen je 1 g Trockensubstanz von *Salicornia herbacea* bei verschiedenen NaCl-Gehalt der Nährlösung in Prozent. Ordinate; Na-, Ca- und Cl-Mengen in Milligrammionen. Ca-Mengen 10fach vergrößert dargestellt. (Nach VAN EIJK.)

An zahlreichen Algen und Pilzen ist die Abhängigkeit der Ausbildung von Fortpflanzungsorganen von der Konzentration der Nährlösungen festgestellt worden. Zum Beispiel bildet eine *Melosira* Auxosporen, wenn sie aus konzentriertem Seewasser in schwächere Lösungen übertragen wird (SCHREIBER). Bei *Danaliella salina* wird durch Herabsetzung der Salzkonzentration die Kopulation ausgelöst (LERCHE). Die Aufzählung weiterer Beispiele könnte die fehlende Analyse solcher Beeinflussungen nicht ersetzen.

Bedeutung des N. Auch der Stickstoff hat einen starken Einfluß auf die Formbildung der Pflanze. Die xeromorphen Eigenschaften von Hochmoorpflanzen sind zum Teil durch N-Mangel bedingt und können durch N-Düngung abgeschwächt werden, dabei schwindet z. B. der Hartlaubcharakter und der Sukkulenzgrad, während die Blattoberfläche zunimmt, das Sklerenchym weniger ausgebildet wird und viele andere Beeinflussungen der Differenzierung deutlich werden (MÜLLER-STOLL).

Verhältnis Ca: K. Eine besondere Bedeutung kommt, wie schon mehrfach betont wurde, dem Verhältnis von Ca:K zu. Dieses Verhältnis ist bekanntlich schon bei sehr elementaren physiologischen Erscheinungen wichtig; es wirkt namentlich durch eine Beeinflussung des Quellungszustandes des Plasmas. Ca wirkt entquellend, K quellend, beide Ionen wirken also antagonistisch, und unter den Ionenantagonismen innerhalb der Zelle ist dieser der bedeutendste. Durch eine Beeinflussung des Zustandes des Plasmas können natürlich sekundär zahlreiche andere Vorgänge gelenkt werden. Dabei kann schon die Abhängigkeit der Intensität chemischer Reaktionen vom Quellungsgrad wichtig sein. Es können sich mit der Änderung des Plasmazustandes auch Fermente binden, aktivieren usw. Im Zusammenhang hiermit können, wie schon erwähnt wurde, auch Resistenzänderungen des Protoplasmas eintreten.

Eine Salzwirkung, an der das Verhältnis Ca:K beteiligt ist, tritt schon bei der Determinierung der Blattstruktur zum Vorschein. Es ist bekannt, daß sich Sonnen- und Schattenblätter im anatomischen Bau erheblich voneinander unterscheiden. Dabei handelt es sich durchaus nicht nur um eine unmittelbare Wirkung der Lichtintensität, vielmehr ist für die abweichende Struktur der Sonnenblätter auch die verstärkte Salzeinströmung wichtig, die sowohl durch die erhöhte Lichtintensität, der die Blätter ausgesetzt sind, als auch durch ihre höhere Transpiration bedingt sein kann. Die verstärkte Salzeinströmung ist am höheren Aschengehalt der Sonnenblätter erkennbar. Mit der starken Transpiration verschiebt sich aber das Verhältnis Ca:K zugunsten von Ca, weil dieses leichter als K vom Wasserstrom mitgerissen wird (BÖTTICHER und BEHLING).

Die Wirkung von K-Ionen bzw. die Rolle ihres Verhältnisses zu den Ca-Ionen für die anatomische Differenzierung der Pflanze ist auch sonst schon mehrfach festgestellt worden. So wurde beispielsweise gefunden, daß K-Mangel die Sukkulenz fördert. Kalium kann eine Zunahme des Fasergehaltes bedingen bzw. überhaupt die Sklerenchymbildung begünstigen, während beim Überschuß von Kalzium kleinere und dickere Zellen gebildet werden. Sodann kann Kalium z. B. die Ausbildung von Blatthaaren bei mehreren Pflanzen fördern, während Kalzium sie hemmt. Wird das Verhältnis von Ca:K zugunsten des K verschoben, so bilden sich bei *Pelargonium zonale* große radial gestreckte Kambiumzellen, die sich nicht mehr weiter differenzieren, während die Kambiumtätigkeit bei Kalziumüberschuß gefördert wird.

Sonstige Wirkungen. Die spezifische Wirkung der verschiedenartigen Ionen auf die Pflanze bzw. die Mangelerscheinungen, die an Pflanzen beim Fehlen dieser Ionen auftreten, sollen hier nicht besprochen werden. Diese Besprechung würde zu sehr in das Gebiet der chemischen Physiologie führen; sie ist entwicklungsphysiologisch bis jetzt noch nicht sehr aufschlußreich. Auf einzelne dieser Wirkungen haben wir früher schon gelegentlich hingewiesen.

4. Chemotropismus.

Alle chemischen Agentien, die die Geschwindigkeit des Streckungswachstums beeinflussen, müssen natürlich bei einseitiger Einwirkung auf ein Organ chemotropische Krümmungen bedingen. Wir erwähnten das schon für Wasser; es gilt auch für zahlreiche andere Stoffe, unter denen die Ionen besonders wirksam sind. Bei Wurzeln sollen Kationen durchweg negativ, Anionen positiv chemotropische Krümmungen bedingen. Hierbei ist, wie sich schon aus früheren Betrachtungen (S. 488) ergibt, zu beachten, daß ein Ionenkonzentrationsgefälle mit einem elektrischen Potentialgefälle verknüpft ist, so daß die in diesem Gefälle auftretenden Krümmungen elektrotropischer Natur sein können. Als ein Chemotropismus hat sich auch der in strömendem Wasser auftretende sog. *Rheotropismus* erwiesen; in Wasser, das keine gelösten Substanzen enthält, bleibt er nämlich aus.

Auch für das radiale Wachstum der Pilzmycelien ist Chemotropismus der Hyphen wichtig. Bei Pilzen kommt als besondere Form des Chemotropismus ferner Aerotropismus vor.

Eine biologische Bedeutung kann den chemotropischen, durch gelöste Salze bedingten Krümmungen von Wurzeln und Wurzelhaaren zukommen. Die Bedeutung des Chemotropismus von Pilzhyphen liegt ebenfalls auf der Hand, zumal im allgemeinen solche Substanzen, wie Zucker, Eiweißabbauprodukte (Aminosäuren) und Ammoniumsalze, die den Pilzen als Nahrung dienen können, positiv chemotropisch wirken, während schädigende Stoffe zumeist negativ chemotropisch wirken. Auch hohe, schon schädigend wirkende Konzentrationen von Stoffen, die dem Pilz in geringerer Konzentration förderlich sind, können negative Krümmungen bedingen.

Ebenso ist der Nutzen des Chemotropismus bei Pollenschläuchen naheliegend; durch ihn gelangt der Pollenschlauch, wenn nicht andere Reizbewegungen im Spiel sind, zur Samenanlage. Zucker oder (in anderen Fällen) Proteinstoffe, die von der Samenanlage abgeschieden werden, bedingen diese chemotropische Lenkung des Pollenschlauches.

Sodann sei hier an die chemotropischen Reaktionen erinnert, die bei den Befruchtungsvorgängen von Pilzen und Algen wichtig sind (vgl. S. 243, 275).

5. Wirkung von Aminosäuren.

Eine starke Reizwirkung üben in vielen Fällen Eiweiße oder doch Eiweißbausteine, besonders Aminosäuren aus. Diese Substanzen können bereits in sehr geringen Konzentrationen das Streckungs- und Teilungswachstum fördern (S. 142).

Chemodinese. Die Wirksamkeit der einzelnen Aminosäuren kann recht verschiedenartig sein. Bei der Chemodinese, speziell bei der Auslösung der Plasmaströmung in Blättern von *Vallisneria spiralis*, ist das genauer untersucht worden. Hier sind verschiedene α-Aminosäuren imstande, die Plasmaströmung auszulösen; an der Spitze stehen nach den umfangreichen Untersuchungen Fittings l-Histidin und l-Methylhistidin; schon Konzentrationen unter 0,00000001 mol dieser Verbindungen sind wirksam. Erheblich höhere Konzentrationen sind bei der Anwendung von l-Asparagin, raz. Phenylalanin und d-Glutaminsäure erforderlich. In noch höheren Konzentrationen sind aber auch viele andere ähnliche und zum Teil ganz andersartige Substanzen wirksam. Mit diesem Befund läßt sich auch die durch Wundreize ausgelöste Plasmaströmung erklären. Bei der Verwundung werden offenbar durch den Abbau von Eiweißkörpern solche Aminosäuren gebildet, so daß es zur Reizwirkung kommen muß. Man kann die Strömung demgemäß auch durch Extrakte aus den *Vallisneria*-Blättern auslösen. Es lassen sich Gründe dafür vorbringen, daß die in diesen Blattextrakten vorhandene wirksame Substanz mit l-Histidin oder l-Methylhistidin identisch ist. Die Begründung beruht auf der Tatsache, daß die verschiedenen die Plasmaströmung auslösenden Substanzen innerhalb der Zelle nicht die gleichen physiologischen Primärvorgänge bedingen; und zwar erkennen wir das daran, daß sich zwei verschiedene Substanzen, also etwa zwei Aminosäuren, gegenseitig nicht so abstumpfen, wie es zwei Lösungen ein und derselben Substanz tun. Bringen wir ein Blatt der *Vallisneria* in eine Histidinlösung, so kommt es zur Plasmaströmung, die aber nach einiger Zeit, wenn sich die Zellen an die Lösung „gewöhnt" haben, aufhört; die Chemodinese ist also eine Übergangsreaktion. Wir können jedoch durch Übertragung in eine konzentriertere Lösung erneut eine Plasmaströmung auslösen; die Gewöhnung an das Histidin bestand demnach in einer Abstumpfung für dieses. Gleichzeitig wird allerdings auch die Empfindlichkeit für andere Aminosäuren vermindert, aber doch nicht im gleichen Maß wie die für Histidin. So zeigt sich, daß die Zelle ein sehr gutes „Unterscheidungsvermögen" für chemisch recht nahe miteinander verwandte Substanzen hat. Das Unterscheidungsvermögen aber bedeutet ja, daß die von den verschiedenen Stoffen primär bedingten Vorgänge nicht oder nicht vollkommen miteinander identisch sind. Mit dieser Methodik läßt sich nun nachweisen, daß Blattextrakte und Histidinlösungen sich gegenseitig so abstumpfen, als handle es sich um zwei Histidinlösungen; daraus folgt mit großer Wahrscheinlichkeit, daß der wirksame Stoff in den Blattextrakten Histidin ist, oder doch Histidin beteiligt ist.

Sehr bemerkenswert ist es, daß die beiden optischen Isomeren ein und derselben Substanz eine ganz verschiedenartige Wirkung entfalten können. So liegt die Schwelle für d-Histidin rund 50mal höher als für l-Histidin; und die d-Asparaginsäure ist sogar mehr als 200fach weniger wirksam als l-Asparaginsäure; noch größer ist der Empfindlichkeitsunterschied für d- und l-Alanin, bei letzterem ist eine mehr als 500fach höhere Konzentration erforderlich als beim erstgenannten. Dieser Unterschied in der Wirkung der d- und l-Komponenten ist nur durch die Annahme eines dissymmetrischen Baus des Plasmas zu erklären. Wir wissen ja auch, daß im Plasma von den beiden Enantiomorphen einer Substanz (speziell der Aminosäuren) zumeist nur die eine vorkommt, zum mindesten aber die eine erheblich reichlicher vorhanden ist als die andere. Diese dissymmetrische Struktur kommt bekanntlich auch in stoffwechselphysiologischen Tatsachen zum Ausdruck, etwa darin, daß von einem Nährstoff nur die eine Komponente, beispielsweise durch einige Pilze vorzugsweise die rechte Weinsäure verarbeitet wird. Wie sich nun der Zusammenhang zwischen der dissymmetrischen Struktur des Plasmas und der unterschiedlichen Reizwirkung der optischen Isomeren im einzelnen erklärt, ist noch unbekannt; jedoch kann darauf hingewiesen werden, daß es sich hier um eine weitverbreitete und auch für die tierischen Geschmacksorgane gültige Beziehung handelt.

Auslösung von Erregungsvorgängen bei höheren Pflanzen. Auch auf Mimosen üben Aminosäuren eine starke Reizwirkung aus. Die Erregungsvorgänge können also nicht nur durch die in der Pflanze gebildete Erregungssubstanz ausgelöst werden. Um diese Reizwirkung zu demonstrieren, genügt es, abgeschnittene Mimosenblätter in Lösungen der Aminosäuren zu stellen; man erhält dann ebenso wie bei der Einwirkung von Lösungen der Erregungssubstanz die typischen Alles-oder-Nichts-Erregungen und dementsprechend auch die Bewegungsreaktionen, die sich naturgemäß, da der Reizanlaß fortbesteht, periodisch wiederholen können und jeweils eintreten, wenn das Refraktärstadium so weit abgeklungen ist, daß der fortwirkende chemische Reiz eine erneute Erregung bedingen kann.

Als wirksam haben sich bei der Mimose folgende α-Aminosäuren erwiesen: Alanin, Glykokoll, Serin, Amino-n-Buttersäure, l-Asparaginsäure und d-Glutaminsäure. Außer den Aminosäuren sind aber auch einige andere Substanzen wirksam, beispielsweise Ameisensäure, Essigsäure, Propionsäure, sowie die Amide und Amine solcher Säuren; ferner einige Anthrachinonderivate.

Ebenso wie bei der Mimose können die Alles-oder-Nichts-Reaktionen auch bei anderen Objekten chemisch bedingt werden. Besonders erwähnt seien nur noch die Fälle, in denen die Pflanze selber von dieser Möglichkeit Gebrauch macht. Das gilt für einige der Insektivoren, speziell für *Drosera*, *Dionaea* und *Aldrovanda*. Die Bewegungen können hier zwar, wie wir früher gesehen haben, auch mechanisch hervorgerufen werden; viel wirksamer aber ist die chemische Reizung: sie verhindert die sonst bald eintretende Rückbewegung und kann sogar die Reaktion noch erheblich gegenüber dem nach mechanischer Reizung erreichten Ausmaß verstärken. Dabei sind wieder Eiweißstoffe bzw. deren Abbauprodukte, Peptone und Aminosäuren, besonders wirksam. Das ist für die Pflanze insofern zweckmäßig, als dies die bei der Insektivorie von der Pflanze verwerteten Substanzen sind. Aber auch hier können außerdem ganz andere Substanzen, z. B. anorganische Salze, wirksam werden.

Vor allem können wir hier aber an die früher besprochene Wirkung der Aminosäuren auf das Wachstum erinnern. Die dort demonstrierte Wirkstoffnatur mancher Aminosäuren macht vielleicht auch einige der hier besprochenen Reizwirkungen begreiflich.

Bei *Drosera* wissen wir wenigstens einiges über die Zellvorgänge, die außer der Bewegung (die hier auf Wachstumsförderung beruht) durch die chemische Reizung ausgelöst werden. Man beobachtet nämlich, wenn der Tentakel durch Aminosäuren, speziell durch das besonders wirksame Asparagin gereizt wird (bzw. durch Eiweißpräparate, die diese Substanzen liefern), in den Zellen des Tentakelstiels eine eigentümliche Veränderung des Zellinnern, die zunächst als „Aggregation" beschrieben wurde. Es tritt eine schnelle Plasmazirkulation ein (also wieder eine Chemodinese), gleichzeitig zerteilt sich die Vakuole in erheblich kleinere Vakuolen, die teilweise von der Plasmaströmung mit fortgerissen werden können. Außerdem nimmt während dieser Prozesse das Gesamtvolumen der Vakuolen ab; es wird also Flüssigkeit aus der Vakuole ausgeschieden, und zwar allem Anschein nach in das Plasma. Die abgeschiedene Flüssigkeit stellt keinen reinen konzentrierten Zellsaft dar; denn zum mindesten der Anthocyanfarbstoff bleibt in den Vakuolen. Es ist die Vermutung ausgesprochen worden, daß sich gleichzeitig auch der osmotische Wert des Zellsaftes erhöht; denn die plasmolytische Grenzkonzentration von Rohrzuckerlösungen wird von etwa 0,3 auf 0,4 mol erhöht (Coelingh). Die ganze Erscheinung hat eine so große Ähnlichkeit mit den Zellveränderungen, die sich nach den früher erwähnten Untersuchungen Collas in gereizten *Berberis*-Staubfäden einstellen, daß zu erwägen wäre, ob sich diese erhöhte Grenzkonzentration nicht etwa aus einem partiellen Semipermeabilitätsverlust erklärt, eine Änderung der osmotischen Werte also nicht beteiligt ist.

Bei der chemischen Beeinflussung von Geißelbewegungen, also bei chemotaktischen Bewegungen, sind Aminosäuren ebenfalls stark wirksam; dabei zeigt sich dann wieder ein erheblicher Unterschied in der Wirksamkeit der optischen Isomeren. Mit Eiweißpräparaten, Peptonen und ähnlichen Substanzen lassen sich dementsprechend im allgemeinen leicht chemotaktische Bewegungen, speziell bei Bakterien, erzielen.

Bisher ist es nicht gelungen, eine Erklärung für diese starke chemische Reizwirkung der Aminosäuren auf die verschiedensten Pflanzen zu gewinnen. Man müßte hierzu genauer wissen, welche chemischen Prozesse die Aminosäuren in der Zelle einleiten können. Für die Plasmaströmung in der *Avena*-Koleoptile zeigten SWEENEY und THIMANN, daß Histidin fördert, weil es die Atmung hemmt; dadurch wird Sauerstoff, der ja zur Unterhaltung der Strömung notwendig ist (S. 333), frei. Demgegenüber fördert z. B. Auxin die Strömung, weil es einen anderen Oxydationsprozeß beschleunigt, der für die Strömung gerade notwendig ist.

6. Sonderfragen der Chemotaxis.

Wir erwähnten schon die Fähigkeit der *Vallisneria*-Blattzellen, einzelne Aminosäuren voneinander zu „unterscheiden". Ähnliche Fähigkeiten kommen auch Bakterien zu. Allerdings beziehen sich die Untersuchungen an Bakterien nicht so sehr auf die unterschiedliche Wirkung einzelner Aminosäuren, sondern überhaupt auf die unterschiedliche Wirkung verschiedener Substanzen. Der untersuchte Vorgang ist dabei die Chemotaxis. Das Verfahren zur Prüfung des Unterscheidungsvermögens einzelner Substanzen, also zur Prüfung, ob verschiedene „Sensibilitäten" bestehen, beruht vor allem wieder auf der Untersuchung der gegenseitigen Abstumpfung. Bei der Bakterienchemotaxis wurde diese Methode sogar zuerst angewandt. Beispielsweise hat KNIEP an einem nicht näher bestimmten Bakterium drei Sensibilitäten gefunden, eine für Asparagin (das sich auch hier wieder durch seine starke Reizwirkung auszeichnet), eine für H-Ionen und eine für OH-Ionen. D. h. die Gegenwart von Asparagin bedingt zwar zunächst eine Reaktion (Bewegungsumkehr), um dann aber mit Asparagin eine erneute Reaktion zu erzielen, ist eine Konzentrationserhöhung notwendig; dagegen bleibt die Schwelle für H- und OH-Ionen unverändert. Und entsprechend erhöhen H-Ionen nicht die Schwelle für Asparagin und für OH-Ionen usw. Ein anderes Verfahren zur Ermittlung des Unterscheidungsvermögens besteht in der Prüfung der Summierbarkeit unterschwelliger chemischer Reize. Substanzen, die auf die gleiche Sensibilität der Zelle einwirken, können, wenn jede in so schwacher Konzentration vorliegt, daß sie für sich keine Beeinflussung der Geißeltätigkeit (also etwa deren Umschaltung) zu bedingen vermag, im Gemisch doch eine Reaktion hervorrufen. Beruht die Reizwirkung der verschiedenen Substanzen aber auf verschiedenen Sensibilitäten, so ist diese Summation nicht möglich.

Ähnlich wie die Bakterien verhalten sich andere geißeltragende Zellen, so etwa die Schwärmsporen von Myxomyceten und die Spermatozoiden von Moosen und Farnen. Bei den Myxomycetenschwärmsporen ist die qualitativ verschiedene Wirkung von OH- und H-Ionen schon daran zu erkennen, daß jene negative, diese positive Chemotaxis bedingen. Erst in höheren Konzentrationen wirken auch H-Ionen abstoßend. Die Reaktionen erfolgen hier, ähnlich wie durchweg bei den Bakterien, phobisch. Von den Archegoniatenspermatozoiden sind vor allem, und zwar schon durch PFEFFER, die der Farne untersucht worden. Hier wirkt in erster Linie Äpfelsäure positiv chemotaktisch; bereits Konzentrationen von etwa 0,001% sind wirksam. Äpfelsäure scheint auch die von den Archegonien ausgeschiedene Substanz zu sein, die normalerweise die chemotaktische Anlockung der Spermatozoiden zu den Archegonien ermöglicht. Dieser Schluß darf mit einiger Wahrscheinlichkeit gezogen werden, obwohl auch andere Substanzen auf die Spermatozoiden chemotaktisch wirken, weil der Archegonienschleim und Äpfelsäurelösungen sich gegenseitig abzustumpfen vermögen, beide also auf die gleiche Sensibilität des Spermatozoids wirken. An den Farnspermatozoiden hat PFEFFER versucht, die Gesetzlichkeit, nach der diese Abstumpfung vor sich geht, genauer zu ermitteln; er kam dabei zu dem Ergebnis, daß hier das WEBERsche Gesetz gültig sei. Bei diesen Versuchen wurden die Spermatozoiden in eine Äpfelsäurelösung gebracht und dann eine konzentriertere Äpfelsäurelösung, die in einer offenen Kapillare eingeschlossen war, in diese Lösung eingeführt. Ist die Konzentration dieser in der Kapillare befindlichen Säure groß genug, so schwimmen die Spermatozoiden in die Kapillare hinein oder, richtiger, sie werden darin festgehalten, wenn sie zufällig hineingelangen; denn es handelt sich hier wieder (ob immer?) um phobische Reaktionen. Die in der Kapillare befindliche Lösung muß natürlich um so konzentrierter sein, je konzentrierter die Außenlösung ist, in der sich die Spermatozoiden zunächst befinden; denn diese Außenlösung wirkt ja abstumpfend. Ermittelt man nun für verschieden konzentrierte Außenlösungen die zur Ermöglichung einer Ansammlung notwendigen Kapillarkonzentrationen, so ergibt sich nebenstehendes Bild (Tabelle).

Chemotaxis durch Äpfelsäure bei Farnspermatozoiden.

Konzentration der Außenlösung %	Notwendige Mindestkonzentration in der Kapillare
0,0005	0,015
0,001	0,03
0,01	0,3
0,05	1,5

Die Konzentration innerhalb der Kapillare muß also immer etwa 30mal so hoch sein wie die Außenkonzentration; es kommt somit tatsächlich im Sinne des WEBERschen Gesetzes auf den relativen Unterschied der Reizstärken an. — Allzu großen Wert darf man auf diese Zahlen nicht legen, da wir infolge der Äpfelsäurediffusion aus der Kapillare die Größe des Gefälles nicht genau kennen.

Übrigens sind die Farnspermatozoiden auch für einige andere Dikarbonsäuren empfindlich, und diese wirken sogar auf die gleiche Sensibilität wie die Äpfelsäure. Eine andere Sensibilität haben die Farnspermatozoiden für H-Ionen (die mit der für Metallionen und einige Alkaloide identisch ist); endlich besteht noch eine Sensibilität für OH-Ionen.

Bei vielen Archegoniaten können ganz andere Substanzen die normale Anlockung zu den Archegonien ermöglichen. Auf Äpfelsäure reagieren noch *Salvinia*, *Isoetes*, *Selaginella* und *Equisetum*. Bei *Lycopodium* dagegen ist Zitronensäure wirksam, bei Laubmoosen vor allem Zucker und jedenfalls bei einigen Lebermoosen Eiweißstoffe.

Literatur.

Mit einem * versehene Arbeiten sind zusammenfassende Darstellungen.

a) Allgemeines:
* BAUMEISTER: Mineralstoffe und Pflanzenwachstum. Jena 1952.
* MAXIMOV: The plant in relation to water. London 1929.
* WALTER: Die Hydratur der Pflanze. Jena 1931.

b) Hydrotropismus:
GOEDECKE: Planta (Berl.) **34** (1935).
WALTER: Z. Bot. **13** (1921).

c) Hygromorphosen, Wasserpflanzen:
* ASHBY: Endeavour **8** (1949).
BAUER: Planta (Berl.) **40** (1952). — BÖTTICHER u. BEHLING: Flora (Jena) **34** (1939). COCKAYNE: New Phytologist **4** (1905). — * COMBES: La forme des végétaux et le milieu. Coll. Armand Colin Paris 1946.

GESSNER: Ber. dtsch. bot. Ges. **58** (1940); Planta (Berl.) **40** (1952).
MÄGDEFRAU: Ber. dtsch. bot. Ges. **51** (1933). — MOTHES: Biol. Zbl. **52** (1932).
WOLTERECK: Flora (Jena) **23** (1928).

d) Dürrewirkung und Dürreresistenz:
ASHBY and MAY: Proc. Linnean Soc. N. S. Wales **66** (1941).
SIMONIS: Planta (Berlin) **35** (1947). — STÅLFELT: Bot. Not. **1939**. — STOCKER: Naturwiss. **34** (1947); Planta (Berl.) **35** (1948). — * SYSSAKJAN: The biochemical characters of drought resistent plants. (russisch) Moskau 1940.

e) Halophyten:
BEHR-NEGENDANK: Biol. Zbl. **59** (1939).
CHAPMAN: J. Ecology **29** (1941).
HAYWARD and SPURR: J. Amer. Soc. Agron. **36** (1944).
* MAGISTAD: Bot. Review **11** (1945).
REPP: Jb. wiss. Bot. **88** (1949).
SCHRATZ: Jb. wiss. Bot. **84** (1937).

f) Stickstoffwirkungen:
GESSNER u. Mitarb.: Z. Naturforsch. **3b** (1948).
MOTHES: Biol. Zbl. **52** (1932). — MÜLLER-STOLL: Planta (Berl.) **35** (1947).

g) Wirkung verschiedener Ionen:
BURSTRÖM: Annual Rev. Biochem. **17** (1948).
EATON: J. Agricult. Res. **64** (1942).
GAUCH and WADLEIGH: Bot. Gaz. **105** (1944).
RIETSEMA: Proc., Kon. nederl. Akad. Amsterdam **52** (1949).
WADLEIGH and AYERS: Plant Physiol. **20** (1915).

h) Chemisch bedingte Reizbewegungen und Erregungen:
COELINGH: Diss. Utrecht 1929.
KISSER u. BEER: Jb. wiss. Bot. **80** (1934).
MOEWUS: Arch. Protistenkd. **92** (1939).
OKAHARA: Rep. Tohoku Imp. Univ., Sér. Biol. **6** (1931).
PRINGSHEIM u. MAINX: Planta (Berl.) **1** (1926).
UMRATH: Planta (Berl.) **34** (1944).

i) Wirkung von Aminosäuren:
FITTING: Jb. wiss. Bot. **82** (1936).
SWEENEY: J. Gen. Physiol. **21** (1938).

XI. Bewegungen, bei denen die endonome Komponente stark in den Vordergrund tritt.

1. Allgemeines.

Zusammenwirken innerer und äußerer Faktoren. Jede Reizreaktion ist das Resultat des Zusammenwirkens zahlreicher innerer und äußerer Faktoren. Wenn wir diese Reaktionen verschiedenen Gruppen zuordnen, indem wir die Wirkungen des Lichtes, der Schwerkraft, mechanischer Einflüsse usw. gesondert darstellen, so geschieht das nur, um den Anteil der einzelnen Faktoren, d. h. um deren besondere Wirkungsweise zu ermitteln, die uns auch unabhängig von der komplizierten Reizreaktion interessiert. Wir stellen zu diesem Zweck experimentell Bedingungen her, wie sie in der freien Natur niemals verwirklicht sind. Dabei erzwingen wir dann natürlich Reaktionen, die so einfach in der Natur nicht vorkommen. Trotzdem gelingt es in vielen Fällen noch, die bei alleiniger Veränderung eines Faktors erzielten Bewegungen oder Wachstumsänderungen mit Prozessen zu vergleichen, die auch unabhängig von den experimentell hergestellten Bedingungen in der Pflanze ablaufen.

Wir haben aber auch Reizbewegungen kennengelernt, die wir nicht einfach als das Ergebnis der Schwankung eines einzigen Faktors auffassen können. Das gilt beispielsweise für die tagesperiodischen Blattbewegungen. Zunächst einmal greifen hier mehrere äußere Faktoren, zum mindesten Schwerkraft, Licht und Temperatur ein, und zwar kann jeder dieser Faktoren oft sogar noch verschiedenartige Bewegungen bedingen. Zudem sahen wir aber, daß diese Faktoren allein den charakteristischen Gang der Blattbewegung nicht restlos zu erklären vermögen, vielmehr die Mitwirkung endogen tagesperiodischer Zustandsänderungen in den Zellen angenommen werden muß.

Das Besondere eines solchen Falles ist nicht das Zusammenwirken äußerer und innerer Faktoren. Bei jeder Reizreaktion sind innere Faktoren beteiligt, und wir haben schon früher gesagt, daß man einen Reiz am treffendsten überhaupt als Auslöser einer ohnehin gegebenen Potenz bezeichnet. Bei der Seismonastie etwa und überhaupt bei allen Reaktionen, die auf der Auslösung der Alles-oder Nichts-Erregung beruhen, ist ja sogar die Latenzzeit, die Geschwindigkeit der Bewegung und der Rückbewegung, kurz die ganze Reaktion mit allen ihren Einzelheiten, unabhängig vom auslösenden Reiz festgelegt; der Reiz bestimmt nur noch, *wann* dieses Geschehen eintritt. Dann aber erscheint es kaum noch als etwas prinzipiell Besonderes, wenn gelegentlich auch schon unabhängig von einem äußeren Reiz ein derartiges Geschehen erfolgen kann. Wir betrachten dann eben nicht mehr einen äußeren, sondern einen inneren Reiz als Auslöser. Wir haben auch Fälle kennengelernt, in denen ein konstanter äußerer Reiz periodisch Erregungen (und Reaktionen) auslöst, weil sich nämlich die Empfindlichkeit periodisch ändert (etwa indem nach jeder Einzelerregung ein Refraktärstadium besteht, das erst abklingen muß, bevor der fortdauernde Reiz eine neue Erregung auslösen kann). Auch das ist natürlich möglich, wenn ein konstanter „innerer Reiz“ besteht. Es können dann „endonome Bewegungen“ entstehen, wie wir sie beispielsweise bei *Desmodium* (S. 419) kennengelernt haben.

Periodische Erregung. Solche endonomen Bewegungen oder überhaupt Schwankungen in der Intensität physiologischer Prozesse, die ähnlich wie die der *Desmodium*-Blättchen auf einer periodischen Auslösung von Erregungsvorgängen mit Refraktärstadien durch die Dauerreizwirkung der äußeren und inneren Bedingungen entstehen, sind bei den Pflanzen recht häufig. Zunächst kann auf die kurzperiodischen Bewegungen hingewiesen werden, die sich außer bei *Desmodium* noch bei zahlreichen anderen mit Gelenken ausgestatteten Blättern, namentlich denen der Leguminosen finden. Auch kurzperiodische endogene Öffnungs- und Schließungsbewegungen mancher Spaltöffnungen können hier genannt werden. Ein besonders schönes Beispiel bieten die Geißelbewegungen, die ja ebenfalls insofern endogen sein können, als es zu ihrer Periodizität keiner periodischen äußeren Reizung bedarf, die aber doch daran gebunden sind, daß innere und äußere Bedingungen herrschen, die gemeinsam einen Dauerreiz darstellen. Und zu diesen Bedingungen gehört oft das Licht; denn die Bewegungen hören im Dunkeln auf. — Bei der Geißelbewegung handelt es sich ja um die regelmäßige Aufeinanderfolge von Kontraktionen der verschiedenen Flanken. Und daß eine Flanke nach der Durchführung einer Kontraktion eine Ruhezeit erfordert, bevor sie sich erneut kontrahieren kann, darf wieder als Ausdruck eines Refraktärstadiums aufgefaßt werden. Man muß wohl annehmen, daß die regelmäßige Aufeinanderfolge der Erregungen entsteht, weil von der jeweils erregten Flanke eine Erregungsleitung zur benachbarten ausgeht, wobei es aber zunächst noch ungeklärt bleibt, warum diese im Kreis um die Geißel bzw. den Geißelschopf herumlaufende Erregungsleitung nur eine Richtung wählt. Aber das ist ein nicht für die Geißelbewegung spezifisches Problem; bei den endogenen Bewegungen von Blättern und Sprossen beobachten wir oftmals etwas ganz Ähnliches. Schon die Bewegungen der *Desmodium*-Blättchen können hier nochmals genannt werden; diese brauchen nämlich nicht immer einfach pendelnd zu sein, werden vielmehr bei höherer Temperatur kreisend. Und bei diesem Objekt kann es keinem Zweifel unterliegen, daß die Bewegungen mit typischen Alles-oder-Nichts-Erregungen (daher auch mit typischen Aktionsströmen) im Zusammenhang stehen; wir können hier nämlich eine ähnlich verlaufende Einzelbewegung nach dem Erlöschen der endogenen Kontraktionen unter ungünstigen Bedingungen auch durch einen elektrischen oder mechanischen Einzelreiz ebenso auslösen wie die Bewegung der *Mimosa*-Blätter. Bei diesem Objekt läuft also eine Erregungsleitung kreisend um das Bewegungsgelenk herum.

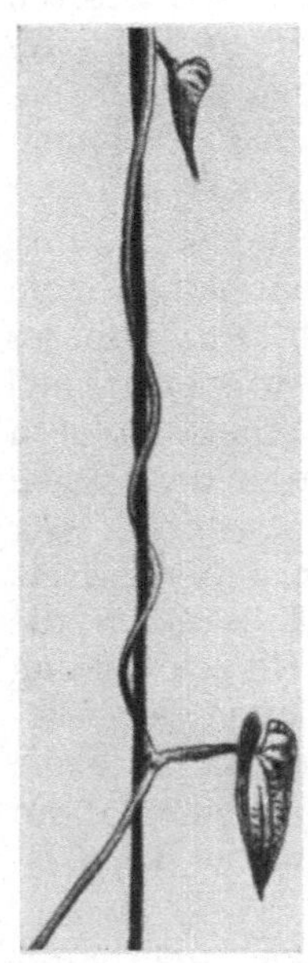

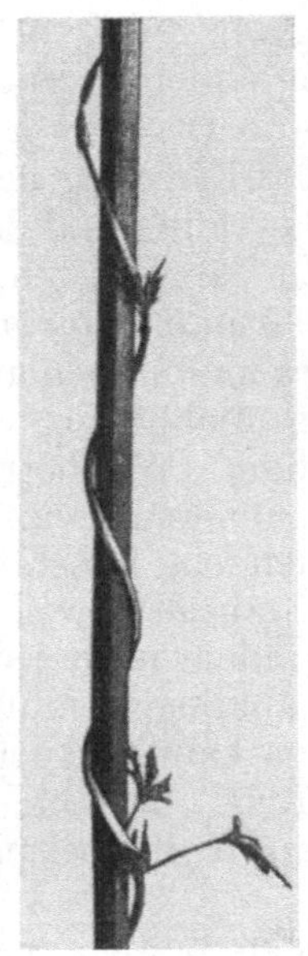

Abb. 474. Links *Ipomoea tuberculata* als Beispiel einer linkswindenden Pflanze, etwa natürliche Größe, rechts *Humulus lupulus* als Beispiel einer rechtswindenden Pflanze, etwa $^{1}/_{4}$ der natürlichen Größe.

2. Die Zyklonastie und das Winden.

Zirkumnutation, Zyklonastie. Das Verhalten von *Desmodium* steht nicht isoliert; wir finden etwas wenigstens in manchen Punkten Ähnliches bei den verschiedensten Pflanzen wieder, wobei die mehr oder weniger kreisend um die Achse herumlaufende „Erregung" entweder zu entsprechenden Turgorschwankungen oder auch zu Wachstumsschwankungen führt. Hier kann schon auf die sog. Zirkumnutation hingewiesen werden, also auf die Tatsache, daß das Wachstum eines Organs, etwa eines Sprosses, nicht genau geradlinig verläuft, sondern zumeist eine Flanke stärker wächst als die andere, und zwar greift dieses stärkste Wachstum immer wieder auf andere Flanken über. Zumeist besteht keine ganz feste Regel hinsichtlich des Übergreifens auf andere Flanken, so daß dann bei der Zirkumnutation von der Sproßspitze (bzw. der Spitze anderer wachsender Organe) ziemlich komplizierte Bahnen beschrieben werden. Die „Erregung" kann aber auch, ähnlich wie bei den Geißeln oder bei den *Desmodium*-Blättchen, kreisend um den Sproß laufen, und dabei kommt es dann natürlich wieder zu einer kreisenden Bewegung, die treffend als Zyklonastie bezeichnet worden ist. Diese Kreisbewegungen verlaufen bei den meisten Pflanzen, von oben gesehen, nach links, also entgegengesetzt zur Bewegung des Uhrzeigers (Abb. 475); nur bei wenigen Pflanzen in entgegengesetzter Richtung. Im allgemeinen hält die Pflanze eine Bewegungsrichtung konstant ein; selten ist ein Wechseln der Richtung beobachtet worden. Diese Bevorzugung einer Bewegungsrichtung ist mit der Möglichkeit kreisender Bewegung aufs engste verknüpft; denn das Kreisen kann ja nur zustande kommen, wenn die Erregungsleitung von der jeweils erregten Seite nicht nach beiden Richtungen hin möglich ist. — Übrigens soll der Ausdruck „Erregung“ und „Erregungsleitung“ hier in ganz neutralem Sinn benutzt werden, da noch nicht untersucht wurde, ob es sich bei allen diesen kreisenden Bewegungen um einen Zusammenhang mit typischer „Alles-oder-Nichts-Erregung“ handelt.

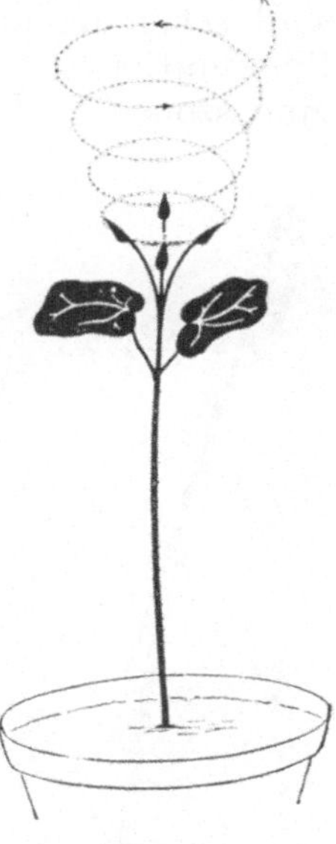

Abb. 475. Keimpflanze von *Pharbitis hispida*. Beginn des Kreisens; dargestellt nach kinematographischen Aufnahmen. (Nach Rawitscher.)

Die Geschwindigkeit des Kreisens kann verschieden groß sein; nur selten ist sie so hoch, daß man die Bewegung mit dem bloßen Auge verfolgen kann; oft werden für die Beschreibung eines vollen Kreises mehrere Stunden benötigt.

Diese Zyklonastie haben wir schon früher bei der Besprechung der Rankenbewegungen erwähnt und ihre wichtige Rolle als Suchbewegung, also für die Erfassung der Stütze, erkannt. Eine gut ausgeprägte Zyklonastie findet sich auch bei vielen Keimpflanzen; noch ansehnlicher ist sie aber zumeist bei den windenden Pflanzen. — In allen diesen Fällen ist die Frage aufgeworfen worden, ob das Kreisen wirklich als ein endogener Prozeß betrachtet werden darf. Daran ist gezweifelt worden, weil die Bewegung beim Angreifen äußerer Reize sehr verstärkt werden kann; so etwa, wenn das Organ in eine geotropische Reizlage gerät. Der dann induzierte geotropische Impuls kann oft nicht nur eine Aufrichtung des Organs bedingen, sondern auch zu einer Überkrümmung, also zur Erreichung einer neuen Reizlage führen; auf diese Weise sollen nicht nur pendelnde, sondern auch kreisende Bewegungen durch die Schwerkraft bedingt werden können (Gradmann). Jedoch ist das Kreisen auch an Organen festgestellt worden, die so schräg stehen, daß sie während des Kreisens immer die gleiche Flanke nach unten kehren (Rawitscher). Vor allem aber läßt sich die Kreisbewegung bei vorsichtiger Versuchsausführung auch während einer Drehung in Horizontallage am Klinostaten beobachten. Allerdings ist es richtig, daß die Rotation ihre Amplitude verstärkt, wenn sich das Organ in der senkrechten Normallage befindet.

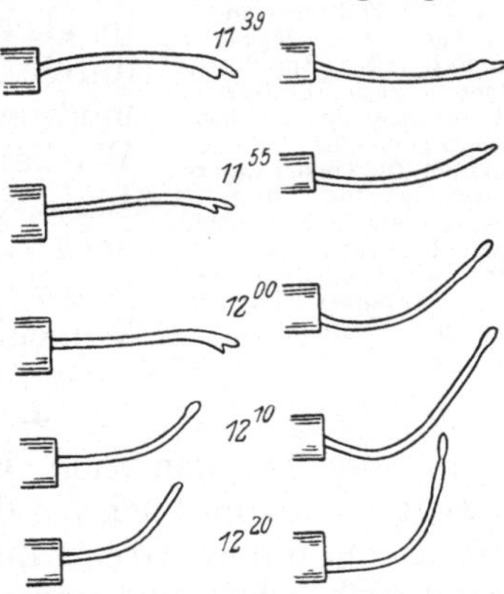

Abb. 476. *Pharbitis hispida*. Seitenkrümmung (rechts) und Aufkrümmung (links) einer waagerecht gelegten Sproßspitze. Die geotropische Reizung erfolgte nach der Geradestreckung am Klinostaten. (Nach Ulehla.)

Winden. Die endogene bzw. durch Schwerkraftreizung verstärkte Zyklonastie ist der wichtigste Faktor beim Winden (Koning). Bei diesem Vorgang (Abb. 474) sind aber oft (nicht an allen Pflanzen) auch die sog. Lateralkrümmungen beteiligt. Legt man die Sproßspitze einer Windepflanze horizontal, so beobachtet man zwar wie an anderen Organen eine negativ geotropische Aufrichtung, außerdem aber (von oben betrachtet) eine Krümmung in seitlicher Richtung (Abbildung 476). Bei den Linkswindern, zu denen die meisten Schlingpflanzen gehören, da ja auch das Linkskreisen vorherrscht, erfolgt die Lateralkrümmung so, daß die Sproßspitze (von der Basis her betrachtet) sich nach links krümmt. Diese Bewegungen können auch eintreten, wenn die Zyklonastie bereits erloschen ist. So wurde man zur Annahme einer besonderen lateralgeotropischen Reaktion geführt, die mit der negativ geotropischen kombiniert auftritt, sich aber von dieser eindeutig unterscheiden läßt (ULEHLA). Diese Unterscheidung wird schon dadurch möglich, daß der Lateralgeotropismus eine kürzere Präsentationszeit haben kann als der negative und außerdem die Krümmungszonen beider nicht identisch zu sein brauchen.

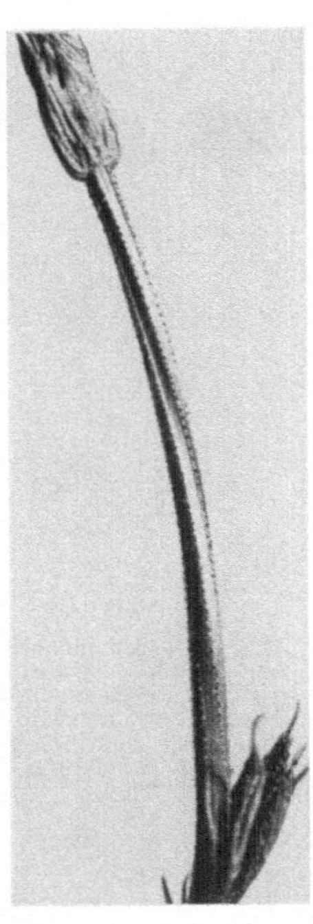

Abb. 477. Teil des windenden Sprosses von *Humulus lupulus*. Der Sproß ist rechts tordiert. Die Torsion ist also, da es sich um einen Rechtswinder handelt, homodrom. Die Torsion unterstützt das feste Anlegen des Sprosses an die Stütze. Außerdem erkennt man die für das Festhalten der Stütze vorteilhafte Rauheit der Oberfläche.

Der Windevorgang ist aber auch dann ziemlich dompliziert, wenn ein Lateralgeotropismus fehlt. Allerkings ist ein Winden, namentlich um dünne Stützen. schon allein durch die Zyklonastie möglich und auch am Klinostaten beobachtet worden. Normalerweise spielt aber der negative Geotropismus schon insofern mit, als er das Winden um horizontale oder nach abwärts gerichtete Stützen verhindert. Nur in Ausnahmefällen ist der negative Geotropismus so schwach ausgeprägt, daß horizontal stehende Stützen umschlungen werden können. Sonst aber lösen sich sogar bereits ausgeführte Windungen wieder auf, wenn die Stütze nachträglich umgelegt wird. — Beim Vorhandensein lateralgeotropischer Reaktionsfähigkeit unterstützt diese das Winden entscheidend. Sobald nämlich der Sproß während seiner zyklonastischen Bewegungen auf eine Stütze trifft, wird die weitere Rotation natürlich verhindert. Der Sproß verharrt dadurch ausreichend lange in einer geotropischen Reizlage und reagiert lateralgeotropisch, wodurch das weitere Umwinden eingeleitet wird.

Das enge Anlegen des windenden Sprosses wird durch Einschiebung von Zwischenwindungen erreicht, die durch eine Torsion des Sprosses entstehen, welche in gleicher Richtung erfolgt wie das Winden (also durch „homodrome" Torsion, Abb. 477). Diese homodromen Torsionen kommen zustande, weil die Wachstumsstreckung des Sprosses nicht genau in dessen Längsrichtung erfolgt, sondern in einem spitzen Winkel zu dieser Richtung, ähnlich wie wir es früher beim Spiralwachstum der *Phycomyces*-Sporangienträger kennenlernten.

3. Epi- und Hyponastie.

So wie bei den zum Kreisen und Winden führenden Wachstumsbewegungen kann auch bei den nur in einer Ebene erfolgenden ein kompliziertes Zusammenwirken innerer und äußerer Faktoren vorliegen. Das ergibt sich schon aus unseren Betrachtungen über die tagesperiodischen Bewegungen; denn soweit diese nicht Turgor-, sondern Wachstumsbewegungen sind, darf man sagen, daß sie auf einem durch das Zusammenwirken innerer und äußerer Faktoren bedingten Wechsel von Epi- und Hyponastie (d. h. von verstärktem Ober- und Unterseitenwachstum) beruhen. Epi- und Hyponastie kommen aber vor allem als einmalige Bewegungen vor, und auch dann entstehen sie durch ein Zusammenwirken äußerer und innerer Faktoren. Viele junge Organe, so die Blätter in den Knospen, noch extremer die Farnwedel oder etwa die *Drosera*-Blätter und Infloreszenzen, sind hyponastisch gekrümmt bzw. eingerollt (Abb. 478 und 479). Die Entfaltung beruht dann auf einer nachträglich einsetzenden Epinastie. Diese Epinastie unterbleibt oft, wenn die Pflanze im Dunkeln gehalten wird. Lichteinfluß ist dann also eine Voraussetzung für ihren Eintritt oder — mit anderen Worten — es handelt sich um eine Photoepinastie (Abb. 366, 367). Wir haben schon erwähnt, daß auch die Schwerkraft eine Epinastie induzieren kann.

Abb. 478.

Abb. 479.

Abb. 478. *Microlepia majuscula*. Entfaltungsbewegungen des Wedels. Zunächst besteht eine starke hyponastische Einrollung; diese wird allmählich durch Epinastie ausgeglichen, dabei kann sogar, wie das älteste der abgebildeten Stadien (Bildmitte) zeigt, vorübergehend eine Krümmung der Achse in der entgegengesetzten Richtung erfolgen.

Abb. 479. *Drosera dichotoma*. Hyponastische Einrollung der jungen Blätter und der Infloreszenzstiele.

Eine Beschreibung der zahlreichen in der Natur vorkommenden epi- und hyponastischen Bewegungen ist mehr von entwicklungsgeschichtlichem und morphologischem Interesse als von physiologischem. Wir verdanken GOEBEL eine derartige Beschreibung.

Literatur.

a) Zyklonastie, Winden usw.:
GRADMANN: Jb. wiss. Bot. **66** (1927).
KONING: Het winden der slingerplanten. Diss. Utrecht 1933.
QUANTIN: Bull. Soc. Hist. Nat. du Doubs **1948**, Nr 52.
RAWITSCHER: Z. Bot. **23** (1930).
TRONCHET: Bull. Soc. Hist. Nat. du Doubs **1949**, Nr 53.
ULEHLA: Bot. Not. **1920**.

b) Epinastie usw.:
GOEBEL: Die Entfaltungsbewegungen der Pflanzen. Jena 1922.
RAWITSCHER: Der Geotropismus der Pflanzen. Jena 1932; Bot. Review **3** (1937).

XII. Einige allgemeine Probleme der pflanzlichen Reiz- und Bewegungsphysiologie.

Es kann nicht die Aufgabe der Physiologie sein, die große Mannigfaltigkeit der Vorgänge im tierischen und pflanzlichen Organismus möglichst umfassend zu beschreiben und für jede einzelne dieser Erscheinungen eine Erklärung zu suchen. Das rein wissenschaftliche Interesse an der physiologischen Forschung wäre zum mindesten recht weitgehend befriedigt, wenn das (praktisch unerreichbar erscheinende) Ziel verwirklicht wäre, auch nur eine einzige Zelle irgendeines Organismus naturgesetzlich restlos zu verstehen. Wenn aber dieses das höchste Ziel der Physiologie ist, so erkennt man, daß die Bearbeitung immer neuer Probleme an den verschiedensten Organismen für den Physiologen nichts anderes bedeutet als die Erschließung neuer Zugänge in die Geheimnisse des Zellgeschehens. PFEFFER hat das treffend ausgedrückt, indem er sagte, das Studium der spezialisierten Prozesse sei nur ein Werkzeug zum Eindringen in das Getriebe des Protoplasten. Und PFEFFER selber verstand es auch hervorragend, dieses Werkzeug zu handhaben; so diente ihm beispielsweise das eingehende Studium der seismonastischen Reaktionen der *Centaurea*-Staubfäden als ein Hilfsmittel bei der Erforschung der osmotischen Prozesse.

Es ist also ganz abwegig, der kausal-analytischen Forschung den Vorwurf zu machen, sie nehme auf die in der freien Natur tatsächlich herrschende Mannigfaltigkeit nicht genügend Rücksicht. Noch unberechtigter ist es, wenn man der Physiologie die Aufgabe zuschreiben will, Hilfsdienste für die Sammlung von Kenntnissen über möglichst viele Naturvorgänge zu leisten, und demgemäß gesagt wird, die Physiologie betreibe nur eine Analyse, eine Arbeit, die bestenfalls geeignet sei, Bausteine für die Synthese zu liefern, die von anderen Wissenschaften, etwa der Ökologie, direkt in Angriff genommen werden.

Von diesen Gesichtspunkten aus müssen wir es auch verstehen, warum die Physiologie ihre Probleme durch Benutzung von Objekten aus beiden Organismenreichen zu lösen versucht. Tier und Pflanze zeigen, obwohl das Zellgeschehen in ihnen grundsätzlich übereinstimmt, doch recht erhebliche Unterschiede, die es ermöglichen, an der Pflanze Angriffspunkte für die physiologische Forschung zu finden, die das Tier nicht bietet, und umgekehrt. Von den Besonderheiten, die die Pflanze auszeichnen, können, soweit sie reiz- und bewegungsphysiologisch wichtig sind, vor allem zwei genannt werden: Das Vorhandensein einer Zellwand (und, im Zusammenhang damit, einer Vakuole), sowie der langsame Verlauf des Geschehens (der nicht nur mit der Primitivität, sondern noch mehr mit der Ernährungsart zusammenhängt).

Der Besitz einer Zellwand und einer semipermeablen Membran zwischen Plasma und Vakuole zwingt die Pflanze sowohl zu einem besonderen Wachstumsmodus, indem nämlich beim Wachsen zunächst einmal Veränderungen in der Zellwand ablaufen müssen, als auch zu einem besonderen Bewegungsmodus.

Die Bewegungen der Tiere sind weitgehend an kontraktile plasmatische Gebilde gebunden, wobei von den Fibrillen und Zilien der Protisten bis zu den Muskelfasern der höheren Tiere verwandte Elemente benutzt werden, Elemente mit einer durch gerichtete Einlagerung von Fadenmolekülen (bzw. Aggregaten solcher) bedingten Anisotropie, in denen nach vielleicht immer ähnlichen Prinzipien, nämlich etwa durch Formänderung der Fadenmoleküle, Längenänderung eintreten. Dieses Prinzip wendet die Natur jedoch nicht erst im tierischen Organismus an; in der Pflanze findet es sich auch schon, hat dort aber im Verlaufe der Phylogenese infolge des immer stärker werdenden Übergewichts der mit einer festen Membran und einer großen Vakuole ausgerüsteten Zelle immer mehr zurücktreten müssen. Die einfachsten Pflanzen verwenden das infolge gerichteter Anordnung der Fibrillen kontraktile Plasma noch in den Geißeln und Wimpern, die sich ja bis zu den Übergangsformen von Pteridophyten und Samenpflanzen wenigstens auf einigen Entwicklungsstadien, nämlich bei den Spermatozoiden, vorfinden. In den übrigen Zellen kann dieses Prinzip aber höchstens noch bei Bewegungen angewandt werden, die sich innerhalb der Zelle selber abspielen, die also nicht mit deren Formänderung verbunden sind; so etwa beim Chromosomentransport von der Äquatorialplatte zu den Polen. Die Pflanzenzelle selber kann ihre Länge durch bloße Plasmakontraktion nicht mehr so wie die Muskelfaser verringern. Die zentrale Vakuole und die elastisch gespannte Zellwand verhindern die leichte Größen- und Formänderung der Zelle. So mußte die Pflanze die Anwendung des kontraktilen Plasmas preisgeben und zur Durchführung ihrer Bewegungen von den gleichen Eigenschaften ausgehen, die sie zu jener Preisgabe zwangen. Wie sehr die pflanzlichen Bewegungen tatsächlich an Veränderungen einerseits der semipermeablen Grenzschicht zwischen Vakuole und Plasma, andererseits der zwischen Plasma und Zellulose- bzw. Chitinwand gebunden sind, haben wir genügend erfahren.

Ebensowenig wie das Prinzip der kontraktilen Fibrillen ist das der Alles-oder-Nichts-Erregung, die der Wirbeltiernerv in höchster Vollendung zeigt, eine „Erfindung" der tierischen Zelle. Wir begegneten dieser Erregungsart auch überall im Pflanzenreich, und zwar schon bei den Bakterien. Im einzelnen bestehen dabei allerdings Modifikationen, die sich aber beim Vergleich von tierischen und pflanzlichen Zellen kaum als größer erweisen, als es die zwischen Zellen verschiedener Tierarten bestehenden sind. Wir konnten sogar feststellen, daß bereits die Pflanze imstande ist, diesen Erregungsvorgang durch erhöhte Geschwindigkeit seiner Teilprozesse in gleicher Richtung zu vervollkommnen wie es im Tierreich geschehen ist. Zumeist unterläßt die Pflanze diese Vervollkommnung, weil sie durch ihre Crtsgebundenheit doch keinen Gebrauch davon machen kann; nur in einigen Sonderfällen, in denen eine solche Vervollkommnung nötig war, wie bei den Zellen der Fangorgane einiger Insektivoren oder bei den geißeltragenden Formen, ist sie auch durchgeführt worden und dann an den kurzen Refraktärstadien erkennbar. (Diese hier teleologisch formulierte Beziehung ist natürlich grundsätzlich durch Selektion erklärbar.)

Im ganzen scheint es, daß die Pflanze von diesen typischen Erregungsvorgängen für die Entstehung ihrer Reizbewegungen viel weniger Gebrauch macht als das Tier. In der tierischen Reizphysiologie besteht eine größere Einheitlichkeit als in der pflanzlichen, weil die tierischen Reizbewegungen in der Regel nach einem einheitlichen Schema entstehen: Es findet in den Reizaufnahmeorganen ein für die einzelnen Reizarten spezifischer Reizaufnahmevorgang statt; dieser löst den typischen Erregungsvorgang aus, der unabhängig von der Reizart immer in gleicher oder grundsätzlich ähnlicher Weise wiederkehrt. Durch diesen vermittelnden Erregungsvorgang wird schließlich die Bewegungsreaktion ausgelöst. In der pflanzlichen Reizphysiologie scheint es sich ganz anders zu verhalten. Hier unterscheiden sich nicht nur die einzelnen Reizaufnahmevorgänge voneinander, sondern man stellt sich im allgemeinen vor, daß jeder dieser spezifischen Aufnahmevorgänge auch einen spezifischen „Erregungsvorgang" bedingt, wobei der Ausdruck Erregung dann viel umfassender benutzt wird als in der Tierphysiologie. Man denkt bei dieser Erregung allgemein an alle Stoffwechseländerungen, Aziditätsänderungen, Wuchsstoffverschiebungen usw., die durch den Reiz ausgelöst werden. Und nur für einige Reizbewegungen, wie etwa für die seismonastischen, wird man leichter zugeben, daß bei ihnen jener typische Erregungsvorgang im engeren Sinne die entscheidende Vermittlerrolle spielt.

Und doch ist, wie wir an mehreren Stellen angedeutet haben, diese Auffassung erschüttert worden. Nicht nur die mechanischen Reize, auch das Licht kann, wie sich eindeutig nachweisen ließ, typische Erregungsvorgänge auslösen, und diese sind für die Verursachung der Bewegungen vielleicht wichtiger als Vorgänge wie die Auxinverschiebung, denen man lange eine erhebliche Rolle zugeschrieben hat. Aber auch die Schwerkraftreize führen, wie wir sahen, auf komplizierteren Wegen zu Bewegungen als man zunächst glaubte. Und wenn hier auch noch genauere Untersuchungen fehlen, so scheint es doch möglich, daß hier wieder jene typischen Erregungsvorgänge im engeren Sinne entscheidend sind. Es ist also denkbar. daß die pflanzliche Reizphysiologie in der Zukunft eine größere innere Übereinstimmung mit der tierischen zeigen wird als man lange Zeit glaubte und noch jetzt meist annimmt.

Aber auch bei der Untersuchung der Reizaufnahme zeigen sich einige physiologische Homologien (die natürlich genau betrachtet auch morphologische Homologien, nämlich Homologien in der mikroskopischen und submikroskopischen Struktur sind). Eine Übereinstimmung, die wohl als Homologie betrachtet werden darf, fanden wir beispielsweise beim Studium der Aufnahme von Lichtreizen in gelben Pigmenten. Auch in der Aufnahme haptischer und mancher chemischer Reize besteht vielleicht eine ebenso tiefe Übereinstimmung.

Außerdem aber zeigen sich im reizphysiologischen Verhalten und in den reizaufnehmenden Strukturen der Pflanzen und Tiere auch Ähnlichkeiten, die nicht als Ausdruck von Homologien, sondern als Konvergenzen zu deuten sind, so etwa die Ausbildung von Statozysten im Dienste der Schwerereizaufnahme, von linsenartigen Gebilden zur Konzentration des einfallenden Lichtes oder von Fühlborsten.

Jedenfalls sehen wir, daß auch in der Reiz- und Bewegungsphysiologie noch die grundsätzlich übereinstimmende Organisation von Tier und Pflanze zum Ausdruck kommt, obwohl die vorher genannten Verschiedenheiten im Zellbau in den uns leichter zugänglichen, mehr äußerlichen Teilen des Geschehens tiefgreifende Modifikationen bedingen.

Der der Physiologie Fernerstehende fragt bei der Erörterung reizphysiologischer Probleme gern nach einer ganz anderen Übereinstimmung zwischen tierischer und pflanzlicher Organisation: nach dem Vorkommen psychischer Prozesse bei Pflanzen; zum mindesten wird die Frage aufgeworfen, ob man nicht wenigstens ein „Unbewußt-Psychisches" auch bei den Pflanzen annehmen dürfte. Die physiologische Ähnlichkeit zwischen Nervenerregung und Alles-oder-Nichts-Erregung der Pflanzen, die wir anscheinend als Homologie betrachten dürfen, scheint dieser Frage eine Berechtigung zu geben. Es ist nach unseren bisherigen Erfahrungen tatsächlich kaum zu erwarten, daß die Nervenzelle oder die Zelle eines Wirbeltiergehirns noch etwas physiologisch grundsätzlich Neuartiges gegenüber der einfachsten Pflanzenzelle zu leisten vermag. Wir dürfen hier ebensowenig mit einer Überraschung rechnen wie bei stoffwechselphysiologischen Untersuchungen. Niemals hat sich gezeigt, daß ein phylogenetisch als höher entwickelt betrachteter Organismus einen zellphysiologisch grundsätzlich neuartigen Prozeß erworben hat; er hat vielmehr nur einzelne Prozesse verkümmern lassen und andere dafür allerdings zu einer erstaunlichen Höhe entwickelt. Wie groß dieser Unterschied bei den uns hier interessierenden Vorgängen sein kann, mag die Tatsache kennzeichnen, daß der Restitutionsprozeß bei der Alles-oder-Nicht-Erregung im Wirbeltiernerv oft nur etwa 1 Millionstel der Zeit benötigt wie der entsprechende Prozeß bei der Mimose. — Wenn nun aber auch nicht anzunehmen ist, daß die Nerven- und Gehirnzellen des Wirbeltieres noch etwas physiologisch grundsätzlich Neues hinzugelernt haben, das sie von der Pflanzenzelle unterscheidet, so beruht doch der Schluß auf die Möglichkeit primitiver psychischer Prozesse bei Pflanzen auf einem Irrtum.

Der Unterschied zwischen physischer und psychischer Natur hat seinen Grund nicht in einer Duplizität des transzendentalen „Ding an sich", sondern allein in unserem Erkenntnisvermögen. Wir haben vermöge unserer äußeren Sinne die Fähigkeit, die Welt physisch, also raumzeitlich zu erkennen; wir können sie aber auch, oder richtiger einen Ausschnitt aus ihr, den wir dann unserem „Ich" zuordnen, mit Hilfe der Selbstbeobachtung psychisch erkennen. Infolge dieses Ursprungs der Unterscheidung physischer und psychischer Natur in unserem eigenen Erkenntnisvermögen kann das Vorhandensein eines Psychischen nie die Möglichkeit einer konsequenten Durchführung der physiologischen Analyse beschränken; die Existenz eines Psychischen kann daher auch nicht aus einer solchen Schranke der physiologischen Forschung erschlossen werden, wie manche Naturphilosophen es angenommen haben. — Die Frage nach dem Vorhandensein eines Psychischen in einem Organismus ist daher nur berechtigt, wenn sie bedeutet, ob der betreffende Körper einem Wesen mit der Fähigkeit zur Selbstbeobachtung gehört, d. h. ob ein Wesen da ist, das sich selber psychisch zu erleben vermag. Eine solche Fähigkeit aber darf man einer Pflanze nicht zuschreiben; jedenfalls nimmt die weitgehende Selbständigkeit der einzelnen Teile, die wir mehrfach kennengelernt haben, der gegenteiligen Behauptung die Berechtigung.

Aber ganz unabhängig von der Stellungnahme zu dem Vorhandensein einer solchen Fähigkeit der Selbstbeobachtung bei der Pflanze zeigt doch die oben kurz angedeutete Überlegung, daß von hier aus der weiteren physiologischen Analyse niemals Schwierigkeiten erwachsen können; denn nach dieser Überlegung kann die Physiologie auch beim Studium der höchstentwickelten Tiere und des Menschen nicht durch das Vorhandensein psychischer Vorgänge auf Schranken der Durchführung *ihres* Programms stoßen.

Sachverzeichnis.